电气绝缘材料国家标准汇编
（上册）

中国标准出版社　编

中国标准出版社

北　京

图书在版编目(CIP)数据

电气绝缘材料标准汇编.上册/中国标准出版社编.
—2版.—北京:中国标准出版社,2016.9
ISBN 978-7-5066-8428-6

Ⅰ.①电… Ⅱ.①中… Ⅲ.①电气设备—绝缘材料—
标准—汇编—中国 Ⅳ.①TM21-65

中国版本图书馆 CIP 数据核字(2016)第 221525 号

中国标准出版社出版发行
北京市朝阳区和平里西街甲 2 号(100029)
北京市西城区三里河北街 16 号(100045)

网址 www.spc.net.cn
总编室:(010)68533533　发行中心:(010)51780238
读者服务部:(010)68523946
中国标准出版社秦皇岛印刷厂印刷
各地新华书店经销
*
开本 880×1230 1/16　印张 51.25　字数 1 542 千字
2016 年 9 月第一版　2016 年 9 月第一次印刷
*
定价 260.00 元

出版说明

绝缘材料作为电气设备中最重要的材料之一,其性能和质量直接影响着设备的运行可靠性和使用寿命。电气绝缘材料标准作为重要的技术基础,对提高绝缘材料产业技术进步、规范生产管理、提升产品质量水平、提高产品的国际竞争力起到关键的技术支撑作用。

《电气绝缘材料标准汇编》于 2012 年第一次出版,极大地满足了企业对电气绝缘材料标准的需求。为方便企业能及时查阅和了解最新标准,我社组织有关人员编辑整理了本汇编。本汇编收录了截至 2016 年 8 月发布的电气绝缘材料常用国家标准共 152 项,分为上、下两册,共包括十个部分:基础通用方法;相关通用方法;漆、可聚合树脂和胶类;树脂浸渍纤维制品类;层压制品、卷绕制品、真空压力浸胶制品和引拔制品类;模塑料类;云母制品类;薄膜、粘带和柔软复合材料类;纤维制品类;绝缘液体类。本册为上册,共收录国家标准 57 项。

读者在使用汇编时请注意以下几点:

1. 由于标准的时效性,汇编所收入的标准可能被修订或重新制定,请读者使用时注意采用最新有效版本。

2. 鉴于标准出版年代不尽相同,对于其中的量和单位不统一之处及各标准格式不一致之处未做改动。

本汇编适用于从事电气绝缘材料标准的制修订人员,电气绝缘材料产品的研发、生产、检验、销售和应用以及相关领域的技术人员及管理人员,也可供大专院校相关专业的师生参考。

编 者

2016 年 8 月

目　　录

第1部分:基础通用方法

第 1 部分:基础通用方法

ICS 29.035.99
K 15

中华人民共和国国家标准

GB/T 1408.1—2006/IEC 60243-1：1998
代替 GB/T 1408.1—1999

绝缘材料电气强度试验方法
第 1 部分：工频下试验

Electrical strength of insulating materials—Test methods—
Part 1：Tests at power frequencies

(IEC 60243-1：1998，IDT)

2006-11-09 发布   2007-04-01 实施

中华人民共和国国家质量监督检验检疫总局
中国国家标准化管理委员会   发 布

前　言

GB/T 1408《绝缘材料电气强度试验方法》目前包括 3 个部分：

——第 1 部分：工频下试验；

——第 2 部分：对应用直流电压试验的附加要求；

——第 3 部分：对脉冲试验的附加要求；

本部分为 GB/T 1408 的第 1 部分。

本部分等同采用 IEC 60243-1:1998《绝缘材料电气强度试验方法　第 1 部分：工频下试验》（英文版）。

为便于使用，本部分做了下列编辑性修改：

a) 删除了国际标准的目次、前言和引言；

b) 考虑到我国国情，将 5.1.4 注中"凡士林"改为"硅油、硅脂或凡士林"；

c) 增加了本部分章条编号与 IEC 60243-1:1998 章条编号的对照，见附录 B。

本部分代替 GB/T 1408.1—1999《固体绝缘材料电气强度试验方法　工频下试验》。

本部分与 GB/T 1408.1—1999 相比主要变化如下：

a) 第 10 章表 1 中增加大于 200 kV 时电压增加的增量情况，表 1 表述方式也相应改变；

b) 第 13 章"报告"中用"前 6 项内容"代替 GB/T 1408.1—1999 中的"前 4 项的内容"；

c) 增加了模塑材料试验采用球电极的方法（见 5.1.6.2）；

d) 增加了硬质成型件试验的内容（见 5.1.7）。

本部分的附录 A、附录 B 均为资料性附录。

本部分由中国电器工业协会提出。

本部分由全国绝缘材料标准化技术委员会（SAC/TC 51）归口。

本部分起草单位：桂林电器科学研究所。

本部分主要起草人：王先锋、杨志伟。

本部分代替的历次版本发布情况为：

——GB/T 1408—1978、GB/T 1408—1989、GB/T 1408.1—1999。

绝缘材料电气强度试验方法
第1部分:工频下试验

1 范围

GB/T 1408 的本部分规定了测量固体绝缘材料工频(即 48Hz～62Hz)短时电气强度的试验方法。

本部分规定了用液体和气体作为固体绝缘材料试验时的浸渍剂或周围媒质,但不适用于液体和气体的试验。

注:本部分包括测定固体绝缘材料表面击穿电压的方法。

2 规范性引用文件

下列文件中的条款通过 GB/T 1408 的本部分的引用而成为本部分的条款。凡是注日期的引用文件,其随后所有的修改单(不包括勘误的内容)或修订版均不适用于本部分,然而,鼓励根据本部分达成协议的各方研究是否可使用这些文件的最新版本。凡是不注日期的引用文件,其最新版本适用于本部分。

GB/T 1981.2—2003 电气绝缘用漆 第2部分:试验方法(IEC 60464-2:2001,IDT)

GB/T 7113.2—2005 绝缘软管 试验方法(IEC 60684-2:1997,MOD)

GB/T 10580—2003 固体绝缘材料在试验前和试验时采用的标准条件(IEC 60212:1971,IDT)

ISO 293:1986 塑料 热塑性材料压模塑试样

ISO 294-1:1996 塑料 热塑性材料试样的注模塑法 第1部分:一般原则、多用途模塑件及条形试样

ISO 294-3:1996 塑料 热塑性材料试样的注模塑法 第3部分:小板

ISO 295:1991 塑料 热固性材料压模塑试样

ISO 10724:1994 塑料 热固性模塑料 注塑成型多用途试样

IEC 60296:2003 变压器和开关用的未使用过的矿物绝缘油规范

IEC 60455-2:1998 电气绝缘用树脂基反应复合物 第2部分:试验方法

IEC 60674-2:1988 电气用塑料薄膜 第2部分:试验方法

3 定义

下列定义适用于本部分。

3.1

电气击穿 electric breakdown

试样承受电应力作用时,其绝缘性能严重损失,由此引起的试验回路电流促使相应的回路断路器动作。

注:击穿通常是由试样和电极周围的气体或液体媒质中的局部放电引起,并使得较小电极(或等径两电极)边缘的试样遭到破坏。

3.2

闪络 flashover

试样和电极周围的气体或液体媒质承受电应力作用时,其绝缘性能损失,由此引起的试验回路电流促使相应的回路断路器动作。

注:碳化通道的出现或穿透试样的击穿可用于区分试验是击穿还是闪络。

3.3

击穿电压 breakdown voltage

3.3.1 (在连续升压试验中)在规定的试验条件下,试样发生击穿时的电压。

3.3.2 (在逐级升压试验中)试样承受住的最高电压,即在该电压水平下,整个时间内试样不发生击穿。

3.4

电气强度 electric strength

在规定的试验条件下,击穿电压与施加电压的两电极之间距离的商。

注:除非另有规定,应按本部分 5.4 规定测定两试验电极之间的距离。

4 试验的意义

4.1 按本部分得到的电气强度试验结果,能用来检测由于工艺变更、老化条件或其他制造或环境情况而引起的性能相对于正常值的变化或偏离,而很少能用于直接确定在实际应用中的绝缘材料的性能状态。

4.2 材料的电气强度测试值可受如下多种因素的影响:

4.2.1 试样的状态

　　a) 试样的厚度和均匀性,是否存在机械应力;

　　b) 试样预处理,特别是干燥和浸渍过程;

　　c) 是否存在孔隙、水分或其他杂质。

4.2.2 试验条件

　　a) 施加电压的频率、波形和升压速度或加压时间;

　　b) 环境温度、气压和湿度;

　　c) 电极形状、电极尺寸及其导热系数;

　　d) 周围媒质的电、热特性。

4.3 在研究还没有实际经验的新材料时,应考虑到所有这些有影响的因素。本部分规定了一些特定的条件,以便迅速地判别材料,并可用以进行质量控制和类似的目的。

　　用不同方法得到的结果是不能直接相比的,但每一结果可提供关于材料电气强度的资料。应该指出的是,大多数材料的电气强度随着电极间试样厚度的增加而减小,也随电压施加时间的增加而减小。

4.4 由于击穿前的表面放电的强度和延续时间对大多数材料测得的电气强度有显著影响,为了设计直到试验电压无局部放电的电气设备,必须知道材料击穿前无放电的电气强度,但本部分的方法通常不适用于提供这方面的资料。

4.5 具有高电气强度的材料未必能耐长时期的劣化过程,例如热老化腐蚀或由于局部放电而引起化学腐蚀或潮湿条件下的电化学腐蚀,而这些过程都会导致在运行中于较低的电场强度下发生破坏。

5 电极和试样

　　金属电极应始终保持光滑、清洁和无缺陷。

注1:当对薄试样进行试验时,电极的维护格外重要。为了在击穿时尽量减小电极损伤,优先采用不锈钢电极。

　　接到电极上的导线既不应使得电极倾斜或其他移动或使得试样上压力变化,也不应使得试样周围的电场分布受到显著影响。

注2:试验非常薄的薄膜(例如:<5 μm 厚)时,这些材料的产品标准应规定所用的电极、操作的具体程序和试样的制备方法。

5.1 垂直于非叠层材料表面和垂直于叠层材料层向的试验

5.1.1 板材和片状材料(包括纸板、纸、织物和薄膜)

5.1.1.1 不等直径电极

　　电极由两个金属圆柱体组成,其边缘倒圆成半径为(3.0±0.2) mm 的圆弧。其中一个电极的直径为(25±1) mm,高约 25 mm,另一个电极直径为(75±1) mm,高约 15 mm。两个电极同轴放置,误差在 2 mm 内,如图 1a)所示。

单位为毫米

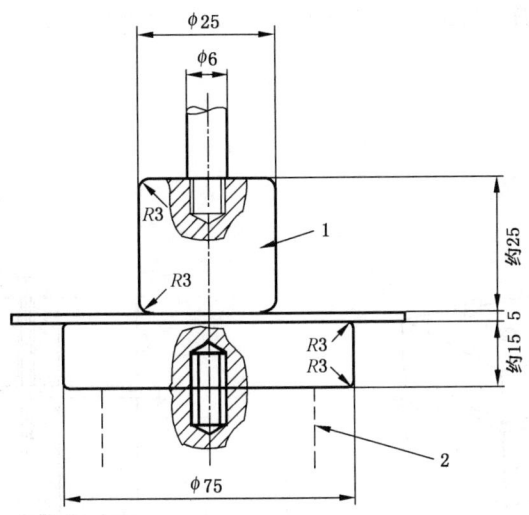

1——金属;
2——典型的电极支座。

a) 不等直径电极

b) 等直径电极

图 1 垂直板材和片材表面试验的电极装置

5.1.1.2 等直径电极

如果使用一电极架使上下电极准确对中放置,误差在 1.0 mm 内,则下电极直径可减小到(25±1) mm,两电极直径差不大于 0.2 mm。其所测结果与 5.1.1.1 不等直径电极测得的结果不一定相同。

5.1.1.3 厚样品的试验

当有规定时,厚度超过 3mm 的板材和片材应单面机加工至(3.0±0.2) mm。然后,试验时将高压电极置于未加工的面上。

注:为了避免闪络或因受现有设备限制,必要时可以根据需要,通过机加工把试样制备成更小的厚度。

5.1.2 带、薄膜和窄条

两个电极为两根金属棒,其直径为(6.0±0.1) mm。垂直安装在电极架内,使一个电极在另一个电极上面,试样夹在棒的两个端面之间。

7

上下电极要同心轴,误差在 0.1 mm 内。两电极端面应与其轴向相垂直,端面的边缘倒成半径为(1.0±0.2) mm 的圆弧。上电极压力为(50±2) g 且应能在电极架内的沿垂直方向自由移动。

图 2 示出了一种合适的装置。如果需要使试样在拉伸状态下进行试验,则应将试样夹在架子中,使试样放在如图 2 所示的规定的位置上。为达到所需的拉伸,方便的办法是将试样的一端缠在可旋转的圆棒上。

单位为毫米

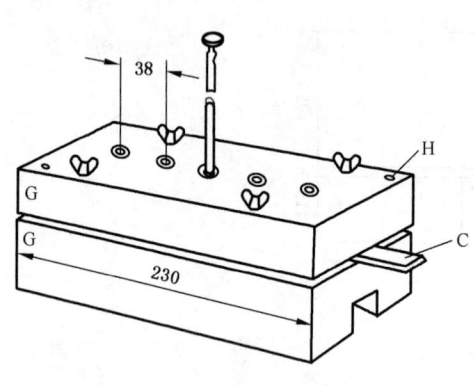

a) 装置的总装配图

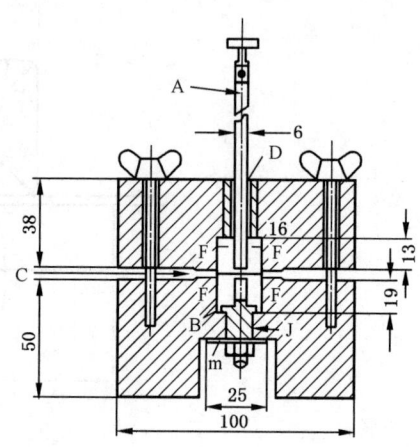

b) 上电极微微提起的装置剖面图

A——易于装置入套管 D 的上电极;

B——下电极;

C——试样;

D——黄铜套管,内直径正好可插入 6 mm 的棒;

E——宽 25mm 的黄铜带用于连接所有的下电极;

F——搭盖在试样边缘的薄膜片;

G——绝缘材料块,例如层压纸板;

H——定位孔;

J——有内螺纹的黄铜套管。

图 2 垂直于带材表面试验的电极装置(见 5.1.2)

为了防止窄条边缘发生闪络,可用薄膜或其他薄的绝缘材料条搭盖在窄条边缘并夹住试样。此外,电极周围可以采用防弧密封圈,此时电极和密封圈之间留有(1～2) mm 的环状间隙。下电极与试样之间的间隙(在上电极与试样接触之前)应小于 0.1 mm。

注:对薄膜的试验,见 IEC 60674-2:1998。

5.1.3 软管和软套管

按 GB/T 7113.2—2005 进行试验。

5.1.4 硬管(内径 100 mm 及以下的)

外电极是(25±1) mm 宽的金属箔带。内电极是与内壁紧配合的导体,例如圆棒、管、金属箔或充填直径(0.75～2.0) mm 的金属球,使与管材的内表面良好接触。不管怎样,内电极的每端应至少伸出外电极 25 mm。

注:当没有有害影响时,可用硅油、硅脂或凡士林将箔贴到试样的内外表面。

5.1.5 硬管(内径大于 100 mm)

外电极是(75±1) mm 宽的金属箔带,内电极是直径(25±1) mm 的圆形金属箔,金属箔应相当柔软以适应圆筒的曲率,该装置如图 3 所示。

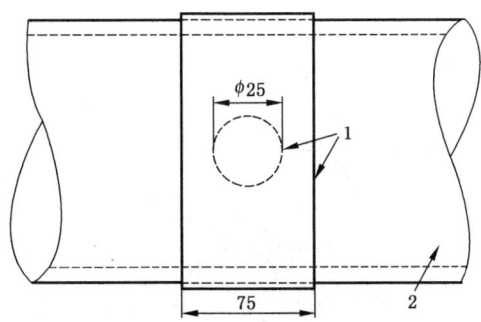

图 3 对内径大于 100 mm 的硬管作垂直于表面试验的电极装置

5.1.6 浇注及模塑材料

5.1.6.1 浇注材料

按 IEC 60455-2:1998 制样和试验。

5.1.6.2 模塑材料

应用一对球电极,每个球的直径为(20.0±0.1) mm,在排列电极时,使它们共有的轴线与试样平面垂直(见图4)。

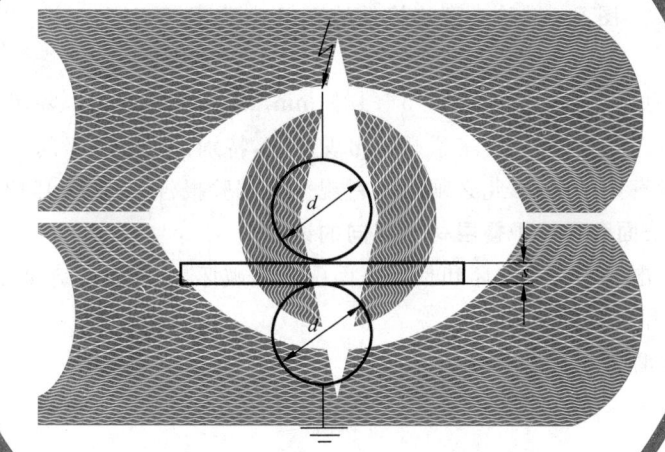

图 4 试验浇注及模塑材料的电极装置
(球电极直径 d=20 mm)

5.1.6.2.1 热固性材料

应用(1.0±0.1) mm 厚的试样,这些试样可以按 ISO 295:1991 压塑成型或按 ISO 10724:1994 注塑成型,其表面尺寸应足以防止闪络(见5.3.2)。

注:如果不能应用(1.0±0.1) mm 厚的试样,则可用(2.0±0.2) mm 厚的试样。

5.1.6.2.2 热塑性材料

应用按 ISO 294-1:1996 和 ISO 294-3:1996 中 D_1 型注塑成型试样,尺寸为 60 mm×60 mm×1 mm。如果该尺寸不足以防止闪络(见5.3.2)或按相关材料标准规定要求用压塑成型试样,此时用按 ISO 293:1986压塑成型的平板试样,其直径至少为 100 mm,厚(1.0±0.1) mm。

注塑或压塑的条件见相关材料标准。如果没有可适用的材料标准,则这些条件必须经供需双方协商。

5.1.7 硬质成型件

对不能将其置于平面电极间的成型绝缘件,应采用对置的等直径球电极。通常用作这类试验的电极直径为 12.5 mm 或 20 mm(见图5)。

5.1.8 清漆

按 GB/T 1981.2—2003 进行试验。

GB/T 1408.1—2006/IEC 60243-1:1998

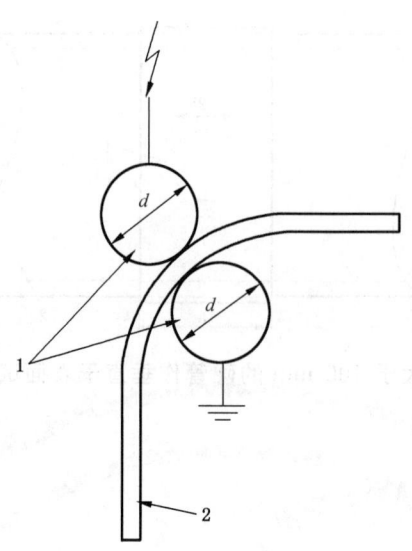

1——电极；

2——绝缘件。

图 5　试验成型绝缘件的电极装置（见 5.1.7）

5.1.9　充填胶

电极是两个金属球，每个球的直径为（12.5～13）mm。水平同轴放置，除另有规定外，彼此相隔（1.0±0.1）mm，并都嵌入充填胶内。应注意避免出现空隙，特别避免两电极间的空隙。由于用不同的电极距离得到的结果不能直接相比，因此必须在材料规范的试验报告中注明间隙距离。

5.2　平行于非叠层材料表面和平行于叠层材料层向的试验

如果不必区分由试样击穿引起的破坏和贯穿表面引起的破坏，则可使用 5.2.1 或 5.2.2 的电极，但5.2.1 的电极应被优先采用。

当要求防止表面破坏时，应采用 5.2.3 的电极。

5.2.1　平行板电极

5.2.1.1　板材和片材

试验板材和片材时，试样厚度为被试材料厚度，试样表面为长方形，长（100±2）mm，宽（25.0±0.2）mm，试样两侧面应切成垂直于材料表面的两个平行平面。试样夹在金属平行板之间，两金属板相距 25 mm，厚度不小于 10 mm，电压施加在金属板上。对于薄材料可以用 2 个或 3 个试样恰当地放置（即：使它们的表面形成合适的角度）以支撑上电极。电极应有足够大的尺寸，以覆盖试样边缘至少超过试样各边 15 mm，要注意保证试样上下两面的整个面积均与电极良好的接触。电极的边缘应适当倒圆（半径为（3～5）mm），以避免电极的边与边之间的闪络（见图 6）。

注：如果现有设备不能使试样击穿，则可以将试样宽度减少至（15.0±0.2）mm 或（10.0±0.2）mm。试样宽度的这种减少，必须在报告中予以特别说明。

这种电极仅适用于厚度至少为 1.5 mm 的硬质材料的试验。

5.2.1.2　硬管

试验硬管时，试样是一个完整的环或圆弧长度为 100 mm 的一段环，其轴向长度为（25±0.2）mm。试样两端应加工成垂直于管轴向的两个平行的平面。将试样放在两平行板电极之间按 5.2.1.1 所述的板材和片材的试验方法进行试验，必要时可用（2～3）个试样来支撑上电极。电极应有足够大的尺寸以使电极覆盖试样并至少超过试样各边 15 mm，要注意保证试样上下两面的整个面积均与电极良好接触。

单位为毫米

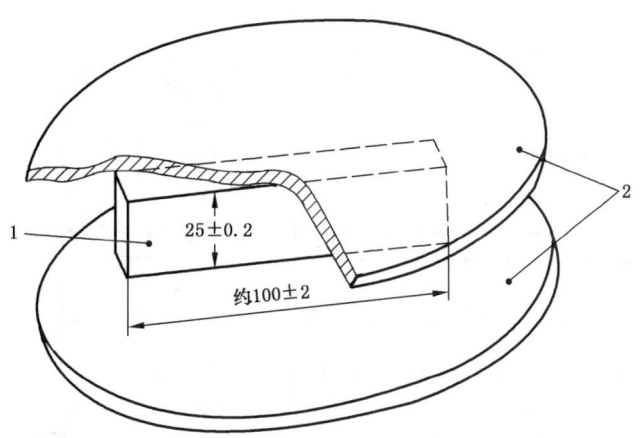

1——试样;

2——金属电极(直径见5.2.1)。

图 6 平行表面试验用的电极装置(根据需要也可用于沿层试验)

5.2.2 锥销电极

在试样上垂直试样表面钻两个相互平行的孔,两孔中心距离为(25±1) mm。两孔的直径这样来确定:用锥度约2%的铰刀扩孔后每个孔的较大的一端的直径不小于4.5 mm且不大于5.5 mm。

钻好的两孔完全贯穿试样,但如果试样是大管子,则孔仅贯穿一个管壁,并在孔的整个长度上用铰刀扩孔。

在钻孔和扩孔时,孔周围的材料不应有任何形式的损坏,如劈裂、破碎或碳化。

用作电极的锥形销的锥度为(2.0±0.2)%,并将锥形销压入(但不要锤入)两孔,以使它们能与试样紧密配合,并突出试样每一面至少2 mm(见图7a)和7b))。

这类电极仅适用于试验厚度至少为1.5 mm的硬质材料。

单位为毫米

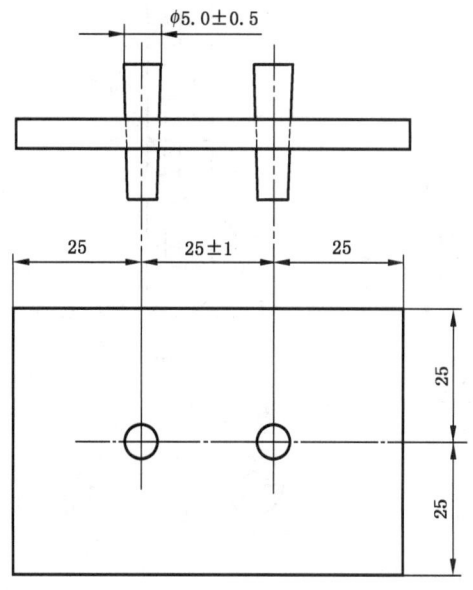

a) 带锥销电极的平板试样

图 7 平行表面(和沿层)试验的电极装置

11

单位为毫米

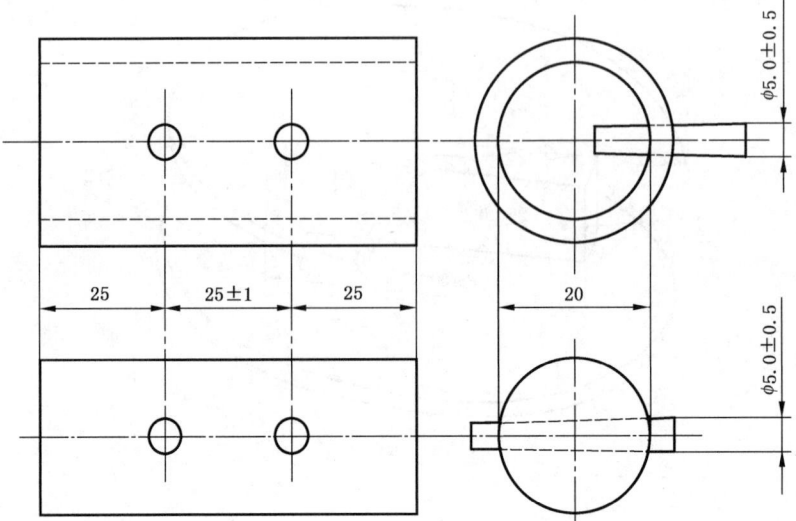

b）带锥销电极的管子或圆棒试样

图 7 （续）

5.2.3 平行圆柱形电极

对厚度大于 15 mm 的具有高电气强度的试样进行试验时,将试样切成 100 mm×50 mm,并如图 8 所示钻两个孔,每个孔的直径比圆柱形电极的直径大,但差值不大于 0.1 mm。圆柱形电极直径为 (6.0±0.1) mm,并有半球形端部。每个孔的底部是半球形以便与电极端配合,使得电极端部和孔的底部之间间隙在任何点都不超过 0.05 mm。如果在材料规范中没有另外规定,则两孔沿其长度的侧面相距应是(10±1) mm,每孔应延伸到离相对的表面(2.25±0.25) mm 以内。两种任选形式的通风电极如图 8 所示。当使用带小槽的电极时,这些小槽位置应与电极间的间距正好相反。

单位为毫米

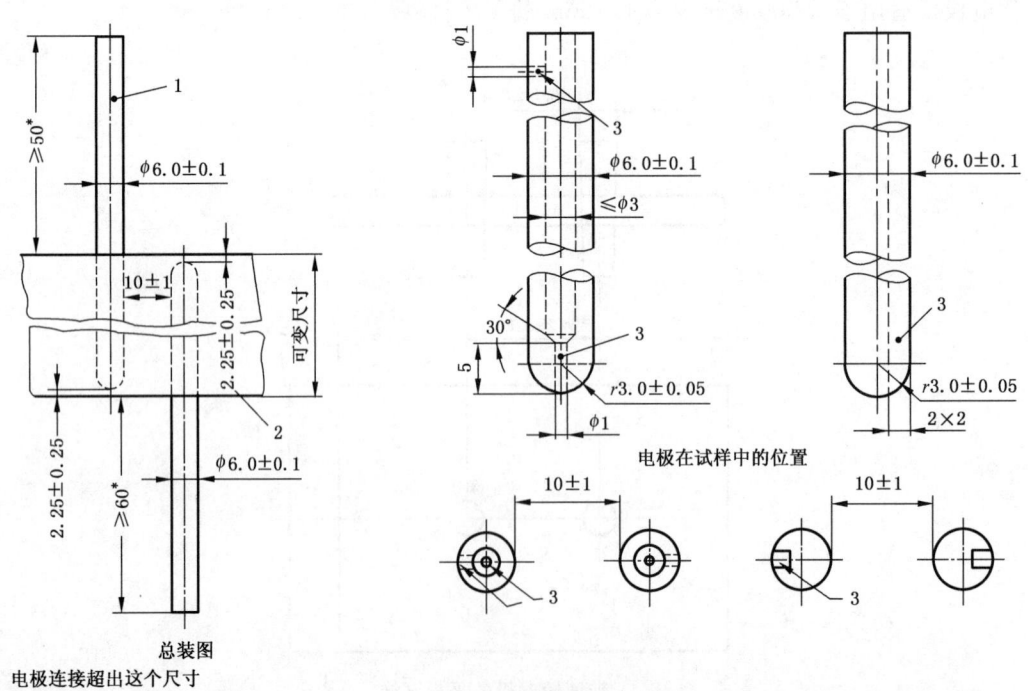

总装图

* 电极连接超出这个尺寸

1——电极;

2——层压板;

3——通风孔。

图 8 厚度大于 15 mm 的层压板作平行层向试验时的电极装置(平行圆柱电极)(见 5.2.3)

5.3 试样

除了上述各条中已叙述过的有关试样的情况外,通常还要注意下面几点。

5.3.1 制备固体材料试样时,应注意与电极接触的试样两表面要平行,而且应尽可能平整光滑。

5.3.2 对于垂直于材料表面的试验,要求试样有足够大的面积以防止试验过程中发生闪络。

5.3.3 对于垂直于材料表面的试验,不同厚度的试样其结果不能直接相比(见第4章)。

5.4 两电极间距离

用来计算电气强度的两电极间距离值应为下列之一(按被试材料的规定)。

a) 标称厚度或两电极间距离(除非另有规定,一般均采用此值);

b) 对于平行于表面的试验,两电极间的距离;

c) 在每个试样上击穿点附近直接测得的厚度或两电极间的距离。

6 试验前的条件处理

绝缘材料的电气强度随温度和水份含量而变化。若被试材料已有规定,则应遵循此规定。否则,除非另有商定条件,试样应在温度为(23±2)℃,相对湿度为(50±5)%条件下处理不少于24 h。

7 周围媒质

材料应在为防止闪络而选取的周围媒质中试验。在大多数情况下,符合IEC 60296:2003的变压器油是最适用的媒质。对在矿物油中会引起膨胀的材料,此时其他的流体(例如硅油),可能是更合适的。

对击穿电压值相对较低的试样,可在空气中试验,此时若要在高温下进行试验时,应注意即使在中等的试验电压下,在电极边缘的放电也会对测试值造成很大影响。

如果试图在另一种媒质中对某种材料的性能进行试验评定,则可以应用这种媒质。

所选取的媒质应对被试材料的危害影响是最小的。

周围媒质对试验结果可能有很大影响,特别是对易吸收的材料,如纸和纸板,因此必须在试样制备程序中确定全部的必要步骤(例如干燥和浸渍),以及试验过程中周围媒质的状态。

必须有足够的时间让试样和电极达到所要求的温度,但有些材料会因长期处于高温而受到影响。

7.1 在高温空气中的试验

在高温空气中做试验,可在任何设计合理的烘箱中进行,烘箱要有足够大的体积来容纳试样和电极,使它们在试验时不发生闪络。烘箱应装有空气循环装置使试样周围的温度在规定温度的±2℃内且应大体上保持均匀,把温度计、热电偶或其他测量温度的装置尽可能放在实验点附近测量温度。

7.2 在液体中的试验

当试验要在绝缘液体中进行时,除非其他液体更合适外,一般应使用符合IEC 60296:2003的变压器油。必须保证液体有足够的电气强度以避免闪络。在具有比变压器油更高的相对电容率的液体中试验的试样,会出现比在变压器油中试验时更高的电气强度。降低变压器油或其他液体电气强度的杂质,也可能会增加试样上测得的电气强度。

高温下的试验可以在烘箱内的盛液容器中进行(见7.1),也可在绝缘油作为热传递介质的恒温控制的油浴中进行。在这种情况下,应采用合适的液体循环措施,以使试样周围的温度大致均匀,并保持在规定温度的±2℃内。

8 电气设备

8.1 电源

用一个可变低压正弦电源供给一个升压变压器来获得试验电压。变压器及其电源和它的调节装置应具有如下特性。

8.1.1 在回路中有试样的情况下,对等于和小于试样击穿电压的所有电压,试验电压的峰值与有效值

(r. m. s)之比为$\sqrt{2}(1\pm5\%)$即(1.34~1.48)。

8.1.2 电源的容量应足够大,使之在发生击穿之前均能符合8.1.1要求。对于大多数材料,在使用推荐的电极的情况下,通常40 mA的输出电流容量已足够。对于大多数试验来说,电源容量范围为:对于10kV及以下的小电容试样的试验,其容量为0.5 kVA;对于试验电压为100 kV以下者则为5 kVA。

8.1.3 可变低压电源调节装置应能使试验电压平滑、均匀地变化,无过冲现象。当用一个自耦调压器按第10章施加电压时,所产生的递增的增量不应超过预期击穿电压的2%。

对短时试验或快速升压试验,最好使用马达驱动调节装置。

8.1.4 为了保护电源不致损坏,应装有一个装置使在试样击穿的几个周期内切断电源。这个装置可以由一个接在高压回路中的电流敏感元件组成。

8.1.5 为了限制在击穿时由电流或电压冲击引起电极的损伤,要求将一个具有合适值的电阻器与电极串联。电阻值的大小应取决于电极所允许的损伤程度。

注:应用阻值很高的电阻器可能会导致测得的击穿电压比应用阻值低的电阻器测得的击穿电压值高。

8.2 电压测量

8.2.1 按等效有效值记录电压值。较好的方法是用一块峰值电压表并将其读数除以$\sqrt{2}$。电压测量回路的总误差应不超过测得值的5%,该误差包括了由于电压表的响应时间所引起的误差。在所用的任何升压速率下,该响应时间引起的误差应不大于击穿电压的1%。

8.2.2 采用符合8.2.1要求的电压表来测量施加到电极上的电压。最好将它直接接到电极上,也可通过分压器或电压互感器接到电极上。如果使用升压变压器的测量线圈来测量电压,则施加到电极上的电压的指示正确度应不受升压变压器负载和串联电阻器的影响。

8.2.3 希望在击穿后能在电压表上保留最大试验电压的读数值,从而正确地读出并记录击穿电压,但指示器应对在击穿时发生的瞬变现象不敏感。

9 程序

9.1 试验应记录如下内容:

  a) 被试样品;

  b) 试样厚度的测量方法(若不是标称厚度);

  c) 试验前的处理;

  d) 试样数量(若不是5个,应注明);

  e) 试验温度;

  f) 周围媒质;

  g) 使用的电极;

  h) 升压方式;

  i) 以电气强度或是击穿电压作为报告的结果。

9.2 将符合第5章的电极装到试样上,装电极时要防止损伤试样。使用符合第8章的电气设备,将电压施加到两电极之间,按10.1到10.5之一的方法升高电压,观察试样是击穿还是闪络(见第11章)。

10 升压方式

10.1 短时(快速)试验

10.1.1 将试验电压由零开始以均匀的速度升高直至击穿发生。

10.1.2 对被试材料选择升压速度时,应使大多数击穿发生在(10~20) s之间。对于击穿电压有显著差异的材料,也有可能在这个时间范围以外发生破坏。如果大多数击穿都发生在(10~20) s之间,则认为试验是成功的。

10.1.3 升压速度应从下述中选取:

100 V/s,200 V/s,500 V/s,1 000 V/s,2 000 V/s,5 000 V/s 等等。

注：对于大多数材料，通常使用 500 V/s 的升压速度，对模塑材料，推荐使用 2 000 V/s 升压速度，以便获得与 IEC 60296:2003 相适应的可比数据。

10.2 20 s 逐级升压试验

10.2.1 将 40% 的预计短时击穿电压施加于试样上。假如不知道短时击穿电压预计值，则应按 10.1 的方法来得到。

10.2.2 假如试样耐受这个电压 20 s 还未击穿，则应按表 1 规定的增量逐级增加电压。每一次增加的电压应立即且连续施加 20 s 直至发生击穿。

表 1 电压值的增量(峰值/$\sqrt{2}$) 单位为千伏

起始电压值 U	增 量
$U \leqslant 1.0$	起始电压的 10%
$1.0 < U \leqslant 2.0$	0.1
$200 < U \leqslant 5.0$	0.2
$5.0 < U \leqslant 10.0$	0.5
$10 < U \leqslant 20$	1.0
$20 < U \leqslant 50$	2.0
$50 < U \leqslant 100$	5.0
$100 < U \leqslant 200$	10.0
$U > 200$	20.0

注：当有规定时，可以使用更小的电压增量。在这种情况下，允许更高的起始电压，但击穿不应在小于 120 s 内发生。

10.2.3 升压要尽可能地快并无任何瞬态过电压。级间升压所用的时间应包括在较高一级电压的 20 s 期间内。

10.2.4 如果击穿发生在从起始试验算起少于 6 级的电压内，则用更低的起始电压再做 5 个试样的试验。

10.2.5 根据试样能耐受 20 s 而不击穿的最高试验电压来确定电气强度。

10.3 慢速升压试验(120~240) s

从 40% 的预计短时击穿电压开始匀速升压，使击穿发生在(120~240) s 之间。对于击穿电压有显著差异的材料来说，有些试样可能在此时间范围以外发生破坏。如果大多数击穿发生在(120~240) s 之间，则认为是满意的。选择升压速度时应从下列数据中开始选择：2 V/s,5 V/s,10 V/s,20 V/s,50 V/s,100 V/s,200 V/s,500 V/s,1 000 V/s,等等。

10.4 60 s 逐级升压试验

除非另有规定，应按 10.2 进行试验，但每一级中的耐压时间为 60 s。

10.5 极慢速升压试验(300~600) s

除非另有规定，应按 10.3 进行试验，但击穿应发生在(300~600) s 之间。从下列数据中选择升压速度：

1 V/s,2 V/s,5 V/s,10 V/s,20 V/s,50 V/s,100 V/s,200 V/s,等等。

注：在 10.3 中所述的(120~240) s 的慢速升压试验和在 10.5 中所述的(300~600) s 的极慢速升压试验所得结果与 20 s 逐级升压(10.2)或 60 s 逐级升压(10.4)所得结果大致相似。当使用现代自动设备时，前两者较逐级升压试验更为方便且采用这两种慢速升压试验也使自动设备的使用成为可能。

10.6 检查试验

当做检查或耐压试验时，要求施加一个预先确定的电压值。即将该电压尽可能快而准确地升到所要求的值,升压过程中不出现任何瞬态的过电压。然后将所要求的电压值维持到规定的时间。

11 击穿的判断

11.1 在电击穿的同时,回路中电流增加和试样两端电压下降。电流的增加可使断路器跳开或熔丝烧断。但是有时也可由于闪络、试样充电电流、漏电或局部放电电流、设备磁化电流或误动作而引起断路器跳开。因此,断路器应与试验设备及被试材料的特性相匹配,否则,断路器可能会在试样未击穿时动作或当试样击穿时断路器不动作,这样便不能正确地判断出是否击穿。即使在最好的条件下,也存在周围媒质先击穿的情况也会发生。因此,在试验过程中要注意观察和检测这些现象,若发现媒质击穿,应在报告中注明。

> 注:对漏电检测电路敏感性特别重要的那些材料,在这种材料的标准中也应作同样的说明。

11.2 在垂直于材料表面方向试验时通常容易判断,无论通道是否充有碳粒,当击穿发生后用肉眼容易看到真正击穿的通道。

11.3 当平行于材料表面方向试验时,要求判断是由试样破坏引起的击穿现象还是由闪络引起的失效(见 5.2)。可以通过检查试样或使用再施加一次电压的办法来进行鉴别,再次施加的电压值应小于第一次施加的击穿电压值。试验证明,再次施加的电压值为第一次击穿电压值的 50% 比较合适,然后用与第一次试验相同的方法升压直到破坏。

12 试验次数

12.1 除非另有规定,通常应做 5 次试验,取试验结果的中值作为电气强度或击穿电压的值。如果任何一个试验结果偏离中值的 15% 以上,则另做 5 次试验。然后由 10 次试验的中值作为其电气强度或击穿电压的值。

12.2 当试验并非用于例行的质量控制时,必须做较多的试样,具体的数量与材料的分散性和所用的统计分析方法有关。

12.3 对并非用于例行的质量控制试验,参见附录 A 对决定需要试验次数和数据分析参考是有用的。

13 报告

除非另有规定,报告应包括如下内容:

a) 被试材料的全称,试样及其制备方法的说明;

b) 电气强度的中值(以 kV/mm 表示)或击穿电压的中值(以 kV 表示);

c) 每个试样的厚度(见 5.4);

d) 试验时所用的周围媒质及其性能;

e) 电极系统;

f) 施加电压的方式及频率;

g) 电气强度的各个值(以 kV/mm 表示)或击穿电压的各个值(以 kV 表示);

h) 在空气中或在其他气体中试验时的温度、压力和湿度,若在液体中试验时周围媒质的温度;

i) 试验前条件处理;

j) 击穿类型和位置的说明。

如果只需要最简单的结果报告,则应该报告前 6 项内容及最低值和最高值。

附　录　A

（资料性附录）

试验数据的处理

第12章给出的常规试验程序,通常适用于数据分析和报告数据。然而,由于许多调查研究需要更多有关材料电应力特性的信息,因此,可能需要大量试样和对试验结果较复杂的评定。

按这样情况设计试验程序和分析试验结果数据的方法已出版,属于这些内容的文件有:

IEC 60727-1:1982　电气绝缘结构电老化的评定　第1部分:基于正态分布的一般考虑和评定程序

IEC 60727-2:1993　电气绝缘结构电老化的评定　第2部分:基于极值分布的评定程序

IEEE 930:1987(R1995)　电气绝缘电压老化数据的统计分析的 IEEE 导则(可从 IEEE 业务活动中心得到,地址为 445 Hoe Lane,P. O. BOX 1331,Piscataway,NJ08855-1331,USA,或在美国以外的某些国家,从环球信息中心的当地办公室得到)。

特种技术出版物926,工程电介质,11B卷:固体绝缘材料电气性能:测量技术,第7章:评定电气绝缘结构的统计方法,ASTM,100,Barr Harbor,West Conshohocken,PA19428-2959 USA。

附　录　B

（资料性附录）

本部分章条编号与 IEC 60243-1:1998 章条编号对照

表 B.1　本部分章条编号与 IEC 60243-1:1998 章条编号对照

本部分章条编号	对应的国际标准章条编号
1	1.1
2	1.2
3	2
3.1～3.4	2.1～2.4
4	3
4.1～4.5	3.1～3.5
5	4
5.1～5.4	4.1～4.4
6	5
7	6
7.1～7.2	6.1～6.2
8	7
8.1～8.2	7.1～7.2
9	8
9.1～9.2	8.1～8.2
10	9
10.1～10.6	9.1～9.6
11	10
11.1～11.3	10.1～10.3
12	11
12.1～12.3	11.1～11.3
13	12

ICS 29.035.99
K 15

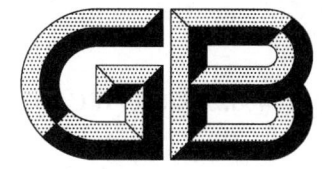

中华人民共和国国家标准

GB/T 1408.2—2006/IEC 60243-2:2001

绝缘材料电气强度试验方法
第2部分:对应用直流电压试验的
附加要求

Electrical strength of insulating materials—Test methods—
Part 2:Additional requirements for tests using direct voltage

(IEC 60243-2:2001,IDT)

2006-11-09 发布   2007-04-01 实施

中华人民共和国国家质量监督检验检疫总局
中国国家标准化管理委员会   发布

前　言

GB/T 1408《绝缘材料电气强度试验方法》目前包括 3 个部分：

——第 1 部分：工频下试验；

——第 2 部分：对应用直流电压试验的附加要求；

——第 3 部分：对脉冲试验的附加要求。

本部分为 GB/T 1408 的第 2 部分。

本部分等同采用 IEC 60243-2:2001《绝缘材料电气强度试验方法　第 2 部分：对应用直流电压试验的附加要求》（英文版）。

在附录 A 中列出了本部分章条编号与 IEC 60243-2:2001 章条编号的对照一览表。

为便于使用，本部分做了下列编辑性修改：

a)　删除了国际标准的"前言"和"引言"；

b)　第 1 章中增加了"本部分适用于固体绝缘材料直流电气强度的试验"的文字叙述内容。

本部分的附录 A 为资料性附录。

本部分由中国电器工业协会提出。

本部分由全国绝缘材料标准化技术委员会（SAC/TC 51）归口。

本部分起草单位：桂林电器科学研究所。

本部分主要起草人：王先锋、杨志伟。

本部分为首次制定。

绝缘材料电气强度试验方法
第2部分:对应用直流电压试验的附加要求

1 范围

本部分对 GB/T 1408.1—2006 补充了在直流电压应力作用下测定固体绝缘材料电气强度的要求。本部分适用于固体绝缘材料直流电气强度的试验。

2 规范性引用文件

下列文件中的条款通过 GB/T 1408 的本部分的引用而成为本部分的条款。凡是注日期的引用文件,其随后所有的修改单(不包括勘误的内容)或修订版均不适用于本部分,然而,鼓励根据本部分达成协议的各方研究是否可使用这些文件的最新版本。凡是不注日期的引用文件,其最新版本适用于本部分。

GB/T 1408.1—2006 绝缘材料电气强度试验方法 第1部分:工频下试验(IEC 60243-1:1998,IDT)

GB/T 1981.2—2003 电气绝缘用漆 第2部分:试验方法(IEC 60464-2:2001,IDT)

GB/T 10580—2003 固体绝缘材料在试验前和试验时采用的标准条件(IEC 60212:1971,IDT)

ISO 293:1986 塑料 热塑性材料压模塑试样

ISO 294-1:1996 塑料 热塑性材料试样的注模塑法 第1部分:一般原则、多用途模塑件及条形试样

ISO 294-3:1996 塑料 热塑性材料试样的注模塑法 第3部分:小板

ISO 295:1991 塑料 热固性材料压模塑试样

ISO 10724:1994 塑料 热固性模塑料 注塑成型多用途试样

IEC 60296:2003 变压器和开关用的未使用过的矿物绝缘油规范

IEC 60455-2:1998 电气绝缘用树脂基反应复合物 第2部分:试验方法

IEC 60674-2:1988 电气用塑料薄膜 第2部分:试验方法

3 定义

见 GB/T 1408.1—2006 的第3章。

4 试验的意义

当应用直流电压试验时,除 GB/T 1408.1—2006 第4章要求外,还应考虑以下各点。

4.1 对某一种非均质试样,在交流电压下是通过阻抗(主要是电容性的)决定在试样内的电压应力分布。随着直流电压的增加,电压分布可能仍然主要由电容性决定,但部分与升压速度有关。在施加恒定电压后,电阻性的电压分布呈现稳定状态。选择直流或者交流电压取决于拟采用的击穿试验的目的,在某种程度上还取决于材料被应用的场合。

4.2 在施加直流电压时,产生下列电流:电容电流、电吸收电流、泄漏电流以及在某种情况下局部放电电流。

此外,对含有不同层或不均匀的材料,在整个试样上的电压分布还受到因相反极性电荷而引起的界面极化影响。极性相反的电荷可积累在界面的两边,并产生足够大的局部电场,从而引起试样局部放电

21

或击穿。

4.3 对大多数材料,直流击穿电压高于工频击穿电压的峰值;对许多材料,特别是那些不均质材料,直流击穿电压会比交流击穿电压高三倍或更多。

5 电极和试样

见 GB/T 1408.1—2006 第 5 章。

6 试验前的条件处理

见 GB/T 1408.1—2006 第 6 章。

7 周围媒质

见 GB/T 1408.1—2006 第 7 章。

8 电气设备

8.1 电源

应由具有下列参数和元件的电源提供施加于两电极的试验电压。

8.1.1 可选择正或负极性电压,其中一个电极应接地。

8.1.2 在试验电压值大于 50% 击穿电压值的整个范围内,试验电压上的交变电压波纹应不超过试验电压的 2%。试验电压还应没有超过 1% 施加电压的暂态或其他波动。

当试验电容量小的试样时,有必要附加一个合适电容器(例如,1 000 pF)与电极并联,以减少过早引发击穿的暂态影响。

8.1.3 控制电压装置应能平滑均匀地从零调节到最大试验电压,并具有所要求的升压速度。升压速度应能控制在规定速度的 ±20% 以内。电压上升的每一个阶跃量应不超过预期击穿电压的 2%,优选能在某一选择速度下自动升压的控制装置。

8.1.4 应使用电流断路装置来切断直流电压源。

注:对许多材料,在去除直流试验电压后的相当长的时间内,在整个试样上可能继续存在着危险电压,切断接到直流电压源的工频电源未必会导致输出电压或电极处电压降低到零。由于这个原因,必须将两电极短路并接地,其时间等于最少两倍的总充电时间,以确保电荷消失。对某些大的试样,有必要保持短路状态 1 h 或更长。

8.1.5 最好应用限流电阻与试样串联,以防止试样发生击穿时对高压电源造成损坏并尽可能限制对试样上电极造成损坏。最大允许电流将取决于被试材料以及允许的对电极造成损坏的程度。

注:应用某一种很高值的电阻器可能导致击穿电压比应用低值电阻器的那些击穿电压高。

8.1.6 当进行的试验是以电流值或是以电流的增加值为击穿判断标准时,应具有测量通过试样的电流的装置。

8.2 电压测量

应在电极两端测量所施加的电压,并满足 GB/T 1408.1—2006 第 8 章的其他要求。

9 程序

见 GB/T 1408.1—2006 第 9 章。

10 升压方式

除非另有规定,应按 GB/T 1408.1—2006 的 10.1(短时试验)、10.3 或 10.5(慢速和很慢速升压)或10.6(检查试验)施加电压。

11 击穿判断标准

GB/T 1408.1—2006 第 11 章适用于直流电压试验。可以通过电流突变或电流超过某一规定值来判断击穿。

12 试验次数

见 GB/T 1408.1—2006 第 12 章。

13 报告

13.1 除非另有规定,报告应包括以下内容:

a) 被试材料的完整鉴别;

b) 试验电压的极性;

c) 电气强度的中值(以 kV/mm 表示)或击穿电压的中值(以 kV 表示);

d) 每一试样的厚度(见 GB/T 1408.1—2006 的 5.4);

e) 试验过程的周围媒质及其性能;

f) 电极系统;

g) 施加电压的方式;

h) 电气强度的各个值(以 kV/mm 表示)或击穿电压的各个值(以 kV 表示);

i) 在空气或其他气体中试验过程的温度、压力和湿度;或当周围媒质是液体时,该媒质的温度;

j) 试验前的条件处理;

k) 击穿类型和位置的说明。

13.2 当要求对结果作最简短说明时,报告应包括第 a)项至第 g)项,以及最低值和最高值。

GB/T 1408.2—2006/IEC 60243-2:2001

附　录　A

（资料性附录）

本部分章条编号与 IEC 60243-2:2001 章条编号对照

表 A.1 给出了本部分章条编号与 IEC 60243-2:2001 章条编号对照一览表。

表 A.1　本部分章条编号与 IEC 60243-2:2001 章条编号对照

本部分章条编号	对应国际标准章条编号
1	1.1
2	1.2
3	2
4	3
4.1～4.3	3.1～3.3
5	4
6	5
7	6
8	7
8.1	7.1
8.1.1～8.1.6	7.1.1～7.1.6
8.2	7.2
9	8
10	9
11	10
12	11
13	12
13.1～13.2	12.1～12.2

ICS 29.035.99
K 15

中华人民共和国国家标准

GB/T 1408.3—2007/IEC 60243-3:2001

绝缘材料电气强度试验方法
第 3 部分:1.2/50 μs 脉冲试验补充要求

Electric strength of insulating materials—Test methods—
Part 3: Additional requirements for 1.2/50 μs impulse tests

(IEC 60243-3:2001,IDT)

2007-12-03 发布   2008-05-20 实施

中华人民共和国国家质量监督检验检疫总局
中国国家标准化管理委员会   发 布

前　言

GB/T 1408《绝缘材料电气强度试验方法》目前包括以下几部分:

——第1部分:工频下试验;

——第2部分:应用直流电压试验补充要求;

——第3部分:1.2/50 μs脉冲试验补充要求。

本部分为GB/T 1408的第3部分。

本部分等同采用IEC 60243-3:2001《绝缘材料电气强度试验方法　第3部分:1.2/50 μs脉冲试验补充要求》(英文版)。

为便于使用,本部分做了下列编辑性修改:

a) 删除了IEC标准的"前言"和"引言";

b) 用小数点符号'.'代替小数点符号',';

c) "规范性引用文件"中将"IEC 60243-1"改为已等同采用其转化的"GB/T 1408.1"。

本部分由中国电器工业协会提出。

本部分由全国电气绝缘材料与系统评定标准化技术委员会(SAC/TC 301)归口。

本部分起草单位:桂林电器科学研究所、西安交通大学。

本部分主要起草人:王先锋、曹晓珑。

本部分为首次制定。

绝缘材料电气强度试验方法
第3部分:1.2/50 μs 脉冲试验补充要求

1 范围

本部分规定了 GB/T 1408.1 所提到的在 1.2/50 μs 脉冲电压应力下,对固体绝缘材料电气强度测定的补充要求。

2 规范性引用文件

下列文件中的条款通过 GB/T 1408 的本部分的引用而成为本部分的条款。凡是注日期的引用文件,其随后所有的修改单(不包括勘误的内容)或修订版均不适用于本部分,然而,鼓励根据本部分达成协议的各方研究是否可使用这些文件的最新版本。凡是不注日期的引用文件,其最新版本适用于本部分。

GB/T 1408.1—2006 绝缘材料电气强度试验方法 第1部分:工频下试验(IEC 60243-1:1998,IDT)

3 定义

下列定义及 GB/T 1408.1—2006 第3章中给出的定义,均适用于本部分。

3.1

全冲击电压波 full impulse-voltage wave

迅速升到最大值,然后迅速回落到零的非周期瞬变电压,上升时间比回落时间短(见图1)。

3.2

冲击电压波的峰值 peak value(of an impulse-voltage wave)

U_p

电压的最大值。

3.3

冲击电压波的虚峰值 virtual peak value(of an impulse-voltage wave)

U_1

从一个具有高频振荡和限制量级过冲的冲击电压波形记录中衍生的数值。

3.4

冲击电压波的虚电压起始点 virtual origin(of an impulse-voltage wave)

O_1

交点 O_1 是一条在冲击电压波前端,通过0.3倍虚峰值和0.9倍虚峰值的直线与零电压线的交点。(见图1)。

3.5

冲击电压波的虚波前时间 virtual front time(of an impulse-voltage wave)

t_1

t_f 的1.67倍,其中 t_f 是0.3倍与0.9倍峰值之间的时间间隔。(t_f 见图1)。

3.6

冲击电压波的半峰值的虚时间 virtual time to half-value

t_2

虚电压起始点 O_1 和当电压下降到峰值一半时与波尾交点之间的时间间隔。

4 测试的意义

除 GB/T 1408.1—2006 第 4 章提供的信息之外,下述也是与脉冲电压试验有关的非常重要的信息。

4.1 高电压设备常因附近闪电冲击而遭受短暂过电压应力,特别是在变压器和开关设备用于电力传送和分配系统时。在评定电力设备的可靠性时,绝缘材料耐受暂态电压的能力显得非常重要。

4.2 由闪电造成的暂态电压可能是正极性或者负极性的,此时相同电极之间的对称区域中,极性对电气强度没有影响。然而,如果电极是不同的,极性会有明显的影响。用不对称电极测试材料,测试者又对此材料没有以往的经验和知识时,推荐对两种极性做对比试验。

4.3 标准波形是一个 1.2/50 μs 波,峰值电压大约在 1.2 μs,衰减到峰值的一半大约在波形起始后 50 μs,这种波用来模拟一个不导致绝缘系统击穿的闪电冲击。

> 注:如果被测试的材料有明显的电感特性,很难甚至不可能获得一个振荡少于 5% 的波形,如 8.2.2. 提到的。然而,本部分给出的条款只是针对容性试样。复杂结构的测试,例如在复杂设备的两线圈之间进行的测试,或者类似模型的测试,应该遵照该设备的技术规范。

4.4 在多数材料的脉冲测试中,由于脉冲时间很短,介质发热(以及其他热效应)和空间电荷注入的影响被减弱。这样,脉冲测试的值比短时间交流测试的峰电压值要高。通过脉冲电压测试和长时间耐压测试的对比,可以推断出不同测试情况下某种特定材料的失效模型。

5 电极和试样

同 GB/T 1408.1—2006 第 5 章。

6 测试前的条件处理

同 G8/T 1408.1—2006 第 6 章。

7 环境媒介

同 GB/T 1408.1—2006 第 7 章。

8 电气设备

8.1 电源

加在电极上的电压应由特殊的脉冲发生器提供,该脉冲发生器具有以下特点:

8.1.1 应提供正极性或者负极性的电压选择,连接到电极的一个接头应接地。

8.1.2 这个脉冲发生器应能控制并调整施加于试样上电压的波形,使之具有 1.2 μs±0.36 μs 虚波前时间 t_1,50 μs±10 μs 半峰值的虚时间 t_2(见图1)。

8.1.3 脉冲发生器的电压容量和能量存储必须足够大,使得加在任意待测的试样上的冲击电压波有合适的形状,要能达到材料的击穿电压或额定电压。

8.1.4 在满足 8.2.2 的条件下,电压的峰值即为其虚峰值。

8.2 电压测量

8.2.1 采取措施记录施加在试样上的电压波形,并测量电压虚峰值,虚波前时间和半值的虚时间(误差应小于 5%)。

8.2.2 如果电压波振荡幅值小于峰值的 5%,频率大于 0.5 MHz,得到的将是一条平均曲线,其最大幅值是虚峰值。如果振荡的幅值过大,频率过低,这种电压波形在标准测试中是不能被接受的。

9 程序

同 GB/T 1408.1—2006 第 9 章。

10 施加电压

10.1 击穿试验

击穿试验应与 GB/T 1408.1—2006 第 11 章一致。

10.1.1 电压脉冲将应用于三个波的平均峰值电压的一系列设置。初始设置的峰值电压应该是预计击穿电压的 70%左右。

10.1.2 把后续设置的峰值电压相对于初始设置的峰值电压升高 5%~10%,GB/T 1408.1—2006 的表 1 是适用的。

10.1.3 在脉冲发生器的连续脉冲之间必须有足够的时间间隔,以便发生器充分充电,一般三倍于充电时间常数的间隔是足够的。

10.1.4 连续脉冲之间必须有足够的时间间隔,以使注入的空间电荷充分逸散。对于很多材料来说,脉冲发生器的充电时间会最终覆盖这个时间。对于那些空间电荷长时间滞留的材料来说,其时间需要在详细规范中说明。如果不知道这个时间间隔,但是认为材料有可能存在长时间的空间电荷滞留,必须做长的脉冲时间间隔的附加测试,以确定击穿电压是否有显著的差别。

10.1.5 当脉冲电压施加到两个电压水平而试样不发生击穿时,这样的测试才是有效的,而击穿一般发生在第三个或者其后续的电压水平。

10.1.6 电气强度应该是基于击穿前的三个脉冲波的虚峰值,击穿电压是导致击穿的下一组电压波的标称电压。

10.1.7 使用不对称电极系统时,初步测试以确定哪个电极得到较低的击穿电压,如果得到明显的差距,应使用得到较低测试结果的电极。

10.2 验证测试

依照 GB/T 1408.1—2006 的 11.1 在测试试样上加载一组三个规定的验证电压(虚值)脉冲波,当需要进行校准时,在验证电压之前将三个峰值电压不超过验证电压峰值 80%的脉冲施加到试样上。

11 击穿判断标准

同 GB/T 1408.1—2006 的第 11 章,脉冲击穿电压是标称峰值电压,也是导致击穿的波形所能达到的电压值(如果材料在这之前未发生击穿)。

耐电压是击穿前的三个脉冲波形的最高标称峰值电压。

12 测试数量

同 GB/T 1408.1—2006 的第 12 章。

13 测试报告

13.1 全部报告

除了特别指定以外,报告应该包括下列内容:
a) 材料测试的完整描述,测试试样的描述和准备的方法。
b) 脉冲波的极性。
c) 电气强度中值(中间值)kV/mm,击穿电压 kV(不是用于验证测试的击穿电压)。

d)　每个测试试样的厚度(见 GB/T 1408.1—2006 的 5.4)。

e)　测试中的周围媒介以及它们的特性。

f)　当电极系统非对称时,有极性的电极系统。

g)　电气强度的个别值 kV/mm,击穿电压 kV(不是用于验证测试的击穿电压)。

h)　测试过程中,空气或者试样所在的其他气体的温度、压力和湿度;当试样浸在液体中进行试验时,液体媒质的温度。

i)　测试前的预处理条件。

j)　每个测试试样的最初标称峰值电压水平。

k)　指出测试试样的击穿类型和位置(例如,在电极边缘),对每个测试试样,最后一组三个脉冲中的哪个脉冲导致了击穿。

l)　对于每个测试试样,发生击穿的点在电压波形上的位置(波前、峰值、或者波尾)。

13.2　报告

当需要测试报告时,a)到 f)和最低值、最高值为必需内容。

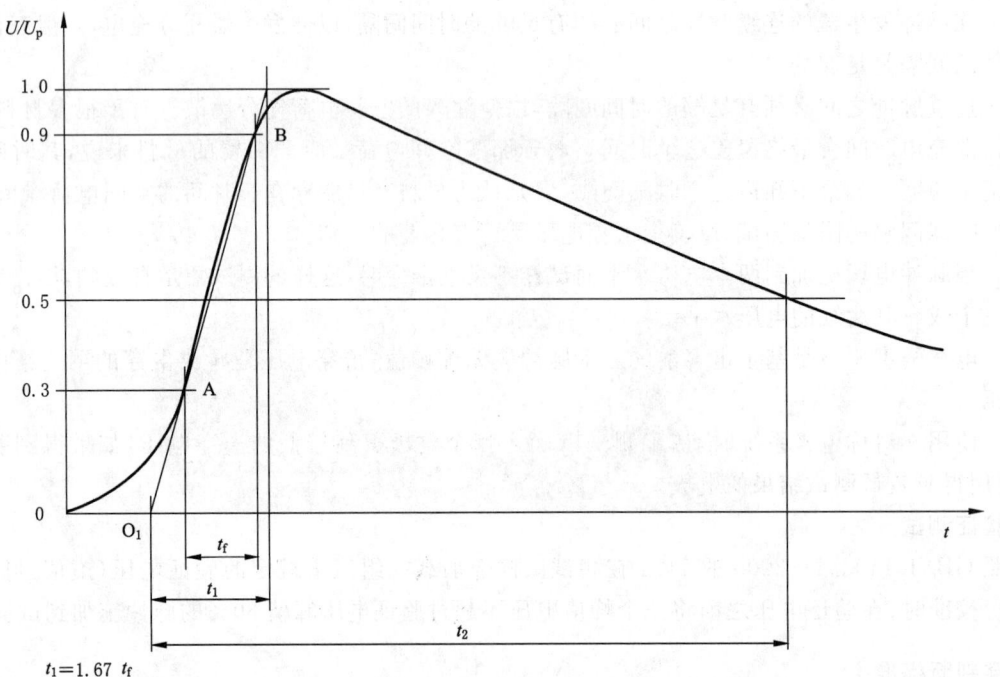

图 1　全脉冲电压波

ICS 29.035.99

K 15

中华人民共和国国家标准

GB/T 1409—2006
代替 GB/T 1409—1988

测量电气绝缘材料在工频、音频、高频
（包括米波波长在内）
下电容率和介质损耗因数的推荐方法

Recommended methods for the determination of the permittivity
and dielectric dissipation fator of electrical insulating materials
at power,audio and radio frequencies including meter wavelengths

(IEC 60250:1969,MOD)

2006-02-15 发布

2006-06-01 实施

中华人民共和国国家质量监督检验检疫总局
中国国家标准化管理委员会　发布

前　言

本标准修改采用 IEC 60250:1969《测量电气绝缘材料在工频、音频、高频(包括米波波长在内)下电容率和介质损耗因数的推荐方法》(英文版)。

本标准根据 IEC 60250:1969 重新起草。在附录 B 中列出了本标准章条编号与 IEC 60250:1969 章条编号的对照一览表。

考虑到我国国情,在采用 IEC 60250:1969 时,本标准做了一些修改。有关技术性差异已编入正文中并在它们所涉及的条款的页边空白处用垂直单线标识。

为便于使用,本标准做了下列编辑性修改:

a)　删除国际标准的目次和前言;

b)　用小数点'.'代替作为小数点的逗号',';

c)　引用的 IEC 60247,由"Measurement of relative permittivity, dielectric dissipation factor and d.c. resistivity of insulating liquids"即"液体绝缘材料相对电容率、介质损耗因数和直流电阻率的测量"代替"Recommended Test cells for Measuring the Resistivity of Insulating Liquids and Methods of cleaning the cells"即"测量绝缘液体电阻率的试验池及清洗试验池的推荐方法";

d)　用"ε_r"代替"$\varepsilon_r{}^*$";

e)　增加了"术语";

f)　增加公式中符号说明;

g)　图按 GB/T 1.1—2000 标注。

本标准与 GB/T 1409—1988 的相比,主要变化如下:

1)　增加"规范性引用文件"(本标准第 2 章);

2)　增加"电介质用途"(本标准 4.1);

3)　删去导电橡皮;

4)　增加"石墨"(本标准 5.1.3);

5)　增加"液体绝缘材料"(本标准 5.2)。

本标准代替 GB/T 1409—1988《固体绝缘材料在工频、音频、高频(包括米波长在内)下相对介电常数和介质损耗因数的试验方法》。

本标准的附录 A、附录 B 为资料性附录。

本标准由中国电器工业协会提出。

本标准由全国绝缘材料标准化技术委员会归口。

本标准起草单位:桂林电器科学研究所。

本标准主要起草人:王先锋、谷晓丽。

本标准所代替标准的历次版本发布情况为:

——GB/T 1409—1978;

——GB/T 1409—1988。

测量电气绝缘材料在工频、音频、高频
（包括米波波长在内）
下电容率和介质损耗因数的推荐方法

1 范围

本标准规定了在 15 Hz～300 MHz 的频率范围内测量电容率、介质损耗因数的方法,并由此计算某些数值,如损耗指数。本标准中所叙述的某些方法,也能用于其他频率下测量。

本标准适用于测量液体、易熔材料以及固体材料。测试结果与某些物理条件有关,例如频率、温度、湿度,在特殊情况下也与电场强度有关。

有时在超过 1 000 V 的电压下试验,则会引起一些与电容率和介质损耗因数无关的效应,对此不予论述。

2 规范性引用文件

下列文件中的条款通过本标准的引用而成为本标准的条款。凡是注日期的引用文件,其随后所有的修改单（不包括勘误的内容）或修订版均不适用于本标准,然而,鼓励根据本标准达成协议的各方研究是否可使用这些文件的最新版本。凡是不注日期的引用文件,其最新版本适用于本标准。

IEC 60247:1978 液体绝缘材料相对电容率、介质损耗因数和直流电阻率的测量

3 术语和定义

下列术语和定义适用于本标准。

3.1

相对电容率 relative permittivity

ε_r

电容器的电极之间及电极周围的空间全部充以绝缘材料时,其电容 C_X 与同样电极构形的真空电容 C_0 之比:

$$\varepsilon_r = \frac{C_X}{C_0} \quad\quad\quad\quad\quad\quad\quad\quad (1)$$

式中:

ε_r——相对电容率;

C_X——充有绝缘材料时电容器的电极电容;

C_0——真空中电容器的电极电容。

在标准大气压下,不含二氧化碳的干燥空气的相对电容率 ε_r 等于 1.000 53。因此,用这种电极构形在空气中的电容 C_a 来代替 C_0 测量相对电容率 ε_r 时,也有足够的精确度。

在一个测量系统中,绝缘材料的电容率是在该系统中绝缘材料的相对电容率 ε_r 与真空电气常数 ε_0 的乘积。

在 SI 制中,绝对电容率用法/米（F/m）表示。而且,在 SI 单位中,电气常数 ε_0 为:

$$\varepsilon_0 = 8.854 \times 10^{-12} \text{ F/m} \approx \frac{1}{36\pi} \times 10^{-9} \text{ F/m} \quad\quad\quad\quad (2)$$

在本标准中,用皮法和厘米来计算电容,真空电气常数为:

$$\varepsilon_0 = 0.088\ 54\ \text{pF/cm}$$

3.2

介质损耗角 dielectric loss angle

δ

由绝缘材料作为介质的电容器上所施加的电压与由此而产生的电流之间的相位差的余角。

3.3

介质损耗因数[1] dielectric dissipation factor

$\tan\delta$

损耗角 δ 的正切。

3.4

[介质]损耗指数 [dielectric] loss index

ε_r''

该材料的损耗因数 $\tan\delta$ 与相对电容率 ε_r 的乘积。

3.5

复相对电容率 complex relative permittivity

$\underline{\varepsilon_r}$

由相对电容率和损耗指数结合而得到的：

$$\underline{\varepsilon_r} = \varepsilon_r' - j\varepsilon_r'' \qquad \cdots\cdots\cdots\cdots\cdots\cdots\cdots (3)$$

$$\varepsilon_r' = \varepsilon_r \qquad \cdots\cdots\cdots\cdots\cdots\cdots\cdots (4)$$

$$\varepsilon_r'' = \varepsilon_r \tan\delta \qquad \cdots\cdots\cdots\cdots\cdots\cdots\cdots (5)$$

$$\tan\delta = \frac{\varepsilon_r''}{\varepsilon_r'} \qquad \cdots\cdots\cdots\cdots\cdots\cdots\cdots (6)$$

式中：

$\underline{\varepsilon_r}$——复相对电容率；

ε_r''——损耗指数；

ε_r'、ε_r——相对电容率；

$\tan\delta$——介质损耗因数。

注：有损耗的电容器在任何给定的频率下能用电容 C_S 和电阻 R_S 的串联电路表示，或用电容 C_P 和电阻 R_P（或电导 G_P）的并联电路表示。

并联等值电路　　　　　　　　　　　　　串联等值电路

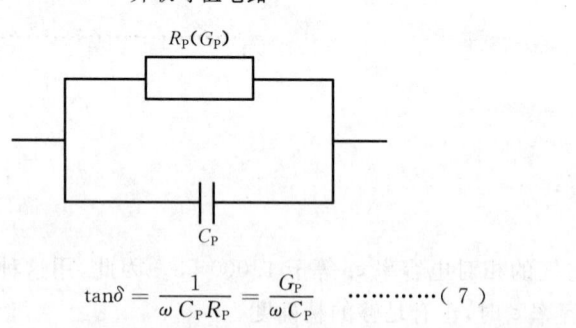 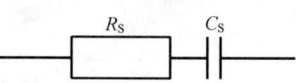

$$\tan\delta = \frac{1}{\omega C_P R_P} = \frac{G_P}{\omega C_P} \quad\cdots\cdots\cdots (7) \qquad\qquad \tan\delta = \omega C_S R_S \quad\cdots\cdots\cdots (8)$$

式中：

C_S——串联电容；

R_S——串联电阻；

---

1) 有些国家用"损耗角正切"来表示"介质损耗因数"，因为损耗的测量结果是用损耗角的正切来报告的。

C_P——并联电容;

R_P——并联电阻。

虽然以并联电路表示一个具有介质损耗的绝缘材料通常是合适的,但在单一频率下,有时也需要以电容 C_S 和电阻 R_S 的串联电路来表示。

串联元件与并联元件之间,成立下列关系:

$$C_P = \frac{C_S}{1 + \tan^2\delta} \quad\quad\quad\quad\quad\quad\cdots\cdots\cdots\cdots\cdots\cdots\cdots(9)$$

$$R_P = \frac{1 + \tan^2\delta}{\tan^2\delta}R_S \quad\quad\quad\quad\quad\cdots\cdots\cdots\cdots\cdots\cdots\cdots(10)$$

$$\omega C_S R_S = \frac{1}{\omega C_P R_P} \quad\quad\quad\quad\quad\quad\cdots\cdots\cdots\cdots\cdots\cdots\cdots(11)$$

式(9)、(10)、(11)中:C_S、R_S、C_P、R_P、$\tan\delta$ 同式(7)、(8)。

无论串联表示法还是并联表示法,其介质损耗因数 $\tan\delta$ 是相等的。

假如测量电路依据串联元件来产生结果,且 $\tan^2\delta$ 太大而在式(9)中不能被忽略,则在计算电容率前必须先计算并联电容。

本标准中的计算和测量是根据电流($\omega = 2\pi f$)正弦波形作出的。

4 电气绝缘材料的性能和用途

4.1 电介质的用途

电介质一般被用在两个不同的方面:

用作电气回路元件的支撑,并且使元件对地绝缘及元件之间相互绝缘;

用作电容器介质。

4.2 影响介电性能的因素

下面分别讨论频率、温度、湿度和电气强度对介电性能的影响。

4.2.1 频率

因为只有少数材料如石英玻璃、聚苯乙烯或聚乙烯在很宽的频率范围内它们的 ε_r 和 $\tan\delta$ 几乎是恒定的,且被用作工程电介质材料,然而一般的电介质材料必须在所使用的频率下测量其介质损耗因数和电容率。

电容率和介质损耗因数的变化是由于介质极化和电导而产生,最重要的变化是极性分子引起的偶极子极化和材料的不均匀性导致的界面极化所引起的。

4.2.2 温度

损耗指数在一个频率下可以出现一个最大值,这个频率值与电介质材料的温度有关。介质损耗因数和电容率的温度系数可以是正的或负的,这取决于在测量温度下的介质损耗指数最大值位置。

4.2.3 湿度

极化的程度随水分的吸收量或电介质材料表面水膜的形成而增加,其结果使电容率、介质损耗因数和直流电导率增大。因此试验前和试验时对环境湿度进行控制是必不可少的。

注:湿度的显著影响常常发生在 1MHz 以下及微波频率范围内。

4.2.4 电场强度

存在界面极化时,自由离子的数目随电场强度增大而增加,其损耗指数最大值的大小和位置也随此而变。

在较高的频率下,只要电介质中不出现局部放电,电容率和介质损耗因数与电场强度无关。

5 试样和电极

5.1 固体绝缘材料

5.1.1 试样的几何形状

测定材料的电容率和介质损耗因数,最好采用板状试样,也可采用管状试样。

在测定电容率需要较高精度时,最大的误差来自试样尺寸的误差,尤其是试样厚度的误差,因此厚度应足够大,以满足测量所需要的精确度。厚度的选取决定于试样的制备方法和各点间厚度的变化。对 1% 的精确度来讲,1.5 mm 的厚度就足够了,但是对于更高精度,最好是采用较厚的试样,例如 6 mm～12 mm。测量厚度必须使测量点有规则地分布在整个试样表面上,且厚度均匀度在 ±1% 内。如果材料的密度是已知的,则可用称量法测定厚度。选取试样的面积时应能提供满足精度要求的试样电容。测量 10 pF 的电容时,使用有良好屏蔽保护的仪器。由于现有仪器的极限分辨能力约 1 pF,因此试样应薄些,直径为 10 cm 或更大些。

需要测低损耗因数值时,很重要的一点是导线串联电阻引入的损耗要尽可能地小,即被测电容和该电阻的乘积要尽可能小。同样,被测电容对总电容的比值要尽可能地大。第一点表示导线电阻要尽可能低及试样电容要小。第二点表示接有试样桥臂的总电容要尽可能小,且试样电容要大。因此试样电容最好取值为 20 pF,在测量回路中,与试样并联的电容不应大于约 5 pF。

5.1.2 电极系统

5.1.2.1 加到试样上的电极

电极可选用 5.1.3 中任意一种。如果不用保护环,而且试样上下的两个电极难以对齐时,其中一个电极应比另一个电极大些。已经加有电极的试样应放置在两个金属电极之间,这两个金属电极要比试样上的电极稍小些。对于平板形和圆柱形这两种不同电极结构的电容计算公式以及边缘电容近似计算的经验公式由表 1 给出。

对于介质损耗因数的测量,这种类型的电极在高频下不能满足要求,除非试样的表面和金属板都非常平整。图 1 所示的电极系统也要求试样厚度均匀。

5.1.2.2 试样上不加电极

表面电导率很低的试样可以不加电极而将试样插入电极系统中测量,在这个电极系统中,试样的一侧或两侧有一个充满空气或液体的间隙。

平板电极或圆柱形电极结构的电容计算公式由表 3 给出。

下面两种型式的电极装置特别合适。

5.1.2.2.1 空气填充测微计电极

当试样插入和不插入时,电容都能调节到同一个值,不需进行测量系统的电气校正就能测定电容率。电极系统中可包括保护电极。

5.1.2.2.2 流体排出法

在电容率近似等于试样的电容率,而介质损耗因数可以忽略的一种液体内进行测量,这种测量与试样厚度测量的精度关系不大。当相继采用两种流体时,试样厚度和电极系统的尺寸可以从计算公式中消去。

试样为与试验池电极直径相同的圆片,或对测微计电极来说,试样可以比电极小到足以使边缘效应忽略不计。在测微计电极中,为了忽略边缘效应,试样直径约比测微计电极直径小两倍的试样厚度。

5.1.2.3 边缘效应

为了避免边缘效应引起电容率的测量误差,电极系统可加上保护电极。保护电极的宽度应至少为两倍的试样厚度,保护电极和主电极之间的间隙应比试样厚度小。假如不能用保护环,通常需对边缘电容进行修正,表 1 给出了近似计算公式。这些公式是经验公式,只适用于规定的几种特定的试样形状。

此外,在一个合适的频率和温度下,边缘电容可采用有保护环和无保护环的(比较)测量来获得,用所得到的边缘电容修正其他频率和温度下的电容也可满足精度要求。

5.1.3 构成电极的材料

5.1.3.1 金属箔电极

用极少量的硅脂或其他合适的低损耗粘合剂将金属箔贴在试样上。金属箔可以是纯锡或铅,也可以是这些金属的合金,其厚度最大为 100 μm,也可使用厚度小于 10 μm 的铝箔。但是,铝箔在较高温度下易形成一层电绝缘的氧化膜,这层氧化膜会影响测量结果,此时可使用金箔。

5.1.3.2 烧熔金属电极

烧熔金属电极适用于玻璃、云母和陶瓷等材料,银是普遍使用的,但是在高温或高湿下,最好采用金。

5.1.3.3 喷镀金属电极

锌或铜电极可以喷镀在试样上,它们能直接在粗糙的表面上成膜。这种电极还能喷在布上,因为它们不穿透非常小的孔眼。

5.1.3.4 阴极蒸发或高真空蒸发金属电极

假如处理结果既不改变也不破坏绝缘材料的性能,而且材料承受高真空时也不过度逸出气体,则本方法是可以采用的。这一类电极的边缘应界限分明。

5.1.3.5 汞电极和其他液体金属电极

把试样夹在两块互相配合好的凹模之间,凹模中充有液体金属,该液体金属必须是纯净的。汞电极不能用于高温,即使在室温下用时,也应采取措施,这是因为它的蒸气是有毒的。

伍德合金和其他低熔点合金能代替汞。但是这些合金通常含有镉,镉象汞一样,也是毒性元素。这些合金只有在良好抽风的房间或在抽风柜中才能用于100℃以上,且操作人员应知道可能产生的健康危害。

5.1.3.6 导电漆

无论是气干或低温烘干的高电导率的银漆都可用作电极材料。因为此种电极是多孔的,可透过湿气,能使试样的条件处理在涂上电极后进行,对研究湿度的影响时特别有用。此种电极的缺点是试样涂上银漆后不能马上进行试验,通常要求12 h以上的气干或低温烘干时间,以便去除所有的微量溶剂,否则,溶剂可使电容率和介质损耗因数增加。同时应注意漆中的溶剂对试样应没有持久的影响。

要使用刷漆法做到边缘界限分明的电极较困难,但使用压板或压敏材料遮框喷漆可克服此局限。但在极高的频率下,因银漆电极的电导率会非常低,此时则不能使用。

5.1.3.7 石墨

一般不推荐使用石墨,但是有时候也可采用,特别是在较低的频率下。石墨的电阻会引起损耗的显著增大,若采用石墨悬浮液制成电极,则石墨还会穿透试样。

5.1.4 电极的选择

5.1.4.1 板状试样

考虑下面两点很重要:

a) 不加电极,测量时快而方便,并可避免由于试样和电极间的不良接触而引起的误差。

b) 若试样上是加电极的,由测量试样厚度 h 时的相对误差 $\Delta h/h$ 所引起的相对电容率的相对误差 $\Delta \varepsilon_r/\varepsilon_r$ 可由下式得到:

$$\frac{\Delta \varepsilon_r}{\varepsilon_r} = \frac{\Delta h}{h} \qquad \cdots\cdots\cdots\cdots\cdots\cdots\cdots (12)$$

式中:

$\Delta \varepsilon_r$——相对电容率的偏差;

ε_r——相对电容率;

h——试样厚度;

Δh——试样厚度的偏差。

若试样上加电极,且试样放在有固定距离 $S > h$ 的两个电极之间,这时

$$\frac{\Delta \varepsilon_r}{\varepsilon_r} = \left(1 - \frac{\varepsilon_r}{\varepsilon_f}\right) \cdot \frac{\Delta h}{h} \qquad \cdots\cdots\cdots\cdots\cdots\cdots (13)$$

式中:

$\Delta \varepsilon_r$、ε_r、h、Δh 同式(12)。

ε_f——试样浸入所用流体的相对电容率,对于在空气中的测量则 ε_f 等于1。

对于相对电容率为10以上的无孔材料,可采用沉积金属电极。对于这些材料,电极应覆盖在试样的整个表面上,并且不用保护电极。对于相对电容率在3～10之间的材料,能给出最高精度的电极是金属箔、汞或沉积金属,选择这些电极时要注意适合材料的性能。若厚度的测量能达到足够精度时,试样上不加电极的方法方便而更可取。假如有一种合适的流体,它的相对电容率已知或者能很准确地测出,则采用流体排出法是最好的。

5.1.4.2 管状试样

对管状试样而言,最合适的电极系统将取决于它的电容率、管壁厚度、直径和所要求的测量精度。一般情况下,电极系统应为一个内电极和一个稍为窄一些的外电极和外电极两端的保护电极组成,外电极和保护电极之间的间隙应比管壁厚度小。对小直径和中等直径的管状试样,外表面可加三条箔带或沉积金属带,中间一条用作为外电极(测量电极),两端各有一条用作保护电极。内电极可用汞,沉积金属膜或配合较好的金属芯轴。

高电容率的管状试样,其内电极和外电极可以伸展到管状试样的全部长度上,可以不用保护电极。

大直径的管状或圆筒形试样,其电极系统可以是圆形或矩形的搭接,并且只对管的部分圆周进行试验。这种试样可按板状试样对待,金属箔、沉积金属膜或配合较好的金属芯轴内电极与金属箔或沉积金属膜的外电极和保护电极一起使用。如采用金属箔做内电极,为了保证电极和试样之间的良好接触,需在管内采用一个弹性的可膨胀的夹具。

对于非常准确的测量,在厚度的测量能达到足够的精度时,可采用试样上不加电极的系统。对于相对电容率 ε_r 不超过10的管状试样,最方便的电极是用金属箔、汞或沉积金属膜。相对电容率在10以上的管状试样,应采用沉积金属膜电极;瓷管上可采用烧熔金属电极。电极可像带材一样包覆在管状试样的全部圆周或部分圆周上。

5.2 液体绝缘材料

5.2.1 试验池的设计

对于低介质损耗因数的待测液体,电极系统最重要的特点是:容易清洗、再装配(必要时)和灌注液体时不移动电极的相对位置。此外还应注意:液体需要量少,电极材料不影响液体,液体也不影响电极材料,温度易于控制,端点和接线能适当地屏蔽;支撑电极的绝缘支架应不浸沉在液体中,还有,试验池不应含有太短的爬电距离和尖锐的边缘,否则能影响测量精度。

满足上述要求的试验池见图2～图4。电极是不锈钢的,用硼硅酸盐玻璃或石英玻璃作绝缘。图2和图3所示的试验池也可用作电阻率的测定,IEC 60247:1978 对此已详细叙述。

由于有些液体如氯化物,其介质损耗因数与电极材料有明显的关系,不锈钢电极不总是最合适的。有时,用铝和杜拉铝制成的电极能得到比较稳定的结果。

5.2.2 试验池的准备

应用一种或几种合适的溶剂来清洗试验池,或用不含有不稳定化合物的溶剂多次清洗。可以通过化学试验方法检查其纯度,或通过一个已知的低电容率和介质损耗因数的液体试样测量的结果来确定。当试验池试验几种类型的绝缘液体时,若单独使用溶剂不能去除污物,可用一种柔和的擦净剂和水来清洁试验池的表面。若使用一系列溶剂清洗时则最后要用最大沸点低于100℃的分析级的石油醚来再次清洗,或者用任一种对一个已知低电容率和介质损耗因数的液体测量能给出正确值的溶剂来清洗,并且这种溶剂在化学性质上与被试液体应是相似的。推荐使用下述方法进行清洗。

试验池应全部拆开,彻底地清洗各部件,用溶剂回流的方法或放在未使用溶剂中搅动反复洗涤方法均可去除各部件上的溶剂并放在清洁的烘箱中,在110℃左右的温度下烘干30 min。

待试验池的各部件冷却到室温,再重新装配起来。池内应注入一些待试的液体,停几分钟后,倒出此液体再重新倒入待试液体,此时绝缘支架不应被液体弄湿。

在上述各步骤中,各部件可用干净的钩针或钳子巧妙地处理,以使试验池有效的内表面不与手接触。

注1：在同种质量油的常规试验中，上面所说的清洗步骤可以代之为在每一次试验后用没有残留纸屑的干纸简单地擦擦试验池。

注2：采用溶剂时，有些溶剂特别是苯、四氯化碳、甲苯、二甲苯是有毒的，所以要注意防火及毒性对人体的影响，此外，氯化物溶剂受光作用会分解。

5.2.3 试验池的校正

当需要高精度测定液体电介质的相对电容率时，应首先用一种已知相对电容率的校正液体（如苯）来测定"电极常数"。

"电极常数"C_c的确定按式（14）：

$$C_c = \frac{C_n - C_0}{\varepsilon_n - 1} \quad\quad\quad\quad\quad\quad (14)$$

式中：

C_c——电极常数；

C_0——空气中电极装置的电容；

C_n——充有校正液体时电极装置的电容；

ε_n——校正液体的相对电容率。

从C_0和C_c的差值可求得校正电容C_g：

$$C_g = C_0 - C_c \quad\quad\quad\quad\quad\quad (15)$$

并按照公式

$$\varepsilon_X = \frac{C_X - C_g}{C_c} \quad\quad\quad\quad\quad\quad (16)$$

来计算液体未知相对电容率ε_X。

式中：

C_g——校正电容；

C_0——空气中电极装置的电容；

C_c——电极常数；

C_X——电极装置充有被试液体时的电容；

ε_X——液体的相对电容率。

假如C_0、C_n和C_X值是在ε_n是已知的某一相同温度下测定的，则可求得最高精度的ε_X值。

采用上述方法测定液体电介质的相对电容率时，可保证其测得结果有足够的精度，因为它消除了由于寄生电容或电极间隙数值的不准确测量所引起的误差。

6 测量方法的选择

测量电容率和介质损耗因数的方法可分成两种：零点指示法和谐振法。

6.1 零点指示法适用于频率不超过50 MHz时的测量。测量电容率和介质损耗因数可用替代法；也就是在接入试样和不接试样两种状态下，调节回路的一个臂使电桥平衡。通常回路采用西林电桥、变压器电桥（也就是互感耦合比例臂电桥）和并联T型网络。变压器电桥的优点：采用保护电极不需任何外加附件或过多操作，就可采用保护电极；它没有其他网络的缺点。

6.2 谐振法适用于10 kHz～几百MHz的频率范围内的测量。该方法为替代法测量，常用的是变电抗法。但该方法不适合采用保护电极。

注：典型的电桥和电路示例见附录。附录中所举的例子自然是不全面的，叙述电桥和测量方法报导见有关文献和该种仪器的原理说明书。

7 试验步骤

7.1 试样的制备

试样应从固体材料上截取，为了满足要求，应按相关的标准方法的要求来制备。

应精确地测量厚度,使偏差在±(0.2%±0.005 mm)以内,测量点应均匀地分布在试样表面。必要时,应测其有效面积。

7.2 条件处理

条件处理应按相关规范规定进行。

7.3 测量

电气测量按本标准或所使用的仪器(电桥)制造商推荐的标准及相应的方法进行。

在 1 MHz 或更高频率下,必须减小接线的电感对测量结果的影响。此时,可采用同轴接线系统(见图 1 所示),当用变电抗法测量时,应提供一个固定微调电容器。

8 结果

8.1 相对电容率 ε_r

试样加有保护电极时其相对电容率 ε_r 可按公式(1)计算,没有保护电极时试样的被测电容 C'_X 包括了一个微小的边缘电容 C_e,其相对电容率为:

$$\varepsilon_r = \frac{C'_X - C_e}{C_0} \quad\quad\quad\quad\quad\quad\quad (17)$$

式中:

ε_r——相对电容率;

C'_X——没有保护电极时试样的电容;

C_e——边缘电容;

C_0——法向极间电容;

C_0 和 C_e 能从表 1 计算得来。

必要时应对试样的对地电容、开关触头之间的电容及等值串联和并联电容之间的差值进行校正。

测微计电极间或不接触电极间被测试样的相对电容率可按表 2、表 3 中相应的公式计算得来。

8.2 介质损耗因数 tanδ

介质损耗因数 tanδ 按照所用的测量装置给定的公式,根据测出的数值来计算。

8.3 精度要求

在第 5 章和附录 A 中所规定的精度是:电容率精度为±1%,介质损耗因数的精度为±(5%±0.000 5)。这些精度至少取决于三个因素:即电容和介质损耗因数的实测精度;所用电极装置引起的这些量的校正精度;极间法向真空电容的计算精度(见表 1)。

在较低频率下,电容的测量精度能达±(0.1%±0.02 pF),介质损耗因数的测量精度能达±(2%±0.000 05)。在较高频率下,其误差增大,电容的测量精度为±(0.5%±0.1 pF),介质损耗因数的测量精度为±(2%±0.000 2)。

对于带有保护电极的试样,其测量精度只考虑极间法向真空电容时有计算误差。但由被保护电极和保护电极之间的间隙太宽而引起的误差通常大到百分之零点几,而校正只能计算到其本身值的百分之几。如果试样厚度的测量能精确到±0.005 mm,则对平均厚度为 1.6 mm 的试样,其厚度测量误差能达到百分之零点几。圆形试样的直径能测定到±0.1%的精度,但它是以平方的形式引入误差的,综合这些因素,极间法向真空电容的测量误差为±0.5%。

对表面加有电极的试样的电容,若采用测微计电极测量时,只要试样直径比测微计电极足够小,则只需要进行极间法向电容的修正。采用其他的一些方法来测量两电极试样时,边缘电容和对地电容的计算将带来一些误差,因为它们的误差都可达到试样电容的 2%~40%。根据目前有关这些电容资料,计算边缘电容的误差为 10%,计算对地电容的误差为 25%。因此带来总的误差是百分之几十到百分之几。当电极不接地时,对地电容误差可大大减小。

采用测微计电极时,数量级是 0.03 的介质损耗因数可测到真值的±0.000 3,数量级 0.000 2 的介质损耗因数可测到真值的±0.000 05。介质损耗因数的范围通常是0.000 1~0.1,但也可扩展到0.1以上。频率在10 MHz和20 MHz之间时,有可能检测出0.000 02的介质损耗因数。1~5的相对电容率可测到其真值的±2%,该精度不仅受到计算极间法向真空电容测量精度的限制,也受到测微计电极系统误差的限制。

9 试验报告

试验报告中应给出下列相关内容:

绝缘材料的型号名称及种类、供货形式、取样方法、试样的形状及尺寸和取样日期(并注明试样厚度和试样在与电极接触的表面进行处理的情况);

试样条件处理的方法和处理时间;

电极装置类型,若有加在试样上的电极应注明其类型;

测量仪器;

试验时的温度和相对湿度以及试样的温度;

施加的电压;

施加的频率;

相对电容率 ε_r(平均值);

介质损耗因数 $\tan\delta$(平均值);

试验日期;

相对电容率和介质损耗因数值以及由它们计算得到的值如损耗指数和损耗角,必要时,应给出与温度和频率的关系。

表 1 真空电容的计算和边缘校正

(1)	极间法向电容 (单位:皮法和厘米) (2)	边缘电容的校正 (单位:皮法和厘米) (3)
1. 有保护环的圆盘状电极 	$C_0 = \varepsilon_0 \cdot \dfrac{A}{h} = 0.088\ 54 \cdot \dfrac{A}{h}$ $A = \dfrac{\pi}{4}(d_1 + g)^2$	$C_e = 0$
2. 没有保护环的圆盘状电极		
a) 电极直径＝试样直径 	$C_0 = \varepsilon_0 \cdot \dfrac{\pi}{4} \cdot \dfrac{d_1^2}{h} = 0.069\ 54\ \dfrac{d_1^2}{4}$	当 $a \ll h$ 时 $\dfrac{C_e}{P} = 0.029 - 0.058 \lg h$ $P = \pi d_1$
b) 上下电极相等,但比试样小 		$\dfrac{C_e}{P} = 0.019\varepsilon_r - 0.058\lg h + 0.010$ $P = \pi d_1$ 其中:ε_r 是试样相对电容率的近似值,并且 $a \ll h$

GB/T 1409—2006

表 1（续）

(1)	极间法向电容 （单位：皮法和厘米） (2)	边缘电容的校正 （单位：皮法和厘米） (3)
c) 上下电极不等 试样	$C_0 = \varepsilon_0 \cdot \dfrac{\pi}{4} \cdot \dfrac{d_1^2}{h} = 0.069\,54\,\dfrac{d_1^2}{4}$	$\dfrac{C_e}{P} = 0.041\varepsilon_r - 0.077\lg h + 0.045$ $P = \pi d_1$ 其中：ε_1 是试样相对电容率的近似值，并且 $a \ll h$
3. 有保护环的圆柱形电极 试样	$C_0 = \varepsilon_0 \dfrac{2\pi(L_1+g)}{\ln d_2/d_1}$ $= 0.241\,6\,\dfrac{L_1}{\lg d_2/d_1}$	$C_e = 0$
4. 没有保护环的圆柱形电极 试样	$C_0 = \varepsilon_0 \dfrac{2\pi L_1}{\ln d_2/d_1} = 0.241\,6\,\dfrac{L_1}{\lg d_2/d_1}$	若 $\dfrac{h}{h+d_1} < \dfrac{1}{10}$ $\dfrac{C_e}{2P} = 0.019\varepsilon_1 - 0.058\lg h + 0.010$ $P = \pi(d_1+h)$ 其中：ε_1 是试样相对电容率的近似值

试样的相对电容率：$\varepsilon_r = \dfrac{C'_X - C_e}{C_0}$

其中：

C'_X——电极之间被测的电容；

$\ln$——自然对数；

$\lg$——常用对数。

表 2　试样电容的计算——接触式测微计电极

试 样 电 容	注	符 号 定 义
1. 并联一个标准电容器来替代试样电容 $C_P = \Delta C + C_{or}$	试样直径至少比测微计电极的直径小 $2r$。在计算电容率时必须采用试样的真实厚度 h 和面积 A。	C_P——试样的并联电容 ΔC——取去试样后，为恢复平衡时的标准电容器的电容增量 C_r——在距离为 r 时，测微计电极的标定电容
2. 取去试样后减少测微计电极间的距离来替代试样电容 $C_P = C_S - C_r + C_{or}$	试样直径至少比测微计电极的直径小 $2r$。在计算电容率时，必须采用试样的真实厚度 h 和面积 A。	C_s——取去试样后，恢复平衡，测微计电极间距为 s 时的标定电容 C_{or}, C_{oh}——测微计电极之间试样所占据的，间距分别为 r 或 h 的空气电容。可用表1中的公式1来计算
3. 并联一个标准电容器来替代试样电容 当试样与电极的直径同样大小时，仅存在一个微小的误差（因电极边缘电场畸变引起 $0.2\% \sim 0.5\%$ 的误差），因而可以避免空气电容的两次计算。		r——试样与所加电极的厚度 h——试样厚度
$C_P = \Delta C + C_{oh}$	试样直径等于测微计电极直径，施于试样上的电极的厚度为零。	相对电容率：$\varepsilon_r = \dfrac{C_P}{C_{oh}}$

表 3 电容率和介质损耗因数的计算——不接触电极

相对电容率 (1)	介质损耗因数 (2)	符号意义 (3)
1. 测微计电极(在空气中) $\varepsilon_r = \dfrac{1}{1 - \dfrac{\Delta C}{C_1} \cdot \dfrac{h_0}{h}}$ 若 h_0 调到一个新值 h'_0,而 $\Delta C = 0$ 时 $\varepsilon_r = \dfrac{h}{h - (h_0 - h'_0)}$	$\tan\delta_X = \tan\delta_c + M \cdot \varepsilon_r \cdot \Delta\tan\delta$	ΔC——试样插入时电容的改变量(电容增加时为＋号) C_1——装有试样时的电容 C_f——仅有流体时的电容,其值为 $\varepsilon_f \cdot C_0$ C_0——所考虑的区域上的真空电容,其值为 $\varepsilon_0 \cdot A/h_0$ A——试样一个面的面积,用厘米^2 表示(试验的面积大于等于电极面积时) ε_f——在试验温度下的流体相对电容率(对空气而言 $\varepsilon_f = 1.00$) ε_0——电气常数用皮法/厘米表示 $\Delta\tan\delta$——试样插入时,损耗因数的增加量 $\tan\delta_c$——装有试样时的损耗因数 $\tan\delta_X$——试样的损耗因数的计算值 d_0——内电极的外直径 d_1——试样的内直径 d_2——试样的外直径 d_3——外电极的内直径 h_0——平行平板间距 h——试样的平均厚度 M——$h_0/h - 1$ $\lg$——常用对数 注:在二流体法的公式中,脚注 1 和 2 分别表示第一种和第二种流体。
2. 平板电极——流体排出法 $\varepsilon_r = \dfrac{\varepsilon_f}{1 + \tan^2\delta_X} \cdot$ $\left\{ \dfrac{(C_f + \Delta C)(1 + \tan^2\delta_c)}{C_f + M[C_f - (C_f + \Delta C)(1 + \tan^2\delta_c)]} \right\}$	$\tan\delta_X = \tan\delta_c + M \cdot \Delta\tan\delta \cdot$ $\left\{ \dfrac{(C_f + \Delta C)(1 + \tan^2\delta_c)}{C_f + M[C_f - (C_f + \Delta C)(1 + \tan^2\delta_c)]} \right\}$	
当试样的损耗因数小于 0.1 时,可以用下列公式: $\varepsilon_r = \dfrac{\varepsilon_f}{1 - \dfrac{\Delta C}{\varepsilon_f \cdot C_0 + \Delta C} \cdot \dfrac{h_0}{h}}$	$\tan\delta_X = \tan\delta_c + M \dfrac{\varepsilon_r}{\varepsilon_f} \cdot \Delta\tan\delta$	
3. 圆柱形电极——流体排出法(用于 $\tan\delta_X$ 小于 0.1 时) $\varepsilon_r = \dfrac{\varepsilon_f}{1 - \dfrac{\Delta C}{C_1} \cdot \dfrac{\lg d_3/d_0}{\lg d_2/d_1}}$	$\tan\delta_X = \tan\delta_c + \Delta\tan\delta \dfrac{\varepsilon_r}{\varepsilon_f} \left[\dfrac{\lg d_3/d_0}{\lg d_2/d_1} - 1 \right]$	
4. 二流体法——平板电极(用于 $\tan\delta_X$ 小于 0.1 时) $\varepsilon_r = \varepsilon_{f1} + \dfrac{\Delta C_1 \cdot C_2 (\varepsilon_{f2} - \varepsilon_{f1})}{\Delta C_1 \cdot C_2 - \Delta C_2 \cdot C_1}$	$\tan\delta_X = \tan\delta_{c1} + \dfrac{\varepsilon_r C_0 - C_1}{\Delta C_2} \cdot \Delta\tan\delta_2$	

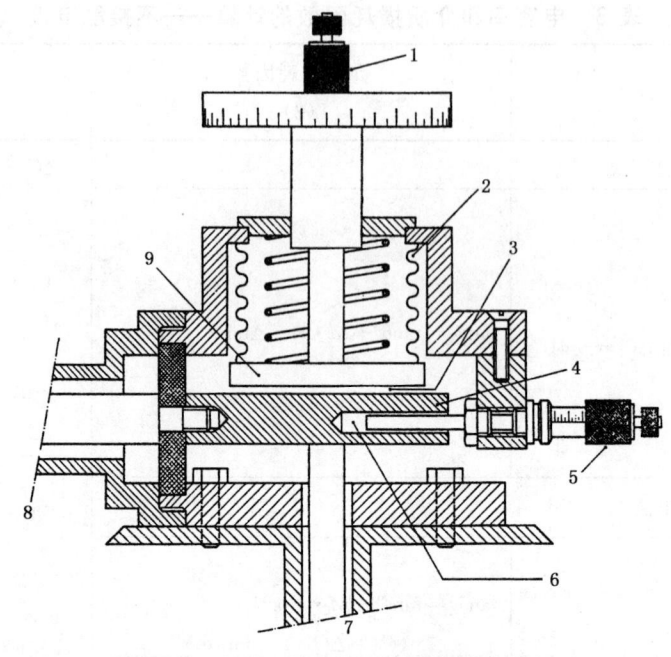

1——测微计头；
2——连接可调电极(B)的金属波纹管；
3——放试样的空间(试样电容器 M_1)；
4——固定电极(A)；
5——测微计头；

6——微调电容器 M_2；
7——接检测器；
8——接到电路上；
9——可调电极(B)。

图 1 用于固体介质测量的测微计——电容器装置

单位为毫米

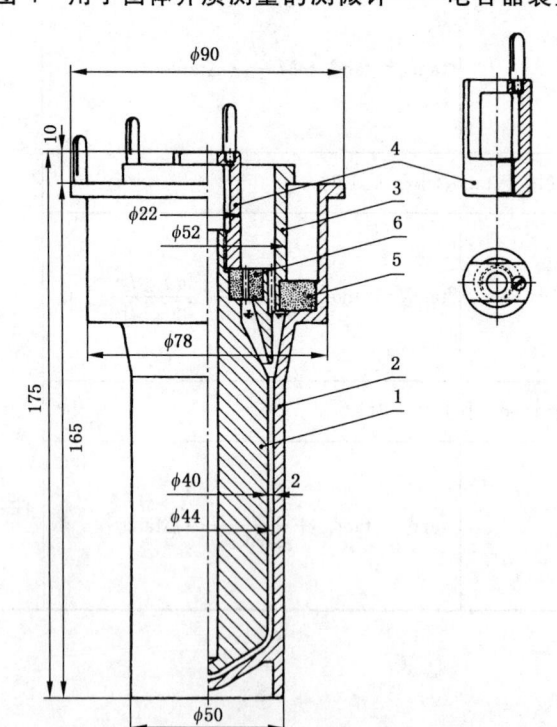

1——内电极；
2——外电极；
3——保护环；

4——把柄；
5——硼硅酸盐或石英垫圈；
6——硼硅酸盐或石英垫圈。

图 2 液体测量的三电极试验池示例

GBT 1409—2006

单位为毫米

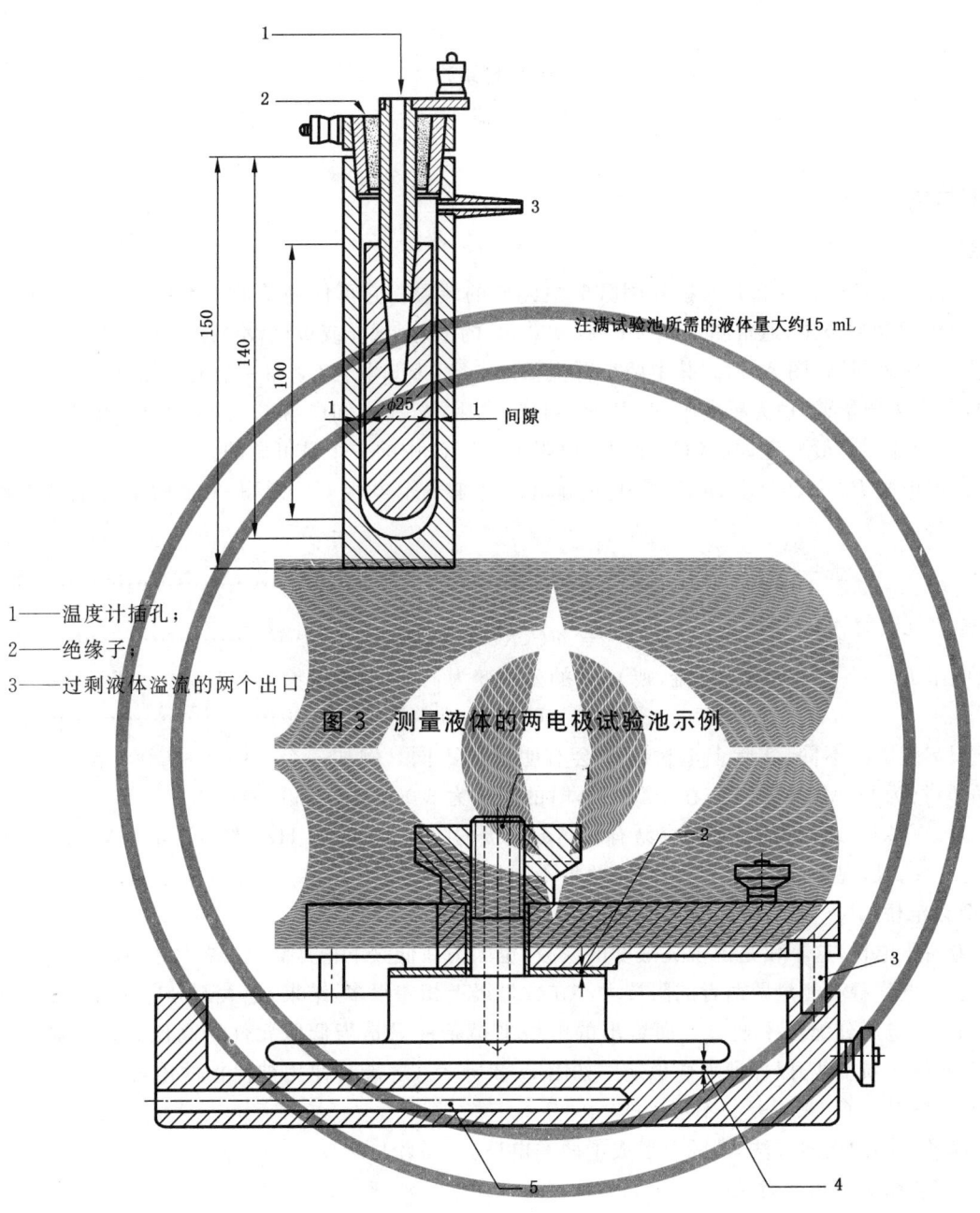

1——温度计插孔；
2——绝缘子；
3——过剩液体溢流的两个出口。

注满试验池所需的液体量大约15 mL

图 3　测量液体的两电极试验池示例

1——温度计插孔；
2——1 mm 厚的金属板；
3——石英玻璃；
4——1 mm 或 2 mm 的间隙；
5——温度计插孔。

图 4　液体测量的平板两电极试验池

附 录 A

（资料性附录）

仪 器

A.1 西林电桥

A.1.1 概述

西林电桥是测量电容率和介质损耗因数的最经典的装置。它可使用从低于工频（50 Hz～60 Hz）直至 100 kHz 的频率范围,通常测定 50 pF～1 000 pF 的电容(试样或被试设备通常所具有的电容)。

这是一个四臂回路(图 A.1)。其中两个臂主要是电容(未知电容 C_X 和一个无损耗电容 C_N)。另外两臂(通常称之为测量臂)由无感电阻 R_1 和 R_2 组成,电阻 R_1 在未知电容 C_X 的对边上,测量臂至少被一个电容 C_1 分流。一般地说,电容 C_1 和两个电阻 R_1 和 R_2 中的一个是可调的。

如果采用电阻 R_S 和(纯)电容 C_S 的串联等值回路来表示电容 C_X,则图 A.1 所示的电桥平衡时导出:

$$C_S = C_N \cdot \frac{R_1}{R_2} \quad\quad\quad\quad\quad\quad\quad (A.1)$$

和

$$\tan\delta_x = \omega C_S R_S = \omega C_1 R_1 \quad\quad\quad\quad\quad\quad\quad (A.2)$$

如果电阻 R_2 被一个电容 C_2 分流,则 $\tan\delta$ 的公式变为:

$$\tan\delta_x = \omega C_1 R_1 - \omega C_2 R_2 \quad\quad\quad\quad\quad\quad\quad (A.3)$$

由于频率范围的不同,实际上电桥构造会有明显的不同。例如一个 50 pF～1 000 pF 的电容在 50 Hz时的阻抗为 60 MΩ～3 MΩ,在 100 kHz 时的阻抗为 3 000 Ω～1 500 Ω。

频率为 100 kHz 时,桥的四个臂容易有相同数量级的阻抗,而在 50 Hz～60 Hz 的频率范围内则是不可能的。因此,出现了低频和(相对)高频两种不同形式的电桥。

A.1.2 低频电桥

一般为高压电桥,这不仅是由于灵敏度的缘故,也因为在低频下正是高电压技术特别对电介质损耗关注的问题。电容臂和测量臂两者的阻抗大小在数量级上相差很多,结果,绝大部分电压都施加在电容 C_X 和 C_N 上,使电压分配不平衡。上面给出的电桥平衡条件只是当低压元件对高压元件屏蔽时才成立。同时,屏蔽必须接地,以保证平衡稳定。如图 A.2 所示。屏蔽与使用被保护的电容 C_X 和 C_N 是一致的,这个保护对于 C_N 来说是必不可少的。

由于选择不同的接地方法,实际上形成了两类电桥。

A.1.2.1 带屏蔽的简单西林电桥

桥的 B 点(在测量臂边的电源接线端子)与屏蔽相连并接地。

屏蔽能很好地起到防护高压边影响的作用,但是增加了屏蔽与接到测量臂接线端 M 和 N 的各根导线之间电容,此电容承受跨接测量臂两端的电压。这样会引入一个通常使 $\tan\delta$ 的测量精度限于 0.1% 数量级的误差,当电容 C_X 和 C_N 不平衡时尤为显著。

A.1.2.2 带瓦格纳(Wagner)接地电路的西林电桥

图 A.2 示出了使电桥测量臂接线端与屏蔽电位相等的方法。这种方法是通过使用外接辅助桥臂 Z_A、Z_B(瓦格纳接地电路),并使这两个辅助桥臂的中间点 P 接到屏蔽并接地。调节辅助桥臂(实际为 Z_B)以使在 Z_A 和 Z_B 上的电压分别与电桥的电容臂和测量臂两端的电压相等。显然,这个解决方法包括两个桥即主桥 AMNB 和辅桥 AMPB(或 ANPB)同时平衡。通过检测器从一个桥转换到另一个桥逐次地逼近平衡而最终达到二者平衡。用这种方法精度可以提高一个数量级,这时,实际上该精度只决定于电桥元件的精密度。

必须指出,只有当电源的两端可以对地绝缘时才使用上述特殊的解决方法。如果不可能对地绝缘,则必须使用更复杂的装置(双屏蔽电桥)。

A.1.3 高频西林电桥

这种电桥通常在中等的电压下工作,是比较灵活方便的一种电桥;通常电容 C_N 是可变的(在高压电桥中电容 C_N 通常是固定的),比较容易采用替代法。

由于不期望电容的影响随频率的增加而增加,因此仍可有效使用屏蔽和瓦格纳接地线路。

A.1.4 关于检测器的说明

当西林电桥的 B 点接地时,必须避免检测器的不对称输入(这在电子设备中是常有的)。

然而这样的检测器只要接地输入端总是连接于 P 点,就能与装有瓦格纳接地线路的电桥一起使用。

A.2 变压器电桥(电感比例臂电桥)

A.2.1 概述

这种电桥的原理比西林电桥简单。其结构原理见图 A.3。

当电桥平衡时,复电抗 Z_X 和 Z_M 之间的比值等于电压矢量 U_1 和 U_2 间的比值。如果电压矢量的比值是已知的,便可从已知的 Z_M 推导出 Z_X。在理想电桥中比例 U_1/U_2 是一个系数 K,这样 $Z_K = KZ_M$,实际上 Z_M 的幅角直接给出 δ_X。

变压器电桥比西林电桥有很大的优点,它允许将屏蔽和保护电极直接接地且不需要附加的辅助桥臂。

这种电桥可在从工频到数十 MHz 的频率范围内使用。比西林电桥使用的频率范围宽。由于频率范围的不同,桥的具体结构也不相同。

A.2.2 低频电桥

通常是一个高压电桥(更精密,电压 U_1 是高压,U_2 是中压),这种电桥的技术与变压器的技术有关。

可采用两类电源:

1) 电源电压直接加到一个绕组上,另一个绕组则起变压器次级绕组的作用。

2) 将电源加到初级绕组上(见图 A.3),而电桥的两个绕组是由两个分开的次级线路组成或是由一个带有中间抽头能使获得电压 U_1 和 U_2 的次级绕组组成。

与所有的测量变压器一样,电桥存在误差(矢量比 U_1/U_2 与其理论值之间的差)。这种误差随负载而变化。尤其是 U_1 和 U_2 之间的相位差,它会直接影响 $\tan\delta$ 的测量值。

因此,必须对电桥进行校正,这可以用一个无损耗电容 C_N(与在西林电桥中使用的相似)代替 Z_X 进行。如果 C_N 与 C_X 的值相同,这实际上是替代法,测试前应校正。但由于 C_N 很少是可调的,因此负载的变化对 C_X 不再有效。电桥在恒定负载下工作是可能的,如图 A.4 所示:当测量 C_N 时,用一个转换开关把 C_X 接地,反之亦然。这时对于高压绕组来说两个负载的总和是恒定的。(严格地说,低压边也应该用一个相似的装置,但由于连在低压边的负载很小,尽管采用这样处理很容易,但意义小。)

另外,若用并联在电压 U_1 上的一个纯电容 C_N 校正时,承受电压 U_2 的测量阻抗 Z_M 组成如下:

1) 如果 U_2 和 U_1 是同相的(理想情况),则用一个纯电容 C_M 组成。

2) 如果 U_2 超前 U_1,则用一个电容 C_M 和一个电阻 R_M 组成。

3) 如果 U_2 滞后于 U_1,则电阻 R_M 应变成负的。这就是说,为了重新建立平衡必须在 U_1 一边并入一个电阻形成电流分量。其实并不存在适用于高压的可调高电阻,因此通常阻性电流分量是用一个辅助绕组来获得的,这个辅助绕组提供一个与 U_1 同相的低电压 U_3(图 A.5)。

注:不可在 C_N 上串接一个电阻。因为如果将电阻接在电容器后面会破坏 C_N 测量极和保护极间的等电位;如果将电阻接到 C_N 前面的高压导线上,则电阻(内)电流也将包括保护电路的电流,这就可能无法校正。

这些论述同样适用于上述第二种情况的电阻 R_M。但在低压边容易将三个电阻 R_1、R_2 和 R' 以星形联接来得到一个与电容并联的可调高值电阻。如图 A.5 下面的虚线所示。这时有：

$$R_M = R_1 + R_2 + \frac{R_1 R_2}{R'} \qquad \cdots\cdots\cdots\cdots\cdots\cdots\cdots\cdots (\text{A.4})$$

但是,可调测量电容 C_M 必须是纯电容性的或已知其损耗低(在西林电桥中的测量电容 C_1 不需满足这些苛刻要求)。

A.2.3 高频电桥

上面的一些叙述也同样适用于高频电桥。但由于它不再是一个高压电桥,因此承受电压 U_1 的臂能容易地引入可调元件;替代法在此适用。

还应指出,带有分开的初级绕组的电桥允许电源和检测器互换位置。其平衡与在次级绕组中对应的安匝数的补偿相符。

A.2.4 关于检测器的说明

由于测量臂的一端接地的,因此不必要使用对称输入的检测器。

A.3 并联 T 型网络

在并联 T 型网络桥路中,从振荡器经过两个 T 形网络流向检测器的两股电流在检测器输入处是大小相等而方向相反的。在这个电路中,振荡器和检测器都能有一端接地;且在有些可能电路中试样和用于平衡的每一个可变元件也有一端接地。

图 A.6 出示了只使用电阻和电容的最简单的并联 T 型网络。测量电介质材料最常用的电路的原理如图 A.7 所示。这种电路的平衡条件如下(在开路的 X、X 端子之间)。

$$\frac{1}{C_A} + \frac{1}{C_N} + \frac{1}{C_B} = \frac{1}{\omega^2 C_A C_N L} \qquad \cdots\cdots\cdots\cdots\cdots\cdots (\text{A.5})$$

$$R_T \left(1 + \frac{C_H}{C_B}\right) = \frac{1}{\omega^2 C_A C_N R_F} \qquad \cdots\cdots\cdots\cdots\cdots\cdots (\text{A.6})$$

实际上是将一个可变电容器接到 X、X 端,且其电容 C_V 和它的电导改变了 L 和 R_F 的表观值,使电路达到平衡;然后再将试样接到 X、X 端,通过调节电容 C_V 和 C_H 恢复电桥平衡。

此时：

1) 试样电容等于 C_V 的减少量 ΔC_V;

2) 试样的电导 G：

$$G = \frac{\omega^2 C_A C_N R_T}{C_B} \cdot \Delta C_H \qquad \cdots\cdots\cdots\cdots\cdots\cdots (\text{A.7})$$

3) 试样的损耗因数 $\tan\delta$：

$$\tan\delta = \frac{\omega C_A \cdot C_N \cdot R_T}{C_B} \cdot \frac{\Delta C_H}{\Delta C_V} \qquad \cdots\cdots\cdots\cdots\cdots (\text{A.8})$$

式中：

ΔC_H——C_H 的增量。

在 50 kHz 到 50 MHz 的频率范围内能方便地设计这种网络,这种网络也容易有效地屏蔽。但其缺点是平衡随频率的变化太灵敏,以致于电源频率的谐波很不平衡。为了能拓宽频率范围,必须改变或换接电桥元件,在较高频率下接线和开关阻抗(若使用开关时)会引入很大的误差。

A.4 谐振法(Q 表法)

谐振法或 Q 表法是在 10 kHz 到 260 MHz 的频率范围内使用。它的原理是基于在一个谐振电路中感应一个已知的弱小电压时,测量在该电路出现的电压。图 A.8 表示这种电路的常用形式,在线路中通过一个共用电阻 R 将谐振电路耦合到振荡器上,也可用其他的耦合方法。

操作程序是在规定的频率下将输入电压或电流调节到一个已知值,然后调节谐振电路达到最大谐振,观察此时的电压 U_0。然后将试样接到相应的接线端上,再调节可变电容器使电路重新谐振,观察新的电压 U_1 的值。

在接入试样并重新调节线路时,只要 $R_L G \ll 1$(见图 A.8)其总电容几乎保持不变。试样电容近似于 ΔC,即是可变电容器电容的变化量。

试样的损耗因数近似为:

$$\tan\delta \approx \frac{C_t}{\Delta C}\left(\frac{1}{Q_1} - \frac{1}{Q_0}\right) \quad\text{……………………………}(A.9)$$

式中:

C_t——电路中的总电容,包括电压表以及电感线圈本身的电容;

Q_1、Q_0——分别为有无试样联接时的 Q 值。

测量误差主要来自两台指示器的标定刻度以及在连线中尤其是在可变电容器和试样的连线中所引入的阻抗。对于高的损耗因数值,$R_L G \ll 1$ 的条件可能不成立,此时上面引出的近似公式不成立。

A.5 变电纳法(变电抗法)

图 1 所示的测微计电极系统是哈特逊(Hartshorn)改进的,被用于消除在高频下因接线和测量电容器的串联电感和串联电阻对测量值产生的误差。在这样的系统中,是由于在测微电极中使用了一个与试样连接的同轴回路,不管试样在不在电路中,电路中的电感和电阻总是相对地保持恒定。夹在两电极之间的试样,其尺寸与电极尺寸相同或小于电极尺寸。除非试样表面和电极表面磨得很平整,否则在试样放到电极系统里之前,必须在试样上贴一片金属箔或类似的电极材料。在试样抽出后,调节测微计电极,使电极系统得到同样的电容。

按电容变化仔细校正测微计电极系统后,使用时则不需要校正边缘电容、对地电容和接线电容。其缺点是电容校正没有常规的可变多层平板电容器那么精密且同样不能直接读数。

在低于 1MHz 的频率下,可忽略接线的串联电感和电阻的影响,测微计电极的电容校正可用与测微计电极系统并联的一个标准电容器的电容来校正。

在接和未接试样时电容的变化量是通过这个电容器来测得。

在测微计电极中,次要的误差来源于电容校正时所包含的电极的边缘电容,此边缘电容是由于插入一个与电极直径相同的试样而稍微有所变化。实际上只要试样直径比电极直径小 2 倍试样厚度,就可消除这种误差。

首先将试样放在测微计电极间并调节测量电路参数。然后取出试样,调节测微计电极间距或重新调节标准电容器来使电路的总电容回到初始值。

按表 2 计算试样电容 C_P。

损耗因数为:

$$\tan\delta_1 = \frac{(\Delta C_1 - \Delta C_0)}{2C_P} \quad\text{…………………………}(A.10)$$

式中:

ΔC_1——接入试样后,在谐振的两侧当检测器输入电压等于谐振电压的 $\sqrt{2}/2$ 时可变电容器 M_2(图 1)的两个电容读数之差。

ΔC_0——在除去试样后与上述相同情况下的两电容读数差。

值得注意的是在整个试验过程中试验频率应保持不变。

注:贴在试样上的电极的电阻在高频下会变得相当大,如果试样不平整或厚度不均匀,将会引起试样损耗因数的明显增加。这种变得明显起来的频率效应,取决于试样表面的平整度,该频率也可低到 10 MHz,因此,必须在10 MHz 及更高的频率下,且没有贴电极的试样上做电容的损耗因数的附加测量。假设 C_W 和 $\tan\delta_W$ 为不贴电极的试样的电容和损耗因数,则计算公式为:

$$tan\delta = \frac{C_P}{C_W}tan\delta_W \quad\quad\quad\cdots\cdots\cdots\cdots\cdots\cdots\cdots\cdots（\text{A.}11）$$

式中：

C_W——带电极的试样电容。

A.6 屏蔽

在一个线路两点之间的接地屏蔽,可消除这两点之间的所有的电容,而被这两个点的对地电容所代替。因此,导线屏蔽和元件屏蔽可任意运用在那些各点对地的电容并不重要的线路中;变压器电桥和带有瓦格纳接地装置的西林电桥都是这种类型的电路。

从另一方面来说,在采用替代法电桥里,在不管有没有试样均保持不变的线路部分是不需要屏蔽的。

实际上,在电路中将试样、检测器和振荡器的连线屏蔽起来。并尽可能将仪器封装在金属屏蔽里,可以防止观察者的身体(可能不是地电位或不固定)与电路元件之间的电容变化。

对于 100 kHz 数量级或更高的频率,连线应可能短而粗,以减小自感和互感;通常在这样的频率下即使一个很短的导线其阻抗也是相当大的,因此若有几根导线需要连接在一起,则这些导线应尽可能的连接于一点。

如果使用一个开关将试样从电路上脱开,开关在打开时它的两个触点之间的电容必须不引入测量误差。在三电极测量系统中,要做到这点,可以在两个触点间接入一个接地屏蔽,或是用两个开关串联,当这两个开关打开时,将它们之间的连线接地,或将不接地且处于断开状态的电极接地。

A.7 电桥的振荡器和检测器

A.7.1 交流电压源

满足总谐波分量小于1%的电压和电流的任一电压源。

A.7.2 检测器

下列各类检测器均可使用,并可以带一个放大器以增加灵敏度：

1) 电话(如需要可带变频器)；

2) 电子电压表或波分析器；

3) 阴极射线示波器；

4) "电眼"调节指示器；

5) 振动检流计(仅用于低频)。

在电桥和检测器中间需加一个变压器,用它来匹配阻抗或者因为电桥的一输出端需接地。

谐波可能会掩盖或改变平衡点,调节放大器或引入一个低通滤波器可防止该现象。对测量频率的二次谐波有 40 dB 的分辨率是合适的。

A.8 频率范围

方　　法	频率的推荐范围	试样形式	注
1. 西林电桥	0.10 MHz 及以下		
2. 变压器电桥	15 Hz～50 MHz		
3. 并联 T 型网络	50 kHz～30 MHz	板或管	
4. 谐振法	10 kHz～260 MHz		
5. 变电纳法	10 kHz～100 MHz		

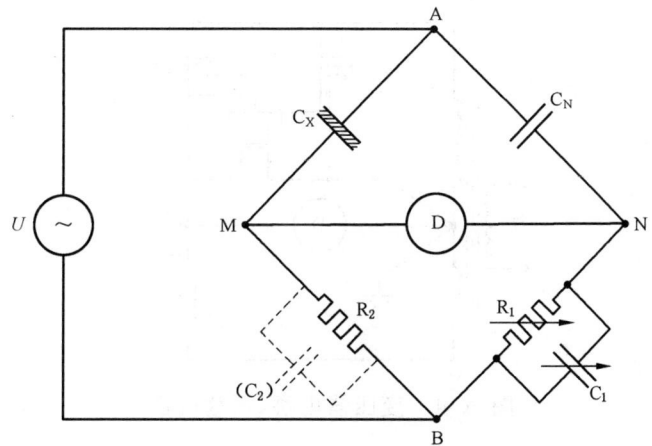

图 A.1　西林电桥电路图

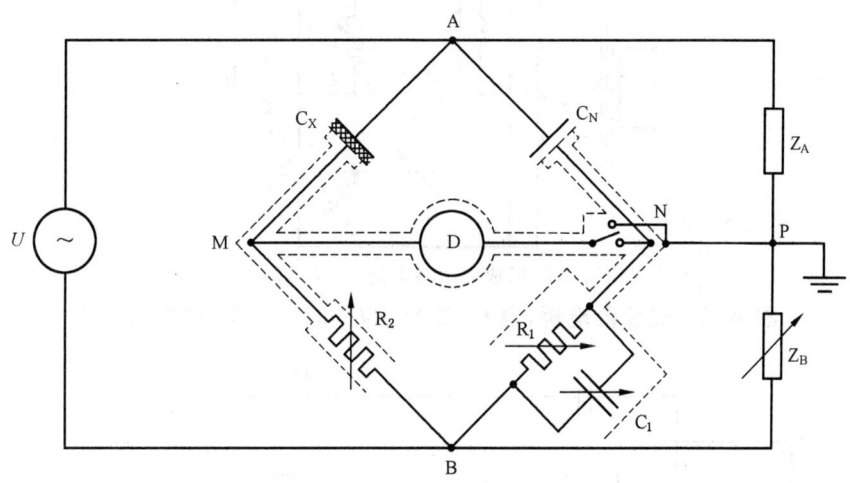

图 A.2　具有瓦格纳（Wagner）接地电路的西林电桥

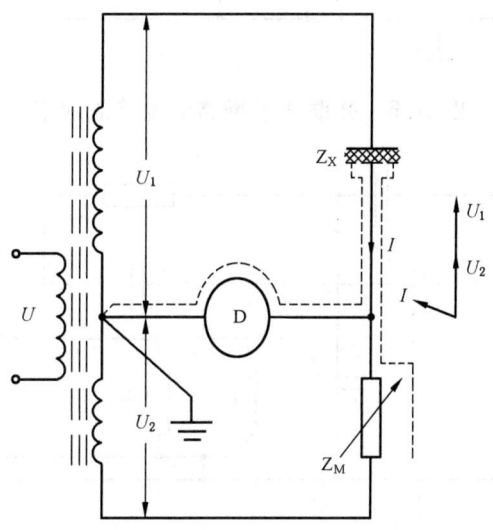

图 A.3　变压器电桥电路图

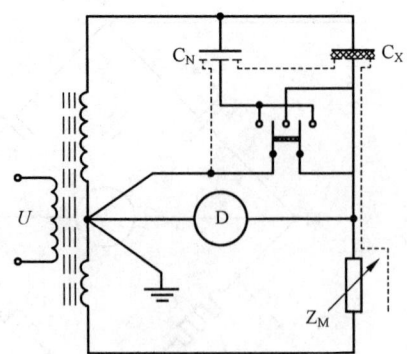

图 A.4　变压器电桥,恒载校正

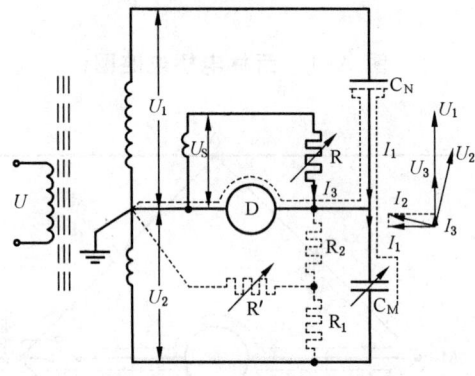

虚线:与 C_M 并联形成一个高电阻(当 I_2 超前于 I_1 时)

图 A.5　变压器电桥,当 U_2 滞后于 U_1 时的补偿(用绕组 U_3)

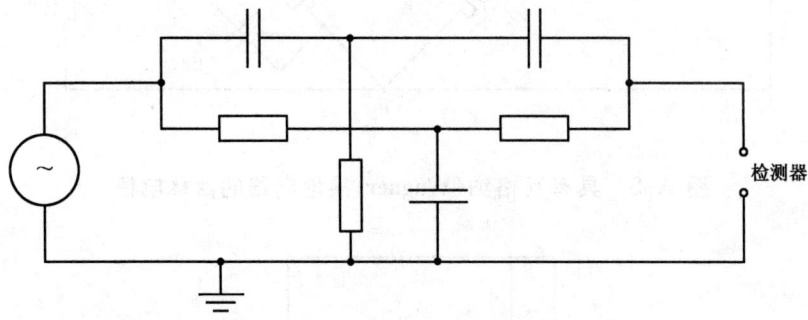

图 A.6　并联 T 型网络的电路原理图

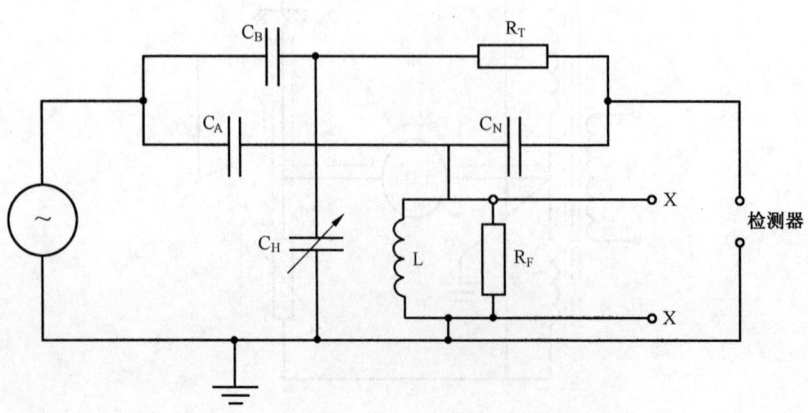

图 A.7　并联 T 型网络的实际线路图

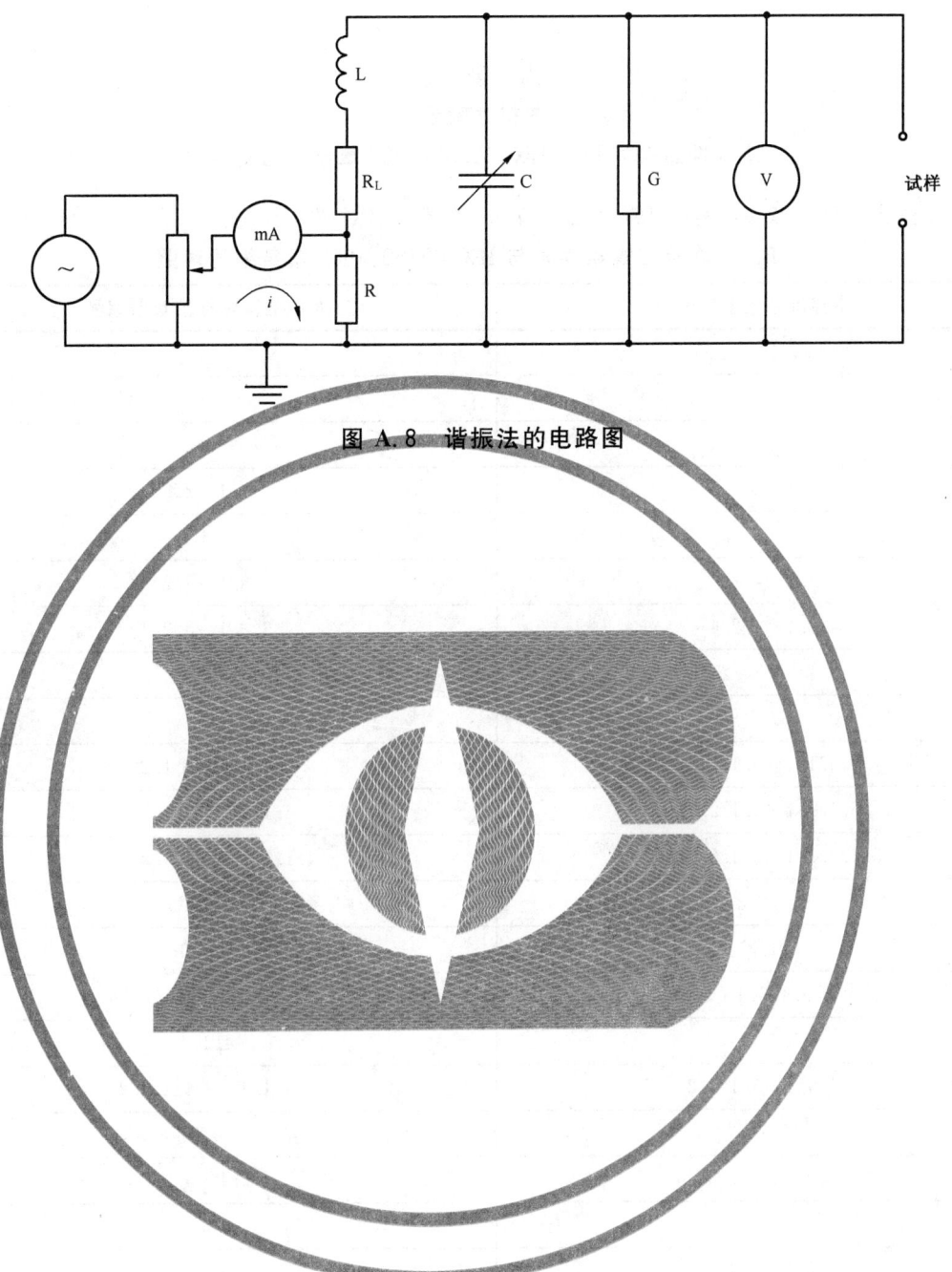

图 A.8　谐振法的电路图

附　录　B

（资料性附录）

本标准章条编号与 IEC 60250：1969 章条编号对照

表 B.1 给出了标准章条编号与 IEC 60250：1969 章条编号对照一览表。

表 B.1　本标准章条编号与 IEC 60250：1969 章条编号对照

本标准章条编号	对应的国际标准章条编号
1	1
2	—
3	2
3.1～3.5	2.1～2.5
4	3
4.1～4.2	3.1～3.2
4.2.1～4.2.4	3.2.1～3.2.4
5	4
5.1	4.1
5.1.1～5.1.2	4.1.1～4.1.2
5.1.2.1～5.1.2.2	4.1.2.1～4.1.2.2
5.1.2.2.1～5.1.2.2.2	4.1.2.2.1～4.1.2.2.2
5.1.2.3	4.1.2.3
5.1.3	4.1.3
5.1.3.1	4.1.3.1～4.1.3.7
5.1.4	4.1.4
5.1.4.1～5.1.4.2	4.1.4.1～4.1.4.2
5.2	4.2
5.2.1～5.2.3	4.2.1～4.2.3
6	5
6.1～6.2	5.1～5.2
7	6
7.1～7.3	6.1～6.3
8	7
8.1～8.3	7.1～7.3
9	8

ICS 29.035.99
K 15

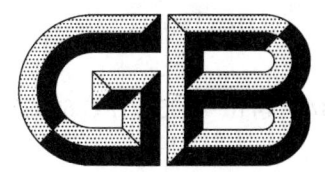

中华人民共和国国家标准

GB/T 1410—2006/IEC 60093:1980
代替 GB/T 1410—1989

固体绝缘材料体积电阻率和表面
电阻率试验方法

Methods of test for volume resistivity and
surface resistivity of solid electrical insulating materials

(IEC 60093:1980,IDT)

2006-02-15 发布   2006-06-01 实施

中华人民共和国国家质量监督检验检疫总局
中国国家标准化管理委员会   发布

前 言

本标准等同采用 IEC 60093:1980《固体绝缘材料体积电阻率和表面电阻率试验方法》(英文版)。

为便于使用,本标准做了下列编辑性修改:

a) 删除国际标准的目次和前言;

b) 用小数点'.'代替作为小数点的逗号',';

c) 用"ρ_v"代替"ρ","ρ_s"代替"δ";

d) 图按 GB/T 1.1—2000 标注。

本标准与 GB/T 1410—1989 相比主要变化如下:

a) 增加了"规范性引用文件"一章(本标准的第 2 章);

b) 增加了试验电压范围(本标准的第 5 章);

c) 试验结果以"中值"代替"几何平均值"。

本标准代替 GB/T 1410—1989《固体绝缘材料体积电阻率和表面电阻率试验方法》。

本标准的附录 A、附录 B、附录 C 均为资料性附录。

本标准由中国电器工业协会提出。

本标准由全国绝缘材料标准化技术委员会归口。

本标准起草单位:桂林电器科学研究所。

本标准主要起草人:王先锋、谷晓丽。

本标准所代替标准的历次版本发布情况为:

——GB/T 1410—1978;

——GB/T 1410—1989。

固体绝缘材料体积电阻率和表面电阻率
试验方法

1 范围

本标准规定了固体绝缘材料体积电阻率和表面电阻率的试验方法。这些试验方法包括对固体绝缘材料体积电阻和表面电阻的测定程序及体积电阻率和表面电阻率的计算方法。

体积电阻和表面电阻的试验都受到下列因素影响：施加电压的大小和时间；电极的性质和尺寸；在试样处理和测试过程中周围大气条件和试样的温度、湿度。

2 规范性引用文件

下列文件中的条款通过本标准的引用而成为本标准的条款。凡是注日期的引用文件，其随后所有的修改单（不包括勘误的内容）或修订版均不适用于本标准，然而，鼓励根据本标准达成协议的各方研究是否可使用这些文件的最新版本。凡是不注日期的引用文件，其最新版本适用于本标准。

GB/T 10064—2006 测定固体绝缘材料绝缘电阻的试验方法（IEC 60167：1964，IDT）

GB/T 10580—2003 固体绝缘材料在试验前和试验时采用的标准条件（IEC 60212：1971，IDT）

IEC 60260：1968 非注入式恒定相对湿度的试验箱

3 定义

下列定义适用于本标准。

3.1

体积电阻 volume resistance

在试样两相对表面上放置的两电极间所加直流电压与流过这两个电极之间的稳态电流之商，不包括沿试样表面的电流，在两电极上可能形成的极化忽略不计。

注：除非另有规定，体积电阻是在电化一分钟后测定。

3.2

体积电阻率 volume resistivity

在绝缘材料里面的直流电场强度和稳态电流密度之商，即单位体积内的体积电阻。

注：体积电阻率的 SI 单位是 $\Omega \cdot m$。实际上也使用 $\Omega \cdot cm$ 这一单位。

3.3

表面电阻 surface resistance

在试样的其表面上的两电极间所加电压与在规定的电化时间里流过两电极间的电流之商，在两电极上可能形成的极化忽略不计。

注 1：除非另有规定，表面电阻是在电化一分钟后测定。

注 2：通常电流主要流过试样的一个表面层，但也包括流过试样体积内的成分。

3.4

表面电阻率 surface resistivity

在绝缘材料的表面层里的直流电场强度与线电流密度之商，即单位面积内的表面电阻。面积的大小是不重要的。

注：表面电阻率的 SI 单位是 Ω。实际上有时也用"欧每平方单位"来表示。

3.5

电极 electrodes

电极是具有一定形状、尺寸和结构的与被测试样相接触的导体。

注:绝缘电阻是加在与试样相接触的两电极之间的直流电压与通过两电极的总电流之商。绝缘电阻取决于试样的表面电阻和体积电阻(见 GB/T 10064—2006)。

4 意义

4.1 通常,绝缘材料用于将电气系统的各部件相互绝缘和对地绝缘;固体绝缘材料还起机械支撑作用。对于这些用途,一般都希望材料具有尽可能高的绝缘电阻,有均匀一致的、得到认可的机械、化学和耐热性能。表面电阻随湿度变化很快,而体积电阻随温度变化却很慢,尽管其最终的变化也许较大。

4.2 体积电阻率能被用作选择特定用途绝缘材料的一个参数。电阻率随温度和湿度的变化而显著变化,因此在为一些运行条件而设计时必须对其了解。体积电阻率的测量常被用于检查绝缘材料生产是否始终如一,或检测能影响材料质量而又不能用其他方法检测到的导电杂质。

4.3 当一直流电压加在与试样相接触的两电极之间时,通过试样的电流会渐近地减小到一个稳定值。电流随时间的减小可能是由于电介质极化和可动离子位移到电极所致。对于体积电阻率小于 10^{10} Ω·m 的材料,其稳定状态通常在一分钟内达到,因此,经过这个电化时间后测定电阻。对于体积电阻率较高的材料,电流减小的过程可能会持续到几分钟、几小时、几天甚至几星期。因此对于这样的材料,采用较长的电化时间,且如果合适,可用体积电阻率与时间的关系来描述材料的特性。

4.4 由于或多或少的体积电导总是要被包括到表面电导测试中去,因此不能精确而只能近似地测量表面电阻或表面电导。测得的值主要反映被测试样表面污染的特性。而且试样的电容率影响污染物质的沉积,它们的导电能力又受试样的表面特性所影响。因此,表面电阻率不是一个真正意义的材料特性,而是材料表面含有污染物质时与材料特性有关的一个参数。

某些材料如层压材料在表面层和内部可能有很不同的电阻率,因此测量清洁的表面的内在性能是有意义的。应完整地规定为获得一致的结果而进行清洁处理的程序,并要记录清洁过程中溶剂或其他因素对于表面特性可能产生的影响。

表面电阻,特别是当它较高时,常以不规则方式变化,且通常非常依赖于电化时间。因此,测量时通常规定一分钟的电化时间。

5 电源

要求有很稳定的直流电压源。这可用蓄电池或一个整流稳压的电源来提供。对电源的稳定度要求是由电压变化导致的电流变化与被测电流相比可忽略不计。

加到整个试样上的试验电压通常规定为 100 V、250 V、500 V、1 000 V、2 500 V、5 000 V、10 000 V 和 15 000 V。最常用的电压是 100 V、500 V 和 1 000 V。

在某些情况下,试样的电阻与施加电压的极性有关。

如果电阻是与极性有关的,则宜加以注明。取两次电阻值的几何平均值(对数算术平均值的反对数)作为结果。

由于试样电阻可能与电压有依存关系,因此应在报告中注明试验电压值。

6 测量方法和精确度

6.1 方法

测量高电阻常用的方法是直接法或比较法。

直接法是测量加在试样上的直流电压和流过它的电流(伏安法)而求得未知电阻。

比较法是确定电桥线路中试样未知电阻与电阻器已知电阻之间的比值,或是在固定电压下比较通过这两种电阻的电流。

附录 A 给出了描述这些原理的例子。

伏安法需要一适当精度的伏特表，但该方法的灵敏度和精确度主要取决于电流测量装置的性能，该装置可以是一个检流计或电子放大器或静电计。

电桥法只需要一灵敏的电流检测器作为零点指示器，测量精确度主要取决于已知的桥臂电阻器，这些桥臂电阻应在宽的电阻值范围内具有高的精密度和稳定性。

电流比较法的精确度取决于已知电阻器的精确度和电流测量装置，包括与它相连的测量电阻器的稳定度和线性度。只要电压是恒定的，电流的确切数值并不重要。

对于不大于 10^{11} Ω 的电阻，可以按照 11.1 用检流计采用伏特计—安培计法来测定其体积电阻率。对于较高的电阻，则推荐使用直流放大器或静电计。

在电桥法中，不可能直接测量短路试样中的电流（见 11.1）。

利用电流测量装置的方法可以自动记录电流，以简化稳态测试过程（见 11.1）。

现已有测量高电阻的一些专门的线路和仪器。只要它们有足够的精确度和稳定度，且在需要时能使试样完全短路并在电化前测量电流者，均可使用。

6.2 精确度

对于低于 10^{10} Ω 的电阻，测量装置测量未知电阻的总精确度应至少为 ±10%。而对于更高的电阻，总精确度应至少为 ±20%。详见附录 A。

6.3 保护

组成测量线路的绝缘材料，最好应具有与被试材料差不多的性能。试样的测量误差可以由下列原因产生：

a) 外来寄生电压引起的杂散电流，通常不知道它的大小，并具有漂移的特点；

b) 具有未知而易变的电阻值的绝缘与试样电阻、标准电阻器或电流测量装置的不正常的分路。

使线路所有部分在使用状态下有尽可能高的绝缘电阻来近似地修正这些影响因素。这种做法可能导致测试设备很笨重，而又不足以测量高于几百兆欧的绝缘电阻。较为满意的修正方法是使用保护技术来实现。

保护就是在所有关键的绝缘部位插入保护导体，保护导体截住所有可能引起误差的杂散电流。这些保护导体联接在一起，组成保护系统并与测量端形成三端网络。当线路联接恰当时，所有外来寄生电压产生的杂散电流被保护系统分流到测量电路以外，任一测量端到保护系统的绝缘电阻与一电阻低得多的线路元件并联，试样电阻仅限于两测量端之间。采用这个技术可大大地减小误差概率。图1为使用保护电极测量体积电阻和表面电阻的基本线路。

图5和图7给出了电流测量法中保护系统的使用方法，图中指出保护系统接到电源和电流测量装置的连接点。图6表示惠斯登电桥法，其保护系统接到两个较低电阻值的桥臂的连接点上。在所有情况下，保护系统必须完善，包括对测试人员在测量时操作的任何控制仪器的保护。

在保护端和被保护端之间所存在的电解电动势、接触电动势或热电动势较小时，均能被补偿掉，使这样的电动势在测量中不会引入显著的误差。

在电流测量法中，由于电流测量装置与被保护端和保护系统之间的电阻并联可能产生误差，因此，这个电阻宜至少为电流测量装置电阻的10倍，最好为100倍。在有些电桥法中，保护端和测量端具有大致相同的电位，不过电桥中的一个标准电阻器与不保护端和保护系统之间的电阻是并联的。这个电阻应至少为标准电阻的10倍，最好为100倍。

为确保设备的操作令人满意，应先断开电源和试样的连线进行一次测量。此时，设备应在它的灵敏度许可范围内指示出无穷大的电阻。如果有一些已知电阻值的标准电阻，则可用来检查设备运行是否良好。

7 试样

7.1 体积电阻率

为测定体积电阻率,试样的形状不限,只要能允许使用第三电极来抵消表面效应引起的误差即可。对于表面泄漏可忽略不计的试样,测量体积电阻时可去掉保护,只要已证明去掉保护对结果的影响可忽略不计。

在被保护电极与保护电极之间的试样表面上的间隙要有均匀的宽度,并且在表面泄漏不致于引起测量误差的条件下间隙应尽可能的窄。1 mm 的间隙通常为切实可行的最小间隙。

图 2 及图 3 给出了三电极装置的例子。在测量体积电阻时,电极 1 是被保护电极,电极 2 为保护电极,电极 3 为不保护电极。被保护电极的直径 d_1(图 2)或长度 l_1(图 3)应至少为试样厚度 h 的 10 倍,通常至少为 25 mm。不保护电极的直径 d_4(或长度 l_4)和保护电极的外直径 d_3(或保护电极两外边缘之间的长度 l_3)应该等于保护电极的内径 d_2(或保护电极两内边缘之间的长度 l_2)加上至少 2 倍的试样厚度。

7.2 表面电阻率

为测定表面电阻率,试样的形状不限,只要允许使用第三电极来抵消体积效应引起的误差即可。推荐使用图 2 及图 3 所示的三电极装置。用电极 1 作为被保护电极,电极 3 作为保护电极,电极 2 作为不保护电极。可直接测量电极 1 和 2 之间表面间隙的电阻。这样测得的电阻包括了电极 1 和 2 之间的表面电阻和这两个电极间的体积电阻。然而,对于很宽范围的环境条件和材料性能,当电极尺寸合适时,体积电阻的影响可忽略不计。为此,对于图 2 和图 3 所示的装置,电极的间隙宽度 g 至少应为试样厚度的 2 倍,一般说来,1 mm 为切实可行的最小间隙。被保护电极尺寸 d_1(或长度 l_1)应至少为试样厚度 h 的 10 倍,通常至少为 25 mm。

也可以使用条形电极或具有合适尺寸的其他装置。

注:由于通过试样内层的电流的影响,表面电阻率的计算值与试样和电极的尺寸有很大的关系,因此,为了测定时可进行比较,推荐使用与图 2 所示的电极装置的尺寸相一致的试样,其中 $d_1 = 50$ mm,$d_2 = 60$ mm,$d_3 = 80$ mm。

8 电极材料

8.1 概述

绝缘材料用的电极材料应是一类容易加到试样上、能与试样表面紧密接触、且不致于因电极电阻或对试样的污染而引入很大误差的导电材料。在试验条件下,电极材料应能耐腐蚀。下面是可使用的一些典型的电极材料。电极应与给定形状和尺寸的合适的背衬电极一同使用。

简便的做法是用两种不同的电极材料或两种不同的使用方法来了解电极材料是否会引入很大误差。

8.2 导电银漆

某些高导电率的商品银漆,无论是气干的或低温烘干的,是足够疏松的、能透过湿气,因此可在加上电极后对试样进行条件处理。这种特点特别适合研究电阻——湿气效应以及电阻随温度的变化。然而,在导电漆被用作一种电极材料以前,应证实漆中的溶剂不影响试样的电性能。用精巧的毛刷可做到使保护电极的边缘相当光滑。但对于圆电极,可先用圆规画出电极的轮廓,然后用刷子来涂满内部的方法来获得精细的边缘。如电极漆是用喷枪喷上去的,则可采用固定模框。

8.3 喷镀金属

可使用能满意地粘合在试样上的喷镀金属。薄的喷镀电极的优点是一旦喷在试样上便可立即使用。这种电极或许是足够疏松的,可允许对试样进行条件处理,但这一特点应被证实。固定的模框可用来制取被保护电极与保护电极之间的间隙。

8.4 蒸发或阴极真空喷镀金属

当能证明材料不受离子轰击或真空处理的影响时,蒸发或阴极真空喷镀金属能在与8.3给出的相同条件下使用。

8.5 液体电极

使用液体电极往往能得到满意的结果。构成上电极的液体应被框住,例如用不锈钢环来框住,每个环的下边缘在不接触液体的一面被斜削成锐边。图4给出了使用液体电极的装置。不推荐长期使用或在高温下使用水银,因为它有毒。

8.6 胶体石墨

分散在水中或其他合适媒质中的胶体石墨可在与8.2给出的相同条件下使用。

8.7 导电橡皮

导电橡皮可用作电极材料。它的优点是能方便快捷地放上和移开。由于只是在测定时才将电极放到试样上,因此它不妨碍试样的条件处理。导电橡皮应足够柔软,以确保其在加上适当的压力例如 $2\ kPa(0.2\ N/cm^2)$ 时能与试样紧密接触。

8.8 金属箔

金属箔可粘贴在试样表面作为测量体积电阻用的电极,但它不适用于测量表面电阻。铅、锑铅合金、铝和锡箔都是被普遍使用的。通常用少量的凡士林、硅脂、硅油或其他合适的材料作为粘贴剂将它们粘贴到试样上去。含有下列组分的一种药用胶适合用作导电粘贴剂:

分子量为600的无水聚乙二醇   800 份(质量)
水   200 份(质量)
软肥皂(药用级)   1 份(质量)
氯化钾   10 份(质量)

要在一个平稳的压力下粘贴电极,使之足以消除一切皱折和将多余的粘合剂赶到箔的边缘,再用一块干净的薄纸擦去。用软物如手指按压能很好地做到这点。这个技巧仅适用于表面非常平滑的试样。通过精心操作,粘合剂薄层可减小到0.002 5 mm 或更薄。

9 试样处置

电极之间或测量电极与大地之间的杂散电流对于测试仪器的读数没有明显的影响这一点很重要。测试时加电极到试样上和安放试样时均要极为小心,以免可能产生对测试结果有不良影响的杂散电流通道。

测量表面电阻时,不要清洗表面,除非另有协议或规定。除了同一材料的另一个试样的未被触模过的表面可触及被测试样外,表面被测部分不应被任何东西触及。

10 条件处理

试样的处理条件取决于被试材料,这些条件应在材料规范中规定。

推荐按GB/T 10580—2003进行条件处理;由各种盐溶液所产生的相对湿度在IEC 60260中给出。可以采用机械蒸发系统。

体积电阻率和表面电阻率都对温度变化特别敏感。这种变化是指数式的。因此必须在规定的条件下来测量试样的体积电阻和表面电阻。由于水分被吸收到电介质内是相对缓慢的过程,因此测定湿度对体积电阻率的影响需要延长处理期。吸收水分后通常会降低体积电阻。有些试样可能需要处理数月才能达到平衡。

11 试验程序

试样按本标准第7章、第8章、第9章、第10章进行准备。

测量试样及电极的尺寸、表面间隙的宽度 g（两电极之间距离），精确到±1%。然而，如有必要，对薄试样可在有关的规范中规定不同的精确度。

为测定体积电阻率，应按照有关的规范测量每个试样的平均厚度，其厚度测量点应均匀地分布在由被保护电极所覆盖的整个面积上。

注：对于薄试样无论如何在加上电极前测量厚度。

一般说来，应与条件处理时相同的湿度（浸在液体中的条件处理除外）和温度下测试电阻。但有时也可在停止条件处理后的规定时间内进行测量。

11.1 体积电阻

在测试以前应使试样具有电介质稳定状态。为此，通过测量装置将试样的测量电极 1 和 3 短路（图 1a），逐步增加电流测量装置的灵敏度到符合要求，同时观察短路电流的变化，如此继续到短路电流达到相当恒定的值为止，此值应小于电化电流的稳定值，或者小于电化 100 min 的电流。由于短路电流有可能改变方向，因此即使电流为零，也要维持短路状态到需要的时间。当短路电流 I_0 变得基本恒定时（可能需要几小时），记下 I_0 的值和方向。

然后加上规定的直流电压并同时开始记时。除非另有规定，在如下每个电化时间作一次测量：1 min、2 min、5 min、10 min、50 min、100 min。如果两次连续测量得出同样的结果，则可以结束试验并用这个电流值来计算体积电阻。记录第一次观察到相同测量结果时的电化时间。如果在 100 min 内不能达到稳定状态，则记录体积电阻与电化时间的函数关系。

作为验收试验，按照有关规范的规定，使用一个固定的电化时间如 1 min 后的电流值来计算体积电阻率。

11.2 表面电阻

施加规定的直流电压，测定试样表面的两个测量电极（图 1b）中电极 1 和 2）间的电阻。应在 1 min 的电化时间后测量电阻，即使在此时间内电流还没有达到稳定的状态。

12 计算

12.1 体积电阻率

体积电阻率按下式计算：

$$\rho_v = R_X \frac{A}{h}$$

式中：

ρ_v——体积电阻率，单位为欧姆米（Ω·m）（或欧姆厘米（Ω·cm））；

R_X——按 11.1 测得的体积电阻，单位为欧姆（Ω）；

A——是被保护电极的有效面积，单位为平方米（m²）（或平方厘米（cm²））；

h——试样的平均厚度，单位为米（m）（或厘米（cm））。

在附录中给出了某些特殊的电极装置的有效面积 A 的计算公式。

对于某些具有高电阻率的材料，电化以前的短路电流 I_0（见 11.1）与电化期间的稳定电流 I_s 相比不能忽略不计。在这种情况下按下式确定体积电阻：

$$R_X = \frac{U_X}{I_s \pm I_0}$$

式中：

R_X——体积电阻，单位为欧姆（Ω）；

U_X——施加电压，单位为伏（V）；

I_s——为电化期间的稳态电流，单位为安（A），或在电化期间如果电流是变化的，则为 1 min、10 min 和 100 min 时的值，单位为安（A）；

I_0——电化前的短路电流,单位为安(A)。

当 I_0 与 I_s 方向相同时使用负号,反之使用正号。

12.2 表面电阻率

表面电阻率应按下式计算:

$$\rho_s = R_X \frac{P}{g}$$

式中:

ρ_s——表面电阻率,单位为欧姆(Ω);

R_X——按 11.2 规定而测得的表面电阻,单位为欧姆(Ω);

P——特定使用电极装置中被保护电极的有效周长,单位为米(m)(或厘米(cm));

g——两电极之间的距离,单位为米(m)(或厘米(cm))。

12.3 重现性

由于给定试样的电阻随试验条件而改变以及各个试样之间材料的不均匀性,故通常测量的不重现性不是接近于±10%,而常常有较大的分散性(在大致相同的条件下测得值的比值可能会是 10 比 1)。

为使在相似的试样上进行的测量具有可比性,必须在大致相等的电位梯度下进行测量。

13 报告

报告应至少包括下述情况:

a) 关于材料的说明和标志(名称、等级、颜色、制造商等);

b) 试样的形状和尺寸;

c) 电极和保护装置的形式、材料和尺寸;

d) 试样的处理(清洁、预干燥、处理时间、湿度和温度)等;

e) 试验条件(试样温度、相对湿度);

f) 测量方法;

g) 施加电压;

h) 体积电阻率(需要时);

注1:当规定了一个固定的电化时间时,注明此时间,给出个别值,并报告中值作为体积电阻率。

注2:当在不同的电化时间后测试时,应按如下要求报告:

当在相同的电化时间里试样达到一个稳定状态时,给出个别值,并报告中值作为体积电阻率。在这个电化时间里有某些试样不能达到稳定状态,则报告不能达到稳定状态的试样数,并分别地给出它们的结果。当测试结果取决于电化时间时,则报告它们之间的关系,例如:以图的形式或给出在电化 1 min、10 min 和 100 min 后的体积电阻率的中值。

i) 表面电阻率(需要时);

给出电化时间为 1 min 的个别值,并报告其中值作为表面电阻率。

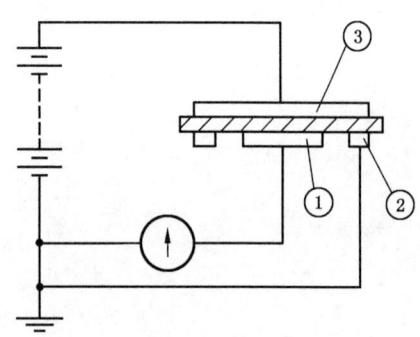 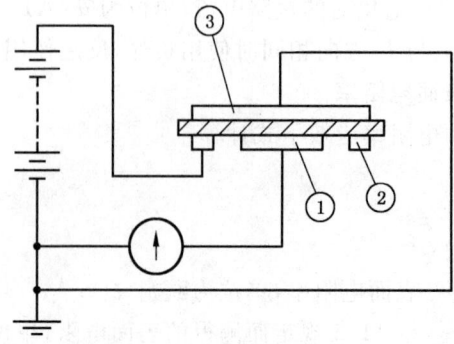

a) 测量体积电阻率线路

①——被保护电极；

②——保护电极；

③——不保护电极。

b) 测量表面电阻率线路

①——被保护电极；

②——不保护电极；

③——保护电极。

图 1 使用保护电极测量体积电阻率和表面电阻率的基本线路

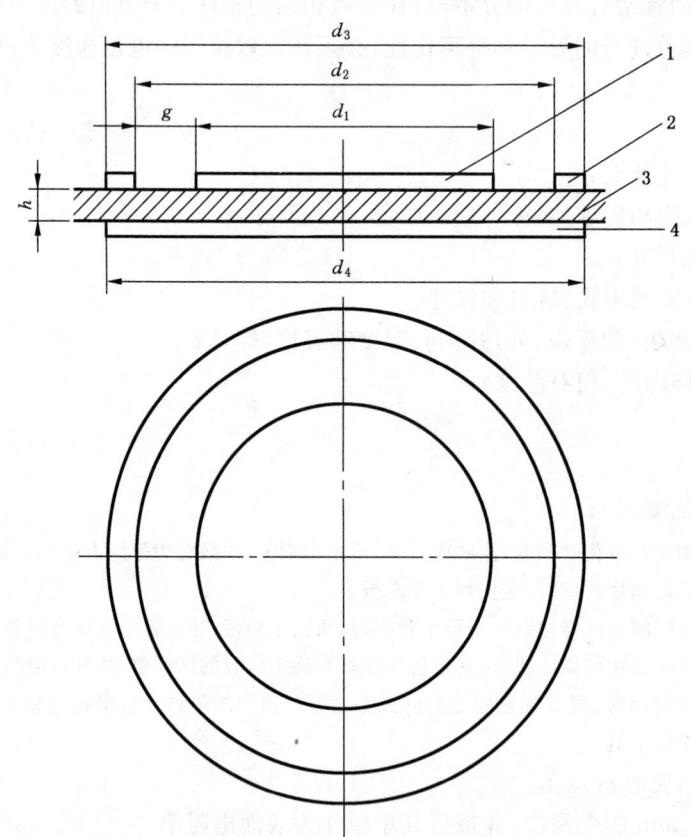

1——被保护电极；

2——保护电极；

3——试样；

4——不保护电极；

d_1——被保护电极直径；

d_2——保护电极内径；

d_3——保护电极外径；

d_4——不保护电极直径；

g——电极间隙；

h——试样厚度。

图 2 平板试样上的电极装置示例

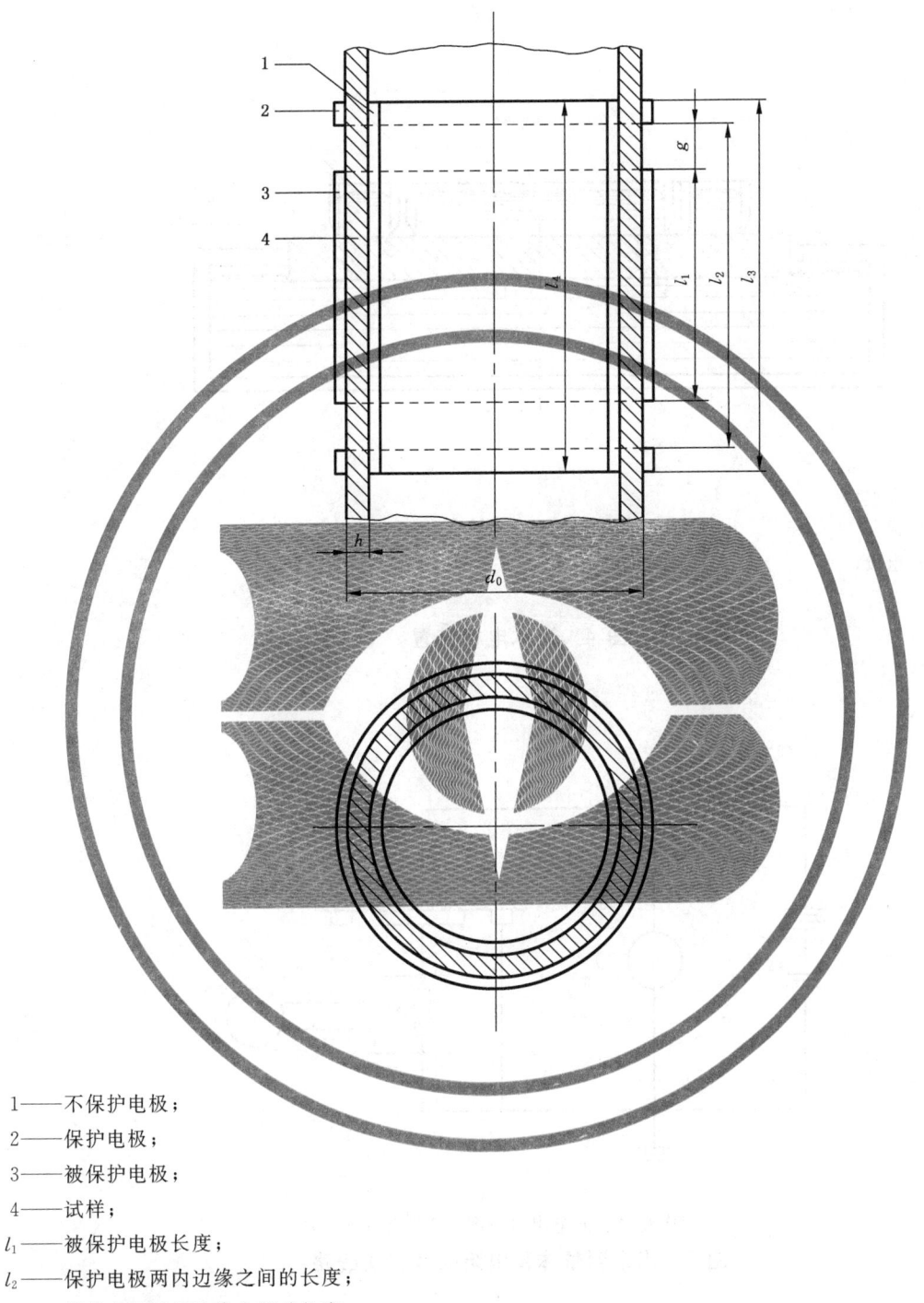

1——不保护电极；

2——保护电极；

3——被保护电极；

4——试样；

l_1——被保护电极长度；

l_2——保护电极两内边缘之间的长度；

l_3——保护电极两外边缘之间的长度；

l_4——不保护电极长度；

g——电极间隙；

h——试样厚度；

d_0——试样外径。

图 3　管状试样上的电极装置示例

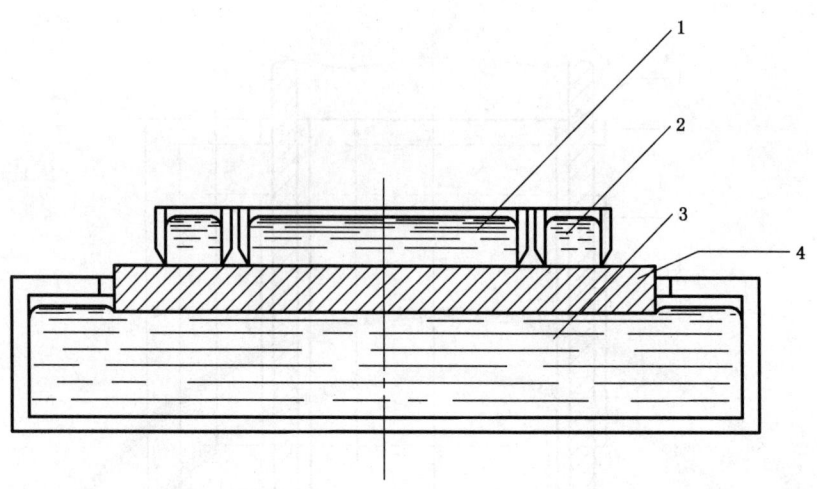

1——被保护电极；

2——保护电极；

3——不保护电极；

4——试样。

图 4   液体电极装置

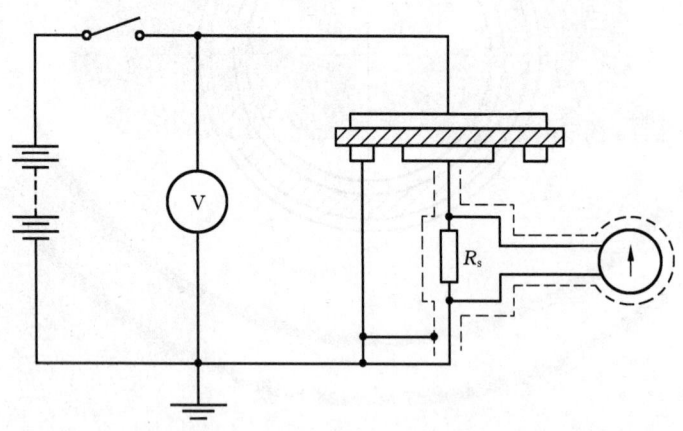

用作测量表面电阻时按图 1b)联接试样

图 5   用来测量体积电阻的伏安法线路

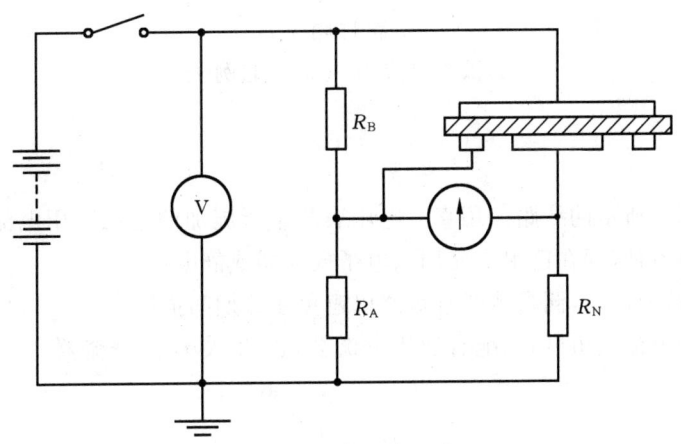

用作测量表面电阻时按图 1b)联接试样

图 6   用于测量体积电阻的惠斯登电桥法

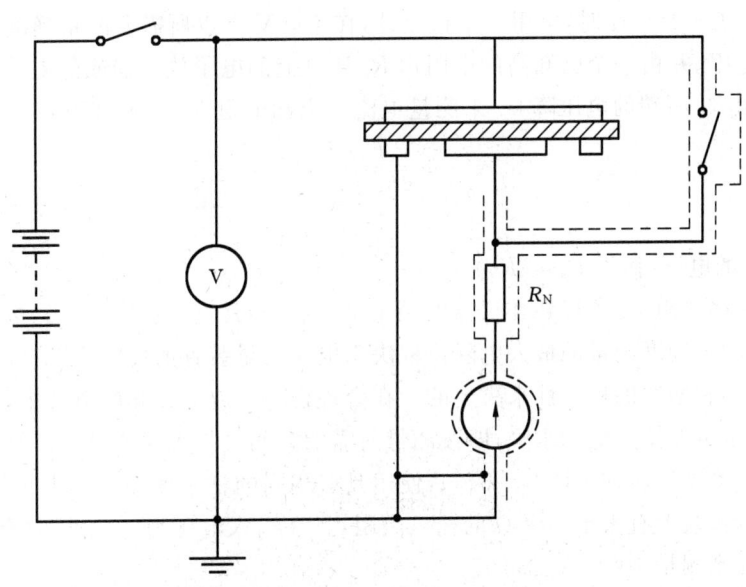

用作测量表面电阻时按图 1b)联接试样

图 7   用作测量体积电阻的检流计法

附　录　A

（资料性附录）

测试方法及其精确度的例子

A.1　伏安法

本直接法应用如图5所示的线路。用直流电压表测量所施加的电压。用电流测量装置测量电流，电流测量装置可以是检流计（现在已很少使用）、电子放大器或静电计。

一般说来，当试样被充电时，测量装置宜短路以避免在此期间损坏。

检流计宜具有高的电流灵敏度，且配有通用分流器（也叫 Ayrton 分流器）。未知电阻（以 Ω 表示）计算如下：

$$R_X = \frac{U}{k\alpha}$$

式中：

U——所施加的电压，单位为伏（V）；

k——检流计的灵敏度，以 A/刻度表示；

α——偏转，以刻度表示。

电阻不超过 10^{10} Ω～10^{11} Ω 时，可用一个检流计，在 100 V 下以所需要的精确度进行测量。

具有高的输入电阻、并由一个已知高的电阻值 R_s 所分流的电子放大器或静电计可用来作为电流测量装置。借助于电阻 R_s 两端的电压降 U_s 来测量电流。未知电阻 R_X 计算如下：

$$R_X = \frac{U \cdot R_s}{U_s}$$

式中：

U——是所施加的电压（假设 $R_s \ll R_X$）。

具有不同值的一些电阻 R_s 可以装在仪器的箱子里，该仪器常直接用安或其约数来标刻度。

这里，能以需要的精确度测量的最大电阻值取决于电流测量装置的性能。U_s 的误差是由指示器误差、放大器的零点漂移和增益的稳定性来决定的。在合理设计的放大器和静电计中，增益的不稳定性是可忽略的，零点漂移也可保持在低的水平，即按测量所需的时间看是无关紧要的。高增益的电子电压表的指示误差一般为满刻度偏转的 ±（2%～5%），使用具有相同的精确度而又不大于 10^{12} Ω 的电阻器是可行的。如果电压测量装置有大于 10^{14} Ω 的输入电阻，且在输入电压为 10 mV 时有满刻度偏转，则能以约±10% 的精确度来测量 10^{-14} A 的电流。

10^{16} Ω 的电阻可用具有很高电阻的精密电阻器和电子放大电压表或静电计在 100 V 电压下以所要求的精确度来测量。

A.2　比较法

A.2.1　惠斯登电桥法

如图6所示，试样与惠斯登电桥的一个臂相连接。三个已知桥臂应具有尽可能高的电阻值，它们受到桥臂中电阻器的固定误差所限制。通常电阻 R_B 是以十进级变化的，电阻 R_A 用来作平衡微调，而 R_N 在测量过程中是固定不变的。检测器是一个直流放大器，它的输入电阻比电桥内任何一个桥臂的电阻值都高。未知电阻 R_X 计算如下：

$$R_X = \frac{R_N R_B}{R_A}$$

式中：

R_A、R_B 和 R_N 如图 6 所示。

当零指示器有足够的灵敏度时，计算出的电阻的最大百分误差是 R_A、R_B 和 R_N 的百分误差的总和。如果 R_A 和 R_B 为绕线电阻，且其值较低例如 1 MΩ，则它们的误差可忽略不计，测量很高的电阻时 R_N 可选为 10^9 Ω，R_N 的测量精确度为 ±2%。测定比值 R_B/R_A 的精确度取决于零指示器的灵敏度。如果未知电阻 $R_X \gg R_N$，则测定比值 $r = R_B/R_A$ 时的不精确性 Δr 由 $\Delta r/r = I_g \cdot R_X/U$ 来决定，式中 I_g 是零指示器的最小分辨电流，U 是施加到电桥的电压。例如，使用电子放大器，其输入电阻为 1 MΩ，满刻度偏转时的输入电压为 10^{-5} V，则最低的分辨电流约为 2×10^{-13} A，相当于满刻度偏转的 2%。当 I_g 为此值，$U = 100$ V，$R = 10^{13}$ Ω 时，可得到 $\Delta r/r = 0.02$ 或 2%。

电阻值不大于 10^{13} Ω~10^{14} Ω 的电阻可用惠斯登电桥法在 100 V 下以所要求的精确度来测量。

A.2.2 电流表法

本方法采用图 7 所示的线路，其元件与 A.1 中所述的一样，再加上一个已知电阻值的电阻器 R_N 和用来短路未知电阻的开关。重要的是这个开关在打开时的电阻值要比未知电阻值 R_X 大得多，确保不影响后者的测量，很容易得到此条件的方法是用一根紫铜线将 R_X 短路，然后在测量 R_X 时将此紫铜线拿走。通常为了在试样被破坏时能限制电流以达到保护电流测量装置的目的，宁可将 R_N 一直留在线路里。

打开开关，按第 11 章的规定来测量通过 R_X 和 R_N 的电流，记录仪器的偏转 α_X 和分流比 F_X。将这个分流比调到尽可能接近最大的偏转刻度，然后短路 R_X，测量通过 R_N 的电流，记录仪器偏转 α_N 和分流比 F_N，从最低的灵敏度开始，再将分流比调到尽可能接近最大偏转刻度。在测试过程中只要施加电压 U 不变，则 R_X 可按下式计算：

$$R_X = R_N \left(\frac{\alpha_N F_N}{\alpha_X F_X} - 1 \right)$$

如果 $\alpha_N F_N / \alpha_X F_X > 100$，则可使用近似公式：

$$R_X = R_N \frac{\alpha_N F_N}{\alpha_X F_X}$$

本方法可以按 A.1 中所述的直接法几乎相同的精确度来测定 R_X，但本方法的优点是电流测量装置本身可通过对 R_N 的测量来进行校核，若用具有 0.1% 或更高精确度的绕线电阻器，则 R_N 的误差可忽略不计。因而测量通过 R_X 的电流可更为可靠。

附　录　B
（资料性附录）
A 和 P 的计算公式

对于大多数用途，计算被保护电极的有效面积 A 和有效周长 P，下列近似公式已足够精确。

B.1　有效面积 A

    a)　圆电极（图 2）　　　　　　$A=\pi(d_1+g)^2/4$

    b)　长方形电极　　　　　　　$A=(a+g)(b+g)$

    c)　正方形电极　　　　　　　$A=(a+g)^2$

    d)　管状电极（图 3）　　　　　$A=\pi(d_0-h)(l_1+g)$

式中 d_0、d_1、g、h 和 l_1 为图 2、图 3 中所指的尺寸，当被保护电极为长方形或正方形时 a 和 b 分别为长度和宽度。尺寸均用米（或厘米）表示。

B.2　有效周长 P

    a)　圆电极（图 2）　　　　　　$P=\pi(d_1+g)$

    b)　长方形电极　　　　　　　$P=2(a+b+2g)$

    c)　正方形电极　　　　　　　$P=4(a+g)$

    d)　管状电极（图 3）　　　　　$P=2\pi d_0$

式中符号的意义与 B.1 中的相同。

附　录　C

（资料性附录）

本标准章条编号与 IEC 60093:1980 章条编号对照

表 C.1 给出了本标准章条编号与 IEC 60093:1980 章条编号对照一览表。

表 C.1　本标准章条编号与 IEC 60093:1980 章条编号对照

本标准章条编号	对应的国际标准章条编号
1	1
2	—
3	2
3.1～3.5	2.1～2.5
4	3
4.1～4.4	3.1～3.4
5	4
6	5
6.1～6.3	5.1～5.3
7	6
7.1～7.2	6.1～6.2
8	7
8.1～8.8	7.1～7.8
9	8
10	9
11	10
11.1～11.2	10.1～10.2
12	11
12.1～12.3	11.1～11.3
13	12

ICS 29.035.01
K 15

中华人民共和国国家标准

GB/T 1411—2002/IEC 61621:1997
代替 GB/T 1411—1978

干固体绝缘材料 耐高电压、小电流电弧放电的试验

Dry, solid insulating materials—Resistance test to high-voltage, low-current arc discharges

(IEC 61621:1997,IDT)

2002-05-21 发布   2003-01-01 实施

中华人民共和国
国家质量监督检验检疫总局 发布

前　言

本标准等同采用 IEC 61621:1997《干固体绝缘材料　耐高电压、小电流电弧放电的试验》（英文版）。

为便于使用，本标准做了下列编辑性修改：

a）"本国际标准"一词改为"本标准"；

b）用小数点"."代替作为小数点的逗号","；

c）删除国际标准的目次、前言；

d）因国际标准印刷错误，现将图 1 中的 R_{60} 和 t_{60} 改为 R_{40} 和 t_{40}，7.3 中的 3.2 改为 3.1。

本标准代替 GB/T 1411—1978《固体电工绝缘材料高电压小电流间歇耐电弧试验方法》。

本标准与 GB/T 1411—1978 的主要技术差异：

a）将 GB/T 1411—1978 中电弧程序的第一阶段 1/4 通、7/4 断，修改为 1/8 通、7/8 断。

b）将 GB/T 1411—1978 中电极尺寸和重量分别由原来的 $\phi2.5$ mm 修改为 $\phi2.4$ mm±0.05 mm 和 0.5 N±0.05 N。

c）将 GB/T 1411—1978 中电极间距离 6.0 mm±0.1 mm 修改为 6.35 mm±0.1 mm。

d）GB/T 1411—1978 中规定在每种材料的试样上做 10 次试验，并取平均值作为试验结果，并规定了数据处理方法。本标准修改为至少做 5 次试验，并报告中值、最小值和最大值。

本标准由中国电器工业协会提出。

本标准由全国绝缘材料标准化技术委员会归口。

本标准起草单位：桂林电器科学研究所。

本标准主要起草人：韦珺、谷晓丽、张期平。

本标准 1978 年 3 月 10 日首次发布，2002 年第一次修订。

干固体绝缘材料 耐高电压、
小电流电弧放电的试验

1 范围

本标准叙述的试验方法能够提供同类绝缘材料当其被暴露于高电压、小电流电弧放电时,它们之间耐受发生在紧靠表面损坏情况的初步差异。

电弧放电引起局部热的和化学的分解与腐蚀并最终在绝缘材料上形成导电通道。试验条件的严酷程度是逐渐增加的:开始几个阶段,小电流电弧放电反复中断,而到了后来几个阶段,电弧电流逐级增大。

由于本试验方法操作方便和试验所需的时间短,因此,它适用于材料初步筛选、检查材料组分变化的影响和质量控制检验。

过去使用本试验方法的经验表明,热固性材料试验结果的再现性是可以接受的。而对热塑性材料,一些实验室报告表明,其试验结果出现不能接受的大的偏差,这就导致本推荐方法不能应用于热塑性材料的试验。

注:正试图在试验过程中通过控制电极压力和穿入材料的深度,以减小热塑性材料试验结果的分散性。不采取这种控制电极的措施而就对许多热塑性材料进行试验,这样的试验可能没太大意义。

通常,不允许只根据本试验方法就对一些材料的相对耐电弧等级作出结论,因为这些材料可能受制于其他类型的电弧作用。

材料的相对耐电弧等级可能与那些由潮湿耐漏电起痕试验(例如 IEC 60112,IEC 60587 及 IEC 61302)获得的等级不同,也与材料在实际使用中的工作状况不同,因为在这些场合中,材料承受电弧放电的强度、重复频率以及时间等的差别很大。

2 规范性引用文件

下列文件中的条款通过本标准的引用而成为本标准的条款。凡是注日期的引用文件,其随后所有的修改单(不包括勘误的内容)或修订版均不适用于本标准,然而,鼓励根据本标准达成协议的各方研究是否可使用这些文件的最新版本。凡是不注日期的引用文件,其最新版本适用于本标准。

IEC 60112:1979 固体绝缘材料在潮湿条件下相比漏电起痕指数和耐漏电起痕指数的测定方法
IEC 60212:1971 固体电气绝缘材料在试验前和试验时采用的标准条件
IEC 60587:1984 评定在严酷环境条件下使用的电气绝缘材料耐漏电起痕和蚀损的试验方法
IEC 61302:1995 电气绝缘材料 评定耐漏电起痕和蚀损的方法 旋转轮沉浸试验

3 定义

下列定义适用于本标准。

3.1

失效 failure

当被试材料内形成导电通道时,认为材料已经失效。如果电弧引起某一材料燃烧和当电弧被切断后材料还继续燃烧,则也认为材料已经失效。

注1:当电弧放电因深入材料内部而消失时,回路电流通常会发生变化且声音发生明显改变。

注2：对某些材料,在电极间电弧全部熄灭前,在相当长的时间范围内,朝失效发展的趋势增加,仅当所有电弧已熄灭才发生失效。

注3：对某些材料,在电弧已经熄灭之后,在靠近电极处可能观察到持续的火花。不应该把这种火花视为属于电弧部分。

注4：如果在电弧中断期间材料继续燃烧,则材料的这种伴随电弧而发生的燃烧,只能视为失效。在其他情况下,继续试验下去直至形成导电通道。

注5：即使材料以后又恢复电弧放电,仍然以整个电弧的第一次熄灭为失效。

3.2

耐电弧 arc resistance

从试验开始直至试样失效的总时间,秒。

4 设备

4.1 试验回路

试验设备电气回路的主要部件如图1所示。

注：次级回路接线杂散电容应小于40 pF。大的杂散电容可能会干扰电弧的形状并影响试验结果。

4.1.1 变压器,T_v

该变压器的额定次级电压(开路)为15 kV,额定次级电流(短路)为60 mA,线路频率为48 Hz～62 Hz。

4.1.2 可变比自耦变压器,T_c

额定容量为1 kVA且与线路电压匹配。

注：推荐初级电压电源变化保持±2%。

4.1.3 电压表,V_L

AC电压表,其准确度为±0.5%,能读出电源电压的$^{+10}_{-20}$%。

4.1.4 毫安表,A

一种精确的有效值a.c.毫安表,能读出10 mA～40 mA,准确度为±5%。由于该毫安表仅当进行设定或改变回路时才用到它,因此,不用时可通过一个旁路开关使其短路。

注：尽管已经采取措施抑制电弧电流的射频分量,但当试验设备进行第一次组装时,可能还是需要检查射频分量是否存在。最好的做法是应用一个合适的热电偶射频(r.f.)型毫安表暂时与该毫安表串联起来。

4.1.5 电流控制电阻器,R_{10},R_{20},R_{30}及R_{40}

需要四个电阻器与变压器T_v的初级串联。这些电阻器必须在一定范围内可调,以便在校正过程允许对电流进行准确设定。R_{10}总是接在回路中以便提供10 mA电流。

4.1.6 抑制电阻器,R_3

额定电阻为15 kΩ±1.5 kΩ并至少24 W。该电阻器与电感(见4.1.7)一起用作抑制电弧电路中的寄生高频。

4.1.7 空芯电感器,X_s,1.2 H～1.5 H

注：用单个线圈构成的这种电感器是不实用的,令人满意的电感器是将导线绕在直径约12.7 mm和内长15.9 mm的绝缘非金属芯子上的8个3 000匝～5 000匝的线圈串联而成。

4.1.8 断电器,B

由电机驱动或电子仪器操作的断续器是用作按表1的预定程序进行切断和接通初级回路,以便获得该试验的三个较低阶段所需要的周期。断续器的准确度为±0.008 s。

4.1.9 计时器,TT

秒表或电动计时器,准确至±1s。

4.1.10 接触器,C_s

当罩在电极装置上的通风防护罩降至设定位置时,该通风防护罩触动常开(NO)微型开关,而微型

开关又使接触器 C_s 动作并将变压器 T_v 与回路接通,使得高压 HV 施加于电极上。当通风防护罩升起时,变压器断开,操作者得到保护。

4.2 电极和电极装置

4.2.1 电极

电极由直径 2.4 mm±0.05 mm 无裂纹、凹痕或粗糙疵点的钨棒制成。活动电极长至少 20 mm。推荐将这个活动电极固定于把柄上,使得在削尖后的电极尖端能准确定位。该电极尖端应经研磨抛光,以形成与轴线夹角为 30°±1° 的平椭圆面。图 2 展示出固定于合适把柄上的电极的一个实例。

注 1：已发现钨焊条是适用于这种电极的。

注 2：在削尖过程中,采用钢制夹紧装置夹持电极,有助于保证将尖头电极加工成所要求的几何形状。

4.2.2 电极装置

该装置提供了一种夹持电极和试样的方法,使得电弧按正确的角度施加于试样的上部表面。该装置应这样构成,使得每一个试样上部表面在每一次试验时都处在同一高度上。应调节每一电极,使得它以 0.5 N±0.05 N 的力无约束地静置于试样上。不应对试样进行抽风,只有当试验过程中试样释放出烟雾或气体时,才允许把这些燃烧产物排放掉。

两个电极应该这样定位,使得当这两个电极静置于试样上时,它们是处在同一个垂直面内且它们与水平方向倾斜 35°±1°（这样,两电极轴间夹角为 110°±2°）,如图 3 所示。椭圆尖端表面的短轴应成水平,两尖端间隔调节到 6.35 mm±0.1 mm。

从略高于试样的平面位置,应提供观察电弧的清晰视域。

注：对气流的要求,正在考虑之中。

4.2.3 清洗和削尖电极

4.2.3.1 清洗电极

a）每一次试验后,应该用不起毛的实验室用的纸巾蘸以丙酮或乙醇之类溶剂清洗电极,再用去离子水擦洗电极,然后用干净的、干的不起毛的纸巾将其擦干。

b）如果经过上述清洗后还有过量燃烧产物残留在电极上,那么,已经证明,施加一次约 1 min、40 mA 连续电弧（在原位置上无试样）对清除残留物是有效的。

4.2.3.2 削尖电极

当在放大 15 倍下观察电极时,电极应保持原始椭圆面状态且无毛刺或粗糙边缘。

如果不符合上述要求,则应削尖电极。

4.3 试验箱

为防止通风,试验箱应是不通风的密闭箱,其尺寸不小于 300 mm×150 mm×100 mm。

4.4 校准

4.4.1 开路工作电压

开路状况下,将电压调节至 12.5 kV。根据开路的初级电压对次级电压的比,用电压表 V_L 测量该电压。

4.4.2 次级电流的调节

将两个电极按准确间隔距离置于陶瓷块上,在关闭通风防护罩情况下,给设备施加电压并用可变电阻器 R_{10},R_{20},R_{30} 及 R_{40} 调节电流。

5 试样

5.1 对材料作正规比较时,应在每一材料的试样上至少做 5 次试验。

5.2 试样厚度应是 3 mm$^{+0.4}_{-0.0}$ mm。应用其他厚度时应予以报告。

5.3 每一试样应具有必要的尺寸,使试验在平坦表面上进行并可使电极装置既应距试样边缘不少于 6 mm,又应距先前试验过的地方不少于 12 mm。试验薄的材料时,要预先把它们紧紧地夹在一起,使形成的试样厚度尽可能接近推荐的厚度。

5.4 当试验模塑部件时,应施加电弧于被认为最有意义的位置。部件的比较试验,应在类似的位置进行。

5.5 试验前应使用合适的方法去除粉尘、湿气和指印等。

　　警告:该清除程序可能对材料有影响。

6 条件处理

　　除另有规定外,试样应在23℃±2℃、50%±5%相对湿度(按 IEC 60212 中的标准大气 B)标准大气中至少暴露 24 h。

7 程序

7.1 测定耐电弧时,置试样于电极装置内并调节电极间距至 6.35 mm±0.1 mm。

7.2 接通试验回路并观察起始电弧、漏电起痕进展和被试材料的任何奇特现象。如果任何试验阶段的第一次试验进展正常,则随后的试验就不必再仔细观察。

　　警告:在观察电弧过程中,操作者要配戴防紫外线眼镜或应用紫外线遮护板。

　　观察起始电弧以便确定它是否仍然保持平的且紧靠试样表面。如果电弧顶部处于试样表面上方约 2 mm 或者电弧爬向电极上方而不再保持在电极尖端处或者发生不规则的闪烁,则表明回路常数不正确或者材料正在以极大速率释放出气体产物。

7.3 每次 1 min 试验结束时,电弧严酷程度将按表 1 所示顺序增加,直至按 3.1 定义发生失效。失效时,应立即切断电弧电流并停止记时。记录 5 次试验的每一次到达失效的时间(s)。

8 结果

8.1 本试验的结果是以秒表示的失效时间。

　　注:许多材料常常是在严酷程度发生变化后的开头几秒内失去抵抗能力的。当对材料的耐电弧作比较时,两者差异处于两个阶段交替的那几秒要比处于单个阶段内所经过的相同的那几秒时间重要的多。因此,耐电弧在 178 s 与 182 s 之间和耐电弧在 174 s 与 178 s 之间两者存在着很大的差异。

8.2 已经观察到的四种通常失效类型

8.2.1 由于许多无机电介质变成白热状态,致使它们变成能够导电。然而,当冷却时,它们又恢复到其原先绝缘状态。

8.2.2 某些有机复合物突然发生火焰,但在材料内不形成明显的导电通道。

8.2.3 另外一些材料可见到因漏电起痕而导致失效,即当电弧消失时,在电极间形成一条细金属丝似的线。

8.2.4 第四种类型是表面发生碳化直至出现足够的碳而形成导电。

9 报告

　　试验报告应包括下述内容:

9.1 被试材料的鉴别和被试的厚度。

9.2 试验前的清洗和条件处理的细节。

9.3 耐电弧时间的中值、最小值和最大值。

9.4 观察到的特殊现象,例如,燃烧和软化。

表 1 每阶段 1 min 的程序

阶　段	电　流/mA	时 间 周 期ᵃ/s	总时间/s
1/8	10	1/8 通，7/8 断	60
1/4	10	1/4 通，3/4 断	120
1/2	10	1/4 通，1/4 断	180
10	10	连续	240
20	20	连续	300
30	30	连续	360
40	40	连续	420

ᵃ　在开头的三个阶段，规定了中断电弧，目的是使试验不如连续电弧那么严酷。电流规定为 10 mA，因为电流再小可能会使电弧不稳定或闪烁。

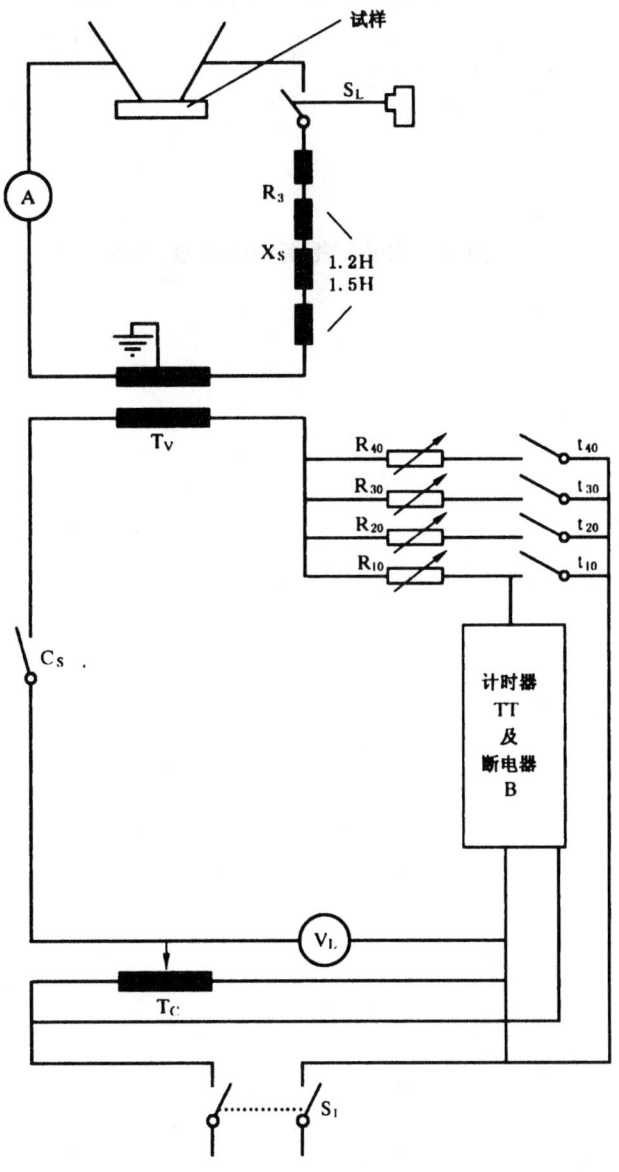

图 1 电气电路的示例

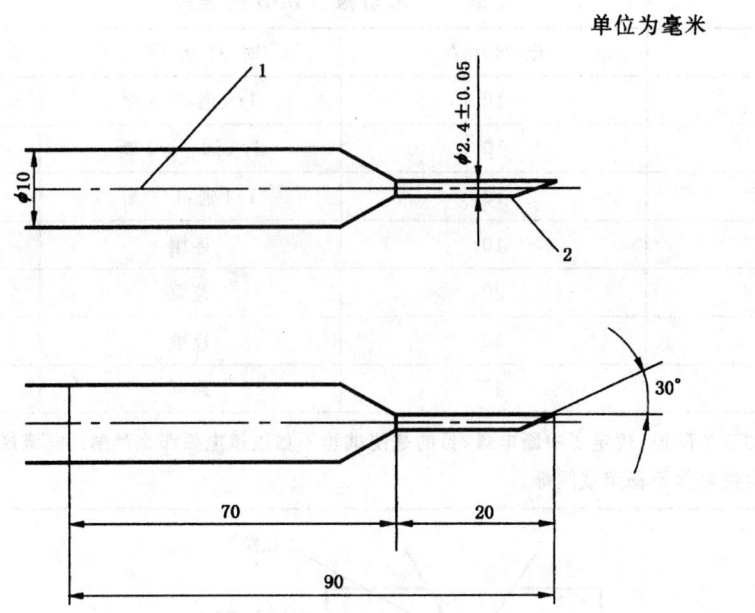

单位为毫米

1—把柄；
2—电极

图 2　安装在把柄内的电极（示例）

单位为毫米

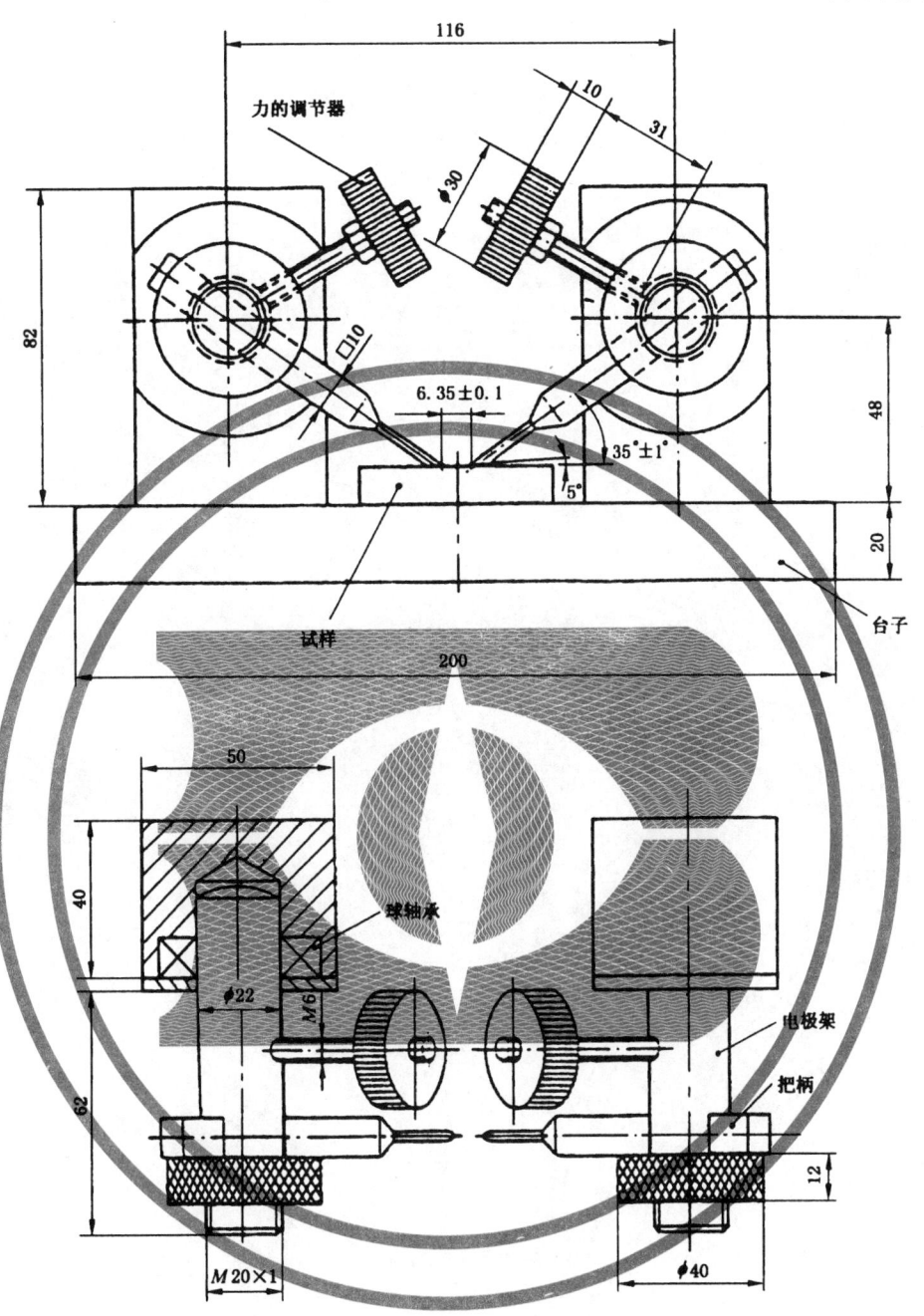

图 3 电极装置(示例)

ICS 01.040.29
K 04

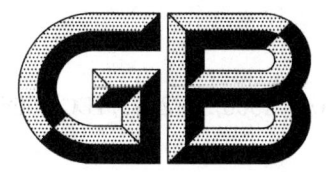

中华人民共和国国家标准

GB/T 2900.5—2013/IEC 60050-212:2010
代替 GB/T 2900.5—2002

电工术语　绝缘固体、液体和气体

Electrotechnical terminology—Electrical insulating solids,liquids and gases

(IEC 60050-212:2010,International Electrotechnical Vocabulary—
Part 212:Electrical insulating solids,liquids and gases,IDT)

2013-12-17 发布　　　　　　　　　　　　　2014-04-09 实施

中华人民共和国国家质量监督检验检疫总局
中国国家标准化管理委员会　发布

前　言

GB/T 2900《电工术语》由颇多部分组成。

本部分为 GB/T 2900 的第 5 部分。

本部分按照 GB/T 1.1—2009 给出的规则起草。

本部分等同 IEC 60050-212:2010《国际电工词汇　电气绝缘固体、液体和气体》。

本部分中的术语条目编号与 IEC 60050-212:2010 保持一致。

本部分由全国电工术语标准化技术委员会(SAC/TC 232)提出。

本部分由全国电工术语标准化技术委员会归口。

本部分起草单位：中机生产力促进中心、桂林电器科学研究院、中国电器工业协会。

本部分主要起草人：曹晓珑、罗传勇、郭丽萍、马林泉、李桂芳。

电工术语　绝缘固体、液体和气体

1　范围

　　本部分规定了电气绝缘固体、液体和气体的通用术语。包括绝缘材料与系统的电性能、物理性能、化学性能、材料工艺、特定绝缘产品等术语。

　　本部分适用于电气绝缘固体、液体和气体。

2　术语和定义

2.1　绝缘固体、液体和气体电气性能术语

212-11-01

　　绝缘材料　insulating material

　　低电导率的材料,用于隔离不同电位的导电部件或使导电部件与外界隔绝。

　　注:绝缘材料可以是固体、液体或气体,或者是它们的组合。

212-11-02

　　(固体)绝缘材料　(solid)insulating material

　　由固体组成的绝缘材料。

212-11-03

　　绝缘流体　insulating fluid

　　绝缘液体或气体。

212-11-04

　　绝缘液体　insulating liquid

　　由液体组成的绝缘材料。

212-11-05

　　绝缘气体　insulating gas

　　由气体组成的绝缘材料。

212-11-06

　　介电的;电介质的,形容词　dielectric,adj

　　描述物质受到电场作用而产生极化的特性。

212-11-07

　　电气绝缘件　electric insulation

　　电工产品中,用以隔离运行中不同电位的导电部件或使这些部件与外界隔绝的部分。

212-11-08

　　电气绝缘系统　electric insulation system

　　由一种或几种绝缘材料与电工产品中所用的导电部件一起组合成的绝缘结构。

212-11-09

　　绝缘电阻　insulation resistance

　　被电气绝缘隔开的两个导电部件之间的电阻。

212-11-10

体积电阻 volume resistance

由体积导电所确定的绝缘电阻部分。

212-11-11

体积电阻率 volume resistivity

折算成材料单位体积的体积电阻。

注1：绝缘材料的体积电阻率通常借助置于片材上的测量电极测得。

注2：根据 IEV 第121章（电磁学），"电导率"定义为"标量和张量，该标量或张量与媒质中电场强度的乘积等于电流密度"，而"电阻率"则定义为"电导率的倒数，（若倒数存在的话）"，用这种方法测量时，测量所包含的体积各点可能不均匀，体积电阻率是其平均值，它包括了电极上可能存在的极化现象的影响。

212-11-12

表面电阻 surface resistance

由表面导电所确定的绝缘电阻部分。

注1：通常环境对表面电阻有强烈影响。

注2：表面电阻通常与电化时间有关，往往变化无常。实际测量时，电化时间常取为1分钟。

212-11-13

表面电阻率 surface resistivity

折算为单位面积时的表面电阻。

注1：绝缘材料的表面电阻率通常借助置于片材上的测量电极测得。

注2：表面电阻率包含可能存在的电极极化现象的影响。

注3：表面电阻率的数值与面积的大小无关。

212-11-14

测量电极 measuring electrode

测量材料电气性能用的导体，通常置于材料表面或插入内部，使其与材料接触。

212-11-15

（体积）直流电阻 （volume）DC resistance

在与绝缘材料接触的两个测量电极之间施加的直流电压，与给定直流电化时间后通过其体积的电流（排除了沿面电流）之比。

212-11-16

（体积）直流电阻率 （volume）DC resistivity

直流电场强度与给定电化时间后绝缘材料中的稳态电流密度之比。

212-11-17

电化 electrification

在两个电极间施加电压的过程。

212-11-18

（直流）电化电流 （DC）electrification current

在与绝缘材料接触的两个电极之间施加恒定直流电压电化后的电流。

注：对许多绝缘材料，直流电化电流很大程度取决于电化时间。

212-11-19

电导电流 conduction current

直流电化电流中的稳态分量。

212-11-20

极化电流 polarization current

直流电化电流中的暂态分量。

注：测量极化电流时，通常要先将电极短路足够长时间，使短路电流可忽略不计。

212-11-21

去极化电流　depolarization current

在与绝缘材料接触的两个电极之间施加电压,经一定时间电化后,两电极短路时所通过的电流。

注:测量去极化电流时,通常要求电化时间足够长,以便极化电流可忽略不计。

212-11-22

去电化电流　de-electrification current

两个电极置于绝缘材料后立刻短路时或两个电极彼此不相连接也不与电源相连接的情况下放置一定的时间后,两电极短路时通过的电流。

注:例如:绝缘材料的残余极化或静电电荷都可能引起去电化电流。

212-11-23

（绝对）电容率　（absolute）permittivity

标量或二阶张量,该量与媒质中电场强度 E 的乘积等于电通量密度 D:

$$D = \varepsilon E$$

注:各向同性介质的电容率是标量,而各向异性介质的电容率是二阶张量。

212-11-24

相对电容率　relative permittivity

标量或二阶张量,等于绝对电容率与电常数之比值。

注1:在直流电场或频率足够低的交流电场下,各向同性或准各向同性电介质的相对电容率等于下列两个电容器电容值的比值,其中一个电容器的两电极之间及其周围全部仅充满这种电介质,另一个为电极形状相同的真空电容器。但不推荐这种用法。

注2:工程上常用的"电容率"是指相对电容率。这种用法现已废弃。

212-11-25

静电容率　static permittivity

稳态直流电场条件下的电容率。

212-11-26

复电容率　complex permittivity

在正弦电场下,介质中分别代表电通量密度和电场强度的相量 $\underline{D}$ 和 $\underline{E}$ 是线性关系时,复数 $\underline{\varepsilon}_r$ 由下式定义:

$$\underline{D} = \varepsilon_0 \underline{\varepsilon}_r \underline{E}$$

式中 ε_0 为电常数。

注1:复电容率通常与频率有关。对于各向同性介质复电容率是标量,对于各向异性介质复电容率是张量。

注2:$\underline{\varepsilon}_r$ 通常表示为:$\underline{\varepsilon}_r = \varepsilon_r' - j\varepsilon_r''$,式中 ε_r' 为实相对电容率,ε_r'' 为代表介质损耗的介质损耗指数。

212-11-27

介质损耗　dielectric loss

极化的物质从时变电场中吸收的功率,不包括由于该物质电导率所吸收的功率。

注1:介质损耗通常以热的方式耗散掉。

注2:IEC 60050-121 中介质损耗定义为极化的物质从时变电场吸收的功率,不包括由于该物质的电导率吸收的功率。实际中,介质中电导电流引起的损耗通常包括在介质损耗中。

212-11-28

（介质）损耗指数　（dielectric）loss index

复电容率虚部的绝对值 ε_r''。

注:损耗指数 ε_r'' 等于 $\varepsilon_r' \tan\delta$。

212-11-29

介质损耗因数　dielectric dissipation factor；tanδ

（介质）损耗角正切　loss tangent

复相对电容率的虚部与实部之比的绝对值。

$$\tan\delta=\varepsilon_r''/\varepsilon_r'$$

注1：介质损耗因数等于损耗角正切。

注2：在英语中缩写词DDF有时用于表示绝缘材料中的介质损耗。

212-11-30

介质损耗角　dielectric loss angle

介质损耗因数的反正切值，$\delta=\arctan(\varepsilon_r''/\varepsilon_r')$。

注：通常介质损耗角的单位是微弧度。

212-11-31

介质相角　dielectric phase angle

施加于介质的正弦交流电压和由此产生的与该电压周期相同的交流电流分量之间的相位差。

212-11-32

介质功率因数　dielectric power factor

介质相角的余弦。

212-11-33

（电）击穿　（electric）breakdown

绝缘介质全部或部分瞬间变为导电介质并导致放电的变化。

212-11-34

击穿电压　breakdown voltage

在规定的试验条件下或在使用中发生电击穿时的电压。

212-11-35

耐受电压　withstand voltage

在规定的试验条件下，施加在试样上不引起击穿的电压。

212-11-36

验证电压　proof voltage

在规定的试验条件下，施加在试样上以证实不会发生击穿的电压。

212-11-37

电气强度　electric strength

在规定的试验条件下，两个导电部件间所施加的不导致击穿的最高电压与导电部件间距离之比。

212-11-38

放电　（electric）discharge

电荷载流子通过绝缘材料发生的迁移。

注：放电可以是局部的或破坏性的。

212-11-39

局部放电　partial discharge

导体之间的绝缘仅局部发生击穿的一种放电。

注1：局部放电可能发生在绝缘内部或导体附近的地方。

注2：绝缘材料表面产生的低能量闪烁现象往往认为是局部放电，但确切地说是低能量破坏性放电，按照物理学习惯说法，这种闪烁现象是由于高电离密度局部介质击穿或是由小电弧的结果造成的。

212-11-40

局部放电强度　partial discharge intensity

在给定条件下发生局部放电的量。

注：现实中局部放电强度通常以皮库或焦耳表示。

212-11-41

局部放电起始电压　partial discharge inception voltage

PDIV（缩写词）

当所施电压从观察不到局部放电的较低电压逐渐增加到开始发生局部放电时的最低电压值。

212-11-42

局部放电熄灭电压　partial discharge extinction voltage

PDEV（缩写词）

当所施电压从可观察到局部放电的较高电压逐渐降低到局部放电熄灭时的最高电压。

212-11-43

内部局部放电　internal partial discharge

绝缘材料内部的局部放电。

212-11-44

电晕　corona

在紧靠未绝缘或稍有绝缘的导体处的气体中发生，由该导体距其他导体较远而产生的强发散电场引起的局部放电簇。

注：电晕通常产生光和噪声。

212-11-45

表面局部放电　surface partial discharge

在绝缘表面上或沿绝缘表面的局部放电。

212-11-46

破坏性放电　disruptive discharge

伴随电击穿产生的电弧通道。

注：视放电能量大小，可描述为低能或高能放电，判断的依据是最大电流和绝缘材料的破坏程度。

212-11-47

闪络　flashover

在气体、液体或真空中两个导体之间发生的至少有部分是沿固体绝缘表面的电击穿。

212-11-48

火花放电　sparkover

在气体或液体绝缘材料中发生的破坏性放电。

212-11-49

电穿孔　puncture

使固体绝缘材料产生永久性损坏通道的破坏性放电。

注：该术语也用作固体电击穿的同义词。

212-11-50

电树　electrical tree

在受到短时间或长期电应力作用而逐渐增强的电场下，所产生的非实心或碳化微通道的树形集合。

212-11-51

电树化　electrical treeing

电树的增长过程。

212-11-52

水树　water tree

在受到电应力作用而逐渐增强的电场,且总是有水分存在的情况下,所产生由氧化痕迹连接的充水微孔的树形集合。

212-11-53

水树化　water treeing

水树的增长过程。

212-11-54

耐电弧性　arc resistance

在规定的条件下,绝缘材料耐受电弧沿其表面作用的能力。

212-11-55

电蚀　electric erosion

由于放电作用而使绝缘材料发生蚀损。

212-11-56

电痕化;起痕　tracking

由于电应力和电解质污染物的联合作用,在固体绝缘材料表面或内部形成导电通道的过程。

注:电痕化往往与表面污染物有关。

212-11-57

电痕化失效　tracking failure

由于导体部件之间的电痕化导致的绝缘失效。

212-11-58

电痕化时间　time-to-track

在电痕化试验中,电痕化达到规定终点判据的时间。

212-11-59

相比电痕化指数　comparative tracking index

CTI(缩写词)

在规定的试验条件下,材料能承受不发生电痕化失效,也不发生持续火焰的以伏为单位的最大电压数值。

212-11-60

耐电痕化指数　proof tracking index

PTI(缩写词)

在规定的电痕化试验中,绝缘材料不发生电痕化失效,也不发生持续火焰的以伏为单位的验证电压数值。

2.2　绝缘材料电性能以外的物理性能术语

212-12-01

条件处理　conditioning

试样在规定的气候条件下(通常是规定温度和规定相对湿度),或是在规定相对湿度的大气中,或完全浸入水或其他液体中持续一定时间的过程。

212-12-02

预处理　preconditioning

为消除或部分消除试样在之前所经受的主要是温度和湿度的共同影响,而对试样进行的条件处理。

注1:预处理有时也称为"正常化处理"。

注2:试样的预处理通常是在条件处理之前进行。如果条件处理的温度和湿度都与预处理的规定相同,则也可以用预处理代替条件处理。

212-12-05

影响因子 factor of influence

由运行条件、环境或试验所施加的会影响到绝缘材料或绝缘系统寿命的应力。

注："影响因子"指的是外部因子在绝缘系统中引起的应力(例如环境温度),它不用于设备工作循环部分的应力
因子。

212-12-06

老化应力 ageing stress

作用在绝缘材料或系统上引起老化的电、热、机械或环境应力。

212-12-07

老化因子 ageing factor

导致绝缘材料或结构老化的外来应力。

注:老化因子可以是温度、机械应力、电场强度、环境条件等。

212-12-08

耐久性 endurance

耐受老化因子作用的能力。

注:耐久性可通过加速老化试验的结果来表示。

212-12-09

热耐久性;长期耐热性 thermal endurance

耐受温度作用的能力。

212-12-10

耐热图 thermal endurance graph

阿伦尼乌斯图(热耐久性的) **Arrhenius graph**(for thermal endurance)

热耐久性试验中,描述达到某一规定终点的持续时间的常用对数与热力学(绝对)试验温度倒数的
关系曲线图。

212-12-11

温度指数 temperature index

TI(缩写词)

表示绝缘材料或绝缘系统耐热能力的摄氏温度值。

注1:对绝缘材料,温度指数是从热寿命关系中对应与给定时间(通常为 20 000 h)推出。温度指数可以作为确定材
料温度等级的依据。

注2:对绝缘系统,温度指数可由已知使用经验的,或从已评定且已确定的参照绝缘系统的已知比较功能性评定中
得出。

212-12-12

相对温度指数 relative temperature index

RTI(缩写词)

把绝缘材料或系统与已知温度指数的参照绝缘材料或系统作对比试验,试验中两者老化和诊断程
序相同,从与参照绝缘材料或系统已知温度指数所对应的时间,得到的绝缘材料或系统的温度指数。

212-12-13

半差 halving interval

HIC(缩写词)

以对应于温度指数或相对温度指数的温度下所取的达到终点的时间的一半的开氏温度值。

212-12-14

相对耐热指数 relative thermal endurance index

绝缘材料达到终点的估计时间与参照材料在其评定耐热温度下到达终点的估计时间相同时,绝缘

材料所在的摄氏温度值。

注1：评定耐热温度的数值等于评定耐热指数（ATE）。

注2：参照材料是耐热性已知的材料，最好是从使用经验中得到的，可作为与候选材料做比较试验时的参照。

212-12-15

评定耐热指数　assessed thermal endurance index

ATE（缩写词）

材料在特定的应用中仍具有已知的满意使用性能的最高摄氏温度值。

注1：已知 ATE 的材料可作为参照材料与未确立 ATE 的材料进行对比试验。

注2：同种材料在不同使用场合下，ATE 的值可能是不同的。

注3：ATE 有时也看作是"绝对"耐热指数。

212-12-16

终点线　end-point line

在性能与时间的关系图中，与时间轴平行且在终点值处与性能轴相交的直线。

212-12-17

终点判据　end-point criterion

在确定绝缘材料或绝缘系统老化试验的终点时，所选定的性能或性能变化值。

212-12-18

预期寿命（电气绝缘系统的）　**intended life**（of an electric insulation system）

电气绝缘系统在使用条件下的设计寿命。

212-12-19

估计寿命（电气绝缘系统的）　**estimated life**（of an electric insulation system）

根据使用经验或用合适的评定程序进行的试验结果，由相应的组织或技术委员会确定的预期使用寿命。

212-12-20

软化温度　softening temperature

按规定程序测得的使材料达到规定软化程度的温度。

212-12-21

浸润性　wettability

固体材料表面吸附液体的能力。

注1：用固体表面与该固体上液滴液面间的接触角来度量。

注2：测定浸润性的液体，不一定是水。

212-12-22

吸液性　liquid absorption

在规定的条件下，试样与液体接触时所吸收液体的量。

212-12-23

透水性　water penetration

在规定的条件下，在单位时间内通过试样的水量。

212-12-24

吸潮性　moisture absorption

在规定的条件下，暴露在规定湿度气氛中的试样吸收潮气的量。

212-12-25

吸气性　gas absorption

在规定的条件下，液体或固体与气体接触时所吸收气体的量。

212-12-26

分层　delamination

材料层间分开的现象。

212-12-27

裂断长（纸的）　**breaking length**（of paper）

纸张拉伸强度的一种度量，以任意均匀宽度纸条的极限长度表示。当纸条的一端被悬挂时，纸条会因超过该极限长度后的自身重量而断裂。

212-12-28

玻璃化转变　glass transition

在无定形材料内或部分结晶材料的无定形区域内，材料由粘流态或橡胶态转变成坚硬状态（或反之）的一种物理变化。

212-12-29

玻璃化转变温度　glass transition temperature

T_g

发生玻璃化转变的温度范围内的中点处的温度。

212-12-30

潜在破坏应力　potentially destructive stress

在使用中单独或与其他应力协同作用会引起失效的影响因子。

212-12-31

热等级　thermal class

用数字表示绝缘材料或系统的耐热性，该数字等于绝缘材料或系统适合正常使用的最高温度（摄氏温度）的数值。

注1：同一绝缘材料或结构对不同的运行条件可能有必要赋予不同的热等级。

注2：电工产品被注明为某一特定热等级并不意味且不必认为在该结构中每一种绝缘材料都要具有相同的耐热性能。

212-12-32

热稳定性　thermal stability

耐受长时间暴露于高温环境中的能力。

212-12-33

诊断试验　diagnostic test

在试样上施加规定水平的应力以检查试样是否或何时达到终点判据的试验。

212-12-34

（机械）再生利用　（mechanical）recycling

为了原来的目的或其他目的对生产过程中废料进行再加工。

注：能量恢复和化学分解成单体的过程不包括在本概念内。

212-12-35

混合废塑料　commingled waste plastics

由各种聚合物组成的废塑料。

2.3　绝缘材料加工术语

212-13-01

浸渍　impregnating

用液体来填充绝缘材料或材料组合体中的缝隙和气孔。

注：浸渍后液体可能保持液态或变成固态。

212-13-02

浇铸 **casting**

将液体或粘稠材料浇入或采用其他的方式注入到模具或注入到准备好的表面上,无需使用外部压力使其固化的过程。

212-13-03

包封 **encapsulating**

将工件包上一层热塑性或热固性的防护层或绝缘涂层的工艺过程。

注:可以采用如涂刷、蘸浸、喷涂、热成型或模塑等合适的方法进行包封。

212-13-04

埋封 **embedding**

将合适的混合物注入放置于模具的工件上,使工件完全包封于聚合物中,注入的混合物经交联或固化后,再将被包封工件从模具中取出的工艺过程。

注:如果是电气零部件,其接线或接线头可从埋封件中伸出。

212-13-05

灌注 **potting**

模具仍留在埋封件上的埋封工艺。

212-13-06

流化床涂敷 **fluidized bed coating**

将待涂零件置入塑料粉末流化床中,通常接着是加热使粘附在零件上的粉末熔融的涂敷的过程。

注:涂敷工艺为下述工艺过程之一:1)通常将待涂件预热使置于流化床中的塑料粉末粘附在零件上。2)将至少能轻微导电的待涂件接地,于冷态置于带静电的塑料粉末流化床中,随后加热使粘附在工件上的粉末熔融。

212-13-07

固化,动词 **cure,verb**

将混合物通过聚合(缩聚和加聚)和/或交联转变成稳定状态的过程。

212-13-08

固化温度 **curing temperature**

适合材料固化所规定的温度。

212-13-09

固化时间 **curing time**

材料在规定的条件下固化到规定状态所需的时间。

212-13-10

室温固化 **cold curing;cold setting**

热固性材料在室温下固化。

注:可用作名词与作形容词。

212-13-11

胶凝化,动词 **gel,verb**

从液态转变为凝胶态的过程。

212-13-12

凝胶点 **gel point**

液体开始表现出准弹性(冻胶状)的阶段。

注:从粘度—时间图上的转折点很容易看出凝胶点。

212-13-13

凝胶时间 **gel time**

液体在规定的条件下达到凝胶点所需的时间。

212-13-14

粘合,动词　**cement**,verb

用暂时为液体的材料将两个表面粘合在一起。

212-13-15

贮存期　**shelf life;storage life**

原材料或半制品在规定的条件下允许存放而其重要性能不发生变化的时间。

212-13-16

适用期　**pot life**

使用期　**working life**

原材料或半成品在完成制备后能保持其工艺性能的时间。

212-13-17

起绉　**creping**

将纸揉皱以提高其伸展性和柔软性。

212-13-18

再生　**reclaiming**

通过去除有害成分,使材料从废料变回至有用的初始状态。

注:再生例子:

——通过除去硫化剂再生橡胶;

——用化学吸附加上机械方法清除绝缘液体内溶解和不溶解的杂质以再生绝缘液体,使之接近原有的性能,也有可能用抗氧化剂的方法。

2.4　绝缘材料化学术语

212-14-01

树脂　**resin**

一种固体、半固体、液体或粘稠液体的有机材料,其相对分子质量不确定但通常相当高,承受应力时有流动倾向,通常有软化或熔化范围。

注1:从广义上讲,凡作为塑料基材的任何聚合物都可使用该术语。

注2:用于浸渍而后固化的液体也称之为"树脂"(也见212-15-15,212-15-30,212-15-31,212-15-32)。

212-14-02

塑料,名词　**plastic**,noun

以高聚物作为主要组分且在其加工为成品的某些阶段可通过流动成型的材料。

注:弹性体材料也可通过流动成型但不能认为是塑料。

212-14-03

热塑性塑料,名词　**thermoplastic**,noun

在塑料特定温度范围内能通过加热可反复软化、冷却能反复变硬的塑料,在软化状态用模压、挤出或成型的方法实现流动且能重复成型。

212-14-04

热固塑料,名词　**thermoset**,noun

用加热或其他方法固化后能转变成完全不熔和不溶产物的塑料。

注:热固塑料在固化前常称为热固性塑料,固化后称为热固塑料。

212-14-05

弹性体　**elastomer**

微小应力就能产生显著变形,解除应力以后能迅速地大致恢复到原先尺寸和形状的高分子材料。

注:该定义适用于室温试验条件。

212-14-06

乳胶　latex

聚合物材料的胶态水分散体。

212-14-07

增塑剂　plasticizer

为使塑料的软化范围降至较低温度并提高可加工性、挠曲性或延伸性,而在塑料中添加的挥发性低的或可忽略的物质。

212-14-08

填料(塑料中的)　**filler**(in a plastic)

添加到塑料中的化学上相对惰性的固体材料。

注:塑料中添加填料的目的可能是为了改善塑料的强度、耐久性、加工性能或其他品质,或是为了降低成本。

212-14-09

促进剂　accelerator

助催化剂　promoter

为提高化学体系(反应物加其他添加剂)的反应速率而加入的少量的物质。

212-14-10

硬化剂　hardening agent;hardener

可促进或调节树脂固化反应生成刚性(硬的)产品的固化剂。

212-14-11

抑制剂　inhibitor

为抑制化学反应而使用的少量物质。

212-14-12

稳定剂　stabilizer

为使塑料在加工和使用寿命期间材料的性能维持或接近原始值,在某些塑料配方中使用的物质。

212-14-13

抗静电剂　antistatic(agent)

为防止绝缘材料积聚静电电荷或为消除静电荷而在其表面涂上或主体内添加的物质。

212-14-14

凝胶,名词　**gel**,noun

树脂成形过程中演变成的固体、半固体或粘稠液体材料。

212-14-15

聚合度(聚合物的)　**degree of polymerization**(of a polymer)

聚合物分子中单体单元数的平均值。

注:同一材料可以测定不同的平均值(数均、重均或粘均)。

212-14-16

聚合度(纤维素分子的)　**degree of polymerization**(of a cellulose molecule)

在纤维素分子中脱水-β-葡萄糖单体 $C_6H_{10}O_5$ 的数值。

212-14-17

…‥　**Cuen**

1 mol/l 二乙二胺氢氧化铜(Ⅱ)水溶液

$Cu(H_2NCH_2CH_2NH_2)_2(OH)_2$

注1:Cuen 常用于测定纤维素分子的聚合度,见 IEC 60450。

注2:在某些国家,用缩写 CED 来表示 Cuen。

212-14-18

相容性（塑料掺混物的） **compatibility**（of admixture in plastic）

混合在塑料中的物质不发生渗出、起霜或类似分离状况的特性。

212-14-19

相容性（材料的） **compatibility**（of materials）

多种材料一起使用时，任一材料不会发生有害变化的特性。

212-14-20

迁移（增塑剂的） **migration**（of plasticizer）

增塑剂从塑料或弹性体转移到与它相接触的其他固体、液体或蒸汽上的现象，通常不希望发生迁移。

212-14-21

致密层压木 **densified laminated wood**

由用热固性合成树脂粘合剂将多层致密薄木片粘合在一起构成的材料。

注：粘合通常在热和压力的受控条件下进行。

212-14-22

热收缩塑料 **heat-shrinkable plastic**

拉伸形变和伴随的张力可通过冷却方法固定，并可通过随后的加热方法恢复的热塑性塑料。

注：通常选择在室温能处于稳定状态的材料性能。

212-14-23

水解稳定性 **hydrolytic stability**

物质耐受与水发生化学反应的能力。

2.5 绝缘材料一般术语

212-15-01

片材 **sheet**

卷片 **sheeting**

厚度比其长度和宽度小得多的厚度均匀的制品。

注1：片材的宽度通常约为1 m。

注2：更准确地说，术语"片材"指的是长度和宽度为同一数量级的单片，而"卷片"指的是连续长度很长的材料，通常成卷供应。

212-15-02

（塑料）薄膜 （**plastic**）**film**

厚度比其长度和宽度小得多的厚度均匀的塑料制品。

注：厚度通常小于几百微米，宽度约1 m。

212-15-03

带 **tape**

限定宽度且连续长度很长的卷材或塑料薄膜。

注：宽度通常小于几百毫米。

212-15-04

管材 **tube；tubing**

直径比其长度小得多的中空园柱体，横截面常呈园形，直径可任意限定。

注1：外径通常小于几百毫米。

注2：在北美，"卷管"常指软管。见（212-15-06 套管）。

212-15-05

筒　cylinder

长度不一定比直径大,常为刚性的大直径管材。

注1:外径通常大于几百毫米。

注2:见212-15-04,管材。

212-15-06

套管;软管　sleeving

作绝缘和/或识别用的软管。

注:在北美"卷管"通常指软管。

212-15-07

(单)丝　(mono)filament

与长度相比,直径很小的连续纤维。

212-15-08

纤维　fibre

与长度相比,其限定直径极小的细纤维。

注:直径通常小于几百微米。

212-15-09

短纤维　staple fibre

长度相对较短的纤维。

注:长度通常为厘米数量级。

212-15-10

毡　mat

由经过剪切或不剪切、定向或不定向的单丝、短纤维或成股纤维松散结合而成的片材或卷材。

212-15-11

粗纱　roving

由相互不加捻的平行成股纤维束或平行单丝束形成的制品。

212-15-12

纱　yarn

由定长短纤维或单丝纺成的线。

212-15-13

布;织物　fabric

通常由纱或粗纱通过纺织工艺制成的片材。

212-15-14

分切布　slit fabric

从整幅布上切下来的没有织边的材料。

212-15-15

直切布　straight-cut fabric

沿平行于布的径向分切而成的布。

212-15-16

斜切布　bias-cut fabric

沿与布经线或纬线成一定角度(其两边不等于0°或90°)的方向分切而成的布。

212-15-17

斜切布片　panel form bias-cut fabric

不连在一起的短斜切布。

212-15-18

　　缝合斜切布　sewn bias-cut fabric

　　上漆前或上漆后,由短长度斜切布缝合而成的连续长斜切布。

212-15-19

　　粘接斜切布　stuck bias-cut fabric

　　用粘接剂把上漆后的短长度斜切布粘接而成的连续长斜切布。

212-15-20

　　无接头斜切布　seamless bias-cut fabric

　　由编织套管经螺旋切割后上漆制成的连续长斜切布。

212-15-21

　　非织布(1)　non-woven fabric(1)

　　非织制品(1)　non-woven product(1)

　　不采用上下规则交织工艺把纤维结合在一起的纤维制品。

　　非织布(2)　non-woven fabric(2)

　　非织制品(2)　non-woven product(2)

　　用热处理或粘接剂把纤维粘合而成的柔软薄毡。

212-15-22

　　纸　paper

　　往往以刚性较大为特征的某些类型纤维素纸。

　　注:若无其他规定,通常"纸"指的是纤维素纸。

212-15-23

　　纸板　(paper) board

　　适用于某些类型纤维素纸的类别术语,其特征通常刚性较高。

　　注:在某些情况下,定量(每平方米面积以克为单位的质量)小于 225 g/m² 时称为纸,定量等于或大于 225 g/m² 时
　　　　称为纸板。

212-15-24

　　泡沫塑料　cellular plastic;foamed plastic

　　含有大量遍及整体的互联或不联小空穴(微孔)使密度降低的塑料。

212-15-25

　　陶瓷　ceramic

　　通常由一些难熔物质经成型和烧结而成的无机材料,冷却后主要部分是晶体。

　　注:陶瓷中所用的难熔物质,如硅酸盐、氧化物、钛酸盐以及氮化硅。

212-15-26

　　玻璃　glass

　　硅酸盐和一种或多种基础氧化物经熔化成型后的无机无定形固体。

212-15-27

　　陶瓷玻璃　ceramic glass

　　部分结晶的玻璃。

212-15-28

　　浇铸树脂　casting resin

　　浇铸塑料　casting plastic

　　以热固性塑料为基的液态复合物,它可用浇注或其他方法注入模具,在不加压力的情况下固化为
固体。

　　注1:固化后产物有自支持能力,通常要卸掉模具。

　　注2:也见 212-13-04 埋封。

212-15-29

灌注胶 potting compound

浇灌注工艺用的液体复合物。

注1：见212-13-02浇铸和212-13-05灌注。

212-15-30

包封树脂 encapsulating resin

包封工艺用的树脂复合物。

注1：包封树脂的填料量通常很高，不用于浸渍细金属线等。

注2：见212-13-03包封。

212-15-31

浸渍树脂 impregnating resin

用于浇铸或浸渍工艺的低粘度无溶剂复合物，它于浇铸或浸渍后固化。

注1：树脂通常粘度很低，足以能浸透细线绕组等。

注2：见212-15-36浸渍。

212-15-32

滴浸树脂 trickle resin

滴浸工艺使用的浸渍树脂。

212-15-33

涂敷粉末;熔敷粉末 coating powder

粘附于物体表面后可转变成连续涂层的粉末。

注：见212-13-06流化床涂敷。

212-15-34

敷形涂料（印制线路板用） **conformal coating**（for printed wiring boards）

涂敷在装配好的印制线路板的电气绝缘涂料，以产生与其表面形状一致的薄层作为抵御有害环境作用的保护层。

212-15-35

表面改性剂（印制线路板用） **surface modifier**（for printed wiring boards）

非固化的疏水材料，作为表面层涂于已装配好的印制电路板上，使表面特性改变，以抵御有害环境的作用。

注：涂层厚度通常为1～2微米。

212-15-36

清漆，名词 **varnish**，noun

含有树脂和溶剂的液体，可以加或不加颜料或染料，经干燥或烘焙后固化。

注1：使用清漆的目的是保护或改善外观（罩光漆）。

注2：见212-15-31浸渍树脂、212-15-57导电漆和212-15-58半导电漆。

212-15-37

瓷漆 enamel

含或不含颜料和/或染料、涂敷后具有高光泽性且固化后表面光滑的漆。

注：瓷漆从词义上说常用作罩光漆（或装饰漆）。见212-15-36，清漆，注1。

212-15-38

漆包线漆 wire enamel

作为绕组线绝缘用特殊配方的漆。

212-15-39

挥发性漆（1） **lacquer**（1）

无需烘烤的快干瓷漆。

挥发性漆（2） **lacquer**（2）

固化主要靠溶剂挥发而且通常无需烘烤的快干涂料。

注：挥发性漆有时用作装饰漆。

212-15-40

搪瓷（金属上的） **vitreous enamel**（on metal）

通过熔融粘附于金属表面上的玻璃状光滑涂层。

注：搪瓷可含着色的或不透明的无机物质。

212-15-41

釉（陶瓷上的） **glaze**（on ceramic）

通过熔融粘附于表面上的玻璃状光滑涂层。

注1：釉可含着色的或不透明的无机物质。

注2：有些釉具有导电性或半导电性。

212-15-42

上光（纸或纸板的） **glaze**（on paper or board）

用任何适当的干燥或机械抛光使纸或纸板具有光泽的表面层。

212-15-43

增量剂 extender

为降低成本而加于树脂或塑料中的液体或固体物质。

212-15-44

胶粘剂 adhesive

所有可通过表面粘结和内部强度（粘附力和内聚力）将固体粘合在一起的非金属材料。

212-15-45

胶泥；名词 **cement**，noun

用于将两个表面接合在一起或填满空隙用的呈软膏状物质，使用后能凝固。

注1：胶泥可由有机组分和/或无机材料组成。

注2：术语胶泥也作动词用。

212-15-46

基材（印制电路用） **base material**（for printed circuits）

在其上可印制导电线路的绝缘材料。

注：材料可以是硬质的或柔韧性的。

212-15-47

基材（黏带用） **backing**（material）（for adhesive tape），**base material**（for adhesive tape）

可涂上粘合剂构成粘带的柔性材料。

212-15-48

黏带 adhesive tape

临粘贴前需要或无需处理即可自身粘附或粘附于其他材料上的带材。

212-15-49

压敏黏带 pressure-sensitive adhesive tape

无需预先处理仅经施加压力粘压到位的一种粘带。

212-15-50

预浸渍材料（电气绝缘用） **pre-impregnated material**（for electric insulation）

预浸料（电气绝缘用） **prepreg**（for electric insulation）

预定在使用后才固化的浸渍绝缘材料。

注：该术语通常限于含有半固化浸渍剂的片材、卷片（212-15-01）或带（212-15-03）。

212-15-51

预浸混料（电气绝缘用） **premix**（for electric insulation）

没有一定形状的预浸渍材料(212-15-50)。

212-15-52

层压制品 laminate

两层或多层同种或不同材料粘结而成的制品。

注：层压制品通常为硬质材料。

212-15-53

硬质层压板 rigid laminated sheets

注1：多层浸有热固性树脂的增强材料经叠合、热压粘结而成的板材。

注2：可以加入其他组分,如着色剂。

212-15-54

浸漆织物 varnished fabric

采用柔性绝缘漆或树脂进行双面涂敷且达到各种浸渍程度后的织物。

注：弹性体涂料可用于类似制品。

212-15-55

低电导率聚合物 low conductivity polymer

电导率低且能消除其表面静电电荷的聚合物。

212-15-56

高电导率聚合物 high conductivity polymer

电导率高,可足够用于传送电流的聚合物。

212-15-57

导电漆 conducting varnish

固化后具有适度导电性能的漆。

注：导电漆通常用于控制其涂敷表面电应力分布。

212-15-58

半导电漆 semiconducting varnish

固化后具有半导电性能的漆。

注：用半导电漆涂覆的表面涂层可控制表面电应力分布。

212-15-59

云母纸 mica paper

完全由很小的云母鳞片不加任何粘合剂而制成的纸状材料。

212-15-60

粘合云母 built-up mica

用合适的粘接剂将一层或多层含或不含增强材料的剥片云母或云母纸粘合一起而成的材料。

2.6 特种绝缘材料术语

212-16-01

纤维素纸 cellulosic paper

基本上用纤维素纤维制成的纸。

212-16-02

棉纤维纸 cotton paper

基本上用棉花或棉绒制成的纸。

212-16-03

牛皮纸　kraft paper

几乎全部由以硫酸盐工艺用软木制成的高机械强度纸浆做成的纸。

212-16-04

马尼拉纸　manila paper

基本上由马尼拉蕉麻纤维制成的纸。

212-16-05

马尼拉/牛皮浆混合纸　manila/kraft-mixture paper

由马尼拉蕉麻纤维添加用硫酸盐工艺制成的软木纸浆做成的纸。

212-16-06

薄页和纸　japanese tissue paper

在纵向具有长纤维和高拉伸强度特性的轻质纤维素纸。

212-16-07

绉纹纸　crepe paper

经起绉处理过的纸。

212-16-08

电容器纸　kraft capacitor paper

用经彻底清洗的纸浆制成的通常具有高密度、高化学纯度的轻质牛皮纸(212-16-03)。

212-16-09

电解电容器纸　electrolytic capacitor paper

计划用于电解电容器中能吸收电解液的高气孔率纤维素纸。

212-16-10

防油纸　greaseproof paper

不含机械纸浆的纸,具有高度抗油脂渗透性的纸。

注:这种高度抗油脂渗透性是在纸料制备过程中经细致的机械加工而获得。

212-16-11

薄纸板　presspaper

完全由高化学纯度的植物纸浆经连续工艺制成的多层纸。

注:薄纸板具有高密度、厚度均匀、表面光滑、高机械强度、抗老化和电气绝缘性能的特性。

212-16-12

压纸板　pressboard

通常完全由高化学纯度的植物纸浆在间歇式制板机上制成的纸板。

注:压纸板具有密度较高、厚度均匀、表面光滑、高机械强度、柔软性以及电气绝缘性能的特点,为适应某些用途,表面可具有网纹。

212-16-13

预压纸板　precompressed pressboard

压制同时加热以除去多余水分使层片固结和材质密集而制成的压纸板。

212-16-14

钢纸　vulcanized fibre

由水和纤维素所组成的接近于均质的材料。

注:硫化纤维纸是由纤维素经浓硫酸处理而制成。

212-16-15

云母　mica

一种含有斜单晶的结晶硅酸盐,容易剥成很薄的柔韧的片或层。

注:电工应用中主要有两种类型。即白云母(212-16-16)和金云母(212-16-17)。

212-16-16

白云母　muscovite

钾云母，$KAl_2AlSi_3O_{10}(OH)_2$

注1：白云母相对较硬和具有超级介电性能。用于例如高性能低介质损耗电容器。

注2：白云母通常为无色或浅红色，后者也称为红宝石云母。

212-16-17

金云母　phlogopite

镁云母，$KMg_3AlSi_3O_{10}(OH)_2$

注1：金云母比白云母软，但耐热性极好，用于电热器板。

注2：浅黄色的金云母，也称为琥珀云母。

212-16-18

合成云母　synthetic mica

组成和结构基本上与天然云母相同的人造材料。

212-16-19

云母厚片　block mica

用刀具修整过的规定了最小厚度的云母。

注：最小厚度通常约200 μm。

212-16-20

（剥）片云母　mica splitting

从云母厚片或薄云母板块剥成且规定了最大厚度的云母片。

注：最大厚度通常约30 μm。

212-16-21

云母纸　mica paper

完全由很小的云母鳞片不加任何胶粘剂制成的纸(212-15-22)。

212-16-22

含胶云母纸　treated mica paper

含有合适粘接剂的云母纸。

212-16-23

粘合云母　built-up mica

由一层或多层（剥）片云母或上胶云母纸，用合适的胶粘剂粘合成的材料。

212-16-24

柔软云母材料　flexible mica material

含或不含增强材料的粘合云母或上胶云母纸制品，其柔软程度足以能通过加热或不加热可缠绕或卷包到位。

注1：其柔软性可以长久维持。

注2：该材料呈片状或成卷，例如可用于导体、线圈和槽绝缘的柔软云母带和板。

212-16-25

硬质云母材料　rigid mica material

含或不含增强材料的粘合云母或上胶云母纸压成平的硬片。

注：硬质云母材料的实例是换向器绝缘隔片、加热器板。

212-16-26

塑型云母材料　moulding mica material

能在加热模具中成型的硬质云母材料。

212-16-27

热粘结云母材料　heat bondable mica material

加热时能自行粘结的,含或不含增强材料的粘合云母或上胶云母纸制品。

注:热粘结云母材料的实例是含热塑性或热固粘结剂的云母箔或云母带。

212-16-28

聚乙烯　polyethylene

PE(缩写词)

由乙烯分子聚合制成的热塑性材料。

212-16-29

交联聚乙烯　cross-linked polyethylene

交联 PE　cross-linked PE

PE-X(缩写词)

由聚乙烯的聚合物链通过共价键互相交联而组成的材料。

注1:通过交联,PE由热塑性材料变为热固性材料。

注2:PE-X 有时也称为 XLPE。

212-16-30

阻树化聚乙烯　tree retardant polyethylene

阻树化 PE　tree retardant PE

PE-TR(缩写词)

在电场中或在电场和水中能延缓树枝状增长的 PE 或 PE-X。

注:PE-TR 有时也称为 TRPE,PE-XTR 也称为 TRXLPE(缩写词见 ISO 1043-1:2001)。

212-16-31

二元乙丙橡胶　ethylene propylene rubber（1）

EPM(缩写词)

乙烯丙烯共聚物。

212-16-32

三元乙丙橡胶　ethylene propylene diene rubber（2）

EPDM(缩写词)

乙烯丙烯和二烯烃三元共聚物。聚合后二烯烃残余的不饱和部分处于侧链。

2.7　绝缘液体和气体一般术语

212-17-01

电负性气体　electronegative gas

能捕获自由电子而形成负离子以阻止产生放电的气体。

212-17-02

矿物绝缘油　mineral insulating oil

来源于石油原油的绝缘液体。

注:石油原油是含有少量其他天然化学物质的。碳氢化合物的复杂混合物。

212-17-03

环烷烃绝缘油　naphthenic insulating oil

不含蜡或含蜡量低的矿物绝缘油。

注:由于含蜡量低,环烷烃绝缘油的倾点很低。

212-17-04

石腊绝缘油　paraffinic insulating oil

含蜡量高的矿物绝缘油。

注：必要时可采用深度脱蜡工艺和/或添加降凝剂以满足倾点的要求。

212-17-05

加氢裂化绝缘油　hydrocracked insulating oil

通过加氢裂化工艺精练而成功的矿物绝缘油。

注：该工艺使矿物油含有正链烷烃、异链烷烃和环烷烃，几乎没有芳香化合物。

212-17-06

聚烯烃油　polyolefin oil

由低级烯烃聚合而成的含直链和支链链烷烃组成的绝缘液体。

注：聚烯烃油包括聚丁烯油。

212-17-07

芳香烃　aromatic hydrocarbons

由含直链和支链链烷烃取代基的苯环结构组成的绝缘液体。

注：这种烃包括烷基苯和烷基萘。

212-17-08

合成有机酯　synthetic organic ester

由酸和醇经化学反应而制得的绝缘液体。

注：这种酯包括一元、二元和多元醇的酯。

212-17-09

氯代联苯　askarel

合成的阻燃绝缘液体，在电弧作用下分解时，将主要生成不燃烧的气体混合物。

注1：早期所用的氯代联苯是由添加或不添加多氯代苯的多氯联苯组成的。

注2：由于含有氯，氯代联苯被认为是对环境有害的，它们在许多国家被禁止使用。

212-17-10

多氯联苯　polychlorinated biphenyls

PCB（缩写词）

由联苯分子上至少有两个氢原子被氯原子所取代的几种异构化合物和同系化合物混合组成的绝缘液体。

注：由于含有氯，多氯联苯被认为是对环境有害的，它们在许多国家被禁止使用。

212-17-11

多氯代苯　polychlorinated benzene

由苯分子上3～4个氢原子被氯原子所取代的几种异构化合物和同系化合物混合组成的绝缘液体。

注：由于含有氯，多氯代苯被认为是对环境有害的，它们在许多国家被禁止使用。

212-17-12

硅油　silicone liquid

由液态有机硅氧烷聚合结构组成的绝缘液体。有机硅氧烷聚合结构一般由硅和氧原子交替形成直链，有机基团与每个硅原子相连。

212-17-13

添加剂　additive

为改进绝缘材料或绝缘液体的某些特性而加入的量很少的特殊物质。

212-17-14

抗氧化剂　antioxidant；oxidation inhibitor

为降低或延缓绝缘材料的氧化降解作用而加入的添加剂。

注：该添加剂可以是天然的或是合成的化学物质。

212-17-15

钝化剂　passivator；deactivator

为改善绝缘液体抗氧化能力而加入的添加剂，它能钝化起氧化催化剂作用的固体或溶解的金属。

212-17-16

净化剂　scavenger

能与绝缘液体因降解生成的离子起反应而加入的添加剂。

212-17-17

倾点降低剂；降凝剂　pour point depressant

能降低矿物绝缘油倾点的添加剂。

212-17-18

含抗氧化剂绝缘油　inhibited insulating oil

含有抗氧化剂的矿物绝缘油，抗氧化剂尽可能紧跟在其他添加剂后添加。

212-17-19

无抗氧化剂绝缘油　uninhibited insulating oil

不含抗氧化剂的矿物绝缘油，但可含其他添加剂。

注：在某些国家，把含有 2,6-二叔丁基对甲酚（DBPC）或 2,6-二叔丁基酚（DBP）不超过 0.08%（质量分数）的油都归
　　于无抗氧化剂绝缘油。

212-17-20

钝化绝缘油　passivated insulating oil

含有钝化剂且可能还含有抗氧化剂的矿物绝缘油。

212-17-21

未用过的绝缘液体　unused insulating liquid

由供货商提供的绝缘液体。

212-17-22

已处理的绝缘液体　treated insulating liquid

经适当处理过可用于设备中的未使用过的绝缘液体。

212-17-23

充入的绝缘液体　filled insulating liquid

新设备中通电前注入的未使用过的绝缘液体。

212-17-24

已用过的绝缘液体　used insulating liquid

从已通过电的设备中取出的绝缘液体，其某些性能可能已发生变化。

212-17-25

X 蜡　X-wax

由于放电而从矿物绝缘油中分离出来的固体物质，由原液体分子的放电生成物聚合而成。

注：其他液体在同样条件下也会形成类似的产物。

212-17-26

石蜡　paraffin wax

主要由饱和烃组成的固态物质。它在矿物绝缘油冷却过程中自然分离出来。

212-17-27

　　污染物　contaminant

　　绝缘液体、气体或固体中外来的物质或材料,通常会对一种或多种性能产生有害影响。

2.8　绝缘液体和气体性能与试验术语

212-18-01

　　色号(液体的)　**colour number**(of a liquid)

　　将液体试样与在标准条件下具有透光性的一系列编码色标相比较所得到的特征数。

212-18-02

　　外观(绝缘液体的)　**appearance**(of an insulating liquid)

　　将绝缘液体具有代表性的样品放在相对较厚的夹层中检查出来的直观特性。

212-18-03

　　动力黏度　(dynamic) viscosity

　　液体在内部流动时反抗邻近层相对运动的阻力特性。

　　注:在 ISO 80000-4 中,动力黏度 η 可以用下列方程表示:$T_{xz}=\eta dv_x/dz$。

　　　　式中 T_{xz} 是在垂直于切平面的速度梯度为 dv_x/dz 下液体流动的切应力。

212-18-04

　　运动黏度　kinematic viscosity

　　在相同温度下测量到动力黏度对密度之商。

　　注:在 80000-4,运动粘度 ν 被定义为 $\nu=\eta/\rho$,式中 ρ 是单位体积质量。

212-18-05

　　闪点　flash point

　　在某些标准条件下,液体放出的蒸汽气量达到能形成可点燃的蒸汽/空气混合物时的最低液体温度。

212-18-06

　　燃点　fire point

　　在标准条件下,用小火焰去点液体表面时,能使其点燃并连续燃烧至规定时间的最低温度。

212-18-07

　　自燃温度　auto-ignition temperature

　　在标准条件下测定的液体在无火焰时能自然点燃的温度。

212-18-08

　　倾点　pour point

　　液体在标准条件下冷却时能继续流动的最低温度。

212-18-09

　　浊点　cloud point

　　清澈透明的液体在标准条件下冷却时呈现雾状或浑浊时的温度。

212-18-10

　　界面张力　interfacial tension

　　在液/液界面上不同的分子之间的分子吸引力。

212-18-11

　　露点　dew point

　　在标准条件下,气体中水蒸气开始沉积为液体或冰时的温度。

212-18-12

凝结温度　condensation temperature

在给定的压力下,气体开始沉积为液体时的温度。

212-18-13

凝结压力　condensation pressure

在给定的温度下,气体开始沉积为液体时的压力。

212-18-14

苯胺点　aniline point

在标准条件下,等体积苯胺和受试液体完全混溶的最低温度。

212-18-15

酸值　acid number

中和值　neutralization value

在标准条件下,中和1 g液体中的酸性成分所需的氢氧化钾(KOH)毫克数。

212-18-16

皂化值　saponification number

在标准条件下,中和及皂化1 g液体所消耗的氢氧化钾(KOH)毫克数。

212-18-17

油泥　sludge

由于绝缘液体老化,在绝缘液体中形成的不溶性降解物的混合物。

212-18-18

氧化稳定性　oxidation stability

绝缘液体耐受氧化老化的能力。

212-18-19

诱导期　induction period

在标准加速氧化的条件下,绝缘液体未表现出明显降解的时间间隔。

212-18-20

腐蚀性硫　corrosive sulphur

在标准条件下,通过铜与绝缘液体接触而检测到的游离硫和腐蚀性硫的混合物。

212-18-21

水解氯(氯代联苯的)　hydrolyzable chlorine (in askarels)

氯代联苯按规定的碱法处理后形成的可水解氯化物总量。

212-18-22

净化剂当量(氯代联苯的)　scavenger equivalent (of askarel)

与给定的氯代联苯试样中所含净化剂发生化学反应形成非挥发性反应产物所消耗的盐酸(HCl)用量。

212-18-23

析气(电场中)　gassing (under electric stress)

当绝缘液体在足够强的电场作用下引起接近液体表面处的气相放电时,其放出或吸收气体的过程。

注:析气试验结果用体积或用速率表示。试验中若放出气体时,通常该值为正,吸收气体时为负。

212-18-24

气体形成(绝缘液体的)　gas formation (by insulating liquid)

在承受高温和/或火花放电条件下,绝缘液体放出气体的过程。

212-18-25

气体释放（绝缘液体的）　**gas release**（by insulating liquid）

因溶解条件改变使溶解的气体从绝缘液体中释放出来的过程。

212-18-26

吸气性（绝缘）**液体**　**gas-absorbing**（insulating）**liquid**

在标准条件下，进行电场作用下的析气特性试验时呈吸收气体特性的绝缘液体。

212-18-27

放气性（绝缘）**液体**　**gas-evolving**（insulating）**liquid**

在标准条件下，进行电场作用下的析气特性试验时呈放出气体特性的绝缘液体。

212-18-28

碳型分析　**carbon-type analysis**

以油分子中芳香烃、环烷烃和链烷烃结构的碳原子比例来表示矿物绝缘油组分的方法。

212-18-29

芳香碳含量　**aromatic carbon content**

矿物绝缘油芳香结构中的碳原子与总碳原子含量之比。

212-18-30

芳香烃含量　**aromatic hydrocarbon content**

矿物绝缘油中含有至少一个芳香环的分子的质量分数。

212-18-31

游离气体　**free gases**

电气设备如变压器等在运行后所产生的气体。

212-18-32

顶空分析　**headspace analysis**

对存在于与外部环境大气隔绝的局部充满液体的容器中的气体进行分析。

212-18-33

颗粒计数　**particle count**

规定液体体积中的悬浮粒子数。

注1：颗粒计数一般选择直径小于 150 μm 的粒子。

注2：总粒子数可以被引述为特定尺寸范围内的粒子数。

212-18-34

折射率　**refractive index**

光从真空射入各向同性媒质发生折射时，入射角正弦与折射角的正弦之比。

212-18-35

无损检验　**non-invasive testing**

能保持被试材料物理和化学完整性的试验。

212-18-36

水生生物毒性　**aquatic toxicity**

对规定比例的被试生物有影响的有害化学物质的浓度。

注：通常情况下规定的比例是 50%。

212-18-37

酸度　**acidity**

将在规定溶剂中的试样用比色计法滴定至碱性蓝 6B 的中和点所需要的碱量，用每克样品氢氧化钾的毫克数表示。

212-18-38

气体含量（绝缘液体的） **gas content**（of an insulating liquid）

在给定绝缘液体中溶解气体的体积与绝缘液体体积之比，一般以体积分数表示。

2.9 绝缘液体和气体加工术语

212-19-01

酸处理（矿物油的） **acid treatment**（of mineral oil）

为改善某些性能使矿物绝缘油与硫酸接触的精制工艺。

212-19-02

氢化处理（矿物油原料的） **hydrogen treatment**（of mineral oil feedstock）

为改善某些性能，在催化剂作用下，使矿物油原料在高温及低、中、高压力下和氢气反应的精制工艺。

212-19-03

再处理 **reconditioning**

采用机械的方法使已使用过的绝缘液体中固体含量和水含量降低到可接受水平的处理工艺。

注：通常再处理还包括脱气处理。

212-19-04

再精制 **re-refining**

对已使用过的绝缘液体采用精制工艺得到的产品，其质量大体相当于同样用途的未使用过的绝缘液体。

212-19-05

固体吸附剂处理 **solid adsorbent treatment**

用特殊的固体吸附剂过滤或与之接触的方法净化已用过的绝缘液体的工艺。

212-19-06

真空处理 **vacuum treatment**

将薄层或雾状的绝缘液体减压并加温，以减少液体含气量和含水量的工艺。

212-19-07

脱卤 **dehalogenation**

从分子中除去卤素原子。

212-19-08

渗滤 **percolation**

液体流过一个固定的固相的过程。

GB/T 2900.5—2013/IEC 60050-212:2010

中 文 索 引

中文索引

A

阿仑尼乌斯图（热耐久性的）············· 212-12-10

B

（剥）片云母 ················ 212-16-20
白云母 ····················· 212-16-16
半差 ······················· 212-12-13
半导电漆 ··················· 212-15-58
包封 ······················· 212-13-03
包封树脂 ··················· 212-15-30
苯胺点 ····················· 212-18-14
表面电阻 ··················· 212-11-12
表面电阻率 ················· 212-11-13
表面改性剂（印制线路板用） 212-15-35
表面局部放电 ··············· 212-11-45
玻璃 ······················· 212-15-26
玻璃化转变 ················· 212-12-28
玻璃化转变温度 ············· 212-12-29
薄页和纸 ··················· 212-16-06
薄纸板 ····················· 212-16-11
布 ························· 212-15-13

C

测量电极 ··················· 212-11-14
层压制品 ··················· 212-15-52
长期耐热性 ················· 212-12-09
充入的绝缘液体 ············· 212-17-23
瓷漆 ······················· 212-15-37
粗纱 ······················· 212-15-11
促进剂 ····················· 212-14-09

D

（单）丝 ··················· 212-15-07
（电）击穿 ················· 212-11-33
带 ························· 212-15-03
弹性体 ····················· 212-14-05
导电漆 ····················· 212-15-57
低电导率聚合物 ············· 212-15-55
滴浸树脂 ··················· 212-15-32

电穿孔 ····················· 212-11-49
电导电流 ··················· 212-11-19
电负性气体 ················· 212-17-01
电痕化 ····················· 212-11-56
电痕化失效 ················· 212-11-57
电痕化时间 ················· 212-11-58
电化 ······················· 212-11-17
电解电容器纸 ··············· 212-16-09
电介质的 ··················· 212-11-06
电气绝缘件 ················· 212-11-07
电气绝缘系统 ··············· 212-11-08
电气强度 ··················· 212-11-37
电容器纸 ··················· 212-16-08
电蚀 ······················· 212-11-55
电树 ······················· 212-11-50
电树化 ····················· 212-11-51
电晕 ······················· 212-11-44
顶空分析 ··················· 212-18-32
动力黏度 ··················· 212-18-03
短纤维 ····················· 212-15-09
断裂长（纸的） ············· 212-12-27
钝化剂 ····················· 212-17-15
钝化绝缘油 ················· 212-17-20
多氯代苯 ··················· 212-17-11
多氯联苯 ··················· 212-17-10

F

芳香碳含量 ················· 212-18-29
芳香烃 ····················· 212-17-07
芳香烃含量 ················· 212-18-30
防油纸 ····················· 212-16-10
放电 ······················· 212-11-38
放气性（绝缘）液体 ········· 212-18-27
非织布（1） ··············· 212-15-21
非织布（2） ··············· 212-15-21
非织制品（1） ············· 212-15-21
非织制品（2） ············· 212-15-21
分层 ······················· 212-12-26
分切布 ····················· 212-15-14
缝合斜切布 ················· 212-15-18

112

英 文 索 引

A

B

C

D

E

I

J

K

L

M

S

T

ICS 29.035.99
K 15

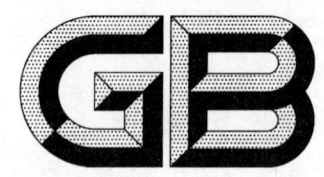

中华人民共和国国家标准

GB/T 4207—2012/IEC 60112:2009
代替 GB/T 4207—2003

固体绝缘材料耐电痕化指数和
相比电痕化指数的测定方法

Method for the determination of the proof and the comparative tracking indices
of solid insulating materials

(IEC 60112:2009,IDT)

2012-12-31 发布

2013-06-01 实施

中华人民共和国国家质量监督检验检疫总局
中国国家标准化管理委员会　　发布

前　言

本标准按照 GB/T 1.1—2009 给出的规则起草。

本标准代替 GB/T 4207—2003《固体绝缘材料在潮湿条件下相比电痕化指数和耐电痕化指数的测定方法》。

本标准与 GB/T 4207—2003 相比,主要变化如下:

a) 标准名称删除了"在潮湿条件下";

b) 在范围中删除了"电压最高达 600 V";

c) 增加了第 2 章"规范性引用文件"和第 4 章"原理";

d) 在术语和定义中增加了"电痕化失效"、"空气电弧"、"持续燃烧"的定义(见 3.2、3.4、3.6);

e) 本标准中规定了厚度应为 3 mm 或更厚,最大厚度为 10 mm,前版中规定厚度应大于或等于 3 mm,前后版中均规定了小于 3 mm 的试样应叠起来做实验;

f) 本标准中推荐试样平面尺寸应小于 20 mm×20 mm,15 mm×15 mm 也可采纳,前版中规定不小于 15 mm×15 mm(见第 5 章,2003 版的第 3 章);

g) 本标准中规定了铂电极的最小纯度为 99%,并对电极斜面的刃规定近似为平面,约 0.01 mm~0.1 mm 宽(见 7.1);

h) 电源功率由前版本不小于 0.5 kVA 改为不小于 0.6 kVA(见 7.2,2003 版的 5.2);

i) 本标准中规定了"短路电流值的测量装置最大误差为±3%"(见 7.2);

j) 将前版本中"过电流继电器应在 0.5 A 或更大的电流持续 2 s 时动作"修改为"当电流有效值为 0.50 A,其相对公差为±10%,持续 2.00 s,其相对公差为±10%时,过电流装置应动作。"(见 7.2,2003 版的 5.2);

k) 本标准对分析级无水氯化铵的纯度规定"不小于 99.8%",去离子水的电导率不超过"1 ms/m";

l) 溶液 B 电阻率,前版本为(1.70±0.05)Ω·m,本标准为(1.98±0.05)Ω·m(见 7.3 ,2003 版的 5.4);

m) 本标准对空气速度有规定(见 7.6);

n) CTI 试验时,如果材料性能未知,本标准推荐开始电压为 350 V(前版为 300 V)(见 11.2,2003 版的 6.2);

o) 本标准在 CTI 试验时推荐先测 100 滴后测 50 滴,与前版要求相反(见 11.1,2003 版的 6.2);

p) 本标准与前版本章节对应关系见附录 NA。

本标准使用翻译法等同采用 IEC 60112:2009(第 4.1 版)《固体绝缘材料耐电痕化指数和相比电痕化指数的测定方法》。

与本标准中规范性引用的国际文件有一致性对应关系的我国文件如下:

——GB/T 16499—2008 安全出版物的编写及基础安全出版物和多专业共用安全出版物的应用导则(IEC 104 导则:1997,NEQ)

与 IEC 60112:2009(第 4.1 版)相比,本标准做了下列编辑性修改:

——增加了资料性附录 NA,列出了本标准章条编号与 GB/T 4207—2003 章条编号的对照一览表。

本标准由中国电器工业协会提出。

本标准由全国电气绝缘材料与绝缘系统评定标准化技术委员会(SAC/TC 301)归口。

本标准起草单位:桂林电器科学研究院、深圳标准技术研究院、机械工业北京电工技术经济研究所、山东齐鲁电机制造有限公司。

本标准主要起草人：王先锋、陈俞蕙、黄曼雪、刘亚丽、白莹杰、郭丽平、赵婕、刘志远、魏景生。

本标准代替的历次版本发布情况为：

——GB/T 4207—1984、GB/T 4207—2003。

固体绝缘材料耐电痕化指数和
相比电痕化指数的测定方法

1 范围

本标准规定了固体绝缘材料耐电痕化和相比电痕化指数的测量方法,适用于设备元件和盘状材料使用交变电压的场合。

本标准规定了按要求进行蚀损的测量。

注1:耐电痕化指数对于材料和制造部分的质量控制作为一种可接受判断标准和一种方法。相比电痕化指数主要用作材料基本特性和性能比较。

试验结果不能直接用于估计电气设备设计时安全爬电距离。

注2:通过本实验,可以鉴别用于潮湿环境下工作电气设备上的原材料耐电痕化性能是差、一般还是优良。为评定户外使用材料的性能,要求采用更严酷的长期试验,采用较高电压和大量试样(见 IEC 60587 斜板试验),其他试验方法如斜板法可从本标准给出的滴定试验按不同顺序排列材料。

2 规范性引用文件

下列文件对于本文件的应用是必不可少的。凡是注日期的引用文件,仅注日期的版本适用于本文件。凡是不注日期的引用文件,其最新版本(包括所有的修改单)适用于本文件。

GB/T 17037.1—1997 热塑性塑料材料注塑试样的制备 第1部分:一般原理及多用途试样和长条试样的制备(idt ISO 294-1:1996)

GB/T 17037.3—2003 塑料 热塑性塑料材料注塑试样的制备 第3部分:小方试片(ISO 294-3:2002,IDT)

IEC 104 导则 安全出版物的编写及基础安全出版物和专业安全出版物的应用(the preparation of safety publications and the use of basic safety publications and group safety publications)

ISO 293:1986 塑料 热塑性材料压塑试样(plastics-compression moulding test specimens of thermoplastic materials)

ISO 295:1991 塑料 热固性材料压塑试样(plastics-compression moulding of test specimens of thermosetting materials)

3 术语和定义

下列术语和定义适用于本文件。

3.1
电痕化 tracking
在电应力和电解杂质的联合作用下,固体绝缘材料表面和/或内部导电通道逐步形成。

3.2
电痕化失效 tracking failure
导体部分间由于电痕化绝缘失效。

注:目前试验,由于至少 0.5 A,持续 2 s 电流通过试样表面和/或试样内,电痕化通过一过流装置动作显示。

3.3

电蚀损 electrical erosion

由于放电作用使电气绝缘材料产生耗损。

3.4

空气电弧 air arc

试样表面上电极间产生的电弧。

3.5

相比电痕化指数 comparative tracking index；CTI

5个试样经受50滴液滴期间未电痕化失效和不发生持续燃烧时的最大电压值，还包括100滴试验时关于材料性能叙述（见11.4）。

注1：CTI判断标准可要求关于蚀损程度叙述。

注2：在试验时，允许材料非持续燃烧不导致失效，但是除非考虑其他因素更为重要，否则材料发光不燃烧是首选因素，见附录A。

3.6

持续燃烧 persistant flame

有争议时——燃烧多于2 s。

3.7

耐电痕化指数 proof tracking index；PTI

5个试样经受50滴液滴期间未电痕化失效和不发生持续燃烧所对应的耐电压数值，以V表示。

注：在试验时，允许材料非持续燃烧不导致失效，但是除非考虑其他因素更为重要，否则材料发光不燃烧是首选因素，见附录A。

4 原理

被支撑试样上表面几乎为水平面，两电极间施加一电应力，电极间试样表面经受连续电解液滴，直到过电流装置动作，或发生持续燃烧或直到试验通过。

每一试验是短期的（少于1 h），最多50滴或100滴，电解液滴大约为20 mg，间隔30 s滴下，试样表面铂金电极间距为4 mm。

试验时，电极间施加100 V～600 V交流电压。

试验过程中试样也可能腐蚀或变软，因此允许电极陷入试样，试验时，同时报告通过试样形成的洞以及洞的深度（测量试样厚度），可用更厚的试样重测，试样最大厚度为10 mm。

注：通过电痕化导致失效，所需液滴数通常随施加电压降低而增加，低于临界值时，电痕化不再发生。

5 试样

可采用任何表面非常平的试样，只要其面积足够，确保试验时无液体流出试样边缘即可。

注1：尽管可采用更小的尺寸，但推荐平面尺寸应不小于20 mm×20 mm，以减少电解液流出试样边缘损失，只要电解液不损失，例如ISO 3167中的多用途试样，其尺寸为15 mm×15 mm也可采用。

注2：最好每次试验采用不同试样。几次试验在同一试样上，应确保试验点间距足够远，以使正在试验的点产生的闪光或烟雾，将不会污染待测其他区域。

试样厚度应为3 mm或更厚，每一材料试样可重叠以获得所要求至少3 mm的厚度。

注3：小于3 mm厚的试样与较厚试样上得到的CTI值不可比较，因为大量热量通过薄试样散发到玻璃支撑件上，由于上述原因，对于厚度小于3 mm的试样，应将两块或两块以上试样叠起来做实验。

试样应光滑,非织物表面应为完整表面,如无擦伤、瑕疵、杂质等。除非产品标准中另有规定,如可能,结果应与试样表面状态描述一起报告。因为试样表面某种特性可能增加结果的分散性。

为了能在产品部件上试验,可从产品部件上截取合适的试样;也可采用从同一原材料模压成型的试样上截取试样,在这种情况下应注意确保部件和模压成型试样尽可能在同样制做工艺下制备。在此不详述最终制做工艺细节,其中 GB/T 17037.1—1997、GB/T 17037.3—2003、ISO 293:1986、ISO 295:1991 给出了合适的制备方法。

注4:不同制备条件/工艺在 PTI 和 CTI 试验时可导致不同性能水平的结果。

注5:采用不同流向模压成型的试样,在 PTI 和 CTI 试验时也存在不同性能水平的结果。

在特殊情况下,为使试样表面平滑,试验可采用研磨方法。

电极的方向与材料的特性有关,测量应沿着和正交特性方向进行。除非另有规定,应报告测得 CTI 较低的那个方向。

6 试样条件处理

6.1 环境条件

除非另有规定,试样应在 23 ℃±5 ℃,相对湿度 50%±10% 下保持至少 24 h。

6.2 试样表面状态

除非另有规定,

a) 试验时,表面应清洗;

b) 应报告清洗步骤,尽可能对清洗步骤由供需双方协商一致。

注:灰尘、脏物、指印、油脂、油、脱模剂或其他污染物可影响结果。注意在清洗试样时避免对材料产生溶胀、软化、擦伤或其他破坏。

7 试验设备

7.1 电极

应使用最小纯度为 99% 的铂金电极(见附录 B),两电极应有一矩形横截面(5±0.1)mm×(2±0.1)mm,有一 30°±2° 斜面(见图 1),斜面的刃近似为平面,约 0.01 mm~0.1 mm 宽。

注1:经验表明,用带有目镜校准的显微镜,适合于检验刃的表面尺寸。

注2:建议每次试验后用机械方法再研磨电极的刃,确保电极保持所要求的公差,特别是对于斜面和角。

在水平放置的试样待测光滑平面上,两电极面垂直相对,电极之间成 60°±5° 角,电极间相距应为 4.0 mm±0.1 mm。图 2 为电极安放于试样上的示意图。

用一薄的矩形金属滑规检验电极间距,电极应能自由移动,每一个电极施加于试样表面的力,在试验开始时应为 1.00 N±0.05 N。应设计成试验时其压力尽可能保持不变。

图 3 表示一种典型施加于试样的电极结构,压力应通过间距调节。

在某些材料上单独试验,电极陷入深度较小,电极压力通过弹簧产生,然而,在一般用途设备上靠重量产生压力(见图 3)。

注3:大多数,但不是所有设计装置,如果试验时由于试样软化或腐蚀,电极产生移动,导致电极刃产生电弧及电极间距改变,间距改变的程度和方向将取决于电极中心相对位置和电极与试样的接触点,这些变化很大程度取决于材料,但不是决定性的。内部装置设计的差异导致结果不同。

7.2 试验电路

在电极上施加正弦波电压,其在 100 V～600 V 之间变化,频率为 48 Hz～62 Hz,电压测量装置应指示一真有效值,最大误差为 1.5%,电源功率应不小于 0.6 kVA,一合适的试验电路示例见图 4。

可变电阻器应能调节两电极间的短路电流到 1.0 A±0.1 A,且在此电流下,电压表上指示的电压下降应不超过 10%(见图 4),短路电流值的测量装置最大误差为±3%。

试验装置输入电源电压应足够稳定。

当电流有效值为 0.50 A,其相对公差为±10%,持续 2.00 s,其相对公差为±10%时,过电流装置应动作。

7.3 试验溶液

溶液 A：

质量分数约 0.1%纯度不小于 99.8%的分析纯无水氯化铵(NH_4Cl)试剂溶解在电导率不超过 1 mS/m 的去离子水中,在 23 ℃±1 ℃时其电阻率为 3.95 Ω·m±0.05 Ω·m。

注 1：按所要求的电阻率范围确定氯化铵用量配制溶液。

溶液 B：

质量分数约 0.1%纯度不小于 99.8%的分析纯无水氯化铵试剂和质量分数 0.5%±0.002%的二异丁基萘磺酸钠(sodium-di-butyl naphthalene sulfonate)溶解在电导率不超过 1 mS/m 的去离子水中,在 23 ℃±1 ℃时其电阻率为 1.98 Ω·m±0.05 Ω·m。

注 2：按所要求的电阻率范围确定氯化铵用量配制溶液。

通常使用溶液 A,如果需要侵蚀性更强的污染物,则应使用溶液 B。如用溶液 B,则在 CTI 和 PTI 随后加一个字母"M"。

7.4 滴液装置

试验溶液液滴应以时间间隔 30 s±5 s 滴落在试样表面,液滴应从 35 mm±5 mm 的高度滴到两电极间试样表面的中间。

滴在试样上 50 滴液滴数的时间应为 24.5 min±2 min。

连续 50 滴液滴的质量应在 0.997 g～1.147 g,连续 20 滴液滴的质量应在 0.380 g～0.480 g。

注 1：液滴质量可由合适的天平称量确定。

在适当时间间隔应检查液滴质量。

注 2：对溶液 A,由滴定系统决定,外径在 0.9 mm～1.2 mm,长的薄壁不锈钢管(如皮下注射针管),适合用于滴定装置尖端。对溶液 B,管外径超出 0.9 mm～3.45 mm 范围,使用时必需采用不同滴定系统。

注 3：推荐使用液滴检测计或计数器,确定是否有连滴或未滴。

7.5 试样支撑台

一块或几块平玻璃板,总厚度不低于 4 mm,大小适合,试验时以支撑试样。

注 1：为了避免清洗试样支撑台问题,推荐将可处理的显微镜玻璃载片放在试样支撑台上,并紧接在试样下。

注 2：用薄金属箔导体包绕玻璃板边缘以检查电解液损失。

7.6 电极装置安装

试样和其紧接电极实际上应放置在一箱体内通风好的位置。

注：为了保持箱内排烟理想,对某种级别材料,有必要在试样和电极间表面保持有一小的空气流动,试验开始前空气速度为 0.2 m/s,试验时尽可能合适。箱内其他区域空气流动实际上加速烟雾流动,空气速度可用一合适带

刻度的热电阻风速计测量。

应装置一合适的烟雾排出系统,试验后允许箱内能安全排气。

8 基本试验程序

8.1 概述

当材料实际上为非均匀材质时,试验应沿其特性方向和正交特性方向进行,除非另有规定,取较低值。

试验应在环境温度 23 ℃±5 ℃下进行。

除非另有规定,应在未污染试样上进行试验。

试验结果形成小洞,认为是有效的,与试样厚度无关,但洞的形成及洞的深度应一起报告(试样厚度或叠层数)。

8.2 准备

每次试验后,用合适溶剂清洗电极,然后用去离子水漂洗,如需要,恢复原状,下次试验前进行最终漂洗。

试验前,如有必要,通过冷却电极,确保电极温度足够低,以便对试样性能不产生负面影响。

确保不产生直观的污染,通过标准试验与试验前的测量确保所采用溶液符合电导率要求。

注1: 以往试验导致滴定装置的沉积物将可能污染溶液,溶液蒸发增加浓度,两者会使所得结果比真实值偏低。在上述情况下,试验前可机械地用一种溶剂适当清洗滴定装置外边,对里边也通过相同溶液冲洗,用 10~20 滴冲洗,通常能去掉浓度较大的液体。

有争议时,电极和滴定管清洗程序供需双方应协商一致。

将试样水平放在试样支撑台上,试样面朝上,调整试样相对高度和电极装置,以便降低电极在试样上,并定位校准电极间距为 4.0 mm±0.1 mm。确保电极横刃与试样表面按要求的压力接触,压力均匀分布整个刃宽度。

注2: 为便于目视检查,在电极后面放一盏灯。

调节试验电压到要求值,电压应是 25 V 的整数倍,并调整电路参数,以使短路电流在允许的公差范围内。

8.3 试验程序

启动滴定装置使液滴落在试样表面,继续试验直到发生如下情况之一。

a) 过流装置动作;

b) 发生持续燃烧;

c) 第 50(100)滴落下后至少经过 25 s 无 a)或 b)情况发生。

注: 如不要求测量蚀损,100 滴试验可先于任何 50 滴试验。

试验结束后,排除箱内有毒气体,移开试样。

9 蚀损的测定

按要求,50 滴试验后未失效试样应清除掉粘在其表面的碎屑或松散附着在其上面的分解物,然后将它放在深度规的平台上,用一个具有半球端部的其直径为 1.0 mm 的探针来测量每个试样的最大蚀损深度,以毫米表示,精确到 0.1 mm。测量 5 次,结果取最大值。

蚀损深度小于 1 mm 时以<1 mm 表示。

按第 10 章试验时,对在规定电压下经受住 50 滴液滴的试样进行蚀损深度测量。

按第 11 章试验时,在 5 个最大试验电压下进行 50 滴试验的试样上进行蚀损深度测量。

10 耐电痕化指数测量(PTI)

10.1 程序

在材料规范或电工设备规范的 IEC 标准或其他标准中,如果只需要进行耐电痕化试验,应按第 8 章进行 50 滴试验,但试验只在一规定电压下进行。规定数量的试样应经受住在第 50 滴液滴已经滴下后,至少 25 s 无电痕化失效,无持续燃烧发生。

由于空气电弧,过流装置动作,不再继续,电痕化失效。

注:推荐试样数为 5 个。

耐电痕化电压应是 25 V 的整数倍。

10.2 报告

报告应包括以下内容:

a) 被试材料的名称和任何条件处理;

b) 试样厚度和用于获得规定厚度叠层数;

c) 试样未测试的原始表面特性;

——任何清洗程序情况,

——任何加工程序情况,如抛光,

——任何试验表面涂漆情况;

d) 试验前表面状态,考虑表面缺陷,例如,表面刮痕、污点、杂质等;

e) 用于电极和滴针清洗程序;

f) 不在通风好的位置测量,报告近似空气流速;

g) 根据任何已知材料特性校正电极;

h) 不要求测蚀损深度时,报告耐电痕化指数试验结果如下:

在规定电压下通过或失效,如果用 B 溶液,说明溶液类型。例如"PTI175 通过"或"PTI175M 失效"。

要求测量蚀损深度的结果应报告如下:

在规定电压下通过或失效,如果使用 B 溶液,说明溶液类型和最大蚀损深度。例如"PTI250-3 失效"或"PTI250M-3 通过"。

由于试样燃烧,无法报告蚀损深度时,应报告此现象。

洞扩展穿过试样以及洞的形成和洞的深度(试样厚)应一起报告。

由于空气电弧,试验无效,应报告。

11 相比电痕化指数测量(CTI)

11.1 概述

相比电痕化指数测量是指连续 5 个试样通过 50 滴试验的最大电压值,同时,在低于该电压 25 V 时,连续五个试样通过 100 滴试验;若在低于该电压 25 V 时,100 滴试验未通过,则需继续测出 100 滴试验耐受最大电压值。

注 1:本标准前版本要求 50 滴最大耐电压测量在任何 100 滴测量之前。

注2：考虑到首先测定100滴最大耐压可减少试验时间，因此本标准推荐这种程序。

11.2　100滴点测量

按第8章所述基本程序，以一已选择的水平调节电压，试验直到100滴已经滴下后，至少经过25 s或上述失效发生。

如果材料性能未知，推荐开始电压为350 V。

由于试样上产生空气电弧，过电流装置动作，试验无效。在清洗电极装置之后，按第8章所述程序，用不同的试样或位置在同样电压下重复试验过程，如果同样事件发生，渐渐降低电压，重复试验，直到一有效破坏或通过发生，报告试验情况（见11.4）。

注1：某些材料无法测量出CTI，得不到有效失效时，直接取比发生空气电弧电压低一级的电压为耐受电压。

由于试样表面因过电流导致过流装置动作或发生持续燃烧，在试验电压下试样失效，清洗电极装置后在不同位置/试样上用较低电压重复试验，按第8章所述。

如果上述情况未发生，在100滴液滴已经滴下后经过至少25 s，过流装置动作，试验有效，认为试样已经通过。在不同的位置/试样上以进一步高的电压重复试验，确定最大电压直到在试验电压下，前5次试验100滴液滴已经滴下后直到至少25 s，试验期间不发生失效。清洗装置后按第8章所述程序用5个独立试样或在一个试样上的5个不同位置试验。

如果出现有洞穿过试样，记录这种结果。注意洞的形成和洞的深度（试样厚度或叠层数），按上所述继续试验。

注2：试验时有洞产生，在清洗装置后，可在更厚试样上（直到最大厚度为10 mm）进一步试验，以获得另外情况，例如，按第8章所述。

试样性能未知时，在电压400 V以上，每次试验增加试验电压应限制为50 V。

作为100滴结果，记录五个试样耐受100滴液滴不失效的最大电压。

继续测量经受50滴最大电压。

11.3　测量经受50滴液滴浸大电压

通过从100滴数据推理，在一合适试验电压重复试验程序，在不同位置/试样决定是否试样经受第50滴液滴滴下后至少25 s试验时间。

如果由于在试样上发生空气电弧，过电流装置动作，试验无效。在清洗装置后，按第8章所述程序，用不同位置/试样在同样电压下重复试验，如同样情况发生，在进一步更低电压下重复试验直到有效破坏或通过发生，报告试验情况（见11.4）。

注1：由于不能得到有效失效，某些材料无法测量出CTI，特殊的方法直接从耐受试验期间将电压调到显示空气电弧的下一级最高试验电压。

由于试样表面因过电流导致过流装置动作或发生持续燃烧，在试验电压下试样失效，清洗电极装置后在不同位置/试样上用较低电压重复试验，按第8章所述。

如果上述情况未发生，在第50滴液滴已经滴下后经过至少25 s，过电流装置动作，试验有效，认为试验已经通过。

试验时通过试样未形成洞，在不同位置/试样上以进一步高的电压重复试验，确定最大电压，直到在试验电压下，前5次试验第50滴液滴已经滴下后直到至少25 s试验期间不发生失效，清洗装置后按第8章所述程序用5个独立试样或在一个试样上的5个不同位置试验。

如果出现有洞穿过试样，记录结果，注意洞的形成和洞的深度（试样厚度或叠层数）按上所述继续试验。

注2：试验时有洞产生，在清洗装置后，可在更厚试样上（直到最大厚度为10 mm）进一步试验，以获得另外情况，例如，按第8章所述。

不考虑试样厚度,试验结果有洞形成,认为有效,但是应报告洞的形成和洞的深度(叠层试样厚度)。作为 50 滴结果,记录 5 个试样耐受 50 滴液滴不失效的最大电压。

11.4 报告

报告应包括如下内容:

a) 被试材料的名称和任何条件处理;

b) 试样厚度和用于获得规定厚度重叠层数;

c) 试样未测试时原始表面特性;

——任何清洗程序情况,

——任何加工程序情况,如抛光,

——任何试验表面涂漆情况;

d) 试验前表面状态,考虑表面缺陷,例如,表面刮痕、污点、杂质等;

e) 用于电极和滴针清洗程序;

f) 不在通风好的位置测量,报告近似空气流速;

g) 根据任何已知材料特性校正电极;

h) 不要求测量蚀损深度时,报告耐电痕化指数试验结果如下:

最大 50 滴电压 CTI 数值,以 5 个连续试验获得;(100 滴最高电压数值以五个连续试验测定,至少比 50 滴最大值低 25 V)合适时采用字母"M"来表示所使用溶液 B。例如"CTI175"、"CTI175M"或"CTI400(350)M"。

要求测量蚀损深度时,结果应报告如下:

最大 50 滴电压 CTI 数值,以五个连续试验获得;(100 滴最高电压数值以五个连续试验测定,至少比 50 滴最大值低 25 V)合适时采用字母"M"来表示所使用溶液 B——最大蚀损深度以 mm 表示。例如"CTI275—1.2"、"CTI375M—2.4"或"CTI400(350)M—3.4"。

由于某些原因(如大范围燃烧)蚀损无法测量,应报告。

洞扩展穿过试样,洞的形成和洞的深度(试样厚)应一起报告。

由于空气电弧,试验无效,应报告。

单位为毫米

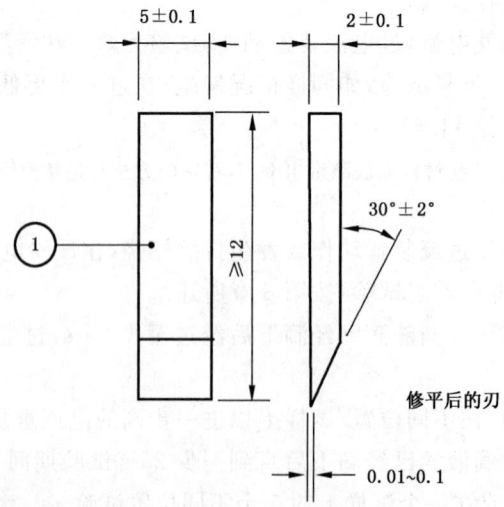

说明:

1——铂电极。

图 1 电极

单位为毫米

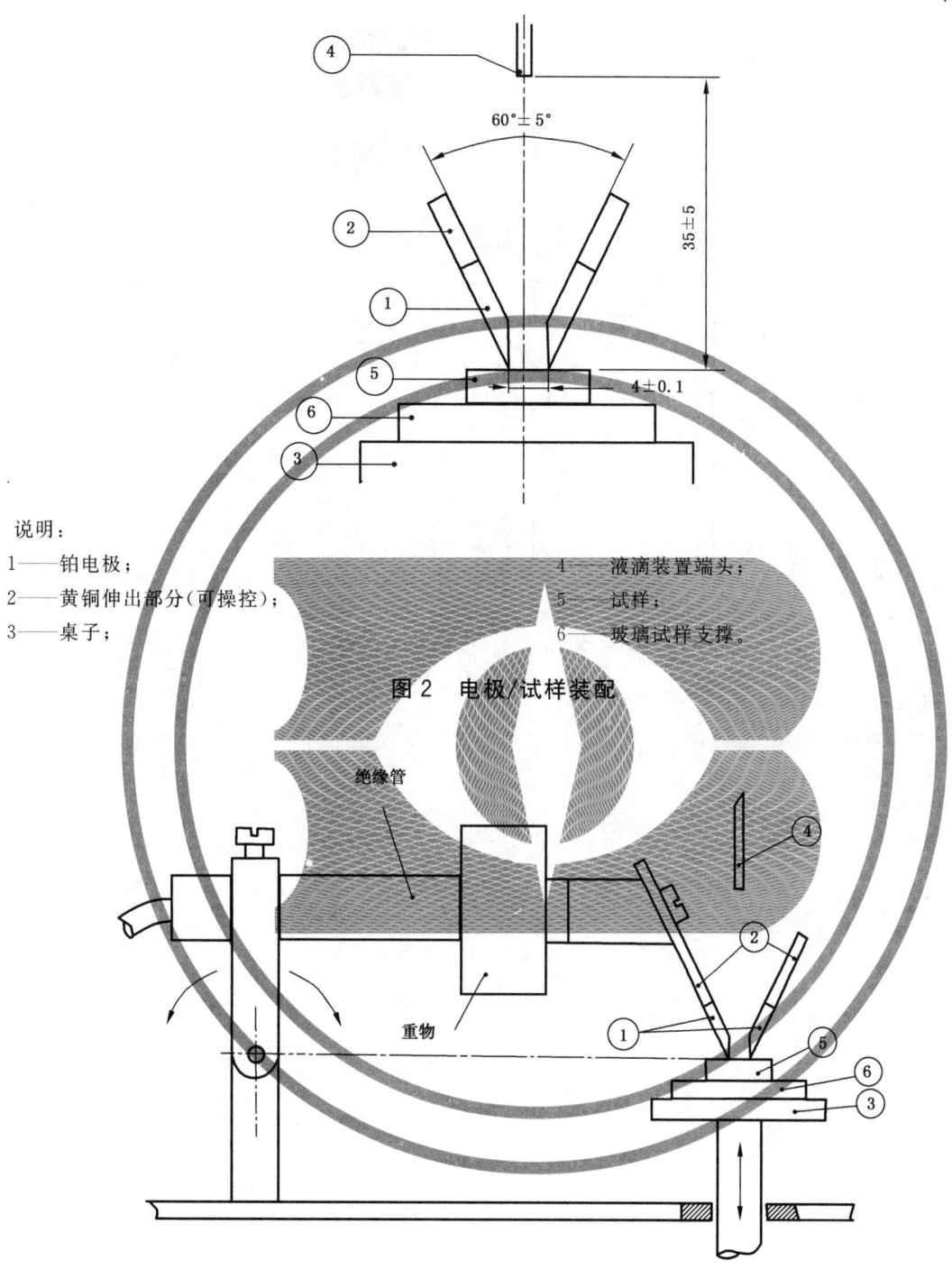

说明：
1——铂电极；
2——黄铜伸出部分（可操控）；
3——桌子；
4——液滴装置端头；
5——试样；
6——玻璃试样支撑。

图 2 电极/试样装配

说明：
1——铂电极；
2——黄铜伸出部分（可操控）；
3——桌子；
4——液滴装置端头；
5——试样；
6——玻璃试样支撑。

图 3 典型电极安装和试样支撑示例

GB/T 4207—2012/IEC 60112:2009

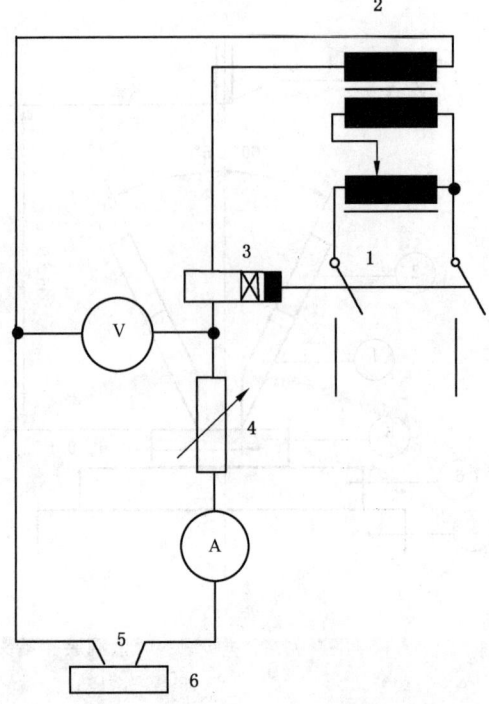

说明：

1——开关；

2——AC电源 100 V～600 V；

3——延迟过流装置；

4——可变电阻；

5——电极；

6——试样。

图 4   试验线路图范例

138

附 录 A

（资料性附录）

应考虑的因素清单

本方法被采用做标准，但有几处，可做为选择方案：

a) 对粗糙表面试样，表面是否通过机械方法使其光滑，如抛光（第5章）；

b) 试样表面状态（6.2），清洗或其他方法；

c) 允许原始状态清洗程序（6.2）；

d) 采用电解液类型（溶液A或B，7.3）；

e) 是否需要给出任何特殊装置，考虑试验间清洗装置方法（第8章）；

f) 材料非均匀时，除非另有规定，通常报告获得较低值方向（8.1）；

g) 用于耐电痕化试验，试样数通常为5个，但是也可选择不同数目（10.2）；

h) 要求电痕化试验电压（10.2）；

i) 对电痕化试验是否包括要求100滴最小试验电压；

j) 是否要求测量蚀损深度，如需要，规定界限（第9章）；

k) 除非规定需要，否则允许燃烧作为判断标准，从不适用应用考虑，在这些情况下，应采用其他试验方法。

附　录　B

（资料性附录）

电极材料选择

B.1　对于测量相比电痕化和耐电痕化指数应选择铂金电极。因为铂金通常为最不活泼的材料之一，它与电解液和所使用的绝缘材料很少反应，为获得电痕化指数，允许绝缘材料特性在试验下成为主要决定因素。

B.2　为模拟用于电气装置元件和绝缘系统及减少电极损耗，如铜、黄铜、不锈钢、黄金和银等材料有时用来代替铂金，用于评价特殊电极金属和绝缘材料组合的电痕化特性。电极材料与改变使用电解液比例和绝缘材料相互作用，因此影响试验结果。替代铂金电极试验结果不能称为相比电痕化或耐电痕化指数。

附　录　NA
（资料性附录）
本标准章条编号与GB/T 4207—2003章条编号的对照

表NA.1给出了本标准章条编号与GB/T 4207—2003章条编号的对照一览表。

表 NA.1　本标准章条编号与GB/T 4207—2003章条编号的对照

GB/T 4207—2012	GB/T 4207—2003
1　范围	1　范围
2　规范性引用文件	
3　术语和定义	2　定义
3.1　电痕化	2.1　电痕化
3.2　电痕化失效	
3.3　电蚀损	2.2　电蚀损
3.4　空气电弧	
3.5　相比电痕化指数	2.3　相比电痕化指数
3.6　持续燃烧	
3.7　耐电痕化指数	2.4　耐电痕化指数
4　原理	
5　试样	3　试样
6　试样条件处理	4　处理
6.1　环境条件	
6.2　试样表面状态	
7　试验设备	5　试验设备
7.1　电极	5.1　电极
7.2　试验电路	5.2　试验电路
7.3　试验溶液	5.4　试验溶液
7.4　滴液装置	5.3　滴液装置
7.5　试样支撑台	
7.6　电极装置安装	
8　基本试验程序	6　程序
8.1　概述	6.1　概述
8.2　准备	
8.3　试验程序	
9　蚀损的测定	6.4　蚀损的测定
10　耐电痕化指数测量(PTI)	6.3　耐电痕化试验
10.1　程序	
10.2　报告	
11　相比电痕化指数测量(CTI)	6.2　CTI的测定
11.1　概述	

表 NA.1（续）

GB/T 4207—2012	GB/T 4207—2003
11.2 100 滴点测量	
11.3 测量经受 50 滴液滴最大电压	
11.4 报告	7 报告
附录 A 应考虑的因素清单	
附录 B 电极材料选择	
附录 NA 本标准章条编号与 GB/T 4207—2003 章条编号的对照	
参考文献	

参 考 文 献

[1]　IEC 60587:1984　Test methods for evaluating resistance to tracking and erosion of electrical insulating materials used under severe ambient conditions

[2]　IEC/TR 62062:2002　Results of the Round Robin series of tests to evaluate proposed amendments to IEC 60112

[3]　ISO 3167:2002　Plastics—Multipurpose test specimens

ICS 29.035.99
K 15

中华人民共和国国家标准

GB/T 6553—2014/IEC 60587:2007
代替 GB/T 6553—2003

严酷环境条件下使用的电气绝缘材料
评定耐电痕化和蚀损的试验方法

Electrical insulating materials used under severe ambient conditions—
Test methods for evaluating resistance to tracking and erosion

(IEC 60587:2007,IDT)

2014-05-06 发布

2014-10-28 实施

中华人民共和国国家质量监督检验检疫总局
中国国家标准化管理委员会 发布

前　言

本标准按照 GB/T 1.1—2009 给出的规则起草。

本标准代替 GB/T 6553—2003《评定在严酷环境条件下使用的电气绝缘材料耐电痕化和蚀损的试验方法》。

本标准与 GB/T 6553—2003 相比,主要变化如下:

——本标准的名称改为"严酷环境条件下使用的电气绝缘材料　评定耐电痕化和蚀损的试验方法";

——电源频率由"48 Hz～62 Hz"改为"45 Hz～65 Hz"(见第 1 章,2003 版的第 1 章);

——试样制备中明确规定试样的清洗(见 3.2,2003 版的 3.2);

——将"……超过 60 mA 持续 2 s 时能动作……"改为"……超过 60 mA±6 mA 持续 2 s～3 s 时能动作……"(见 4.1.4,2003 版的 4.1.4);

——增加了"4.6 通风装置"(见 4.6);

——将"与水平面成 45°角"改为"与水平面成 45°±2°角"并增加了"5 个试样可一起或独立进行试验"的内容(见 5.1.2,2003 版的 5.1.2);

——增加了"托架"内容及"图 8"示例(见 5.1.3,2003 版的 5.1.3);

——本标准 5.4 代替 GB/T 6553—2003 第 1 章中终点判断标准内容并增加了"当试样由于集中腐蚀出现穿洞,或者试样着火时视为到达终点"的内容(见 5.4,2003 版的第 1 章)。

本标准使用翻译法等同采用 IEC 60587:2007《严酷环境条件下使用的电气绝缘材料　评定耐电痕化和蚀损的试验方法》。

本标准由中国电器工业协会提出。

本标准由全国电气绝缘材料与绝缘系统评定标准化技术委员会(SAC/TC 301)归口。

本标准主要起草单位:桂林电器科学研究院有限公司、深圳市标准技术研究院、广东标美硅氟新材料有限公司、机械工业北京电工技术经济研究所。

本标准主要起草人:王先锋、刘志远、孙榕、宋燕、黄振宏、刘亚丽、陈俞蕙、翁思妹、陆文灿、唐影、郭丽平。

本标准的历次版本发布情况为:

——GB/T 6553—1986、GB/T 6553—2003。

严酷环境条件下使用的电气绝缘材料
评定耐电痕化和蚀损的试验方法

1 范围和目的

本标准提出了在工频(45 Hz～65 Hz)下,用液体污染物和斜面试样,通过耐电痕化和蚀损测量评定在严酷环境条件下使用电气绝缘材料的两种试验方法。

方法 1:恒定电痕化电压法;

方法 2:逐级电痕化电压法。

注 1:方法 1 因为不需要连续的观察,是较广泛使用的方法。

注 2:试验条件设计成使效应加速产生,但并没有模拟在使用中所遇到的全部情况。

2 术语和定义

下列术语和定义适用于本文件。

2.1

电痕 track

绝缘材料表面因局部劣变而产生的局部导电通道。

2.2

电痕化 tracking

固体绝缘材料表面因局部区域的放电导致持续劣化并形成导电或部分导电通道。

注:电痕化通常是由于表面污染产生的。

2.3

电蚀损 electrical erosion

由于漏电或放电作用而使材料耗损。

2.4

电痕时间 time-to-track

在规定的试验条件下,形成电痕所需要的时间。

3 试样

3.1 尺寸

平板斜面试样至少应是 50 mm×120 mm。推荐使用厚度为 6 mm,也可使用其他厚度,但应在试验报告中说明。试样应按图 1 所示钻有装电极孔。

3.2 制备

试样应用合适溶剂(例如:异丙醇)清洗,去除处理后的残余物,然后用蒸馏水清洗试样。

清洗好的试样应小心安装,避免被污染。

如果污染液在 5.1 所述的观察时间内不能湿润试样表面,试样表面应稍微打磨。具体方法是将试样用金刚砂细砂纸(400 目)加去离子水或蒸馏水打磨,直至试样整个表面湿润,干燥时呈现均匀无光泽表面。打磨后的试样应再一次用蒸馏水清洗。

GB/T 6553—2014/IEC 60587:2007

在试验报告中应注明打磨。

判断标准 B(见 5.4)使用的试样,应在下电极上方 25 mm 处的两边上各作一个参考标记(见图1和图7)。

单位为毫米

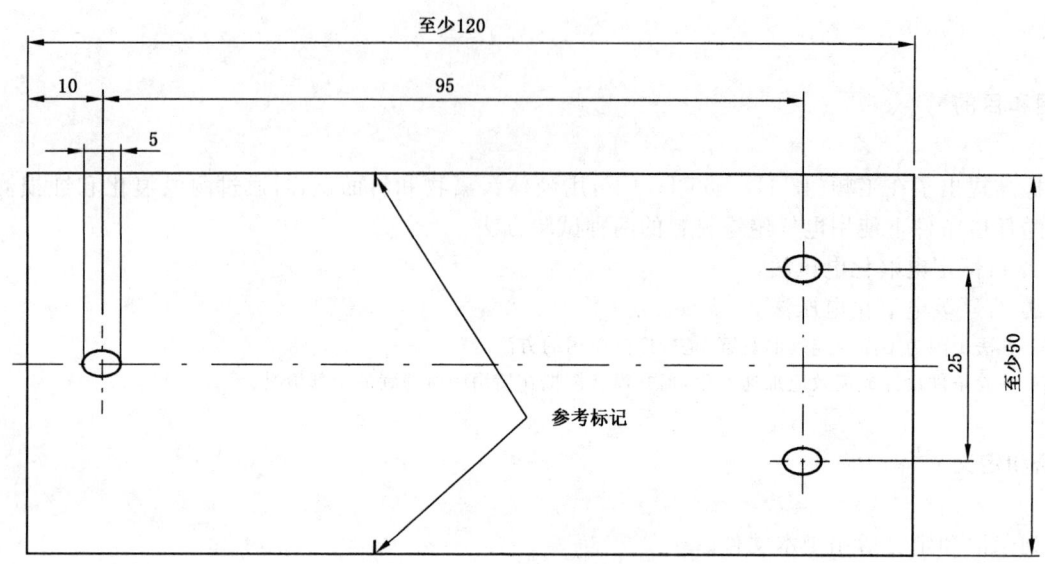

图 1　带有固定电极用的孔的试样

4　装置

4.1　电气设备

电路原理图见图2。由于试验是在高压下进行,应使用安全栏安全接地。电路组成如下所述。

4.1.1　电源频率为 45 Hz～65 Hz,输出电压可调到约 6 kV,并稳定在±5%,对于每个试样的额定电流应不小于 0.1 A。对方法1,优先采用的试验电压为 2.5 kV、3.5 kV 和 4.5 kV。

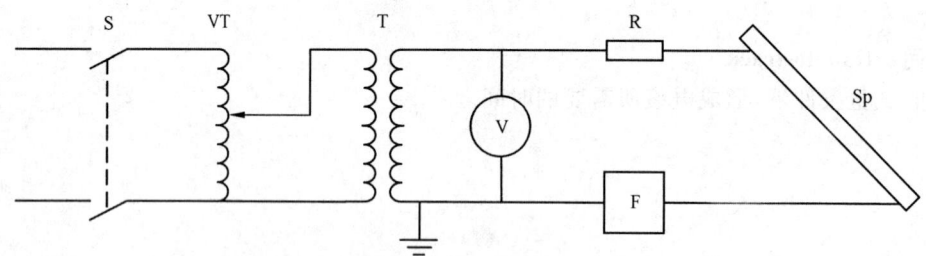

说明:

S ——电源开关;

T ——高压变压器;

V ——电压表;

F ——过电流保护装置,保险丝或继电器;

VT——可变比调压器;

R ——串联电阻器;

Sp ——试样。

注:如果几个试样只用一个电源,则每个试样最好有一个断路器或类似的装置(见4.1.4)。

图 2　电路原理图

4.1.2　在电源的高压侧,每个试样串接一个 200 W、其电阻值偏差为±10%的电阻器。电阻器的电阻值从表1中选取。

4.1.3 读数准确度为1.5%的电压表1只。

4.1.4 当高压回路电流达到或超过 60 mA±6 mA 持续 2 s～3 s 时能动作的过电流延时继电器（见图3）或任何其他装置。

表 1 试验参数

试验电压 kV	方法1中优先采用的试验电压值 kV	污染液流速 mL/min	串联电阻器的电阻值 kΩ
1.0～1.75	—	0.075	1
2.0～2.75	2.5	0.15	10
3.0～3.75	3.5	0.30	22
4.0～4.75	4.5	0.60	33
5.0～6.00	—	0.90	33

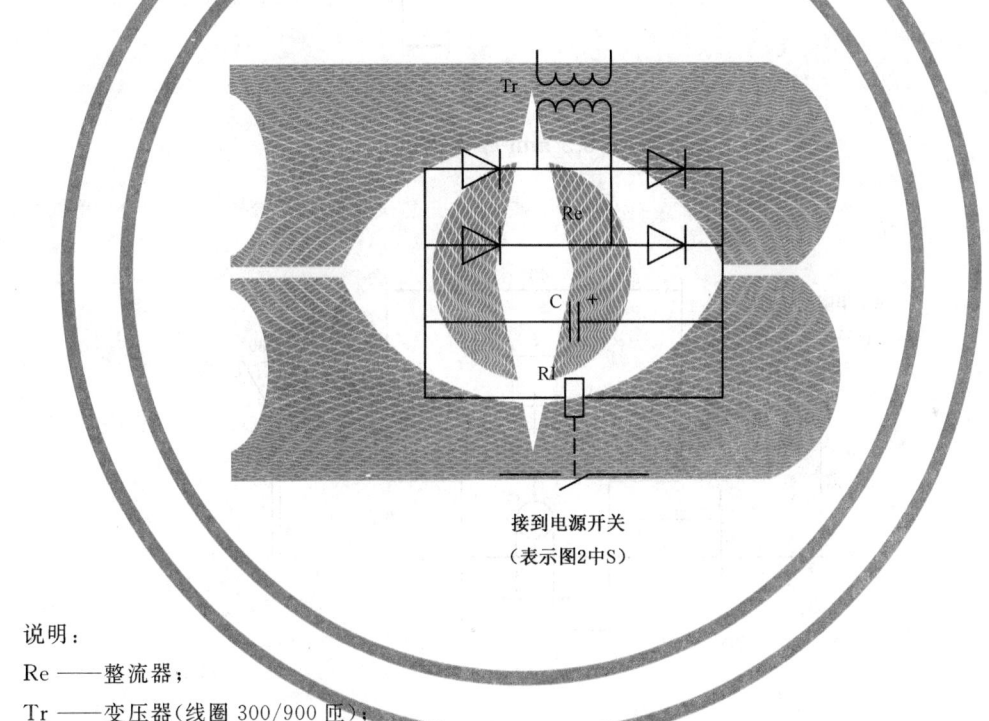

接到电源开关
（表示图2中S）

说明：

Re ——整流器；

Tr ——变压器（线圈 300/900 匝）；

RI ——继电器（2 500 Ω/11 000 匝）；

C ——电容器（200 μF）。

图 3 过电流延时继电器典型电路（表示图 2 中 F）

4.2 电极

所有的电极、固紧装置以及与电极相连的装配件，如螺钉，应该用不锈钢做成（例如：302级）。电极装置如图6所示。

注：每次试验之前应清洗电极，如有必要，则更换电极。

上电极如图 4 所示，下电极如图 5 所示。

单位为毫米

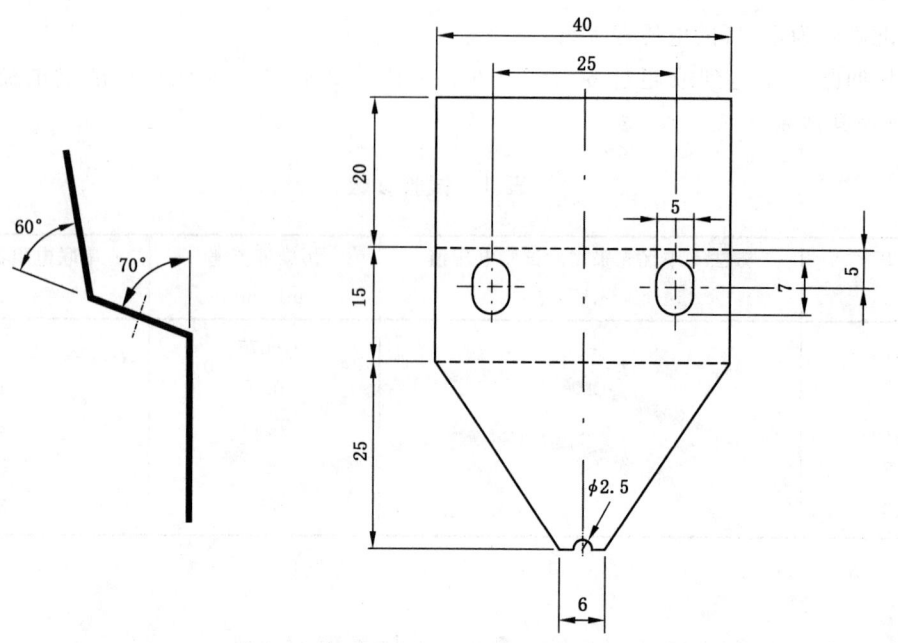

图 4　上电极(0.5 mm 厚不锈钢)

单位为毫米

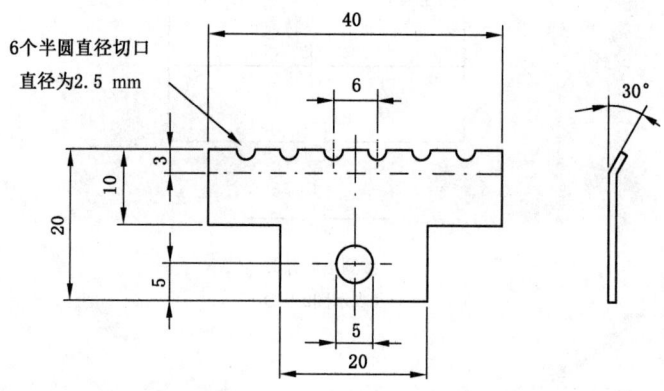

图 5　下电极(0.5 mm 厚不锈钢)

4.3　污染液

除另有规定外,采用:

质量分数为 0.1%±0.002% 的分析纯氯化铵(NH₄Cl)和质量分数为 0.02%±0.002% 的异辛基苯氧基聚乙氧基乙醇的非离子型湿润剂配以蒸馏水或去离子水。

污染液在(23±1)℃时的电阻率应为(3.95±0.05)Ω·m。

污染液存放时间应不超过四周。在每做一组试验以前均应检测它的电阻率。

用尺寸如图 9 所示的厚度为(0.2±0.02)mm 的八层滤纸夹在上电极与试样之间,储积污染液。

污染液加入滤纸衬垫中,以使在加电压前,在上、下电极之间形成均匀的液流。

注：形成均匀液流的方法,一种方法是通过管子将污染液滴注入滤纸衬垫中。该管子可用不锈钢夹子夹在滤纸中间。另一种办法是以固定的液滴大小和每分钟一定的液滴数将污染液滴入滤纸衬垫中。

污染液的流速与施加电压的关系见表1的规定,误差控制在±10%以内。

单位为毫米

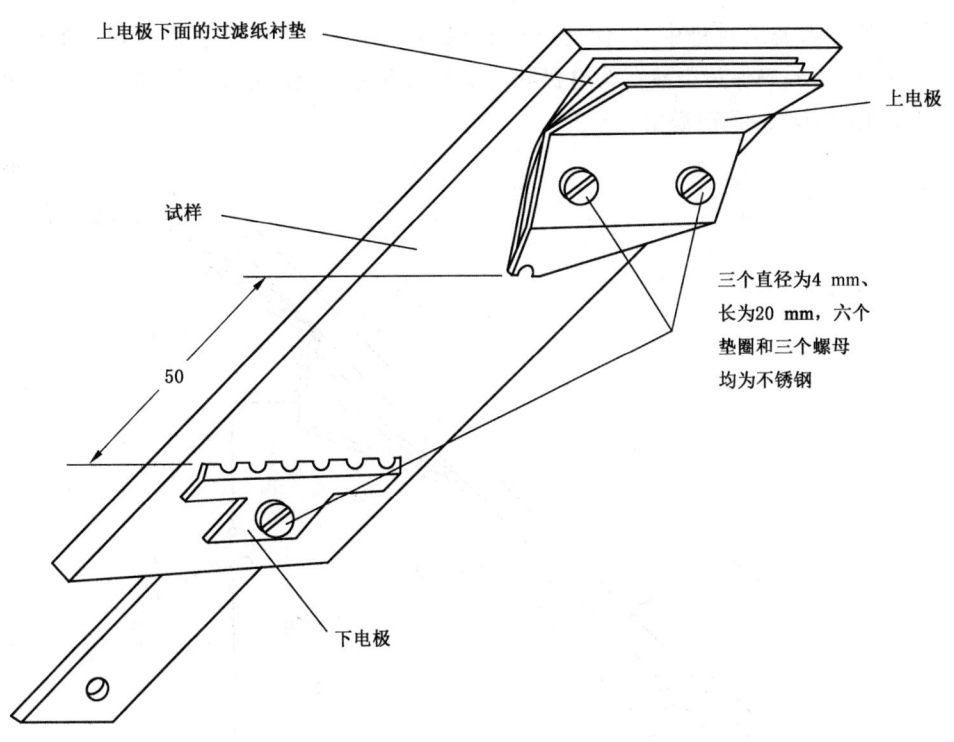

图 6　电极装置

4.4　记时器

记时器的精确度约为±1 min/h。

注：例如,可采用1 min脉冲记数器。

4.5　深度规

深度规准确度为±0.01 mm,探针的端部为半径0.25 mm的半球形。

4.6　通风装置

试验箱应安装通风装置以提供蒸发和分解气体产物的排风。试验箱的通风装置应是适度的、稳定的,以避免持续液化水分。应避免直接的气流通过试样。

注：剧烈的通风可影响试验结果。

5　试验程序

5.1　试验准备

5.1.1　除另有规定,试验应在环境温度(23±2)℃下进行,每种材料至少试验五个试样。

5.1.2 装试样时无光泽面向下,使之与水平面成 45°±2°角,如图 7 所示。两电极之间相距
(50±0.5)mm。5 个试样可一起或独立进行试验。

注:每次试验都使用新滤纸衬垫(见图9)。

5.1.3 如果试样不是自撑性的,应使用一绝缘的托架。托架应不阻碍试样背部散热,托架材料应是耐
热并是电绝缘的(例如:PTFE)。图 8 是一托架的示例。

5.1.4 首先将污染液注入滤纸衬垫中,以使滤纸充分湿润。调节污染液流速并按表 1 的规定校正流
速。至少观察流动 10 min,确保污染液在两电极间的试样表面上稳定地流下。污染液应从上电极的轴
孔处流出而不从滤纸的旁边或顶部溢出。

单位为毫米

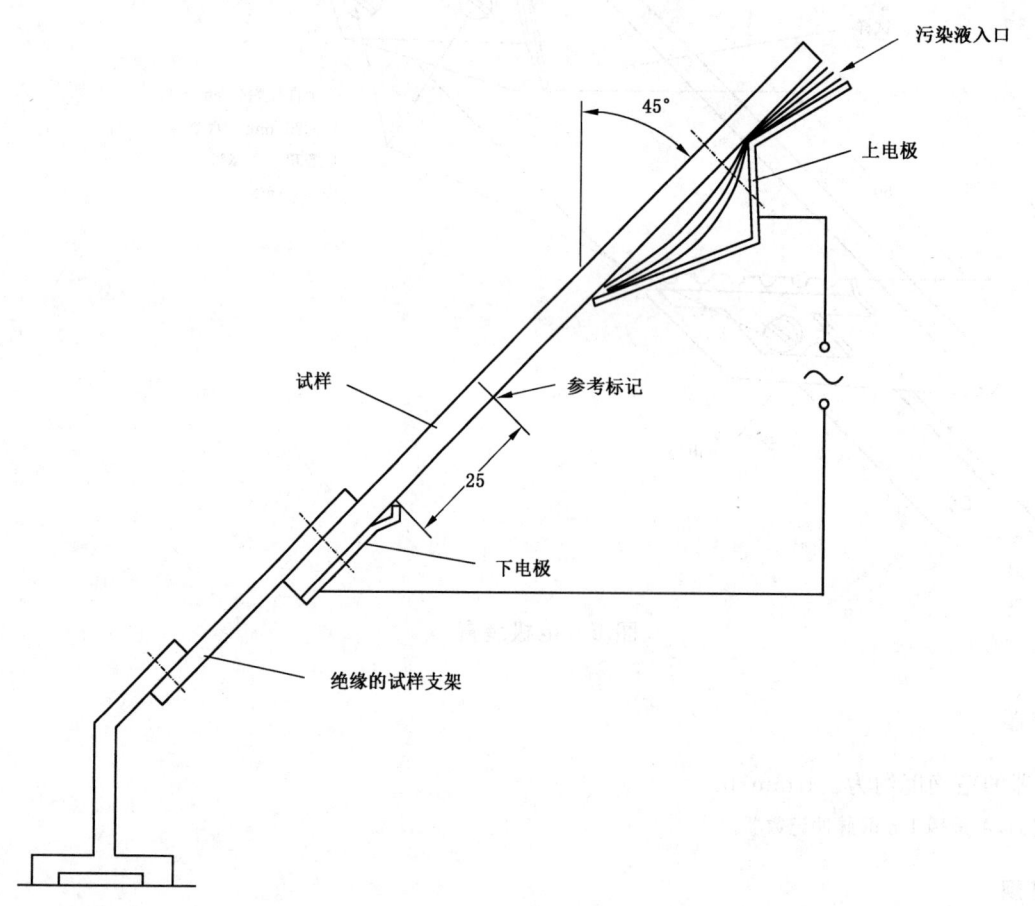

图 7　试验装置原理图

单位为毫米

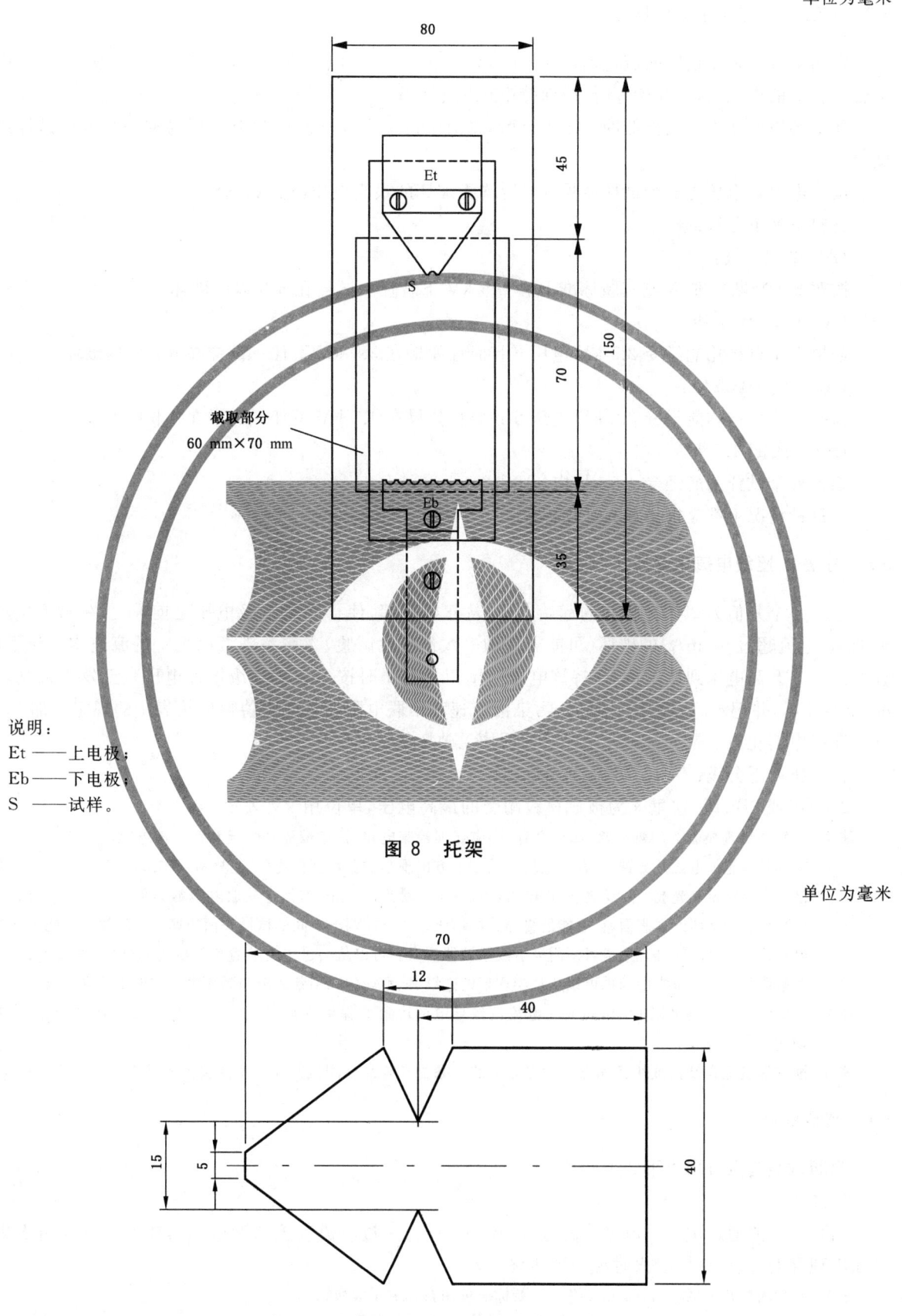

说明：
Et ——上电极；
Eb ——下电极；
S ——试样。

图 8　托架

单位为毫米

图 9　过滤纸（每个上电极要有 8 张）

5.2 方法 1:恒定电痕化电压法

在污染液以表 1 规定的流速均匀流下时,合上开关,并将电压升到 2.5 kV、3.5 kV 或 4.5 kV 中一个较为合适的电压值,并开始计时,应保持电压恒定 6 h。

如果还需要在更高或更低的电压下试验,则对于每一个优选的试验电压再另取一组五个试样进行试验。

恒定电痕化电压为五个试样经受 6 h 后均无破坏的最高电压(见 5.4)。

材料按如下分级:

1A0 或 1B0 级:

按照 5.4 判断标准 A 或判断标准 B 在 2.5 kV 下若任一试样在 6 h 以内破坏;

1A2.5 或 1B2.5 级:

如果五个试样均能经受 2.5 kV 电压 6 h 而且如果在 3.5 kV 下任一试样在 6 h 以内破坏;

1A3.5 或 1B3.5 级:

如果五个试样均能经受 3.5 kV 电压 6 h 而且如果在 4.5 kV 下任一试样在 6 h 以内破坏;

1A4.5 或 1B4.5 级:

如果五个试样均能经受 4.5 kV 电压 6 h。

在每种情况下都应报告最大蚀损深度。

5.3 方法 2:逐级电痕化电压法

选择一个其值为 250 V 倍数的起始电压,从起始算起,使得在第三级电压之前,不发生按 5.4 判断标准 A(电流超过 60 mA)的破坏(可能需要做一次预备性试验)。在污染液以规定的流速均匀流下时,合上开关并升高电压到选定值,保持该电压 1 h,以后每小时按 250 V 逐级增加电压直至发生按判断标准 A 的破坏,并记录。当电压升高时,污染液流速和串联电阻器的电阻值也应按表 1 的规定增加。

逐级电痕化电压是五个试样经受 1 h 后均无破坏的最高电压。

材料按如下分级:

2Ax 级或 2Bx 级,这里 x 为被试材料耐受的最高电压,单位用 kV 表示。

注 1: 必然会出现显著的闪烁现象,如果没有,则应仔细检查电路、污染液流动情况和污染液电阻率。

闪烁是指施加电压几分钟内,在下电极齿的正上方出现小的黄色到白色(有些材料偶尔出现蓝色)电弧。尽管在最终发生稳定小光亮"热点"之前,放电可能从一个齿跳到另一个齿,但这些放电基本上是以连续方式进行。这些"热点"会烧坏试样表面,且可能最终导致电痕化破坏。在两电极间的试样表面快速移动的放电可能不会导致电痕化。显著的闪烁现象也可用阴极射线示波器观察。可以从与过电流装置串联的电阻器(例如:330 Ω,2 W)两端取得信号。正常的闪烁可以从每半周期的连续、但不均匀和中断的电源频率电流波形中观察到。

注 2: 在电痕到达上电极以前,当 60 mA 电流流经导电的电痕和保留在试样表面的电解液液流时,过电流装置应动作。

注 3: 蚀损深度应在刮去或用其他方法除去分解的绝缘物和碎片后测量。注意不要去掉未受损坏的试验材料。

5.4 终点标准

判断试验终点可用以下 2 个标准:

标准 A:

当高压回路通过试样的电流值超过 60 mA(2 s~4 s 过电流装置切断电源),或者当试样由于集中腐蚀出现穿洞,或者试样着火时视为到达终点。

注 1: 同时测试几个试样时,60 mA 终点判断标准可用自动测试装置。

注 2: 有些在试验过程中着火的材料发生燃烧熄灭。

标准 B:

当电痕达到离下电极 25 mm 处的试样表面的标记时(见图 1 和图 7),或者当试样由于集中腐蚀出现穿洞,或者试样着火时视为到达终点。

注 1:本终点判断标准(标准 B)需要连续不断的观察和手动控制。

注 2:标准 A 中不着火是优选标准。

6 试验报告

试验报告应包括以下内容:

a) 被试材料型号和名称;

b) 试样详细说明:制备和尺寸,清洗方法和所用的溶剂,试样表面(如果需要)及预处理,还应报告试样厚度;

c) 试样相对于电极的方向(即纵向、横向、斜向等);

d) 施加电压方法及采用的终点判断标准,根据 5.2 分级;

e) 分级的最大腐蚀深度。例如最大腐蚀深度为 0.5 mm 表示为 1A3.5-0.5。

ICS 29.035.99
K 15

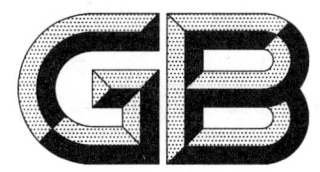

中华人民共和国国家标准

GB/T 10064—2006/IEC 60167:1964
代替 GB/T 10064—1988

测定固体绝缘材料绝缘电阻的
试验方法

Methods of test for the determination of the
insulation resistance of solid insulating materials

(IEC 60167:1964,IDT)

2006-02-15 发布　　　　　　　　　　　　　　　2006-06-01 实施

中华人民共和国国家质量监督检验检疫总局
中国国家标准化管理委员会　发布

前　言

本标准等同采用 IEC 60167：1964《测定固体绝缘材料绝缘电阻的试验方法》（英文版）。

为便于使用，本标准作了下列编辑性修改：

a)　删除国际标准的目次、前言和序言；

b)　删除国际标准的小标题第一节至第八节；

c)　用小数点'.'代替作为小数点的逗号'，'；

d)　删除国际标准第 12 章的注；

e)　增加第 2 章规范性引用文件，删除第 19 章参考文献；

f)　图按 GB/T 1.1—2000 标注。

考虑到我国国情，将 IEC 60167：1964 第 9 章中"锡箔"改用"铝箔"。

本标准代替 GB/T 10064—1988《固体绝缘材料绝缘电阻的试验方法》。

本标准的附录 A 为资料性附录。

本标准由中国电器工业协会提出。

本标准由全国绝缘材料标准化技术委员会归口。

本标准起草单位：桂林电器科学研究所。

本标准主要起草人：王先锋。

本标准于 1988 年 8 月首次发布，本次为第一次修订。

测定固体绝缘材料绝缘电阻的试验方法

1 范围

本标准规定了测定绝缘电阻的方法,但不再区分体积电阻和表面电阻。

本标准适用于试样精度要求不高,只要求一般定性的快速测定电阻值的场合。

2 规范性引用文件

下列文件中的条款通过本标准的引用而成为本标准的条款。凡是注日期的引用文件,其随后所有的修改单(不包括勘误的内容)或修订版均不适用于本标准,然而,鼓励根据本标准达成协议的各方研究是否可使用这些文件的最新版本。凡是不注日期的引用文件,其最新版本适用于本标准。

GB/T 1410—2006 固体绝缘材料体积电阻率和表面电阻率试验方法(IEC 60093:1980,IDT)

3 术语和定义

下列术语和定义适用于本标准。

绝缘电阻 **insulation resistance**

与试样接触或嵌入试样的两个电极之间的绝缘电阻,是加在电极上的直流电压与施加电压一定时间后电极间总电流之比。它取决于试样的体积电阻和表面电阻。

4 意义

4.1 按本方法所测出的电阻值包括了体积电阻和表面电阻,但未将这两部分区分开。本方法与体积电阻率和表面电阻率推荐试验方法相比(见 GB/T 1410—2006),不能给出所测材料十分确定的数值。但是所测实验数据可以用来比较不同绝缘材料的性能。

4.2 本方法非常适用于确定湿度对吸湿的绝缘材料的影响,在这些绝缘材料中,条件处理不仅会显著改变材料的表面绝缘性能,而且也会显著改变材料内部的绝缘性能。

5 试验设备

5.1 绝缘电阻可以用电桥法或者用测量电流和电压的方法来确定。这些方法详见GB/T 1410—2006。

5.2 测量时施加足够稳定的直流电压,使电压变化时所出现的充电电流与贯穿试样的电流相比可忽略不计。如需要,可使用若干电池。

6 电极

材料在试验条件下应不会被腐蚀,且不会与被测材料起反应。可以使用下列几种电极:当测量侧重于体积电阻时,通常使用圆锥形插销电极;当测量侧重于表面电阻时,使用其他几种电极。

7 圆锥形插销电极(对平板、管状和棒状试样)

采用直径约 5 mm 并带有约 2% 锥度的干净黄铜或不锈钢作为圆锥形插销电极,其长度应符合第 10 章的要求。这些电极适用于平板、管状和棒状试样(见图 1、图 2),将电极插入试样上两个中心距离为 25 mm±1 mm 的横向并列的孔中(见第 10 章)。

8 导电涂料电极(对平板、管状和棒状试样)

导电涂料可用作电极材料。导电涂料的溶剂应对被测材料没有任何影响,两条 1 mm 宽的导电涂料条沿着管或棒的圆周面等距离地涂上,使相邻两边的间隔为 10 mm±0.5 mm,这种电极也可以用于板状试样,此时电极是两条平行的 1 mm 宽的导电涂料,每个电极的总长度是 100 mm±1 mm,它们的间距为 10 mm±0.5 mm(见图 3、图 4)。

9 条形电极(对薄片试样及带状试样)

电极是尺寸约为 10 mm×10 mm×50 mm 的金属条形夹子,两电极间的距离为 25 mm±0.5 mm(见图 5),这种电极适用于薄片材料(通常为 1 mm 厚或更薄)和柔软带状材料。条形电极可用绝缘件安装在金属支架上,金属支架在测量电阻时可用作保护电极(见图 5a))。

另一种方法,电极可用试样来支撑,或用两个绝缘件将试样两端支撑起来(见图 5b))。对刚性材料,条形电极应用铝箔卷绕,卷绕铝箔的电极与试样夹紧后,应该用一细小的工具沿电极边缘压平铝箔,以保证电极与试样紧密接触。

10 用圆锥形插销电极的试样

用圆锥形插销电极进行测量时,矩形平板试样尺寸至少为 50 mm×75 mm(见图 1),管或棒试样直径至少为 20 mm,长度至少为 75 mm(见图 2)。为了插入这种电极,在平板、管或棒试样上钻两个平行于横向并列垂直于板面的小孔,其中心间距为 25 mm±1 mm,将孔用绞刀绞成与插销电极一样的锥度以后,每个孔大端的直径应在 4.5 mm 至 5.5 mm 之间。两个孔应该完全钻穿试样,如果是管状试样则只钻通一管壁。

在钻或绞试样时,应注意保证小孔附近的材料不受任何损坏(例如开裂,损伤或炭化)。孔中心离开试样边缘至少 25 mm。将电极压入(而不是锤入)孔中,以使电极与试样紧密配合,并使电极伸到试样外不小于 2 mm(见图 1 和图 2)。

11 用导电涂料电极的试样

用导电涂料电极进行测量时,矩形平板试样尺寸至少是 60 mm×150 mm(图 3)。棒或管试样长度至少为 60 mm(见图 4)。

12 用条形电极的试样

用条形电极进行测量时,带状或窄条试样的宽度应为 25.5 mm 或更窄一些,长度至少为 50 mm(见图 5)。

13 试样处理

试样的预处理、条件处理、试验的条件取决于被试材料的性质,应在材料规范中规定。

14 试验程序

14.1 每次试验所用试样的数量应在材料规范中规定。在进行电阻测量之前,试样应适当地筛选(见第17 章)、清洁(见第 18 章)、安装(见第 19 章)和处理(见第 13 章)。应保持在处理的大气条件下对每个试样分别进行电阻测定。

当试验过程中在试样周围不可能保持所要求的大气条件,则应迅速地将试样从处理的大气中移出并在几分钟内进行试验,试样移出和测量之间所允许的时间应在材料规范中规定,规范中也应规定是在处理前还是处理后安装电极。

14.2 试样和电极应按照第 6 章至第 12 章进行选择。应用满足其灵敏度和精确度要求的仪器进行电阻测量(见第 5 章),除非另有规定,施加电压应为 500 V±10 V,电化时间应为 1 min。

15 结果表达与计算公式

用导电涂料电极测量管和棒试样时,被测电阻 R_X 应用下式换算成电极长度为 100 mm 时的电阻:

$$R_{100} = \frac{\pi d}{100} \cdot R_X$$

式中:

R_{100}——对应于长度为 100 mm 的试样电阻,单位为欧姆(Ω);

d——管或棒的直径,单位为毫米(mm)。

用条形电极测量宽度不是 25 mm 的试样时,被测电阻 R_X 应用下式换算成宽度为 25 mm 时的电阻:

$$R_{25} = \frac{b}{25} \cdot R_X$$

式中:

R_{25}——对应于宽度为 25 mm 的电阻,单位为欧姆(Ω);

b——宽度,单位为毫米(mm)。

16 试验报告

试验报告至少应包括下列项目:

——绝缘材料的名称;

——试样尺寸;

——试验方法和电极类型,包括导电涂料的性质;

——电极是在处理前还是处理后安装;

——清洁方法;

——预处理(必要时)和条件处理;

——测量过程中的条件;

——试验电压;

——电化时间;

——测量得到的各个绝缘电阻数值。

注:用各个绝缘电阻数值的算术平均值作为试验结果不太理想,因为高数值对结果影响太大。反之,取各个试样的电导率的算术平均值作为试验结果,则低数值又有很大的影响。因而最好使用各个数值的对数的算术平均值,即几何平均值,以避免个别数值带来的影响太大。

17 试样选择

绝缘电阻的测量值很大程度上取决于试样的表面状况,应注意选择表面没有损伤的试样。

18 试样清洁

在许多情况下要求在使用条件下进行试验,此时,试样不应清洁处理。如果希望擦净,应在条件处理以前将试样表面用乙醇和乙醚混合液或其他合适的溶剂擦净,并不与裸手指接触(建议带醋酸纤维手套)。

19 试样安装

在安装被测试样时,除了与试样相连的电极外,电极之间不应有导电通路。当安装支架要求保护电极时,应按照 GB/T 1410—2006 中规定的方法进行。

单位为毫米

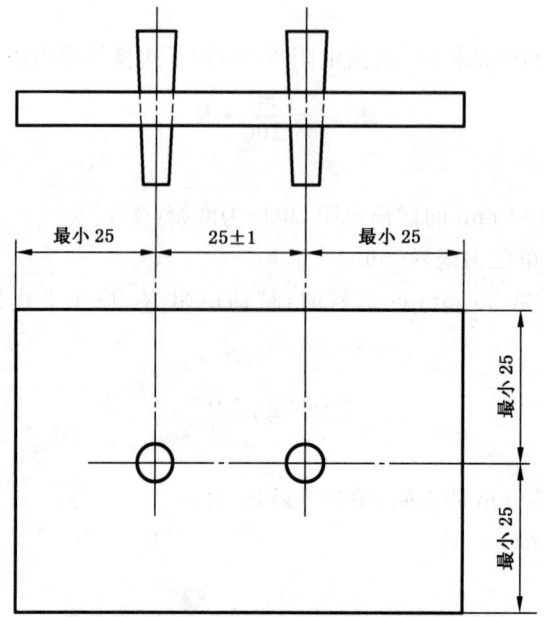

图 1　用圆锥形插销电极的平板试样

单位为毫米

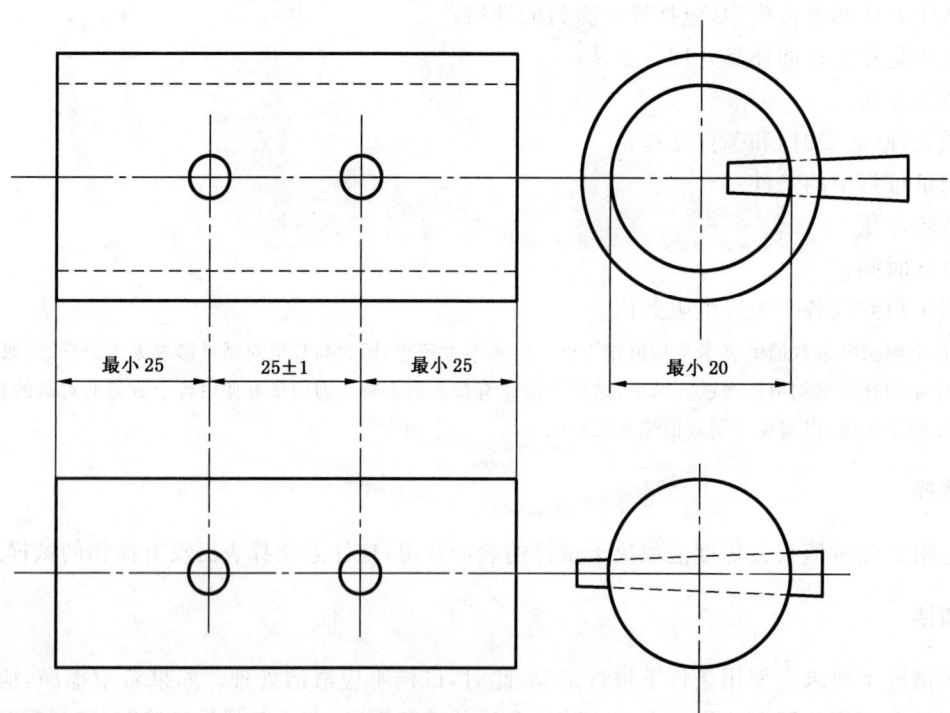

图 2　用圆锥形插销电极的管状或棒状试样

单位为毫米

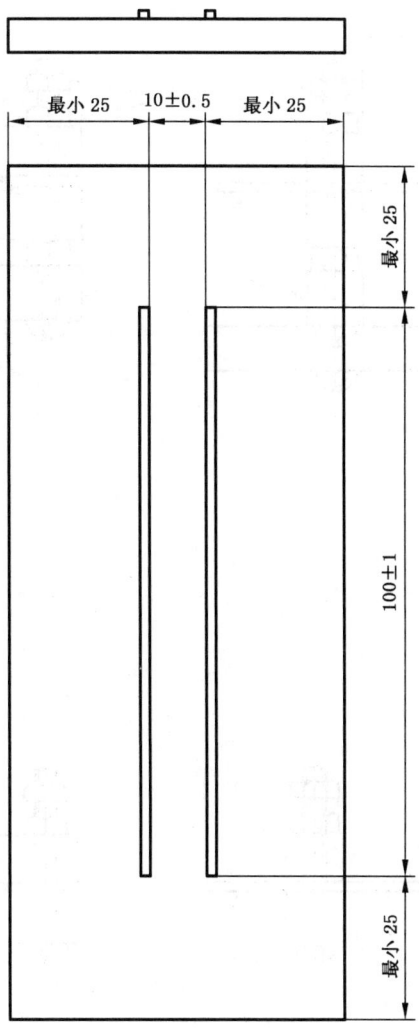

图 3   用导电涂料电极的平板试样

单位为毫米

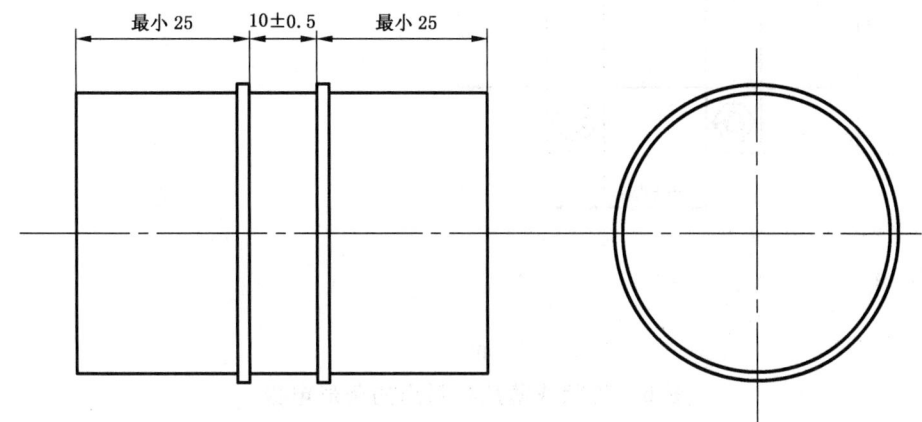

图 4   用导电涂料电极的管状或棒状试样

单位为毫米

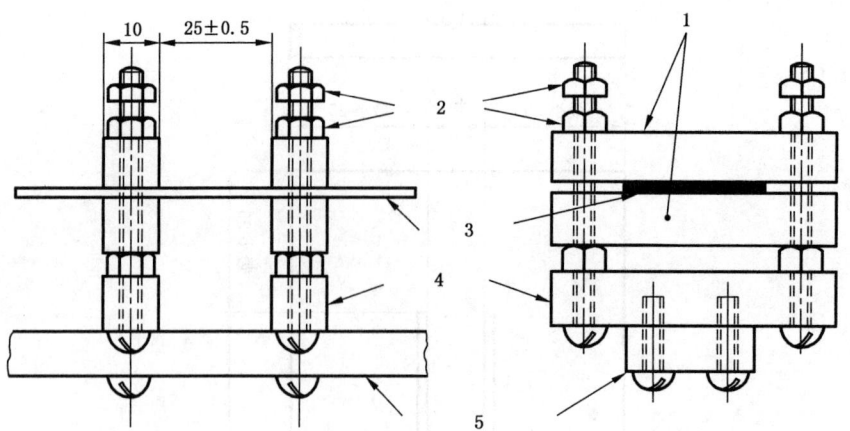

1——金属电极；

2——螺母；

3——试样；

4——绝缘材料；

5——支架和保护电极。

a)

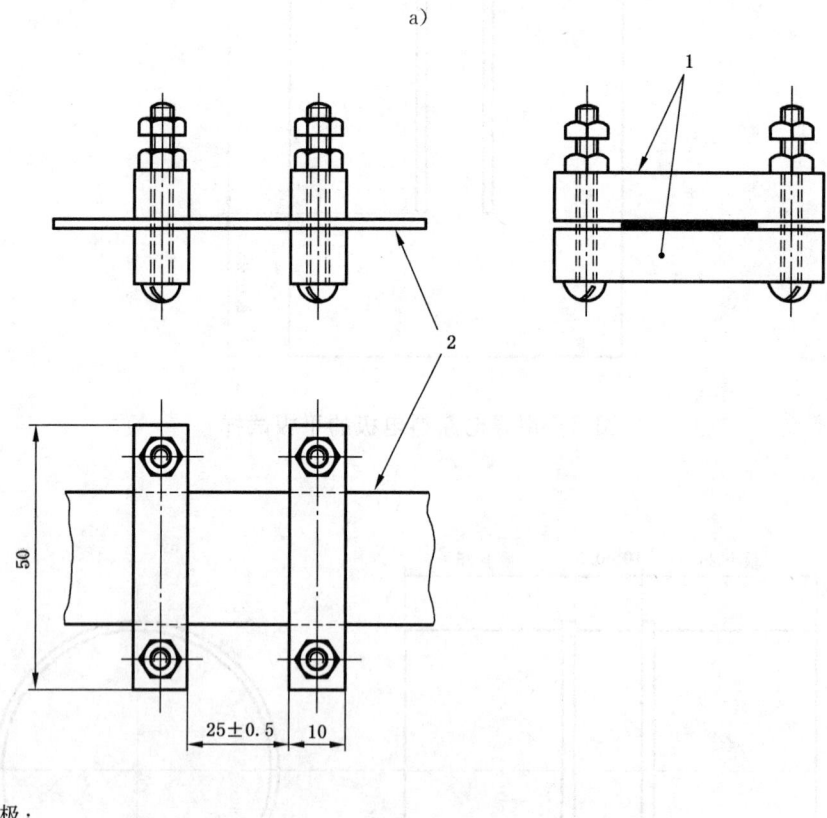

1——金属电极；

2——试样。

b)

图 5　带状或薄片材料用的条形电极

附　录　A

（资性性附录）

本标准章条编号与 IEC 60167:1964 章条编号对照

表 A.1 给出了本标准章条编号与 IEC 60167:1964 章条编号对照一览表。

表 A.1　本标准章条编号与 IEC 60167:1964 章条编号对照

本标准章条编号	对应的国际标准章条编号
1	1
2	—
3	2
4	3
4.1～4.2	3.1～3.2
5	4
5.1～5.2	4.1～4.2
6	5
7	6
8	7
9	8
10	9
11	10
12	11
13	12
14	13
14.1～14.2	13.1～13.2
15	14
16	15
17	16
18	17
19	18

ICS 29.035.01
K 15

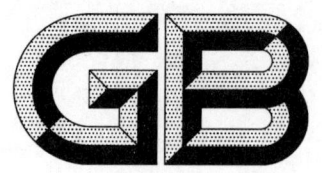

中华人民共和国国家标准

GB/T 10580—2015/IEC 60212:2010
代替 GB/T 10580—2003

固体绝缘材料在试验前和
试验时采用的标准条件

Standard conditions for use prior to and
during the testing of solid electrical insulating materials

(IEC 60212:2010,IDT)

2015-07-03 发布

2016-02-01 实施

中华人民共和国国家质量监督检验检疫总局
中国国家标准化管理委员会 发布

前　言

本标准按照 GB/T 1.1—2009 给出的规则起草。

本标准代替 GB/T 10580—2003《固体绝缘材料在试验前和试验时采用的标准条件》，与 GB/T 10580 —2003相比，主要技术变化如下：

——将"概述"作为引言单独列出（见引言，2003 版的第 1 章）；

——对"范围"作了进一步说明（见第 1 章，2003 版的第 2 章）；

——增加了"规范性引用文件"（见第 2 章）；

——增加了"绝缘材料"、"试样"、"容器"、"工作区"、"条件处理周期"、"恢复"、"蒸汽压"、"饱和蒸汽压"、"老化"9 个术语和定义（见第 3 章）；

——增加了"报告"（见第 10 章）；

——修改了表 2 中"温度"、"相对湿度"的部分偏差范围（见表 2）。

本标准使用翻译法等同采用 IEC 60212:2010《固体绝缘材料在试验前和试验时采用的标准条件》。

与本标准中规范性引用文件的国际文件有一致性对应关系的我国文件如下：

——GB/T 11026.4—2012　电气绝缘材料　耐热性　第 4 部分:老化烘箱　单室（IEC 60216-4-1:2006，IDT）。

本标准由中国电器工业协会提出。

本标准由全国电气绝缘材料与绝缘系统评定标准化技术委员会（SAC/TC 301）归口。

本标准起草单位:桂林电器科学研究院有限公司、佛山市顺德区质量技术监督标准与编码所、机械工业北京电工技术经济研究所。

本标准主要起草人:宋玉侠、罗传勇、刘亚丽、李军生、刘晖。

本标准代替的历次版本发布情况为：

——GB/T 10580—1989、GB/T 10580—2003。

引　言

　　大多数绝缘材料的某些性能受其所处的大气环境的温度、湿度或者是温度和湿度共同作用的影响，因此当固体绝缘材料进行试验时，应控制试样在试验前所经受的环境条件（例如温度和湿度）以及实际试验时的环境条件。可以根据材料规范和预期用途来选择合适的试验条件和处理条件，除非另有规定，试样的条件处理和进行试验时所处的环境条件应一致。

　　对于有可能受上述因素影响的绝缘材料，在给出它们的试验结果时应同时说明试样暴露的有关条件，所以这类材料的规范应规定试验前试样暴露的大气环境和进行试验时试样所处的条件。

固体绝缘材料在试验前和
试验时采用的标准条件

1 范围

本标准规定了固体绝缘材料试验时试样暴露的时间、温度、大气湿度和浸液的可接受条件,范围足够宽以保证可供我们选定合适的条件,从而达到 a)或 b)中的任何一个目的。

为得到较理想的试验结果的重现性:

a) 部分消除在试验前试样所经历的环境条件对试样性能的影响(通常称为"正常化处理",本标准称之为预处理);

b) 保证在试验期间的条件一致。

本标准不适用于确定某些温度和湿度或浸液对材料的影响,GB/T 2421.1—2008 给出了与环境影响有关的材料的规程。

2 规范性引用文件

下列文件对于本文件的应用是必不可少的。凡是注日期的引用文件,仅注日期的版本适用于本文件。凡是不注日期的引用文件,其最新版本(包括所有的修改单)适用于本文件。

GB/T 1034—2008 塑料 吸水性的测定(ISO 62:2008,IDT)

GB/T 2421.1—2008 电工电子产品环境试验 概述和指南(IEC 60068-1:1988,IDT)

IEC 60216-4-1 电气绝缘材料 耐热性 第 4-1 部分:老化烘箱 单室烘箱(Electrical insulating materials—Thermal endurance properties—Part 4-1:Ageing ovens—Single-chamber ovens)

3 术语和定义

下列术语和定义适用于本文件。

3.1

绝缘材料 insulating material

具有可忽略不计的低电导率的固体材料,用于隔离电势不同的导体部分。

注 1:在英文中,"绝缘材料"有时意义广泛也指绝缘液体和气体。

注 2:绝缘材料可以是固体、液体或气体,或者是它们的组合,本标准只涉及固体绝缘材料。

3.2

试样 specimen

相关绝缘材料试验规范中描述的试验时采用的标准样品。

3.3

预处理 preconditioning

为消除或部分消除试样在试验前所经历的环境条件(主要是温度和湿度)对试样性能影响的处理方法。

注 1:该处理有时称作"正常化处理"。

注 2:预处理通常在对试样进行条件处理以前进行。当条件处理的温度和湿度与预处理的温度和湿度相同时,可以将预处理和条件处理合并,也可以以预处理代替条件处理。

注 3:预处理可能受试样所处的环境、电或者相关试验规范中要求的其他条件影响而作调整。

3.4

条件处理（某一试样）　conditioning（of a specimen）

使试样处于规定的环境条件（通常是规定的温度和相对湿度）或规定的相对湿度的大气中或将它完全浸在水中或其他规定温度的液体中。

> 注1：当条件处理的温度和湿度与预处理的温度和湿度相同时，可将预处理和条件处理合并，也可以以预处理代替条件处理。
>
> 注2：视情况而定，用于条件处理的空间可为能将规定的条件控制在规定公差范围内的整个实验室或规定的容器。

3.5

室　chamber

可以满足规定试验条件的封闭区域或者空间的一部分。

3.6

工作区　working space

确保规定的条件可以维持在规定公差范围内的容器的一部分。

3.7

条件处理周期　period of conditioning

试样进行条件处理的时间。

3.8

恢复　recovery

条件处理后为保证在试验前试样性能达到稳定状态而进行的处理。

3.9

试验条件　test conditions

在进行试验时，试样周围的大气温度和湿度或液体（浸液）的温度和类型。

3.10

标准参照大气　standard reference atmosphere

在任一大气条件下测得的值经过计算校正到一个特定的大气下的值，这个大气称为标准参照大气。

3.11

相对湿度　relative humidity

在相同的温度下实际蒸汽压（表征空气中水蒸气的量）与理论上最大（饱和）蒸汽压的比，以百分率表示。

3.12

蒸汽压　vapour pressure

当固相或液相达到平衡时气态分子产生的压强。

3.13

饱和蒸汽压　saturation vapour pressure

当固相或液相达到平衡时，气态分子产生的最大压强，最大压强有任何增加表明蒸汽将变成更加压缩的状态。

3.14

老化　ageing

在正常使用条件下或经过电、热、机械和/或环境条件作用一定时间后材料的一种或几种性能发生的不可逆变化。

4　推荐的预处理、条件处理和试验条件（或浸入的液体）的温度和湿度

预处理、条件处理和试验所采用的推荐标准条件见表2、表3。宜谨慎设定参数以保证该处理不会

引起待测试样的老化。

当需要预处理时,使用表2中的一个标准大气或一个干热条件,经受材料规范中规定的时间,例如,24 h±2 h,通常采用55 ℃±2 ℃,相对湿度小于20%。

对于某些塑料材料需进行预处理或在测试前进行干燥处理以消除加工工艺产生的表面应力的影响。预处理通常应在不同的环境中进行。

样品的周围环境(如油)应对样品性能不产生不利影响。为消除环境等诸因素的影响和保证试验取得较好的重现性,可能需要不止一次进行预处理,如果试验是在液体中进行,这时需要的预处理是将样品浸入液体中,GB/T 2421.1—2008中给出预处理用液体对试验性能有影响时在试验前需要进一步进行处理,并且需要有一个恢复的过程,除非已提前处理好,否则在试验过程中样品的性能会发生变化。

5 条件处理周期

条件处理周期应在相关的材料规范或试验方法中规定。处理周期通常取决于被试材料类型。

通常处理时间应足够长,以保证试样达到与周围大气平衡。达到平衡的速度一般取决于试样的性质与尺寸。因此,为达到平衡所需的暴露周期在某些情况下(如薄纸)只需几分钟,而有些材料(如硬质橡胶)则可能需要几个月。

建议从表4中选取条件处理的周期。

6 在大气中预处理、条件处理和试验的程序

推荐尽可能将试样放在试验室或合适的容器内进行试验,在整个试验期间试验室或容器应保持所要求的条件。

当试验室的条件与试验条件没有很大差别或/和材料的性能并不因为试样从所要求的处理环境转到试验环境而受到显著影响时,可以在一个合适的容器内进行试样处理,并迅速转移到试验环境中。规范中应规定转换试样到试验完成所允许的最大时间间隔,若规范中对最大时间间隔未作规定则试验应在转换后几分钟内进行。

可以采用任何技术获得对试样所要求的试验前、试验时的条件,例如控制存放试样和进行试验的房间或容器的温度和湿度,应通过预处理、条件处理和试验程序获得所需条件。

宜让条件处理的大气自由地通到所有试样上,并保证试样附近的大气均匀一致。

开始试验前需进行辅助干燥,除非相关材料标准和试验规范另有规定,否则宜在55 ℃下至少干燥4 h(见表2)。

当采用干燥条件时,烘箱宜有通风装置。有光烘箱的通风要求见IEC 60216-4-1。

在处理某些材料的过程中会产生有害物质,此时,要防止这些有害物质污染其他材料试样。

当测量导线穿过容器壁时,应防止出现与试样或测量仪器并联的漏电通路。例如,绝缘表面上的引线。

7 浸入液体中的条件处理和试验

浸入液体的条件处理和试验的推荐温度见表3。试样需先进行预处理(若有规定),然后将试样浸在规定温度的液体中,浸液时间按材料规范规定。

宜考虑使液体自由地通到所有试样上且保证试样附近的液体均匀一致。

在处理某些材料的过程中会产生有害物质,此时,要防止这些有害物质污染其他材料试样。

若不能在液体中试验,宜从液体中取出试样。试验前用干净的滤纸或吸水布吸去试样表面的液体。除去残留液体后,应立即开始试验,并尽可能快地完成试验。材料规范应规定试样从液体中取出到测试完成的最长时间。

8 标准参照大气

除非材料规范中另有规定,否则建议优先选用23 ℃±2 ℃和50%±10%相对湿度(见表2)的标准大气(B)进行处理和试验,在室温下使用的绝缘材料不使用其他气体氛围。

在不同温度和/或湿度条件下获得的试验结果与一个标准大气压下获得的试验结果无关。

9 预处理、条件处理和试验条件的表示代号

当需要采用代号来表示预处理、条件处理和试验时的条件时,宜使用如下代号,见表1。

表 1 预处理、条件处理和试验条件的代号

处　　理	代　　号
按收货状态	R
在大气中预处理或条件处理	(小时)h/(温度)℃/(相对湿度)%
浸液处理	(小时)h/(温度)℃/液体
试验时条件(M)	M/(温度)℃/(相对湿度)%

当处理时间以"周"计时,代号的时间部分可用"周"(W)表示。

在条件处理之前还采用预处理时,两组代号用加号(+)连接。条件处理代号和试验时的条件代号用分号分开。这样,若一个试样在55 ℃和低于20%的相对湿度下预处理48 h,在23 ℃和50%相对湿度下条件处理96 h,并在同一大气环境中试验,则代号应写成:

48 h/55 ℃/<20%+96 h/23 ℃/50%;M/23 ℃/50%

若不采用预处理,则可省略代号中的第一部分。

若要求偏差不在表2、表3规定的范围,则代号中应包括偏差,如96 h/20 ℃±0.5 ℃/93%±1%。

10 报告

报告程序应遵循材料规范中列出的要求并包含引用标准和采用上述形式表述的试样的预处理、条件处理和试验条件代号。

表 2 试验和处理用的标准大气条件

条件名称	标题	温度/℃	相对湿度/%
R	按收货条件[a,b]	—	—
(小时)h/15 ℃~35 ℃/45%~75%	标准环境	15~35	45~75
(小时)h/20 ℃/65%	标准大气 A	20	65
(小时)h/23 ℃/50%	标准大气 B	23	50 ±10
(小时)h/27 ℃/65%	标准大气 C	27 ±2	65
(小时)h/23 ℃/93%	湿	23	93
(小时)h/40 ℃/93%	湿-温	40	93 ±3
(小时)h/55 ℃/93%	湿-温	55	93
(小时)h/15 ℃~35 ℃/<1.5%	干[a,b]	15~35 ±2	<1.5
(小时)h/55 ℃/<20%	干热	55	低(<20)
(小时)h/70 ℃/<20%	干热	70	低(<20)
(小时)h/90 ℃/<20%	干热	90	低(<20)
(小时)h/105 ℃/<20%	干热	105	低(<20)
(小时)h/120 ℃/<20%	干热	120 ±2	低(<20)
(小时)h/130 ℃/<20%	干热	130	低(<20)
(小时)h/155 ℃/<20%	干热	155	低(<20)
(小时)h/180 ℃/<20%	干热	180	低(<20)
(小时)h/200 ℃/<20%	干热	200	低(<20)
(小时)h/220 ℃/<20%	干热	220 ±3	低(<20)
(小时)h/250 ℃/<20%	干热	250	低(<20)
(小时)h/275 ℃/<20%	干热	275	低(<20)
(小时)h/320 ℃/<20%	干热	320 ±5	低(<20)
(小时)h/400 ℃/<20%	干热	400	低(<20)
(小时)h/500 ℃/<20%	干热	500 ±10	低(<20)
(小时)h/630 ℃/<20%	干热	630	低(<20)
(小时)h/800 ℃/<20%	干热	800 ±20	低(<20)
(小时)h/1 000 ℃/<20%	干热	1 000	低(<20)
(小时)h/−10 ℃/—	冷	−10	低(<20)
(小时)h/−25 ℃/—	冷	−25	低(<20)
(小时)h/−40 ℃/—	冷	−40 ±3	低(<20)
(小时)h/−55 ℃/—	冷	−55	低(<20)
(小时)h/−65 ℃/—	冷	−65	低(<20)

注1：条件名称中用"h"表示的预处理和条件处理时间应按材料规范规定，也可从表4中选取；

注2：在特殊情况下，温度和湿度可以采用更小偏差，例如±1 ℃的温度和±2%的相对湿度；

注3：当试验方法要求预处理或条件处理时，需区分进行处理的整个温度范围和为把相对湿度维持在规定的范围内而应保持的温度范围。例如，为保证第4栏中所要求的小偏差的相对湿度控制，在第3栏中的温度偏差本身有可能不符合要求。

[a] 如果认为15 ℃~35 ℃的范围太大，则范围可缩小到18 ℃~28 ℃；

[b] 在该范围内选定一个温度 t，则应表示为(小时) h/t℃/(相对湿度)%。

表 3 试验和条件处理用标准浸液条件

条件名称	标 题	液 体	温 度/℃
(小时)h/23 ℃±0.5 ℃/水	标准浸水ᵃ	蒸馏水或同等纯水(去离子水)	23±0.5
(小时)h/20 ℃/液体	浸液	按名称	20
(小时)h/23 ℃/液体	浸液	按名称	23
(小时)h/27 ℃/液体	浸液	按名称	27
(小时)h/55 ℃/液体	浸液	按名称	55
(小时)h/70 ℃/液体	浸液	按名称	70
(小时)h/90 ℃/液体	浸液	按名称	90
(小时)h/105 ℃/液体	浸液	按名称	105
(小时)h/120 ℃/液体	浸液	按名称	120
(小时)h/130 ℃/液体	浸液	按名称	130

温度列右侧 20~130 各行用大括号标注 ±2

注1：条件名称中用"h"表示的浸入时间按材料规范规定,也可从表4中选取;

注2：有些特殊试验要求用更小的偏差,例如用±0.5 ℃来代替±2 ℃。

ᵃ 见 GB/T 1034—2008 所采用的浸液条件。

表 4 预处理和条件处理优先选用周期

预处理优先选用的 周期/h	1	2	4	8	16	24		48		96
条件处理优先选用的 周期/h (周)	168 (1)	336 (2)	672 (4)	1 344 (8)	2 688 (16)		4 368 (26)	8 736 (52)		

ICS 29.035.99
K 15

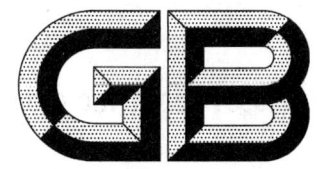

中华人民共和国国家标准

GB/T 10581—2006/IEC 60345:1971
代替 GB/T 10581—1989

绝缘材料在高温下电阻和电阻率的
试验方法

Method of test for electrical resistance and resistivity of
insulating materials at elevated temperatures

(IEC 60345:1971,IDT)

2006-02-15 发布   2006-06-01 实施

中华人民共和国国家质量监督检验检疫总局
中国国家标准化管理委员会   发 布

前　言

本标准等同采用 IEC 60345:1971《绝缘材料在高温下电阻和电阻率的试验方法》(英文版)。

为便于使用,本标准做了下列编辑性修改:

a)　删除国际标准的序言和前言;

b)　增加了第 2 章规范性引用文件;

c)　图按 GB/T 1.1—2000 标注。

本标准代替 GB/T 10581—1989《固体绝缘材料在高温下绝缘电阻和体积电阻率的试验方法》。

本标准由中国电器工业协会提出。

本标准由全国绝缘材料标准化技术委员会归口。

本标准起草单位:桂林电器科学研究所。

本标准主要起草人:王先锋。

本标准于 1989 年 2 月首次发布,本次为第一次修订。

绝缘材料在高温下电阻和电阻率的试验方法

1 范围

本标准规定了绝缘材料在 800℃ 及以下的绝缘电阻和体积电阻率的测定方法。

本标准适用于耐高温的绝缘材料电阻的测定。

2 规范性引用文件

下列文件中的条款通过本标准的引用而成为本标准的条款。凡是注日期的引用文件，其随后所有的修改单(不包括勘误的内容)或修订版均不适用于本标准，然而，鼓励根据本标准达成协议的各方研究是否可使用这些文件的最新版本。凡是不注日期的引用文件，其最新版本适用于本标准。

GB/T 1410—2006 固体绝缘材料体积电阻率和表面电阻率试验方法(IEC 60093：1980，IDT)

GB/T 10064—2006 测定固体绝缘材料绝缘电阻的试验方法(IEC 60167：1964，IDT)

GB/T 10580—2003 固体绝缘材料在试验前和试验时采用的标准条件(IEC 60212：1971，IDT)

3 电极和试样的准备

测量绝缘电阻时，试样可以是任何合适的尺寸和形状，见 GB/T 10064—2006。测量体积电阻率时，最好采用圆板试样及三电极系统。其中有一个电极是保护电极。试样任何两处的厚度偏差不应大于平均厚度的 5%。电极最好是圆形的。由烧熔导电涂料或经蒸发或喷涂于试样表面而制成的导电覆层组成电极。金或铂是合适的电极材料。银不能用，因为高温下银要迁移。薄层的金在较高温下会产生烧结作用，从而降低导电率。对多孔的试样不应采用蒸发或喷镀电极，为了减小试样边缘表面的影响，若不用保护电极，推荐电极至试样边缘的最小距离为 5 mm。

4 试验设备

4.1 电阻测量(见图 1)

应采用灵敏度和精确度符合要求的合适装置进行测量(见 GB/T 1410—2006)。

4.2 加热室

应采用合适的电热烘箱或电炉加热试样，其结构应能使整个试样均匀受热，温度的波动要尽量小。用合适的隔热罩遮蔽试样，避免试样受到加热元件的直接辐射。隔热罩可以用陶瓷做成，例如氧化铝或类似于这类的材料。烘箱内要安装银、不锈钢或类似材料的接地金属屏蔽，防止加热回路与测量回路之间发生漏电流。在试样电阻很高的情况下，测量期间必须断开加热元件电源，以免测量受到干扰。

4.3 试样架

试样应紧密地放在加热室内两块金属电极之间，金属电极及它的引线用耐高温抗氧化及足够机械稳定性的金属或合金制成，如不锈钢等。此外，试验也可在惰性气体中进行，两块电极应具有足够的厚度，以防翘曲并保证试样和两块电极温度均等。两块电极的接触面的尺寸等于试样上的电极尺寸，其中一块可以移动，以使试样可插入或取出。

4.4 测量导线

为防止泄漏电流影响试验结果，采用带有绝缘的测量导线穿过高电阻的陶瓷绝缘子而进入加热室内，绝缘子应处在冷的区域中并要有合适的保护。

注：也可以通过炉顶或炉墙上的孔引入接线(炉身应接地)，若用硬导线作接线，则导线能依附在支撑物上，接线仅与支撑物接触，该支撑物是较冷的，可用任何硬质绝缘材料制成。

4.5 温度控制

应采用一种温度控制措施,温度公差按 GB/T 10580—2003 的要求。推荐用两支热电偶或温度计,其中一支放在加热室内用来控制温度,另一支用来直接测量试样温度。

测量试样温度用的热电偶,应放在离试样尽可能近的地方,并使在测量电阻时不产生电场干扰。例如热电偶可直接插到电极的孔中,孔的底部尽可能接近试样(见图1)。可在电极的反面垂直于试样表面钻孔,或在垫板的侧面平行于试样表面钻孔。热电偶装在电极内时,必须很好绝缘否则测量时应把热电偶断开或拿出。

4.6 测量期间要点

因接线的绝缘在烘箱内承受热,使绝缘电阻降低而影响测量。由于,电流测量仪表和电源之间的回路是接地的(试样的两边都对地绝缘),若在电源上构成一个不太大的电流流失,则高电位接线和地电位之间的电导可忽略。低电位接线和地电位之间的电导组成一个电流测量仪器并联的分流器。测量电极的对地电阻应比电流测量仪表的输入电阻高 10～100 倍(对最灵敏的电流测量仪表而言,其输入电阻可高达 10^{11} Ω)。泄漏电阻必须在每个温度下分别测定,若不同的金属用在接线和电极架上时,不同金属之间的热电偶电势能引起测量误差,用一个短路回路代替电源,测量电流便能指示出该热电偶电势效应大小。

5 条件处理

试样条件处理由材料规范规定,或从 GB/T 10580—2003 表1所列的条件中选择。

6 试验程序

6.1 连续升温(方法 A)

本方法适用快速获得在很宽温度范围内试样电阻和温度之间关系的试验,且只适用于介电吸收[1]作用可以忽略的材料或者类似的材料进行比较。

试样上施加规定的电压,并以一定速度升温,升温速度取决于材料的厚度,且不大于 5℃/min。

随着温度的升高,为了很好地确定电阻和温度之间关系,要进行足够次数的电阻测量。

6.2 分段升温(方法 B)

本方法适用于比连续升温更精确的电阻和温度之间关系的试验。对于有介电吸收作用的试样也能采用。若要对几个试样进行测量时,最好每个试样都能在不打开加热室的情况下提供测量端,则可避免等候每个试样达到热平衡的时间。

将试样放入两金属电极之间并保持紧密接触,试样的温度应尽快地从室温升到所要求的试验温度[2]。

当电极的温度稳定在所要求的试验温度的±2℃或±1%(按较大值计)温度范围内,按材料规范要求在试样上施加规定的电压 1 min(或按规定的其他时间),然后再升温到下一个试验温度测量电阻。测量完成后,应除去电压,并把高压极、测量极和保护极(如必要时)互相短接(短路)。

应选择不少于 5 个试验温度来确定所要求的温度范围内电阻和温度之间的关系。在较低温度时,选择温度间隔小,例如 10℃,随着试验温度的升高,温度间隔适当增大。

注:电阻和温度的关系以电阻(电阻率)的对数与温度的倒数的关系表示。

6.3 注意事项

由于介电吸收问题,在规定的测量时间里电流不能达到稳定时,就需要测出电阻与时间的函数关系,从而估算出稳态下的电阻值。

---

[1] 介电吸收在有些情况下可使短时电阻降低到正常电阻值的1/100。
[2] 调节加热室的温度应使电极底板的温度不超过所要求的试验温度。

当被试材料的电阻相对低时,需要降低电压进行测量,避免试样的发热效应。

对于那些有极化效应的试样,由于电荷集中在一个或两个电极上,其试验结果易出现误差。

除非对热降解影响有特殊要求外,试样在试验温度下应保持足够长的时间以达到热平衡。按试验所要求的时间间隔或更长时间间隔,用另一个试样定时地测量其电阻值(1 min 电化时间),再比较这些测量值,从而决定暴露于试验温度下的最大允许时间。

在一系列逐级升温下试验后,还要在起始温度上再进行测量,以便观察试样暴露在高温下是否产生永久性变化。

7 结果表示

7.1 绝缘电阻

取测得的电阻 R 值作为绝缘电阻,单位为欧姆(Ω)。

7.2 体积电阻率

根据下列公式计算体积电阻率,单位为欧姆米(Ω·m)。

$$\rho_v = \frac{A}{h} R_v$$

式中:

R_v——体积电阻,单位为欧姆(Ω);

 A——测量电极的有效面积,单位为平方毫米(mm²);

 h——试样在面积 A 以内的平均厚度,单位为毫米(mm)。

8 试验报告

试验报告至少应包括下列项目:

a) 材料名称、规格、生产单位;

b) 试样尺寸;

c) 电极型式、材料、尺寸;

d) 电阻的测量方法;

e) 试验电压和电化时间;

f) 升温的方法:即 A 法或 B 法;

g) 测量时的温度;

h) 每一温度下的个别值;

i) 体积电阻率。

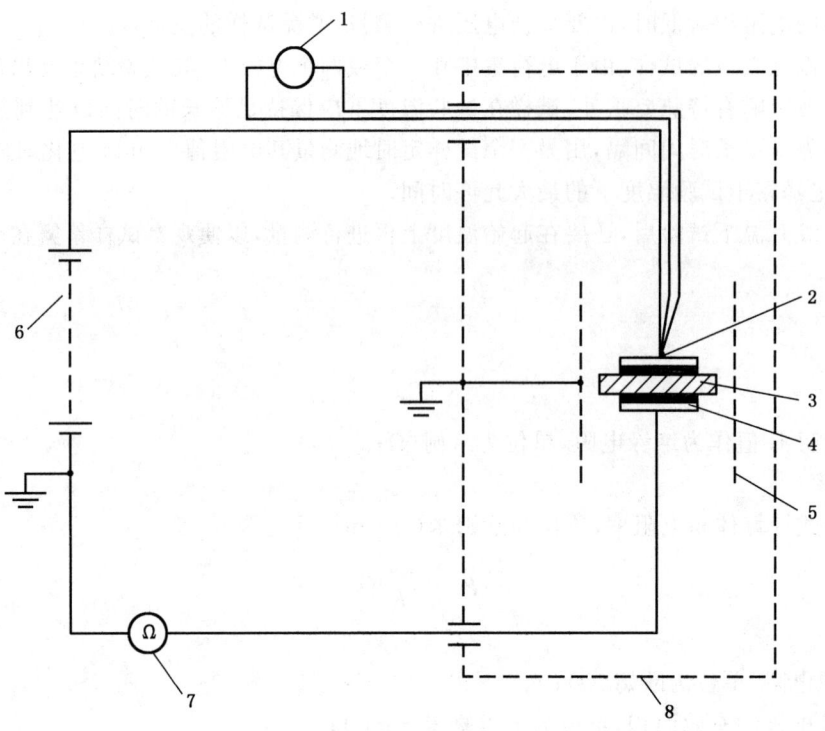

1——温度指示仪；

2——热电偶；

3——试样；

4——电极板；

5——金属屏蔽罩；

6——电源；

7——电阻测量装置；

8——烘箱臂。

图 1 电阻测量

ICS 29.035.99
K 15

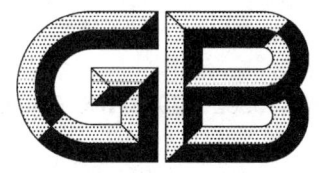

中华人民共和国国家标准

GB/T 10582—2008/IEC 60426:2007
代替 GB/T 10582—1989

电气绝缘材料 测定因绝缘材料引起的 电解腐蚀的试验方法

Electrical insulating materials—Test methods for determining of electrolytic corrosion caused by insulating materials

(IEC 60426:2007,IDT)

2008-12-31 发布

2009-11-01 实施

中华人民共和国国家质量监督检验检疫总局
中国国家标准化管理委员会   发 布

前　言

　　本标准等同采用 IEC 60426:2007(第 2 版)《电气绝缘材料　测定因绝缘材料引起的电解腐蚀的试验方法》(英文版)。

　　本标准在技术上与 IEC 60426:2007(第 2 版)一致,仅做了下列编辑性修改:

　　——删除 IEC 60426:2007 的前言和引言,增加了国家标准的前言;

　　——用小数点“.”代替作为小数点的逗号“,”;

　　——用“℃”代替“K”;

　　——在第 2 章的规范性引用文件中,将 IEC 60454-2 改写为 GB/T 20631.2—2006。

　　本标准代替 GB/T 10582—1989《测定因绝缘材料而引起的电解腐蚀的试验方法》。

　　本标准与 GB/T 10582—1989 相比主要变化如下:

　　——增加了规范性引用文件;

　　——增加了术语和定义;

　　——删除了原标准的意义(GB/T 10582—1989 第 2 章);

　　——将目测半定量法和定量法(抗张强度试验)结合代替原标准的目测法,并在腐蚀等级判断中增
　　　　加了抗张强度;

　　——删除了原标准的绝缘电阻法(GB/T 10582—1989 第 5 章);

　　——酸洗溶液代替原标准中的规定;

　　——用(120±5)V 直流电源代替原标准中规定的(100±5)V 直流电源;

　　——腐蚀等级表示已改变。

　　本标准的附录 A 为规范性附录,附录 B 和附录 C 均为资料性附录。

　　本标准由中国电器工业协会提出。

　　本标准由全国电气绝缘材料与绝缘系统评定标准化技术委员会(SAC/TC 301)归口。

　　本标准起草单位:桂林电器科学研究所、机械工业北京电工技术经济研究所。

　　本标准主要起草人:王先锋、徐元凤。

　　本标准所代替标准的历次版本发布情况为:

　　——GB/T 10582—1989。

电气绝缘材料　测定因绝缘材料引起的
电解腐蚀的试验方法

1　范围

本标准适用于绝缘材料在电应力、高湿、高温影响下与金属接触条件下电解腐蚀性能的测定。

评定电解腐蚀程度的一种试验是通过连续的两种方法的试验进行评估。

　　a)　目测半定量法是通过比较正极金属箔和负极金属箔的腐蚀外观(按给出的参照图)进行判断的。试验是以两铜箔带分别作为正极和负极,把它们放置到与被测试材料相接触,在规定的环境条件下加上直流电位差,直接目测比较正极金属箔带腐蚀痕迹与所给出的参照图来评价被腐蚀的程度。

　　b)　定量法是用目测法后相同的正极金属箔和负极金属箔进行抗张强度试验。

评定电解腐蚀程度的另一种试验是定量测量铜线的抗张强度,见附录C。

2　规范性引用文件

下列文件中的条款通过本标准的引用而成为本标准的条款。凡是注日期的引用文件,其随后所有的修改单(不包括勘误的内容)或修订版均不适用于本标准,然而,鼓励根据本标准达成协议的各方研究是否可使用这些文件的最新版本。凡是不注日期的引用文件,其最新版本适用于本标准。

　　GB/T 20631.2—2006　电气用压敏胶粘带　第2部分:试验方法(IEC 60454-2:1994,IDT)

　　IEC 60068-3-4:2001　环境试验　第3-4部分:支撑文件和导则　湿热试验

3　术语和定义

下列术语和定义适用于本标准。

3.1

电解腐蚀　electrolytic corrosion

电解腐蚀是在高湿、高温条件下,在直流电压和某些物质包括有机物质的联合作用下的电化腐蚀。

3.2

试箔　test strip

　　a)　正极　positive

在金属-绝缘材料接触系统中试箔连接在直流电源的正极作为正极。

　　b)　负极　negative

在金属-绝缘材料接触系统中试箔连接在直流电源的负极作为负极。

3.3

接触表面　surface of contact

　　a)　与被试材料　of tested material

绝缘材料试样直接与试箔接触的部分。

　　b)　与金属箔　of metal strip

试箔的正极或负极直接与绝缘材料试样接触的部分。

4　试验方法概述

试验要求在规定的环境条件下和在平行相距3 mm的正极铜箔和负极铜箔上加上直流电位差。试样上放置两个试箔,为了在金属箔与试样间得到均匀良好接触,通过圆柱形的负载管用金属箔压住试样。

5 试样

5.1 概述

试样的准备根据提供的材料类型和形式而定。试样的形状和尺寸如图 1 所示,操作步骤在以下的5.2～5.7 中详细说明。

单位为毫米

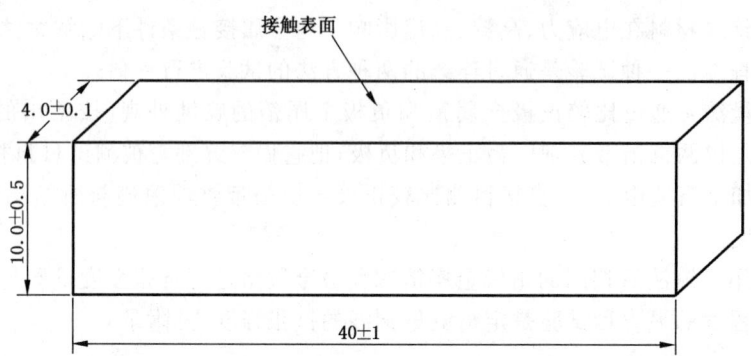

图 1 刚性材料试样,例如纺织层压板制品

5.2 刚性材料(块、盘、片或半制成品)的切削面

试样的厚度应被加工到 4 mm,加工时采用干法,不得使用切削油或润滑油,且不应损伤试样。推荐使用产品中的不同层来作试样。允许使用厚度在 2 mm～4 mm 之间的试样。

试样的接触面应用砂纸打磨光滑,背面同样应打磨光滑以便与金属箔带能良好的接触。接触面不能有任何瑕疵、裂纹和气泡。

砂纸里不能含有任何污染物例如卤素化合物以加大腐蚀。

5.3 浇铸、模塑、注塑和压塑材料

绝缘材料是由液态的树脂、粉状或颗粒状的模塑制成的,试样的形状和尺寸制成如图 1,试样要根据被测材料制造商的技术要求,通过特定的模型浇铸或压塑制成。

试样和表面接触处理按 5.2 进行。

5.4 软膜、箔和薄片的切削面

这些产品的试样应叠成一小叠,并且放于两块厚度为 1 mm±0.2 mm 的绝缘材料夹板之间,绝缘材料如聚甲基丙烯酸甲酯本身不引起电解腐蚀。

试样叠层的厚度要根据测试箔的厚度而定,约为 4 mm 或 2 mm。如果单箔的厚度介于 0.5 mm～2 mm 时,试样叠成 4 mm,如果单箔的厚度小于 0.5 mm,则试样叠成 2 mm。

将这些试样块用与夹板相同材料制成的螺钉压紧再机械加工成形状如图2,被测试材料应伸出夹板 0.2 mm～0.5 mm。除了这一点外,5.2 所述的几点都适用。

5.5 粘带

按 GB/T 20631.2—2006 的第 7 章进行。

5.6 软管

软管(无论是浸漆织物管或挤塑管)剖开制成平的薄片,然后按上述 5.4 处理。

5.7 快干瓷漆和绝缘漆

被试的快干瓷漆或绝缘漆推荐涂于符合 5.2 所述的图 1 的试样表面,推荐尽可能使用例如聚甲基丙烯酸甲酯类的无腐蚀性材料作为底材。

若溶剂不相容或烘干温度太高时,推荐使用另一种底材,例如浇铸、热固化无腐蚀性的环氧树脂或玻璃,

将漆涂敷于其上。若快干漆或绝缘漆用来防止另一种材料受腐蚀的,它应涂敷于那一种材料上做试验。

单位为毫米

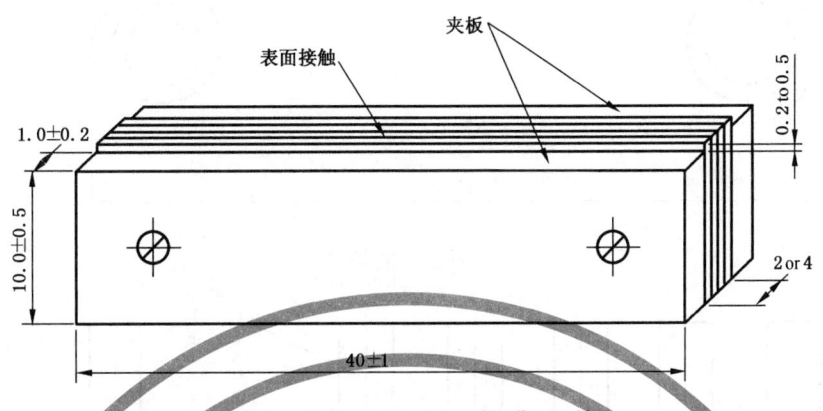

图 2　柔韧试样,例如软膜、箔等

快干瓷漆或绝缘漆应按所要求的厚度喷涂、浸渍或涂敷,必要时应按规定或产品的技术要求烘干。若产品规范或技术要求对涂敷的厚度无规定时,则涂层厚度应为 30 μm±10 μm。

5.8　表面接触的清洁度

在制备和处理试样时,应避免试样表面弄脏,例如被手汗玷污。试样只能用钳子或带上无腐蚀性的材料(例如聚乙烯)制成的手套接触。在试样表面机械加工之后,用在 96% 的乙醇浸泡并烘干后的软毛刷进行清洁。

清洁后的试样表面应无任何外来杂质、油污和模压残留物等。

5.9　试样数量

至少对同一材料同时试验 5 块试样,按规定的程序取样。必要时,这种取样程序应被规定和采用。

6　试箔

6.1　概述

试箔是由 0.1 mm 厚纯度为 99.9% 的半淬火的铜制成,10 mm 宽 200 mm 长,试箔应平整,边缘无弯曲、毛刺;试验表面无任何影响试验结果的机械损伤和杂质。

注:试箔中的黄铜和铝可以按照同样的方法制得。

6.2　试箔的制作

对新购买的每一新卷试箔前几厘米的应去掉,根据试验要求试箔被剪成几段,每段长 200 mm。试箔应用低沸点的有机溶剂[例如丙酮或(正)己烷]清除油污后酸洗。在室温下进行酸洗,酸洗液由下面成分组成:质量分率 73% 的硫酸(相对密度为 1.82)、质量分率 26% 的硝酸(相对密度为 1.33)、质量分率 0.5% 的氯化钠和质量分率 0.5% 的固体碳黑。酸洗时间控制在 20 s~60 s 之间。同一组试验的试箔应同时酸洗。粗糙度可通过酸洗时间来控制,直至试箔出现一均匀的暗淡光泽。酸洗后,将试箔在蒸馏水中清洗,并用乙醇浸泡最后用滤纸吸干。

注:试箔表面的不均匀对表面的变色有影响,并会导致错误的评定。均匀发暗的表面比之轻微腐蚀的、半发暗的或明亮的表面更易变色。

经过清洗和酸洗后的试箔两端应松卷成如图 3 所示的形状。

待测的试箔应在 20 min 内迅速安装在如图 4 所示试验装置内准备试验。

6.3　试箔的清洁度

试箔经过清洗和酸洗后不能用手直接接触,在处理试箔时应用钳子,在接触试箔卷端时应带上无腐蚀性材料制成的手套。

185

单位为毫米

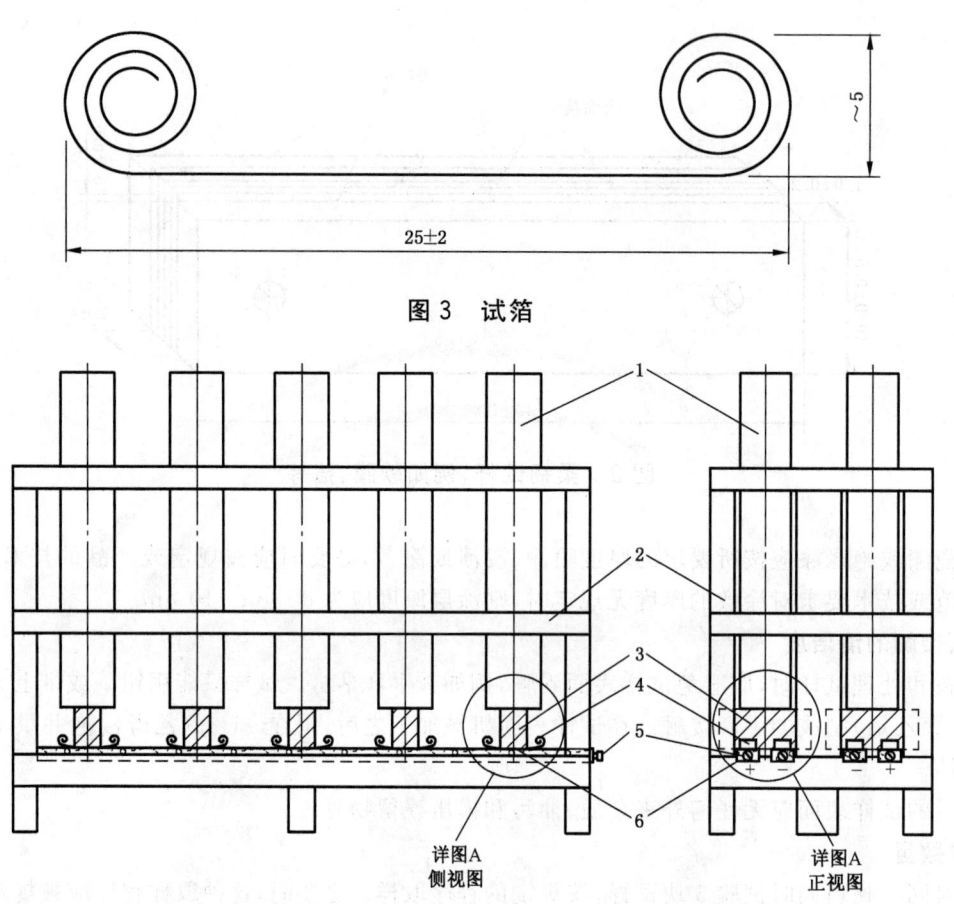

图3 试箔

详图A
侧视图

详图A
正视图

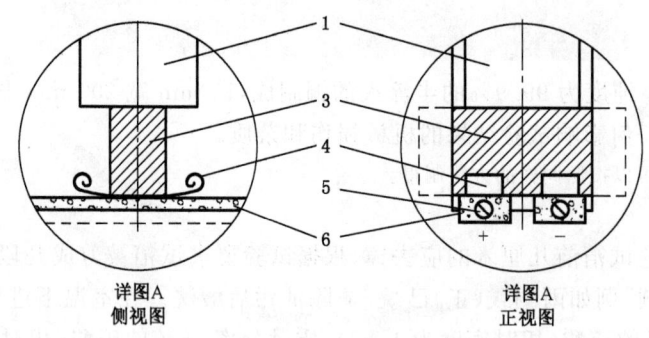

详图A
侧视图

详图A
正视图

1——圆柱状管(负载管);

2——支撑架;

3——试样(绝缘材料);

4——金属试箔;

5——电极连结;

6——铜电极。

图4 测定电解腐蚀的试验装置

7 试验装置

试验装置应由无腐蚀性的材料(例如聚甲基丙烯酸甲酯)制成,并且试验装置能使得从同一批绝缘材料上取下试样同时进行试验不少于5个样品。

试箔贴于试样表面要求压力大约为10 N/cm²。压力通过无腐蚀性材料制成的圆柱状管并在管中填充适量的铅粒压在试样上来确定压力。试验装置如图4所示。

在试验及装样之前应保证试验装置洁净以便消除上次试验腐蚀性残物对本次试验的影响,金属接触部分应去除油污保持干净,其他部分应用浸过乙醇的布擦拭干净。

在试验装置中,由圆柱状管将试样压贴于两个相邻宽度为10 mm、间距为4 mm的铜电极上。试箔放置于试样表面与两个铜电极之间,如图4(局部图A)。

8 试验条件

试验应在下列条件下的箱体内进行:

温度:(55±1)℃;

相对湿度:(93±2)%;

持续时间:(240±2)h。

采用(120±5)V的直流电压,例如干电池,若用整流器,允许叠加的交流电压波动不大于总电压的1%。试验要求精确的温度与湿度条件已在IEC 60068-3中阐述。

9 试验程序

试样应如第7章所述与铜试箔一起夹在试验装置中。在与铜试箔相接触的表面,装置中的铜电极(见图4)不应被玷污(例如被腐蚀残物玷污)。

试验装置应至少安装同一绝缘材料的5个样品。

将已夹好试样以及试箔的试验装置放置在规定的条件的箱体中,对试验装置电极上施加(120±5)V的直流电压,若相关规范中未规定,加电压的时间为(240±2)h。

在将已夹好的试样及试箔的试验装置放置在规定的条件的箱体之前将试验装置加热到比箱体温度高(5±1)℃的温度以防止表面凝露。

在试验期间及结束时测量试验装置(如图4,局部图A正视图)电极间的电压,以确保电压值在规定的范围之内。

在试验结束时,去掉电压将试验装置从箱体中移出,冷却到室温。

小心地将试箔从试验装置中取出,先目测,然后进行抗张强度试验。

注:试验结束之后不能将试箔长时间存放,目测及抗张强度试验在试箔从试验装置中取出后30 min内完成。

10 评定

10.1 概述

电解腐蚀从两个方面结合评定进行概述:

a) 目测法——定性分析;

b) 抗张强度法——定量分析。

同一个试样先进行目测分析再进行抗张强度分析,综合这两个检查的结果对试验进行评定。

注:铜试箔可由黄铜试箔和铝试箔来代替,黄铜试箔和铝试箔的腐蚀指标见附录A(表A.1和表A.2)。

10.2 试箔的目测

应检查试箔(正极和负极)与试样直接接触的表面。

用裸眼或5倍的放大镜检查试箔的表面。正电极箔和负电极箔的外观按表1给出的腐蚀指标进行描述,对每一极,取5个试箔中最严重的腐蚀指标作为这种材料的腐蚀特性指标。

注:倘若试验结果有显著差异,应重复试验,以确定这个不同的结果是由于试验的准备或操作不当引起的还是由于受试材料的不均一引起的。

10.3 试箔的抗张强度试验

至少用 5 个未经暴露试验的试样来测定未经暴露试箔的抗张强度平均值 F_0。不允许有个别值与平均值之差超过 2%。如果满足不了这个要求，必须另外再取 5 个试样进行试验，此第二组的 5 个试样中个别值也必须与平均值相差不超过 2%。如果相差超过 2%，必须使用新的试箔。

暴露试验和目测后，小心的将试箔退绕。用与未经暴露试验的试箔同样的方法测定正极试箔的抗张强度 F_1。

> 注：负极试箔的抗张强度是一个有用的校核，但不是必须的。测定负极试箔的抗张强度减小量不大于未经暴露试箔抗张强度平均值的 1%。

受试材料的易腐蚀性按下式计算：

$$易腐蚀系数：K = \frac{F_0 - F_1}{F_0} \times 100$$

式中：

F_0——未经暴露试箔的抗张强度平均值；

F_1——经过加压和湿度暴露后测得正极试箔的抗张强度。

易腐蚀系数 K 的中间值作为至少 5 个正极试箔抗张强度减小的平均值，以百分数表示。对比测得的易腐蚀系数 K 与表 1 给出的易腐蚀系数（若需要也可以与表 A.1 和表 A.2 给出的黄铜试箔和铝试箔的易腐蚀系数进行对比）。

11 铜箔腐蚀的评定

表 1 铜箔腐蚀的试验等级

负 极			正 极			抗张强度易腐蚀系数 $K/\%$	总评
外观	图例	外观腐蚀指标	外观	图例	外观腐蚀指标		
没有变化或试样的接触面有轻微的底色		K1	没有变化或试样的接触面有轻微的底色		A1	$K \leqslant 3$	未腐蚀
50% 的接触面有深棕色或黑色斑点，剩余的没有变化或有轻微的退色		K2	50% 的接触面失去棕色光泽或单一的显玫瑰红色腐蚀斑点		A2	$3 < K < 15$	轻微腐蚀
全部的接触面和其他面或大部分有黑色斑点		K3	50%～100% 的接触面附着棕色（砖红色）沉淀或粉红色腐蚀斑点；表面可能有绿色斑点		A3	$15 < K \leqslant 30$	腐蚀
全部的接触面和其他面都有黑色斑点分布连成一片；接触面没有单一黑色或棕色斑点		K4	整个接触面有厚的棕色沉积或有深的玫瑰红色腐蚀斑点，或大量绿色腐蚀物可能腐蚀整个试箔		A4	$K > 30$	严重腐蚀

12 试验报告

试验报告至少应包括下列内容：

——产品名称、类型、形状；

——试样的厚度、尺寸；

——试箔的类型（如果是铜试箔以外的）；

——材料中试样的位置；

——试验装置（若第 7 章所述以外的）；

——如第 8 章所述的试验条件；

——如第 8 章和第 9 章所述的试验持续时间；

——试样数目；

——每个试样的目测和抗张强度的指标；

——特殊的或附加的说明；

——给定试验条件下的偏差；

——试验日期。

附　录　A

（规范性附录）

黄铜试箔和铝试箔的腐蚀评价表

表 A.1　黄铜试箔的腐蚀等级

负　极			正　极			抗张强度易腐蚀系数 $K/\%$	总评
外观	图例	外观腐蚀指标	外观	图例	外观腐蚀指标		
没有变化或有轻微的退色		K1	没有变化或有轻微的退色		A1	$K \leqslant 3$	未腐蚀
50%的接触面有深棕色斑点		K2	略微显红（开始失锌）和/或接触面的50%有棕色斑点		A2	$3 < K < 15$	轻微腐蚀
全部的接触面和试箔的反面都有黑色的斑点		K3	50%~100%的接触面附着白色沉淀和红色斑点		A3	$15 < K \leqslant 30$	腐蚀
黑色斑点延伸到接触面外，试箔的反面也有黑色斑点		K4	整个接触面严重显红（失锌增加），可能有白色或黑色沉积		A4	$K > 30$	严重腐蚀

表 A.2　铝箔的腐蚀等级

负　极			正　极			抗张强度易腐蚀系数 $K/\%$	总评
外观	图例	外观腐蚀指标	外观	图例	外观腐蚀指标		
没有变化		K1	没有变化		A1	$K \leqslant 3$	未腐蚀
接触面有大面积的白色斑点		K2	50%的接触面都有白色斑点或白色沉积物		A2	$3 < K < 15$	轻微腐蚀

表 A.2（续）

负极			正极			抗张强度易腐蚀系数 $K/\%$	总评
外观	图例	外观腐蚀指标	外观	图例	外观腐蚀指标		
整个接触面有薄的白色沉积并逐渐扩展到接触面外和试箔的反面		K3	接触面大面积有铝腐蚀物的白色沉积和个别小坑		A3	$15<K\leqslant30$	腐蚀
整个接触面有厚的铝腐蚀物的白色斑点并逐渐扩展到接触面外,在反面有大量的白色斑点和厚的白色沉积		K4	整个接触面有厚的铝腐蚀物的白色沉积并扩展超过接触面外,有大量深坑,有一些还穿过试箔		A4	$K>30$	严重腐蚀

附　录　B
（资料性附录）
目测法的注意事项

对于有色金属，如果有轻微的电解腐蚀，就会出现变色现象。例如，在黄铜上出现棕色、黑色或红色（失锌现象）。在严重的电解腐蚀情况下，正极上会出现绿色变色，这些绿色的变色是相当危险的，因为它们表明在阳极有金属腐蚀。例如在线圈中的金属导线，由于直径变小，结果促使断裂。

层压制品和其他绝缘材料的切削边，通常较材料含树脂量高的模压表面，或浸漆或涂敷更好的绝缘材料的表面会产生更为严重的腐蚀。这表明夹入的纸、织物、玻璃毡、木粉或其他填料也会影响电解的过程。绝缘材料的切削边作为试验表面这种试验方法可作为材料的初步检验。为了保证尽可能所有嵌入的材料均包含于切削表面试验，试验表面应该光滑平整，例如经过铣加工。如果用剪刀剪，试样边缘会粗糙不平，将导致试验结果差别太大。

因为杂质，例如由于出汗产生的氯离子，会加速电解过程，所以试样制备后，试样表面不能用手接触。

就电解过程而言，进一步的处理会降低绝缘材料的表面质量，为便于说明表面质量情况，必要时，有关试验表面的细节也应列入试验方法中。

在试验中，电解发生于试样和电极之间的试箔，这些试箔必须具有一个绝对平整、清洁和无任何毛刺的半光泽的表面。弄皱的或有毛刺（由切削产生）的箔将给人假的腐蚀现象。箔在清洁以后，像对试样一样，不应该用裸手接触。因此，应该使用钳子将箔放到位置上去。清洁箔的方法也很重要。为了避免评定和理解错误，在箔已彻底清除油渍以后，尽可能专门制定一个清洁箔的程序。通常最好清洁大量试箔，然后将之储存于一个干燥器中。试样表面的任何凝露现象都应该避免，否则因为滴落下来的液体会产生很严重的电蚀，导致对材料不好的评定。

附　录　C
（资料性附录）
铜导线抗张强度法

C.1　原理

本试验是将两个平行的间隔 6 mm 的铜导线分别作为阳极和阴极，放置于被试材料的表面，在规定的条件下，施加一个直流电压来进行。为了在导线和被试材料之间有良好的接触并同时保证线的平行度，试验表面采用圆柱形。

电解腐蚀作用的大小用测量铜线的抗张强度的方法来评定。

C.2　试样

下面的条款给出了不同试样的情况。

C.2.1　形状

C.2.1.1　概述

试样形状根据提供材料的类型和形式而定。

C.2.1.2　半制品材料（块或片）或模塑部件（压塑、注塑、浇铸等）

试样以圆板形或棒形进行试验，最好直径为 50 mm，厚度 12 mm～75 mm。薄于 12 mm 的产品（例如薄层压制品）可以加压叠装起来，非常薄的、可挠曲的层合材料（通常 0.25 mm 或更薄），可以用与薄膜一样的方法（见 C.2.1.3）试验。

圆板的圆边构成有效试验面。试验面可以是模塑的、浇铸的或干加工形成的表面，即加工时不用任何润滑剂或切削油，除非是为了研究这种润滑剂的影响。当薄材料层叠压在一起时，必须小心防止各边有毛刺。用螺栓把上述的薄材料紧压固定在一起，加工到最终要求的形状。

C.2.1.3　薄膜和薄片，包括浸漆纸和粘带

试样为 150 mm 长、12 mm～75 mm 宽的带。宽度大于 75 mm 的材料须切成 75 mm 宽。对成卷材料，外面三层应弃去。在切开时，用清洁的刀片或剪刀，要十分小心，以免弄脏。当试验薄膜材料时，可紧紧地卷成所要求直径的卷状试样。

C.2.1.4　软管和管

软管和管（包括浸渍织物和挤塑管）切成 150 mm 长。当压平时，软管至少 12 mm 宽。如果规定软管和管可以沿其长度切开，并展成带，至少也必须是 12 mm 宽。

另一种方法，可以用铜导线穿过仍为管状的软管内，将一张铜箔贴于大型的或小型的试验装置的圆柱表面，在此铜线和铜箔之间加上电压进行试验。

C.2.1.5　快干瓷漆和绝缘漆

在室温或低温下干燥的快干瓷漆和漆可以涂于硼硅酸盐的玻璃管或有机玻璃棒的圆表面上，管或棒的直径为 50 mm，长度为 75 mm，若要避免底材的腐蚀作用，可以取比 75 mm 更长一些。也可用经机械加工的圆板，其直径为 50 mm，厚度为 12 mm 或更厚一些。在比较高温度固化的漆可以涂于直径50 mm，长度 75 mm 的硼硅酸盐玻璃管的曲面上，或涂于一种无填料的环氧树脂浇铸的棒上，这种环氧树脂用本试验已测知只产生微小的或几乎不产生电解腐蚀。对于含有会侵蚀有机玻璃的溶剂的涂敷材料，环氧棒更为适合。

快干瓷漆和漆涂于其他所规定的底材也可以进行评定。例如将漆涂于编织带上评定。但在这种情

况,试样应符合 C.2.1.3。

C.2.2 试验表面的清洁度

在准备和处理试验时,应避免试验表面有任何玷污,例如被手汗玷污。应该只用钳子或无腐蚀性的材料(例如聚乙烯)制成的防护手套接触试验。

C.2.3 试样的数目

试验及确定基准值至少各取 5 个试样。如果结果有相当大的波动,推荐用 10 个或更多的试样。

C.3 试验装置

C.3.1 概述

有两种类型的装置

a) 用于试验 C.2.1.2、C.2.1.4 和 C.2.1.5 所述试样的小型装置;

b) 用于试验 C.2.1.3 和 C.2.1.4 所述试样的大型装置。

C.3.2 小型装置

将直径为 50 mm 被试材料的圆板如图 C.1 所示用不锈钢(或黄铜)螺栓通过圆板中心和不锈钢(或黄铜)端部垫圈安装好。贯穿螺栓用一不锈钢(或镀镍黄铜)框架平放固定。此框架也装有两排与螺栓平行的陶瓷支座绝缘子,每一排中的各个绝缘子之间相互隔开 6 mm。将磷青铜簧片水平的焊接到一排绝缘子上,这样对每一试样两条试验金属线(见 C.3.3)将与圆板的半个圆周相接触,两金属线相互间间距也为 6 mm,在对面的绝缘子上接上磷青铜簧片,其位置要与另一个绝缘子的焊接片位置对应。簧片的弹性在 0.5 N 负荷下至少要能偏转 3 mm。

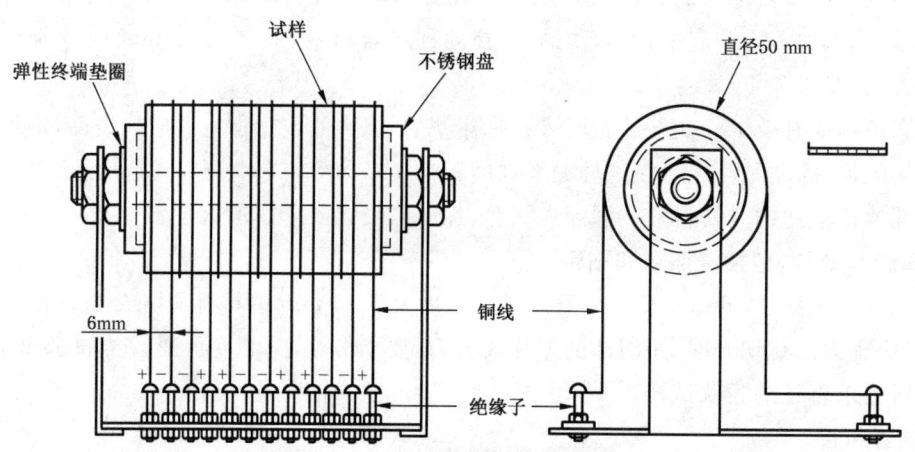

图 C.1 用于测定刚性绝缘材料电解腐蚀的试验装置

C.3.3 大型装置

放置柔性试样的装置(见图 C.2)包括了一个硼硅酸盐玻璃管,其长度约 330 mm,直径约为 90 mm,两端适当的固定到不锈钢(或镀镍黄铜)的框架上。框架把玻璃管支撑在水平位置,并且在框架下部两边平行于玻璃管轴安装了两条电工瓷绝缘板。焊接片(接头)和簧片如 C.3.2 所述连接到绝缘板上。

C.3.4 试验导线

试验中用直径 0.2 mm 精制电解裸铜导线经退火处理,切成长度约 380 mm 作为阳极和阴极,同时也用作测定未经过试验的铜导线的强度的试样,铜线必须平直,无扭折或其他缺陷。为了测试同一种材料,所用的铜线必须是从同一卷上切下来的。

C.3.5 装置和试验铜线的清洁

每次试验之前,试验装置必须清洁,并在安装试样之前把先前试验留下的任何腐蚀残余物清除掉。

金属部件去油污、用热水和蒸馏水彻底清洗,最后用尼龙织物布蘸纯净的甲醇仔细擦净,玻璃管用热水清洗,然后用蒸馏水冲洗再用干净的布擦干净。

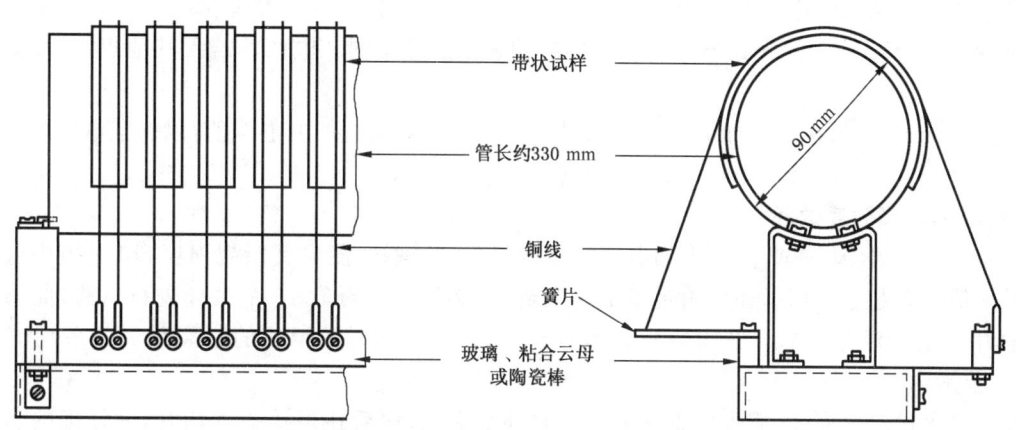

图 C.2 用于测定柔性绝缘材料的电解腐蚀装置

试验铜线如果沾了卷绕油,必须先用尼龙织物蘸低沸点纯净烃类溶剂(例如正己烷)擦拭以清除油污,试验最后用干净的尼龙织物蘸纯净的甲醇擦干净。

C.3.6 张力试验设备

测定试验铜线的抗张强度,使用测金属线的标准抗张强度试验机。最好选用有恒定移动速度的、总负荷能力大约 10 N 的、读数准确度至少为 0.05 N 的试验机。在每次试验时,拉力机移动速度必须保持不变,大约 125 mm/min。

C.3.7 试验条件

试验在一个条件处理的箱体内进行,推荐三种处理条件用于电解腐蚀试验。各材料规范应说明采用下述三种条件中的哪一种及试样在这种条件下的暴露时间。

推荐的三种处理条件如下:

温度: (22±2) ℃   相对湿度: (93±2)%
        (40±2) ℃   (93±2)%
        (55±0.5) ℃   (93±1)%

当放入试样时,试样温度应比箱温度高一些,防止表面凝露,通常比箱体内的温度高 5 ℃ 左右是合适的。

C.3.8 电源

用(240±5)V 直流电源,例如干电池。每一试样串接一个 4 700 Ω 的电阻器以限制短路电流。

C.4 试验程序

C.4.1 试样安装

刚性试样用贯穿螺栓和端部垫圈紧固在一起,装于试验框架中,组成一长 75 mm 的棒。

柔性试样环绕并紧贴于玻璃管的上半面。试样的终端用小片压敏粘带固定在玻璃管上。此压敏粘带应是已知不会引起电解腐蚀的。如果试样两面有不同的特性,则必须在两面分别进行试验。

C.4.2 铜线的装配

每一段试验铜线只能用松香焊剂焊接到相应的焊接片上,剩余的焊剂必须用甲醇清除。当铜线位于试样表面时,用一合适的拉力计在试验铜线上施加约 0.5 N 的张力,然后将试验铜线的另一端焊接到簧片上,簧片已弯曲,这样在线上可持有 0.5 N 的张力。第一根铜线固定好后,第二根铜线以同样的方式张紧并位于试样上,使两根铜线在与试样接触的整个长度上相互平行且彼此均匀间隔 6 mm。用合适的定位片在铜线定位时作一些略微调整,但必须十分小心,以免导线玷污及机械损伤。

C.4.3　施加电压和湿度暴露

试验装置先加热到比箱体内温度约高 5 ℃(见 C.3.7),再放入条件处理箱内。然后在端头上施加试验电压(240±5)V,施加的方式要使相邻试样的相邻铜线处于同一电位。若无其他规定,暴露周期应为 4 d 或 15 d。

在试验结束时,必须在远离加电压端头的另一边端头上测量施加的电压值,以保证电压维持在规定的范围内。

C.4.4　铜线的抗张强度试验

至少用 10 个未经暴露试验(即未加电压及湿度暴露)的试样,测定其断裂强度,10 个值中应该没有一个与平均值之差超过±1%,如果满足不了这个要求,必须另外再取 10 个试样进行试验,此第二组的 10 个试样中也必须没有一个与平均值相差超过±1%。未经暴露的铜线的断裂负荷的平均值必须在 8 N～9 N 范围内。

对经过暴露试验的铜线,应先检查它的颜色和外观变化,然后在焊接头处切开,并仔细的从试验装置上移出来。对正极上的铜线,应仔细检查凹痕或其他腐蚀迹象,然后用与未经暴露试验的铜线一样的方法测定其抗张强度。

同时也应检查试样本身的变色情况,要注意这种变色究竟是一条连续的线还是仅仅为一些斑点。

注:测量负极铜线的抗张强度是一个有用的校核,其减小值不应超过未经暴露铜线的 0.5%。

C.5　评定

受试材料的易腐蚀性按下式计算:

易腐蚀系数
$$K = \frac{F_0 - F_1}{F_0} \times 100$$

式中:

F_0——未经暴露试验的铜线抗张强度平均值;

F_1——经过加压和湿度暴露后测得正极铜线的抗张强度。

由此可确定易腐蚀系数的中值。

C.6　试验报告

试验报告应至少包括下列内容:

——产品名称;

——产品类型;

——试样形状,圆柱状板或柔软薄片;

——试样厚度,若试样为几层叠制的,在试样中所用的层数;

——与本推荐标准中所述的条件或程序不同之点;

——试验结束时,试样和试验铜线的目测外观;

——正极铜线的凹痕程度;

——未经暴露试验的试验铜线抗张强度的各个值和中值;

——张力试验时的夹头分离速度;

——计算易腐蚀系数的各个值和中值;

——特殊或附加的说明;

——试验日期。

ICS 29.020
K 15

中华人民共和国国家标准

GB/T 11020—2005/IEC 60707:1999
代替 GB/T 11020—1989

固体非金属材料暴露在火焰源时的燃烧性 试验方法清单

Flammability of solid non-metallic meterials when exposed to flame sources—
List of test methods

(IEC 60707:1999,IDT)

2005-08-26 发布　　　　　　　　　　　　　2006-04-01 实施

中华人民共和国国家质量监督检验检疫总局
中国国家标准化管理委员会　发布

前　言

本标准等同采用 IEC 60707:1999《固体非金属材料暴露在火焰源时的燃烧性　试验方法清单》（英文版）。

为便于使用,本标准做了下列编辑性修改:

a)　"本国际标准"一词改为"本标准";

b)　删除第 2 章中的最后一句"IEC 及 ISO 成员要继续做好现行有效国际标准的登记工作";

c)　删除第 2 章规范性引用文件中的"IEC 指南 104:1997";

d)　删除国际标准的前言和引言;

e)　删除国际标准的参考文献。

本标准代替 GB/T 11020—1989《测定固体电气绝缘材料暴露在引燃源后燃烧性能的试验方法》。

本标准与 GB/T 11020—1989 相比主要变化如下:

——删除"炽热棒——水平试样法（BH 法）"（1989 年版的第 7 章）;

——增加了"软性试样垂直燃烧试验"和"泡沫塑料水平燃烧试验"（见第 4 章）;

——改进了试验火焰和燃烧性等级的分类（见第 3、5 章）。

本标准由中国电器工业协会提出。

本标准由全国绝缘材料标准化技术委员会(CSBTS/TC 51)归口。

本标准由桂林电器科学研究所负责起草。

本标准主要起草人:赵莹、马林泉。

本标准于 1989 年 3 月首次发布,本次为第一次修订。

固体非金属材料暴露在火焰源时的燃烧性
试验方法清单

1 范围

本标准所列的试验方法适用于表观密度不小于 250 kg/m³ 的固体非金属材料（表观密度按 ISO 845:1988测定），并用来初步表征这些材料暴露在火焰引燃源时的特性。试验结果可用来检验材料特性的稳定性和表示材料在研制方面的进展情况以及为各种材料的相对比较和分级创造条件。

2 规范性引用文件

下列文件中的条款通过本标准的引用而成为本标准的条款。凡是注日期的引用文件，其随后所有的修改单（不包括勘误的内容）或修订版均不适用于本标准，然而，鼓励根据本标准达成协议的各方研究是否可使用这些文件的最新版本。凡是不注日期的引用文件，其最新版本适用于本标准。

GB/T 5169.16—2002 电工电子产品着火危险试验 第16部分:50 W 水平与垂直火焰试验方法（IEC 60695-11-10:1999,IDT）

GB/T 5169.17—2002 电工电子产品着火危险试验 第 17 部分:500 W 火焰试验方法（IEC 60695-11-20:1999,IDT）

ISO 845:1988 泡沫塑料和橡胶 表观密度的测定

ISO 9772:1994 泡沫塑料 小试样小火焰水平燃烧特性的测定

ISO 9773:1990 塑料 软性试样小火焰垂直燃烧特性的测定

IEC 60695-11-3:2000 着火危险试验 第 11-3 部分:火焰试验 500 W 火焰设备和验证试验方法

IEC 60695-11-4:2000 着火危险试验 第 11-4 部分:火焰试验 50 W 火焰设备和验证试验方法

3 定义、符号和缩写

下列定义适用于本标准。

3.1

标准化 50 W 标称试验火焰 standardized 50 W nominal test flame
符合 IEC 60695-11-4:2000 规定的火焰。

3.2

标准化 500 W 标称试验火焰 standardized 500 W nominal test flame
符合 IEC 60695-11-3:2000 规定的火焰。

3.3

HB
GB/T 5169.16—2002 中规定的水平燃烧试验,使用标准化 50 W 标称试验火焰。

3.4

V
GB/T 5169.16—2002 中规定的垂直燃烧试验,使用标准化 50 W 标称试验火焰。

3.5

5 V

GB/T 5169.17—2002 中规定的燃烧试验,使用标准化 500 W 标称试验火焰。

3.6

VTM

ISO 9773:1990 中规定的软性试样的垂直燃烧试验。

3.7

FH

ISO 9772:1994 中规定的泡沫塑料的水平燃烧试验。

4 试验方法

材料应按照 GB/T 5169.16—2002 中 HB 或 V 燃烧试验规定的步骤进行试验,使用标准化 50 W 标称试验火焰。

材料应按照 GB/T 5169.17—2002 中 5 V 燃烧试验规定的步骤进行试验,使用标准化 500 W 标称试验火焰。

材料应按照 ISO 9773:1990 中软性试样垂直燃烧试验规定的步骤进行试验。

若材料的表观密度小于 250 kg/m³,应按照 ISO 9772:1994 中泡沫塑料水平燃烧试验规定的步骤进行试验。

5 要求和分级

材料可按照所引用的标准中指明的判断标准分为表 1 所示的等级。

表 1 燃烧性等级

试验方法	标　准	燃烧性等级
50 W 水平燃烧试验	GB/T 5169.16—2002	HB40、HB75
50 W 垂直燃烧试验	GB/T 5169.16—2002	V-0、V-1、V-2
500 W 燃烧试验	GB/T 5169.17—2002	5 VA、5 VB
软性试样 50 W 垂直燃烧试验	ISO 9773:1990	VTM-0、VTM-1、VTM-2
泡沫塑料水平燃烧试验	ISO 9772:1994	FH-1、FH -2、FH-3

ICS 29.035.99
K 15

中华人民共和国国家标准

GB/T 11021—2014/IEC 60085:2007
代替 GB/T 11021—2007

电气绝缘　耐热性和表示方法

Electrical insulation—Thermal evaluation and designation

(IEC 60085:2007,IDT)

2014-05-06 发布

2014-10-28 实施

中华人民共和国国家质量监督检验检疫总局
中国国家标准化管理委员会　发布

前　言

本标准按照 GB/T 1.1—2009 给出的规则起草。

本标准代替 GB/T 11021—2007《电气绝缘　耐热性分级》。本标准与 GB/T 11021—2007 相比,主要变化如下:

——标准名称改为"电气绝缘　耐热性和表示方法";

——删除了"电气绝缘材料的简单组合""相对耐热指数 RTE"和"相对耐热指数 ATE"等 3 个术语;

——增加了"EIM 预估耐热指数""EIM 相对耐热指数""EIS 预估耐热指数"和"EIS 相对耐热指数"等 4 个术语;

——调整了第 4 章内容;

——修改了第 5 章对耐热分级的表示方法。

本标准使用翻译法等同采用 IEC 60085:2007《电气绝缘　耐热性和表示方法》。

与本标准中规范性引用的国际文件有一致性对应关系的我国文件如下:

——GB/T 11026.1—2003　电气绝缘材料　耐热性　第 1 部分:老化程序和试验结果的评定 (IEC 60216-1:2001,IDT);

——GB/T 11026.7—2014　电气绝缘材料　耐热性　第 7 部分:确定绝缘材料的相对耐热指数 (RTE)(IEC 60216-5:2008,IDT);

——GB/T 20111(所有部分)　电气绝缘结构热评定规程[IEC 61857(所有部分),IDT];

——GB/T 20112—2006　电气绝缘结构的评定与鉴别(IEC 60505:1999,IDT);

——GB/T 20139—2006　电气绝缘结构　对已确定等级的散绕绕组绝缘结构进行组分调整的热评定方法(IEC 61858:1999,IDT)。

本标准由中国电器工业协会提出。

本标准由全国电气绝缘材料与绝缘系统评定标准化技术委员会(SAC/TC 301)归口。

本标准主要起草单位:桂林电器科学研究院有限公司、深圳市标准技术研究院、机械工业北京电工技术经济研究所、湘潭电机股份有限公司。

本标准主要起草人:于龙英、陈展展、刘亚丽、邹莉莉、郭丽平、王放文、李素平。

本标准于 1989 年首次发布,2007 年第一次修订。

电气绝缘 耐热性和表示方法

1 范围

本标准规定了电气绝缘材料(EIM)和电气绝缘系统(EIS)的耐热性分级、评估以及评估程序。

本标准适用于热因子为主要老化因子的电气绝缘材料(EIM)和电气绝缘系统(EIS)的耐热性。

注：EIM 的耐热等级不能直接作为相关 EIS 的耐热等级。

2 规范性引用文件

下列文件对于本文件的应用是必不可少的。凡是注日期的引用文件，仅注日期的版本适用于本文件。凡是不注日期的引用文件，其最新版本(包括所有的修改单)适用于本文件。

IEC 60216-1 电气绝缘材料 耐热性 第 1 部分：老化程序和试验结果的评定(Electrical insulating materials—Properties of thermal endurance—Part 1：Ageing procedures and evaluation of test results)

IEC 60216-5 电气绝缘材料 耐热性 第 5 部分：确定绝缘材料的相对耐热指数(RTE) [Electrical insulating materials—Thermal endurance properties—Part 5：Determination of relative thermal endurance index (RTE) of an insulating material]

IEC 60505 电气绝缘系统的评估与鉴定(Evaluation and qualification of electrical insulation systems)

IEC 61857(所有部分) 电气绝缘系统 热评估程序(Electrical insulation systems Procedures for thermal evaluation)

IEC 61858 电气绝缘系统 对已确定等级的散绕绕组绝缘结构进行组分调整的热评定方法(Electrical insulation systems—Thermal evaluation of modifications to an established wire-wound EIS)

3 术语和定义

IEC 60505 界定的以及下列术语和定义适用于本文件。

3.1

电气绝缘材料 electrical insulating material；EIM

具有可忽略不计的低电导率的固体或液体材料，或者是这些材料的简单组合，用于隔离电工设备中不同电位的导电部件。

注 1：例如一种由纸层压在聚乙烯、对苯二甲酸酯薄膜组成的柔软材料在某种意义上构成一个"简单的组合"。

注 2：从试验的角度而言，电极可加在材料试样上，除非在这种组合形式上构成一个 EIS(电气绝缘系统)那样试验。

3.2

电气绝缘系统 electrical insulation system；EIS

由一种或几种电气绝缘材料(EIM)与电工产品中所用的导电部件一起组合成的绝缘结构。

3.3

待评 EIM candidate EIM

要求评价其耐热性的材料。

3.4

基准 EIM   reference EIM

用于与待评材料作比较试验的材料,其耐热性由运行经验已知。

3.5

待评 EIS   candidate EIS

要求评价其运行能力(耐热性)的绝缘系统。

3.6

基准 EIS   reference EIS

作为 EIS 评定基准,其耐热性已由运行经验或相当的功能性评定得知。

3.7

EIM 预估耐热指数   EIM assessed thermal endurance index;EIM ATE

ATE 为某一摄氏温度数值,在该温度下基准 EIM 在特定的使用条件下具有已知的、满意的运行经验。

3.8

EIM 相对耐热指数   EIM relative thermal endurance index;EIM RTE

RTE 为某一摄氏温度数值。该温度为待评 EIM 达到终点的评估时间等于基准材料在等于预估耐热指数(ATE)的温度下达到终点的评估时间时所对应的温度。

3.9

EIS 预估耐热指数   EIS assessed thermal endurance index;EIS ATE

从已知运行经验或已知对比功能性评定获得的基准 EIS,以摄氏温度的数值表示。

3.10

EIS 相对耐热指数   EIS relative thermal endurance index;EIS RTE

待评 EIS 和基准 EIS 在对比试验中均经受相同的老化规程和诊断规程,待评 EIS 的相对耐热指数与基准 EIS 的已知 RTE 相对应,以摄氏温度的数值表示。

3.11

耐热等级   thermal class

EIS 相对应的最高连续使用温度(摄氏温度)的数值。

注 1:EIS 经受超过预估耐热等级的温度将导致更短的寿命。

注 2:不同耐热指数(ATE/RTE,见 IEC 60216-5)的 EIM 组合在一起构成的 EIS,其耐热等级可能高于或低于推荐的最高连续运行温度,特定构成见 IEC 60505。

4   综述——EIS 和 EIM 的关系

某一电气设备特定耐热等级并不表明用于该结构中的任一 EIM 均具有同样的耐热性。

EIS 的耐热等级与该结构中用到的 EIM 可能没有直接关系。由于在 EIS 使用了某些保护材料,可能会提高某些耐热性比较差的材料的耐热性。另一方面,由于 EIM 之间的不相容性问题,也会降低系统的耐热性。因此,绝缘系统的耐热等级不能由其中的某一材料的耐热等级导出。

4.1   最高使用温度

本标准中耐热等级等于由各产品技术委员会根据 EIS 的正常运行条件推荐的最高使用温度的数值。

产品技术委员会应确定最高温度下的运行条件,电气设备的最高温度可能与 EIS 的耐热等级不一致。这种情况之所以发生是因为相比正常情况下更短或更长的寿命是被假定的,或者存在设备的异常情况。

4.2 其他影响因素

除热因子外，EIS 的运行能力还受到很多因素诸如电气应力、机械应力、振动、有害气体及化学物质、潮湿、污物、射线等影响。在设计特定的电气设备时都应考虑所有这些因素。更多关于这些方面的评定见 IEC 60505。

4.3 电气绝缘材料（EIM）耐热性

电气绝缘材料和绝缘材料的简单组合应根据 IEC 60216-1 设定的规则和根据 IEC 60216-5 及参考预期运行条件来评价。

4.4 电气绝缘系统（EIS）耐热性

运行经验已证实，多种电气设备在正常运行条件下能够获得满意的经济寿命，这些电气设备诸如旋转机械、变压器等是根据 EIS 的耐热等级为基准设计和制造的。

电气绝缘系统试验程序应根据 IEC 60505 设定的规则，用于低压电气设备中的 EIS 的特殊试验程序见 IEC 61857 和 IEC 61858。

5 耐热等级

由于在电气设备中，通常情况下是温度作为主要老化因子作用于 EIS 中的 EIM，国际上都认同可靠的基础性耐热分级是有用的。明确了 EIS 的耐热等级，也就意味着推荐的最高连续使用摄氏温度是组成 EIS 的 EIM 能适应的。

评估 EIS 的耐热等级应基于运行经验的结果或者根据 4.4 的功能老化试验程序得到的试验结果。EIS 的评估基于 EIS ATE 或 EIS RTE。

基于运行经验或根据 4.3 试验结果获得的 EIM 的耐热等级，并不表明该耐热等级适用于 EIS，或者 EIS 中使用该 EIM 的部分。

耐热性分级的表示见表 1。

表 1 耐热性分级

ATE 或 RTE		耐热等级	字母表示[a]
≥90	<105	90	Y
≥105	<120	105	A
≥120	<130	120	E
≥130	<155	130	B
≥155	<180	155	F
≥180	<200	180	H
≥200	<220	200	N
≥220	<250	220	R
≥250[b]	<275	250	—

[a] 为了便于表示，字母可以写在括弧中，例如：180 级（H）。如因空间关系，比如在铭牌上，产品技术委员会可能仅选用字母表示。

[b] 耐热等级超过 250 的可按 25 间隔递增的方式表示。

参 考 文 献

[1] IEC 60216-6，Electrical insulating materials—Thermal endurance properties—Part 6：Determination of thermal endurance indices (TI and RTE) of an insulating material using the fixed time frame method

[2] IEC 62101，Electrical insulation systems—Short-time evaluation of combined thermal and electrical stresses

ICS 29.035.01
K 15

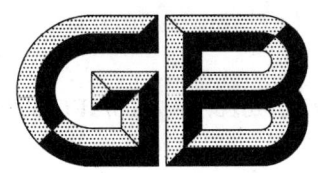

中华人民共和国国家标准

GB/T 11026.1—2003/IEC 60216-1:2001
代替 GB/T 11026.1—1989

电气绝缘材料 耐热性
第1部分：老化程序和试验结果的评定

Electrical insulating materials—Properties of thermal endurance—
Part 1:Ageing procedures and evaluation of test results

(IEC 60216-1:2001,IDT)

2003-10-09 发布

2004-05-01 实施

中华人民共和国
国家质量监督检验检疫总局 发布

前　言

GB/T 11026《电气绝缘材料　耐热性》分为五个部分：
——第1部分：老化程序和试验结果的评定；
——第2部分：试验判断标准的选择；
——第3部分：计算耐热特征参数的规程；
——第4部分：老化烘箱；
——第5部分：应用耐热特征参数的导则。

本部分为 GB/T 11026 的第1部分。

本部分等同采用 IEC 60216-1:2001《电气绝缘材料　耐热性　第1部分：老化程序和试验结果的评定》（英文版）。

为便于使用，本部分与 IEC 60216-1:2001 相比做了下列编辑性修改：
——删除了国际标准的前言和引言；
——本部分第2章"规范性引用文件"中的引用标准，凡是有与 IEC（或 ISO）对应的国家标准的均用国家标准替代；
——删除了原引用标准中的 ISO 2578 和 ISO 11346，主要是由于这两个标准与正文无关，仅在 IEC 引言中作为信息，并且本部分删除了 IEC 国际标准的引言。

本部分代替 GB/T 11026.1—1989《确定电气绝缘材料长期耐热性的导则　第1部分：制定老化试验方法和评价试验结果的总章程》。

本部分与 GB/T 11026.1—1989 相比主要变化如下：
——标准名称更简练；
——"术语和定义"中增加了很多有关数据统计处理方面的定义（见3.1）；
——删除了有关相对温度指数的叙述；
——增加了"简化程序"一章（见第7章）；
——本部分编排格式及内容叙述的先后顺序均与 GB/T 11026.1—1989 有较大区别。

本部分的附录A、附录B、附录C均为资料性附录。

本部分由中国电器工业协会提出。

本部分由全国绝缘材料标准化技术委员会归口。

本部分起草单位：桂林电器科学研究所。

本部分起草人：于龙英、王先锋。

本部分所代替标准的历次版本发布情况为：
——GB/T 11026.1—1989。

电气绝缘材料 耐热性
第1部分:老化程序和试验结果的评定

1 范围

GB/T 11026 的本部分规定了用作获得耐热特征参数的一般老化条件和程序,以及给出使用本标准其他部分中的详细规程和准则的指导。

也给出了简化程序以及可以使用这些程序的条件。

尽管最初制定本标准是为了供电气绝缘材料及其简单组合体使用,但这些程序被认为是更具有普遍应用性以及能够广泛地应用于那些非电气绝缘用的材料的评定。

在应用本标准时,是假设引起预定性能变化所需要时间的对数与相对应的绝对温度的倒数之间几乎存在着线性关系(Arrhenius 关系)。

为了有效应用本标准,在所研究的温度范围内,应该不发生转变,特别是一级转变。

本标准所有其他部分,仍旧用术语"绝缘材料"来表示"绝缘材料及其简单组合体"。

2 规范性引用文件

下列规范性文件中的条款通过 GB/T 11026 的本部分的引用而成为本部分的条款。凡是注日期的引用文件,其随后所有的修改单(不包括勘误的内容)或修订版均不适用于本部分,然而,鼓励根据本部分达成协议的各方研究是否可使用这些文件的最新版本。凡是不注日期的引用文件,其最新版本适用于本部分。

GB/T 2900.5—2002 电工术语 绝缘固体、液体和气体(eqv IEC 60050(212):1990)

GB/T 10580—1989 固体绝缘材料在试验前和试验时采用的标准条件(eqv IEC 60212:1971)

GB/T 11026.2—2000 确定电气绝缘材料耐热性的导则 第2部分:试验判断标准的选择(idt IEC 60216-2:1990)

GB/T 11026.4—1999 确定电气绝缘材料耐热性导则 第4部分:老化烘箱 单室烘箱(idt IEC 60216-4-1:1990)

ISO 291:1997 塑料 条件处理和试验的标准环境

IEC 60216-3:2002 确定电气绝缘材料耐热性的导则 第3部分:计算耐热特征参数的规程

IEC 60493-1:1974 老化试验数据统计分析导则 第1部分:建立在正态分布的试验结果的平均值基础上的方法

3 术语、定义、符号和缩写的术语

3.1 术语和定义

下列定义适用于 GB/T 11026 的本部分:

3.1.1

温度指数 temperature index

TI

从耐热性关系推出的时间为 20000h(或其他规定时间)时的摄氏温度的数值。

[GB/T 2900.5 212-02-08,经修改]

3.1.2

半差   halving interval

HIC

表示在温度等于 TI 时取得的终点时间的一半到终点时间的开氏温度间隔的数值。

[GB/T 2900.5   212-02-10，经修改]

3.1.3

耐热图   thermal endurance graph

是一种表示耐热性试验中达到规定终点时间的对数与热力学(绝对)试验温度倒数关系曲线的图。

[GB/T 2900.5   212-02-07，经修改]

3.1.4

耐热图纸   thermal endurance graph paper

是一种以对数时间刻度作为纵坐标,分度为 10 的幂方的图纸(常用范围从 10 h～100 000 h)。横坐标的值是与热力学(绝对)温度的倒数成正比。通常把横坐标分成非线性(摄氏)温度刻度,随温度从左到右增加。

3.1.5

有序数据   ordered data

是一组按顺序排列的数据,使得在整个顺序的相应方向中,每一数据大于或等于其前面一项。

注：在本标准中,采用数据上升的排列方式,第一顺序统计量是最小的。

3.1.6

次序统计量   order-statistics

在一组有序数据中的每一个别值称为次序统计量,用它在次序中的数字位置来表示。

3.1.7

不完全数据   incomplete data

有序数据,其中高于和/或低于规定点的值是未知的。

3.1.8

检查过的数据   censored data

不完全数据,其中未知值的个数是已知的。

注：如果开始检查的是高于或低于某一规定值,则这种检查为 1 型。如果检查的是高于或低于某一规定的次序统计量,则其为 2 型。本标准仅涉及到 2 型。

3.1.9

自由度   degrees of freedom

数据值的个数减去参数值的个数。

3.1.10

一组数据组的方差   variance of a data set

数据与由一个或几个参数确定的参照水平的偏差的平方总和,除以自由度的数值。

注：例如,参照水平可以是一个平均值(一个参数)或一条线(两个参数,斜率以及截距)。

3.1.11

数据组的协方差   covariance of data set

对带有相等数目的元的两组数据,其中一组数据中的每一个元相应于另一组中的一个元,相对应的元与其组的平均值的偏差乘积总和,除以自由度的数值。

3.1.12

回归分析   regression analysis

推出表示两个数据组的各相应元之间关系的最佳拟合直线的过程,使得一个数据组的各个元与拟合线的偏差的平方总和为最小。

注：把这些参数称之为回归系数。

3.1.13

相关系数 correlation coefficient

表示两数据组各元之间相互关系的完整性的数，它等于协方差除以数据组方差乘积的方根。

注：其平方的值是在0(表示不相关)与1(表示完全相关)之间。

3.1.14

置信限 confidence limit

TC

从试验数据计算得到的统计参数，带有95%置信度的它构成由TI评估的温度指数实际值的下限。

注1：95%置信度意味着温度指数实际值低于TC的概率只有5%。

注2：其他方面，95%以外的置信值有时可以应用，例如在破坏性试验数据的线性检验中。

3.1.15

破坏性试验 destructive test

诊断性能试验，其中，试样在性能测量过程中发生不可逆变化，因此，不可能在同一试样上重复测量。

3.1.16

非破坏性试验 non-destructive test

诊断性能试验，其中，试样性能未因测量而发生永久性变化，因此，经过适当处理后，可以在同一试样上进行下一次测量。

3.1.17

检查试验 proof test

诊断性能试验，其中，在每一老化周期结束时，每一试样承受某一规定的应力，然后进行下一老化周期直至试验过程中试样失效。

3.1.18

(试样的)温度组 temperature group (of specimens)

共同暴露于同一烘箱中、在同一温度下老化的试样数。

注：在不会引起模糊的场合，可以把温度组或试样组简单称为组。

3.1.19

(试样的)试验组 test group (of specimens)

一起从温度组(如上述)中取出进行破坏性试验的试样数。

3.2 符号和缩写术语

		条 号
a,b	回归系数	
a,b,c,d	破坏性试验的试样数	5.3.2.3,7.2.3
n	Y 值的个数	6.4.1
N	试样的总数	5.3.2.3,7.2.3
m_i	第 i 个温度组内的试样数(检查过的数据)	6.3.2
r	相关系数	7.6.3
F	Fisher 分布的随机变量	6.6.1
S_y	各点与回归线的偏差的平方的均方根	
x	热力学温度的倒数($1/\Theta$)	
y	终点时间的对数	

θ	温度,℃
Θ	热力学温度(开尔文)
	0℃的开尔文值(273.15 K)
τ	(终点)时间
x^2	x^2-分布的随机变量
μ^2	数值组的二阶中心矩
TI	温度指数
TC	TI 的 95％下置信限
HIC	温度等于 TI 时的半差
TEP	耐热概貌
RTI	相对温度指数

4 程序概述

4.1 完整的程序

评定一种材料热性能的标准化程序,按下述先后步骤进行。

注:大力推荐使用如下及 5.1～5.8 所述的完整详细程序。由于 IEC 60216-3 所规定的计算程序,如果是用手工计算,则是复杂和沉长乏味的。因此,IEC 60216-3 也包含有一种使计算非常简化的计算机程序。另外,在计算机视屏上还可显示出热老化图。

a) 制备适量供性能测量用的试样(见 5.3);

b) 把试样分组进行几个确定的高温水平下的老化,既可以连续地也可以循环地进行若干周期,在周期之间,通常把试样恢复到室温或另一个标准温度(见 5.5);

c) 对试样进行诊断试验以揭示老化程度。诊断试验可以采用非破坏性试验或破坏性试验或进行某一性能的测定有可能使试样遭受破坏的检查试验(见 5.1 和 5.2);

d) 延长连续热暴露或热循环直至规定的终点,即达到试样失效或在被测性能变化达到规定的程度(见 5.1、5.2 和 5.5);

e) 根据老化程序种类(连续的或周期的)以及诊断试验(见 c)项)报告试验结果,包括:老化曲线或每一试样到达终点的时间或周期数;

f) 按 6.1 及 6.8 所述用数字方法评定这些数据并作图;

g) 按 6.1 所述,以温度指数和半差的缩写形式表示完整的信息。

第 5 章至 6.8 给出完整的试验和评定的程序。

4.2 简化的数字评定程序和图解评定程序

简化的程序不需检验数据的分散性,而仅检验与线性关系行为的偏差。在 7.1～7.6 中对这些作了说明。

在某些限制条件下,也可以用图解法进行耐热性数据的评定。在这种情况下,虽然不能对数据分散性进行统计评估,但认为它对评定数据与线性关系的任何偏差是重要的。7.1～7.6 还给出了图解程序的规程。

5 详细的试验程序

5.1 试验程序的选择

5.1.1 概述

每一试验程序最好要规定试样的形状、尺寸和数目,暴露温度和时间,与 TI 相关的性能,性能测定方法,终点,以及从试验数据推出耐热特征参数。

所选的性能尽可能反映(如果可能,以显著方式)材料在实际应用中的功能。GB/T 11026.2 给出了性能选择。

为了提供均一条件,可能需要规定试样从烘箱中取出后和测量前的条件处理。

5.1.2　TI 测定的具体规程

如果有材料规范,通常会给出 TI 值可接受下限的性能要求。如果没有这样的材料规范,则可从 GB/T 11026.2 中选择评定耐热性的性能和方法(如果找不到这样的方法,则按下列顺序优先选用国际的、国家的或学会、协会标准或某种专门设计的方法)。

5.1.3　终点时间不是 20 000 h 的 TI 测定

在大多数情况下,所要求的耐热特征参数持续时间预定为 20 000 h。然而,常常还需要较长或较短的时间的信息。在较长的时间情况下,按本标准正文中的要求或推荐时间(例如 5 000 h 作为最长的终点时间的最小值),应按实际规定的时间与 20 000 h 之比率增加。同理,老化周期持续时间也应以大致的比率变化。再次,温度外推应不超过 25 K。在较规定时间短的情况下,必要时,可能要以相同比率减少相应时间。

特别注意,在规定时间很短的情况下,因为较高的老化温度可能把温度引入包括转变点在内的区域,例如玻璃化转变温度或局部熔融,并随之引起非线性。很长的规定时间也可能导致非线性(见附录 A)。

5.2　终点选择

材料的耐热性可能需要由不同的耐热数据(应用不同性能和/或终点得到的)予以表征,以便合理选择材料以满足某一绝缘结构的特殊应用。见 GB/T 11026.2。

确定终点可任选下述两种方法之一:

a)　取相对于性能初始值增加或减少的某个百分数。该方法将提供材料之间的比较,但与它正常运行中所要求的性能值关系较下述 b)法差。初始值的确定见 5.4;

b)　取性能的固定值。可以按通常运行要求选择这个值。检查试验的终点主要是以性能的固定值形式给出。

选择终点最好能反映绝缘材料劣化的程度,即这种劣化降低了材料在某一绝缘结构中实际运行时承受某种应力的能力。作为表明试验达到终点的性能劣化程度最好与实际应用中所要求的材料性能允许安全值有关。

5.3　试样的制备和数量

5.3.1　制备

老化试验用试样应由所研究总体中随机抽取的样品组成并经均一化处理。

材料规范或试验方法标准要包括关于试样制备的所有必要的说明。

某些情况下,在耐热性测定的性能测量表中规定了试样的厚度。见 GB/T 11026.2。如果没有规定,则应报告厚度。某些物理性能甚至对试样厚度的微小变化都是敏感的,在这种情况下,如果相应规范有要求的话,则在每一老化周期之后,可能需要对厚度进行测定并报告。

厚度之所以重要还因为老化速率可能会随厚度而变化。不同厚度材料的老化数据不总是可比的。因此,一种材料可能会从不同厚度下性能测量得出一个以上的耐热特征参数。

试样尺寸偏差最好与常规的用于一般试验的偏差相同,对于试样尺寸偏差要比那些常规用的偏差小的场合,应给出这些特殊偏差。筛选性测量确保试样具有被试材料相同质量和特征。

由于加工过程条件可能会显著地影响到某些材料的老化特性,因此要保证诸如在取样、从供货卷上切取片材、按给定方向切取各向异性材料、模塑、固化及预处理等方面,所有试样都是按相同方法进行的。

5.3.2　试样数量

耐热性试验结果的准确性,极大地取决于每一温度下的老化试样的数量。IEC 60216-3 给出了合适试样数量的说明。通常,下述说明(5.3.2.1～5.3.2.3)是适用的,这些说明影响到 5.8 给出的试验程序。

切实可行的做法是另外制备一些试样或至少要从同批原始材料中提供一定备用品,以便以后可以从中制备试样。这样,当遇到意想不到的复杂情况时,可以对这些另外制备的试样进行所需要的老化,使得试样组之间发生系统误差之风险降低到最小程度。如果耐热性相互关系证明是非线性的,或如果由于烘箱的热失控而导致试样损失,那么,这样的复杂情况是可能会发生的。

在非破坏性试验或检查试验的试验判断标准是根据性能初始值的场合,则测定该性能所需要的一组试样数量最好至少是每一温度组试样的两倍。对于破坏性试验,见5.3.2.3。

5.3.2.1 非破坏性试验的试样数量

在绝大多数情况下,对每一暴露温度下,一组五个试样是适合的。然而,要获得更详细的指导,可查阅IEC 60216-3。

5.3.2.2 检查试验的试样数量

在绝大多数情况下,要求每一暴露温度至少一组由11个试样组成。如果在每一组内的试样数是奇数,则对图解法求解及在某些其他情况下,数据处理可能更加简单。要获得更详细的指导,可查阅IEC 60216-3。

5.3.2.3 破坏性试验的试样数量

试样数(N)按下式得出:

$$N=a×b×c+d$$

式中:

a——某一试验组内经过一个温度下相同处理且在性能测定之后抛弃的试样数(通常为五个);

b——在一个温度下的处理次数,即暴露次数的总数;

c——老化温度水平的个数;

d——组内用于确定性初始值的试样数。当诊断标准是以其性能相对于其初始水平的百分变化时,正常的做法是取$d=2a$。当诊断标准是某一性能绝对水平时,通常d是零,除非要求报告初始值。

5.4 初始性能值的确定

用于测定性能初始值的试样应从准备进行老化的试样总体中随机选取一部分。性能值测定之前,应把这些试样在老化试验温度的最低水平下(见5.5)暴露两天(48 h±6 h)进行条件处理。

注:在某些情况下(例如很厚的试样),可能需要多于两天的时间以达到一个稳定值。

除非在诊断性能的方法中另有说明(例如,材料规范中涉及到试验方法的部分。或列入GB/T 11026.2中的方法),初始值是取试验结果的算术平均值。

5.5 暴露温度和时间

对TI测定,宜把试样暴露于不少于三个、最好四个以上的温度下,这些温度应包含有足够范围,以便能证明到达终点时间与热力学(绝对)温度倒数之间的线性关系。

为了减少在计算相应的耐热特征参数中的不确定性,需要仔细选择热暴露的整个温度范围,注意下列要求:

a) 测定TI时最低的暴露温度应是能使测得的终点的平均时间或中值时间大于5 000 h(见5.1.3);

b) 为确定TI而进行的外推应不大于25 K;

c) 最高的暴露温度应是能使测得的终点的平均值或中值时间大于100 h(如果可能,小于500 h)。

注:对某些材料,也许不可能达到终点时间小于500 h而仍保持足够的线性度。然而,重要的是,对相同数据分散性而言,较小的平均终点时间范围将导致结果的较大的置信区间。

有关如何应用非破坏性试验、检查试验或破坏性试验的试验判断标准,5.8提供了相关及详细的说明。

表1给出了初始选择的指导。

附录B给出了在确定时间和温度中有用的若干推荐和建议。

5.6 老化烘箱

在整个老化过程中,老化烘箱中放样空间的温度应保持在 GB/T 11026.4 给定的偏差范围内。除非另有规定,应采用 GB/T 11026.4 规定的烘箱。

烘箱内的空气循环和换气量最好应足以保证热降解速率不因分解产物的堆积或氧气的减少而受到影响(见5.7)。

5.7 环境条件

特殊环境条件的影响,诸如极端的潮湿、化学污染或振动,在许多情况下,可能通过绝缘结构试验进行评定更加适合。然而,在环境条件处理方面,除空气外的其他大气的影响和浸液(例如浸油)可能是重要的,但这些不是本标准的内容。

5.7.1 老化过程的大气条件

除另有规定外,老化应在运行于标准实验室大气中的烘箱内进行。然而,某些对烘箱内湿度非常敏感的材料,当放置老化烘箱的房间内的绝对湿度受到控制,并使其等于 GB/T 11580 的相应的标准大气B的绝对湿度时,可得到更加确实可靠的结果。因此,应报告上述或其他规定的条件。

5.7.2 性能测量的条件处理

除另有规定外,试样在测量之前应进行条件处理并应在材料标准规范中的规定的条件下进行测量。

5.8 老化程序

本条是有关应用下列试验的基本程序:

a) 非破坏性试验;

b) 检查试验;

c) 破坏性试验。

按5.3说明,制备若干试样。如有必要,按5.4规定,测定性能的初始值。把试样按暴露温度的个数随机地分成同样个数的组。

按5.5说明,确定暴露温度和时间(见附录B)。

在符合5.6要求的每一烘箱中放置一组试样进行暴露,烘箱要尽可能保持接近从表1所选取的温度。

注1:建议给每一单个试样做标记以简化它每一次试验之后正确返回烘箱。

注2:要注意5.3推荐,制备额外备用试样组的建议,以便达到附录B所述的目的,尤其是能够早期着手进行在外加温度水平下,新的试样的老化。

5.8.1 非破坏性试验的应用程序

在每一周期结束时,从各自烘箱中取出试样组,除另有规定外,让其冷却至室温(见5.7)。某些试验的性能可能要求在烘箱温度下测量,在这种情况下,老化继续进行。

对每一试样进行相应试验,然后把试样组返回到原先烘箱,在如同以前一样的温度下,进行下一周期的暴露。继续温度暴露周期、冷却并施加试验直至试样组内试样的平均测得值达到规定的终点并至少提供超过终点的一个点。

按6.1所列及 IEC 60216-3 细节评定结果并按6.8规定报告结果。

5.8.2 检查试验的应用程序

按检查试验程序试验的试样应随机地从通过筛选检查试验的试样中抽取。

每一周期结束时,从烘箱中取出所有试样。每次取出之后,让这些试样冷却至室温,然后,让每一试样进行规定的检查试验。再把通过检查试验的试样返回到他们原先的烘箱,在如同以前一样的温度下,进行下一周期的暴露。

继续温度暴露周期、冷却及施加检查试验,如果试样数(m)是奇数,则直至中值试样数$(m+1)/2$失效;如果试样数是偶数,则直至中值试样数($m/2+1$)失效。如果结果显示该终点时间很可能是在大约 10 个暴露周期内达到,则没有必要改变原先选择的暴露周期;如果结果没有这种显示,则可能要改变周期,使得至少 7 个周期(最好是 10 个周期左右)内得到期望的中值结果,应在第 4 周期之前作出改变周期时间的决定。

可以继续温度暴露周期直至所有试样失效,以便可以进行更加完整的统计分析(见 IEC 60216-3)。

按 6.1 所列及 IEC 60216-3 细节评定结果,按 6.8 规定报告结果。

5.8.3 破坏性试验的应用程序

对每一烘箱,随机选取预定试样数量(见 5.3.2.3)的试验组,按合适的暴露时间顺序经某段时间之后,把试验组分别从烘箱中取出,见 5.5,附录 B 及表 1。

在每一次取出之后,除非另有规定,让一组试样冷却至室温,对预期其性能会随温度或湿度显著变化的材料,除非另有规定,应将这些试样在 GB/T 10580 的 B 标准大气条件中处理一夜。对试样进行试验并按 IEC 60216-3 以结果和结果的算术平均值(或其合适的变换形式)对暴露时间的对数作图。

按 6.1 所列及 IEC 60216-3:2002 第 6 章细节评定结果,按 6.8 规定报告结果。

6 评定

6.1 试验数据的数字分析

6.3~6.7 规定了试验数据的所有完整分析的数字计算程序。简化程序也是可得到的(7.1~7.6),这种程序产生的结果是不具有相同的统计置信度。简化程序宜仅应用于具有合理的期望值的场合,即试验数据的分散性应足够小以便获得满足要求的温度指数的置信区间(例如,从过去的相关经验)。

TI 数据的分析是建立在这样假设基础上的:终点时间的对数与热力学老化温度的倒数之间存在着线性关系。

评定 TI 结果的优选方法是按 IEC 60216-3 细述的数字程序,并同时用如图 4 所示的图展示。然而,当不能满足统计要求或当由于其他原因认为它是合乎要求时才采用图解法评定。在这种情况下,结果应该用所测得的平均烘箱温度进行作图(见附录 A)。

6.2 耐热特征参数和形式

耐热性特征参数是:温度指数,TI,和

　　　　　　　半差,HIC

　　　　　(见 6.7)。

电气绝缘材料的耐热性总是针对某一具体性能和终点给出的。如果忽略这一点,耐热性能没有任何意义。因为经受过热老化的材料性能可能未必按相同速率全部变坏,因此,一种材料可能会得出一个以上的温度指数或半差,例如,从不同性能测量得出的。

对于按数字法推导并满足有关线性度和分散度统计条件的场合,其表示形式为:

TI(HIC):TI 值(HIC 值),

例如,TI(HIC):152(9.0)。

应把 TI 值表示成最接近的整数值,HIC 值表示成一位小数。

对于图解推导或不能满足统计条件的场合,其表示形式为:

TIg=TI 值,HICg=HIC 值,

例如,TIg=152,HICg=9.0。

如果推导 TI 时,应用的时间不是 20 000 h,则应说明以 kh 表示的相关时间,即数值后加上 kh。因此,这样 TI 的表示形式为:

TI 以 kh 为单位的时间(HIC):TI 值(HIC 值)

例如,TI40kh(HIC):131(10,0),

并且该形式也适用于 TIg,

例如,TIg40kh=131,HIC=10,0。

对于按简化程序(见7.6)推导的场合,表示形式为:

TIs=TI 值,HICs =HIC 值,

例如,TIs=152,HICs=9.0。

6.3 终点时间,x一和 y一值

对每一温度组,x一值应该应用下述公式计算:

$$x = 1/(\theta + \Theta_0) \qquad \cdots\cdots\cdots\cdots\cdots(1)$$

式中,θ 是以摄氏度表示的温度,$\Theta_0 = 273.15$ K。

6.3.1 非破坏性试验

在试样的每一温度组内,每一试样都获得每一老化周期后的性能值。从这些值(如果需要,通过内插(见图1)获得终点时间并计算它的对数作为6.4中用到 y一的值。

6.3.2 检查试验

对每一温度组内的每个试样,计算最接近到达终点之前的老化周期的中点时间并取该时间的对数作为 Y 值。

在第一个老化周期内的终点时间应作无效处理。在这种情况下,要么,

a) 用新的试样组开始老化,或者,

b) 不管这些试样并把归入第 i 组内的试样数(m_i)的值减少一个。

如果在第一周期过程中有一个以上试样达到终点,则去除这组并试验另外一组,要特别注意试验程序的任何临界点。

6.3.3 破坏性试验

由于在进行有关性能测量中每一试样遭到破坏,因此,不可能直接测量任何试样的终点时间。应用 IEC 60216-3:2002 的 6.1.4 详细叙述的数学方法,可以计算推测的终点时间。

该方法是建立在这样假设基础上:即在一个温度下老化的所有试样的老化速率都是相同的,因此能够从一连串试验过的试验组的性能平均值确定老化速率。选择老化曲线的近似线性范围(见图2),并通过每一(时间、性能)点,绘制一条平行于平均老化曲线的线。该线与终点线的交点,给出所需要的终点时间的对数(见图3)。

注:老化曲线是通过绘制性能值或其值的合适转换形式与暴露时间的对数关系曲线形成的。需要保证,回归线与时间轴的相交点给出的值,相同于由各条线相交的平均值。

该程序是按数值方法进行的并进行相应的统计检验。推导出的 y一值应用于 6.4 计算中(见 IEC 60216-3:2002 的 6.1.4)。

6.4 平均值和方差

6.4.1 完整数据

对一个温度组内的所有试样的终点时间是已知的非破坏性试验和检查试验,y 值的平均值 $\bar{y}$ 和方差 S^2 应按下述公式计算:

$$\bar{y} = \sum y/n \qquad \cdots\cdots\cdots\cdots\cdots(2)$$

$$S^2 = \frac{[\sum y^2 - (\sum y)^2/n]}{n-1} \qquad \cdots\cdots\cdots\cdots\cdots(3)$$

式中 n 是温度组中 y 值的数量。

对破坏性试验,应该用同样的程序,把它应用于按6.3获得的 y 的推测值。

6.4.2 不完整(经检查合格的)数据

对于非破坏性试验和检查试验,当一个温度组内,在所有试样达到终点之前老化已经终止时,平均值和方差评估应按 IEC 60216-3:2002 的 6.2.1.2 计算。

6.5 总平均值和方差及回归分析

y 值加权平均值和方差及 x 值加权平均值和二阶中心距,应按 IEC 60216-3:2002 的 6.2.2 计算。

耐热图和偏离线性度检验的斜率和截距的回归分析应按 IEC 60216-3:2002 的 6.3.2 计算。

6.6 统计检验和数据要求

下述统计检验在 IEC 60216-3:2002 的 6.3 中作了详尽规定,在 IEC 60216-3:2002 的附录 A 和附录 B 作了概括说明。这些检验业已用来检验那些可能使耐热特征参数推导无效的所有重要数据情况,以及用来决定一种无法满足统计要求的情况是否属于实际显著的。

6.6.1 所有类型的数据

在应用统计检验之前,数据需要满足下列要求:

a) 在最低试验温度下的终点时间的平均值不少于 5 000 h(或当温度指数规定的时间 τ 不是 20 000 h 时,应不少于 $\tau/4$);

b) 温度指数与最低试验温度之间的差应不大于 25 K。

如果不符合这些条件中的任何一个,则不能报告 TI 值。为了进行有效计算,应在这样一个更低温度下,进行一个或几个新的试样组的老化并保证满足这些条件。

当一组数据满足上述要求时,统计的要求是温度指数(TI)与它的 95% 下置信限(TC)之间的差(TI-TC)不大于 0.6 HIC。这个差取决于数据点的分散、回归分析中的线性度偏差、数据点的个数和外推程度。

本文提出的一般计算程序以及 IEC 60216-3:2002 中的细节是建立在 IEC 60493-1 中所陈述的原理的基础上的。这些原理可以简单地表示如下(见 IEC 60493-1 的 3.7.1):

1) 达到规定终点所需要的时间(终点时间)的对数平均值与热力学(绝对)温度倒数之间的关系是线性的;

2) 终点时间的对数与线性关系的偏差值是呈正态分布的,其方差与老化温度无关。

对第一个假设是通过通常所说的 Fisher 检验(F 检验)进行检验的。在这种检验中,从试验数据计算检验参数 F 并与表值 F_0 比较,如果 $F < F_0$,则线性假设可以接受并继续计算下去。如果 $F > F_0$,则按推论该假设予以拒绝,但由于在特殊情况下,可能检查的是一种无实际重要性的统计学上显著的非线性,所以在规定条件下,按修正过的方法(细节见 IEC 60216-3),计算可以继续下去。

选择 F_0,使得检验是在显著水平为 0.05 下进行,这意味着即使这种假设是对的,也还有 5% 的概率拒绝该假设(当正确时,有 95% 概率接受该假设)。

检验第二个假设,是通过 Bartlett 的 x^2 检验。从数据计算检验参数 x^2 并与表值 x^2 比较。在显著水平 0.05 下,如果检验参数 x^2 大于表值,则应报告 x^2 值和从表中查到的相应概率 P。

对破坏性试验(6.3.3),也要按 F 检验,检验性能值的线性度随终点附近时间变化(见 IEC 60216-3:2002 的 6.1.4.4)。

当数据的分散是这样的:TI-TC 的值是处在 0.6 HIC 与 1.6 HIC 之间时,还是有可能报告一个调整过的 TIa 值而不是报告计算得到的 TI 值,使得报告的 TIa 值与按通常程序计算得到的 TI 的下置信限之间的差小于或等于 0.6 HIC(即 TI 值用 TIa=TC+0.6 HIC 代替,见 4.3(3)和 IEC 60216-3:2002 的 7.3)。

已经制定出满足这些情况的计算程序和适当限制,并在 IEC 60216-3 中详细给出。在 IEC 60216-3:2002 附录 A 和附录 B 中,给出了说明这些程序和条件的操作流程图和判断表。

6.6.2 检验试验

对检查试验,把终点时间考虑为逐步走向失效的老化周期的中点。在第一个老化周期终点的失效不能予以接受。在这种情况下,要么重新开始新的组试验,它也许带有较短的周期时间;要么不计这个第一周期失效而把组的标称数减 1(例如,在数字计算过程中,应该把 21 温度组按 20 处理,见 IEC 60216-3:2002 的 6.1.3),在任何情况下,最好要仔细检查试样制备技术。

在所有情况下,老化应继续下去直至每一组内超过 1/2 试样未能通过检查试验。对所有组的数量未必都要求相等,或失效数未必都要求相等。

6.6.3 破坏性试验

按正常要求,在每一温度下,至少要选取三个(最好更多)老化组进行线性度检验,该检验最好是在 0.05 显著水平下进行(见 IEC 60216-3:2002 的图 2、图 3 及 6.1.4.4),而且这些老化组至少有一个平均值高于终点以及至少有一个平均值低于终点。在规定情况下,允许不满足这些条件(在 0.005 显著水平下,无论是小的外推或线性度检验可能是允许的,见 IEC 60216-3:2002 的 6.1.4.4)。

6.7 耐热图和耐热特征参数

计算相对于 20 000 h 终点时间(或者应用 IEC 60216-3:2002 的 6.3.3 公式(47)求取温度指数所选取的这样其他时间 τ_1)的温度 θ_1。

按相同方法,计算相当于 10 000 h 终点时间的温度 θ_2,否则,就计算相当于 $\tau_1/2$ 终点时间的 θ_2, $\theta_2-\theta_1$ 的差即是半差 HIC 的值。

计算相当于 1 000 h 终点时间的温度 θ_3,否则就计算相当于 $\tau_1/20$ 终点时间的温度 θ_3。

应用 θ_1 点和 θ_3 点以及其相应时间,在耐热图纸上绘制耐热回归线。

应用 IEC 60216-3:2002 的 6.3.3 的公式(46)~(50),计算 20 000 h,1 000 h 时间(或按前面提到的参数选择)的温度指数评估值的下置信限,并且至少有五个中间过渡时间。把这些成对的时间-温度标绘在耐热图上,画出一条通过这些点的光滑曲线。

在同一图上,标绘出老化温度、终点时间(测得的或推测的)以及平均时间。

按 6.5(也见 IEC 60216-3:2002 的 7.2 和 7.3)计算,推导出耐热特征参数。

6.8 试验报告

试验报告应包括:

a) 被试材料的说明,包括试样尺寸和任何条件处理;

b) 所研究的性能,终点选择以及如果性能是用百分值表示的话,性能的初始值;

c) 用于测定性能的试验方法;

d) 试验程序的任何有关信息,例如,老化环境;

e) 各个试验温度及相应数据,包括:

    1) 对非破坏性试验,各个终点时间,性能随老化时间变化的图;

    2) 对检查试验,老化周期数和持续时间,在这些周期中达到终点时间的试样数;

    3) 对破坏性试验,老化时间和各个性能值,性能随老化时间变化的图;

f) 耐热图;

g) 按 6.2 规定形式报告的温度指数和半差;

h) 如果 IEC 60216-3:2002 的 6.3.1 有要求,x^2 和 $k-1$ 的值;

i) 根据 IEC 60216-3:2002 中 5.1.2,任何第一周期的失效。

7 简化程序

7.1 程序概述

在所选取的某一温度下,测定所选择某一性能的数值(例如,力学的,光学的或电气的性能,见 GB/T 11026.2)变化与时间关系(见 5.8)。

继续该程序直到所选择的那个性能达到规定终点值,从而得到特定温度下的终点时间。

把另外一些试样暴露于其他两个温度中最小的那个温度下,测定相关性能的变化。推荐在三个或四个温度下进行试样热老化,测定每一温度的终点时间。

当完成所有温度下数据后绘制耐热图,进行比较简单的统计计算,通过评估耐热图的线性度证明耐热特征参数计算是否有效。

7.2 试验程序

7.2.1 诊断试验的选择

所选择的试验应该与实际中多半具有意义的某一特性相关,只要可能,就应采用国际标准规定的试验方法(例如,见 GB/T 11026.2)。如果试样尺寸和/或形状因热处理而发生改变,则只能采用不受这些影响的试验方法。

7.2.2 终点选择

终点选择应考虑两个因素:

    a) 估计一个温度指数所涉及到的时间周期,对一般实际应用,推荐 20000h;对特殊应用,可以规定其他时间;

    b) 可接受的所选择特性值变化。该值与所预知使用条件有关。

7.2.3 试样

试样的尺寸和制备方法应按有关试验方法给出的规定:

    a) 对需要进行非破坏性试验的判断标准,在大多数情况下,每一暴露温度取 5 个试样一组是足够的;

    b) 对检查试验的判断标准,对每一暴露温度要求一组至少 11 个或 21 个;

    c) 对需要进行破坏性试验的判断标准,所需要的试样最少总数按下式推出:

$$N = a \times b \times c + d \qquad\qquad (4)$$

式中:

a——一个试验组内经过一个温度下相同处理以及性能测定后抛弃掉的试样数(通常为 5 个);

b——在一个温度下处理的次数,即暴露的持续时间;

c——暴露温度水平的个数;

d——用于确定性能初始值的试样组内的试样数。当诊断标准是以性能相对于其初始水平的百分变化时,正常取法是 $d=2a$;当诊断标准是某一绝对性能水平时,通常 d 为零,除非要求报告初始值。

注 1:如果这些规定导致要试验非常多的试样,则在某些情况下,可以偏离有关试验规范及减少试样数。然而,必须清楚认识到,试验结果的精确度在很大程度上与被测试样数有关。

注 2:相反,当各个结果太分散时,可能需要增加试样数量以获得足够的精确度。

注 3:可取的做法是通过预备性试验,对所需进行的老化试验的数量和持续时间作一次大致的评估。

7.3 暴露温度

试样应暴露在不少于三个的温度下,所包括的温度范围应满足通过外推确定具有所要求精确度的温度指数。选择最低暴露温度应使达到终点所需要的时间至少为 5 000 h。同样,选择最高暴露温度应使达到终点所需要的时间不少于 100 h,最好不大于 500 h(见 5.5c)的注)。最低暴露温度应不比预计的 TI 高出 25℃。

如果所寻求的温度指数的时间不是 20 000 h,则选择最低暴露温度应使达到终点所需要的时间至少为所选取的外推时间的 1/4。

选择合适的暴露温度,需要被试材料以前测定过的信息,如果没有这样信息,在选择暴露温度中可以求助一些适合于评定耐热特征参数的研究探索性试验。

7.4 老化烘箱

热老化应使用符合 GB/T 11026.4 要求的烘箱,特别是在温度偏差和换气速率方面。

7.5 程序

除了直接用作暴露于热老化温度的试样外,还应制备足够数量的试样,目的是:

    ——提供因准确度的要求而需要在另外温度下进行热老化的试样;

    ——作为参照试样。

应把这些试样贮存在合适受控的大气中(见 ISO 291)。

7.5.1 初始性能值

当有要求时,在开始进行加热老化程序之前,应在室温下做一次初始性能试验,试验时,应用经过条件处理的规定数量的试样并按所选取的试验法进行试验。

热固性材料应在选择范围的最低暴露温度条件下处理 48 h。

7.5.2 老化程序

把所要求数量的试样置于保持所选择温度的每一烘箱中。

如果试样之间存在着来自不同塑料的交叉污染的危险,则对每一种材料应使用单独分开的烘箱。

在每一加热老化周期结束时,从烘箱中取出所要求数量的试样,必要时,还应在合适的受控大气下,进行条件处理(见 ISO 291)。按所选择的试验判断标准进行的试验应在室温下进行。试验之后,对非破坏性试验和检查试验,应把这些试样返回到原来的烘箱进行下一轮的老化。

继续该程序直至所研究的特性的平均数值达到相关的终点。

7.6 简化的计算程序

7.6.1 终点时间

对破坏性试验,对每一暴露温度和在每一热老化周期之后从烘箱中取出的试样组,绘制所选择性能的平均值与老化时间对数关系的曲线(见图 2)。取该曲线与代表终点判断标准的水平线相交的点作为该温度组的终点时间。

对非破坏性试验,以每一老化周期之后,在每一试样上测得的性能值绘制曲线,取该曲线与代表终点标准的水平线相交点作为该试样的终点时间。温度组的终点时间是这些试样时间的平均值。

当采用检查试验时,应按老化周期开始和结束的时间的平均值计算每一老化时间。应把温度组的老化时间作为检查试验中发生中值失效的老化周期时间(见 6.3.2)。

7.6.2 回归线的计算

本标准所假定的老化函数是涉及绝对(开尔文)温度 Θ 与性能值中某一确定变化所需要时间 τ 之间的关系的等式:

$$\tau = Ae^{B/\Theta} \qquad \cdots\cdots\cdots(5)$$

式中:

A 和 B——与材料和诊断试验有关的常数;

$\quad\Theta$——绝对温度,等于 $\theta + \Theta_0$;

$\quad\theta$——摄氏温度,℃;

$\Theta_0 = 273.15$ K。

可以把它表示成线性等式:

$$y = a + bx \qquad \cdots\cdots\cdots\cdots(6)$$

式中:

$y = \ln\tau$

$x = 1/\Theta$

$a = \ln A$

$b = B$

已知一组成对 x,y 值,从 x,y 值可确定给出最佳拟合线关系的 a 和 b:

$$b = \frac{(\sum xy - \sum x \sum y / k)}{[\sum x^2 - (\sum x)^2 / k]} \qquad \cdots\cdots\cdots(7)$$

$$a = \frac{(\sum y - b \sum x)}{k} \qquad \cdots\cdots\cdots(8)$$

式中 k 是 x、y 值的个数。

注1：由于大多数带有"统计"功能的"科学"计算器具有回归分析功能，因此，上述含有公式(5)～(7)的计算可以通过这种计算器进行。重要的是在这种情况下，把 x 作为自变量输入，而把 y 作为因变量。

注2：应用这样计算器通常可以输入时间和温度值，并在相加求和之前将其变成 x 和 y。

注3：可以用其他为底(例如，以 10 为底)的对数，但这将影响到 7.6.3 中使用的值。

7.6.3 线性偏差的计算

计算决定系数(相关系数的平方)。这也能够通过计算器的回归操作进行。

$$r^2 = \frac{(\sum xy - \sum x \sum y/k)^2}{[\sum x^2 - (\sum x)^2/k][\sum y^2 - (\sum y)^2/k]} \quad \cdots\cdots\cdots\cdots\cdots (9)$$

计算 y 值的二阶中心矩。它等于 y 的标准偏差的平方乘以 $(k-1)/k$。

$$\mu_2(y) = \frac{[\sum y^2 - (\sum y)^2/k]}{k} \quad \cdots\cdots\cdots\cdots\cdots (10)$$

计算数据点与回归线的均值偏差：

$$S_y = \sqrt{\frac{(1-r^2)\mu_2(y)}{(k-2)}} \quad \cdots\cdots\cdots\cdots\cdots (11)$$

7.6.4 温度指数和半差

如果由公式(11)得到的 S_y 值小于 0.16(或如果应用以 10 为底的对数，则为 0.069 5)，则可以确定 TI 和 HIC 值。如果不能满足这个条件，那么由于与原始假设的偏差太大而不能进行计算。

$$\theta = \frac{b}{(\ln\tau - a)} - \Theta_0 \quad \cdots\cdots\cdots\cdots\cdots (12)$$

应用公式(12)，计算相应于 20 000、10 000 和 2 000 的 τ 值(时间,h)的温度，并分别标以 $\theta_{20\,000}$、$\theta_{10\,000}$ 和 $\theta_{2\,000}$。

应用数据对 $(\theta_{20\,000}, 20\,000)$ 和 $(\theta_{2\,000}, 2\,000)$ 在耐热图纸上绘制回归线，得到耐热图。

计算 TI 和 HIC 值：

$TI = \theta_{20\,000}$，$HIC = \theta_{10\,000} - \theta_{2\,000}$

注：如果计算 TI 用的 τ 值不是 20 000，则在上式中，用 $\tau/2$ 和 $\tau/10$ 代替上述中的 10 000 和 2 000。

7.6.5 简化计算的有效性

当提供给所有温度组的平均终点时间的数据的数目是大致相等时，上述给出的计算程序才是有效的。另外，该程序不检验可接受的试验数据分散性。由于这个原因不能对试验结果给出全部统计可接受的情况，因此，仅当耐热试验中，材料的性能变化情况已经积累有令人满意的经验时，才宜采用该程序。

在一切有疑问的情况下，宜按 6.3～6.7 以及 IEC 60216-3 所述进行更加全面的分析，特别是对试验数据的分散性的接受存在到怀疑时。

7.6.6 试验报告

根据 6.8，按下列格式报告试验结果。

$TI_s = xxx$，$HIC_s = yy.y$

表 1 建议的暴露温度和时间

TI 的评估值温度范围/℃	暴露温度/℃ 方格内：暴露周期的持续时间/天																							
	120	130	140	150	160	170	180	190	200	210	220	230	240	250	260	270	280	290	300	310	320	330	340	360
95～104	28		14		7		3		1	1														
105～114		28		14		7		3		1														
115～124			28		14		7		3		1													
125～134				28		14		7		3		1												
135～144					28		14		7		3		1											
145～154						28		14		7		3		1										

表 1(续)

TI 的评估值温度范围/℃	暴露温度/℃ 方格内:暴露周期的持续时间/天																								
	120	130	140	150	160	170	180	190	200	210	220	230	240	250	260	270	280	290	300	310	320	330	340	350	360
155~164							28		14		7		3		1										
165~174								28		14		7		3		1									
175~184									28		14		7		3		1								
185~194										28		14		7		3		1							
195~204											28		14		7		3		1						
205~214												28		14		7		3		1					
215~224													28		14		7		3		1				
225~234														28		14		7		3		1			
235~244															28		14		7		3		1		
245~254																28		14		7		3		1	

更加详尽论述和推荐见附录 B。

注 1:该表主要用于周期性的检查试验和非破坏性试验,但也可作为破坏性试验选择适合时间间隔的指导。在这种情况下,可能要求 56 天或更长的周期时间。

注 2:当因为提交另外试样进行比原始计划中较低老化温度还要低的温度下老化而延长试验计划时,最好考虑以 10 K 温度间隔和 42 天周期持续时间进行 TI 测定。

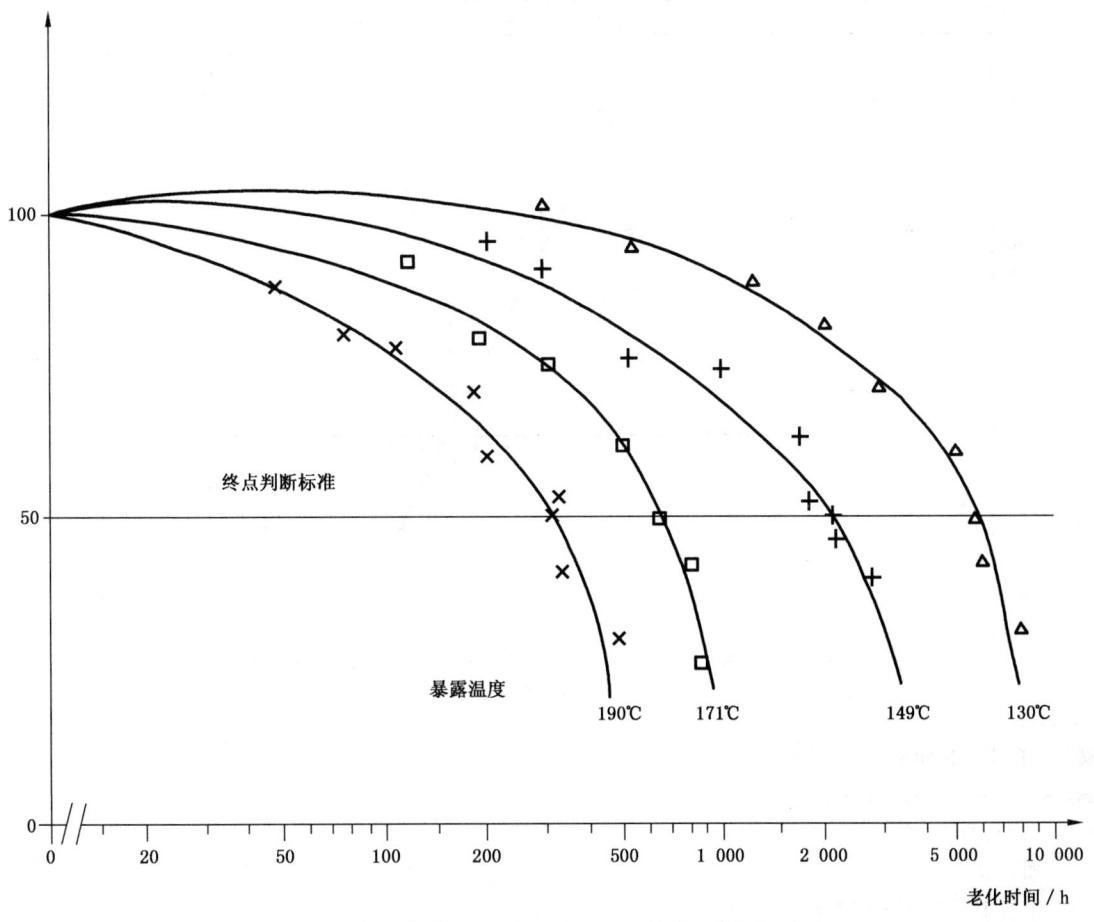

图 1　性能变化——每一温度下终点时间的确定
（破坏性试验和非破坏性试验）

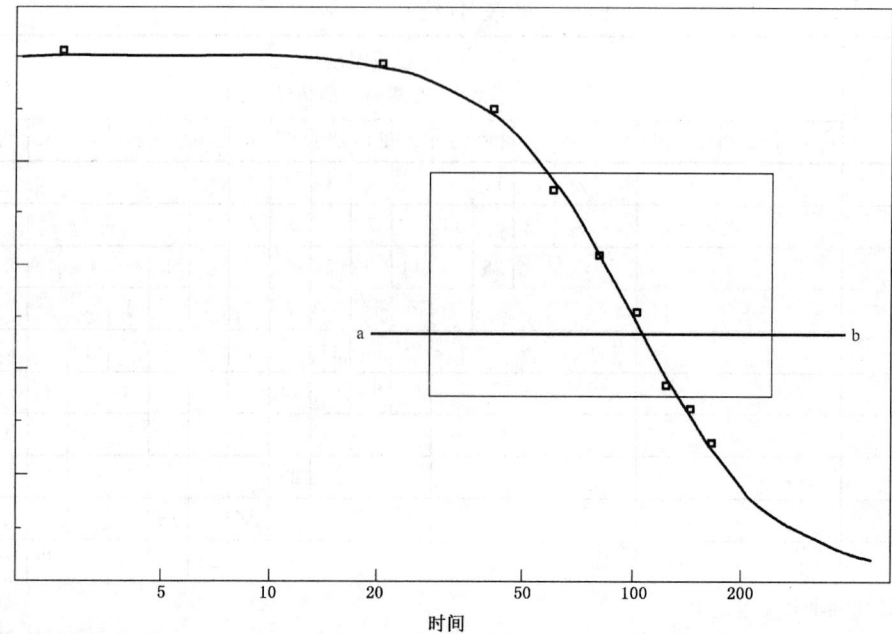

插入的矩形图的细节见图 3。

a—b 终点性能值

图 2 终点时间评估——性能值(纵坐标,任意单位)与时间关系
(横坐标,对数分度,任意单位)

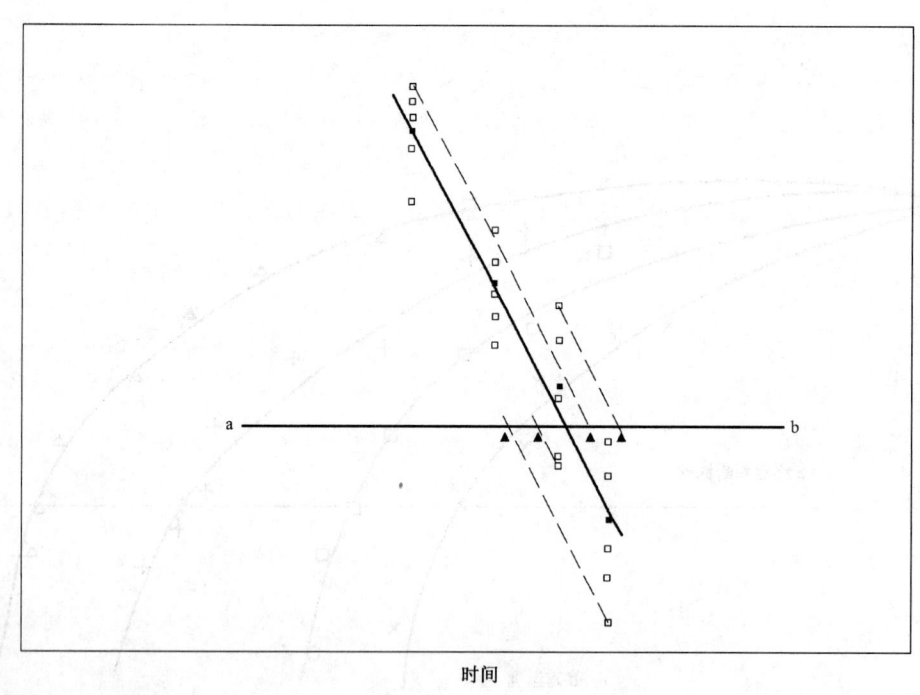

时间

□ 数据点

■ 组的平均性能值

▲ 指向终点时间评估的符号

a—b 终点的性能值

—— 回归线

---- 平行于回归线的评估线

为清晰起见,评估线没有展示所有数据点

图 3 破坏性试验——终点时间评估

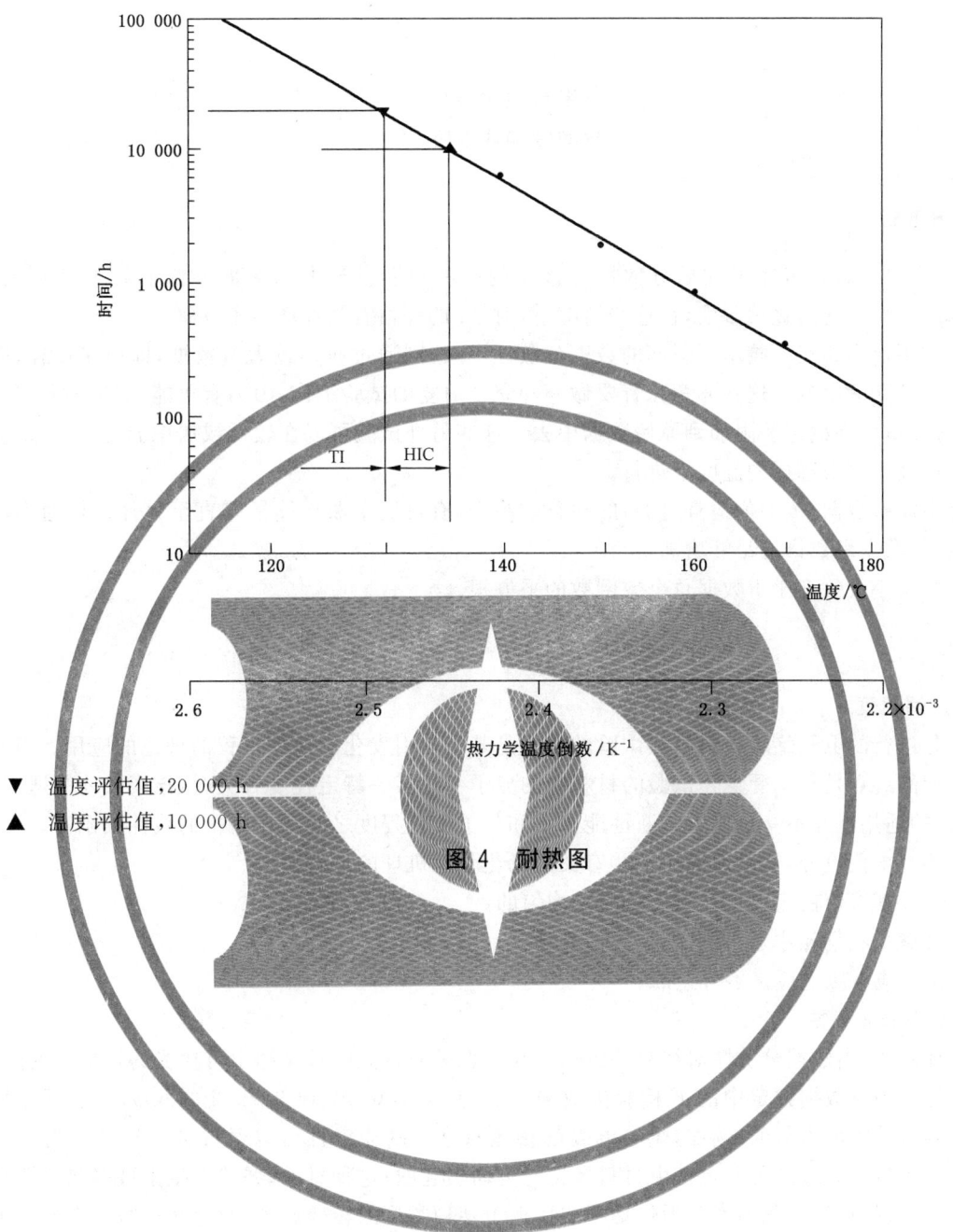

▼ 温度评估值,20 000 h
▲ 温度评估值,10 000 h

图 4 耐热图

附　录　A
（资料性附录）
分散性和非线性

A.1　数据分散性

IEC 60216-3 中详细叙述了数据分散性可接受的一些检验。过大的数据分散的后果是使 TI 的 95％下置信限比可接受的置信限大，在这些情况下，对 TI 的评估有效性产生了怀疑。

如果由于不恰当的实验技术而引起的数据分散性不大，则通过应用较大量数据，即更多试样，能够克服大分散性带来的影响。这并非意味着要做一种完全重复的试验工作，因为有可能（如果材料可得到的话）试验另外试样并把这些附加到原始数据中去。这些另外试验可以在较低或居中温度下进行，但通常最好不是在高于原来选择的温度下进行。

在具有不完整数据（按中值检查过的）的检查试验中，有可能采取连续暴露直至另外试样通不过检查试验，以获得数据组数目的足够增加。

置信限的大小大致正比于数据总个数倒数的平方根。

A.2　非线性

A.2.1　热分解机理

按本部分进行的电气绝缘材料耐热试验的模式是基于热引发化学速率过程的理论的应用。当所选择的诊断性能的终点是与承受老化试验的材料中的分子变化某一特定程度有关时，该模式才是适用的。因此，该模式的适用性并不一定要求诊断性能水平和分子变化程度之间存在严格的线性关系。

除了上述基本假设外，还必须满足某些有关热老化化学机理的一般假设。

a)　材料及其组合在宏观物理意义上应是均匀的。

b)　热降解应在均相中进行的。

c)　老化反应本质上应是不可逆的。

A.2.2　数据组的非线性

在数据评定中，当数据分散性对结果的置信区间而言是非常大而且又超出可接受的置信限的同时，数据的非线性是通过数据评定中的 F 检验失效来指明的（见 IEC 60216-3:2002 的 6.3）。这可能是由于不恰当的实验技术而引起的（例如，烘箱温度的误差）；这样的非线性可以通过进一步试验而予以纠正。然而，在许多情况下，这种偏差是由材料老化行为而引起的；这种意外，偶然发生于许多热塑性材料或其他材料，这些材料的老化温度范围包括了或接近于某种类型的转变温度，或这些材料存在着一个以上的起作用的老化机理。

在这种情况下，通过在更低温度下的进一步试验，也许可能得到一个可接受的结果。这将引起减少外推的结果，而外推是影响确定置信区间大小因素之一，也使得与非线性有关的误差不那么严重。

另外，通过去除最高温度下的结果而在某一较低温度下进行了另外试验，也可能得到可接受的结果，因为只有在较高温度下，偏差才变得显著。

如果这些办法还不能获得成功，则需要在某一不要求外推的、足够低的温度下进行试验。

附　录　B

（资料性附录）

暴露时间和温度

　　表1是供计划进行耐热试验时选择老化温度和周期持续时间用的。表1中的行是与所评估的 TI 相对应,它表示在烘箱温度下,建议的老化时间(天),烘箱温度列在相应栏的顶部。可以根据老化试验的初期结果,调节老化周期或外加老化温度。

　　最好要区分下述情况:

　　——周期老化和连续老化;

　　——确定劣化程度的破坏性、非破坏性和检查试验。

　　可以发现下述的推荐和建议可能有助于确定老化温度和时间。

B.1　温度

　　a)　最高暴露温度应是能得到一个中值终点时间是在 100 h 和 500 h 之间的温度(见 5.5c)的注)。

　　b)　如果期望在试验的整个温度范围产生相同的老化机理,则选择的暴露温度最好是相等间隔、通常为 20 K(见表1)。如果这个准则导致机理 B 变化,例如,当某一转变点,像熔点或软化点,超过 B 时,则最高暴露温度将需要予以限制。在这种情况下,或如果 HIC 值已知或预期小于 10 K,则老化温度水平之间的差可能需要减少,但不小于 10 K(以便烘箱温度偏差影响可以接受)。

　　c)　选择暴露温度涉及到事先预测或了解被试材料的温度指数的近似值。如果这个信息不可能得到,可能需要进行初步筛选试验以便得到一个 TI 值的预测值。

B.2　时间

B.2.1　周期老化

　　对检查试验和非破坏性试验,需要把暴露于所选择温度下的各(温度)组之间因不同操作、试验和热周期而引起的误差减少到最低程度。为此,选取周期持续时间应使得平均或中值终点时间大约是在 10 周期但不少于 7 周期内达到。

　　对非破坏性试验,尽管表1建议的是恒定周期持续时间,但可以使用按几何级数的试验时间。

B.2.2　连续老化

　　对破坏性试验,每一试验组的老化是连续的,因此,不同老化温度下,不一定要在表1给出的大致相等倍数的周期持续时间内达到平均终点时间,然而,每一温度下计划的试样的组数(见 5.3)最好至少为 5,如有可能最好为 10。各组试验之间的时间间隔最好这样安排,使得最少有两组试样测试的结果落在平均终点时间之前,至少有一组试样的测试结果落在平均终点失效时间之后,在该间隔内,性能随时间变化的速率最好呈现较好的线性关系。见 6.3.3 和 IEC 60216-3。

B.3　延迟的试样组

　　当试验未知材料时,可以证明采用这种顺序程序是正确的。在这种情况下,通常方便的做法是,开始时,把一半制备好的试样放入烘箱,在推荐系列的第二或第三暴露周期之后进行测量。再经几个周期后,把剩余的试样放入烘箱,并测量老化曲线(性能变化曲线)上那些被认为需要的点(见图1、图2和图3)。

　　在评价设想的准确度需要添加试样进行老化的场合,也证明采用顺序程序是正确的。例如,当耐热关系原来是非线性的场合。如果在试验计划完成之后才决定采取延长原始计划,那么,整个程序的持续时间可能需要长至令人无法接受。替代的方法是,在原始计划的最低老化温度下的头一个或第二个失效之后,可以初步地评估耐热关系的趋势。如果怀疑有非线性,那么,可以在更低温度下,立即着手对一组或两组另外添加的试样进行老化,以便在还可以接受的时间范围内得到完整的试验数据。

一种几经证明是非常有用的程序是包括延迟投放下表 B.1 中按顺序排列的试验组。

该示例是建立在九个试验组的基础上,这些试验组是暴露在一个温度下,分别标为 A,B,C,D,E,F,G,H,I。

在顺序开始之时,把五个试验组放入烘箱。经顺序延迟后(见表 B.1,下面的注 a),再添加另外的三个组。

按表中的指示,试验这些组。

表 B.1 试验组

周期开始	拟加到老化烘箱的试验组	从烘箱和试验组取出
1	B C D E F	A(未老化过的)
2ᵃ	G	
3ᵃ	H	
4ᵃ	I	
5		B
9		C
13		D
17		E
21		F

a 表示在时间等于条件处理时间和试验一组花费时间的总和时的周期开始后的延迟。

如果 F 组试验之后,还未达到终点,则经进一步相应老化之后,可以试验 G～I 组。

如果在 B～F 组内之一达到终点,立即从烘箱中取出 G-1 组并经条件处理后进行试验。如果,例如 C 组已经达到了终点(几个周期),则 G 组、H 组和 I 组分别在 6,7 和 8 试验周期下将达到终点。按这个方法,将减少试验的总量而不降低鉴别能力。

这些值完全作为示例,可以根据工作要求予以改变。

附　录　C
（资料性附录）
早期版本中的一些概念

C.1　相对温度指数（RTI）

在 IEC 60216-1 第四版中，相对温度指数的定义如下：

"在某一对比试验中，当被试材料和参照材料经受相同的老化和诊断程序时，从对应于某一参照材料的已知温度指数获得的被试材料的温度指数（见图3）"。

在获得 RTI 中，从测定 TI 中观察到的系统误差在很大程度上得到纠正。现在已把该特征参数作为一个新的单独标准课题（正在制定中）。

注1：第四版中的图3，现展示于图 C.1。

注2：严格地说上述定义与图是不一致的，也与第二版中的定义略有差别。

C.2　耐热概貌（TEP）

耐热概貌是在 IEC 60216-1[1] 第二版中提出的，定义如下：

"耐热概貌由两个数字组成，它们相当于从耐热图上在 20 000 h 和 5 000 h 时推导出的两个摄氏温度，其后跟着一个相对于 5 000 h 时温度下的 95% 单侧置信限。"

为了能直接用半差来说明而不引起混乱，以及由于感觉到下置信限对某种材料而言不是一种很有用的特性，因此，在 IEC 60216-3 的第四版中把耐热概貌删除掉。感到更重要的是能保证计算的 TI 与其下置信限之间的差是小于某一规定值。

---

1)　IEC 60216-1:1974　确定电气绝缘材料耐热性的导则　第1部分:确定耐热性、温度指数和耐热概貌的总规程。

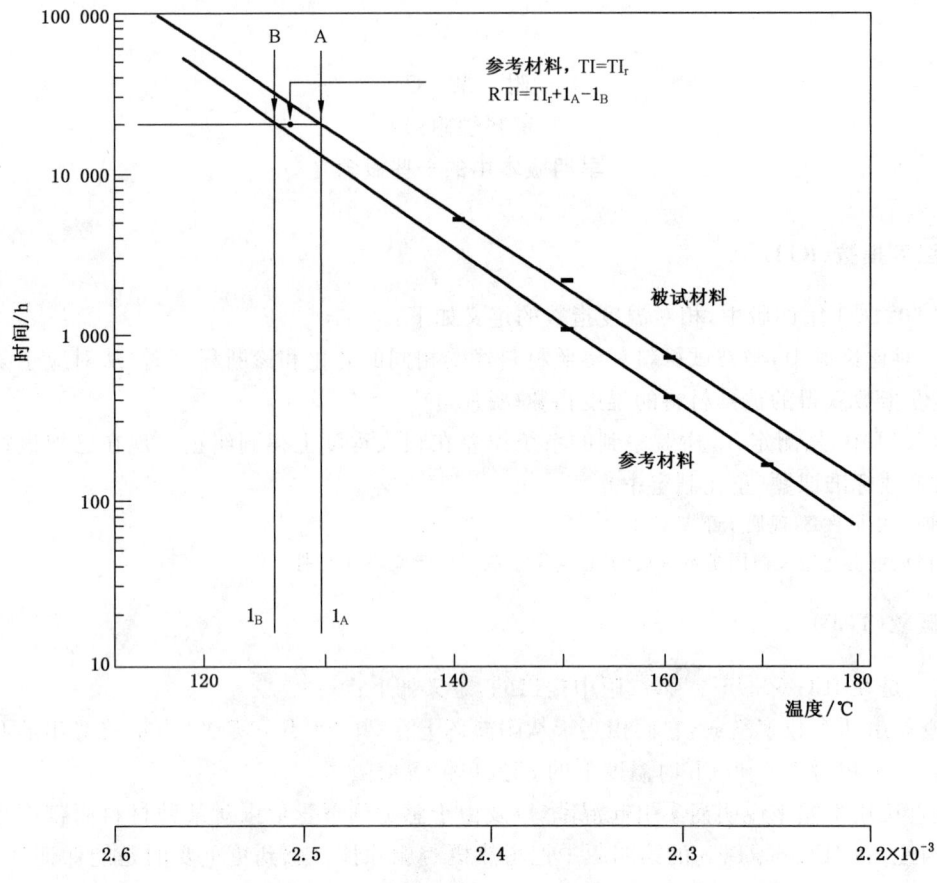

绝对温度对倒数/K⁻¹

图 C.1 相对温度指数

ICS 29.035.01
K 15

中华人民共和国国家标准

GB/T 11026.2—2012/IEC 60216-2:2005
代替 GB/T 11026.2—2000

电气绝缘材料　耐热性
第 2 部分：试验判断标准的选择

Electrical insulating materials—Thermal endurance properties—
Part 2：Choice of test criteria

(IEC 60216-2：2005，Electrical insulating materials—
Thermal endurance properties—Part 2：Determination of thermal endurance
properties of electrical insulating materials—Choice of test criteria，IDT)

2012-12-31 发布

2013-06-01 实施

中华人民共和国国家质量监督检验检疫总局
中国国家标准化管理委员会　发布

前　言

GB/T 11026《电气绝缘材料　耐热性》分为六部分：
——第1部分：老化程序和试验结果的评定；
——第2部分：试验判断标准的选择；
——第3部分：计算耐热特征参数的规程；
——第4部分：老化烘箱　单室烘箱；
——第5部分：老化烘箱　温度达300 ℃的精密烘箱；
——第6部分：老化烘箱　多室烘箱。

本部分为GB/T 11026的第2部分。

本部分按照GB/T 1.1—2009给出的规则起草。

本部分代替GB/T 11026.2—2000《确定电气绝缘材料耐热性的导则　第2部分：试验判断标准的选择》，与GB/T 11026.2—2000相比主要技术变化如下：
——修改标准名称，将"确定电气绝缘材料耐热性的导则"修改为"电气绝缘材料　耐热性"。
——前言中增加了"第6部分：老化烘箱　多室烘箱"。
——修改了第2章规范性引用文件。
——第4章内容融合GB/T 11026.2—2000的第4章和第5章的内容。
——表1删除了试样尺寸列；硬质材料A中删除"可聚合树脂复合物"；删除"硬质材料C"；"弹性体和可延伸的热塑性材料"改为"弹性体"；增加"树脂基复合物"；浸渍复合物和清漆由"浸渍树脂复合物、热固化漆"改为"不饱和聚酯基浸渍树脂环氧基浸渍树脂、未填充聚氨酯浸渍树脂、未热加工的浸渍漆"；导体上的绝缘由"电磁线、电缆绝缘（挤出型）、铜导体上的粘结铂"改为"漆包绕组线"(2000版的表1)。
——删除了GB/T 11026.2—2000第4章中的"注"(2000版的第4章)。
——附录A中将"弹性体和可延伸的热塑性材料"改为"弹性体"；半硬质片状材料中增加了"弹性模量"说明；增加"塑料薄膜"；将"涂覆粉末"和"涂覆漆"合为"涂覆化合物"；增加"树脂基复合物"(2000版的附录A)。
——增加附录NA与规范性引用文件中国际标准有对应关系的国家标准（见附录NA）。

本部分使用翻译法等同采用IEC 60216-2:2005《电气绝缘材料　耐热性　第2部分：确定电气绝缘材料耐热性的导则　试验判断标准的选择》。

与本部分中规范性引用文件有一致性对应关系的我国文件如下：
——GB/T 1043.1—2008　塑料　简支梁冲击性能的测定　第1部分：非仪器化冲击试验(ISO 179-1:2000,IDT)
——GB/T 1408.1—2006　绝缘材料电气强度试验方法　第1部分：工频下试验(IEC 60243-1:1998,IDT)
——GB/T 1539—2007　纸板耐破度的测定(ISO 2759:2001,IDT)
——GB/T 4074.7—2009　绕组线试验方法　第7部分：测定漆包绕组线温度指数的试验方法(IEC 60172:1987,IDT)
——GB/T 11026.1—2003　电气绝缘材料　耐热性　第1部分：老化程序和试验结果的评定(IEC 60216-1:2001,IDT)
——GB/T 11026.3—2006　电气绝缘材料　耐热性　第3部分：计算耐热特征参数的规程

（IEC 60216-3:2002,IDT）

——GB/T 11028—1999　测定浸渍剂对漆包线基材粘结强度的试验方法（eqv IEC 61033:1991）

与 IEC 60216-2:2005 相比本部分做了下列编辑性修改：

——由于第 2 章引用的所有部分的 IEC 和 ISO 标准与国家标准并非一一对应关系，为了便于使用，增加了资料性附录 NA。

本部分由中国电器工业协会提出。

本部分由全国电气绝缘材料与绝缘系统评定标准化技术委员会（SAC/TC 301）归口。

本部分起草单位：机械工业北京技术经济研究所、深圳市华测检测技术股份有限公司、桂林电器科学研究院。

本部分主要起草人：刘亚丽、郭丽平、万峰、戴煦、于龙英。

本标准代替的历次版本发布情况为：

——GB/T 11026.2—2000。

电气绝缘材料 耐热性

第2部分:试验判断标准的选择

1 范围

GB/T 11026 的本部分规定了确定耐热性特征值测试标准的选用导则。它包括已公布的方法的清单,该清单并非完全。

2 规范性引用文件

下列文件对于本文件的应用是必不可少的。凡是注日期的引用文件,仅注日期的版本适用于本文件。凡是不注日期的引用文件,其最新版本(包括所有的修改单)适用于本文件。

IEC 60172 测定漆包绕组线温度指数的试验方法(Test procedure for the determination of the temperature index of enamelled winding wires)

IEC 60216-1 电气绝缘材料 耐热性 第1部分:老化程序和试验结果的评定(Electrical insulating materials—Thermal endurance properties—Part 1:Ageing procedures and evaluation of test results)

IEC 60216-3 电气绝缘材料 耐热性 第3部分:计算耐热特征参数的规程(Electrical insulating materials—Thermal endurance properties—Part 3:Instructions for calculating thermal endurance characteristics)

IEC 60243-1 绝缘材料电气强度试验方法 第1部分:工频下试验(Electrical strength of insulating materials—Test methods—Part 1:Tests at power frequencies)

IEC 60317(所有部分) 特殊类型绕组线规范(Specifications for particular types of winding wires)

IEC 60370 绝缘漆耐热性试验规程 电气强度法(Test procedure for thermal endurance of insulating varnishes—Electric strength method)

IEC 60371(所有部分) 以云母为基的绝缘材料规范(Specification for insulating materials based on mica)

IEC 60394(所有部分) 电工用浸渍织物(Varnished fabrics for electrical purposes)

IEC 60450 新的和老化后的纤维素电气绝缘材料粘均聚合度的测量(Measurement of the average viscometric degree of polymerization of new and aged cellulosic electrically insulating materials)

IEC 60454(所有部分) 电工用压敏粘带规范(Specifications for pressure-sensitive adhesive tapes for electrical purposes)

IEC 60455(所有部分) 电气绝缘用无溶剂可聚合树脂复合物规范(Resin based reactive compounds used for electrical insulation)

IEC 60464(所有部分) 电气绝缘漆(Varnishes used for electrical insulation)

IEC 60554(所有部分) 电工用纤维素纸规范(Specification for cellulosic papers for electrical purposes)

IEC 60626(所有部分) 电气绝缘用柔软复合材料(Combined flexible materials for electrical insulation)

IEC 60641(所有部分) 电工用纸板和薄纸板规范(Specification for pressboard and presspaper for electrical purposes)

IEC 60667(所有部分) 电工用钢纸规范(Specification for vulcanized fibre for electrical purposes)

IEC 60673(所有部分) 层合纸板规范(Specification for laminated pressboard)

IEC 60674(所有部分) 电气用塑料薄膜规范(Specification for plastic films for electrical purposes)

IEC 60684(所有部分) 绝缘软管规范(Flexible insulating sleeving)

IEC 60819(所有部分) 电工用非纤维素纸规范(Non-cellulosic papers for electrical purposes)

IEC 60893(所有部分) 绝缘材料 电工用热固性树脂工业硬质层压板(Insulating materials—Industrial rigid laminated sheets based on thermosetting resins for electrical purposes)

IEC 61033 测定浸渍剂对漆包线基材粘结强度的试验方法(Test methods for the determination of bond strength of impregnating agents to an enamelled wire substrate)

ISO 37 硫化或热塑橡胶 拉伸应力应变性能测试(Rubber, vulcanized or thermoplastic—Determination of tensile stress-strain properties)

ISO 178 塑料 弯曲性能测试(Plastics—Determination of flexural properties)

ISO 179-1 塑料 简支梁冲击性能的测定 第1部分:非仪器化冲击试验(Plastics—Determination of charpy impact properties—Non-instrumented impact test)

ISO 527-2 塑料 拉伸性能测定 浇注和挤出塑料的试验条件(Plastics—Determination of tensile properties—Test conditions for moulding and extrusion plastics)

ISO 527-3 塑料 拉伸性能测定 薄膜和薄片的试验条件(Plastics—Determination of tensile properties—Test conditions for films and sheets)

ISO 1520 涂料和漆 杯突试验(Paints and varnishes—Cupping test)

ISO 1924(所有部分) 纸和纸板 拉伸性能的测定(Paper and board—Determination of tensile properties)

ISO 2759 纸板耐破度的测定(Board—Determination of bursting strength)

ISO 8256 塑料 拉伸冲击强度的测定(Plastics—Determination of tensile-impact strength)

3 一般考虑

电气绝缘材料的耐热性确定已在 IEC 60216-1,IEC 60216-3 中叙述。IEC 60216-1 给出将试样老化以及确定选作试验判断标准的性能逐渐劣化的试验细则。IEC 60216-3 给出了评定试验数据的详细程序。本部分是关于试验性能和终点水平的选择。

材料的耐热性能不能由一个简单的数字来充分代表,而至少应由下列两个来表示:

——温度指数 TI(或相对温度指数 RTI);

——半差 HIC。

即使如此,这些数值很大程度上与被选择的性能和终点有关,且也可能与试样尺寸特别是厚度有关。

如 IEC 60216-1 所述,选择的性能应反映材料在其使用中的功能。

4 选择性能和终点的导则

当一个特定的绝缘材料有国际规范时,在这个规范中所要求的性能和终点应被用来确定必须满足该规范要求的耐热性特征值。见 IEC 出版物最新版本中关于规范的最新一览表。

对于选择性能和终点,表1提供了必要的信息。在附录 A 中给出了进一步的建议。对于评定耐热特征值,常使用性能起始值的 50% 作为终点。

由于考虑到耐热性试验的昂贵价格,常常选择单一性能和终点来给出代表一个材料的耐热性性能的结果。但这个数据很可能不是对材料所有的使用场合都是适当的。在这种情况下应选择更合适于材料应用及功能的另一个判断标准,例如初始值的 50% 的终点没有重要意义。在该种情况下被考虑作为有用的另一个终点也在表1中指出。

为了方便起见,表1是按材料显而易见的机械或化学性能分组的。附录 A 解释了每一组的主要情况,这有助于将来未例入表中的材料分项到合适的组中去。

表 1 绝缘材料及所推荐的性能和终点举例

1	2	3	4			5
绝缘材料	材料规范标准	推荐的性能	推荐的终点			测试方法标准
			优先	辅助的[c]	型式[a]	
硬质材料 A 硬质层压板 硬化纤维制品 预浸纤维制品 (预浸料) 硬质云母或云母纸制品	IEC 60893 IEC 60667 IEC 60371	 弯曲强度 1 min 耐电压试验 质量损失	 50% 6 kV 5%	 25%;75% 3 kV;10 kV 3%;10%	 R A L	 ISO 178 ISO 179-1
硬质材料 B 增强/填充的热固性塑料 和浇注绝缘 增强/填充的热塑性塑料 和浇注绝缘		弯曲强度 拉伸强度 质量损失 冲击强度 击穿电压	50% 50% 3% 50% 50%	25%;75% 25%;75% 5%;75% 25%;75% 25%;75%	R R L R R	ISO 178 ISO 527-2 IEC 60455-2 ISO 179-1 IEC 60243-1
硬质材料 C 未填充的热固性塑料 和浇注绝缘 未填充的热塑性塑料 和浇注绝缘[d]	 — — 	弯曲强度 拉伸强度 质量损失 冲击强度 击穿电压	50% 50% 3% 50% 50%	25%;75% 25%;75% 5%;10% 25%;75% 25%;75%	R R L R R	ISO 178 ISO 527-2 IEC 60455-2 ISO 8256 IEC 60243-1
弹性体 天然或人造硫化橡胶 及其组合物 聚烯烃包括交联聚乙烯 硅橡胶	 — — — 	100% 伸长时的拉伸 应力 断裂伸长率[b] 击穿电压	50% 50% 50%	25%;75% 25%;75% 25%;75%	R R R	ISO 37 ISO 37 IEC 60243-1
半硬质薄片材料 纸板和层压纸 层合纸板	IEC 60641 IEC 60763	耐破度 横向/纵向拉伸强度	50% 50%	25%;75% 25%;75%	R R	ISO 2759 ISO 1924

表 1（续）

1	2	3	4			5
绝缘材料	材料规范标准	推荐的性能	推荐的终点			测试方法标准
			优先	辅助的[e]	型式[a]	
纸、纸基的或编织物材料 （玻璃纤维增强除外） 纤维素纸（各类） 非纤维素的纸类材料 漆纸 漆布	IEC 60554 IEC 60819 — —	拉伸强度 粘均聚合度 击穿电压	50% 50% 50%	25%;75% 25%;75% 25%;75%	R R R	IEC 60394 IEC 60450 IEC 60370
压敏粘带 纸为底材的粘带 玻璃布为底材的粘带 （塑料薄膜为底材的粘带 见下一组）	IEC 60454 IEC 60454	击穿电压 质量损失	1.0 kV 10%	 5%;20%	A L	IEC 60454-2 IEC 60454-2
柔软薄膜和薄膜为底材的材料 塑料薄膜 压敏粘合薄膜带	IEC 60674 IEC 60454	拉伸强度 断裂伸长率 击穿电压 质量损失	30% 2% 2.5 kV 10%	10%;50% 1%;4% 1 kV;4 kV 5%;20%	R A A L	ISO 527-3 ISO 527-3 IEC 60454-2 IEC 60454-2
绝缘软管 挤出非收缩管 挤出热收缩管 涂覆的或浸渍的纺织物软管 涂覆玻璃纤维软管	IEC 60684 IEC 60684 IEC 60684 IEC 60684	断裂伸长率 100%伸长时的拉伸应力 击穿电压	50% 2 倍起始值 50%	25%;75%[c] 25%;75%	R R R	IEC 60684-2 IEC 60684-2 IEC 60684
柔软复合材料 柔软复合材料 柔软叠层材料 增强柔软云母材料	IEC 60626 — IEC 60371	拉伸强度 击穿电压	50% 50%	25%;75% 25%;75%	R R	ISO 1924 IEC 60243-1
树脂基复合物 （嵌入复合物、灌封复合物、封装复合物） 未填充环氧树脂的复合物 填充环氧树脂的复合物 未填充聚氨酯的复合物 填充聚氨酯的复合物	IEC 60455 IEC 60455 — IEC 60455 IEC 60455	弯曲强度 质量损失 质量损失 弯曲强度	50% 10% 3% 50%	3%;5% 5%;10%	R L R	ISO 178 ISO 178

表 1（续）

1	2	3	4			5
绝缘材料	材料规范标准	推荐的性能	推荐的终点			测试方法标准
			优先	辅助的[e]	型式[a]	
浸渍复合物和清漆 不饱和聚酯基浸渍树脂 环氧基浸渍树脂、未填充 聚氨酯浸渍树脂、 未热加工的浸渍漆	IEC 60455 — — IEC 60464	粘结强度 耐压试验 击穿电压 质量损失 弯曲强度	22 N 0.3 kV～1.2 kV 3 kV 10% 50%	— — — — —	A A A L R	IEC 61033 IEC 60172 IEC 60455-2 IEC 60455-2 ISO 178
涂覆复合物 涂覆纸	IEC 60455 —	质量损失 击穿电压 击穿电压	10% 3 kV 3 kV	5%;15% — 1 kV;5 kV	L A A	IEC 60455-2 IEC 60455-2 IEC 60370
可熔绝缘材料 增塑溶胶和有机溶胶	—	柔软性的减少	压凹 1 mm	0.5 mm	A	ISO 1520
导体上的绝缘 漆包绕组线	IEC 60317	耐压试验	0.3 kV～1.2 kV	—	A	IEC 60172

第 1 列中列出被试材料组,参见附录 A。

如果在第 2 列中列出各个材料规范中,已经规定了性能(一个或几个)、终点(一个或几个)和试验方法(一个或几个),则服从这些规定。若未规定一种材料规范或者测试条件,则应从推荐的几个性能和几个终点中选择适合于材料应用的性能和终点。

第 5 列中的试验方法,如果已被 IEC 或 ISO 有关标准所规定,则表示这些试验方法已被该 IEC 或 ISO 出版物所确定。然而,当耐热性数据特别是用于设计用途时,则使用本国的其他性能或特别研究的试验方法可能更有用。

注: 在这里所列某些材料可被分到不同的组里。在个别情况下,根据 IEC 60216-1 的确定耐热性特征值的试验可能不适合于表中列出的材料。

[a] 在第 4 列"推荐终点"中的百分数或其他数值,应按照字母作如下解释:
R 为"retention(保持)"这个词的缩写(例如:若拉伸强度的起始值是 60 MPa,则 25% 为 15 MPa,50% 为 30 MPa)。
L 为"loss of mass end-points(质量损失终点)"的缩写,应理解为相对于原始的有机材料含量的质量减少的百分数(由 500 ℃ 左右燃烧来测定)。
A 为按照 IEC 60216-1 的 5.2 的 b)项终点绝对值的缩写。

[b] 该性能可能不总是可以作为评判指标,因为在一些使用情况下,一旦材料被应用到一定程度,它将不再能承受拉伸。

[c] 断裂拉伸率可能不是对所有类型的玻璃纤维软管都适用。

[d] 当观察到热塑性模制绝缘的试样厚度有过多的减少时(例如:由于热塑流动),则击穿电压试验不适用。

[e] 辅助终点只是在特殊情况下才使用,即优先采用的终点不能对材料的特殊应用给出合适的数据时才使用。

附　录　A

（资料性附录）

新的或未知的材料被指定在某一组中的提示信息

　　由于不可能列出所有的绝缘材料其耐热性试验的优先诊断特性，因此表1指出了每一组的典型代表。分组主要是以材料的显著的机械和化学特性为基础的，然而，材料的供货形式、外观或其主要应用场合也给各组提供了附加的信息。新材料或未知材料应被指定在某一组中以便能选择合适的性能和终点。

　　a） 硬质材料

　　硬质材料典型特性是弹性模量大于700 MPa。

　　A组材料和B组、C组的热固性材料多以板材或片材的形式供货，它们都是从细颗粒模制或压制而得，或从二组分或多组分的复合物压制而得。

　　硬质热塑性材料以挤出塑板或其他半成品形式供货，也可以由细颗粒经注塑法模制成预制件。

　　b） 弹性体

　　这组材料是由天然橡胶、合成橡胶材料或热塑性弹性体组成以满足性能。天然的或合成的橡胶组分应合理调配，例如磨、硫化等，压制或者轧光成最终形式。热塑性弹性体通常是注射或吹塑进入预制件。弹性材料常适用于预制成某一个电工产品的某一特定部件。在这一部件中，耐热冲击性和密封性是重要的材料特性。

　　c） 半硬质片状材料

　　该组材料大部分以片材形式供货，但也可以窄条形式供货。这组材料的弹性模量在70 MPa～700 MPa之间。它们可以进行打孔或者非破坏性的折叠。厚纸板和薄纸板的厚度范围为0.1 mm～5.0 mm。层压纸板的厚度可到200 mm。这些材料通常用于槽绝缘。

　　d） 纸、纸基的或织造材料

　　该组材料通常以成卷形式供货，其厚度范围为0.01 mm～0.5 mm。浸渍棉布或玻璃布被指定为"织造材料"；漆可以由各种不同的涂料包括有机硅所组成。这一组材料的重要用途是用作包绕绝缘，如线圈。

　　e） 压敏粘带（PSA带）

　　由于粘合剂可以影响老化试样的性能和制备，因此这些材料形成一个独立的组。由于底材决定了老化和诊断，因此最好根据带是纸为底材还是织物或薄膜为底材详细地考虑耐热性实验的细则。在考虑它们的诊断性能时，以薄膜为底材的PSA带是与纯薄膜相似的。

　　f） 塑料薄膜

　　这组材料由宽范围的有不同性能的独特产品组成，它们也具有多种用途。其厚度范围为0.002 mm～0.35 mm。透明度是薄膜一个重要方面，对于特定的用途经常使用不同的颜色。

　　g） 绝缘软管

　　该组材料是以连续的或切成一定长度的管状供货。它们通常使用在很广泛的应用范围，因此，有很多不同的组成和尺寸。这直接关系到老化和诊断。

　　h） 柔软复合材料

　　该组材料以片材，带或整幅成卷形式供货。供货形式可能不代表最终的使用形式。在大多数情况下，还需要附加的加工程序如卷绕和固化、切片、冲压、折叠等。热老化试验的试样应做成代表所要做成的部件或产品的形状或结构。

　　i） 树脂基复合物（嵌入复合物、灌封复合物、封装复合物）

　　嵌入复合物：

复合物被浇注进入一个模具完全包覆电力或者电子器件。加工后,再从包覆器件上移除模具。

灌封复合物:

复合物被浇注进入一个模具完全包覆电力或者电子器件。加工后,模具留在包覆器件中作为一个永久部件。

封装复合物:

不用模具加工复合物,而是通过适当的方法,例如轧光、浸渍、喷雾或者涂覆将复合物装入电力或电子器件中,作为护套或绝缘。

j) 浸渍复合物或漆

复合物和漆容器装的液体状态供货。它们可能为无机溶剂或者有机溶剂。树脂复合物常以两个分开的活性组分供货,当其使用和固化之间两组份必须混合。该组产品适用于提供充分的浸渍甚至可浸渍细的导线绕组。

k) 涂覆化合物

涂覆化合物不是以粉末就是以液体形式供货。热塑性粉末或化学活性树脂能用于涂覆工艺中,如流化床技术、粉末喷雾或者静电涂覆。通常,粉末用于温度超过粉末熔点或固化点的物体上。为最终固化,许多涂层需要加后热处理。涂层厚度通常较厚,达 0.5 mm。

可熔解绝缘材料,塑料溶胶或有机溶胶通常以液体形式供货。涂层的性能取决于给金属元件提供足够完整的涂层以保证绝缘和保护的能力。某些材料在室温下可以固化。

l) 被绝缘的导电元件

该组产品是复合的,且应考虑为预制件。虽然耐热性可以由绝缘决定,但其性能取决于整个组成。因此,这样的复合组件应承受特别的热老化试验,并采用与所用的技术功能相关的诊断和终点。

附　录　NA

（资料性附录）

与规范性引用文件中国际标准有对应关系的国家标准

第2章中引用的国际标准中引用所有部分的国际标准,本部分将与该国际标准有对应关系的国家标准一并列出,见表 NA.1。

表 NA.1　与规范性引用文件中国际标准有对应关系的国家标准

序号	引用的国际标准	有对应关系的国家标准	现行国家标准	与国际标准的关系
1	IEC 60317（所有部分）特殊类型绕组线规范	GB/T 6109 漆包圆绕组线	GB/T 6109.1—2008　漆包圆绕组线　第1部分:一般规定	IEC 60317-0-1:2005,IDT
			GB/T 6109.2—2008　漆包圆绕组线　第2部分:155级聚酯漆包铜圆线	IEC 60317-3:2004,IDT
			GB/T 6109.3—2008　漆包圆绕组线　第3部分:120级缩醛漆包铜圆线	IEC 60317-12:1990,IDT
			GB/T 6109.4—2008　漆包圆绕组线　第4部分:130级直焊聚氨酯漆包铜圆线	IEC 60317-4:2000,IDT
			GB/T 6109.5—2008　漆包圆绕组线　第5部分:180级聚酯亚胺漆包铜圆线	IEC 60317-8:1997,IDT
			GB/T 6109.6—2008　漆包圆绕组线　第6部分:220级聚酰亚胺漆包铜圆线	IEC 60317-7:1997,IDT
			GB/T 6109.7—2008　漆包圆绕组线　第7部分:130L级聚酯漆包铜圆线	IEC 60317-34:1997,IDT
			GB/T 6109.9—2008　漆包圆绕组线　第9部分:130级聚酰胺复合直焊聚氨酯漆包铜圆线	IEC 60317-19:2000,IDT
			GB/T 6109.10—2008　漆包圆绕组线　第10部分:155级直焊聚氨酯漆包铜圆线	IEC 60317-20:2000,IDT
			GB/T 6109.11—2008　漆包圆绕组线　第11部分:155级聚酰胺复合直焊聚氨酯漆包铜圆线	IEC 60317-21:2000,IDT
			GB/T 6109.12—2008　漆包圆绕组线　第12部分:180级聚酰胺复合聚酯或聚酯亚胺漆包铜圆线	IEC 60317-22:2004,IDT
			GB/T 6109.13—2008　漆包圆绕组线　第13部分:180级直焊聚酯亚胺漆包铜圆线	IEC 60317-23:2000,IDT
			GB/T 6109.14—2008　漆包圆绕组线　第14部分:200级聚酰胺酰亚胺漆包铜圆线	IEC 60317-26:1990,IDT

表 NA.1（续）

序号	引用的国际标准	有对应关系的国家标准	现行国家标准	与国际标准的关系
1	IEC 60317（所有部分）特殊类型绕组线规范	GB/T 6109漆包圆绕组线	GB/T 6109.15—2008 漆包圆绕组线 第15部分：130级自粘性直焊聚氨酯漆包铜圆线	IEC 60317-2：2000，IDT
			GB/T 6109.16—2008 漆包圆绕组线 第16部分：155级自粘性直焊聚氨酯漆包铜圆线	IEC 60317-35：2000，IDT
			GB/T 6109.17—2008 漆包圆绕组线 第17部分：180级自粘性直焊聚酯亚胺漆包铜圆线	IEC 60317-36：2000，IDT
			GB/T 6109.18—2008 漆包圆绕组线 第18部分：180级自粘性聚酯亚胺漆包铜圆线	IEC 60317-37：2000，IDT
			GB/T 6109.19—2008 漆包圆绕组线 第19部分：200级自粘性聚酰胺酰亚胺复合聚酯或聚酯亚胺漆包铜圆线	IEC 60317-38：2000，IDT
			GB/T 6109.20—2008 漆包圆绕组线 第20部分：200级聚酰胺酰亚胺复合聚酯或聚酯亚胺漆包铜圆线	IEC 60317-13：1997，IDT
			GB/T 6109.21—2008 漆包圆绕组线 第21部分：200级聚酯-酰胺-亚胺漆包铜圆线	IEC 60317-42：1997，IDT
			GB/T 6109.22—2008 漆包圆绕组线 第22部分：240级芳族聚酰亚胺漆包铜圆线	IEC 60317-46：1997，IDT
			GB/T 6109.23—2008 漆包圆绕组线 第23部分：180级直焊聚氨酯漆包铜圆线	IEC 60317-51：2001，IDT
		GB/T 7095漆包铜扁绕组线	GB/T 7095.1—2008 漆包铜扁绕组线 第1部分：一般规定	IEC 60317-0-2：2005，IDT
			GB/T 7095.2—2008 漆包铜扁绕组线 第2部分：120级缩醛漆包铜扁线	IEC 60317-18：2004，IDT
			GB/T 7095.3—2008 漆包铜扁绕组线 第3部分：155级聚酯漆包铜扁线	IEC 60317-16：1990，IDT
			GB/T 7095.4—2008 漆包铜扁绕组线 第4部分：180级聚酯亚胺漆包铜扁线	IEC 60317-28：1990，IDT
			GB/T 7095.5—2008 漆包铜扁绕组线 第5部分：240级芳族聚酰亚胺漆包铜扁线	IEC 60317-47：1997，IDT
			GB/T 7095.6—2008 漆包铜扁绕组线 第6部分：200级聚酯或聚酯亚胺/聚酰胺酰亚胺复合漆包铜扁线	IEC 60317-29：1990，IDT
		GB/T 7672玻璃丝包绕组线	GB/T 7672.1—2008 玻璃丝包绕组线 第1部分：玻璃丝包铜扁绕组线 一般规定	IEC 60317-0-4：2006，IDT

表 NA.1（续）

序号	引用的国际标准	有对应关系的国家标准	现行国家标准	与国际标准的关系
1	IEC 60317（所有部分）特殊类型绕组线规范	GB/T 7672 玻璃丝包绕组线	GB/T 7672.3—2008 玻璃丝包绕组线 第3部分：155级浸漆玻璃丝包铜扁线和玻璃丝包漆包铜扁线	IEC 60317-32:1990,IDT
			GB/T 7672.4—2008 玻璃丝包绕组线 第4部分：180级浸漆玻璃丝包铜扁线和玻璃丝包漆包铜扁线	IEC 60317-31:1990,IDT
			GB/T 7672.5—2008 玻璃丝包绕组线 第5部分：200级浸漆玻璃丝包铜扁线和玻璃丝包漆包铜扁线	IEC 60317-33:1990,IDT
			GB/T 7672.21—2008 玻璃丝包绕组线 第21部分：玻璃丝包铜圆绕组线 一般规定	IEC 60317-0-6:2007,IDT
			GB/T 7672.22—2008 玻璃丝包绕组线 第22部分：155级浸漆玻璃丝包铜圆线和玻璃丝包漆包铜圆线	IEC 60317-48:1999,IDT
2	IEC 60317（所有部分）特殊类型绕组线规范	GB/T 7672 玻璃丝包绕组线	GB/T 7672.23—2008 玻璃丝包绕组线 第23部分：180级浸漆玻璃丝包铜圆线和玻璃丝包漆包铜圆线	IEC 60317-49:1999,IDT
			GB/T 7672.24—2008 玻璃丝包绕组线 第24部分：200级浸漆玻璃丝包铜圆线和玻璃丝包漆包铜圆线	IEC 60317-50:1999,IDT
		GB/T 7673 纸包绕组线	GB/T 7673.3—2008 纸包绕组线 第3部分：纸包铜扁线	IEC 60317-27:1998,MOD
		GB/T 23311 240级芳族聚酰亚胺薄膜绕包铜圆线	GB/T 23311—2009 240级芳族聚酰亚胺薄膜绕包铜圆线	IEC 60317-43:1997,IDT
		GB/T 23312 漆包铝圆绕组线	GB/T 23312.1—2009 漆包铝圆绕组线 第1部分：一般规定	IEC 60317-0-3:2008,IDT
			GB/T 23312.5—2009 漆包铝圆绕组线 第5部分：180级聚酯亚胺漆包铝圆线	IEC 60317-15:2004,IDT
			GB/T 23312.7—2009 漆包铝圆绕组线 第7部分：200级聚酯或聚酯亚胺/聚酰胺酰亚胺复合漆包铝圆线	IEC 60317-25:1997,IDT
3	IEC 60371（所有部分）以云母为基的绝缘材料	GB/T 5019 以云母为基的绝缘材料	GB/T 5019.1—2009 以云母为基的绝缘材料 第1部分：定义和一般要求	IEC 60371-1:2003,IDT
			GB/T 5019.2—2009 以云母为基的绝缘材料 第2部分：试验方法	IEC 60371-2:2004,MOD

表 NA.1（续）

序号	引用的国际标准	有对应关系的国家标准	现行国家标准	与国际标准的关系
3	IEC 60371（所有部分）以云母为基的绝缘材料	GB/T 5019 以云母为基的绝缘材料	GB/T 5019.3—2009　以云母为基的绝缘材料　第3部分:换向器隔板和材料	IEC 60371-3-1:2006,MOD
			GB/T 5019.4—2009　以云母为基的绝缘材料　第4部分:云母纸	IEC 60371-3-2:2005,MOD
			GB/T 5019.6—2007　以云母为基的绝缘材料　第6部分:聚酯薄膜补强B阶环氧树脂粘合云母带	IEC 60371-3-4:1992 及2006第1次修正,IDT
			GB/T 5019.7—2009　以云母为基的绝缘材料　第7部分:真空压力浸渍(VPI)用玻璃布及薄膜补强环氧树脂粘合云母带	IEC 60371-3-5:2005,MOD
			GB/T 5019.8—2009　以云母为基的绝缘材料　第8部分:玻璃布补强B阶环氧树脂粘合云母带	IEC 60371-3-6:1992 及2006第1次修正,MOD
			GB/T 5019.9—2009　以云母为基的绝缘材料　第9部分:单根导线包绕用环氧树脂粘合聚酯薄膜云母带	IEC 60371-3-7:1995 及2006第1次修正,MOD
			GB/T 5019.10—2009　以云母为基的绝缘材料　第10部分:耐火安全电缆用云母带	IEC 60371-3-8:1995 及2007第1次修正,MOD
			GB/T 5019.11—2009　以云母为基的绝缘材料　第11部分:塑型云母板	IEC 60371-3-9:1995 及2007第1次修正,MOD
4	IEC 60371（所有部分）以云母为基的绝缘材料	GB/T 5022 电热设备用云母板	GB/T 5022—1998　电热设备用云母板	eqv IEC 60371-3-3:1983
5	IEC 60394（所有部分）电工用浸渍织物	GB/T 1310 电气用浸渍织物	GB/T 1310.1—2006　电气用浸渍织物　第1部分:定义和一般要求	IEC 60394-1:1972,IDT
			GB/T 1310.2—2009　电气用浸渍织物　第2部分:试验方法	IEC 60394-2:1972,IDT
6	IEC 60454（所有部分）电工用压敏粘带规范	GB/T 20631 电气用压敏胶粘带	GB/T 20631.1—2006　电气用压敏胶粘带　第1部分:一般要求	IEC 60454-1:1992,MOD
			GB/T 20631.2—2006　电气用压敏胶粘带　第2部分:试验方法	IEC 60454-2:1994,IDT
7	IEC 60455（所有部分）电气绝缘用无溶剂可聚合树脂复合物规范	GB/T 6554 电气绝缘用树脂基反应复合物	GB/T 6554—2003　电气绝缘用树脂基反应复合物　第2部分:试验方法　电气用涂敷粉末方法	IEC 60455-2-2:1984,MOD

表 NA.1（续）

序号	引用的国际标准	有对应关系的国家标准	现行国家标准	与国际标准的关系
7	IEC 60455（所有部分）电气绝缘用无溶剂可聚合树脂复合物规范	GB/T 15022 电气绝缘用树脂基活性复合物	GB/T 15022.1—2009 电气绝缘用树脂基活性复合物 第1部分:定义及一般要求	IEC 60455-1:1998,IDT
			GB/T 15022.2—2007 电气绝缘用树脂基活性复合物 第2部分:试验方法	IEC 60455-2:1998,MOD
		GB/T 15022.4 电气绝缘用树脂基活性复合物 第4部分:不饱和聚酯为基的浸渍树脂	GB/T 15022.4—2009 电气绝缘用树脂基活性复合物 第4部分:不饱和聚酯为基的浸渍树脂	IEC 60455-3-5:2006,MOD
8	IEC 60464（所有部分）电气绝缘漆	GB/T 1981 电气绝缘用漆	GB/T 1981.1—2007 电气绝缘用漆 第1部分:定义和一般要求	IEC 60464-1:1998,IDT
			GB/T 1981.2—2009 电气绝缘用漆 第2部分:试验方法	IEC 60464-2:2001 及 2006 第1次修订,MOD
			GB/T 1981.3—2009 电气绝缘用漆 第3部分:热固化浸渍漆通用规范	IEC 60464-3-2:2001 及 2006 第1次修订,IDT
9	IEC 60554（所有部分）电工用纤维素纸规范	GB/T 3333 电缆纸工频击穿电压试验方法	GB/T 3333—1999 电缆纸工频击穿电压试验方法	neq IEC 60554-2:1977
		GB/T 3334 电缆纸介质损耗角正切试验方法（电桥法）	GB/T 3334—1999 电缆纸介质损耗角正切(tgδ)试验方法(电桥法)	neq IEC 60554-2:1977
		GB 7969 电力电缆纸	GB 7969—2003 电力电缆纸	IEC 60554-3-1:1979,NEQ
		GB 7970 通讯电缆纸	GB 7970—1999 通讯电缆纸	neq IEC 60554-3-1:1979
10	IEC 60554（所有部分）电气用纤维素纸规范	GB/T 20628（所有部分）电气用纤维素纸	GB/T 20628.1—2006 电气用纤维素纸 第1部分:定义和一般要求	IEC 60554-1:1977,MOD
			GB/T 20628.2—2006 电气用纤维素纸 第2部分:试验方法	IEC 60554-2:2001,MOD

表 NA.1（续）

序号	引用的国际标准	有对应关系的国家标准	现行国家标准	与国际标准的关系
11	IEC 60626（所有部分）电气绝缘用柔软复合材料	GB/T 5591（所有部分）电气绝缘用柔软复合材料	GB/T 5591.1—2002 电气绝缘用柔软复合材料 第1部分:定义和一般要求	IEC 60626-1:1995,MOD
			GB/T 5591.2—2002 电气绝缘用柔软复合材料 第2部分:试验方法	IEC 60626-2:1995,MOD
			GB/T 5591.3—2008 电气绝缘用柔软复合材料 第3部分:单项材料规范	IEC 60626-3:2002,MOD
12	IEC 60641（所有部分）电工用纸板和薄纸板规范	GB/T 19264 电工用压纸板和薄纸板规范	GB/T 19264.3—2003 电工用压纸板和薄纸板规范 第3部分:单项材料规范 第1篇:对 B.0.1,B.2.1,B.2.3,B.3.1,B.3.3,B.4.1,B.4.3,B.5.1,B.6.1 及 B.7.1型纸板的要求	IEC 60641-3-1:1992,IDT
13	IEC 60667（所有部分）电工用刚纸规范	GB/T 20632 电气用刚纸	GB/T 20632.1—2006 电气用刚纸 第1部分:定义和一般要求	IEC 60667-1:1980,MOD
14	IEC 60674（所有部分）电气用塑料薄膜规范	GB/T 13542 电气绝缘用薄膜	GB/T 13542.1—2009 电气绝缘用薄膜 第1部分:定义和一般要求	IEC 60674-1:1980,MOD
			GB/T 13542.2—2009 电气绝缘用薄膜 第2部分:试验方法	IEC 60674-2:1998,MOD
			GB/T 13542.3—2006 电气绝缘用薄膜 第3部分:电容器用双轴定向聚丙烯薄膜	IEC 60674-3-1:1998,MOD
			GB/T 13542.4—2009 电气绝缘用薄膜 第4部分:聚酯薄膜	IEC 60674-3-2:1992,MOD
			GB/T 13542.6—2006 电气绝缘用薄膜 第6部分:电气绝缘用聚酰亚胺薄膜	IEC 60674-3-4/6:1993,MOD
15	IEC 60684（所有部分）绝缘软管规范	GB/T 7113 绝缘软管 定义和一般要求	GB/T 7113—2003 绝缘软管 定义和一般要求	IEC 60684-1:1980,MOD
		GB/T 7113.2 绝缘软管 试验方法	GB/T 7113.2—2005 绝缘软管 试验方法	IEC 60684-2:1997,MOD

表 NA.1（续）

序号	引用的国际标准	有对应关系的国家标准	现行国家标准	与国际标准的关系
16	IEC 60819（所有部分）电气用非纤维素纸规范	GB/T 20629 电气用非纤维素纸	GB/T 20629.1—2006 电气用非纤维素纸 第1部分:定义和一般要求	IEC 60819-1:1995,IDT
17	IEC 60893（所有部分）绝缘材料 电工用热固性树脂工业硬质层压板	GB/T 1303 电气用热固性树脂工业硬质层压板	GB/T 1303.1—2009 电气用热固性树脂工业硬质层压板 第1部分:定义、分类和一般要求	IEC 60893-1:2004,IDT
			GB/T 1303.2—2002 电气用热固性树脂工业硬质层压板 第2部分:试验方法	IEC 60893-2:2003,MOD
			GB/T 1303.3—2008 电气用热固性树脂工业硬质层压板 第3部分:工业硬质层压板型号	IEC 60893-3-1:2003,MOD
			GB/T 1303.4—2009 电气用热固性树脂工业硬质层压板 第4部分:环氧树脂硬质层压板	IEC 60893-3-2:2003,MOD
			GB/T 1303.6—2009 电气用热固性树脂工业硬质层压板 第6部分:酚醛树脂硬质层压板	IEC 60893-3-4:2003,MOD
			GB/T 1303.7—2009 电气用热固性树脂工业硬质层压板 第7部分:聚酯树脂硬质层压板	IEC 60893-3-5:2003,IDT
			GB/T 1303.8—2009 电气用热固性树脂工业硬质层压板 第8部分:有机硅树脂硬质层压板	IEC 60893-3-6:2003,IDT
			GB/T 1303.9—2009 电气用热固性树脂工业硬质层压板 第9部分:聚酰亚胺树脂硬质层压板	IEC 60893-3-7:2003,MOD
			GB/T 1303.10—2009 电气用热固性树脂工业硬质层压板 第10部分:双马来酰亚胺树脂硬质层压板	IEC 60893-3-7:2003,MOD
18	ISO 1924（所有部分）纸和纸板拉伸性能的测定	GB/T 12914 纸和纸板抗张强度的测定	GB/T 12914—2008 纸和纸板 抗张强度的测定	ISO 1924-1:1992 及 ISO 1924-2:1994,MOD
		GB/T 22898 纸和纸板抗张强度的测定 恒速拉伸法（100 mm/min）	GB/T 22898—2008 纸和纸板 抗张强度的测定 恒速拉伸法(100 mm/min)	ISO 1924-3:2005,MOD
注:由于第2章引用的所有部分的IEC和ISO标准与国家标准并非一一对应关系,为了便于使用,列出附录NA。

ICS 29.035.99
K 15

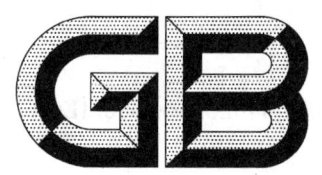

中华人民共和国国家标准

GB/T 11026.3—2006/IEC 60216-3:2002

电气绝缘材料 耐热性
第 3 部分:计算耐热特征参数的规程

Electrical insulating materials—Thermal endurance properties—
Part 3:Instructions for calculating thermal endurance characteristics

(IEC 60216-3:2002,IDT)

2006-11-09 发布　　　　　　　　　　　　　　2007-04-01 实施

中华人民共和国国家质量监督检验检疫总局
中国国家标准化管理委员会　发布

249

前　言

GB/T 11026《电气绝缘材料　耐热性》目前包括以下几部分：
—— 第 1 部分:老化程序和试验结果的评价;
—— 第 2 部分:试验判断标准的选择;
—— 第 3 部分:计算耐热特征参数的规程;
—— 第 4 部分:老化烘箱——单室烘箱;
—— 第 5 部分:绝缘材料相对耐热指数的测定;
……

本部分为 GB/T 11026《电气绝缘材料　耐热性》的第 3 部分。

本部分等同采用 IEC 60216-3:2002《电气绝缘材料　耐热性　第 3 部分:计算耐热特征参数的规程》(英文版)。

为便于使用,本部分与 IEC 60216-3:2002 相比做了下列编辑性修改。

a)　删除了国际标准的"前言"和"引言";

b)　本部分第 2 章"规范性引用文件"中的引用标准,凡是有与 IEC(或 ISO)对应国家标准的均用国家标准替代。

本部分的附录 A、附录 B 为规范性附录,附录 C、附录 D、附录 E、附录 F 为资料性附录。

本部分由中国电器工业协会提出。

本部分由全国绝缘材料标准化技术委员会(SAC/TC 51)归口。

本部分起草单位:桂林电器科学研究所。

本部分主要起草人:于龙英。

本部分为首次发布。

电气绝缘材料　耐热性
第3部分:计算耐热特征参数的规程

1　范围

GB/T 11026 的本部分规定了从按照 GB/T 11026.1—2003 和 GB/T 11026.2—2000 获得的试验数据推导耐热特征参数的所应用的计算程序。

应用非破坏性、破坏性以及检查试验,可以获得试验数据。从非破坏性或检查试验获得的数据可能是不完整的,因为在所有试样已经达到终点之前,在过了中值时间之后的某一个点,达到终点时间的测量可能已经被终止了。

这些程序是通过计算实例进行说明,并推荐采用适合的计算机程序以方便计算。

2　规范性引用文件

下列文件中的条款通过 GB/T 11026 的本部分的引用而成为本部分的条款。凡是注日期的引用文件,其随后所有的修改单(不包括勘误的内容)或修订版均不适用于本部分,然而,鼓励根据本部分达成协议的各方研究是否可使用这些文件的最新版本。凡是不注日期的引用文件,其最新版本适用于本部分。

GB/T 11026.1—2003　电气绝缘材料　耐热性　第1部分:老化程序和试验结果的评价(IEC 60216.1:2001,IDT)

GB/T 11026.2—2000　确定电气绝缘材料长期耐热性的导则　第2部分:试验判断标准的选择(IEC 60216.2:1990,IDT)

IEC 60493-1:1974　老化试验数据统计分析导则　第1部分:建立在正态分布的试验结果的平均值基础上的方法

3　术语、定义、符号和缩写术语

3.1　术语和定义

下列术语和定义适用于 GB/T 11026 的本部分。

3.1.1

有序数据　ordered data

一组按顺序排列的数据,使得在整个顺序方向中,每个数据大于或等于其前面一项。

注:在本部分中,采用数据上升的排列方式,第一顺序统计量是最小的。

3.1.2

次序统计量　order-statistic

在一组有序数据中的每一个别值称为次序统计量,用它在次序中的数字位置来表示。

3.1.3

不完全数据　incomplete data

有序数据,其中高于或低于规定点的值是未知的。

3.1.4

检测过的数据　censored data

不完全数据,其中未知值的个数是已知的,如果开始检查的是高于或低于某一规定值,则这种检查为 1 型,如果检查的是高于或低于某一规定的次序统计量,则其为 2 型。

注:本部分仅涉及 2 型。

3.1.5

自由度 degrees of freedom

数据值的个数减去参数值的个数。

3.1.6

一组数据组的方差 variance of a data set

数据与由一个或几个参数确定的参照水平的偏差的平方总和除以自由度的数值,例如,参照水平可以是一个平均值(一个参数)或一条线(两个参数,斜率及截距)。

3.1.7

一组数据组的中心二阶矩 central second moment of a data set

数据与该组数据平均值的差的平方和除以该组数据的个数。

3.1.8

数据组的协方差 covariance of data sets

对带有相等数目的元的两组数据,其中一组数据中的每个元相应于另一组中的一个元,相对应的元与其组的平均值的偏差乘积的总和,除以自由度的数据。

3.1.9

回归分析 regression analysis

推出表示两个数据组的各相应元之间关系的最佳拟合直线过程,使得一个数据组的各个元与拟合线的偏差的平方总和为最小。

注:把这些参数称之为回归系数。

3.1.10

相关系数 correlation coefficient

表示两数据组各元之间相互关系的完整性的数,它等于协方差除以数据组方差乘积的方根。

注:其平方的值在 0(表示不相关)与 1(表示完全相关)之间。

3.1.11

终点 end-point line

截距为性能轴上通过终点值的平行于时间轴的线。

3.2 符号及符号名称

表 1 符号及符号名称

符 号	符 号 名 称	章 条
a	回归系数(y——截距)	4.3,6.2
a_p	破坏性试验计算的回归系数	6.1
b	回归系数(斜率)	4.3,6.2
b_p	破坏性试验计算的回归系数	6.1
b_r	中间常数($\hat{X}_c$ 的计算)	6.3
c	中间常数(x^2 的计算)	6.3
f	自由度的数	表 C.2,表 C.3
F	费歇尔分布随机变量	4.4,6.1,6.3
F_0	F 的表值(耐热图的线性)	4.4,6.3
F_1	F 的表值(性能图的线性——0.05 显著水平)	6.1

表 1（续）

符　号	符　号　名　称	章　条
F_2	F 的表值（性能图的线性——0.005 显著水平）	6.1
g	破坏性试验的老化时间的次序数	6.1
h	破坏性试验的性能值的次序数	6.1
HIC	温度等于 TI 时的半差	4.3,7
HIC_g	对应于 TI_g 的半差	7.3
i	暴露温度的次序数	4.1,6.2
j	终点时间的次序数	4.1,6.2
k	老化温度的个数	4.1,6.2
m_i	在 ϑ_i 温度下老化的试样数量	4.1,6.1
N	达到终点的总数量	6.2
n_g	老化时间 τ_g 时，一组性能值的个数	6.1
n_i	温度 ϑ_i 下 y 值的个数	4.1,6.1
$\overline{p}$	选择试验组的性能值的平均值	6.1
p	诊断性能值	6.1
P	χ^2 分布的显著水平	4.4,6.3.1
p_e	破坏性试验中诊断性能的终点值	6.1
$\overline{p}_g$	老化时间 τ_g 下一组性能的平均值	6.1
p_{gh}	个别性能值	6.1
q	对数的底	6.3
r	在计算中选择的老化时间的个数（破坏性试验）	6.1
R^2	相关系数的平方	6.2.3
s^2	s_1^2 和 s_2^2 的加权平均	6.3
s_1^2	s_{1i}^2 的加权平均，选择组内的联合方差	4.3,6.1～6.3
$(s_1^2)_a$	s_1^2 的调整值	4.4,6.3
s_{1g}^2	老化时间 τ_g 下组内性能值的方差	6.1
s_{1i}^2	温度 ϑ_i 下 y_{ij} 值的方差	4.3,6.2
s_2^2	回归线的方差	6.1～6.3
s_a^2	s^2 的调整值	6.3
s_r^2	中间常数	6.3
s_Y^2	Y 的方差	6.3
t	学生随机分布变量	6.3
tc	t 的调整值（不完全数据）	6.3
TC	TI 的 95% 下置信限	4.4,7
TC_a	TC 的调整值	7.1
TI	温度指数	4.3,7

表 1(续)

符 号	符 号 名 称	章 条
TI_{10}	10 kh 的温度指数	7.1
TI_a	TI 的调节值	7.3
TI_g	用画图或无确定置信限而得的温度指数	7.3
x	独立变量,热力学温度的倒数	
$\overline{x}$	x 的加权平均值	6.3
X	Y 的估计值对应的 x 的确定值	6.3
$\hat{X}$	确定 y 值下 x 的估计值	6.3
$\hat{X}_C$	$\hat{X}$ 的 95% 置信上限	6.3
x_i	相应于 ϑ_i 热力学温度的导数	4.1,6.1
$\overline{y}$	Y 的加权平均值	6.2
y	非独立变量,终点时间的对数值	4.1
$\hat{y}$	确定 x 值下的 y 的估计值	6.3
Y	X 的估计值对应的 y 的确定值	6.3
$\hat{Y}_C$	$\hat{Y}$ 的 95% 置信下限	6.3
$\overline{y}_i$	温度 ϑ_i 下的 y_{ij} 的平均值	4.3,6.2
y_{ij}	相应于 τ_{ij} 的 y 值	4.1,6.1
$\overline{z}$	z_g 的平均值	6.1
z_g	破坏性试验第 g 组的老化时间的对数	6.1
α	方差的检查数据系数	4.3,6.2
β	方差的检查数据系数	4.3,6.2
ε	平均值的方差的检查数据系数	4.3,6.2
θ_0	对应于热力学温度(273.15 K)的摄氏 0℃	4.1,6.1
ϑ	温度指数的温度估计值	6.3.3
ϑ_C	ϑ 的置信限	6.3.3
ϑ_i	i 组的老化温度	4.1,6.1
μ	平均值的检查数据系数	4.3,6.2
$\mu_2(X)$	X 值的中心二阶矩	6.2,6.3
ν	一个老化温度下选择的性能值的总个数	6.1
τ_f	评估温度所选择的时间	6.3
τ_{ij}	终点时间	6.3
χ^2	χ^2—分布随机变量	6.3

4 计算原理

4.1 一般原理

第 6 条中给出的一般计算程序和规程是基于 IEC 60493-1:1974 中所述的原理。这些原理(见

IEC 60493-1：1974的3.7.1)可简化如下：

　　a)　到达规定终点所需要的时间(终点时间)的对数平均值与热力学(绝对)温度的倒数之间呈线性
　　　　关系；

　　b)　终点时间的对数偏离线性关系值通常是呈正态分布,其方差与老化温度无关。

　　在一般计算程序中应用的数据是从试验数据通过初步计算得到的。这种计算的细节与诊断试验的
特点:非破坏性、检查或破坏性有关(见4.2)。在所有情况中,这些数据构成 x,y,m,n 及 k 的值。

　　其中:

　　$x_i = 1/(\vartheta_i + \theta_0)$＝老化温度 ϑ_i(℃)的热力学值的倒数；

　　$\theta_0 = 273.15$ K

　　$y_{ij} = \log \tau_{ij} = \vartheta_i$ 温度下,终点时间(j)值的对数；

　　$n_i =$ 在 ϑ_i 温度,第 i 个老化组内 y 值的个数；

　　$m_i =$ 在 ϑ_i 温度下,第 i 个老化组内样品的个数(对检查过的数据,它不同于 n_i)；

　　$k =$ 老化温度的个数或 y 值的组数。

　　注:可以使用任何数作为对数的底,只要整个计算过程保持一致。推荐采用自然对数(以 e 为底),因为大多数计算
　　　机语言和科学计算器具有这种功能。

4.2　初步计算

　　在所有情况下,把老化温度的热力学值的倒数计算为 x_i 的值。

　　把按下述得到的各个终点时间的对数值计算为 y_{ij} 的值。

　　在许多非破坏性试验和检查试验中,出自经济原因(例如,当数据分散性大时)在所有试验达到终点
之前可停止老化,至少对某些温度组是如此。

　　在这种情况下,应该在所得到的(x,y)数据中,执行对检查过数据进行计算的程序(见6.2.1.2)。

　　在6.2.1.2的一种计算中,可以同时一起使用每一老化温度的某一不同点下的完整数据和不完整
数据组或检查过的数据组。

4.2.1　非破坏性试验

　　非破坏性试验(例如:老化过程中的质量损失)直接给出每一时间、每一试样的诊断性能的值,这些
值是在老化周期的终点测得的。因此,可以得到终点时间 τ_{ij},无论是直接还是通过连续测量之间的线
性内插。

4.2.2　检查试验

　　各个试样的终点时间 τ_{ij} 为紧接到达终点前的那个老化周期的中点时间(见 GB/T 11026.1—2003)。

4.2.3　破坏性试验

　　当采用破坏性试验判断标准时,每一试样在获得某一性能值时受到破坏,因此,不能直接测量其终
点时间。

　　为了获得终点时间的评估,对终点作如下附加假设:

　　a)　平均性能值与老化时间的对数之间关系是近似线性的；

　　b)　各单个性能值偏离这个线性关系的偏差值呈正态分布,其方差与老化时间无关。

　　c)　各单个试样的性能与时间对数的关系曲线是一些与代表上述 a)关系的线相平行的直线。

　　为了应用这些假设,要对从每一老化时间下获得的数据绘制一些老化曲线。通过绘制每一试样组
的性能平均值与其老化时间的对数的关系曲线,得到老化曲线。如有可能,继续进行每一老化温度下的
老化,直至有一组的平均值超过终点水平。在终点线附近,绘制一条该曲线的近似线性区(见图D.2)。

　　由于受到某些限制,允许把线性的平均值曲线外推到终点水平。

　　按6.1.4详细程序,可以在数字上完成上述操作。

4.3　方差计算

　　从按上述得到的 x 和 y 值开始,进行下述计算：

对每一组 y_{ij} 值,计算平均 $\overline{y}_i$ 和方差 s_{1i}^2,从后者(方差)推导出这些组内的联合方差,s_1^2。

对不完全数据的程序,这些程序在 6.1.2.2 中给出。表 C.1 给出所需要的各系数(平均值所需要的 μ,方差所需要的 α、β 以及从组方差推导平均方差所需要的 ε)。对多组的情况,按组的大小进行加权,然后合并方差。ε 的组值的平均值是在不加权下得到的,而且乘以合并方差。

从回归系数,计算 TI 和 HIC 值。从回归系数和组平均值,计算偏离回归线的偏差的方差。

4.4 统计检验

进行下列统计检验:

a) 在计算评估的终点时间之前,应对破坏性试验数据作费歇尔线性检验(F 检验);

b) 方差相等性检验(Batrlett's χ^2 检验),以确定 y 值组内的方差是否有显著差异;

c) F 检验,以确定在数据组内的合并方差大于参照值 F_0 时,偏离回归线的偏差的比率,即检验 Arrhenius 假设应用于试验数据的有效性。

在数据分散非常小的情况下,有可能按统计的显著性的非线性检验,其实际重要性很小。

即使由于该原因,在不能满足 F 检验要求的场合,为了能得到某种结果,还要包括下述程序:

1) 通过系数 F/F_0,增加组内合并方差的值(s_1^2),使得 F 检验给出一个正好能接受的结果(见 6.3.2);

2) 应用这个调整的值(s_1^2)$_a$ 计算该结果的下置信限 TC_a;

3) 如果发现下置信间隔($TI-TC_a$)是可以接受的,则认为非线性是没有实际重要性(见 6.3.2);

4) 应用回归方程,从数据分散性组成部分(s_1^2)和(s_1^2),计算估计值的置信间隔。

当温度指数(TI),其下置信限(TC)和半差(HIC)经计算之后(见 7.1),若

$$TI - TC \leqslant 0.6HIC \qquad\qquad (1)$$

则认为结果可以接受。

当下置信间隔($TI-TC$)超过 $0.6HIC$ 某一小范围时,只要 $F \leqslant F_0$,通过($TC+0.6HIC$)替代 TI 的值(见第 7 章)。

4.5 结果

从回归方程计算温度指数(TI)、其半差(HIC)以及其 95% 下置信限(TC),对如上所述的偏离统计检验规定的结果的小偏差进行修正。

根据统计检验结果,确定温度指数和半差的报告形式(见 7.2)。

需要强调的是耐热图应作为报告的一部分内容,因为单一数字结果 $TI(HIC)$ 未能表示出一种对试验数据的全面的评价,并且在缺少耐热图情况下,对数据的评价是不完整的。

5 对有效计算的要求和建议

5.1 对试验数据的要求

提交给本标准的程序的数据应符合 GB/T 11026.1—2003 的 5.1~5.8 的要求。

5.1.1 非破坏性试验

对属于本类型的大多数诊断性能,一组 5 个试样是合适的。然而,如果发现数据分散性(置信间隔,见 6.3.3)太大,采用更大量的试样数可能获得更为满意的结果。在所有试样已达到终点之前,如果必要终止老化,则这样做是特别正确的。

5.1.2 检查试验

在第一个老化周期过程中,在任何组内,最多只能有一个试样达到终点;如果有一个组以上含有这样一个试样,则最好要谨慎确认该试验程序(见 6.1.3)并要把这一现象记入报告。

每组试样数应至少为 5 个,且由于实际原因,限制最大的可处理的试样数为 31(表 C.1)。对大多数用途,推荐试样数为 21。

5.1.3 破坏性试验

在每一温度,老化最好要继续下去直至至少有一组的性能平均值高于终点水平,且至少有一组低于

终点水平。在某些情况下,作一些适当限制,可以允许把性能平均值作小的外推通过终点水平(见6.1.4.4)。但这只能允许一个温度组。

5.2 计算的精确性

许多计算步骤包括了一些数值差的总和或这些差的平方和,其中这些差与数值相比,可能是小的。在这种情况下,有必要使计算的固有精确度至少为 6 位有效数字或更佳,以得到 3 位有效数字的结果。考虑到这些计算的重复和冗长的特点,因此,竭力推荐应用程序计算器或微机进行计算,在这种情况下,容易得到 10 位或以上的固有精确度。

6 计算程序

6.1 初步计算

6.1.1 温度和 x 值

对所有类型的试验,以热力学温度(K)为尺度表示每一老化温度并计算其倒数作为 x_i:

$$x_i = 1/(\vartheta_1 + \theta_0) \qquad (2)$$

式中:$\theta_0 = 273.15\ \mathrm{K}$。

6.1.2 非破坏性试验

对第 i 组的第 j 试样,获得每一老化周期后的某一性能值。从这些值,如必要,可通过线性内插,获得终点时间并计算其对数值作为 y_{ij}。

6.1.3 检查试验

对第 i 组的第 j 试样,计算紧接到达终点前的那个老化周期的中点时间,取该时间的对数作为 y_{ij}。

在第一老化周期内的终点时间应作为无效处理。要:

a) 另用新的试样开始老化,或者;

b) 不管这个试样,在计算组平均值和方差时,把归入第 m_i 组内试样数的值减 1(见 6.2.1.2)。

如果在第一周期中,有一个试样以上达到终点,则放弃该组并试验另外一组,要特别注意试验程序的任何一个临界点。

6.1.4 破坏性试验

在每一温度 ϑ_1 下老化后的试样组内,按 6.1.4.1~6.1.4.5 所述程序进行。

注:在 6.1.4.2~6.1.4.4 的表达中,去掉下标 i,以避免在打印中混淆多个下标结合。这些分条的计算应单独地在由每一老化温度得到的数据上进行。

6.1.4.1 计算每一老化时间得到的数据组的平均性能值和计算老化时间对数。在一张坐标纸上,以性能值 p 为纵坐标,老化时间的对数 z 作为横坐标,对这些值作图(见图 D.2)。以目视法拟合一条通过平均性能各个点的光滑曲线。

6.1.4.2 选取一个时间范围,使得这样拟合的曲线在这个范围内大致呈线性(见 6.1.4.4)。要保证该时间范围包括至少 3 个平均性能值,且至少有一个点在终点线 $p=p_e$ 的每一侧。如果这个范围不是这种情况,并且无法进行更长时间的进一步测量(例如,由于没有试样),则允许作小范围外推,但要满足6.1.4.4 条件。

令所选取的平均值的数(以及对应的组值)为 r,各个老化时间的对数为 z_g,各个性能值为 p_{gn}。其中,

$g = 1 \cdots\cdots r$,是在时间 τ_g 下所选取的试验过的组的顺序号;

$h = 1 \cdots\cdots n_g$,是在第 g 组内的性能值的顺序号;

h_g 是在第 g 组内的性能的顺序号。

在大多数情况下,在每一试验时间下,试验过的试样数 n_g 是相同的,但这不是一种必要的条件,对不同组的不同 n_g 值也能够进行计算。

对每一所选取的性能值组计算平均值 $\overline{p}_g$ 和方差 s_{1g}^2。

$$\bar{p}_g = \sum_{h=1}^{ng} p_{gh}/n_g \tag{3}$$

$$s_{1g}^2 = \left(\sum_{h=1}^{ng} p_{gh}^2 - n_g \bar{p}_g^2\right)/(n_g - 1) \tag{4}$$

计算 τ_g 的对数：

$$z_g = \log \tau_g \tag{5}$$

6.1.4.3 计算这些值

$$\nu = \sum_{g=1}^{r} n_g \tag{6}$$

$$\bar{z} = \sum_{g=1}^{r} z_g n_g/\nu \tag{7}$$

$$\bar{p} = \Sigma \bar{p}_g n_g/\nu \tag{8}$$

计算回归方程 $p = a_P + b_P z$ 的系数

$$a_P = \bar{p} - b_P \bar{z} \tag{9}$$

$$b_P = \frac{\left(\sum_{g=1}^{r} n_g z_g \bar{p}_g - \nu \bar{z}\,\bar{p}\right)}{\left(\sum_{g=1}^{r} n_g z_g^2 - \nu \bar{z}^2\right)} \tag{10}$$

计算性能组内的联合方差

$$s_1^2 = \sum_{g=1}^{r} (n_g - 1)s_{1g}^2/(\nu - 2) \tag{11}$$

计算性能组平均值偏离回归线的偏差的加权方差

$$s_2^2 = \Sigma n_g(\bar{p}_g - \hat{p}_g)^2/(r - 2) \tag{12}$$

式中：

$$\hat{p}_g = a_P + b_P z_g \tag{13}$$

这也可表示成

$$s_2^2 = \left[\left(\sum_{g=1}^{r} n_g \bar{p}_g^2 - \nu \bar{p}^2\right) - b_P\left(\sum_{g=1}^{r} n_g z_g \bar{p}_g - \nu \bar{z}\,\bar{p}\right)\right]/(r - 2) \tag{14}$$

6.1.4.4 进行非线性的 F 统计检验，在显著水平 0.05，按下式计算：

$$F = s_2^2/s_1^2 \tag{15}$$

如果在自由度为 $f_n = r - 2$ 和 $f_d = \nu - r$ 时，F 的计算值超过查表值 F_1（见表 C.2）。

$$F_1 = F(0.95, r-2, \nu-r)$$

则改变 6.1.4.2 中的选择并重新计算。

如果在显著水平 0.05 及 $r \geq 3$ 下，不能满足 F 检验，则进行显著水平为 0.005 的 F 检验，通过计算的 F 值与查表的 F_2 值（自由度为 $f_n = r - 2$，$f_d = \nu - r$）（见表 C.2 和表 C.3）相比较：

$$F_2 = F(0.995, r-2, \nu-r)$$

如果在该显著水平下，满足 F 检验，则可以继续计算下去，但不允许按 7.3.2 调整 TI。

如果在 0.005 显著水平下，F 检验不能满足要求，或按 6.1.4.1 绘制的性能点都在终点线的同一侧，则可以允许外推，但要符合下述条件：

如果在显著水平 0.05 下 F 检验满足值的范围（当 $r \geq 3$），其中所有的平均值 $\bar{p}_g$ 都在终点值 p_e 的同一侧，则可以外推，只要终点值 p_e 与最接近终点的平均值 $\bar{p}_g$（通常为 $\bar{p}_r$）之差的绝对值是小于差（$\bar{p}_1 - \bar{p}_r$）的绝对值的 0.25 倍。

在这种情况下，可以继续计算下去，但仍不允许按 7.3.2 进行调整 TI。

6.1.4.5 对所选取的每一组内的每一性能值，计算估算的终点时间的对数：

$$y_{ij} = z_g - (p_{gh} - p_e)/b_P \qquad (16)$$

$$n_i = \nu \qquad (17)$$

式中：

$j=1\cdots\cdots n_i$ 是 ϑ_i 温度下，估算过的 y 值组内的 y 值顺序号，z_g 是老化时间的对数。

y_{ij} 的 n_i 值是在 6.2.1 计算中拟采用的对数(时间)值。

6.1.5 不完整数据

在不完整数据情况下，按递升顺序，整理 y 值的每一组(见 3.1.1)。

6.2 总体计算

6.2.1 计算组平均和方差

计算每一 ϑ_i 温度下获得的 y 值组 y_{ij} 的平均值和方差。

6.2.1.1 完整数据

对数据完整(即未经检查)的试验，可以用常用的公式：

$$\overline{y}_i = \sum_{j=1}^{n_i} y_{ij}/n_i \qquad (18)$$

$$s_{1i}^2 = \left(\sum_{j=1}^{n_i} y_{ij}^2 - n_i \overline{y}^2\right)/(n_i - 1) \qquad (19)$$

另外，对不完整数据(6.2.1.2)也可以用该公式，尽管这些公式对这种计算未必方便。这样，系统可以用下述值表示：

$$\alpha_i = 1/(n_i - 1) \qquad (20)$$

$$\beta_i = \frac{-1}{n_i(n_i - 1)} \qquad (21)$$

$$\mu_i = 1 - 1/n_i \qquad (22)$$

6.2.1.2 检查过的数据

应用下列公式取代公式(18)和公式(19)：

$$\overline{y}_i = (1 - \mu_i)y_{i\,n_i} + \mu_i \sum_{j=1}^{n_i-1} \frac{y_{ij}}{(n_i - 1)} \qquad (23)$$

$$s_{1i}^2 = \alpha_i \sum_{j=1}^{n_i-1} (y_{in_i} - y_{ij})^2 + \beta_i \left[\sum_{j=1}^{n_i-1} (y_{in_i} - y_{ij})\right]^2 \qquad (24)$$

μ_i、α_i 及 β_i 应从表 C.1 相应行中读取。对于数据是经过部分检查的(例如，一个或一个以上温度组是完整的，而一个或一个以上是经过检查的)，应该应用公式(20)～公式(22)推导出这些数据值。

6.2.2 总平均值和总方差

计算 y_{ij} 值的总数 N、x 值的加权平均值($\overline{x}$)以及 y 值的加权平均值 $\overline{y}$：

$$N = \sum_{i=1}^{k} n_i \qquad (25)$$

$$\overline{x} = \Sigma n_i x_i/N \qquad (26)$$

$$\overline{y} = \Sigma n_i \overline{y}_i/N \qquad (27)$$

对检查过的数据，计算试样的总数：

$$M = \sum_{i=1}^{k} m_i \qquad (28)$$

对完整数据，$M=N$。

对检查过的数据，从表 C.1 读取 ε_i 值。对完整数据，或对部分检查过数据，如 $n_i = m_i$，则 ε_i 值应是 1。

计算总平均方差系数：

$$\varepsilon = \sum_{i=1}^{k} \varepsilon_i / k \qquad (29)$$

计算数据组内的合并方差：

$$s_1^2 = \varepsilon \sum_{i=1}^{k} (n_i - 1) s_{1i}^2 / (N - k) \qquad (30)$$

计算 x 值的二阶中心矩：

$$\mu_2(x) = \frac{\left(\sum_{i=1}^{k} n_i x_i^2 - N \overline{x}^2 \right)}{N} \qquad (31)$$

6.2.3 回归的计算

回归线用下式表示：

$$y = a + bx \qquad (32)$$

计算斜率：

$$b = \frac{\left(\sum_{i=1}^{k} n_i x_i \overline{y}_i - N \overline{x}\ \overline{y} \right)}{\left(\sum_{i=1}^{k} n_i x_i^2 - N \overline{x}^2 \right)} \qquad (33)$$

y 轴的截距：

$$a = \overline{y} - b\overline{x} \qquad (34)$$

以及相关系数的平方：

$$r^2 = \frac{\left(\sum_{i=1}^{k} n_i x_i \overline{y}_i - N \overline{x}\ \overline{y} \right)^2}{\left(\sum_{i=1}^{k} n_i x_i^2 - N \overline{x}^2 \right) \left(\sum_{i=1}^{k} n_i y_i^2 - N \overline{y}^2 \right)} \qquad (35)$$

计算 y 平均值偏离回归线的偏差的方差：

$$s_2^2 = \sum_{i=1}^{k} \frac{n_i (\overline{y}_i - \hat{Y}_i)^2}{(k-2)} \qquad \hat{Y}_i = a + bx_i \qquad (36)$$

或

$$s_2^2 = \frac{(1 - r^2)}{(k-2)} \left(\sum_{i=1}^{k} n_i \overline{y}_i^2 - N \overline{y}^2 \right) \qquad (37)$$

6.3 统计检验

6.3.1 方差相等性检验

计算 Bartlett's χ^2 函数的值：

$$\chi^2 = \frac{\ln q}{c} \left[(N - k) \log q \frac{s_1^2}{\varepsilon} - \sum_{i=1}^{k} (n_i - 1) \log q s_{1i}^2 \right] \qquad (38)$$

式中：

$$c = 1 + \frac{\left(\sum_{i=1}^{k} \frac{1}{n_i - 1} - \frac{1}{N-k} \right)}{3(k-1)} \qquad (39)$$

q 是在本公式中应用的对数的底。它不一定要等于本条中在其他地方计算中所用的底。

如果 $q=10$，则 $\ln q = 2.303$，如果 $q=\mathrm{e}$，则 $\ln q = 1$。

在自由度 $f=(k-1)$ 下（表 C.5）把 χ^2 值与查表值进行比较。在显著水平 0.05 下，如果 χ^2 值大于查表值，则报告 χ^2 值及最高值小于 χ^2 的查表显著水平。另外，如果是按计算机程序计算 χ^2 和显著水平，则报告这些。

6.3.2 线性检验(F检验)

通过显著水平为 0.05 下的 F 检验,把偏离回归线偏差的方差 s_2^2 与 k 测量组内的合并方差 s_1^2 进行比较。

计算比率:

$$F = s_2^2/s_1^2 \qquad (40)$$

对应于 $f_n = k-2$ 及 $f_d = N-k$ 自由度(表 C.2 和表 C.3)的 F_0 值,将其值 F 与查表值 F_0 比较。

$$F_0 = F(0.95, k-2, N-k)$$

a) 如果 $F \leqslant F_0$,计算联合方差评估值:

$$s^2 = \frac{(N-k)s_1^2 + (k-2)s_2^2}{(N-2)} \qquad (41)$$

b) 如果 $F > F_0$,调整 s_1^2 至 $(s_1^2)_a = s_1^2(F/F_0)$ 并计算 s^2 的调节值:

$$s_a^2 = \frac{(N-k)(s_1^2)_a + (k-2)s_2^2}{(N-2)} \qquad (42)$$

6.3.3 X 和 Y 评估的置信界限

在置信水平 0.95 下,获取在 $N-2$ 自由度下的 t 分布的查表值,$t_{0.95,N-2}$(表 C.4)。

计算对检查数据的值经过修正后的 $t(t_C)$ 值:

$$t_C = \left(\frac{1}{t_{0.95,N-2}} - \frac{(1-N/M)}{(N/8+1.5)} \right)^{-1} \qquad (43)$$

a) Y 评估

计算对应于已知 X 的 Y 的评估值及其下 95% 置信界限:

$$\hat{Y}_C = \hat{Y} - t_C s_Y, \quad \hat{Y} = a + bx \qquad (44)$$

$$s_Y^2 = \frac{s^2}{N} \left[1 + \frac{(X-\overline{x})^2}{\mu_2(x)} \right] \qquad (45)$$

为获得耐热图的置信界限曲线(见 6.4),计算所关注范围内许多成对 (X,Y) 值的 Y_C,并通过绘制在图上的许多 (X_C, Y_C) 作出曲线。

如果 $F > F_0$,则应用 s_a^2(公式(42))代替 s^2 值。

b) X 评估

计算对应于某一终点时间 τ_f 的 $\hat{X}$ 值及其下 95% 置信界限:

$$\hat{X}_C = \overline{x} + \frac{(Y-\overline{y})}{b_r} + \frac{t_C s_r}{b_r} \qquad (46)$$

$$Y = \log \tau_f; \quad \hat{X} = (Y-a)/b \qquad (47)$$

$$b_r = b - \frac{t_C^2 s^2}{Nb\mu_2(x)} \qquad (48)$$

$$s_r^2 = \frac{s^2}{N} \left[\frac{b_r}{b} + \frac{(\hat{X} - \overline{x})^2}{\mu_2(x)} \right] \qquad (49)$$

应从对应于 X 评估及其下置信界限,计算温度评估及其下 95% 置信界限:

$$\vartheta = \frac{1}{\hat{X}} - \theta_0, \quad \vartheta_C = \frac{1}{X_C} - \theta_0 \qquad (50)$$

6.4 耐热图

当回归线已经确定之后,就可以作出耐热图,即以 $y = \log(\tau)$ 作为纵坐标,以 $x = 1/(\vartheta + \Theta_0)$ 为横坐标作的图。通常按从左到右增加绘制 x 并在这个坐标上标出以摄氏度(℃)为单位的 ϑ 的相对应值(见图 D.1a)和 D.1b))。这种用途的特殊坐标纸是可以得到的。

另外,操作这种计算的某种计算机程序可能包括一种在合适的非线性刻度上绘制该图的子程序。

在耐热图上于相应的 x_i 值处,绘制按 6.2.1 获得的各个 $y_{ij} = \log(\tau_{ij})$ 值和平均的 $\overline{y}_i$ 值:

通过绘制下 95% 置信曲线(见 6.3.3),可以完成耐热图。

7 结果的计算和要求

7.1 耐热特性参数的计算

应用回归公式:

$$y = a + bx \tag{51}$$

(系数 a 和 b 按 6.2.3 计算)计算对应于终点时间 20 kh 的摄氏温度(℃),该温度的数值就是温度指数,TI。

用同样方法,计算对应于终点时间 10 kh 的温度的数值。半差 HIC 是:

$$HIC = TI_{10} - TI \tag{52}$$

以 $Y = \log 20000$,按 6.3.3 方法计算 TI 的下 95% 置信界限 TC,或如果使用调节值 s_a^2,则计算 TC_a。

确定 $(TI-TC)/HIC$ 或 $(TI-TC_a)/HIC$ 的值。

绘制耐热图(见 6.4)。

7.2 统计检验和报告的概括说明

在表 B.1 中,如果不能满足"试验"栏内的条件,则按最后栏目中指示执行。如果满足条件,则按下一步的指示执行。在耐热性计算的判决流程图中,也指明该相同程序,见附录 A。

7.3 结果的报告

7.3.1 如果 $(TI-TC)/HIC$ 值 $\leqslant 0.6$,则应按 GB/T 11026.1—2003 的 6.8 以下面形式报告试验结果:

$$TI(HIC):\cdots(\cdots) \tag{53}$$

7.3.2 如果 $0.6 < (TI-TC)/HIC \leqslant 1.6$,同时 $F \leqslant F_0$(见 6.3.2),则应报告

$$TI_a = TC + 0.6HIC \text{ 值} \tag{54}$$

并以 $TI(HIC)\cdots(\cdots)$ 形式同时报告 HIC。

7.3.3 在所有其他情况下,以

$$TI_g = \cdots\cdots, HIC_g = \cdots\cdots \tag{55}$$

形式报告结果。

8 试验报告

试验报告应包括:

a) 试验方法的说明,包括试样尺寸和任何条件处理;

b) 所研究的性能,终点选择,以及如果要求测定的话,性能的原始值;

c) 用作测定性能的试验方法;

d) 试验程序的任何相关信息,例如,老化环境;

e) 各个试验温度,试验种类的相关数据:

    1) 非破坏性试验,各个终点时间;

    2) 检查试验,老化周期的数和时间持续时间,在各周期中,达到终点的试样数;

    3) 破坏性试验,老化时间和各个性能值,性能随时间变化的图。

f) 耐热图;

g) 以 7.3 规定形式报告的温度指数和半差;

h) X_2 值以及如果按 6.3.1 要求,$k-1$;

i) 按 5.1.2 的第一周期失效。

附 录 A

（规范性附录）

判定流程图

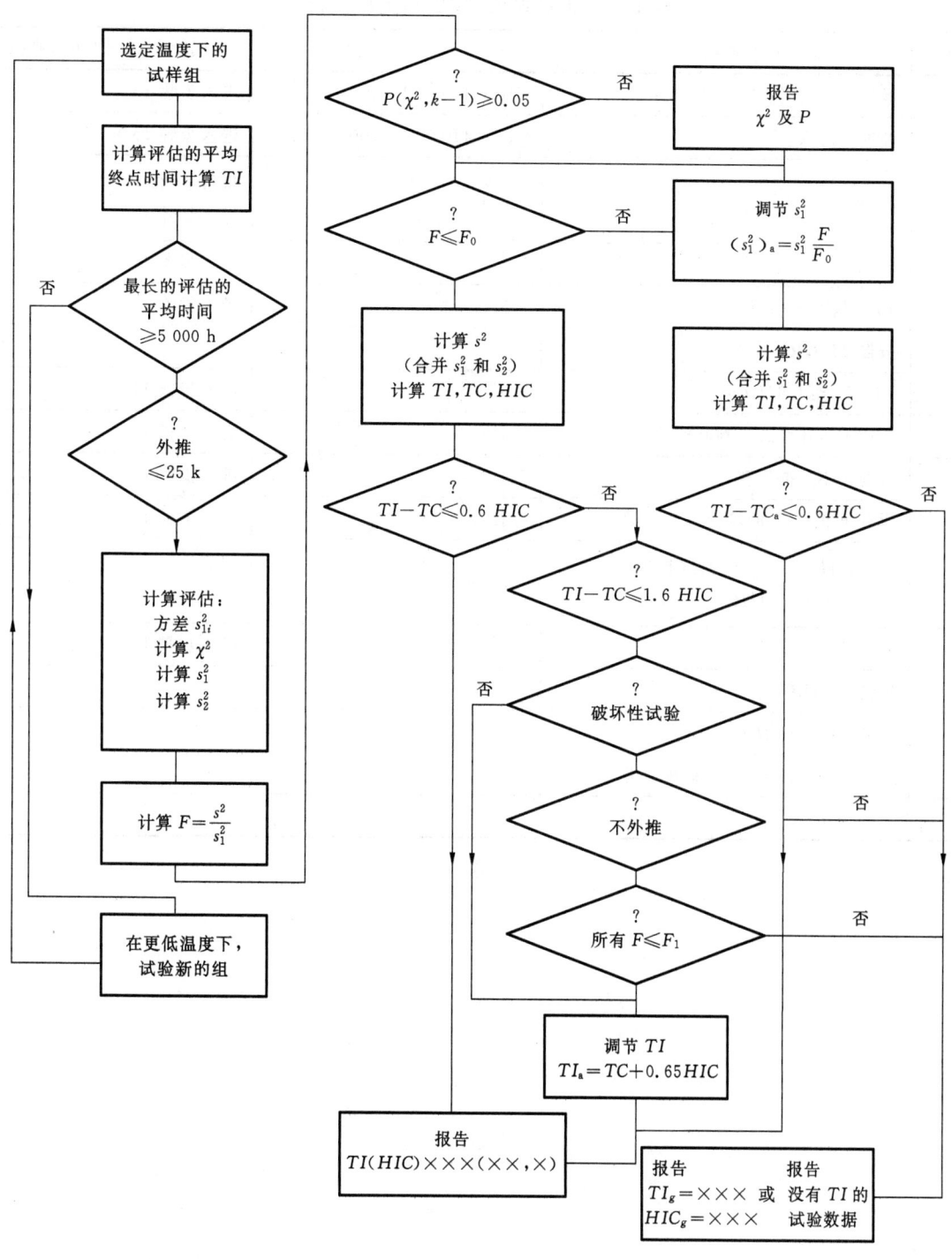

附 录 B

（规范性附录）

判 定 表

表 B.1 根据试验，作出判定和执行

步 骤	试验或执行[a]	参 照	在试验中，如果"否"，则执行
1	最长的平均终点时间≥5 000 h	GB/T 11026.1—2003 的 5.5	进入步骤 15
2	外推≤25 k	GB/T 11026.1—2003 的 5.5	进入步骤 15
3	$P(\chi^2,f)\geqslant 0.05$	6.3.1	报告 χ^2 和 P 进入步骤 4
4	$F\leqslant F_0$	6.3.2	进入步骤 12
5	$TI-TC\leqslant 0.6 HIC$	7.3	进入步骤 7
6	**报告 $TI(HIC)$:…(…)**	7.3	
7	$TI-TC\leqslant 1.6 HIC$	7.3	进入步骤 14
8	应用了破坏性试验判断标准	6.1.4.4	进入步骤 11
9	数据作不外推处理	6.1.4.4	进入步骤 14
10	所有 F 值≤F_1 的场合	6.1.4.4	进入步骤 14
11	按 $TI(HIC)$:…(…)形式报告 $TI_a=TC+0.6 HIC$	7.3	
12	$TI-TC_a\leqslant 0.6 HIC$	6.3.2	进入步骤 14
13	**报告 $TI(HIC)$:…(…)**	7.3	
14	**报告 $TI_g=\cdots,HIC_g=\cdots$**	7.3	
15	在某一更低温度下,试验新的组		
[a] 用黑体表示执行。			

附　录　C

（资料性附录）

统　计　表

表 C.1　检查过的数据计算用的系数

m	n	α	β	μ	ε
5	3	614.4705061728	−100.3801985597	0.00000000000	860.4482888889
5	4	369.3153100012	−70.6712934899	472.4937150842	874.0745894447
6	4	395.4142139605	−58.2701183523	222.6915218468	835.7650306465
6	5	272.5287238052	−44.0988850936	573.5126123815	887.1066681426
7	4	415.5880351563	−46.5401552734	0.0000000000	841.7746734375
7	5	289.1914470089	−38.0060438107	364.2642153815	837.3681267819
7	6	215.5146796875	−30.1363662109	642.2345606152	898.7994404297
8	5	302.2559543304	−32.0455510095	173.7451925589	823.1325022970
8	6	227.1320331900	−26.7149242720	462.3946896558	845.5891673417
8	7	178.0192047851	−21.8909055649	692.0082911498	908.7175231765
9	5	332.9812000000	−26.3842700000	0.0000000000	830.5022000000
9	6	236.3858000000	−23.2986100000	296.0526300000	821.3172600000
9	7	186.6401000000	−19.7898900000	534.4601800000	855.2096700000
9	8	151.5120000000	−16.6140800000	729.7119900000	917.0583200000
10	6	244.1191560890	−20.0047740729	142.3739002847	815.8210886826
10	7	193.6205880047	−17.6663604814	386.9526017618	825.7590437753
10	8	158.2300608320	−15.2437931582	589.6341322307	864.6219294884
10	9	131.8030382363	−13.0347627976	759.2533663842	924.0989192531
11	6	250.6859320988	−16.8530354295	0.0000000000	822.9729127315
11	7	199.4695468487	−15.5836545374	249.2599953079	812.6308986254
11	8	163.6996121337	−13.8371182557	457.2090965743	832.5488161799
11	9	137.2299243827	−12.1001907793	633.2292924678	873.3355410880
11	10	116.5913210464	−10.4969569718	783.0177949444	930.0880372994
12	7	204.5349924229	−13.5767110244	120.5748554921	810.9803051840
12	8	168.3292196600	−12.4439880795	332.5519557674	814.7269021330
12	9	141.6425229674	−11.1219466676	513.1493415383	840.0625045817
12	10	121.0884792448	−9.8359507754	668.5392651269	881.2400322962
12	11	104.5060800375	−8.6333795848	802.5441292356	935.2282230049
13	7	208.9406118284	−11.6456142827	0.0000000000	817.5921863390
13	8	172.3464251400	−11.0865264201	215.2023355151	807.2699422973
13	9	145.4178687827	−10.1472348992	399.3236520338	819.3180095090
13	10	124.7371924225	−9.1300085328	558.7461589055	847.5908596926

表 C.1（续）

m	n	α	β	μ	ε
13	11	108.3018058633	−8.1510819663	697.7158560873	888.3591181189
13	12	94.6796149706	−7.2252117874	818.8697028778	939.6794196639
14	8	175.9018422090	−9.7746826098	104.5543516980	807.5106793327
14	9	148.7066543210	−9.1891433745	291.5140765844	807.9273940741
14	10	127.8816896780	−8.4224506929	454.0609002065	825.0398828063
14	11	111.3817699729	−7.6266971302	596.6235832604	854.8238304463
14	12	97.9278246914	−6.8636059259	722.2249188477	894.7614153086
14	13	86.5363075231	−6.1355268822	832.7192524487	943.5668941976
15	8	179.0513405762	−8.5071530762	0.0000000000	813.5568182129
15	9	151.6274451540	−8.2566923172	189.3157319524	803.6572346196
15	10	130.6387362674	−7.7228786289	354.3906973785	810.9441335713
15	11	114.0457797966	−7.0973951863	499.7526628800	831.1920110198
15	12	100.5718881836	−6.4648224487	628.5859288205	861.6352648315
15	13	89.3466123861	−5.8578554309	743.0997382709	900.5262051665
15	14	79.6796956870	−5.2751393667	844.6143938637	946.9889014846
16	9	154.2518689085	−7.3527348129	92.2865976624	804.8901545650
16	10	133.0926552303	−7.0374903483	259.4703005026	803.4179489468
16	11	116.3971900144	−6.5718807983	407.1074446942	815.2259119510
16	12	102.8620227960	−6.0590262781	538.4703518878	837.4056164917
16	13	91.6475110414	−5.5485234808	655.9153003723	867.9864133589
16	14	82.1334839298	−5.0573990501	761.0897304685	905.7302132374
16	15	73.8281218530	−4.5839766095	854.9400915790	950.0229759376
17	9	156.6104758421	−6.4764602745	0.0000000000	810.4190113397
17	10	135.3069770991	−6.3698625234	168.9795641122	801.0660748802
17	11	118.4974933487	−6.0543187349	318.5208867246	805.3180627394
17	12	104.8944939376	−5.6546733211	451.9486020413	820.1513691949
17	13	93.6414079430	−5.2310447166	571.6961830632	843.4861778660
17	14	84.1578079201	−4.8133017972	679.5480456810	873.8803351313
17	15	75.9876912684	−4.4100612544	776.7517032846	910.4428918550
17	16	68.7761850391	−4.0203992390	863.9866274899	952.7308021373
18	10	137.3196901001	−5.7208401228	82.5925913725	802.8356541137
18	11	120.3965503416	−5.5477052124	233.7625216775	800.2584198483
18	12	106.7179571420	−5.2548692706	368.9237739923	808.4878348626
18	13	95.4179152353	−4.9135219393	490.5582072725	825.3579958906
18	14	85.9129822797	−4.5606570913	600.5193900565	849.3339891000
18	15	77.7846697341	−4.2145025451	700.1840825530	879.3395044075
18	16	70.6902823246	−3.8792292982	790.5080136386	914.7252389325
18	17	64.3706903919	−3.5548196830	871.9769987244	955.1618993620
19	10	139.1496250000	−5.0900181250	0.0000000000	807.9096187500
19	11	122.1302375000	−5.0534809375	152.5838471875	799.1198428125

表 C.1（续）

m	n	α	β	μ	ε
19	12	108.3704562500	−4.8618459375	289.2318165625	801.3602625000
19	13	97.0188250000	−4.5986040625	412.4553559375	812.3967434375
19	14	87.4809000000	−4.3069634375	524.1508350000	830.6312000000
19	15	79.3443750000	−4.0105056250	625.7586734375	854.9021531250
19	16	72.2973312500	−3.7204237500	718.3571609375	884.3945350000
19	17	66.0780873071	−3.4385965290	802.6848402810	918.6300659873
19	18	60.4951234568	−3.1657522324	879.0853247478	957.3563882895
20	11	123.7207246907	−4.5719038494	74.7399526898	801.1790116264
20	12	109.8822471135	−4.4770355488	212.6836623662	797.9482811738
20	13	98.4738232381	−4.2879392332	337.2732389272	803.6777212196
20	14	88.8993849835	−4.0546864523	450.4338248217	816.7130862373
20	15	80.7401190433	−3.8047814139	553.6438253890	835.8437320329
20	16	73.6945982033	−3.5536092812	648.0414354618	860.1735387686
20	17	67.5243573136	−3.3080573368	734.4814490502	889.0784510048
20	18	62.0270511202	−3.0688692068	813.5380807649	922.2028072690
20	19	57.0593311634	−2.8372923418	885.4495276379	959.3470694381
21	11	125.1805042688	−4.1027870814	0.0000000000	805.8572211871
21	12	111.2748584476	−4.1010407267	139.0856144175	797.6054376202
21	13	99.8073278954	−3.9827324033	264.8685742314	798.4725915308
21	14	90.1927034195	−3.8051093799	379.2915229528	806.7637854827
21	15	82.0068958400	−3.5996961022	483.8588877922	821.2259618217
21	16	74.9465754505	−3.3846323534	579.7432762887	840.9212051713
21	17	68.7848146833	−3.1701150195	667.8566522885	865.1477737296
21	18	63.3357410645	−2.9603773312	748.8832650493	893.4238105389
21	19	58.4412075437	−2.7556394531	823.2713052490	925.4824714209
21	20	53.9924872844	−2.5574642897	891.1802616762	961.1609917803
22	12	112.5622493763	−3.7339426543	68.2498992309	799.8134564378
22	13	101.0383585659	−3.6836764565	195.0883064772	796.2007530338
22	14	91.3804604560	−3.5591868547	310.6161204268	800.1345064303
22	15	83.1655367136	−3.3963282816	416.3557572996	810.3242215503
22	16	76.0857406653	−3.2157585729	513.5029910799	825.8000270835
22	17	69.9154470902	−3.0297597429	603.0017042238	845.8218001615
22	18	64.4795955687	−2.8451649972	685.5911008461	869.8337436326
22	19	59.6311106506	−2.6645660073	761.8232057644	897.4613278831
22	20	55.2451821096	−2.4879744683	832.0484727783	928.5025656429
22	21	51.2381885483	−2.3171119644	896.3673255616	962.8206447076
23	12	113.7531148245	−3.3756614624	0.0000000000	804.1474989583
23	13	102.1805929155	−3.3910352539	127.7797799222	796.3938026565
23	14	92.4787143782	−3.3175684539	244.2868537307	796.3022860399
23	15	84.2320650394	−3.1954304107	351.0543166209	802.5583945106
23	16	77.1306716018	−3.0479567336	449.2947092156	814.1621969549
23	17	70.9462283196	−2.8891287395	539.9727159165	830.3483079467

表 C.1（续）

m	n	α	β	μ	ε
23	18	65.5067730517	−2.7274270713	623.8577387905	850.5239901982
23	19	60.6745439037	−2.5674672567	701.5547596051	874.2452031077
23	20	56.3317476641	−2.4108249757	773.5119026250	901.2192903703
23	21	52.3789712444	−2.2574588071	840.0031107829	931.2919267259
23	22	48.7509673306	−2.1091382204	901.0843478372	964.3448710375
24	13	103.2433478819	−3.1048361929	62.7962963934	798.6676773352
24	14	93.4998991613	−3.0805979769	180.1796657031	794.8416535458
24	15	85.2198224000	−2.9975602432	287.8595445984	797.4563606400
24	16	78.0948480411	−2.8818367882	387.0601172274	805.4868099248
24	17	71.8941228860	−2.7491283441	478.7611920828	818.1445544127
24	18	66.4447043048	−2.6091448018	563.7511952496	834.8153636945
24	19	61.6126915633	−2.4678299408	642.6640805184	855.0189514195
24	20	57.2879088000	−2.3283191552	715.9989838080	878.3981891840
24	21	53.3750541943	−2.1915606657	784.1214493452	904.7233952180
24	22	49.7942298597	−2.0575307047	847.2450550466	933.8754408471
24	23	46.4937670005	−1.9279731656	905.3922645488	965.7495722974
25	13	104.2328856132	−2.8250501511	0.0000000000	802.7013015441
25	14	94.4531438920	−2.8483968323	118.1726878830	795.4024387937
25	15	86.1396570015	−2.8030714582	226.6706783537	794.6305407379
25	16	78.9893820242	−2.7178609400	326.7248166681	799.3466482243
25	17	72.7708231743	−2.6102752025	419.3261414998	808.7406844958
25	18	67.3090611675	−2.4911808278	505.2766660081	822.1806443986
25	19	62.4704476832	−2.3674613613	585.2280935412	839.1665981029
25	20	58.1487801571	−2.2433309433	659.7075915449	859.3057874761
25	21	54.2547721412	−2.1209279325	729.1297472481	882.3094990236
25	22	50.7106344695	−2.0008151849	793.7938286936	907.9968030989
25	23	47.4515824664	−1.8830136520	853.8654746859	936.2746548624
25	24	44.4360844355	−1.7691959649	909.3419372255	967.0482582508
26	14	95.3449516529	−2.6209763465	58.1493461856	797.6921057014
26	15	87.0000110601	−2.6121400166	167.3864953313	793.7600455859
26	16	79.8235563470	−2.5563562391	268.2070524346	795.3879797465
26	17	73.5857124933	−2.4729505699	361.6097876691	801.7490889242
26	18	68.1102550823	−2.3739926858	448.4070425448	812.1940558767
26	19	63.2623426172	−2.2671844225	529.2628483474	826.2086884902
26	20	58.9367927789	−2.1574866751	604.7212241224	843.3813295696
26	21	55.0480429364	−2.0479145245	675.2239918901	863.3884840036
26	22	51.5229352216	−1.9399299519	741.1174467776	885.9958055677
26	23	48.2974664808	−1.8338615040	802.6472197534	911.0602971929
26	24	45.3186434134	−1.7297802734	859.9406706514	938.5082900934
26	25	42.5525832097	−1.6292615541	912.9761491712	968.2524787108
27	14	96.1799524157	−2.3983307950	0.0000000000	801.4620973787
27	15	87.8072339510	−2.4248248792	109.9084470023	794.5762402919

表 C.1（续）

m	n	α	β	μ	ε
27	16	80.6049085854	−2.3975186913	211.4227629241	793.3158799216
27	17	74.3466955590	−2.3374412078	305.5459346098	796.8463988729
27	18	68.8563635730	−2.2578996096	393.0980364707	804.5028770565
27	19	63.9978278861	−2.1674187844	474.7524530084	815.7576173705
27	20	59.6654080049	−2.0715671753	551.0645680133	830.1867939907
27	21	55.7749666285	−1.9739678436	622.4924148013	847.4482192120
27	22	52.2566505091	−1.8767936096	689.4087818496	867.2739476397
27	23	49.0499538933	−1.7810451416	752.1042681971	889.4731593849
27	24	46.1018252034	−1.6869108574	810.7807829691	913.9324867793
27	25	43.3685376227	−1.5945075052	865.5349833899	940.5926719763
27	26	40.8220442466	−1.5053002920	916.3311456462	969.3721656679
28	15	88.5660259125	−2.2411328182	54.1424788011	796.8511527567
28	16	81.3393701057	−2.2414413970	156.2886460959	792.8824325275
28	17	75.0603739817	−2.2039406070	251.0647971307	793.7610598373
28	18	69.5541501973	−2.1431471452	339.2962419039	798.8109866022
28	19	64.6839991218	−2.0684387560	421.6636413417	807.4913705645
28	20	60.3433137634	−1.9859661249	498.7308586043	819.3677667693
28	21	56.4479788544	−1.8998226295	570.9665830432	834.0869174986
28	22	52.9207209889	−1.8126830339	638.7593370987	851.3622108001
28	23	49.7308667081	−1.7261222115	702.4254764256	870.9707362940
28	24	46.8009654263	−1.6408249821	762.2097935366	892.7567254884
28	25	44.0957340937	−1.5568981499	818.2783353524	916.6300223837
28	26	41.5787804887	−1.4744958266	870.7030442470	942.5420886878
28	27	39.2265620349	−1.3949691273	919.4378349773	970.4159065169
29	15	89.2798839506	−2.0610683539	0.0000000000	800.3884370370
29	16	82.0315098349	−2.0881547819	102.7240365303	793.8770365482
29	17	75.7321296520	−2.0725597540	198.0959608027	792.2635822278
29	18	70.2093506173	−2.0299142798	286.9437737860	794.8680140741
29	19	65.3267056512	−1.9704535803	369.9535738121	801.1382490326
29	20	60.9768578172	−1.9009261993	447.6958995522	810.6292670577
29	21	57.0751222222	−1.8258524691	520.6472033745	822.9791690123
29	22	53.5535949791	−1.7482834402	589.2061520394	837.8907417215
29	23	50.3561788346	−1.6702113813	653.7044516931	855.1224584510
29	24	47.4347950617	−1.5927829630	714.4118941152	874.4882360494
29	25	44.7470712190	−1.5164662295	771.5353211803	895.8606629483
29	26	42.2557943767	−1.4413224717	825.2112044901	919.1678051803
29	27	39.9304194120	−1.3675341081	875.4915371353	944.3690905327
29	28	37.7509219731	−1.2963396833	922.3227345445	971.3911639175
30	16	82.6848208854	−1.9376644008	50.6520145730	796.1185722795
30	17	76.3662564658	−1.9433496245	146.5702475018	792.1584763197
30	18	70.8267629538	−1.9183170174	235.9811143595	792.4611315875
30	19	65.9309300986	−1.8736230328	319.5743135792	796.4671299289
30	20	61.5711678648	−1.8166270961	397.9256281462	803.7214545789

表 C.1（续）

m	n	α	β	μ	ε
30	21	57.6621596530	−1.7522778385	471.5175920251	813.8538227737
30	22	54.1357421601	−1.6839506825	540.7560773794	826.5596155283
30	23	50.9363946094	−1.6139463118	605.9825649718	841.5868189642
30	24	48.0175200857	−1.5437595603	667.4818601282	858.7309102420
30	25	45.3387017070	−1.4742282493	725.4850166532	877.8361298288
30	26	42.8641163652	−1.4056715102	780.1672310812	898.7980905027
30	27	40.5622887708	−1.3381271218	831.6404696499	921.5591821698
30	28	38.4073685313	−1.2717973971	879.9405903814	946.0847402411
30	29	36.3821129993	−1.2078131518	925.0087226562	972.3044539924
31	16	83.3019925385	−1.7899787388	0.0000000000	799.4492403168
31	17	76.9661360877	−1.8163270487	96.4208836722	793.2775680743
31	18	71.4103278105	−1.8084196718	186.3489334956	791.4083191149
31	19	66.5009117575	−1.7780597559	270.4755669886	793.2803915678
31	20	62.1305948377	−1.7332089792	349.3804542382	798.4306924738
31	21	58.2136500316	−1.6792554773	423.5510178697	806.4805828440
31	22	54.6814518197	−1.6198892883	493.3986895403	817.1187339274
31	23	51.4784579361	−1.5576656387	559.2717351874	830.0864157799
31	24	48.5587515564	−1.4943363914	621.4644612582	845.1685682487
31	25	45.8832580326	−1.4310299785	680.2226141518	862.1913335039
31	26	43.4177502831	−1.3683601397	735.7447851016	881.0240582666
31	27	41.1317569496	−1.3065437907	788.1796327268	901.5811029053
31	28	38.9984874307	−1.2456083418	837.6187354827	923.8161235884
31	29	36.9958879027	−1.1857687888	884.0848862383	947.6988227000
31	30	35.1089424384	−1.1280548995	927.5156412107	973.1614917466

注：$α$、$β$、$μ$ 和 $ε$ 的单位为 $1×10^{-3}$。

表 C.2 F 分布分位值

f	f_n						
f_d	1	2	3	4	5	6	7
12	4.747	3.885	3.490	3.259	3.106	2.996	2.913
13	4.667	3.806	3.411	3.179	3.025	2.915	2.832
14	4.600	3.739	3.344	3.112	2.958	2.848	2.764
15	4.543	3.682	3.287	3.056	2.901	2.790	2.707
16	4.494	3.634	3.239	3.007	2.852	2.741	2.657
17	4.451	3.592	3.197	2.965	2.810	2.699	2.614
18	4.414	3.555	3.160	2.928	2.773	2.661	2.577
19	4.381	3.522	3.127	2.895	2.740	2.628	2.544
20	4.351	3.493	3.098	2.866	2.711	2.599	2.514
25	4.242	3.385	2.991	2.759	2.603	2.490	2.405
30	4.171	3.316	2.922	2.690	2.534	2.421	2.334
40	4.085	3.232	2.839	2.606	2.449	2.336	2.249
50	4.034	3.183	2.790	2.557	2.400	2.286	2.199
100	3.936	3.087	2.696	2.463	2.305	2.191	2.103
500	3.860	3.014	2.623	2.390	2.232	2.117	2.028

表 C.3 F 分布分位值

f	f_n						
f_d	1	2	3	4	5	6	7
12	11.754	8.510	7.226	6.521	6.071	5.757	5.525
13	11.374	8.186	6.926	6.233	5.791	5.482	5.253
14	11.060	7.922	6.680	5.998	5.562	5.257	5.031
15	10.798	7.701	6.476	5.803	5.372	5.071	4.847
16	10.575	7.514	6.303	5.638	5.212	4.913	4.692
17	10.384	7.354	6.156	5.497	5.075	4.779	4.559
18	10.218	7.215	6.028	5.375	4.956	4.663	4.445
19	10.073	7.093	5.916	5.268	4.853	4.561	4.345
20	9.944	6.986	5.818	5.174	4.762	4.472	4.257
25	9.475	6.598	5.462	4.835	4.433	4.150	3.939
30	9.180	6.355	5.239	4.623	4.228	3.949	3.742
40	8.828	6.066	4.976	4.374	3.986	3.713	3.509
50	8.626	5.902	4.826	4.232	3.849	3.579	3.376
100	8.241	5.589	4.542	3.963	3.589	3.325	3.127
500	7.950	5.355	4.330	3.763	3.396	3.137	2.941

表 C.4 t 分布分位值

f	t
1	6314
2	2920
3	2353
4	2132
5	2015
6	1943
7	1895
8	1860
9	1833
10	1812
11	1796
12	1782
13	1771
14	1761
15	1753
16	1746
17	1740
18	1734
19	1729
20	1725
25	1708
30	1697
40	1684
50	1676
100	1660
500	164

表 C.5 χ^2 分布分位值

f	$P=0.05$	$P=0.01$	$P=0.005$
1	3.8	7.9	10.8
2	6.0	10.6	13.8
3	7.8	12.8	16.3
4	9.5	14.9	18.5
5	11.1	16.7	20.8
6	12.6	16.8	18.5

附　录　D

（资料性附录）

处理实例

表 D.1　处理实例 1——检查过的数据（检查试验）

ϑ_1	240		260		280	
x_1	0.001948747929		0.001875644753		0.001807827895	
j	τ_{ij}	y_{ij}	τ_{ij}	y_{ij}	τ_{ij}	y_{ij}
1	1764	7.475339237	756	6.628041376	108	4.682131227
2	2772	7.927324360	924	6.828712072	252	5.529429088
3	2772	7.927324360	924	6.828712072	324	5.780743516
4	3780	8.237479289	1176	7.069874128	324	5.780743516
5	4284	8.362642432	1176	7.069874128	468	6.148468296
6	4284	8.362642432	2184	7.688913337	612	6.416732283
7	4284	8.362642432	2520	7.832014181	684	6.527957918
8	5292	8.573951525	2856	7.957177323	756	6.628041376
9	7308	8.896724917	2856	7.957177323	756	6.628041376
10	7812	8.963416292	3192	8.068402959	828	6.719013154
11	7812	8.963416292	3192	8.068402959	828	6.719013154
12			3864	8.259458195	972	6.879355804
13			4872	8.491259809	1428	7.264030143
14			5208	8.557951184	1596	7.375255778
15			5544	8.620471541	1932	7.566311015
16			5880	8.679312041	1932	7.566311015
17			5880	8.679312041	2100	7.649692624
18			5880	8.679312041	2268	7.726653665
19					2604	7.864804003
20					2772	7.927324360
m	21		21		21	
n	11		18		20	
α	0.12518050427		0.06333574106		0.05399248728	
β	−0.00410278708		−0.00296037733		−0.00255746429	
μ	0		0.74888326505		0.89118026168	
ε	0.80585722119		0.89342381054		0.96116099178	
$\sum_{j=1}^{n_j-1} y_{ij}$	83.0894872752		133.285066669		127.45272895	
$\sum_{j=1}^{n_j-1} (y_{nj}-y_{ij})^2$	6.12724907570		19.9557443468		41.4224423138	
$\overline{y}_i$	8.963416292		8.050988496		6.84072074866	
s_{1i}^2	0.59127835553		0.66165281385		0.863951396023	

表 D.1（续）

$\sum\limits_{i=1}^{k}\varepsilon_i/k$	0.886814007835		(29)
$\sum\limits_{i=1}^{k}n_i x_i^2$	0.000170463415664		
$\sum\limits_{i=1}^{k}n_i \overline{y}_i^2$	2986.41183881		
$\sum\limits_{i=1}^{k}n_i x_i \overline{y}_i$	0.711293042041		
$M=\sum\limits_{i=1}^{k}m_i$	63		(28)
$N=\sum\limits_{i=1}^{k}n_i$	49		(25)
$\sum\limits_{i=1}^{k}n_i x_i/N$	0.00186437531983		(26)
$\sum\limits_{i=1}^{k}n_i \overline{y}_i/N$	7.76183239007		(27)
b	15307.1704959		(33)
a	−20.8152860044		(34)
s_1^2	0.647296300122		(30)
s_2^2	0.395498398826		(36)
F	0.611000555311		(40)
χ^2	0.554692947413		(38)
c	1.03161932965		(39)
$t_{0.95,N-2}$	1.677926722		(43)
t_C	1.73895334031		(43)
$\mu_2(x)$	$2.9498844403\times10^{-9}$		(31)
s^2	0.641938897967		(41)
$TI=\hat{\vartheta}$	225.827791333		(50)
$TC=\hat{\vartheta}_C$	214.550619764		(50)
HIC	11.5189953038		(53)
$(TI-TC)/HIC$	0.979006525432		
TI_a	221.462017221		(55)
结果	$TI(HIC):221.5(11.5)$		

表 D.2 处理实例 2——完全数据(非破坏性试验)

ϑ_i	180		200		220	
x_i	0.002206774799		0.002113494663		0.002027780594	
j	τ_{ij}	y_{ij}	τ_{ij}	y_{ij}	τ_{ij}	y_{ij}
1	7410	8.910585718	3200	8.070906089	1100	7.003065459
2	6610	8.796338933	2620	7.870929597	740	6.606650186
3	6170	8.727454117	2460	7.807916629	720	6.579251212
4	5500	8.612503371	2540	7.839919360	620	6.429719478
5	8910	9.094929520	3500	8.160518247	910	6.813444599
m_i	5		5		5	
n_i	5		5		5	
ε_i	1		1		1	
$\sum_{j=1}^{n_i} y_{ij}$	44.14181166		39.75018992		33.43213093	
$\sum_{j=1}^{n_i} y_{ij}^2$	389.8355291		316.1130135		223.741618	
$\overline{y}_i$	8.828362332		7.950037984		6.686426187	
s_{1i}^2	0.03390545203		0.0024373442		0.00500357814	
$\sum_{i=1}^{k} \varepsilon_i / k$	1				(29)	
$\sum_{i=1}^{k} n_i x_i^2$	6.7243044211					
$\sum_{i=1}^{k} n_i \overline{y}_i^2$	929.25690285					
$\sum_{i=1}^{k} n_i x_i \overline{y}_i$	0.24921587814					
$M = \sum_{i=1}^{k} m_i$	15				(28)	
$N = \sum_{i=1}^{k} n_i$	15				(25)	
$\sum_{i=1}^{k} n_i x_i / N$	2.1160166854				(26)	
$\sum_{i=1}^{k} n_i \overline{y}_i / N$	7.8216088344				(27)	
b	11929.077582				(33)	
a	-17.42051837				(34)	
s_1^2	0.0361048918				(30)	
s_2^2	0.18856369729				(36)	
F	5.222663409				(40)	
F_0	4.747					
χ^2	0.466116435248				(38)	
c	1.1111111111				(39)	
$t_{0.95, N-2}$	1.7709333962				(43)	
t_C	1.7709333962				(43)	
$\mu_2(x)$	$5.3430011710 \times 10^{-9}$				(31)	
s^2	0.05119958608				(41)	
$TI = \hat{\vartheta}$	163.428648665				(50)	
$TC = \hat{\vartheta}_C$	158.670330155				(50)	
HIC	11.3632557756				(53)	
$(TI - TC)/HIC$	0.41874605344					
结果	$TI(HIC)$:163(11.4)				(54)	

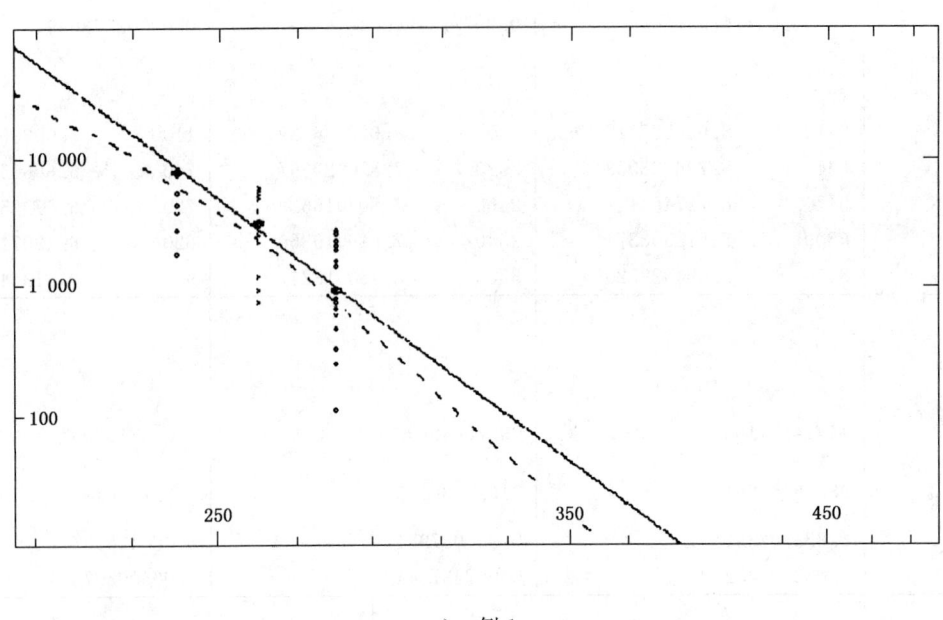

a） 例 1

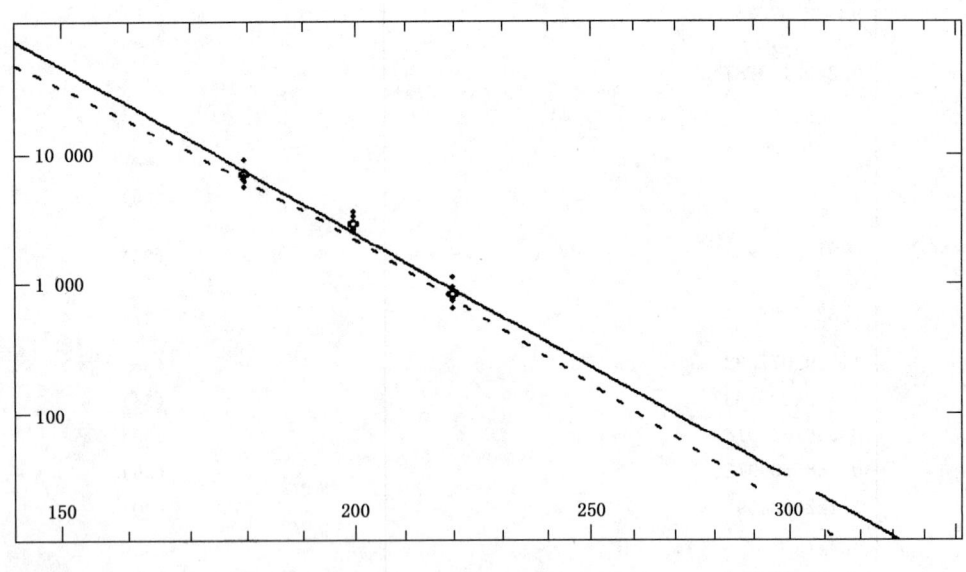

b） 例 2

注：在上面的图中，实线代表回归方程，虚线表示温度估计的 5％下置信限，该图由附录 E 的程序绘制。

图 D.1 耐热图

表 D.3 实例 3——破坏性试验

本实例给出了图解破坏性试验计算规则,与单点试验温度相关,从该计算得的数据以及更多试验温度下的数据的输入与实例 2 阐述的计算相似。

	终点 70.0				
τ_g	288	336	432	624	720
p_{gh}	139.5	121.9	101.2	77.8	69.6
	125	109.3	99.5	74.6	69.4
	120.8	98.3	98.4	71.4	67.2
	112.7	96.5	92.4	68.2	60.4
	112	93	78.1	60.5	59.4
n_g	5	5	5	5	5
$\overline{p}_g$	122.00	103.80	93.92	70.50	65.20
s^2_{1g}	125.795	139.510	89.197	44.050	24.420
$\log \tau_g$	5.66296	5.817111	6.068426	6.43615	6.579251
n_i			25		
$\overline{z}$			6.1128		
$\overline{p}$			91.084		
b_P			−59.4937		
a_P			454.756		
s^2_1			84.594		
s^2_2			77.266		
F			0.913		
F_1			3.098		
z_{gh}	6.831151	6.689472	6.592851	6.567257	6.572528
	6.587428	6.477685	6.564276	6.513469	6.569166
	6.516832	6.292792	6.545787	6.459682	6.532187
	6.380683	6.262536	6.444936	6.405895	6.41789
	6.368917	6.203707	6.204574	6.27647	6.401081

在图 D.2 中,显示例 3 的数据,通过点 E、E′的直线表示选择的终点,标记 D、D′点为随机选择的数据上,通过这些点的与回归线平行的线与终点线交于 E 和 E′,图上其他的标点为性能组值的平均值。

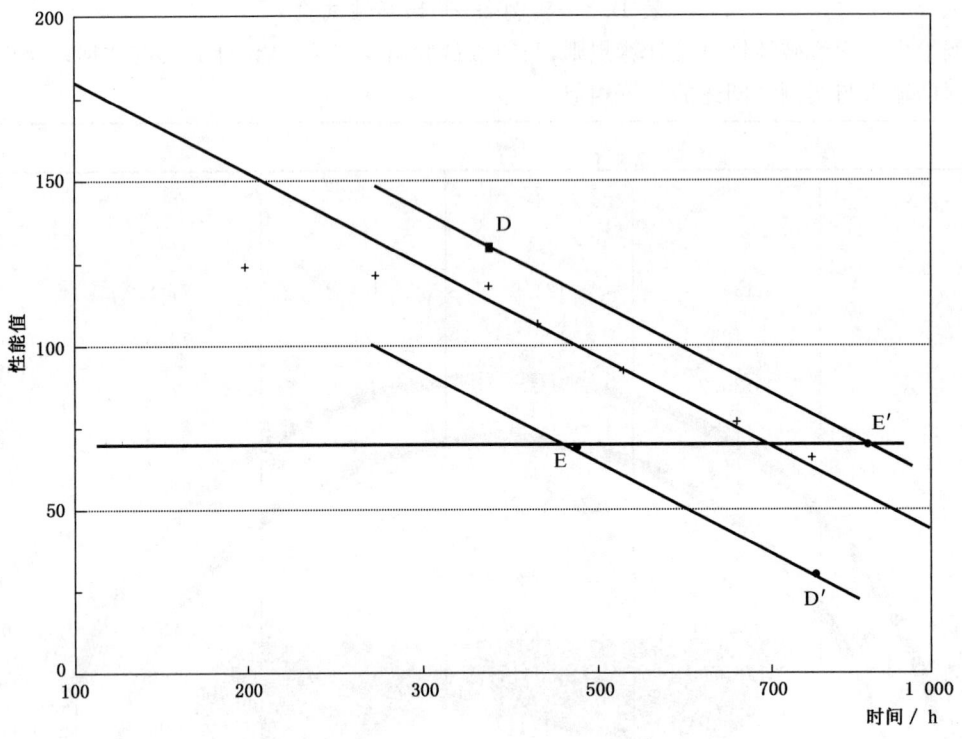

图 D.2　例 3　性能时间图(破坏性试验)

外推:

　　如果上述的数据组,仅是老化时间在 624 h 以上的数据是有效的,则老化曲线并未通过终点线,因为 70.5＞70.0,在这种情况下,需要外推:

$$(70.5-70.0)/(122.0-70.5)=0.0097$$

这是允许的,但受到 6.1.4.4 的限制。

附　录　E

（资料性附录）

计算机程序的数据文件

E.1　总则

计算机程序是用来完成本标准规定的计算细则的，它是为了达到这一目的而编写的很多程序中的一个，由一种变化的 BASIC 计算机语言编写而成，选择 Basic 的原因是其在微机（PC）上的广泛应用，以及相对于用 FORTRAN 语言而言较容易。

BASIC 使用的语言为众所周知的 Quick Basic，虽然在附录中给出了程序编码，然后对其作微小的改变也适用于其他语言，例如 Power Basic 或 Professinal Basic。

程序编码可由文字编辑输入或该语言的程序编辑输入，将其转化成可执行程序文件后即可使用，或者按紧接着的程序语言编辑器的指令的编译模式。

程序编码在两个分开的文件中，一个为实际计算程序，另一个为输入数据文件，以适合第一个程序检索用，数据文件的结构简单，易于从输入数据程序中删除。对于破坏性试验和非破坏性试验（或检查性试验）其文件结构有微小的逻辑上的差异：均由数据的 ASCII 码文本数字表示，每行输入一个（数据），关于数据文件结构的详细说明可见列于该附件后面的程序代码。

处理的数据应用 ENTRY.bas 输入，接着通过 TI.bas 处理修正，数据输入后任何编辑或必要的复查应在一个编辑器中均可进行，Quick Basic 编辑器非常适合该目的。

推荐采用这种复查文件的类型，以便阐述数据结构的细节。

用于计数中的统计检验（F 和 t）由非常简单的近似算法而得的统计函数的值确定，它们会产生 1% 或 2% 的误差，通过运用精确的计算可显著提高其准确度，但需以更多的计算机代码为代价，有用的程序（用 FORTARN Pascal 或 C 语言）可见参考文件[2]（第 6 章与此相关），已发现 FORTRAN 语言程序非常易于适用。

下面列出的代码中，续行接着续行，续行打出没有中断行。

为使计算机代码的检测易于执行，三个数据文件按列的格式提供，用一个文件本编辑器输入，每行一个数，每行的最后按回车键，无空白行，为首的两组数据是例 1 和例 2 的数据，第 3（N3,dest）是一组破坏性试验数据，接着选择的数据用于线性回归在提供试验报告中给出。

TI.bas

```
DECLARE FUNCTION F95# (n2%, n1%)
DECLARE FUNCTION KeyChoice$ (compare$)
DECLARE FUNCTION t95# (n1%)
DECLARE FUNCTION Xc# (time#, xmean#, vx#, ym#())
DECLARE FUNCTION Yc# (xh#, vx#. xmean#)
DECLARE SUB DestData (temperature#(), times#(), property#(), ntimes%(), nProperty%())
DECLARE SUB Destgraph (temperature#, z#(), nt%, pMean#(), p#(), np%(), pmax#, z1#, z2#)
DECLARE SUB DestLinTest (z#(), pMean#(), pVar#(), np%(), start%, included%, nd#, pa#, pb#, F1#. Ex#)
DECLARE SUB DestMeans (p#(), nt%. np%(), pMean#(), pVar#(), pmax#)
DECLARE SUB DestTransform (temperature#(), time#(), property#(), ntimes%(), nProperty%())
DECLARE SUB Graph (ym#(), xmean#. vx#)
DECLARE SUB GraphScreenMode ()
DECLARE SUB MeanVAr (ym#(), s1#(). epsilon#)
DECLARE SUB NDTestData (temperature#(), time#())
DECLARE SUB Regression (xmean#. vx#, ym#(), s1#(), epsilon#, tm#, tl#)
DECLARE SUB Report (test$, temperature#(), time#(), ntimes%(), tm#, tl#)
DEFINT I-N
DEFDBL A-H. O-Z


TYPE statistic
    value AS DOUBLE
    nn AS INTEGER
    nd AS INTEGER
    reflevel AS DOUBLE
END TYPE


TYPE selection        'This composite variable type covers all components
    start AS INTEGER    'of the selected data in destructive tests
    included AS INTEGER
    F AS DOUBLE
    nn AS INTEGER
    nd AS INTEGER
    F995 AS DOUBLE
    extrapolation AS DOUBLE
END TYPE


'$DYNAMIC


DIM SHARED k. l, x(1), y(1, 1), nt, n(1). m(1), mt, flag(9) AS INTEGER
DIM SHARED TI. TC. HIC, ymean, a. b. s, DestSel(1) AS selection, chi AS statistic
DIM SHARED wd AS INTEGER. ht AS INTEGER, scrn AS INTEGER, lines
DIM SHARED p0. filename AS STRING
DIM temperature(1). time(1, 1), nProperty(1, 1)
DIM propert (1. 1. 1). ntimes(1)
DIM SHARED F AS statistic
DIM ym(1). s1(1)


CONST T0 = 273.15#. FALSE = 0, TRUE = NOT FALSE
CONST TITime = 20000#  'If you want to calculate TI at any time other than
                '20000. either change TITime here or make it a shared variable
                'and add an entry routine for it.
CALL GraphScreenMode  'This call sets up the screen mode with the appropriate
                'parameters


CLS
INPUT "Enter the drive letter for your data ", drive$
drive$ = LEFT$(drive$, 1) + ":"
INPUT "Enter the directory name: if none press ENTER ", directory$
IF directory$ = "" THEN directory$ = "."
INPUT "Enter the file name ", filename
filename = drive$ + "\" + directory$ + "\" + filename
```

```
'****************************** DATA INPUT ******************************
'The next group of calls open the data file for input, and get the data into
'arrays of the right size and type. The destructive test data are transformed
'into estimated times to endpoint after selection of the linear region.

PRINT "Is this a destructive test data set? Y/N"
test$ = KeyChoice$("YN")
IF test$ = "Y" THEN
   test$ = "DEST"
   CALL DestData(temperature(), time(), property(), ntimes(), nProperty())
   REDIM DestSel(k) AS selection
   CALL DestTransform(temperature(), time(), property(), ntimes(), nProperty())
ELSE
   test$ = "ND"
   CALL NDTestData(temperature(), time())
END IF

'****************************** STATISTICS ******************************
'The means and variances are now calculated and then used in the regression
'routine. The Statistical tests are carried out partly here and partly in the
'Report routine, which also finishes the calculation of the value of TI and HIC.

CALL MeanVAr(ym(), s1(), epsilon)
CALL Regression(xmean, vx, ym(), s1(), epsilon, tm, tl)

DO
   CALL Report(test$, temperature(), time(), ntimes(), tm, tl)
   any$ = INPUT$(1)
   IF any$ = CHR$(27) THEN EXIT DO
   CALL Graph(ym(), xmean, vx)
   any$ = INPUT$(1)
   SCREEN 0
LOOP UNTIL any$ = CHR$(27)

ChangeGraphMode:
   SELECT CASE scrn
      CASE 11      'SVGA screen mode not found
         scrn = 9
         RESUME
      CASE 9       'Colour VGA/EGA not found
         scrn = 8
         RESUME
      CASE 8       'Monochrome VGA/EGA not found
         scrn = 3
         RESUME
      CASE 3       'Hercules not found, so prints a warning on the screen:
         CLS
         PRINT "No suitable graphics adapter/driver installed."
         PRINT "You must have a graphics card, EGA, VGA or HERCULES"
         PRINT "If you have a HERCULES card, you must run MSHERC before this program"
         any$ = INPUT$(1)
   END SELECT

END
```

```
REM $STATIC
'*********************** Destructive Test Data Input **********************
'This routine opens the file for Destructive test data, gets first the array
'dimensions and then reads the data into them in the sequence in which they
'were written
SUB DestData (temperature(), times(), property(), ntimes(), nProperty())

    OPEN filename FOR INPUT AS #1
    INPUT #1, k
    INPUT #1, l
    INPUT #1, maxnp
    REDIM temperature(k), x(k), times(k, l), property(k, l, maxnp)
    REDIM ntimes(k), nProperty(k, l), y(k, l * maxnp), n(k), m(k)
    REDIM DestSel(k) AS selection
    FOR i = 1 TO k
        INPUT #1, temperature(i)
        x(i) = 1 / (temperature(i) + T0)
        INPUT #1, ntimes(i)
        FOR j = 1 TO ntimes(i)
            INPUT #1, times(i, j)
            INPUT #1, nProperty(i, j)
            FOR j1 = 1 TO nProperty(i, j)
                INPUT #1, property(i, j, j1)
            NEXT j1
        NEXT j
    NEXT i

    INPUT #1, p0    'p0 is the end-point value

    CLOSE #1

END SUB

'*************************** DestGraph ************************************
'This routine draws the scales and axes for the plotting of the destructive
'test ageing curve and lets you choose the best linear region in the next
'sub-routine.

SUB Destgraph (temperature, z(), ntms, pMean(), p(), np(), pmax, z1, z2)

    CLS 0
    z1 = z(1) * .98
    z2 = z(ntms) * 1.05
    r1 = (z2 − z1) / 500
    r2 = 3 * r1
    p2 = 1.1 * pmax
    SCREEN scrn
    VIEW (wd / 20, ht / 100) − (wd * .95, ht * .75), 0, 7
    WINDOW (z1, 0) − (z2, p2)
    FOR i = 1 TO ntms
        CIRCLE (z(i), pMean(i)), r2, 7
        FOR j = 1 TO np(i)
            CIRCLE (z(i), p(i, j)), r1, 7
        NEXT j
    NEXT i
    LINE (z1, p0) − (z2, p0), 7
    VIEW PRINT lines * .8 TO lines
    LOCATE lines * .8, 1, 0
    PRINT "Temperature "; temperature;
    VIEW PRINT 1 + lines * .8 TO lines

END SUB
```

```
SUB DestLinTest (z(), pMean(), pVar(), np(), start%, included, nd, pa, pb, F1, Ex)

    DIM g AS INTEGER, leastp AS DOUBLE
    leastp = pMean(start%)
    highp = pMean(start%)
    nd = 0
    FOR g1% = 1 TO included
        g = start% − 1 + g1%
        ss1 = ss1 + pVar(g) * (np(g) − 1)
        nd = nd + np(g)
        sz = sz + np(g) * z(g)
        ssz = ssz + np(g) * z(g) * z(g)
        ssmp = ssmp + np(g) * pMean(g) * pMean(g)
        smpz = smpz + np(g) * pMean(g) * z(g)
        sp = sp + np(g) * pMean(g)
        IF pMean(g) < leastp THEN leastp = pMean(g)
        IF pMean(g) > highp THEN highp = pMean(g)
    NEXT g1%
    nn = included − 2
    sa = smpz − sz * sp / nd
    sb = ssz − sz * sz / nd
    sc = ssmp − sp * sp / nd
    ss2 = sc * (1 − sa ^ 2 / (sb * sc)) / nn
    pb = sa / sb
    pa = (sp − pb * sz) / nd
    nd = nd − included
    ss1 = ss1 / nd
    F1 = ss2 / ss1
    Ex = (leastp − p0) / (highp − leastp)

END SUB

SUB DestMeans (p(), nt, np(), pMean(), pVar(), pmax)

    'This subroutine carries out Equations 3 & 4. pVar is (s1g)^2.
    DIM g AS INTEGER, h AS INTEGER
    pmax = 0
    FOR g = 1 TO nt
        pMean(g) = 0
        pVar(g) = 0
        FOR h = 1 TO np(g)
            pVar(g) = pVar(g) + p(g, h) * p(g, h)
            pMean(g) = pMean(g) + p(g, h)
            IF p(g, h) > pmax THEN pmax = p(g, h)
        NEXT h
        pMean(g) = pMean(g) / np(g)
        pVar(g) = (pVar(g) − np(g) * pMean(g) ^ 2) / (np(g) − 1)
    NEXT g

END SUB

'******************************** DestTransform ****************************


'For each temperature, the mean values of property are calculated and plotted
'against ageing time. The best linear region is selected and the individual
'property values then transformed in equivalent times-to endpoint.
```

```
SUB DestTransform (temperature(), time(), property(), ntimes(), nProperty())

   maxnp = UBOUND(property, 3)
   FOR i = 1 TO k      'Copy into arrays without the i dimension
      ntms = ntimes(i)
      REDIM z(ntms), p(ntms, maxnp), np(ntms), pMean(ntms), pVar(ntms)
      FOR j = 1 TO ntms
         np(j) = nProperty(i, j)
         z(j) = LOG(time(i, j))  'z is log of time
         FOR j1 = 1 TO np(j)
            p(j, j1) = property(i, j, j1)
         NEXT j1
      NEXT j

      FOR j = 1 TO ntms   'Sort z values into increasing order
         j1 = j
         FOR j2 = j1 + 1 TO ntms
            IF z(j2) < z(j1) THEN j1 = j2
         NEXT j2
         IF j1 > j THEN
            SWAP z(j), z(j1)
            SWAP np(j), np(j1)
            FOR j2 = 1 TO maxnp      'Taking p values with them
               SWAP p(j, j2), p(j1, j2)
            NEXT j2
         END IF
      NEXT j
      ThisTemperature = temperature(i)
```

'********************** Means, variances and graph background ***************
'The next routines calculate the means and variances of property values and set up the scales
and 'axes for >the ageing curve   'Continuation of last line

```
      CALL DestMeans(p(), ntms, np(), pMean(), pVar(), pmax)
      CALL Destgraph(ThisTemperature, z(), ntms, pMean(), p(), np(), pmax, z1, z2)
```

'*************************** Selection ***********************************
'You are now asked to select the best linear region, after which the
'linearity test is made.

```
      DO
         CLS 2
         INPUT "Enter the first property set for selection ", start%
         INPUT "How many groups to be included?          ", included
         CALL DestLinTest(z(), pMean(), pVar(), np(), start%, included, nd, pa, pb, F1, Ex)
         LINE (z1, pa + pb * z1) – (z2, pa + pb * z2)
         PRINT USING "Enter the Table value of F995_,###_,#### "; included – 2; nd;
         INPUT "   ", F995
         IF Ex > 0 THEN
            PRINT USING "Extrapolation = #.####_, F = ##.###: F95_,##_.### = ###.####: accept Y/N?";
            Ex; F1;included – 2; nd; F95(nd, included – 2);        'Continuation of last line
         ELSE
            PRINT USING "F = ##.###: F95_,##_,### = ###.####: accept Y/N?"; F1; included – 2; nd;
            F95(nd, included – 2);                                 'Continuation of last line
         END IF
         ans$ = KeyChoice$("YN")
         IF ans$ = "N" THEN LINE (z1, pa + pb * z1) – (z2, pa + pb * z2), 0
      LOOP UNTIL ans$ = "Y"
      FOR g1% = 1 TO included
         g% = start% – 1 + g1%
         FOR h% = 1 TO np(g%)
            n(i) = n(i) + 1
            y(i, n(i)) = z(g%) – (p(g%, h%) – p0) / pb
         NEXT h%
```

```
            NEXT g1%
            DestSel(i).start = start%
            DestSel(i).included = included
            DestSel(i).F = F1
            DestSel(i).nn = included – 2
            DestSel(i).nd = n(i) – included
            DestSel(i).F995 = F995
            DestSel(i).extrapolation = Ex
            m(i) = n(i)
            IF Ex > 0 THEN flag(6) = TRUE
            IF F1 > F95(nd, included – 2) THEN flag(7) = TRUE
            IF F1 > F995 THEN flag(8) = TRUE
        NEXT i
        SCREEN 0
        VIEW PRINT
        CLS

END SUB

'********************************* F95 ***********************************
'This simple polynomial is accurate enough for our purposes. An accurate
'algorithm would need about 150 lines of code. If you wish you can delete this
'routine and enter the accurate value from the keyboard.

FUNCTION F95 (n2, n1)
    F95 = 1.8718 + 1.9993 / n1 + 10.468 / n2
END FUNCTION

REM $DYNAMIC
'********************************* TI Graph ***********************************
'This routine is for drawing the thermal endurance graph. The x and y scales
'are in constant ratio for all values of TI, even though the scaling of
'temperature is variable, and the size of a degree C on the scale decreases
'as the temperature is raised.

SUB Graph (ym(), xmean, vx)

    SCREEN scrn

    IF TI > 180 THEN interval = 20 ELSE interval = 10

    x1 = 1 / (TI – 20 + T0)
    x2 = x1 – .0008
    y1 = LOG(10)
    y2 = 5 * LOG(10)
    xrange = x1 – x2
    yrange = y2 – y1

    xstart% = 10 * ((TI – 10) \ 10)
    xend% = 10 * ((1 / x2 – T0) \ 10)
    ystart% = 2
    yend% = 4

    LOCATE 1, 1, 0
    CLS
    VIEW (wd / 100, ht * .045) – (wd * .99, ht * .99), 0, 7
    WINDOW (x2, y1) – (x1, y2)
    FOR temp = xstart% TO xend% STEP interval
        xe = x1 + x2 – 1 / (temp + T0)
        IF temp MOD 50 = 0 AND xe – x2 > xrange / 40 THEN
            LOCATE lines – 1, (xe – x2) / xrange * 80 – 1
            IF x1 – xe > xrange / 20 THEN PRINT temp;
        END IF
        IF temp MOD 50 = 0 THEN z = yrange / 25 ELSE z = yrange / 50
        LINE (xe, y2 – z) – (xe, y2)
        LINE (xe, y1) – (xe, y1 + z)
    NEXT temp
    FOR ys% = 2 TO 4
        LINE (x2, ys% * LOG(10)) – (x2 + xrange / 50, ys% * LOG(10))
```

```
        LINE (x1. ys% * LOG(10)) – (x1 – xrange  50, ys% * LOG(10))
        LOCATE lines – (ys% – 1) * lines \ 4, 3
        PRINT 10 ^ ys%.
      NEXT ys%

      LINE (x2. a + b * x1) – (x1. a + b * x2)
      inc# = xrange / 50
      FOR i = 0 TO 49
        xe = x2 + i * inc#
        LINE (x1 + x2 – xe, Yc(xe, vx, xmean)) – (x1 + x2 – (xe + inc#), Yc(xe + inc#, vx, xmean)), , ,
        &HF00F                                                Continuation of last line
      NEXT i

      FOR i = 1 TO k
        CIRCLE (x1 + x2 – x(i), ym(i)), xrange / 250
      NEXT i

      LOCATE 5, 40
      PRINT "Regression
      LOCATE 7, 40
      PRINT "95% Confidence";
      LINE (x2 + xrange * .75, (5 – 14 / lines) * LOG(10)) – (x2 + xrange * .85, (5 – 14 / lines) * LOG(10))
      LINE (x2 + xrange * .75, (5 – 22 / lines) * LOG(10)) – (x2 + xrange * .85, (5 – 22 / lines) * LOG(10)), , ,
      &HF00F                                                'Continuation of last line
      LOCATE 5, 40

      FOR i = 1 TO k
        FOR j = 1 TO n(i)
          CIRCLE (x1 – x2 – x(i). y(i, j)), xrange / 640
        NEXT j
      NEXT i
      VIEW PRINT 1 TO 1
      CLS 2
      PRINT "Press ESC to finish":
      ON ERROR GOTO 0

END SUB

REM $STATIC
SUB GraphScreenMode

   ON ERROR GOTO ChangeGraphMode

   scrn = 11
   SCREEN scrn, , 0  0
   SELECT CASE scrn
      CASE 11
         wd = 639
         ht = 479
         lines = 30
      CASE 9
         wd = 639
         ht = 349
         lines = 25
      CASE 8
         wd = 639
         ht = 199
         lines = 25
      CASE 3
         wd = 719
         ht = 347
         lines = 25
   END SELECT

   SCREEN 0
   ON ERROR GOTO 0

END SUB
```

```
'****************************** Key Choice ******************************
'The key you press is compared with a single character from a comparison
' string and any necessary action is then taken in the calling routine.

FUNCTION KeyChoice$ (compare$)

  DIM p AS INTEGER
  compare$ = UCASE$(compare$)
  DO WHILE p = 0
    p = INSTR(compare$, UCASE$(INPUT$(1)))
  LOOP
  KeyChoice$ = MID$(compare$, p, 1)

END FUNCTION
'****************************** MeanVar ******************************
'MeanVar calculates all the statistical functions like means, variances,
'etc. needed for the next stage in the calculations.

SUB MeanVAr (ym(), s1(), epsilon)

  DIM mu AS DOUBLE

  REDIM s1(k), ym(k)
  FOR i = 1 TO k
    IF n(i) = m(i) THEN
      FOR j = 1 TO n(i)
        ym(i) = ym(i) + y(i, j)
        s1(i) = s1(i) + y(i, j) * y(i, j)
      NEXT j
      ym(i) = ym(i) / n(i)
      s1(i) = (s1(i) – n(i) * ym(i) ^ 2) / (n(i) – 1)
      varfactor = varfactor + 1
    ELSE
      PRINT USING "For the values ### and ### of m and n:"; m(i); n(i)
      INPUT "Enter the value of alpha ", alpha
      INPUT "Enter the value of beta ", beta
      INPUT "Enter the value of mu    ", mu
      INPUT "Enter the value of epsilon ", epsilon
      sy = 0
      ssy = 0
      FOR j = 1 TO n(i)   'Sort y values into increasing order
        j1 = j
        FOR j2 = j1 + 1 TO n(i)
          IF y(i, j2) < y(i, j1) THEN j1 = j2
        NEXT j2
        IF j1 > j THEN SWAP y(i, j), y(i, j1)
      NEXT j
      FOR j = 1 TO n(i) – 1   'Calculate mean and variance of y values
        sy = sy + y(i, j)
        ssy = ssy + (y(i, n(i)) – y(i, j)) ^ 2
      NEXT j
      ym(i) = mu * sy / (n(i) – 1) + (1 – mu) * y(i, n(i))
      s1(i) = alpha * ssy + beta * ((n(i) – 1) * y(i, n(i)) – sy) ^ 2
      varfactor = varfactor + epsilon
    END IF
    nt = nt + n(i)
    mt = mt + m(i)
  NEXT i
  epsilon = varfactor / k     'Varfactor is a temporary variable for the
                              'pooled epsilon
END SUB
```

```
SUB NDTestData (temperature(). time())

  OPEN filename FOR INPUT AS #1
    INPUT #1  k
    INPUT #1  l
    REDIM temperature(k), time(k. l). x(k), y(k, l), n(k), m(k)
    FOR i = 1 TO k
      INPUT #1, temperature(i)
      x(i) = 1 / (temperature(i) + T0)
      INPUT #1, m(i)
      INPUT #1, n(i)
      FOR j = 1 TO n(i)
        INPUT #1. time(i, j)
        y(i, j) = LOG(time(i. j))
      NEXT
    NEXT i
  CLOSE #1
END SUB


'**************************** Regression ****************************
'After MeanVar. the values of covariance and correlation coefficient are
'calculated from the means. These are then used for the statistical tests
'specified in the standard

SUB Regression (xmean, vx, ym(), s1(), epsilon, tm, tl)

'   The following are input parameters: ym(), s1()
'   r() is shared input
'   xmean, vx. are output
'   fag(). Tl. TC, HIC, chi, F are shared output
'   tm is longest mean time to endpoint: tl is lowet test temperature

  FOR i = 1 TO k

    sy = sy + ym(i) * n(i)
    sx = sx + n(i) * x(i)
    ssx = ssx + n(i) * x(i) * x(i)
    spxy = spxy + n(i) * x(i) * ym(i)
    ssmy = ssmy + ym(i) * ym(i) * n(i)

    ss1 = ss1 + s1(i) * (n(i) - 1)

    g = g + 1 / (n(i) - 1)
    h = h + (n(i) - 1) * LOG(s1(i))

  NEXT i

  ss1 = ss1 / (nt - k)
  ff = 1 + 1 - nt / mt) * ( 1 - 12 / mt ) / 2

  chi.value = ((nt - k) * LOG(ss1) - h) / (1 + (g - 1 / (nt - k)) / 3 / (k - 1)) / ff
  chi.nd = k - 1
  chi.nn = 0
  chi.reflevel = 0

  sa = spxy - sx * sy / nt
  sb = ssx - sx * sx / nt
  sc = ssmy - sy * sy / nt

  r2 = sa * 2 / (sb * sc)      'Square of correlation coefficient
  ss1 = ss1 * epsilon
  ss2 = sc * (1 - r2) / (k - 2)
  F.value = ss2 / ss1
  F.nd = nt - k
  F.nn = k - 2

  ymear = sy / nt
  xmear = sx / nt
```

```
    b = sa / sb
    a = ymean – b * xmean

    F.reflevel = F95(F.nd, F.nn)
    IF F.value > F.reflevel THEN
        flag(3) = TRUE
        F1 = F.value / F.reflevel
    ELSE
        flag(3) = FALSE
        F1 = 1
    END IF


    vx = sb / nt
    s = (ss1 * F.nd * F1 + ss2 * F.nn) / (nt – 2)

    TI = b / (LOG(TITime) – a) – T0
    TC = 1 / Xc(TITime, xmean, vx, ym()) – T0
    HIC = b / (LOG(TITime / 2) – a) – b / (LOG(TITime) – a)

    xmax = 0
    FOR i = 1 TO k
        IF x(i) > xmax THEN
            xmax = x(i)
            lowest = i
        END IF
    NEXT i

    tl = 1 / x(lowest) – T0
    TempExtrapolation = tl – TI
    tm = EXP(ym(lowest))
    dispersion = (TI – TC) / HIC

    IF TempExtrapolation > 25 THEN flag(1) = TRUE ELSE flag(1) = FALSE
    IF tm < TITime / 4 THEN flag(2) = TRUE ELSE flag(2) = FALSE

    SELECT CASE dispersion
    CASE .6 TO 1.6
        flag(4) = TRUE
        flag(5) = FALSE
    CASE IS > 1.6
        flag(4) = FALSE
        flag(5) = TRUE
    CASE ELSE
        flag(4) = FALSE
        flag(5) = FALSE
    END SELECT

END SUB

SUB Report (test$, temperature(), time(), ntimes(), tm, tl)
    CLS
    IF flag(1) OR flag(2) OR (flag(4) AND (flag(3) OR flag(6) OR flag(7))) THEN flag(9) = TRUE
    IF flag(9) OR flag(5) OR (flag(6) AND flag(7)) THEN flag(9) = TRUE
    IF flag(8) OR flag(9) THEN flag(9) = TRUE
    IF flag(4) AND NOT (flag(3) OR flag(6) OR flag(7)) THEN
        TIa = TC + .6 * HIC
    ELSE
        TIa = TI
    END IF
    IF flag(9) THEN
        form$ = "TIg = ###.#_, HICg = ###.#"
    ELSE
        form$ = "TI (HIC): ###.# (###.#)"
    END IF
    PRINT USING "The result is " + form$; TIa; HIC
    PRINT
    PRINT USING "Lower 95% confidence limit of TI ###.#"; TC
```

```
       PRINT USING "Chi-Squared (DF) ###.#### (####)"; chi.value; chi.nd
       PRINT USING "F (nn, nd) ###.### (##_,####)"; F.value: F.nn; F.nd
       PRINT USING "Lowest ageing temperature ###: longest mean time to endpoint #######"; tl; tm
       IF flag(4) AND NOT (flag(3) OR flag(6) OR flag(7)) THEN
          PRINT USING "High dispersion: TI adjusted from ###.# to ###.#"; TI; TIa
       END IF
       IF flag(5) THEN PRINT "Excessive data dispersion"
       IF flag(3) THEN PRINT "Non-significant departure from linearity"
       IF flag(6) AND (flag(4) OR flag(5)) THEN PRINT
       PRINT
       IF test$ = "DEST" THEN
          PRINT "Selected ageing times"
          FOR i = 1 TO k
             PRINT "Temperature "; temperature(i),
             FOR j = 1 TO DestSel(i).included
                PRINT time(i, DestSel(i).start – 1 + j);
             NEXT j
             PRINT
          NEXT i
          PRINT
          PRINT "Linearity tests"
          FOR i = 1 TO k
             PRINT USING "Temperature ####_, F (nn_,nd) ###.### (##_,####)"; temperature(i);
              DestSel(i).F; DestSel(i).nn; DestSel(i).nd;                'Continuation of last line
             IF DestSel(i).extrapolation > 0 THEN
                PRINT USING "   Extrapolation #.####"; DestSel(i).extrapolation
             ELSE
                PRINT
             END IF
          NEXT i
       END IF

   END SUB

   '***************************** t95 *****************************
   'This simple polynomial is accurate enough for our purposes. An accurate
   'algorithm would need about 150 lines of code. If you wish you can delete this
   'routine and enter the accurate value from the keyboard.

   FUNCTION t95 (n1)
      t95 = 1.6282 + .0001688 * n1 + 1.8481 / n1
   END FUNCTION

   '****************************** Xc ******************************
   'Lower 95% confidence limit of the X-estimate

   FUNCTION Xc (time, xmean, vx, ym())

      tcen = 1 / (1 / t95(nt – 2) – (1 – nt / mt) / (nt / 8 + 4.5))
      br = b – tcen ^ 2 * s / b / vx / nt
      sr = SQR(s * (br / b + ((LOG(time) – a) / b – xmean) ^ 2 / vx) / nt)
      Xc = xmean + (LOG(time) – ymean) / br + tcen * sr / br

   END FUNCTION

   '****************************** Yc ******************************
   'Lower 95% confidence limit of the Y-estimate: used for drawing the thermal
   'endurance graph.

   FUNCTION Yc (xh, vx, xmean)

      tcen = 1 / (1 / t95(nt – 2) – (1 – nt / mt) / (nt / 8 + 4.5))
      yb = a + b * xh
      ci = tcen * SQR(s * (1 + (xh – xmean) ^ 2 / vx) / nt)
      Yc = yb – ci

   END FUNCTION
```

ENTRY.bas

```
DECLARE SUB DestEntry ()
DECLARE SUB NDEntry ()
DECLARE FUNCTION KeyChoice$ (text$)
DEFINT I-N
DEFDBL A-H, O-Z
DIM SHARED datafile AS INTEGER, filename AS STRING
CLS
SCREEN 0
INPUT "Enter the drive letter for your data ", drive$
drive$ = LEFT$(drive$, 1) + ":"
INPUT "Enter the directory name ", directory$
IF directory$ = "" THEN directory$ = "."
INPUT "Enter the file name ", filename
filename = drive$ + "\" + directory$ + "\" + filename
datafile = FREEFILE
OPEN filename FOR OUTPUT AS #datafile

PRINT "Is this a destructive test data set? Y/N"
test$ = KeyChoice$("YN")
IF test$ = "Y" THEN
   DestEntry
ELSE
   NDEntry
END IF

END

SUB DestEntry

   INPUT "Enter the number of test temperatures ", NumberOfTemperatures
   PRINT #datafile, NumberOfTemperatures
   INPUT "Enter the maximum number of ageing times at any temperature ", MaxTimes
   PRINT #datafile, MaxTimes
   INPUT "Enter the maximum number of specimens aged for any time ", MaxSpecimens
   PRINT #datafile, MaxSpecimens
   FOR i = 1 TO NumberOfTemperatures
      VIEW PRINT 8 TO 25
      CLS 2
      PRINT USING "Enter temperature ## "; i;
      INPUT "", temperature
      PRINT #datafile, temperature
      INPUT "Enter the number of ageing times ", NumberOfAgeingTimes
      PRINT #datafile, NumberOfAgeingTimes
      FOR j = 1 TO NumberOfAgeingTimes
         VIEW PRINT 10 TO 25
         CLS 2
         PRINT USING "Enter time ##_.###  "; i; j;
         INPUT "", time
         PRINT #datafile, time
         PRINT USING "Enter the number of specimens aged for time ##### at temperature ### "; time;
         temperature;                                        Continuation of last line
         INPUT "", NumberOfSpecimens
         PRINT #datafile, NumberOfSpecimens
         FOR j1 = 1 TO NumberOfSpecimens
            VIEW PRINT 12 TO 25
            CLS 2
            PRINT USING "Enter property value for specimen ### "; j1;
            INPUT "", property
            PRINT #datafile, property
         NEXT j1
      NEXT j
   NEXT i
   LOCATE 15, 1
   INPUT "Enter the end point value ", EndPoint
   PRINT #datafile, EndPoint
   CLOSE #datafile

END SUB
```

```
FUNCTION KeyChoice$ (compare$)

DIM p AS INTEGER
   compare$ = UCASE$(compare$)
   DO WHILE p = 0
      p = INSTR(compare$, UCASE$(INPUT$(1)))
   LOOP
   KeyChoice$ = MID$(compare$, p, 1)

END FUNCTION

SUB NDEntry

   INPUT "Enter the number of test temperatures ", NumberOfTemperatures
   PRINT #datafile, NumberOfTemperatures
   INPUT "Enter the maximum number of specimens aged at any temperature ", I
   PRINT #datafile, I
   FOR i = 1 TO NumberOfTemperatures
      VIEW PRINT 7 TO 25
      CLS 2
      PRINT USING "Enter temperature ## "; i;
      INPUT "", temperature
      PRINT #datafile, temperature
      INPUT "Enter the number of specimens ", NumberOfSpecimens
      PRINT #datafile, NumberOfSpecimens
      INPUT "Enter the number of ageing times known ", NumberOfTimes
      PRINT #datafile, NumberOfTimes
      FOR j = 1 TO NumberOfTimes
         VIEW PRINT 10 TO 25
         CLS 2
         PRINT USING "Enter time ##_,### "; i; j;
         INPUT "", time
         PRINT #datafile, time
      NEXT j
   NEXT i
   CLOSE #datafile

END SUB
```

E.2 使用该程序的数据的结构

请阅读表 E.1 连同在 Entry.bas 中的子程序 NDEntry,以及 3.2 中所列的符号,该文件包含了一系列数据,文件中每行仅有一个值。

表 E.1 非破坏性试验数据

行	项 目	符 号
1	温度数	K
2	任一温度下试样的最大数目	
3	第一老化温度	ϑ_1
4	温度 ϑ_1 下试样数	m_1
5	温度 ϑ_1 下已知达到终点时间的试样数	n_1
6 至 $5+n_1$	ϑ_1 下的终点时间	τ_{i1}
$6+n$	第二老化温度 温度 ϑ_2 下试样数 温度 ϑ_2 下已知达到终点时间的试样数	ϑ_2 m_2 n_2
	n_2 线包插的终点时间	
	第三个老化温度点,等等	

请阅读表 E.2 连同 Enty.bas 中的子程序 DestEntry 以及 3.2 中所列符号。

表 E.2 破坏性试验数据

行	项 目	符 号
1	老化温度数	k
2	任一温度下老化时间的最大数目	
3	任一组老化试样的最大数目	
4	第一老化温度	ϑ_1
5	老化温度 ϑ_1 下老化组数	
6	老化温度 ϑ_1 下的第一组的老化时间	
7	该组的老化试样数	
8 及随后的行	该组内的试样的性能值	
	下一组的老化时间 该组的老化试样数 该组内的试样的性能值 等等	
	第二老化温度	ϑ_2
	老化温度 ϑ_2 下的老化组数 老化温度 ϑ_2 下的第一组的老化时间 该组的老化试样数 该组内的试样的性能值	
	下一组的老化时间 该组的老化试验数 该组内的试样的性能值 等等	
	第三老化温度,等等	ϑ_3

E.3 计算机程序的数据文件

以下列出了例1、例2以及一个破坏性能试验的完整数的数据文件结构,计算结果也列出来了。
数据文件可按上述程序 Entry.bas 的格式准备,但也可用文本编辑器准备。

Material: cenex3 sleeving

File name: ex-1.dta   Estimate time: 20 000   02-27-1995
Test property: voltage proof test

Data dispersion slightly too large, compensated
TI (HIC) : 221.5 (11.5)   TC 214.6

Chi-squared = 0.56 (2 DF)
$F = 0.610$: $F(0.95, 1, 46) = 4.099$

Times to reach end-point

Temperature   240
Number of specimens 21, times known for 11
Times   1764 2772 2772 3780 4284 4284 4284 5292 7308 7812 7812
Temperature   260
Number of specimens 21, times known for 18
Times   756   924   924   1176 1176 2184 2520 2856 2856 3192 3192 3864 4872
             5208 5544 5880 5880 5880
Temperature   280
Number of specimens 21, times known for 20
Times   108   252   324   324   468   612   684   756   756   828   828   972   1428 1596
             1932 1932 2100 2268 2604 2772

Data file Cenex3.dta (Example 1)
Data at the foot of each column are followed without interruption by those in the succeeding
column.

3	924	324
21	1176	324
240	1176	468
21	2184	612
11	2520	684
1764	2856	756
2772	2856	756
2772	3192	828
3780	3192	828
4284	3864	972
4284	4872	1428
4284	5208	1596
5292	5544	1932
7308	5880	1932
7812	5880	2100
7812	5880	2268
260	280	2604
21	21	2772
18	20	
756	108	
924	252	

Material: Unidentified resin

File name: test2   Estimate time: 2,000D+04   12-02-1991

Test property: Loss of mass

Minor non-linearity, compensated
TI (HIC) : 163,4 (11,4)   TC 158,7

Chi-squared = 0,48 (2 DF)
F = 5,223 : F(0,95, 1, 12) = 4,743

Times to reach end-point

Temperature   180
Times   7410 6610 6170 5500 8910

Temperature   200
Times   3200 2620 2460 2540 3500

Temperature   220
Times   1100 740   720   620   910

Data file test2.dta (example 2)

3		
5		
180	200	220
5	5	5
5	5	5
7410	3200	1100
6610	2620	740
6170	2460	720
5500	2540	620
8910	3500	910

Material: N3 nylon laminate

File name: n3.dst   Estimate time: 20 000   12-02-1991

Test property: Tensile impact strength (end-point 30)

TI (HIC) : 113,8 (12,4)   TC 112,4

Chi-squared = 42,63 (3 DF)
F = 1,772 : $F(0,95, 2, 101)$ = 2,975

Temperature 180						Temperature 165					
Time		Property Values				Time		Property Values			
312	70,1	68,5	58,8	68,0	60,5	528	70,9	56,5	70,9	74,5	65,6
432	42,6	62,0	62,3	68,9	69,8	840	62,2	46,6	46,0	57,4	48,8
576	39,5	45,4	36,7	43,7	47,4	1176	9,1	39,7	42,5	45,6	54,4
696	39,0	40,3	35,4	26,0	35,1	1274	33,0	33,1	37,6	54,9	39,2
744	31,2	32,4	34,3	32,4	31,8	1344	32,7	38,8	33,1	33,9	34,8
840	36,9	29,6	18,9	26,2	30,1	1512	23,4	31,7	32,5	25,7	25,8
888	32,5	27,5	58,9	19,4	37,7	1680	21,6	26,0	25,6	21,2	25,8
						1848	21,6	22,1	25,8	20,9	19,6

Times 432 to 840 selected (left); Times 528 to 1 848 selected (right)

F = 0,529 : $F(0,95, 3, 20)$ = 3,062

F = 0,278 : $F(0,95, 6, 32)$ = 2,532

Temperature 150						Temperature 135					
Time		Property Values				Time		Property Values			
984	83,4	83,4	82,6	81,3	82,6	3216	45,2	71,0	73,6	72,3	
1680	71,0	71,8	74,8	71,0	68,8	4728	49,9	70,6	66,7	63,5	59,2
2160	49,8	54,2	54,2	48,6	43,6	5265	30,5	33,7	49,1	50,2	55,3
2304	52,4	50,1	47,1	37,5	42,4	6072	35,4	37,7	37,7	37,3	39,0
2685	29,6	37,4	34,1	39,0	35,3	7440	16,1	17,6	19,4	20,9	17,4
3360	39,5	37,8	27,8	36,3	26,9	7752	21,3	20,9	20,2	21,6	18,9
						8088	19,7	18,9	18,9	18,5	18,5

Times 1 680 to 2 685 selected (left); Times 4 728 to 7 440 selected (right)

F = 0,342 : $F(0,95, 2, 16)$ = 3,526

Did not cross the end point line: extrapolation 0,140

F = 2,126 : $F(0,95, 2, 16)$ = 3,526

End-point = 30

Data file n3.dst: file generated by Entry.bas program.

4	56,5	82,6	55.3
8	70,9	81,3	6072
5	74,5	82,6	5
180	65,6	1680	35.4
7	840	5	37.7
312	5	71,0	37.7
5	62,2	71,8	37.3
70,1	46,6	74,8	39.0
68,5	46,0	71,0	7440
58,8	57,4	68,8	5
68,0	48,8	2160	16.1
60,5	1176	5	17.6
432	5	49,8	19.4
5	9,1	54,2	20.9
42,6	39,7	54,2	17.4
62,0	42,5	48,6	7752
62,3	45,6	43,6	5
68,9	54,4	2304	21.3
69,8	1274	5	20.9
576	5	52,4	20.2
5	33,0	50,1	21.6
39,5	33,1	47,1	18.9
45,4	37,6	37,5	8088
36,7	54,9	42,4	5
43,7	39,2	2685	19.7
47,4	1344	5	18.9
696	5	29,6	18.9
5	32,7	37,4	18.5
39,0	38,8	34,1	18.5
40,3	33,1	39,0	30
35,4	33,9	35,3	
26,0	34,8	3360	
35,1	1512	5	
744	5	39,5	
5	23,4	37,8	
31,2	31,7	27,8	
32,4	32,5	36,3	
34,3	25,7	26,9	
32,4	25,8	135	
31,8	1680	7	
840	5	3216	
5	21,6	4	
36,9	26,0	45,2	
29,6	25,6	71,0	
18,9	21,2	73,6	
26,2	25,8	72,3	
30,1	1848	4728	
888	5	5	
5	21,6	49,9	
32,5	22,1	70,6	
27,5	25,8	66,7	
58,9	20,9	63,5	
19,4	19,6	59,2	
37,7	150	5265	
165	6	5	
8	984	30,5	
528	5	33,7	
5	83,4	49,1	
70,9	83,4	50,2	

附　录　F
（资料性附录）
参考文献

[1]　Saw J. G. ,Estimation of the Nomal Population Parameters given a Singly Censored Sample,
Biometrika 46,159,1959

[2]　press W. H. et al, Numerical recipes ,FORTRAN Version, Cambridge University Press,
Cambridge 1989

ICS 29.035.01
K 15

中华人民共和国国家标准

GB/T 11026.4—2012/IEC 60216-4-1:2006
代替 GB/T 11026.4—1999

电气绝缘材料 耐热性
第 4 部分：老化烘箱 单室烘箱

**Electrical insulating materials—Thermal endurance properties—
Part 4:Ageing ovens—Single-chamber ovens**

（IEC 60216-4-1:2006,Elecrical insulating materials—Thermal endurance
properties—Part 4-1:Ageing ovens—Single-chamber ovens,IDT）

2012-12-31 发布   2013-06-01 实施

中华人民共和国国家质量监督检验检疫总局
中国国家标准化管理委员会   发布

前　言

GB/T 11026《电气绝缘材料　耐热性》目前包括六部分：
——第 1 部分：老化程序和试验结果的评定；
——第 2 部分：试验判断标准的选择；
——第 3 部分：计算耐热特征参数的规程；
——第 4 部分：老化烘箱　单室烘箱；
——第 5 部分：老化烘箱　温度达 300 ℃的精密烘箱；
——第 6 部分：老化烘箱　多室烘箱。

本部分为 GB/T 11026 的第 4 部分。

本部分按照 GB/T 1.1—2009 给出的规则起草。

本部分代替 GB/T 11026.4—1999《确定电气绝缘材料耐热性的导则　第 4 部分：老化烘箱　单室烘箱》，与 GB/T 11026.4—1999 相比，主要技术变化如下：
——标准名称更简练；
——第 2 章"规范性引用文件"中删除了"GB/T 2951.2—1997"，增加了"GB/T 27025—2008"、
　　"IEC 60335"；
——标准章节有所变化，具体详见附录 NA。

本部分使用翻译法等同采用 IEC 60216-4-1:2006《电气绝缘材料　耐热性　第 4-1 部分：老化烘箱　单室烘箱》。

与本标准中规范性引用文件的国际文件有一致性对应关系的我国文件如下：
——GB 4706(所有部分) 家用和类似用途电器的安全[IEC 60335(所有部分)]。

为便于使用，本部分与 IEC 60216-4-1:2006 相比做了下列编辑性修改：
——用小数点符号"."代替小数点符号","。
——增加了资料性附录 NA。

本部分由中国电器工业协会提出。

本部分由全国电气绝缘材料与绝缘系统评定标准化技术委员会(SAC/TC 301)归口。

本部分起草单位：桂林电器科学研究院、深圳市标准技术研究院、机械工业北京电工技术经济研究所。

本部分主要起草人：宋玉侠、罗光生、黄曼雪、陈展展、郭丽平、刘亚丽。

本部分于 1999 年 9 月首次发布，本次为第一次修订。

电气绝缘材料　耐热性
第4部分:老化烘箱　单室烘箱

1　范围

GB/T 11026 的本部分规定了作为电气绝缘耐热性评定用的换气、电热的单室烘箱(带有或不带强迫空气循环)的最低要求,还规定了老化烘箱的验收试验和运行中的控制试验。

本部分适用于在比环境温度高 20 ℃～500 ℃的整个温度范围内或部分范围内运行的烘箱。

2　规范性引用文件

下列文件对于本文件的应用是必不可少的。凡是注日期的引用文件,仅注日期的版本适用于本文件。凡是不注日期的引用文件,其最新版本(包括所有的修改单)适用于本文件。

GB/T 27025—2008　检测和校准实验室能力的通用要求(ISO/IEC 17025:2005,IDT)

IEC 60335(所有部分)　家用和类似用途电器的安全(Household and similar electrical appliances)

3　术语和定义

下列术语和定义适用于本文件。

3.1
换气速率　rate of ventilation
N
室温下烘箱每小时的换气量。

3.2
暴露体积　exposure volume
温度波动、温差和温度变化都满足规定值的烘箱内部(当使用 iso 盒时,亦指 iso 盒)的那部分空间。

3.3
暴露温度　exposure temperature
T
为获得确定温度对标准试样的影响而进行老化试验时,对老化试样所选择的温度。
注:见"综合暴露温度"。

3.4
温度波动　temperature fluctuation
δT_1
烘箱内同一点温度在一定时间内的最大变化。

3.5
温差　temperature difference
δT_2
在任意时间点暴露体积内的任意两点间的最大温度之差。

3.6

温度变化　temperature variation

δT_v

一定时间内所测量的最高温度与最低温度之间的差值。

3.7

综合平均温度　global average temperature

至少在 3 h 的时间内,根据分布在烘箱暴露体积内的 9 个温度传感器的测量结果所计算的温度的平均值。

3.8

综合暴露温度　global exposure temperature

如果温度传感器与试样安装在同一空间内,综合暴露温度等于综合平均温度。

注:"综合暴露温度"常简称为"暴露温度"。

3.9

时间常数(对标准试样而言)　time constant

标准试样温度达到暴露体积空间温度一致的时间。

3.10

温度偏差　temperature deviation

δT_d

由于温度变化与温度测量误差的综合影响而产生的暴露温度与额定温度的偏差。

注:温度偏差示例见附录 B。

3.11

换气　ventilation

热空气连续通过暴露空间。

3.12

标准烘箱　standard oven

符合本标准要求的烘箱。

3.13

精密烘箱　precision oven

满足 IEC 60216-5 限定的暴露体积的暴露温度要求的电热通风烘箱。

注:本标准中关于温差及温度波动的限定比 IEC 60216-5 中的宽松。

3.14

烘箱室　oven chamber

单室烘箱的内部容积,用于放置试样或 iso 盒(见 3.15)的空间。

3.15

iso 盒　iso-box

装有紧密门的金属盒,放置在烘箱内作为露室,在不改变烘箱室(见 IEC 60216-5)的情况下降低温度偏差。

4　结构要求

4.1　概述

烘箱应使用合适的材料构成,能够在整个允许温度范围内连续运行。

所有的电气的和其他辅助设置应易于维护。

注:本标准仅涉及部分安全方面的问题,其他资料可以查找 IEC 60335 标准。

4.2 机械要求

用于老化烘箱室及其内部配件的材料应不影响试样的性能。

注：在多数情况下，铝合金和不锈钢材料均为合适的材料。铜及合金材料在烘箱温度范围内可能释放出干扰物，更不能用硅树脂类材料。

烘箱内部应由适当耐腐蚀的、无吸附性的材料组成，制造时应确认使所有连接点无泄漏且不受腐蚀，内表面易于清洁。

注意确保老化烘箱室的门密封，密封所使用的任何垫片材料应不影响试样的性能。

4.3 换气

烘箱室应装有一个预热流通空气供应源，从一侧通至另一侧。如有可能，流通空气应直接进入暴露室并充分混合。

应根据 5.5 确定换气速率。

应考虑采取各种措施，确保进入试样室空气的纯度，最大程度降低其对结果的影响。

当有规定时，应能使空气和/或其他气体从可控气源中进入到入口气孔。

烘箱备有断开装置，当换气失效时可断开电源。

注：建议将烘箱室内排出的气体排放到大气中，但应采取措施确保由老化试样释放的气体不损害健康和环境。

4.4 试样放置

应对暴露体积中的试样进行支撑/悬挂和定位。试样间不得相互接触，也不得触及室壁。试样及其支架占用面积不应超过试样室与任何平面形成横截面的 25%，或试样室有效容积的 10%。

注：如果在实际试验中预计会超出这些极限值，供需双方最好与用户协商是否使用等效载荷评定老化烘箱的工作性能。

4.5 温度控制及指示系统

暴露体积的温度控制详见第 5 章。

烘箱室应至少配备两个温度传感器(1 号、2 号传感器)，在安装前，1 号和 2 号传感器应用符合标定标准的基准传感器(3 号传感器)校准，使其最大测量误差小于 ±1.0 K，记录两个传感器的读数差作为温度的函数。

3 号传感器的最大不确定度为 ±0.5 K。

将 1 号传感器以适当的方式安装，用于显示烘箱的温度。

注 1：建议在整个试验过程中均记录温度，读出器还能提前识别系统出现的任何故障。

2 号传感器应尽可能安装在靠近试样的位置，该位置应明确且具有可重复性，测量后可将其移走。

可用一个单独的传感器来控制温度，传感器的放置应由制造商决定。控制系统的漂移速度应小于 2 K/a。

注 2：传感器只要符合要求，类型不限(如液体温度计、电阻温度计)。

注 3：由于热电偶的工作特性不如液体温度计和电阻温度计精确，尽管热电偶适于测量温差，但并不推荐用其测量温度。

使用液体温度计时，在测温时应确保液体温度计的浸入深度与主温控制装置相同。

老化烘箱还应配备额外的温度控制装置，该温控装置应独立于主温控系统，当实际温度超过预定温度某一设定值时，应断开电加热器。当超温装置运行时，该系统还应确保接通报警灯或其他报警装置。当老化烘箱温度下降到设定值以下时加热器不能自动启动，而是需要手动关闭报警灯后以手动方式启动。

5 性能要求

5.1 温度

在制造商规定的整个温度范围内,应能将暴露体积内温度变化控制在限定值内。

5.2 温差和温度波动

3 h内的最大允许温差和温度波动见表1。

表 1 最大允许温差和温度波动

温度范围 ℃	最大允许温差和温度波动 K
≤80	2
>80~≤180	2.5
>180~≤300	3
>300~≤400	4
>400~≤500	5

5.3 温度变化

最大允许温度变化见表2。

表 2 最大允许温度变化

温度范围 ℃	温度变化 K
≤80	4
>80~≤180	5
>180~≤300	6
>300~≤400	8
>400~≤500	10

5.4 最大温度偏差

在暴露空间内,相关的温度偏差在相关的温度范围内不超过最大允许温度变化的1.25倍。

5.5 换气速率

在暴露室内,换气速率应在每小时换气量5次~20次的范围内变化。

5.6 暴露体积

暴露体积的大小应足以按4.4放置试样,且不得小于老化烘箱试样室(或iso盒)容积的50%。

注:经验表明,暴露体积在35 L~70 L时使用方便。

5.7 时间常数

当合同有规定时,时间常数应不超过供需双方及用户协商确定的规定值。

注:该参数仅在烘箱作为短时老化处理(热冲击试验)时是重要的。

6 检验方法和程序

6.1 概述

在对老化烘箱的所有性能测量中,环境温度和电源电压应控制在制造商规定的范围内,以便老化烘箱正常运行。

6.2 暴露体积

暴露体积的尺寸和形状是根据对温差和温度波动的一系列试验测定结果确定的,通过系列温度传感器放置在不同的位置及供需双方协商确定的换气速率而得出。

注:这些温度可为老化烘箱运行时的最低温度、设计的运行最高温度及这两个温度的中间温度,例如50 ℃、250 ℃、500 ℃。

6.3 温度及相关参数

6.3.1 实际应用情况

烘箱腔室及最终暴露空间温度由2号温度传感器测定(见4.5)。

为测定温度波动和温差,在研究过程中将一组温度传感器(最大时间常数30 s)放入烘箱腔室中,要确保:

——一个传感器位于腔室中央25 mm范围内;

——在腔室八个拐角的每个拐角,距每壁(50±10)mm处放置一个传感器。

要最大限度地减少从温度传感器传出的热,方法是要保证烘箱腔室内的连接导线要足够长以及要保证外部导线是绝热的,且基本上保持不通风状态。

注1:为进行温差和温度波动的评估,如果不能采用已经校准过的温度传感器,可以采用同一卷热电偶丝并以相同方法制成的热电偶,只要将其相互靠近地置于运行在最高温度下的试验烘箱腔室内,而这些热电偶指示的温度值之差不超过0.4 K即可。也可用其他未校准的温度传感器以类似的方式进行评估。

将换气率调至制造商规定的最小值。

让腔室温度趋于平衡。

在大致3 h时间内,以足够次数测试传感器的温度,精确到0.1 K,以便能鉴别任何周期性的行为,并在测量过程中还可以测定每一温度传感器的最大、最小以及平均温度。

注2:建议连续监控温度。

6.3.2 计算

温度波动(δT_1)

检查数据,并对9个传感器的每一个计算从3 h中记录下的温度的最大差异,将其记为"一天的温度波动"。

温差(δT_2)

检查数据并计算在3 h的周期内任意时间点暴露腔室中的最大温差,将其记为"一天的温差"。

6.3.3 结果

如果结果符合温度波动的要求,则将5天作为一个周期,每天重复测量。

再计算余下的数据并记录第2、第3、第4、第5天的温差。选择这几天中最大的温度差异并记为烘箱的温度波动 δT_1。

再计算余下的数据并记录第2、第3、第4、第5天的温度波动。选择这几天中最大的温度波动并记为烘箱的温差 δT_2。

如果所测的温度波动水平符合要求,则该烘箱可认为在特定的腔室温度和换气水平下符合要求。暴露空间为八个拐角处传感器范围内的空间(见5.1)。

如果结果不符合要求,则改变传感器位置将传感器放在距壁约25 mm的位置重新测试和计算(见5.1)。

如果所测的温度波动水平符合要求,则该烘箱可认为在特定的腔室温度和通气水平下符合要求,暴露空间为八个重新定位的拐角放置传感器内范围的空间(见5.1)。

采用合适的换气速率,再测其他两个烘箱腔室的温度以确定在这些温度下的暴露体积。

根据附录B,应用计算得到的温差、起始校正确定的传感器1和传感器2读数之间的差,以及参考在长期热老化试验过程中传感器1示值读数所指示的暴露温度计算温度偏差 δT_d。

6.4 换气速率

如果不使用计量供气,可用任何适当的方法来确定换气速率。

附录A给出了一种建立在测量多消耗的电能基础上的程序。这种多消耗的电能是为了保证换气孔打开时烘箱腔室内的温度与换气孔关闭时暴露腔室内的温度一致所致。

应调节供气和出气系统,直到测得的换气速率符合要求。

注:配备气流调节装置有助于调节。

6.5 时间常数

用实心黄铜圆柱体组成制作一个标准试样,其直径为(10±0.1)mm,长(55±0.1)mm,将差示热电偶的一个接点焊在该试样上。

将烘箱加热到200 ℃或最高设计温度,两个温度中较低的一个温度点,且让其稳定。让标准试样在室温下稳定至少1 h。

按制造商的使用说明,打开烘箱室,用一根直径不大于0.25 mm的耐热绳子将标准试样尽快地垂直吊于烘箱的中央,确保热电耦合悬挂在远离试样的地方、不接触烘箱内壁。打开烘箱门(60±2)s,然后关上门且每10 s记录一次温差直至出现最大值,然后改为每30 s记录一次,直至温差降到最大值的10%,画出记录的温度梯度值与时间(s)的关系图。

将最大的温度梯度分为10等份且记录为 T_{10},然后从温度梯度与时间的关系图上取温度梯度从最大值降到 T_{10} 的时间(s)作为时间常数。

7 报告

报告应符合GB/T 27025—2008的要求。烘箱的供货者应至少提供下列资料:
a) 标题(例如"检测报告"或"校准证书",符合IEC 60216-1)。
b) 烘箱制造商的名称和地址。
c) 检测实验室的名称和地址及完成检测和校准场所的名称和地址。
d) 检测报告或校准证书的唯一性标识(例如系列号),每一页的标识以确认该页是检测报告或校准证书的一部分,检测报告或校准证书的最后也应有明确的标识。
e) 委托方的名称和地址。
f) 清晰描述检测项目或校准项目及试验条件。

g) 型号和名称

　　——符合本标准要求的烘箱的电源电压范围；

　　——最大耗电量；

　　——符合本标准要求的烘箱的环境温度范围；

　　——整个烘箱(空的)质量和外型尺寸；

　　——符合本标准温差和温度波动要求的暴露空间的温度范围；

　　——可得到的换气速率范围；

　　——第6章所述的试验结果；

　　——推荐的控制通风气体的质量的方法，例如过滤、除湿等或其他适当的方法；

　　——必要时，报告时间常数。

h) 授权签字人签字的检测报告或校准证书。

i) 必要时，给出影响检测或校准结果的声明。

8 使用条件和用户在运行监控中的指导

8.1 使用条件

a) 在使用过程中，环境温度和供电电压应控制在制造商规定的范围内，以确保烘箱在正确运行范围内。

b) 除非另有规定，确保流通空气的质量，使其对结果无显著影响。如果试验结果受到流通介质中杂质的影响，如水蒸气，则应对其控制和作出报告。

c) 当几个烘箱放在同一个地方使用时，应注意挥发物的交叉污染，即从一个烘箱中排放出来的气体应不接触任何其他烘箱内的试样。

注：建议把每一烘箱排出的气体直接排到室外。

d) 要采取措施确保老化过程中产生的挥发物不损害健康和环境。

e) 在温度暴露期间，任何试验试样不应置于暴露空间之外，且试样仅与试样架接触，试样之间不相互接触。

8.2 程序

在长期热老化之前，烘箱腔室(或等温箱)的温度应调节到规定的暴露温度，该温度由温度传感器2测得，应尽可能将温度传感器置于将来放置试样的地方，该传感器的放置应有明确的规定和可重复放置。如果使用液体温度计应小心放置以确保浸入深度与校准时深度一致。

8.3 使用中的监控

每次老化试验前应先进行下述带负载的烘箱试验。

注1：这些试验是证明在老化试验开始时，有载烘箱就符合本规范的要求。在这些试验中确定总的暴露温度和温度变化。

6.3中给出下述通用程序。

a) 在被评估的暴露空间内，放入一组8个温度传感器并接近固定好的试样边缘；

b) 将烘箱升温到预定的烘箱温度并让其稳定；

c) 在大约3 h时间内，除了应用传感器2之外，还从8个传感器得到的数据，确定总平均温度(假定它为初始暴露温度)和温度偏差。

如果试验结果不符合要求，则中断老化试验。安排并重新组织试样进行固定布置或者调节设备，通过重新试验直至符合要求。

　　如果希望评估比上述试验要求更高精度的暴露温度,则应计算由传感器 2 测得温度的长期平均值。

　　注 2:建议使用者考虑附录 B 中任何与老化数据精度相关的影响。

附　录　A
（资料性附录）
测定换气速率的试验方法

可以使用具有相等准确度的任何其他方法。

A.1　通用要求

在试验过程中，A.2 给出的整个过程中平均环境温度应与 A.3 一致。

A.2　密封烘箱

烘箱应适当地密封，包括通气孔、门、温度传感器孔以及鼓风机轴，或整个鼓风机（如果适用）。将电度表与烘箱电源线以及烘电烘箱相连，表的精度为±1 W·h 或更高，选择并安装合适的控温装置。

烘箱温度稳定后，进行下述测量：

——在距任何显著热源 2 m 处、距任何固体物质至少 1 m 处，并且与烘箱的进气口大致处在同一水平处的某点的室内温度。

——测量至少 1 h 这段时间的电能 E_1 消耗至±2 W·h，测量其相对应的时间至±3 s。

A.3　换气烘箱

拆除所有密封之后，应确定进气口气流调节量的大小，以便给出换气所需要的速率。另外，当烘箱温度稳定后，应按 A.1 测定相同时间周期所消耗的电能 E_2。

A.4　计算

按下列等式计算换气速率：

$$N = \frac{10(P_2 - P_1)T_a}{V_0(T - T_a)}$$

式中：

N——换气速率；

P_1——不换气时烘箱平均电能消耗量，单位为瓦（W），即电度表读数测得的电能消耗量 E_1[单位为瓦时（W·h）]除以试验持续时间[单位为小时（h）]；

P_2——换气烘箱的平均电能消耗量，单位为瓦（W），即电度表读数测得的电能消耗量 E_2[单位为瓦时（W·h）]除以试验持续时间[单位为小时（h）]；

V_0——暴露腔室的体积，单位为升（L）；

T_a——平均环境温度，单位为开尔文（K）；

T——暴露温度，单位为开尔文（K）。

注：上述计算基于以下假设。

当 $T_{20} = 293$ K 时，环境温度下空气的密度：

$$d_{T_a} = \frac{d_{20}T_{20}}{T_a} \quad (kg/L)$$

其中密度 $d_{20}=1.204\ 5\times10^{-3}(\text{kg/L})$

为计算起见,180 ℃下空气比热容的平均值:

$$c_p=1.022\times10^3[\text{J}/(\text{kg}\cdot\text{K})]$$

试验期间气流的总质量:

$$M=\frac{3\ 600(E_2-E_1)}{c_p(T-T_a)}(\text{kg})$$

当气流从 T_a 加热到 T 以及从电度表读数得到的电能消耗为 E_1(见 A.1)和 E_2(见 A.2)时,试验期间气流总体积为:

$$V=\frac{M}{d_{T_a}}=\frac{3\ 600(E_2-E_1)}{c_p(T-T_a)d_{T_a}}(\text{L})$$

每小时体积为:

$$V_h=\frac{3\ 600(P_2-P_1)}{c_p(T-T_a)d_{T_a}}(\text{L/h})$$

换气速率为:

$$N=\frac{V_h}{V_0}=\frac{3\ 600(P_2-P_1)}{c_p(T-T_a)d_{T_d}V_0}=\frac{3\ 600(P_2-P_1)T_a}{c_p(T-T_a)d_{20}T_{20}V_0}$$

$$N=\frac{3\ 600(P_2-P_1)T_a}{293\times1.022\times1.204\ 5(T-T_a)V_0}$$

$$N\approx\frac{10(P_2-P_1)T_a}{V_0(T-T_a)}$$

附　录　B

（资料性附录）

温度偏差计算示例

最大测量误差由下述部分组成：

——随机误差 $\mu_1 = \pm 0.5$ K，发生两次，在校准和读取 1 号温度传感器过程；

——随机误差 $\mu_2 = \pm 0.5$ K，发生两次，在标准和读取 2 号温度传感器过程；

——由 3 号温度传感器产生的系统误差 $\mu_3 = \pm 0.1$ K；

——在 3 h 期间最大可能温度变化 δT_v 等于最大允许温度波动加上最大允许温度差异。

如果所有最大可能误差 μ_1、μ_2、μ_3 作用在同一方向上，$\delta T_f = 2\mu_1 + 2\mu_2 + \mu_3$，但是这种情况几乎是不可能的，对最大误差的最大似然估计可以引入几何平均值的方式，即单个最大偏差平方和的平方根，最有可能真实偏离是由最大误差平方和与最大测量变化的平方之和的平方根确定的，以便获得最大估计偏差平方的估计值（最大温度变化 δT_v 是 3 h 内最大温度波动和最大温差之和。）

当温度小于 180 ℃时，$T_{vmax} = T_{fmax} + T_{dmax} = 1 + 1 = 2$ K

在上述假设下，暴露温度的温度偏差由下述关系式给出：

$$\delta T_d = \pm \sqrt{(2\mu_1^2 + 2\mu_2^2 + \mu_3^2 + \delta T_v^2)}\,(\text{K})$$

$$\delta T_d = \pm \sqrt{(1.01 + \delta T_v^2)}\,(\text{K})$$

按上式可得出最大可能温度偏差为：

$$\delta T_d = \pm \sqrt{(1.01 \pm 4)}\,(\text{K})$$

$$\delta T_d \approx \pm 2.2\ \text{K}$$

<h1 style="text-align:center">附 录 NA</h1>

（资料性附录）

<h2 style="text-align:center">本部分与 GB/T 11026.4—1999 结构和内容变化情况</h2>

本部分与 GB/T 11026.4—1999 相比在结构和内容上有较多调整,具体章条编号及名称对照情况见表 NA.1。

表 NA.1 本部分与 GB/T 11026.4—1999 的章条编号及名称对照情况

本部分		GB/T 11026.4—1999	
章条编号	名 称	章条编号	名 称
1	范围	1	范围
2	规范性引用文件	2	引用标准
3	术语和定义	3	定义
3.1	换气速率	3.1	排气速率
3.2	暴露体积	3.2	温度波动
3.3	暴露温度	3.3	温度梯度
3.4	温度波动	3.4	温度偏差
3.5	温差	3.5	时间常数
3.6	温度变化	—	—
3.7	综合平均温度	—	—
3.8	综合暴露温度	—	—
3.9	时间常数	—	—
3.10	温度偏差	—	—
3.11	换气	—	—
3.12	标准烘箱	—	—
3.13	精密烘箱	—	—
3.14	烘箱室	—	—
3.15	iso 盒	—	—
4	结构要求	4	设计要求
4.1	概述	—	—
4.2	机械要求	—	—
4.3	换气	—	—
4.4	试样放置	—	—
4.5	温度控制及指示系统	—	—
5	性能要求	5	试验方法和运行要求
5.1	温度	5.1	排气速率
5.2	温差和温度波动	5.2	温度偏差

表 NA.1（续）

本部分		GB/T 11026.4—1999	
章条编号	名　　称	章条编号	名　　称
5.3	温度变化	5.3	时间常数
5.4	最大温度偏差	5.4	报告
5.5	换气速率	—	—
5.6	暴露体积	—	—
5.7	时间常数	—	—
6	检验方法和程序	—	—
6.1	概述	—	—
6.2	暴露体积	—	—
6.3	温度及相关参数	—	—
6.4	换气速率	—	—
6.5	时间常数	—	—
7	报告	—	—
8	使用条件和用户在运行监控中的指导	6	用户在运行监控中须知事项
8.1	使用条件	—	—
8.2	程序	—	—
8.3	使用中的监控	—	—
附录A	测定换气速率的试验方法	—	—
附录B	温度偏差计算示例	—	—
附录NA	本部分与 GB/T 11026.4—1999 结构和内容变化情况	—	—
参考文献		—	—

参 考 文 献

[1]　IEC 60216-1:Electrical insulating materials—Properties of thermal endurance—Part 1: Ageing procedures and evaluation of test results

[2]　IEC 60216-3:Electrical insulating materials—Properties of thermal endurance—Part 3:Instructions for calculating thermal endurance

[3]　IEC 60216-4-2:Electrical insulating materials—Thermal endurance porperties—Part 4-2: Ageing ovens;Precision ovens for use up to 300 ℃

[4]　IEC 60216-4-3:Electrical insulating materials—Thermal endurance properties—Part 4-3: Ageing ovens;Multi-chamber ovens

[5]　IEC 60216-5:Electrical insulating materials—Thermal endurance properties—Part 5:Determination of relative thermal endurance index (RTE) of an insulating material

[6]　IEC 60216-6:Electrical insulating materials—Thermal endurance properties—Part 6:Determination of thermal endurance indices (TI and RTE) of an insulating material using the fixed time frame method

[7]　IEC 60811-1-2:Common test methods for insulating and sheathing materials of electric and cables—Part 1:Methods for general application—Section two:Thermal ageing methods

ICS 29.035.01
K 15

中华人民共和国国家标准

GB/T 11026.5—2010/IEC 60216-4-2:2000

电气绝缘材料耐热性
第 5 部分：老化烘箱
温度达 300 ℃的精密烘箱

Electrical insulating materials—Thermal endurance properties—
Part 5：Ageing ovens—Precision ovens for use up to 300 ℃

(IEC 60216-4-2:2000,IDT)

2011-01-14 发布   2011-07-01 实施

中华人民共和国国家质量监督检验检疫总局
中国国家标准化管理委员会   发布

前　　言

GB/T 11026《电气绝缘材料耐热性》，包括下列 6 部分：

——第 1 部分：老化程序和试验结果的评定；

——第 2 部分：试验判断标准的选择；

——第 3 部分：计算耐热特征参数的规程；

——第 4 部分：老化烘箱　单室烘箱；

——第 5 部分：老化烘箱　温度达 300 ℃的精密烘箱；

——第 6 部分：老化烘箱　多室烘箱。

本部分是 GB/T 11026 的第 5 部分。

本部分等同采用 IEC 60216-4-2:2000《电气绝缘材料耐热性　第 5 部分：老化烘箱　温度达 300 ℃的精密烘箱》。

本部分在等同采用 IEC 60216-4-2:2000 时作了编辑性修改如下：

——删除了国际标准中的"前言"。

——本部分的引用文件，对已经转化为我国标准的，一并列出了我国标准及其与国际标准的转化
　程度。

本部分的附录 A、附录 B 是资料性附录。

本部分由中国电器工业协会提出。

本部分由全国电气绝缘材料与绝缘系统评定标准化技术委员会(SAC/TC 301)归口。

本部分起草单位：机械工业北京电工技术经济研究所、广州威凯检测技术研究所、桂林电器科学研究所、华测检测技术股份有限公司等。

本部分起草人：张洋、刘浩、郭丽平、徐江、孙华山、果岩。

电气绝缘材料耐热性
第5部分:老化烘箱
温度达 300 ℃的精密烘箱

1 范围

GB/T 11026 的本部分规定了包括电气绝缘材料耐热性评定用或其他用途的通风与电加热精密烘箱的最低性能要求。

本部分适用于比室温提高 20 K 到最高 300 ℃温度范围内运行的全部或部分温度段的精密烘箱。

推荐达到精密烘箱性能可采用的两种方法如下:

a) 在符合 GB/T 11026.4 要求的基础上进行老化烘箱的升级换代,以实现单室烘箱温度的精密控制;

b) 在单室烘箱内再安装一个试样室(隔离盒),实现所需工作特性,目的是在维持所需空气变化和流通的同时,将温度变化减小到要求的程度。

注 1:经验表明使用隔离盒是符合精密烘箱性能要求的经济可行的方式。

注 2:当期望温度间隔小于 10 K 在 20 000 h~10 000 h),以提高测量温度指数的精确性以及有合理水平的测试间隔时,建议使用精密烘箱代替标准烘箱。

2 规范性引用文件

下列文件中的条款通过 GB/T 11026 的本部分的引用而成为本部分的条款。凡是注日期的引用文件,其随后所有的修改单(不包括勘误的内容)或修订版均不适用于本部分,然而,鼓励根据本部分达成协议的各方研究是否可使用这些文件的最新版本。凡是不注日期的引用文件,其最新版本适用于本部分。

GB/T 11026.1—2003 电气绝缘材料 耐热性 第 1 部分:老化程序和试验结果的评定 (IEC 60216-1:2001,IDT)

GB/T 11026.4—1999 确定电气绝缘材料耐热性的导则 第 4 部分:老化烘箱 单室烘箱 (idt IEC 60216-4-1:1990)

3 术语和定义

以下术语和定义适用于本部分。

3.1

通风速率 rate of ventilation

室温下老化烘箱接触室每小时的空气置换量。

3.2

暴露体积 exposure volume

温差和温度波动都不超过规定值的烘箱内部(当使用 iso 盒时,亦指 iso 盒)的那部分空间。

3.3

温度波动 temperature fluctuation

暴露体积内某一点在 3 h 过程内发生的最大温度变化。

3.4

温差　temperature difference

在任意时间内暴露体积内的任意两点间的最大温度之差。

3.5

综合平均温度　global average temperature

试验进行一个约 3 h 的周期后，根据分布在暴露体积内的 9 个温度传感器的测量结果所计算的温度平均值。

> 注：如果温度传感器与试样安装在同一空间内，综合平均温度也被视为最初有效暴露温度。"综合暴露温度"常简称为"暴露温度"。

3.6

综合暴露温度　global exposure temperature

为获得确定温度对标准试样的影响而进行老化试验时，对老化试样所选择的温度。

3.7

标准烘箱　standard oven

配备电加热与通风室的烘箱，并使暴露体积内温度符合 GB/T 11026.4 的规定值。

3.8

精密烘箱　precision oven

符合本部分要求的烘箱。

> 注：本部分规定的老化烘箱体积内的温差与温度波动限值比 GB/T 11026.4 的规定值要严格。

3.9

烘箱室　oven chamber

单室烘箱的内部容积，用作放置试样或放置 iso 盒的空间。

3.10

隔离盒 iso 盒状室　iso-box

装备紧密门的金属盒，放置在烘箱室内并作为暴露室。

3.11

通风　ventilation

指预热空气持续通过整个暴露室。

3.12

温度偏差　temperature deviation

由于温差、温度波动和温度测量误差的综合作用，造成的暴露温度与设置温度间的计算差。

3.13

半差　halving interval

两个暴露温度的差值。该差值表示到达热老化周期的一半时间，指被测材料性能变化达到某个预定水平所需的时间。

4　结构要求

4.1　概述

老化烘箱应使用合适的材料制造，能够在整个允许温度范围内连续运行。

所有电气装置及其辅件应易于维护。

4.2　机械结构

4.2.1　老化烘箱

用于老化烘箱室及其内部配件的材料应不影响试样的性能。

> 注 1：在多数情况下，铝合金和不锈钢均为合适的材料。

注意确保老化烘箱室的门密封,密封所使用的任何垫片材料应不影响试样性能。接触室应装有一个预热流通空气供应源,预热空气应直接进入暴露室并在整个接触室内形成湍流。

注2:尽可能对预热空气持续进行过滤、计量和监测。

注3:配备调节通风速率的节气阀的进气、出气口配件,会有满意的试验效果。

4.2.2 iso 盒

iso 盒的结构应做到,当被放在选定的老化烘箱内时,iso 盒内 50% 以上的空间符合温度波动和温差要求。通风速率也符合相关要求。

注:用铝合金板制作的隔离室具有满意的效果。

隔离盒的门应紧密装配,不需使用任何密封垫。

作为流通空气进入老化烘箱的所有气体都应经过隔离盒产生湍流。

4.3 温度控制及指示系统

老化烘箱室(使用 iso 盒时,亦 iso 盒)应至少配置两个温度传感器(1 号、2 号传感器)。在安装之前,1 号和 2 号传感器应与符合标定标准的基准传感器(3 号传感器)校准,使其最大测量误差小于 ±0.5 K。记录两个传感器的读数之差作为温度的函数。

3 号传感器的最大误差为 ±0.1 K。

将 1 号传感器方便地连接到读出器,它将连续指示烘箱室的温度。

注1:读出器还能提前识别系统出现的任何故障。

2 号传感器应尽可能安装在靠近试样的位置。该位置应明确且具有可重复性。测量后可将其移走。

可用一个单独的传感器来控制温度。传感器的放置应由制造商决定。控制系统的偏流速度应小于 1 K/年。

注2:传感器只要符合要求,类型不限(如液体温度计、电阻温度计)。

注3:由于热电偶的工作特性不如液体温度计和电阻温度计精确,尽管热电偶适于测量温差,但并不推荐用其测量温度。

使用液体温度计时,在测温时应确保液体温度计的浸入深度与主温控装置相同。

老化烘箱还应配备额外的温度控制装置,该温控装置应独立于主温控系统。当实际温度超过预定温度某一设定值时,应断开电加热器。若实际温度超过预定温度某一设定值时,额外温控装置还应确保接通报警灯。当老化烘箱温度下降到设定值以下时,加热器需要手动关闭报警灯后以手动方式启动。

5 性能要求

若在实际应用中需要试样及其支架占用的空间超过暴露体积的 25%,制造商和供应商最好与用户协商,是否使用等效载荷评定老化烘箱的工作性能。

5.1 温度

在制造商规定的整个温度范围内,应能够将接触体积的温差和温度波动控制在限值以内。

5.2 最大温度差

在接触体积内,温差应不超过 ±0.5 K。

5.3 最大温度波动

在接触体积内,温度波动应不超过 ±0.5 K。

5.4 最大温度偏差

在接触体积内,温度偏差应不超过 ±2 K。

5.5 通风的类型与速率

在接触室内,每小时通风速率应允许在(5~20)次的范围内变化,以便于产生湍流。

应考虑采取各种措施,确保进入试样室的流通空气的纯度,最大程度地降低其对试样老化行为的影响。

在签订采购合同时,应有条款规定使用流动气体而不是大气。

5.6 暴露体积

暴露体积的大小应足以放置试样,且不得小于老化烘箱试样室(或 iso 盒)容积的 50%。

注:经验表明暴露体积在 35 L~70 L 时使用方便。

6 试验方法与步骤

暴露体积的尺寸与形状是根据对温差和温度波动的一系列试验测定结果决定的,通过系列温度传感器在三种温度中每个温度下不同的放置位置及期望的通风速率而得出。上述三种温度应为老化烘箱运行时的最低温度、设计的运行最高温度及这两个温度的中间温度,例如:50 ℃、175 ℃和 300 ℃。

在对老化烘箱性能的所有测试中,环境温度与电源电压应控制在制造商规定的范围内,以便老化烘箱正确运行。

6.1 温度与相关参数

6.1.1 实际测量

老化烘箱室和暴露体积的温度都应通过 2 号温度传感器确定。

在确定温差与温度波动时,监测中在被测烘箱室(iso 盒,如果装有 iso 盒时)内放置一组温度传感器(最大直径为 5 mm),确保:

——一个传感器放置在距室中心 25 mm 以内;

——一个传感器放置在距室的 8 个角的每个角的内壁(50±10)mm 的位置。

最大程度减少温度传感器的热传导,确保老化烘箱内连接两个温度传感器之间的导线的有效长度且延长线导线应为隔热材料,并且确保不通风。

注:在评定温差与温度波动时,若没有校准好的温度传感器(铂电阻温度计或热电偶),可使用同一盘上热电偶丝制成相同的热电偶,当把它们放置在试验箱内的相邻放置时,在试验箱最高温度下,测出温度相差不超过 0.2 K 就可以。

将老化烘箱的通风水平设定在制造商规定的最小值。

使室的温度处于稳定状态。

在 3 h 的时间内多次测量每个传感器的温度(精确到 0.1 K),以识别循环过程并确定每个传感器在测温阶段的最大值、最小值和平均值。

6.1.2 计算

温度波动(δT_1)

检查数据并计算温度的最大差值,记录时间为 3 h。9 个传感器要逐一测定,确定其温差中的最大值,并记做"第 1 d 的最大温度波动"。

温差(δT_2)

检查数据并计算在 3 h 试验过程中任一时间出现在接触室内的最大温差。将其记作"第 1 d 的温差"。

6.1.3 结果

如果结果满足温差与温度波动的要求,每天重复测量一次上述参数,测量时间为 5 d。

重复计算余下的数据,记作第(2、3、4、5)d 的温差,选择 5 d 内的记录温差的最大值,记为(老化烘箱)的温差 δT_2。

重复计算余下的数据,记作第(2、3、4、5)d 的温度波动,选择 5 d 内记录温度波动的最大值,记为(老化烘箱)的温度波动 δT_1。

测试后老化烘箱的温差与温度波动处于要求范围内,应视为老化烘箱具体的暴露室温度与通风程度符合要求。接触体积为 8 个边角传感器组成图形的内部空间。

如果测量结果不符合要求,将传感器重新放置在距暴露室壁约 25 mm 的位置,重新试验和测量。

如果所测得的老化烘箱温差和波动水平在要求范围内,应视为老化烘箱具体的接触室温度和通风程度符合要求,暴露体积为重新放置的 8 个传感器组成的内部空间。

用适当的通风率重新测定另外两个接触室温度,确定上述温度下的接触体积。

温度偏差(δT_d)

应根据附录 B 计算温度偏差 δT_d,利用温差值、温度波动值、1 号与 2 号温度传感器在最初校准时的读数差值进行计算,并参照长期热老化实验中读出器所显示 1 号传感器的暴露温度。

6.2 通风速率

若供气源无法使用计量装置,则可使用任意适当方法来确定通风速率。

一种方法是基于老化烘箱试样室在气孔打开时维持某一温度比在气门关闭时维持同一温度功率损耗的增加值,如附录 A 所示。

应调整供气与排气系统,直到通风速率符合要求为止。

注:提供的节气阀表明可进行上述调整。

7 报告

老化烘箱供应商至少应提供下列信息:

——类型与名称;

——符合本标准的老化烘箱的电源电压范围;

——最大的电消耗功率;

——符合本标准的老化烘箱的环境温度范围;

——整个老化烘箱(室)的质量与外形尺寸;

——暴露体积的温度范围,在此温度范围下老化烘箱的温差与温度波动要求符合本部分;

——有效的通风速率的范围;

——第 6 章规定的试验结果。

8 使用条件及用户在运行监控中的指导

8.1 使用条件

a) 在使用过程中,环境温度与电源电压应控制在制造商规定的范围内,以保证老化烘箱正确运行。

b) 除另有规定外,流通空气的质量应不足以对试验结果产生重大影响。若试验结果受到流通介质内杂质的影响,应对影响因素进行控制并在试验报告中写明。

c) 如果当地使用多个老化烘箱,应注意防止挥发物成分的交叉污染,即从一个老化烘箱内排出的流通空气不得与另一老化烘箱内的试样接触。

注:建议将从每个老化烘箱内排出的空气直接排入外部大气中。

d) 应采取措施确保老化过程所产生的挥发物不会对人体健康与环境造成危害。

e) 若在老化过程中释放出众多的挥发物和/或降解产品,则应考虑采用生产标准中规定的最适合通风速率。

f) 在暴露温度下,不得将任何试样贮放在暴露体积外,试样只能与支架接触,不得相互接触。

8.2 过程

进行长时间热老化试验前,老化烘箱暴露室(或 iso 盒)内的温度应调节至 2 号传感器测量的标称暴露温度,2 号传感器应尽可能靠近试样位置。2 号传感器位置应明确界定并具有可重复性。

若使用充液温度计,则应注意温度计在使用时的浸入深度应与校准过程中的浸入深度相同。

8.3 运行监测

每次进行老化试验前,应立即对装有试样的老化烘箱进行以下试验:

注:这些试验旨在确认装填试样的老化烘箱在老化试验开始时符合本标准要求,在执行这些试验过程中,确定综合暴露温度和温度变化。

321

应遵守 6.1 给出的一般操作步骤:

a) 将 8 个温度传感器放入试样室内,并尽可能放置在受检暴露体积内试样的周围;

b) 将老化烘箱温度升到设定的老化温度值并保持稳定;

c) 利用从另外 8 个传感器及从 2 号传感器获得的数据,确定综合平均温度(假设综合平均温度为最初的暴露温度和 3 h 内的温度变化)。

若试验结果不满足要求,终止老化试验并重新安放试样或调整设备,在重复试验时,应确认符合本部分。

若想估计出比上述试验确定的暴露温度更为精确的数值,应计算 2 号传感器测得的长期平均温度。

附　录　A
（资料性附录）
确定通风速率的试验方法

可使用具有同等精确度的其他方法。

A.1　密封箱

在可能情况下,应将老化烘箱适当密封,包括通风孔、门、温度传感器插口和鼓风机竖井或整个鼓风机。应将一个电度表(精确到±1 Wh以上)接入老化烘箱电源线与通电的老化烘箱之间,应选定和设定适当的控制温度。

老化烘箱温度稳定后,应测量以下数据:

——距任何重要热源2 m、距任何固体物体至少1 m并与老化烘箱进气口处于相同水平的点的室内温度;

——试验至少进行1 h所消耗的电能精确到±2 Wh以内,相应的测量时间应精确至±3 s以内。

A.2　通风式老化烘箱

去除风口的密封材料,按所需的通风速率供应。另外,老化烘箱温度稳定后,应根据A.1的规定确定在相同时间内消耗的电能。

A.3　计算

通风速率根据以下方程计算:

$$N = [10(P_2 - P_1)T_a]/V_o(T - T_a)$$

式中:

N——通风速率;

P_1——非通风式老化烘箱平均功率损耗,单位为瓦特,即消耗的能量 E_1(单位为Wh,由电度表的读数获得)除以进行试验的时间(单位为h);

P_2——通风式老化烘箱的平均功率损耗,单位为瓦特,即消耗的能量 E_2(单位为Wh,由电度表的读数获得)除以进行试验的时间(单位为h);

V_o——接触室的容积,单位为L;

T_a——平均环境温度,单位为K;

T——暴露温度,单位为K。

注:在以下的假设条件下进行计算:

——空气在环境温度下的密度为:

$d_{T_a} = d_{20}T_{20}/T_a$(单位为kg/L,其中 $T_{20} = 293$ K)

——密度 $d_{20} = 1.204\ 5 \times 10^{-3}$(kg/L)

——计算时,可用平均值代替180 ℃时具体的热容量,即

$C_p = 1.022 \times 1\ 000$(J/kg K)

——在试验过程中空气流的总质量为:

$M = 3\ 600(E_2 - E_1)/C_p(T - T_a)$(kg)

当空气流从 T_a 加热到 T 时,电度表的读数(即能耗,单位为Wh)为 E_1 和 E_2

——试验过程中空气流的总体积为:

$V = M/d_{T_a} = 3\ 600(E_2 - E_1)/C_p(T - T_a)d_{T_a}$(单位为L)

——每小时的体积为：

$V_h = 3\,600(P_2 - P_1)/C_p(T - T_a)d_{T_a}$（单位为 L）

——通风速率为：

$N = V_h/V_o = 3\,600(P_2 - P_1)/C_p(T - T_a)d_{T_a}V_o = 3\,600(P_2 - P_1)T_a/C_p(T - T_a)D_{20}T_{20}V_o$

$N = 3\,600(P_2 - P_1)T_a/293 \times 1.022 \times 1.205(T - T_a)V_o$

$N \sim 10.0(P_2 - P_1)T_a/V_o(T - T_a)$

<cite>GB/T 11026.5—2010/IEC 60216-4-2:2000</cite>

附 录 B

（资料性附录）

温度偏差的计算

B.1 测量误差

测量误差由以下要素组成：

——随机误差 $U_1=\pm0.5$ K 出现两次，分别出现在校准与读取 1 号温度传感器数据时；

——随机误差 $U_2=\pm0.5$ K 出现两次，分别出现在校准与读取 2 号温度传感器数据时；

——3 号温度传感器的系统误差 $U_3=\pm0.1$ K；

——最大可能的温度偏差 δT_v 等于 3 h 时间内的最大允许温度波动加上最大允许温差。

$$T_{vmax}=T_{fmax}+T_{dmax}=1+1=2 \text{ K}$$

在上述假设条件下，暴露温度的温度偏差由下列关系式得出：

$$\delta T_d=\pm\sqrt{(2\mu_1^2+2\mu_2^2+\mu_3^2+\delta T_v^2)} \text{ K}$$

$$\delta T_d=\pm\sqrt{(1.01+\delta T_v^2)} \text{ K}$$

从以上方程中得出最大可能温度偏差为：

$$\delta T_d=\pm\sqrt{(1.01+4)}$$

$$\delta T_d\approx\pm2.2\text{K}$$

ICS 29.035.01
K 15

中华人民共和国国家标准

GB/T 11026.6—2010/IEC 60216-4-3:2000

电气绝缘材料耐热性
第 6 部分：老化烘箱　多室烘箱

Electrical insulating materials—Thermal endurance properties—
Part 6：Ageing ovens—Multi-chamber ovens

（IEC 60216-4-3：2000，IDT）

2011-01-14 发布　　　　　　　　　　　　　　　　2011-07-01 实施

中华人民共和国国家质量监督检验检疫总局
中国国家标准化管理委员会　发布

前　言

GB/T 11026《电气绝缘材料耐热性》,包括下列 6 部分:

——第 1 部分:老化程序和试验结果的评定;

——第 2 部分:试验判断标准的选择;

——第 3 部分:计算耐热特征参数的规程;

——第 4 部分:老化烘箱　单室烘箱;

——第 5 部分:老化烘箱　温度达 300 ℃的精密烘箱;

——第 6 部分:老化烘箱　多室烘箱。

本部分是 GB/T 11026 的第 6 部分。

本部分等同采用 IEC 60216-4-3:2000《电气绝缘材料耐热性　第 6 部分:老化烘箱 多室烘箱》。

本部分等同采用 IEC 60216-4-3:2000 时做了编辑性修改如下:

——删除了标准中的"前言"。

——本部分的引用文件,对已经转化为我国标准的,一并列出了我国标准及其与国际标准的转化程度。

本部分由中国电器工业协会提出。

本部分由全国电气绝缘材料与绝缘系统评定标准化技术委员会(SAC/TC 301)归口。

本部分起草单位:浙江万马电缆股份有限公司、机械工业北京电工技术经济研究所、广州威凯检测技术研究所、桂林电器科学研究所、华测检测技术股份有限公司等。

本部分起草人:叶金龙、张洋、钱宏、杨娟、郭丽平、刘浩、朱平。

电气绝缘材料耐热性
第6部分:老化烘箱 多室烘箱

1 范围

GB/T 11026 的本部分规定了包括电气绝缘材料耐热性评定用或其他适度热调节应用(不适用单室老化烘箱)的耐热性评定用多室老化烘箱的通风与加热的基本要求。

本部分适用于在比环境温度提高 20 K 直到 500 ℃的整个或部分温度范围内运行的烘箱。

本部分还提出了老化烘箱在装有样品与不装样品的条件下的验收试验与运行监控试验。

2 规范性引用文件

下列文件中的条款通过 GB/T 11026 的本部分的引用而成为本部分的条款。凡是注日期的引用文件,其随后所有的修改单(不包括勘误的内容)或修订版均不适用于本部分,然而,鼓励根据本部分达成协议的各方研究是否可使用这些文件的最新版本。凡是不注日期的引用文件,其最新版本适用于本部分。

GB/T 11026.1—2003 电气绝缘材料 耐热性 第 1 部分:老化程序和试验结果的评定 (IEC 60216-1:2001,IDT)

GB/T 11026.3—2006 电气绝缘材料 耐热性 第 3 部分:计算耐热特征参数的规程 (IEC 60216-3:2002,IDT)

GB/T 11026.4—1999 确定电气绝缘材料耐热性的导则 第 4 部分:老化烘箱 单室烘箱 (IEC 60216-4-1:1990,IDT)

3 术语和定义

以下术语和定义适用于本部分。

3.1

排气速率 rate of ventilation

室温下老化烘箱暴露室每小时的空气置换量。空气流速的计算以与工作体积相交平面内暴露室的横截面面积为准,并假设空气为单向流动。

3.2

暴露体积 exposure volume

老化烘箱内部(当使用 iso 盒时,亦指 iso 盒)指样品放置的有效空间。

3.3

暴露温度(见"综合暴露温度") exposure temperature(see also global exposure temperature)

为获得确定温度对标准试样的影响而进行老化试验时,对老化试样所选择的温度。

3.4

温度波动 temperature fluctuation

暴露体积内某一点温度在 3 h 时间内发生的最大变化。

3.5

温差 temperature difference

在任意时间内体积的任意两点间的最大温度之差。

3.6

温度偏差　temperature variation

试验进行 3 h 以后,所测量的最高温度与最低温度之间的差值。

3.7

综合平均温度　global average temperature

试验进行约 3 h 后,根据分布在一个室的暴露体积内的 9 个温度传感器的测量结果所计算的温度平均值。

3.8

时间常数　time constant

标准试样温度达到盒温度一致的时间。

3.9

温度偏差　temperature deviation

由于温度变化与温度测量误差的综合影响而产生的暴露温度与额定温度的偏差。

4　结构要求

4.1　概述

老化烘箱应使用合适的材料制造。所有电气装置及其辅件应易于维护。

老化烘箱应配备断开装置,当恒温控制介质的温度超出允许的温度范围或失控时,断开装置可关闭老化烘箱并报警。

4.2　试样室

老化烘箱应至少包括两个顶部开口、略呈圆柱形并带盖的试样室。试样室安装时其轴线应接近垂直。每个盖子应能对试样室有效密封:从盖子密封处泄漏的气体量应不大于试样室内通风速率的 5%。

注1:可使用某些类型的"O"型密封圈获得满意的效果。

除另有规定外,各独立的试样室最小直径应为 35 mm、最小长度应为 200 mm。

试样室、试样室盖及试样室内部部件的构造材料不应包括铜、铜合金或当温度超过老化烘箱的温度范围时释放出干扰性挥发物的其他材料(如硅树脂)。

老化烘箱的设计样式应方便每次试验后清理试样室。

试样室应放置在控制的热稳定的导热介质中:例如金属块、液体池或"沙"浴池、饱和蒸汽浴或放置在空气环流炉中。图 1 和图 2 给出了试样室的典型示意图。

注2:本部分提及的空气循环箱的性能没有交换式装置的好。

4.3　通风

应计量向每个试样室持续供应的经过滤和预热的流通空气,流通空气从试样室的一端进入,从另一端排出。

在签订老化烘箱采购合同时,条款应规定使用流动气体不是大气。

气体的排气速率允许在每小时 5～20 的范围内变化。

进入的气体应直接撞击在试样室的柱形内壁上,从而在整个试样室内产生湍流;试样室的整体样式应最大限度地减少每个试样室内流通空气的回流。为了防止挥发物成分的交叉污染,从一个试样室出来的流通空气不应再接触其他试样室内的试样。建议将各个试样室的废气排到室外大气中,但应采取预防措施,确保老化试样所产生的挥发物不会危害人体健康或环境。

应考虑采取各种措施,确保进入试样室的流通空气的纯度,最大程度地降低其对试样结果的影响。若试样结果受到流通介质的杂质(如水蒸气)的影响,应采取措施予以控制并在试验报告中写明。

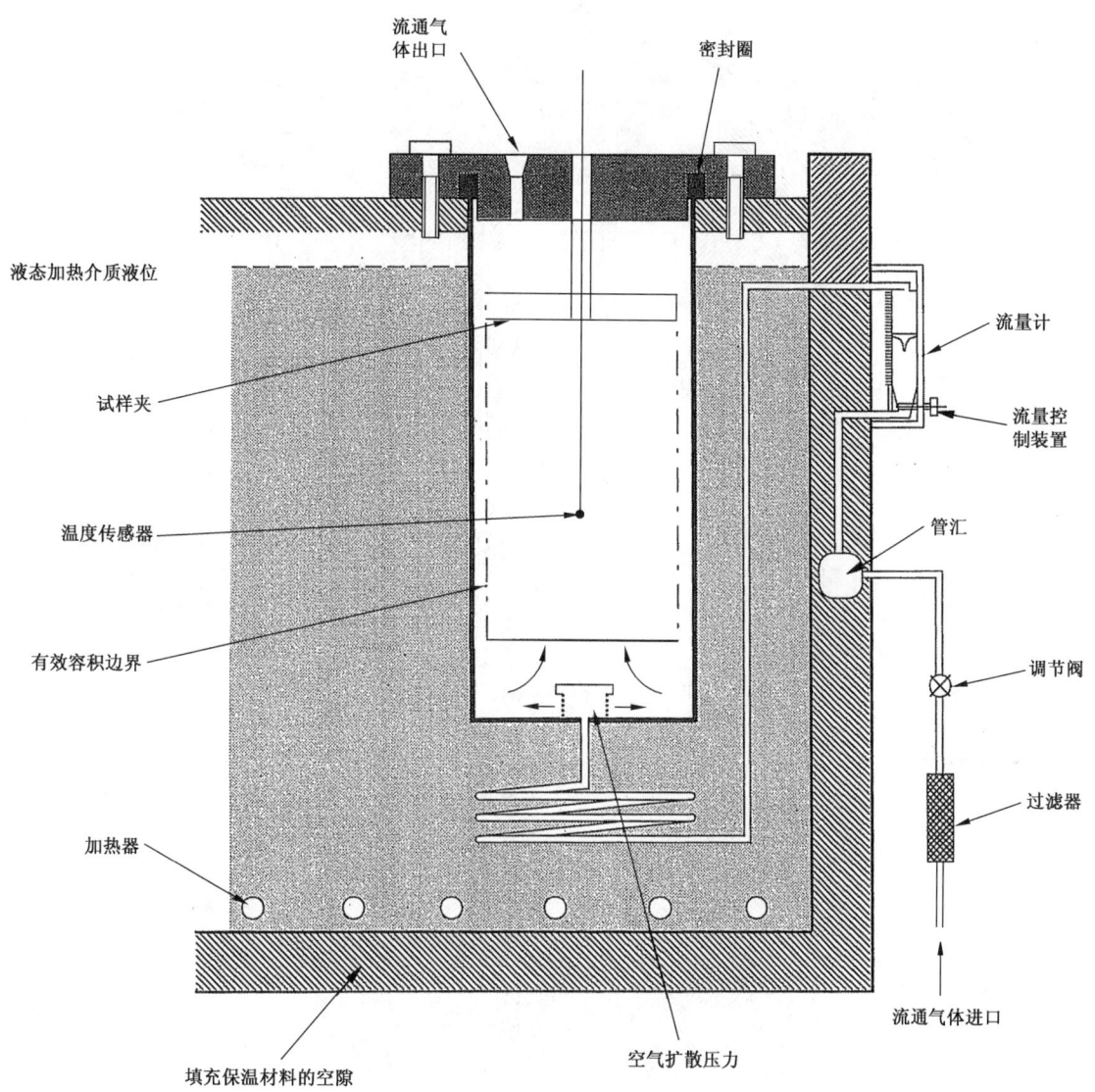

图 1 使用液态加热介质的多室老化烘箱试样室

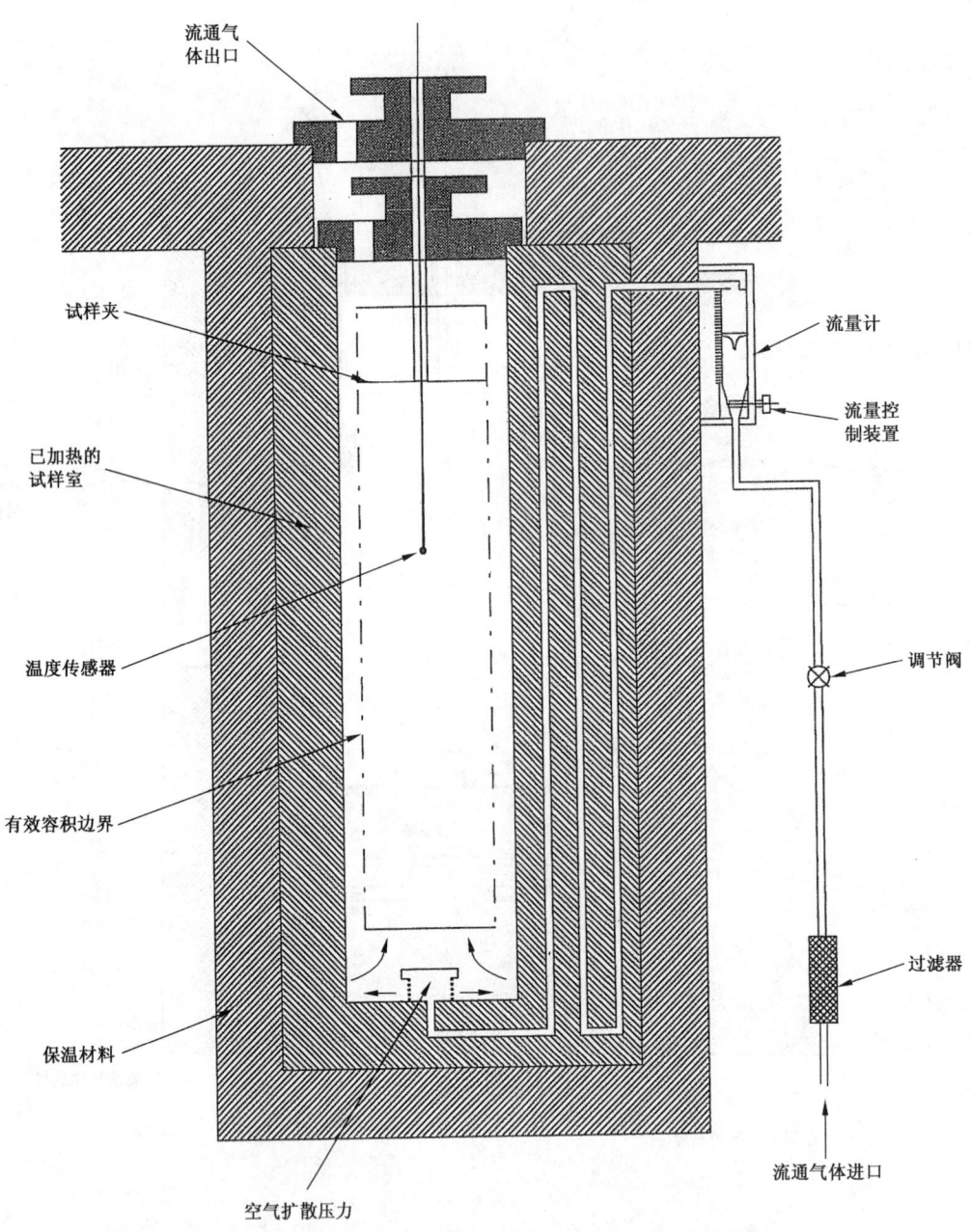

图 2　使用固体加热介质的多室老化烘箱试样室

4.4　试样放置

应针对每个试样室内的试样,制定支撑/悬挂和定位措施。试样间不得相互接触,也不得触及室壁。试样及其支架占用面积不应超过试样室与任何平面形成横截面的 25%,或与任何平面形成的纵截面的50%,或试样室有效容积的 10%。

4.5　温度控制

暴露体积范围内的温度应控制在 5.1.1 规定的限值范围内。

5　试验方法和运行要求

5.1　温度变化

5.1.1　要求

暴露体积应至少占试样室容积中央部分的 70%,且最大允许温度偏差应符合表 1 规定。

表 1　最大允许温度变化

温度范围 ℃	温度偏差 K	试验进行 5 d 后综合平均温度的 最大允许偏差 K
⋯≤100	2	1
100<⋯≤225	4	2
225<⋯≤300	6	3
300<⋯≤400	8	4
400<⋯≤500	10	5

5.1.2　试验方法

5.1.2.1　在测控温度时,试样室的暴露体积内应放置一组最大直径为 3 mm 的温度传感器,确保:

   a)　一个传感器放置在距试样室中心 10 mm 以内的位置;

   b)　一个传感器放置在测试暴露体积的顶部,另一个传感器放置在与顶部传感器相对应的暴露体积的底部位置;

   c)　另外 6 个传感器放置在约与中心线等距位置,且每两个传感器之间亦等距。

确保老化烘箱内连接两个温度传感器之间的导线的有效长度以及延长线靠近和穿过恒温控制介质,使温度传感器的热传导减少到最小。

   注:若没有校准好的温度传感器(铂电阻温度计或热电偶),可使用同一盘上热电偶丝制成相同的热电偶,当把它们放置在试验室内的相邻位置时,在试验箱最高温度下,测出温度相差不超过 0.2 K 即可。

5.1.2.2　在 3 h 的时间内多次测量每个传感器的温度(精确到 0.1 K),以识别循环过程并确定每个热电偶在测温阶段的最大值、最小值和平均值。

   注 1:从这些读数中能很容易地计算出某一点上的温度波动和在一个时间内的温差。

   注 2:可使用某种数据记录仪进行这项操作。

5.1.2.3　计算 9 个平均温度的平均值(精确到 0.1 K),并记录该值作为试样室的综合平均温度。

5.1.2.4　计算 5.1.2.2 中测得的最高温度与最低温度之间的差,并记录它作为温度偏差。应不超过表 1 规定的值。

5.1.2.5　使老化烘箱在同样的温度下保持 5 d,即 120 h。根据 5.1.2.2 和 5.1.2.4 的试验步骤每天测量一次老化烘箱的温度变化,不应超过表 1 中的给定值。根据 5.1.2.3 步骤确定 6 次测温过程中每次测得的试样室综合平均温度。5 d 测温时段内最大的温度变化不应超过表 1 中的给定值。

5.2 时间常数

5.2.1 要求

老化烘箱采购合同中规定的时间常数不应超过某一规定值。

注：仅当老化烘箱用作短期热调节(热冲击试验)时，这一参数才有重要意义。

5.2.2 试验步骤

用实心黄铜圆柱体制作一个标准试样,其直径 10 mm±0.1 mm、长度 55 mm±0.1 mm。将差式热电偶的一个接点焊在试样上。

将老化烘箱加热到 200 ℃ 或者设计的最高温度(取二者中较低温度),且让其在该温度下稳定,让标准试样在环境温度下稳定 1 h 左右。

按照制造商的说明,打开试样室,用一根直径不大于 0.25 mm 的耐热绳将标准试样尽快地垂直吊于试样室内,使标准试样轴线应垂直并靠近老化烘箱的几何中心。务必使热电偶的自由端接点悬挂在离标准试样尽可能远的位置,但不应触及试样室内壁,并处在试样室有效体积内。试样室开启时间为 60 s±2 s,然后关上试样室盖子。每隔 10 s 记录一次温差,直到出现最大值。然后改为每隔 30 s 记录一次,直至温差降到最大值的 10% 以下,画出记录的温差与时间(s)的关系图。

将最大温差分为 10 等分且记录为 T_{10}。然后从温差与时间的关系图上取经过温差最大值减小并达到 T_{10} 的时间作为时间常数,以 s 为单位。该时间常数不应超过规定值。

6 报告

老化烘箱供应商应至少提供下列资料：

a) 老化烘箱的温度范围,在此范围内温度变化要求符合本部分;

b) 有效的排气速率范围;

c) 电源电压范围(在此范围内老化烘箱符合本部分)及最大消耗功率;

d) 最高环境温度,在此温度下老化烘箱符合本部分;

e) 试样室数量;

f) 每个试样室暴露体积的尺寸;

g) 本部分第 4 章要求的测试结果;

h) 外部尺寸;

i) 整个老化烘箱(空箱)的重量;

j) 关于流通空气质量的控制方法(如过滤、除湿)及相应的测试方法的建议。

7 使用条件及用户进行运行监控的指导

7.1 使用条件

a) 在使用过程中,环境温度与电源电压应控制在制造商规定的范围内,以保证老化烘箱的正确运行;

b) 除另有规定外,流通空气的质量应不足以影响试验结果;

c) 试样及其支架所占用空间应不大于试样室与任何平面形成的横截面的 25%,或试样室与任何平面形成的纵截面的 50%,或试样室总容积的 10%;

d) 除非有证据表明试样内包含另一种不同成分的化合物对试验结果影响不大,否则每个试样室只能放置一种化合物的试样。

建议每个试样室配备某一点温度的连续记录装置。

7.2 运行监控

每次进行老化试验前,应对装填试样老化烘箱进行以下试验：

注：这些试验旨在确认装填试样的老化烘箱在老化试验开始时符合本部分要求,在执行这些试验过程中,确定综合暴露温度和温度变化。

按照 5.1.2.1～5.1.2.4 规定的步骤及以下步骤操作：

a) 在被检试样室放置标定好的一组温度传感器；

b) 将老化烘箱加热到设定温度；

c) 测定综合平均温度，并

d) 测定温度变化。

温度变化值应在表 1 规定的范围内。

若符合要求，记录下综合平均温度作为老化温度，开始进行老化试验。

否则，确定是老化烘箱发生故障还是试样装载系统出现问题。

问题解决后，重复上述系列测量试验，以确认温度变化符合要求。记录新获得的综合平均温度，将其作为老化温度。

24 h 后重复测量，这时的温度变化应该还在表 1 规定的范围内。

7.3 试验报告

进行试验的试验室应至少提供如下资料：

——设定温度；

——综合暴露温度；

——综合暴露温度的温度变化；

——流通气体质量的详细资料；

——GB/T 11026 规定的其他老化数据。

ICS 29.035.20
K 15

中华人民共和国国家标准

GB/T 20875.1—2007/IEC 61234-1:1994

电气绝缘材料水解稳定性的试验方法
第1部分：塑料薄膜

Method of test for the hydrolytic stability of electrical insulating materials—
Part 1：Plastic films

(IEC 61234-1:1994,IDT)

2007-01-23 发布　　　　　　　　　　　　2007-08-01 实施

中华人民共和国国家质量监督检验检疫总局
中国国家标准化管理委员会　　发布

前　言

GB/T 20875《电气绝缘材料水解稳定性的试验方法》分为以下若干部分：
——第1部分：塑料薄膜；
——第2部分：模塑热固性材料。
其他部分正在考虑之中。
本部分为 GB/T 20875 的第1部分。
本部分等同采用 IEC 61234-1：1994《电气绝缘材料水解稳定性的试验方法　第1部分：塑料薄膜》
（英文版）。
为便于使用，删除了国际标准的前言和引言。
本部分由中国电器工业协会提出。
本部分由全国绝缘材料标准化技术委员会(SAC/TC 51)归口。
本部分起草单位：桂林电器科学研究所。
本部分主要起草人：赵莹。
本部分为首次制定。

电气绝缘材料水解稳定性的试验方法
第1部分：塑料薄膜

1 范围

本部分规定了测定经受浸水和温度同时作用的塑料薄膜水解稳定性的试验方法。用本试验方法测定机械和电气性能的不可逆变化。

本部分适用于 GB/T 12802 系列标准所规定的厚度≤250 μm 的电气绝缘塑料薄膜及其他类型的塑料薄膜。

2 规范性引用文件

下列文件中的条款通过 GB/T 20875 的本部分的引用而成为本部分的条款。凡是注日期的引用文件，其随后所有的修改单（不包括勘误的内容）或修订版均不适用于本部分，然而，鼓励根据本部分达成协议的各方研究是否可使用这些文件的最新版本。凡是不注日期的引用文件，其最新版本适用于本部分。

GB/T 1040.3—2006 塑料 拉伸性能的测定 第3部分：薄膜和薄片的试验条件（ISO 527-3：1995，IDT）

GB/T 1408.1—2006 绝缘材料电气强度试验方法 第1部分：工频下试验（IEC 60243-1:1998，IDT）

GB/T 3772—1998 铂铑10-铂热电偶丝（eqv IEC 60584-1:1995 和 IEC 60584-2:1989）

GB 12802.2—2004 电气绝缘用薄膜 第2部分：电气绝缘用聚酯薄膜（IEC 60674-3-2:1992，MOD）

GB/T 13542.6—2006 电气绝缘用薄膜 第6部分：电气绝缘用聚酰亚胺薄膜（IEC 60674-3-416:1993，MOD）

IEC 60296:2003 电工流体 变压器和开关用的未使用过的矿物绝缘油规范

IEC 60674-1:1980 电气用塑料薄膜规范 第1部分：定义及一般要求

3 定义

下列术语和定义适用于本部分。

3.1

击穿电压 **breakdown voltage**
在规定的试验条件下发生电气击穿时的电压。

3.2

拉伸强度 **tensile strength**
在拉伸试验过程中，试样承受的最大拉伸应力。

4 试样

4.1 试样数量

测定每一温度和时间的每一性能，应用5个试样。测定未经处理薄膜的性能时，每一性能应用10个试样。

4.2 测定拉伸强度的试样

应以机器方向截取试样。

推荐试样尺寸为宽 15 mm，长 150 mm，试验标线长 100 mm。如果采用其他尺寸，应报告之。

4.3 测定击穿电压的试样

推荐试样尺寸为 100 mm×100 mm。如果采用其他尺寸，应报告之。

5 条件处理

在浸渍和试验之前，试样应在压力小于 1.5 Pa 的真空干燥箱中，于 60℃±2℃ 温度条件下处理不少于 60 min。然后，立即对试样进行试验或将其贮存于干燥器内备用。

6 设备

6.1 老化容器

老化容器的容积应使得每5个试样至少占有1L。在试验温度下经1 000 h后，允许有不大于5%的水分损失。所选取制作老化容器的材料必须使得老化容器能满足下述试验的要求，在最高试验温度（140℃±2℃）下，对符合 7.2 的软化水加热1 000 h后，该水的 pH 值不应从 7.0±0.5 变化到大于 7.0±1.5，电导率增加不超过 500 μS/m。

使用压力容器应遵守国家规定。

6.2 测量薄膜厚度的装置

测量薄膜厚度的仪器应能测量到 ±2 μm 的偏差。

6.3 测量温度的器材

应使用符合 GB/T 3772—1998 规定的热电偶测量压力容器内部的温度。

6.4 pH 计

pH 计应具有至少 0.05pH 的准确度。

7 程序

7.1 方法概述

本试验的原理是将干燥过的薄膜试样，于不同温度的水中经过不同时间的浸渍。然后，再按第 5 章对试样干燥，并测定其电气和机械性能。报告浸渍薄膜的电气和机械性能与未浸渍薄膜的这些性能相比的百分保持率。

7.2 浸渍媒质

应使用软化水作为媒质。浸渍前水的电导率小于 500 μS/m，pH 值为 7.0±0.5。

7.3 浸渍程序

按 4.2 和 4.3 的规定制备试样。然后，把它完全浸没于浸渍容器的水中。重要的是要避免对试样施加机械负荷和避免试样间相互接触。在每个水的容器内，应仅试验一种类型薄膜。

7.4 浸渍温度

所采用的浸渍温度应是 90℃±2℃、120℃±2℃ 和 140℃±2℃。应使用符合 6.3 规定的热电偶测量压力容器内部的温度。

7.5 浸渍时间

在每一温度下，推荐浸渍时间为 48 h、168 h 和 500 h，也可另选1 000 h或更长的持续时间，但应予以报告。

把试样从浸渍容器中取出的时间应尽可能短。在本操作过程中，容器内任何水量的损失应予以补充。

8 测量和试验结果

8.1 击穿电压

应按 GB/T 1408.1—2006 中 7.2 规定的符合 IEC 60296:2003 的绝缘油中测定击穿电压,浸渍和未浸渍的试样数量符合 4.1,报告原始平均值和保持平均值。也可另选在空气中测定,但应予以报告。

优选的电极系统是按 GB/T 1408.1—2006 中 5.1.1.2 的规定,推荐直径为 25 mm 电极。允许使用其他电极系统方式,但应予以报告。

试验 10 个未经浸渍的试样并注明原始平均值。

对每一时间和温度组合,试验 5 个浸渍过的试样并注明保持平均值。

8.2 拉伸强度

按 GB/T 1040.3—2006 测定已按第 5 章条件处理过的浸渍后和未经浸渍的试样的拉伸强度。试验速度为 100 mm/min,试验温度为 23℃±1℃。

试验 10 个未经浸渍的试样并注明原始平均值,对每一时间和温度的组合,应试验 5 个浸渍过的试样并注明保持平均值。

8.3 结果计算

试验结果按性能保持值与原始值之比报告,以对原始值的百分率表示,用下式计算结果:

$$拉伸强度保持率(t,T)=\frac{\sigma(t,T)}{\sigma(c)}\times100$$

$$击穿电压保持率(t,T)=\frac{U(t,T)}{U(c)}\times100$$

式中:

$\sigma(t,T)$——经时间 t 和温度 T 浸渍处理后试样的拉伸强度平均值的数值,单位为兆帕(MPa);

$\sigma(c)$——未经浸渍处理试样的拉伸强度平均值的数值,单位为兆帕(MPa);

$U(t,T)$——经时间 t 和温度 T 浸渍处理后试样的击穿电压平均值的数值,单位为千伏(kV);

$U(c)$——未经浸渍处理试样的击穿电压平均值的数值,单位为千伏(kV)。

9 报告

除非另有规定,报告应包括下述内容:

a) 对被试材料的完整鉴别、试样说明及试样制备方法;

b) 试样的标称厚度;

c) 试样浸渍的时间和温度;

d) 击穿电压保持率;

e) 拉伸强度保持率。

ICS 29.035.20
K 15

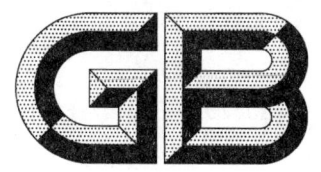

中华人民共和国国家标准

GB/T 20875.2—2010/IEC 61234-2:1997

电气绝缘材料水解稳定性试验方法
第 2 部分:热固性模塑材料

Electrical insulating materials—
Methods of test for the hydrolytic stability—
Part 2:Moulded thermosets

(IEC 61234-2:1997,IDT)

2011-01-14 发布

2011-07-01 实施

中华人民共和国国家质量监督检验检疫总局
中国国家标准化管理委员会 发布

前　言

GB/T 20875《电气绝缘材料水解稳定性试验方法》分为 2 个部分：
——第 1 部分：塑料薄膜；
——第 2 部分：热固性模塑材料。
本部分为 GB/T 20875 的第 2 部分。

本部分等同采用 IEC 61234-2：1997《电气绝缘材料水解稳定性的试验方法　第 2 部分：热固性模塑材料》(英文版)。

本部分与 IEC 61234-2：1997 的编辑性差异是：
——删除了其"前言"。
——本标准的引用文件，对已经转化为我国标准的，并列出了我国标准及其与国际标准的转化
　　程度。

本部分由中国电器工业协会提出。

本部分由全国电气绝缘材料与系统评定标准化技术委员会(SAC/TC 301)归口。

本部分起草单位：桂林电器科学研究所、机械工业北京电工技术经济研究所、深圳市标准技术研究院。

本部分主要起草人：阎雪梅、孙伟博、周文、黄曼雪。

电气绝缘材料水解稳定性试验方法
第2部分：热固性模塑材料

1 范围

GB/T 20875 的本部分规定了由室温或高温固化反应树脂制成的热固性模塑材料当其承受水和高温综合作用时，其水解稳定性的测定试验方法。

本部分试验方法适用于测量机械和电气性能不可逆的变化，但不对试样施加机械应力。

2 规范性引用文件

下列文件中的条款通过 GB/T 20875 的本部分的引用而成为本部分的条款。凡是注日期的引用文件，其随后所有的修改单（不包括勘误的内容）或修订版均不适用于本部分，然而，鼓励根据本部分达成协议的各方研究是否可使用这些文件的最新版本。凡是不注日期的引用文件，其最新版本适用于本部分。

GB/T 1040.2—2006 塑料 拉伸性能的测定 第 2 部分：模塑和挤塑塑料的试验条件(ISO 527-2:1993,IDT)

GB/T 1409—2006 测量电气绝缘材料在工频、音频、高频（包括米波波长在内）下电容率和介质损耗因数的推荐方法(IEC 60250:1969,MOD)

GB/T 10580—2003 固体绝缘材料在试验前和试验时采用的标准条件(IEC 60212:1971,IDT)

GB/T 15022.2—2007 电气绝缘用树脂基活性复合物 第 2 部分：试验方法(IEC 60455-2:1998,IDT)

GB/T 16839.1—1997 热电偶 第 1 部分：分度表(idt IEC 60584-1:1995)

GB/T 16839.2—1997 热电偶 第 2 部分：允差(idt IEC 60584-2:1982)

3 需要测定的性能

按下列国家标准测定电气和机械性能的变化。

3.1 介质损耗因数和介电常数

按 GB/T 15022.2—2007 中 5.6.2 测定。

3.2 拉伸强度

按 GB/T 1040.2—2006 测定。

4 试样

4.1 损耗因数和介电常数

用作评定损耗因数保持率与温度关系的试样，尺寸应为(100 ± 1)mm×(100 ± 1)mm×(1 ± 0.1)mm。用于每一试验温度和时间下的每一项性能，浸水前和浸水后的试验（第 7 章）应在同一试样上进行。

如果不能制成 1 mm 的试样（由于树脂的高粘度或者高填充率），3 mm±0.1 mm 的试样同样可以被采用。

4.2 拉伸强度

测定每一试验温度和时间下的性能，至少应试验 3 个试样。对于未经浸水处理的热固性模塑树脂，应试验 10 个试样。除另有规定外，试样尺寸应符合 GB/T 1040.2—2006 中的 1B 型要求。

5 试样处理

由室温固化树脂制备的试样，应按 GB/T 10580—2003 在室温下存放 24 h，最后在 80 ℃下固化 24 h。

由高温固化树脂制备的试样，应按制造厂推荐的条件进行处理，以便获得固化完全的试样。试样经高温固化、室温下或在干燥器内正常化处理后，应立即进行试验。浸水后，试样应在 60 ℃±2 ℃、绝对压力小于 100 Pa 下干燥 48 h，然后在进行下一次试验之前，把它存放在干燥器内，于室温下至少 8 h 才可作进一步试验。

6 设备

6.1 老化容器

老化容器容积至少为 5 L。

压力容器在试验温度下经 1 000 h 后允许有不大于 5% 的水损失。选择老化容器材料时，应使老化容器能满足下述惰性试验的要求：根据 7.2 去离子水应被加热到最高试验温度 140 ℃±2 ℃并持续 1 000 h。经惰性试验后测得的该去离子水的 pH 值不应从 7.0±0.5 变化到大于 7.0±1.5，其电导率应不超过 500 μs/m～1 000 μs/m 范围。

由室温固化反应树脂制备的试样可以在由铝箔覆盖的玻璃容器内老化。

注：使用压力容器应遵守我国法律和法令。

6.2 温度测量装置

应该采用符合 GB/T 16839.1—1997 和 GB/T 16839.2—1997 的热电偶测量老化容器或玻璃容器内部的温度。

6.3 pH 计

pH 计应具有至少±0.05 pH 的准确度。

7 程序

7.1 概述

本试验的原理：把由模塑热固材料制成的试样浸于不同温度的水中并保持不同时间。然后，按第 5 章再将试样干燥并进行试验以测定其电气和机械性能。

经过与未浸水试样的比较后，报告这些电气和机械性能的保持百分率。

7.2 浸水处理用的水

应采用去离子水作为媒质，在开始浸水处理前，其电导率应小于 500 μs/m 且 pH 值为 7.0±0.5。

7.3 浸水处理的程序

按第 4 章及第 5 章进行试样的制备和条件处理。然后，将试样放入老化容器内作浸水处理。试样应不承受任何物理应力，相邻试样之间也不允许直接接触。该容器中在同一时间应只进行一种型号的热固性模塑材料的试验；在随后的试验中，如果被测试样型号改变，应更换容器中的水。

7.4 浸水处理的温度

应用于由室温固化树脂和高温固化树脂制成试样的处理温度是：

——对温度指数<100 的模塑热固性材料：90 ℃±2 ℃；

——对温度指数≥100 和≤155 的模塑热固性材料：90 ℃±2 ℃及 120 ℃±2 ℃；

——对温度指数>155 的模型热固性材料：90 ℃±2 ℃、120 ℃±2 ℃及 140 ℃±2 ℃。

除温度指数<100 的模塑热固性材料外，试验至少应包括这些温度中的两个。压力容器内的温度应按照 6.2 规定的热电偶测量。

7.5 浸水处理的持续时间

推荐每一温度下浸水处理的时间为 48 h 和 168 h。也可采用 500 h 和 1 000 h 这两个任选的浸水处理周期。

应尽可能缩短从容器中取出试样进行测试而中断的时间。在这过程中损失的水量应予以补充。

8 结果

测得的机械和电气性能试验结果,按性能残值的平均值给出,表示为性能的起始平均值的百分率。按下式计算:

$$P_R = \frac{P(t,T)}{P_c} \times 100\%$$

式中:

P_R——性能保持的百分率;

$P(t,T)$——在时间 t 和温度 T 下的性能平均值;

P_c——性能的起始平均值;

P——可以是 $\tan\delta$(损耗因数)或 ε_r(介电常数)或 σ_{mt}(拉伸强度)。

9 报告

除另有规定外,报告应包括下述内容:

a) 被试材料的完整鉴定,试样尺寸以及制样方法;

b) 试样浸渍处理时所采用的温度;

c) 试样浸渍处理时所持续时间;

d) 每一试验温度和时间下拉伸强度的保持百分率;

e) 每一试验温度和时间下损耗因数和介电常数的保持百分率。

ICS 29.035.99
K 15

中华人民共和国国家标准

GB/T 21224—2007/IEC/TS 61956:1999

评定绝缘材料水树枝化的试验方法

Methods of test for the evaluation of water treeing in insulating materials

(IEC/TS 61956:1999,IDT)

2007-12-03 发布

2008-05-20 实施

中华人民共和国国家质量监督检验检疫总局
中国国家标准化管理委员会 发布

前　言

本标准等同采用 IEC/TS 61956:1999《评定绝缘材料水树枝化的试验方法》(英文版)。

为便于使用,本标准做了下列编辑性修改:

a)　删除了国际标准的"前言";

b)　用小数点符号'.'代替小数点符号',';

c)　删除规范性引用文件中"IEC 和 ISO 各成员保持与现在有效的国际标准一致";

d)　本标准章条编号与 IEC/TS 61956:1999 章条编号对照见附录 B。

本标准的附录 A、附录 B 为资料性附录。

本标准由中国电器工业协会提出。

本标准由全国电气绝缘材料与系统评定标准化技术委员会(SAC/TC 112)归口。

本标准起草单位:西安交通大学、桂林电器科学研究所。

本标准主要起草人:曹晓珑、王先锋。

本标准为首次制定。

评定绝缘材料水树枝化的试验方法

1 范围

本标准规定了评定聚乙烯(PE)和交联聚乙烯(XLPE)复合物中水树枝化的试验方法,即评定这些复合物在交流(AC)电应力和水存在下的相关性能。标准中叙述了两种试验方法,方法Ⅰ用于评定单独绝缘材料,方法Ⅱ用于评定覆有半导电屏蔽层的绝缘复合物的绝缘夹层。

2 规范性引用文件

下列文件中的条款通过本标准的引用而成为本标准的条款。凡是注日期的引用文件,其随后所有的修改单(不包括勘误的内容)或修订版均不适用于本标准,然而,鼓励根据本标准达成协议的各方研究是否可使用这些文件的最新版本。凡是不注日期的引用文件,其最新版本适用于本标准。

GB/T 1408.1—2006　绝缘材料的电气强度试验方法　第1部分:工频下试验(IEC 60243-1：1998,IDT)

IEC 61072：1991　评定绝缘材料抗电树枝形成的试验方法

3 定义

水树枝化是低密度聚乙烯(LDPE)和交联聚乙烯(XLPE)在交流电应力和潮湿状态下,观察到的形成所谓水树介电弱化区的劣化过程(参考文献[11])。

水树枝是亲水的树枝状特征物(特别是,开始时水树枝是一些链状充水孔穴,以后形成具有亲水性表面的树枝状微细通道),在潮湿和电应力作用下,在几年里水树枝可以增长到1 mm左右长。水树枝可区分为两种类型:

a)　弓条状水树枝,形如弓条,含有从中心点向相反方向辐射的直扩散分支。绝缘体内部含有的弓条状水树枝,通常是与电场方向一致;

b)　开口状水树枝,形如树枝,主干通向绝缘表面或绝缘/屏蔽的界面。分支通常与电场方向一致,远离绝缘表面或界面。

4 试验方法Ⅰ(片样试验)

4.1 原理

片样试验(方法A和B)是用于评定以低密度聚乙烯(LDPE)和交联聚乙烯(XLPE)为基的绝缘材料中水树枝的发展。

两种方法使用圆片状试样和相同的试验槽。是一种筛选试验,按水树枝发展情况区分和预选绝缘复合物。

电应力集中试验(方法A)是采用针状充水空穴进行模拟。主要评定绝缘体中在绝缘/屏蔽界面上从屏蔽或插入物的凸起端部发生的开口状水树枝的发展。带有一些相同凸起物的圆片放到如4.3.1所述的试验槽中,同时受水和均匀电场的作用。在凸起点形成电应力集中。

借助这个试验,可以附加评定试样内部,远离场强集中区域的弓条水树枝。

均匀场强试验(方法B)是用于评定弓条状水树枝的发展,圆片放到如4.3.1所述的试验槽中,同时受水和均匀电场的作用。

4.2 试样

从厚度为(4.0±0.1)mm,或(3.0±0.1)mm,或者(2.0±0.1)mm的平板上冲出直径为

(35±1)mm的圆盘状试样,不同材料的比较试验应用同样厚度的试样。

对开口状水树试验,可以通过压制片粒状复合物制成板块。对于弓条状水树枝试验,建议通过挤出法均化复合物,以避免在片粒状物的表面上集中添加剂和杂质。每个步骤都应十分小心,以免污染材料以及制成的板块和试样片。

对采用过氧化二异丙苯的交联聚乙烯(XLPE)复合物在压板中在大约130℃下预成型板块,然后板块加热到180℃保温30 min,在压力下冷却到大约70℃。从压板中取出的板块在(90±2)℃下退火72 h,以排除挥发性副产物。

对于没有交联剂的低密度聚乙烯(LDPE)复合物也在压板中在大约130℃下预成型板块,加热到大约200℃,然后在压力下冷却到约70℃。

试验表明,当由交联聚乙烯(XLPE)或聚乙烯(PE)复合物制造板块时,在至少5 N/mm² 的压力下可得到满意的结果。

4.3 试验仪器

4.3.1 试验槽

图1所示的试验槽(参考文献[10])包括:

——杯子,由高密度聚乙烯(HDPE)制成,底部有一个圆形开口;

——接地电极,包括高密度聚乙烯(HDPE)支座;

——六个尼龙螺钉,用于压住杯子和接地电极之间的试样;

——透明的塑料盖,由此引入高压引线。高压引线应由贵金属,例如钯,铂或者其他制成。图2是试验槽的尺寸图(可以采用不同结构和材料,只要符合试验原理,选材时应注意避免将材料中可溶性杂质淬取到试验溶液中)。

4.3.2 电极

试验槽杯子是用于充填氯化钠(NaCl)溶液以构成高压电极(见4.3.3)。浸入氯化钠(NaCl)溶液中的引线应由贵金属制成,例如金属钯或者铂。接地电极是圆形黄铜电极,上表面是直径为(20~25)mm的圆形平面,边缘倒圆,如图1所示。

4.3.3 试验液体

溶解0.1 g氯化钠(NaCl)到1 L的蒸馏去离子水中制得1.8 mmol/L的氯化钠(NaCl)溶液。

配制溶液所用的水是把由非玻璃仪器制得的蒸馏水通过一个混的床的去离子柱而制得。并储存在密封的聚乙烯容器中。在使用前应测定水的pH值(7.0±0.1)和电导率(≤100 μS/m)。

4.3.4 针支座——插杆装置

针支座——插杆装置示于图3。此装置专门用于电应力集中的试验。可同时在试样表面上形成8个针状凹坑。针平行排列两行,每行4根针,位于试样上表面中心部位。8根针尖伸出针支架(0.5±0.05)mm,每根针用两个固定螺钉固定,以保证各支针间正确定位。

符合IEC 61072:1991要求的针应由不锈钢制成,针尖端半径为(4±1)μm,夹角30°,建议外形直径为(0.7~1.0)mm。

使用之前,应把针洗净和干燥,小心不要损坏针尖。清洗以后,放置在支座之前和之后,每根针应检查针尖半径和形状。应注意针尖不能有腐蚀物。

针支座和插杆装配(见图3):首先使用针支座固定螺杆,把针支座固定在安装板上。然后用联结螺钉把安装好的针支座连接到插杆上,螺钉拧紧后,把插杆提升,使针支座安装板的上表面与槽顶导板的下表面吻合。通过调整螺钉的拧紧程度可以消除安装板和槽顶导板之间的间隙,图4是针支座的详细图示。

4.4 试验程序(老化试验)

4.4.1 均匀电场强度的试验程序(方法B)

圆形试样放置在试验槽中。均匀拧紧六根尼龙螺钉,把径向相对螺钉逐个拧紧,不要使用太大扭力。

试验槽杯子的3/4充填试验液(见4.3.3),盖上装有高压引线套管的盖子。将装有试样的试验槽下部浸到硅油中,以防止表面放电。高压引线接到交流电源(48 Hz~62 Hz)上,接地电极接地。产生的平均电场强度(r.m.s)应是5 kV/mm,例如对于4 mm厚试样片,电压(r.m.s)应为20 kV。

推荐的老化条件是室温下240 h,也可以用其他的电场强度、老化时间和温度。

4.4.2 电场强度集中的试验程序(方法A)

如4.4.1所述准备试验槽的杯子。为了在试验片上形成凹坑,把试验槽(无盖)针支座—插杆装置、10 mL的氯化钠(NaCl)溶液和1 000 g重块放入预先加热到60℃的烘箱中,15 min后将氯化钠(NaCl)溶液倒入杯中,把插杆拉到终点位置后,插杆装置放在槽凹口处,使插杆慢慢下滑直到针尖停靠在试样的表面上。把重块小心放在插杆手把上面,把烘箱关闭。1 h后移开重块,从烘箱中取出带有插杆的槽子。大约30 min冷却到室温,移去插杆装置后,用氯化钠(NaCl)溶液填充到试验槽杯子3/4容积。立刻用蒸馏水清洗针,将其吹干并存放在干燥的地方以防生锈。

盖上试验槽,连接高压电源和接地,如4.4.1所述试验进行老化。

4.5 老化后的检查

4.5.1 弓条状水树枝的显微镜观察(方法B)

电老化完成后,检查试样的水树枝。用切片刀将试样沿其垂直于水老化的表面切成20 mm长、(0.1~0.2)mm厚的一些薄片。检查20片均匀分布的薄片。按参考文献[13]所述的方法,把所有薄片涂上染料,用100倍的光学显微镜检查染色的薄片。测观察到的每片中的弓条状水树枝的最大长度。仅测量水树枝长度大于50 μm(包括两面)的密度。当材料中水树枝多时,仅检查每个薄片的1/5总面积上的水树枝,计算在所有薄片中测得长度超过50 μm的水树枝平均密度,并写在试验报告中。

4.5.2 开口状和弓条状水树枝的显微镜检查(方法A)

原则上该检查类似4.5.1。对于开口状水树枝的检查,将试样切成(0.1~0.2)mm厚的薄片,切片时使一排4个凹坑处在一个薄片上。可以应用两排凹坑之间的薄片来观察弓条状水树枝。

在每个凹坑顶点用如同4.5.1所述的显微镜确定开口状水树枝的长度,测量凹坑顶点与水树枝最前端之间的距离。由此,取得水树枝长度分布(每个试样有八个开口状水树枝)。当凹坑顶点不能辨认时,水树枝长度(特别是较长的开口状水树枝)可以大概地由试样表面和水树枝最前端之间总的距离减去针插入长度求得。

4.6 试验报告

试验报告应包括:
——材料名称、型号;
——试样的制备方法及其预处理条件;
——试样的标称厚度和测得的厚度范围;
——在每种电压下被试试样的数量;
——采用的试验方法(均匀场强或集中场强);
——老化条件(施加的电压、时间和温度);
——弓条状水树枝的最大长度;
——弓条状水树枝长度超过50 μm平均密度(mm^{-3});
——开口状水树枝的最大长度;
——开口状水树枝的平均长度;
——观察到的其他现象。

5 试验方法 Ⅱ（杯状试验）

5.1 试验目的和原理

试验方法 Ⅱ 目的在于定量确定直接与半导体屏蔽材料接触的聚合物绝缘材料的水树枝化特性，以便模拟挤出电力电缆的绝缘环境。

为了比较不同的绝缘材料，两面的屏蔽材料均采用已知的半导体材料制作，作为通用参照物。不同的屏蔽材料也可用于检查水树枝增长与绝缘材料和屏蔽材料的不同配合之间的关系。

试验时，杯形试样同时暴露在潮湿、恒定均匀的交流电场和温度环境中。达到预定的老化时间后，试样施加均匀提高的交流电压直到击穿。根据韦伯尔统计方法取 63.3% 的电击穿强度值与未经老化的相同试样（参考组）进行比较。

击穿强度的下降值是材料受水树枝化损害程度的主要测量值。为了进一步表征材料，将试样切成薄片以便进行显微检查。

更为详细资料可参考参考文献[15]。

5.2 试样

图 5 表示试样的基本图形。

因为采用残余击穿强度定量表示老化的影响，杯形试样的闪络电压应超过试样平面中心区的闪络电压（参见 5.3.4）。

绝缘材料及其屏蔽形成杯的底部，老化时杯中充填水。为了保证试样受电应力作用的整个区域具有高的湿度，下层屏蔽装有铝衬垫。铝箔防止水从下层屏蔽扩散掉。在平衡状态每层试样的湿度是恒定的。

下层（接地）屏蔽是平的，而上层（高压）屏蔽在边缘是罗可夫斯基形状以保证试样平坦部份的均匀电场不越过周边。

按三步制造试样：

a) 均化材料（挤压）；

b) 绝缘杯和屏蔽材料片的预成型；

c) 组合和压制成型。

在操作材料和试样的预成型件时应十分小心，以防止试样受污染。

注：在受电应力作用的表面上有手指印迹时会降低试验结果。

应在过滤空气的环境中处理材料和零件。为此目的，建议使用气流工作台，在制样的所有阶段都可以用气流工作台。当完成组合后，试样受电应力作用的部分被屏蔽材料复盖起来。而在老化试验之前和之中试样的操作不是很严格的。

5.2.1 均化

为了防止颗粒界面上水树枝加速增长，绝缘材料应均化。

在试验室挤出机中进行均化，均化温度应不会引起材料发生变化（例如发生交联）。可以选用可产生大约 60 mm 宽和约 6 mm 厚的带状挤出机。

挤出后，将热的均化材料立即包卷在干净的铝箔里。在铝箔中，没有强制冷却下冷却到室温。

均化材料的形状是不重要的，但适宜的形状是直径 60 mm、厚 6 mm 的圆片状。圆片的重量与预成型绝缘杯大约相同，必要时，可添加一些颗粒，以形成绝缘杯上部。

5.2.2 预成型

采用图 7～图 11 所示的工具预成型所有零件（绝缘和屏蔽材料）。这些工具应由淬硬的不锈钢制成。与绝缘和屏蔽材料接触的所有工具表面应仔细抛光。预成型前工具应喷涂无硅酮的 PTFE 喷液，并加热到 180℃除去喷液中的所有溶剂。此后，工具用软质材料抛光以除去大部分的 PTFE，除在工具表面上细微凹陷处之外。这样工具就可用于预成型几批零件而不必进行 PTFE 处理。如果已经使用相同的工具来组合和交联试样,则这些工具在用 PTFE 处理前应彻底净化和抛光。

注:应避免有手指印痕。在预成型和组合之间预成型件的操作是很严格的。

采用可以进行加热和冷却的液压机。

绝缘杯和屏蔽材料的预成型是在比实际材料的熔点较低的温度范围下进行。材料的溶解是在液压机没有任何的压力下完成,但是液压机的压板与模具接触。可以同时预成型几个试样零件。试验表明,每个试样零件施加 30 kN 压力就足够了。在保压下试样零件冷却 1 min~2 min 后,则可从模具中取出。

采用图 7~图 9 所示工具预成型的绝缘杯厚度大约 0.9 mm。在主模柱塞和液压机下压板之间有 2 mm 厚的隔板。

采用图 10 所示工具将屏蔽材料预成型为厚度(0.5±0.05)mm。在模具上边和压板之间放置铝箔(例如 0.2 mm 厚)。用钢刷粗化下层屏蔽上的铝箔以保证其很好粘结到屏蔽材料上,模塑后取出上层屏蔽上的铝箔,将屏蔽切割或冲截为直径 50 mm。

预成型件应贮存在密闭、干净的容器中。所有工作应在干净、过滤空气的环境中(见 5.2)进行。

5.2.3 预成型件的组合

采用预成型用的相同模具(见图 7~图 9)进行组合。把模具的底件和预成型件放到主模的料筒中。为便于脱模,预成型杯的外壁卷包厚(0.06 mm~0.08 mm)的铝箔后才放入模具中。模具的柱塞和底件应喷涂 PTFE 喷液。

然后把模具放到液压机的底板上,柱塞在上面,在柱塞和压机的上板之间放入隔板(直径为60 mm,厚为 0.9 mm),每个组合试样施加约 20 kN 的力。将温度逐渐提高到材料制造商推荐的交联温度(例如,对于含过氧化二异丙苯的聚乙烯为 180℃)。然后,每个试样施加的力调整到大约 30 kN。保温到建议的时间(例如,对含过氧化二异丙苯的聚乙烯为 30 min)。在保压下冷却试样。然后从模具中取出试样。

所有制成的试样在鼓风烘箱中进行条件处理((90±2)℃/72 h)。这是为了消除试样中的机械应力和除去在制造过程中产生的挥发性附产物。

当试样冷却到环境温度时,测量每个试样的电容。为了确定最小的绝缘厚度切开一个试样,用切片测量最小的绝缘厚度(精确到±0.01 mm)。从电容 C_x 对最小绝缘厚度 t_{min} 的比值计算转换因子 K:

$$K = t_{min}/C_x (\text{mm/pF})$$

最小绝缘厚度为 0.65 mm~0.75 mm 的试样可用来进行试验。

为了预选,所有试样采用 5.3.4 所述的装置进行交流耐压试验。试验按如下进行:

——在 30 s 中逐渐提高电场强度(r.m.s)到 45 kV/mm;

——在此电场强度下保持 1 min;

——提高电场强度(r.m.s)到 50 kV/mm;

——保持电场强度(r.m.s)50 kV/mm,1 min;

——在 10 s 内逐渐降低电场强度到 0。

通过耐压试验的试样才可作进一步的试验。

5.3 试验设备

在此节叙述有关试样、老化装置和击穿的试验设备。应从每种被试材料中至少取八个试样来进行老化试验。

5.3.1 电气装置

试样应在连续平均电场强度(r.m.s)15 kV/mm 下进行老化。直径为 6 mm 的不锈钢高压电极插在每个试样的聚乙烯 PE 盖子中。

所有高压电极相互连接在一起,由带有调压装置的变压器提供电压。调压装置备有快速断路器(在工频三周期内)和时间测量装置。以测量在老化过程中发生击穿的时间。为了阻止由于击穿引起设备损坏,短路电流应限制在几安培。

5.3.2 热试验装置

在老化试验中试样放置在烘箱的铜板上。直径为10 mm的铜管焊接在铜板底面,铜管的排列应使板上各点与铜管的距离不超过50 mm。在冷却周期中冷却水在水管中循环流动。

在加热周期,循环冷却水关闭,而烘箱的加热元件打开,加热直至铜板达到90℃。然后在(90±2)℃保温。在加热周期结束时,加热元件关闭,而冷却循环水重新流动。加热和冷却周期长度由时间装置自动控制。

5.3.3 试验液体

把0.1 g氯化钠(NaCl)溶解在1 L的蒸馏去离子水中,制得氯化钠(NaCl)试验液(1.8 m mol/L)。蒸馏去离子水是由非玻璃仪器蒸得的蒸馏水通过混合床去离子柱而制得。并保存在密闭的聚乙烯容器中。在即将使用之前,必须测试水的pH值(7.0±0.1)和电导率(≤100 μS/m)。将试验液注入到杯形试样中。试验液的液面保持在液面与盖子(参见图11)的距离不超过10 mm。如有必要,可通过盖子上钻出的2 mm直径小孔加入去离子水以补偿蒸发掉的部份。老化期间小孔应封闭。

5.3.4 击穿电压试验装置

交流击穿试验要求一个低电流高电压交流变压器,装有可连续升压(最高电压至少为100 kV(r.m.s))的调压装置的。调压装置还包括一个击穿时的快速(在工频三周期中)切断装置。

按照GB/T 1408.1—2006进行试样的击穿试验,选择(电压)(r.m.s)20 kV/min的升压速度。与GB/T 1408.1—2006不同的是,此击穿试验是在杯形试样上完成。

击穿试验时的电极装置应设计成尽可能减少外部击穿的危险。为了同样目的,试验应浸在不会引起材料发生溶胀的绝缘液体(例如:硅油)中,或者具有高击穿强度的气体,例如SF₆中(注意会遇到环境保护问题)。

图12示出适用的电击穿试验装置。

5.4 试验程序(老化试验)

至少用16个按照5.3所述程序制造和试验过的试样进行此项试验。这些试样分为两组,每组至少八个试样:

a) 参照组,至少八个试样,用于测定起始击穿电压;

b) 老化组,至少八个试样。

老化组的试样充入老化液体,盖子紧靠在杯子上,并把高压电极连接在一起。

施加的老化电压(r.m.s)(10.5±0.2)kV

频率 50 Hz±2 Hz或60 Hz±2 Hz

温度 8 h冷却/16 h加热。冷却水温度(20±5)℃,在冷却周期的最后5 h试样应达到(20±5)℃的温度。冷却周期以后,开始16 h的加热周期,加热的最高温度按材料规定(例如对交联聚乙烯(XLPE)为(90±2)℃)。最高温度应在开始加热周期后3 h内达到。

老化时间 500 h

如果试样在老化时发生击穿,则在稳定的冷却周期中把它从试验装置中取出,并检查水树枝以确定发生击穿的可能原因。在老化中这种击穿不允许多于一个。

老化试验完成后,试样应在室温下稳定后,再倒出老化液体。老化液体倒出后,试样不应放在较高温度下(超过25℃)。

击穿试验应在老化液体从试样倒出后24 h内完成。

5.5 未老化和老化试样的检查

应测定老化和未老化试样的击穿强度。对于老化试样还应测定水树枝长度和密度。

5.5.1 击穿试验

按5.3.4进行击穿试验。

为了计算绝缘在击穿时的最大电气强度,应在击穿位置对试样切片,用显微镜测定最小的绝缘厚度,误差在±0.01 mm内。

5.5.2 水树枝检查

应检查至少250 mm³ 总体积中的弓条状水树枝和开口状水树枝。此总体积是由所有试样的切片组成。限制在试样的平坦部分(受均匀电场作用区)进行水树枝检查(见图6)。

从垂直于电极表面的平面中心部位开始切片,应检查:

——由两个随机选出的试样按顺序切出的10个150 μm～200 μm厚的薄片;

——由余下的每个试样切出的两片150 μm～250 μm厚的薄片。

应在试样的平坦部份检查水树枝。所有的切片按参考文献[13]所述的程序进行染色。

记录下列数据

——最长的弓条状水树枝;

——靠高压屏蔽面的最长开口状水树枝;

——靠低压屏蔽面的最长开口状水树枝;

——超过50 μm长的弓条状树枝的密度(mm⁻³);

——靠高压屏蔽面的超过50 μm长的开口状水树枝的密度(mm⁻²);

——靠低压屏蔽面的超过50 μm长的开口状水树枝的密度(mm⁻²)。

5.6 试验报告

试验报告包括:

——所有试验线路,包括保护系统的说明;

——老化条件;

——被试试样的总数;

——老化试验前后材料电气强度(按照韦伯尔统计具有95%置信度的63%数值和形状参数),如果未老化试样发生闪络,对被检查的击穿试验必须应用统计方法。评定用的统计方法应是一样的;

——用于检查水树枝的体积;

——最长的水树枝(弓条状水树枝,高压屏蔽端开口状水树枝,低压屏蔽开口端水树枝);

——超过50 μm长水树枝的密度;

——(任选的)击穿位置的局部性水树枝检查;

——被试的主要材料(绝缘、屏蔽);

——辅助材料(电极、盖子、水等)。

单位为毫米

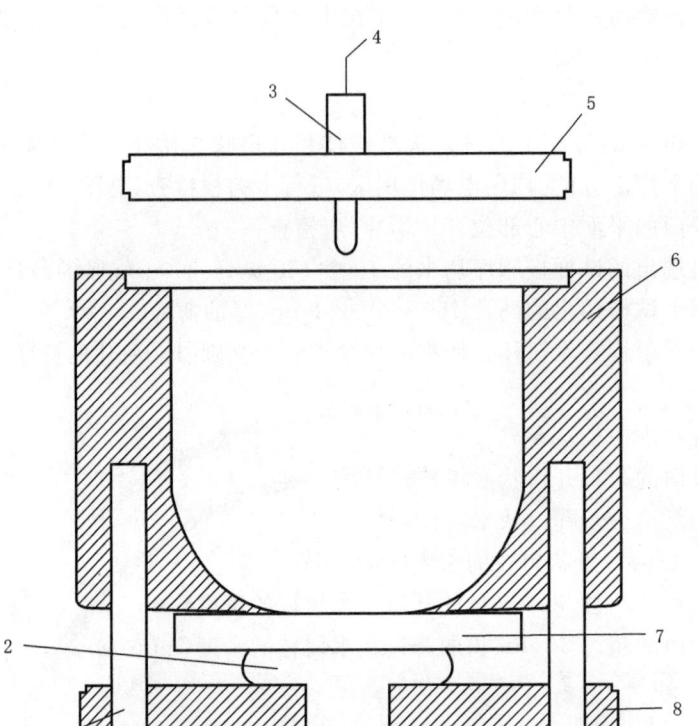

1——尼龙螺钉；
2——接地电极；
3——电极；
4——高压；
5——盖子；
6——HDPE；
7——试样；
8——HDPE。

图 1　试验槽装置

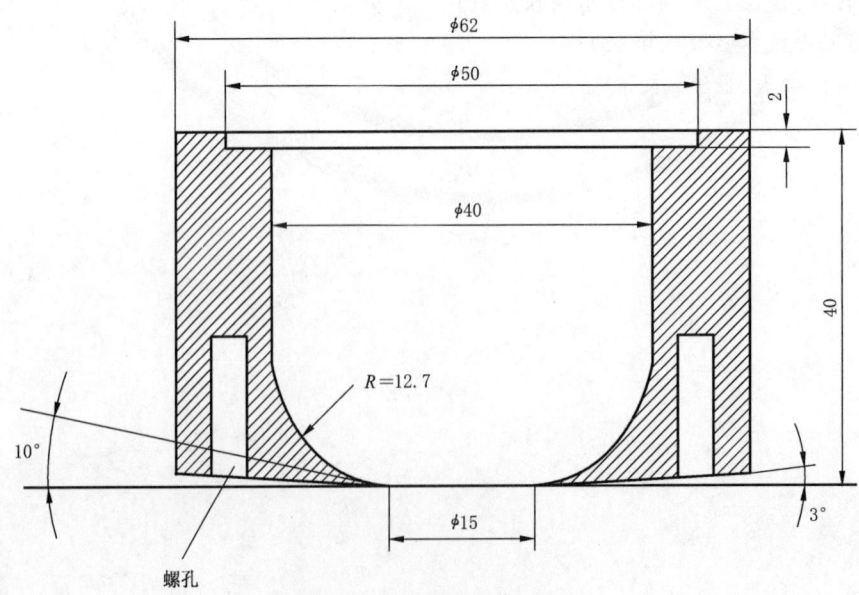

图 2　试验槽的尺寸图

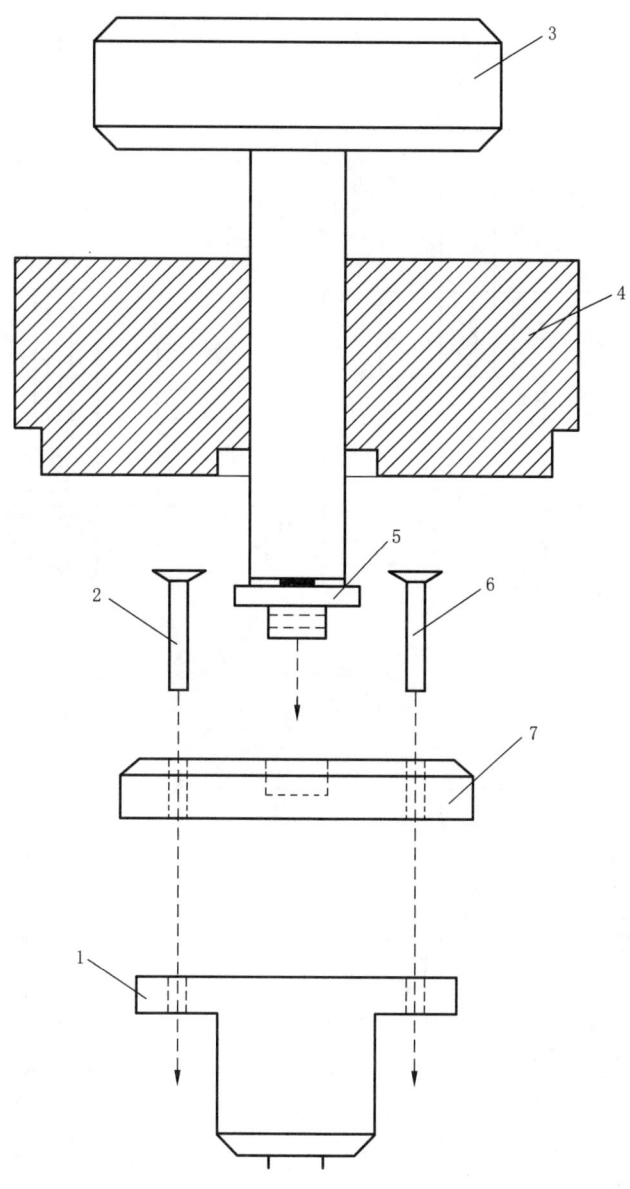

1——针支座；

2,6——针支座安装螺钉；

3——插杆；

4——槽顶导向装置；

5——联结螺钉；

7——针支座安装板。

图3 针支座——插杆装置

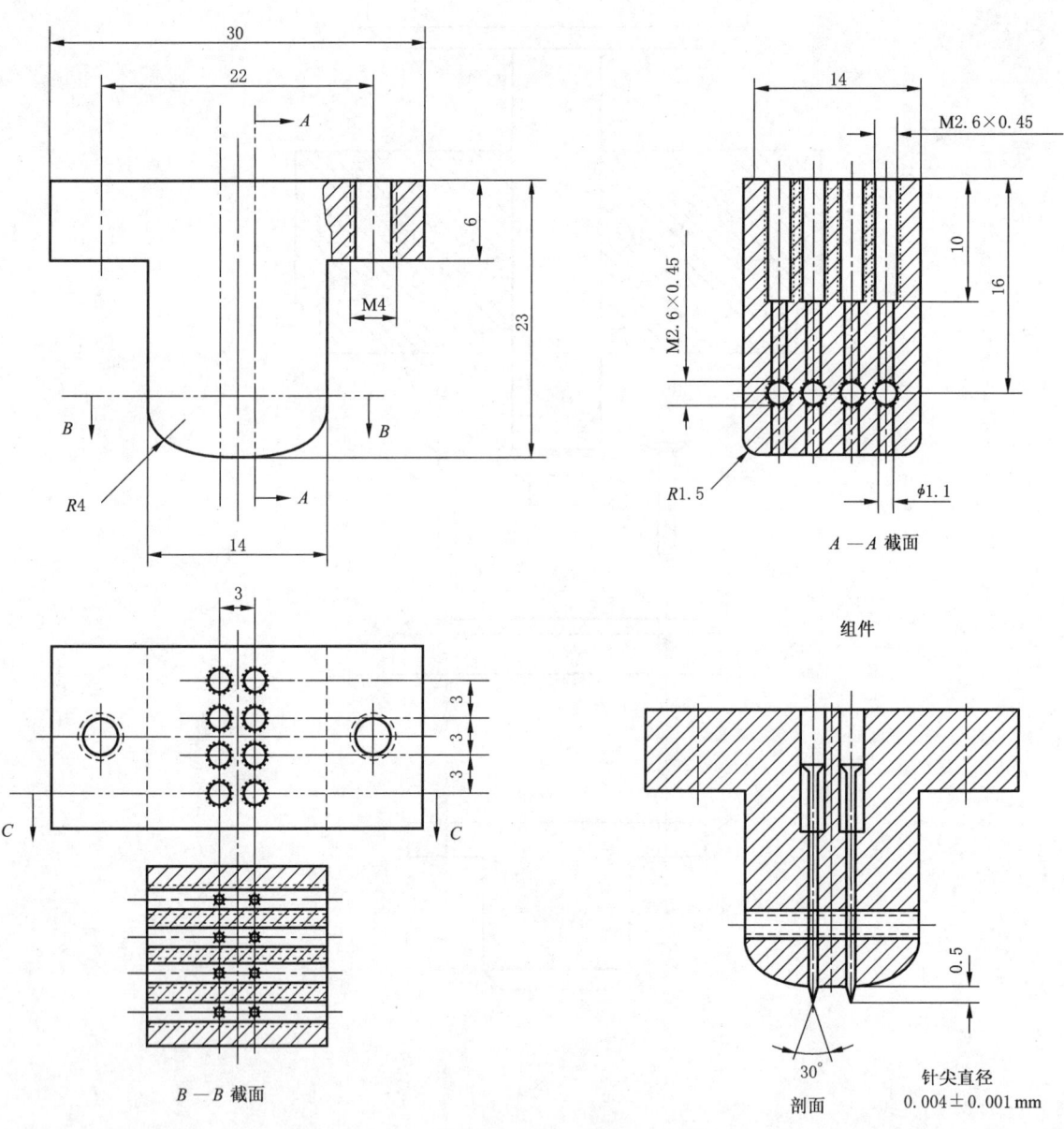

单位为毫米

图 4 针支座

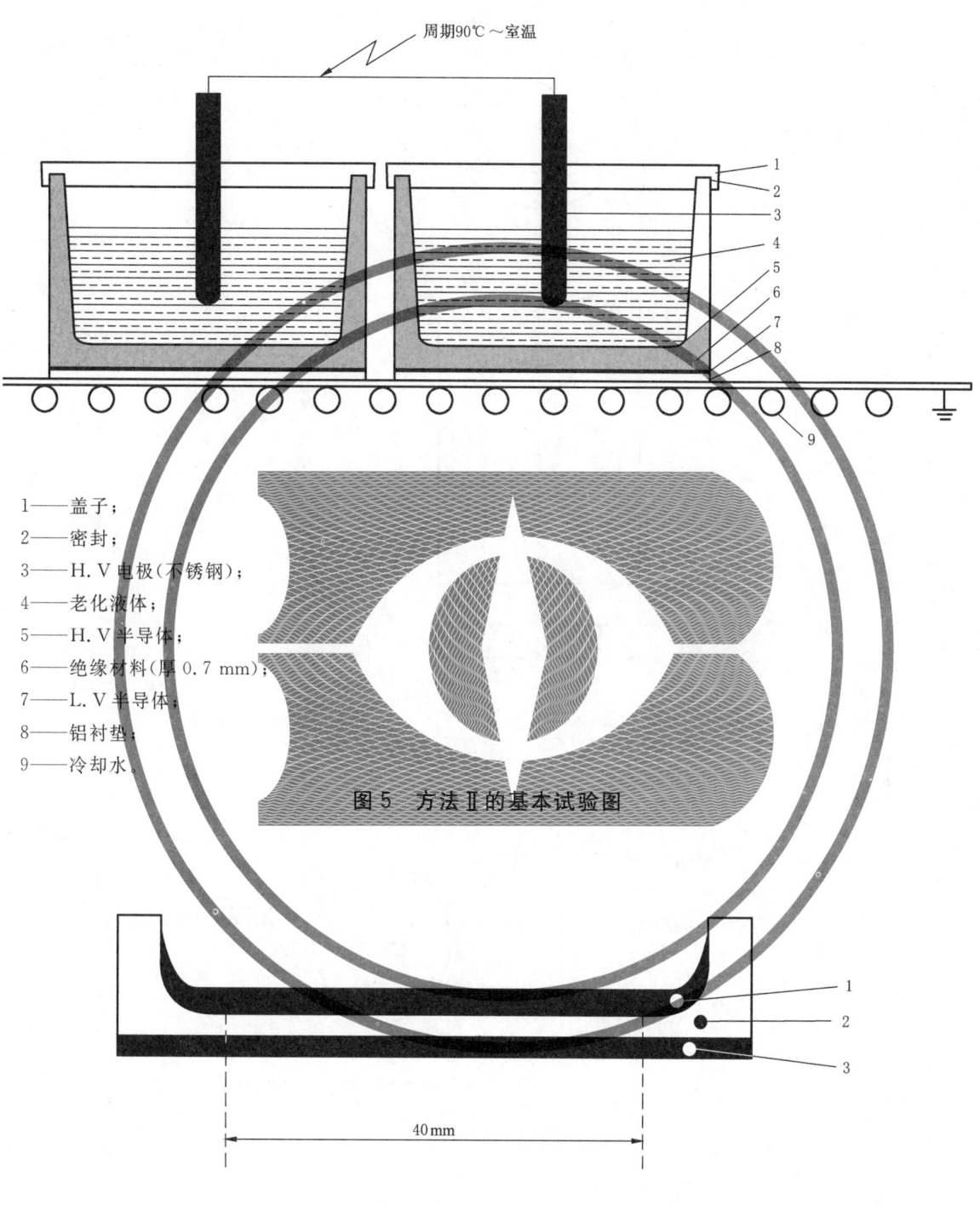

周期90℃～室温

1——盖子；
2——密封；
3——H.V 电极（不锈钢）；
4——老化液体；
5——H.V 半导体；
6——绝缘材料（厚 0.7 mm）；
7——L.V 半导体；
8——铝衬垫；
9——冷却水。

图5 方法Ⅱ的基本试验图

40 mm

1——上半导体；
2——绝缘体；
3——下半导体。

图6 检查水树枝的截面图

单位为毫米

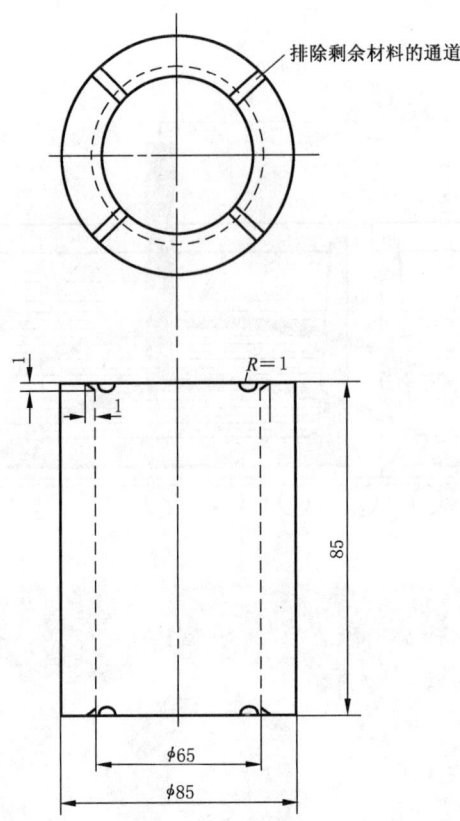

模具应采用淬硬钢。

图 7 主模外件(料筒)

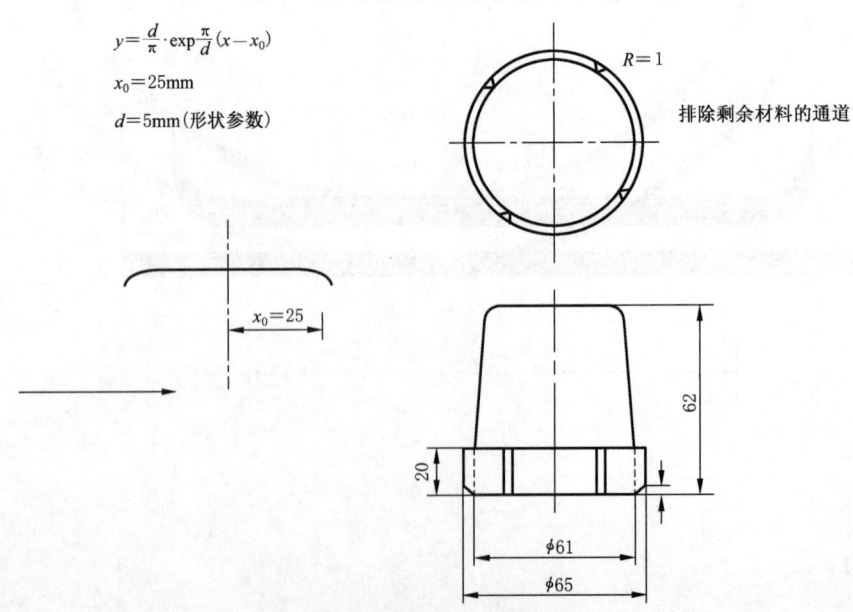

图 8 主模内件(柱塞)

单位为毫米

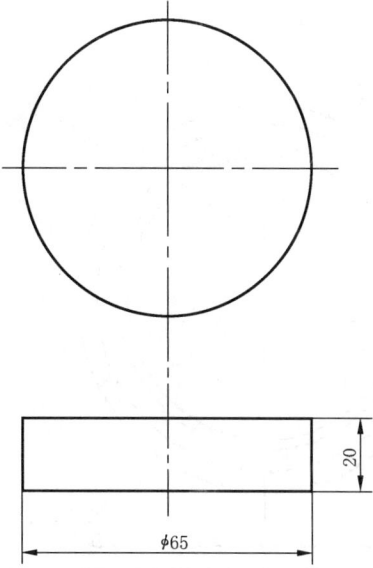

图 9　模具的底件

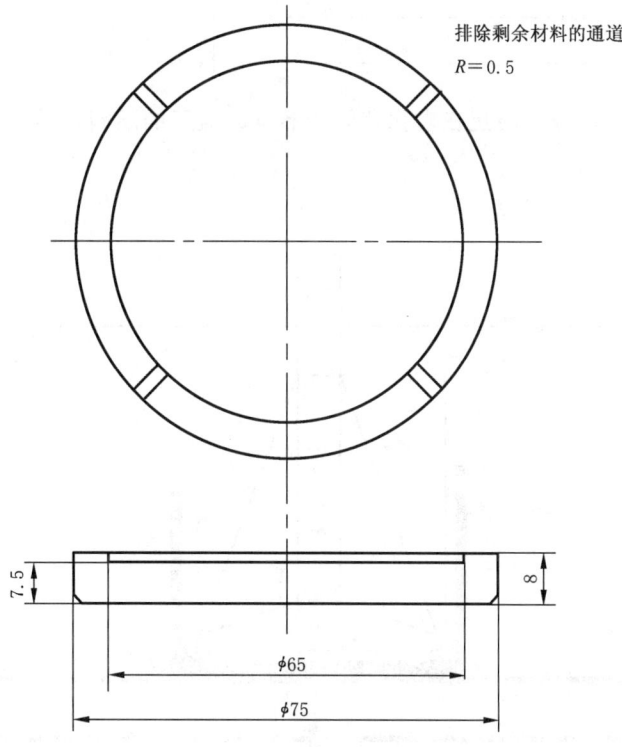

排除剩余材料的通道
$R=0.5$

图 10　压制屏蔽材料的模具

单位为毫米

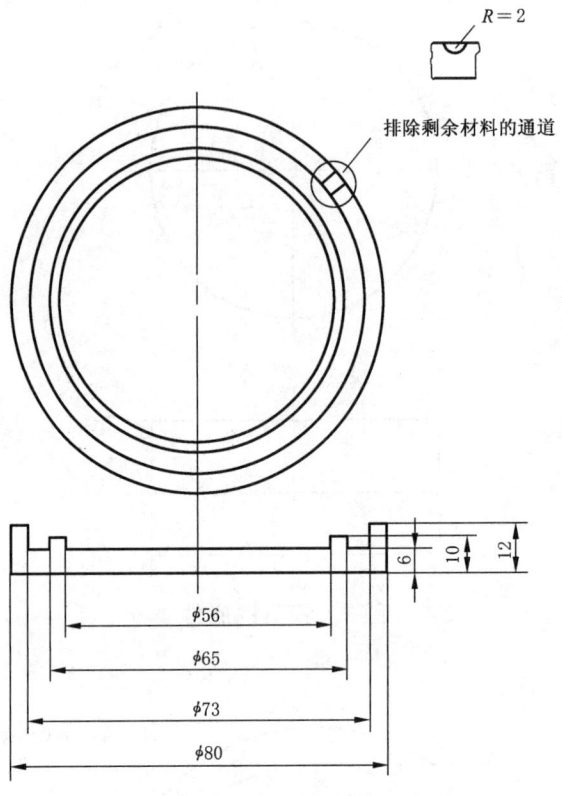

图 11　防止在老化期间水蒸发的盖子的压制模具

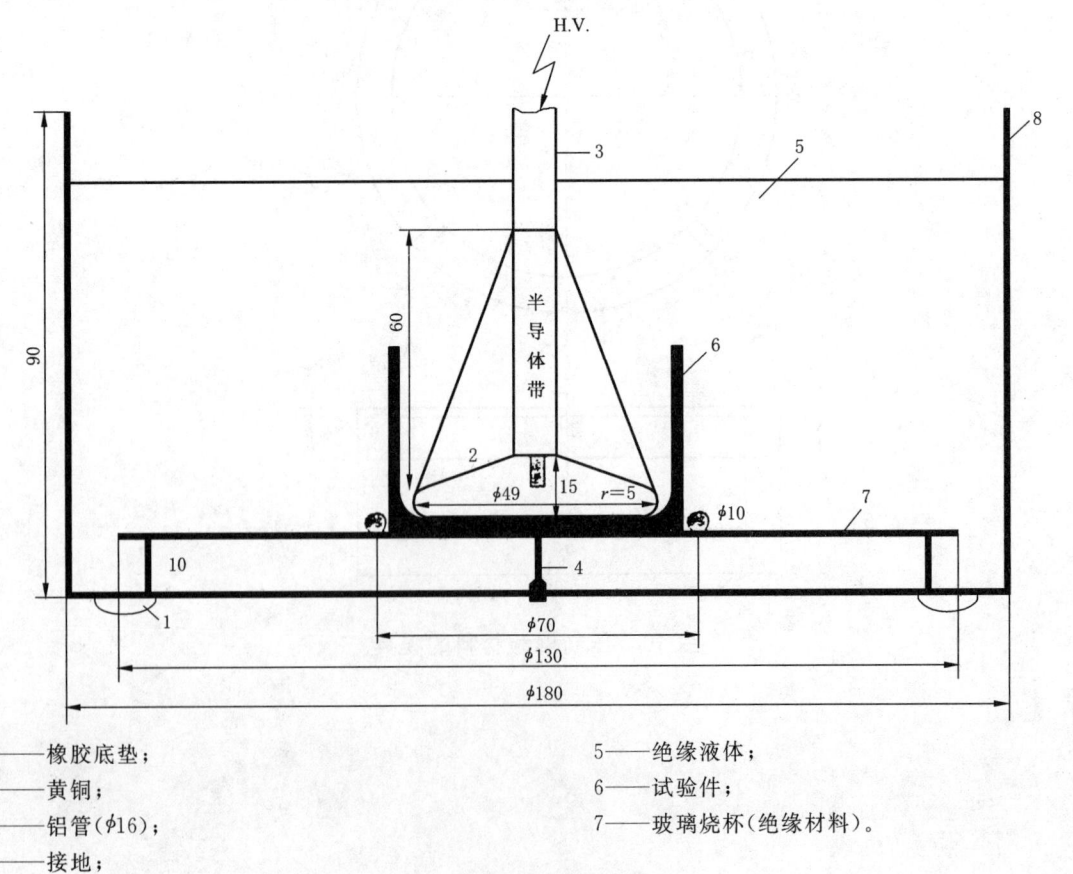

1——橡胶底垫；　　　　　　　　　5——绝缘液体；

2——黄铜；　　　　　　　　　　　6——试验件；

3——铝管(φ16)；　　　　　　　　7——玻璃烧杯(绝缘材料)。

4——接地；

图 12　击穿试验装置示例

附　录　A
（资料性附录）
验证试验结果和讨论

A.1　试验目的

为了研究这些方法的重现性和可比性，在 CIGRE 工作组内部的某些试验室进行了连续 3 个验证试验（参考文献[17]）。在此过程中，为了使试验参数一致和改进试验方法，允许作某些改变。在此报告了用前面条款叙述的试验方法的最后方案取得的试验结果。

A.2　试验材料

在第 1 个验证试验（RR1）中，选择了两种已知水树枝化行为很不相同的交联聚乙烯（XLPE）复合物（Ⅰ和Ⅱ），用 IA，IB 和方法Ⅱ可以很好把它们鉴别出来（参考文献[2]）。为了比较鉴别更新的、改进的各种交联聚乙烯（XLPE）复合物的可能性，在第 2 和第 3 验证试验（相应为 RR₂ 和 RR₃）中，采用了代表最新开发的三种交联聚乙烯（XLPE）复合物（Ⅲ，Ⅳ和Ⅴ）：

——高纯标准材料（商业产品）交联聚乙烯（XLPE）Ⅲ；
——WTR 材料（a）（试验产品）交联聚乙烯（XLPE）Ⅳ；
——WTR 材料（b）（试验产品）交联聚乙烯（XLPE）Ⅴ。

为了避免由于不同制样引起的变化，用于方法Ⅰ所需的所有板片，均在一个试验室制造，而用于方法Ⅱ的试样在另一个熟悉该方法的试验室制造。复合物取自特定的某批材料，并在相同的交联条件下（180 ℃，30 min）进行处理。

A.3　采用方法 1 的试验结果

A.3.1　试样和试验条件

四个试验室参加验证试验（RR3），采用方法Ⅰ的试验槽和上述材料。由同一试验室采用下述方法制造试验片样：粒状材料在两倍的蒸馏去离子水中约 60℃ 下清洗。然后用甲醇漂洗后在相同温度下干燥。干净的粒料在 130℃ 下压模，再加热到 180℃ 保持 30 min 以制造（4.0±0.1）mm 厚的片样。片样在压力下冷却到 70℃，然后在大气压下冷却到室温。制得的片样在 90℃ 条件化处理 72 h。由片样冲制出直径为（35±1）mm 的圆片形试样。

按下列条件进行老化试验：

电压　24 kV(r.m.s)，50 Hz 或 60 Hz；

试样　厚 4 mm；

温度　室温；

试验溶液　含 0.01%NaCl(1.8 m mol/L) 的蒸馏去离子水（<20 μS/m）；

时间　240 h 。

A.3.2　RR3 试验结果

RR3 的试验结果列在下表：

表A.1　开口状水树枝长度(方法Ⅰ:RR3)　　　　　　　　　　单位为微米

	排序 (按最大长度)	交联聚乙烯 (XLPE)Ⅲ 平均/最大	交联聚乙烯 (XLPE)Ⅳ 平均/最大	交联聚乙烯 (XLPE)Ⅴ 平均/最大
实验室1	Ⅲ>Ⅴ>Ⅳ	150±65/260	85±16/115	105±19/145
实验室3	Ⅲ>Ⅴ>Ⅳ	102±38/160	68±20/90	94±12/120
实验室5	Ⅲ>Ⅳ>Ⅴ	138±49/260	86±14/110	58±10/70
实验室8	Ⅲ>Ⅳ>Ⅴ	88±15/120	65±13/90	55±12/80
总平均	Ⅲ>Ⅴ～Ⅳ	120/—	76—	78/—

按照表A.1的数据,所有四个试验室都表明在交联聚乙烯(XLPE)Ⅲ中最易产生开口状水树枝。试验材料交联聚乙烯(XLPE)Ⅳ和Ⅴ有交迭现象。这些材料的水树枝长度平均值彼此很接近,在标准偏差之内。各参加试验室把它们按最长水树枝长度的大小排序进行定性区分时,两个试验室表明Ⅳ较好,而另两个试验室表明Ⅴ较好。因此这些方法只是作为筛选目的,在最后选定之前还应考虑其他问题,例如,产生弓条状水树枝的难易及其他特性。

三个试验室对RR3作了变动,把老化时间由240 h扩大到500 h,而其他条件保持不变。试验结果列在表A.2中。

表A.2　开口状水树枝长度(试验时间500 h 方法Ⅰ:RR3)　　　　单位为微米

	排序 (按最大长度)	交联聚乙烯 (XLPE)Ⅲ 平均/最大	交联聚乙烯 (XLPE)Ⅳ 平均/最大	交联聚乙烯 (XLPE)Ⅴ 平均/最大
实验室1a	Ⅲ>Ⅳ>Ⅴ	175±28/245	165±24/210	145±18/175
实验室1b	Ⅲ>Ⅴ>Ⅳ	200±23/255	110±13/130	175±15/195
实验室3	Ⅴ>Ⅳ>Ⅲ	60±17/90	80±24/120	115±21/150
实验室5	Ⅲ=Ⅳ>Ⅴ	220±52/300	220±35/300	70±12/90
总平均值	Ⅲ>Ⅳ>Ⅴ	165/—	145/—	125/—

有一个试验室出现了相反的结果,按排序交联聚乙烯(XLPE)Ⅲ比Ⅳ好,而Ⅳ比Ⅴ好。然而,当三个试验室提供的数据进行平均时,则得到合理的结果。因为延长到500 h的老化时间没有明显的优点,因此RR3的这个变动以后没有采用。

表A.3列出了四个参加验证的实验室所报告的弓条状水树枝的最大长度和密度。

表A.3　弓条状水树枝长度统计结果(方法Ⅰ:RR3)

最大尺寸单位为微米;密度单位为每立方毫米

	排序 (按最大长度)	交联聚乙烯 (XLPE)Ⅲ 平均/密度	交联聚乙烯 (XLPE)Ⅳ 平均/密度	交联聚乙烯 (XLPE)Ⅴ 平均/密度
实验室1	Ⅲ>Ⅳ>Ⅴ	150/14 000	70/770	60/10
实验室3	……	…/…	…/…	100/25
实验室5	Ⅲ>Ⅳ>Ⅴ	250/9 000	170/900	…/…
实验室8	Ⅲ>Ⅳ>Ⅴ	210/8 000	80/300	无
总平均	Ⅲ>Ⅳ>Ⅴ	～200/～10 000	～100/～650	～80/～15

虽然取得的数据不完整和密度的绝对数值范围宽,但是材料的相对排序清楚表明交联聚乙烯(XLPE)Ⅴ是最好的,而Ⅲ是最差。事实上,在交联聚乙烯(XLPE)Ⅴ中很少看到弓条状水树枝,而水树枝密度Ⅳ比Ⅲ小一个数量级。按弓条状水树枝可总结为交联聚乙烯(XLPE)Ⅴ的性能比Ⅳ好,而Ⅳ比Ⅲ好。然而,对于开口状水树枝,交联聚乙烯(XLPE)Ⅳ和交联聚乙烯(XLPE)Ⅴ之间没有明显差别。交联聚乙烯(XLPE)Ⅳ和交联聚乙烯(XLPE)Ⅴ比交联聚乙烯(XLPE)Ⅲ稍好。

A.3.3 分析

方法1减少了在RR1和RR2(参考文献[17])中示出的很多不一致性。虽然在任何单一实验室取得的相对结果是一致的。但是各个参加验证者报告的数据之间仍然有一些差别,尚须进行分析。对引起这些差别的原因进行讨论,将有助于制订纠正措施。

引起报告数据的分散性和不一致性有两个主要原因,一个是有关试验本身,另一个是有关评定和计算水树枝的方法。在方法1的试验仪器中,有四种可能性会使不同验证者取得的数据产生偏差。所有这些都与引入可促进水树枝发展的外来离子杂质有关。四个可能的离子杂质源是:

a) 制造NaCl溶液用的蒸馏水纯度不够;蒸馏水还应去离子和控制其质量,保证其导电率保持在或低于100 μS/m;

b) 针尖若清洗和贮存不合适,容易引起腐蚀;所述的试验程序要求严格针尖的清洁度;

c) 与NaCl溶液接触的高压导线;RR2试验用的试验槽因疏忽而没有采用应该采用的铂电线。从而,黄铜组份与试验溶液接触,产生腐蚀作用,一些试验槽在高压导线上发现有明显的腐蚀物;

d) 制造试验槽用的HDPE杯;如果杯子没有很好净化、漂洗和存放,则有可能把微量的NaCl从一个试验带到下一个试验。

某些试验进行的其他研究支持了这个估计。在某个有关的这种研究(参考文献[11])中对如上所述离子杂质源进行了严格控制。结果表明,开口状水树枝的绝对长度和连续试验的分散性能够减少。结果还表明,交联聚乙烯(XLPE)Ⅳ和Ⅴ的性能很接近,以致由不同实验室所作的排序很容易颠倒。在由某个参加验证的实验室采用RR3材料和国产的等同材料所进行的一系列其他试验中,所排列的顺序一直很一致且数据的分散性保持在相当低的水平上(参考文献[12])。

第二个不一致性的主要原因是与各个实验室有关,这可能是由于他们计算弓条状水树枝和测量开口状水树枝的方法不同。虽然在这方面的试验程序可以进一步改进,但是存在很多局限性,这些局限性只有把相同的老化试样展示给各个实验室进行水树枝计算,才能解决。当测量交联聚乙烯(XLPE)Ⅴ中的水树枝时,这个问题特别明显,在显微镜下,交联聚乙烯(XLPE)Ⅴ中有很多分散的夹杂物。这些夹杂物容易误认为是小的弓条状水树枝。

另外的影响因素可以用针尖痕迹的重现性和在产生针尖痕迹时不会在试样中出现细微开裂的可能性来解释。这些因素已进行系统论述(参考文献[12]),然而,发现它们对试验结果没有很大影响。

在针形电极顶端的较大电老化场强可能引起在电缆使用条件下不会发生的效应。另外,最好是测量顶端半径,它对电应力有很大影响,电应力是水树枝诱发和发展的主要参数。在具有不同机械特性的材料之间,顶端半径可能变化。

最后,在任何加速老化试验中,重要的是保证明显的老化机理与现场中电缆发生老化的机理是一样的,在使用中电缆老化的机理之一是在水树枝区材料发生氧化。由于在所有上述三种试验方法中,老化时间非常短,因此,没有足够时间引起明显的氧化(参考文献[11])。降低电应力和增长老化时间可减弱这个影响因素。

A.4 采用方法Ⅱ的结果

A.4.1 试验条件

关于方法Ⅱ,工作组的工作由第二验证组完成。关于方法Ⅱ,相应于第5章所述,这些试验在四个试验室中进行。老化条件如下:

老化电应力　15 kV/mm(50 Hz 或 60 Hz)

老化温度　周期性变化(8 h 在自来水温度/16 h 在 90℃)

老化时间　500 h

放置所有试样的底板通过循环冷却水进行冷却,在验证试验中,每个试验室采用实际的自来水温度作为最低老化温度。

A.4.2　RR2 的试验结果

下表总结了 RR2 的试验结果。

表 A.4　剩余电气强度和标准偏差(方法 Ⅱ;RR2)　　　　单位为千伏每毫米

排序 (按老化后)		交联聚乙烯(XLPE) Ⅲ		交联聚乙烯(XLPE) Ⅳ		交联聚乙烯(XLPE) Ⅴ	
		新的	老化后	新的	老化后	新的	老化后
实验室 4	Ⅲ＝Ⅳ＜Ⅴ	＞83±12	49±7	＞113±15	47±7	＞92±24	76±13
实验室 7	Ⅲ＝Ⅳ＜Ⅴ	＞81±22	48±5	＞100±14	41±9	＞91±15	86±8
实验室 9	Ⅲ＝Ⅳ＜Ⅴ	98±22	50±7	＞120±13	57±7	＞110±25	90±10
实验室 10	Ⅲ＝Ⅳ＜Ⅴ	＞99±49	52±12	136±24	52±8	＞110±36	100±15
注:每组中有一个或多个试样发生闪络。							

电气强度试验结果表明,在所有试验中,除了一个例外,在交联聚乙烯(XLPE)Ⅴ 和交联聚乙烯(XLPE)Ⅲ 和交联聚乙烯(XLPE)Ⅳ 之间有较高显著差别(水平＜0.1％)。在实验室 4 的交联聚乙烯(XLPE)Ⅴ 的结果与实验室 9 的交联聚乙烯(XLPE)Ⅲ 的结果比较时,仅处在显著水平(1％＞水平＞0.1％)。

对于交联聚乙烯(XLPE)Ⅲ,实验室之间差别不大。而对于交联聚乙烯(XLPE)Ⅳ,实验室之间差别很大。实验室 7 与 9 的试验结果差别大;而试验 9 与 10 之间差别较小。对交联聚乙烯(XLPE)Ⅴ,实验室 10 得到的结果比其他试验室的好。交联聚乙烯(XLPE)Ⅲ 和交联聚乙烯(XLPE)Ⅳ 之间的差别在实验 7 最大。

按弓条状水树枝对材料的排序与按剩余电气强度的排序不同。实验室 4 和实验 7 按击穿试验把交联聚乙烯(XLPE)Ⅲ 和 Ⅳ 排成一样。而按弓条状水树枝时则不相同。实验室 9 发现三种材料之间仅有微小差别。基于弓条状水树枝的长度,实验室 10 把交联聚乙烯(XLPE)Ⅲ 和交联聚乙烯(XLPE)Ⅴ 排成比交联聚乙烯(XLPE)Ⅳ 好。

表 A.5　弓条状水树枝长度(方法 Ⅱ:RR2)　　　　单位为微米

	排序 (按最大长度)	交联聚乙烯 (XLPE)　Ⅲ 平均/最大	交联聚乙烯 (XLPE)　Ⅳ 平均/最大	交联聚乙烯 (XLPE)　Ⅴ 平均/最大
实验室 4	Ⅳ＞Ⅲ＞Ⅴ	128±49/260	136±72/420	38±21/100
实验室 7	Ⅲ＞Ⅳ＞Ⅴ	140±100/380	120±50/230	30±40/130
实验室 9	Ⅳ＞Ⅲ＞Ⅴ	80±?/190	95±?/280	85±?/140
实验室 10	Ⅳ＞Ⅴ＞Ⅲ	84±15/116	129±39/206	80±22/123

还记录了弓条状水树枝的密度。交联聚乙烯(XLPE)Ⅲ 的结果在 10 和 100 水树枝/mm³ 之间,交联聚乙烯(XLPE)Ⅳ 在 10 和 40 水树枝/mm³ 之间,而交联聚乙烯(XLPE)Ⅴ 在 O 和 3 水树枝/mm³ 之间(检查范围≥50 μm)。在交联聚乙烯(XLPE)Ⅳ 几乎所有观察到的水树枝都大于 50 μm;其他的研究认为在这些试样中的弓条状水树枝是由材料粒界面上的盐污染物引起。这表明,交联聚乙烯(XLPE)Ⅳ 的某些相反的排序可能是由于在制造时引入污染物所致。

表 A.6　开口状水树枝长度（方法Ⅱ：RR2）　　　　　　单位为微米

	排序 （按最大长度）	交联聚乙烯 （XLPE）　Ⅲ 平均/最大	交联聚乙烯 （XLPE）　Ⅳ 平均/最大	交联聚乙烯 （XLPE）　Ⅴ 平均/最大
实验室 4	Ⅳ＞Ⅲ＞Ⅴ	161±57/320	160±93/420	73±53/220
实验室 7	Ⅲ＞Ⅳ＞Ⅴ	160±120/400	190±30/230	80±40/160
实验室 9	Ⅲ＞Ⅴ＞Ⅳ	160±? /400	175±? /270	110±? /280
实验室 10	Ⅳ＞Ⅲ＞Ⅴ	121±59/260	114±74/345	109±49/197

观察到的最长开口状水树枝，对交联聚乙烯（XLPE）Ⅲ在 260 μm～400 μm 之间；对交联聚乙烯（XLPE）Ⅳ在 230 μm～420 μm；对交联聚乙烯（XLPE）Ⅴ在 160 μm～280 μm。按这些数据进行的排序，一般符合按击穿试验所得的结果。

A.4.3　分析

方法Ⅱ是可能进行电击穿试验（为了判断水树枝化老化后的剩余电气强度）和可以对半导体和绝缘材料之间的相容性进行试验的方法。与方法 A 和 B 相比，它要求比较复杂的试样，并能够使半导体内部的杂质和其他效应对剩余电气强度产生影响。

然而，特别对试验方法Ⅱ，试样的制造比较费时而且要求几种比较复杂的试验设备。试样制备应在清净的环境中进行，小心避免把污染物带入被试材料中。

再者，比较高的电老化场强和高水温可能诱发电缆甚至在恶劣的使用条件下也不会发生的效应。但是方法Ⅱ提供了电缆用交联聚乙烯（XLPE）绝缘材料和绝缘系统有关水树枝化行为的最全面信息。

从事材料水树枝试验的 CIGRE 工作组和从事电缆水树枝试验（参考文献[14]、[16]）的工作组之间的大量合作认为方法Ⅱ可模拟完整电缆的水树枝老化。在合作完成的试验中，在模压制样之前，应将试验材料进行均匀化。

方法Ⅱ是以老化作用引起交流电气强度下降作为评定标准。然而，水树枝长度和密度也应作为评定的一部份，因为某些材料在没有水树枝时也出现击穿强度下降。试样最弱的地方（长的水树枝）通常被击穿通道破坏，大部分情况下，引起击穿破坏的水树枝不能测量。因此，观察到的最长水树枝不是正确的排序标准。经验表明，水树枝是一种随机参数，应该用统计方法进行处理。

在本附录中，材料基于水树枝长度的排序，是根据最长的水树枝长度。交联聚乙烯（XLPE）Ⅰ和Ⅱ之间的差别，在统计上是显著的。然而，如果在验证试验 2（RR2）中应用了统计方法，则交联聚乙烯（XLPE）Ⅲ、Ⅳ、Ⅴ之间的差别，在大部份情况下，统计上是不显著的。这有力说明从水树枝长度来看交联聚乙烯（XLPE）Ⅲ、Ⅳ和Ⅴ之间没有明显差别。

A.5　总结

报告了评定聚乙烯绝缘材料中水树枝化的各种试验方法。在各个实验室已经证明这些方法可以用于水树枝区分和材料排序。再者，在对各种相同材料的国际会议验证试验中，也在一定程度上表明可用这些方法对各种材料进行区分。然而，不同实验室测得的绝对数值是不一致的，再者，研究了在不同地方制备试样的影响。因此，这些方法尚不具备为国际标准。然而这个技术规范可使得有关实验室对这些试验方法获得经验。

在已往的验证试验中取得的结果表明，必须减少分散性和改进重复性。严格控制试验条件，排除试验槽遭受侵蚀和避免污染可提高试验结果的一致性和减少分散性。再者，降低电应力，增加试验时间，把粒状材料压制成片样的制样方法改变为由无污染的均化融体碾压成薄片试样可得到理想的效果。

这些试验方法不能代替实际尺寸的挤出绝缘结构的试验，因为水树枝会受到在制造过程中的工艺缺陷的影响。然而，这些试验方法对于加速材料的筛选和评价材料的改性效果是很有价值的。与用实际尺寸电缆进行的老化试验相比，这些方法对长期老化试验的挤出研究，在费用上也是经济的。

附 录 B

（资料性附录）

本标准章条编号与 IEC TS 61956:1999 章条编号对照

表 B.1 给出了标准章条编号与 IEC TS 61956:1999 章条编号对照一览表。

表 B.1　本标准章条编号与 IEC TS 61956:1999 章条编号对照

本标准章条编号	对应的国际标准章条编号
1	1.1
2	1.2
3	1.3
4	2
4.1～4.3	2.1～2.3
4.3.1～4.3.4	2.3.1～2.3.4
4.4	2.4
4.4.1～4.4.2	2.4.1～2.4.2
4.5	2.5
4.4.1～4.4.2	2.5.1～2.5.2
4.6	2.6
5	3
5.1～5.2	3.1～3.2
5.2.1～5.2.3	3.2.1～3.2.3
5.3	3.3
5.3.1～5.3.4	3.3.1～3.3.4
5.4～5.5	3.4～3.5
5.5.1～5.5.2	3.5.1～3.5.2
5.6	3.6

参 考 文 献

[1] M. Saure, W. Kalkner: "On Water Tree Testing of Materials. Status Report of CIGRE TF 15-06-05", CIGRE Symposium 05-87, Vienna 1987, Paper 620-10.

[2] M. Saure, W. Kalkner, H. Faremo: "On Water Tree Testing of Materials and Systems. Paper in the Name of TF 15-06-05", CIGRE Symposium, Paris, Aug/Sept 1990, Paper 15/21-03.

[3] C. Katz and B. S. Bernstein, "Electrochemical Treeing at Contaminants in Polyethylene and Crosslinked Polyethylene Insulation" 1973 Annual Report CEIDP, pp. 307-316, 1973.

[4] A. C. Ashcraft, "Factors Influencing Treeing Identified", Electrical World, Dec. 1, 1977, 38-44.

[5] S. L. Nunes, M. T. Shaw, S. H. Shaw, and R. A. Weiss "Testing the Resistance of Polyethylene to Water Trees", 1982 Annual Report CEIDP, pp 615-619, 1982.

[6] W. Gölz: "Water Tree Growth in Low Density Polyethylene", Colloid and Polymer Science 263, 1985, p. 286-292.

[7] N. Müller, H. -J. Henkel: "Phänomenologische Aspekte der Wasserbäumchen in Polyolefinen für Kabelisolierungen", ETG Fachberichte Nr. 16, VDE Verlag (1985), p. 199-122.

[8] H. Faremo, E. lldstad: "The EFI Test Method for Accelerated Growth of Water Trees", IEEE Electrical Insulation, Toronto, June 1990, Paper V9:191-194.

[9] D. Fredrich, W. Kalkner: "Accelerated Watertree Testing of XLPE Insulated Cables", 6th ISH, New Orleans, Aug. 1989, Paper 27. 30.

[10] M. Mashikian et al. : "round robin Test on CIGRE Water Tree Resistance Evaluation Methods for Extruded Cable Insulation", EPRI Report EL-7432, Vol. 1, Phase 1, Sept. 1994.

[11] R. Ross, J. J. Smit: "Composition and Growth of Water Trees in XLPE", IEEE Trans. on Electrical Insulation, Vol 27-3 (June 1992) pp. 519-531 (see also "round robin Ⅲ A-Test" KEMA R&D, 15-06-05 (Smit) 01/92).

[12] M. Mashikian et al. : "round robin Test on CIGRE Water Tree Resistance Evaluation Methods for Extruded Cable Insulation" EPRI Final Report EL-7432-V2, 1994.

[13] P. B. Larsen: "Dyeing Methods Used for the Detection of Watertrees in Extruded Cable Insulation", Electra no. 86, 1983: 53-59.

[14] E. F. Steennis, H. Faremo: "The Development of an Accelerated Ageing Test". Paper in the name of WG21-11 and TF 15-06-05. CIGRE Symp. , Aug/Sept 1992. Paper no 15/21-03.

[15] H. Faremo "The EFI Test Method - Wet Ageing of High Voltage Materials", EFI Technical Report A 4172, May 1994.

[16] H. Faremo, V. A. A. Banks, E. F. Steennis: "An Accelerated Ageing Test for Water Treeing in Cables". JICABLE 1995, Paris, June 1995.

[17] H. Faremo, M. Saure, J. Densley, W. Kalkner, M. Mashikian, J. J. Smit "Water Tree Testing of Materials" Paper in the name of CIGRE TF 15-06-05, Electra, no. 167 1996 pp 59-80.

ICS 29.120
K 15

中华人民共和国国家标准

GB/T 22472—2008

仪表和设备部件用塑料的燃烧性测定

Tests for flammability of plastic materials for parts in devices and appliances

2008-10-29 发布

2009-10-01 实施

中华人民共和国国家质量监督检验检疫总局
中国国家标准化管理委员会 发布

前　言

本标准修改采用 UL 94:2001《用作仪表和设备部件的塑料的燃烧性测定》。

为便于使用,本标准与 UL 94:2001 相比做了下列编辑性修改:

——删除了 UL 标准的"前言"和"引言";

——本标准中第 2 章"规范性引用文件"中的引用标准,对采用 IEC(或 ISO)标准对应转化为国家标准的均用国家标准替代。

本标准技术内容与 UL 94:2001 的差异如下:

——删除了原 UL 94:2001 中的第 13 章;

——删除了原 UL 94:2001 中的补充说明 A 和补充说明 B。

本标准由中国电器工业协会提出。

本标准由全国绝缘材料标准化技术委员会(SAC/TC 51)归口。

本标准主要起草单位:桂林电器科学研究所。

本标准起草人:于龙英。

本标准为首次制定。

仪表和设备部件用塑料的燃烧性测定

1 范围

1.1 本标准适用于电气装置和设备零部件用塑料的燃烧性测定,用以初步预示塑料的可燃性是否适用于某一特定的使用场合。

1.2 本标准介绍的试验方法包括标准尺寸的试样,仅用于测量及描述用作仪器设备中的材料,在受控的试验室条件下,对热源及火焰的燃烧性能。材料对热源和火焰的实际反应则依赖于样品的尺寸及形状以及使用该材料的产品的最终用途。该标准不能用于评估最终应用中的其他重要特性的评价包括(但不仅限于)易燃性,燃烧速度,火焰蔓延,能量释放,燃烧的剧烈程度,燃烧产物等。

1.3 材料的最终验收取决于材料在完整设备中的应用,它应符合该设备相应的标准,对材料燃烧等级的要求取决于所包括的仪器设备及材料特定用途,用本标准方法所得的材料的性能等级不能推算它与最终应用场合下的性能之间的关系。

1.4 本标准可用于评定其他非金属材料。

1.5 本标准不能用于评定建筑及装饰材料。

1.6 若产品含有新的或不同于制定本标准的已有的特征、特性、组分、材料或系统,并有火、电击、人员伤害的危险性,应采用适当的附加器件和最终产品要求对产品进行评定,以保证产品使用人的安全,达到最初制定本标准的意图。特征、特性、组分、材料或系统与本标准要求或规定有冲突的产品不宜采用本标准。建议采用与标准的发展、修订和执行方法相一致的要求的修订本。

2 规范性引用文件

下列文件中的条款通过本标准的引用而成为本标准的条款。凡是注日期的引用文件,其随后所有的修改单(不包括勘误的内容)或修订版均不适用于本标准,然而,鼓励根据本标准达成协议的各方研究是否可使用这些文件的最新版本。凡是不注日期的引用文件,其最新版本适用于本标准。

GB/T 2408—2008 塑料 燃烧性能的测定 水平法和垂直法(IEC 60695-11-10:1999,IDT)

GB/T 2918—1998 塑料试样状态调节和试验的标准环境(idt ISO 291:1997)

ASTM D 789 聚酰胺的相对黏度、熔点、含水量的测定方法

ASTM E 162 用辐射热源测定材料表面燃烧特性的试验方法

ASTM D 3195 转子式测速校准的实际操作

ASTM D 5025 塑料小火焰燃烧试验用试验室燃烧器的详细说明

ASTM D 5207 塑料材料小火焰燃烧试验中校准 20 mm 及 125 mm 试验火焰的标准实际操作

ASTM E 437 工业金属丝布及丝网的详细说明(方孔系列) 附录 X3

ASTM D 3801 测定固体塑料垂直方向的相比燃烧熄灭特性的方法

ASTM D 4804 测定非刚性固体塑料的燃烧性能的试验方法

ASTM D 4986 多孔聚合材料水平燃烧性能的标准试验方法 多孔塑料 小火焰下小试样的水平燃烧性能的测定

ASTM D 5048 使用 125 mm 火焰测量固体塑料相比燃烧特性和抗烧穿性的标准试验方法

3 术语和定义

下列术语和定义适用于本标准。

3.1

有焰燃烧 afterflame

引燃源移开后,材料有焰燃烧的持续性。

3.2

有焰燃烧时间 afterflame time

引燃源移开后,在规定条件下材料有焰燃烧持续的时间。

3.3

灼热燃烧 afterglow

引燃源移开后,若未发生有焰燃烧或有焰燃烧终止后,灼热燃烧的持续性。

3.4

灼热燃烧时间 afterglow time

引燃源移开或有焰燃烧终止后,在规定条件下材料灼热燃烧持续的时间。

4 试验意义

4.1 在如下情况中,在规定条件进行的材料试验是有价值的,比较不同材料的相对燃烧性能,或者评定材料使用前及使用期间燃烧性能的变化,但不能给出实际运行条件下性能的相关性。

4.2 评估着火危险性,要求考虑如下因素:能量释放,燃烧剧烈程度(能量释放的速度),燃烧产物及环境因素,例如热源强度、暴露材料的方向性及通风条件等。

4.3 采用这些试验程序测得的燃烧特性受下列因素影响:密度、颜色、材料模塑条件的各向异性及试样的厚度等。

4.4 某些薄型材料试样施加火焰未燃烧即可能发生收缩,在此情况下试验结果无效,须增加试样以得到有效的试验结果,若所有试样施加火焰未燃烧即发生收缩,则该材料不能用这种试验方法评定,可以考虑用本标准提及的替换试验方法。

5 设备

5.1 试验室通风橱

试验时,内体积不少 $0.5 m^3$,室腔可观察及自由通风,且利于试样燃烧期间正常的热空气流循环。为安全和方便起见,最好橱罩(可完全密封)上装有抽空装置,比如排风机,排出可能有毒的燃烧产物,但是进行试验时须关闭排风系统,试验完毕后立即打开以排除燃烧产物。

注:燃烧试验中氧气量的有效供给以维持燃烧是极为重要的。对按此方法进行试验,当燃烧时间延长时,腔内体积小于 $1 m^3$ 可能不能给出精确的试验结果。

5.2 试验室燃烧器

典型的燃烧器带有一长 100 mm±10 mm,内径为 9.5 mm±0.3 mm 的管组,燃烧管未配备支脚之类的附件,燃烧器与 ASTM D 5025 中规定的一致。

5.3 燃烧器翼形喷嘴

喷嘴缝隙的尺寸为长 48 mm±1 mm,宽 1.3 mm±0.05 mm(用于泡沫材料水平燃烧试验 HBF,HF-1 或 HF-2,见第 12 章)。

5.4 燃烧器固定器具

能将燃烧器固定在与纵向成 20°角的位置[仅用于 500 W(125 m)垂直燃烧试验,5VA 或 5VB 见第 9 章]。

5.5 固定支架

带有夹具或类似的附件,用于水平或垂直放置试样或铁丝网。支架带有可调角度和高度的夹具,一个由铝或铁制成的支撑网。

5.6 计时器

精确到 0.5 s。

5.7 测量尺

mm 刻度。

5.8 供气源

提供工业级甲烷(纯度为 98% 以上),并配有高节阀和流量计使气流均匀。

注:热熔为 37 mJ/m³ 的天然气可提供几乎一致的结果,但当有争议时,应使用工业级甲烷。

5.9 金属网

尺寸为 125 mm×125 mm,大约每 25 mm 有 20 个孔,由直径为 0.43 mm±0.03 mm 的铁丝制成(仅用于水平燃烧试验,HB 见第 7 章)。

5.10 处理室

要求空间温度为 23 ℃±2 ℃,相对湿度为 50%±5%。

5.11 HB 支撑件

用来支撑非自支持试样的金属夹具,见图 2(仅用于水平燃烧试验,HB 见第 7 章)。

5.12 千分尺

可读到 0.01 mm。

5.13 棉花

100% 干燥医用脱脂棉。

5.14 干燥器

采用无水氯化钙或其他干燥剂,在 23 ℃±2 ℃时维持在不超过 20% 的相对湿度。

5.15 处理烘箱

烘箱能进行每小时 5 次换气,温度保持在 70 ℃±1 ℃。

5.16 试样导向芯轴

用直径为 12.7 mm±0.5 mm 的圆棒制成(仅用于薄型材料燃烧试验,VTM-0、VTM-1、VTM-2……见第 11 章)。

5.17 压敏粘带

仅用于薄型材料燃烧试验,VTM-0、VTM-1、VTM-2……见第 11 章。

5.18 支撑网

由直径为 0.88 mm±0.05 mm 铁丝编成的网孔为 6.4 mm 的孔网。用低碳钢、普通钢或不锈钢丝编成的丝网,约 215 mm 长,75 mm 宽,沿长度方向一端 13 mm 处折成直角。关于网孔及铁丝直径的测定见 ASTM E 437(仅用于泡沫材料水平燃烧试验,HBF、HF-1 或 HF-2……见第 12 章)。

5.19 泡沫材料用支架

金属架能支起 5.18 中提到的支撑网,并可调节高度使燃烧器的高度可变,见图 8(仅用于泡沫材料水平燃烧试验,HBF、HF-1 或 HF-2……见第 12 章)。

5.20 压力计

可测量 200 mm 水柱,增量为 5 mm。

5.21 流量计

用适合该气体的相关曲线按 ASTM D 3195 流量计校准实际操作进行计量的转子流量计,或者用精确度不低于 2% 的质量流量计。

6 处理

6.1 按照 GB/T 2918—1998,试样在温度 23 ℃±2 ℃,相对湿度 50%±5% 的条件下预处理 48 h。

6.2 有些试验的试样在试验前要求在 70 ℃±1 ℃的空气循环烘箱中预处理 168 h,然后在干燥器中室温下至少冷却 4 h。

6.3 干燥器中取出的试样必须在 30 min 内试验。

6.4 试验环境为:温度 15 ℃～35 ℃,相对湿度 45%～75%。

6.5 棉花在使用前,应在干燥器内处理至少 24 h。

6.6 从干燥器中取出的棉花必须在 30 min 内用于试验。

7 水平燃烧试验 HB

注:ASTM D 635、ASTM D 4804、IEC 60707、ISO 1210 中涉及水平燃烧试验方法。

7.1 试验规范

7.1.1 按 7.2.1～7.5.10 进行试验的材料分类为 HB 级。

7.1.2 HB 级材料应符合下列要求之一(另见 7.1.4)。

 a) 厚度为 3.0 mm～13 mm 的试样,跨距为 75 mm,燃烧速度不超过 40 mm/min。

 b) 厚度小于 3 mm 的试样,跨距为 75 mm,燃烧速度不超过 75 mm/min,或者

 c) 当火焰达到 100 mm 刻度线前即停止燃烧,见 7.5.1 和 7.5.9。

7.1.3 当提供的材料的最小厚度在 1.5 mm 以下时判定为 9HB 级,则无须补充试验,即可判定厚度 3.0 mm±0.2 mm 的试样为 HB 级的材料。

7.1.4 若一组 3 个试样中只有一个不符合要求,则需进行另一组 3 个试样的试验,第二组的所有试样符合要求,该厚度下的该材料才能定为 HB 级。

7.2 试验设备

7.2.1 见 5.1、5.2、5.5～5.12、5.20 和 5.21。

7.3 试样

7.3.1 试样可由板材切割而成,或由浇铸、注射、模压或挤出成型等方法制成。切割后清除试样表面灰尘、废料。试样边沿光滑。按当前 ASTM 的实际操作制样。

7.3.2 标准条状试样长 125 mm±5 mm,宽 13.0 mm±0.5 mm,厚度要取最小厚度和 $3.0\ mm^{+0.2}_{0.0}\ mm$。若试样最小厚度大于 3.0 mm 或最大厚度小于 3.0 mm,则不必取 3.0 mm 厚的试样。试样最大厚度不超过 13 mm,最宽不超过 13.5 mm,边沿要光滑,导角半径不超过 1.3 mm。

7.3.3 材料范围:若要考虑材料的颜色、密度、熔融流动性或补强的变化范围,则需提供代表这一范围的试样。

7.3.4 提供自然色的及被着上最浅色和最深色的试样,如果其试验结果基本上相同,则这些试样代表该颜色范围。附加做一组有机颜料含量最高的试样的试验,除非上述的最浅色最深色已包括了最高有机颜料的水平。若已知某些颜色的颜料(例如红、黄等)对燃烧特性具有特别重要的影响,则也须提供这些颜色的试样。

7.3.5 还须提供密度熔融流动性和增强剂含量极端状态的试样,如果试验结果基本上相同,则这些试样作为该范围的代表,若代表某一范围的所有试样的燃烧特性不同,则测定仅限于颜色、密度、熔融流动性和补强剂含量被测的材料,处于中间颜色、密度、熔融流动性和补强含量状态的材料可附加试样进行试验。

7.4 处理

7.4.1 两组各三个试样按 6.1 预处理。

7.5 试验步骤

7.5.1 进行一组三个试样的试验,在离试样棒燃烧端 25 mm,100 mm 处划上两道标记线,标记线与试样长度方向垂直。

7.5.2 夹住离 25 mm 标记线最远的一端,试样纵向保持水平,横向倾斜 45°角。在试样下面水平夹持金属网,使试样最下边距金属丝网 10 mm+1 mm,并使试样自由端的端面与金属丝网自由端的边沿同

一垂直平面内,见图1。

7.5.3 如图3安装调节适合燃烧器的甲烷供气,使其气流速度为105 mL/min,背压低于10 mm水柱,见 ASTM D 5207。

7.5.4 燃烧器远离试样并点燃,并将火焰调节成20 mm±1 mm高的蓝色火焰,可选调节气源及燃烧器的空气入口使其产生约20 mm高顶端呈黄色的蓝色火焰。然后加大空气量直至黄色顶端消失,必要时重新测量及调节火焰的高度。

7.5.5 按照 ASTM D 5207进行火焰校准,每周至少一次,若气源改变,试验设备替换或数据有疑义等,均须校准火焰。

7.5.6 若试样安放时其下面自由端下垂,则要在试样下面安装如图2所示的支撑件,并使支撑架上小的伸出部分距试样自由端至少20 mm,试样被夹持端林要足够的空隙以便支撑件能从旁边自如地撤出,火焰沿试样向前燃烧,支撑架以与燃烧相近的速度向后撤退。

7.5.7 施加火焰于试样自由端下,燃烧器管中轴线与试样纵向底边处于同一垂直平面内,并与水平成45°角,见图1。

7.5.8 放置燃烧器使试样自由端6 mm±1 mm长承受火焰,保持燃烧器位置不变,施加火焰30 s,然后移开燃烧器,若不到30 s火焰前沿已蔓延至25 mm标记线,也立即停止施加火焰,火焰前沿到达25 mm标记线处时启动计时器。

7.5.9 若移开火焰后试样继续燃烧,记录火焰前沿从25 mm标记处蔓延到100 mm标记处的时间(s)及燃烧破坏长度L,若火焰前沿未到达100 mm标记处即熄灭,记录从25 mm标记线到火焰前沿停止处的燃烧时间(s),及长度(mm)。

7.5.10 至少要进行3个试样的试验。

7.6 计算

7.6.1 计算线性燃烧速度 v,单位:mm/min,对于每个试样,使用下列公式:

$$v = 60L/t$$

式中:

v——线性燃烧速度,单位为毫米每分钟(mm/min);

L——破坏长度,单位为毫米(mm);

t——燃烧时间,单位为秒(s)。

注:若火焰前沿超过100 mm标记处,L=75 mm。

7.7 结果

7.7.1 每个试样均需记录以下内容:

a) 火焰前沿是否燃烧到25 mm和100 mm标记处。

b) 若火焰前沿燃烧到25 mm标记处,但在100 mm标记处前熄灭,记录破坏长度L和燃烧时间t。

c) 若火焰前沿超过100 mm标记处,记录从25 mm~100 mm标记处的燃烧时间t。

d) 计算得出的线性燃烧速度。

8 20 mm 垂直燃烧试验 94V-0、94V-1 或 94V-2

注:ASTM D 3801、IEC 60707、ISO 1210涉及20 mm垂直燃烧试验方法。

8.1 试验规范

8.1.1 按8.2.1~8.5.4进行小型条状试样试验,在此试验结果的基础上将材料归类为V-0、V-1或V-2级。

8.1.2 有些材料在经受本试验时,由于太薄而易变形、收缩或会燃烧到固定夹具。若能制备相应的试样,这些材料可按薄型材料燃烧试验 VTM-0、VTM-1 或 VTM-2……(见第11章)的方法进行测定。

8.1.3　表1列出材料的分级清单。

表 1　材料分级表

规 范 条 件	V-0	V-1	V-2
每个试样的有焰燃烧时间 t_1 或 t_2	≤10 s	≤30 s	≤30 s
一组试样的总有焰燃烧时间（5个试样的 t_1+t_2）	≤50 s	≤250 s	≤250 s
施加第二次火焰后任何试样的有焰燃烧时间加灼热燃烧时间（t_1+t_2）	≤30 s	≤60 s	≤60 s
任何试样有焰燃烧或灼热燃烧到固定夹具	否	否	否
燃烧滴落物点燃棉花	否	否	是

8.1.4　若一组5个试样中仅有一个不符合要求，则进行另一组5个试样的试验,若总燃烧时间在51 s～55 s范围内（对 V-0 而言）,或在251 s～255 s范围内（对 V-1、V-2 而言）,则附加进行另一组5个试样的试验,第二组所有试样应符合相应的技术要求,该厚度的材料才能归类为 V-0、V-1 或 V-2 级。

8.1.5　归为 V-2 及尼龙66材料,其供货状态下的相对黏度（RV）应低于120（测定黏度的方法见8.1.6）。若相对黏度大于或等于120,则成型试样的相对黏度小于供货状态下相对黏度的70%。

8.1.6　测定相对黏度的方法见 ASTM D 789 的溶解法,采用滴管或 Brookfield 黏度计。

8.2　试验设备

8.2.1　见 5.1、5.2、5.5、5.8、5.10、5.12～5.15、5.20 及 5.21。

8.3　试样

8.3.1　试样由板材加工而成,或由浇注、注塑、传递模塑等方法制成,加工后清除试样表面的灰尘及废料,试样边沿光滑,按当前 ASTM 操作制样。

8.3.2　标准棒状试样长125 mm±5 mm,宽13.0 mm±0.5 mm,以最大和最小厚度供样,最大厚度不超过13 mm,若最大和最小厚度试样所得试验结果还不足以代表时,则要对中间厚度的试样进行试验,中间厚度之间的差值不超过3.2 mm,试样边缘光滑,导角半径不超过1.3 mm。

8.3.3　材料范围:若材料的颜色、密度、熔融流动性或增强剂有一变化范围,则需提供代表这一范围的试样。

8.3.4　提供自然色的及被染上最浅色和最深色的试样,如果试验结果基本上相同,附加做一组用特浓的有机颜料染色的试样试验,除非上述的最浅的最深色已包括了该有机颜料的色度,若已知某些颜色的颜料（例如红、黄等）具有特别有害的影响,则也须提供这些颜色的试样。

8.3.5　还须提供熔融流动性和增强剂含量极端状态的试样,如果试验结果基本上相同,则试样作为这些范围的代表,若代表某一范围的所有试样的燃烧特性不同时则测定结果仅限于提供被测的颜色、密度、溶融流动性和增强剂含量的材料,处于中间颜色、密度、熔融流动性和增强剂含量状态和材料可附加试样进行试验。

8.4　处理

8.4.1　两组试样每组5个,按6.1所述进行预处理。

8.4.2　特殊情况下,两组试样每组5个,按6.2所述进行预处理。

　　例外,工业层压制品可选择 125 ℃±1 ℃,24 h 条件处理。

8.5　试验步骤

8.5.1　试样垂直放置,沿试样纵向夹住试样顶端6 mm处,使试样底部距试验台面上的干燥医用脱脂棉（50 mm×50 mm）300 mm,棉花未加压厚6 mm（见图4）。

8.5.2　如图3安装调节适合燃烧器的甲烷供气,使其气流速度为105 mL/min,回压低于10 mm水柱,见 ASTM D 5207。

8.5.3 调节燃烧器产生 20 mm±1 mm 高的蓝色火焰,可先调节气源及燃烧器的空气入口使其产生约 20 mm 高顶端呈黄色的蓝色火焰,然后加大空气量直至黄色顶端消失,必要时重新测量及调节火焰的高度。

8.5.4 按照 ASTM D 5207 进行火焰校准,每星期至少一次,若气源改变,试验设备替换或数据有疑义等,均需校准火焰。

8.5.5 火焰施加在试样底部中心,燃烧器顶端距试样底部中心 10 mm±1 mm,保持此距离 10 s±0.5 s,在此期间,根据试样的长度或位置的变化移动燃烧器,如果施加火焰期间试样滴融熔或着火物质,为防止滴落物落入燃烧器管,将燃烧器倾斜,角度不大于 45°,并使燃烧器稍微偏离试样正下方。使燃烧器顶部中心与试样剩余部分始终相距 10 mm(不考虑滴落物形成的丝)。施加火焰 10 s 后立即撤走燃烧器 150 mm 远,同时开始测量有焰燃烧时间 t_1,以 s 为单位,记录 t_1。

8.5.6 当试样上火焰熄灭后,立即依前方法再施加火焰,保持燃烧器与试样剩余部分相距 10 mm,施加火焰 10 s,若必要的话,移动燃烧器避免落入滴落物,10 s 后移开燃烧器至少 150 mm 远,同时开始测量有焰燃烧时间 t_2 和灼热燃烧时间 t_3,记录 t_2、t_3。

注 1:若很难区分燃烧和灼热,用镊子夹住 5.13 所述医用棉花(约 50 mm 见方)接触难于区分之处,棉花能点燃,则为有焰燃烧。

注 2:若施加火焰期间火焰熄灭,须立即重新点燃和施加火焰,使总施加火焰时间为 10 s。

8.6 结果

8.6.1 观察并记录如下结果:
   a) 第一次施加火焰后的有焰燃烧时间,t_1;
   b) 第二次施加火焰后的有焰燃烧时间,t_2;
   c) 第二次施加火焰后的灼热燃烧时间,t_3;
   d) 试样是否燃烧至试样夹具处;
   e) 滴落物是否引燃下面的脱脂棉。

9 500 W(125 mm)垂直燃烧试验 5VA 或 5VB

注:ASTM D 5048、ISO 10351 中涉及 500 W(125 mm)垂直燃烧试验方法。

9.1 试验规范

9.1.1 按 9.2.1~9.6.5 进行小条及板状试样试验,根据其结果,将材料归类为 5VA 或 5VB 级。

9.1.2 归类为 5VA 或 5VB 级的材料同时必须符合 8.1~8.6.1 所述的 V-0、V-1 或 V-2 级材料规范。

9.1.3 表 2 列出材料的级别。

表 2 材料等级

规 范 条 件	5VA	5VB
对每一条状试样施加火焰第 5 次后的有焰燃烧时间与灼热燃烧时间之和	≤60 s	≤60 s
任一条状试样滴落物点燃棉花	否	否
任一板状试样烧穿	否	是

9.1.4 若一组 5 个条状试样中或一组 3 个板状试样中只有一个不符合要求,则另取一组试样进行试验。第二组所有试样必须符合要求,该厚度的材料才能归为 5VA 或 5VB 级。

9.2 试验设备

9.2.1 见 5.1、5.2、5.4、5.5、5.6~5.8、5.10、5.12~5.15、5.20 和 5.21。

9.3 试样

9.3.1 试样可由板材切割而成,或由浇铸、注射、压力、传递或挤出成型等方法制成。切割后消除试样表面灰尘、废料。试样边沿光滑。按当前 ASTM 的实际操作制样。

9.3.2 条状试样长 125 mm ± 5 mm,宽 13.0 mm ± 0.5 mm,以最小厚度供样。板状试样至少 (150 ± 5)mm × (150 ± 5)mm,以最小厚度供样,若最小厚度试样的试验结果表明有必要提供厚一些的 试样进行试验,最大厚度不超过 13 mm,试样边缘光滑,导角半径不超过 1.3 mm。

9.3.3 材料范围

若要考虑材料的颜色、密度、熔融流动性或补强的变化范围,则需提供代表这一范围的试样。

9.3.4 条状试样提供自然色(使用中的颜色)及被着上最浅色和最深色的试样,如果其试验结果基本上 相同,则这些代表该颜色范围。附加做一组有机颜料含量最高的试样试验,除非上述的最浅色最深色已 包括了最高有机颜料的水平,若已知某些颜色的颜料(例如红、黄等)对燃烧特性具有特别重要的影响, 则也须提供这些颜色的试样。

9.3.5 板状试样

提供自然色即一般供货颜色的试样,作为该颜色范围的代表。

9.3.6 还须提供熔融流动性和增强剂含量极端状态的试样,如果试验结果基本上相同,则这些试样作 为该范围的代表,若代表某一范围的所有试样的燃烧特性不同,则测定仅限于密度、熔融流动性和补强 剂含量被测的材料,处于中间密度、熔融流动性和补强含量状态的材料可附加试样进行试验。

9.4 处理

9.4.1 条状试样两组,每组 5 个,板状试样两组,每组 3 个,按 6.1 进行预处理。

9.4.2 特殊情况下,条状试样两组,每组 5 个,板状试样两组,每组 3 个,按 6.2 进行预处理。

9.5 条状试样试验步骤

9.5.1 夹住试样顶端 6 mm 处并使试样纵轴线垂直,使试样底端距试验在面的医用脱脂棉(50 mm × 50 mm)300 mm ± 10 mm,棉花不加压厚 6 mm,见图 5。

9.5.2 如图安装调节燃烧器甲烷供气源,使气流速度为 965 mL/min,背压为 125 mm ± 25 mm 水柱。

9.5.3 在暗室中远离试样点燃燃烧器。燃烧器处于垂直位置,调节气流,调节火焰总高度约 125 mm ± 10 mm,内蓝色锥焰高 40 mm ± 2 mm,用燃烧器固定件固定燃烧器,使其管与垂直方向成 20°角,试样窄 边面对燃烧器,见图 5。

9.5.4 按照 ASTM D 5207 进行火焰校准,每周至少一次,若气源改变,试验设备替换,数据有疑义等, 均需校准火焰。

9.5.5 在试样底角施加火焰,燃烧器管与垂直方向呈 20°角,使火焰的内蓝色锥焰顶端接触试样。

9.5.6 施加火焰 5 s ± 0.5 s 后移开 5 s ± 0.5 s,如此重复操作 5 次,试验过程中若试样熔融滴落,收缩 或伸长,调节燃烧器使其内蓝色锥焰仍保持与留在试样底角的主要部分相接触。

注:必要时手持燃烧器及其固定件以达至上述条件。

9.5.7 每一试样施加火焰 5 次后,观察并记录:

a) 有焰燃烧时间和灼热燃烧时间。

b) 滴落物是否点燃棉花。

9.6 板状试样试验步骤

9.6.1 用夹具将试样水平支撑在环形夹上,见图 6。

9.6.2 按 9.5.2～9.5.4 所述调节、校准燃烧器。

9.6.3 火焰与垂直方向呈 20°角,施加于板状试样底面中部,火焰的内蓝色锥焰顶端正好接触试样。

9.6.4 施加火焰 5 s 后移开,重复操作 5 次,必要时手持燃烧器和夹子使蓝色内焰顶端与板状试样表 面保持接触。

9.6.5 施加火焰 5 次,待有焰燃烧及灼热燃烧均停止后,观察并记录火焰是否烧穿板状试样。

10 辐射板火焰蔓延试验

10.1 试验规范

10.1.1 材料火焰蔓延指数的测定应按 ASTM E 162 进行。

10.1.2 火焰蔓延指数以 4 个试样的火焰蔓延平均值为基础,按表 3 的范围确定。若其平均值低于 50,则为 6 个试样的平均值。

表 3 辐射面板火焰蔓延等级

4 个试样的火焰蔓延平均值	火焰蔓延等级
15 最大值	RP15
25 最大值	RP25
50 最大值	RP50
75 最大值	RP75
100 最大值	RP100
150 最大值	RP150
200 最大值	RP200

10.1.3 该试验提供了测量和比较材料暴露在某规定等级的辐射热中时的表面燃烧性的试验方法,用于测量其表面易受火的影响的材料。

10.2 试样

10.2.1 试样长 460 mm±3 mm,宽 150 mm±3 mm,试样包括厚度范围内的最大和最小厚度,若最大和最小厚度试样的试验结果不能代表该样品时,则要提供中间厚度试样。

10.2.2 材料范围

若要考虑材料的颜色、密度、熔融流动性或补强的变化范围,则需提供代表这一范围的试样。

10.2.3 提供自然色的及被着上最深色的试样,如果其试验结果基本上相同,则这些试样代表该颜色范围。附加做一组有机颜料含量最高的试样的试验,除非上述的最深色已包括了最高有机颜料的水平,若已知某些颜色的颜料(例如红、黄等)具有特别重要的影响,则也须提供这些颜色的试样。

10.2.4 如果试验结果基本上相同,还须提供代表熔融流动性和增强剂含量极端状态的试样。若代表某一范围的所有试样的燃烧性不同,则测定仅限于颜色、密度、熔融流动性和补强剂含量被测的材料,处于中间颜色、密度、熔融流动性或增强剂有一变化范围,则需提供代表这一范围的试样。

11 薄型材料垂直燃烧试验

注:ASTM D 4804、ISO 9773 中涉及薄型材料垂直燃烧试验方法。

11.1 试验规范

11.1.1 当材料按第 8 章所述 20 mm 垂直燃烧试验 V-0、V-1 或 V-2 方法进行试验时,材料由于过薄而变形,收缩或一直燃烧到试样夹具处,检测到试样不符合 20 mm 垂直燃烧试验要求,对这些材料可用本试验方法,但材料具有能使一个长 200 mm、宽 50 mm 的试样围着一根直径为 13 mm 芯轴纵向卷绕的物理性能(见 11.3.2)。

11.1.2 卷绕成圆柱形的试样按 11.2.1～11.5.6 试验,材料根据所得结果归类为 VTM-0、VTM-1 和 VTM-2 级。

11.1.3 表 4 为材料的分类等级。

表 4 材料等级

规 范 条 件	VTM-0	VTM-1	VTM-2
每个试样的有焰燃烧时间 t_1 或 t_2	≤10 s	≤30 s	≤30 s
任何一组试样总的有焰燃烧时间(5 个试样的 t_1+t_2)	≤50 s	≤250 s	≤250 s
第二次施加火焰后任何试样的有焰燃烧时间加灼热燃烧时间 (t_2+t_3)	≤30 s	≤60 s	≤60 s
任何试样有焰燃烧或灼热燃烧到 125 mm 标记线	否	否	否
滴落物点燃棉花	否	否	是

11.1.4 若一组 5 个试样中只有一个试样不符合 11.1.3 所述要求,或者燃烧的总时间,对 VTM-0 级在 51 s～55 s 之间,对 VTM-1 或 VTM-2 级在 251 s～255 s 之间,则进行另一组 5 个试样的试验。第二组的所有试样必须全部符合要求,该厚度的材料才能归为 VTM-0、VTM-1 和 VTM-2 级。

11.2 试验设备

11.2.1 见第 5.1、5.2、5.5～5.8、5.10、5.12～5.17、5.20 和 50.21。

11.3 试样

11.3.1 试样由板材或薄膜切割而成,长 200 mm±5 mm、宽 50 mm±1 mm,试样取厚度范围内的最大和最小厚度,若最大和最小厚度试样试验结果不能代表该样品时,则应提供中间厚度试样进行试验。

11.3.2 在切割的试样上距一端底端 125 mm 处划一条横贯试样宽度的标记线,沿试样纵向将其紧紧卷绕在一直径为 12.7 mm±0.5 mm 的轴芯上,形成一个 200 mm 长的有搭接的圆筒,125 mm 标记线露在外边,试样的搭接部在 125 mm 标记线的上部 75 mm 范围内用压敏粘带固定而后取走轴芯。

注:若材料易产生静电而难于形成圆筒状,则要设法用适当的装置或材料使未成形的试样消除静电。

11.3.3 不同类的材料,虽都可围着轴芯卷绕并用粘带固定,但在试样固定端可不同程度地向外展开,其中有些形成非重叠的 U 形试样。但只要上端能形成圆筒,这些形状都可认为能进行试验,见图 7。

另外,对于刚性试样,可在试样上端 75 mm 内用镍线缠绕加强或取代压敏粘带。

11.3.4 材料范围

若要考虑材料的颜色、密度、熔融流动性或补强的变化范围,则需提供代表这一范围的试样。

11.3.5 提供自然色的及被着上最浅色和最深色的试样,如果其试验结果基本上相同,则这些试样代表该颜色范围。附加做一组有机颜料含量最高的试样的试验,除非上述的最浅色和最深色已包括了最高有机颜料的水平,若已知某些颜色的颜料(例如红、黄等)具有特别重要的影响,则也须提供这些颜色的试样。

11.3.6 还须提供熔融流动性和增强剂含量极端状态的试样,如果试验结果基本上相同,则这些试样作为该范围的代表,若代表某一范围的所有试样的燃烧性不同,则测定仅限于颜色、密度、熔融流动性和补强剂含量补测的材料,处于中间颜色、密度、熔融流动性和补强含量状态的材料可附加试样进行试验。

11.4 处理

11.4.1 两组试样,每组 5 个,按 6.1 所述进行预处理。

11.4.2 特殊情况下,两组试样,每组 5 个,按 6.2 所述进行预处理。

注:筒状试样在预处理前后制成均可。

11.5 试验步骤

11.5.1 试样沿纵向垂直放置,用一强力弹簧夹夹住试样上端 6 mm 处,使顶端封闭,以避免试验期间发生烟囱效应,试样底端距试验台平铺的医用脱脂棉 300 mm,该棉花面积为 50 mm×50 mm,最大厚度为 6 mm。见图 7。

11.5.2 如图 3 安装调节适合燃烧器的甲烷供气,使其气流速度为 105 mL/min,背压低于 10 mm 水柱,见 ASTM D 5207。

11.5.3 调节燃烧器产生 20 mm±1 mm 高的蓝色火焰。先调节气源和空气入口,产生约 20 mm±1 mm 高顶端呈黄色的蓝色火焰,加大空气量直至黄色顶端消失,若必要的话,重新测量及调节火焰高度。

11.5.4 按 ASTM D 5207 进行火焰校准,每周至少一次,当气源改变,试验设备替换或数据有疑义时须校准火焰。

11.5.5 施加火焰于试样未重叠部分底端的中点,燃烧器顶端距试样下端 10 mm±1 mm,保持这一距离 3 s±0.5 s,在此期间,根据试样的长度或位置的变化移动燃烧器,如果施加火焰期间试样滴落融熔或着火物质,为防止滴落物落入燃烧器管,将燃烧器倾斜,角度不大于 45°,并使燃烧器稍微偏离试样正下方。使燃烧器顶部中心与试样剩余部分始终相距 10 mm±1 mm(不考虑滴落物形成的丝)。施加火焰 3 s±0.5 s 后立即撤走燃烧器至少 150 mm 远。同时开始测量有焰燃烧时间 t_1,以 s 为单位,记录 t_1。

注:对于下端不能搭接的试样,应将火焰与试样的纵轴对齐。

11.5.6 当试样的有焰燃烧中止时,立即对试样再次施加火焰,保持燃烧器和剩余试样的距离为 10 mm±1 mm,移动燃烧器以避免滴落物,施加火焰 3 s±0.5 s 后撤离燃烧器至少 150 mm 远。同时开始测量试样有焰燃烧时间 t_2 和灼热燃烧时间 t_3,并记录 t_2、t_3。

11.6 试验结果

11.6.1 观察并记录如下结果:

a) 第一次施加火焰后的有焰燃烧时间 t_1。
b) 第二次施加火焰后的有焰燃烧时间 t_2。
c) 第二次施加火焰后的灼热燃烧时间 t_3。
d) 是否燃烧到 125 mm 标记线。
e) 滴落物是否点燃棉花。

12 泡沫塑料水平燃烧试验

注:ASTM D 4986、ISO/DIS 9772.3 中涉及塑料水平燃烧试验方法。

12.1 试验规范

12.1.1 该试验适用于各种电气装置和设备中用作非结构部件用泡沫塑料。

12.1.2 该试验不适用于作为建筑结构及装饰的泡沫材料。

12.1.3 小试样按 12.2.1～12.6.2 进行试验,材料根据所得结果归类为 HBF、HF-1 或 HF-2 级。

12.1.4 HBF 材料须满足下列要求:

a) 任何试样在 100 mm 的跨距内,燃烧速度不超过 40 mm/min,或
b) 每个试样的有焰燃烧和灼热燃烧在到达 125 mm 标记线之前即终止。

12.1.5 若一组 5 个试样中只有一个不符合 12.1.4 的要求,则另取一组经过相同条件处理的 5 个试样进行试验,第二组所有试样须全部符合 12.1.4 的要求,该厚度及密度的材料才能归为 HBF 级。

12.1.6 归类 HF-1、HF-2 级材料须符合表 5 所列要求。

表 5 材料等级

规范条件	HF-1	HF-2
有焰燃烧时间	4/5,≤2 s	4/5,≤2 s
	1/5,≤10 s	1/5,≤10 s
任何试样的灼热燃烧时间	≤30 s	≤30 s
滴落物点燃棉花	否	是
任何试样烧坏长度	<60 mm	<60 mm
注:4/5 为一组 5 个试样中的 4 个;1/5 为一组 5 个试样中的一个。		

12.1.7 若一组5个试样中由于下列情况之一而不符合12.1.6要求,则另取一组经过相同条件处理的5个试样进行试验。

    a) 只有一个试样有焰燃烧时间超过10 s;

    b) 两个试样有焰燃烧时间超过2 s,但不足10 s;

    c) 一个试样有焰燃烧时间超过2 s,不足10 s,另一试样有焰燃烧时间超过10 s;

    d) 一个试样不符合12.1.6中的其他要求。

12.1.8 第二组的所有试样须全部符合12.1.6的要求,该厚度和密度的材料才能归为 HF-1 或 HF-2级。

12.2 试验设备

12.2.1 见 5.1~5.3、5.5~5.8、5.10、5.12~5.15、5.18 和 5.19。

12.3 试样

12.3.1 试样从有代表性的材料切割而成,小心地清除试样表面的灰尘及废料。

12.3.2 标准尺寸试样长 150 mm±5 mm,宽 50 mm±1 mm,厚度取试样所考虑范围的最大和最小厚度。该试验用试样最大厚度为 13 mm。如果从最小或最大厚度得到的结果与试验结果相矛盾,取中间厚度试样进行试验,中间厚度间差值不超过 6 mm,最大宽度不超过 50 mm,试样边沿光滑,导角半径不超过 2 mm。

12.3.3 材料范围

    如果要考虑被测材料的密度或颜色的范围,则应提供密度或颜色极端状态的试样。若其试验结果基本相同,则这些试样可作为该范围的代表。当已知某些颜色的颜料(如红、黄等)有特别重要的影响,则也应提供这些颜色的试样。

12.3.4 若材料一面或两面有高密度表面的泡沫材料,提供典型试样,若考虑表面密度的范围,提供试样有代表性的范围。

12.3.5 若材料为一面或两面表层密度高的泡沫材料,则应提供一面有胶粘剂的试样。

12.4 处理

12.4.1 两组试样,每组5个,按6.1所述进行预处理。

12.4.2 特殊情况下,两组试样,每组5个,按6.2所述进行预处理。

12.5 试验步骤

12.5.1 用如图8的支架支承金属网,调节其高度使主要部分水平,距燃烧器喷嘴口顶部13 mm±1 mm,距下方平铺的 50 mm×50 mm 医用脱脂棉 127 mm±25 mm,该棉层最大自由厚度为 6 mm,置于金属网前部上折端的下方。

12.5.2 距每个试样一端 25 mm,60 mm,125 mm 处沿宽度方向划三条标记线。

12.5.3 试样平放于金属网上,标记线朝上,靠近 80 mm 标记线一端与金属网上折端接触。

    注1:当试验一面表层密度高的试样时,该面朝下,当试验一面有胶粘剂的试样时,该面朝下。

    注2:若每次试验不是都使用新的金属网,则在进行试验前应将前面各次试验留在金属网上的残余物烧净,并使该网冷却。

12.5.4 带有翼形喷嘴的燃烧器远离试样点燃,在弱光下调节形成一个 38 mm±1 mm 高的蓝色火焰。调节燃烧器产生 38 mm±2 mm 高的蓝色火焰。调节气源和燃烧器空气入口,产生约 38 mm±2 mm 高顶端呈黄色的蓝色火焰,加大空气量直至黄色顶端消失,若必要的话,重新测量及调节火焰高度。

12.5.5 迅速移动燃烧器至金属网,施加火焰于支撑试样的金属网上折端的下方,并使火焰一边缘与金属网上折端对齐,另一边缘伸入到试样的前端,如图9所示。

    注:燃烧器喷嘴口宽度中心应与试样纵轴在一直线上。

12.5.6 施加火焰60 s±1 s后撤离燃烧器至少100 mm 远,同时启动计时器。

12.5.7 当火焰前沿到达25 mm标记线时用另一计时器开始记时,不管此时火焰位于试样的底部、顶端或边缘。

注:在施加火焰60 s内,火焰前沿已到达25 mm标记线处,此时要启动计时器。

12.5.8 记录下列时间:

a) 火焰终止(有焰燃烧时间)。

b) 火焰和灼热终止(灼热燃烧时间)。

c) 火焰或灼热前沿到达125 mm标记线的时间,或火焰或灼热前沿到达125 mm标记线前即终止的时间。

12.6 试验结果

12.6.1 对考虑归类为HBF级的材料,观察并记录如下结果:

a) 从25 mm~125 mm标记线或火焰或灼热终止时的时间 t_b(s),用第三个记时器记录。

b) 从25 mm标记线到火焰或灼热终止,或火焰前沿到达125 mm标记线处。

c) 根据下列公式计算燃烧速度:

$$BR = 60(L_b/t_b)$$

式中:

L_b——试样燃烧长度,单位为毫米(mm);

BR——燃烧速度,单位为毫米每秒(mm/s)。

12.6.2 对考虑归类为 HF-1 和 HF-2 级的材料观察并记录如下结果:

a) 记录12.5.8的时间。

b) 60 mm标记线前试样燃烧长度,或60 mm标记线是否被超过。

c) 滴落物是否点燃棉花。

单位为毫米

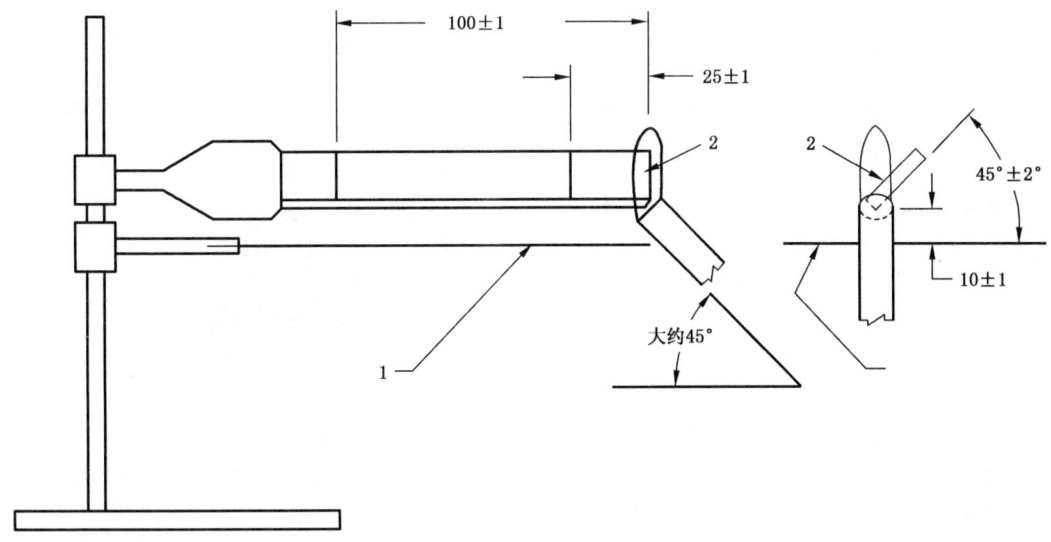

1——金属网;

2——试样。

图 1 HB级水平燃烧试验

单位为毫米

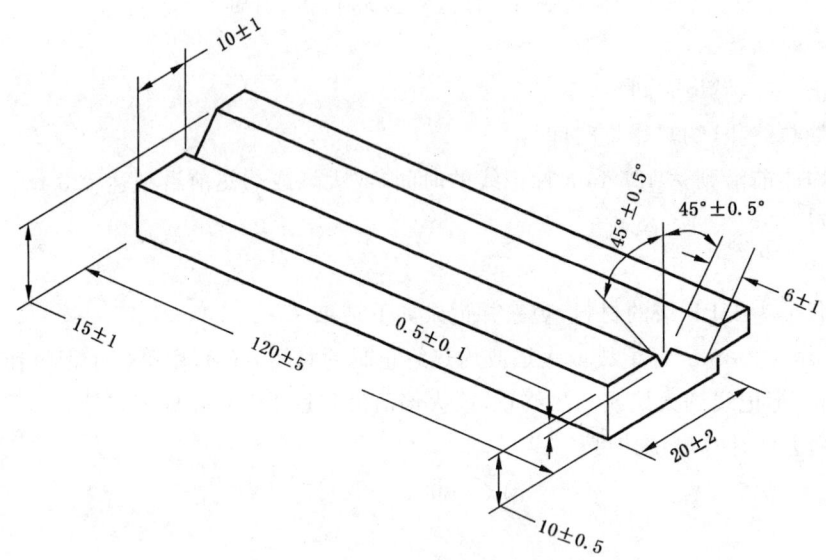

图 2　柔软材料支撑架

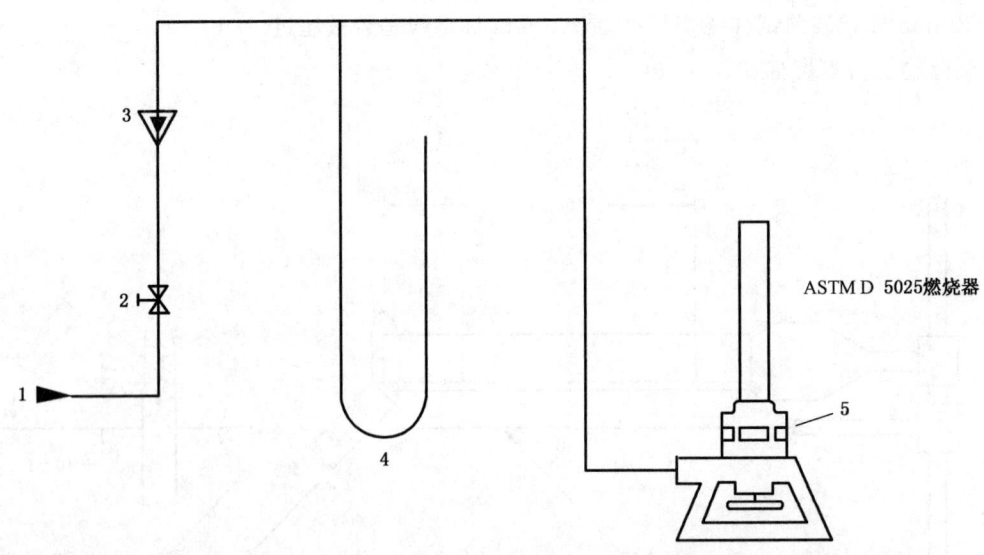

ASTM D 5025燃烧器

1——燃气；
2——控制阀；
3——流量计；
4——压力计；
5——可调节空气进气口。

图 3　燃烧器供气装置

单位为毫米

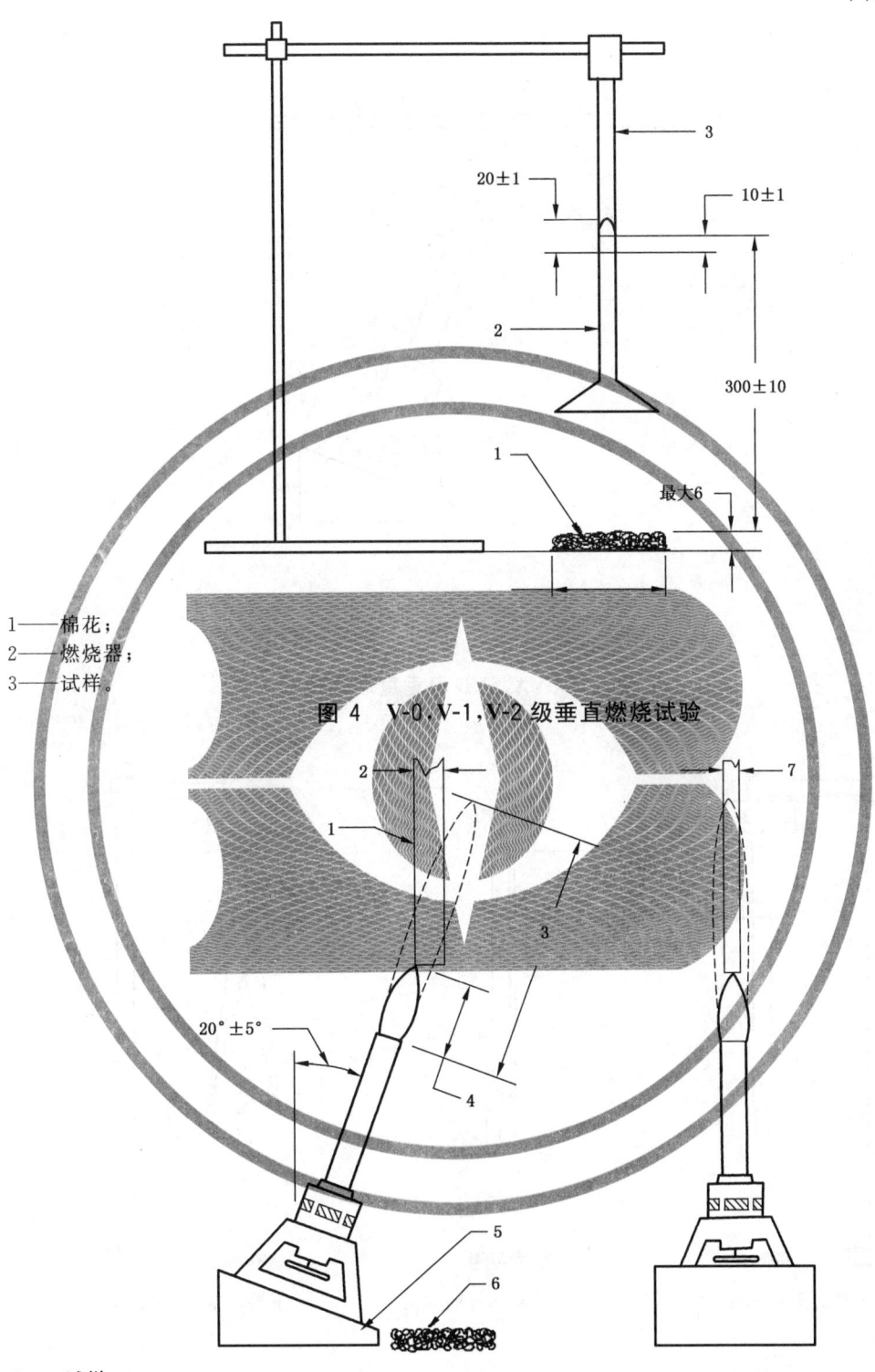

1——棉花;
2——燃烧器;
3——试样。

图 4   V-0,V-1,V-2 级垂直燃烧试验

1——试样;
2——宽度;
3——火焰高度;
4——中心蓝色火锥;
5——台座;
6——棉花;
7——厚度。

图 5   棒状试样 5VA,5VB 级垂直燃烧试验

2
20° ±5°
1

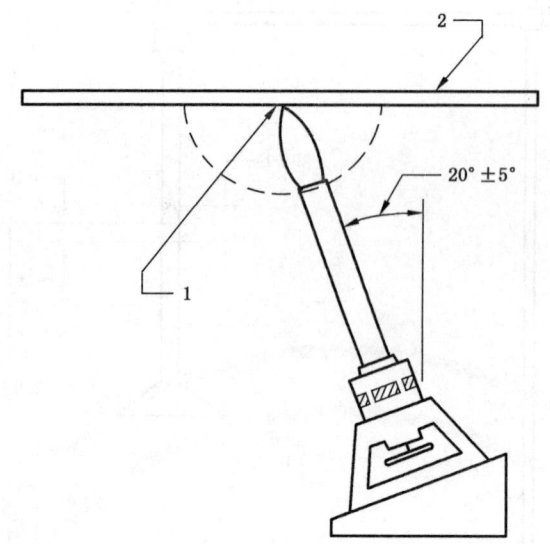

1——中心；

2——板。

图 6　板状试样 5VA,5VB 级垂直燃烧试验

单位为毫米

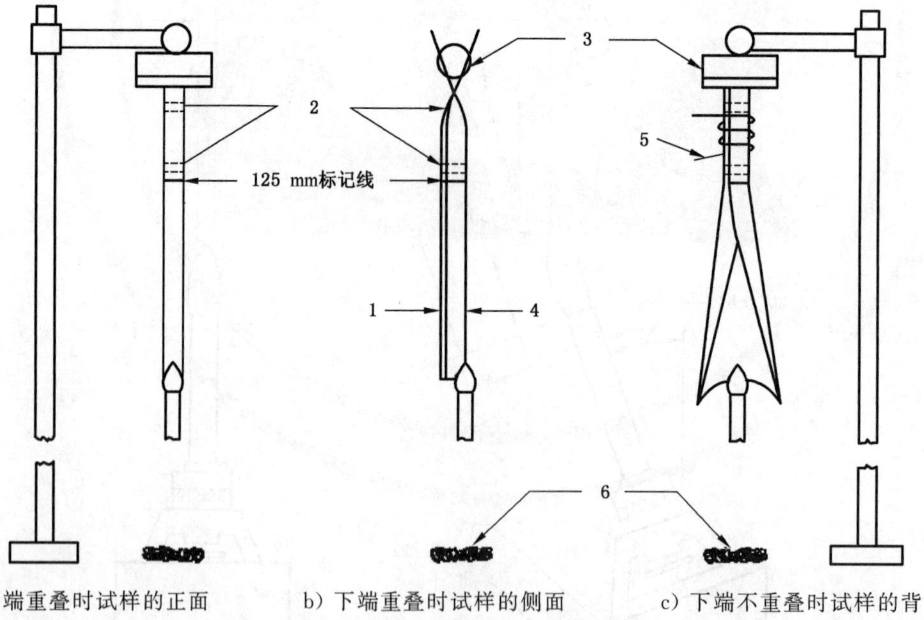

3
2
5
125 mm标记线
1
4
6
a) 下端重叠时试样的正面
b) 下端重叠时试样的侧面
c) 下端不重叠时试样的背面

1——重叠部分；

2——缠绕带；

3——弹簧夹；

4——未重叠部分；

5——镍铬丝锁合；

6——棉花。

图 7　定位试样

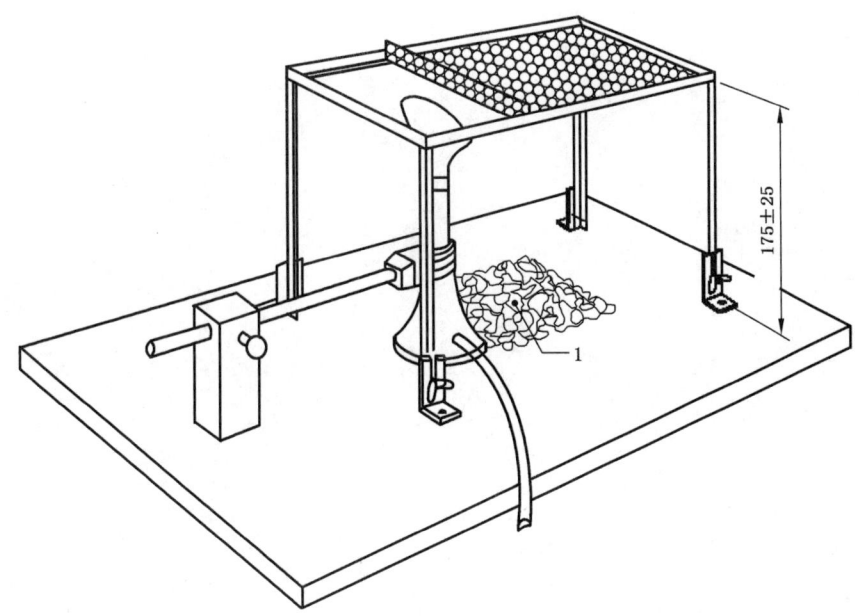

1——棉花指示器。

图 8　泡沫材料支撑架

单位为毫米

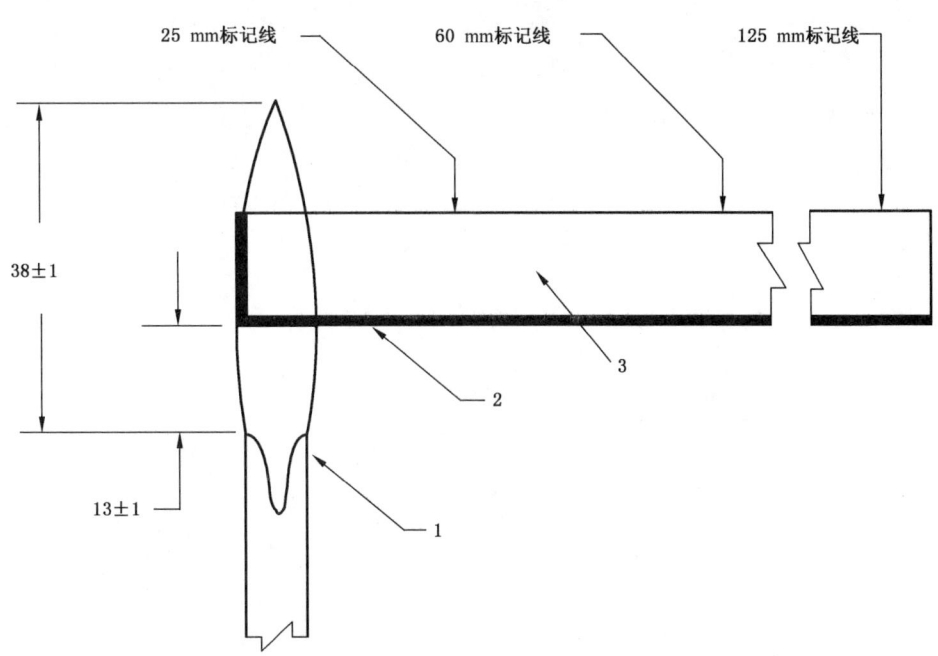

1——燃烧器翼形端部；

2——金属网覆盖层；

3——泡沫试样。

图 9　HF-1 或 HF-2 级水平燃烧

ICS 29.035.99
K 15

中华人民共和国国家标准

GB/T 22567—2008/IEC 61006:2004

电气绝缘材料 测定玻璃化转变温度的试验方法

Electrical insulating materials—
Methods of test for the determination of the glass transition temperature

(IEC 61006:2004,IDT)

2008-11-07 发布　　　　　　　　　　　　　　2009-11-01 实施

中华人民共和国国家质量监督检验检疫总局
中国国家标准化管理委员会　　发布

前　言

本标准等同采用 IEC 61006:2004《电气绝缘材料　测定玻璃化转变温度的试验方法》。

为便于使用,本标准与 IEC 61006:2004 相比做了下列编辑性修改:

——删除了国际标准的"前言"和"引言";

——对标准主要内容与 IEC 61006:2004 的差异的说明。

——在 IEC 61006:2004 的 5.4 条及 6.3 条中,对标准物质熔点的出处作了标注,并在标准的最后列出了参考文献,在本标准中删除了这部分内容。

——在 IEC 61006:2004 的 5.7 条中有一条文的注,内容为"根据 ISO/FDIS 11403-2[2],推荐重新加热速率为 10 K/min",在本标准中删掉该内容。

本标准的附录 A 为资料性附录。

本标准由中国电器工业协会提出。

本标准由全国电气绝缘材料与系统的评定标准化技术委员会归口(SAC/TC 301)。

本标准起草单位:桂林电器科学研究所。

本标准主要起草人:于龙英。

本标准为首次制定。

电气绝缘材料　测定玻璃化转变温度的试验方法

1　范围

本标准规定了测定固体绝缘材料的玻璃化转变温度的试验方法的程序。它适用于无定形材料或含有无定形域的部分结晶材料。在玻璃化转变区域内,这些材料应稳定且不会分解或升华。

2　术语和定义

下列术语和定义适用于本标准。

2.1

玻璃化转变　glass transition

在无定形材料内或部分结晶材料的无定形域内,材料由粘流态或橡胶态转变成坚硬状态(或反之)的一种物理变化。

注:玻璃化转变通常发生于一个相对狭的温度范围内,类似由液态凝固成玻璃态的过程,但这不是一种一级转变。在这个温度范围内,不仅硬度及脆度发生急剧变化,而且其他性能,诸如热膨胀系数及热容也发生急剧变化。这种现象也称为二级转变,橡胶态转变成类似橡胶转变。对于在材料中发生一种以上无定形转变的场合,通常,把其中与分子主链段运动变化有关的转变或把伴随有性能极大变化的转变看作是玻璃化转变。无定形材料的混合物可以有一种以上玻璃化转变,每一种转变都与混合物中的单个组分有关。

2.2

玻璃化转变温度　glass transition temperature

T_g

发生玻璃化转变的温度范围内的中点处的温度。

注:通过观察某些特定的电气、力学、热学或其他物理性能发生明显变化时的温度。可以很容易地测定玻璃化转变。另外,由于观察时所选取的性能及试验技术细节(例如加热速率、试验频率等),观察到的这个温度可能会有明显差异。因此,观察到的 T_g 应认为仅是一种近似值,且仅对某一具体技术及试验条件有效。

2.3

差示扫描量热法　differential scanning calorimetry

DSC

当被试材料与参比物处于程序控制温度时,测量输至被试材料及参比物的能量差与温度关系的技术。记录的数据即为差示扫描量热曲线,即 DSC 曲线。

注:本试验记录为差示扫描量热或 DSC 曲线。

2.4

差示热分析法　differential thermal analysis

DTA

当置于同一环境下的被试材料及参比物处于程序控制温度时,测量被试材料与参比物之间温差与温度关系的技术。记录的数据即为差热曲线,即 DTA 曲线。

注1:本试验方法为差热分析或 DTA 曲线。

注2:有四个与玻璃化转变有关的特征温度(见图1)。

外推起始温度(T_f),℃——转变曲线上,斜率最大的那个点的切线与外推转变前基线的相交点。

外推终止温度(T_e),℃——转变曲线上,斜率最大的那个点的切线与外推转变后基线的相交点。

中点温度(T_m),℃——热曲线上,对应于外推起始点与外推终止点之间热流差一半的那个点。

拐点温度(T_i),℃——热曲线上,对应于原始热曲线一阶导数(对时间求异)曲线的峰的那个点。这点相当于原始曲线上的拐点。

有时,还要鉴别另外两个转变点,其定义如下:

第一偏离温度(T_o),℃——第一个可测得的偏离外推转变前基线的那个点。

返回基线温度(T_r),℃——最后偏离外推转变后基线的那个点。

对本标准而言,取 T_m 为玻璃化转变温度 T_g。通常情况下,T_m 更接近于由膨胀法或其他方法测得的转变。

注:对于方法 C(第 7 章)而言,伴随着玻璃化转变的机械损耗因数曲线的峰值温度认为是玻璃化转变温度。

2.5

热膨胀法　thermodilatometry

在程序控制温度下,测量承受微小负荷的试样其尺寸与温度关系的技术。

2.6

热机械分析　thermomechanical analysis

TMA

在程序控制温度下,测量承受非振动负荷的试样其变形与温度关系的技术。

2.7

动态机械分析　dynamic mechanical analysis

DMA

是一种测量在振动负荷或变形下,材料的储能模量和/或损失模量与温度、频率或时间或其组合的关系。

2.8

复数储能模量　complex storage modulus

是一个复数,它等于正弦状态下力学应力与力学应变之比。

2.9

储能模量　elastic(storage) modulus

复数储能模量的数学实数部分。

2.10

损耗模量　toss modulus

复数储能模量的数学虚数部分。

2.11

力学损耗因数　mechanical dissipation factor

损耗模量与储能模量之比。

注:例如,如果一种材料承受恒振幅的线性应变 ε 的强制正弦振动,那么,其力学应力 σ 按下式确定:

$$\sigma = \underline{E}\varepsilon = (E' + jE'')\varepsilon$$

式中:

E——复数储能模量;

E'——储能模量(在这种情况下为弹性模量);

E''——损耗模量;

j———1 的平方根。

力学损耗因数= E''/E'。

3　本试验方法的意义

玻璃化转变温度与被试材料结构的热历史有极大关系。

对无定形材料及半结晶材料,测定玻璃化转变温度可提供有关材料热历史、工艺条件、稳定性、化学反应过程及力学和电气性能方面的重要信息。

例如,玻璃化转变温度可用来指明热固性材料的固化程度。热固性材料的玻璃化转变温度,通常随着固化深入而提高。这种测定对质量保证、规范贯彻及研究是有用的。

4 试验方法

本标准叙述了三种测定玻璃化转变温度的方法。这些方法是根据市场上所能购到的仪器而制定的。仪器的典型工作温度范围为 $-100\ ℃\sim+500\ ℃$。

在描述转变方面,根据具体材料的组分、结构及物理状态,用其中的一种方法可能较另两种方法更有效。

因此,应根据实际要求选用这些方法。

注:玻璃化转变是发生在一定的温度范围内,而且已知玻璃化转变会受到与时间相关的因素的影响,例如加热(冷却)速率。由于这些原因,只有在相同的加热速率下所测得的数据才能比较。

在比较用一种方法测得的玻璃化转变温度与用其他方法测得的玻璃化转变的温度时,应特别注意到这点。

5 方法 A:差示扫描量热法(DSC)或差示热分析法(DTA)

5.1 概述

a) 差示扫描量热法或差示热分析法提供了一种测定材料热容变化的快速方法。

b) 玻璃化转变是通过材料热容变化而引起的差示热流的吸热漂移来指示。

5.2 影响

增大或减小规定的加热速率,可能会改变测量结果。添加物和/或杂质的存在,会影响转变,尤其是若一种杂质有助于形成固溶体或可混溶于后转变相中的情况下影响更大。若颗粒尺寸对测得的转变温度有影响,那么用于比较的样品的颗粒尺寸应近似相同。测量过程中挥发分的损失(例如,水)可能会影响测量结果。

某些情况下,在温度循环过程中,试样材料可能会与空气反应而导致转变测定错误。

凡存在有这种影响的场合,应采取在真空或在惰性气体保护下进行试验。由于某些材料的降解接近于转变区,因此,应注意区分降解与转变之间差别。

由于材料使用量为毫克量级,这就必须保证试验材料是均质且具有代表性以及质量和形状相似。

5.3 设备

差示扫描热计(DSC)或差示热分析仪(DTA),其加热(或冷却)速率至少达到 $(20\pm1)\text{K/min}$,能自动记录受试材料与参比物之间的热流差或温度差,并达到要求的灵敏度和精密度。

注:DSC 为主要使用的一种方法。

铝或其他金属制成的高热导器皿作为试样容器。

为方便操作起见,可用一种其热容量近似等于试样热容量的惰性参比物(例如,氧化铝)。

保护试样用的纯度为 99.9% 氮气或其他惰性气体源。如果确知试样不会发生氧化反应,则也可用空气。所采用气体的压力应是可以调节的。

所选用气体的露点应低于最低操作温度。

5.4 校正

按仪器制造厂提供的程序,用下述的一种或一种以上的标准参比物对仪器的温度坐标轴进行校正。参比物的纯度至少为 99.9%,根据试验温度范围加以选择参比物。在用这些材料进行校正时,所采用的加热速率、净化气体及净化气体流速应与试验试样时一致。

下述参比物的熔点可适用于许多试验测量:

参比物	熔点,℃
水银	−38.9
镓	+29.8
铟	+156.6
锡	+232.0
铅	+327.5
锌	+419.6

注:按照上述报导,对于把温度传感器置于试样内的场合,在差示扫描量热法中应把外推起点(见2.4)作为熔点温度,在差示热分析中,应把熔融吸热峰作为熔点温度。

5.5 预防措施

本标准可能涉及到危险的材料、操作及仪器的使用,无论谁使用本标准,使用前都有责任建立相应的安全措施和确定规章条例界限的适用性。

5.6 试样

粉状或粒状试样:如果不能按5.7所述实行预热循环,则要避免研磨。用研磨或类似工艺减小试样尺寸,由于摩擦,取向或两者兼有,通常会引起热效应从而改变试样的热史。

模塑或压制试样:用切片机、剃刀片、皮下注射器大钢针、纸板打孔器或木塞打孔器($^\#$2号或$^\#$3号)把试样切成合适的尺寸:使试样的厚度、直径或长度正好适合试样容器,而试样的重量则接近于以后的试验程序所要求的重量。

薄膜或片状材料:对厚度大于0.04 mm的薄膜,对更薄的薄膜如果使用圆形试样皿,把薄片切成能满足试样容器碎片或冲成圆片。

液体试样:催化过的液态热固性能可直接在试样皿中固化。

注:应报告任何经过机械或热预处理的情况。

5.7 程序

a) 从被试材料中取出适当质量的试样。多数情况下,10 mg～20 mg即能满足要求。可应用其热容量与试样热容量非常接近的合适材料作为参比物。

b) 开通符合5.3要求的净化气流。开始试验并记录起始热循环直至某一足够高的温度以消除试样先前的热史。试验是在(20±1)K/min 速率下进行。

c) 以至少(20±1)K/min速率急剧降温,使温度降到大大低于所欲得到的转变温度,通常在50 K以下。

e) 保持此温度直至趋于稳定状态(通常为5 min～10 min)。

f) 以速率(20±1)K/min重新加热并记录曲线直至所有预期转变完成为止。应报告加热速率。

g) 测量中点温度 T_m(℃)并记其为 T_g。

h) 应至少测试三个试样,以测得值的平均值作为 T_g。

5.8 报告

报告应包括下列内容:

a) 被试材料完整的标识和描述,包括来源、制造厂的编码;

b) 测试所用仪器的描述;

c) 试样形状,制备方法及任何预处理;

d) 试样容器的尺寸、几何形状及材质,以及加热、冷却速率;

e) 温度校正方法的叙述;

f) 试样的测量气氛、气体压力及流动速率、纯度、组分的说明。如果适用的话,还应包括温度;

g) 测得的 T_g;

h) 还应报告任何其他附加反应(例如:交联、热降解、氧化)。如果可能,确定该反应的属性。

6 方法 B:热机械分析法(TMA)

6.1 概述

本方法应用下述技术测定材料的玻璃化转变温度:

——方法 B1:热膨胀法(膨胀法)

本方法适用于在试验温度范围内具有足够刚性的材料,在传感探头作用下,试样不会出现明显压坑或压缩。

——方法 B2:热机法(针入度法)

本方法适用于在试验温度范围内硬度会发生明显变化的材料,在传感探头作用下,试样会出现明显压坑。它不适用于含填料多的体系。

这两种技术均使用一种热机分析仪或类似装置,当材料处在恒定加热速率时,测定置于试样上方的探头的位移。

记录探头移动与温度的函数关系。

热膨胀法(方法 B1)是一种快速测定在程序控制温度下承受微小负荷的试样其尺寸变化与温度关系的方法。

热膨胀系数曲线上的突变点与玻璃化转变有关。

针入度法(方法 B2)则是监测在程序控制温度下承受负荷的试样其硬度变化与温度关系的方法。

探头位移与温度关系曲线上的突变点与玻璃化转变有关。

6.2 设备

设备包含一个试样容器,试样可放置在里面,通过探头移动,检测试样长度或压缩模量的变化。

探头的形状与尺寸应使得在试验温度范围内,对方法 B1 而言,通过探头施加到试样上的负荷对试样既不产生明显压坑也不产生明显压缩,对于方法 B2 而言,对试样产生压坑。

对方法 B1,应用直径 2 mm～5 mm 的平的圆形探头。

对方法 B2,则要求应用类似直径或较之更小的半球形探头。

采用下列方法:

——能检测出因试样的长度或模量变化而引起的探头位移,并能把这些位移转换成适合于输入至记录仪或数据处理系统的信号。这种检测传感元件应能产生至少为 1 mV/μm 探头位移的输出,预计更小的传感范围,必要时要求 ±50 mm 的宽度。

——一种能记录试样长度(±50 mm)或探头位置变化与温度(±0.1 K)关系的装置。具有记录纸上每偏移 1 cm 相当于探头位移 1 μm 或更佳灵敏度的 X-Y 记录仪或条带记录仪即可符合要求。数字和数据处理仪器,要求有相应的绘图仪或打印绘图仪。

——一种在试验温度范围内以预定速率对试样进行均匀加热的装置。对需要在接近环境温度或低于环境温度下进行测量的场合,应该有对炉子和试样预冷的措施。要求加热和冷却速率至少达到 10 K/min。

——测量试样温度的装置。

——一种用干燥惰性气体,例如氮气或氦气(以后者为佳,由于其具有较高的热导率),净化试样环境的装置,所选择的气体的露点应低于最低操作温度。

6.3 校正

以相同于试验试样用的加热速率、净化气体及净化气体流速,应用一种或一种以上纯度等于或大于 99.9% 的标准参比物,在试验温度范围内对仪器的温度坐标进行校正。

应用一个加载 50 mN(5 g)的晶体试样探头,加载于参比材料上,以相同于测试试样时的速率加热。当加热通过其熔点时,观察针入外推起熔点进行温度校正,校正至 ±1.0 K。

可以应用下述参比物：

参比物	熔点,℃
水银	−38.9
镓	+29.8
铟	+156.6
锡	+232.0
铅	+327.5
锌	+419.6

按照仪器制造厂推荐的方法,用已知厚度的标准试样,对探头位移测量系统及记录系统进行校正。作为本标准用,推荐标准厚度为 300 μm~600 μm。

6.4 预防措施

本标准可能涉及到危险的材料、操作和设备的使用,无论谁使用本标准,使用前都有责任建立相应的安全措施和确定规章条例界限的适用性。

6.5 试样

试样可以按收货或经预处理的状态进行分析。若试验前已经对试样进行过某种条件处理,那么应把这种处理记入报告。

试样厚度最好用 1 mm~3 mm。也可用超过这范围的试样,但应予以报告。厚度小于 6 μm 的试样不宜采用。要求试样表面光滑且平行。

6.6 程序

将厚度为 1 mm~3 mm 的试样装入探头下的试样容器内。试样温度传感器的放置应使之与试样接触或尽可能接近试样(视仪器制造厂的推荐而定)。按 6.2 选择探头。

对软材料,当温度超过玻璃化转变温度 T_g 时,会引起压坑,在这种情况下,如果用膨胀法(方法 B1)进行试验,可能要在探头与试样的上表面之间垫上一块薄的金属圆片(如铝片),实际上相当于增大探头直径,从而避免探头往下压陷。

把试样容器装入加热炉内。冷却或加热试样前,开通干燥的惰性纯净气体。如果试验是在接近环境温度或低于环境温度下进行,则至少应使试样及炉子冷却到比试验的最低温度低 30 K。供冷却用的冷却剂不应直接与试样接触。

方法 B1:施加 5 mN~10 mN 力于传感探头上,以保证探头与试样接触。也可施加其他量的负荷,但应在报告中注明。

方法 B2:施加 50 mN~1 000 mN 于传感探头上。

开动记录仪,选取相应的灵敏度。

注:为了获得这方面信息,可能需要用一个类似的试样进行预分析。

在所要求的温度范围内,以(10±1)K/min 的恒定加热速率对试样加热。也可用其他加热速率,但要在报告中注明。

位移曲线上斜率的急剧变化,表明材料从一种状态转变成另一种状态。把曲线上两线性部分外推所得交点的对应的温度定为玻璃化转变温度(见图 2 或图 3)。

如果有明显的残余应力存在(在玻璃化转变附近的一种突然的不可逆的畸变),那么到较该温度约高 20K 时就停止加热。然后降温返回到起始状态并重新加热试验。报告由第二次试验测得的玻璃化转变以及进行热处理的情况(见图 4)。

应至少试验 3 个试样。以测得值的平均值报告 T_g。不应把某些试样重复试验得到的结果当作新试样单独试验的结果。

6.7 计算

按下述步骤确定玻璃化转变温度:

a) 沿膨胀曲线或针入曲线的低于转变温度部分作切线。

b) 沿膨胀曲线或针入曲线的高于转变温度部分作切线。

c) 把两切线交点对应的温度报告为玻璃化转变温度 T_g。

6.8 报告

报告应包括下列内容：

——对试验材料的说明，包括制造厂名称、批号及化学成分(已知时)。

——试验方法、试样制备，包括任何机械、热或环境处理。

——若试验时的材料是一种复合材料，则应说明试样相对于原始部分的方位或相对于定向纤维填料方向的方位。

——试样尺寸。

——玻璃化转变温度 T_g。

——所用的热机分析仪的说明。

——纯净气体、流速及冷却媒质(如果使用)。

——所用探头形状及负荷的细节。

——测得的探头位移曲线。

——加热速率。

7 方法 C:动态机械分析法(DMA)

7.1 概述

本方法是应用动态力学分析仪测定固体绝缘材料玻璃化转变温度。

将已知几何形状的试样置于机械振动中，振动频率既可以是固定频率也可以是固有共振频率。测量试样的力学损耗因数与温度关系(可以是等温的也可以是变温)。力学损耗因数曲线是表征试样的粘弹特性。通常把在某一特殊温度下粘弹性急剧变化称之为转变区。

注：测量力学损耗因数的具体方法，取决于所用仪器的运行原理。

这些方法专供测试那些具体弹性模量从 0.5 MPa～100 MPa 的材料。也可能会超过这个弹性模量范围，这要视所用仪器而定。

7.2 影响

增大或减小规定的加热速率会改变测量结果。

由于转变温度与试验频率有关，因此，振动频率应予以规定(转变温度随频率增加而增大)。可利用预先确定频率变换因子使之折算到参照频率下的转变温度。作为本试验用，应该在 1 Hz 下测量(或报告)玻璃化转变温度。

由于试验过程不发生热膨胀，因此，要注意使试样夹紧。

7.3 方法与设备

7.3.1 设备

设备应具有能安装一个截面均匀的试样，使得在力学振动系统中充当弹性单元和耗散单元的作用。

这种类型的仪器通常称为动态力学分析仪。

7.3.2 方法

● 共振系统：

——自由衰减扭转振动

——强制恒振幅振动

——弯曲振动

● 非共振系统，固定频率：

——强制恒振幅扭转振动

——强制恒振幅拉伸振动

——强制恒振幅压缩振动

——强制恒振幅弯曲振动

注：对共振系统，振动频率是试样性能的函数并与温度有关。

7.3.3 设备的组成

所有设备应由下列部分组成：

——夹持装置：夹具结构应能夹紧试样而不滑动。

——振动变形(应变)：一种对试样施加振动变形(应变)的装置。对自由振动装置，施加上这种变形后可以再释放；而对强制振动装置，则是连续施加这种变形(应变)。

——检测器：是一种或一些测定相关的和独立的试验参数的装置。例如，力(应力)，变形(应变)、振动频率及温度。温度测量应准确至 0.5 K，频率测量应准确至 ±1%，力的测量应准确至 ±1%。

——温度控制仪及炉子：是一种控制试样温度的装置。它可以通过加热(分段或直线上升)、冷却(分段或直线下降)或保持恒温环境来加以控制。

——净化用的干燥氮气或其他惰性气体源。

——卡尺或其他测量长度用的装置，其测量准确度应达到试样尺寸的 ±1%。

7.4 校正

——冰水   0.0 ℃

——铟   156.6 ℃

7.4.1 温度

以相同于试验试样时采用的加热速率(线性温度程序或恒温)，按仪器制造厂推荐方法，用上述物质中的任何一种或两种，对仪器温度轴进行校正。

7.4.2 其他参数

对于在测定模量和损耗因数时需要用的其他参数，应按照制造厂推荐的方法进行校正。

7.5 预防措施

当加热试样至接近其分解点时，可能会释放出有毒或腐蚀性或两者兼有的排出物，这些排出物对人体及仪器可能有害。

7.6 试样

试样尺寸或形状应按仪器制造厂推荐。

当使用少量试样时，应使试样能代表该种材料。

由于动态力学试验仪的类型繁多，因此本方法中对试样尺寸不作规定。在多数情况下，业已发现，尺寸为 0.75 mm×10 mm×50 mm 的试样较为适用且方便。

注 1：重要的是试样尺寸的选择要与受试材料的模量及测量设备能力相一致。例如，厚的试样适用于低模量材料的测量，而薄的试样则适用于高模量材料。

7.7 程序

测量试样的长度、宽度及厚度，准确至 ±1%。

最大的应变振幅应在材料的线性粘弹范围内。

注：推荐应变小于 1%。

选取试验频率使其尽可能接近 1 Hz 是具有实际意义的。试验频率可以是固定的，也可以是变化的，这要取决于试验设备。

注 2：作为本试验用，应报告在 1 Hz 下的分析结果。

从欲试的最低温度至最高温度，变化试样温度，同时测量试样的弹性及阻尼性能。

注 3：最好以分段递增或以足够慢速率在整个温度范围内进行试验，使得温度沿整个试样保持均衡状态。达到均衡的时间取决于具体试样的质量和夹具排列。业已发现,以 1 K/min～2 K/min 或以每段递增 2 K～5 K 并保持 3 min～5 min 的温度程序速率是合适的。从 2 个或 2 个以上的速率对试样进行试验并比较所测得的结果,可以观察到加热速率对测试结果的影响。

注 4:所要求的玻璃化转变温度测量准确度将取决于力学损耗因数随被试的试样温度的变化速率。

经验表明,在转变区内,试样温度应读到±0.5 K。

除非其他规定,一般测试 3 个试样。

7.8 计算

按仪器制造厂操作说明书提供的公式,计算力学损耗因数曲线。绘制力学损耗因数与试样温度关系图。

应用测得的试样长度、宽度及厚度的平均值。

取力学损耗因数曲线最大处的温度作为玻璃化转变温度 T_g(见图 5)。

注 1:玻璃化转变是发生在一个温度范围内并已知受到与时间相关的因素的影响。例如加热速率及振动频率。由于这些原因,只有在相同的温度程序、振动频率下得到的数据才能比较作为本试验用,取 1 Hz 作为参照频率。

注 2:利用预先确定的频率变换因子 k,可将 T_0 值与其他频率下测得的值进行比较:

$$\theta_r = \theta_0 - k(\lg f_0 - \lg f_1) = \theta_0 - k\lg(f_0/f_1)$$

式中:

θ_r——在 f_1 下的玻璃化转变温度;

θ_0——在观察频率下测得的玻璃化转变温度;

k——频率变换因子;

f_0——观察到的振动频率(Hz);

f_1——参照频率(Hz)。

举例说明:若频率变换因子为频率每改变 10 倍为 8 K(即 $k=8$ K),当观察频率 $f_0=15$ Hz 时,观察的温度 $\theta_0=100$ ℃,则 $f_r=1$ Hz 时:

$\theta_r = [100 - 8\lg(15/1)]$℃

$= (100 - 8 \times 1.18)$℃

$= 90.6$ ℃

计算 1 Hz 时的 θ_r,并报告其为 T_g。

7.9 报告

报告应包括下述内容:

——被试材料的完整标识与描述。包括来源及制造厂商编码。

——试验方法的说明。例如,自由衰减扭转共振(见 7.4.2)。

——试样尺寸。

——校正方法的说明。

——试样的环境气氛说明:气体成分、纯度及使用速率。

——试验前试样状态调节的细节。若对试样进行某一种热处理以得到最佳分析,则应在报告中记录这种处理。

——温度程序,包括起始及最终温度以及线性温度变化速率或阶段升温的时间间隔和升温度数。

——原始试验数据。

——被试试样的数量。

——用作计算力学损耗因数曲线的公式。

——力学损耗因数与试样温度的关系图。

——把力学损耗因数画在纵坐标上,按阻尼增加方向,曲线朝上挠曲。纵坐标应清晰标明名称及测量单位。

——把温度画在横坐标上,从左至右递增。横坐标应清晰标明名称及测量单位。

——1 Hz下的T_g平均值。

对于在1 Hz以外的其他频率下测量,应报告原始观察到的温度(θ_0)、振动频率(f_0)及所用频率的变换因子(k)。

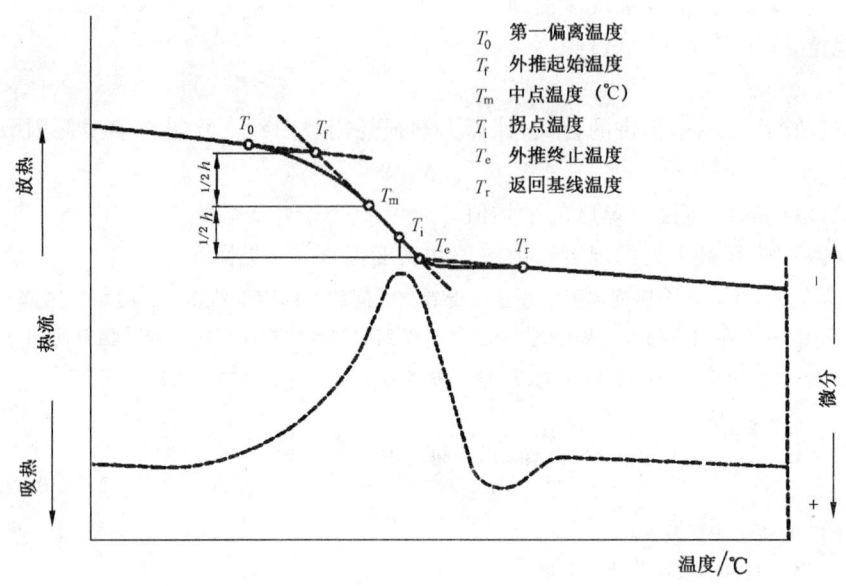

图1 差示扫描量热法(DSC):与玻璃化转变有关的特征转变点

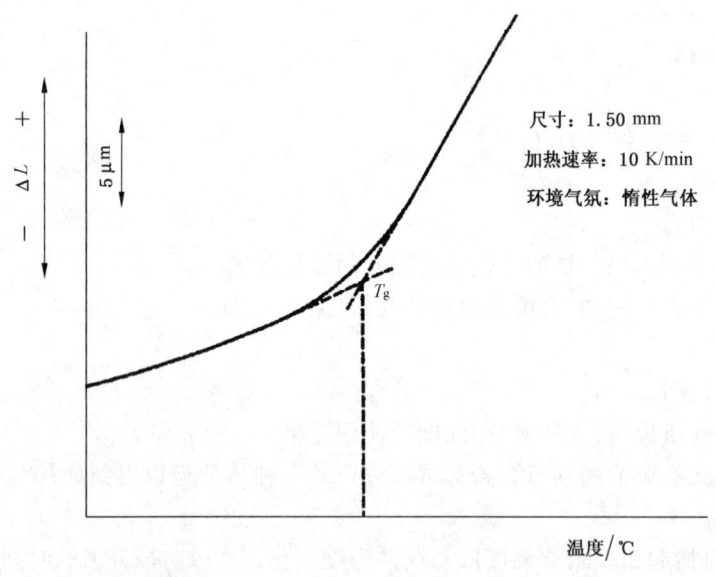

图2 热机械分析(TMA)(膨胀法):玻璃化转变温度T_g的测定

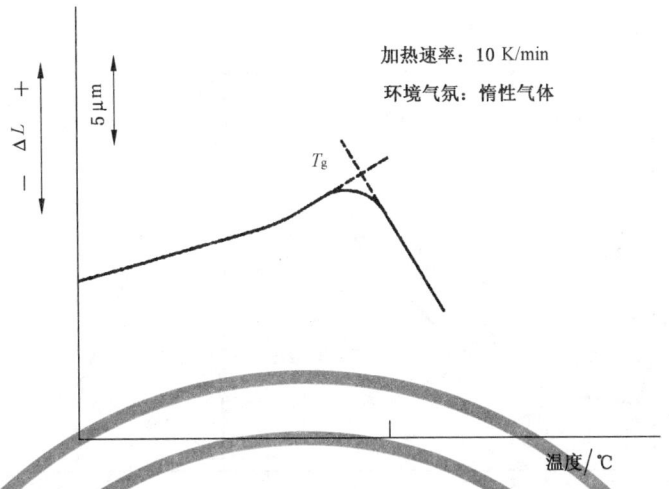

图 3   热机械分析(TMA)(针入度法):玻璃化转变温度 T_g 的测定

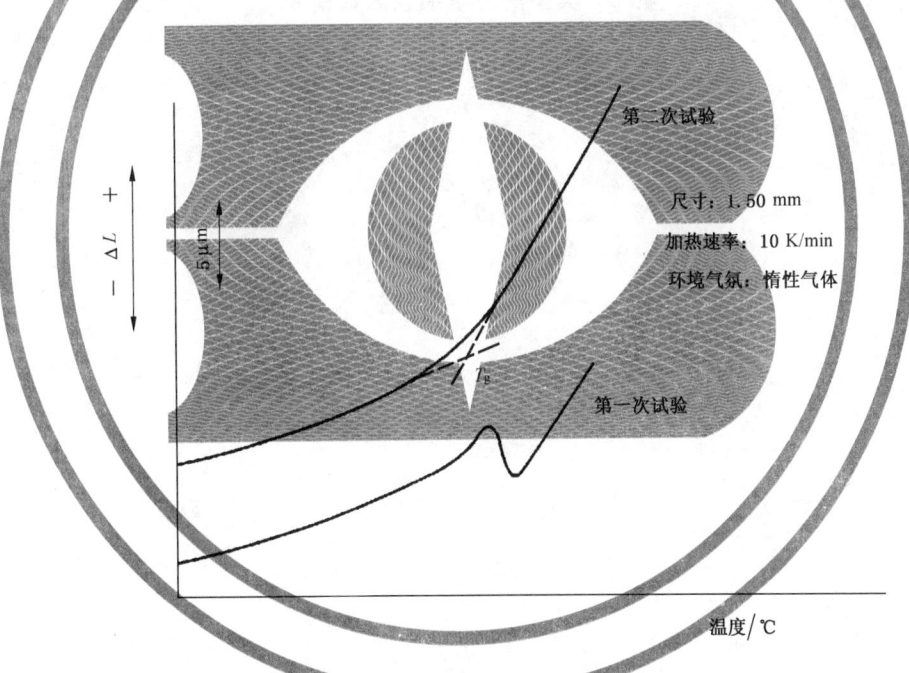

图 4   热机械分析(TMA)(膨胀法):玻璃化转变温度 T_g 的测定(第二次试验)

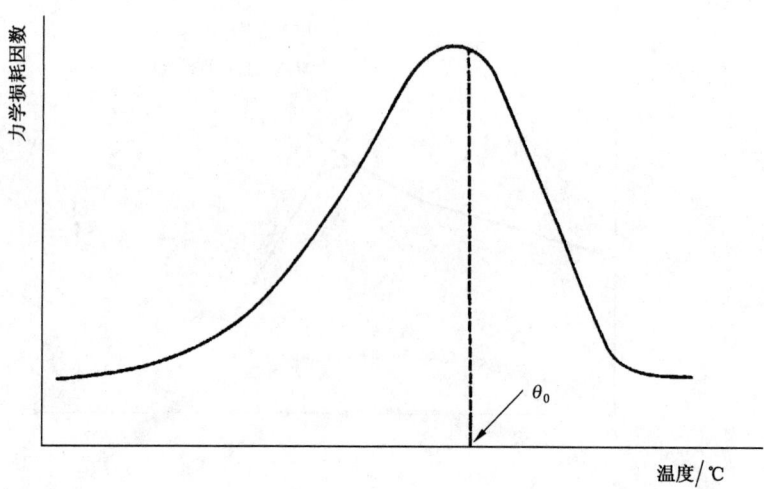

图 5　典型的力学损耗因数曲线

附　录　A

（资料性附录）

图解计算法

图 A.1 是储能模量与温度关系图，曲线的拐点（T_g 对应区域）表示玻璃化转变区域。可以观察到储能模量的减小（这些情况表示材料储存能量）。储能模量的下降显示试样刚性硬性下降，下降的发生是由于试样在玻璃化状态软化。在更高的温度下，储能模量到达一个最小值，T_g 可由图解计算而得，即曲线上两切线的交点的横坐标值。

该方法可适用于热固性、热塑性塑料及复合材料等范围很广的材料。

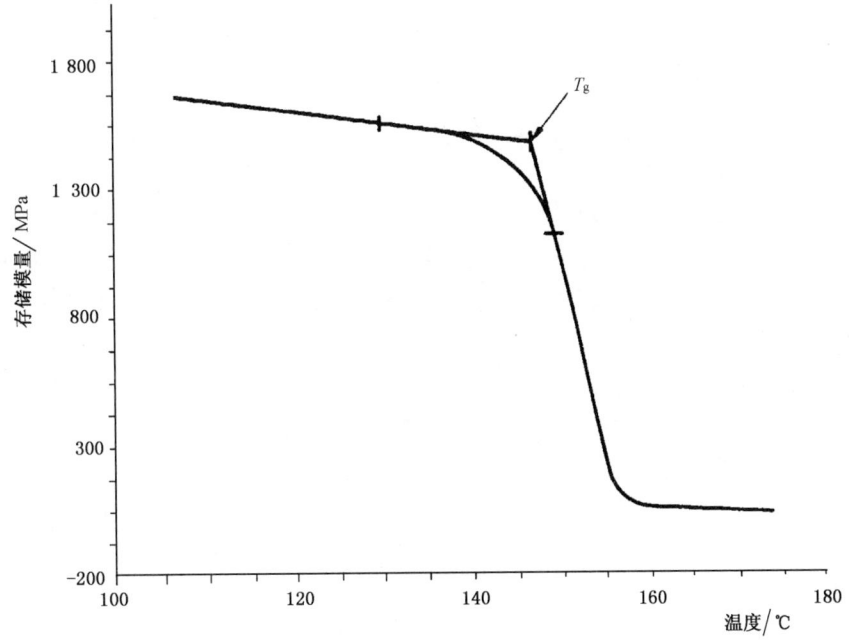

图 A.1　动态机械分析（DMA）：玻璃化转变温度 T_g 的测定

ICS 29.035.99
K 15

中华人民共和国国家标准

GB/T 22579—2008/IEC 61624:1997

拟定用于电工设备中聚合性复合物最大允许温度清单的导则

Guidance on the development of lists of maximum allowable temperatures for polymeric compounds used in electotechnical equipment

(IEC 61624:1997,IDT)

2008-12-15 发布

2009-10-01 实施

中华人民共和国国家质量监督检验检疫总局
中国国家标准化管理委员会 发布

前　言

本标准等同采用 IEC 61624:1997《拟定用于电工设备中聚合物基复合物最大允许温度清单的导则》。

本标准在等同采用 IEC 61624:1997 时,做了如下编辑性修改:

——本标准删除了 IEC 61624 的标准前言。

——本标准的引用文件,对已经转化为我国标准的国际标准,列出了我国标准及其与国际标准的转化程度。

本标准的附录 A、附录 B 为资料性附录。

本标准由中国电器工业协会提出。

本标准由全国电气绝缘材料与绝缘系统评定标准化技术委员会(SAC/TC 301)归口。

本标准起草单位:桂林电器科学研究所、机械工业北京电工技术经济研究所。

本标准主要起草人:罗传勇、徐元凤。

本标准为首次制定。

拟定用于电工设备中聚合性复合物最大允许温度清单的导则

1 范围

本标准对在拟定聚合物基复合物在正常和非正常条件下的最大允许温度清单时提供指导。

本标准就下述内容进行了讨论并作出建议：

a) 在选择适当方法对聚合物基复合物进行叙述时，要考虑到许多复合物的配方是复杂的且由此获得的性能范围也是宽广的这些影响因素（见 5.1）；

b) 影响那些包含在聚合物复合在正常运行条件下的最大允许温度清单内的数据选择的因素（见 5.2 及 5.3）；

c) 聚合物基复合物在非正常运行条件下的最大允许温度的清单（见第 6 章）。

尽管意识到由于实际原因习惯采用"温升"这个词，但本标准还是采用术语"温度"。如果规定一个合适的参考点，例如 25 ℃，则可以把一个换算成另一个。

2 规范性引用文件

下列文件中的条款通过本标准的引用而成为本标准的条款。凡是注日期的引用文件，其随后所有的修改单（不包括勘误的内容）或修订版均不适用于本标准，然而，鼓励根据本标准达成协议的各方研究是否可使用这些文件的最新版本。凡是不注日期的引用文件，其最新版本适用于本标准。

GB/T 1630.1—2008 塑料 环氧树脂 第 1 部分：命名（ISO 3673-1:1996,IDT）

GB/T 1634.2—2004 塑料 负荷变形温度的测定 第 2 部分：塑料、硬橡胶和长纤维增强复合材料（ISO 75-2:2003,IDT）

GB 4706.1—2005 家用和类似用途电器的安全 第 1 部分：通用要求（IEC 60335-1:2001,IDT）

GB/T 5169.10—1997 电工电子产品着火危险试验 试验方法 灼热丝试验方法 总则（IEC 60695-2-1/0:1994,IDT）

GB/T 5169.11—2006 电工电子产品着火危险试验 第 11 部分：灼热丝/热丝基本试验方法 成品的灼热丝可燃性试验方法（IEC 60695-2-11:2000,IDT）

GB/T 5169.12—2006 电工电子产品着火危险试验 第 12 部分：灼热丝/热丝基本试验方法 材料的灼热丝可燃性试验方法（IEC 60695-2-12:2000,IDT）

GB/T 9341—2000 塑料 弯曲性能的测定（ISO 178:2001,IDT）

GB/T 11020—2005 固体非金属材料暴露在火焰源时的燃烧性试验方法清单（IEC 60707:1999,IDT）

GB/T 11026.1—2003 电气绝缘材料耐热性 第 1 部分：老化程序和试验结果的评价（IEC 60216-1:2001,IDT）

GB/T 11026.2—2000 确定电气绝缘材料耐热性的导则 第 2 部分：试验判断标准的选择（IEC 60216-2:1990,IDT）

GB/T 11026.4—1999 确定电气绝缘材料耐热性的导则 第 4 部分：老化烘箱 单室烘箱（IEC 60216-4-1:1990,IDT）

ISO 527-1:1993 塑料 拉伸性能的测定 第 1 部分：总则

ISO 7391-1:1987 塑料 聚碳酸酯模塑和挤塑材料 第 1 部分：命名

3 术语和定义

下述术语和定义适用于本标准。

3.1

聚合物基复合物在正常运行条件下的最大允许温度 maximum allowable temperature for polymeric compounds under normal operating conditions

当在正常运行条件下使用时,某一具体聚合物基复合物安全使用于一般电工设备中的最大允许温度。

3.2

正常条件 normal conditions

当设备按其设计用途运行时,可预期的长期存在的受热条件。

3.3

非正常条件 abnormal conditions

因事故和/或可预期的短时的超载引起的短时受热条件,其严酷程度远远超过已知的正常条件。

注:在无人操作过程中,非正常条件可能存在几秒至 10 h(见第 6 章)。

3.4

长期 long term

和设备的预期运行寿命一样长的时间周期。例如,家用电器为 50 h～8 000 h。

3.5

短期 short term

比设备的预期运行寿命短的时间周期。

3.6

一般电工用途 general electrotechnical applications

把某一电工产品应用于某一环境中。引起该产品长期的性能劣化的主导形式是因热作用引起的化学反应。

4 一般讨论

4.1 背景

遍及世界的塑料工业,生产出一百万种以上的不同聚合物基复合物,其中,许多作为模塑、浇注或机加工零部件在电工设备中获得应用。

这些零部件可以应用的温度/时间的范围和大小取决于对安全贮存、运输和使用所必须保持的性能水平。这些类型材料的性能随时间和温度而变化,其变化速率又与温度有关。不同性能可以以不同速度变化。通常,应用方式和当地的环境条件也会产生影响材料/零部件使用寿命的附加应力。

国际上对正常运行下由绝缘材料制成的零部件的最大允许温度清单已经使用好几年了并获得了显著效果和安全。然而,由数据组成的这些清单是适用于那些按规定限制使用条件的其他标准制造的产品;或适用于根据公认和业已证实的绝缘结构中的零部件,例如,电机绕组;或是热固型的绝缘材料,而对热塑性绝缘材料,完全被排除于这些清单之外。

需对由热塑性材料制成的零部件单独地按照正常和非正常运行条件中业已测得的实际温度要求进行试验。

现在要询问的问题是这些清单是否不仅仅可以扩大选择热固型材料范围,而且可以安全地扩大至将热塑料材料包括在内?

为了回答这个问题并给出指导,首先要认清热固性和热塑性聚合物之间的主要差别。热塑性材料会因受热作用以可逆方式发生软化(图 1)且比热固型材料更容易受到日常材料的有害影响。如果这些

材料一旦形成交联结构,就不会熔化并能耐受许多种类化学物质和日常环境作用。

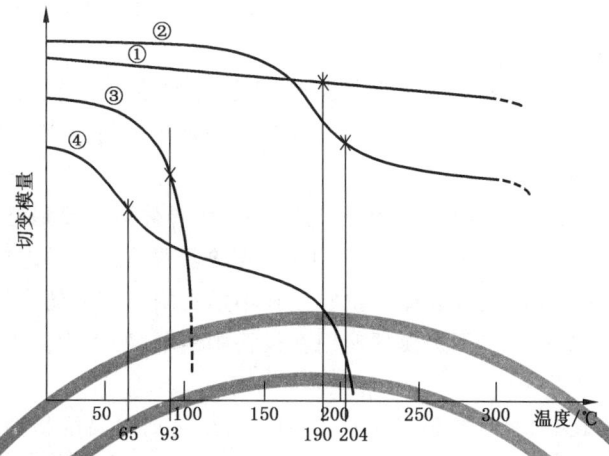

①——含矿物填料的热固性酚醛树脂;
②——含矿物填料的热固性环氧酚醛树脂;
③——PMMA:聚甲基丙烯酸甲酯;
④——聚酰胺6。
注:DTUL(负荷变形温度)在曲线用"×"符号表示。

**图 1 典型热固性材料和热塑性材料的动态切变(扭力)模量与温度关系曲线,
展示在 0.179 MPa 的变形温度**

这种行为的自然结果是:当处在意想不到的热条件或处在意想不到的与设备中有害材料接触条件下时,热塑性零部件多半要比热固性的零部件危险得多。由此可以猜测这个因素就是为什么在GB 4706.1 中把热塑性材料的具体温度排除在清单之外的主要原因。

因此,建议:

a) 应该把现在的清单扩大到包括更宽范围的热固性材料;

b) 应该围绕将热塑性材料包括在内的困难进行更加详细的分析。

4.2 热塑性材料

4.2.1 材料

这些材料通常是在高温下制成的,因为在高温下,材料的粘度值适合于成型工艺要求。可以在成型过程把包括其他聚合物在内的许多添加物加入,使制得的产品性能满足应用的要求。许多基础聚合物在中等温度下比较不稳定,复合工艺中有一步骤要加入稳定剂,以得到在预期应用中所要求的耐热性程度。

由于这些材料能够重新软化,因此,可进行各种再加工和回收,包括从超过使用期产品经过挑选、分类和重新粉碎加工后的聚合物重新利用,这种加工可能会明显地改变性能。

以探索方式,全面应用共聚物、三聚物、聚合物混合物及聚合物合金,以实现商业上具有吸引力的各种等级性能并改进价格/性能比,但依本报告观点,这一切增加了一般按类别形式正确命名产品的复杂性。

附录 A 给出了基于丙烯作为主要单体的各种各样复合物的例子,这些复合物可以从一个聚合物生产厂得到的。从中可以看出,当拉伸屈服应力(ISO 527-1:1993,50 mm/min)从 15 MPa 变化到 101 MPa时,与其相应的弯曲弹性模量数值(GB/T 9341—2000,10 mm/min)为 0.95 GPa~7.6 GPa,负荷下变形温度(GB/T 1634.2—2004,方法 A 和方法 B,1.8 MPa 和 0.45 MPa)为 51 ℃/93 ℃ 至 153 ℃/160 ℃。除了许多特殊用途等级外,大约生产有 12 种一般用的不同复合物供家用电器市场需要。

4.2.2 聚合物性能数据

热塑性聚合物的制造商和聚合物供应商就其产品性能向设备设计部门进言,以帮助后者并经常协作共同发展"特殊应用"复合全物,但他不能给予任何安全运行特性的保证,这是由于设计者的要求是各种各样的。他们主张设备制造商应担负起这个责任。在这种情况下,设备制造商就要规定对贮存、运输和应用的条件和方式的具体限制。

某些聚合物制造商就长期热应力的影响对具体级别的聚合物材料的性能进行评估时是按照GB/T 11026.1、GB/T 11026.2、GB/T 11026.4进行的,应用常规的终点判断标准,例如50%的拉伸强度保持率和/或冲击强度和/或击穿电压。

这些数据经常被包括在销售手册内,但它并不适合于作为具体应用或最终使用。

然而,GB/T 11026.1、GB/T 11026.2、GB/T 11026.4的条款是经过考虑把它设计成针对某一种简单、基础体系,以便能够获得材料的比较数据。试验是在不承受附加应力的试样上进行且试验环境是暗黑烘箱中的实验室大气,即,试验环境不是模拟使用在设备中的环绕,因为在设备中,无论处在静止还是运行状态,都存在附加应力。

因此,按 GB/T 11026.1、GB/T 11026.2、GB/T 11026.4 得到的温度指数(TI)不能用作指示聚合物的最大安全工作温度,因为耐热性试验所选择的终点判断标准与零部件在使用中的需要两者之间不存在着任何特定关系。另外,在 GB/T 11026.1、GB/T 11026.2、GB/T 11026.4 中没有把注意力集中到与相邻材料相容性以及工作环境问题的。

其他聚合物制造商就最大使用温度对具体级别的聚合物性能进行评估时,是利用在某些应用中已知服务期的参考材料,通过比较评定程序进行的。在候选材料和参考材料在使用中的服务期并按两种材料在这些老化试验中相对行为予以修正。还进行了一些外加短试验以暴露候选材料的所有性能组合中的任何不当的弱点。

然而,即使考虑到这些附加因素,所得到的数据也仅供作指导。长期运行特性试验还要在半组装或完整设备上进行。

当设备制造商收到聚合物制造商的意见时,他们应用功能装置和半组装及完整设备两者进行自己系列的长期试验,作为发展过程中的一部分,以保证他们的产品具有足够安全的长期运行特性。

4.3 概括

由上可以看出:

a) GB 4706.1 特别不把正常运行条件下热塑性聚合物的最大允许温度的任何标准极限包括在内,而是需要由具体的设备试验予以代替。

b) 热塑性和热固性聚合物的制造商没有保证他们的产品工作温度的上下极限,这是由于这些温度与设计的要求关系极大。

c) 在国际标准中还没有已知的、由试验得出的可接受的条款内容可给出热塑性聚合物在正常运行条件下的最大允许温度的标准数值。现有的试验条款仅供指导用。

d) 热塑性材料的最大安全工作温度与性能开始急剧下降的温度两者温度差要比热固性材料小得多,这是由于各种性能/温度曲线的形状存在着显著差别(见图1)。

e) 热塑型材料比热固型材料更多地受到常用材料的影响。根据业已提出的论点:

    1) 不推荐把"应用在正常运行条件下聚合物基复合物(尤其是热塑性复合物)的最大允许温度清单"作为标准规定,因为这样的推荐可能会暗示由所有属于命名范围并业已展示其短时性能令人满意的材料制成的零部件,在列出的最大温度以下的一般应用中,在正常条件下具有安全长期运行特性。

    要认识到,谨慎选择列出的温度,结合确认的聚合物等级进行零部件可靠设计,将最有可能获得安全特性并使这些清单成为标准规定。然而,由于聚合性复合物的类型和性能之间的复杂关系,偶尔不情愿地选择和使用材料以及试图降低项目的成本从而降低安全裕度等问题似乎会阻碍清单的采用。

    最纯粹的解决方法是要求所有清单只是提供技术数据,但实际上是一种不会冒安全度危险的比较折衷的形式。可以感觉到,由于应用了认真制定的标准清单而得到的安全对低容量、低过载的电工产品会是令人满意的,但当容量和能量的水平增加时,可能趋向于不足。

因此,推荐产品技术委员会凭借对其产品的应用范围和条件的较多知识,去规定有关各种类别复合物的清单应该是标准的还是提供技术数据的。

2) 还应给出第二个清单,该清单是表明符合列入材料名称的具体复合物,业已达到什么样的安全运行温度。

应当认识到,在制定清单过程中,由于业已从大多数以类型划分的基础聚合物发展起来复合物范围十分宽广,因此,要求有一个综合性的聚合物命名体系以便从安全方面足以区分这些复合物,同时也包括使用再加工材料和回收材料。

5 清单

表1给出了清单的推荐形式。

表 1 推荐的清单格式

材料名称	正常运行条件下的聚合物基复合物的最大允许温度[a]/℃	应用于正常条件下的设备中并符合命名的具体商品复合物的已实现的运行特性[a]

[a] 起草表1时,已经假定:

1) 不存在可能会明显影响长期运行特性的极端的几何或机械因子,例如,材料的厚度、高机械应力、振动、疲劳、蠕变等;

2) 不存在有害的环境材料,例如,过量的氧、臭氧或其他气体,过量的水分、或温气、油类,致冷剂、溶剂、食品添加剂、洗涤剂、酸、碱、氧化剂、还原剂、催化剂等;

3) 不存在有害的特殊环境辐射,例如,微波、红外线、强光、紫外线、X射线、伽玛射线、高能粒子等;

4) 不存在有害的特殊的生物因子。

下列各条就与清单有关的各条内容和结构作出具体推荐。

5.1 包含在第1栏"材料名称"内的数据选择

制定任何建议性清单的目的是在真实制造名字/商品聚合物的名称(牌号)不可能公布的场合,就(任何选择)具体类型的聚合物基复合物的最大安全工作温度方面作出指导。

(复合物)命名应该是综合性很强,使归入目录的任何复合物都能满足所指出的运行特性要求。前述条款已说明需要一种综合性命名体系,但有可能盼望到的只是一种折衷形式——清单越保守,所要求的命名的综合性越差——虽然这种折衷形式可能会带来降低有效实用程度的弊病。

应该认识到,聚合物基复合物的组成是一门高技术科学:用作改进一种性能的组分会轻易地产生不想要的副作用并影响到其他性能。聚合物组成中的组分,除了可以包括以类别划分的基础均聚/共聚/三聚物外,还有被称作为混合物或合金的另一些聚合物复合物、热稳定剂、填料、增强剂、成核剂、固化剂、单体/聚合增塑剂、颜米、耐燃/耐火剂等。

还应考虑在新材料与再加工材料及回收材料之间经常发生的添加量与性能值之间的矛盾。

可能的情况是:IEC已经对某些材料发表了命名和规范体系(如果是这样,采用这些体系应认真考虑)。绝缘材料范围已经出版了一系列规范,但对聚合物模塑材料至今没有出版标准。命名和分类体系业已由ISO出版,例如ISO 7391-1、GB/T 1630等,但几乎还没有相应系列的规范或要求。尽管如此,ISO聚合物的命名和分类体系看起来是综合性的并可以适合作为一个基础清单体系(见附录B中的例子)。

5.2 包括第2栏"正常运行条件下聚合物基复合物的最大允许温度"内的数据选择

在选择这些温度时,应适当考虑通常预期的材料性能的长时间变化,例如,机械的、电气的和燃烧的性能。

这些数据应以实际运行经验或相对温度指数为依据,但应属于命名范围内并考虑条款说明的任何复合物,当其应用在不超过第2栏中所规定的正常温度时,在长期热应力作用及对材料性能影响方面,在产品的整个寿命期内使用时必须令人满意。

因此推荐:下列的条款说明包含在任何表格的附近并指明它适用于本标题下的条目,同时也适用于按5.3所述的那些条目。

由于材料的名称不是很精确的,因此,第2栏中的数值必然是比较保守的。

(测定一般电工用的正常运行条件下聚合物基复合物的最大允许温度的方法正在考虑之中)。

5.3 包含在第3栏"应用于正常条件下的设备中并符合产品命名的具体商品复合物的已实现的运行特性"内的数据选择

温度的数值应建立在对一台业已证明有令人满意的运行记录的电工设备进行测量的基础上。本栏目的目的是要指明选择一种属于命名范围内的商品复合物能达到什么目的。假设是对照包含在第2栏内的必要的保守数值去选择一种高服务期的组成。

因此推荐:任何这样的第3栏都应参照下述段落内容:

在第3栏内,作为示范性和信息类的正常运行条件下最大允许温度的数值,对符合分类要求的特定等级的聚合物,业已在令人满意的长时间运行中获得了实现。只有给出使用于正常运行条件下,在实际的或非常相似的设备中使用这类材料业已证明具有运行经验的情况下,这样的温度才是允许的。

6 对"非正常运行条件下聚合物的最大允许温度"清单的考虑

按3.3定义,非正常条件是因事故和/或可预见的超载引起的。预料这些非正常条件对工作在"无人操作下"设备,存在的时间长短不超过10 h,和在其他情况下非常短暂时间。

热塑性聚合物基复合物制成的零部件,在非正常运行条件下的机械稳定性,受到使材料性能大大降低和/或使这些材料熔化时的温度的限制。无定形热塑性材料,在临界温度之上展现出其刚性急剧降低;而半结晶热塑性材料为基的复合物,在它们最终熔化之前,多半是逐步软化。在着手试验之前,总是应该对材料短时热行为的技术数据进行测定。

因为设计细节对使用于非正常条件下的聚合物行为有很大的潜在影响,又因为这样的非正常条件是由可预见情况引起并仅仅持续不超过10 h,因此,把清单范围扩大到包含有聚合性复合物在非正常运行条件下的聚合物基复合物最大温度的数字的建议,无论从需要还是从可行都是不能接受的。

因此建议,测试实验室应通过模拟方法评价这些短时影响。常用的球压痕试验、泄漏电流测量以及耐电压测量(见GB 4706.1例子),这些试验似乎都是可行的和必要的。灼热丝试验(GB/T 5169)和/或某一种燃烧试验(GB/T 11020)对保证有足够耐火性可能是有用的补充。

附　录　A

（资料性附录）

以丙烯作为唯一单体或主要单体的热塑性复合物的范围

聚合物类型　　　　　　　　均聚物、无规及嵌段共聚物

主单体　　　　　　　　　　丙烯

共聚用单体　　　　　　　　乙烯,5%以下

其他类型　　　　　　　　　改性弹性体

增强剂　　　　　　　　　　偶合剂处理后的玻璃纤维,40%以下

填料　　　　　　　　　　　碳酸钙、滑石粉、玻璃珠、云母、阻燃玻璃填料/偶合剂处理后
　　　　　　　　　　　　　　的玻璃纤维、混合矿物质等

填料含量　　　　　　　　　5%～40%

稳定程度　　　　　　　　　轻微/一般用/长期耐热/苛刻环境条件

拉伸屈服应力范围　　　　　15 MPa～101 MPa

(ISO 527-1:1993,50 mm/min)

弯曲模量范围　　　　　　　0.95 GPa～7.6 GPa

(GB/T 9341—2000,10 mm/min)

负荷下变形温度　　　　　　51 ℃/93 ℃至 135 ℃/160 ℃

(GB/T 1634.2—2004,方法 A 和 B,1.8 MPa～0.45 MPa)

附 录 B

（资料性附录）

热塑性材料命名体系

热塑性材料命名体系是基于下述标准化模式（ISO 7391-1）：

命名						
说明栏（任选）	身份栏					
	国际标准	单位项目				
	数据组编号	第 1 数据组	第 2 数据组	第 3 数据组	第 4 数据组	第 5 数据组

该命名模式由标有"热塑性材料"字样的任选栏和一个包括国际标准编号和单个项目栏组成的身份栏构成。为了清楚地编码，把单个项目栏分成五个数据组构成下述信息：

No.1：用符合号区别塑料，例如，PC 表示聚碳酸酯；

No.2：第 1 位，预期应用或加工方法，第 2 位～第 4 位：重要性能，添加剂和补充信息；

No.3：指定性能，例如，对聚碳酸酯、粘度值、熔体流动速率以及冲击强度；

No.4：填料和增强材料及其标称含量；

No.5：作为规范用，第 4 数据组可以增加含有补充的信息。

选自 ISO 7391-1 的例子。

B.1 编码例子

B.1.1 一种聚碳酸酯（PC）注塑成型（M）材料，经耐强光和/或气候作用稳定（L），带有模塑脱模剂（R），粘度值为 59 mL/g（61），熔流速率（MFR 300/1.2）9.5 g/10 min（09），简支梁冲击强度，缺口型，35 kJ/m² （B7），可以把其命名为：

热塑性材料命名为：ISO 7391—PC，MLR，61-09-B7

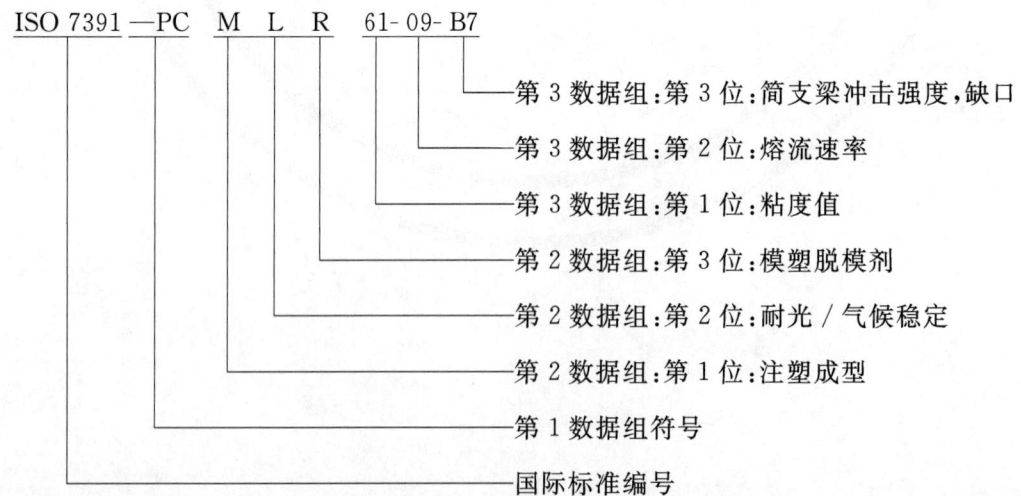

B.1.2 一种一般用（G）、具有特殊燃烧特性（F）的聚碳酸酯（PC），其粘度值为 56 mL/g（55），熔流速率（MFR 300/1.2）为 5.5 g/10 min（0.5），简支梁冲击强度无缺口试样，为 35 kJ/m²（A3），玻璃（G）纤维（F）含量为 30%（30），可以把其命名为：

热塑性材料命名为：ISO 7391—PC，GF，55-0.5-A3，GF 30 或缩写成：ISO 7391-PC…，GF 30

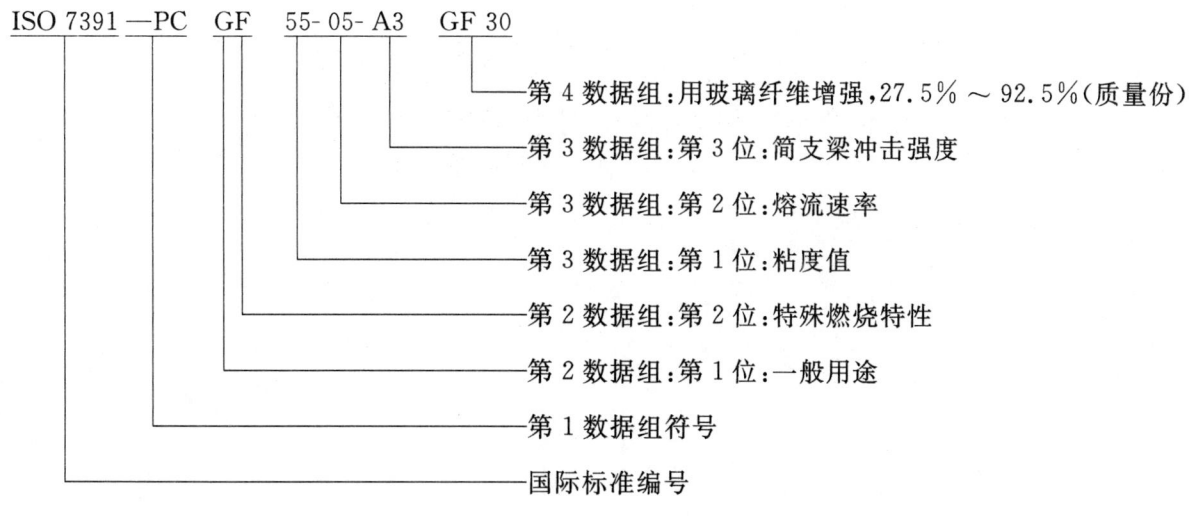

ICS 29.035.99
K 15

中华人民共和国国家标准

GB/T 22689—2008/IEC 60343:1991

测定固体绝缘材料相对耐表面放电击穿能力的推荐试验方法

Recommended test methods for determining the relative resistance of insulating
materials to breakdown by surface discharges

(IEC 60343:1991,IDT)

2008-12-31 发布　　　　　　　　　　　　　　　2009-11-01 实施

中华人民共和国国家质量监督检验检疫总局
中国国家标准化管理委员会　发布

前　　言

本标准等同采用 IEC 60343:1991(第2版)《测定固体绝缘材料相对耐表面放电击穿能力的推荐试验方法》(英文版)。

本标准在技术上与 IEC 60343:1991(第2版)一致,仅做了下列编辑性修改:

——删除了 IEC 60343:1991 的前言和引言,增加国家标准的前言;

——用小数点"."代替作为小数点的逗号",";

——在第2章的规范性引用文件中,将 IEC 60212:1971 改写为 GB/T 10580—2003。

本标准由中国电器工业协会提出。

本标准由全国电气绝缘材料与绝缘系统评定标准化技术委员会(SAC/TC 301)归口。

本标准起草单位:桂林电器科学研究所、机械工业北京电工技术经济研究所。

本标准主要起草人:王先锋、郭丽平。

本标准为首次发布。

测定固体绝缘材料相对耐表面放电击穿能力的推荐试验方法

1 范围

本标准规定了固体绝缘材料相对耐表面放电击穿能力的试验方法。

本标准适用于评定固体绝缘材料暴露于表面放电时的相对耐击穿的能力。

2 规范性引用文件

下列文件中的条款通过本标准的引用而成为本标准的条款。凡是注日期的引用文件,其随后所有的修改单(不包括勘误的内容)或修订版均不适用于本标准,然而,鼓励根据本标准达成协议的各方研究是否可使用这些文件的最新版本。凡是不注日期的引用文件,其最新版本适用于本标准。

GB/T 7354—2003 局部放电测量(IEC 60270:2000,IDT)

GB/T 10580—2003 固体绝缘材料在试验前和试验时采用的标准条件(IEC 60212:1971,IDT)

GB/T 16927(所有部分) 高电压试验技术 (eqv IEC 60060-1、IEC 60060-2)

3 原理

当固体绝缘材料暴露于工业用频率的电场强度中而产生表面放电时,需要有一些简单的方法来评定其相对耐表面放电而击穿的能力。

经验表明,在试验期间,如果在电极周围及试样表面通以干燥循环空气,则用几种不同类型的电极产生表面放电,并以材料完全击穿作为耐久试验的判断标准,可得到材料有关该类应力的相似而有重复性的分级。

4 试验装置

4.1 试验电极

试验应使用一个不锈钢圆柱电极和一个平板电极。不锈钢电极应符合如下要求。

4.1.1 圆柱电极

直径为 6 mm±0.3 mm 的圆柱体,其边缘倒成半径为 1 mm 的圆弧。该电极的质量不超过 30 g,且应垂直放置于试样表面。对于柔软材料,为防止可能发生的机械损伤,允许此电极与试样间有一个不超过 100 μm 的间隙。

对于很薄的试样(厚度小于 100 μm),较为方便的做法是将其放在固定间距 100 μm 的两电极之间。

当必须要采用小试样从而减少其电容发热时,允许采用直径小于 6 mm 的圆柱电极,电极边缘倒成半径为 1 mm 的圆弧。

图 1 为两种可采用的电极装置的示例。当上电极与试样间不需要有间隙时,可用在图 1b)中所示的装置来防止电极发生轻微倾斜,也可用其他合适的装置。

4.1.2 平板电极

平板电极的面积应大于在试验电压下圆柱体电极放电所覆盖的面积。

4.1.3 电极装置

电极装置应具有轴对称。进气口所在的位置应满足对各种电极都有尽可能均匀的空气分布,以保证结果的重复性好。在一个试样上面可用一个或多个电极进行试验。如果使用多个电极,电极间距应足以防止相邻电极间放电的相互影响,且应不小于 50 mm,见图 2。

4.2 试样

应在具有下列标称厚度之一或几个厚度的试样上进行试验(即 3.0 mm,1.6 mm,1.0 mm,500 μm, 100 μm 和 25 μm)。对于每个标称厚度,应在每个电压下做 9 个试样的试验。

试样应有合适的面积以避免闪络,并具有均匀而符合标称偏差的厚度,经受放电的试样上表面应没有污染。

为避免试样与平板电极间可能发生的微小放电,必须在试样下表面加一个导电电极。应注意确保所选择的电极材料不影响或不明显改变试样的性能。

通常可使用下述材料:

a) 真空镀铬、银或金。试样在加上电极后必须进行条件处理;

b) 锡箔或铝箔。厚度为 0.025 mm,与试样同面积。用合适的凡士林或硅脂将其粘到试样上。 所用的油脂量应尽可能少。必须防止油脂粘到试样的另一面,且油脂不会因化学降解而对试样产生有害影响;

c) 导电银漆。

应按 GB/T 10580—2003 处理的试样上进行试验。

注:特殊试验可在薄膜材料叠层上进行,但其结果多半与等厚的相同材料的试验结果不一致。

4.3 试验条件

通常在不受应力的试样上进行试验,但也可以在放电过程中使试样同时经受机械应力,可以施加拉力,也可在曲面电极上使薄片试样弯曲。当施加机械应力时,应使硬质材料的变形不超过 0.5%,对柔质材料的变形不超过 5%。

通常,应在相对湿度不超过 20% 的干燥空气中进行试验(使空气通过一个盛有例如 $CaCl_2$ 的合适干燥剂的干燥柱,便可得到 20% 或更小的相对湿度)。

空气应有足够的干燥度,且其流速应足够大,以保证试验条件下测得的寿命不受降解产物局部浓度的影响(对每一试样空气流速为 0.5 L/min 比较合适)。

注 1:通常在 23 ℃±2 ℃ 的温度下进行试验。也可在别的温度下例如在被试材料的使用温度下或按照 GB/T 10580—2003 进行试验更为有益。

注 2:在特殊情况下,可在不是空气的其他媒质中进行试验。

注 3:为防止由于活性气体(例如在空气中的 O_2 和 NO_2)而可能损害健康,建议在密闭容器内试验,使空气流过试样后直接排出实验室。

4.4 试验电压

4.4.1 试验电压的频率和波形

推荐在工频下(48 Hz~62 Hz)进行试验,如果在更高频率下进行试验,则应测定在试验条件下被试材料的耐久性与频率的函数关系,以计算出其在工频下的等值耐久性。如果在工频下进行试验,则需要报告工频下的计算寿命和在试验频率下测得的试验寿命。

工频或较高频率的电压应近似于正弦波,其峰值与有效值之比应小于 $\sqrt{2}\times(1\pm5\%)$。试验电压中不包含振幅超过 5% 的谐波(见 GB/T 16927)。

4.4.2 新材料试验

在同一频率及其他条件相同的情况下,应至少以 3 个电压点来确定寿命随外施电压的变化。最高试验电压的选择要使试样寿命相当于在工频下不小于 100 h;最低试验电压的选择要使试样寿命相当于在工频下不小于 5 000 h。

对薄试样(厚度小于 100 μm)允许选择的最低试验电压,使预期寿命相当于在工频下为 1 000 h。

同时试验 9 个试样,当第 5 个击穿后结束试验。该击穿值代表中间值。

4.4.3 在前已评定过的材料上做例行验收试验

应在根据先前对材料研究而预定的电压及测定频率 f 时试验寿命,以使材料相当于在工频下一年破坏。

对薄材料(厚度小于 100 μm),试验电压的选择要使预期寿命在工频下为 1 000 h。

5 电气设备

5.1 高压电源

在工频(48 Hz～62 Hz)下测试所采用的升压变压器、调压器、断路器及电压伏特表应符合 GB/T 16927 的规定。

在较高频率下测试,可以采用发电机、变压器或具有适当功率输出的电子振荡器。

5.2 终点控制装置

假如试样上有干燥空气循环,则试验电压的短时中断(几分钟)几乎对寿命无影响。因此,当一个电极下的试样破坏后,允许断路器动作以及切断试验电源并同时停止用于记录试验时间的记时钟。然而,更方便的是将每一个试验电极串联一个熔断丝或断路器,这样可记录每个试样的试验时间。合适的熔丝装置是由一根 0.03 mm 的细铜丝与高压电极串联组成。熔丝粘在一个插脚和记时装置相连的微型开关的动臂之间。

与每一试样串联的电阻应不超过 10 kΩ。

注:应注意当一个试样破坏或断开电路时,不应由于可能的电压波动而对剩余的几个试样产生干扰。

6 程序

试验装置应满足第 4 章的要求。

按 4.2 所述准备试样,并将其放在 4.1 所述的电极上或电极间。使用满足第 5 章要求的电气设备,在上、下电极间施加电压。按 GB/T 7354—2003 所述的任一方法测量表面放电。

试验条件的规定应包括如下方面:

a) 要求做型式检验或例行检验;
b) 试样厚度的测量方法;
c) 在每个电压下的被测试样数若大于 9 个,应规定试样数;
d) 试样上表面和棒状电极间的间隙;
e) 试样和平板电极的接触方式(例如真空镀铝、银漆);
f) 若试验温度不是 23 ℃±2 ℃,应规定试验温度;
g) 若试验周围媒质不是空气,应规定具体媒质;
h) 若试验环境相对湿度大于 20%,应规定具体的相对湿度;
i) 在整个试验过程中加到试样上的机械应力的水平和类型;
j) 试验频率;
k) 所选择的试验电压是使试验寿命至少相当于工频时的 1 000 h 还是 5 000 h。

7 应考虑的因子

当试样暴露于放电条件下,随着应力的增加,绝缘的耐久性迅速降低的过程与绝缘的类型、厚度、周围媒质的温度有关。只有当使用完全相同的电极装置,且其他试验条件保持不变时,其数据才具有可比性。

7.1 绝缘厚度

在耐久性试验开始时发生表面放电的电场强度(E_i)是绝缘厚度和相对介电常数的函数。在试验过程中 E_i 值会改变,应测定其起始值。用厚度作为一个参数,画出施加的电场强度 E 与试验寿命的关系,便可确定厚度对耐久性的影响,见图3a)。

对于圆柱棒电极对绝缘平板的放电,试验寿命随 E/E_i 比值的增加而降低。而较薄试样往往比较厚试样降低更快。画出一种材料 E/E_i 与试验寿命的关系图,可对它的耐放电性得到更好的了解,见图3b)。

E 和 E_i 分别为施加的电压和放电起始电压除以平均试样厚度所得的值。

7.2 环境温度

许多材料的耐放电性随温度增加而降低。

7.3 机械应力

拉伸应力会使许多材料的耐放电性下降。而压缩应力无明显影响。

7.4 湿度

在潮湿大气下形成的导电膜可降低放电能力,但会引起化学降解。

7.5 空气压力

空气压力增加可使起始表面放电电压增高。然而,此时若发生放电,则因放电较强而使试验寿命减短。

7.6 频率

若频率过高,积累的热量可引起热击穿,从而在高频下测得的电压耐久性寿命短于在工频下测得的电压耐久性寿命。

7.7 导电表面层

在较高频率下比之工频下可更快地形成导电表面层。它对放电特性有影响且常形成周期性的或完全的放电熄灭。因此,在较高频率下试验折算到工频的电压耐久性,可能会比在工频下实际得到的要高得多。

8 试验报告

试验报告应包括如下内容:
a) 制造商对材料的说明和标志,包括型号、名称、添加剂。
b) 试样制备方法及经受的预处理条件。
c) 试样的标称厚度及测得的厚度范围。
d) 在每个电压下试验的试样数。
e) 电极质量(若不是30 g,应注明)。
f) 试样表面与电极间间隙的宽度。
g) 高压电极(直径若不是6 mm,应注明)。
h) 试验媒质:空气或其他气体。
i) 上电极的温度和气压。
j) 湿度和每个试样上的气体速率。
k) 在试验时所加机械应力的性质和大小。
l) 试验电压频率。
m) 在所用的试验频率下,在每个试验电压下所有失效试样的击穿时间,如果试验频率不是48 Hz~62 Hz,还应注明这些值相应于在工频下的计算值。
n) 如果可能,在每个试验电压下电老化试验开始时的最大放电量(以pC计)。
o) 以图形表示的试验结果。用电场强度 E 对试验寿命中间值来表示的表面放电寿命曲线,见图3a)的示例。可将图画在半对数或对数纸上。另外还可加上用 E/E_i 表示,如图3b)所示。

单位为毫米

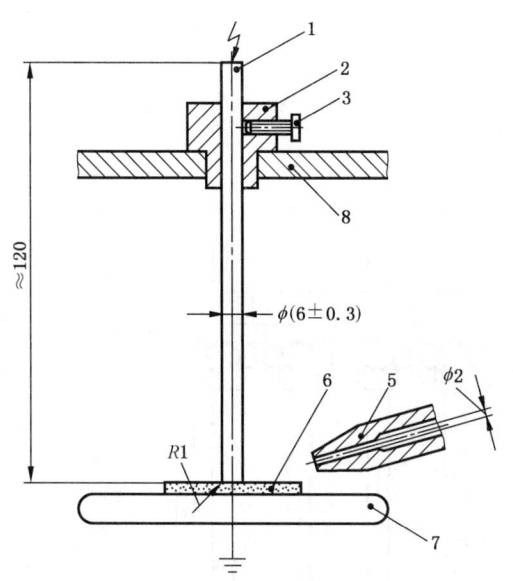

a) 用单根圆柱电极的例子

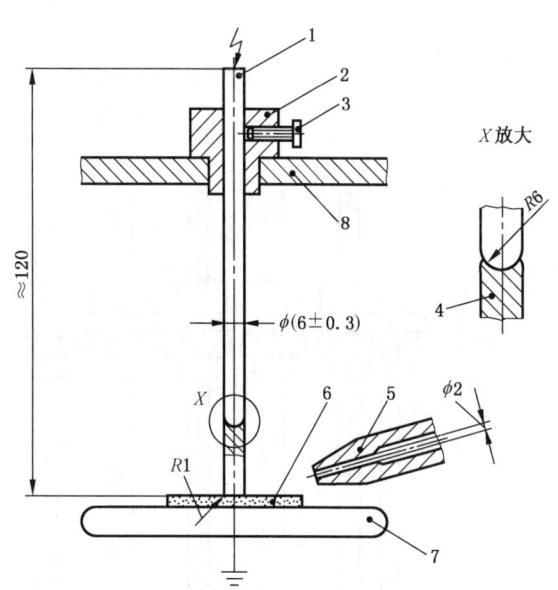

b) 用两根有活节的不倾斜的电极

1——高压电极；

2——带有高压电极接线的导向套筒(用其他方法也可)；

3——调节电极间隙用的紧固螺钉(用其他方法也可)；

4——高压电极的下部分(当需要时)；

5——空气喷嘴(例如用 PVC 制成)；

6——试样；

7——低压电极；

8——电极支架(例如由云母玻璃板制成)。

图 1　电极装置示例

单位为毫米

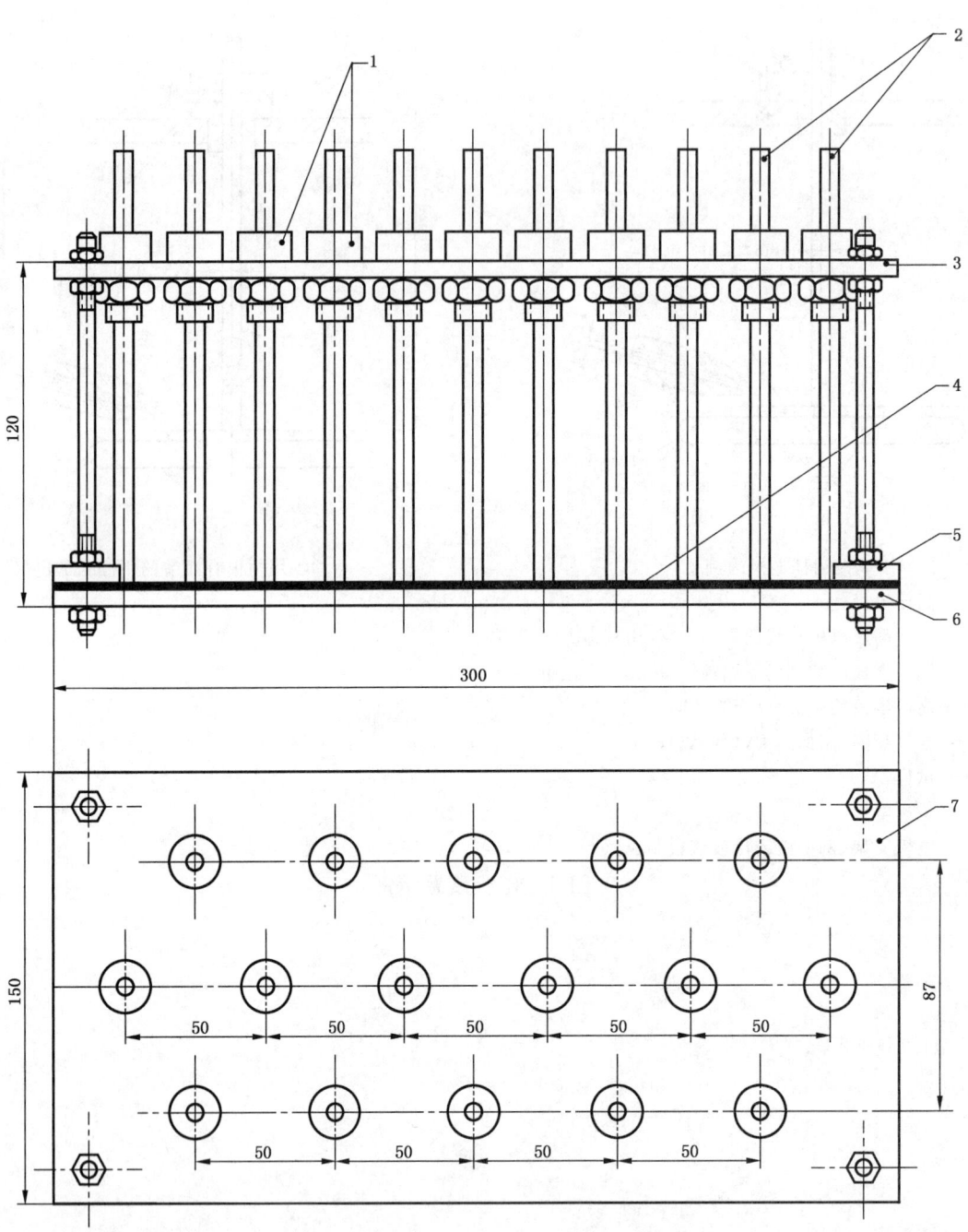

1——圆棒电极夹紧装置；

2——高压电极 $\phi(6\ mm\pm0.3\ mm)$；

3——云母玻璃板；

4——样品；

5——样品夹紧装置；

6——低压电极；

7——云母玻璃板。

图 2　电极装置示例

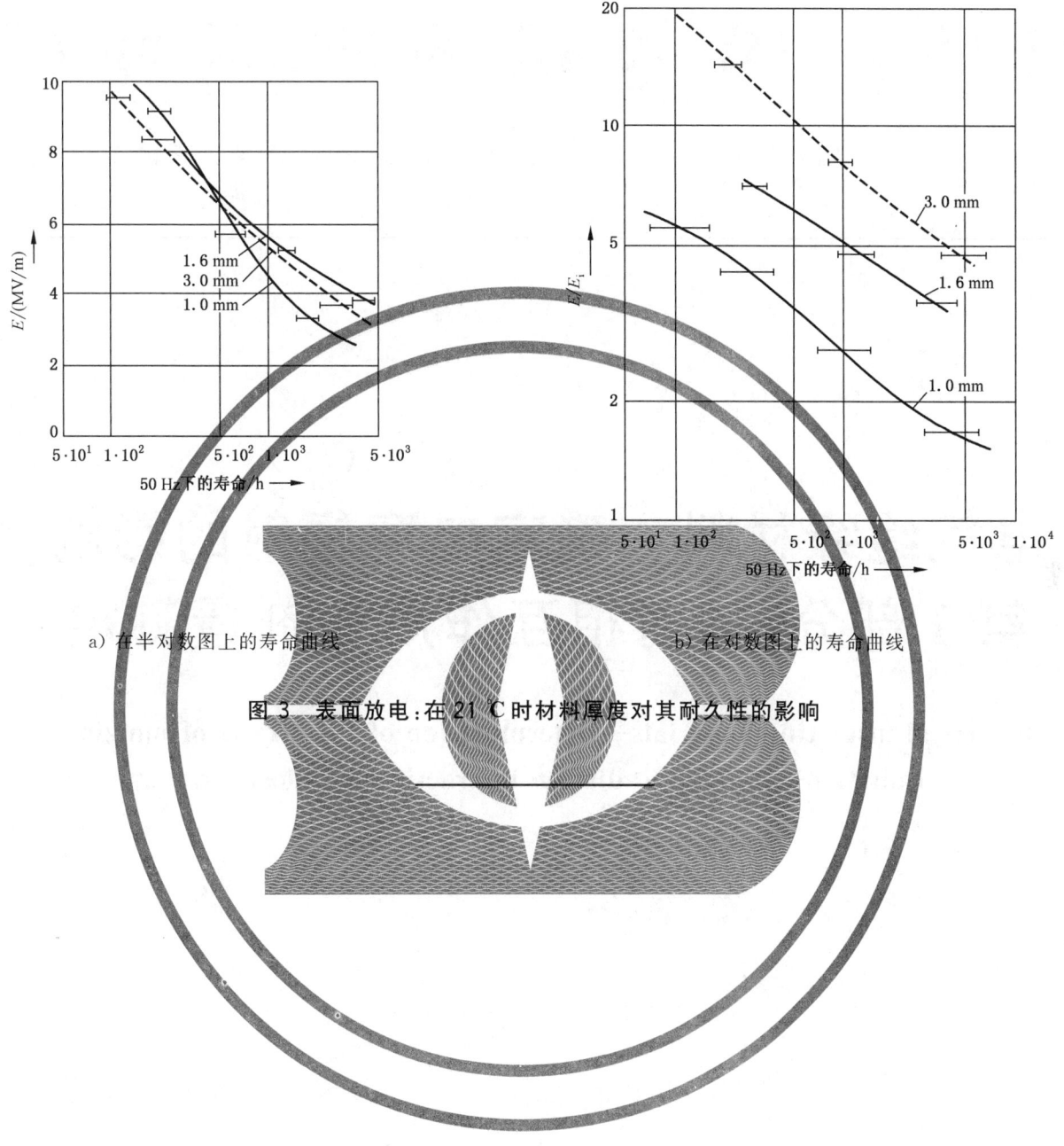

a) 在半对数图上的寿命曲线　　　　　　b) 在对数图上的寿命曲线

图3　表面放电:在21℃时材料厚度对其耐久性的影响

ICS 29.035.20
K 15

中华人民共和国国家标准

GB/T 26168.1—2010/IEC 60544-1:1994

电气绝缘材料 确定电离辐射的影响
第 1 部分：辐射相互作用和剂量测定

Electrical insulating materials—Determination of the effects of ionizing
radiation—Part 1：Radiation interaction and dosimetry

(IEC 60544-1:1994,IDT)

2011-01-14 发布   2011-07-01 实施

中华人民共和国国家质量监督检验检疫总局
中国国家标准化管理委员会   发布

前　言

GB/T 26168《电气绝缘材料　确定电离辐射的影响》分为4个部分:
——第1部分:辐射相互作用和剂量测定;
——第2部分:辐照和试验程序;
——第3部分:辐射环境下应用的分级体系;
——第4部分:运行中老化的评定程序。

本部分为第1部分。

本部分等同采用IEC 60544-1:1994《电气绝缘材料　电离辐射影响的测定　第1部分:辐射相互作用和剂量测定》。

本部分在等同采用IEC 60544-1:1994时做了如下编辑性修改:
——用小数点"."代替作为小数点的逗号",";
——删除了国际标准的前言。
——本部分的引用文件,对已经转化为我国标准的,一并列出了我国标准及其与国际标准的转化程度。
——本部分增加规范性引用文件章节,以下章节编号顺延。
——根据GB/T 1.1将原标准附录B中的参考文献单独列出。

本部分的附录A、附录B为规范性附录。

本部分由中国电器工业协会提出。

本部分由全国电气绝缘材料与绝缘系统评定标准化技术委员会(SAC/TC 301)归口。

本部分负责起草单位:机械工业北京电工技术经济研究所、上海电缆研究所。

本部分参加起草单位:核工业第二研究设计院、上海核工业研究设计研究院、沈阳电缆产业有限公司、常州八益电缆有限公司、江苏上上电缆集团、浙江万马电缆股份有限公司、浙江万马高分子材料有限公司、上海电缆厂有限公司、临海市亚东特种电缆料厂、上海凯波特种电缆料厂、安徽电缆股份有限公司、江苏华光电缆电器有限公司、工业和信息化部第五研究所、深圳市旭生三益科技有限公司。

本部分主要起草人:孙建生、吕冬宝、顾申杰、柴松、周叙元、王松明、杨娟、陈文卿、王怡遥、周才辉、项健、张万友、杨仁祥、居学成。

引　言

　　要制定合适的标准来评价绝缘材料的耐辐射能力是十分复杂的，因为这些标准与材料的使用条件有关，例如，如果绝缘电缆在为反应堆添加燃料的操作中变弯曲，它的使用寿命就是电缆吸收辐射剂量后，它的一项或多项力学性能降到规定值以下所需的时间。环境的温度、周边空气的组成以及吸收全部剂量所需的时间(剂量率或通量)都是决定化学变化速率和机理的重要因素，在某些情况下，短时变化也会成为限制因素。

　　首先必须明确材料曝露的辐照区域以及最终吸收的辐射剂量；其次，必须建立材料力学性能和电性能的测试方法，以便确定辐射降解，再将这些性能与应用要求联系起来从而形成合适的分级体系。

　　本部分介绍了绝缘材料的电离辐射效应相关情况；第2部分描述了在辐照过程中如何保持不同的曝露条件，也明确了这些条件的控制方法，以便得到需要的性能，此外，它还建立了一些重要的辐照条件，制定了性能变化的测定方法以及相应终点判据；第3部分定义了绝缘材料耐辐射能力的分级体系，并且提供了一套在辐射条件下表征工作稳定性的参数，是一个选择绝缘材料的导则；第4部分介绍运行中老化的评定程序。

电气绝缘材料　确定电离辐射的影响
第 1 部分:辐射相互作用和剂量测定

1 范围

GB/T 26168 的本部分规定了评价电离辐射对所有类型有机绝缘材料影响需考虑的各种因素。

本部分适用于针对 X 射线、γ 射线和电子射线,还提供了剂量测定术语指南、照射量和吸收剂量的测定方法,以及吸收剂量的计算方法。

2 规范性引用文件

下列文件中的条款通过 GB/T 26168 的本部分的引用而成为本部分的条款。凡是注日期的引用文件,其随后所有的修改单(不包括勘误的内容)或修订版均不适用于本部分,然而,鼓励根据本部分达成协议的各方研究是否可使用这些文件的最新版本;凡是不注日期的引用文件,其最新版本适用于本部分。

GB/T 26168.2—2010　电气绝缘材料　确定电离辐射的影响　第 2 部分:辐照和试验程序(IEC 60544-2:1991,IDT)

GB/T 26168.3—2010　电气绝缘材料　确定电离辐射的影响　第 3 部分:辐射环境下应用的分级体系(IEC 60544-4:2003,IDT)

3 术语和定义

以下术语和定义适用于本部分。

3.1

照射量(X)　exposure

照射量(X)是材料在电磁辐射场(X 射线或 γ 射线)受到的照射强度。照射量(X)是 dQ 除以 dm 所得的商,其中 dQ 的值是在质量为 dm 大气中,由光子释放的全部电子(负电子和正电子)在大气中完全被阻止时所产生的离子总电荷的绝对量:

$$X = \frac{dQ}{dm}$$

照射量的国际单位是库伦/千克(C/kg),原单位伦琴 R:1R=2.58×10⁻⁴ C/kg。

照射量描述了在标准的参考物质——大气中辐照,电磁场的电离辐射对材料产生的影响。

3.2

电荷通量(Q')　electron charge fluence

电荷通量(Q')是 dQ 与 dA 的比值,dQ 是时间 t 内在面积 dA 上发生的电子电荷碰撞数:

$$Q' = \frac{dQ}{dA}$$

3.3

电流密度(j)　electron current density

电流密度(j)是 dQ' 与 dt 的比值,dQ'是时间间隔 dt 内的电荷通量:

$$j = \frac{dQ'}{dt} = \frac{d^2 Q}{dAdt}$$

3.4

吸收剂量(D)　absorbed dose

吸收剂量(D)是与辐照场性质无关的被辐照材料吸收的能量,吸收剂量 D 是 dē 与 dm 的比值,dē 是

433

质量为 dm 的材料吸收到的电离辐射能的平均值。

$$D = \frac{\mathrm{d}\bar{\epsilon}}{\mathrm{d}m}$$

吸收剂量的国际单位是戈瑞(Gy)：

$1\ \mathrm{Gy} = 1\ \mathrm{J/kg}(= 10^2\ \mathrm{rad})$。

由于定义中没有区分材料的种类，戈瑞仅能用于针对某一具体材料而言。吸收剂量部分取决于被辐照材料的组成，不同的材料，即使曝露在同样的辐射场中，其吸收剂量往往也不同。

3.5

吸收剂量率($\dot{D}$) absorbed dose rate

吸收剂量率($\dot{D}$)是 $\mathrm{d}D$ 与 $\mathrm{d}t$ 的比值，$\mathrm{d}D$ 是时间间隔 $\mathrm{d}t$ 内吸收剂量的增量：

$$\dot{D} = \frac{\mathrm{d}D}{\mathrm{d}t}$$

吸收剂量率的国际单位是戈瑞/秒(Gy/s)；

$1\ \mathrm{Gy/s} = 1\ \mathrm{W/kg}(= 10^2\ \mathrm{rad/s} = 0.36\ \mathrm{Mrad/h})$。

4 评估绝缘材料耐辐射能力要考虑的因素

4.1 辐射场的评估

对于不同的辐射类型，其对辐射场的描述也不同。

4.1.1 电磁辐射场可用光量子密度和能量分布来描述，然而习惯上将能量达到 3 MeV 的 X 射线或 γ 射线用它在大气中的电离效应来描述，因此使用照射量的概念。

4.1.2 通常用电流密度(流速)来描述粒子场，如果粒子具有能量分布，比如电子束，就需要加上能谱的信息。

4.1.3 最终目的都是为了将置于辐射场中的任何材料的吸收剂量和剂量率能够计算出来。将不同的材料曝露于等通量的光子或粒子下，它们吸收的能量可能是不同的。首要目标是确定标准的方法和步骤来测量曝露绝缘材料的辐射场特性。第五章列出了一系列符合这一目标的辐射剂量测定技术和相关参考文件。

4.2 吸收剂量和吸收剂量率的确定

利用辐照探测器(例如电离箱、热量计和化学剂量计)来测量，并计算辐射场中被辐射材料的吸收剂量或吸收剂量率数据的技术已比较完善。第 5 章讲述了可靠且方便的测量技术，第 6 章包含了用在 X 射线或 γ 射线中测量的数据来计算其他材料的吸收剂量或吸收剂量率，其数据依赖于材料或能量，而第 7 章给出了估算电子辐射剂量的方法。

4.3 辐射诱导的变化及其测定

尽管辐射与物质的相互作用的种类是繁多的，但主要过程还是分子中离子的产生和电子激发态的形成，进而导致自由基的产生；辐射也会产生自由电子，这些自由电子会在低位能点被捕获；第一种现象会造成材料永久的化学、力学和电性能的变化，第二种现象会导致暂时的电性能变化。[10]

4.3.1 永久性变化

在高分子材料中，辐照过程中产生的自由基会导致裂解和交联反应、从而改变绝缘材料的化学结构，通常会导致力学性能的降低，力学性能降低会频繁导致电性能发生显著改变，但是更严重的是在力学性能严重降低之前，电性能有时会发生重大变化。例如，介质损耗角和介电常数的变化对谐振电路的可靠性影响很大。交联和裂解的程度依赖于吸收剂量、吸收剂量率、材料结构和辐射的环境条件，因为自由基有时消除的很慢，可能会发生辐射后效应。

4.3.1.1 环境条件和材料形状

在测量辐射效应过程中，要严格控制并记录环境条件和材料形状，重要的环境参数包括温度、反应介质以及辐照期间的机械和电应力,如果有空气,由于氧气扩散效应和氢过氧化物断裂速率常数的原因,辐照时间(通量和剂量率)也是很重要的试验参数,这两个因素都与时间相关。要控制影响聚合物中氧气扩散和平衡浓度的条件,包括:温度、氧气压力、材料形状以及辐照时间。

如果用连续的应力来模拟同时有多种应力的效果,例如:高温下辐照,可能会出现其他结果;如果试样先辐照再加热或者反过来,结果可能也是不一样的。

4.3.1.2 辐射后效应

在有机聚合物中,反应活性物质(如残留的自由基)的缓慢消耗会导致辐射后效应。在进行评价的时候应对此作出修正试验,测试应在辐照后适当的时间内进行,并确保试样被保存在标准的实验室气氛中。氧气与残余自由基的反应会导致进一步的降解。

4.3.2 短时效应

4.3.2.1 尽管本条不包括辐照过程中的性能测试,但是一些基础内容还是会涉及到。短时效应主要表现为辐照过程中以及之后的电性能变化,诸如诱导电导率;可以通过测定诱导电导率来确定短时辐射效应。这些效应主要与剂量率有关。

4.3.2.2 经验表明,诱导电导率和吸收剂量率 $\dot{D}$ 通常不完全成比例关系,反而随着 $\dot{D}^a$ 变化,α 小于1。辐射灵敏度描述如下:

$$\sigma_i = k\dot{D}^a$$

为了确定 k 和 α,至少要进行两项测试,更复杂的是,k 和 α 也和吸收总剂量有关。

4.3.2.3 由于电极材料中的光电子和康普顿电子会干扰试样本身的感应电流,所以对于诱导电导率的测量是非常精密的。穿过电离气体的离子流如果不消除,也会造成测量错误。应该确定消除这些干扰因素而保留相关因素的测试方法。

4.3.2.4 为了方便起见,使用单位剂量率的一个简单参数、例如诱导电导率 σ_i 和在同样测试条件下测得的暗电导率 σ_o 的比值 σ_i/σ_o 来表征材料短时效应的敏感性。

5 剂量测定方法

5.1 综述

在已知的辐射场中,使用物理测量方法而不依赖仪器测量来测定照射量、电流密度或者吸收剂量的方法称为绝对方法。定义中不直接涉及绝对方法的精确性,但是对仪器技术的研究和辐射诱导反应的基础研究结果表明,这些绝对方法,例如热量计,被广泛视为主要的剂量测定标准方法。在辐射效应的研究中,不仅经常用到这些实验方法,而且在辐射源计量的国家或国际标准实验室中能见到这些方法的应用。对于光子源,测量精度为在 2%~3%。这些方法可以作为不同实验室比较的可靠标准。

除了这些绝对方法,还有用于计量并有很多用途的,可测定吸收剂量的相对辐射量测定方法[21]。这都是基于在辐照场中,计量用材料吸收能量后能发生各种可测的化学反应或能量转移。许多辐照感应物,例如塑料薄膜或无机固体物被用于剂量测定,这样既相对容易操作且结果易于分析,在对于精度要求不高的时候,其优势明显。

5.2 绝对方法

5.2.1 伽马射线

5.2.1.1 大气电离室可用于测量 3 MeV 及以下的照射量 X。也就是说,它们设计用于测量大气中电荷量 dQ 以及产生电离电子的大气质量 dm。

5.2.1.2 如果 $\dot{D}$ 不太高,在确定达到平衡条件的情况下,可用空腔电离室测量照射量[9]。如果在特定的介质中,使用空腔电离室测定吸收剂量,所用的腔壁和气体都要与介质相匹配。对于某一特定类型的辐射,如果在两种介质中由吸收辐射造成的次级电离粒子的通量密度和能量分布相同,就可以说两种材料相配。

5.2.1.3 量热计的工作原理是:在辐射场中吸收能量,保留这些能量并转化为热能,而热量可以通过系统温度的升高来测量[4]，系统的热容可通过与辐射产生相同温升的电能输入量来测定。在某些系统中，辐射能量通过化学反应或非化学反应转化为化学能会有一些偏差，但这些偏差是可以校正的。尽管如此，由于吸收的辐射能向热能的转化建立了一个能量沉积与辐射量无关的系统，量热计已成为一种绝对方法，而其他标准方法都必须根据它来校正。

5.2.2 电子束

5.2.2.1 辐照量或放射量测定采用的是未修正的物理测定方法来测定吸收剂量或电子通量。有两种绝对方法可测定辐射量或放射量：一个是量热计法，另一个是电流密度计法。这些绝对方法主要用于校正常规剂量计，如果不使用常规薄膜剂量计的话，一般很难测量剂量-深度分布。

5.2.2.2 量热计法用于测量吸收剂量或能量通量。如果使用高空间分辨率的常规剂量计来测量相对剂量-深度分布，测得材料单位面积上的吸收能量就能够确定吸收剂量。简单的准绝热方法能被用作部分吸收型量热计[25]和全吸收型量热计。

5.2.2.3 电流密度方法是通过测量电子加速器单位面积辐射场的电荷或电流，它是一种放射量计量方法。[33]。这不是一种剂量测定方法，但是如果在同样的吸收材料中，与密度计的电荷吸收器相碰撞的平均电子能量和相对剂量-深度分布可用常规剂量计测出，这种方法就可用来测量吸收剂量。法拉第杯常用于电子束的电荷测量，但不适用于广角分布的宽电子束在单位面积上的电荷或电流的精确测量，测量电子加速器的散射宽电子束的一种简化方法是使用组装的非真空室石墨电荷吸收器[33][35]。

通过吸收器组装和与斜入射相关的电子背散射修正的特殊装置，能精确测得有效吸收面积；通过减少中心吸收器周围的额外电场的形成可避免周围空气中电离电荷的影响。

5.3 相对方法

5.3.1 化学转化剂量计的原理是：在辐射过程中会发生特定反应，而反应程度与吸收剂量成比例关系。硫酸亚铁（弗里克剂量计）被确定为此类方法中的标准，也是最可靠的，它应用广泛，适用于不同实验室之间的比较[4][9][1]。其他体系也是很重要的，因为它们能够扩展硫酸亚铁方法的使用范围。氨基酸类（丙胺酸）剂量计被 IAEA 推荐为转换标准[28][29][20]。塑料，无论着色或非着色，都适用作化学剂量计[18][22][23][34][32]。

5.3.2 其他相对方法都基于光致发光或热致发光产生的物理效应[3][26][8]。

5.3.3 如果由于环境条件（辐射前后的温度、湿度、气氛、光照等）、剂量率和辐射能谱的不同，相对剂量计会出现偏差，那它就只能在与校正条件一样的情况下使用。其他造成偏差的原因有：辐射前后的不稳定性、批次差别、响应特性的非线性、尺寸偏差、纯度或化学效应等。

5.3.4 如果剂量计特性与 γ 射线和电子束的辐射参数，如电子能谱、剂量率、辐照时间、辐照温度等无关，那么在 γ 射线下获得的校正常数或校正曲线也能适用于电子束。

5.4 测量吸收剂量的推荐方法

5.4.1 表 1 列出了一部分绝对方法和相对方法及其特性，例如：
  ——吸收剂量和吸收剂量率的范围；
  ——辐射能的影响；
  ——温度或湿度的影响；
  ——薄膜或目标物的材料和厚度；
  ——输出类型；
  ——实际应用情况；
  ——参考文件。

5.4.2 对于绝缘材料在高吸收剂量或高吸收剂量率下的辐照测量，难以使用剂量计，因为剂量计的部件会产生辐射效应或受损坏（比如，电离室的绝缘损坏）。

为了避免这种情况，需要特殊的试验和工艺。对列出的大多数方法的更全面综述可见[4]，以及表1列出的参考文件。

表 1 推荐的测量吸收剂量常用方法

方法	输出格式	剂量范围/Gy	剂量率范围/Gy/s	能量	温度	备注	参考文件
绝对方法							
量热计	温度	$10^{-1}\sim10^4$	$3\times10^{-3}\sim1.5\times10^4$	与能量无关	无影响	最常用的是绝热型。高精度的热阻传感器。直接电子输出适用于高能场	[4][27]
空腔电离室	电流		$\leqslant3\times10^2$	制造者说明	无影响	已商业化。直接电子输出。可用于低剂量和低剂量率常的精密测量	[9][33][35]
相对方法							
化学变换法 硫酸亚铁剂量计（弗里克剂量计）	分光光度	$4\times10^{-2}\sim4\times10^2$	$\leqslant30$	在0.66 MeV~16 MeV范围内与能量无关	在0℃~50℃影响极小，分光光度计输出敏感	实验室容易制备	[4][1][9]
硫酸高铈	分光光度	$5\times10^{-1}\sim10^5$	$\leqslant10^7$	同硫酸亚铁	影响小	对杂质敏感	
气相转变法 聚乙烯	氢气量	$10^2\sim10^7$	$3\times10^{-3}\sim3\times10^2$	无关	低于80℃	方便读出	
光学密度法 着色与不着色的聚甲基丙烯酸甲酯	分光光度	$2\times10^3\sim3\times10^5$	$\leqslant100$	无关	影响小		[5][36]
胶片剂量计膜	分光光度	$10^3\sim3\times10^6$	$\geqslant10^4$	无关	50℃以下无影响	对UV敏感	[18][22][23]
三乙酸纤维素膜	分光光度	$10\sim3\times10^5$	$\geqslant10^7$	无关	无影响		[34][32]
光致发光法 银活化磷酸盐玻璃	荧光	$10^{-4}\sim10^2$	$\geqslant10^7$	30 keV~1.2 MeV，放大10~30倍由玻璃尺寸、类型决定、屏蔽可改	从25℃起加照射量偏差的校正因子		[3][9][6]
热致发光法 氟化锂	荧光	$10^{-4}\sim3\times10^2$	$\leqslant5\times10^2$	50 keV~1.2 MeV，放大1.5倍	210℃有时间稳定发光峰	输出仪器和玻璃都已商业化。在γ和中子混合场不稳定	[19][9][26][8][6]
自由基法 丙氨酸	ESR 分光计	$5\times10^{-1}\sim10^6$		影响小		稳定性和重复性好	[28][29][20]

6 X 射线或 γ 射线吸收剂量的测定

6.1 综述

吸收剂量是描述绝缘材料辐照效应的参数。

推荐的测试是一种通过对 X 射线或 γ 射线辐射场的认识和材料组成来计算吸收剂量的技术[1][2]。通过一种材料的吸收剂量就可以计算在同样辐射场中其他材料的吸收剂量。

6.2 通过测量照射量来计算吸收剂量[13][14]

6.2.1 吸收剂量已成为比较不同辐射效应的基础,因此必须确定被辐射材料沉积的吸收剂量。试样在大气中的照射量可作为计算吸收剂量的基础信息。下面各条中的公式都是计算要用到的。表 2 和表 3 提供了必要的数值因数和计算示例。

表 2 数值因数 f_i(单位照射量的吸收剂量),单位 J/C,用于从绝缘材料所含元素的照射量
计算吸收剂量-计算式参见附录 B(使用原 CGS 单位,拉德和伦琴参见附录 B 备注)

光子能量/MeV	H	C	N	O	F	Si	S	Cl	P
0.10	59.3	31.1	32.4	33.8	34.7	64.7	87.2	99.2	72.9
0.15	64.7	33.0	33.4	33.8	32.7	41.1	47.3	48.8	42.2
0.20	66.3	33.6	33.6	34.1	32.3	36.7	38.8	38.8	36.7
0.30	66.7	33.7	33.8	33.8	31.9	34.6	35.2	36.8	33.9
0.40	66.7	33.6	33.7	33.7	31.9	34.0	34.3	33.1	32.0
0.50	66.7	33.7	33.7	33.7	31.9	33.6	34.0	32.7	32.7
0.60	66.7	33.7	33.7	33.7	32.0	33.7	33.8	32.5	32.7
0.80	66.7	33.6	33.7	33.7	31.9	33.6	33.4	32.3	32.7
1.0	66.7	33.6	33.7	33.7	31.9	33.4	33.7	32.1	32.4
1.5	66.7	33.7	33.7	33.7	31.8	33.7	33.6	31.9	32.4
2.0	66.7	33.7	33.7	33.7	31.9	33.8	33.8	32.4	32.8
3.0	65.1	33.5	33.7	33.8	32.2	34.5	34.5	33.5	33.5

表 3 数值因数 f_m(单位照射量的吸收剂量),单位 J/C,用于一些重要的绝缘材料及其他
化合物从照射量计算吸收剂量(使用原 CGS 单位,拉德和伦琴参见附录 B 备注)

材 料		f_m/(J/C)	
		1 MeV	0.1 MeV
聚苯乙烯	$(CH)_n$	36.4	33.3
聚乙烯	$(CH_2)_n$	38.2	34.9
尼龙-6	$(C_6H_{11}ON)_n$	36.8	34.5
聚二甲基硅氧烷	$(C_2H_6OSi)_n$	36.0	47.0
聚多硫化乙烯	$(C_2H_4S_4)_n$	34.9	77.9
偏二氯乙烯共聚物	$(C_4H_5Cl_3)_n$	33.7	77.5

表 3（续）

材　　料		$f_m/(J/C)$	
		1 MeV	0.1 MeV
聚四氟乙烯	$(CF_2)_n$	32.3	33.8
聚氯三氟乙烯	$(C_2F_3Cl)_n$	32.2	53.5
聚氯乙烯	$(C_2H_3Cl)_n$	34.5	70.5
聚二氯乙烯	$(C_2H_2Cl_2)_n$	33.3	81.4
聚吡咯烷酮	$(C_6H_9NO)_n$	36.4	33.7
聚乙烯咔唑	$(C_{14}H_{11}N)_n$	35.7	32.9
聚乙酸乙烯酯	$(C_4H_6O_2)_n$	36.0	34.1
聚甲基丙烯酸甲酯	$(C_5H_8O_2)_n$	36.4	34.1
磷酸三丁酯	$(C_4H_9)_3PO_2$	36.8	39.5
弗里克剂量计	—	37.4	37.2
注：这是 1 MeV 的数据，适用于 0.5 MeV～1.5 MeV。也适用于^{60}Co、^{137}Cs 以及 2 MeV～3 MeV 的 X 射线辐射。			

应用实例：

对于聚四氟乙烯，光能在 1 MeV 时的数值因数 f_{FTPE} 可以计算得出。PTFE 的分子式是 $(CF_2)_n$（不考虑链封端、不饱和度和杂质），C 和 F 的 $a_C = 0.24$，$a_F = 0.76$。

表 2 中给出的 1 MeV 时 $f_c = 33.6$ J/C，$f_F = 31.9$ J/C，将这些值代入式（2），得到：

$$f_{FTPE} = (0.24 \times 33.6) + (0.76 \times 31.9) = 32.3 \text{ J/C}$$

6.2.2 材料 m 的吸收剂量 D_m，计算式如下：

$$D_m = f_m X \qquad \cdots\cdots\cdots\cdots\cdots\cdots\cdots\cdots\cdots（1）$$

式中数值因数 f_m 是每单位照射量的吸收剂量的系数。为了计算 f_m，需要知道材料的成分以及元素 i 的数值因数 f_i：

$$f_m = \sum_i a_i f_i \qquad \cdots\cdots\cdots\cdots\cdots\cdots\cdots\cdots\cdots（2）$$

其中，a_i 是材料中元素 i 的质量分数；

而 f_i 是元素 i 的每单位照射量的吸收剂量。

6.2.3 表 2 给出光子能在 0.1 MeV～3.0 MeV 时，列出的各种元素的 f_i 值，单位为 J/C（f_i 见附录 B）。在带电粒子平衡的条件下，f_i 值才有效（解释见附录 A）。

表 3 给出一些常用材料在光子能 1.0 MeV～0.1 MeV 时按式（2）计算得到的 f_m 值。

6.2.4 对于很多有机材料，在光子能 0.5 MeV～1.5 MeV 时进行辐照，则式（2）中 f_m 计算大致如下：

$$f_m = (32.9 a_H - 1.94 a_F - 1.55 a_{Cl} - 1.16 a_P + 33.7) \text{J/C}$$

6.3　通过一种材料的吸收剂量计算另一种材料的吸收剂量

6.3.1 假设照射量恒定，在不考虑照射量的时候，数值因数在比较不同介质中的吸收剂量时也是有效的。根据附录 B 中式（B.2）在照射量恒定的情况下，两种介质的 f_m 的比值等于它们的质量能量-吸收系数之比 $(\mu_{en}/\rho)_m$；因此亦等于吸收剂量之比，在介质 1 中的吸收剂量 D_1，利用数值因数 f_1 和 f_2 就能把在介质 2 中的吸收剂量 D_2 计算出来，公式如下：

$$D_1 = \frac{f_1}{f_2} D_2 \qquad \cdots\cdots\cdots\cdots\cdots\cdots\cdots\cdots (3)$$

6.3.2　当使用化学剂量计时,测得的化学变化能直接转换为吸收剂量。如果入射光子能已知,通过 f_m 的比值就可用化学剂量计测得的吸收剂量算出在任何介质中的吸收剂量(受 6.4 的限制)。

6.3.3　例如,如果用弗里克剂量计测得 1 h 的 ^{60}Co 辐照的吸收剂量 $D_{Fricke}=5$ Gy,而要想得到的是 PE 试样在同样的辐射源中 1 h 的吸收剂量,那么计算如下。

　　　弗里克剂量计的质量分数:$a_H=0.11$,$a_O=0.88$,$a_S=0.013$。表 2 给出了 1.0 MeV 光子能的 f_i 值。将 a_i 和 f_i 值代入式(2),得到 $f_{Fricke}=37.4$ J/C。查表 3,$f_{PE}=38.2$ J/C,按照式(3)计算 PE 的吸收剂量:

$$D_{PE} = \frac{f_{PE}}{f_{Fricke}} \times D_{Fricke} = 1.02 \times 5 \text{ Gy} = 5.1 \text{ Gy}$$

6.3.4　同样,只要辐射能在 0.1 MeV 或 0.5 MeV～1.5 MeV,表 3 的数值因数可用于将表中任一种材料的吸收剂量换算成另一种材料的吸收剂量。

6.4　剂量-深度分布(局限性)

6.4.1　由于被辐射材料的吸收剂量分布是变化的,并且受试样厚度、密度、辐射能量的影响,有必要判定当射线穿透材料时,多大剂量变化是其承受的极限。常用的辐射源能量为 0.5 MeV～1.5 MeV,假设对于一个点辐射源,随意设定试样前后面的吸收剂量的差别为 25%(在试样中衰减 25%),并且没有叠加、试样密度为 1 g/cm³、单向辐射(见附录 A),那么如果辐射能为 0.5 MeV,则试样厚度为 2.8 cm;如果辐射能为 1.5 MeV,则试样厚度就能达到 5 cm。对于其他的辐射源结构(例如平板状的辐射源),试样厚度就会显著不同。

6.4.2　在附录 A 中,图 A.3 是密度为 1 g/cm³ 的试样在单向辐射中能量衰减 10% 和 25% 的厚度曲线。对于更高密度的材料曲线会向左偏移,对于更低密度的材料,则曲线会向右偏移。对于试样中 10% 或 25% 衰减的精确厚度,可以用图 A.3 中获得的值除以试样电子密度和 3.3×10^{23}/g 的比值再得到。由于曲线的计算仅基于衰减,忽略在更厚试样中的叠加,曲线给出的是单向辐射在给定能量和厚度下最大的衰减;非单向辐射会导致更大的衰减。

7　电子辐射的剂量估算方法

7.1　综述

7.1.1　在本章中,电子束的剂量估算方法主要适用于电子能量范围为几百 keV 至几 MeV,剂量范围为 kGy 至 MGy。

7.1.2　电子束辐射场常用电子能谱和电流密度来表征,电流密度是单位时间内、与单位面积辐照平面相碰撞的电荷数。束扫描电子加速器正常运行时,辐射平面瞬间电流密度的周期性改变取决于扫描频率。实际上,辐射场用穿过束窗和气隙之间的电子平均能量以及扫描周期内电流密度平均值来表征。试样表面的平均电子能量 E_m,可用下列计算式估算:

$$E_m = E_0 - \Delta E_w - \Delta E_a \qquad \cdots\cdots\cdots\cdots\cdots\cdots\cdots\cdots (4)$$

　　　其中 E_0 是电子未射到束窗前的原始能量,ΔE_w 和 ΔE_a 分别是电子在穿过束窗和气隙时的平均能量损失。每种能量损失大致等于撞击停止能和厚度(单位是 g/cm²)的乘积,或者在厚度远小于电子射程时,可用式(6)粗略估算。

7.1.3　辐射场中平均电流密度分布大致决定了材料吸收剂量率的横向分布,吸收剂量率横向分布在辐射场扫描轴的垂直方向一般呈现高斯分布。高斯分布的半峰宽依赖于电子能量、原子序数、束窗厚度以及束窗到试样的气隙距离。在静态辐射中,材料横向剂量的均匀性主要由平均电流密度的分布决定,如果扫描强度在扫描轴方向是均匀的,并且辐照采用一个恒速传输系统,这时材料的横向剂量分布也会是均匀的。

7.1.4 在静态辐射中,扫描过程中剂量率的平均值一般被估算为平均剂量率,下列两个因素使估算变复杂:ⅰ)电子束的重叠,ⅱ)试样在运输系统中的运动。

7.1.5 整个材料的剂量均匀性由剂量-深度分布决定,而后者与材料平面的横向剂量分布无关。图 1 是电子加速器在均质材料中形成的典型剂量-深度分布曲线。剂量-深度分布分为两个深度区域表征:一个是剂量累加区域,另一个是剂量降低区域。当能量高于 1 MeV 时,有效射程 R_u 大致随着电子能量呈线性增加,但是在电子束辐射中剂量随着深度的变化远大于在 γ 射线辐射中。表面剂量和峰值剂量的比率、有效射程与一些辐射参数有关,比如电子能量、材料的原子组成、束窗的厚度以及气隙的距离等,在典型的辐照状态下,如果电子能量高于 1MeV 这一比率是 0.6~0.8。

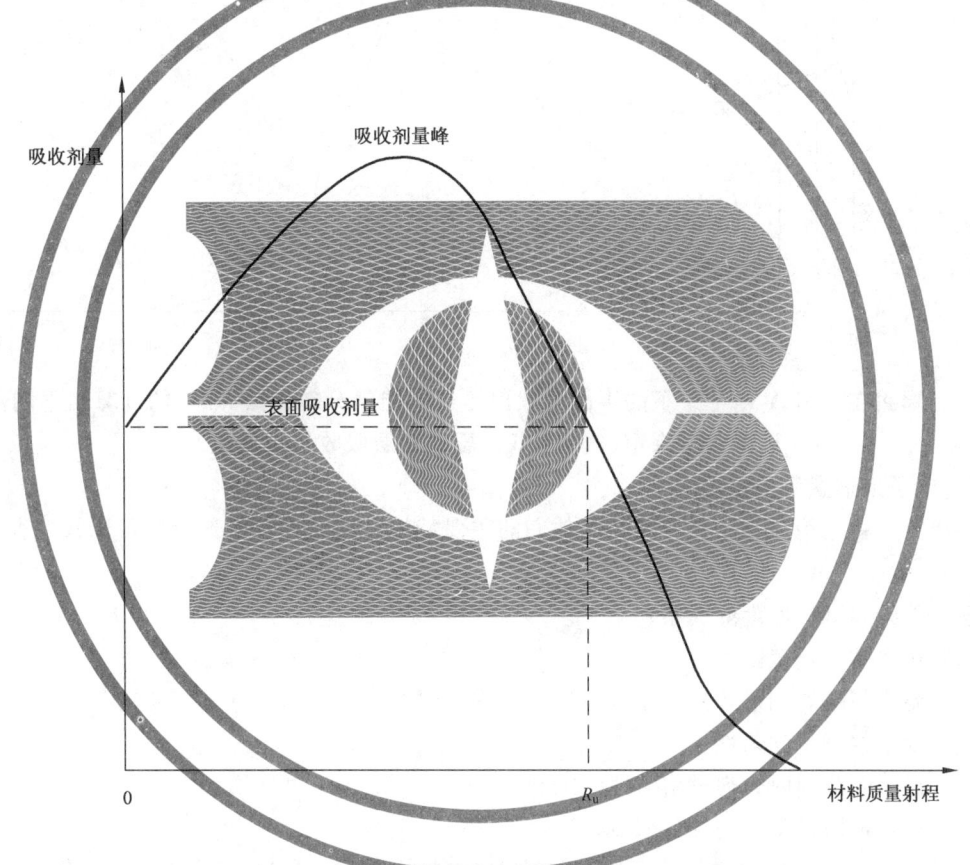

图 1 典型的电子加速器辐照过程中均匀材料的深度-剂量分布曲线

(加速电压>0.5 MV,R_u 为有效射程)

7.1.6 在一个三层平板吸收器(束窗、空气层和试样)[31][17]中,如果平面层状材料在辐射场中的运动方向与电子束扫描方向垂直,并且电子束正常是单能的、平行平面碰撞束窗,则材料每单位电子通量的剂量-深度分布可以作为能量吸收函数 $l(z)$ 的一部分计算。图 2 是平面层状聚乙烯材料曝露在 1 MeV 电子束下的 $l(z')$(z' 是三层的总厚度)计算结果的一个图例。三层的 $l(z')$ 差异与吸收剂量的差异不相等。图 3 是在同样辐照条件下测得的几种典型绝缘材料相对剂量-深度分布的对比图,不能忽视典型有机绝缘材料之间的差异,这是由于它们的质量撞击停止能和质量多次散射能不同,其不同主要取决于氢含量和有效原子序数。

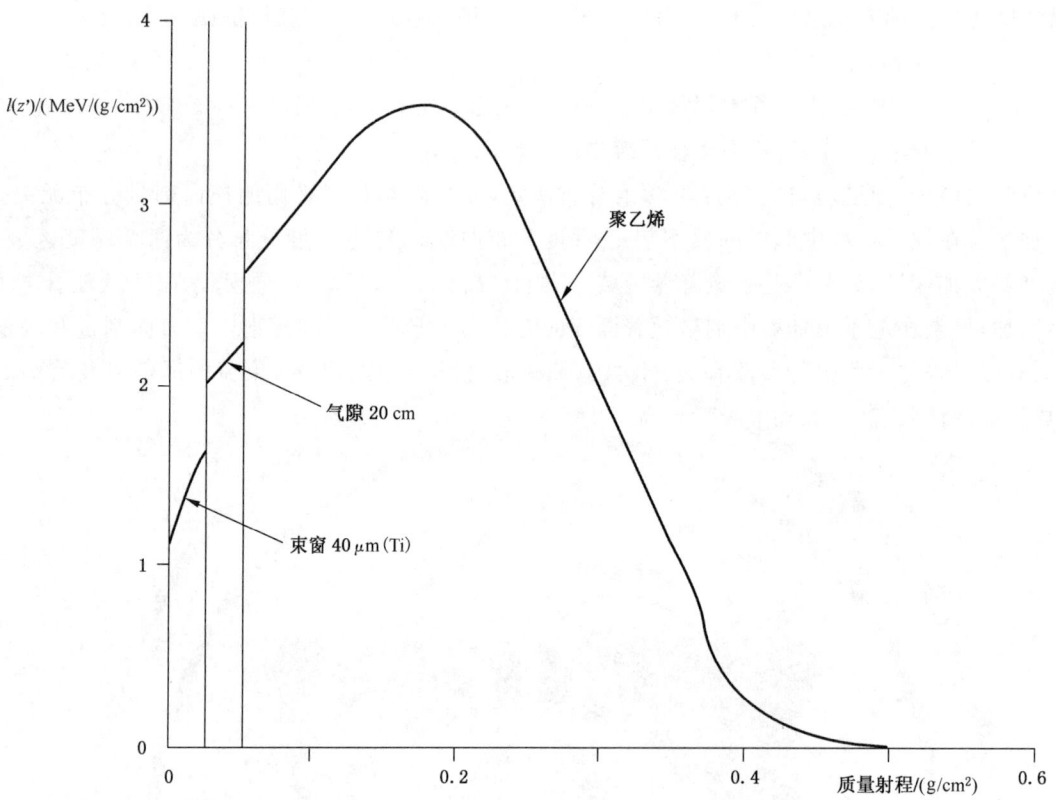

图 2　曝露在 1 MeV 电子束下的平面层状聚乙烯的能量分布函数 $l(z')$ 的计算结果图例
（z' 是包含束窗、气隙和 PE 层的三层吸收器总厚度）

7.2　推荐的电子束剂量测量步骤

表 1 给出了一系列绝对和相对方法及其他们的主要特性。一个推荐的剂量测量步骤检查列表包含如下内容[12]：

1）　电子能量和试样厚度的关系；

2）　试验包含的剂量范围；

3）　试样温升与平均剂量率的关系以及试验允许的辐照时间；

4）　试验要求的剂量均匀性：

    a）　在厚度范围内的剂量均匀性的限制；

    b）　试样横向剂量均匀性的限制；

5）　辐射方法,需要考虑的试样数量、尺寸,温升,试样内剂量均匀性（静态或扫描辐射）；

6）　剂量测定方法的精确度和准确性限制；

7）　依照下述条件选择剂量计：

    a）　可测量的剂量范围；

    b）　剂量计的厚度决定了剂量输出的空间分辨率；

    c）　在规定的剂量水平上的精确度或可重复性；

    d）　在要求的剂量率范围内输出结果的变化；

    e）　辐射时和辐射后环境条件（光效应、温度、湿度、气体和储存情况的影响）造成的输出结果的变化限制；

    f）　输出的持久性或剂量指示的稳定性；

    g）　获得完善可靠的标准测量方法的有效性；

    h）　操作和输出的简单性；

i) 仅使用剂量计读出剂量的有效性；

j) 不同批次的重复性；

k) 成本；

8) 其他辐射参数（束流、扫描宽度、气隙距离、传送速度、辐射底板、温度、瞬间剂量率、背散射效应、电子斜入射、绝缘材料的电荷积累，等等）。

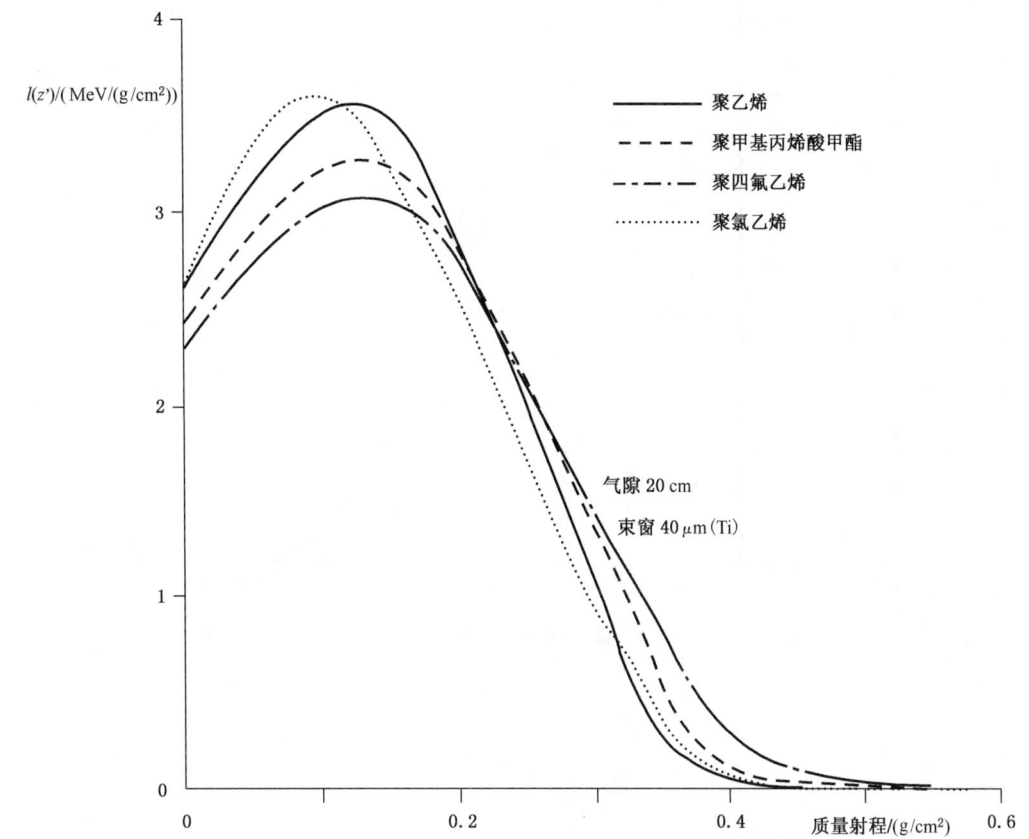

图 3 曝露在 1 MeV 电子束下的典型有机绝缘材料的能量分布函数 $l(z')$ 的计算结果图例
（z' 是束窗、气隙和绝缘材料层的三层吸收器总厚度）

7.3 电子束辐射

7.3.1 如图 4 所示，考虑到试样内部由于剂量-深度分布造成的剂量变化，对绝缘材料进行单面电子束辐照时，一般都将样品分别在两种方式下进行：a)试样放在相同材质材料的底板上；b)试样夹在两块相同材质的片材中，它们的总厚度要大于电子的射程。对于厚度大于电子射程的试样一般采用双面辐射。

7.3.2 加速电压的选择基本上要能满足试验厚度内的剂量均匀性，束流和其他辐射条件，例如气隙距离、束扫描参数、输送系统的机械扫描参数等的选择要尽量减小辐照期间试样的温升，并充分提高辐照利用效率。

7.4 测量剂量-深度分布的方法

7.4.1 测量绝缘材料的剂量-深度分布是电子束剂量测量中有意义的典型实际应用。剂量-深度分布的测量方法基本有两种，一种是在块状绝缘材料中使用薄膜剂量计，另一种是在楔状绝缘材料中使用薄膜剂量计，每一种都有一些变化，见图5。

7.4.2 在均匀堆积法中（见图 5a），剂量计薄膜本身就和相同绝缘材料堆积在一起，直到厚度大于电子射程。这种方法给出了剂量薄膜材料的剂量-深度分布，并且适用于组成相似的材料。这可能是唯一适用于测量低能电子束（<300 keV）剂量-深度分布的方法。

7.4.3 在交替堆积法中（见图 5b），剂量计薄膜和组分与其相似的相同平板层状绝缘材料交替地堆在一起。这种方法可以适用于能量相对较高的电子束。

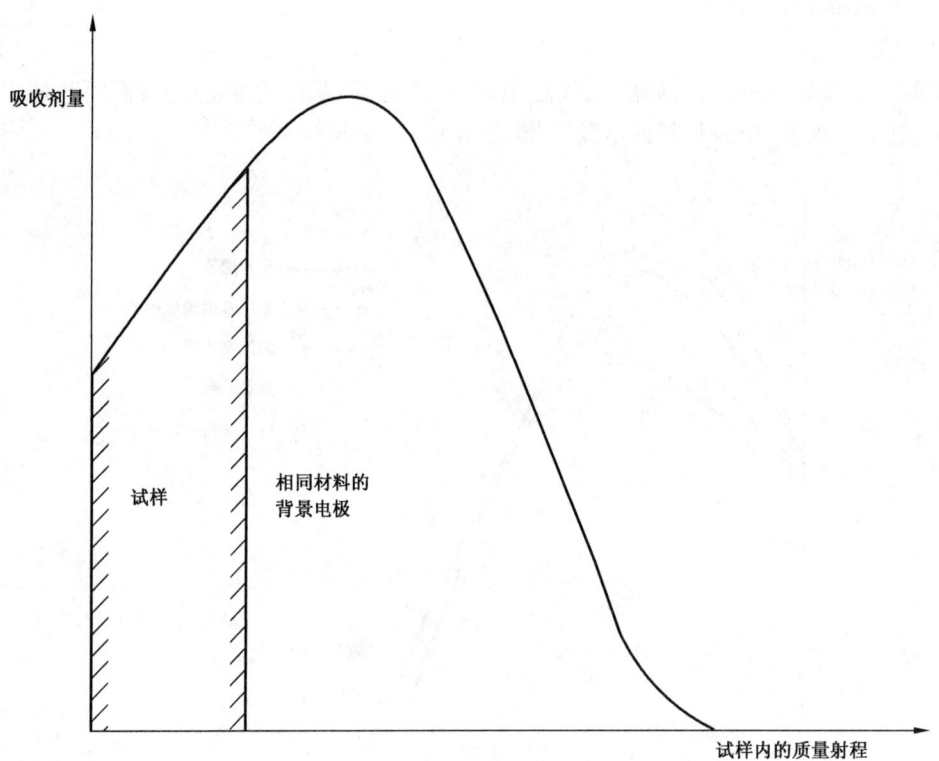

a) 试样和背板是同样材料

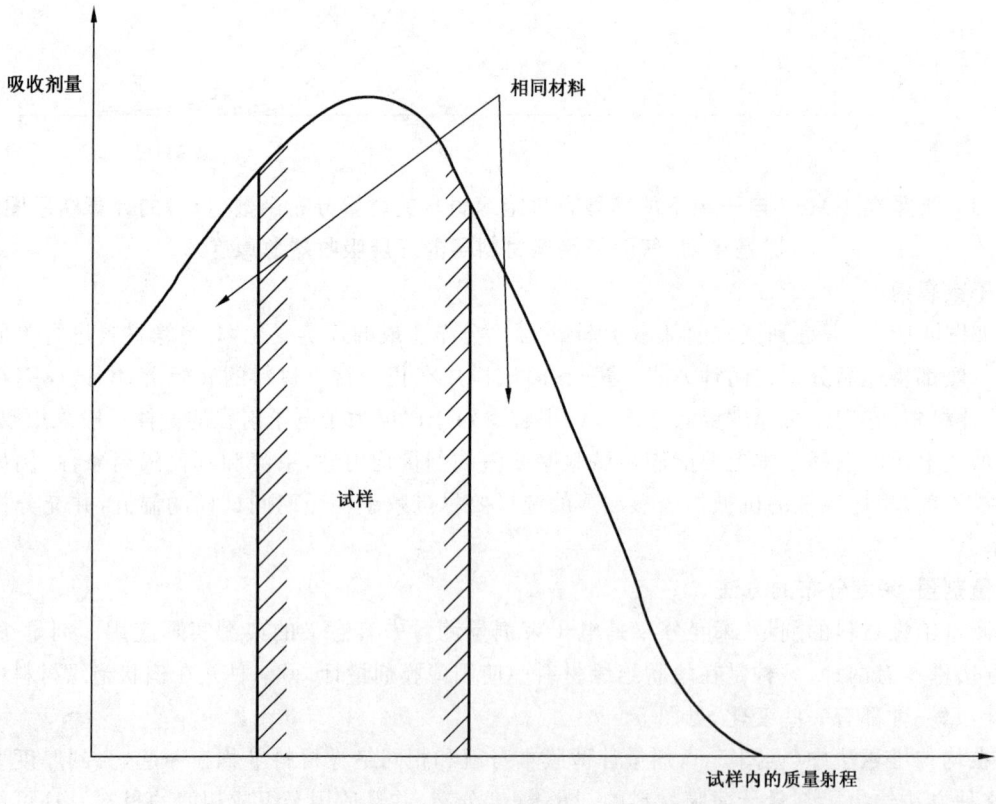

b) 试样夹在两片同样材料的板材中

图 4 用于计算典型深度-剂量分布的两种操作试样组合的方法示意图

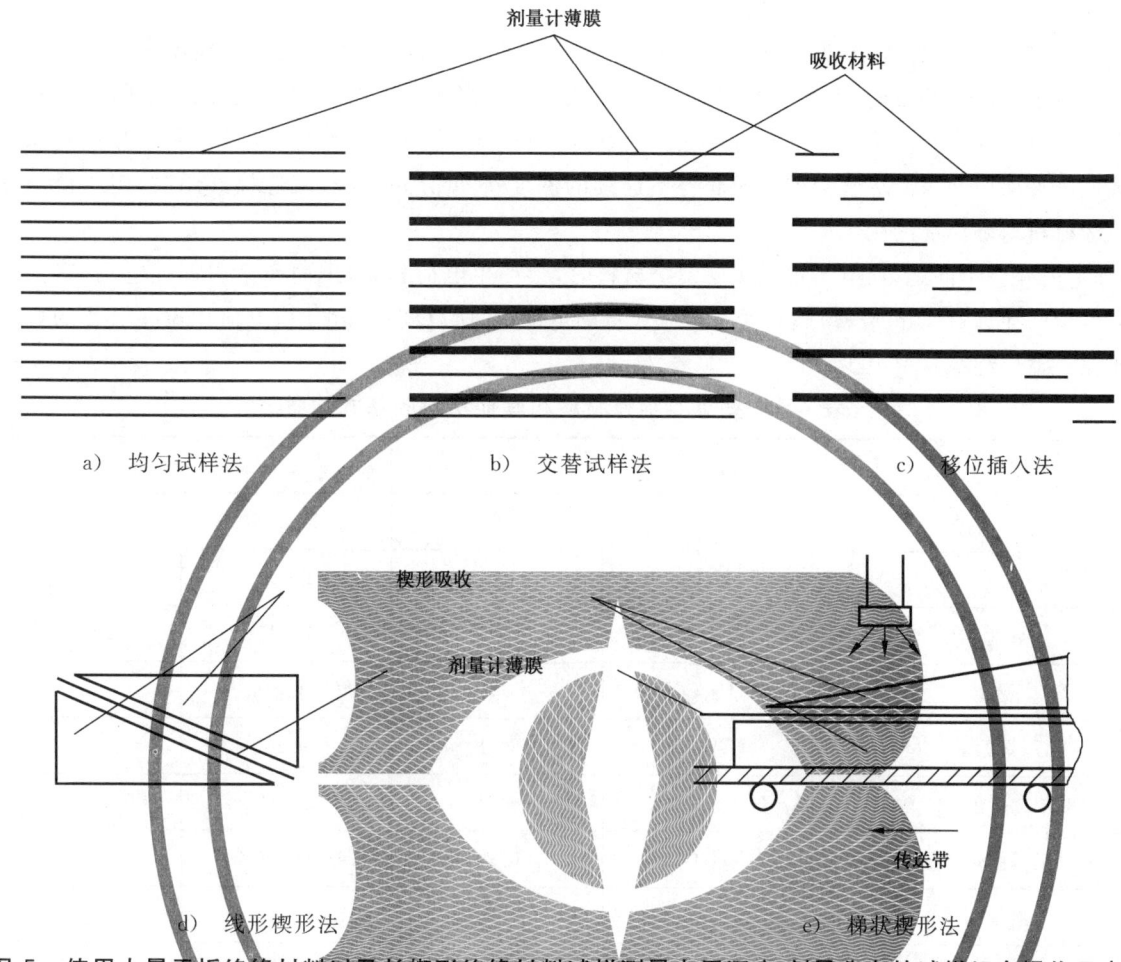

图 5　使用大量平板绝缘材料以及长楔形绝缘材料试样测量电子深度-剂量分布的试样组合操作示意图

7.4.4　在移位插入法中,(见图 5c),剂量计薄膜的小条插入到相同绝缘材料堆中去,这样就避免了剂量计薄膜的重叠。

7.4.5　如果堆积的绝缘材料被横向均匀地暴露在电子束中时,所考虑的吸收剂量 D_i 由下式得出:

$$D_i = f \cdot D_d = \frac{(S/\rho)_{\mathrm{col},i}}{(S/\rho)_{\mathrm{col},d}} \quad\quad\quad\quad\quad\quad\quad (5)$$

式中,D_d 是剂量计材料的吸收剂量,$(S/\rho)_{\mathrm{col},i}$ 和 $(S/\rho)_{\mathrm{col},d}$ 是绝缘材料和剂量计材料的电子质量撞击停止能,分别是两种材料的近似电子能谱的平均值[24]。

表 4 和表 5 给出了一些重要绝缘材料和其他材料的基本性质,以及这些材料中的电子质量撞击停止能。插入的剂量计薄膜电子能谱取决于堆积的绝缘材料的深度,一般而言,要获得每一深度的能谱并不容易。表 5 所示的比率 f 与所关心的绝缘材料耐辐射实验的能量范围的关系很小。剂量计材料能谱的大致确定对于估算合适精度的比率 f 已经足够。平均电子能量 E_n,作为典型的等量水绝缘材料的深度函数,大概的计算可用下列公式估算:

$$E_n = E_m(1 - z/R_{ex}) \quad\quad\quad\quad\quad\quad\quad (6)$$

式中 E_m 是入射电子的能量(MeV);z 是绝缘材料的厚度(g/cm^2);R_{ex} 是外推的电子射程(g/cm^2)。它通常被定义为照射到材料表面的电子透射曲线[30],表 6 列出了一些重要材料的外推电子射程,它是电子能量的函数。共混材料和复合材料的质量撞击停止能可以见[12]和[7]。

7.4.6　在线性-楔形方法中(见图 5d),剂量计薄膜被夹在两片同样的绝缘材料当中,上面那片是长楔形的。用密度分光光度计跟踪被辐照的剂量计薄膜,测出了剂量计材料的深度-剂量分布。绝缘材料的深度-剂量分布可以用式(5)进行剂量转换而得到。

7.4.7 在梯状楔形方法中(见图5e),夹层中上面的绝缘材料是梯状楔形的。线性楔状方法尤其在针对低能电子束剂量测量时,有两个不利之处:一个是制备有精确角度的小型线性楔状试样比较困难,另一个是测量绝缘材料的绝对厚度时有误差。而具有精确角度的梯状楔形可由许多不同长度的绝缘材料薄膜放进夹层而获得。尽管会因此而获得不连续的深度-剂量分布曲线,就像梯形函数,但测得的分布是绝缘材料精确厚度的函数。

7.4.8 另外一个问题,当电子束辐照厚楔状材料时,会产生电荷积累,进而产生内部强电场,它会阻碍入射电子的穿透[11],由于沿薄膜表面有相对大量的电泄露,所以同样厚度时,电荷积累在层叠的薄膜上要比在一整块绝缘材料上少。

表 4 一些重要绝缘材料和其他材料的基本性质

材　料	化学式	$\langle Z \rangle =$ [1)	$\langle A \rangle =$ [2)	密度/(g/cm³)
碳(石墨)	C	6	12.044	2.25
水	H_2O	7.22	13.00	1.00
空气(干)		7.38	14.77	1.205×10^{-3}
尼龙-6	$(C_6H_{11}ON)_n$	5.92	10.80	1.14
聚乙烯	$(CH_2)_n$	5.28	9.26	0.94
聚对苯二甲酸乙二醇酯	$(C_{10}H_8O_4)_n$	6.46	12.41	1.40
聚甲基丙烯酸甲酯	$(C_5H_8O_2)_n$	6.24	11.56	1.19
聚苯乙烯	$(CH)_n$	5.61	10.44	1.06
聚四氟乙烯	$(CF_2)_n$	8.28	17.25	2.20
聚氯乙烯	$(C_2H_3Cl)_n$	12.00	23.43	1.30
聚丙烯	$(C_3H_5)_n$	5.39	10.66	0.90
聚碳酸酯	$(C_{16}H_{14}O_3)_n$	6.10	12.16	1.20

注:
1) 有效原子数;
2) 有效原子量(原文为"weigh");
共混物和化合物的性质$\langle Z \rangle$和$\langle A \rangle$见下式:

$$\langle Z \rangle = \sum_j W_j Z_j \text{ 和 } \langle A \rangle = \langle Z \rangle \left(\sum_j W_j Z_j / A_j \right)^{-1}$$

式中W_j、Z_j和A_j分别是重量分数、原子数目、第j种原子组分的原子量。

表 5　一些重要绝缘材料及其他材料的电子质量撞击停止能（MeV·cm^2/g）[7]

电子能量 MeV	碳	水（液态）	空气（干）	尼龙-6	聚乙烯	聚对苯二甲酸乙二醇酯	聚甲基丙烯酸甲酯	聚苯乙烯	聚四氟乙烯	聚氯乙烯	聚丙烯	聚碳酸酯
0.1	3.671	4.115	3.633	4.152	4.384	3.823	4.006	4.034	3.421	3.604	4.287	3.920
0.15	2.883	3.238	2.861	3.263	3.443	3.015	3.152	3.172	2.697	2.843	3.367	3.084
0.2	2.482	2.793	2.470	2.813	2.967	2.603	2.719	2.735	2.330	1.457	2.902	2.660
0.3	2.083	2.355	2.084	2.369	2.497	2.195	2.292	2.305	1.968	2.077	2.443	2.242
0.5	1.782	2.034	1.802	2.032	2.142	1.889	1.957	1.984	1.699	1.793	2.098	1.930
0.7	1.673	1.917	1.706	1.906	2.008	1.776	1.856	1.864	1.600	1.690	1.969	1.813
1.0	1.609	1.849	1.661	1.823	1.930	1.710	1.788	1.794	1.534	1.633	1.893	1.748
1.5	1.584	1.822	1.661	1.801	1.895	1.684	1.760	1.766	1.522	1.615	1.860	1.719
2.0	1.587	1.824	1.684	1.802	1.895	1.686	1.762	1.768	1.525	1.623	1.861	1.721
3.0	1.611	1.846	1.740	1.823	1.917	1.709	1.784	1.791	1.546	1.653	1.883	1.744
5.0	1.658	1.892	1.833	1.870	1.965	1.758	1.832	1.839	1.589	1.708	1.931	1.791
10.0	1.730	1.968	1.979	1.946	2.042	1.831	1.908	1.916	1.657	1.791	2.008	1.867

表 6　一些重要绝缘材料及其他材料的外推电子射程（g/cm^2）[30]

电子能量 MeV	碳	铝	水	尼龙-6	聚乙烯	聚对苯二甲酸乙二醇酯	聚甲基丙烯酸甲酯
0.1	1.39×10^{-2}	1.30×10^{-2}	1.23×10^{-2}	1.26×10^{-2}	1.17×10^{-2}	1.23×10^{-2}	1.28×10^{-2}
0.15	2.80×10^{-2}	2.54×10^{-2}	2.45×10^{-2}	2.54×10^{-2}	2.36	2.65×10^{-2}	2.57×10^{-2}
0.2	4.51×10^{-2}	4.03×10^{-2}	3.93×10^{-2}	4.10×10^{-2}	3.83×10^{-2}	4.28×10^{-2}	4.15×10^{-2}
0.3	8.60×10^{-2}	7.53×10^{-2}	7.45×10^{-2}	7.81×10^{-2}	7.32×10^{-2}	8.23×10^{-2}	7.89×10^{-2}
0.5	1.83×10^{-1}	1.58×10^{-1}	1.58×10^{-1}	1.66×10^{-1}	1.56×10^{-1}	1.73×10^{-1}	1.68×10^{-1}
0.7	2.91×10^{-1}	2.49×10^{-1}	2.51×10^{-1}	2.65×10^{-1}	2.49×10^{-1}	2.75×10^{-1}	2.67×10^{-1}
1.0	4.63×10^{-1}	3.96×10^{-1}	3.98×10^{-1}	4.21×10^{-1}	3.96×10^{-1}	4.37×10^{-1}	4.25×10^{-1}
2.0	1.07×10^{0}	9.12×10^{-1}	9.18×10^{-1}	9.69×10^{-1}	9.12×10^{-1}	1.01×10^{0}	9.78×10^{-1}
3.0	1.68×10^{0}	1.44×10^{0}	1.45×10^{0}	1.53×10^{-1}	1.44×10^{0}	1.59×10^{0}	1.54×10^{0}
5.0	2.92×10^{0}	2.52×10^{0}	2.52×10^{0}	2.66×10^{0}	2.50×10^{0}	2.76×10^{0}	2.68×10^{0}
10.0	6.01×10^{0}	5.18×10^{0}	5.18×10^{0}	5.47×10^{0}	5.14×10^{0}	5.63×10^{0}	5.52×10^{0}

注：穿透深度是单能电子正常照射到平板吸收器上的穿透曲线几乎直线下降段中的斜率最大点的切线与 X 轴相交（穿透＝0）。

附 录 A

（规范性附录）

带电粒子平衡厚度

当只使用不含次级电子的 X 或 γ 射线从一边对材料进行辐照时,随着射线穿透材料,（第一吸收剂）从一开始就总有能量沉积(吸收剂量),达到一定的厚度后,辐射能量沉积开始减弱。能量沉积达到最大值时的厚度通常称为带电粒子平衡厚度,它与辐射能量和被辐照材料的电子密度都有函数关系,材料厚度较大时,带电粒子会达到平衡。

图 A.1 是典型的能量沉积与厚度的函数曲线图。为了确保整个试样的带电粒子平衡,不管从哪边对试样进行辐照,都必须用吸收剂包裹试样。在高散射的辐照操作中,没有观察到沉积现象。推荐使用沉积层以便获得界定清晰的辐射状况。

图 A.2 电子密度 3.3×10^{23} cm^{-3} 的材料（水）的能量和吸收剂带电粒子平衡厚度的函数曲线图。

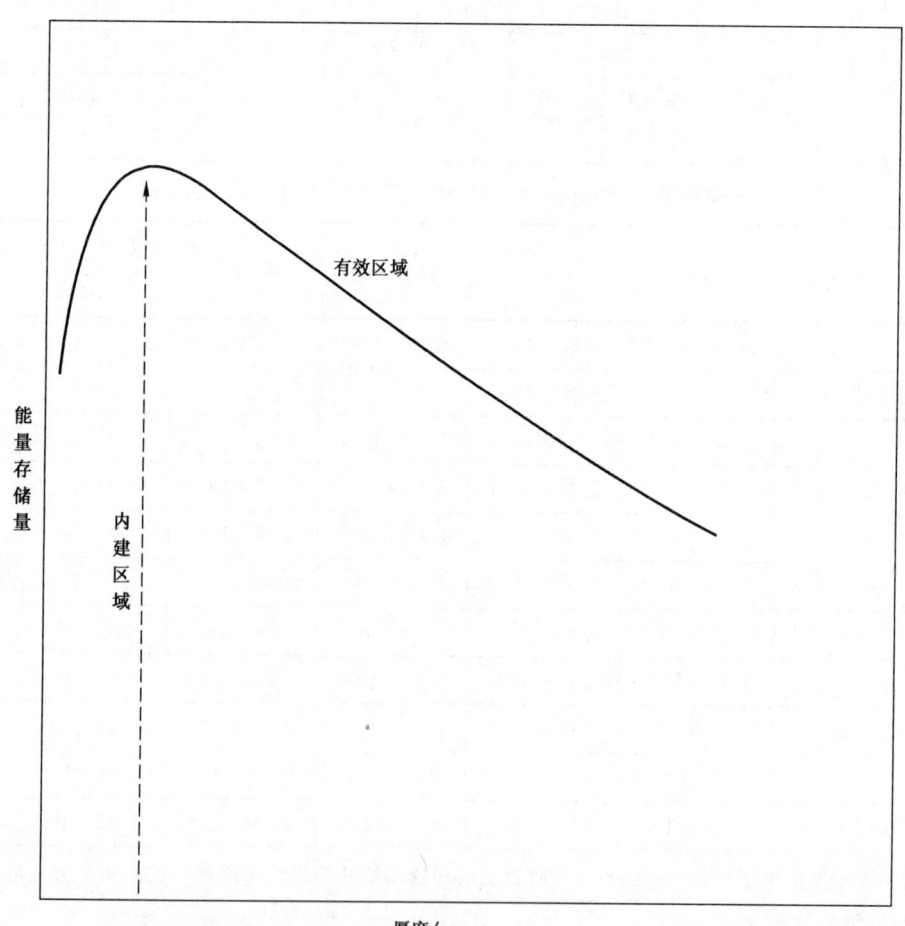

图 A.1 吸收剂量与厚度的函数关系图。最大值左边部分的曲线未知,

因此试样有效厚度应不小于最大值右边的值

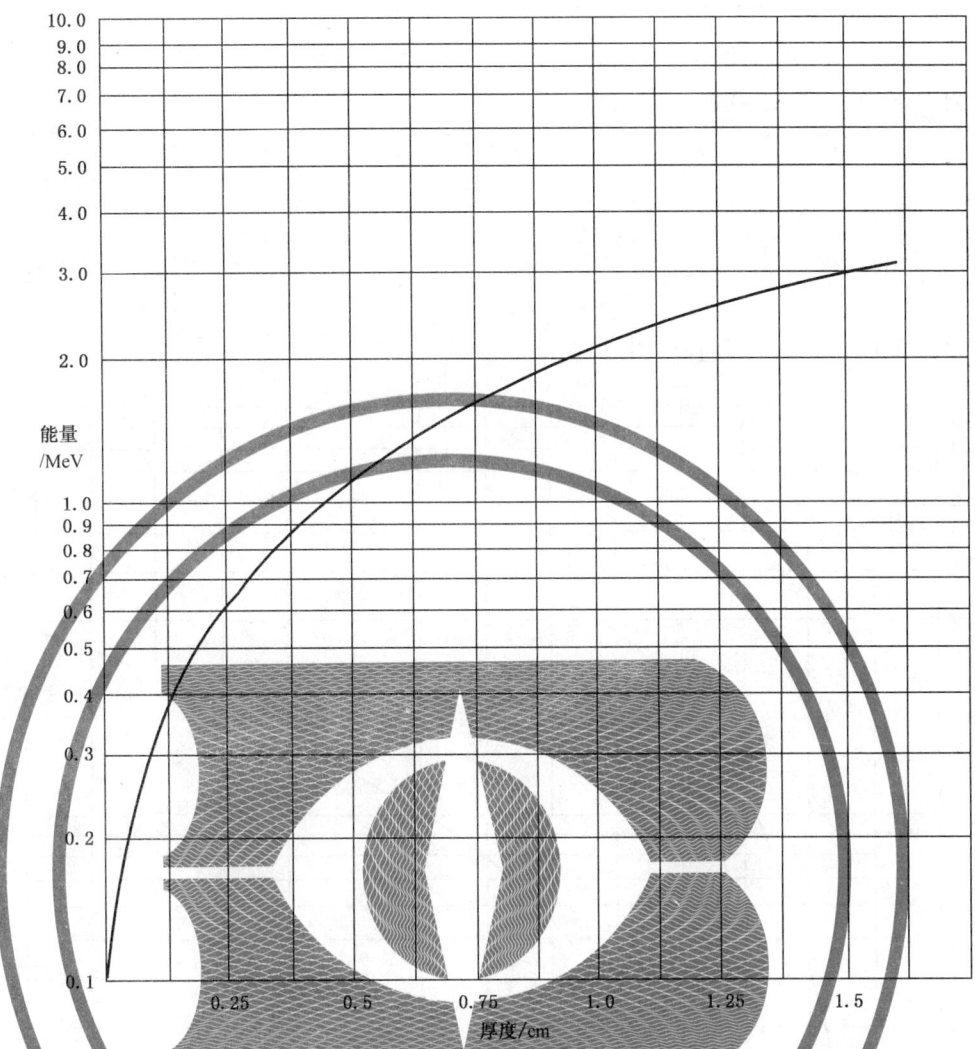

图 A.2 电子密度 3.3×10²³ cm⁻³ 的材料（水）的能量和吸收剂带电粒子平衡厚度的函数曲线图

图 A.3 衰减一定的单向 X 射线或 γ 射线辐照的光子能量和水（或相同电子密度的材料）厚度的函数曲线图。

注：任何材料的的电子密度 n 可以用下列公式估算：

$$n = \rho \frac{N_A}{M} \sum_i Z_i [\text{cm}^{-3}] = \frac{N_A}{M} \sum_i Z_i [\text{g}^{-1}] \quad\quad\quad\quad\quad (A.1)$$

式中：

ρ——材料的密度，g/cm³；

N_A——阿伏加德罗常数，6.023×10^{23} mol⁻¹；

M——摩尔质量，g/mol；

Z_i——元素 i 的原子数；

$\sum_i Z_i$——每个分子的电子总数。

当元素 Z 在 17（不包括 H）以下时，$1/M(\sum_i Z_i)$ 大约为 1/2，对于有机材料上式又可简化为：

$$n = \rho \frac{N_A}{M} 3 \times 10^{23} \rho [\text{cm}^{-3}] = 3 \times 10^{23} [\text{g}^{-1}]$$

图 A.1 至图 A.3 即用这个方法进行估算的。

在图 A.2 中，如果电子密度增加超过估值，曲线会向左平移，反之，曲线向右移动。因此，等效厚度就相当于用图 A.2 中的值除以吸收剂电子密度与 3.3×10^{23} cm⁻³（水的电子密度）的比值。

例如,假使用 1.1 MeV 光子辐照聚四氟乙烯(PTFE)薄膜,参考图 A.2 需要厚度为 0.5 cm、电子密度为 3.3×10^{23} cm^{-3} 的材料,才能保证带电粒子平衡,因此,要用此厚度的水包裹试样。

因为 PTFE 的密度 $\rho=2.2$ g/cm^3,计算如下:

$$\frac{n_{\text{PTFE}}}{n_{\text{H}_2\text{O}}}=\frac{3\times10^{23}\times2.2}{3.3\times10^{23}}=2$$

以及

$$d_{\text{PTFE}}=\frac{d_{\text{H}_2\text{O}}}{n_{\text{PTFE}}/n_{\text{H}_2\text{O}}}=0.25 \text{ cm}$$

这意味着必须要用 0.25 cm 的 PTFE 包裹这个薄膜。

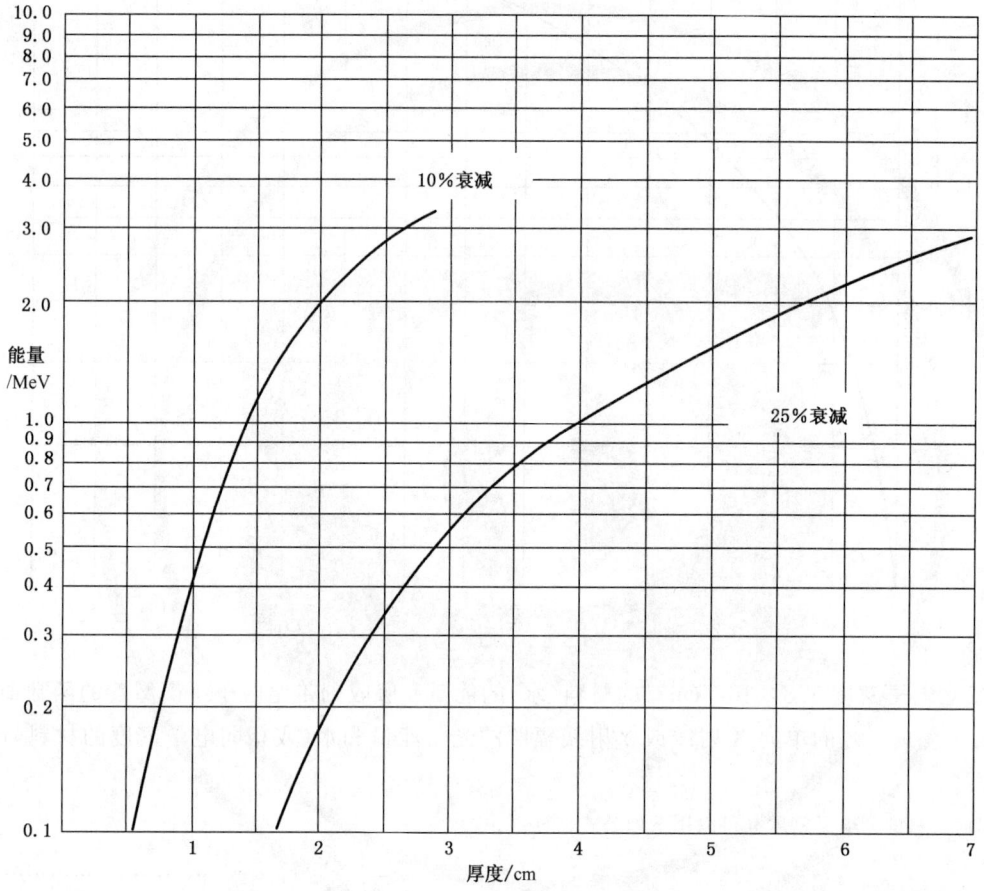

图 A.3　衰减一定的单向 X 射线或 γ 射线辐照的光子能量和水厚度的函数曲线图

附　录　B
（规范性附录）
数值因数 f_i 的推导

X 射线或 γ 射线辐照材料时,它的能量吸收效率取决于它的质量能量吸收系数 $(\mu_{en}/\rho)_m$。

这可以用质量吸收系数乘以材料真正吸收的光子能量的分数来获得,因此需要用荧光、散射、湮灭、辐射和韧致辐射损失进行修正。

被辐射材料的质量能量吸收系数值,不管是共混材料还是复合物,都可以有下列近似关系:

$$(\mu_{en}/\rho)_m = \sum_i W_i(\mu_{en}/\rho)_i \quad\cdots\cdots\cdots\cdots\cdots\cdots\cdots (\text{B.1})$$

式中 W_i 和 $(\mu_{en}/\rho)_i$ 分别是 i 组分的质量分数和质量能量吸收系数。

只要存在带电粒子平衡,空气中 1 C/kg 的照射量能产生 33.68 J/kg 的吸收(空气中 $33.7+0.2$ eV 产生一个离子对)。同样的照射量,被辐照材料的吸收剂量可用下列公式计算:

$$D_m = D_{air}\frac{(\mu_{en}/\rho)_m}{(\mu_{en}/\rho)_{air}} = 33.68\frac{(\mu_{en}/\rho)_m}{(\mu_{en}/\rho)_{air}}X \quad\cdots\cdots\cdots\cdots\cdots (\text{B.2})$$

其中:

D_m——材料的吸收剂量,Gy;

D_{air}——空气的吸收剂量,Gy;

$(\mu_{en}/\rho)_m$——材料 m 的质量能量吸收系数;

$(\mu_{en}/\rho)_{air}$——空气的质量能量吸收系数;

X——照射量,C/kg。

将式(B.1)带入式(B.2),得到,

$$D_m = X\sum W_i f_i \quad\cdots\cdots\cdots\cdots\cdots\cdots\cdots (\text{B.3})$$

其中,

$$f_i = 33.68\frac{(\mu_{en}/\rho)_i}{(\mu_{en}/\rho)_{air}}(\text{J/C}) \quad\cdots\cdots\cdots\cdots\cdots\cdots (\text{B.4})$$

注:数值因数 f_i 也可以用旧的 C.G.S 单位 rad/R(1 rad/R=38.76 J/C)

$$f_i = 0.870\frac{(\mu_{en}/\rho)_i}{(\mu_{en}/\rho)_{air}}(\text{rad/R})$$

参 考 文 献

[1] Standard method of test for absorbed gamma radiation dose in the Fricke dosimeter, ASTM D1671-72, Book of ASTM standards, Parts 39 and 45(1976).

[2] STM D2586 Calculation of absorbed dose from X or Gamma radiation, Book of ASTM standards, Parts 39 and 45(1976).

[3] F. H. Attix, Present status of dosimetry by radiophotoluminescence and thermoluminecence methods. U. S. Naval Research Laboratory, Rep. 6145(1964).

[4] F. H. Attix and W. C Roesch, Radiation dosimetry, Academic Press, Vol, I (1968), Vol, II (1966), Vol, III (1969).

[5] J. H. Barrett, Int. J. Appl. Radiat. Isot. 33, 1177(1982).

[6] K. Becker, Solid state dosimetry, CRC Press, Cleveland(1973).

[7] M. J. Berger and S. M. Seltzer, Stopping powers and ranges of electrons and positrons, National Bureau of standards Rep. NBSIR 82-2550-A(1982), and ICRU Report 37(1984).

[8] B. Burgkhardt, D. Singh and E. Piesch, Nucl. Instrum. Methods 141, 363(1977).

[9] DIN 6800, Methods for dose measurements by radiological technique, Beuth-vertrieb GmbH (Berlin).

[10] Dole and Malcolm, The radiation-chemistry of macromolecules, Academic Press, Vol, I (1972), Vol, II (1973).

[11] B. Gross, Electrets, Sessler, ed. , Springer, Chapter 4(1980).

[12] International Atomic Energy Agency, Manual of food irradiation dosimetry, Technical Report Series No. 178, IAEA(1977).

[13] Radiation dosimetry: X-rays and Gamma rays with maximum photon energies between 0. 6 and 50 MeV, ICRU Report 14(1969).

[14] Radiation dosimetry: X-rays generated at potentials of 5 to 150 kV, ICRU Report 17 (1970).

[15] Radiation quantities and units, ICRU Report 33(1980).

[16] Radiation dosimetry: Electron beams with energies between 1 and 50 MeV, ICRU Report 35(1984).

[17] R. Ito and T. Tabata, Radiat. Center Osaka Prefect. Tech. Rep. No 8(1987).

[18] A. D. Kantz and J. C. Humphreys, Radiat. Phys. Chem. 10, 119(1977).

[19] C. J. Karzmark, J. White and J. F. Flowler, Lithium fluoride thermoluminescence dosimetry, Phys. in Med. And Biol. 9, 273(1964).

[20] T. Kojima et al. , Int. J. Radiat. Appl. Instr. , Appl. Rad. Isot. 37, 517(1986).

[21] W. L. mclaughlin, R. D. Jarrett and T. A. Olejnik, Dosimetry in preservation of foods by ionizing radiation, Vol. 1, E. S. Josephson and M. S. Peterson, eds. , CRC Press, BocaRaton, FL(1982).

[22] W. L. McLaughlin, J. C. Humphreys and W. Chen, Radiat. Phys. Chem. 25. 79(1985)

[23] W. L. McLaughlin et al. Radiat. Phys. Chem. 31. 505(1988).

[24] A. Miller and W. L. McLaugghlin. int. J. Appl. Radiat. Isot. 33. 1299(1982).

[25] A. Miller and A. Kovacs, Nucl. Instrum. methods in Phys. Res. B10/11, 994(1985).

[26]   M. Oberhofer,Atomkermenergie 31,209(1978).

[27]   B. B. Radak and V. M. Markovic,Manual on radiation dosimetry,N. W. Holm and R. J. Berry,eds. ,Marcel Dekker,New York(1970),Chep. 3.

[28]   D. F. Regulla and U. Deffner,Int. J. Appl. Radiat. Isot. 33. 1101(1982).

[29]   D. F. Regulla and U. Deffner,High-dose dosimetry,IAEA,221(1985).

[30]   T. Tabata,R. Ito and S. Okabe;Nucl. Instrum. Methods 103,85(1972).

[31]   T. Tabata and R. Ito,Radiat. Center Osaka Prefect. Tech. Rep. No. 1(1981).

[32]   N. Tamura et al. ,Radiat. Phys. Chem. 18,947(1981).

[33]   R. Tanaka ,K. Mizuhashi,H. Sunaga and N. Tamura ,Nucl. Instrum. methods 17,201(1980).

[34]   R. Tanaka,S. Mitomo and N. Tamura,Int. J. Appl. Radiat. Isot. 35,875(1984).

[35]   R. Tanaka,H. Sunaga and T. Agematsu,High-dose dosimetry,IAEA,317(1985).

[36]   B. Whittaker et al. High-dose dosimetry,IAEA,293(1985).

ICS 29.035.20
K 15

中华人民共和国国家标准

GB/T 26168.2—2010/IEC 60544-2:1991

电气绝缘材料 确定电离辐射的影响
第 2 部分:辐照和试验程序

Electrical insulating materials—Determination of the effects of ionizing
radiation—Part 2:Procedures for irradiation and test

(IEC 60544-2:1991,IDT)

2011-01-14 发布

2011-07-01 实施

中华人民共和国国家质量监督检验检疫总局
中国国家标准化管理委员会
发 布

前　言

GB/T 26168《电气绝缘材料　确定电离辐射的影响》分为 4 个部分：
——第 1 部分：辐射相互作用和剂量测定；
——第 2 部分：辐照和试验程序；
——第 3 部分：辐射环境下的应用分级体系；
——第 4 部分：运行中老化的评定程序。
本部分为第 2 部分。
本部分等同采用 IEC 60544-2：1991《确定电气绝缘材料受电离辐射效应的导则　第 2 部分：辐照和测试程序》。
本部分在等同采用 IEC 60544-2：1991 时做了如下编辑性修改：
——删除国际标准前言。
——本部分的引用文件，对已经转化为我国标准的，并列出了我国标准及其与国际标准的转化程度。
——本部分名称根据系列标准名称统一更改为《电气绝缘材料　确定电离辐射的影响》。
——本部分增加规范性引用文件章节，以下章节编号顺延。
——将原标准第一部分引言单独列出。
——根据 GB 1.1 将原标准附录 B 中的参考文献单独列出。
本部分的附录 A 为资料性附录。
本部分由中国电器工业协会提出。
本部分由全国电气绝缘材料与绝缘系统评定标准化技术委员会（SAC/TC 301）归口。
本部分负责起草单位：机械工业北京电工技术经济研究所、上海电缆研究所。
本部分参加起草单位：核工业第二研究设计院、上海核工业研究设计研究院、沈阳电缆产业有限公司、常州八益电缆有限公司、江苏上上电缆集团、浙江万马电缆股份有限公司、浙江万马高分子材料有限公司、上海电缆厂有限公司、临海市亚东特种电缆料厂、上海凯波特种电缆料厂、安徽电缆股份有限公司、江苏华光电缆电器有限公司、工业和信息化部电子第五研究所、深圳市旭生三益科技有限公司。
本部分主要起草人：孙伟博、郭丽平、龚国祥、吕冬宝、顾申杰、柴松、周叙元、王松明、杨娟、陈文卿、王怡遥、周才辉、项健、张万友、杨仁祥、居学成。

引　言

当选择在辐射环境中使用绝缘材料时,设计人员需要有可靠的试验数据对待选材料进行比较。为此,必须根据标准化的试验程序得到每种材料的性能数据,这种标准程序应能够反映工作条件变化对材料重要性能的影响。尤其要考虑当正常工作条件下辐射剂量率较低,而绝缘材料却是根据高剂量率下试验所得耐辐射数据对材料进行的选择。

应很好地控制并记录测量辐射效应期间的环境条件,重要环境参数包括辐射期间的温度、反应介质以及力学、电气应力等。如果存在空气,辐射引发剂可能与氧气发生反应,如果没有空气就不会发生这种情况。这就是为什么某些聚合物在空气中辐照会影响吸收剂量率的原因,从而导致材料的实际耐辐射能力比在真空或惰性气体环境下低。这种情况通常被称作"剂量率效应",在参考文献[1]至[14]中有详细介绍。

注：对于想知道更详细内容的本部分用户,可查阅参考文献。对那些没有在国际公开刊物上刊登的科技报告,参考
文献末尾给出了可以得到这些科技报告的地址。

在下列情况下辐照时间也会成为一个重要的因素：

a)　扩散限制氧化等物理效应[8]、[10]；

b)　确定剂量率的过氧化氢分裂反应等化学现象[10]、[14]。

典型扩散限制效应通常可以在空气中聚合物的辐射研究中观测到,其重要性取决于聚合物几何结构与氧渗透量以及消耗率之间的相互关系,而氧渗透量和消耗率又均取决于温度[10]。这就意味着厚试样在空气中受到辐照可能导致只有试样与空气接触表面部分氧化,进而导致材料性质的改变(与在有氧环境中辐照时相似)。因此,当材料要在低剂量率空气环境中长时间使用时,将试样高剂量率短时间置于相同剂量环境下可能无法确定其耐用性。通过以前的试验或试样厚度因素并结合氧渗透率和消耗率[8]、[10]估计则可以避免上述问题。一种通过增加周围氧气压力有效消除氧扩散效应的技术目前正在研究之中[8]。

辐射引发反应会受到温度的影响,通过温度提高反应速率可导致辐射和热产生协同效应。在一般热老化预测中通常使用阿累尼乌斯方法,该方法使用了一个基于基本化学动力学的方程。尽管目前有大量关于辐射老化方法方面的研究,但该领域的研究比较落后[9]。用于老化试验建模的包括剂量、时间、阿累尼乌斯活化能、剂量率和温度等众多因素在内的一般性方程目前也正在测试之中[10-12]。应当指出：先后连续应用辐射和热(实际中经常这样用)时可能由于应用顺序的不同、试验结果也会显著差异,并且通常也不可能很好地模拟它们的协同效应[13]、[14]。

绝缘材料要求的力学性能和电气性能、以及可以接受的辐射诱导变化程度是千差万别的,以至于无法就可接受性能给出一个框架建议。辐照条件也是如此。因此本部分只推荐很少几种根据以前经验证明是合适的性能和辐照条件。推荐的则是那些对辐射特别敏感的性能。对于一些特殊应用可能要选择其他性能。

GB/T 26168 的第 1 部分介绍了辐射效应评定所涉及的各种问题以及剂量测量术语指南、几种确定照射量和吸收剂量的方法以及一些根据所用剂量测量方法计算各种具体材料中吸收剂量的方法。第 2 部分主要介绍辐照和试验的程序。第 3 部分定义了一种分级体系,对绝缘材料耐辐射性能进行分级,还提供了一套描述材料对辐射环境适用性的参数,为绝缘材料的选择、标定指数和性能规格确定提供了指南。第 4 部分介绍了运行中老化的评定程序。

电气绝缘材料　确定电离辐射的影响
第2部分:辐照和试验程序

1　范围

　　GB/T 26168的本部分规定了确定辐射引发物理或化学性能变化之前,用电离辐射对绝缘材料进行辐照处理期间和前后应保持的辐照条件。提出可能有重要应用价值的几种辐照条件,并列出了在这些条件下可能影响辐射诱导反应的各种参数。

　　本部分适用于选择合适的试样、辐照条件和试验方法,以便于确定辐射对性能影响的重要性。由于许多材料都是在空气环境或惰性气体环境中使用,因此给出了这两种情况下的标准辐照条件。本部分附录A还给出了几种材料的测试报告示例。

　　本部分不适用于辐照期间的测量。

2　规范性引用文件

　　下列文件中的条款通过GB/T 26168的本部分的引用而成为本部分的条款。凡是注日期的引用文件,其随后所有的修改单(不包括勘误的内容)或修订版均不适用于本部分,然而,鼓励根据本部分达成协议的各方研究是否可使用这些文件的最新版本。凡是不注日期的引用文件,其最新版本适用于本部分。

　　GB/T 528—2009　硫化橡胶或热塑性橡胶　拉伸应力应变性能的测定(ISO 37:2005,IDT)

　　GB/T 1040(所有部分)　塑料　拉伸性能的测定(ISO 527(所有部分),IDT)

　　GB/T 1043.1—2008　塑料简支梁冲击性能的测定　第1部分:非仪器化冲击试验(ISO 179-1:2000,IDT)

　　GB/T 1408.1—2006　绝缘材料电气强度试验方法　第1部分:工频下试验(IEC 60243-1:1998,IDT)

　　GB/T 1410—2006　固体绝缘材料体积电阻率和表面电阻率试验方法(IEC 60093:1980,IDT)

　　GB/T 2411—2008　塑料和硬橡胶　使用硬度计测定压痕硬度(邵氏硬度)(ISO 868:2003,IDT)

　　GB/T 6031—1998　硫化橡胶或热塑性橡胶硬度的测定(10～100 IRHD)(idt ISO 48:1994)

　　GB/T 7759—1996　硫化橡胶、热塑性橡胶　常温、高温和低温下压缩永久变形测定(eqv ISO 815:1991)

　　GB/T 9341—2008　塑料　弯曲性能的测定(ISO 178:2001,IDT)

　　GB/T 10064—2006　测定固体绝缘材料绝缘电阻的试验方法(IEC 60167:1964(1996),IDT)

　　GB/T 10580—2003　固体绝缘材料在试验前和试验时采用的标准条件(IEC 60212:1971,IDT)

　　GB/T 26168.1—2010　电气绝缘材料　确定电离辐射的影响　第1部分:辐射相互作用和剂量测定(IEC 60544-1:1994,IDT)

　　GB/T 26168.3—2010　电气绝缘材料　确定电离辐射的影响　第3部分:辐射环境下应用的分级体系(IEC 60544-4:2003,IDT)

3　辐照

3.1　辐射类型和剂量测定
　　本部分包括下列几种辐射类型:

　　——X射线和γ射线;

——电子射线；

——质子射线；

——中子射线；

——γ射线和中子射线组合（"反应堆"辐射）。

一般来说，辐射类型不同，辐射效应也会不同。但是在许多应用中已发现，在类似试验条件以及相同吸收剂量和相同线性能量传递情况下，材料性能变化与辐射类型之间的关系并不密切[15-17]。因此在试验中应优先选择吸收剂量测量比较简单方便的辐射类型，如钴-60γ射线或快电子等。为了比较γ射线或快电子的反应堆辐射效应，可以用不同类型射线来照射相同化学成分的试样，并且可以对辐射诱导变化进行比较。

辐射诱导变化与吸收辐射能（以吸收剂量表示）有关，GB/T 26168.1列出了推荐的剂量测定方法，同时也给出了吸收剂量和吸收剂量率的定义和单位，为方便起见列出公式如下：

吸收剂量（D）是 $d\bar{\epsilon}$ 与 dm 的商，其中 $d\bar{\epsilon}$ 是电离辐射照射到单位体积材料上的平均能量，dm 是单位体积材料的质量。

$$D = \frac{d\bar{\epsilon}}{dm}$$

吸收剂量率（$\dot{D}$）是时间间隔 dt 内的吸收剂量增量 dD。

$$\dot{D} = \frac{dD}{dt}$$

吸收剂量式中 D 国际单位制（SI）是戈瑞（Gy）；

1 Gy＝1 J/kg（＝10^2 rad）。

更高剂量时的常用单位是千戈瑞（kGy）或兆戈瑞（MGy）。

吸收剂量率的 SI 单位是戈瑞/秒；

1 Gy/s＝ 1 W/kg（＝10^2 rad/s＝0.36 Mrad/h）。

3.2 辐照条件

应明确的辐照条件包括：

——辐射的类型和能量；

——吸收剂量；

——吸收剂量率；

——周围介质；

——温度；

——机械应力、电应力和其他应力；

——试样厚度。

辐照宜采用γ射线、X射线或电子射线（见3.1），应合理选择射线能量使试样吸收剂量的均匀性保持在±15%以内。

3.3 试样制备

由于试样质量差别可能导致试验结果出现偏差，应按照适用的国家标准、IEC标准和ISO标准认真制备试样。

因为辐射效应可能取决于试样的尺寸，在进行各种比较试验中所用试样应具有统一尺寸。接受辐照的试样形状最好与后续试验所需要的试样形状一致。但如果试样必须从接受辐照的较大试件上切取，应在报告中记录试样切取的位置。

未受辐照控制试样应按照相同方法制备，并且经过与受辐照试样相同的处理和后辐照处理。

3.4 辐照程序

3.4.1 辐照剂量控制

辐射场内的照射率通常是不均匀的，另外还会因试样本身吸收能量而减少，因此吸收剂量不可能完全均匀。可通过过滤、多方向辐照试样、等速横穿辐射场或用辐射束扫描试样等方法使其均匀。剂量率偏差在±15%以内时不会对试验结果产生明显影响（见3.2），当偏差大于该推荐范围时应进行记录。

3.4.2 辐照温度控制

试样应在辐照温度下放置48 h或者直到与辐照温度平衡。

温度应从GB/T 10580—2003标准中给出的标准化系列值中选取。

辐照期间的试样温度应是通过在同样辐照条件下的另一个补充试样确定的。

注：补充试样上装有测温装置。

温度偏差是实际试验温度的函数，在室温至约40 ℃时允许偏差较大（如±5 K），当温度高时有较小允许偏差（如±2 K）比较合理。当偏差大于±2 K时应进行记录。

高剂量率辐照可能导致温度升高，可使用多种方法控制温度，但不要影响材料的性能或辐射条件。

应记录转变过渡区域（如熔化转变、玻璃态转变或次级转变）的辐照情况，因为当材料经历这些转变时降解会受到显著影响。

3.4.3 在空气中辐照

放置在空气中接受辐照的试样应确保试样各侧面都能接触到空气。一般情况下应阻止辐射诱导反应产物积聚（如用新鲜空气吹试样），但当需要确定这些产物（如O_3或HCl）是否影响材料性能时除外。

如果辐射源性质要求将试样装入密闭容器，则在标准大气条件下对试样进行封装。一般来说辐照将会改变容器内的条件（如大气的压力和化学成分），从而严重影响试验结果。应经常更换容器内的空气。应在试验报告中注明辐照在密闭容器内进行、制作容器的材料、试样体积与空气体积之比以及容器内空气的更换频率等。设计容器时应考虑加热或反应产物导致压力升高的可能性，以便将这种效应降至最小。

3.4.4 在其他介质中辐照（除空气以外）

在除空气以外其他气体中接受辐照的试样应置于≤1 Pa（10^{-5} Bar）的容器中至少放置8 h，然后再用该气体吹洗3次。吹洗后试样应置于充满气体的容器（温度为辐照温度）内，直到试样与气体温度基本达到平衡。在辐照期间，最好保持气流连续通过试样容器。如果定期更换气体则可使用密封容器（如有必要）。一般来说，只有当辐射源的性质要求必须在密封容器中进行整个辐照时才这样做，详细的方式应在报告中注明。

在液体介质中接受辐照的试样应在液体中浸泡足够长的时间，以便在辐照之前与液体达到基本平衡。耐辐射性能可能会受到预处理期间所产生的膨胀的影响。在整个辐照期间，试样应完全浸泡在液体中。搅动液体以及用流动或其他方式向试样提供新液体等均应在报告中注明。

3.4.5 在真空中辐照

在真空中接受辐照的试样应在压力≤1 Pa（10^{-5} Bar）的容器中至少放置24 h，并且在整个辐照期间压力都不应超过这一极限值。

3.4.6 高压辐照

在高压下接受辐照的试样应在该压力值的容器内放置足够长的时间以达到基本平衡，压力在整个辐照过程中应保持不变。参考文献[8]中介绍了一个用于高压氧气下的辐照技术。应在试验报告中详细注明辐照条件。

3.4.7 在机械应力作用下辐照

应将试样安装在合适的夹具上，使试样在整个辐照过程中受到一个机械应力。应在报告中详细说明试验方法。

3.4.8 在电应力作用下辐照

应将试样安装在合适的夹具上，使试样在整个辐照过程中受到一个电应力。应在报告中详细说明试验方法。

3.4.9　组合辐照程序

当使用以上程序所列任意两个或两个以上变量时,组合程序将集成各单个程序的所有相应功能。

3.5　后辐照效应

聚合物辐照会产生一些自由基或其他反应物,其中有些产物的生成速度要比它们的反应速度快很多,从而导致反应物在受辐照材料内积聚并且当试样从辐射场移开后仍可能继续反应。正是由于存在这种效应,试样在受辐照后应尽快(最好在一周内)进行试验。

3.6　指定的辐照条件

引言中讨论了与用短期的实验室试验对长期工作条件下效应进行评定相关的问题。以下给出了两种辐照条件,用于为与时间相关的氧效应提供方法:

——在高吸收剂量率(通常大于 1 Gy/s)的无氧化环境(如在无氧环境中或针对厚试样)下短期辐照。

由于在高剂量率条件下可能出现辐射加热现象,应通过指定试验温度来控制其上限。

——在低吸收剂量率(最大为 $3×10^{-2}$ Gy/s)有氧环境(如空气环境)中长期辐照。

辐照期间的试样温度应通过补充试样进行确定,该补充试样中包含一个温度测量装置并且在与其他试样相同的条件下接受辐照。

注:应当认识到推荐长期辐照使用的剂量率是在长期现场工作条件和实际试验持续时间之间折衷选取的剂量率,它仍可能比许多相关长期应用中出现的剂量率高几个数量级。这些差别可能会加剧剂量率效应,其大小取决于聚合物类型和试样厚度。目前,剂量率远低于 $3×10^{-2}$ Gy/s 时的使用寿命预测试验程序正在研究之中[9—12]。

在核反应堆应用中,试样辐照最好采用两种温度:室温 296 K±5 K 和 80 ℃。应考虑3.4.2的内容。

4　试验

4.1　概述

耐辐射能力可表征为:

——产生某一预定性能变化(见4.3.1)所需要的吸收剂量,或

——某一固定吸收剂量(见4.3.2)所产生的性能变化量。

为确定耐辐射能力应明确以下各点:

——辐照条件(见第3章);

——可能评估其变化的性能(见4.2);

——性能终点判据和/或吸收剂量值(见4.3)。

这些测试目的是确定材料性能的永久性变化。本部分不涉及辐照期间出现的过渡性变化。

4.2　测试程序

表1列出了那些可用于监测辐射效应的性能以及测试程序。尽管材料失效时可能会导致电性能急剧变化,但机械性能更为敏感[18][19]。塑料的机械性能最初由于交联而改善,但在高吸收剂量时会变脆而无使用价值,所以选择测试性能时应当考虑这点。

对于正常应用,经验表明最合适的力学性能为:

——硬质塑料在最大负荷时的弯曲应力;

——软质塑料和弹性体的断裂伸长率。

实际应用证明:用户可以规定表1中的任意一种性能或一种程序。另外,由于辐射源和容器的容积(在该容积内辐射场足够均匀)有限,因此对试样尺寸也有一定限制。

4.3　评定标准

4.3.1　终点判据

终点判据可用绝对值或相对值来表示。两种表示方法都可以用于对材料耐辐射能力的分级。表1

用相对值对材料进行排序的示例。GB/T 26168.3—2010 中给出了辐射指数的评定。

针对某个具体应用或工作条件,可选取一个更合适的终点判据来反映最终使用要求。

表 1　辐射环境中绝缘材料分类时应考虑的重要性能和终点判据

材料类型	性能	试验程序	终点判据[*]
硬质塑料	弯曲强度	GB/T 9341—2008	50%
	屈服强度	GB/T 1040	50%
	断裂强度	GB/T 1040	50%
	冲击强度	GB/T 1043.1—2008	50%
	体积电阻率和表面电阻率	GB/T 1410—2006	10%
	绝缘电阻	GB/T 10064—2006	10%
	介电强度	GB/T 1408.1—2006	50%
软质塑料	断裂伸长率	GB/T 1040	50%
	屈服强度	GB/T 1040	50%
	断裂强度	GB/T 1040	50%
	冲击强度	GB/T 1043.1—2008	50%
	体积电阻率和表面电阻率	GB/T 1410—2006	10%
	绝缘电阻	GB/T 10064—2006	10%
	介电强度	GB/T 1408.1—2006	50%
弹性体	断裂伸长率	GB/T 528—2009	50%
	拉伸断裂强度	GB/T 528—2009	50%
	硬度/IRHD(国际橡胶硬度)	GB/T 6031—1998	改变10个单位值
	硬度/邵氏 A	GB/T 2411—2008	改变10个单位值
	压缩永久变形	GB/T 7759—1996	50%
	体积电阻率和表面电阻率	GB/T 1410—2006	10%
	绝缘电阻	GB/T 10064—2006	10%
	介电强度	GB/T 1408.1—2006	50%

注：[*] 表示为初始值的百分比。

4.3.2　吸收剂量值

将材料用预先确定的或标准中规定的指定剂量来辐照也可以反映材料的耐辐射能力。在这种情况下,到最终剂量时可能达不到终点判据。

用于测定到性能变化量时推荐使用的吸收剂量值为:

10^3 Gy、10^4 Gy、10^5 Gy、$3×10^5$ Gy、10^6 Gy、$3×10^6$ Gy、10^7 Gy、$3×10^7$ Gy、10^8 Gy。

注：在许多情况下使用吸收剂量为 10^7 Gy 的极限比较合适,在一些特殊情况下使用 10^8 Gy。

4.4　评估

根据相关标准确定辐照试样和对照试样的性能,性能变化报告为受辐照试样与对照试样性能之间差或比值。

为确定产生给定性能变化的吸收剂量(终点判据,见 4.3),可画出性能值或性能值变化与吸收剂量之间的关系曲线图,通过内插法可以确定性能终点判据对应的吸收剂量(见附录 A 中的示例1)。

注：由于当吸收剂量增加时性能值不按简单数学公式变化,因此用外推法确定产生给定性能变化的吸收剂量相当受限。

5　报告

报告中应包括对本部分的引用,应在记录中报告与本部分推荐程序的各种偏差并列出如下信息:

5.1 材料

试验材料说明中应尽可能包括：

聚合物类型和制备方法；

供应商；

配方数据，如：填充剂（包括大小和形状）、增塑剂、稳定剂、光稳定剂等；

物理性能：密度、熔点、玻璃态转变温度、结晶度、取向、溶解度等。

5.2 辐照

辐射源说明：

类型、活度或束能、射线种类和能谱。对反应堆辐照应包括γ射线、热、超热和快中子的比例。

吸收剂量总清单：

剂量测定方法、吸收剂量率（带公差）、不同试样的辐照时间和吸收剂量。对加速器辐照应列出脉冲重复频率、脉冲宽度和最大通量密度。另外还要列出试样运行周期以及试样的"放入时间"和"放出时间"。

对反应堆或其他中子辐射源，根据通量密度（热、超热、快中子和γ射线等应单独确定）计算吸收剂量率。

辐照条件和辐照程序的相关细节，例如温度、大气或介质、压力、试样上的应力、容器等；特殊后辐照处理。

辐照日期。

5.3 测试

测试的性能和相关的测试标准，视情况而定（见4.3）：

——终点判据；

——指定的吸收剂量。

5.4 结果

视情况而定（见4.4）：

达到指定终点判据所需要的吸收剂量，或图表；

被辐照试样和对照试样的性能值，以及性能变化。

性能试验日期。

附录A是(1)电磁线圈绝缘、(2)电缆绝缘、(3)绝缘胶带的试验报告示例。

附 录 A

（资料性附录）

示例

示例 A.1

根据 GB/T 26168 的辐照试验报告

1. 材料：环氧—苯酚—酚醛清漆—双酚 A 树脂。

   成分：树脂 EPN 1138＋MY745＋CY221(50:50:20)，

   　　　固化剂：HY905 (120)，

   　　　促进剂：XB2687(0.3)。

   固化时间：24 h/120 ℃

   应用：电磁线圈绝缘

   供应商：NN

2. 辐照

   池式反应堆，水中，40 ℃

   快中子通量($E>1$ MeV)：　　　3×10^{12} n/cm² s

   热中子通量：　　　　　　　　5×10^{12} n/cm² s

   γ 剂量率：　　　　　　　　　400 Gy/s

   吸收剂量：　　　　　　　　　5×10^{6} Gy、1×10^{7} Gy、2.5×10^{7} Gy、5×10^{7} Gy

   剂量测定方法：　　　　　　　量热计和活化探测器

   辐照日期：　　　　　　　　　xy

3. 试验

   方法：　　　弯曲强度(GB/T 9341—2008)

   试样尺寸：　80 mm×10 mm×4 mm

   评判性能：　最大负荷下弯曲强度

   终点判据：　初始值的 50%

   试验日期：　xy

4. 结果：见表 A.1 和图 A.1。

表 A.1　试验结果

编号	特　　性			力　学　性　能		
	成分	固化条件	吸收剂量 Gy	弯曲强度 S MPa	破坏挠度 D mm	切线弹性模量 M GPa
297	EPN 1138/ MY 745/ CY 221/ HY 905/ XB 2687	24 h, 120 ℃	0 5×10^{6} 1×10^{7} 2.5×10^{7} 5×10^{7}	127 94 70 14 2	12.4 6.4 4.5 1.2 0.7	3.8 3.9 4.1 3.3 0.5

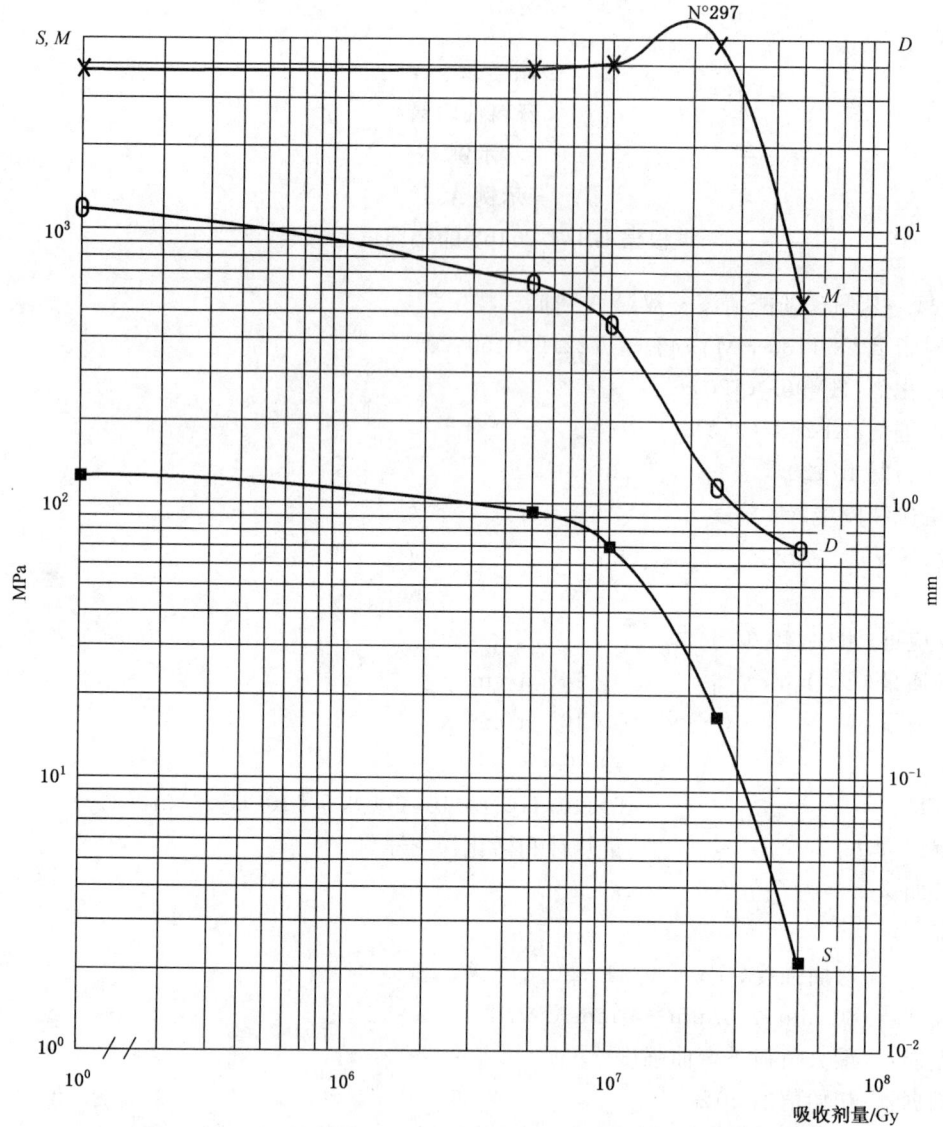

图 A.1　电磁线圈绝缘的机械性能变化与吸收剂量的关系图

示例 A.2

根据 GB/T 26168.2—2010 的辐照测试报告

1. 材料：低密度聚乙烯,热塑性电缆绝缘料,0.08%苯酚类稳定剂、密度 0.936 g/cm³。

   供应商:NN

2. 辐照

   系列 A、B、C、D:池式反应堆,位置 E1,大气,25 ℃

   吸收剂量:5×10^5 Gy、1×10^6 Gy、2×10^6 Gy、5×10^6 Gy

   剂量率:(7～70)Gy/s

   辐照日期:xy

   系列 E、F:钴-60 辐射源,大气,20 ℃

   吸收剂量:5×10^5 Gy、1×10^6 Gy

   剂量率:0.03 Gy/s

   辐照日期:xy

3. 测试

   方法:拉伸试验 GB 1040;硬度试验 GB/T 2411—2008

   试样:S2 型,从模板中制取(厚度为 2 mm)

   评判性能:断裂伸长率

   最终判据:初始值的 50%

   试验日期:(系列 A、B、C、D)xy

   　　　　　(系列 E、F)xy

4. 结果:见表 A.2。

表 A.2　测试结果

编号	材料类型	辐射源,系列	剂量/Gy	剂量率/Gy/s	拉伸		邵氏硬度 D
					强度 R/MPa	伸长率 E/%	
524	低密度聚乙烯绝缘料 热塑性 稳定剂 T/0.08	反应堆	0.0	0.0	13.7±1.4	588±36.0	44.0
		A	5.0×10^5	70.0	18.1±1.0	391.0±4.5	45.0
		B	1.0×10^6	56.0	10.1±0.5	214.0±6.0	47.5
		C	1.9×10^6	7.8	11.8±0.6	61.0±2.0	52.0
		D	5.0×10^6	56.0	9.6±0.5	19.0±2.2	47.0
	同上	钴-60	0.0	0.0	13.7±1.4	588±36.0	44.0
		E	5.0×10^5	0.03	10.3±0.5	80.1±9.0	50.5
		F	1.0×10^6	0.03	10.9±0.5	55.0±5.0	51.0

示例 A.3

根据 GB/T 26168 的辐照测试报告

1 材料:高压设备用绝缘胶带

有机硅树脂+Samica 产品(如云母纸,云母胶带……)+玻璃布

供应商:NN

2 辐照

废核燃料元件,大气,45 ℃

剂量率:2.7 Gy/s

吸收剂量:5×10^6 Gy、9.2×10^6 Gy、5×10^7 Gy

辐照日期:xy

3 试验

方法:笔直试样和 45°弯曲试样击穿电压(IEC 243-1)

评判性能:笔直试样击穿电压

最终标准:初始值的 50%

试验日期:xy

4 结果:见表 A.3 和图 A.2

表 A.3 试验结果

编号	材料类型 供应商商标	剂量/ Gy	击穿电压/kV		10^5 Gy/h 时的辐射指数 GB/T 26168.3
			笔直试样	弯曲 45°试样	
E07	有机硅+Samica+玻璃 布+PC 膜 F 级高压机器用 绝缘胶带	0.0	5.10±0.30	4.50±0.54	<6.0
		5×10^6	1.80±0.10	0.90±0.07	
		9.2×10^6	1.90±0.45	1.00±0.10	
		5×10^7	1.70±0.25	1.00±0.10	

N° E 07

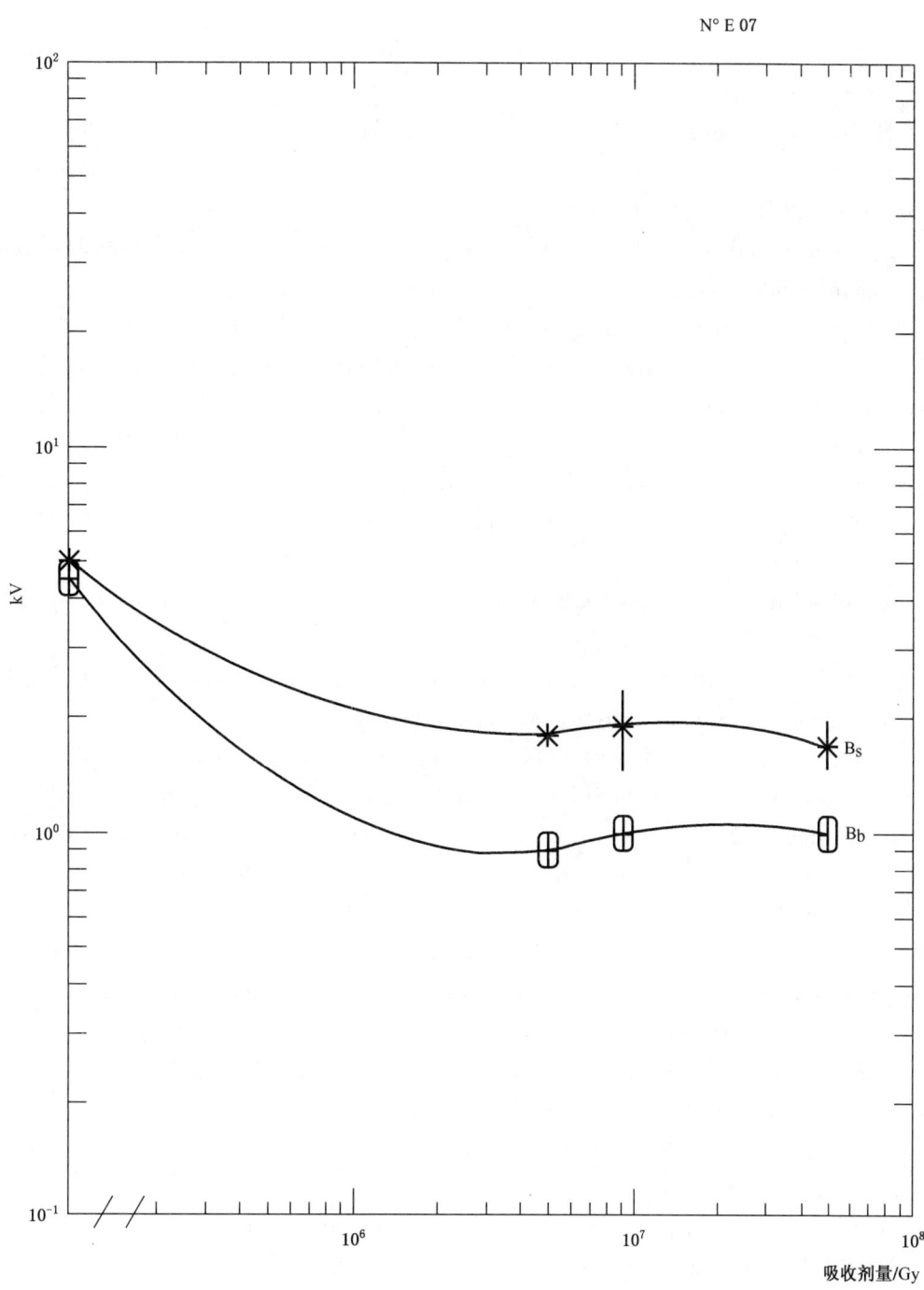

B_s——笔直试样；

B_b——弯曲试样。

图 A.2 绝缘胶带的击穿电压与吸收剂量的函数关系图

参 考 文 献

[1]　H. Wilski,＊Long-duration irradiation of plastics at low dose rate,Radiation Effects in Physics,Chemistry and Biology.,(Proc. 2nd Int. Congr. on Radiation Research, Harrogate, 1962), eds. M. Ebert and A. Howard (North-Holland Publ. Co.,Amsterdam,1963).

[2]　K. T. Gillen and R. L. Clough,＊Occurrence and implications of radiation dose rate effects for material ageing studies.,Rad. Phys. Chem. 78(3-4),661-669(1981).

[3]　K. Arakawa,T. Seguchi,Y. Watanabe,N. Hayakawa,I. Kuriyama and S. Machi,＊Dose-rate effect on radiation-induced oxidization of polyethylene and ethylenepropylene copolymer.,J. Polym. Sci.,Polym. Chem. Ed. 79,2123(1981).

[4]　P. Maier and A. Stolarz,＊Long-term radiation effects on commercial cable insulating materials irradiated at CERN》,CERN Report 83-08(1983).

[5]　H. Wilski,＊Review: The radiation-induced degradation of polymers,Rad. Phys. Chem. 29, No. 1, pp. 1-14 (1987).

[6]　K. Wündrich,＊A review of radiation resistance for plastic and elastomeric materials., Rad. Phys. Chem. 24, No. 5/6, pp. 503-510 (1985).

[7]　R. L. Clough,＊Radiation resistant polymers., in: Encyclopedia of Polymer Science and Engineering, Volume 73, Second Edition, Wiley, New York.

[8]　T. Seguchi and K. Arakawa,＊Oxidation region in polymer materials irradiated in oxygen under pressure., Report JAERI-M-9671, Japan Atomic Energy Research Institute(1981).

[9]　R. L. Clough, K. T. Gillen, J. L. Campan, G. Gaussens, H. Schönbacher, T. Seguchi, H. Wilski and S. Machi,＊Accelerated aging tests for predicting radiation degradation or organic materials.,Nuclear Safety 25,238-254 (1984).

[10]　K. T. Gillen and R. L. Clough,《A kinetic model for predicting oxidative degradation rates in combined radiation-thermal environments.,J. Polym. Sci.,Polym. Chem. Ed. 23,2683 (1985).

[11]　T. Seguchi, JAERI,＊Analysis of dose rate dependence on radiation-thermal combined aging of polymer materials》,Proceedings Int. ANS/ENS Topical Meeting "Operability of Nuclear Power Systems in Normal and Adverse Environments",Albuquerque,NM,October 1986.

[12]　S. G. Burnay and J. W. Hitchon,＊Prediction of service lifetimes of elastomeric seals during radiation aging.,J. Nucl. Mater. 737,197 (1985).

[13]　T. Seguchi et al.,《Radiation-thermal combined degradation of cable insulating materials, Report EIM-80-94,Institute of Electrical Engineers of Japan (1980).

[14]　R. L. Clough and K. T. Gillen,《Combined environment aging effects-,Jour. Polym. Sci., Polym. Chem. Ed. 79 (8),2041-2051 (1981).

[15]　T. Seguchi et al.,《Fast neutron irradiation effects.,Rad. Phys. Chem. 26,221-225 (1985).

[16]　F. Hanisch,P. Maier,S. Okada and H. Schönbacher,《The effects of radiation types and dose rates on selected cable insulating materials》, Radiat.,Phys.,Chem.,Vol. 30, NO. 1, pp 1-9 (1987).

[17]　F. Wyant, H. W. Buckalew, J. Chenion, F. Carlin, G. Gaussens, P. Le Tutour and M. Le Meur,《US/French Joint Research Program regarding the behaviour of polymer base materials subjected to beta radiation》,Sandia Report SAND 86-0366,NUREG/CR-4530 (1986).

[18]　O. Stuetzer,《Correlation of electric cable failure with mechanical degradation-,Sandia Re-

port SAND 83-2622,NUREG/CR 3623 (1984).

[19]　G. Liptak,R. Schuler,P. Maier,H. Schönbacher,B. Haberthür,H. Müller and W. Zeier,《Radiation tests on selected electrical insulating materials for high power and high voltage application-,CERN Report 85-02 (1985).

注：

CERN 报告可从以下地址获取：

Scientific Information Service(科学信息服务)

CERN

CH-1211 日内瓦 23,瑞士

—JAERI 报告可从以下地址获取：

高崎辐射化学研究院

Jaeri,高崎,Watanuki-machi,Gunmu-ken

370-12 日本

—SANDIA 报告可从以下地址获取：

National Technical Information Service(国家技术信息服务)

Springfield

弗吉尼亚 22161

ICS 29.035.20
K 15

中华人民共和国国家标准

GB/T 26168.3—2010/IEC 60544-4:2003

电气绝缘材料　确定电离辐射的影响
第 3 部分：辐射环境下应用的分级体系

Electrical insulating materials—Determination of the effects of ionizing
radiation—Part 3:Classification system for service in radiation environments

(IEC 60544-4:2003,IDT)

2011-01-14 发布　　　　　　　　　　　　　　2011-07-01 实施

中华人民共和国国家质量监督检验检疫总局
中国国家标准化管理委员会　发布

前　言

GB/T 26168《电气绝缘材料　确定电离辐射的影响》分为 4 个部分:

——第 1 部分:辐射相互作用和剂量测定;

——第 2 部分:辐照和试验程序;

——第 3 部分:辐射环境下应用的分级体系;

——第 4 部分:运行中老化的评定程序。

本部分为第 3 部分。

本部分等同采用 IEC 60544-4:2003《电气绝缘材料　确定电离辐射的影响　第 4 部分:辐射工作环境中的分级体系》。

本部分在等同采用 IEC 60544-4:2003 时做了如下编辑性修改:

——删除了国际标准的前言。

——本部分对应国际标准为第 4 部分,但由于此系列标准第 3 部分已并入第 2 部分,所以国家标准编号顺次排至第 3 部分。

——本部分的引用文件,对已经转化为我国标准的,列出了我国标准及其与国际标准的转化程度。

——按 GB 1.1 要求,将国际标准原文中出现的全部引用标准,放入规范性引用文件。

——按 GB 1.1 要求,将引用文件单独列出,删除参考文献。

本部分由中国电器工业协会提出。

本部分由全国电气绝缘材料与绝缘系统评定标准化技术委员会(SAC/TC 301)归口。

本部分负责起草单位:机械工业北京电工技术经济研究所、深圳市华测检测技术股份有限公司、上海电缆研究所。

本部分参加起草单位:核工业第二研究设计院、上海核工业研究设计研究院,沈阳电缆产业有限公司、常州八益电缆有限公司、江苏上上电缆集团、浙江万马电缆股份有限公司、浙江万马高分子材料有限公司、上海电缆厂有限公司、临海市亚东特种电缆料厂、上海凯波特种电缆料厂、安徽电缆股份有限公司、江苏华光电缆电器有限公司、工业和信息化部电子第五研究所。

本部分主要起草人:郭丽平、郭冰、李强、孙伟博、陆燕红、吕冬宝、顾申杰、柴松、周叙元、王松明、杨娟、陈文卿、王怡遥、周才辉、项健、张万友、杨仁祥。

引　言

　　有机绝缘材料在电气系统中具有举足轻重的作用。它们与金属材料、陶瓷材料一样，成为电气技术领域零部件的主要材料。在所有材料中，有机材料属于对辐射影响最为敏感的材料，不同有机材料对辐射影响的反应差别很大。因此，在选择应用于辐射环境中的绝缘材料时，要求提供候选材料的耐辐射性能信息。GB/T 26168 第 3 部分的目的是提供在上述用途中绝缘材料的耐辐射性能的分级。

　　本部分是《电气绝缘材料确定电离辐射的影响》系列标准的第 3 部分。

　　GB/T 26168.1 为概论，涉及评定辐射影响的众多问题。可用于知道制定辐射量测定术语、从所用辐射量测定法中确定某种具体材料的曝露与吸收剂量并计算吸收剂量等方法。

　　GB/T 26168.2 介绍了在辐射环境中维持七种不同类型曝露条件的步骤。它还规定了上述辐射条件的控制措施，从而将实验结果与之对应以获得关于材料性能的对比结果。另外，它还规定了用于确定绝缘材料性能变化与相应(终点判据)的某些重要辐射条件与试验步骤。

　　GB/T 26168.4 介绍在使用过程中老化的评定程序。

电气绝缘材料　确定电离辐射的影响
第3部分:辐射环境下应用的分级体系

1　范围

GB/T 26168 的本部分规定了分级体系,作为选择和检索应用于核反应设施、反应堆燃料处理设施、辐照设施、离子加速器和 X 射线设备等辐射环境中所使用绝缘材料的指导。

分级体系为确定曝露于电离辐射环境下各种设备中所使用的三大类聚合物材料(硬质塑料、软质塑料和弹性体)的使用提供了一套参数。

本部分构成了对上述材料在辐射环境中的适用性进行定量评定的基础,提出确定上述材料的规格及供应商与用户间签订采购协议的指导。

2　规范性引用文件

下列文件中的条款通过 GB/T 26168 的本部分的引用而成为本部分的条款。凡是注日期的引用文件,其随后所有的修改单(不包括勘误的内容)或修订版均不适用于本部分,然而,鼓励根据本部分达成协议的各方研究是否可使用这些文件的最新版本。凡是不注日期的引用文件,其最新版本适用于本部分。

GB/T 528—2009　硫化橡胶或热塑性橡胶　拉伸应力应变性能的测定(ISO 37:2005,IDT)

GB/T 1040　塑料　拉伸性能的测定(ISO 527,IDT)

GB/T 1043.1—2008　塑料简支梁冲击性能的测定　第 1 部分:非仪器化冲击试验(ISO 179-1:2000,IDT)

GB/T 1408.1　绝缘材料电气强度试验方法　第 1 部分:工频下试验(IEC 60243,IDT)

GB/T 1410—2006　固体绝缘材料体积电阻率和表面电阻率试验方法(IEC 60093:1980,IDT)

GB/T 2411—2008　塑料和硬橡胶　使用硬度计测定压痕硬度(邵氏硬度)(ISO 868:2003,IDT)

GB/T 6031—1998　硫化橡胶或热塑性橡胶硬度的测定(10～100 IRHD)(idt ISO 48:1994)

GB/T 7759—1996　硫化橡胶、热塑性橡胶　常温、高温和低温下压缩永久变形测定(eqv ISO 815:1991)

GB/T 9341—2008　塑料　弯曲性能的测定(ISO 178:2001,IDT)

GB/T 10064—2006　测定固体绝缘材料绝缘电阻的试验方法(IEC 60167:1964(1996),IDT)

GB/T 10580—2003　固体绝缘材料在试验前和试验时采用的标准条件(IEC 60212:1971,IDT)

GB/T 26168.1—2010　电气绝缘材料　确定电离辐射的影响　第 1 部分:辐射相互作用和剂量测定(IEC 60544-1:1994,IDT)

GB/T 26168.2—2010　电气绝缘材料　确定电离辐射的影响　第 2 部分:辐照和试验程序(IEC 60544-2:1991,IDT)

IEC 61244-1:1993　高聚物长期辐射下老化的测定　第 1 部分:调节限制氧化扩散的技术

IEC 61244-2:1996　高聚物长期辐射下老化的测定　第 2 部分:低剂量辐射下老化预测程序

3　分级体系

特定用途的某种材料的分级是按照 GB/T 26168.2—2010 规定的特定环境和规定剂量下,对该材料进行辐射试验,对比辐射前后的机械和/或电气性能变化,在对比结果的基础上做分级。以上述试验为基础,该种材料被赋予一个"辐射指数"。为了考核材料的辐射指数,该种材料在规定条件下经受指定类别的剂量辐射后应满足终点判据。

终点判据可以表示为材料性能的一个绝对数值或材料性能数值与其初始值的百分比。可用上述两种方法的任意一种对材料的耐辐射性能进行分级。表1给出了材料性能数值或与其初始值百分比的推荐值。

除"辐射指数考核条件"另有规定外,所有测试应在从射线照射环境中移出后进行。试样辐射后的处理应按照 GB/T 26168.2—2010 中3.5的规定进行。

3.1 辐射指数的定义

辐射指数应定义为某一吸收剂量(单位为戈瑞〈Gy〉,在此剂量以下,材料相应的判据性能值在特定条件下达到终点判据)的对数值,即 $\log_{10}$ 的值,并保留两位有效数字。例如满足终点判据的辐射剂量为 2×10^4 Gy 的某种材料,其辐射指数为 4.3[即 $\log_{10}(2\times10^4)=4.301$]。辐射指数值应从表2给出的系列值中选取。

辐射指数应包括剂量率(见3.2.1)或符号"vac"(见3.2.2),并在适当情况下包括特定的考核条件,比如,判定性能(见3.3)、温度(见3.4)和介质(见4.2.3)。其他考核条件,见第4章。

GB/T 26168.2—2010 推荐优先使用 γ 射线、X 射线或电子束进行辐照试验。应规定材料暴露于何种辐射类型下。

3.2 剂量率

3.2.1 当在空气中进行不同剂量率的辐射试验时,可得到不同的辐射指数值,还取决于材料与辐照条件。同时,受扩散限制氧化(见 IEC 61244-1:1993)影响的剂量率还取决于试样的厚度。因此,在长期暴露条件下(见 GB/T 26168.2—2010 中3.6),辐射指数应与辐射剂量率和试样厚度(在此厚度下取得所需的辐射指数)等考核条件一同给出。例如,辐射指数 4.3(50 Gy/s,1 mm)。

3.2.2 如没有反应介质(即在真空或惰性气体中进行试验),就不需要考虑剂量率的影响。在这种情况下,剂量率这一限制条件可用符号"vac"代替,例如,辐射指数 4.3(vac)。

3.2.3 有氧气存在时,一些聚合物在辐射诱导反应状态下可能出现分解反应。上述影响取决于通过扩散而透入被测材料中的氧量,相应地,它也取决于聚合物对气态氧的渗透性、样品的厚度和耗氧速率(见 IEC 61244-1)。在这种情况下,辐射剂量率是有影响的。

如果对辐射剂量率是否有影响没有足够的经验,则有必要尽可能接近材料工作环境中的剂量率进行试验。

至于在空气中辐照,3.2.1规定的剂量率和样品厚度是指在等于或高于此剂量率和样品厚度时,辐射指数有效。

3.2.4 如果超过所需的辐照时间,建议根据 IEC 61244-2:1996 规定的步骤之一对剂量率的影响进行评估。

3.3 判定性能

3.3.1 正常应用条件下,硬质塑料最受约束的性能是最大载荷时的弯曲应力,软质塑料与弹性体的最受约束性能为断裂伸长率。除另有规定外,辐射指数都会采取这些性能作为终点判据,这里没有必要提及材料在寿命终止时的状态。

3.3.2 在保证用途的情况下,用户可从表1选择一项性能以确定辐射指数。在上述情况下,应规定试样材料经过试验的实际性能。

3.4 温度

3.4.1 确定辐射指数的正常试验温度应为室温(23 ℃±5 ℃)。

3.4.2 若材料的工作环境为高温环境,则高温环境成为估计材料在辐射环境中使用寿命的另外一个因素。不同材料所受到的影响不同。一般来说,在高温环境中,材料性能会加速老化,然而,有些材料在温度与剂量率的综合作用下使用寿命会更长。确定辐射指数时,应考虑影响材料使用寿命的每个参数及重要性能,因为降解反应的速率随温度而变化。它们的相对重要性取决于聚合物在规定温度时的物理状态。上述剂量率的变化比例可能在玻璃态转化温度或其他转化温度下发生剧烈变化。因此,受上述反应影响所改变的性能受辐射温度的影响。不同材料所受温度的影响程度不同。

3.4.3 如果材料的工作温度不是室温,则材料应在最接近 GB/T 10580—2003 及其后的 GB/T 26168.2—2010 中 3.4.2 规定的标准温度下试验。

3.5 其他考虑因素

3.5.1 性能的变化与剂量不呈典型的线性关系。建议不要用外推法得到的剂量值来确定终点判据。

3.5.2 应确定材料未受辐射作用时的初始性能值。比较某种聚合物的初始性能值,其辐射指数可表明该材料的耐辐射性能。当材料的使用性能要求与终点判据有关时,可从与工作环境下的剂量率与辐射指数对应的剂量大致得出材料使用寿命的估计值。然而,存在重大剂量率影响时,材料的实际使用寿命值与初始估计值相比可能大幅度降低(见 GB/T 26168.1—2010 和 GB/T 26168.2—2010)。

3.5.3 一个确定的辐射指数可能仅对经过试验的特定材料有效。这是因为材料化学成分(包括填料与添加剂)、物理结构、制作方法的改变可能导致辐射诱发的材料性能的变化程度发生改变。因此,不能仅因为一种材料与已经测试过的与该材料化学成分相同的材料,就采用同一种分级方式。

在某些情况下,由于特定材料的辐射指数是经过试验得出的,因此相关材料通常可能被划为耐辐射性相同的材料种类。例如,如果确信配方的改变不会对辐射作用效果产生影响,且该混合物组分的质量分数相差在 10% 以内,则这种划分方法是容许的。

4 辐射指数的意义与特定工作环境限制条件

4.1 辐射指数

表 2 列出的辐射指数值适用某种规定厚度的材料可在规定剂量率的环境中(见 3.2.1),若带符号"vac",表明材料在不存在反应介质的情况下,可在任何辐射剂量的室温(见 3.4.1)环境中应用(见 3.2.2)。另外,辐射指数是根据 3.3.1 和表 1 中相应的终点判据经下列试验得出的:

——硬质塑料在最大载荷时的弯曲应力,或

——软质塑料和合成橡胶的断裂伸长率。

4.2 带考核条件的辐射指数

4.2.1 当使用 4.1 规定以外的判定性能来评价某种材料的耐辐射性能时,经实际试验的性能应作为考核条件附加到辐射指数上(见 3.3.2)。

4.2.2 对于应用在室温以外的材料,辐射指数应附加限制条件,指明材料最高的工作温度(见 3.4.2)。

4.2.3 若反应介质不是空气,则具体的反应介质应作为限制条件附加到辐射指数上。

4.3 示例

辐射指数分级体系的应用范例如下所示:

● 名称"PVC,XY 型,辐射指数 6.0(50 Gy/s,1 mm)"

该名称表示厚度小于或等于 1 mm 的 XY 型聚氯乙烯(PVC)材料 23 ℃时在空气中受到剂量率为 50 Gy/s 的辐射作用后,当吸收剂量达到 1×10^6 Gy 时,其断裂伸长率为其初始值的 50%;

● 名称"环氧树脂,XY 型,辐射剂量 7.0（vac,绝缘电阻)"

该名称表示 XY 型环氧树脂的在室温(23 ℃±5 ℃)的真空中接受辐照,当吸收剂量达到 1×10^7 Gy 时,其绝缘电阻为初始值的 10%;

● 名称"硅橡胶,XY 型,辐射指数 5.3(0.1 Gy/s,1 mm,表面电阻率,80 ℃)"

该名称表示厚度小于或等于 1 mm 的 XY 型硅橡胶在不高于 80 ℃的工作温度下,在空气中受到剂量率为 0.1 Gy/s 的辐射作用后,当其吸收剂量达到 2×10^5 Gy 时,其表面电阻率至少为初始值的 0.1倍。

表 1 评定绝缘材料在辐射环境的分级体系时应考虑的判据性能和终点判据

材料类型	性能	试验程序	终点判据[a]
硬质塑料	弯曲强度	GB/T 9341—2008	50%
	拉伸屈服强度	GB/T 1040	50%
	拉伸断裂强度	GB/T 1040	50%
	冲击强度	GB/T 1043.1—2008	50%
	体积与表面电阻率	GB/T 1410—2006	10%
	绝缘电阻	GB/T 10064—2006	10%
	介电强度	GB/T 1408.1—2006	50%
软质塑料	弯曲强度	GB/T 1040	50%
	断裂伸长率	GB/T 528—2009	50%
	拉伸屈服强度	GB/T 1040	50%
	拉伸断裂强度	GB/T 1040	50%
	冲击强度	GB/T 1043.1—2008	50%
	体积与表面电阻率	GB/T 1410—2006	10%
	绝缘电阻	GB/T 10064—2006	10%
	介电强度	GB/T 1408.1—2006	50%
弹性体	断裂伸长率	GB/T 528—2009	50%
	拉伸断裂强度	GB/T 528—2009	50%
	硬度/国际橡胶硬度	GB/T 6031—1998	改变10个单位值
	硬度/邵尔 A	GB/T 2411—2008	改变10个单位值
	压缩形变	GB/T 7759—1996	50%
	体积与表面电阻率	GB/T 1410—2006	10%
	绝缘电阻	GB/T 10064—2006	10%
	介电强度	GB/T 1408.1—2006	50%

[a] 以百分数表示的数值是指占初始数值的百分比。

表 2 辐射指数值

辐射指数值	符合终点判据的吸收剂量/Gy
4.0	1.0×10^4
4.1	1.3×10^4
4.2	1.6×10^4
4.3	2.0×10^4
4.4	2.5×10^4
4.5	3.2×10^4
4.6	4.0×10^4
4.7	5.0×10^4
4.8	6.3×10^4
4.9	8.3×10^4

表 2（续）

辐射指数值	符合终点判据的吸收剂量/Gy
5.0	1.0×10^5
5.1	1.3×10^5
5.2	1.6×10^5
:	:
:	:
5.9	8.0×10^5
6.0	1.0×10^6
6.1	1.3×10^6
6.2	1.6×10^6
:	:
:	:
6.9	8.0×10^6
7.0	1.0×10^7
7.1	1.3×10^7
7.2	1.6×10^7
:	:
7.9	8.0×10^7
8.0	1.0×10^8
:	:
:	:
等等	等等

注：辐射指数的限制条件见 4.2。

ICS 29.035.20
K 15

中华人民共和国国家标准

GB/T 26168.4—2010/IEC 60544-5:2003

电气绝缘材料 确定电离辐射的影响
第4部分:运行中老化的评定程序

Electrical insulating materials—Determination of the effects of ionizing
radiation—Part 4:Procedures for assessment of ageing in service

(IEC 60544-5:2003,IDT)

2011-01-14 发布

2011-07-01 实施

中华人民共和国国家质量监督检验检疫总局
中国国家标准化管理委员会 发布

前　言

GB/T 26168《电气绝缘材料　确定电离辐射的影响》分为4个部分：
——第1部分：辐射相互作用和剂量测定；
——第2部分：辐照和试验程序；
——第3部分：辐射环境下的应用分级体系；
——第4部分：运行中老化的评定程序。
本部分为第4部分。

本部分等同采用IEC 60544-5：2003《电气绝缘材料确定电离辐射的影响　第4部分：运行中老化的评定程序》。

本部分在等同采用IEC 60544-5：2003时做了如下编辑性修改：
——用小数点"."代替作为小数点的逗号","。
——删除了国际标准的前言。
——本部分的引用文件，对已经转化为我国标准的，列出了我国标准及其与国际标准的转化程度。
——本部分增加规范性引用文件章节，以下章节编号顺延。
——原文为第5部分，由于IEC第3部分已并入第2部分，本部分准编号顺延至第4部分。

本部分由中国电器工业协会提出。

本部分由全国电气绝缘材料与绝缘系统评定标准化技术委员会(SAC/TC 301)归口。

本部分负责起草单位：机械工业北京电工技术经济研究所、上海电缆研究所。

本部分参加起草单位：上海核工业研究设计研究院、核工业第二研究设计院、沈阳电缆产业有限公司、常州八益电缆有限公司、江苏上上电缆集团、浙江万马电缆股份有限公司、浙江万马高分子材料有限公司、上海电缆厂有限公司、临海市亚东特种电缆料厂、上海凯波特种电缆料厂、安徽电缆股份有限公司、江苏华光电缆电器有限公司、工业和信息化部第五研究所、深圳市华测检测技术股份有限公司。

本部分主要起草人：孙建生、郭丽平、孙伟博、吕冬宝、顾申杰、柴松、周叙元、王松明、杨娟、陈文卿、王怡遥、周才辉、项健、张万友、杨仁祥、郭勇、朱平。

引　言

　　在电工绝缘材料领域,有机材料占很大的比重。这些材料对辐射的作用很敏感,而且材料种类不同,其响应程度也大不相同。因此能够评估绝缘材料在使用期间老化的程度是非常重要的。标准GB/T 26168 的本部分提供了绝缘材料使用寿命检测程序。

　　评估基本聚合物曝露于辐照环境的寿命有几种途径,在这方面的发展是基于过去 15 年里对老化寿命影响因素的理解。在核电站,通常采用鉴定程序选择材料,包括聚合物基材料。先前这些鉴定程序是在对老化缺乏足够认识情况下编制的,因此本部分所讨论的大多数方法引证了先前鉴定程序的局限性。

　　本部分为第 4 部分,内容是关于运行中老化的评定程序。

　　第 1 部分(辐射相互作用与剂量测定)制定了导论,广泛涉及包括评测辐射作用等问题,该部分还给予下述内容的指南,放射测量学、几种放射和吸收剂量测定的方法以及几种应用放射测量学计算任一特定材料吸收剂量的方法。

　　第 2 部分(辐照和试验程序)描述了 7 种不同类型的辐照曝露条件的试验程序,该部分详细制定了试验条件的控制方法,以保证试验结果的表征性以及材料性能的可比性。该部分定义并确定了主要辐照条件和试验程序,用于特性转变结果和相应的终点指标。

　　第 3 部分(辐射环境下的分级体系)提供了推荐性的区分绝缘材料耐辐射性能的分类体系。

电气绝缘材料　确定电离辐射的影响
第4部分:运行中老化的评定程序

1　范围

GB/T 26168的本部分规定了用于辐射环境的聚合物材料运行中寿命评估方法,例如电缆绝缘和护套、弹性体密封材料、聚合物涂层和橡胶套管等。

本部分适用于提供评估运行中老化的指导方针,内容包括基于条件检测的寿命评估程序、严酷环境下试样存放装置的使用以及实际老化的样品制样。

2　规范性引用文件

下列文件中的条款通过GB/T 26168的本部分的引用而成为本部分的条款。凡是注日期的引用文件,其随后所有的修改单(不包括勘误的内容)或修订版均不适用于本部分,然而,鼓励根据本部分达成协议的各方研究是否可使用这些文件的最新版本。凡是不注日期的引用文件,其最新版本适用于本部分。

GB/T 26168.1—2010　电气绝缘材料　确定电离辐射的影响:第1部分:辐射相互作用和剂量测定(IEC 60544-1:1994,IDT)

GB/T 26168.2—2010　电气绝缘材料　确定电离辐射的影响:第2部分:辐照和试验程序(IEC 60544-2:1991,IDT)

IEC 61244-1:1993　高聚物长期辐照下老化的测定　第1部分:调节限制氧化扩散的技术

IEC 61244-2:1996　高聚物长期辐照下老化的测定　第2部分:低剂量辐射下老化预测程序

IEC/TR 61244-3:2005　高聚物长期辐照下老化的测定　第3部分:低压电缆材料在线监控过程

3　代号

BR	丁基橡胶
BWR	沸水反应堆
CM	状态监测
CSPE	氯磺化聚乙烯
DLO	氧化有限扩散
DRE	剂量率效应
DSC	差示扫描量热计
EPR	二元乙丙橡胶
EPDM	三元乙丙橡胶
ETFE	乙烯四氟乙烯共聚物
EVA	乙烯醋酸乙烯酯共聚物
IM	凹痕模数
LOCA	冷却剂失水事故
NBR	丁氰橡胶
OIT	氧化诱导时间
OIT/OITP	氧化诱导温度

PE	聚乙烯
PEEK	聚醚醚酮
PPO	聚苯醚
PVC	聚氯乙烯
PWR	压水堆
SIR	硅橡胶
TGA	热重分析仪
XLPE	交联聚乙烯
XLPO	交联聚烯烃

4 背景资料

在下述内容中有几种可选择的方法,用于老化寿命的评定,每种方法均有其优点和局限性,应根据使用者特定的要求选定适当方法。

对辐射环境下使用的聚合物进行老化评定,必须考虑几个因素。有些因素仅进行简要的讨论,详情可见参考文件。针对辐照加速老化,通常的方法是增加剂量率,这经常伴随着温度的升高,此时下述两种最重要因素的重要性也随之升高,其一为氧化有限扩散(DLO),详见4.1;其二为剂量率效应(DRE),详见4.2。本部分讨论了这些因素在实际使用中的含义,在4.3和4.4简要地陈述了加速老化程序,介绍了在运行期间评估其老化的方法。

4.1 氧化有限扩散(DLO)

当聚合物暴露在含氧环境中(如:空气),它将吸收一定量的氧。在未发生氧化反应时,氧的吸收量与聚合物周围氧气分压成比例(根据著名的Henry理论)。老化将导致聚合物内部的氧化反应,并且随着剂量率和温度的提高其速度将明显增加,如果聚合物内部吸收氧的消耗速度快于环境氧扩散而致的补充速度,根据氧化有限扩散,内部氧浓度的降低能导致氧化反应下降甚至可忽略。

该作用的重要性决定于试样的厚度以及氧消耗速度与氧扩散系数(P)的比值(试样越薄DLO效应越小)。加速老化包含剂量率的增加,它将导致氧消耗速度的上升,如果剂量率上升时温度恒定,则氧的扩散系数不变,而这意味着当剂量率提高时DLO作用将更重要,这些结果在标准IEC 61244-1中有更详细地描述。

进行状态监测(CM)时应考虑DLO的影响。对于许多CM技术,在室温下进行性能测量不成问题,例如:密度和模量。另一方面,对于OIT和TGA在测量过程要大幅升温的CM技术,在CM参数的测量期间很可能存在DLO的影响。当画出CM方法的相互关系曲线时,一定要确定DLO,以保证获得辐照和热老化的代表性数据。

4.2 剂量率效应(DRE)

测量辐照剂量率效应的具体方法在IEC 61244-2中已加以描述,通常将DRE分成2类,第1类常用于表述加速辐照老化试验,与DLO效应有关,这些以DLO为基础的效应表述了物理的和形状尺寸的DRE。第2类涉及化学DRE,其具有很强特殊性,文献报道PVC和LDPE在过氧化氢介质中表现低的氧化分解反应显现出化学DRE[4]。

4.3 加速老化

有时实验室在加速老化程序中采用的加速因子,显著低于在设备鉴定中的,这能避免一些DLO和DRE相关联的问题的发生。这种加速老化更能模拟发生在使用条件下的长期老化,在这些加速老化试验中得到的数据能评估实际使用条件下的材料表现。

如IEC 61244-2所述,加速老化程序通常需要一组试验数据矩阵,用以覆盖环境条件,除了热老化和升温辐照老化的附加数据以外,至少拥有在常规操作温度下3组不同剂量率的数据,用以组成具备预测性的方法。应采用GB/T 26168.2—2010中叙述的原理选择加速老化试验的剂量率和温度,以确保氧化反应均匀发生。对于每个已有的环境条件,应获取几个不同的老化时间数据,其中最长老化时间能充分表征典型的老化分解。根据所选材料的耐辐射性,典型的试验程序将需 18 个月。试验组所需的数据类型决定于被评估的材料组成的类型,GB/T 26168.2—2010 给出了不同类型聚合物对应的试验参数的类型。

按照 IEC 61244-2 中关于 3 种不同的普遍认可的预测模型,对实验中发生的数据进行分析。

4.4　老化评估方法

本部分叙述了 2 种使用中的老化评定方法:

——非破坏性试验的条件检测方法;

——取自存放装置的材料试样。

条件检测技术用于评估在实际使用环境下延长材料老化周期的条件,使用环境如:核电站、加速器、核废料处理厂等。采用非破坏性的和微观取样试验的方法表明与老化降解有很好相关性,条件检测方法详见第 5 章。

采用取自现场存放装置的样品为使用中老化评估的可选方法,可作为老化管理程序中的破坏性试验部分,该部分详见第 6 章。

5　状态监测技术

5.1　概述

有多种方法可对聚合物,尤其是电缆材料,进行状态监测[5],[6]。但能够实际使用的并不多,这些在 IEC 61244-3 中已有提及。这些方法中,经过近几年的实际工作,建立了测量与聚合物降解参数相关联的数据,可能的方法如下:

——凹痕;

——氧化诱导时间(OIT);

——氧化诱导温度(OITP);

——热重分析(TGA);

——密度。

检测技术的试验程序分别在 5.3～5.7 加以叙述。

老化评估的状态监测被用于鉴定程序有几种途径,范围从短期故障追查到长期在线程序。短期试验中,条件检测的要点是确定问题的程度或者论证问题的不存在。例如,凹痕检测被用于测定电缆降解上升的受损程度,该电缆位于核电站进入沸水堆的隔热层受损的蒸气管附近。沿着电缆凹痕测量,可能获得受损区域的轮廓。

有时使用设计标准是有裕度的(例如电力电缆载流量的自温升计算),认为某根电力电缆会显著降解。采用 CM 方法来检测材料从而证明材料尚未降解到预测的程度,从而可以避免不必要的更换。

CM 方法能用于设计寿命期间的在线检测程序,典型用途如下:

——组件状态变化趋势与初始设备检验程序的质量状态的关系;

——状态监测数据与基于实验室加速老化数据的预测结果相比较,和与已知的环境条件的比较;

——处于严酷环境的存放装置中的元件监测(最常用于电缆和电工材料)。

5.2　CM 方法曲线相关性的建立

为了使用 CM 方法,建立被测量参数和材料降解或功能性降低的最先指示之间的关系是很重要的。对于聚合物电缆材料而言,由于电缆的物理性能劣化时电性能并无很大变化,通常采用断裂伸长率来表征降解。对于密封材料,压缩形变是一种有用的表示老化的指标。GB/T 26168.2 给出了其他组件的降解参数。在一定条件下通过老化样品的主要特征和相关参数的测量来确定相关曲线,如图 1 所示,测量应覆盖降解范围,从不老化直至剧烈老化。建立相关曲线时,推荐至少采用 5 组不同老化时间的数据(见图 2)。

通常用加速试验建立相关曲线。该试验应采用标准中的程序,见本标准第 2 部分。作为选择,如第 6 所述,可采用老化评定的存放装置方法建立相关曲线。

例如,电缆材料 CSPE,(如图 3 所示)在加速老化程序获得的凹痕测量和断裂伸长率二者的相关曲线[7],获得了材料 CSPE 关于辐射和热二者老化很好的关联性,对该材料现场采用凹痕的测量能相对预测降解即剩余寿命的评估。使用老化模型,结合现场环境条件的指示,获得了对降解的预测(如 IEC 61244-2 所述)。

5.3 凹痕测量仪

凹痕测量仪是一种仪器,用于测定与聚合物压缩模量相关的参数。当驱使已知的仪器探针深入聚合物表面并检测时,测量载荷[8],凹痕测量特别用于电缆材料的评估,也可用于弹性体密封材料[9]。作用力对穿透的曲线的斜率为凹痕模数(IM),具有代表性的是最大作用力不大于 15 N,见图 4。

IM 数值决定于探针的尺寸,探针的形状为一个截去顶端的圆锥体,其直径应记入报告。

5.3.1 试验方法

实验室测量,电缆试样最小长度应为 100 mm。电缆材料凹痕的现场测量,既在电缆的圆周又在电缆的长度方向,应至少选择 3 处能测量的区域,待测试样表面应除去碎削和沉积物,若有沉积物,可用湿布擦去,而不应使用溶剂。

试样应用试验用夹子夹住并固定,应避免压缩。最大应力值和探针速度可预先设定。对于不同类型的聚合物,这些试验参数的推荐值列于表 1。对于工地试验,沿着样品圆周或者长度方向至少进行 3 次试验,同一位置不应进行重复试验。试验室测试,推荐在样品圆周方向应试验 3 次,并且在长度方向至少 2 处位置进行重复试验。

5.3.2 试验数据的分析

凹痕试验期间得到的数据包含探针的压力(应力)以及对应的形变量,对应特定应力范围的凹痕模量(IM)由下列公式求得:

$$IM=(F_1-F_2)/(d_1-d_2)$$

式中 F_1 和 F_2 是应力值,d_1 和 d_2 是相对应的形变数值,应力范围取在应力-应变曲线起初的线性部分,不同类型聚合物试验的应力范围推荐值列于表 1。

5.3.3 报告

试验报告应包含下列要素:

——使用的仪器;

——探头的几何尺寸;

——试验的样品;

——样品中试验位置的区域;

——试验温度;

——探头速度;

——试验所用应力范围;

——每次试验的凹痕模量值,平均值以及与标准值的差值。

5.3.4 再现性

对于电缆材料,采用多个实验室试验评估了凹痕测量的再现性,具有代表性的 IM 数值在平均值的 $\pm5\%\sim\pm10\%$ 之间,数值 IM 受到实验操作环境温度的影响,材料 PVC,EVA 和 CSPE 影响显著,材料 EPR,EPDM,XLPE 和 PE 在 16 ℃~24 ℃温度范围内影响很小[10]。

5.3.5 局限性

IM 是许多辐射环境使用的聚合物的良好的降解指示,已证明具有良好相关性数据的材料如下:电缆材料 EPR、EPDM、CSPE、PVC、EVA 和氯丁橡胶,氟聚合物和 EPDM 密封材料。本部分技术对于 XLPE 为基的电缆材料表征性差。

仪器商业应用起初的目的是测试电缆材料,而且主要适用于几何形状为圆柱体,直径范围 5 mm～30 mm。直径小于 3 mm 的电线,也能测定,只是所测模量偏差将高于大直径试样。

对于现场的电缆,通常仅仅护套材料能便于测试,根据护套材料的老化测试推断绝缘材料的老化状态,这始终是不可能的,对多数电缆而言,几乎不存在护套和绝缘二者之间老化的关联性[2]。

5.4 氧化诱导时间(OIT)

氧化诱导试验采用材料的微小试样,在不影响功能的情况下,该试样取自于组件(例如:电缆护套)。该试验使用商业化的差示扫描量热仪设备进行热分析,既可测定恒温条件下的氧化诱导时间,又可测定恒定升温速率条件下的氧化诱导温度。这二种方法互为补充,有一些材料当 OIT 的测定比较困难时,而 OITP 的测定则较为有效。随着材料的老化的加剧,其氧化诱导期缩短。

5.4.1 OIT 试验方法

试验的样品应为 8 mg～10 mg 材料,试样可以是刮自电缆护套表面的碎屑,或者取自绝缘试样的切片。试样应破碎成最大外形尺寸约 0.5 mm 的碎片,或者通过 40 目筛网,试样应置于仪器专用的样品盘中。推荐使用带有网格盖子的铝制平底锅,相同的空锅应被用作对照试样。DSC 仪器应在试验前校正温度,校正的方法应覆盖试验的温度范围。在试验时,氮气流速为 50 mL/min,样品温度快速升至试验温度。推荐的升温速率是:低于试验温度 10 ℃ 时为 50 ℃/min,接近试验温度时为 5 ℃/min。对于不同聚合物建议的试验温度列手表 2,这些温度通常被选用于 OIT 数值为 60 min～90 min 未老化的材料。当达到试验温度并且稳定,通过试验单元的气流被切换成氧气,同时检测氧化反应的起始点所需时间[11]。氧化反应起始点以基线上出现快速的放热热流为标志。同一批样品组至少进行 3 次试验,每次试验,氧气切换前试验温度稳定保持时间应相同,推荐保持 2 min。

5.4.2 OIT 试验分析

试验数据由通过试样锅的热流与时间的函数关系所得,氧化反应起始点以相对于基线的放热热流为标志,如图 5 所示,采用下述 2 种方法之一的仪器软件来计算发生时间。

方法 A——确定最大热流点并以此点在温谱图上作一切线。起始时间的定义是从氧流量的开始与切线和基准线相交的时间之差。

方法 B——在相对于基线特定阈值点对该曲线作一切线。起始时间的定义是从氧流量的开始与切线和基准线相交的时间之差。用于这一分析方法的阈值通常是 0.5 W/g 到 1 W/g。

5.4.3 OIT 试验报告

本试验报告应包含下列数据:

——使用的仪器;

——样品质量;

——使用的等温线温度;

——用于达到试验温度的升温速度;

——切换到氧气流前的维持时间;

——气流速度;

——使用的分析方法;

——每个试验样品的 OIT 数值;

——温度图谱举例。

5.4.4 OIT 试验的再现性

在 OIT 测量中,观察到其平均值一般从 ±5%～±10% 范围变化[11]。事实上,对于一些材料的温度图谱分析会存在问题,定义平滑的基线由此测量氧化起始点经常是困难的(见图 6),同样对于有些材料,多个起始点给选择适当的起始点带来更多困难(见图 7)。

5.4.5 OIT 试验的局限性

对于诸如 XLPE 和 EPR 这些材料,很容易找到单一的起始点和好的基线,OIT 试验成为条件监测中有用的方法,氧化诱导时间随着材料老化加剧而减少。OIT 试验能用于 PVC 以及其他含氯聚合物,例如 CSPE 和氯丁橡胶,但是这些材料在试验过程中的分解产物具有腐蚀性,很有可能损害仪器设备。对于这些材料,需更少质量(1 mg~2 mg)的样品用于 OIT 试验,且小心操作。

在工厂里的电缆,除了到达使用期的电缆外,通常仅可取护套材料用于试验。并不是总能从护套材料的老化数据推断其老化状态,多数电缆,绝缘和护套二者老化几乎不存在关联性[2]。

5.5　氧化诱导温度(OITP)

氧化诱导试验采用材料的微小试样,在不影响功能的情况下,该试样取自于材料组成(例如:电缆护套)。该试验使用商业化的差示扫描量热仪进行热分析,既可测定恒温条件下的氧化诱导时间,又可测定恒定升温速率条件下的氧化诱导温度。这两种方法互为补充,有一些材料当 OIT 的测定比较困难时,而 OITP 的测定则较为有效。随着材料的老化的加剧,其氧化诱导温度降低。

5.5.1　OITP 试验的试验方法

样品制备相同于 OIT 试验(见 5.4.1),OITP 试验中,样品温度在氧气流中以恒定速率上升,推荐的速率为 10 ℃/min。氧化的起始点由在平坦的基线上出线的放热热流,与 OIT 试验不同的是,诸如半晶体熔点等物理转变一起被显示(见图 8),每次 OITP 试验的开始温度应相同,每批同一样品至少进行 3 次试验。DSC 仪器的温度由先前的 OITP 试验进行校正,校正的方法应覆盖用于试验的温度范围。

5.5.2　OITP 试验分析

试验数据由通过试样锅的热流与温度的函数关系曲线获得,氧化反应的起始点以相对于基线的放热热流为标志,如图 8 所示,采用下述 2 种方法之一的仪器软件来计算起始点的温度。

方法 A—确定最大热流点并以此点在温谱图上作一切线。起始时间的定义是从氧流量的开始与切线和基准线相交的时间之差。

方法 B—在相对于基线特定阈值点对该曲线作一切线。起始时间的定义是从氧流量的开始与切线和基准线相交的时间之差。用于这一分析方法的阈值通常是 0.5 W/g 到 1 W/g。

5.5.3　OITP 试验报告

试验报告应包含下列内容:

——使用的仪器;

——样品质量;

——气流速率;

——升温速率;

——起始温度;

——用于分析的方法;

——每个被测样品的 OITP 值。

5.5.4　OITP 试验的再现性

对于那些有明显起始点的材料的 OITP 测量,数值变化通常在 ±2 ℃[10]。像在 OIT 试验中一样有时也存在一些问题,但基线的确定,在 OITP 试验中很少出现问题。

5.5.5　OITP 试验局限性

对于一些材料 OITP 试验表现出与老化有好的相关性,例如 XLPE、EPR、EVA、PEEK 和丁基橡胶电缆料。OITP 试验能用于 PVC 以及其他含氯聚合物,例如 CSPE 和氯丁橡胶,但是这些材料在试验过程中的分解产物具有腐蚀性,很有可能损害仪器设备,对于这些材料,需更小质量(1 mg~2 mg)的样品才能进行 OITP 试验,且小心操作。

在工厂里的电缆,除了可在电缆端头处测定外,通常仅可取护套材料进行试验。并不是总能从护套材料的老化的数据推断其老化状态,多数电缆,绝缘和护套二者老化几乎不存在关联性[2]。

5.6　热失重分析(TGA)

类似于氧化诱导试验,热失重分析采用微量试样,在不影响功能的情况下,该试样取自于组件。该试验使用商用热分析仪器,检测在恒定的升温速率下的样品的重量损失,TGA试验中,温度绝对值根据样品腔中的氧含量而变化,低的氧含量将得到高的起始值。TGA温度值随辐射老化加剧而降低。

5.6.1　TGA试验的试验方法

样品制备与OIT试验相同(见5.4.1),在氧气流中,样品温度以恒定速率上升,推荐的升温速率为10℃/min,氧气的流速应为50 mL/min。样品组中的每个样品至少进行3次试验。TGA仪器的温度由先前的TGA试验进行校正,校正的方法应覆盖用于试验的温度范围。

5.6.2　TGA试验的分析

试验数据包含样品质量与温度的函数曲线图(见图9)。采用下述2种方法之一的仪器软件来决定氧化起始点。

方法A—5%热失重时的温度。

方法B—确定最大热失重点并从此点在温谱图上作一切线。起始温度的定义是切线和基准线相交的温度。

5.6.3　TGA试验的报告

试验报告应给出下列信息:

——使用的仪器;

——气流速率;

——氧气含量;

——温升速率;

——起始温度;

——样品质量;

——分析使用方法;

——试验样品每个TGA试验温度。

5.6.4　TGA试验的再现性

TGA试验中具有代表性的起始点温度变化为±2℃[10],试验数据的解释通常不存在问题,绝大多数PVC材料基线容易确定,在起始点温度质量快速减少。

5.6.5　TGA试验的局限性

TGA温度被发现与PVC-基材料的辐照老化有很好相关性,但与纯热老化缺乏好的相关性(见图10)[7]。这方法已被用于其他一些材料的评估(例如:EPR,CSPE),但与老化的相关性不十分显著。

本条件监测方法除了能很好地应用于PVC基组成(例如:橡胶靴)以外,它早先已被应用于电缆绝缘和护套材料。

在工厂里的电缆,除了可在电缆端头处测定外,通常仅可取护套材料进行试验。并不是总能从护套材料的老化的数据推断其老化状态,多数电缆,绝缘和护套二者老化几乎不存在关联性[2]。

5.7　密度测定

当聚合物材料在空气中老化时,通常在老化降解过程中氧化起主导作用。氧化反应包括链断和交联的混合过程,导致生成氧化产物和气态产物。这些化学变化导致密度增加。例如:氢原子被更重的氧原子取代后,密度随之增加。存在众多技术可用于密度测量,对于小的固体样品,两种可行的方法引起人们注意,一种是密度梯度技术,另一种是号称为阿基米德方法,它是将样品先在空气中称重,然后置于密度小于样品的液体中称重。

5.7.1　密度梯度方法(1 mg 以及更小样品)

5.7.1.1　密度梯度试验方法

在密度梯度管中,通过标注样品的平衡位置进行密度的测量。用人工的方法,将高密度溶液和低密度溶液混合制备成梯度管,使得沿着梯度管密度梯度大致成线性[13],在测定未知样品时,特制的已知密度的标度的玻璃珠引入并保留在梯度管中,梯度管保持在恒定温度下(通常为23℃),此时标度的玻璃珠被校准。样品被抛入梯度管后,它将浮于平衡位置,对于大样品约 1 mg 这些将清楚的快速的发生,对于小样品(<0.1 mg)则需要几个小时甚至更久,而这决定于样品细小的程度和梯度管中溶液的粘度。梯度管从顶部到底部的密度变化以及梯度管的长度(通常为 100 cm)决定了可获得的精确度,获得优于±0.000 5 g/cm³ 的精确度是容易的。

5.7.1.2 密度测量分析

一旦样品在梯度管中趋于平衡,记录样品和标度的玻璃珠的位置。根据由玻璃珠位置标定的密度曲线估计样品密度,由于大样品测试时估计值的分散性,至少应测试 2 个试样,对于小样品,多半需要测试 4 个试样。

5.7.1.3 密度梯度测量的报告

试验报告应包含下列数据:

——测量的每个试样的近似大小或者质量、数量;

——用于制备梯度管的液体;

——测试温度;

——梯度管长度上的分辨率(g/cm³)/cm;

——被测的试样的密度。

5.7.1.4 密度梯度试验的再现性

再现性决定于几个因素,但主要是样品尺寸。对于大样品约 1 mg 的再现性优于±0.001 g/cm³。更小的样品能获得类似的再现性,但是典型商业性材料的密度变化,造成再现性降低。有两个试验性的问题会导致误差,首先是样品上存在小的空气泡能导致错误读数,因此重要的是在样品投入梯度管前先适当润湿样品。当试样在趋于平衡时检查有没有小气泡。第二个问题涉及梯度管液体在样品中的吸收,如果选择的梯度管液体在样品中有相当溶解性,它们的吸收会影响测试,吸收影响的时间性决定于样品尺寸。因此,大样品在短时间趋于平衡,经常能在重要的吸收发生前完成测量。由于水溶液经常用于制备梯度管,这种情形下仅仅水被吸收,因此长时间的浸泡会导致材料视在密度下降。假如样品投入梯度管并迅速达到视在平衡位置,随后倒转并缓慢地沿试柱上升,说明上述因素的影响明显。

5.7.1.5 密度梯度试验的局限性

当电缆绝缘、护套以及弹性体密封圈的热或者辐照老化由氧化作用起主导作用时,对于应用于这些领域的大多数重要类型的聚合物能容易地检测到密度的变化。已经报道的结果显示下列材料环境热氧化和辐照老化伴随密度变化:CSPE、NR、BR、PVC、CPE、EPR、EPDM、XLPE、LDPE、XLPO 和 SIR[13],[14],[15]。

5.7.2 阿基米德密度方法(5 mg~50 mg 样品)

5.7.2.1 阿基米德方法的试验方法

阿基米德方法[14],[15],[16]采用精确的可反复测量的微量天平,分散性可低于±20 μg,取样范围约 5 mg~50 mg,首先在空气中称重,然后在密度低于样品的液体中称重。异丙醇和乙醇是二种很适合选择的液体,能容易地在大多数聚合物材料表面润湿,因此使得吸附于样品表面的微小气泡降至最小程度。

5.7.2.2 阿基米德测试的分析

如果当液体密度为 ρ_{liq},样品在空气中和在溶液中的质量分别是 W_{air} 和 W_{liq},则样品的密度由下式求得:

$$\rho = \left[\frac{W_{air}}{W_{air} - W_{liq}}\right]\rho_{liq}$$

液体的精确密度应由已知密度的小玻璃球的测定进行标定(与校准密度梯度管方法相同)。

5.7.2.3 阿基米德密度试验报告

试验报告应包含下列数据:

——每篇测试报告涉及的样品近似质量和数量；

——使用的液体；

——测试温度；

——刻度形式以及分辨率；

——每个试验样品的密度。

5.7.2.4 阿基米德密度试验的再现性

再现性决定于样品的尺寸、天平的精确度和样品密度与液体密度的差值，再现性可用公式（见5.7.2.2)中不同的参数的估计误差进行评估。

密度在 1.3 g/cm³ 附近的样品，取 10 mg，平衡液体为乙醇，测试精确至±0.01 mg，此时再现性通常近似于±0.002 g/cm³。由于大的样品快速的测量，液体的吸收通常是不重要的。如果在液体中质量不稳定并且持续向一个方向漂移，这说明吸收现象明显。

5.7.2.5 阿基米德密度试验的局限性

当电缆绝缘、护套以及弹性体密封圈的热或者辐照老化由氧化反应起主导作用时，对于应用于这些领域的大多数重要类型的聚合物能容易地检测到密度的变化。已经报道的结果显示下列材料环境热氧化和辐照老化伴随密度变化：CSPE、NR、BR、PVC、CPE、EPR、EPDM、XLPE、LDPE、XLPO和 SIR[13],[14]。

在工厂里的电缆，除了可在电缆端头处测定外，通常仅可取护套材料进行试验。并不是总能从护套材料的老化的数据推断其老化状态，多数电缆，绝缘和护套二者老化几乎不存在关联性[2]。

6 装置存放法

采用一个装置存放进行长期性能的评估比加速老化方法有更多优点，它能在真实的工厂条件下对材料组成的老化性能进行检测和监控，相对于使用这些材料的大多数场合[17],[18]，存放器经常置于更严酷的环境中。在这种情形下，存放器中材料的老化将更快。

最初使用的大多数的存放器被用于评估电缆和小电气组件，主要建在运行期少于 5 年的工厂内。

6.1 存放器的要求

存放装置使用的一个先决条件是存放器所在位置的辐照剂量和温度的分布状态，其位置在工厂的日常运行时能进行试验。工厂中的环境监测，特别是温度和辐照剂量，而且还有湿度以及其他影响因子，对任何老化程序都很重要。

现有的防辐射系统内的辐照剂量分布计算可能最初用于运行剂量的估测。可是，对于长期老化的评估，重要的是采用放射量测定以尽可能更多地获取实际装置位置的真实辐射剂量及其分布信息。标准 GB/T 26168.1—2010 给出了关于放射量的测定方法，为了增加这些测量的精确度，测量周期应延长到至少 2 年。

一旦得知剂量分布，便能选择存放器位置，甚至有可能找到与最高设计温度相似的位置。经验表明，在压水堆和沸水堆的反应水净化系统中，反应堆压力容器到蒸汽发生器之间的回路适合上述条件要求。

在选择存放器放置地点时，应注意确保造成老化的存放器环境条件与真实条件相类似，尤其是，应注意 XLPE-和 EPR-为基的组成在升高温度的辐照老化，通常它们的使用温度较低。这些材料表现为反温度作用[15],[19],[20]，在较低温度老化更快，图 11 列举了一个例子。对于这些材料，存放器应置于现场通常被认为环境温度最低的位置。

6.2 存放器装置的安装

应确定存放器的位置使得样品尽可能接受均匀的辐照（例如：处于压水堆辐照源附近的回路，它们应与回路保持恒定距离）。采用电缆盘捆扎于回路周围便能容易地达到上述要求。特殊设计的存放器能较容易地适应工厂现场条件。置于盘中的样品应为一层，应避免自身屏蔽。

存放器的装备,需要在辐射环境使用的特别挑选的装置组成,样品的数量和种类足够,满足在整个周期计划内和计划外的取样,整个周期为 60 年以上(用于新工厂),还应包含能满足将来条件检测方法改进的额外样品。

需要确定评估所需样品的数量及种类、取样的时间间隔和执行的试验,例如:对于电缆,用于断裂伸长率测试的十分理想的样品长度约为 30 cm,大多数状态监测方法通常非破坏性的,或者仅仅是少量的材料。如果需要进行 LOCA 电性能试验,测试所需的样品最短长度为 2 m~3 m 之间。

存放器应适合放置放射线测量仪,用于记录存放器内部的辐照剂量,同时还需要监测温度。存放器内部的环境监测应至少持续 2 年,以获得长期环境条件的有代表性的图谱。应仔细确保新鲜的空气流进入存放器,应采取适当的防污染措施,但必须不阻塞空气的进入。

6.3 取自存放器的样品试验

首先,必须确定基准数据,针对所有安装于存放器的未老化材料,这些基准数据应包涵所有将来用于存放器材料的条件检测试验。在规定的时间间隔,应取样进行破坏性试验(例如:伸长率测试),或者进行条件检测试验,试验的间隔将经常受到存放器装置的无法接近而限制,在大多数工厂,仅当工厂运行临时暂停时,才可能接近存放器进行取样。

对于工厂的电缆存放器,试验计划按照下列模式进行[21]:

a 阶段

对每个型号的电缆取样测试断裂伸长率。

b 阶段

测试样品 LOCA 状况下的生存能力。为了简化试验和保存存放器中提供样品材料,实际 LOCA 耐久性早先采用改良的被称作蒸气试验的方法测定,当未达到 50% 剂量时,只要求样品断裂伸长率达到起始值的 50%,样品电性能不考核,电缆样品长约 30 cm,蒸气试验的温度、压力、湿度参照试验 LOCA。当超过 50% 剂量,应进行完整的试验,其中包括常态的电性能试验。

c 阶段

当试验或者如 b 阶段描述的蒸气试验完成时,应重复检测断裂伸长率。

对于电缆材料可选择的方法是用 CM 技术估测延伸率的变化,过去的数年间实用的条件检测技术得到发展。仅当 CM 试验显示明显的老化发生时,将要求样品实施拉伸试验以确认老化,或者如果需要对样品进行 LOCA 试验。这些方法能有效减少存放器中材料的总量。

6.4 样品间隔的确定

图 12 对确定样品取样时间作出了最好的解释,在图表上部分,由于时间作用,存放器的加速剂量与在实际装置最暴露位置上的剂量比较,图表中的数据来自于实际位置和存放器放射线测量。

存放器样品的伸长率试验结果(或者 CM 方法的估测值)对应同一时间刻度作于图 12 下半部分,在 LOCA 试验后,断裂伸长率保持率 50% 的界线是关于电缆运行能力的一个评估标准,基于运行经验,当材料断裂伸长率保留率为 50% 时,电缆仍然保持全部功能。或者是确定的 LOCA 试验绝缘电阻最小值,或者 LOCA 试验后断裂伸长率保留率 50%,能被用于评定样品是否通过上述试验程序(见 6.3 中 a 阶段至 c 阶段)。

对于通常使用的电缆种类,在工厂开始运行 5 年后,从存放器取样是合理的,因为型式试验和鉴定试验已经提供了合理的可接受的时间间隔。下一个取样时间的确定,根据存放器的周期和试验结果而变化。只要伸长率结果显示微小变化,推荐 2~3 年后取下一个样。如果试验结果中存在任何恶化,尤其是 LOCA 试验之后,可能需要按照要求缩短取样间隔时间。

上述描写设想了最有利的情形,存放器在工厂试运行之前或之后即刻安装。可是实际遭遇的条件通常需要改变,例如存放器也能安装在一个老工厂,如运行期已大于 5 年,此时,置于存放器的电缆样品需要在实验室进行人工老化,为了接近实际老化数据,人工老化的剂量率应尽可能最低。

6.5 实时老化装置和操作经验

存放器方法主要适合新工厂,在相对高的剂量率位置安装存放器。存放器也能在工厂试运行后一定时间内安装,此时可能获得实际位置的真实辐照剂量。

然而,以后选择的是通过取自工厂的样品来评价长期老化行为。这个取样程序的缺点是影响了工厂运行以及必须用适合的鉴定过的装置来替代样品。然而,对于短期内必须得到确认结果的情况,使用这一方法是必要的。倘若存在可信的基础数据,能在不移动样品情况下进行评估,这些检测方法就是非破坏性的。

如果工厂内环境条件数据是可利用的,便能选择暴露在最严酷状态的装置的位置。对于电缆材料,如此位置通常是最接近回流管(PWR)或者在反应堆水输出系统(BWR)。取自实际位置的电缆样品,受辐照情况通常不均匀,例如电缆汇聚在回路内。电缆样品移动前,应测定剂量分布,并且应清楚确定电缆的位置,使得以后的试验结果能准确地解释。

适当的试样、检验、取样时间的确定以及试验间隔的确认,是上述方法的基本要素。

除非有非破坏性的 CM 方法可利用,为了完成这些方法,应再三重复地从工厂取样,这是另一个缺点。问题是,能否发现下一个样品的老化行为与第一个样品相同或者类似。在 PWR 工厂,同样的电缆会放置在不同的回路附近。

表 1 凹痕测定试验参数推荐表

材　　料	探头速度/(mm/min)	最大应力/N	分析的应力范围/N
EPR/EPDM	5	10	1-4
CSPE	5	10	1-4
PVC	5	10	1-4
EVA	5	10	1-4
SIR	5	5	1-3
氟橡胶	5	10	1-4

表 2 OIT 测试试验温度推荐值

材　　料	试验温度/℃
XLPE	200-220
EPR	190-210
EVA	190-210

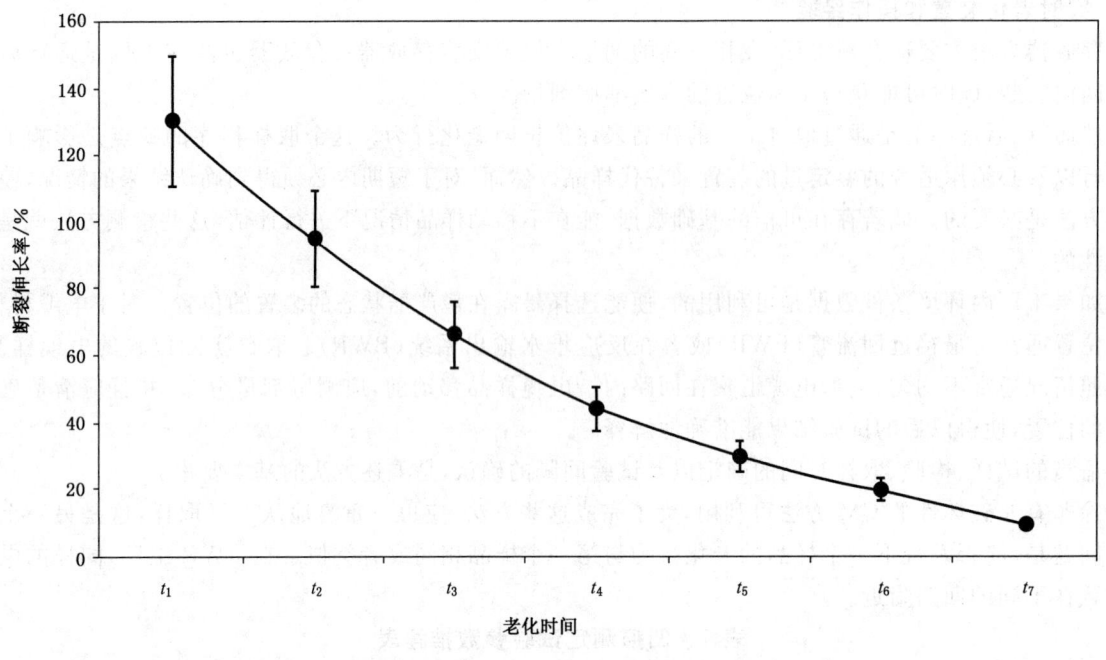

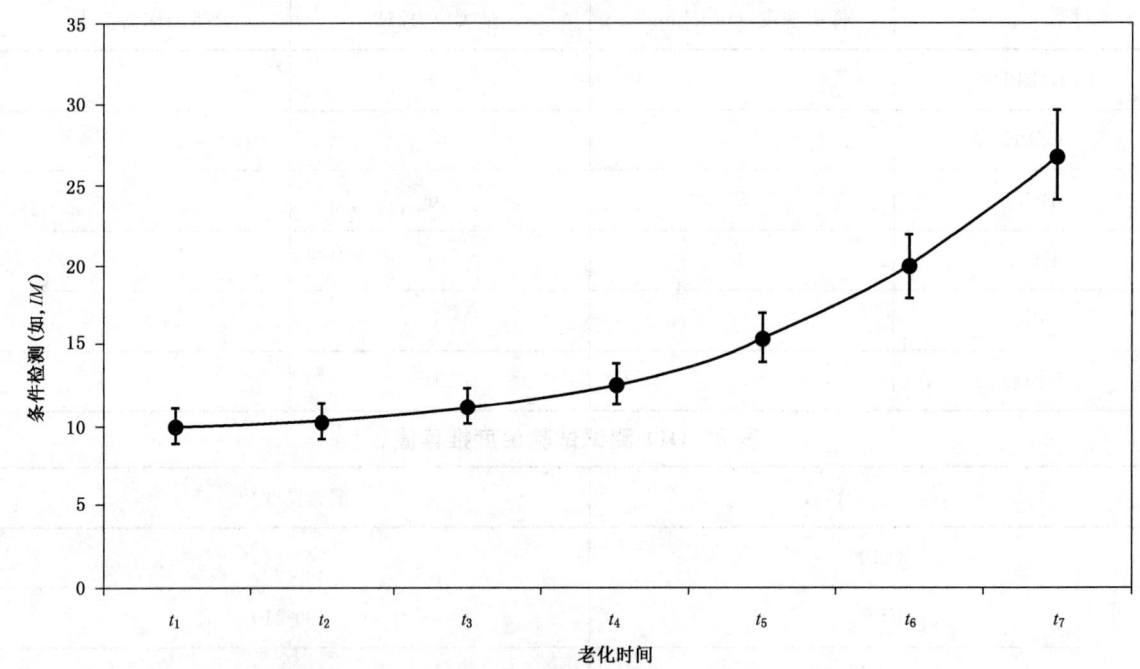

图 1　老化时间与断裂伸长率和条件检测（如 *IM*）的变化关系—示意图

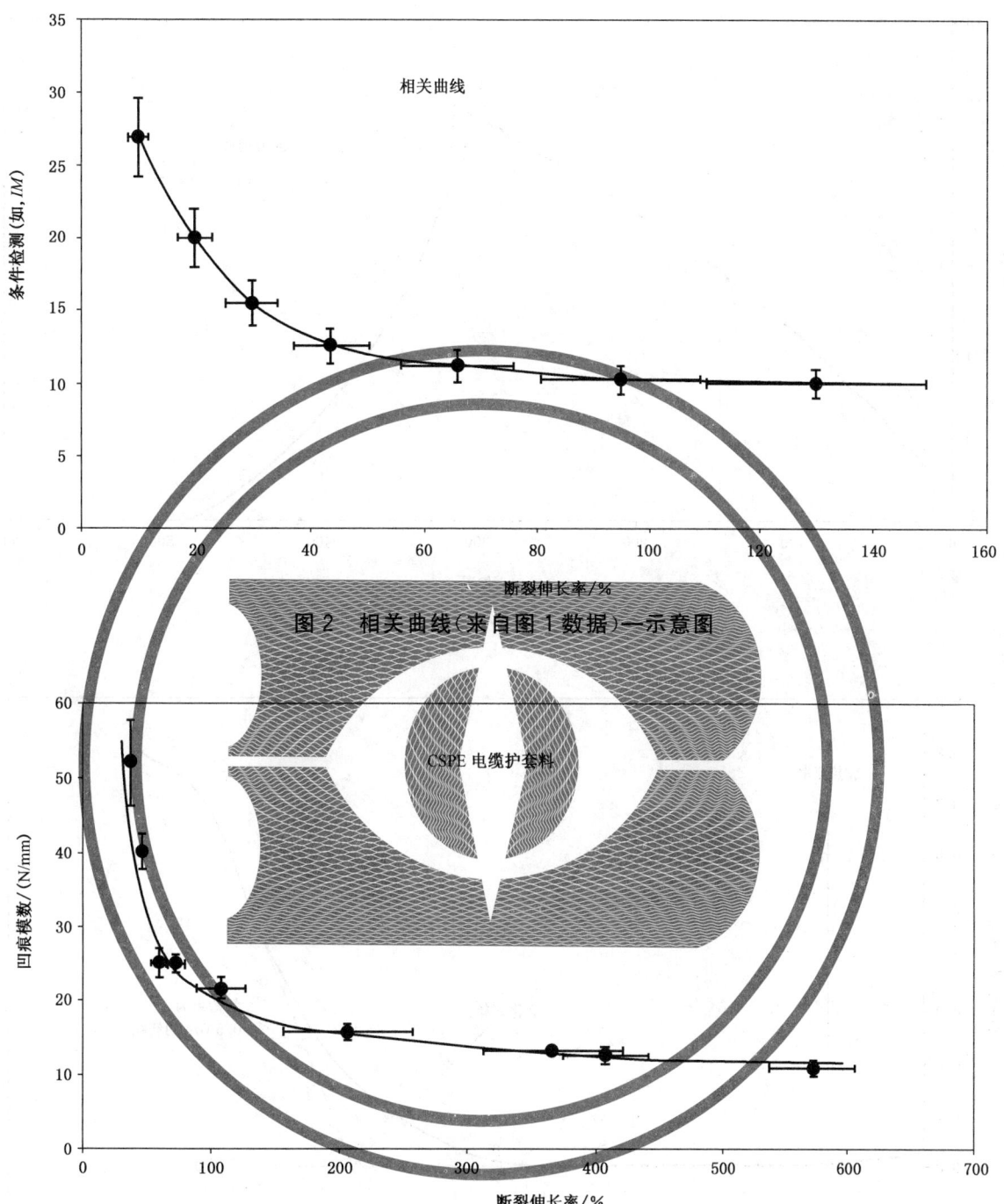

图 2 相关曲线（来自图 1 数据）—示意图

图 3 CSPE 电缆护套材料的 *IM* 和断裂伸长率的相关曲线—示意图[7]

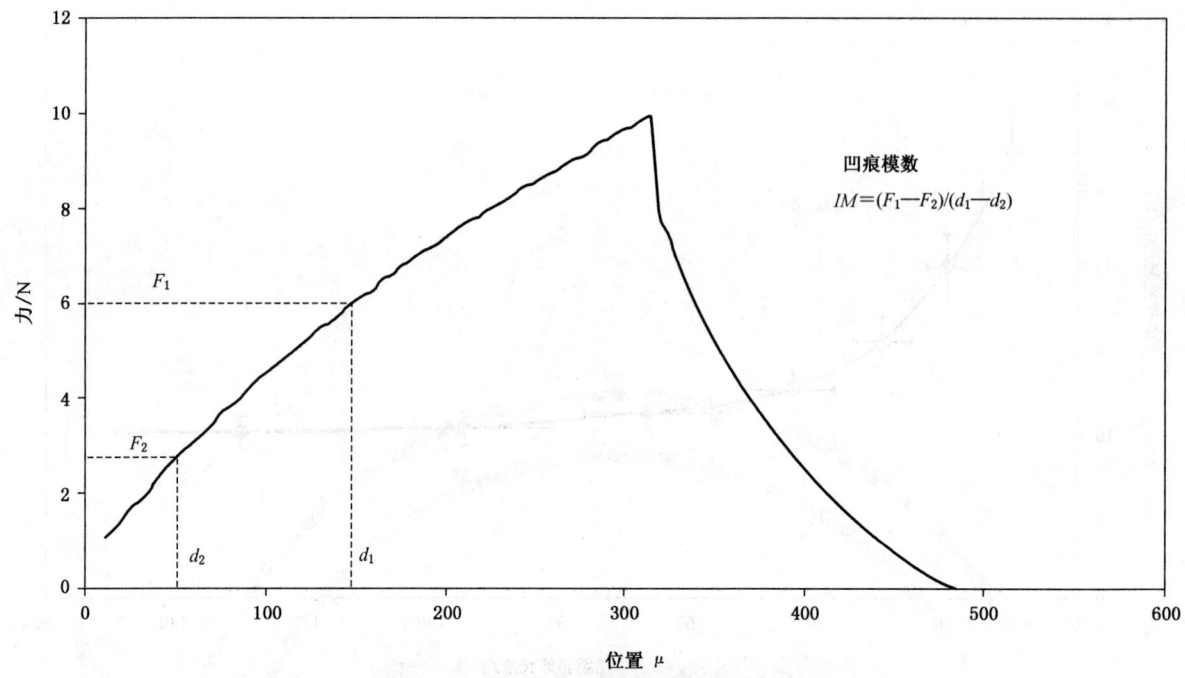

图 4 *IM* 试验中的力与位置典型曲线

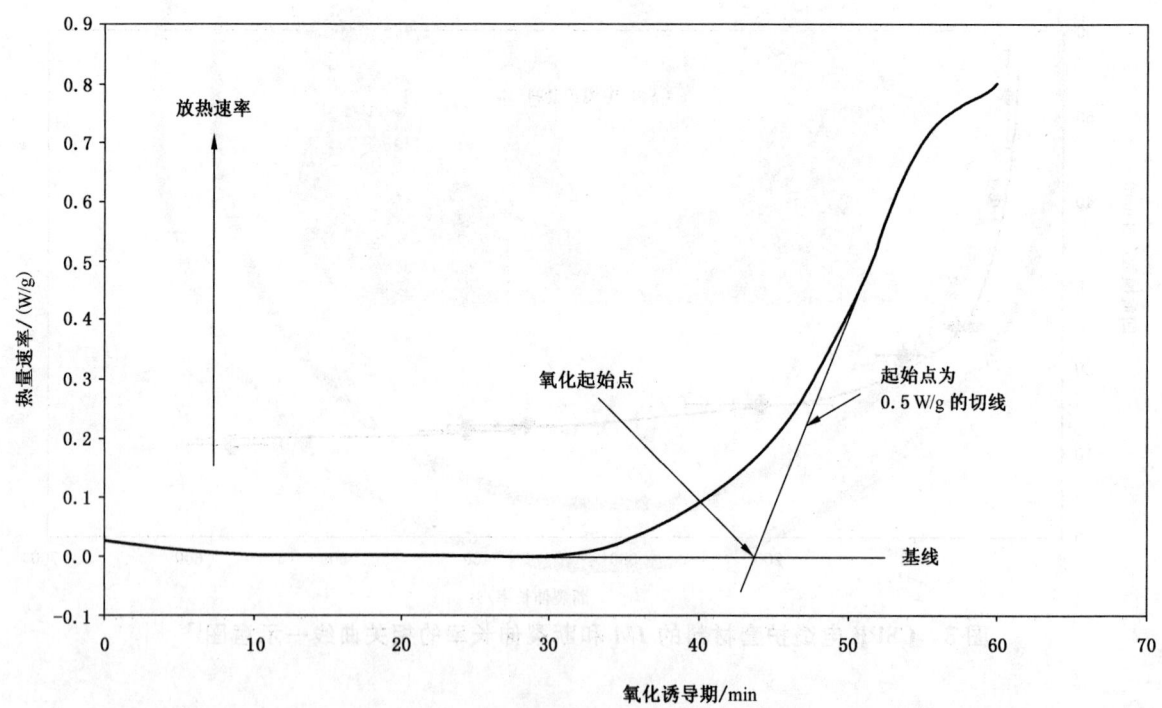

图 5 OIT 试验(方法 B 基准线和起始时间)中温谱图的典型形状—示意图

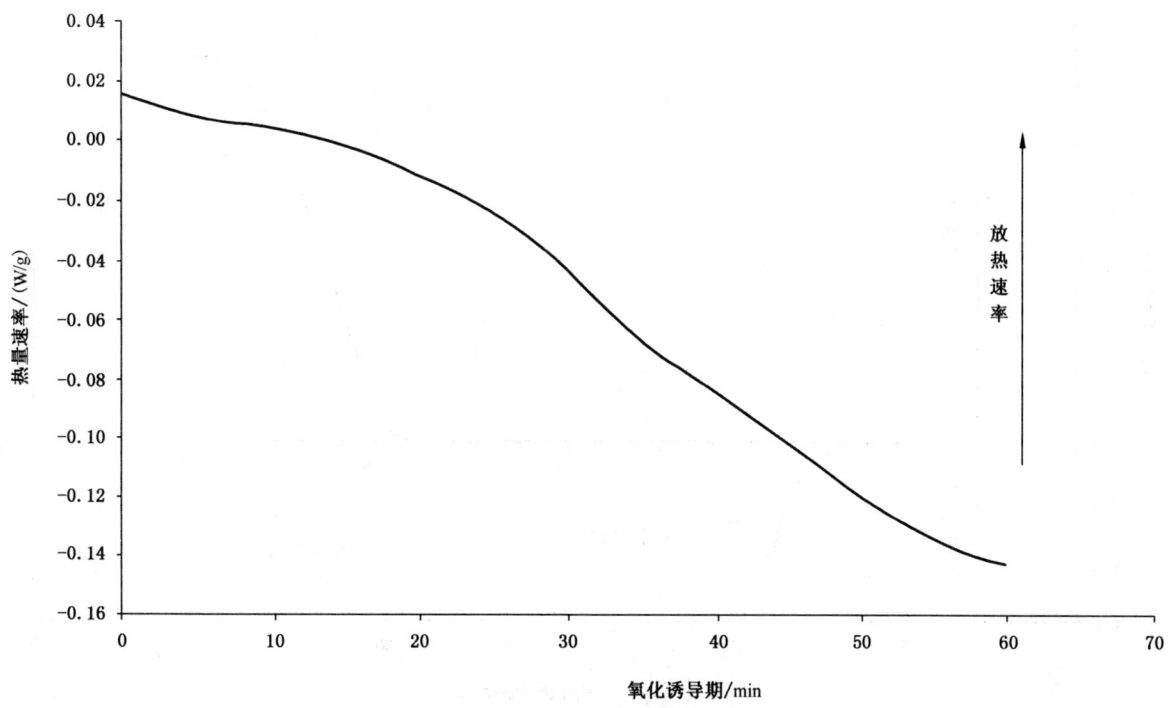

图6 基准线未定义的 OIT 试验温谱图—示意图

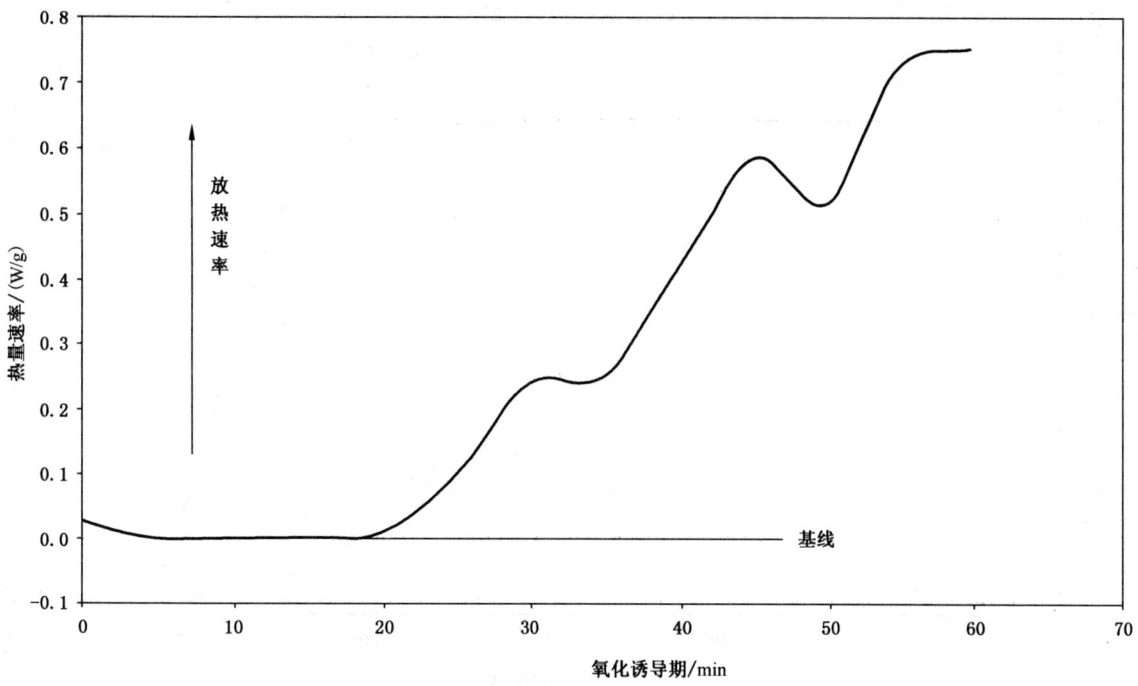

注：基准线已定义，但起始时间有多个。

图7 有多个起始时间的 OIT 试验温谱图—示意图

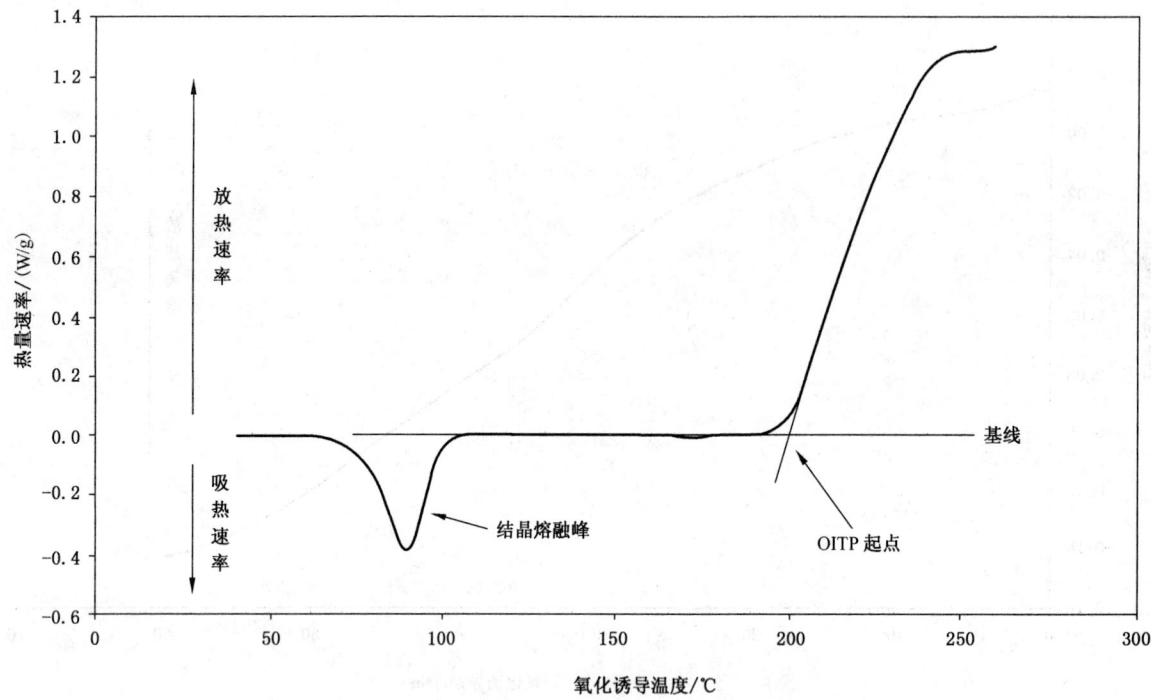

图 8　半结晶材料(如 XLPE)的典型 OTIP 试验温谱图—示意图

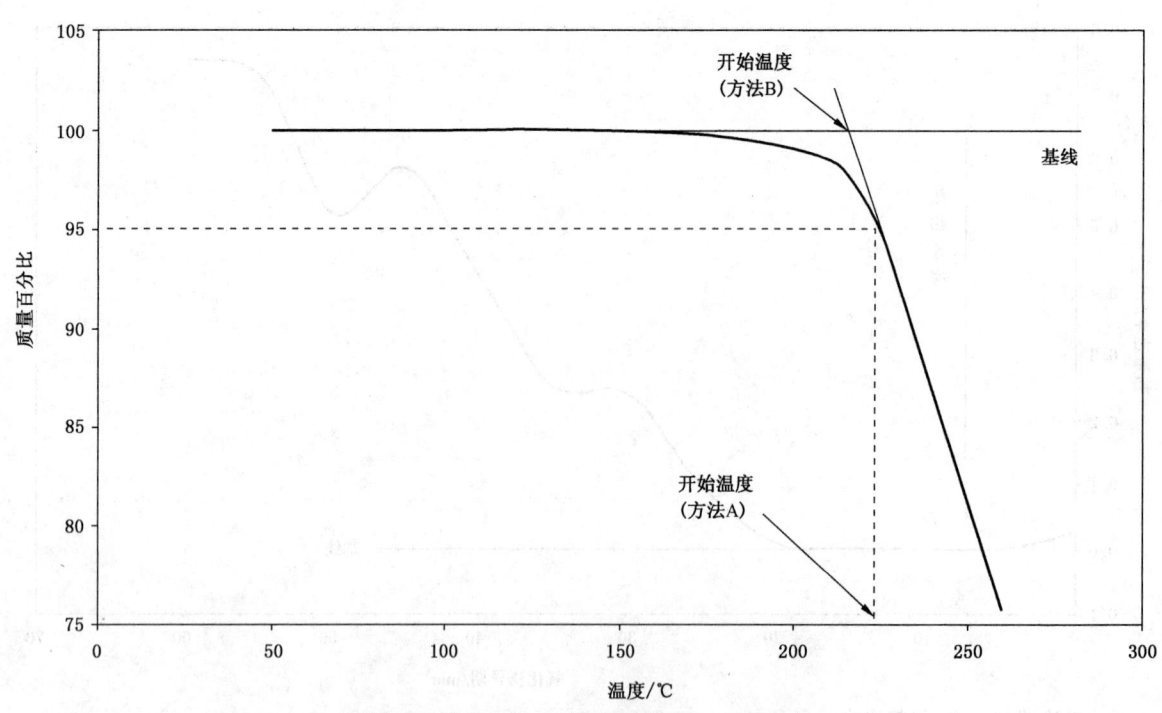

图 9　典型 TGA 试验数据图—示意图

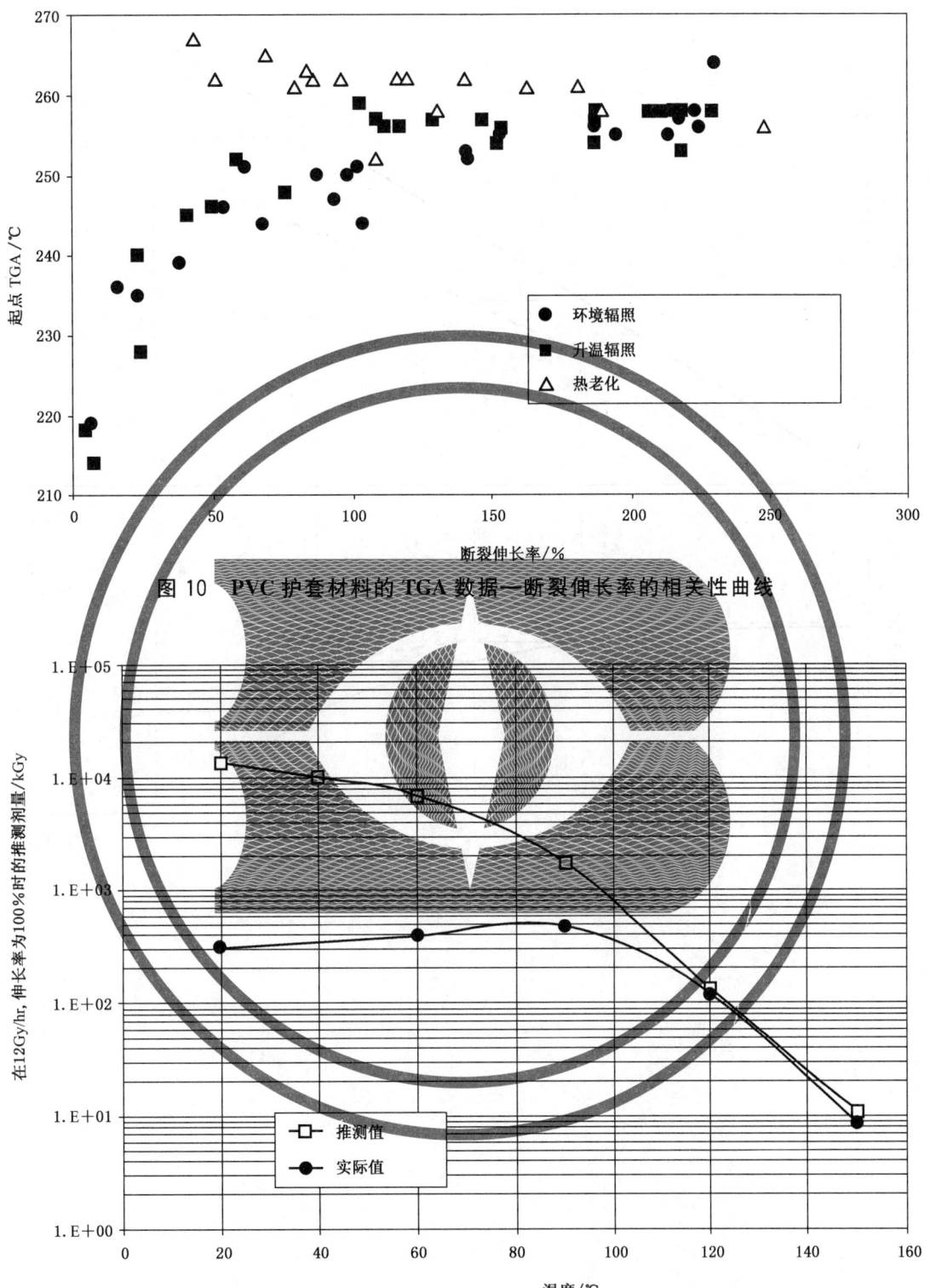

图 10　PVC 护套材料的 TGA 数据—断裂伸长率的相关性曲线

图 11　高温辐照时 XLPE 电缆绝缘材料的相反温度效应[20]

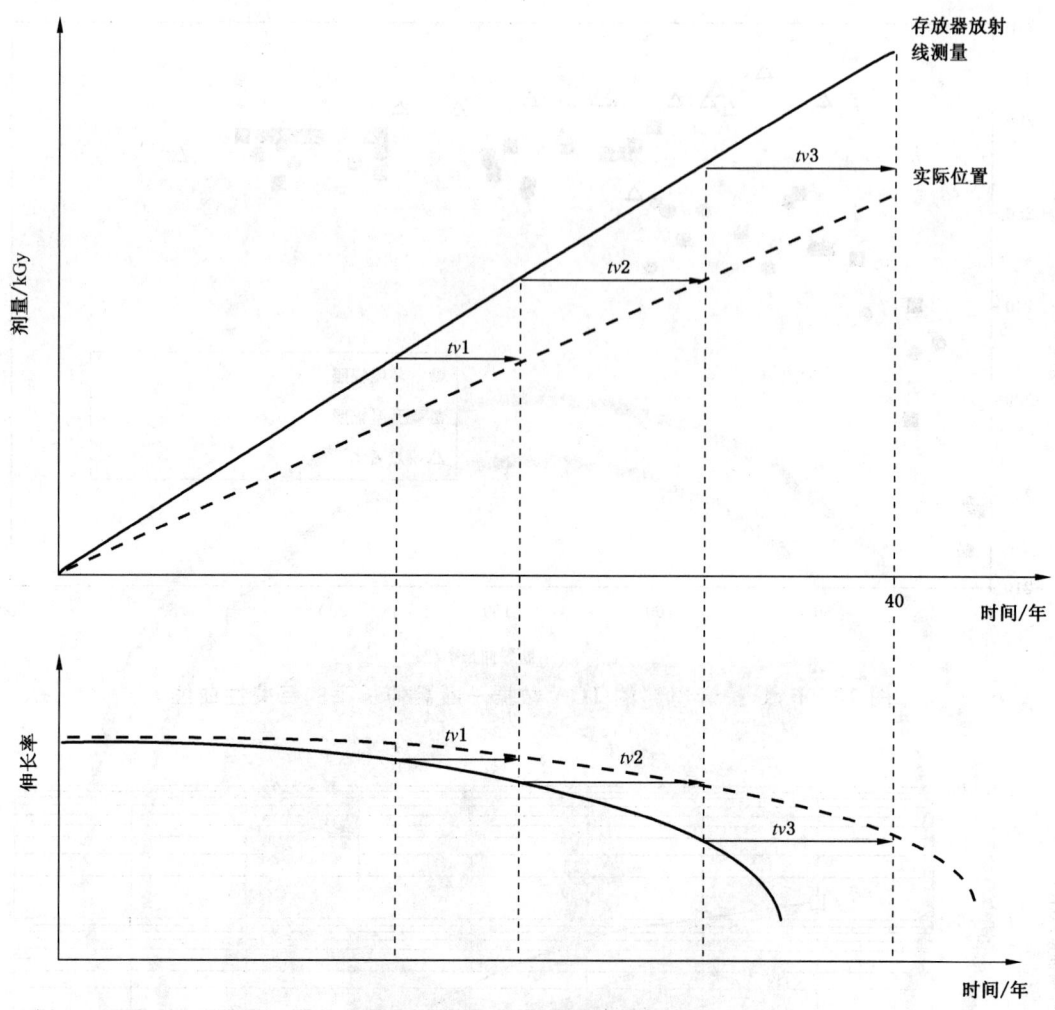

图 12　电缆存放时间示意图[21]

参 考 文 献

[1] "Pilot study on the management of ageing of instrumentation and control rod cables", Results of a co-ordinated research programme 1993-1995. IAEA-TECDOC-932, IAEA, Vienna, March 1997.

[2] "Management of ageing of in-containment I&C cables: Final report of the phase II IAEAco-ordinated research programme", AEAT-6577 (2000), ed. S. G. BURNAY.

[3] IEEE-323, "Qualifying class 1E equipment for nuclear power generating stations"; IEEE 383-1974, "Standard for type test of class 1E electrical cables, field splices and connections for nuclear power generating station".

[4] GILLEN, K. T. and CLOUGH, R. L., "A Kinetic Model for Predicting Oxidative Degradation Rates in Combined Radiation-Thermal Environments", J. Polym. Sci., Polym. Chem. Ed., 23, 2683 (1985).

[5] EPRI EL/NP/CS-5914-SR (1988), Proceedings of 1988 EPRI workshop on power plant cable condition monitoring.

[6] EPRI TR-102399 (1993), Proceedings of 1993 EPRI workshop on power plant cable condition monitoring.

[7] BURNAY, S. G. unpublished data (reproduced courtesy of INSS).

[8] CARFAGNO, C. P., SHOOK, T. A., GARDNER J. B. and SLITER G., "Development of a cable indenter to monitor cable ageing in-situ", Int. Conf. On Operability of nuclear systems in normal and adverse environments, Lyon (1989) p. 195.

[9] SPANG, K., "Ageing of electrical components in nuclear power plant: Relationships between mechanical and chemical degradation after artificial ageing and dielectric behaviour during LOCA", SKI Report 97:40 (1997).

[10] BURNAY, S. G., COOK, J. and EVANS, N., "Round-robin testing of cable materials (IAEA coordinated research programme 2)", AEAT-3631 (1998).

[11] REYNOLDS, A. B., DOYLE, T. E. and MASON, L. R., "Oxidation induction time (OIT) technology for electric cable condition monitoring and life assessment", DOE/ER/82249-2 (1997).

[12] KUSAMA, Y., YAGI, T., MORITA, Y., KAMIMURA, S. and YAGYU, H., "New method of detecting degradation in installed cables in nuclear power plant", NUREG/CP-0119 (1991) p. 261.

[13] GILLEN, K. T., CLOUGH, R. L. and DHOOGE, N. J. "Density Profiling of Polymers", Polymer 27, 225 (1986).

[14] GILLEN, K. T., CELINA M. and CLOUGH, R. L., "Density Measurements as a Condition Monitoring Approach for Following the Ageing of Nuclear Power Plant Cable Materials", Radiat. Phys. Chem. 56, 429 (1999).

[15] CELINA, M., GILLEN, K. T., WISE, J. and CLOUGH, R. L. "Anomalous Aging Phenomena in a Crosslinked Polyolefin Cable Insulation", Radiat. Phys. Chem. 48, 613 (1996).

[16] ASTM Standard D792-91, Density and Specific Gravity of Plastics by Displacement.

[17] ROST, H., BLEIER, A. and BECKER, W., "Lifetime of cables in nuclear power plant", Int. Conf. On Operability of nuclear systems in normal and adverse environments, Lyon(1989).

[18] EPRI RP 1707-13, "Natural vs. artificial ageing of nuclear power plant components. Draft interim report", M. T. SHAW, EPRI RP 1907-13 (1995).

[19]　CELINA,M. ,GILLEN,K. T. ,WISE,J. and CLOUGH,R. L. ,"Inverse Temperature and Annealing Phenomena During Degradation of Crosslinked Polyolefins",Polym. Degrad. Stabil. ,61,231 (1998).

[20]　BURNAY,S. G. and DAWSON,J. ,"Reverse temperature effect during radiation ageing of XLPE cable insulation material",Proceedings of International Conference on 'Ageing studies and life-time extension of materials',12-14 July 1999,St,Catherine's College,Oxford,UK,Kluwer/Plenum Press.

[21]　MICHEL,W. ,"Prognosis on the ageing of cables",IAEA Technical Meeting on 'Age-related degradation of components in nuclear power plant',Bariloche,Argentina (1995).

[22]　CEI 60544-4:1985,Matériaux isolants – Détermination des effets des rayonnements ionisants—Partie 4: Système de classification pour l'utilisation dans un environnement sans rayonnement.

ICS 29.035.01
K 15

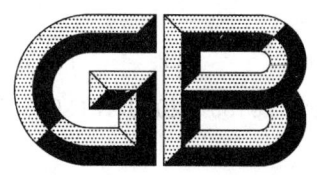

中华人民共和国国家标准

GB/T 26169—2010/IEC 61302:1995

电气绝缘材料耐电痕化和电蚀损的
评定方法 旋转轮沉浸试验

Electrical insulating materials—
Method to evaluate the resistance to tracking and erosion—
Rotating wheel dip test

(IEC 61302:1995,IDT)

2011-01-14 发布   2011-07-01 实施

中华人民共和国国家质量监督检验检疫总局
中国国家标准化管理委员会   发布

前　言

本标准等同采用 IEC 61302:1995《电气绝缘材料　耐电痕化和电蚀损的评定方法　旋转轮沉浸试验》(英文版)及其修改单 1:1995(英文版)。

为便于使用,本标准作了下列编辑性修改:

a)　删除国际标准的目次和前言;

b)　本标准的引用文件,对已经转化为我国标准的,列出了我国标准及其与国际标准的转化程度;

c)　用小数点"."代替作为小数点的逗号","。

本标准的附录 A 为资料性附录。

本标准由中国电器工业协会提出。

本标准由全国电气绝缘材料与绝缘系统评定标准化技术委员会(SAC/TC 301)归口。

本标准起草单位:机械工业北京电工技术经济研究所、深圳标准技术研究院。

本标准主要起草人:朱玉珑、郭丽平、周文、温利峰。

电气绝缘材料耐电痕化和电蚀损的
评定方法　旋转轮沉浸试验

1　范围

本标准规定了对受到液态污染物间歇作用且同时表面承受交流电应力的绝缘材料进行性能对比的试验方法。以耐电痕化和电蚀损试验进行对比的材料必须是同一种类的材料,因此不同种类材料的试验结果对比可能并非完全有效。

将圆棒形或圆管形标准试样安装于试验装置的旋转轮上,在试样两端装上电极,试样位于旋转轮的外圈。旋转轮与水平面呈一个很小角度作缓慢的旋转,从而试样可在盐水溶液(污染物)中反复地沉浸又离开。

注1:特殊情况下可能要求不同的试样形状、尺寸和电极间距。非标准试样的试验结果应仅用于与相似材料的对比。

试样离开溶液后,允许试样表面的溶液在施加规定电压前的很短时间内流掉或滴落。电压使试样表面的干燥区域产生放电(微小的电弧和火花)。放电可能导致表面劣化,直至闪络发生或泄漏电流超过规定值。用来对比材料的判断标准有闪络发生的时间,泄漏电流超过规定值时的时间,以及对劣化特性和严重程度的观察。

注2:为了充分加速劣化过程,本标准规定的试验条件应能使所有绝缘材料产生表面放电。在不太严酷的条件下,材料抵抗表面放电形成的能力有差异。这种能力的评估需考虑实际利益,但目前未有用于此目的的标准化试验。

在本标准规定的试验条件下测得的失效时间比其他电痕化和电蚀损试验测得的失效时间较长。GB/T 4207和GB/T 6553(见参考文献)所规定的试验耐受时间较短,试样较小,用来评估材料在表面受到液态污染物作用时耐受电应力的能力。这些试验对材料进行的分级,与较长耐受时间试验的分级不同。也可采用盐雾试验(IEC尚未形成正式标准),允许对比材料的试样形状与实际使用的相同。试验结果取决于所用的材料以及试样的设计。这些试验可从不同方面评估材料的耐电痕化和电蚀损。

试验条件使所有绝缘材料产生表面放电,因此仅需在试验前对试样表面进行清洁处理。若在试验前对试样进行条件化处理,如紫外线辐射或高湿度处理,则需详细规定条件化处理程序。

2　规范性引用文件

下列文件中的条款通过本标准的引用而成为本标准的条款。凡是注日期的引用文件,其随后所有的修改单(不包括勘误的内容)或修订版均不适用于本标准,然而,鼓励根据本标准达成协议的各方研究是否可使用这些文件的最新版本。凡是不注日期的引用文件,其最新版本适用于本标准。

GB/T 21223—2007　老化试验数据统计分析导则　建立在正态分布的试验结果的平均值基础上的方法(IEC 60493-1:1974,IDT)

3　术语和定义

下述术语和定义适用于本标准。

3.1

电痕化　tracking

固体绝缘材料表面由于局部放电产生导电或局部导电通道的逐渐劣化。

3.2

电痕　track

由电痕化产生的导电或局部导电通道。

3.3

电蚀损　electrical erosion

由于局部放电作用产生的但未形成电痕的固体绝缘材料蚀损。

3.4

旋转轮试验寿命　rotating wheel life

在规定试验条件下测得的失效时间中值。当试样上产生闪络或均方根泄漏电流大于 300 mA 时即可认定为失效。

4　试样

4.1　试样结构

标准试样应为一段具有环形截面的圆棒或圆管,外径应为 25 mm±1 mm。

只要可行,应使用圆棒。若使用圆管,其管壁必须有足够的厚度以防止试验过程中因电蚀损致使管壁穿透后试液从管壁流入。应将圆管的端部仔细密封以防止试液流入圆管内。密封材料不能沿着圆管外部扩散而影响试验结果。若要求有足够的机械硬度,则可在圆管内使用一段绝缘材料制成的圆棒作为支撑。

将管状不锈钢电极(见 5.1)安装在试样两端。两个电极相对的端面应作方形切面,可紧贴于试样。高压电极应有延伸出 0.2 mm 的不锈钢片以形成斜面电极,电极连接试样从而间歇地施加试验电压(见 5.1)。电极间距应为 140 mm±2 mm。附录 A 的图 A.1 为符合本标准要求的试样示例。

若试样的形状和尺寸与本标准规定的不同,则应在试验报告中描述清楚。此种试样的试验结果应仅与相似形状的试样进行对比。

4.2　制备

试样表面应使用合适的溶剂作清洁处理。

注:溶液应不会软化或改变试样。异丙醇(2-丙醇)适用于许多材料,但可能要用二甲苯去除硅脱模剂。二甲苯不宜用于遇二甲苯会膨胀的材料,比如橡胶材料可能会发生这种情况。

5　试验装置

5.1　总平面图

可将多达 10 个试样安装在直径 1.0 m～1.1 m 节距圆的旋转轮上,见附录 A 的图 A.3。旋转轮每分钟旋转三次。试样与旋转轴平行,而旋转轴与较低位置的高压电极水平方向的角度为 15°±2°。

通过斜面电极将电压沿着与电源连接的半圆形母线间歇施加于试样。将每个试样的接地电极通过过电流继电器与电源连接,当均方根泄漏电流大于 300 mA 时,各自的过电流继电器即将试验电压断开。可规定在试验期间连续或间歇测量电流。

放置盛有大约 150 L 盐水溶液的敞口容器,使得每个试样中心线的中点在每一次旋转的 1/6 转(60°)期间浸入溶液。试样在浸入溶液期间旋转 1/6 转(60°),接着在每一次旋转的 1/2 转(180°)期间施加试验电压。然后在试样再次浸入试验溶液前的 1/6 转(60°)期间将试验电压断开。试验周期重复进行。

接触试验溶液的所有金属部件应由含约 18% 铬和 8% 镍的不锈钢材料制成。

附录 A 的图 A.2～图 A.5 为满足本标准要求的试验装置示例。

5.2　电路

5.2.1　试验电压由频率 48 Hz～62 Hz、输出均方根电压 10 kV±0.5 kV 的交流电源供给。

试验电压的测量精度为 1.5%。

电源的(瞬态)均方根短路电流应在 10 kV 时至少达到 10 A。电压源应安装跳闸装置,当试样发生失效时可将试验电压断开而不影响轮子的旋转。应尽可能取下失效的试样后再施加电压。应至少每 24 h 检查一次轮子。应记录每个试样从施加电压至发生失效的累积时间。

注：或者可为每个试样单独配保险丝。

附录 A 的图 A.6 为满足本标准要求的简化的试验电路图。

5.3 试验溶液

5.3.1 试验溶液的配置为在蒸馏水或去离子水中加入氯化钠(NaCl),直至在 25 ℃时溶液的电阻率达到(7.5±0.375)Ω·m。

5.3.2 在每次试验前,容器应进行清洁处理并盛满新鲜的试验溶液。在整个试验期间,试验溶液的液面高度应保持稳定,公差在±10 mm 之内。可添加去离子水或蒸馏水进行必要的调整。

5.3.3 试验溶液的温度应为(25±5)℃。

5.3.4 试验溶液循环用的过滤器细度为 75 μm,溶液的循环速率应为大约 1 L/min。

注：使用丙烯酸—酚醛树脂滤芯过滤器可获得满意结果,过滤器尺寸为长 248 mm、内径 26 mm、外径 66 mm。

5.3.5 容器应每隔一个月进行清洁处理并盛满新鲜溶液。

6 试验程序

6.1 均方根试验电压应为 10 kV±0.5 kV。试验电压的频率应在 48 Hz 和 62 Hz 之间。

6.2 每个试验应包含至少 5 个相同的试样,直至 5 个试样全部失效,或达到预定的最长试验时间。应至少有半数相同试样已失效(如 5 个试样中的 3 个),试验才能结束。

6.3 通常情况下只有相同材料的试样才可同时进行测试。然而,若先前的试验已证实旋转轮法试验寿命未显著受到材料影响,则不同材料的试样也可同时进行测试。

7 试验结果

7.1 测得失效时间,估计中值和标准偏差(见 GB/T 21223—2007)。

若达到以下判断标准时可认定为已发生失效：

——产生闪络；

——各自的均方根泄漏电流大于 300 mA。

若部分试样但非全部试样在规定的最长试验时间内发生失效,应对检鉴试验采用统计方法估计失效时间的标准偏差。

7.2 试验结束,应在清除松散碎屑后测量最大蚀损深度。

7.3 试验结束,应目测检查试样是否有蚀损、电痕化和表面裂痕化的现象,并应注意观察是否有松散污染层积聚在试样表面。

8 试验报告

试验报告应包含：

a) 所用材料的标识；

b) 试样详情:制备和尺寸、添加剂、填料、清洁程序以及所用溶剂,必要时的表面处理；

c) 试验结果,按第 7 章规定。

附　录　A

（资料性附录）

满足本标准要求的试样（图 A.1）和试验装置（图 A.2～图 A.6）示例

下述部件清单适用于图 A.2～图 A.6：

部件清单：

E	试样
F1	保险丝
H	计时器
J	绝缘子
L1	蜗轮电机
L2	十个碳刷
L3	绝缘子
L4	轴承
L5	轴承
L7	环氧树脂板,厚 28 mm
M	指示灯
P	电流表
Q1	接触器(可用 R1～R10 断开)
Q2	转换开关
R1～R10	过电流继电器
S	滑环
T	变压器
V	半圆母线

注：每个试样各需一套独立的碳刷和滑环,但图上仅显示一套。

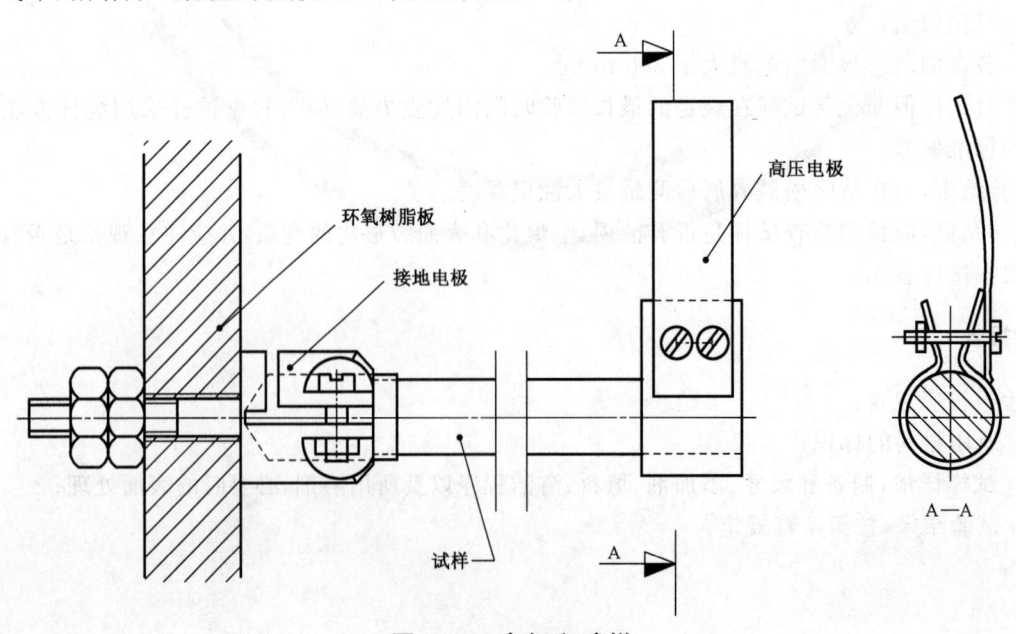

图 A.1　电极和试样

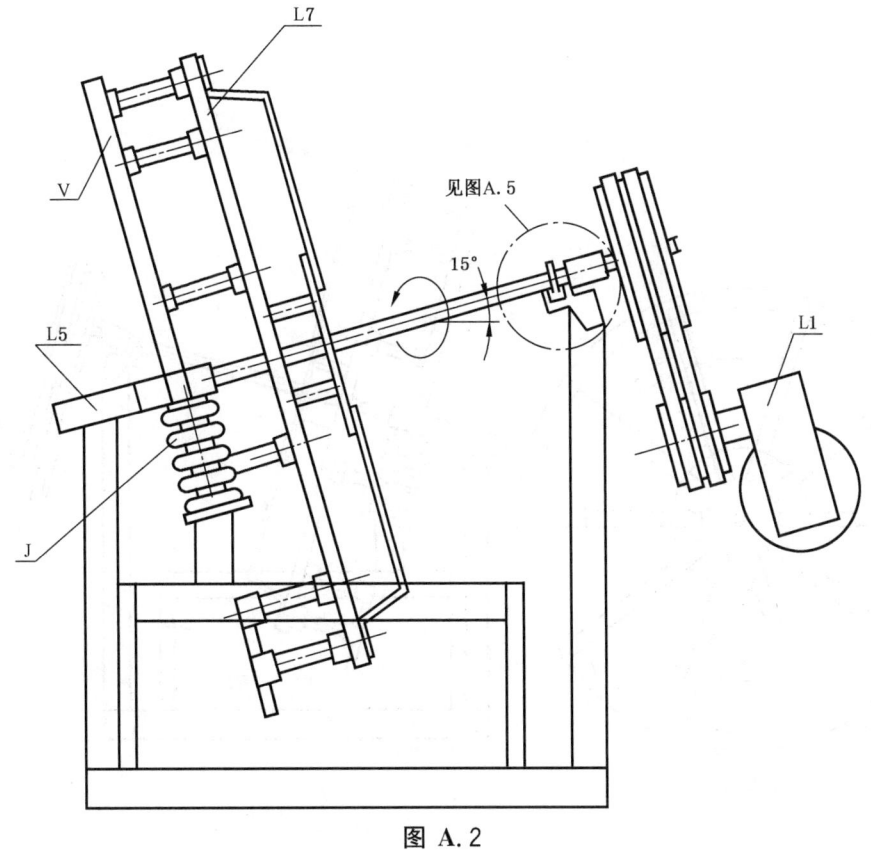

图 A.2

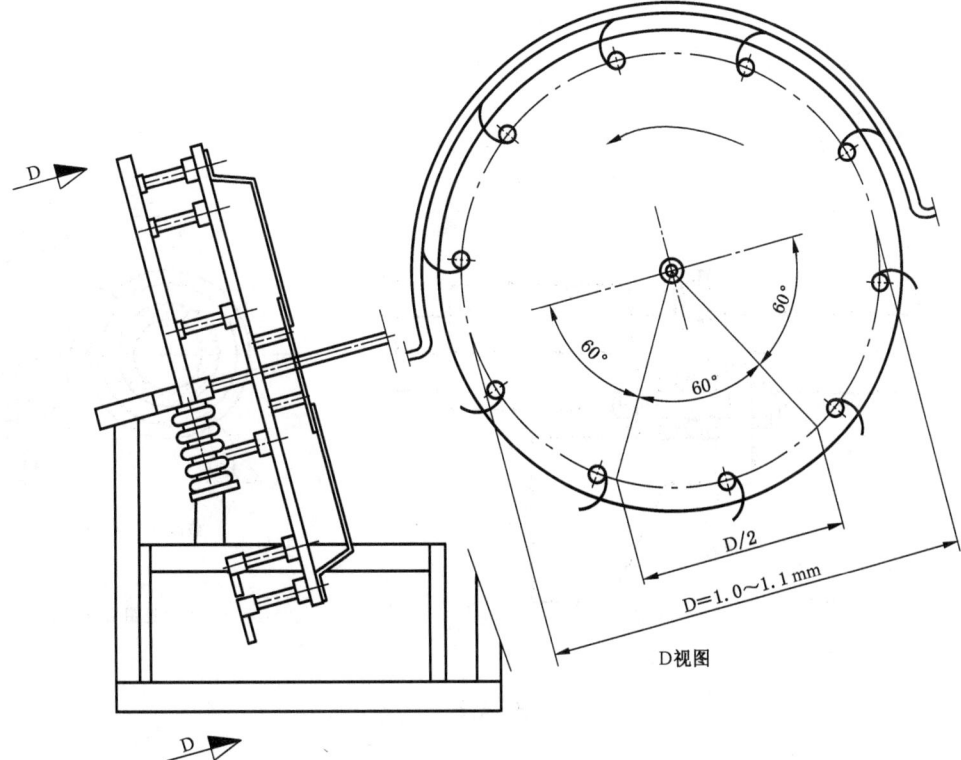

图 A.3

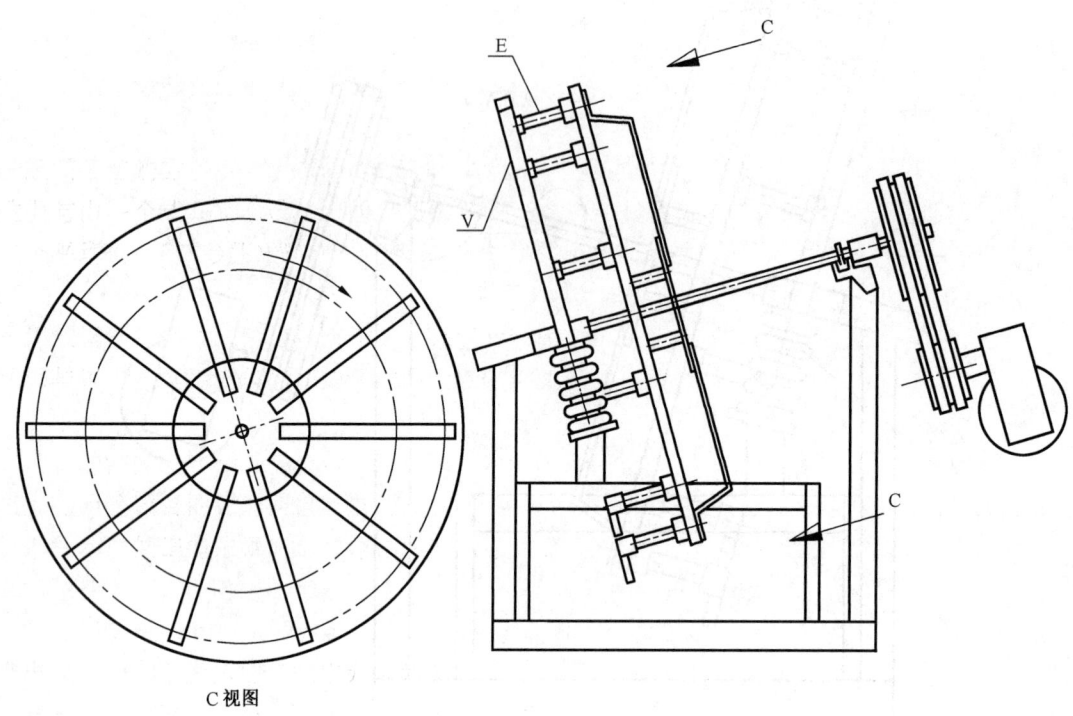

C视图

图 A.4

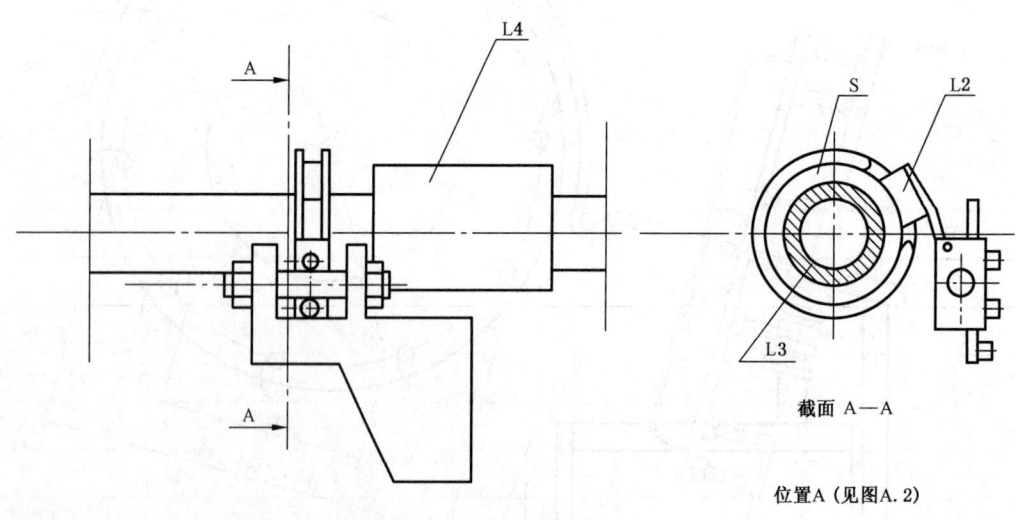

截面 A—A

位置A (见图A.2)

图 A.5

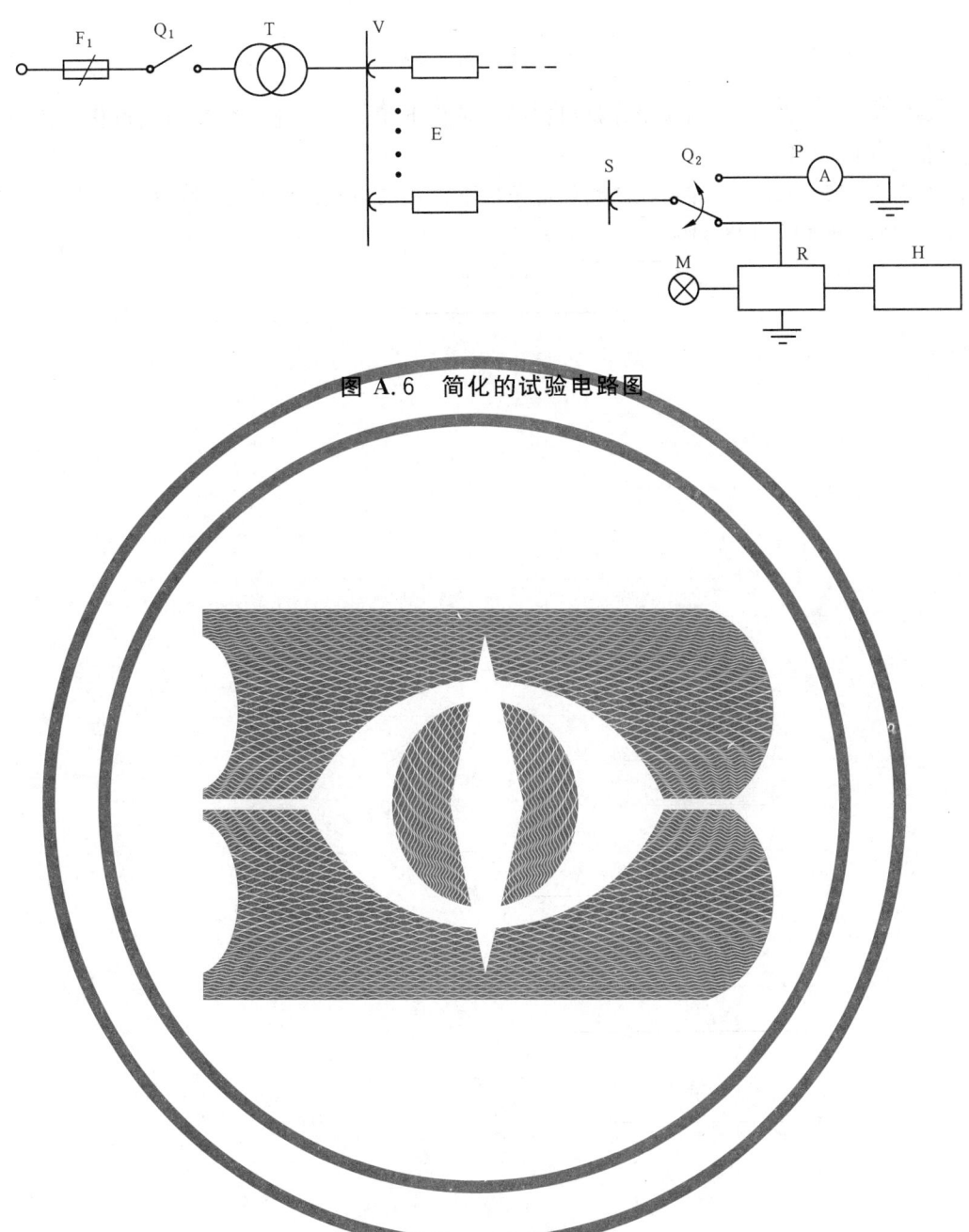

图 A.6　简化的试验电路图

参 考 文 献

[1] GB/T 4207—2003 固体绝缘材料在潮湿条件下相比电痕化指数和耐电痕化指数的测定方法（IEC 60112:1979,IDT）

[2] GB/T 6553—2003 评定在严酷环境条件下使用的电气绝缘材料耐电痕化和蚀损的试验方法（IEC 60587:1984,IDT）

第 2 部分：相关通用方法

ICS 83.060
G 40

中华人民共和国国家标准

GB/T 528—2009/ISO 37:2005
代替 GB/T 528—1998

硫化橡胶或热塑性橡胶
拉伸应力应变性能的测定

Rubber, vulcanized or thermoplastic—
Determination of tensile stress-strain properties

(ISO 37:2005,IDT)

2009-04-24 发布

2009-12-01 实施

中华人民共和国国家质量监督检验检疫总局
中国国家标准化管理委员会 发布

前　言

本标准等同采用 ISO 37:2005《硫化橡胶或热塑性橡胶——拉伸应力应变性能的测定》(英文版),包括其修正案 ISO 37:2005/Cor.1:2008。

本标准代替 GB/T 528—1998《硫化橡胶或热塑性橡胶　拉伸应力应变性能的测定》。

本标准等同翻译 ISO 37:2005 和 ISO 37:2005/Cor.1:2008。

为便于使用,本标准还做了下列编辑性修改:

a)　"本国际标准"一词改为"本标准";

b)　用小数点"."代替作为小数点的逗号",";

c)　删除国际标准前言;

d)　为方便使用增加了两个条文注(第 1 章的注和 13.1 中的注 2)。

本标准与 GB/T 528—1998 相比主要差异:

——增加了一种命名为 1A 型的新哑铃状试样(本版 6.1);

——增加了附录 B,关于 1 型、2 型和 1A 型试样的精密度数据(本版附录 B);

——增加了附录 C,关于精密度数据与哑铃状试样形状之相关性的分析(本版附录 C);

——删除了 1998 版中的附录 B。

本标准由中国石油和化学工业协会提出。

本标准的附录 A、附录 B 为规范性附录,附录 C 为资料性附录。

本标准由全国橡标委橡胶物理和化学试验方法分技术委员会(SAC/TC 35/SC 2)归口。

本标准起草单位:中橡集团沈阳橡胶研究设计院。

本标准参加起草单位:北京橡胶工业研究设计院、承德精密试验机有限公司。

本标准主要起草人:费康红、吉连忠。

本标准参加起草人:谢君芳、丁晓英、赵凌云、王新华。

本标准所代替标准的历次版本发布情况为:

——GB/T 528—1992,GB/T 528—1998。

硫化橡胶或热塑性橡胶
拉伸应力应变性能的测定

警告:使用本标准的人员应有正规实验室工作的实践经验。本标准无意涉及因使用本标准可能出现的安全问题,使用者有责任采取适当的安全和健康措施,并保证符合国家有关法规规定的条件。

1 范围

本标准规定了硫化橡胶或热塑性橡胶拉伸应力应变性能的测定方法。

本标准适用于测定硫化橡胶或热塑性橡胶的性能,如拉伸强度、拉断伸长率、定伸应力、定应力伸长率、屈服点拉伸应力和屈服点伸长率。其中屈服点拉伸应力和应变的测量只适用于某些热塑性橡胶和某些其他胶料。

注:如果需要,也可增加拉断永久变形的测定。

2 规范性引用文件

下列文件中的条款通过本标准的引用而成为本标准的条款。凡是注日期的引用文件,其随后所有的修改单(不包括勘误的内容)或修订版均不适用于本标准,然而,鼓励根据本标准达成协议的各方研究是否可使用这些文件的最新版本。凡是不注日期的引用文件,其最新版本适用于本标准。

GB/T 2941 橡胶物理试验方法试样制备和调节通用程序(GB/T 2941—2006,ISO 23529:2004,IDT)

ISO 5893 橡胶与塑料拉伸、屈挠及压缩试验机(恒速)技术性能

3 术语和定义

下列术语和定义适用于本标准。

3.1

拉伸应力 S tensile stress

拉伸试样所施加的应力。

注:由施加的力除以试样试验长度的原始横截面面积计算而得。

3.2

伸长率 E elongation

由于拉伸应力而引起试样形变,用试验长度变化的百分数表示。

3.3

拉伸强度 TS tensile strength

试样拉伸至断裂过程中的最大拉伸应力。

注:见图 1a)~图 1c)。

3.4

断裂拉伸强度 TS_b tensile strength at break

试样拉伸至断裂时刻所记录的拉伸应力。

注1:见图 1a)~图 1c)。

注2:TS 和 TS_b 值可能有差异,如果在 S_y 处屈服后继续伸长并伴随着应力下降,则导致 TS_b 低于 TS 的结果[见图 1c)]。

3.5

拉断伸长率 E_b elongation at break

试样断裂时的百分比伸长率。

注：见图 1a)～图 1c)。

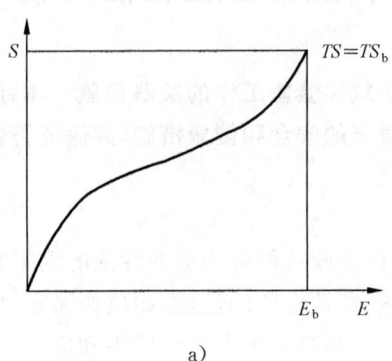

a)

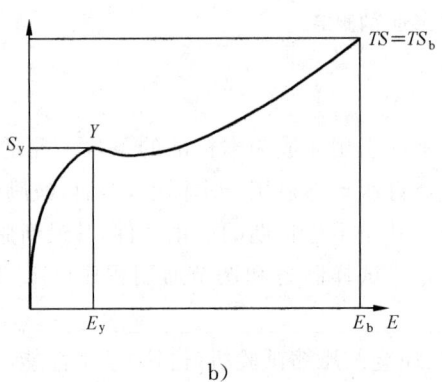

b)

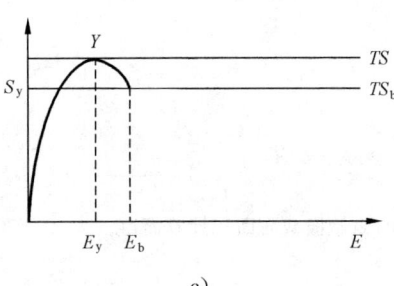

c)

E——伸长率；

S_y——屈服点拉伸应力；

E_b——拉断伸长率；

TS——拉伸强度；

E_y——屈服点伸长率；

TS_b——拉断强度；

S——应力；

Y——屈服点。

图 1 拉伸术语的图示

3.6

定应力伸长率 E_s elongation at a given stress

试样在给定拉伸应力下的伸长率。

3.7

定伸应力 S_e stress at a given elongation

将试样的试验长度部分拉伸到给定伸长率所需的应力。

注：在橡胶工业中，这一定义被广泛地用术语"模量(modulus)"表示，应谨慎与表示"在给定伸长率下应力-应变曲线斜率"的"模量"相混淆。

3.8

屈服点拉伸应力 S_y tensile stress at yield

应力-应变曲线上出现的应变进一步增加而应力不再继续增加的第一个点对应的应力。

注：此值可能对应于拐点[参看图 1b)]，也可能对应于最大值点[见图 1c)]。

3.9

屈服点伸长率 E_y elongation at yield

应力-应变曲线上出现应变进一步增加而应力不增加的第一个点对应的拉伸应变。

注：见图 1b)和 1c)。

3.10

哑铃状试样的试验长度 test length of dumb-bell

哑铃状试样狭窄部分的长度内，用于测量伸长率的基准标线之间的初始距离。

注：见图 2。

4 原理

在动夹持器或滑轮恒速移动的拉力试验机上，将哑铃状或环状标准试样进行拉伸。按要求记录试样在不断拉伸过程中和当其断裂时所需的力和伸长率的值。

5 总则

哑铃状试样和环状试样未必得出相同的应力-应变性能值。这主要是由于在拉伸环状试样时其横截面上的应力是不均匀的；另一个原因是"压延效应"的存在，它可使哑铃状试样因其长度方向是平行或垂直于压延方向而得出不同的值。

环状试样与哑铃状试样之间进行选择时，应注意以下要点：

a) 拉伸强度

测定拉伸强度宜选用哑铃状试样。环状试样得出的值比哑铃状试样低，有时低得很多。

b) 拉断伸长率

只要在下列条件下，环状试样得出与哑铃状试样近似相同的值：

1) 环状试样的伸长率以初始内圆周长的百分比计算；

2) 如果"压延效应"明显存在，哑铃状试样长度方向垂直于压延方向裁切。

如果要研究压延效应，则应选用哑铃状试样，而环状试样不适用。

c) 定应力伸长率和定伸应力

一般宜选用哑铃状试样（1 型、2 型和 1A 型）。

只有在下列条件下，环状试样得出与哑铃状试样近似相同的值：

1) 环状试样的伸长率以初始平均周长的百分比计算；

2) 如果"压延效应"明显存在，取平行于和垂直于压延方向裁切的哑铃状试样的平均值。

在自动控制试验时，由于试样容易操作，最好选用环状试样，对于定形变的应力测定，也是如此。

d) 小试样得出的拉伸强度值和拉断伸长率值可能与大试样稍有不同，通常较高。

本标准提供了七种类型的试样，即 1 型、2 型、3 型、4 型和 1A 型哑铃状试样和 A 型（标准型）和

B 型(小型)环状试样。对于一种给定材料所获得的结果可能根据所使用的试样类型而有所不同,因而对于不同材料,除非使用相同类型的试样,否则得出的结果是不可比的。

　　3 型和 4 型哑铃状试样及 B 型环状试样只应在材料不足以制备大试样的情况下才使用。这些试样特别适用于制品试验及某些产品标准的试样,例如,3 型哑铃状试样用于管道密封圈和电缆的试验。

　　试样制备需要打磨或厚度调整时,结果可能会受影响。

6　试样

6.1　哑铃状试样

　　哑铃状试样的形状如图 2 所示。

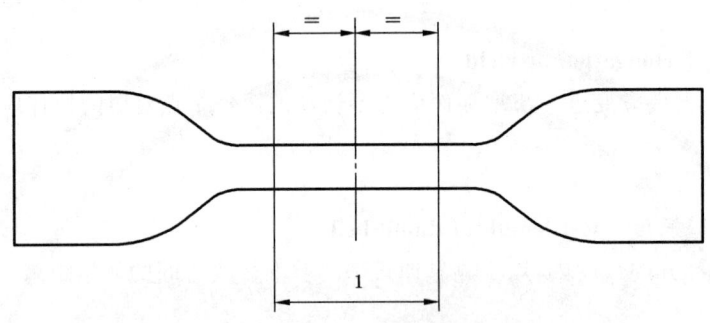

1——试验长度(见表1)。

图 2　哑铃状试样的形状

试样狭窄部分的标准厚度,1 型、2 型、3 型和 1A 型为 2.0 mm±0.2 mm,4 型为 1.0 mm±0.1 mm。试验长度应符合表1规定。

表 1　哑铃状试样的试验长度

试样类型	1 型	1A 型	2 型	3 型	4 型
试验长度/mm	25.0 ± 0.5	20.0 ± 0.5[a]	20.0 ± 0.5	10.0 ± 0.5	10.0 ± 0.5

　　[a] 试验长度不应超过试样狭窄部位的长度(表 2 中尺寸 C)。

　　哑铃状试样的其他尺寸应符合相应的裁刀所给出的要求(见表 2)。

　　非标准试样,例如取自成品的试样,狭窄部分的最大厚度,1 型和 1A 型为 3.0 mm,2 型和 3 型为2.5 mm,4 型为 2.0 mm。

表 2　哑铃状试样用裁刀尺寸

尺　寸	1 型	1A 型	2 型	3 型	4 型
A 总长度(最小)[a]/mm	115	100	75	50	35
B 端部宽度/mm	25.0±1.0	25.0±1.0	12.5±1.0	8.5±0.5	6.0±0.5
C 狭窄部分长度/mm	33.0±2.0	20.0^{+2}_{0}	25.0±1.0	16.0±1.0	12.0±0.5
D 狭窄部分宽度/mm	$6.0^{+0.4}_{0}$	5.0±0.1	4.0±0.1	4.0±0.1	2.0±0.1
E 外侧过渡边半径/mm	14.0±1.0	11.0±1.0	8.0±0.5	7.5±0.5	3.0±0.1
F 内侧过渡边半径/mm	25.0±2.0	25.0±2.0	12.5±1.0	10.0±0.5	3.0±0.1

　　[a] 为确保只有两端宽大部分与机器夹持器接触,增加总长度从而避免"肩部断裂"。

6.2　环状试样

　　A 型标准环状试样的内径为 44.6 mm±0.2 mm。轴向厚度中位数和径向宽度中位数均为 4.0 mm±0.2 mm。环上任一点的径向宽度与中位数的偏差不大于 0.2 mm,而环上任一点的轴向厚度与中位数的偏差应不大于 2%。

B型标准环状试样的内径为 8.0 mm±0.1 mm。轴向厚度中位数和径向宽度中位数均为1.0 mm±0.1 mm。环上任一点的径向宽度与中位数的偏差不应大于0.1 mm。

7 试验仪器

7.1 裁刀和裁片机

试验用的所有裁刀和裁片机应符合 GB/T 2941 的要求。制备哑铃状试样用的裁刀尺寸见表 2 和图 3,裁刀的狭窄平行部分任一点宽度的偏差应不大于 0.05 mm。

关于 B 型环状试样的切取方法,见附录 A。

单位为毫米

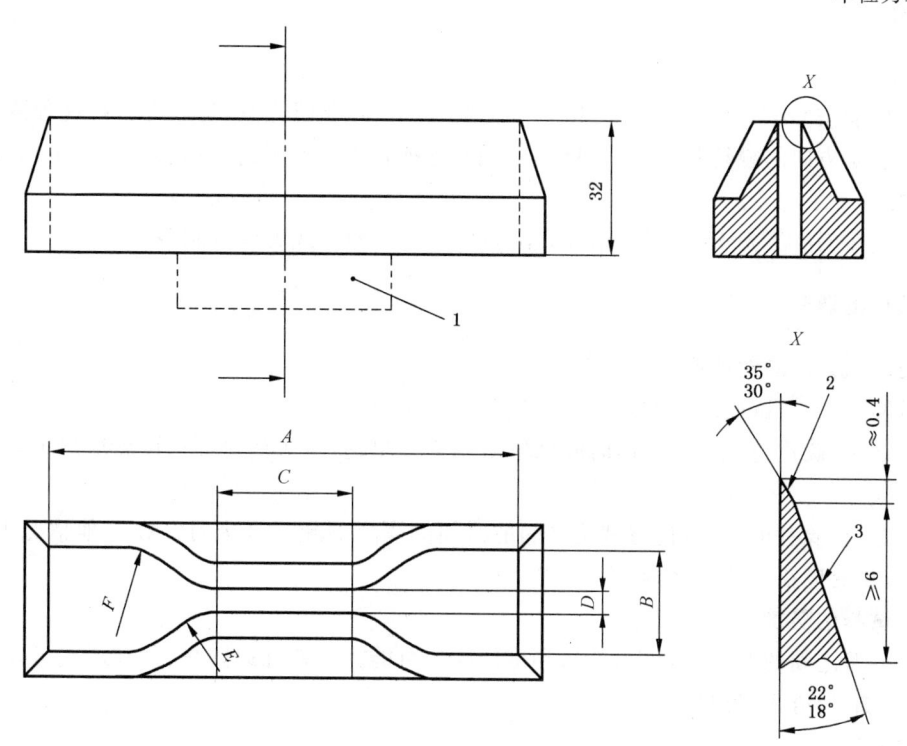

注:A~F 各尺寸见表2。
1——固定在配套机器上的刀架头;
2——需研磨;
3——需抛光。

图 3 哑铃状试样用的裁刀

7.2 测厚计

测量哑铃状试样的厚度和环状试样的轴向厚度所用的测厚计应符合 GB/T 2941 方法 A 的规定。

测量环状试样径向宽度所用的仪器,除压足和基板应与环的曲率相吻合外,其他与上述测厚计相一致。

7.3 锥形测径计

经校准的锥形测径计或其他适用的仪器可用于测量环状试样的内径。

应采用误差不大于 0.01 mm 的仪器来测量直径。支撑被测环状试样的工具应能避免使所测的尺寸发生明显的变化。

7.4 拉力试验机

7.4.1 拉力试验机应符合 ISO 5893 的规定,具有 2 级测力精度。试验机中使用的伸长计的精度:1 型、2 型和1A 型哑铃状试样和 A 型环形试样为 D 级;3 型和 4 型哑铃状试样和 B 型环形试样为

519

E 级。试验机应至少能在 100 mm/min±10 mm/min、200 mm/min±20 mm/min 和 500 mm/min± 50 mm/min 移动速度下进行操作。

7.4.2 对于在标准实验室温度以外的试验,拉伸试验机应配备一台合适的恒温箱。高于或低于正常温度的试验应符合 GB/T 2941 要求。

8 试样数量

试验的试样应不少于 3 个。

注:试样的数量应事先决定,使用 5 个试样的不确定度要低于用 3 个试样的试验。

9 试样的制备

9.1 哑铃状试样

哑铃状试样应按 GB/T 2941 规定的相应方法制备。除非要研究"压延效应",在这种情况下还要裁取一组垂直于压延方向的哑铃状试样。只要有可能,哑铃状试样要平行于材料的压延方向裁切。

9.2 环状试样

环状试样应按 GB/T 2941 规定的相应方法采用裁切或冲切或者模压制备。

10 样品和试样的调节

10.1 硫化与试验之间的时间间隔

对所有试验,硫化与试验之间的最短时间间隔应为 16 h。

对非制品试验,硫化与试验之间的时间间隔最长为 4 星期,对于比对评估试验应尽可能在相同时间间隔内进行。

对制品试验,只要有可能,硫化与试验之间的时间间隔应不超过 3 个月。在其他情况下,从用户收到制品之日起,试验应在 2 个月之内进行。

10.2 样品和试样的防护

在硫化与试验之间的时间间隔内,样品和试样应尽可能完全地加以防护,使其不受可能导致其损坏的外来影响,例如,应避光、隔热。

10.3 样品的调节

在裁切试样前,来源于胶乳以外的所有样品,都应按 GB/T 2941 的规定,在标准实验室温度下(不控制湿度),调节至少 3 h。

在裁切试样前,所有胶乳制备的样品均应按 GB/T 2941 的规定,在标准实验室温度下(控制湿度),调节至少 96 h。

10.4 试样的调节

所有试样应按 GB/T 2941 的规定进行调节。如果试样的制备需要打磨,则打磨与试验之间的时间间隔应不少于 16 h,但不应大于 72 h。

对于在标准实验室温度下的试验,如果试样是从经调节的试验样品上裁取,无需做进一步的制备,则试样可直接进行试验。对需要进一步制备的试样,应使其在标准实验室温度下调节至少 3 h。

对于在标准实验室温度以外的温度下的试验,试样应按 GB/T 2941 的规定在该试验温度下调节足够长的时间,以保证试样达到充分平衡(见 7.4.2)。

11 哑铃状试样的标记

如果使用非接触式伸长计,则应使用适当的打标器按表 1 规定的试验长度在哑铃状试样上标出两条基准标线。打标记时,试样不应发生变形。

两条标记线应标在如图 2 所示的试样的狭窄部分,即与试样中心等距,并与其纵轴垂直。

12 试样的测量

12.1 哑铃状试样

用测厚计在试验长度的中部和两端测量厚度。应取 3 个测量值的中位数用于计算横截面面积。在任何一个哑铃状试样中,狭窄部分的三个厚度测量值都不应大于厚度中位数的 2%。取裁刀狭窄部分刀刃间的距离作为试样的宽度,该距离应按 GB/T 2941 的规定进行测量,精确到 0.05 mm。

12.2 环状试样

沿环状试样一周大致六等分处,分别测量径向宽度和轴向厚度。取六次测量值的中位数用于计算横截面面积。内径测量应精确到 0.1 mm。按下列公式计算内圆周长和平均圆周长:

内圆周长＝π×内径

平均圆周长＝π×(内径＋径向宽度)

12.3 多组试样比较

如果两组试样(哑铃状或环状)进行比较,每组厚度的中位数应不超出两组厚度总中位数的 7.5%。

13 试验步骤

13.1 哑铃状试样

将试样对称地夹在拉力试验机的上、下夹持器上,使拉力均匀地分布在横截面上。根据需要,装配一个伸长测量装置。启动试验机,在整个试验过程中连续监测试验长度和力的变化,精度在±2%之内,或按第 15 章的要求。

夹持器的移动速度:1 型、2 型和 1A 型试样应为 500 mm/min±50 mm/min,3 型和 4 型试样应为 200 mm/min±20 mm/min。

如果试样在狭窄部分以外断裂则舍弃该试验结果,并另取一试样进行重复试验。

注:1 采取目测时,应避免视觉误差。

2 在测拉断永久变形时,应将断裂后的试样放置 3 min,再把断裂的两部分吻合在一起,用精度为 0.05 mm 的量具测量吻合后的两条平行标线间的距离。拉断永久变形计算公式为:

$$S_b = \frac{100(L_t - L_0)}{L_0}$$

式中:

S_b——拉断永久变形,%;

L_t——试样断裂后,放置 3 min 对起来的标距,单位为毫米(mm);

L_0——初始试验长度,单位为毫米(mm)。

13.2 环状试样

将试样以张力最小的形式放在两个滑轮上。启动试验机,在整个试验过程中连续监测滑轮之间的距离和应力,精确到±2%,或按 15 章的要求。

可动滑轮的标称移动速度:A 型试样应为 500 mm/min±50 mm/min,B 型试样应为 100 mm/min±10 mm/min。

14 试验温度

试验通常应在 GB/T 2941 中规定的一种标准实验室温度下进行。当要求采用其他温度时,应从 GB/T 2941 规定的推荐表中选择。

在进行对比试验时,任一个试验或一批试验都应采用同一温度。

15 试验结果的计算

15.1 哑铃状试样

拉伸强度 TS 按式(1)计算,以 MPa 表示:

$$TS = \frac{F_m}{Wt} \quad\quad\quad\quad\cdots\cdots\cdots\cdots\cdots\cdots(1)$$

断裂拉伸强度 TS_b 按式(2)计算,以 MPa 表示:

$$TS_b = \frac{F_b}{Wt} \quad\quad\quad\quad\cdots\cdots\cdots\cdots\cdots\cdots(2)$$

拉断伸长率 E_b 按式(3)计算,以%表示:

$$E_b = \frac{100(L_b - L_0)}{L_0} \quad\quad\quad\cdots\cdots\cdots\cdots\cdots\cdots(3)$$

定伸应力 S_e 按式(4)计算,以 MPa 表示:

$$S_e = \frac{F_e}{Wt} \quad\quad\quad\quad\cdots\cdots\cdots\cdots\cdots\cdots(4)$$

定应力伸长率 E_s 按式(5)计算,以%表示:

$$E_s = \frac{100(L_s - L_0)}{L_0} \quad\quad\quad\cdots\cdots\cdots\cdots\cdots\cdots(5)$$

所需应力对应的力值 F_e 按式(6)计算,以 N 表示:

$$F_e = S_e Wt \quad\quad\quad\quad\cdots\cdots\cdots\cdots\cdots\cdots(6)$$

屈服点拉伸应力 S_y 按式(7)计算,以 MPa 表示:

$$S_y = \frac{F_y}{Wt} \quad\quad\quad\quad\cdots\cdots\cdots\cdots\cdots\cdots(7)$$

屈服点伸长率 E_y 按式(8)计算,以%表示:

$$E_y = \frac{100(L_y - L_0)}{L_0} \quad\quad\quad\cdots\cdots\cdots\cdots\cdots\cdots(8)$$

在上式中,所使用的符号意义如下:

F_b——断裂时记录的力,单位为牛(N);

F_e——给定应力时记录的力,单位为牛(N);

F_m——记录的最大力,单位为牛(N);

F_y——屈服点时记录的力,单位为牛(N);

L_0——初始试验长度,单位为毫米(mm);

L_b——断裂时的试验长度,单位为毫米(mm);

L_s——定应力时的试验长度,单位为毫米(mm);

L_y——屈服时的试验长度,单位为毫米(mm);

S_e——所需应力,单位为兆帕(MPa);

t——试验长度部分厚度,单位为毫米(mm);

W——裁刀狭窄部分的宽度,单位为毫米(mm)。

15.2 环状试样

拉伸强度 TS 按式(9)计算,以 MPa 表示:

$$TS = \frac{F_m}{2Wt} \quad\quad\quad\quad\cdots\cdots\cdots\cdots\cdots\cdots(9)$$

断裂拉伸强度 TS_b 按式(10)计算,以 MPa 表示:

$$TS_b = \frac{F_b}{2Wt} \quad\quad\quad\quad\cdots\cdots\cdots\cdots\cdots\cdots(10)$$

拉断伸长率 E_b 按式(11)计算,以%表示:

$$E_b = \frac{100(\pi d + 2L_b - C_i)}{C_i}$$ ....(11)

定伸应力 S_e 按式(12)计算,以 MPa 表示:

$$S_e = \frac{F_e}{2Wt}$$ ....(12)

给定伸长率对应于滑轮中心距 L_e 按式(13)计算,以 mm 表示:

$$L_e = \frac{C_m E_s}{200} + \frac{C_i - \pi d}{2}$$ ....(13)

定应力伸长率 E_s 按式(14)计算,以%表示:

$$E_s = \frac{100(\pi d + 2L_s - C_i)}{C_m}$$ ....(14)

定应力对应的力值 F_e 按式(15)计算,以 N 表示:

$$F_e = 2S_e Wt$$ ....(15)

屈服点拉伸应力 S_y 按式(16)计算,以 MPa 表示:

$$S_y = \frac{F_y}{2Wt}$$ ....(16)

屈服点伸长率 E_y 按式(17)计算,以%表示:

$$E_y = \frac{100(\pi d + 2L_y - C_i)}{C_m}$$ ....(17)

在上式中,所使用的符号意义如下:

C_i——环状试样的初始内周长,单位为毫米(mm);

C_m——环状试样的初始平均圆周长,单位为毫米(mm);

d——滑轮的直径,单位为毫米(mm);

E_s——定应力伸长率,%;

F_b——试样断裂时记录的力,单位为牛(N);

F_e——定应力对应的力值,单位为牛(N);

F_m——记录的最大力,单位为牛(N);

F_y——屈服点时记录的力,单位为牛(N);

L_b——试样断裂时两滑轮的中心距,单位为毫米(mm);

L_s——给定应力时两滑轮的中心距,单位为毫米(mm);

L_y——屈服点时两滑轮的中心距,单位为毫米(mm);

S_e——定伸应力,单位为兆帕(MPa);

t——环状试样的轴向厚度,单位为毫米(mm);

W——环状试样的径向宽度,单位为毫米(mm)。

16 试验结果的表示

如果在同一试样上测定几种拉伸应力-应变性能时,则每种试验数据可视为独立得到的,试验结果按规定分别予以计算。

在所有情况下,应报告每一性能的中位数。

17 试验报告

试验报告应包括下列内容:

a) 本标准编号;

b) 样品和试样的说明：

    1) 样品及其来源的详细说明；

    2) 如果知道,列出胶料和硫化条件；

    3) 试样说明：

        ——试样的制备方法(例如打磨)试样类型及其厚度中位数；

        ——哑铃状试样相对于压延方向的裁切方向；

    4) 试验试样数量。

c) 试验说明：

    1) 非标准实验室温度时的试验温度,如果需要,列出相对湿度；

    2) 试验日期；

    3) 与规定试验步骤的任何不同之处。

d) 试验结果,即按第 15 章计算所测定的性能的中位数。

附　录　A
（规范性附录）
B 型环状试样的制备

　　环状试样可用旋转式切片机切取,该机转速为 400 r/min,并配备一个夹持刀片的专用夹具(见图 A.1)。刀片应用肥皂液润滑,并应经常对锋利度、损坏等进行检查。在用图 A.2 所示的工具切取时,样品应被夹紧。

单位为毫米

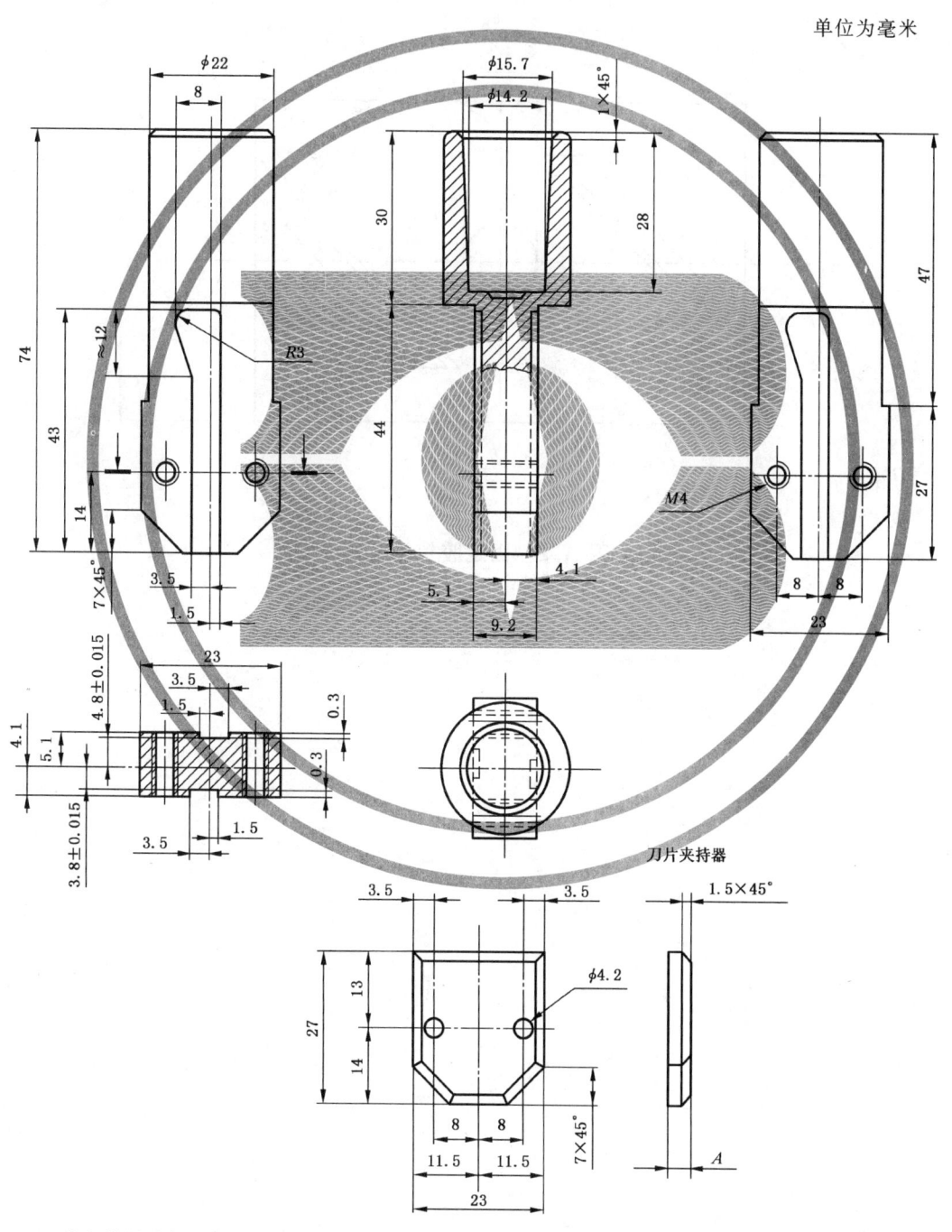

1——刀片夹持器的侧视图(A 不是关键尺寸)。

图 A.1　可拆装刀片的专用夹持工具

单位为毫米

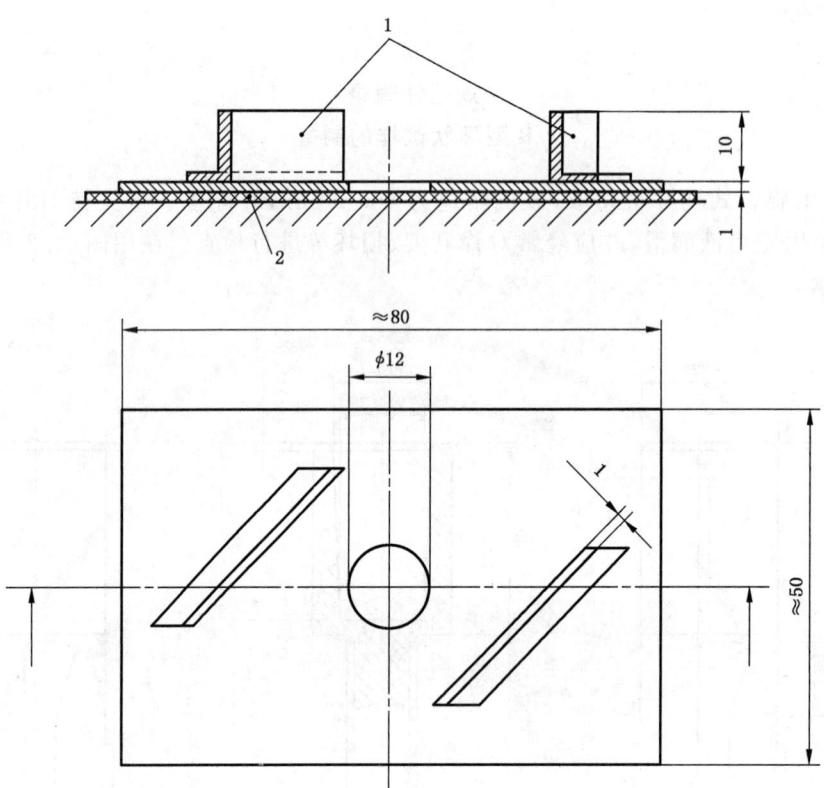

1——操作人员手指保护装置；
2——裁切的胶片。

图 A.2　固定胶片的工具

附　录　B

（规范性附录）

精　密　度

B.1　总则

方法的重复性和再现性基于 ISO/TR 9272:2005 进行计算。原始数据基于 ISO/TR 9272:2005 规定的程序以 5% 和 2% 显著性水平由第三方进行处理。

B.2　试验计划说明

B.2.1　安排了两个实验室间试验计划（ITP）。

2001 年第一个 ITP 如下：

拉伸试验使用了 NR、SBR 和 EPDM 三种不同的胶料。这一试验方法的试验结果为下述每一性能 5 次分别测量的平均值。总共 8 个国家的 23 个实验室参与了该计划。

2002 年第二个 ITP 如下：

拉伸试验使用一种 NR 胶料。胶料配方与第一个 ITP 所使用的 NR 胶料相同。总共 6 个国家的 17 个实验室参与该计划。

将完全制备好的橡胶试样送到每个实验室，两个 ITP 均以 1 级精密度进行评价。

B.2.2　测定的试验性能包括断裂拉伸强度 TS_b、拉断伸长率 E_b、100% 定伸应力（S_{100}）和 200% 定伸应力（S_{200}）。

B.2.3　用 1 型、2 型和 1A 型三种类型的哑铃状试样进行试验。

在第一个 ITP 中，用标距为 20 mm 和 25 mm 两种试验长度对 1 型试样进行试验，而在第二个 ITP 中只对试验长度为 25 mm 的试样进行试验。

B.3　精密度的结果

精密度的计算结果列于表 B.1、表 B.2、表 B.3、表 B.4。表 B.1、表 B.2 和表 B.3 分别列出第一个 ITP 的 NR、SBR 和 EPDM 胶料的结果，表 B.4 给出第二个 ITP 的 NR 的结果。

这些表中所使用的符号定义如下：

r——重复性，测量单位；

（r）——重复性，%（相对的）；

R——再现性，测量单位；

（R）——再现性，%（相对的）。

表 B.1　NR 胶料的精密度（第一个 ITP）

性　能	哑铃状类型/试验长度	平均值 $N=23 \times 2=46$	实验室内的重复性		实验室间的再现性	
			r	（r）	R	（R）
TS_b	1 型/20 mm	34.25	1.10	3.20	3.35	9.79
	1 型/25 mm	34.17	1.53	4.47	2.49	7.29
	2 型/20 mm	31.93	1.25	3.93	2.85	8.94
	1A 型/20 mm	34.88	0.67	1.91	2.63	7.54

表 B.1（续）

性　能	哑铃状类型/试验长度	平均值 $N=23\times2=46$	实验室内的重复性		实验室间的再现性	
			r	(r)	R	(R)
E_b	1 型/20 mm	671	42.1	6.28	57.2	8.52
	1 型/25 mm	670	66.3	9.89	63.1	9.41
	2 型/20 mm	651	29.9	4.60	60.5	9.29
	1A 型/20 mm	687	29.9	4.35	57.8	8.41
S_{100}	1 型/20 mm	1.83	0.18	10.00	0.36	19.50
	1 型/25 mm	1.86	0.12	6.73	0.32	17.24
	2 型/20 mm	1.84	0.15	8.33	0.40	21.95
	1A 型/20 mm	1.89	0.07	3.90	0.28	14.81
S_{200}	1 型/20 mm	4.49	0.45	10.08	0.85	18.97
	1 型/25 mm	4.42	0.52	11.82	0.77	17.36
	2 型/20 mm	4.39	0.39	8.79	0.87	19.85
	1A 型/20 mm	4.58	0.38	8.25	0.70	15.26

表 B.2　SBR 胶料的精密度（第一个 ITP）

性　能	哑铃状类型/试验长度	平均值 $N=23\times2=46$	实验室内的重复性		实验室间的再现性	
			r	(r)	R	(R)
TS_b	1 型/20 mm	24.87	1.48	5.94	2.12	8.53
	1 型/25 mm	24.60	1.17	4.74	2.58	10.47
	2 型/20 mm	24.38	1.52	6.22	2.84	11.65
	1A/20 mm	24.70	1.01	4.11	2.38	9.65
E_b	1 型/20 mm	457	29.3	6.40	39.0	8.53
	1 型/25 mm	458	31.4	6.85	31.6	6.90
	2 型/20 mm	462	32.9	7.12	48.2	10.43
	1A/20 mm	459	13.9	3.04	41.1	8.96
S_{100}	1 型/20 mm	2.64	0.20	7.46	0.51	19.47
	1 型/25 mm	2.61	0.20	7.52	0.41	15.75
	2 型/20 mm	2.66	0.24	9.11	0.57	21.30
	1A/20 mm	2.65	0.10	3.87	0.43	16.15
S_{200}	1 型/20 mm	7.76	0.59	7.62	1.28	16.52
	1 型/25 mm	7.74	0.47	6.08	0.94	12.15
	2 型/20 mm	7.68	0.56	7.31	1.48	19.25
	1A/20 mm	7.81	0.45	5.74	1.00	12.79

表 B.3 EPDM 胶料的精密度（第一个 ITP）

性 能	哑铃状类型/试验长度	平均值 $N=23\times2=46$	实验室内的重复性		实验室间的再现性	
			r	(r)	R	(R)
TS_b	1 型/20 mm	14.51	1.13	7.78	2.01	13.83
	1 型/25 mm	14.59	1.57	10.76	2.22	15.20
	2 型/20 mm	14.50	1.20	8.26	2.14	14.74
	1A/20 mm	14.77	0.65	4.39	1.87	12.65
E_b	1 型/20 mm	470	22.2	4.71	32.4	6.90
	1 型/25 mm	474	33.8	7.13	44.5	9.38
	2 型/20 mm	475	21.9	4.60	42.4	8.93
	1A/20 mm	471	20.2	4.28	39.2	8.34
S_{100}	1 型/20 mm	2.33	0.21	8.99	0.36	15.32
	1 型/25 mm	2.30	0.18	7.61	0.32	13.94
	2 型/20 mm	2.39	0.17	7.21	0.32	13.52
	1A/20 mm	2.40	0.09	3.87	0.29	12.04
S_{200}	1 型/20 mm	5.11	0.35	6.87	0.65	12.80
	1 型/25 mm	5.05	0.25	4.88	0.62	12.35
	2 型/20 mm	5.08	0.27	5.24	0.71	14.04
	1A/20 mm	5.20	0.22	4.22	0.46	8.84

表 B.4 NR 胶料的精密度（第二个 ITP）

性 能	哑铃状类型/试验长度	平均值 $N=17\times2=34$	实验室内的重复性		实验室间的再现性	
			r	(r)	R	(R)
TS_b	1 型/25 mm	32.26	1.86	5.76	2.21	6.84
	2 型/20 mm	34.75	1.53	4.41	4.04	11.63
	1A/20 mm	33.13	1.19	3.60	2.71	8.17
E_b	1 型/25 mm	640	27.26	4.26	54.44	8.50
	2 型/20 mm	683	30.80	4.51	94.49	13.83
	1A/20 mm	665	22.94	3.45	83.52	12.56
S_{100}	1 型/25 mm	1.74	0.13	7.29	0.32	18.17
	2 型/20 mm	1.83	0.20	11.08	0.30	16.18
	1A/20 mm	1.78	0.13	7.06	0.22	12.19
S_{200}	1 型/25 mm	4.27	0.32	7.42	1.10	25.81
	2 型/20 mm	4.31	0.44	10.31	1.03	23.91
	1A/20 mm	4.35	0.21	4.78	0.87	20.11

附　录　C

（资料性附录）

ITP 数据和哑铃状试样形状的分析

C.1　总则

本附录研究了通过 ITP 计划测定不同形状哑铃状试样（包括 1A 型）的性能。1A 型哑铃状试样是新增加到本标准中的，但是它已经在日本和其他国家使用多年了。

实验室间试验表明，1A 型哑铃状试样优于重复性较好的 1 型和 2 型，尤其是试验长度外断裂发生率较低。有限元分析证明，1A 型的应变分布更均匀，这可能是其性能有所改善的原因。

用 1A 型哑铃状试样测定的拉伸性能值却非常近似于 1 型，但是不能以为在所有情况下两者都是一致的。

1A 型哑铃状试样所有尺寸都近似于 1 型，可以作为是一种选择。它并未取代 1 型的原因是由于 1 型试样已获得了大量的数据，并且有长的传统。

C.2　三因子全嵌套实验的三个方差

在对按 ISO/TR 9272：2005 计算的精密度的比较中，R 是实验室之间方差（$\sigma_L{}^2$）的表征，r 是某一试验室的总方差（$\sigma_D{}^2 + \sigma_M{}^2$）的表征，它由每天之间的方差（$\sigma_D{}^2$）与因测量误差产生的方差（$\sigma_M{}^2$）构成。为了分别分析 $\sigma_D{}^2$ 和 $\sigma_M{}^2$，用 ISO 5725-3 所述的"三因子全嵌套试验"足以评判方差的每个组分。

对第二个 ITP 中的测量值总方差的每个组分进行了评估。其结果示于表 C.1 和表 C.2。

表 C.1　用"三因子全嵌套试验"对第二个 ITP 中拉伸强度方差的每个组分的评估

	1 型	2 型	1A 型
$\sigma_L{}^2$	$(0.60)^2$	$(1.80)^2$	$(0.80)^2$
$\sigma_D{}^2$	$(0.67)^2$	$(0.54)^2$	$(0.17)^2$
$\sigma_M{}^2$	$(1.60)^2$	$(1.08)^2$	$(1.04)^2$

表 C.2　用"三因子全嵌套试验"对第二个 ITP 中伸长率方差的每个组分的评估

	1 型	2 型	1A 型
$\sigma_L{}^2$	$(20.4)^2$	$(43.7)^2$	$(24.3)^2$
$\sigma_D{}^2$	$(13.6)^2$	$(21.9)^2$	$(28.6)^2$
$\sigma_M{}^2$	$(28.1)^2$	$(19.3)^2$	$(19.3)^2$

在这三种方差中。因测量误差产生的方差（$\sigma_M{}^2$）对哑铃状试样形状是最重要的。其他方差（$\sigma_L{}^2$ 和 $\sigma_D{}^2$）受哑铃状试样形状以外的许多因素的影响。

如数据所示，1A 型哑铃状试样的 $\sigma_M{}^2$ 最小，表示用此类型试样的测量精密度最好。

C.3　断裂试样的分析

C.3.1　试验长度外断裂的试样数

图 C.1 示出在试验长度外（标线外）断裂的试样数。每一类型哑铃状试样都试验 230 个试样，由 23 个实验室在两个试验日内每个实验室每天试验 5 个试样。

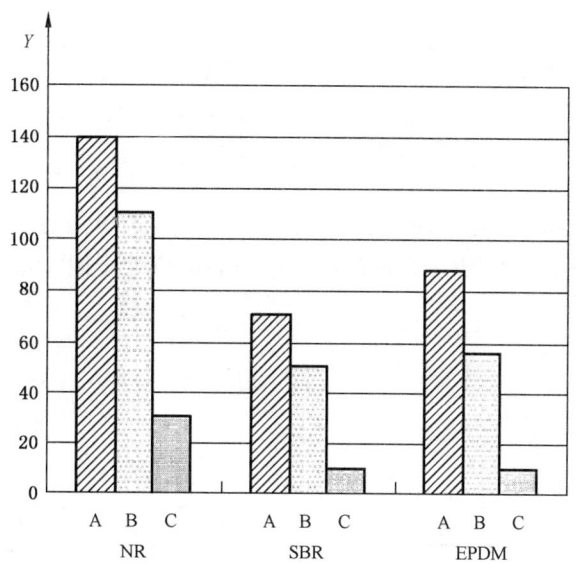

Y——试验长度外断裂的试样数；

A——1 型哑铃状试样；

B——2 型哑铃状试样；

C——1A 型哑铃状试样。

图 C.1　试验长度外断裂的试样数

（第一个 ITP——每个类型试样共 230 个）

　　在用 NR 胶料制备的试验长度为 20 mm 的 1 型哑铃状试样中，试验长度外断裂的试样 159 个，约占 70%；在试验长度为 25 mm 的 1 型试样中，约占 60%；在 2 型试样中，占 47%。但是，在 1A 型试样中，试验长度外断裂的试样只占 13%。

　　对于 SBR 和 EPDM，1A 型试样试验长度外断裂的概率也比其他类型哑铃状试样小得多。

C.3.2　试验长度外断裂试样的比例与拉伸能之间的关系

　　对试验长度外断裂试样的百分比与拉伸能(拉伸强度乘以拉断伸长率)之间的关系也进行了研究。制备了不同炭黑体积含量的 NR 胶料，测定其 TS_b 和 E_b。观测了试验长度外断裂试样的百分数。图 C.2 示出该试验的结果。

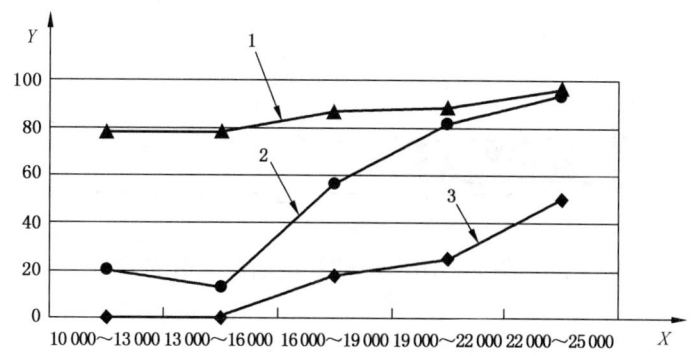

X——$TS_b \times E_b$(MPa · %)；

Y——在试验长度外断裂试样的百分数；

1——1 型哑铃状试样；

2——2 型哑铃状试样；

3——1A 型哑铃状试样。

图 C.2　试验长度外断裂试样的百分数与 $TS_b \times E_b$(拉伸能)的关系

试验长度外断裂试样的百分数随拉伸能之值的增加而增大。在拉伸能之值低于 20 000 MPa·%时,大多数 1A 型试样都在试验长度之内断裂。

C.4 有限元分析

对部分试样进行了有限元分析(FEA)。图 C.3 示出使用"ABAQUS"软件获得的应变分布。

应变分布分析表明,1 型和 2 型的最高应变部位出现在试样边缘附近。这一观测结果与 C.3 章所述拉伸试验结果相一致。而 1A 型,边缘附近的应变与中心部位处于同一水平,表示 1A 型的应变分布比较均匀。

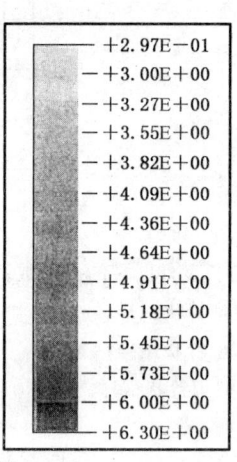

—	+2.97E−01
—	+3.00E+00
—	+3.27E+00
—	+3.55E+00
—	+3.82E+00
—	+4.09E+00
—	+4.36E+00
—	+4.64E+00
—	+4.91E+00
—	+5.18E+00
—	+5.45E+00
—	+5.73E+00
—	+6.00E+00
—	+6.30E+00

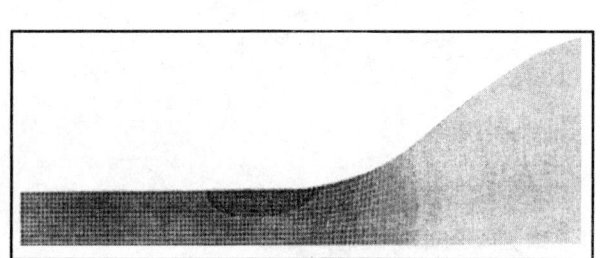

a) 1 型哑铃状试样

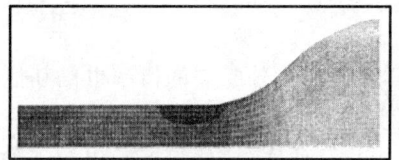

b) 2 型哑铃状试样

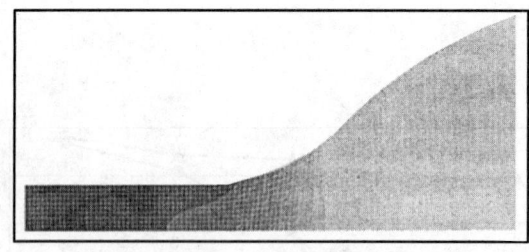

c) 1A 型哑铃状试样

图 C.3 使用"ABAQUS"获得的应变分布实例

参 考 文 献

[1]　ISO/TR 9272:2005,橡胶和橡胶制品——试验方法标准精密度的测定。

[2]　ISO 5725-3,测量方法和结果的准确性(真实度和精密度)——第 3 部分:标准测量方法精密度的中间测量。

ICS 83.080.01
G 31

中华人民共和国国家标准

GB/T 1033.1—2008/ISO 1183-1:2004
代替 GB/T 1033—1986

塑料 非泡沫塑料密度的测定
第 1 部分：浸渍法、液体比重瓶法和滴定法

Plastics—Methods for determining the density of non-cellular plastics—
Part 1:Immersion method,liquid pyknometer method and titration method

(ISO 1183-1:2004,IDT)

2008-08-04 发布

2009-04-01 实施

中华人民共和国国家质量监督检验检疫总局
中国国家标准化管理委员会 发布

前　言

GB/T 1033《塑料　非泡沫塑料密度的测定》分为以下三个部分：
——第1部分：浸渍法、液体比重瓶法和滴定法；
——第2部分：密度梯度柱法；
——第3部分：气体比重瓶法。

本部分为 GB/T 1033 的第1部分。

本部分等同采用 ISO 1183-1:2004《塑料——测定非泡沫塑料密度的方法——第1部分：浸渍法、液体比重瓶法和滴定法》(英文版)。

为了便于使用，对于 ISO 1183-1:2004，本部分还做了下列编辑性修改：

a)　删除了 ISO 1183-1:2004 的前言；

b)　把"规范性引用文件"一章所列的2个国际标准用采用该文件的我国国家标准代替。

本部分代替 GB/T 1033—1986《塑料密度和相对密度试验方法》。

本部分与 GB/T 1033—1986 相比主要变化如下：

a)　浸渍法：浸渍液的恒温控制温度由 23 ℃±1 ℃改为 23 ℃±0.5 ℃(或 27 ℃±0.5 ℃)；试样质量由 1 g～5 g 改为大于 1 g；悬挂金属丝直径由小于 0.13 mm 改为小于 0.5 mm；称量中规定了秤量精度的要求。

b)　液体比重瓶法：规定了比重瓶抽真空的方式；规定了比重瓶在液浴恒温的温度；规定了每个试样密度的测定次数以及测定结果的表示方法。

c)　增加了滴定法，删除了浮沉法、密度计法和标准密度梯度柱法。

本部分的附录 A 为资料性附录。

本部分由中国石油和化学工业协会提出。

本部分由全国塑料标准化技术委员会(SAC/TC 15)归口。

本部分负责起草单位：中石化北化院国家化学建筑材料测试中心(材料测试部)。

本部分参加起草单位：国家合成树脂质量监督检验中心、北京燕山石化树脂所、国家石化有机原料合成树脂质检中心、广州金发科技股份有限公司、国家塑料制品质检中心(北京)。

本部分主要起草人：桂华、胡孝义、游欢、陈宏愿、王超先、赵平、叶南飚、翁云宣。

本部分于 1986 年 12 月首次发布，本次为第一次修订。

塑料 非泡沫塑料密度的测定
第1部分:浸渍法、液体比重瓶法和滴定法

1 范围

GB/T 1033 本部分规定了非泡沫塑料密度的三种测定方法:

——方法 A:浸渍法,适用于除粉料外无气孔的固体塑料。

——方法 B:液体比重瓶法,适用于粉料,片料,粒料或制品部件的小切片。

——方法 C:滴定法,适用于无孔的塑料。

本部分适用于模塑的或挤出的无孔的非泡沫塑料,以及粉料、片料和颗粒状非泡沫塑料。

注:本部分适用于各种无气孔的粒料。密度通常用来考察塑料材料的物理结构或组成的变化,也用来评价样品或试样的均一性。塑料材料的密度取决于试样制备的方法,这种情况下,试样的制备方法应包含在材料相关标准中。本注释对本部分的三个方法都适用。

2 规范性引用文件

下列文件中的条款通过 GB/T 1033 的本部分的引用而成为本标准的条款。凡是注日期的引用文件,其随后所有的修改单(不包括勘误的内容)或修订版均不适用于本部分,然而,鼓励根据本部分达成协议的各方研究是否可使用这些文件的最新版本。凡是不注日期的引用文件,其最新版本适用于本部分。

GB/T 2035—2008 塑料术语及其定义(ISO 472:1999,IDT)

GB/T 2918—1998 塑料试样状态调节和试验的标准环境(idt ISO 291:1997)

ISO 31-3:1992 力学的量和单位

3 术语和定义

GB/T 2035—2008 确立的以及下列术语和定义适用于 GB/T 1033 的本部分。

3.1

质量 mass

物体所含物质的量,以千克(kg)或克(g)为单位。

3.2

表观质量 apparent mass

用天平测量所得到的物体的质量,以千克(kg)或克(g)为单位。

3.3

密度 density

ρ

试样的质量 m 与其在温度 t 时的体积之比,以 kg/m^3、kg/dm^3(g/cm^3)或 kg/L 为单位。

注:根据 ISO 31-3:1992 对以下术语进行明确说明。

密度术语

术语	符号	公式	单位
密度	ρ	m/V	kg/m³ kg/dm³(g/cm³) kg/L(g/mL)
比容	ν	$V/m(=1/\rho)$	m³/kg dm³/kg (cm³/g) L/kg (mL/g)

4 状态调节

测试环境应符合 GB/T 2918—1998 的规定。通常,不需要将样品调节到恒定的温度,因为测试本身是在恒定的温度下进行的。

如果测试过程中试样的密度发生变化,且变化范围超过了密度测量所要求的精密度,则在测试之前试样应按材料相关标准规定进行状态调节。如果测试的主要目的是密度随时间或大气环境条件的变化,试样应按材料相关标准规定进行状态调节。如果没有相关标准,则应按供需双方商定的方法对试样进行状态调节。

5 方法

5.1 A 法:浸渍法

5.1.1 仪器

5.1.1.1 分析天平,或为测密度而专门设计的仪器,精确到 0.1 mg。

注:可以用自动化仪器,密度可以用电脑计算得出。

5.1.1.2 浸渍容器,烧杯或其他适于盛放浸渍液的大口径容器。

5.1.1.3 固定支架,如容器支架,可将浸渍容器支放在水平面板上。

5.1.1.4 温度计,最小分度值为 0.1 ℃,范围为 0 ℃～30 ℃。

5.1.1.5 金属丝,具有耐腐蚀性,直径不大于 0.5 mm,用于浸渍液中悬挂试样。

5.1.1.6 重锤,具有适当的质量。当试样的密度小于浸渍液的密度时,可将重锤悬挂在试样托盘下端,使试样完全浸在浸渍液中。

5.1.1.7 比重瓶,带侧臂式溢流毛细管,当浸渍液不是水时,用来测定浸渍液的密度。比重瓶应配备分度值为 0.1 ℃,范围为 0 ℃～30 ℃的温度计。

5.1.1.8 液浴,在测定浸渍液的密度时,可以恒温在±0.5 ℃范围内。

5.1.2 浸渍液

用新鲜的蒸馏水或去离子水,或其他适宜的液体(含有不大于 0.1%的润湿剂以除去浸渍液中的气泡)。在测试过程中,试样与该液体或溶液接触时,对试样应无影响。

如果除蒸馏水以外的其他浸渍液来源可靠且附有检验证书,则不必再进行密度测试。

5.1.3 试样

试样为除粉料以外的任何无气孔材料,试样尺寸应适宜,从而在样品和浸渍液容器之间产生足够的间隙,质量应至少为 1 g。

当从较大的样品中切取试样时,应使用合适的设备以确保材料性能不发生变化。试样表面应光滑,无凹陷,以减少浸渍液中试样表面凹陷处可能存留的气泡,否则就会引入误差。

5.1.4 操作步骤

5.1.4.1 在空气中称量由一直径不大于 0.5 mm 的金属丝悬挂的试样的质量。试样质量不大于 10 g,

538

精确到 0.1 mg;试样质量大于 10 g,精确到 1 mg,并记录试样的质量。

5.1.4.2 将用细金属丝(5.1.1.5)悬挂的试样浸入放在固定支架(5.1.1.3)上装满浸渍液(5.1.2)的烧杯(5.1.1.2)里,浸渍液的温度应为 23 ℃±2 ℃(或 27 ℃±2 ℃)。用细金属丝除去粘附在试样上的气泡。称量试样在浸渍液中的质量,精确到 0.1 mg。

如果在温度控制的环境中测试,整个仪器的温度,包括浸渍液的温度都应控制在 23 ℃±2 ℃(或 27 ℃±2 ℃)范围内。

5.1.4.3 如果浸渍液不是水,浸渍液的密度需要用下列方法进行测定:称量空比重瓶(5.1.1.7)质量,然后,在温度 23 ℃±0.5 ℃(或 27 ℃±0.5 ℃)下,充满新鲜蒸馏水或去离子水后再称量。将比重瓶倒空并清洗干燥后,同样在 23 ℃±0.5 ℃(或 27 ℃±0.5 ℃)温度下充满浸渍液并称量。用液浴(5.1.1.8)来调节水或浸渍液以达到合适的温度。

按式(1)计算 23 ℃或 27 ℃时浸渍液的密度:

$$\rho_{IL} = \frac{m_{IL}}{m_W} \times \rho_W \qquad \cdots\cdots (1)$$

式中:

ρ_{IL}——23 ℃或 27 ℃时浸渍液的密度,单位为克每立方厘米(g/cm³);

m_{IL}——浸渍液的质量,单位为克(g);

m_W——水的质量,单位为克(g);

ρ_W——23 ℃或 27 ℃时水的密度,单位为克每立方厘米(g/cm³)。

5.1.4.4 按式(2)计算 23 ℃或 27 ℃时试样的密度:

$$\rho_S = \frac{m_{S,A} \times \rho_{IL}}{m_{S,A} - m_{S,IL}} \qquad \cdots\cdots (2)$$

式中:

ρ_S——23 ℃或 27 ℃时试样的密度,单位为克每立方厘米(g/cm³);

$m_{S,A}$——试样在空气中的质量,单位为克(g);

$m_{S,IL}$——试样在浸渍液中的表观质量,单位为克(g);

ρ_{IL}——23 ℃或 27 ℃时浸渍液的密度,单位为克每立方厘米(g/cm³),可由供货商提供或由 5.1.4.3 计算得出。

对于密度小于浸渍液密度的试样,除下述操作外,其他步骤与上述方法完全相同。

在浸渍期间,用重锤挂在细金属丝上,随试样一起沉在液面下。在浸渍时,重锤可以看作是悬挂金属丝的一部分。在这种情况下,浸渍液对重锤产生的向上的浮力是可以允许的。试样的密度用式(3)来计算:

$$\rho_S = \frac{m_{S,A} \times \rho_{IL}}{m_{S,A} + m_{K,IL} - m_{S+K,IL}} \qquad \cdots\cdots (3)$$

式中:

ρ_S——23 ℃或 27 ℃时试样的密度,单位为克每立方厘米(g/cm³);

$m_{K,IL}$——重锤在浸渍液中的表观质量,单位为克(g);

$m_{S+K,IL}$——试样加重锤在浸渍液中的表观质量,单位为克(g)。

5.1.4.5 对于每个试样的密度,至少进行三次测定,取平均值作为试验结果,结果保留到小数点后第三位。

5.2 B法:液体比重瓶法

5.2.1 仪器

5.2.1.1 天平,精确到 0.1 mg。

5.2.1.2 固定支架(5.1.1.3)。

5.2.1.3 比重瓶(5.1.1.7)。

5.2.1.4 液浴(5.1.1.8)。

5.2.1.5 干燥器,与真空体系相连。

5.2.2 浸渍液(5.1.2)

5.2.3 试样

试样应为接收状态的粉料、颗粒或片状材料,试样的质量应在 1 g～5 g 的范围内。

5.2.4 测试步骤

5.2.4.1 称量干燥过的空比重瓶(5.2.1.3),在比重瓶中装上适量的试样,并称重。用浸渍液(5.2.2)浸过试样并将比重瓶放在干燥器(5.2.1.5)中,抽真空将其中的空气赶出。中止抽真空,然后将比重瓶装满浸渍液,将其放入23 ℃±0.5 ℃(或27 ℃±0.5 ℃)恒温液浴(5.2.1.4)中恒温,然后将浸渍液准确充满至比重瓶容量所能容纳的极限处。

将比重瓶擦干,称量盛有试样和浸渍液的比重瓶。

5.2.4.2 将比重瓶倒空清洁后烘干,装入煮沸过的蒸馏水或去离子水,再用上述方法排除空气,在测试温度下称量比重瓶和内容物的质量。

5.2.4.3 如果浸渍液不是水,还应按5.1.4.3计算浸渍液的密度。

5.2.4.4 试样在 23 ℃或 27 ℃时的密度按式(4)计算:

$$\rho_S = \frac{m_S \times \rho_{IL}}{m_1 - m_2} \quad\quad\quad\quad\quad\quad\quad\quad\quad (4)$$

式中:

ρ_S——23 ℃或 27 ℃时试样的密度,单位为克每立方厘米(g/cm³);

m_S——试样的表观质量,单位为克(g);

m_1——充满空比重瓶所需液体的表观质量,单位为克(g);

m_2——充满容有试样的比重瓶所需液体的表观质量,单位为克(g);

ρ_{IL}——由供货商提供的或按 5.1.4.3 计算得到的在 23 ℃或 27 ℃时的浸渍液密度,单位为克每立方厘米(g/cm³)。

5.2.4.5 每个样品至少应测三个试样,计算三次测试的平均值,结果保留到小数点后第三位。

5.3 C 法:滴定法

5.3.1 仪器

5.3.1.1 液浴(5.1.1.8)。

5.3.1.2 玻璃量筒,容量为 250 mL。

5.3.1.3 温度计,分度值为 0.1 ℃,温度范围适合于测试所需温度。

5.3.1.4 容量瓶,容积为 100 mL。

5.3.1.5 平头玻璃搅拌棒。

5.3.1.6 滴定管,容量为 25 mL,分度值 0.1 mL,可以放置在液浴(5.3.1.1)中。

5.3.2 浸渍液

需要两种可互溶的不同密度的液体,其中一种液体的密度低于被测样品的密度,而另一种液体的密度高于被测样品的密度,附录 A 中给出了几种液体的密度作为参考。必要时,可用几毫升液体进行快速初预测。

在测试过程中,要求液体与试样接触对试样不产生影响。

5.3.3 试样

试样应是无气孔的具有合适形状的固体。

5.3.4 测试步骤

5.3.4.1 用容量瓶(5.3.1.4)准确称量 100 mL 较低密度的浸渍液(5.3.2),倒入干燥的 250 mL 的玻璃量筒(5.3.1.2)中,并将装浸渍液的量筒放入到液浴(5.3.1.1)中,恒温到 23 ℃±0.5 ℃(或 27 ℃±0.5 ℃)。

5.3.4.2 将试样放入到量筒中,试样应沉入底部,并不应有气泡。搅拌几次,量筒及量筒内的试样在恒温液浴中稳定。

注:建议保持温度计(5.3.1.3)始终在浸渍液中,测量期间检查达到热平衡的情况,特别是稀释热的散失情况。

5.3.4.3 当液体的温度达到 23 ℃±0.5 ℃(或 27 ℃±0.5 ℃)时,用滴定管(5.3.1.6)每次取一毫升重浸渍液加入到量筒中,每次加入后,用玻璃棒(5.3.1.5)竖直搅拌浸渍液,防止产生气泡。

每次加入重浸渍液并搅拌后,观察试样的现象,起初试样迅速沉底,当加入较多的重浸渍液后,样片下沉的速率逐渐减慢。这时,每次加入 0.1 mL 重浸渍液。同样每次加入后用玻璃棒竖直搅拌浸渍液,当最轻的试样在液体里悬浮,且能保持至少 1 min 不做上下运动时。记录加入的重浸渍液的总量,这时混合液的密度相当于被测试样密度的最低限。

继续滴加重浸渍液,每次加入后用玻璃棒竖直搅拌浸渍液,当最重的试样在混合液中某一水平也能稳定至少 1 min 时,记录所添加重浸渍液的总量,这时混合液的密度相当于被测试样密度的最高限。

对于每对液体(轻浸渍液和重浸渍液),建立加入重浸渍液的量与混合液体密度两者之间的函数关系曲线,曲线上每点所对应混合液体的密度可用比重瓶法来测定。

6 空气中浮力的校正

由于称量是在空气中进行,当测试结果的准确度在 0.2%～0.05%范围之间时,应校正所得到的"表观密度"值,以抵消空气浮力对试样和所用砝码产生的影响。

真实质量用式(5)计算:

$$m_T = m_{APP} \times \left(1 + \frac{\rho_{Air}}{\rho_S} - \frac{\rho_{Air}}{\rho_L}\right) \quad\quad\quad (5)$$

式中:

m_T——真实质量,单位为克(g);

m_{APP}——表观质量,单位为克(g);

ρ_{Air}——空气的密度,单位为克每立方厘米(g/cm³),23 ℃或 27 ℃时空气的密度是 0.001 2 g/cm³;

ρ_S——试样在 23 ℃或 27 ℃时的密度,单位为克每立方厘米(g/cm³);

ρ_L——所用重物的密度,单位为克每立方厘米(g/cm³)。

为了提高准确性,可以考虑空气的压力和温度对其密度的影响,如式(6):

$$\rho_{Air} = \frac{131}{(1 + 0.003\,67 \times t)} \times \frac{1}{P} \quad\quad\quad (6)$$

式中:

t——测试温度,单位为摄氏度(℃);

P——大气压,单位为帕(Pa)。

7 试验报告

试验报告应该包含以下信息和内容:

a) 注明引用 GB/T 1033 的本部分;

b) 试验样品的完整标识,包括试样的制备方法以及可能进行的预处理;

c) 所使用的测试方法(A、B 或 C);

d) 所使用的浸渍液;

e) 测试温度;

f) 试验结果,单次密度测试值以及密度算术平均值;

g) 关于是否进行浮力校正以及进行何种校正的陈述。

附　录　A

（资料性附录）

适用于方法 C 的液体体系

表 A.1 中给出了适用于本部分方法 C 的液体体系。

警告——以下某些化学品可能是有毒的。

表 A.1　方法 C 的液体体系

体　　系	密度范围/(g/cm³)
甲醇/苯甲醇	0.79～1.05
异丙醇/水	0.79～1.00
异丙醇/二甘醇	0.79～1.11
乙醇/水	0.79～1.00
甲苯/四氯化碳	0.87～1.60
水/溴化钠水溶液ª	1.00～1.41
水/硝酸钙水溶液	1.00～1.60
乙醇/氯化锌水溶液ᵇ	0.79～1.70
四氯化碳/1,3-二溴丙烷	1.60～1.99
1,3-二溴丙烷/溴化乙烯	1.99～2.18
溴化乙烯/溴仿	2.18～2.89
四氯化碳/溴仿	1.60～2.89
异丙醇/甲基乙二醇乙酸酯	0.79～1.00

ª 质量分数为 40% 的溴化钠溶液的密度为 1.41 g/cm³。

ᵇ 质量分数为 67% 的氯化锌溶液的密度为 1.70 g/cm³。

以下试剂也可用于制备不同的混合液体系：

	密度/(g/cm³)
正辛烷	0.70
二甲基甲酰胺	0.94
四氯乙烷	1.60
乙基碘	1.93
亚甲基碘	3.33

ICS 83.080.01
G 31

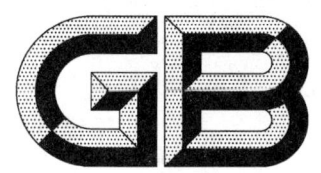

中华人民共和国国家标准

GB/T 1034—2008/ISO 62:2008
代替 GB/T 1034—1998

塑料 吸水性的测定

Plastics—Determination of water absorption

(ISO 62:2008,IDT)

2008-08-04 发布
2009-04-01 实施

中华人民共和国国家质量监督检验检疫总局
中国国家标准化管理委员会 发布

前　言

本标准等同采用 ISO 62:2008《塑料——吸水性的测定》(英文版)。

本标准等同翻译 ISO 62:2008。

本标准代替 GB/T 1034—1998《塑料吸水性试验方法》。

本标准与 GB/T 1034—1998 的主要差异为：

——增加了引言；

——样品的质量测量精度由 1 mg 改为 0.1 mg(第 4 章)；

——GB/T 1034—1998 中的测试方法 2 和 4 合并为本标准的方法 3；室温下的测试温度范围由为
23.0 ℃±0.5 ℃ 改为 23.0 ℃±1.0 ℃ 或 23.0 ℃±2.0 ℃，湿度条件由原来的 50% 改为
50%±5% 或 50%±10%(第 6 章)；

——在结果表示中增加了用费克(Fick)扩散定律测定的饱和吸水率和扩散系数(第 7 章)；

——增加了附录 A:验证试样的吸水性与费克(Fick)扩散定律的相关性；

——增加了附录 B:ISO 62:2008 附录 B 关于精密度的描述；

——增加了附录 C:本标准与 GB/T 1034—1998 试样的主要差异。

本标准的附录 A、附录 B 和附录 C 为资料性附录。

本标准由中国石油和化学工业协会提出。

本标准由全国塑料标准化技术委员会(SAC/TC 15)归口。

本标准负责起草单位:中国石化北京燕山分公司树脂应用研究所、广州合成材料研究院有限公司。

本标准参加起草单位:国家合成树脂质量监督检验中心、国家化学建筑材料测试中心(材料测试
部)、广州金发科技股份有限公司。

本标准主要起草人:曾纬丽、王浩江、李思钰、杨春梅、黄毅、石迎秋、李君、宋桂荣、刘畅、蔡彤旻。

本标准于 1970 年 10 月首次发布,1998 年 12 月第一次修订,本次为第二次修订。

引　言

　　塑料在水的作用下会发生以下几种现象：

　　a)　由于吸水引起尺寸改变(如膨胀)；

　　b)　水溶性物质溶出；

　　c)　材料其他性能的变化。

　　材料暴露于潮湿条件、浸入或暴露于沸水中,可发生明显不同的反应。当暴露于潮湿条件下平衡吸水量可用于比较不同种类塑料的吸水量。非平衡条件下的吸水量,可用于比较相同材料的不同批次；以及用规定尺寸的塑料试样暴露于潮湿环境中小心控制非平衡条件,也可测定材料的扩散常数。

塑料 吸水性的测定

1 范围

1.1 本标准规定了测定平板或曲面形状的固体塑料在厚度方向吸水性的方法。本标准也规定了当试样浸入水中或在一定的湿度条件下,测量规定塑料试样尺寸的吸水量。对单相材料假设通过试样厚度方向上具有恒定吸水性的费克扩散行为,那么可以测定通过厚度方向的水分扩散系数。该模型对均质材料和增强聚合物基料在玻璃化温度以下的试验是有效的。然而一些两相基料,如固化的环氧树脂可能要求多相吸收模型,不包含在本标准范围内。

1.2 材料的吸水性和(或)扩散系数适于比较塑料暴露于相同条件下的平衡吸水量。若在非湿度平衡条件下比较材料的性能,就不局限于单相费克扩散行为。

1.3 另一种情况是在一定时间内将规定尺寸的塑料试样浸泡于水中或规定的湿度下,该方法可用于相材料不同批次的比较,或给定材料的质量控制。所有试样尽可能相同,有相同的物理性质即表面光洁度、内应力等。然而在这些条件下试样达不到平衡吸水性,所以该试验不能用于比较不同种类塑料的吸水性。为了保证结果的可靠性,建议试验同时进行。

1.4 本标准得到的结果适用于大多数塑料,但不适用于具有吸水性和毛细管效应的泡沫塑料、颗粒或粉末。塑料暴露于潮湿条件一定时间,可用于塑料间的相互比较。测定扩散系数的试验不适用于所有塑料。方法 2 不适用于浸入沸水中后不能保持形状的塑料(见 6.4)。

2 规范性引用文件

下列文件中的条款通过本标准的引用成为本标准的条款。凡是注日期的引用文件,其随后所有的修改单(不包括勘误的内容)或修订版均不适用于本标准,然而,鼓励根据本标准达成协议的各方研究是否可使用这些文件的最新版本。凡是不注日期的引用文件,其最新版本适用于本标准。

GB/T 11547—2008 塑料 耐液体化学试剂性能的测定 (ISO 175:1999,IDT)

GB/T 17037.3—2003 塑料 热塑性塑料注塑试样的制备 第 3 部分:小方试片(ISO 294-3:1996,IDT)

ISO 2818:1994 塑料——用机械加工法制备试样

3 原理

将试样浸入 23 ℃蒸馏水中或沸水中,或置于相对湿度为 50%的空气中,在规定温度下放置一定时间,测定试样开始试验时与吸水后的质量差异,用质量差异对于初始质量的百分率表示。如有必要,可测定干燥除水后试样的失水量。

在某些应用中,需要使用相对湿度 70%~90%和 70 ℃~90 ℃的条件。相关方协商可使用比本标准推荐的更高温度和湿度。当使用不同于推荐的相对湿度和温度时,应在试验报告中详尽说明(包括相应的公差)。

4 仪器

4.1 天平

精度为±0.1 mg(见 6.1.3)。

4.2 烘箱

具有强制对流或真空系统,能控制在 50.0 ℃±2.0 ℃或其他商定温度的烘箱(见 6.1.2)。

4.3 容器

用以盛蒸馏水或同等纯度的水,装有能控制水温在规定温度的加热装置。

4.4 干燥器

装有干燥剂(如 P_2O_5)。

4.5 测定试样尺寸的量具

如需要,精度为±0.1 mm。

5 试样

5.1 概述

每一种材料最少用三个试样进行试验。试样可用模塑或机械加工方法制备。报告中应包含试样的制备方法。

注:表面效应影响该方法的结果。对一些材料,模塑试样和从片材切割制得的试样可能得到不同的结果。

当试样表面有影响吸水性的材料污染时,应使用对塑料及其吸水性无影响的清洁剂擦拭。污染程度的测试按 GB/T 11547—2008 进行。例如,在 GB/T 11547—2008 的表 1 中注"无"(外观无变化)。试样清洁后,在 23.0 ℃±2.0 ℃、相对湿度 50%±10%环境下干燥至少 2 h 再开始试验。处理样品时应戴干净的手套以防止污染试样。

清洁剂应不影响吸水性。测定平衡吸水量应按 6.3(方法 1)和 6.6(方法 4)进行,清洁剂的影响可忽略。

5.2 均质塑料方形试样

除非相关方有其他规定,方形试样的尺寸和公差应与 GB/T 17037.3—2003 相同,厚度为 1.0 mm±0.1 mm。可按照 GB/T 17037.3—2003 标准,用标准给出的适用于试验材料的条件模塑(或用材料使用者推荐的条件)。对于有些材料(如聚酰胺、聚碳酸酯和某些增强塑料),用 1 mm 厚试样不能给出有意义的结果。此外有些产品说明书在测定吸水性时要求使用更厚的试样。在这些情况下,可用2.05 mm±0.05 mm 厚的试样。如果使用的试样厚度不为 1 mm,试样厚度应在试验报告中说明。试样对于边角的半径没有要求。试样的边角应光滑、干净,以防止在试验中材料从边角损失。

一些材料具有模塑收缩性,如果这些材料的模塑试样尺寸在 GB/T 17037.3—2003 的下限,最后试样的尺寸可能超过本标准规定的公差,应在试验报告中说明。

5.3 各项异性的增强塑料试样

对于一些增强塑料,如碳纤维增强环氧树脂,用小试样时由增强材料引起的各向异性扩散效应会产生错误的结果。考虑到这种情况,试样应符合以下要求,并且试样的特殊尺寸和制备方法应在试验报告中说明。

    a) 标称方形板或曲面板应满足式(1):

$$w \leqslant 100d \quad\quad\quad\quad\quad\quad\quad\quad\quad\quad (1)$$

        式中:

        w——标称边长,单位为毫米(mm);

        d——标称厚度,单位为毫米(mm)。

    b) 为使试样边缘的吸水性最小,用不锈钢箔或铝箔粘在 100 mm×100 mm 方形板的边缘。当制备该试样时,由于铝箔和粘合剂质量的影响,粘合铝箔前后需小心称量样品。用吸水性差的粘合剂不会影响试验结果。

5.4 管材试样

除非其他标准另有规定,管材试样应具有如下尺寸:

    a) 内径小于或等于 76 mm 的管材,沿垂直于管材中心轴的平面从长管中切取长 25 mm±1 mm 的一段作为试样,可以用机械加工、锯或剪切作用切取没有裂缝的光滑边缘。

b) 内径大于 76 mm 的管材,沿垂直于管材中心轴的平面从长管中切取长 76 mm±1 mm(沿管的外表面测量)、宽 25 mm±1 mm 的一段作为试样,切取的边缘应光滑没有裂缝。

5.5 棒材试样

棒材试样应具有如下尺寸:

a) 对于直径小于或等于 26 mm 的棒材,沿垂直于棒材长轴方向切取长 25 mm±1 mm 的一段作为试样。棒材的直径为试样的直径。

b) 对于直径大于 26 mm 的棒材,沿垂直于棒材长轴方向切取长 13 mm±1 mm 的一段作为试样。棒材的直径为试样的直径。

5.6 取自成品、挤出物、薄片或层压片的试样

除非其他标准另有规定,从产品上切取一小片:

a) 满足方形试样要求,或;

b) 被测材料的长、宽为 61 mm±1 mm,一组试样有相同的形状(厚度和曲面)。

用于制备试样的加工条件需相关方协商一致。也应依照 ISO 2818:1994 并在试验报告中说明。

如果标称厚度大于 1.1 mm,如无特殊要求,仅在一面机械加工试样的厚度至 1.0 mm~1.1 mm。

当加工层压板的表面对吸水性影响较大,试验结果无效时,应按照试样的原始厚度和尺寸进行试验,并在试验报告中说明。

6 试验条件和步骤

6.1 概述

6.1.1 某些材料可能需要在称量瓶中称量。

6.1.2 经相关方协商可采用 6.3 到 6.6 中所述干燥方法以外的干燥方法。

6.1.3 当材料的吸水率大于或等于 1%时,样品需要精确称量至±1 mg,质量波动允许范围为±1 mg。

6.2 通用条件

6.2.1 试验前应小心干燥试样。如在 50 ℃,需要干燥 1 d~10 d,确切的时间依赖于试样厚度。

6.2.2 在浸水过程中为了避免水中的溶出物变得过浓,试样总表面积每平方厘米至少用 8 mL 蒸馏水,或每个试样至少用 300 mL 蒸馏水。

6.2.3 将每组三个试样放入单独的容器(4.3)内完全浸入水中或暴露在相对湿度 50%环境中(方法 4)。

组成相同的几个或几组试样在测试时,可以放入同一容器内并保证每个试样用水量不低于 300 mL。但试样之间或试样与容器之间不能有面接触。

注:建议使用不锈钢栅格,以确保每个试样之间的距离。

对于密度低于水的样品,样品应放在带有锚的不锈钢栅格内浸入水中。注意样品表面不要接触锚。

6.2.4 浸入水中的时间应按 6.3 和 6.4 规定。经相关方协商可采用更长时间。对此应采用下列措施:

a) 在 23 ℃ 水中试验时,每天至少搅动容器中的水一次。

b) 用沸水中试验时,应经常加入沸水以维持水量。

6.2.5 在称量时试样不应吸收或释放任何水,试样应从暴露环境取出(如需要,除去任何表面水)后立即称量,对于薄试样和高扩散系数的材料尤其应当小心。

6.2.6 1 mm 厚的试样和高扩散系数的材料第一次称量应在 2 h 和 6 h 之后。

6.3 方法 1:23 ℃ 水中吸水量的测定

将试样放入 50.0 ℃±2.0 ℃烘箱(4.2)内干燥至少 24 h(见 6.2.1),然后在干燥器(4.4)内冷却至室温,称量每个样品,精确至 0.1 mg(质量 m_1)。重复本步骤至试样的质量变化在±0.1 mg 内。

将试样放入盛有蒸馏水的容器(4.3)中,根据相关标准规定,水温控制在 23.0 ℃±1.0 ℃ 或 23.0 ℃±2.0 ℃。如无相关标准规定,公差为±1.0 ℃。

浸泡 24 h±1 h 后,取出试样,用清洁干布或滤纸迅速擦去试样表面所有的水,再次称量每个试样,

精确至 0.1 mg(质量 m_2)。试样从水中取出后,应在 1 min 内完成称量。

若要测量饱和吸水量,则需要再浸泡一定时间后重新称量。标准浸泡时间通常为 24 h,48 h,96 h,192 h 等。经过这其中每一段时间±1 h 后,从水中取出试样,擦去表面的水并在 1 min 内重新测量,精确至 0.1 mg(例如 $m_{2/24\ h}$)。

6.4 方法 2:沸水中吸水量的测定

将试样放入 50.0 ℃±2.0 ℃烘箱内(4.2)干燥 24 h(见 6.2.1),然后在干燥器内(4.4)冷却至室温,称量每个样品,精确至 0.1 mg(质量 m_1)。重复本步骤至试样的质量变化在±0.1 mg 内。

将试样完全浸入盛有沸腾蒸馏水的容器中(4.3)。浸泡 30 min±2 min 后,从沸水中取出试样,放入室温蒸馏水中冷却 15 min±1 min。取出后用清洁干布或滤纸擦去试样表面的水,再次称量每个试样,精确至 0.1 mg(质量 m_2)。如果试样厚度小于 1.5 mm,在称量过程中会损失能测出的少量吸水,最好在称量瓶中称量试样。

若要测量饱和吸水量,则需要每隔 30 min±2 min 重新浸泡和称量。在每个间隔后,试样都要如上所述从水中取出,在蒸馏水中冷却,擦干和称量。

重复浸泡和干燥后可能形成裂缝。如果是这样,在试验报告中注明首次发现裂缝的试验周期数。

6.5 方法 3:浸水过程中水溶物的测定

如果已知或怀疑材料中含有水溶物,则需要用材料在浸水试验中失去的水溶物对吸水性进行校正。根据 6.3 或 6.4 完成浸水后,就像用 6.3 和 6.4 的干燥步骤一样重复至试样的质量恒定(质量 m_3)。如果 $m_3 < m_2$,则需要考虑在浸水试验中水溶物的损失。对于这类材料,吸水性应该用在浸水过程中增加的质量与水溶物的质量和来计算。

6.6 方法 4:相对湿度 50%环境中吸水量的测定

将试样放入 50.0 ℃±2.0 ℃烘箱(4.2)内干燥 24 h(见 6.2.1),然后在干燥器(4.4)内冷却至室温,称量每个试样,精确至 0.1 mg(质量 m_1)。重复本步骤至样品的质量变化在±0.1 mg 内。

根据相关标准规定,将试样放入相对湿度为 50%±5%的容器或房间内,温度控制在 23.0 ℃±1.0 ℃或 23.0 ℃±2.0 ℃。如无相关标准规定,温度控制在 23.0 ℃±1.0 ℃。放置 24 h±1 h 后,称量每个试样,精确至 0.1 mg(质量 m_2),试样从相对湿度为 50%±5%的容器或房间中取出后,应在 1 min 内完成称量。

若要测量饱和吸水量要将试样再放回相对湿度 50%的环境中,按照方法 1(6.3)中给出的称量步骤和时间间隔进行。

7 结果表示

7.1 吸水质量分数

计算每个试样相对于初始质量的吸水质量分数,用式(2)或式(3)计算:

$$c = \frac{m_2 - m_1}{m_1} \times 100 \quad \cdots\cdots\cdots (2)$$

或

$$c = \frac{m_2 - m_3}{m_1} \times 100 \quad \cdots\cdots\cdots (3)$$

式中:

c——试样的吸水质量分数,数值以%表示;

m_2——浸泡后试样的质量,单位为毫克(mg);

m_1——浸泡前干燥后试样的质量,单位为毫克(mg);

m_3——浸泡和最终干燥后试样的质量,单位为毫克(mg)。

试验结果以在相同暴露条件下得到的三个结果的算术平均值表示。

在某些情况下,需要用相对于最终干燥后试样的质量表示吸水百分率,用式(4)计算:

$$c = \frac{m_2 - m_3}{m_3} \times 100 \qquad \cdots\cdots\cdots\cdots\cdots\cdots\cdots\cdots\cdots\cdots (4)$$

7.2 费克(Fick)定律确定的饱和吸水量和水分扩散系数

当潮湿聚合物试验温度低于其玻璃化温度时,绝大多数聚合物的吸水性(由方法1、方法3和方法4测定)符合费克定律(见附录A),不依赖于时间和浓度的水分扩散系数可由下例所描述的方法计算。

在这种情况下,可通过在费克定律表中填入试验数据(不必等到质量恒定),得到饱和吸水率 c_s 和扩散系数 D,D 用平方毫米每秒(mm^2/s)表示。

按照方法1、方法2或方法3将试样浸入水中的饱和吸水量用 c_s 表示;按照方法4将试样暴露在相对湿度50%环境中的饱和吸水量用 c_s(50%)表示。曲线法可用于代替计算 D 值验证试样的费克扩散行为,例如用理论数据或商业软件得到的 log 曲线。为了验证聚合物的吸水性是否符合费克扩散行为,应采用更长时间达平衡浓度后 c_s 的试验数据。

附录A图A.1给出了薄片试样符合费克定律的示例。斜率0.5源于:

$$c \leqslant 0.51c_s \qquad \cdots\cdots\cdots\cdots\cdots\cdots\cdots\cdots\cdots\cdots (5)$$

或

$$c/c_s \leqslant 0.51 \qquad \cdots\cdots\cdots\cdots\cdots\cdots\cdots\cdots\cdots\cdots (6)$$

或

$$\frac{D\pi^2 t}{d^2} \leqslant 0.50 \qquad \cdots\cdots\cdots\cdots\cdots\cdots\cdots\cdots\cdots\cdots (7)$$

式中:

t——试样在水中的浸泡时间或湿润空气中的放置时间,单位为秒(s);

d——试样的厚度,单位为毫米(mm)。

若:

$$D\pi^2 t/d^2 \geqslant 5 \qquad \cdots\cdots\cdots\cdots\cdots\cdots\cdots\cdots\cdots\cdots (8)$$

得到:

$$c = c_s \qquad \cdots\cdots\cdots\cdots\cdots\cdots\cdots\cdots\cdots\cdots (9)$$

其他值在表1中列出。

表 1 由费克定律得到的薄片试样的理论无量纲值

$D\pi^2 t/d^2$	c/c_s
0	0
0.01	0.07
0.10	0.22
0.5	0.51
0.7	0.60
1.0	0.70
1.5	0.82
2.0	0.89
3.0	0.96
4.0	0.99
5.0	1.00

示例：

对于达到质量恒定的试验，将试验数据填入该表后，把试验浓度 $c_{70\%}$ 代入 $c/c_s = 0.7$，计算 c_s：

$$c_s = \frac{c_{70\%}}{0.7} \qquad\qquad\qquad\qquad (10)$$

式中 c_s 和 $c_{70\%}$ 用毫克/克或质量分数表示。

扩散系数 D 用试验时间 t_{70} 在 $c_{70\%}$ 计算，单位是平方毫米每秒（mm^2/s），计算如下：

$$\frac{D\pi^2 t_{70}}{d^2} = 1 \qquad\qquad\qquad\qquad (11)$$

或

$$D = \frac{d^2}{\pi^2 t_{70}} \qquad\qquad\qquad\qquad (12)$$

如果 t_{70} 单位是秒，π^2 约等于 10，试样的厚度为 1 mm，那么：

$$D \approx \frac{1}{10 t_{70}} \qquad\qquad\qquad\qquad (13)$$

注：1 mm 厚的塑料在 10^5 s（约 1 天）的 t_{70} 中，23 ℃时的典型值是 10^{-6} mm^2/s。在该厚度下用于计算和 D 的浸泡时间一般不超过一周。

8 精密度

由于未获得足够的实验室间的数据，本试验方法的精密度尚未知道。在获得这些实验室间数据后，下一个版本将增加精密度的说明。

注：本标准采用的 ISO 62:2008 精密度数据见附录 B。

9 试验报告

试验报告应包括以下内容：

a) 注明采用本标准；

b) 受试材料和产品完整的鉴别说明；

c) 所用试样的类型，制备方法，试样是否裁剪过，尺寸，原始质量，若有必要，可标出原始表面积和表面状况（如是否经机械加工）；

d) 试验方法（1、2、3 或 4）和浸泡时间；

e) 用第 7 章中给出的结果表示方法中的一种或几种方法计算吸水性；报告平均值和标准偏差（如按 7.1 和 7.2 计算，得出的吸水性是负值，应在试验报告中清楚地说明）；

f) 根据 7.2 计算在 23 ℃的饱和吸水率 c_s 或 $c_s(50\%)$；

g) 根据 7.2 计算在 23 ℃的扩散系数；

h) 任何可能影响结果的因素；

i) 试验日期。

附　录　A

（资料性附录）

验证试样的吸水性与费克（Fick）扩散定律的相关性

A.1　概述

在吸水率符合费克定律的情况下，由试验时间决定的吸水率可由扩散系数 D 和饱和吸水率 c_s 表示，见式（A.1）：

$$c(t) = c_s - c_s \frac{8}{\pi^2} \sum_{k=1}^{20} \frac{1}{(2k-1)^2} \exp\left[-\frac{(2k-1)^2 D\pi^2}{d^2} t\right] \quad \cdots\cdots\cdots\cdots\cdots\cdots （A.1）$$

式中：

k——$1,2,3,\cdots,20$；

d——试样的厚度。

注：通常认为用 20 个加数足够。

A.2　未达到质量恒定测定 D 和 c_s

假设符合费克定律，对于图 A.1 中横、纵坐标值较小时，$\lg(c(t)/c_s)$ 和 $\lg(D \cdot t)$ 具有的线性关系可视为真实的。包括表 1 中的理论值，在线性范围内扩散系数表示见式（A.2）：

$$\sqrt{D} \approx \frac{1}{c_s} \cdot \frac{d}{0.52\pi} \cdot \frac{c(t)}{\sqrt{t}} \quad \cdots\cdots\cdots\cdots\cdots\cdots\cdots\cdots （A.2）$$

式中：

c_s——饱和吸水率；

d——试样厚度；

t——暴露时间；

$c(t)$——在 t 时测得的吸水率。

用式（A.1）结合曲线法或计算工具可以估算出 c_s 的值[1]。

A.3　验证试样的吸水性与费克扩散定律的相关性

如果聚合物试样的吸水性与费克扩散行为较吻合，曲线 $c = f(t)$ 大约在 t_{70} 弯曲后（见图 A.1），增加浸泡时间至 t_{max}（t_{max} 为最长试验时间，且 $> t_{70}$），把试验数据代入方程（A.1）得到的 c_s 和 D 值没有明显的变化。t_{70} 时的 c_s 与 $t \to \infty$ 时的 c_s 之间的偏差小于 10%；同样，t_{70} 相对应的 D 值与 $t \to \infty$ 时的 D 值之间的偏差小于 20%。

---

1)　可能的方法是曲线法、数学工具和商业计算机程序。

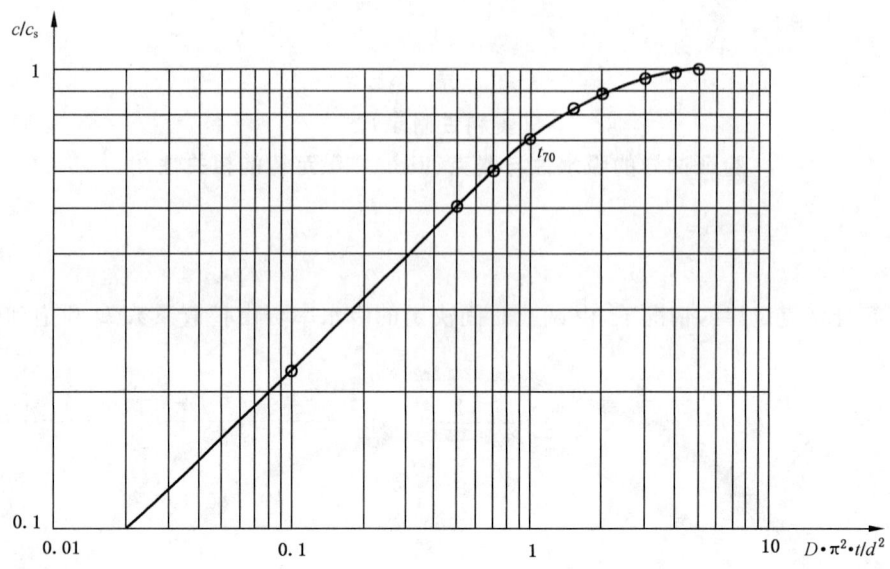

D——扩散系数；

t——浸泡时间；

d——试样厚度。

图 A.1　薄片试样的吸水性 c/c_s 与无量纲值 $D\pi^2 t/d^2$ 的关系

附 录 B

（资料性附录）

ISO 62:2008 附录 B 关于精密度的描述

B.1 循环试验（RRT 试验）

精密度试验是在 5 个国家 16 个试验室间进行的。试验样品为两种聚甲基丙烯酸甲酯（PMMA）［标准 PMMA 和抗冲击 PMMA（PMMA-IR）］和一种聚碳酸酯（PC），试样的尺寸是 60 mm×60 mm×1 mm 和 60 mm×60 mm×2 mm。所有的试样由同一试验室制备和分发。

B.2 试样的干燥

对于大多数材料而言，吸水性约 90% 时的试验时间为 t_{90}，t_{90} 的吸水量接近平衡吸水量，t_{90} 约为 t_{70} 的两倍。在 50 ℃时，试样的干燥时间通常为 1 d～10 d，具体的时间取决于试样的扩散系数和厚度。

RRT 试验中，对 1 mm 厚的 PC 试样，在 50 ℃下干燥了 1 d，或 23 ℃下干燥了 2 d 和 3 d。对 2 mm 厚的 PMMA 试样，在 50 ℃下干燥了 8 d 或 23 ℃下干燥了 30 d。任何情况下，试样应干燥至质量恒定（在±0.1 mg 内）。

B.3 23 ℃水中吸水量的测定（方法 1）

经过不同的浸泡时间测得吸水量。图 B.1 给出了一个实验室的试验数据。

11 个实验室三种不同材料吸水性的试验数据与附录 A 得到的 c_s 和 D 一致。表 B.1 和表 B.2 中分别给出了测得的平均值和标准偏差。s_R 表示实验室间的标准偏差，R 表示 95% 的再现性限。未得到实验室内的标准偏差（重复性）。

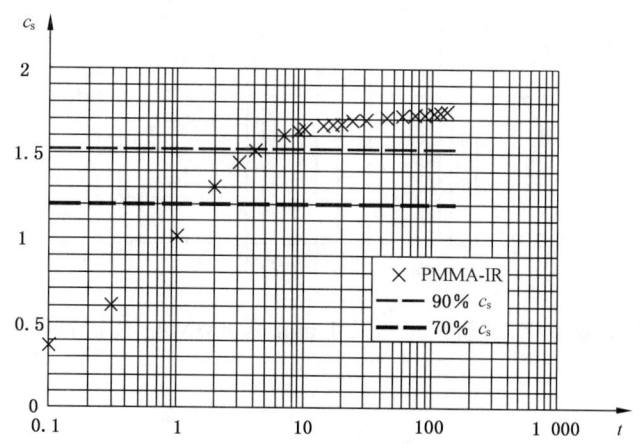

图 B.1 PMMA-IR 的吸水性试验结果

表 B.1 吸水性试验的 c_s 值

材 料	c_s/%	S_R	R
PMMA	1.87	0.06	0.17
PMMA-IR	1.67	0.05	0.13
PC	0.340	0.009	0.025

表 B.2　吸水性试验的 *D* 值

材　　料	$D/(mm^2/s \times 10^7)$	S_R	R
PMMA	5.2	1.0	2.7
PMMA-IR	7.7	0.6	1.6
PC	42	11	31

允许 c_s 的不确定度为 10%，D 的不确定度为 30%，7 d 后得到了可以接受的结果。尽管试验在 t_{90} 时未达到平衡，但通常在 t_{90} 后可终止试验。

对于具有高 D 值材料的(1 mm)薄试样，需要在第一个 24 h 内多次称量(如 2 h 后和 6 h 后)。

B.4　相对湿度 50% 环境中的吸水量的测定(方法 4)

相对湿度为 50% 下的标准 PMMA 的 c_s 为质量分数 0.5% 至 0.6%。c_s 值、试样达到平衡的暴露时间均与试样达到饱和状态的方式无关，无论从干燥至吸水饱和或从吸水饱和至干燥。

图 B.2 中给出了抗冲击 PMMA-IR 的试验数据。所有参加单位的 c_s 值均为质量分数 0.5%～0.6%，同样不考虑试样达到饱和状态的方式。

在 1 mm 厚 PC 试样的试验中，试样很快达到质量分数 0.15% 左右的饱和值，同样不考虑试样达到饱和状态的方式。t_{70} 只需要 5 h～8 h。

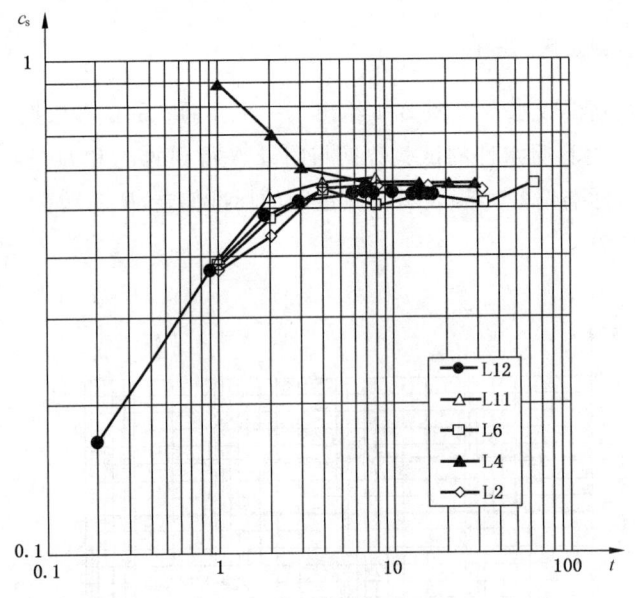

图 B.2　5 个实验室相对湿度 50% 下 1 mm 厚 PMMA-IR 试样吸水性试验结果

附　录　C
（资料性附录）

本标准与 GB/T 1034—1998 试样的主要差异

本标准与 GB/T 1034—1998 试样的主要差异见表 C.1。

表 C.1　本标准与 GB/T 1034—1998 试样的主要差异

试样来源	本　标　准	GB/T 1034—1998
模塑	长、宽 60 mm±2 mm，厚 1.0 mm±0.1 mm 或 2.0 mm±0.1 mm（GB/T 17037.3—2003）	直径 50 mm±1 mm，厚 3 mm±0.2 mm 的圆片
管材	直径≤76 mm 时，沿径向切取 25 mm±1 mm 长的一段； 直径＞76 mm 时，沿径向切取 76 mm±1 mm 长、25 mm±1 mm 宽的样片	外径≤50 mm 时，切取 50 mm±1 mm 长的一段；外径＞50 mm 时，先切取 50 mm±1 mm 长的一段，再沿管材中心轴的两个平面切割，使试样外表面的弧长为 50 mm±1 mm
棒材	直径≤26 mm 时，切取 25 mm±1 mm 长的一段； 直径＞26 mm 时，切取 13 mm±1 mm 长一段	直径≤50 mm 时，切取 50 mm±1 mm 长的一段； 外径＞50 mm 时，将直径同心加工到 50 mm±1 mm，再切取 50 mm±1 mm 长的一段
片或板材	切取长、宽为 61 mm±1 mm，厚度为 1.0 mm±0.1 mm	边长为 50 mm±1 mm 的正方形。厚度≤25 mm 时，试样厚度为板材厚度；厚度＞25 mm 时，在试样的一面加工，使试样厚度达 25 mm±1 mm
各项异性的增强塑料	边长≤100×厚度	未规定
成品、挤出物、薄片或层压片	满足方形试样要求，或被测材料的长、宽为 61 mm±1 mm，一组试样有相同的形状（厚度和曲面）	切取 50 mm±1 mm 长的一段；或经相关方协商加工型材，使其厚度尽可能接近 3 mm±0.2 mm

参 考 文 献

[1] CRANK, J. and PARK, G. S. ,Diffusion in Polymers,1968, Academic Press, London and New York.

[2] KLOPFER,H. ,Wassertransport durch Diffusion in Feststoffen,1974,Bau-Verlag ,Wiesbaden und Berlin.

[3] TAUTZ,H. ,Wärmeleitung und Temperaturausgleich,1971, Akademieverlag,Berlin.

[4] LEHMANN,J. ,Absorption of Water by PMMA and PC,KU Kunststoffe plast Europe, 2001,91:7.

ICS 83.080.01
G 31

中华人民共和国国家标准

GB/T 1040.1—2006/ISO 527-1:1993
代替 GB/T 1039—1992,GB/T 1040—1992

塑料 拉伸性能的测定
第 1 部分:总则

Plastics—Determination of tensile properties—

Part 1:General principles

(ISO 527-1:1993,IDT)

2006-08-24 发布   2007-01-01 实施

中华人民共和国国家质量监督检验检疫总局
中国国家标准化管理委员会   发 布

前　言

GB/T 1040《塑料　拉伸性能的测定》共分为五个部分：

——第 1 部分：总则；

——第 2 部分：模塑和挤塑塑料的试验条件；

——第 3 部分：薄膜和薄片的试验条件；

——第 4 部分：各向同性和正交各向异性纤维增强复合材料的试验条件；

——第 5 部分：单向纤维增强复合材料的试验条件。

本部分为 GB/T 1040 的第 1 部分，等同采用 ISO 527-1:1993《塑料——拉伸性能的测定——第 1 部分：总则》(英文版)。

本部分等同翻译 ISO 527-1:1993，在技术内容上完全相同。

为便于使用，本部分做了下列编辑性修改：

a)　把"本国际标准"一词改为"本标准"或"GB/T 1040"，把"ISO 527 的本部分"改成"GB/T 1040 的本部分"或"本部分"；

b)　删除了 ISO 527-1:1993 的前言；

c)　增加了国家标准的前言；

d)　把"规范性引用文件"一章所列的 3 个国际标准中的 2 个用对应的等同采用该文件的我国国家标准代替；

e)　将 ISO/TC 61/SC 2 于 1994 年发布的 1 号修改单内容并人文本中；

f)　把附录 A 中提到的 ISO/R 527 改为 GB/T 1040—1992。

本部分与其他四部分共同代替 GB/T 1039—1992《塑料力学性能试验方法总则》和 GB/T 1040—1992《塑料拉伸性能试验方法》。

本部分与 GB/T 1039—1992 及 GB/T 1040—1992 相比主要变化如下：

——更改了标准名称，增加了目次、前言；

——扩大了适用范围，增加了热致液晶聚合物；

——术语和定义内容进行了扩充和修改，如用"断裂拉伸应变"及"断裂标称应变"代替修订前的"断裂伸长率"；用"x%应变拉伸应力"代替修订前的"偏置屈服应力"等；

——试验速度为 1 mm/min 时的允差由±50%改为±20%；

——试样形状、尺寸及试样制备与修订前的变化见与受试材料有关的部分；

——增加了模量和泊松比的定义及计算式；

——增加了精密度一章；

——试验报告内容有所扩大；

——增加了附录 A"拉伸模量和有关值"。

本部分的附录 A 为资料性附录。

本部分由中国石油和化学工业协会提出。

本部分由全国塑料标准化技术委员会方法和产品分会(TC 15/SC 4)归口。

本部分负责起草单位：国家合成树脂质量监督检验中心、北京燕化石油化工股份有限公司树脂应用研究所、广州金发科技股份有限公司、四川省华拓实业发展股份有限公司。

本部分参加起草单位：国家石化有机原料合成树脂质量监督检验中心、国家化学建筑材料测试中心、国家塑料制品质量监督检验中心(北京)、国家塑料制品质量监督检验中心(福州)、锦西化工研究院、中昊晨光化工研究院、深圳新三思材料检测有限公司。

　　本部分主要起草人:施雅芳、王永明、李建军、戴厚益。

　　本部分所代替标准的历次版本发布情况为:

　　——GB/T 1039—1979、GB/T 1039—1992,GB/T 1040—1979、GB/T 1040—1992。

塑料 拉伸性能的测定
第 1 部分:总则

1 范围

1.1 GB/T 1040 的本部分规定了在规定条件下测定塑料和复合材料拉伸性能的一般原则,并规定了几种不同形状的试样以用于不同类型的材料,这些材料在本标准的其他部分予以详述。

1.2 本方法用于研究试样的拉伸性能及在规定条件下测定拉伸强度、拉伸模量和其他方面的拉伸应力/应变关系。

1.3 本方法适用于下列材料:

——硬质和半硬质热塑性模塑和挤塑材料,除未填充类型外还包括填充的和增强的混合料,硬质和半硬质热塑性片材和薄膜;

——硬质和半硬质热固性模塑材料,包括填充的和增强的复合材料,硬质和半硬质热固性板材,包括层压板;

——混入单向或无定向增强材料的纤维增强热固性和热塑性复合材料,这些增强材料如毡、织物、无捻粗纱、短切原丝、混杂纤维增强材料、无捻粗纱和碾碎纤维等;预浸渍材料制成的片材(预浸料坯);

——热致液晶聚合物。

本方法一般不适用于硬质泡沫材料或含有微孔材料的夹层结构材料。

1.4 本方法所用试样可以按所选尺寸模塑而成,也可以从模塑件、层压板、薄膜、挤塑或铸塑片材等成品或半成品中切削、冲切等机加工方法制成。在某些情况下可以使用多用途试样(见 ISO 3167:1993《塑料——多用途试样的制备和使用》)。

1.5 本方法规定了试样的优先选用尺寸。用不同尺寸或在不同条件下制备的试样进行试验,其结果不可比。其他因素,如试验速度和试样的状态调节,也能影响试验结果。因此,当需要进行数据比较时,必须严格控制并记录这些影响因素。

2 规范性引用文件

下列文件中的条款通过 GB/T 1040 的本部分的引用而成为本部分的条款。凡是注日期的引用文件,其随后所有的修改单(不包括勘误的内容)或修订版均不适用于本部分,然而,鼓励根据本部分达成协议的各方研究是否可使用这些文件的最新版本。凡是不注日期的引用文件,其最新版本适用于本部分。

GB/T 2918—1998 塑料 试样状态调节和试验的标准环境(idt ISO 291:1997)

GB/T 17200—1997 橡胶塑料拉力、压力、弯曲试验机 技术要求(idt ISO 5893:1993)

ISO 2602:1980 数据的统计处理和解释 均值的估计和置信区间

3 原理

沿试样纵向主轴恒速拉伸,直到断裂或应力(负荷)或应变(伸长)达到某一预定值,测量在这一过程中试样承受的负荷及其伸长。

4 术语和定义

下列术语和定义适用于 GB/T 1040 的本部分。

4.1

标距 gauge length

L_0

试样中间部分两标线之间的初始距离,见 GB/T 1040 有关部分中的试样图,以 mm 为单位。

4.2

试验速度 speed of testing

v

在试验过程中,试验机夹具分离速度,以 mm/min 为单位。

4.3

拉伸应力 tensile stress

σ

在任何给定时刻,在试样标距长度内,每单位原始横截面积上所受的拉伸负荷,以 MPa 为单位[见10.1 中的公式(3)]。

4.3.1

拉伸屈服应力,屈服应力 tensile stress at yield;yield stress

σ_y

出现应力不增加而应变增加时的最初应力,以 MPa 为单位,该应力值可能小于能达到的最大应力(见图 1 中的曲线 b 和曲线 c)。

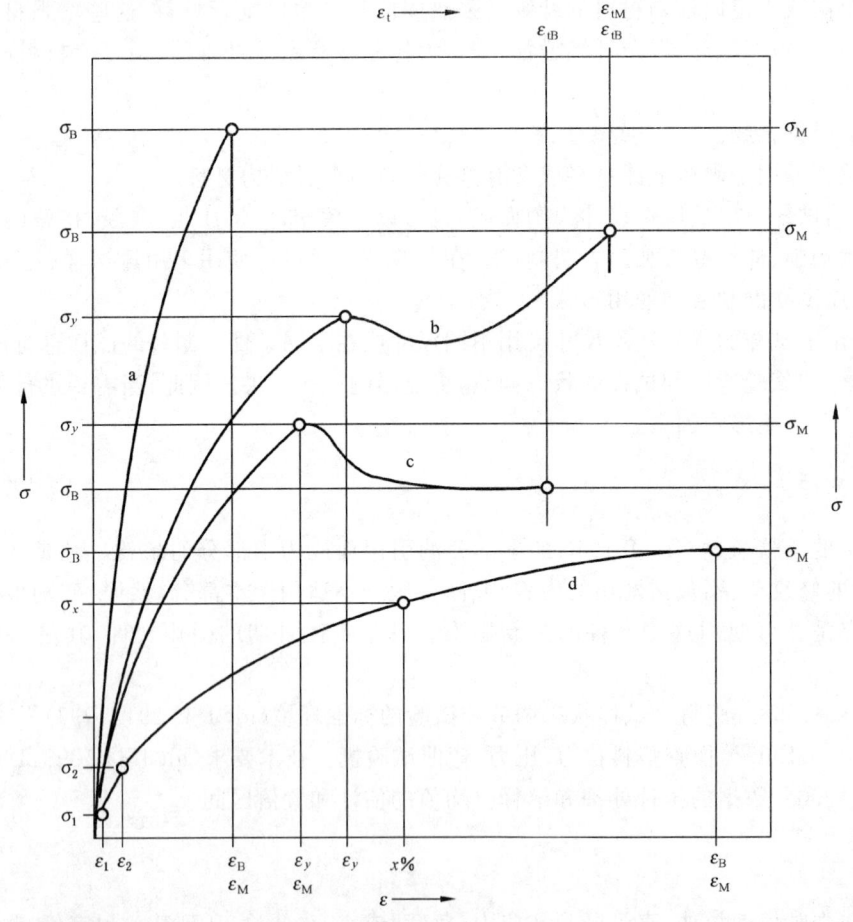

曲线 a　　　脆性材料
曲线 b 和 c　有屈服点的韧性材料
曲线 d　　　无屈服点的韧性材料
曲线 d 上($\varepsilon_1 = 0.000\,5$;$\varepsilon_2 = 0.002\,5$)仅表示:通过(σ_1,ε_1)和(σ_2,ε_2),按10.3 计算拉伸模量 E_t 时所用的两个点。

图 1　典型应力/应变曲线

4.3.2

拉伸断裂应力　tensile stress at break

σ_{B}

试样断裂时的拉伸应力(见图1),以MPa为单位。

4.3.3

拉伸强度　tensile strength

σ_{M}

在拉伸试验过程中,试样承受的最大拉伸应力(见图1),以MPa为单位。

4.3.4

$x\%$应变拉伸应力　tensile stress at $x\%$ strain

σ_x

在应变达到规定值($x\%$)时的应力,以MPa为单位。

可用于应力/应变曲线上无明显屈服点的情况(见图1中的曲线d)。在这种情况下,x应按有关产品标准规定或有关方面商定。但在任何情况下,x都应低于拉伸强度所对应的应变。

4.4

拉伸应变　tensile strain

ε

原始标距单位长度的增量,用无量纲的比值或百分数(%)表示[见10.2中的式(4)和式(5)]。

它适用于屈服点以前的应变,超过屈服点的应变见4.5。

4.4.1

屈服拉伸应变　tensile strain at yield

ε_{y}

在屈服应力时的拉伸应变(见4.3.1和图1中的曲线b和曲线c),用无量纲的比值或百分数(%)表示。

4.4.2

断裂拉伸应变　tensile strain at break

ε_{B}

试样未发生屈服而断裂时(见图1中的曲线a和曲线d),与断裂应力(见4.3.2)相对应的拉伸应变,用无量纲的比值或百分数(%)表示。

对屈服后的断裂,见4.5.1。

4.4.3

拉伸强度拉伸应变　tensile strain at tensile strength

ε_{M}

未出现屈服点(见图1中的曲线a和曲线d)或强度就在屈服点(见图1中的曲线c)时,与拉伸强度(见4.3.3)相对应的拉伸应变,用无量纲的比值或百分数(%)表示。

拉伸强度高于屈服应力的情况,见4.5.2。

4.5

拉伸标称应变　nominal tensile strain

ε_{t}

两夹具之间距离(夹具间距)单位原始长度的增量,用无量纲的比值或百分数(%)表示[见10.2,式(6)和式(7)]。

此方法可用于屈服点(见4.3.1)后的应变,屈服点前的应变见4.4。它表示沿试样自由长度上总的相对伸长率。

4.5.1

断裂标称应变 nominal tensile strain at break

ε_{tB}

试样在屈服后断裂时(见图 1 中的曲线 b 和曲线 c),与拉伸断裂应力(见 4.3.2)相对应的拉伸标称应变,用无量纲的比值或百分数(%)表示。

对于无屈服断裂,见 4.4.2。

4.5.2

拉伸强度标称应变 nominal tensile strain at tensile strength

ε_{tM}

拉伸强度出现在屈服之后时(见图 1 中的曲线 b),与拉伸强度相对应的拉伸标称应变,用无量纲的比值或百分数(%)表示。

无屈服,或拉伸强度出现在屈服点时,见 4.4.3。

4.6

拉伸弹性模量 modulus of elasticity in tension

E_t

应力 σ_2 与 σ_1 的差值与对应的应变 ε_2 与 ε_1 的差值($\varepsilon_2-\varepsilon_1$, $\varepsilon_2=0.0025$; $\varepsilon_1=0.0005$)的比值[见图 1 中的曲线 d 和 10.3 中的式(8)],以 MPa 为单位。

此定义不适用于薄膜和橡胶。

注:借助计算机,可以用这些监测点间曲线部分的线性回归代替用两个不同的应力/应变点来测量模量 E_t。

4.7

泊松比 Poisson's ratio

μ

在纵向应变对法向应变关系曲线的起始线性部分内,垂直于拉伸方向上的两坐标轴之一的拉伸应变 ε_n 与拉伸方向上的应变 ε 之比的负值,用无量纲的比值表示。

按照相应的轴向,泊松比可用 μ_b(宽度方向)或 μ_h(厚度方向)来标识。

泊松比优先用于长纤维增强材料。

5 设备

5.1 试验机

5.1.1 概述

试验机应符合 GB/T 17200 和本部分 5.1.2~5.1.5 的规定。

5.1.2 试验速度

试验机应能达到表 1 所规定的试验速度(见 4.2)。

表 1 推荐的试验速度

速度/(mm/min)	允差/%
1	±20[a]
2	±20[a]
5	±20
10	±20
20	±10

表 1（续）

速度/ (mm/min)	允差/ %
50	±10
100	±10
200	±10
500	±10
a 这些允差均小于 GB/T 17200 所标明的允差。	

5.1.3 夹具

用于夹持试样的夹具与试验机相连,使试样的长轴与通过夹具中心线的拉力方向重合,例如可通过夹具上的对中销来达到。应尽可能防止被夹持试样相对于夹具滑动,最好使用这种类型夹具:当加到试样上的拉力增加时,能保持或增加对试样的夹持力,且不会在夹具处引起试样过早破坏。

5.1.4 负荷指示装置

负荷指示装置应带有能显示试样所承受的总拉伸负荷的装置。该装置在规定的试验速度下应无惯性滞后,指示负荷的准确度至少为实际值的 1%,应注意之处列在 GB/T 17200 中。

5.1.5 引伸计

引伸计应符合 GB/T 17200 规定,应能测量试验过程中任何时刻试样标距的相对变化。该仪器最好(但不是必须)能自动记录这种变化,且在规定的试验速度下应基本上无惯性滞后,并能以相关值的 1%或更优精度测量标距的变化。这相当于在测量模量时,在 50 mm 标距基础上能准确至±1 μm。

当引伸计连接在试样上时,应小心操作以使试样产生的变形和损坏最小。引伸计和试样之间基本无滑动。

试样也可以装纵向应变规,其精度应为对应值的 1%或更优。用于测量模量时,相当于应变精度为 20×10^{-6}(20 微应变)。应变规表面处理和粘接剂的选择应以能显示被试材料的所有性能为宜。

5.2 测量试样宽度和厚度的仪器

5.2.1 硬质材料

应使用测微计或等效的仪器测量试样宽度和厚度,其读数精度为 0.02 mm 或更优。测量头的尺寸和形状应适合于被测量的试样,不应使试样承受压力而明显改变所测量的尺寸。

5.2.2 软材料

应使用读数精度为 0.02 mm 或更优的度盘式测微器来测量试样厚度,其压头应带有圆形平面,同时在测量时能施加(20±3) kPa 的压力。

6 试样

6.1 形状和尺寸

见 GB/T 1040 与受试材料有关的部分。

6.2 试样制备

见 GB/T 1040 与受试材料有关的部分。

6.3 标线

如果使用光学引伸计,特别是对于薄片和薄膜,应在试样上标出规定的标线,标线与试样的中点距离应大致相等,两标线间距离的测量精度应达到 1%或更优。

标线不能刻划、冲刻或压印在试样上,以免损坏受试材料,应采用对受试材料无影响的标线,而且所划的相互平行的每条标线要尽量窄。

6.4 试样的检查

试样应无扭曲,相邻的平面间应相互垂直。表面和边缘应无划痕、空洞、凹陷和毛刺。试样可与直尺、直角尺、平板比对,应用目测并用螺旋测微器检查是否符合这些要求。经检查发现试样有一项或几项不合要求时,应舍弃或在试验前机加工至合适的尺寸和形状。

6.5 各向异性

见 GB/T 1040 与受试材料有关的部分。

7 试样数量

7.1 每个受试方向和每项性能(拉伸模量、拉伸强度等)的试验,试样数量不少于 5 个。如果需要精密度更高的平均值,试样数量可多于 5 个,可用置信区间(95%概率,见 ISO 2602:1980)估算得出。

7.2 应废弃在肩部断裂或塑性变形扩展到整个肩宽的哑铃形试样并另取试样重新试验。

7.3 当试样在夹具内出现滑移或在距任一夹具 10 mm 以内断裂,或由于明显缺陷导致过早破坏时,由此试样得到的数据不应用来分析结果,应另取试样重新试验。

由于这些数据的变化是受试材料性能变化的函数,因此,无论数据怎样变化,不应随意舍弃数据。

注:如果多数的破坏出现在可接受破坏判据以外时,可用统计学分析得出数据。但一般认为最后的试验结果可能是过低的。在这种情况下,最好用哑铃形试样重复试验,以减少不可接受试验结果的可能性。

8 状态调节

应按有关材料标准规定对试样进行状态调节。缺少这方面的资料时,最好选择 GB/T 2918—1998 中适当的条件,除非有关方面另有商定。

9 试验步骤

9.1 试验环境

应在与试样状态调节相同环境下进行试验,除非有关方面另有商定,例如在高温或低温下试验。

9.2 试样尺寸

在每个试样中部距离标距每端 5 mm 以内测量宽度 b 和厚度 h。宽度 b 精确至 0.1 mm,厚度 h 精确至 0.02 mm。

记录每个试样宽度和厚度的最大值和最小值,并确保其在相应材料标准的允差范围内。

计算每个试样宽度和厚度的算术平均值,以便用于其他计算。

注1:对注塑试样,不必测量每个试样的尺寸。每批测量一个试样就足以确定所选试样类型的相应尺寸(见 GB/T 1040的有关部分)。使用多型腔模具时,应确保每腔的试样尺寸相同。

注2:从片材或薄膜上冲压出来的试样,可认为冲模中间平行部分的平均宽度与试样的对应宽度相等。在周期性的比对验证测量基础上,方可采用这种方法。

9.3 夹持

将试样放到夹具中,务必使试样的长轴线与试验机的轴线成一条直线。当使用夹具对中销时,为得到准确对中,应在紧固夹具前稍微绷紧试样(见 9.4),然后平稳而牢固地夹紧夹具,以防止试样滑移。

9.4 预应力

试样在试验前应处于基本不受力状态。但在薄膜试样对中时可能产生这种预应力,特别是较软材料由于夹持压力,也能引起这种预应力。

在测量模量时,试验初始应力 σ_0,不应超过下值,见式(1):

$$|\sigma_0| \leqslant 5 \times 10^{-4} E_t \qquad\qquad\qquad (1)$$

与此相对应的预应变应满足 $\varepsilon_0 \leqslant 0.05\%$。

当测量相关应力(如:$\sigma = \sigma_y$、σ_M 或 σ_B)时,应满足式(2):

$$\sigma_0 \leqslant 10^{-2}\sigma \quad \cdots\cdots\cdots\cdots\cdots\cdots(2)$$

9.5 引伸计的安装

平衡预应力后,将校准过的引伸计安装到试样的标距上并调正,或根据5.1.5所述,装上纵向应变规。如需要,测出初始距离(标距)。如要测定泊松比,则应在纵轴和横轴方向上同时安装两个伸长或应变测量装置。

用光学方法测量伸长时,应按6.3的规定在试样上标出测量标线。

测定拉伸标称应变 ε_t(见4.5)时,用夹具间移动距离表示试样自由长度的伸长。

9.6 试验速度

根据有关材料的相关标准确定试验速度,如果缺少这方面的资料,可与有关方面根据表1商定。

测定弹性模量、屈服点前的应力/应变性能及测定拉伸强度和最大伸长时,可能需要采用不同的速度。对于每种试验速度,应分别使用单独的试样。

测定弹性模量时,选择的试验速度应尽可能使应变速率接近每分钟1%标距。GB/T 1040与受试材料相关的部分给出了适用于不同类型试样的试验速度。

9.7 数据的记录

记录试验过程中试样承受的负荷及与之对应的标线间或夹具间距离的增量,此操作最好采用能得到完整应力/应变曲线的自动记录系统[见第10章式(3)、式(4)和式(5)]。

根据应力/应变曲线(见图1)或其他适当方法,测定第4章定义的全部有关应力和应变。

对于超出可接受破坏判据以外的诸种破坏,见7.2和7.3的要求。

10 结果计算和表示

10.1 应力计算

根据试样的原始横截面积按式(3)计算由4.3所定义的应力值:

$$\sigma = \frac{F}{A} \quad \cdots\cdots\cdots\cdots\cdots\cdots(3)$$

式中:

σ——拉伸应力,单位为兆帕(MPa);

F——所测的对应负荷,单位为牛(N);

A——试样原始横截面积,单位为平方毫米(mm²)。

10.2 应变计算

根据标距由式(4)或式(5)计算由4.4定义的应变值:

$$\varepsilon = \frac{\Delta L_0}{L_0} \quad \cdots\cdots\cdots\cdots\cdots\cdots(4)$$

$$\varepsilon(\%) = \frac{\Delta L_0}{L_0} \times 100 \quad \cdots\cdots\cdots\cdots\cdots\cdots(5)$$

式中:

ε——应变,用比值或百分数表示;

L_0——试样的标距,单位为毫米(mm);

ΔL_0——试样标记间长度的增量,单位为毫米(mm)。

应根据夹具间的初始距离由式(6)或式(7)来计算由4.5定义的拉伸标称应变值:

$$\varepsilon_t = \frac{\Delta L}{L} \quad \cdots\cdots\cdots\cdots\cdots\cdots(6)$$

$$\varepsilon_t(\%) = \frac{\Delta L}{L} \times 100 \quad \cdots\cdots\cdots\cdots\cdots\cdots(7)$$

GB/T 1040.1—2006/ISO 527-1:1993

式中：

ε_t——拉伸标称应变,用比值或百分数表示;

L——夹具间的初始距离,单位为毫米(mm);

ΔL——夹具间距离的增量,单位为毫米(mm)。

10.3 模量计算

根据两个规定的应变值按式(8)计算由4.6定义的拉伸弹性模量:

$$E_t = \frac{\sigma_2 - \sigma_1}{\varepsilon_2 - \varepsilon_1}$$ ·····················(8)

式中：

E_t——拉伸弹性模量,单位为兆帕(MPa);

σ_1——应变值 $\varepsilon_1 = 0.0005$ 时测量的应力,单位为兆帕(MPa);

σ_2——应变值 $\varepsilon_2 = 0.0025$ 时测量的应力,单位为兆帕(MPa)。

使用计算机测量时,见4.6注。

10.4 泊松比

根据两个相互垂直方向的应变值按式(9)计算4.7定义的泊松比:

$$\mu_n = -\frac{\varepsilon_n}{\varepsilon}$$ ·····················(9)

式中：

μ_n——泊松比,以法向 $n=b$(宽度)或 h(厚度)上的无量纲比值表示;

ε——纵向应变;

ε_n—$n=b$(宽度)或 h(厚度)时的法向应变。

10.5 统计分析参数

计算试验结果的算术平均值,如需要,可根据 ISO 2602:1980 的规定计算标准偏差和平均值95%的置信区间。

10.6 有效数字

应力和模量保留三位有效数字,应变和泊松比保留两位有效数字。

11 精密度

见 GB/T 1040 中与受试材料有关的部分。

12 试验报告

试验报告应包括以下内容:

a) 注明引用 GB/T 1040 的相关部分;

b) 受试材料的完整标识,包括类型、来源、制造厂代号和所知的历史;

c) 材料(不管其为成品、半成品、试板还是试样)的性能和形态,包括主要尺寸、形状、加工方法、层合顺序和预处理情况;

d) 试样类型及平行部分的宽度和厚度,包括平均值、最小值和最大值;

e) 试样制备及加工方法的详细情况;

f) 如果材料是成品或半成品,试样切割的方向;

g) 试样数量;

h) 状态调节和试验的标准环境,如果需要,根据有关材料或产品相关的标准所增加的特殊状态调节;

i) 试验机的精度等级(见 GB/T 17200);

j) 伸长或应变指示仪的类型；

k) 夹持装置类型和夹持压力,如果知道的话；

l) 试验速度；

m) 单个试验结果；

n) 试验结果的平均值,引用的受试材料指标值；

o) 标准偏差和/或变异系数及平均值的置信区间,如果需要；

p) 有否废弃和更换试样的说明及其原因；

q) 试验日期。

附　录　A

（资料性附录）

拉伸弹性模量和有关值

　　由于高聚物的黏弹性，其许多性能不但与温度有关，还与时间有关。就拉伸试验而言，即使在线性弹性范围内，也导致应力/应变曲线显示非线性（即向应变轴弯曲）。此影响在韧性材料中很明显。因此，取自韧性材料应力/应变曲线起始部分的正切弹性模量，经常在很大程度上取决于所使用的刻度。所以，使用这种传统方法（即应力/应变曲线起始点处切线法），不能给出这类材料的可靠模量值。

　　GB/T 1040 的本部分规定的测定拉伸模量方法，是建立在两个规定应变值，即 0.25% 和 0.05% 的基础上的（较低应变值不应取自零点处，以避免应力/应变曲线起始处可能存在的起始效应所引起的模量测量误差）。

　　对脆性材料来说，用新方法和传统方法都得出相同的模量值。但因为用新方法还能得到韧性材料的精确的、可重复的模量测量值。所以，本部分删去了起始正切模量的定义。

　　以上关于模量的说明与在 GB/T 1040—1992 中定义的"偏置屈服应力"类似，在该标准中，偏置屈服应力就是用应力/应变曲线对初始直线部分的偏离来定义的。因此本部分用规定的应变点（应变为 $x\%$ 时的应力 σ_x，见 4.3.4）来代替"偏置屈服应力"。因为这种"替代"屈服应力的说法只对韧性材料才有意义，所以，规定的应变值一般应在屈服应变附近选择。

ICS 83.080.01
G 31

中华人民共和国国家标准

GB/T 1040.2—2006/ISO 527-2:1993
代替 GB/T 1040—1992,GB/T 16421—1996

塑料 拉伸性能的测定

第 2 部分：模塑和挤塑塑料的试验条件

Plastics—Determination of tensile properties—

Part 2：Test conditions for moulding and extrusion plastics

(ISO 527-2:1993,IDT)

2006-09-01 发布　　　　　　　　　　2007-02-01 实施

中华人民共和国国家质量监督检验检疫总局
中国国家标准化管理委员会　　发布

前　　言

GB/T 1040《塑料　拉伸性能的测定》分为五个部分：

——第 1 部分：总则；

——第 2 部分：模塑和挤塑塑料的试验条件；

——第 3 部分：薄膜和薄片的试验条件；

——第 4 部分：各向同性和正交各向异性纤维增强复合材料的试验条件；

——第 5 部分：单向纤维增强复合材料的试验条件。

本部分为 GB/T 1040 的第 2 部分。

本部分等同采用 ISO 527-2：1993《塑料　拉伸性能的测定　第 2 部分：模塑和挤塑塑料的试验条件》（英文版）。

为了便于使用，本部分做了下列编辑性修改：

a) 把"本国际标准"一词改为"本标准"或"GB/T 1040"，把"ISO 527 的本部分"改成"GB/T 1040 的本部分"或"本部分"；

b) 删除了 ISO 527-2：1993 的前言；

c) 增加了国家标准本部分的前言；

d) 在 1.3 条后增加了注；

e) 把"规范性引用文件"一章所列的其中两个国际标准用对应等同采用该文件的我国国家标准代替；

f) 用我国的小数点"."代替国际标准中的小数点","。

本部分与其他部分一起共同代替 GB/T 1040—1992《塑料拉伸性能试验方法》，也代替了 GB/T 16421—1996《塑料拉伸性能小试样试验方法》。

本部分与 GB/T 1040—1992《塑料拉伸性能试验方法》相比，主要技术内容改变如下：

——更改了标准名称，增加了目次、前言；

——增加了原理、试样数量、状态调节、精密度等章并增加了附录 A；

——将"主题内容与适用范围"改为"范围"、将"引用标准"改为"规范性引用文件"'、将"术语"改为"定义"；

——扩大了适用范围；

——标准试样类型由原来的四种（Ⅰ、Ⅱ、Ⅲ、Ⅳ）改为 1A、1B 型两种；

——将 GB/T 16421—1996 中的小试样Ⅰ型（Ⅰ₁、Ⅰ₂）和Ⅱ型（Ⅱ₁、Ⅱ₂）作为规范性附录 A 纳入本部分，并把型号分别调整为 1BA、1BB、5A、5B，修订前后试样尺寸完全相同；

——试验报告包括的内容有所增加。

本部分的附录 A 为规范性附录。

本部分由中国石油和化学工业协会提出。

本部分由全国塑料标准化技术委员会方法和产品分会（TC 15/SC 4）归口。

本部分负责起草单位：国家合成树脂质量监督检验中心、北京燕化石油化工股份有限公司树脂应用研究所、广州金发科技股份有限公司、四川省华拓实业发展股份有限公司。

本部分参加起草单位：国家石化有机原料合成树脂质量监督检验中心、国家化学建筑材料测试中心、国家塑料制品质量监督检验中心（北京）、国家塑料制品质量监督检验中心（福州）、锦西化工研究院、中昊晨光化工研究院、深圳新三思材料检测有限公司。

本部分主要起草人:宋桂荣、王永明、李建军、戴厚益。

本部分所代替标准的历次版本发布情况为:

——GB/T 1040—1979、GB/T 1040—1992;

——GB/T 16421—1996。

塑料 拉伸性能的测定
第2部分:模塑和挤塑塑料的试验条件

1 范围

1.1 GB/T 1040 的本部分在第1部分基础上规定了用于测定模塑和挤塑塑料拉伸性能的试验条件。

1.2 本部分适用于下述范围的材料:

——硬质和半硬质的热塑性模塑、挤塑和铸塑材料,除未填充类型外还包括例如用短纤维、细棒、小薄片或细粒料填充和增强的复合材料,但不包括纺织纤维增强的复合材料;

——硬质和半硬质热固性模塑和铸塑材料,包括填充和增强的复合材料,但纺织纤维增强材料除外;

——热致液晶聚合物。

本部分不适用于纺织纤维增强的复合材料、硬质微孔材料或含有微孔材料夹层结构的材料。

1.3 本部分所用试样既可以模塑成规定尺寸,也可由注塑或压塑的制件或试片经机加工、切割或冲压而成。应优先选用多用途试样(见 ISO 3167:1993,塑料 多用途试样)。

注:ISO 3167:1993,已被 ISO 3167:2002 代替。

2 规范性引用文件

下列文件中的条款通过 GB/T 1040 的本部分的引用而成为本部分的条款。凡是注日期的引用文件,其随后所有的修改单(不包括勘误的内容)或修订版均不适用于本部分,然而,鼓励根据本部分达成协议的各方研究是否可使用这些文件的最新版本。凡是不注日期的引用文件,其最新版本适用于本部分。

GB/T 1040.1—2006 塑料 拉伸性能的测定 第1部分:总则(ISO 527-1:1993,IDT)

GB/T 17037.1—1997 热塑性塑料材料注塑试样的制备 第1部分:一般原理及多用途试样和长条试样的制备(idt ISO 294-1:1996)

ISO 37:1994 硫化橡胶或热塑性橡胶 拉伸应力应变性能测定

ISO 293:1986 热塑性塑料压塑试样的制备

ISO 295:1991 塑料 热固性材料压塑试样

ISO 2818:1994 塑料 用机加工法制备试样

3 原理

见 GB/T 1040.1—2006 中的第3章。

4 定义

GB/T 1040.1—2006 中确立的术语和定义适用于本部分。

5 设备

见 GB/T 1040.1—2006 中的第5章。

GB/T 1040.2—2006/ISO 527-2:1993

6 试样

6.1 形状和尺寸

只要可能,试样应为如图 1 所示的 1A 型和 1B 型的哑铃型试样,直接模塑的多用途试样选用 1A型,机加工试样选用 1B 型。

注:具有 4 mm 厚的 1A 型和 1B 型试样分别与 ISO 3167 规定的 A 型和 B 型多用途试样相同。

关于使用小试样时的规定,见附录 A。

单位为毫米

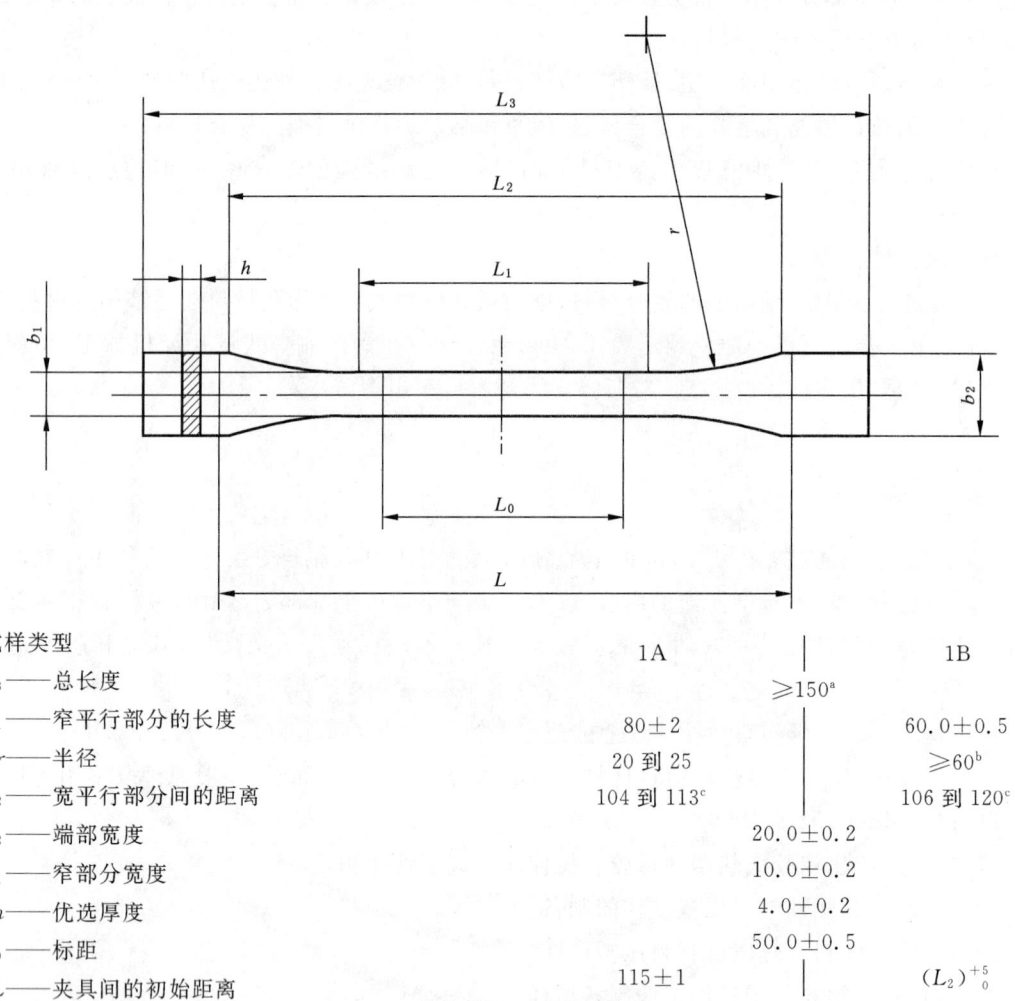

试样类型	1A		1B
L_3——总长度		≥150[a]	
L_1——窄平行部分的长度	80±2		60.0±0.5
r——半径	20 到 25		≥60[b]
L_2——宽平行部分间的距离	104 到 113[c]		106 到 120[c]
b_2——端部宽度		20.0±0.2	
b_1——窄部分宽度		10.0±0.2	
h——优选厚度		4.0±0.2	
L_0——标距		50.0±0.5	
L——夹具间的初始距离	115±1		$(L_2)^{+5}_{0}$

注:1A 型试样为优先使用的直接模塑的多用途试样,1B 型试样为机加工试样。

[a] 对有些材料柄端长度需要延长(如 $L_3=200$ mm),以防止在试验夹具内断裂或滑动。

[b] $r=[(L_2-L_1)^2+(b_2-b_1)^2]/4(b_2-b_1)$。

[c] 由 L_1、r、b_1 和 b_2 获得的结果应在规定的允差范围内。

图 1 1A 型和 1B 型试样

6.2 试样制备

应按照相关材料规范制备试样,当无规范或无其他规定时,应按 ISO 293:1986、GB/T 17037.1—1997、ISO 295:1991 以适宜的方法从材料直接压塑或注塑制备试样,或按照 ISO 2818:1994 由压塑或注塑板材经机加工制备试样。

试样所有表面应无可见裂痕、划痕或其他缺陷。如果模塑试样存在毛刺应去掉,注意不要损伤模塑表面。

578

由制件机加工制备试样时应取平面或曲率最小的区域。除非确实需要,对于增强塑料试样不宜使用机加工来减少厚度,表面经过机加工的试样与未经机加工的试样试验结果不能相互比较。

6.3 标线

见 GB/T 1040.1—2006 中的 6.3。

6.4 试样检查

见 GB/T 1040.1—2006 中的 6.4。

7 试样数量

见 GB/T 1040.1—2006 中的第 7 章。

8 状态调节

见 GB/T 1040.1—2006 中的第 8 章。

9 试验步骤

见 GB/T 1040.1—2006 中的第 9 章。

在测量弹性模量时,1A 型、1B 型试样(见图 1)的试验速度应为 1 mm/min。对于小试样见附录 A。

10 结果计算和表示

见 GB/T 1040.1—2006 中的第 10 章。

11 精密度

因为未得到实验室间试验数据,因此还不知本试验方法的精密度。当获得实验室间数据后,将在下次修订版本给出精密度说明。

12 试验报告

试验报告应包括以下内容:

a) 注明引用 GB/T 1040 的本部分,包括试样类型和试验速度,并按下列方式表示:

拉伸试验　　　　　　GB/T 1040.2/1A/50

试样类型————————————
(见图 1)

试验速度 mm/min————————
(见 GB/T 1040.1—2006 中的表 1)

对试验报告中的 b)～q)项,见 GB/T 1040.1—2006 第 12 章中的 b)～q)项。

附　录　A

（规范性附录）

小　试　样

　　如果由于某些原因不能使用 1 型标准试样时，可使用 1BA 型、1BB 型（见图 A.1），5A 或 5B 型（见图 A.2）试样。只要将试验速度调整到 GB/T 1040.1—2006 中的 5.1.2 表 1 给定的值，使小试样的标称应变速率最接近标准尺寸试样的应变速率。标称应变速率为试验速度（见 GB/T 1040.1—2006 中的 4.2）与夹具初始距离的商。当需要测量模量时，试验速度应为 1 mm/min。用小试样测量模量在技术上可能是困难的，因为标距长度小，试验时间短。由小试样获得的结果与用 1 型试样获得的结果不可比较。

单位为毫米

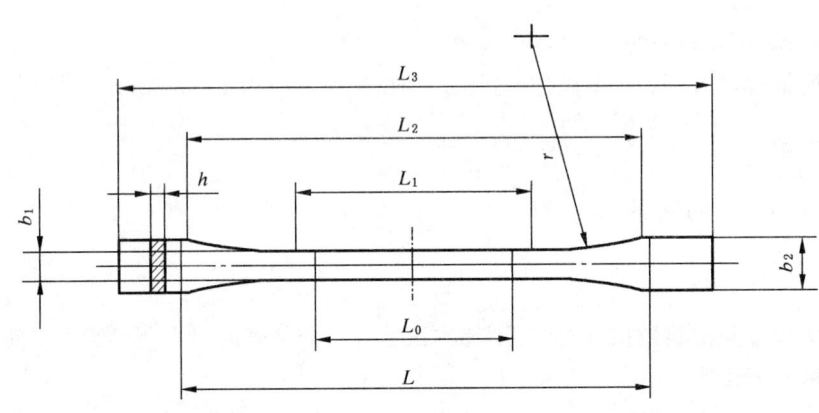

试样类型	1BA	1BB
L_3——总长度	≥75	≥30
L_1——窄平行部分的长度	30±0.5	12±0.5
r——半径	≥30	≥12
L_2——宽平行部分间的距离	58±2	23±2
b_2——端部宽度	10±0.5	4±0.2
b_1——窄部分宽度	5±0.5	2±0.2
h——厚度	≥2	≥2
L_0——标距	25±0.5	10±0.2
L——夹具间的初始距离	$(L_2)_0^{+2}$	$(L_2)_0^{+1}$

注：除厚度外，1BA 型和 1BB 型试样分别比照 1B 型试样按 1∶2 和 1∶5 比例系数缩小。

图 A.1　1BA 型和 1BB 型试验试样

单位为毫米

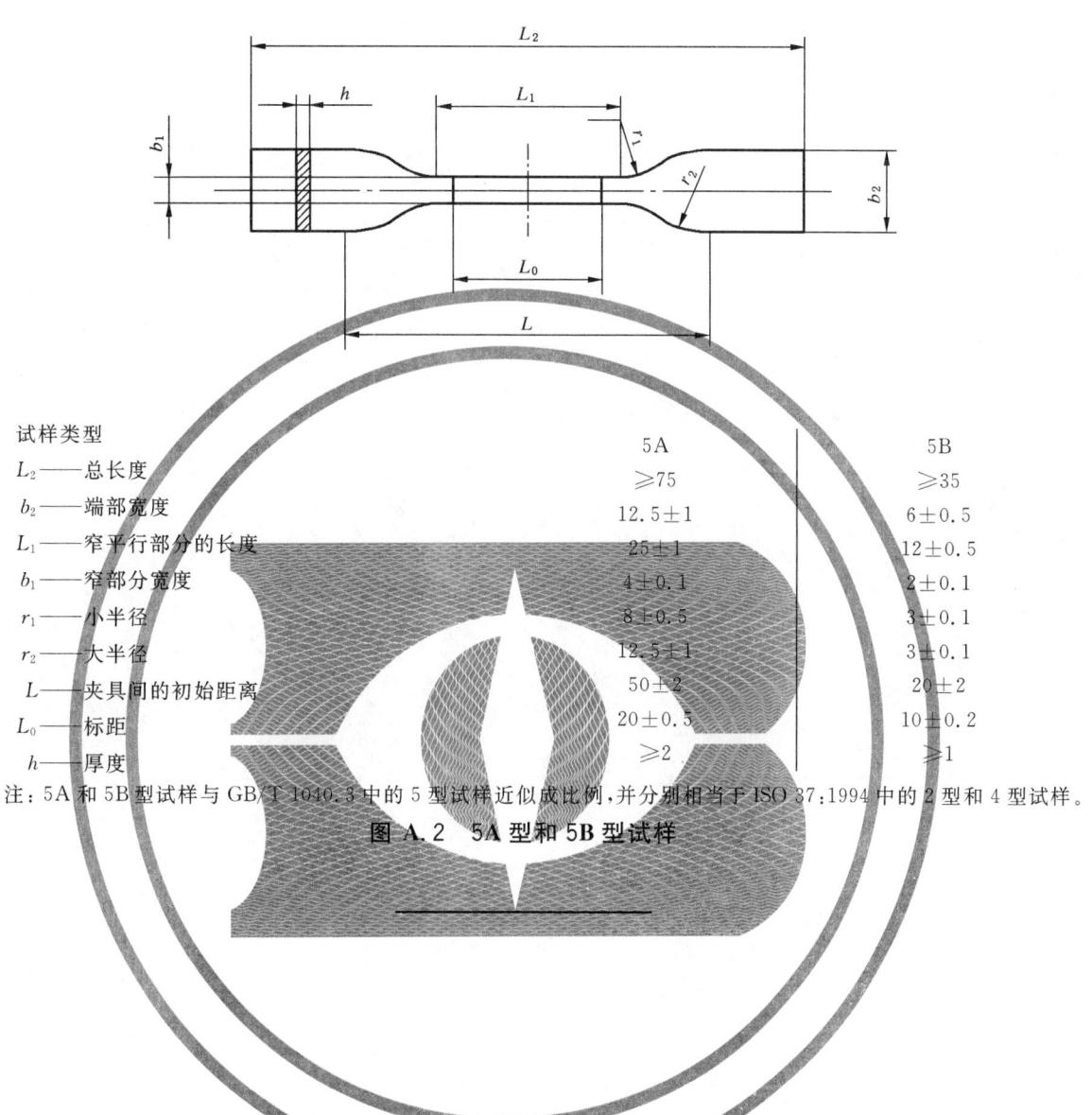

试样类型	5A	5B
L_2——总长度	≥75	≥35
b_2——端部宽度	12.5±1	6±0.5
L_1——窄平行部分的长度	25±1	12±0.5
b_1——窄部分宽度	4±0.1	2±0.1
r_1——小半径	8±0.5	3±0.1
r_2——大半径	12.5±1	3±0.1
L——夹具间的初始距离	50±2	20±2
L_0——标距	20±0.5	10±0.2
h——厚度	≥2	≥1

注：5A 和 5B 型试样与 GB/T 1040.3 中的 5 型试样近似成比例，并分别相当于 ISO 37:1994 中的 2 型和 4 型试样。

图 A.2　5A 型和 5B 型试样

ICS 83.080.01
G 31

中华人民共和国国家标准

GB/T 1041—2008/ISO 604:2002
代替 GB/T 1041—1992,GB/T 14694—1993

塑料 压缩性能的测定

Plastics—Detemination of compressive properties

（ISO 604:2002,IDT）

2008-09-04 发布　　　　　　　　　　2009-04-01 实施

中华人民共和国国家质量监督检验检疫总局
中国国家标准化管理委员会　发布

前　言

本标准等同采用国际标准 ISO 604:2002《塑料——压缩性能的测定》(英文版)。本标准在技术内容和编写方法上与 ISO 604:2002 完全一致,根据我国国情作了一些编辑性修改:

a) 删除了国际标准的前言;

b) 用"本标准"代替"本国际标准";

c) 对于 ISO 604:2002 引用的其他国际标准中有被等同采用为我国标准的,本标准用引用我国的这些国家标准代替对应的国际标准,其余未有等同采用为我国标准的国际标准,在本标准中均被直接引用。

本标准代替 GB/T 1041—1992《塑料压缩性能试验方法》(idt ISO 604:1973)和 GB/T 14694—1993《塑料压缩弹性模量的测定》,与 GB/T 1041—1992 和 GB/T 14694—1993 相比,主要技术差异如下:

——更改了标准名称,增加了目次、前言;

——扩大了适用范围;

——增加了规范性引用文件;

——增加了术语和定义并给出相应的符号;

——修订后标准试样尺寸与修订前标准试样尺寸不同;

——确定了模量测定的应变取值范围;

——对注描述的单位均编放入正文;

——增加了试验报告的内容。

本标准的附录 A 和附录 C 为规范性附录,附录 B 为资料性附录。

本标准由中国石油和化学工业协会提出。

本标准由全国塑料标准化技术委员会(SAC/TC 15)归口。

本标准负责起草单位:国家合成树脂质量监督检验中心、广州合成材料研究院有限公司。

本标准参加起草单位:北京燕山石化树脂所、中石化北化院国家化学建筑材料测试中心(材料测试部)、广州金发科技股份有限公司。

本标准主要起草人:黄正安、施雅芳、王浩江、陈宏愿、李建军、邢进。

本标准所代替标准的历次版本发布情况为:

——GB/T 1041—1970,GB/T 1041—1979,GB/T 1041—1992;

——GB/T 14694—1993。

塑料　压缩性能的测定

1　范围

本标准规定了在标准条件下测定塑料压缩性能的方法。规定了标准试样,但其长度可以调整,以防止其压缩翘曲而影响试验结果,以及试验速度的范围。

本标准用于研究试样的压缩行为并用来测定在标准条件下压缩应力-应变与压缩强度、压缩模量及其他特性的关系。

本标准适用于下述材料:

——硬质和半硬质热塑性模塑和挤塑材料,包括用短纤维、小条、小片或颗粒填充的增强复合材料以及未填充的复合材料或半硬质的热塑性片材;

——硬质或半硬质的热固性模塑材料,包括填充或增强的复合材料,硬质或半硬质的热固性片材;

——热致液晶聚合物。

按照ISO 10350-1:1998与GB/T 19467.2—2004,本标准适用于加工前纤维长度≤7.5 mm的纤维增强复合材料。

本标准一般不适用于纺织纤维增强的复合塑料和层压材料、硬质泡沫材料和含有泡沫材料或泡沫橡胶的夹层结构的材料。

本标准采用的试样可以是选定尺寸的模塑试样,也可以是用标准多用途试样中部机加工而成的试样(GB/T 11997—2008)或由如模塑、挤塑或铸塑成板材的成品或半成品上机加工而成。

本标准规定了优选的试样尺寸。用不同的试样或用不同条件下制备的试样所进行的试验,其结果是不可比较的。其他因素,如试验速度和状态调节情况,也能影响试验结果。因此,当需要对试验数据进行比较时,应严格地控制这些因素并把它们记录下来。

2　规范性引用文件

下列文件中的条款通过本标准的引用而成为本标准的条款。凡是注日期的引用文件,其随后所有的修改单(不包括勘误的内容)或修订版均不适用于本标准,然而,鼓励根据本标准达成协议的各方研究是否可使用这些文件的最新版本。凡是不注日期的引用文件,其最新版本适用于本标准。

GB/T 2918—1998　塑料试样状态调节和试验的标准环境(idt ISO 291:1997)

GB/T 5471—2008　塑料　热固性塑料试样的压塑(ISO 295:2004,IDT)

GB/T 9352—2008　塑料　热塑性塑料材料试样的压塑(ISO 293:2004,IDT)

GB/T 11997—2008　塑料　多用途试样(ISO 3167:2002,IDT)

GB/T 17037.1—1997　热塑性塑料材料注塑试样的制备　第1部分:一般原理及多用途试样和长条试样的制备 (idt ISO 294-1:1996)

GB/T 17200—1997　橡胶塑料拉力、压力、弯曲试验机技术要求(idt ISO 5893:1993)

GB/T 19467.2—2004　塑料　可比单点数据的获得和表示　第2部分:长纤维增强材料(ISO 10350-2:2001,IDT)

ISO 2602:1980　试验结果的统计分析——平均值的估算——置信区间

ISO 2818:1994　塑料——用机械加工方法制备试样

ISO 10350-1:1998　塑料——可比单点数据的采集和表示——第1部分:模塑材料

ISO 10724-1:1998　塑料——热固性粉状模塑料(PMCs)试样的注塑——第1部分:一般原理和多用途试样的模塑

3 术语和定义

下列术语和定义适用于本标准。

3.1

标距 gauge length

L_0

试样中间部分两个标线之间的初始距离,单位为毫米(mm)。

3.2

试验速度 test speed

v

在试验过程中,试验机的两压板相互接近的速率,单位为毫米每分钟(mm/min)。

3.3

压缩应力 compressive stress

σ

试样单位原始横截面积所承受的压缩负荷,单位为兆帕(MPa)。

> 注:压缩试验中,应力 σ 和应变 ε 是负值。但是通常把负号忽略。若产生混乱,例如比较拉伸和压缩性能,后者可加负号。对标称应变是不必要的。

3.3.1

屈服压缩应力 compressive stress at yield

σ_y

在应变(见 3.4)增加而第一次出现应力不增加时的应力(见图 1、曲线 a 和 3.3 的注),单位为兆帕(MPa)。

> 注:它可能低于能达到的最大应力。

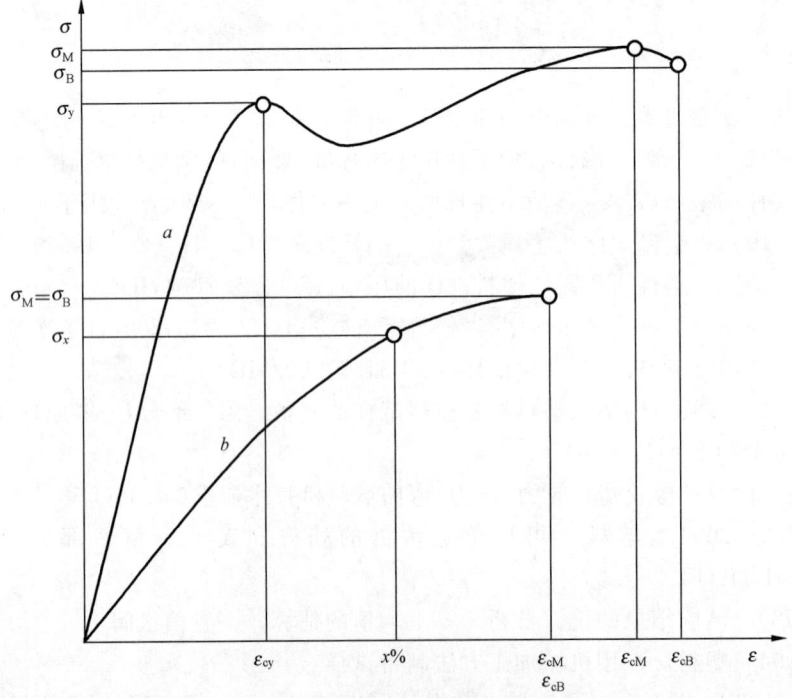

图 1 典型的应力-应变曲线

3.3.2

压缩强度 compressive strength

σ_M

在压缩试验中,试样所承受的最大应力(见图 1 和 3.3 的注),单位为兆帕(MPa)。

3.3.3

破坏时的压缩应力 compressive stress at break(rupture)

σ_B

在试样破裂时的压缩应力(见图 1 和 3.3 的注),单位为兆帕(MPa)。

3.3.4

$x\%$应变时的压缩应力 compressive stress at $x\%$ strain

σ_x

应变达到规定值 $x\%$ 时的应力(见 3.5),单位为兆帕(MPa)。

注:例如如果应力-应变曲线无屈服点(见图 1、曲线 b 和 3.3 的注),那么就测量在 $x\%$ 应变时的压缩应力。在这种情况下,x 必须低于压缩强度时的应变值。

3.4

压缩应变 compressive strain

ε

每单位原始标距 L_0 的长度的减少量[见 10.2,式(6)和 3.3 的注],为比值或百分数(%)。

3.5

标称压缩应变 nominal compressive strain

ε_c

试样每单位原始长度 L 的减少量[见 10.2,式(8)],为比值或百分数(%)。

3.5.1

标称压缩屈服应变 nominal compressive yield strain

ε_{cy}

屈服时压缩应力 σ_y(见 3.3.1)所对应的应变,为比值或百分数(%)。

3.5.2

压缩强度时的标称压缩应变 nominal compressive strain at compressive strength

ε_{cM}

对应压缩强度 σ_M(见 3.3.2)时的应变,为比值或百分数(%)。

3.5.3

破坏时的标称压缩应变 nominal compressive strain at break

ε_{cB}

试样破坏时的应变,为比值或百分数(%)。

3.6

压缩模量 compressive modulus

E_c

应力差$(\sigma_2-\sigma_1)$与对应的应变差$(\varepsilon_2-\varepsilon_1=0.0025-0.0005)$之比[见 10.3,式(9)],单位为兆帕(MPa)。

注1:压缩模量仅以压缩应变 ε(见 3.4)为基础进行计算。

注2:借助计算机用两个不同的应力-应变点测定模量 E_c,即把这两点间曲线经线性回归处理后来表示。

4 原理

沿着试样主轴方向,以恒定的速度压缩试样,直至试样发生破坏或达到某一负荷或试样长度的减少值达到预定值。测定试样在此过程的负荷。

5 设备

5.1 试验机

5.1.1 概述

试验机应符合 GB/T 17200—1997 的规定同时还应满足 5.1.2～5.1.5 的规定。

5.1.2 试验速度

试验机应能保持表 1 规定的试验速度。若采用其他速度,在速度低于 20 mm/min 时,试验机的速度公差应在±20％之内;而速度大于 20 mm/min 时,公差应在±10％之内。

表 1 推荐的试验速度

试验速度 v/(mm/min)	公差/%
1	±20
2	±20
5	±20
10	±20
20	±10[a]
a 该公差是小于 GB/T 17200—1997 指示的值。	

加速、设备和试验机的变形量都可能影响应力-应变曲线的起始区域,按 9.4 和 9.6 的说明可避免这种情况。

5.1.3 压缩器具

对试样施加变形负荷的两块硬化钢制压缩板应能对试样轴向加荷,与轴向偏差在 1∶1 000 之内,同时通过抛光的压板表面传递负荷,这些板面的平整度在 0.025 mm 以内,两板彼此平行且垂直于加荷轴。

注:需要时可使用自对中设备。

5.1.4 负荷指示器

负荷指示器应配有一种能指示试样承受总压缩力的装置,该装置在规定的试验速度下基本上无惯性滞后,所指示的总值精度应为示值的至少±1％以内。

注:使用商业化的圆形应变规系统可对由于不对中而可能产生的横向力进行补偿(见 9.3)。

5.1.5 应变仪

应变仪用于测定试样相应部分长度的变化。如果测定压缩应变 ε(优先研究),那么这个长度为标距;另外,对于标称压缩应变 ε_c,此长度即为压缩器具两个接触表面间的距离。最好能自动地记录此距离。

仪器在规定的试验速度下应该基本上无惯性滞后。为了测量模量要使用 A 型试样,其精度应为所用应变间距的至少±1％。作为压缩模量的测量,相当于 50 mm 标距的±1 μm 及 0.2％的应变间距。

当应变仪加配到试样上,避免给试样带来任何微小的变形或损伤,确保应变仪与试样之间也没有任何滑动。

试样也可配有纵向应变规,其精度应为所用应变间隔的至少 1％。对于模量的测量这相当于应变的精度为 2.0×10^{-5}。应选择所用的应变仪、试样制备方法及黏合剂不影响试验结果。

注:稍不对中及试样原有的翘曲可能会使试样相对面间产生的应变不同,其结果是在低应变下产生误差。在这种情况下,可测量试样两相对面的平均应变。但在试样每一面使用应变仪单独收集的数据时,会发现试样的翘曲和弯曲远快于两相对表面的平均应变。

5.2 测量试样尺寸的装置

5.2.1 硬质材料

用测微计或等效的仪器测量试样厚度、宽度和长度,精确至 0.01 mm。

试样测量台的尺寸和形状应适宜,同时所受力不能改变试样的尺寸。

5.2.2 半硬质材料

用带有能对试样施加(20±3)kPa 压力的平面圆形压脚测微计或等效的仪器测量试样厚度,精确至 0.01 mm。

6 试样

6.1 形状和尺寸

6.1.1 概述

试样应为棱柱、圆柱或管状。试样的尺寸应满足下面的不等式(1)(也可见附录 B):

$$\varepsilon_c{}^* \leqslant 0.4\frac{x^2}{l^2} \qquad \cdots\cdots\cdots\cdots\cdots\cdots\cdots\cdots(1)$$

式中:

$\varepsilon_c{}^*$——试验时发生的最大压缩标称应变,以比值表示;

x——取决于试样的形状,圆柱的直径、管的外径或棱柱的厚度(横截面积的最小侧);

l——平行于压缩力轴测量试样厚度。

注1:为了测量 3.6 中定义的压缩模量 E,推荐的比值 $x/l > 0.08$。

注2:通常进行压缩试验时,推荐的比值 $x/l > 0.4$,这相应于约 6% 的最大压缩应变。

式(1)是基于被试材料的应力-应变行为是线性的而得出。随着材料韧性和压缩应变的增加应选择 $\varepsilon_c{}^*$ 值高于最大应变的 2~3 倍。

6.1.2 优选试样

表2给出优选试样的尺寸。

试样优选由多用途试样(见 GB/T 11997—2008)切取。

不够或受试产品几何形状的制约而不能使用优选试样时,可利用附录 A 中介绍的两种小试样。

表 2 优选类型和试样尺寸

单位为毫米

类型	测量	长度 l	宽度 b	厚度 h
A	模量	50±2	10±0.2	4±0.2
B	强度	10±0.2		

6.2 制备

6.2.1 模塑和挤塑料

应该按照相关材料标准制备试样。有关各方另有协定外,试样应按 GB/T 9352—2008、GB/T 17037.1—1997、GB/T 5471—2008 或 ISO 10724-1:1998 材料直接模塑或直接注塑。

6.2.2 片材

试样应按 ISO 2818:1994 规定的方法由片材机加工而成。

6.2.3 机加工

所有的机加工操作应仔细地进行,以产生光滑的表面。特别要注意机加工使试样的端面平整光滑、边缘锐利清晰,端面垂直于试样的纵轴,其垂直度在 0.025 mm 以内。

试样的最终表面推荐使用车床或铣床加工。

6.2.4 标线

如果使用光学应变仪,则在试样上加上规定长度的两条标线。这些标线距试样中央的距离应近似相等,并且应该使用准确度至少为 1% 的仪器测量两标线之间的距离。

不能在试样上刻划、冲切或压印标线而导致试样损坏。应保证标线的媒质不对被试材料带来有害的影响,并保证两条平行的标线应尽可能窄细。

6.3 试样

试样应无翘曲,表面和边缘无划伤、麻点、缩痕、飞边或其他会影响结果的可见缺陷。朝向压板的两个表面应平行并与纵轴成直角。

借助直尺、规尺和平板,用目视检查试样是否符合这些要求,并用螺旋测微计进行测量。

试验前,应剔除测量或观察到一个或多个不符合上述要求的试样,或将其加工到合适的尺寸和形状。

注:注塑试样通常有1°和2°间的斜切角以便容易脱模,所以模塑试样的侧边一般不平行。

6.4 各向异性材料

6.4.1 对各向异性材料进行试验时,压缩力应施加到这些产品(模制品、板材、管材等等)使用时的(若知道的话)相同或类似的方向上。

6.4.2 优选试样可以确定试样尺寸和产品尺寸之间的关系,如果不使用优选试样,根据产品尺寸确定试样尺寸,不同于6.1选择的试样尺寸。试样的取向和尺寸有时对试验结果有着非常大的影响,所以应注明取向。

6.4.3 当材料在两个主要方向上显示的压缩性能有重大差别时,则应在这两个方向上进行试验。如果该材料在预定用途中不在任一主方向上而在某个特定的方向上承受压缩力,那么,在该方向上进行试验。应记录试样相对主方向的取向。

7 试样的数目

7.1 对于各向同性的材料,每一样品至少试验5个试样。

7.2 对于各向异性的材料,每一样品至少试验10个试样。其中5个与各向异性的主轴垂直,另外5个与之平行。

7.3 如果试样在某个明显的缺陷处破坏,则应废弃,并更换试样进行试验。

8 试样的状态调节

试样应按照该材料的国家标准的要求进行状态调节。当没有这种要求时,除非有关各方另有商定,应按照 GB/T 2918—1998 规定的最适合的条件进行。

优选条件为 23/50。如果已知材料的压缩性能对湿度不敏感,可不控制湿度。

9 试验步骤

9.1 试验环境

应选择 GB/T 2918—1998 规定的标准环境之一进行试验,最好与状态调节使用的环境相同。

9.2 试样尺寸的测量

沿着试样的长度测量其宽度、厚度和直径三点,并计算横截面积的平均值。测量每个试样的长度应准确至 1%。

9.3 装样

把试样放在两压板之间,使试样中心线与两压板中心连线一致,应保证试样的两个端面与压板平行。调整试验机使试样端面刚好与压板接触。

在压缩过程中,试样端面可能沿着压板滑动,其滑动的变化程度取决于试样与压板的表面结构。这将导致不同程度的桶形变形,影响所测的结果。材料的硬度越小,这种影响越明显。

更精确的测量,建议在试样各端面用适当的润滑剂以促进滑动;或者在试样和压板之间垫上细砂纸,以阻止滑动。无论采用何种方法,都应在试验报告中注明。

9.4 预负荷

试验前试样基本上不应加负荷,但是为避免应力-应变曲线起始部分出现弯曲区域,这样的负荷是必须的。测量模量时,开始试验的压缩应力 σ_0(见图2)应在下述范围内:

$$0 \leqslant \sigma_0 \leqslant 5 \times 10^{-4} E_c \quad \cdots\cdots\cdots\cdots\cdots\cdots\cdots(\, 2 \,)$$

相应的预应变 $\varepsilon_{c0} \leqslant 0.05\%$。而当测量诸如 σ_M 的特性时,其应处在下式的范围内:

$$0 \leqslant \sigma_0 \leqslant 10^2 \sigma_M \quad \cdots\cdots\cdots\cdots\cdots\cdots\cdots(\, 3 \,)$$

注:高度黏弹、韧性材料,如聚乙烯、聚丙烯或吸潮的聚酰胺的压缩模量明显地受预应力的影响。

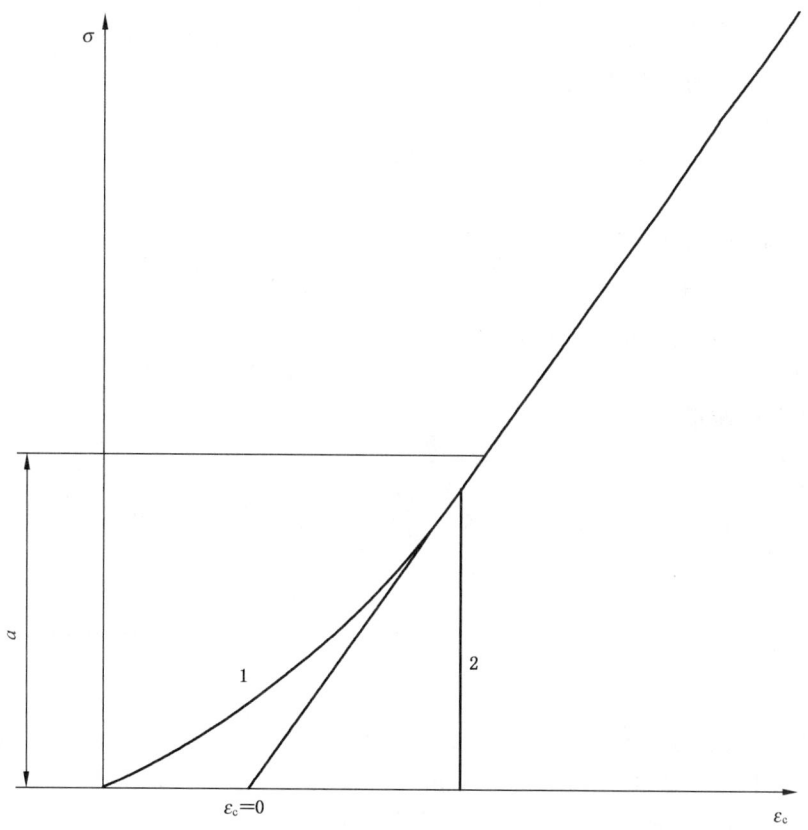

1——应力-应变曲线起始部分示出的弯曲区域。

2——由于只能在高于启动范围才能进行力的测量,应力-应变图起始部分示出的阶跃值。

$a \leqslant 5 \times 10^{-4} E_c$ 或 $\leqslant 10^{-2} \sigma_M$。

图 2 具有初始弯曲区域和一个阶跃的应力-应变曲线和确定零应变点的示例

9.5 试验速度

按照材料规范调整试验速度 v(见3.2),以毫米每分钟(mm/min)表示。当没有材料规范时,调整到由表1给出的最接近以下关系式的值:

$v=0.02l$,用于模量测定;

$v=0.1l$,用于在屈服前破坏的材料强度测定;

$v=0.5l$,用于有屈服的材料强度的测定。

对于优选试样(见6.1.2),试验速度为:

1 mm/min($l=50$ mm),用于模量的测量;

1 mm/min($l=10$ mm),用于屈服前就破坏的材料强度测量;

5 mm/min($l=10$ mm),用于具有屈服的材料的强度测量。

9.6 数据的记录

在试验过程中,测定试样的力(应力)和相应的压缩量(应变),最好使用自动记录系统获得一条完整的应力-应变曲线系统。

由试验时记录的应力-应变数据,按第 3 章的定义测定相关的应力和应变。如果在应力-应变图的起始部分发现弯曲区,检查是否超出 9.4 给出的预应力范围。如果不能对试样直接测量压缩量,那么就应按附录 C 修正试验机的变形量。

10 结果的计算和表示

10.1 应力

用式(4)计算 3.3 定义的应力参数:

$$\sigma = \frac{F}{A} \quad\quad\quad\quad\quad\quad\quad\quad\quad\quad\quad\quad (4)$$

式中:

σ——应力参数,单位为兆帕(MPa);

F——测出的力,单位为牛顿(N);

A——试样的原始面积,单位为平方毫米(mm^2)。

10.2 应变

10.2.1 应变(用伸长仪测量)

用式(5)、式(6)计算 3.4 定义的压缩应变参数:

$$\varepsilon = \frac{\Delta L_0}{L_0} \quad\quad\quad\quad\quad\quad\quad\quad\quad\quad\quad\quad (5)$$

或

$$\varepsilon(\%) = 100 \times \frac{\Delta L_0}{L_0} \quad\quad\quad\quad\quad\quad\quad\quad\quad (6)$$

式中:

ε——应变参数,为比值(式 5)或百分数(%);

ΔL_0——试样标距间长度的减量,单位为毫米(mm);

L_0——试样的标距,单位为毫米(mm)。

10.2.2 标称应变(由十字头的移动测量)

用式(7)、式(8)按 3.5 的定义计算的标称应变:

$$\varepsilon_c = \frac{\Delta L}{L} \quad\quad\quad\quad\quad\quad\quad\quad\quad\quad\quad\quad (7)$$

或

$$\varepsilon_c(\%) = 100 \times \frac{\Delta L}{L} \quad\quad\quad\quad\quad\quad\quad\quad\quad (8)$$

式中:

ε_c——标称压缩应变,为比值(式 5)或百分数(%);

ΔL——压缩板间距离的减量,单位为毫米(mm);

L——压缩板间的初始距离,单位为毫米(mm)。

如果不能用适当的位移传感器直接测量压板间的 ΔL,但是可利用,例如试验机十字头的位移,应对测定的 ΔL(见附录 C)施加试验机变形量的修正。

如果在应力-应变图的起始部分发现弯曲区,由稍高于 9.4 所述的起始应力处(见图 2)外推至零应变。

10.3 压缩模量

按照 10.2.1 所确定的两个规定的应变值,按式(9)计算 3.6 定义的压缩模量:

$$E_c = \frac{\sigma_2 - \sigma_1}{\varepsilon_2 - \varepsilon_1} \quad\quad\quad\quad\quad\quad\quad\quad\quad (9)$$

式中:

E_c—— 压缩模量,单位为兆帕(MPa);

σ_1——应变值 $\varepsilon_1 = 0.000\ 5$ 时测量的应力值,单位为兆帕(MPa);

σ_2——应变值 $\varepsilon_2 = 0.002\ 5$ 时测量的应力值,单位为兆帕(MPa)。

借助计算机用两个不同的应力-应变点测定模量 E_c,即把这两点间曲线经线性回归处理后来表示。

10.4 统计学参数

计算 5 个试验结果的算术平均值。如果需要,按照 ISO 2602:1980 规定的步骤计算标准偏差和 95% 置信区间的平均值。

10.5 有效数字

应力和压缩模量精确到三位有效数字,压缩应变计算到两位有效数字。

11 精密度

本试验方法的精密度由于实验室间数据尚未得到,故还不知晓。在收到实验室间数据后,等下次修订时,将加进有关精密度的说明。

12 试验报告

试验报告应包括下列内容:

a) 注明采用本标准,按照下图模式加上试样类型和试验速度;

    压缩试验   GB/T 1041 / A / 1

         试样类型————————————————————┘

         试验速度,mm/min ——————————————————┘

b) 标识被试已知材料完整的鉴别说明,包括类型、来源、制造厂;

c) 被试材料的性质和形状的叙述,即是成品还是半成品,是试板还是试样。这里应该包括主要尺寸、形状、制造方法、层数、预处理情况等等;

d) 如果适用,给试样的宽度、厚度和长度的平均值、最小值和最大值;

e) 制备试样所用方法的细节;

f) 如果材料是成品或半成品,则注明从这些成品或半成品上切取的方位;

g) 受试试样的数量;

h) 状态调节和试验所用的环境,如果需要,加上材料或产品所用的标准实行的特殊的状态调节条件;

i) 试验机的精度等级(见 GB/T 17200—1997);

j) 所用的应变仪的型号;

k) 所用压缩装置的类型;

l) 是否在端面上使用了润滑剂或砂纸;

m) 所测的第 3 章所定义的压缩性能的各个试验数据;

n) 用作受试材料的指示值的所测每种性能的平均值;

o) (可选择的)标准偏差和(或)变异系数和(或)平均值的置信区间;

p) 是否有试样剔除或被代替,若有说明其理由是什么;

q) 试验日期。

附 录 A

（规范性附录）

小试样

A.1　由于材料可得到的数量或由于成品的尺寸的制约,制备第6章所规定的试样可能做不到。在这种情况下,可以使用本附录所述的小试样进行试验。

A.2　应指明,用小试样得到的结果与用标准尺寸试样得到的结果将是不同的。

A.3　小试样的使用应由有关各方商定,并在试验报告中注明。

A.4　除下面注明的以外,应按照本标准中标准试样进行试验。

这种小试样的标准尺寸,应符合表A.1的规定。

表 A.1　小试样的标称尺寸　　　　　　　　　　　　　　　单位为毫米

尺　　寸	1 型	2 型
厚度	3	3
宽度	5	5
长度	6	35

2型试样仅应用于作压缩模量的测定,在这种情况下,推荐使用15 mm的标距以便于测量。

附　录　B
（资料性附录）
压缩翘曲极限

按照尤勒(Euler)的理论,对于两端固定的试样,受试材料的应力－应变行为是线性时,开始发生弯曲时计算的临界轴向压缩应力 F^* 按式(B.1)计算：

$$F^* = \frac{\pi^2 E_c I}{l^2}$$ ················(B.1)

式中：

F^*——临界弯曲负荷,单位为牛顿(N)；

I——横截面的二次矩,单位为毫米的四次方(mm^4)；

E_c——压缩模量,单位为牛顿每平方毫米(N/mm^2)；

l——试样长度,单位为毫米(mm)。

在纵向弯曲时,临界力能被对应的标称应变取代,可按式(B.2)计算：

$$F^* = E_c \times A \times \varepsilon_b$$ ················(B.2)

式中：

A—— 横截面积,单位为平方毫米(mm^2)；

ε_b——发生纵向弯曲时的标称应变(无量纲)。

这里给出的是临界弯曲应变,它仅仅取决于试样尺寸,并按照式(B.3)计算：

$$\varepsilon_b = \frac{\pi^2}{12} \times \frac{I}{Al^2}$$ ················(B.3)

对于不同类型的试样形状,式(B.3)可表示为式(B.4)、式(B.5)的形式：

a) 对于直棱柱：

$$\varepsilon_b = \frac{\pi^2}{12} \times \left(\frac{h}{l}\right)^2$$ ················(B.4)

b) 对于圆柱和管子：

$$\varepsilon_b = \frac{\pi^2}{4} \times \left(\frac{r}{l}\right)^2 \times \left[l + \left(\frac{r_i}{r}\right)^2\right]$$ ················(B.5)

式中：

l——直棱柱、圆柱或管子的长度,也就是与压缩力方向平行的尺寸,单位为毫米(mm)；

h——直棱柱的厚度,也就是横截面的最小侧的厚度,单位为毫米(mm)；

r——圆柱的半径或管子的外半径,单位为毫米(mm)；

r_i——管子的内半径(对于圆柱体,$r_i=0$)。

和圆柱体相比,管子的附加稳定性不能应用式(B.5),因为薄壁管根据附加的纵向弯曲模式的破坏在此没有讨论。在式(B.4)和(B.5)中所用的数值因子分别等于0.8和0.6。因为这些公式仅仅给出纵向弯曲应变的粗略估计,它们近似于6.1.1中通用不等式,在不等式(1)中选取的数值因子,已经减小到可以避免弯曲。

附 录 C
（规范性附录）
变形量的修正

如果压板间的距离的减小量 ΔL 不能直接测量,而应用精密地记录试验机两十字头之间的位移 s 来代替,那么,这个位移差值应对试验机的变形量 C_M（见注 1）进行修正。C_M 是利用已知压缩模量（见注 2）的高硬度参比材料（如钢板）制造的侧面平行的试条或直棱柱进行测量。位移 s 用式（C.1）、式（C.2）计算:

$$\Delta L = s - C_M F \quad\quad\quad\quad\quad\quad\quad\quad\quad\quad\quad(C.1)$$

及

$$C_M = \frac{s_R}{F} - \frac{L_R}{(b_R d_R)E_{CR}} \quad\quad\quad\quad\quad\quad\quad(C.2)$$

式中:

ΔL——压缩板间距离的减小量,单位为毫米(mm);

s——试验机上两个选择点间的变化,单位为毫米(mm);

C_M——选择点间试验机的变形量,单位为毫米每牛顿(mm/N);

s_R——当利用参比试样时,选择点间的距离变化,单位为毫米(mm);

F——力,单位为牛顿(N);

E_{CR}——参比材料的压缩模量,单位为兆帕(MPa);

L_R——压缩板间起始距离,单位为毫米(mm);

b_R——参比试样宽度,单位为毫米(mm);

d_R——参比试样厚度,单位为毫米(mm)。

应保证在相关力的范围内变形量 C_M 是个常数。在此假定下试验机的变形是个简单的线性关系 $(s=C_M \times F)$,由于设备的影响发生在一个或多个元件上,试验机的这种假定可能是不正确的。

注 1:试验机的三个部件对其变形量 C_M 有着影响,通常影响最大的是夹具,次之是力传感器而最小的是试验机机架。

注 2:在试验机变形量测量中所遇到的应力,假定参比材料的压缩模量与拉伸模量相同。

参 考 文 献

[1]　GB/T 2035　塑料　术语及其定义(GB/T 2035—2008,ISO 427:1999,IDT)

[2]　GB/T 20672—2006　硬质泡沫塑料　在规定负荷和温度条件下压缩蠕变的测定(ISO 7616:1986,IDT)

[3]　ISO 3597-3:2003　纺织玻璃纤维增强塑料——有粗纱增强树脂制造的棒材机械性能的测定——第3部分:压缩强度的测定

[4]　ISO 7743:2008　硫化橡胶或热塑性塑料压缩应力应变性能的测定

[5]　ISO 14126:1999　纤维增强塑料复合材料——平面压缩性能的测定

ICS 83.140
G 32

中华人民共和国国家标准

GB/T 1043.1—2008/ISO 179-1:2000
代替 GB/T 1043—1993

塑料 简支梁冲击性能的测定
第 1 部分:非仪器化冲击试验

Plastics—Determination of charpy impact properties—
Part 1:Non-instrumented impact test

(ISO 179-1:2000,IDT)

2008-08-04 发布   2009-04-01 实施

中华人民共和国国家质量监督检验检疫总局
中国国家标准化管理委员会 发布

前　言

GB/T 1043《塑料　简支梁冲击性能的测定》共分为2个部分：

——第1部分：非仪器化冲击试验；

——第2部分：仪器化冲击试验。

本部分为GB/T1043的第1部分，等同采用ISO 179-1:2000《塑料——简支梁冲击性能的测定——第1部分：非仪器化冲击试验》（英文版），并将ISO/TC 61/SC 2于2005年发布的1号修改单的内容并入文本中。

本部分同等翻译ISO 179-1:2000，在技术内容上完全一致。

为便于使用，本部分做下列编辑性修改：

——把"ISO 179的本部分"改成"GB/T 1043的本部分"或"本部分"；

——删除了ISO 179-1:2000的前言；

——增加了国家标准的前言；

——把"规范性引用文件"一章所列的国际标准除无对应的国家标准外，其余的均用对应的采用该
国际标准的国家标准代替。

本部分代替GB/T 1043—1993《硬质塑料简支梁冲击试验方法》。

本部分与GB/T 1043—1993相比主要变化为：

——更改了标准名称，增加了目次、前言；

——扩大了适用范围，增加了热致液晶聚合物；

——术语和定义内容进行了扩充和修改，引入"侧向冲击"、"贯层冲击"、"垂直方向"、"平行方向"，
删除了"相对冲击强度"，将几种破坏类型归在操作步骤中；

——改变了缺口试样的缺口位置，即缺口开在试样窄的纵向平面上；

——试样尺寸有所变化；

——增加了精密度一章；

——扩大了试验报告的内容；

——增加了附录A"研究表面效应影响的附加方法"；

——增加了附录B"精密度数据"。

本部分的附录A和附录B均为资料性附录。

本部分由中国石油和化学工业协会提出。

本部分由全国塑料标准化技术委员会（SAC/TC 15）归口。

本部分负责起草单位：国家合成树脂质量监督检验中心、广州合成材料研究院有限公司。

本部分参加起草单位：北京燕山石化树脂所、国家塑料制品质检中心（北京）、深圳市新三思材料检测有限公司、国家化学建筑材料测试中心（材料测试部）、国家塑料制品质检中心（福州）、国家石化有机原料合成树脂质检中心、广州金发科技有限公司。

本部分主要起草人：施雅芳、王建东、王浩江、陈宏愿、李建军、安建平、王超先、何芃、李玉娥、凌伟。

本部分所代替标准的历次版本发布情况为：

——GB/T 1043—1970、GB/T 1043—1979、GB/T 1043—1993。

塑料 简支梁冲击性能的测定
第1部分：非仪器化冲击试验

1 范围

1.1 GB/T 1043的本部分规定了塑料在规定条件下测定简支梁冲击强度的方法。规定了几种不同类型的试样与试验。根据材料类型、试样类型和缺口类型规定了不同的试验参数。

1.2 本部分用于研究规定类型的试样在规定冲击条件下的行为和评估试样在试验条件下的脆性和韧性。也可用于同类材料可比数据的测定。

1.3 本部分比GB/T 1843的应用范围更广，可用于测试因层间剪切产生破坏的材料或因环境对表面产生影响的材料。

1.4 本部分适用于下列范围的材料：

——硬质热塑性模塑和挤塑材料，包括经填充和增强的材料，硬质热塑性板材；

——硬质热固性模塑材料，包括经填充和增强的材料、硬质热固性板材，包括层压材料；

——纤维单向或多向增强热固性和热塑性复合材料，如毡、织物、纺织粗纱、短切原丝、复合增强材料、无捻粗纱和磨碎纤维、预浸渍材料制成的片材（预浸料坯），包括经填充和增强的材料；

——热致液晶聚合物。

1.5 本部分不适用于硬质泡沫材料和含有泡沫材料的夹层结构材料。通常长纤维增强的复合材料和热致液晶聚合物不使用缺口试样。

1.6 本部分适用于规定尺寸的模塑试样和自标准多用途试样（见GB/T 11997）的中部经机加工制成的试样，或由成品、半成品，如模塑制品、层压板、挤出或浇铸板材经机加工制成的试样。

1.7 本部分规定了试样的优选尺寸。用不同尺寸和缺口的试样以及不同条件下制备的试样进行试验时，其结果是不可比的。其他因素，如摆锤的能量大小、冲击速度和试样的状态调节也会影响试验结果。因此，当需要数据比较时，应仔细地控制和记录这些因素。

1.8 本部分不应作为设计的依据。但在不同温度下的试验、改变缺口半径和/或厚度以及在不同条件下制备试样，可以获得材料的典型性能资料。

2 规范性引用文件

下列文件中的条款通过GB/T 1043本部分的引用而成为本部分的条款。凡是注日期的引用文件，其随后所有的修改单（不包括勘误的内容）或修订版均不适用于本部分，然而，鼓励根据本部分达成协议的各方研究是否可使用这些文件的最新版本。凡是不注日期的引用文件，其最新版本适用于本部分。

GB/T 1843—2008 塑料 悬臂梁冲击强度的测定（ISO 180:2000，IDT）

GB/T 2918—1998 塑料试样状态调节和试验的标准环境（idt ISO 291:1997）

GB/T 3360—1982 数据的统计处理和解释 均值的估计和置信区间（neq ISO 2602:1980）

GB/T 4550—2005 塑料 试验用单向纤维增强塑料平板的制备（ISO 1268-5:2001，NEQ）

GB/T 5471—2008 塑料 热固性塑料压塑试样的制备（ISO 295:2004，IDT）

GB/T 9352—2008 塑料 热塑性塑料压塑试样的制备（ISO 293:2004，IDT）

GB/T 11997—2008 塑料 多用途试样（ISO 3167:2002，IDT）

GB/T 17037.1—1997　热塑性塑料材料注塑试样的制备．第1部分：一般原理及多用途试样和长条试样的制备（idt ISO 294-1:1996）

GB/T 17037.3—2003　塑料　热塑性塑料材料注塑试样的制备　第3部分：小方试片（ISO 294-3:2002,IDT）

GB/T 21189—2007　塑料　简支梁、悬臂梁和拉伸冲击试验用摆锤冲击试验机的检验（ISO 13802:1999,MOD）

ISO 2818:1994　塑料——用机械加工法制备试样

ISO 10724-1:1998　塑料——热固性粉状模塑料（PMCs）注塑试样——第1部分：一般原则和多用途试样

3　术语和定义

下列术语和定义适用于本部分。

3.1

简支梁无缺口冲击强度　charpy unnotched impact strength

a_{cU}

无缺口试样破坏时所吸收的冲击能量，与试样原始横截面积有关。单位以千焦耳每平方米（kJ/m²）表示。

3.2

简支梁缺口冲击强度　charpy notched impact strength

a_{cN}

缺口试样时破坏所吸收的冲击能量，与试样缺口处的原始横截面积有关，这里 N＝A、B 或 C，取决于缺口类型（见 6.3.1.1.2）。单位以千焦耳每平方米（kJ/m²）表示。

3.3

侧向冲击　edgewise impact

e

冲击方向平行于尺寸b，冲击在试样窄的纵向表面$h×l$上（见图1及图2和图4）。

3.4

贯层冲击　flatwise impact

f

冲击方向平行于尺寸h，冲击在宽的纵向表面$b×l$上（见图1b）及图3和图4）。

3.5

垂直方向　mormal impact

n

（层压增强塑料）冲击方向垂直于增强塑料平面（见图4）。

3.6

平行冲击　parallel impact

p

（层压增强塑料）冲击方向平行于增强塑料平面（见图4）。

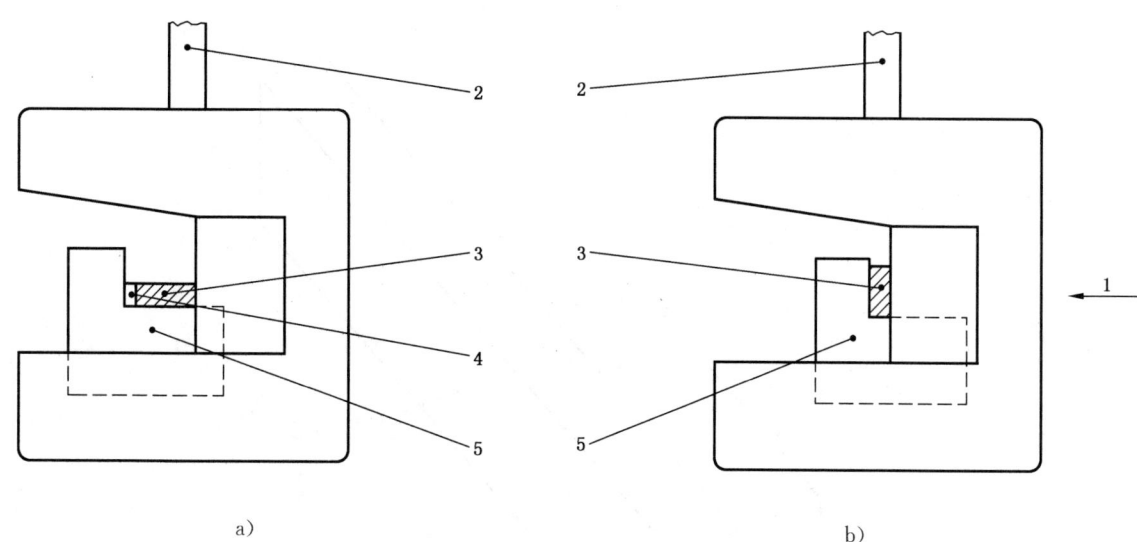

a)

b)

1——冲击方向；
2——摆杆；
3——试样；
4——缺口；
5——支座。

图 1　1 型试样冲击中点冲刃与支座

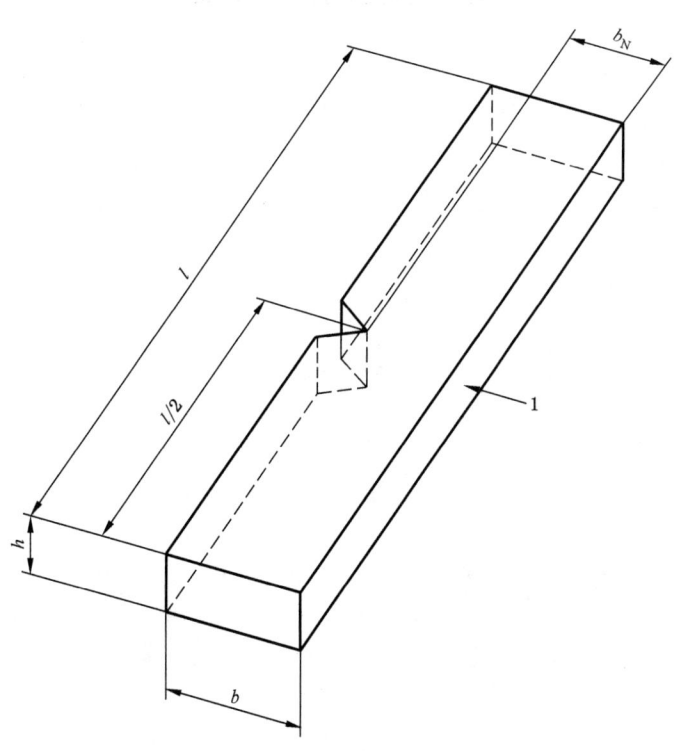

1——冲击方向。

图 2　单缺口试样的简支梁侧向(e)冲击

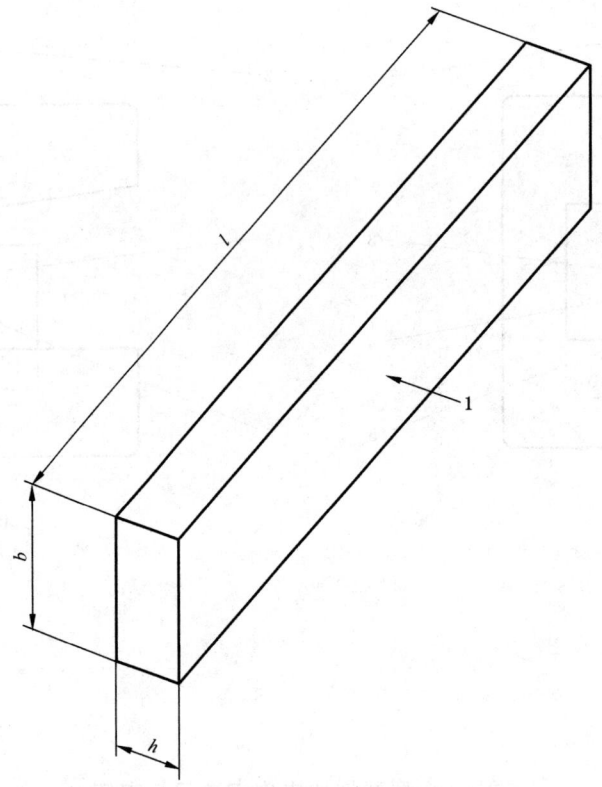

1——冲击方向。

图 3　简支梁贯层（f）冲击

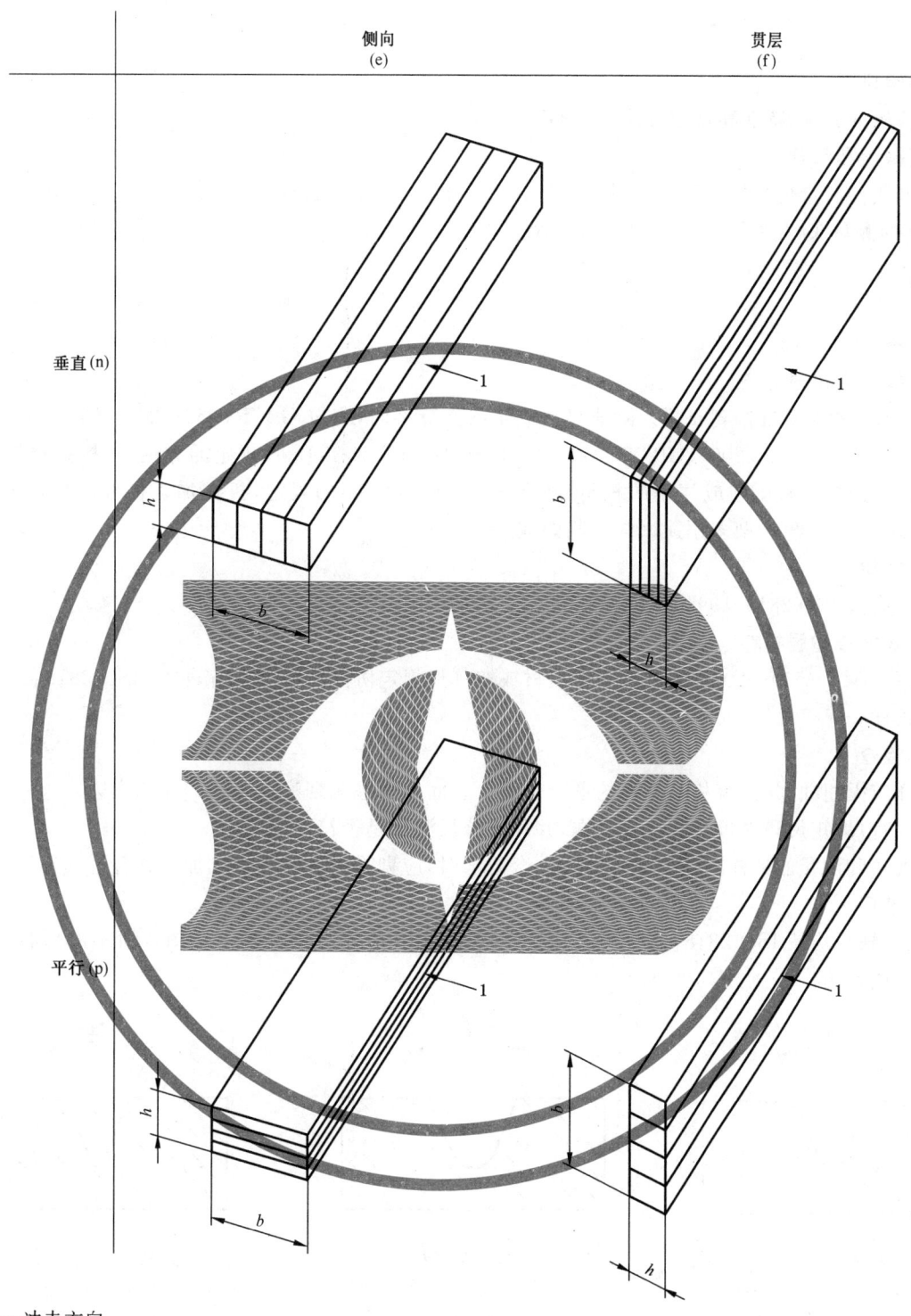

1——冲击方向。

侧向(e)和贯层(f)指相对于试样厚度 h 和宽度 b 的冲击方向。

垂直(n)和平行(p)指相对于层压面的冲击方向。

图 4   冲击方向命名示意图

4   原理

摆锤升至固定高度,以恒定的速度单次冲击支撑成水平梁的试样,冲击线位于两支座间的中点。缺口试样侧向冲击时,冲击线正对单缺口(见图 1a)和图 2)。

5 设备

5.1 试验机

试验机的原理、特性和检定方法详见 GB/T 21189—2007。

5.2 测微计和量规

用测微计和量规测量试样尺寸,精确至 0.02 mm。测量缺口试样尺寸 b_N 时测微计应装有 2 mm～3 mm 宽的测量头,其外形应适合缺口的形状。

6 试样

6.1 制备

6.1.1 模塑和挤塑材料

应按有关材料标准制备试样。除非另有规定或无标准时,应按 GB/T 9352—2008、GB/T 17037.1—1997、GB/T 17037.3—2003、GB/T 5471—2008 或 ISO 10724-1:1998 规定的方法,直接由材料压塑或注塑。或者由模塑料压塑或注塑的板材,按照 ISO 2818:1994 的规定,机械加工而成。1 型试样可由 GB/T 11997—2008 A 型多用途试样切割而成。

6.1.2 板材

试样应按 ISO 2818:1994 的规定,由板材经机加工制成。

6.1.3 长纤维增强材料

应按 GB/T 4550—2005 的方法制备板材或按其他规定协商的方法制备,再按 ISO 2818:1994 机加工制成试样。

6.1.4 检查

试样应无扭曲,并具有相互垂直的平行表面。表面和边缘无划痕、麻点、凹痕和飞边。

借助直尺、矩尺和平板目视检查试样,并用千分尺测量是否符合要求。

当观察和测量的试样有一项或多项不符合要求时,应剔除该试样或将其加工到合适的尺寸和形状。

6.1.5 缺口

6.1.5.1 缺口应按 ISO 2818:1994 进行机加工,切割刀具应能将试样加工成图 5 所示的形状和深度,且与主轴成直角。

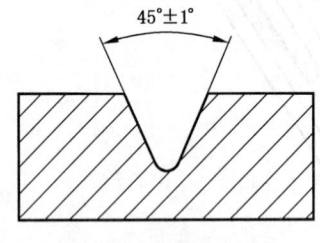 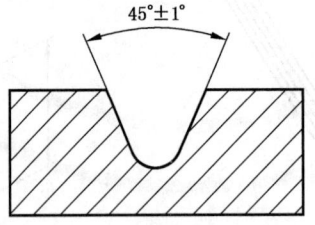 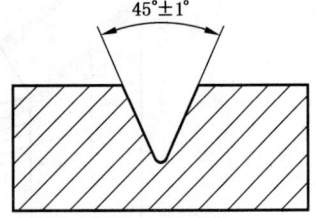

缺口底部半径 r_N = 0.25 mm±0.05 mm
a) A 型缺口

缺口底部半径 r_N = 1.00 mm±0.05 mm
b) B 型缺口

缺口底部半径 r_N = 0.10 mm±0.02 mm
c) C 型缺口

图 5 缺口类型

6.1.5.2 如果受试材料已规定,也可使用模塑缺口试样。

注:模塑缺口试样所得的结果与机加工缺口试样所得的结果不可比。

6.2 各向异性材料

某些类型的片材和板材,可能具有不同的冲击性能,取决于试样在片材或板材平面上的方向。这种情况下,应切取两组试样,使其主轴分别平行和垂直于片材或板材的某一特征方向。此特征方向或者可见,或者由加工方法推断。

606

6.3 形状和尺寸

6.3.1 无层间剪切破坏的材料

6.3.1.1 模塑和挤塑材料

6.3.1.1.1 1型试样应具有表1和表2规定的尺寸并具有图2和图5所示的三种缺口中的一种。缺口位于试样的中心。1型试样可取自GB/T 11997—2008多用途A型试样的中部(见表1)。

6.3.1.1.2 优选A型缺口(见表2和图5)。对于大多数材料的无缺口试样或A型单缺口试样,宜采用侧向冲击(见3.3)。如果A型缺口试样在试验中不破坏,应采用C型缺口试样。需要材料的缺口灵敏度信息时,应试验具有A、B和C型缺口的试样。

6.3.1.1.3 研究表面效应(见1.3和附录A),可用贯层冲击(见3.4)对无缺口或双缺口试样进行试验。

6.3.1.2 板材

优选的厚度h是4 mm。如果试样由板材或构件切取,其厚度应为板材或构件的原厚,最大为10.2 mm。

从厚度大于10.2 mm的制品上切取试样时,若板材厚度均匀且仅含一种均匀分布的增强材料,试样应单面加工到10 mm±0.2 mm。对无缺口或双缺口试样贯层冲击时,为避免表面影响,试验中原始表面应处于拉伸状态。

6.3.2 有层间剪切破坏的材料(例如长纤维增强的材料)

6.3.2.1 当采用2型或3型无缺口试样,尺寸无规定时,最重要的参数是跨距与冲击方向上试样尺寸之比(见表1)。

通常试样是以垂直方向进行试验(见图4)。

表1 试样的类型、尺寸和跨距(见图1) 单位为毫米

试样类型	长度[a] l	宽度[a] b	厚度[a] h	跨距 L
1	80±2	10.0±0.2	4.0±0.2	$62^{+0.5}_{-0.0}$
2[b]	25h	10 或 15[c]	3[d]	20h
3[b]	11h 或 13h			6h 或 8h

[a] 试样尺寸(厚度h、宽度b和长度l)应符合h≤b<l的规定。

[b] 2型和3型试样仅用于6.3.2所述的材料。

[c] 精细结构的增强材料用10 mm,粗粒结构或不规整结构的增强材料用15 mm(见6.3.2.2)。

[d] 优选厚度。试样由片材或板材切出时,h应等于片材或板材的厚度,最大10.2 mm(见6.3.1.2)。

表2 方法名称、试样类型、缺口类型和缺口尺寸——无层间剪切破坏的材料

方法名称[a]	试样类型	冲击方向	缺口类型	缺口底部半径 r_N/mm (见图5)	缺口底部剩余宽度 b_N/mm (见图2)
GB/T 1043.1/1eU[b]	1	侧向	无缺口		
			单缺口		
GB/T 1043.1/1eA[b]			A	0.25±0.05	8.0±0.2
GB/T 1043.1/1eB			B	1.00±0.05	8.0±0.2
GB/T 1043.1/1eC			C	0.10±0.02	8.0±0.2
GB/T 1043.1/1fU[c]		贯层	无缺口		

[a] 如果试样取自片材或成品,其厚度应加在名称中。非增强材料的试样不应以机加工面作为拉伸面进行试验。

[b] 优选方法。

[c] 适用于表面效应的研究(见6.3.1.1.3)。

6.3.2.2 "贯层垂直"试验(见图4):对于精细结构的增强材料(细纱织物和并行纱),试样的宽度为10 mm,对于粗粒结构(粗纱织物)或不规整结构的增强材料为15 mm。

6.3.2.3 "侧向平行"试验(见图4):当试样在平行方向试验时,垂直冲击方向的试样尺寸应为所切取的板材厚度。

6.3.2.4 试样长度 l,应按跨距与厚度比 L/h 为20(对于2型试样)和6(对于3型试样)进行选择,见表1。
仪器不能设定 $L/h = 6$ 时,可以用 $L/h = 8$,尤其是薄板。

6.3.2.5 2型试样会发生拉伸类型的破坏。3型试样,可能会发生板材的层间剪切破坏。表3列出了不同类型的破坏。

注:在某些情况下(细纱织物增强材料),不会发生剪切破坏。对于3型试样,起初会发生板材的单层或多层层间破坏,然后发生拉伸破坏。

表 3 方法名称和试样类型——有层间剪切破坏的材料

方法名称	试样类型	L/h	破坏类型		简 图
GB/T 1043.1/2 n 或 p[a]	2	20	拉伸	t	
			压缩	c	
			翘曲	b	
GB/T 1043.1/3 n 或 p[a]	3	6 或 8	剪切	s	
			多层剪切	ms	
			继剪切后的拉伸破坏	st	

[a] 相对板材平面,"n"是垂直方向,"p"是平行方向(见图4)。

6.4 试样数量

6.4.1 除受试材料标准另有规定,一组试验至少包括10个试样。当变异系数(见 GB/T 3360—1982)小于5%时,只需5个试样。

6.4.2 如果要在垂直和平行方向试验层压材料,每个方向应测试10个试样。

6.5 状态调节

除受试材料标准另有规定,试样应按 GB/T 2918—1998 的规定在温度23 ℃和相对湿度50%的条件下调节16 h以上,或按有关各方协商的条件。缺口试样应在缺口加工后计算调节时间。

7 操作步骤

7.1 除非有关各方另有商定(例如,在高温或低温下试验),试验应在与状态调节相同的条件下进行。

7.2 测量每个试样中部的厚度 h 和宽度 b,精确至0.02 mm。对于缺口试样,应仔细地测量剩余宽度 b_N,精确至0.02 mm。

注:挤塑试样不一定测量每个试样的尺寸。一组测量一个试样以确保尺寸与表1相一致就足够了。对多模腔模具,应保证每腔试样的尺寸相同。

根据表 1 调节 2 型和 3 型试样的跨距。

7.3 确认摆锤冲击试验机是否达到规定的冲击速度,吸收的能量是否处在标称能量的 10%～80% 的范围内。符合要求的摆锤不止一个时,应使用具有最大能量的摆锤。

7.4 应按 GB/T 21189—2007 的规定,测定摩擦损失和修正吸收的能量。

7.5 抬起摆锤至规定的高度,将试样放在试验机支座上,冲刃正对试样的打击中心。小心安放缺口试样,使缺口中央正好位于冲击平面上(见图 1a))。

7.6 释放摆锤,记录试样吸收的冲击能量并对其摩擦损失进行修正(见 7.4)。

7.7 对于模塑和挤塑材料,用下列代号字母命名四种形式的破坏:

　　C　完全破坏:试样断裂成两片或多片。

　　H　铰链破坏:试样未完全断裂成两部分,外部仅靠一薄层以铰链的形式连在一起。

　　P　部分破坏:不符合铰链断裂定义的不完全断裂。

　　N　不破坏:试样未断裂,仅弯曲并穿过支座,可能兼有应力发白。

8 结果的计算与表示

8.1 无缺口试样

无缺口试样简支梁冲击强度 a_{cU} 按式(1)计算,单位千焦每平方米(kJ/m²):

$$a_{cU} = \frac{E_c}{h \cdot b} \times 10^3 \quad\quad\quad\quad\quad\quad\quad\quad (1)$$

式中:

E_c——已修正的试样破坏时吸收的能量,单位焦耳(J);

　h——试样厚度,单位毫米(mm);

　b——试样宽度,单位毫米(mm)。

8.2 缺口试样

缺口试样简支梁冲击强度 a_{cN} 按式(2)计算,缺口为 A、B 或 C 型,单位千焦每平方米(kJ/m²):

$$a_{cN} = \frac{E_c}{h \cdot b_N} \times 10^3 \quad\quad\quad\quad\quad\quad\quad\quad (2)$$

式中:

E_c——已修正的试样破坏时吸收的能量,单位焦耳(J);

　h——试样厚度,单位毫米(mm);

b_N——试样剩余宽度,单位毫米(mm)。

8.3 统计参数

计算试验结果的算术平均值,如需要,可按 GB/T 3360—1982 的规定计算标准偏差。对一组试样出现不同类型的破坏,应给出相应的试样数量并计算平均值。

8.4 有效数字

所有计算结果的平均值取两位有效数字。

9 精密度

由于未获得实验室间的数据,本试验方法的精密度尚不知。当获得实验室间数据时,在以后的修订中会加上精密度的说明。相应的 ISO 179-1:2000 的精密度数据见附录 B。

10 试验报告

试验报告应包括以下内容:

　　a)　注明采用 GB/T 1043 的本部分;

b) 按表 2 的名称,标明所用的方法;例如:

简支梁冲击试验　　　　　　　　　　　　GB/T 1043.1/1　e　A

　　　　　　　　试样类型(见表 1)————————————

　　　　　　　　冲击方向(见图 4)————————————

　　　　　　　　缺口类型(见图 5)————————————

或者按表 3,例如:

简支梁冲击试验　　　　　　　　　　　　GB/T 1043.1/2　n

　　　　　　　　试样类型(见表 1)————————————

　　　　　　　　冲击方向(见图 4)————————————

c) 鉴别受试材料所需的全部资料,包括类型、来源、制造厂代码、等级和历史;

d) 材料特性和形状的说明,即成品、半成品、试片或试样,包括主要尺寸、外形、加工方法等;

e) 冲击速度;

f) 摆锤的标称能量;

g) 试样制备方法;

h) 如果材料是成品或半成品,试样切取的方向;

i) 试样数量;

j) 状态调节和试验的标准环境,若材料和产品标准有规定,应加上任何特殊的处理条件;

k) 观察到的破坏类型;

l) 按 3 种破坏类型分组(见表 4):

　　1) 符合三种破坏类型结果的分组情况:

　　　　C　完全破坏,包括铰链破坏 H;

　　　　P　部分破坏;

　　　　N　不破坏。

　　2) 选出最常出现的破坏类型,记录此破坏类型的冲击强度平均值 x,用字母 C 或 P 记录对应的破坏类型。

　　3) 若最常见破坏类型是 N,只记录字母 N。

　　4) 对于次常见的破坏类型,应在括号中记录字母 C、P 或 N。但它单独发生的次数要高于1/3(否则应插入一个相应的" * "号)。

m) 如果需要,平均值的标准偏差;

n) 试验日期。

表 4　结果的表示

破　坏　类　型			表　示　方　法
C	P	N	
x	*	*	xC*
x	(P)	*	xC(P)
x	*	(N)	xC(N)
*	x	*	xP*
(C)	x	*	xP(C)

表 4（续）

破 坏 类 型			表 示 方 法
C	P	N	
*	x	(N)	xP(N)
*	*	N	N*
(C)	*	N	N(C)
*	(P)	N	N(P)

x	最常见破坏类型的冲击强度的平均值,不包括 N 型。
C、P 或 N	最常见破坏的类型。
(C)、(P)或(N)	破坏的频率高于 1/3 时的次常见破坏类型。
*	无关。

附 录 A

（资料性附录）

研究表面效应影响的附加方法

下列具有双 V 型缺口的附加方法可用于 6.3.1 所述的材料。

如果要测定表面效应对中等或高冲击材料的影响,采用双 V 型缺口贯层冲击。双缺口垂直于冲击线。每个缺口的长度为 h,见表 A.1 和图 A.1。

表 A.1 双缺口试样的试验参数

方法名称[a]	试样类型	冲击方向	缺口类型	缺口底部半径 r_N/mm	缺口底部剩余宽度 b_N/mm
			双缺口		
GB/T 1043.1/1fA	1	贯层	A	0.25 ± 0.05	6.0 ± 0.2
GB/T 1043.1/1fB	1	贯层	B	1.00 ± 0.05	6.0 ± 0.2
GB/T 1043.1/1fC	1	贯层	C	0.10 ± 0.02	6.0 ± 0.2
[a] 如果试样取自板材或成品,应在试样的名称上标明板材厚度。					

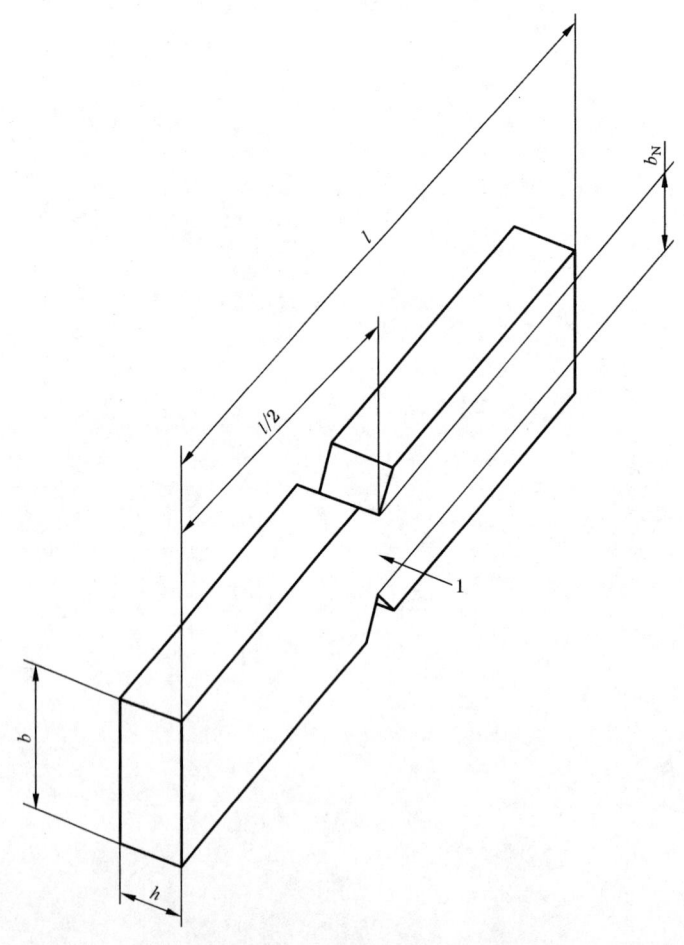

1——冲击方向。

图 A.1 双缺口试样

附 录 B
（资料性附录）
精密度数据

B.1 概述

B.1.1 表 B.1 和表 B.2 是根据 ASTM E 691《确定试验方法精密度进行实验室研究的标准实施方法》所进行的循环试验而获得的。每种材料的所有试条，由同一实验室提供，缺口加工除外。缺口由分发试样的实验室负责检验。表 B.1 和表 B.2 表示了日期 1 和日期 2 分析所获得的数据。按照 ASTM E691 的统计软件，测定一组试样既作为一个试验结果。

表 B.1 2.9 m/s 简支梁冲击的精密度数据
单位为千焦每平方米

	材 料	平 均 值	S_r^a	S_R^b	r^c	R^d
日期 1	ABS	13.48	0.47	1.86	1.32	5.21
	GF-PBT	8.52	0.61	1.27	1.71	3.55
	聚丙烯	10.48	0.63	1.58	1.77	4.43
日期 2	ABS	13.44	0.45	1.90	1.25	5.31
	GF-PBT	8.54	0.60	1.29	1.68	3.62
	聚丙烯	10.80	0.65	1.45	1.82	4.06

^a S_r 是实验室内标准偏差。

^b S_R 是实验室间标准偏差。

^c $r=2.83S_r$。

^d $R=2.83S_R$。

表 B.2 3.8 m/s 简支梁冲击的精密度数据
单位为千焦每平方米

	材 料	平 均 值	S_r^a	S_R^b	r^c	R^d
日期 1	聚碳酸酯	91.69	5.30	8.37	14.85	23.43
	聚氨酯	94.33	5.37	6.21	15.03	17.38
日期	聚碳酸酯	91.72	3.85	6.49	10.78	18.16
	聚氨酯	92.39	6.32	7.86	17.69	22.00

^a S_r 是实验室内标准偏差。

^b S_R 是实验室间标准偏差。

^c $r=2.83S_r$。

^d $R=2.83S_R$。

B.1.2 表 B.1 是涵盖了九个实验室对三种材料的循环试验的结果，表 B.2 是函盖了七个实验室对两种材料的试验结果。由于实验室所用摆锤在两种速度下进行试验存在困难，所以，按要求的速度（2.9 m/s或3.8 m/s）把实验室和材料进行了分组。

注：r 和 R 的下述说明（见 B.2），只表示构成这种试验方法近似精密度的一种方法。

表 B.1 和表 B.2 的数据不应严格地用于材料的接收或拒收，因为这些数据是循环试验特有的而且可能不代表其他的批、条件、材料或实验室。本试验方法的使用者，应运用 ASTM E691 的原理所获得的数据,规定本实验室和材料或专门实验室间的精密度数据,B.2的原则对这样的数据是有效的。

B.2 r 和 R 的定义

如果 S_r 和 S_R 是由足够多的数据计算得出的,每个数据为一次试验所获得的结果。

重复性 r(同样材料,同样操作员,用同样的设备在同一天所获得的两次试验结果的比较):如果两次试验结果间的差值大于该材料的 r 值,应判定为不等效。

再现性 R(同样材料,不同操作员在不同时间利用不同设备获得的两个结果的比较):两次试验结果,其差值大于该材料的 R 值,应判定为不等效。

按照上述原则的任一判定,其正确的概率应近似为 $95\%(0.95)$。

ICS 83.120
Q 23

中华人民共和国国家标准

GB/T 1447—2005
代替 GB/T 1447—1983

纤维增强塑料拉伸性能试验方法

Fiber-reinforced plastics composites—
Determination of tensile properties

(ISO 527-4:1997,Test conditions for isotropic and orthotropic fiber-
reinforced plastics composites,NEQ)

2005-05-18 发布　　　　　　　　　　　　2005-12-01 实施

中华人民共和国国家质量监督检验检疫总局
中国国家标准化管理委员会　发布

GB/T 1447—2005

前　言

本标准对应于 ISO 527-4:1997《各向同性和正交各向异性纤维增强塑料试验条件》(英文版),与 ISO 527-4 的一致性程度为非等效。

本标准代替 GB/T 1447—1983《玻璃纤维增强塑料拉伸性能试验方法》。

本标准与 GB/T 1447—1983 相比主要变化如下:

——标题由《玻璃纤维增强塑料拉伸性能试验方法》改为《纤维增强塑料拉伸性能试验方法》;

——扩大了适用范围;

——增加了规范性引用文件一章(见第 2 章);

——增加了部分术语和定义(见第 3 章);

——增加了试验原理一章(见第 4 章);

——增加了拉伸弹性模量的计算方法(见第 9 章);

——采用国际单位制。

本标准附录 A 为资料性附录。

本标准由中国建筑材料工业协会提出。

本标准由全国纤维增强塑料标准化技术委员会归口。

本标准由北京玻璃钢研究设计院负责起草,渤海船舶重工责任有限公司、中国兵器工业集团第五三研究所参加起草。

本标准主要起草人:李艳华、邬友英、胡中永、张荣琪、郑会保。

本标准于 1979 年 5 月首次发布,1983 年第一次修订,本次为第二次修订。

纤维增强塑料拉伸性能试验方法

1 范围

本标准规定了测定拉伸性能的试样、试验设备、试验条件、试验步骤及结果计算等。

本标准适用于测定纤维增强塑料的拉伸应力、拉伸弹性模量、泊松比、断裂伸长率和绘制应力-应变曲线等。

2 规范性引用文件

下列文件中的条款通过本标准的引用而成为本标准的条款。凡是注日期的引用文件,其随后所有的修改单(不包括勘误的内容)或修订版均不适用于本标准,然而,鼓励根据本标准达成协议的各方研究是否可使用这些文件的最新版本。凡是不注日期的引用文件,其最新版本适用于本标准。

GB/T 1446—2005　纤维增强塑料性能试验方法总则

3 术语和定义

下列术语和定义适用于本标准。

3.1

拉伸应力　tensile stress

在试样的标距范围内,拉伸载荷与初始横截面积之比。

3.1.1

拉伸屈服应力　tensile stress at yield

试样在拉伸试验过程中,出现应变增加而应力不增加的初始应力,该应力可能低于试样能达到的最大应力。

3.1.2

拉伸断裂应力　tensile stress at break

在拉伸试验中,试样断裂时的拉伸应力。

3.1.3

拉伸强度　tensile strength

材料拉伸断裂之前所承受的最大应力。

注:当最大应力发生在屈服点时称为屈服拉伸强度,当最大应力发生在断裂时称为断裂拉伸强度。

[GB/T 2035—1996,定义 2.0997]

3.2

拉伸应变　tensile strain

在拉伸载荷的作用下,试样标距范围内产生的长度变化率。

3.2.1

拉伸屈服应变　tensile strain at yield

拉伸试验中出现屈服现象的试样在屈服点处的拉伸应变。

3.2.2

拉伸断裂应变　tensile strain at break

试样在拉伸载荷作用下,出现断裂时的拉伸应变。

GB/T 1447—2005

3.3

拉伸弹性模量 modulus of elasticity in tension

材料在弹性范围内拉伸应力与拉伸应变之比。

注：使用电脑控制的设备时，可以将线性回归方程应用于两个明显的应力/应变点间的曲线，来计算模量。

3.4

泊松比 Poisson's ratio

在材料的比例极限范围内，由均匀分布的轴向应力引起的横向应变与相应的轴向应变之比的绝对值。

注：对于各向异性材料，泊松比随应力的施加方向而改变。超过比例极限，该比值随应力变化且不应是泊松比。如果仍报告该比值，应说明测定的应力值。

[GB/T 2035—1996，定义2.0676]

3.5

应力-应变曲线 stress-strain diagram

由应力与应变的对应值绘制的关系图。

注：通常，以应力值作纵坐标(垂直)，应变值作横坐标(水平)。

[GB/T 2035—1996，定义2.0954]

3.6

断裂伸长率 elongation rate at break

在拉力作用下，试样断裂时标距范围内所产生的相对伸长率。

4 试验原理

沿试样轴向匀速施加静态拉伸载荷，直到试样断裂或达到预定的伸长，在整个过程中，测量施加在试样上的载荷和试样的伸长，以测定拉伸应力(拉伸屈服应力、拉伸断裂应力或拉伸强度)、拉伸弹性模量、泊松比、断裂伸长率和绘制应力-应变曲线等。

5 试样

5.1 试样型式和尺寸

5.1.1 测定拉伸应力、拉伸弹性模量、断裂伸长率和应力-应变曲线试样型式和尺寸见图1、图2、表1和图3。

单位为毫米

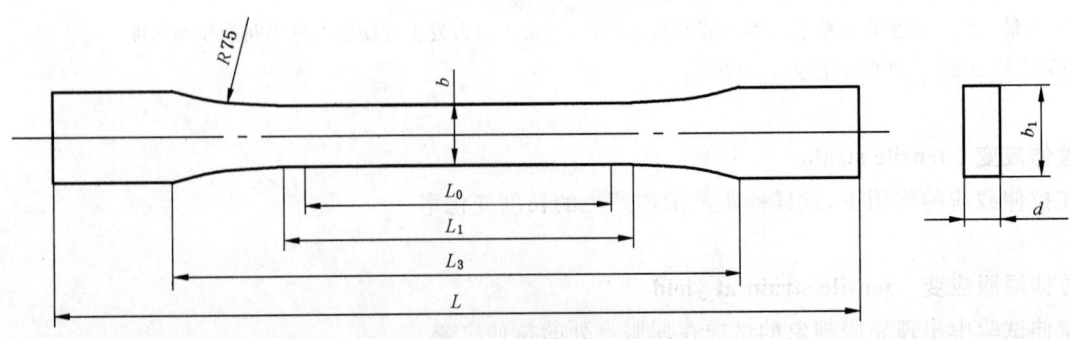

图1 Ⅰ型试样型式

单位为毫米

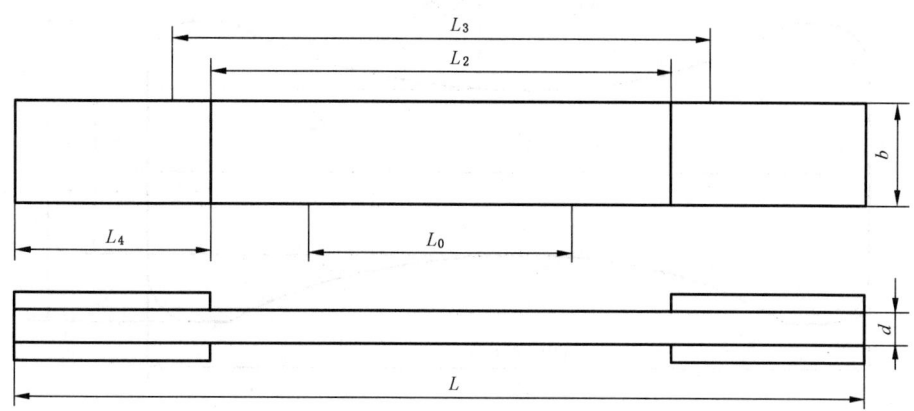

图 2　Ⅱ型试样型式

表 1　Ⅰ型、Ⅱ型试样尺寸

单位为毫米

符号	名称	Ⅰ型	Ⅱ型
L	总长（最小）	180	250
L_0	标距	50 ± 0.5	100 ± 0.5
L_1	中间平行段长度	55 ± 0.5	—
L_2	端部加强片间距离	—	150 ± 5
L_3	夹具间距离	115 ± 5	170 ± 5
L_4	端部加强片长度（最小）	—	50
b	中间平行段宽度	10 ± 0.2	25 ± 0.5
b_1	端头宽度	20 ± 0.5	—
d^{a}	厚度	$2\sim10$	$2\sim10$
a　厚度小于 2 mm 的试样可参照本标准执行。			

5.1.2　Ⅰ型试样适用于纤维增强热塑性和热固性塑料板材；Ⅱ型试样适用于纤维增强热固性塑料板材。Ⅰ、Ⅱ型仲裁试样的厚度为 4 mm。

5.1.3　Ⅲ型试样只适用于测定模压短切纤维增强塑料的拉伸强度。其厚度为 3 mm 和 6 mm 两种。仲裁试样的厚度为 3 mm。测定短切纤维增强塑料的其他拉伸性能可以采用Ⅰ型或Ⅱ型试样。

单位为毫米

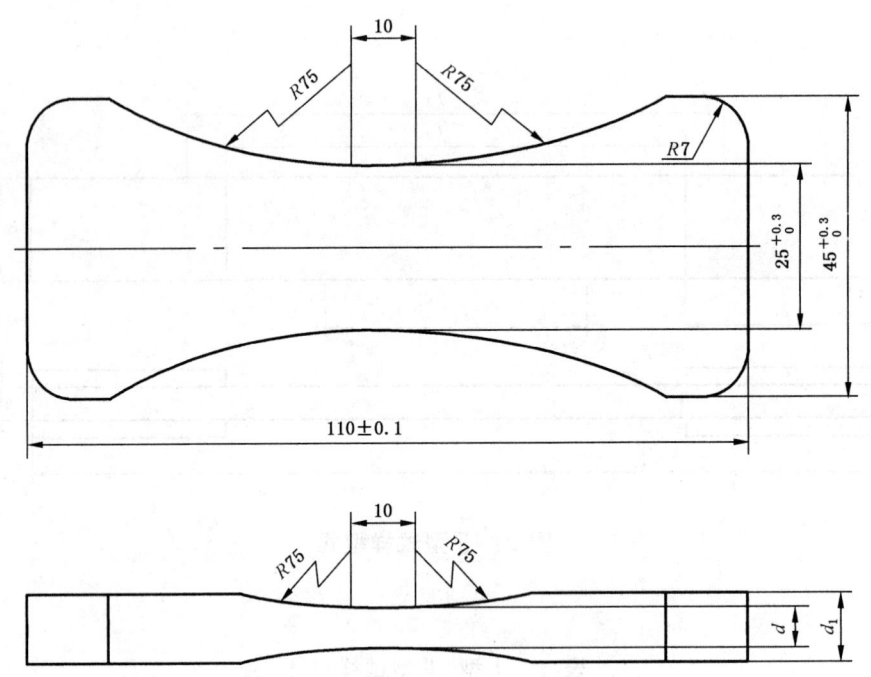

注：试样厚度为 6 mm 时，厚度 d 为（6±0.5）mm，d_1 为（10±0.5）mm；试样厚度为 3 mm 时，厚度 d 为（3±0.2）mm，d_1 为（6±0.2）mm。

图 3   Ⅲ型试样型式

5.1.4   测定泊松比试样型式和尺寸见图4。

单位为毫米

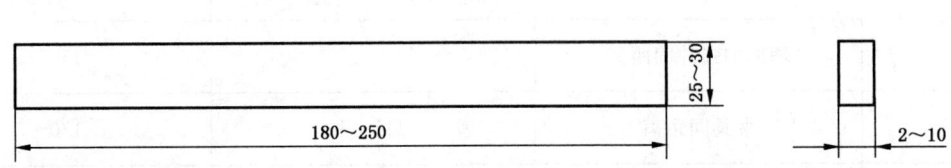

图 4   泊松比试样

5.2   试样制备

5.2.1   Ⅰ、Ⅱ型及泊松比试样采用机械加工法制备。Ⅲ型试样采用模塑法制备。

5.2.2   Ⅱ型试样加强片材料、尺寸及粘结工艺参见附录A。

5.3   试样数量

试样数量应符合 GB/T 1446—2005 中 4.3 的规定。

6   试验设备

6.1   试验机

试验机应符合 GB/T 1446—2005 中第 5 章的规定。

6.2   夹具

Ⅲ型试样使用的夹具见图5。夹具与试验机相连时，要确保试样受拉时对中。

单位为毫米

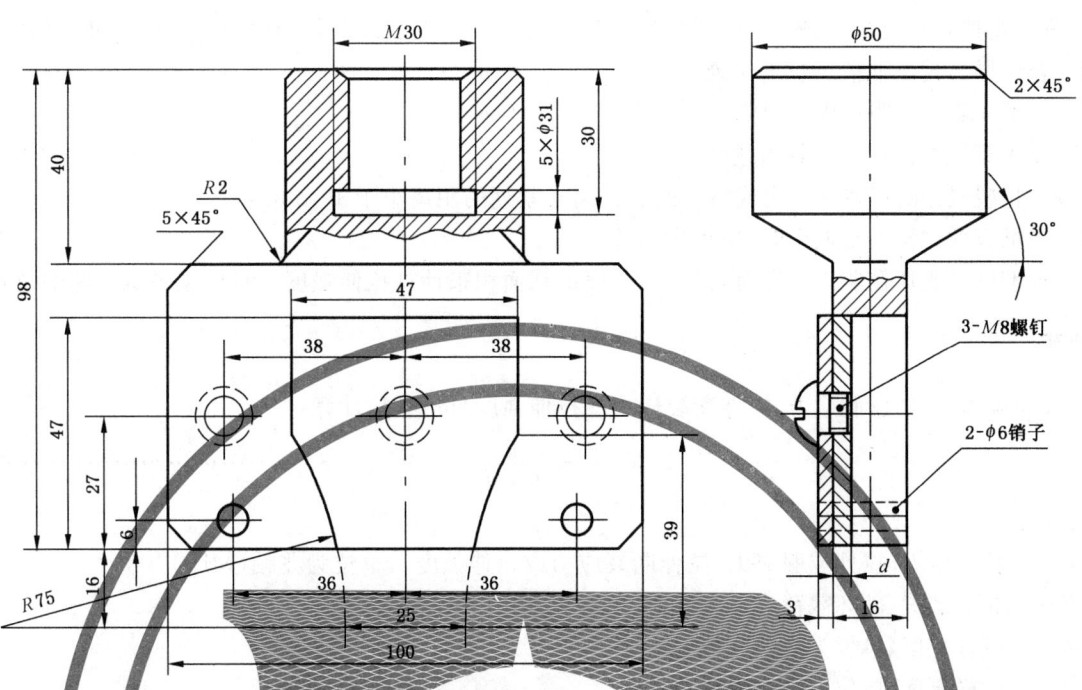

注：试样厚度为 6 mm 时，间隙板厚度 d_2 为 3 mm；试样厚度为 3 mm 时，间隙板厚度 d_2 为 5 mm。

图 5 Ⅲ型试样使用的夹具

7 试验条件

7.1 试验环境条件

按 GB/T 1446—2005 第 3 章的规定。

7.2 加载速度

7.2.1 测定拉伸弹性模量、泊松比、断裂伸长率和绘制应力-应变曲线时，加载速度一般为 2 mm/min。

7.2.2 测定拉伸应力（拉伸屈服应力、拉伸断裂应力或拉伸强度）时：

    a) 常规试验中，Ⅰ型试样的加载速度为 10 mm/min；Ⅱ、Ⅲ型试样的加载速度为 5 mm/min；

    b) 仲裁试验中，Ⅰ、Ⅱ和Ⅲ型试样的加载速度均为 2 mm/min。

8 试验步骤

8.1 试样外观检查按 GB/T 1446—2005 中 4.2 的规定。

8.2 试样状态调节按 GB/T 1446—2005 中 4.4 的规定。

8.3 将合格试样进行编号、划线和测量试样工作段任意三处的宽度和厚度，取算术平均值。测量精度
按 GB/T 1446—2005 中 4.5.1 的规定。

8.4 夹持试样，使试样的中心线与上、下夹具的对准中心线一致。

8.5 加载速度按 7.2 的规定。

8.6 在试样工作段安装测量变形的仪表。施加初载（约为破坏载荷的 5%），检查并调整试样及变形测
量仪表，使整个系统处于正常工作状态。

8.7 测定拉伸应力时连续加载直至试样破坏，记录试样的屈服载荷、破坏载荷或最大载荷及试样破坏
形式。

8.8 测定拉伸弹性模量、泊松比时，无自动记录装置可采用分级加载，级差为破坏载荷的 5%～10%，

至少分五级加载,施加载荷不宜超过破坏载荷的 50%。一般至少重复测定三次,取其两次稳定的变形增量,记录各级载荷和相应的变形值。

8.9 测定拉伸弹性模量、泊松比、断裂伸长率和绘制应力-应变曲线时,有自动记录装置,可连续加载。

8.10 若试样出现以下情况应予作废:

a) 试样破坏在明显内部缺陷处;

b) Ⅰ型试样破坏在夹具内或圆弧处;

c) Ⅱ型试样破坏在夹具内或试样断裂处离夹紧处的距离小于 10 mm。

8.11 同批有效试样不足五个时,应重作试验。

8.12 Ⅲ型试样破坏在非工作段时,仍用工作段横截面积来计算拉伸强度。且应记录试样断裂位置。

9 计算

9.1 拉伸应力(拉伸屈服应力、拉伸断裂应力或拉伸强度)按式(1)计算:

$$\sigma_t = \frac{F}{b \cdot d} \qquad \cdots\cdots(1)$$

式中:

σ_t——拉伸应力(拉伸屈服应力、拉伸断裂应力或拉伸强度),单位为兆帕(MPa);

F——屈服载荷、破坏载荷或最大载荷,单位为牛顿(N);

b——试样宽度,单位为毫米(mm);

d——试样厚度,单位为毫米(mm)。

9.2 试样断裂伸长率按式(2)计算:

$$\varepsilon_t = \frac{\Delta L_b}{L_0} \times 100 \qquad \cdots\cdots(2)$$

式中:

ε_t——试样断裂伸长率,%;

ΔL_b——试样拉伸断裂时标距 L_0 内的伸长量,单位为毫米(mm);

L_0——测量的标距,单位为毫米(mm)。

9.3 拉伸弹性模量采用分级加载时按式(3)计算:

$$E_t = \frac{L_0 \cdot \Delta F}{b \cdot d \cdot \Delta L} \qquad \cdots\cdots(3)$$

式中:

E_t——拉伸弹性模量,单位为兆帕(MPa);

ΔF——载荷-变形曲线上初始直线段的载荷增量,单位为牛顿(N);

ΔL——与载荷增量 ΔF 对应的标距 L_0 内的变形增量,单位为毫米(mm)。

其余同式(1)、(2)。

9.4 采用自动记录装置测定时,对于给定的应变 $\varepsilon'' = 0.002\,5$ 和 $\varepsilon' = 0.000\,5$,拉伸弹性模量按式(4)计算:

$$E_t = \frac{\sigma'' - \sigma'}{\varepsilon'' - \varepsilon'} \qquad \cdots\cdots(4)$$

式中:

E_t——拉伸弹性模量,单位为兆帕(MPa);

σ''——应变 $\varepsilon'' = 0.002\,5$ 时测得的拉伸应力值,单位为兆帕(MPa);

σ'——应变 $\varepsilon' = 0.000\,5$ 时测得的拉伸应力值,单位为兆帕(MPa)。

注:如材料说明或技术说明中另有规定,ε'' 和 ε' 可取其他值。

9.5 泊松比按式(5)计算：

$$\mu = -\frac{\varepsilon_2}{\varepsilon_1} \quad \cdots\cdots\cdots\cdots\cdots\cdots\cdots\cdots\cdots\cdots\cdots\cdots\cdots (5)$$

式中：

μ——泊松比；

ε_1、ε_2——分别为与载荷增量 ΔP 对应的轴向应变和横向应变。

$$\varepsilon_1 = \frac{\Delta L_1}{L_1}$$

$$\varepsilon_2 = \frac{\Delta L_2}{L_2}$$

式中：

L_1、L_2——分别为轴向和横向的测量标距，单位为毫米(mm)；

ΔL_1、ΔL_2——分别为与载荷增量 ΔF 对应的标距 L_1 和 L_2 的变形增量，单位为毫米(mm)。

9.6 绘制应力-应变曲线。

10 试验结果

拉伸应力和拉伸弹性模量按 GB/T 1446—2005 第 6 章的规定，断裂伸长率和泊松比取两位有效数字。

11 试验报告

按 GB/T 1446—2005 第 7 章的规定。

附　录　A
（资料性附录）
Ⅱ型试样加强片材料、尺寸及粘结工艺

A.1 加强片材料

采用与试样相同的材料或比试样弹性模量低的材料。

A.2 加强片尺寸

a) 厚度：1 mm～3 mm；
b) 宽度：采用单根试样粘结时为试样的宽度；若采用整体粘结后再加工成单根试样时，则宽度要满足所要加工试样数量的要求。

A.3 加强片的粘结

a) 用系砂纸打磨（或喷砂）粘结表面。注意不要损伤材料强度；
b) 用溶剂（如丙酮）清晰粘结表面；
c) 用韧性较好的室温固化粘结剂（如环氧胶粘剂）粘结；
d) 对试样粘结部位加压一定时间直至完成固化。

参 考 文 献

[1] GB/T 2035—1996　塑料术语及其定义
[2] GB/T 1040—1992　塑料拉伸性能试验方法
[3] GB 3100—1993　国际单位值及其应用(eqv ISO 1000:1992)
[4] GB 3101—1993　有关量、单位和符号的一般原则(eqv ISO 31-0:1992)
[5] GB 3102.3—1993　力学的量和单位(eqv ISO 31-3:1992)
[6] ISO 527-1:1993 Plastics—Determination of tensile properties—Part 1:General principles

ICS 83.120
Q 23

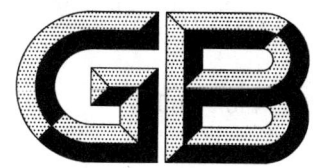

中华人民共和国国家标准

GB/T 1448—2005
代替 GB/T 1448—1983

纤维增强塑料压缩性能试验方法

Fiber-reinforced plastics composites—Determination of
compressive properties

2005-05-18 发布

2005-12-01 实施

中华人民共和国国家质量监督检验检疫总局
中国国家标准化管理委员会 发布

前　言

　　本标准参考了美国 ASTM D695-96《刚性塑料压缩性能测试方法》和 ISO 604:2002《塑料压缩性能的测定》。

　　本标准代替 GB/T 1448—1983《玻璃纤维增强塑料压缩性能试验方法》。

　　本标准与 GB/T 1448—1983 相比主要变化如下:

　　——标题由《玻璃纤维增强塑料压缩性能试验方法》改为《纤维增强塑料压缩性能试验方法》;

　　——扩大了适用范围;

　　——增加了规范性引用文件一章(见第 2 章);

　　——增加了术语和定义(见第 3 章);

　　——增加了试验原理(见第 4 章);

　　——扩大了试验速度范围(见 7.2.1);

　　——增加了压缩弹性模量的计算方法(见第 9 章);

　　——采用国际单位制。

　　本标准由中国建筑材料工业协会提出。

　　本标准由全国纤维增强塑料标准化技术委员会归口。

　　本标准由北京玻璃钢研究设计院负责起草,渤海船舶重工责任有限公司、中国兵器工业集团第五三研究所参加起草。

　　本标准主要起草人:张荣琪、邬友英、胡中永、李艳华、郑会保。

　　本标准于 1979 年 5 月首次发布,1983 年第一次修订,本次为第二次修订。

纤维增强塑料压缩性能试验方法

1 范围

本标准规定了测定压缩性能的试样、试验设备、试验条件、试验步骤及结果计算等。
本标准适用于测定纤维增强塑料的压缩应力和压缩弹性模量。

2 规范性引用文件

下列文件中的条款通过本标准的引用而成为本标准的条款。凡是注日期的引用文件,其随后所有的修改单(不包括勘误的内容)或修订版均不适用于本标准,然而,鼓励根据本标准达成协议的各方研究是否可使用这些文件的最新版本。凡是不注日期的引用文件,其最新版本适用于本标准。

GB/T 1446—2005 纤维增强塑料性能试验方法总则

3 术语和定义

下列术语和定义适用于本标准。

3.1

压缩应力 compressive stress
由垂直于作用面施加的压缩力所产生的法向应力。

3.2

法向应力 normal stress
垂直于试样原始工作面的作用力与该工作面的截面积之比。

3.3

压缩应变 compressive strain
在压缩应力下,试样减少的高度与其初始高度之比。

3.4

压缩强度 compressive strength
压缩试验中,试样能承受的最大压缩应力。

3.5

压缩弹性模量 compressive modulus of elasticity
材料在弹性范围内压缩应力与相应的压缩应变之比。

3.6

高径比(长细比) length/diameter ratio
λ

等截面柱状体的高度与其最小惯性半径之比。对等截面的矩形试样,惯性半径是横截面最小尺寸0.289倍;等截面的圆形试样,惯性半径是直径的0.25倍。

4 试验原理

以恒定速率沿试样轴向进行压缩,使试样破坏或高度减小到预定值。在整个过程中,测量施加在试样上的载荷和试样高度或应变,测定压缩应力和压缩弹性模量等。

5 试样

5.1 试样型式和尺寸见图1、表1。

单位为毫米

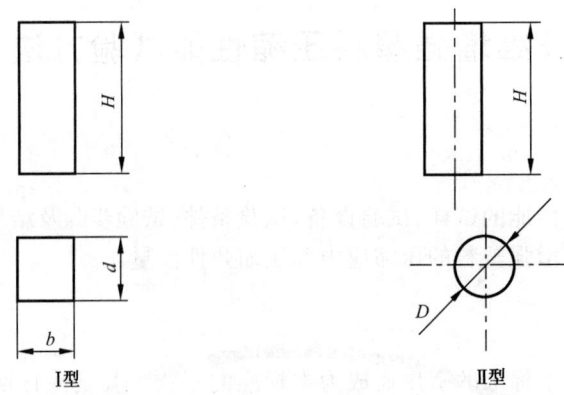

图 1 试样型式

表 1 试样尺寸

单位为毫米

尺寸符号	Ⅰ 型		尺寸符号	Ⅱ 型	
	一般试样	仲裁试样		一般试样	仲裁试样
宽度 b	10～14	10±0.2	—	—	—
厚度 d	4～14	10±0.2	直径 D	4～16	10±0.2
高度 H	$\frac{\lambda}{3.46}d$	30±0.5	高度 H	$\frac{\lambda}{4}D$	25±0.5

5.1.1 Ⅰ型试样厚度 d 小于 10 mm 时,宽度 b 取(10±0.2) mm;试样厚度 d 大于 10 mm 时,宽度 b 取厚度尺寸。

5.1.2 测定压缩强度时,λ 取 10。若试验过程中有失稳现象,λ 取 6。

5.1.3 测定压缩弹性模量时,λ 取 15 或根据测量变形的仪表确定。

5.2 Ⅰ型试样采用机械加工法制备,Ⅱ型试样采用模塑法制备或其他成型方法制备。

5.3 试样数量按 GB/T 1446—2005 中 4.3 的规定。

5.4 试样上下端面要求相互平行,且与试样中心线垂直。不平行度应小于试样高度的 0.1%。

6 试验设备

6.1 试验机
应符合 GB/T 1446—2005 中第 5 章的规定。

6.2 夹具
试验机的加载压头应平整、光滑,并具有可调整上下压板平行度的球形支座。

7 试验条件

7.1 试验环境条件
按 GB/T 1446—2005 中第 3 章的规定。

7.2 试验速度

7.2.1 测定压缩强度时,加载速度为(1～6) mm/min,仲裁试验速度为 2 mm/min。

7.2.2 测定压缩弹性模量时,加载速度一般为 2 mm/min。

8 试验步骤

8.1 试样外观检查按 GB/T 1446—2005 中 4.2 的规定。

8.2 试样状态调节按 GB/T 1446—2005 中 4.4 的规定。

8.3 将合格试样编号,测量试样任意三处的宽度和厚度,取算术平均值。测量精度按 GB/T 1446—2005 中 4.5.1 的规定。

8.4 安放试样,使试样的中心线与试验机上、下压板的中心对准。

8.5 加载速度按 7.2 的规定。

8.6 测定压缩应力时加载直至试样破坏,记录试样的屈服载荷、破坏载荷或最大载荷及试样破坏形式。

8.7 测定压缩弹性模量时,在试样高度中间位置安放测量变形的仪表,施加初载(约 5% 的破坏载荷),检查并调整试样及变形测量系统,使整个系统处于正常工作状态以及使试样两侧压缩变形比较一致。

8.8 测定压缩弹性模量时,无自动记录装置可采用分级加载,级差为破坏载荷的 5%～10%,至少分五级加载,所施加的载荷不宜超过破坏载荷的 50%。一般至少重复测定三次,取其两次稳定的变形增量,记录各级载荷和相应的变形值。

8.9 测定压缩弹性模量时,有自动记录装置,可连续加载。

8.10 有明显内部缺陷或端部挤压破坏的试样,应予作废。同批有效试样不足五个时,应重做试验。

9 计算

9.1 压缩应力(压缩屈服应力、压缩断裂应力或压缩强度)按式(1)计算:

$$\sigma_c = \frac{P}{F} \qquad \qquad \cdots\cdots\cdots\cdots\cdots\cdots (1)$$

Ⅰ型试样 $F = b \cdot d$

Ⅱ型试样 $F = \frac{\pi}{4} D^2$

式中:

σ_c——压缩应力(压缩屈服应力、压缩断裂应力或压缩强度),单位为兆帕(MPa);

P——屈服载荷、破坏载荷或最大载荷,单位为牛顿(N);

F——试样横截面积,单位为平方毫米(mm^2);

b——试样宽度,单位为毫米(mm);

d——试样厚度,单位为毫米(mm);

D——试样直径,单位为毫米(mm)。

9.2 压缩弹性模量采用分级加载时按式(2)计算:

$$E_c = \frac{L_0 \cdot \Delta P}{b \cdot d \cdot \Delta L} \qquad \qquad \cdots\cdots\cdots\cdots\cdots\cdots (2)$$

式中:

E_c——压缩弹性模量,单位为兆帕(MPa);

ΔP——载荷—变形曲线上初始直线段的载荷增量,单位为牛顿(N);

ΔL——与载荷增量 ΔF 对应的标距 L_0 内的变形增量,单位为毫米(mm);

L_0——仪表的标距,单位为毫米(mm)。

b、d 同式(1)。

9.3 采用自动记录装置测定时,对于给定的 $\varepsilon'' = 0.0025$、$\varepsilon' = 0.0005$ 压缩弹性模量按式(3)计算:

$$E_c = \frac{\sigma'' - \sigma'}{\varepsilon'' - \varepsilon'} \qquad \qquad \cdots\cdots\cdots\cdots\cdots\cdots (3)$$

式中:

E_c——压缩弹性模量,单位为兆帕(MPa);

σ''——$\varepsilon'' = 0.0025$ 时测得的压缩应力,单位为兆帕(MPa);

σ'——$\varepsilon' = 0.0005$ 时测得的压缩应力,单位为兆帕(MPa)。

注:如材料说明或技术说明中另有规定,ε'' 和 ε' 可取其他值。

10 试验结果

按 GB/T 1446—2005 中第 6 章的规定。

11 试验报告

按 GB/T 1446—2005 中第 7 章的规定。

———————————

ICS 83.120

Q 23

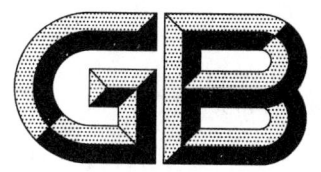

中华人民共和国国家标准

GB/T 1449—2005

代替 GB/T 1449—1983

纤维增强塑料弯曲性能试验方法

Fibre-reinforced plastic composites—Determination of flexural properties

(ISO 14125:1998,Fibre-reinforced plastic composites—Determination of flexural properties,NEQ)

2005-05-18 发布

2005-12-01 实施

中华人民共和国国家质量监督检验检疫总局
中国国家标准化管理委员会 发布

前　言

本标准对应于 ISO 14125:1998《纤维增强塑料复合材料—弯曲性能的测定》,与 ISO 14125:1998 的一致性程度为非等效,主要技术差异如下:

——ISO 14125:1998 采用三点和四点弯曲二种方法,本标准采用三点弯曲。

本标准代替 GB/T 1449—1983《玻璃纤维增强塑料弯曲性能试验方法》。与 GB/T 1449—1983 相比主要变化如下:

——标题"玻璃纤维增强塑料弯曲性能试验方法"改为"纤维增强塑料弯曲性能试验方法";

——适用范围由"适用于玻璃纤维增强塑料"改为"适用于纤维增强塑料"(见第 1 章);

——增加术语和定义(见第 3 章);

——增加了原理(见第 4 章);

——增加了应变的计算方法以及模量的计算方法(见第 9 章);

——采用国际单位制。

本标准由中国建筑材料工业协会提出。

本标准由全国纤维增强塑料标准化技术委员会归口。

本标准主要起草单位:北京玻璃钢研究设计院、中国兵器工业集团第五三研究所、渤海船舶重工有限责任公司。

本标准主要起草人:胡中永、邬友英、李艳华、张林文、郑会保。

本标准于 1979 年 5 月首次发布,1983 年第一次修订,2003 年第二次修订。

纤维增强塑料弯曲性能试验方法

1 范围

本标准规定了弯曲性能试验的试样、试验设备、试验条件、试验步骤及结果计算等。

本标准适用于测定纤维增强塑料的弯曲强度、弯曲弹性模量、规定挠度下的弯曲应力以及弯曲载荷-挠度曲线。

2 规范性引用文件

下列文件中的条款通过本标准的引用而成为本标准的条款。凡是注日期的引用文件,其随后所有的修改单(不包括勘误的内容)或修订版不适用于本标准,然而,鼓励根据本标准达成协议的各方研究是否可使用这些文件的最新版本。凡是不注日期的引用文件,其最新版本适用于本标准。

GB/T 1446—2005 纤维增强塑料试验方法总则

3 原理

采用无约束支撑,通过三点弯曲,以恒定的加载速率使试样破坏或达到预定的挠度值。在整个过程中,测量施加在试样上的载荷和试样的挠度,确定弯曲强度、弯曲弹性模量以及弯曲应力与应变的关系。

4 术语和定义

下列术语和定义适用于本标准。

4.1

弯曲应力 flexural stress

跨距中点试样外表面层的公称应力。

4.2

弯曲强度 flexural strength

试样在弯曲破坏下,破坏载荷或最大载荷时的弯曲应力。

4.3

挠度 deflection

跨距中点试样表面在弯曲过程中距初始位置的距离。

4.4

破坏挠度 deflection at break

试样破坏时的挠度。

4.5

弯曲应变 flexural strain

跨距中点试样外表面层的长度变化率。

4.6

弯曲弹性模量 flexural modulus

材料在弹性范围内,弯曲应力与相应的弯曲应变之比。

5 试样

5.1 试样型式和尺寸见图1、表1。

GB/T 1449—2005

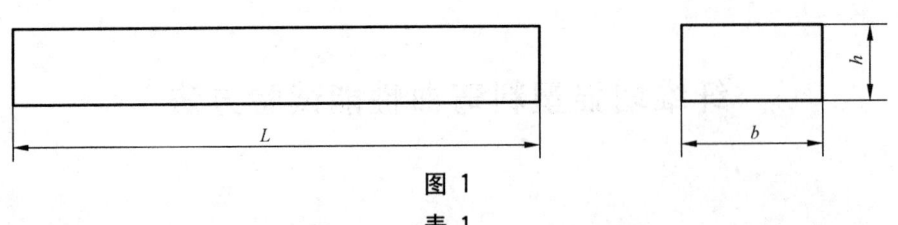

图 1

表 1
单位为毫米

厚度	纤维增强热塑性塑料 宽度(b)	纤维增强热固性塑料 宽度(b)	最小长度(L_{min})
1<h≤3	25±0.5	15±0.5	
3<h≤5	10±0.5	15±0.5	
5<h≤10	15±0.5	15±0.5	20h
10<h≤20	20±0.5	30±0.5	
20<h≤35	35±0.5	50±0.5	
35<h≤50	50±0.5	80±0.5	

5.2 仲裁试样尺寸见表2。

表 2
单位为毫米

材 料	长度(L)	宽度(b)	厚度(h)
纤维增强热塑性塑料	≥80	10±0.5	4±0.2
纤维增强热固性塑料	≥80	15±0.5	4±0.2
短切纤维增强塑料	≥120	15±0.5	6±0.2

5.3 试样制备 GB/T 1446—2005 中 4.1 的规定,试样数量按 GB/T 1446—2005 中 4.3 的规定。

6 仪器设备

6.1 试验机应符合 GB/T 1446—2005 第 5 章的规定。

6.2 弯曲试验装置示意图见图 2。

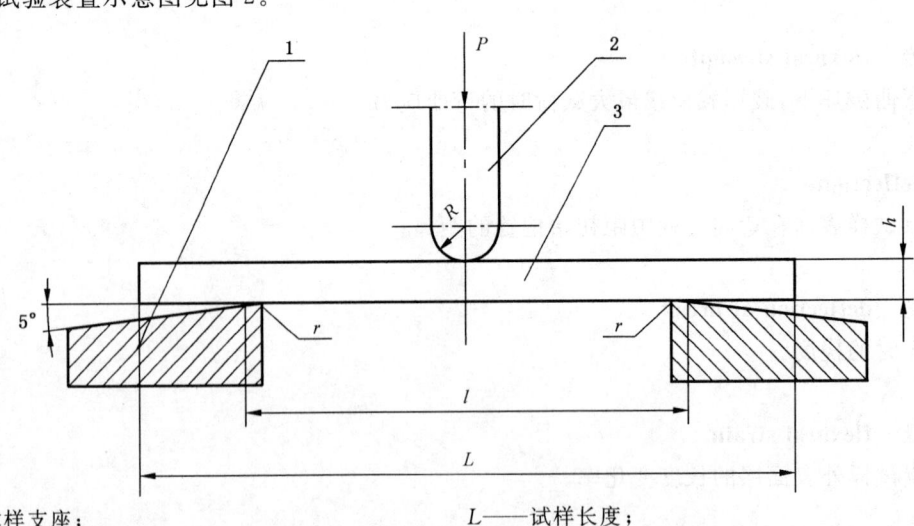

1——试样支座;   L——试样长度;

2——加载上压头;   h——试样厚度;

3——试样;   R——加载上压头圆角半径;

l——跨距;   r——支座圆角半径。

P——载荷;

图 2

6.2.1 加载上压头应为圆柱面,其半径 $R=(5\pm0.1)$ mm。

6.2.2 支座圆角半径 r:

  a) 试样厚度 $h>3$ mm 时,$r=(2\pm0.2)$ mm;

  b) 试样厚度 $h\leqslant3$ mm 时,$r=(0.5\pm0.2)$ mm,若试样出现明显支座压痕,r 应改为 2 mm。

7 试验条件

7.1 试验环境条件

按 GB/T 1446—2005 第 3 章的规定。

7.2 试验速度

7.2.1 测定弯曲强度时,试验速度 V 为:

  a) 常规试验速度为 10 mm/min;

  b) 仲裁试验速度 $V=\dfrac{h}{2}$ mm/min,h 为试样厚度。

7.2.2 测定弯曲弹性模量及载荷-挠度曲线时,试验速度一般为 2 mm/min。

8 试验步骤

8.1 试样外观检查按 GB/T 1446—2005 中 4.2 的规定。

8.2 试样状态调节按 GB/T 1446—2005 中 4.4 的规定。

8.3 将合格试样编号、划线,测量试样中间的 1/3 跨距任意三点的宽度和厚度,取算术平均值。测量精度按 GB/T 1446—2005 中 4.5。

8.4 调节跨距 l 及上压头的位置,准确至 0.5 mm。加载上压头位于支座中间,且使上压头和支座的圆柱面轴线相平行。

  跨距 l 可按试样厚度 h 换算而得:

$$l=(16\pm1)h$$

  注 1:对很厚的试样,为避免层间剪切破坏,跨厚比 l/h 可取大于 16,如 32,40。

  注 2:对很薄的试样,为使其载荷落在试验机许可的载荷容量范围内,跨厚比 l/h 可取小于 16,如 10。

8.5 标记试样受拉面,将试样对称地放在两支座上。必要时,在试样上表面与加载压头间放置薄片或薄垫块,防止试样受压失效。

8.6 将测量变形的仪表置于跨距中点处,与试样下表面接触。施加初载(约为破坏载荷的 5%),检查和调整仪表,使整个系统处于正常状态。

8.7 加载速度按 7.2 的规定。

8.8 测定弯曲强度时,连续加载。在挠度或等于 1.5 倍试样厚度下呈现破坏的材料,记录最大载荷或破坏载荷。在挠度等于 1.5 倍试样厚度下不呈现破坏的材料,记录该挠度下的载荷。

8.9 测定弯曲弹性模量及载荷-挠度曲线时,无自动记录装置可分级加载,级差为破坏载荷的(5—10)%(测定弯曲弹性模量时,至少分五级加载,所施加的最大载荷不宜超过破坏载荷的 50%。一般至少重复三次,取其二次稳定的变形增量)。记录各级载荷及相应的挠度。

8.10 测定弯曲弹性模量及载荷-挠度曲线时,有自动记录装置可连续加载。

8.11 试样呈层间剪切破坏,有明显内部缺陷或在试样中间三分之一以外破坏的应予作废。同批有效试样不足 5 个时,应重做试验。

9 计算

9.1 弯曲强度 σ_f(或挠度为 1.5 倍试样厚度时的弯曲应力)按式(1)计算:

$$\sigma_f=\frac{3P\cdot l}{2b\cdot h^2} \qquad\qquad\cdots\cdots(1)$$

式中：

σ_f——弯曲强度（或挠度为 1.5 倍试样厚度时的弯曲应力），单位为兆帕（MPa）；

P——破坏载荷（或最大载荷，或挠度为 1.5 倍试样厚度时的载荷），单位为牛顿（N）；

l——跨距，单位为毫米（mm）；

h——试样厚度，单位为毫米（mm）；

b——试样宽度，单位为毫米（mm）。

注：若考虑挠度 S 作用下支座水平分力引起弯矩的影响，可按下式计算弯曲强度：

$$\sigma_f = \frac{3P \cdot l}{2b \cdot h^2}[1 + 4(S/l)^2]$$

式中：

S——试样跨距中点处的挠度，单位为毫米（mm）。

其余同式（1）。

9.2 弯曲弹性模量按式（2）或（3）计算：

9.2.1 采用分级加载时，弯曲弹性模量按式（2）计算：

$$E_f = \frac{l^3 \cdot \Delta P}{4b \cdot h^3 \cdot \Delta S} \quad \cdots\cdots\cdots\cdots\cdots\cdots\cdots\cdots\cdots\cdots\cdots\cdots（2）$$

式中：

E_f——弯曲弹性模量，单位为兆帕（MPa）；

ΔP——载荷-挠度曲线上初始直线段的载荷增量，单位为牛顿（N）；

ΔS——与载荷增量 ΔP 对应的跨距中点处的挠度增量，单位为毫米（mm）。

b、h 同式（1）。

9.2.2 采用自动记录装置时，对于给定的应变 $\varepsilon'' = 0.0025$、$\varepsilon' = 0.0005$，弯曲弹性模量按式（3）计算：

$$E_f = 500(\sigma'' - \sigma') \quad \cdots\cdots\cdots\cdots\cdots\cdots\cdots\cdots\cdots\cdots\cdots\cdots（3）$$

式中：

E_f——弯曲弹性模量，单位为兆帕（MPa）；

σ''——应变 $\varepsilon' = 0.0005$ 时测得的弯曲应力，单位为兆帕（MPa）；

σ'——应变为 $\varepsilon'' = 0.0025$ 时测得的弯曲应力，单位为兆帕（MPa）。

注：如材料说明或技术说明中另有规定，ε'、ε'' 可取其他值。

9.3 试样外表面层的应变按式（4）计算：

$$\varepsilon = \frac{6S \cdot h}{l^2} \quad \cdots\cdots\cdots\cdots\cdots\cdots\cdots\cdots\cdots\cdots\cdots\cdots\cdots\cdots\cdots（4）$$

式中：

ε——应变，%；

S、h、l 同式（1）。

10 试验结果

弯曲强度和弯曲模量按 GB/T 1446—2005 第 6 章的规定，应变取二位有效数字。

11 试验报告

按 GB/T 1446—2005 第 7 章的规定。

ICS 83.080.01
G 31

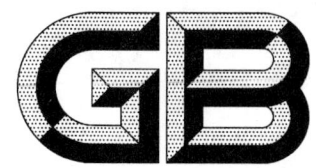

中华人民共和国国家标准

GB/T 1634.1—2004/ISO 75-1:2003
代替 GB/T 1634—1979

塑料 负荷变形温度的测定
第 1 部分:通用试验方法

Plastics—Determination of temperature of deflection under load—
Part 1:General test method

(ISO 75-1:2003,IDT)

2004-03-15 发布　　　　　　　　　　　　　　　2004-12-01 实施

中华人民共和国国家质量监督检验检疫总局
中国国家标准化管理委员会　发布

中华人民共和国国家标准

GB/T 16341—2004/ISO 75-1:2003

塑料 负荷变形温度的测定
第1部分：通用试验方法

Plastics—Determination of temperature of deflection under load—
Part 1: General test method

(ISO 75-1:2003, IDT)

2004-03-15 发布　　　　　　　　　　　　2004-12-01 实施

中华人民共和国国家质量监督检验检疫总局
中国国家标准化管理委员会　发布

前　言

GB/T 1634《塑料　负荷变形温度的测定》分为三个部分：

——第1部分：通用试验方法；

——第2部分：塑料、硬橡胶和长纤维增强复合材料；

——第3部分：高强度热固性层压材料。

本部分为 GB/T 1634 的第1部分。

本部分等同采用 ISO 75-1:2003《塑料　负荷变形温度的测定　第1部分：通用试验方法》（英文版）。

本部分等同翻译 ISO 75-1:2003，在技术内容上完全相同。

为便于使用，本部分做了下列编辑性修改：

a)　把"本国际标准"一词改为"本标准"或"GB/T 1634"，把"ISO 75 的本部分"改成"GB/T 1634 的本部分"或"本部分"；

b)　删除了 ISO 75-1:2003 的前言，修改了该国际标准的引言；

c)　增加了国家标准的前言；

d)　把"规范性引用文件"一章所列的二个国际标准用对应的等同采用该文件的我国国家标准代替；

e)　对 ISO 75-1:2003 中 3.2 条后的注 2 作了删改，删去 5.4 条后的注 2；

f)　用我国的小数点符号"."代替国际标准中的小数点符号","。

本部分的前一版为 GB/T 1634—1979(1989 年确认)《塑料弯曲负载热变形温度(简称热变形温度)试验方法》。与前版相比，主要技术内容改变如下：

1. 更改了标准名称，增加了目次、前言和引言；

2. 增设了"规范性引用文件"、"术语和定义"、"原理"和"精密度"四章，引入了若干新的术语、定义和符号；

3. 对"范围"、"设备"、"试样"、"状态调节"、"操作步骤"、"结果表示"、"试验报告"等章节内容进行了扩展和补充；

4. 把试样放置方式由"侧立"一种改为"平放"与"侧立"两种，并明确指出，平放方式是优选的；侧立方式仅是备选的，并将被撤消；

5. 修改或增加了有关计算公式，并用法定计量单位取代非法定单位；

6. 提高了对试样尺寸、试样制备，传热介质温度分布均匀性及温度测量仪器等的精度要求。

本部分与 GB/T 1634 的第2部分及第3部分共同代替国家标准 GB/T 1634—1979(1989 确认)《塑料弯曲负载热变形温度(简称热变形温度)试验方法》。

本部分由原国家石油和化学工业局提出。

本部分由全国塑料标准化技术委员会塑料树脂产品分会(TC15/SC4)归口。

本部分负责起草单位：中蓝晨光化工研究院。

本部分参加起草单位：桂林电器科学研究所、北京化工研究院、北京市化工研究院、承德试验机总厂。

本部分起草人：王永明、宋桂荣。

本标准首次发布时间为 1979 年。

本部分委托中蓝晨光化工研究院负责解释。

引　言

　　GB/T 1634.1—2004 和 GB/T 1634.2—2004 规定了使用不同试验负荷的三种试验方法(即方法 A、方法 B 和方法 C),并规定了两种试样放置方式(侧立式和平放式)。对于平放试验,要求使用尺寸为 80 mm×10 mm×4 mm 的试样。这种试样既可用直接模塑方法制备,也可用多用途试样(见 ISO 3167)的中央部分机加工制得。但这些"ISO 样条"不能方便地用于侧立试验。因为在同样条件下使用这种试样,既要减小跨度,又要增大试验负荷,这对目前正在使用的用于侧立试验的仪器,可能是无法办到的,对侧立试样没有严格的规定。使用 80 mm×10 mm×4 mm 的 ISO 样条具有以下优点:

　　——试样的热膨胀对试验结果的影响较小。

　　——斜角不会影响试验结果,不会以侧棱为底立住试样。

　　——可以更严格地规定模塑参数和试样尺寸。

　　这就提高了试验结果的可比性。因此决定将从该标准中删去侧立试验的内容。为了提供足够长的过渡期,本版本只把平放方法作为优选的方法推荐使用,同时暂时保留侧立方法作为备选的方法,并把该方法移入 GB/T 1634.2 的规范性附录中。在本标准下次修订时,将删除该附录及所有提到侧立试验的内容。

　　为了与 ISO 10350-1:1998 保持一致,使用了 T_f 作为负荷变形温度的符号。

塑料　负荷变形温度的测定
第1部分:通用试验方法

1 范围

1.1　GB/T 1634规定了测定塑料负荷(三点加荷下的弯曲应力)变形温度的方法。为适应不同类型材料,规定了不同类型试样和不同的恒定试验负荷。

1.2　GB/T 1634的本部分规定了通用试验方法,第2部分对塑料、硬橡胶和长纤维增强复合材料规定了具体要求,第3部分对高强度热固性层压材料规定了具体要求。

1.3　所规定的方法适用于评价不同类型材料在负荷下,以规定的升温速率升至高温时的相对性能。所得结果不一定代表其可适用的最高温度。因为实际使用时的主要因素如时间、负荷条件和标称表面应力等,可能与本试验条件不同。只有从室温弯曲模量相同的材料得到的数据,才有真正的可比性。

1.4　本方法规定了所用试样的优选尺寸,用不同尺寸或不同条件制备的试样进行试验,可能得到不同的结果。因此,当需要可重复的数据时,应仔细控制和记录样品制备条件和试验可变因素。

1.5　用所述试验方法获得的数据不能用于预测实际产品最终使用时的行为,也不能用于设计、分析或预测材料在高温时的耐用程度。

1.6　虽然GB/T 1634的第2部分允许使用两种试样放置方式,但平放方式是优先选取的并予以推荐;而侧立方式仅仅是备选的。在本标准下次修订时,将完全删去侧立方式。

1.7　本方法通常称作HDT(热变形试验),虽然没有任何正式文件使用该标识符号。

2 规范性引用文件

　　下列文件中的条款通过GB/T 1634的本部分的引用而成为本部分的条款。凡是注日期的引用文件,其随后所有的修改单(不包括勘误的内容)或修订版均不适用于本部分,然而,鼓励根据本部分达成协议的各方研究是否可使用这些文件的最新版本。凡是不注日期的引用文件,其最新版本适用于本部分。

　　GB/T 1634.2—2004　塑料　负荷变形温度的测定　第2部分:塑料、硬橡胶和长纤维增强复合材料(ISO 75-2:2003,IDT)

　　GB/T 1634.3—2004　塑料　负荷变形温度的测定　第3部分:高强度热固性层压材料(ISO 75-3:2003,IDT)

　　GB/T 2918—1998　塑料　状态调节和试验的标准环境(idt ISO 291:1997)

3 术语和定义

　　下列术语和定义适用于GB/T 1634的本部分和其他各部分。

3.1

弯曲应变　flexural strain

ε_f

试样跨度中点外表面单位长度的微小的用分数表示的变化量。

注:以无量纲比值或百分量(%)表示。

3.2

弯曲应变增量　flexural strain increase

$\Delta\varepsilon_f$

在加热过程中产生的所规定的弯曲应变增加量。

注 1：以百分量(%)表示。

注 2：引入该量的目的是为了强调这个事实，即施加的试验负荷所引起的初始挠度是不测量的。因此，试验的最终判据不是绝对应变值，仅仅是被监测的挠度增加量(还可见 3.4)。

3.3

挠度 deflection

s

在弯曲过程中，试样跨度中心的顶面或底面偏离其原始位置的距离。

注：以毫米(mm)为单位。

3.4

标准挠度 standard deflection

Δs

由 GB/T 1634 有关部分规定的，与试样表面弯曲应变增量 $\Delta \varepsilon_f$ 对应的挠度增量。

注 1：以毫米(mm)为单位[见 8.3 公式(5)和公式(6)]。

注 2：标准挠度取决于试样的尺寸、放置方式及支点间的跨度。

3.5

弯曲应力 flexural stress

σ_f

试样跨度中心外表面上的标称应力。

注：以兆帕斯卡(MPa)为单位。

3.6

负荷 load

F

施加到试样跨度中点上的力，使之产生规定的弯曲应力。

注：以牛顿(N)为单位[见 8.1 中的公式(1)至公式(3)]。

3.7

负荷变形温度 temperature of deflection under load

T_f

随着试验温度的增加，试样挠度达到标准挠度值时的温度。

注：以摄氏度(℃)为单位。

4 原理

标准试样以平放(优选的)或侧立方式承受三点弯曲恒定负荷，使其产生 GB/T 1634 相关部分规定的其中一种弯曲应力。在匀速升温条件下，测量达到与规定的弯曲应变增量相对应的标准挠度时的温度。

5 设备

5.1 产生弯曲应力的装置

该装置由一个刚性金属框架构成，基本结构如图 1 所示。框架内有一可在竖直方向自由移动的加荷杆，杆上装有砝码承载盘和加荷压头，框架底板同试样支座相连，这些部件及框架垂直部分都由线膨胀系数与加荷杆相同的合金制成。

试样支座由两个金属条构成，其与试样的接触面为圆柱面，与试样的两条接触线位于同一水平面上。跨度尺寸，即两条接触线之间距离由 GB/T 1634 的相关部分给出。将支座安装在框架底板上，使加荷压头施加到试样上的垂直力位于两支座的中央。支座接触头缘线与加荷压头缘线平行，并与对称放置在支座上的试样长轴方向成直角。支座接触头和加荷压头圆角半径为(3.0±0.2)mm,并应使其边缘线长度大于试样宽度。

　　除非仪器垂直部件都具有相同的线膨胀系数,否则这些部件在长度方向的不同变化,将导致试样表观挠曲读数出现误差。应使用由低线膨胀系数刚性材料制成的且厚度与被试验试样可比的标准试样对每台仪器进行空白试验,空白试验应包含实际测定中所用的各温度范围,并对每个温度确定校正值。如果校正值为 0.01 mm 或更大,则应记录其值和代数符号。每次试验时都应使用代数方法,将其加到每个试样表观挠曲读数上。

　　注:已发现殷钢和硼硅玻璃适宜用作空白试验材料。

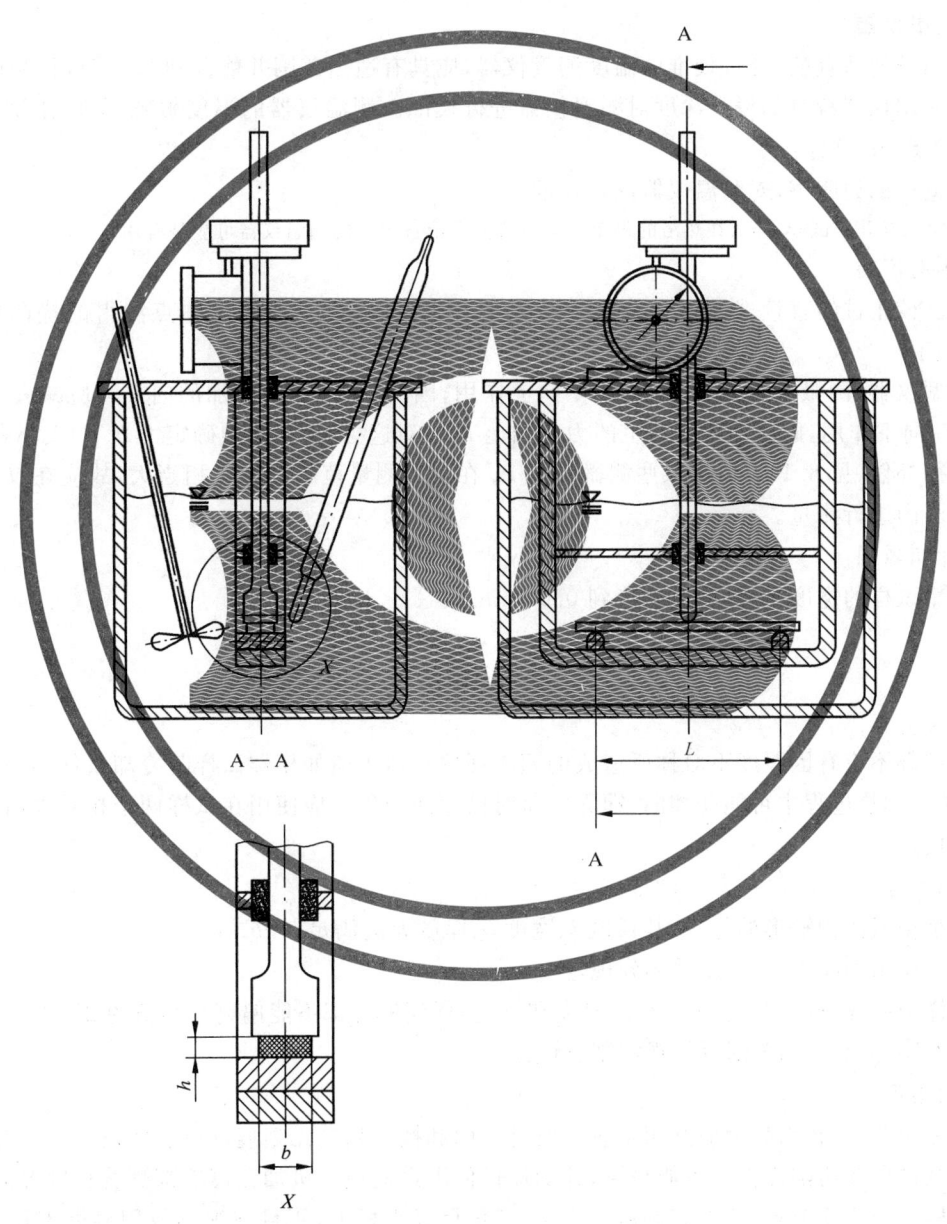

图 1　测定负荷变形温度的典型设备

5.2　加热装置

　　加热装置应为热浴,热浴内装有适宜的液体传热介质,试样在其中应至少浸没 50 mm 深,并应装有高效搅拌器。应确定所选用的液体传热介质在整个温度范围内是稳定的并应对受试材料没有影响,例如不引起溶胀或开裂。

加热装置应装有控制元件，以使温度能以(120±10)℃/h的均匀速率上升。

应定期用核对自动温度读数或至少每6 min用手动核对一次温度的方法校核加热速率。

如果在试验中要求每6 min内温度变化为(12±1)℃，则也应考虑满足此要求。

热浴中试样两端部和中心之间的液体温度差应不超过±1℃。

注1：可将仪器设计成当到达标准挠度时能自动停止加热。

注2：液体石蜡、变压器油、甘油和硅油都是合适的液体传热介质，也可以使用其他液体。

5.3 砝码

应备有一组砝码，以使试样加荷达到按8.1计算所需的弯曲应力。

注：必须能以1 g的增量调节这些砝码。

5.4 温度测量仪器

可以使用任何适宜的，经过校准的温度测量仪器，应具有适当范围并能读到0.5℃或更精确。

应在所使用仪器特有的浸没深度对测温仪器进行校准。测温仪器的温度敏感元件，距试样中心距离应在(2±0.5)mm以内。

按照制造厂的说明书，对测温仪器进行校准。

注：如同时试验几个试样，那么在热浴的每个试验位置上都配备独立的测温仪器可能是有用的。

5.5 挠度测量仪器

可以是已校正过的直读式测微计或其他合适的仪器，在试样支座跨度中点测得的挠曲应精确到0.01 mm以内。

有些类型仪器，测微计弹簧产生的力F_s向上作用，因此，由加荷杆施加的向下力应减去F_s。而另一种情况，F_s向下作用，此时加荷杆产生的力应加上F_s。对这类仪器，必须确定力F_s的大小和方向，以便能对其进行补偿(见8.1)。由于某些测微计的F_s在整个测量范围内变化相当大，故应在仪器所要使用的部分范围内进行测量。

5.6 测微计和量规

用于测量试样的宽度和厚度，应精确到0.01 mm。

6 试样

6.1 概述

所有试样都不应有因厚度不对称所造成的翘曲现象。由于诸如模塑试样时冷却条件不同或结构不对称，使试样在加热过程中可能变翘曲，即无负荷时已弯曲现象。应使用在试样两个相对表面施加负荷的方法进行校正。

6.2 形状和尺寸

试样应是横截面为矩形的样条，其长度l、宽度b、厚度h应满足$l>b>h$。

试样尺寸应由GB/T 1634相关部分规定。

每个试样中间部分(占长度的1/3)的厚度和宽度，任何地方都不能偏离平均值的2%以上。

应按照GB/T 1634相关部分的规定制备试样。

6.3 试样的检查

试样应无扭曲，其相邻表面应互相垂直。所有表面和棱边均应无划痕，麻点、凹痕和飞边等。

应确保试样所有切削面都尽可能平滑，并确保任何不可避免的机加工痕迹都顺着长轴方向。

为使试样符合这些要求，应把其紧贴在直尺、三角尺或平板上，用目视观测或用测微卡尺对试样进行测量检查。

如果测量或观察到试样存在一个或多个不符合上述要求的缺陷，则应弃之不用或在试验前将其机加工到适宜的尺寸和形状。

6.4 试样数量

至少试验两个试样，为降低翘曲变形的影响，应使试样不同面朝着加荷压头进行试验。如需进行重复试验(见 GB/T 1634.2—2004 和 GB/T 1634.3—2004 的 8.3),则对每个重复试验都要求增加两个试样。

7 状态调节

除非受试材料规范另有要求,状态调节和试验环境应符合 GB/T 2918 的规定。

8 操作步骤

8.1 施加力的计算

在 GB/T 1634 所采用的三点加荷法中,施加到试样上的力 F,以 N 为单位,作为弯曲应力 σ_f 的函数,由式(1)或式(2)计算:

如果试样采取优选(平放)放置方式:

则
$$F = \frac{2\sigma_f \cdot b \cdot h^2}{3L} \qquad \cdots\cdots\cdots\cdots\cdots\cdots\cdots (1)$$

如果试样采取备选(侧立)放置方式:

则
$$F = \frac{2\sigma_f \cdot h \cdot b^2}{3L} \qquad \cdots\cdots\cdots\cdots\cdots\cdots\cdots (2)$$

式中:

F——负荷,单位为牛顿(N);

σ_f——试样表面承受的弯曲应力,单位为兆帕(MPa);

b——试样宽度,单位为毫米(mm);

h——试样厚度,单位为毫米(mm);

L——试样与支座接触线间距离(跨度),单位为毫米(mm)。

测量 b 和 h 时,应精确到 0.1 mm;测量 L 时,应精确到 0.5 mm。

跨度和弯曲应力,应符合 GB/T 1634 有关部分的规定。

施加试验力 F 时,应考虑加荷杆质量 m_r 的影响,需把它作为试验力的一部分。如果使用弹簧施荷仪器,如表盘式测微计,还应考虑弹簧施加力 F_s 的大小和对总力 F 的方向,即是正还是负(见 5.5)。

要将质量为 m_w 的附加砝码放在加荷杆上,以产生式(3)规定的所需总力 F。

$$F = 9.81(m_w + m_r) + F_s \qquad \cdots\cdots\cdots\cdots\cdots\cdots\cdots (3)$$

因此
$$m_w = \frac{F - F_s}{9.81} m_r \qquad \cdots\cdots\cdots\cdots\cdots\cdots\cdots (4)$$

式中:m_r——施加试验力的加荷杆质量,单位为千克(kg);

m_w——附加砝码的质量,单位为千克(kg);

F——施加到试样上的总力,单位为牛顿(N);

F_s——所用仪器施荷弹簧产生的力,单位为牛顿(N)。

如果弹簧对着试样向下压,则该力值为正;如果弹簧推力与加荷杆下降方向相反,则该力值为负;如果没有使用这种仪器,则该力为零。

实际施加力应为计算力 $F(1\pm2.5\%)$。

注:所有涉及弯曲性能的公式,仅在应用到应力/应变关系为线性的情况才是正确的。因此,对大多数塑料来说,这些公式仅在小挠度情况下才是比较准确的。但可以用给出的这些公式对材料进行比较。

8.2 加热装置的起始温度

每次试验开始时,加热装置(5.2)的温度应低于 27℃,除非以前的试验已经表明,对受试的具体材料,在较高温度下开始试验不会引起误差。

8.3 测量

对试样支座间的跨度(见 5.1)进行检查,如果需要则调节到适当的值。测量并记录该值,精确至

0.5 mm,以便用于8.1中的计算。

将试样放在支座上,使试样长轴垂直于支座。将加荷装置(5.1)放入热浴中,对试样施加按8.1计算的负荷,以使试样表面产生符合 GB/T 1634 有关部分规定的弯曲应力。让力作用5 min后(见注1),记录挠曲测量装置(5.5)的读数,或将读数调整为零。

以(120±10)℃/h的均匀速率升高热浴的温度,记下样条初始挠度净增加量达到标准挠度时的温度,即为在 GB/T 1634 有关部分规定的弯曲应力下的负荷变形温度。标准挠度是高度(h 或 b,依试样放置方式而定,见8.1)、所用跨度和 GB/T 1634 相关部分规定的弯曲应变增量的函数,分别按式(5)和式(6)计算:

对于优选(平放)放置方式:

$$\Delta s = \frac{L^2 \cdot \Delta \varepsilon_{\mathrm{f}}}{600h} \quad \cdots\cdots\cdots\cdots\cdots\cdots\cdots\cdots\cdots\cdots\cdots\cdots (5)$$

对于备选(侧立)放置方式:

$$\Delta s = \frac{L^2 \cdot \Delta \varepsilon_{\mathrm{f}}}{600b} \quad \cdots\cdots\cdots\cdots\cdots\cdots\cdots\cdots\cdots\cdots\cdots\cdots (6)$$

式中:

Δs——标准挠度,单位为毫米(mm);

L——跨度,即试样支座与试样的接触线之间距离,单位为毫米(mm);

$\Delta \varepsilon_{\mathrm{f}}$——弯曲应变增量,%;

h——试样厚度,单位为毫米(mm);

b——试样宽度,单位为毫米(mm)。

注1:保持5 min的等候时间,是用于部分补偿某些材料在室温下受到规定弯曲应力时所显示的蠕变。在开头5 min内发生的蠕变,通常占最初30 min内发生蠕变的绝大部分。如果受试材料在起始温度前5 min内没有明显的蠕变,则可以省去5 min的等候时间。

注2:如果已知试样挠度为试样温度的函数,那么这一点在试验结果的解释中常常是有用的。可能的话,建议在等候和加热期间连续监控试样挠度。

至少应进行两次试验,每个试样只应使用一次。为降低试样不对称性(例如翘曲)对试验结果的影响,应使试样相对的面分别朝向加荷压头成对地进行试验。

9 结果表示

以受试试样负荷变形温度的算术平均值表示受试材料的负荷变形温度,除非 GB/T 1634 有关部分另有规定。

把试验结果表示为一个最靠近的摄氏温度整数值。

10 精密度

由于尚未得到实验室间试验数据,故未知本试验方法的精密度。如果得到上述数据,则在下次修订时加上精密度说明。

11 试验报告

试验报告应包括下列信息:

a) 注明采用 GB/T 1634 有关部分;

b) 标识受试材料所需的详细情况;

c) 试样制备方法;

d) 热浴中所用的液体传热介质;

e) 所用的状态调节和退火程序,如果有的话;

f) 负荷变形温度，℃（如果在不同加荷方向上进行的两次测量单个结果之差超过 GB/T 1634 有关部分规定的界限，则应分别报告两个方向的全部试验结果）；

g) 所用试样尺寸；

h) 试样的放置方式（平放或侧立）；

i) 所用的弯曲应力；

j) 所用的跨度；

k) 在试验过程中或从仪器中卸下后注意到的试样任何异常情况。

参 考 文 献

[1] ISO 3167:2002,塑料　多用途试样
[2] ISO 10350-1:1998,塑料　可比较单点数据的获得和表示　第1部分:模塑材料

ICS 83.080.01
G 31

中华人民共和国国家标准

GB/T 1634.2—2004/ISO 75-2:2003
代替 GB/T 1634—1979

塑料 负荷变形温度的测定
第 2 部分：塑料、硬橡胶和长纤维
增强复合材料

Plastics—Determination of temperature of deflection under load—
Part 2：Plastics，ebonite and long-fibre-reinforced composites

（ISO 75-2:2003，IDT）

2004-03-15 发布

2004-12-01 实施

中华人民共和国国家质量监督检验检疫总局
中国国家标准化管理委员会 发布

前　言

GB/T 1634《塑料　负荷变形温度的测定》分为三个部分：

——第1部分：通用试验方法；

——第2部分：塑料、硬橡胶和长纤维增强复合材料；

——第3部分：高强度热固性层压材料。

本部分为 GB/T 1634 的第2部分。

本部分等同采用 ISO 75-2：2003《塑料　负荷变形温度的测定　第2部分：塑料、硬橡胶和长纤维增强复合材料》（英文版）。

本部分等同翻译 ISO 75-2：2003，在技术内容上完全相同。

为便于使用，本部分做了下列编辑性修改：

a)　把"本国际标准"一词改为"本标准"或"GB/T 1634"，把"ISO 75 的本部分"改成"GB/T 1634 的本部分"或"本部分"；

b)　删除了 ISO 75-2：2003 的前言，修改了该国际标准的引言；

c)　增加了国家标准的前言；

d)　把"规范性引用文件"一章所列的其中三个国际标准用对应的等同采用该文件的我国国家标准代替；

e)　用我国的小数点符号"，"代替国际标准中的小数点符号"．"。

本部分的前一版为 GB/T 1634—1979（1989 年确认）《塑料弯曲负载热变形温度（简称热变形温度）试验方法》。与前版相比，主要技术内容改变如下：

1、更改了标准名称，增加了目次、前言和引言；

2、增设了"规范性引用文件"、"术语和定义"、"原理"和"精密度"四章及附录 A、附录 B 等，引入了若干新的术语、定义和符号，给出了精密度试验数据；

3、把试样放置方式由"侧立"一种改为"平放"与"侧立"两种，并明确指出：平放方式是优选的；侧立方式仅是备选的，并将被撤消；

4、跨度由一种（100 mm）改为两种，64 mm（平放）和 100 mm（侧立），并规定了容差要求；

5、对试样施加的弯曲应力，由二种增加到三种，新规定了使用 8.00 MPa 弯曲应力的 C 法；

6、增加了平放试验用的"标准挠度表"；

7、提高了对试样尺寸、试样制备及退火处理等的要求；

8、对"范围"、"设备"、"试样"、"状态调节"、"操作步骤"、"结果表示"、"试验报告"等章节内容的修改和补充见 GB/T 1634.1—2004/ISO 75-1：2003。

本部分与 GB/T 1634 的第1部分及第3部分共同代替国家标准 GB/T 1634—1979（1989 确认）《塑料弯曲负载热变形温度（简称热变形温度）试验方法》。

本部分的附录 A 为规范性附录，附录 B 为资料性附录。

本部分由原国家石油和化学工业局提出。

本部分由全国塑料标准化技术委员会塑料树脂产品分会（TC15/SC4）归口。

本部分负责起草单位：中蓝晨光化工研究院。

本部分参加起草单位：上海天山塑料厂、天津树脂厂、重庆长风化工厂、南通合成材料厂、扬州化工厂、北京市化工研究院、天马集团 253 厂、承德试验机总厂等。

本部分起草人：王永明、宋桂荣。

本标准首次发布时间为 1979 年。

本部分委托中蓝晨光化工研究院负责解释。

引　言

GB/T 1634.1—2004 和 GB/T 1634.2—2004 规定了使用不同试验负荷的三种试验方法（即方法 A、方法 B 和方法 C），并规定了两种试样放置方式（侧立式和平放式）。对于平放试验，要求使用尺寸为 80 mm×10 mm×4 mm 的试样。这种试样既可用直接模塑方法制备，也可用多用途试样（见 ISO 3167）的中央部分机加工制得。但这些"ISO 样条"不能方便地用于侧立试验。因为在同样条件下使用这种试样，既要减小跨度，又要增大试验负荷，这对目前正在使用的用于侧立试验的仪器，可能是无法办到的，对侧立试样没有严格的规定。使用 80 mm×10 mm×4 mm 的 ISO 样条具有以下优点：

——试样的热膨胀对试验结果的影响较小。

——斜角不会影响试验结果，不会以侧棱为底立住试样。

——可以更严格地规定模塑参数和试样尺寸。

这就提高了试验结果的可比性。因此决定将从该标准中删去侧立试验的内容。为了提供足够长的过渡期，本版本只把平放方法作为优选的方法推荐使用，同时暂时保留侧立方法作为备选的方法，并把该方法移入 GB/T 1634.2 的规范性附录中。在本标准下次修订时，将删除该附录及所有提到侧立试验的内容。

为了与 ISO 10350-1:1998 保持一致，使用了 T_f 作为负荷变形温度的符号。

塑料　负荷变形温度的测定
第2部分:塑料、硬橡胶和长纤维增强复合材料

1 范围

GB/T 1634 的本部分规定了使用不同恒定弯曲应力值测定塑料、硬橡胶和长纤维增强复合材料负荷变形温度的三种方法,即

——使用 1.80 MPa 弯曲应力的 A 法;

——使用 0.45 MPa 弯曲应力的 B 法;

——使用 8.00 MPa 弯曲应力的 C 法。

测定负荷变形温度所用的标准挠度 Δs 对应于 GB/T 1634 本部分规定的弯曲应变增量 $\Delta \varepsilon_f$。试样在室温时由于承受负荷而产生的初始弯曲应变,既不能由 GB/T 1634 的本部分规定,也不能测量。该弯曲应变差值对初始弯曲应变的比率取决于受试材料的室温弹性模量。因此,本方法仅适用于对室温弹性性能相似材料的负荷变形温度进行比较。

注:本方法对无定形塑料比对部分结晶塑料有更好的再现性。为得到可靠的试验结果,某些材料可能需要将试样进行退火处理。如果采用了退火程序,通常导致其负荷变形温度增加(见 6.6)。

其他信息见 GB/T 1634.1—2004 第 1 章。

2 规范性引用文件

下列文件中的条款通过 GB/T 1634 的本部分的引用而成为本部分的条款。凡是注日期的引用文件,其随后所有的修改单(不包括勘误的内容)或修订版均不适用于本部分,然而,鼓励根据本部分达成协议的各方研究是否可使用这些文件的最新版本。凡是不注日期的引用文件,其最新版本适用于本部分。

GB/T 1634.1—2004　塑料　负荷变形温度的测定　第 1 部分:通用试验方法(ISO 75-1:2003,IDT)

GB/T 2918—1998　塑料　状态调节和试验的标准环境(idt ISO 291:1997)

GB/T 17037.1—1997　塑料　热塑性塑料注塑试样　第 1 部分:一般原理及多用途试样和长条试样的制备(idt ISO 294-1:1996)

ISO 293:1986　塑料　热塑性材料压塑试样

ISO 1268-4:—[1)]　纤维增强塑料　试板制备方法　第 4 部分:预浸料坯成型

ISO 2818:1994　塑料　机械加工制备试样

ISO 3167:2002　塑料　多用途试样

ISO 10724-1:1998　塑料　热固性粉状模塑料注塑试样(PMCs)　第 1 部分:一般原理及多用途试样的制备

3 术语和定义

GB/T 1634.1—2004 确立的术语和定义适用于本部分。

注:按所选择的弯曲应力值(见第 1 章)的不同,负荷变形温度(见 GB/T 1634.1—2004 中的 3.7 定义)分别用 $T_{fx}0.45$、$T_{fx}1.8$ 或 $T_{fx}8.0$ 三种符号表示(符号下标中的 x 表示试样放置方式,即平放时 x 为 f;侧立时 x 为 e)。

---

1) 即将出版。

4 原理

见 GB/T 1634.1—2004 第 4 章。

5 设备

5.1 产生弯曲应力的装置

见 GB/T 1634.1—2004 的 5.1。

按优选(平放)放置方式试验时,其跨度(支座与试样两条接触线之间距离)应为(64±1)mm。对侧立放置方式试验的规定见附录 A。

5.2 加热装置

见 GB/T 1634.1—2004 中的 5.2。

5.3 砝码

见 GB/T 1634.1—2004 中的 5.3。

5.4 温度测量仪器

见 GB/T 1634.1—2004 中的 5.4。

5.5 挠度测量仪器

见 GB/T 1634.1—2004 中的 5.5。

6 试样

6.1 概述

见 GB/T 1634.1—2004 中的 6.1。

6.2 形状和尺寸

见 GB/T 1634.1—2004 中的 6.2。

优选试样尺寸为:长度 l:(80±2.0)mm;宽度 b:(10±0.2)mm;厚度 h:(4±0.2)mm。

侧立试验试样尺寸见附录 A。

6.3 试样检查

见 GB/T 1634.1—2004 中的 6.3。

6.4 试样数量

见 GB/T 1634.1—2004 中的 6.4。

6.5 试样制备

应分别按照 ISO 293:1986 或 ISO 1268-4(及 ISO 2818:1994,如果适用的话),或按照 GB/T 17037.1—1997,ISO 10724-1:1998 或有关方面协议制备试样。用模塑试样测得的试验结果取决于制备试样时使用的模塑条件。应按照相关材料标准或有关方面协议确定模塑条件。

压塑试样时,厚度方向应为模塑施力的方向。对于片状材料,试样厚度(通常为片材厚度)应在(3～13)mm 范围内,最好在(4～6)mm 之间。

试样还可由 ISO 3167:2002 所规定的多用途试样的中央狭窄部分切取制备。

6.6 退火

由于模塑条件不同而导致的试验结果差异,可通过试验前将试样退火,使之减到最少。由于不同材料要求不同的退火条件,因此,若需要退火时,只能使用材料标准规定或有关方面商定的退火程序。

7 状态调节

见 GB/T 1634.1—2004 中的第 7 章。

8 操作步骤(平放试验)

8.1 施加力的计算

见 GB/T 1634.1—2004 中的 8.1。

施加的弯曲应力,应为下列三者之一:

1.80 MPa,命名为 A 法;

0.45 MPa,命名为 B 法;

8.00 MPa,命名为 C 法。

8.2 加热装置的起始温度

见 GB/T 1634.1—2004 中的 8.2。

8.3 测量

见 GB/T 1634.1—2004 中的 8.3。

施加能产生本部分 8.1 规定的一种弯曲应力所要求的力。

应按照 GB/T 1634.1—2004 给出的公式(5)并用弯曲应变增量值 $\Delta s_f = 0.2\%$ 来计算标准挠度 Δs。

记录样条的初始挠度增加量达到标准挠度时的温度,即为其负荷变形温度。如果无定形塑料或硬橡胶的单个试验结果相差 2℃ 以上,或部分结晶材料的单个结果相差 5℃ 以上,则应重新进行试验。

侧立试验的标准挠度见附录 A。

表 1 对应于不同试样高度的标准挠度
——平放试验用的 80 mm×10 mm×4 mm 试样

试样高度(试样厚度 h)/mm	标准挠度/mm
3.8	0.36
3.9	0.35
4.0	0.34
4.1	0.33
4.2	0.32

注1:表1给出了优选尺寸试样在平放试验时所用标准挠度实例。

注2:表1中的厚度反映出试样尺寸容许的变化范围(见6.2)。

9 结果表示

见 GB/T 1634.1—2004 中的第 9 章。

10 精密度

见附录 B。

11 试验报告

见 GB/T 1634.1—2004 中的第 11 章。

在试验报告中还应包括的以下附加信息:

l) 所用的标准挠度值。

另外,在第 i)项中,应使用下列标识系统表示弯曲应力:

——平放试验,B 法用 $T_{ff}0.45$;A 法用 $T_{ff}1.8$;C 法用 $T_{ff}8.0$。

——侧立试验,B 法用 $T_{fe}0.45$;A 法用 $T_{fe}1.8$;C 法用 $T_{fe}8.0$。

附 录 A
（规范性附录）
侧 立 试 验

A.1 概述

宁愿使用较小试样(80 mm×10 mm×4 mm)以平放方式进行试验而不愿使用侧立方式,是因为前者有很多优点,提高了试验结果的可比性(见引言)。

A.2 跨度

跨度 L 应为(100±1)mm。

A.3 试样尺寸

试样尺寸应为:长 l=(120±10)mm;宽 b=(9.8～15)mm;厚 h=(3.0～4.2)mm。

A.4 计算要施加的力

见 GB/T 1634.1—2004 中的 8.1,公式(2)。

施加的弯曲应力,应为下列中的一种:

1.80 MPa,命名为 A 法;

0.45 MPa,命名为 B 法;

8.00 MPa,命名为 C 法。

A.5 加热装置的起始温度

见 GB/T 1634.1—2004 中的 8.2。

A.6 测量

见 GB/T 1634.1—2004 中的 8.3。

施加能产生按 A.4 规定的其中一种弯曲应力所需要的力。

应按照 GB/T 1634.1—2004 给出的公式(6),并用弯曲应变增量值 $\Delta\varepsilon_f$=0.2% 来计算标准挠度 Δs。表 A.1 中给出了标准挠度实例。

记录样条的初始挠度增加量达到表 A.1 给出的标准挠度值时的温度。该温度即为其负荷变形温度。如果无定形塑料或硬橡胶的单个试验结果相差 2℃ 以上,或部分结晶材料的单个试验结果相差 5℃ 以上,应重新进行试验。

表 A.1 对应于不同试样高度的标准挠度
——侧立试验用的 120 mm×(3.0～4.2)mm×(9.8～15.0)mm 试样

试样高度(试样宽度 b)/mm	标准挠度/mm
9.8～9.9	0.33
10.0～10.3	0.32
10.4～10.6	0.31
10.7～10.9	0.30

表 A.1（续）

试样高度(试样宽度 b)/mm	标准挠度/mm
11.0～11.4	0.29
11.5～11.9	0.28
12.0～12.3	0.27
12.4～12.7	0.26
12.8～13.2	0.25
13.3～13.7	0.24
13.8～14.1	0.23
14.2～14.6	0.22
14.7～15.0	0.21

A.7 结果表示

见 GB/T 1634.1—2004 中的第 9 章。

附 录 B
（资料性附录）
精 密 度

B.1 概述

为了确定 GB/T 1634 本部分规定的试验方法的精密度,1996 年按照 ASTM E691 组织了 10 个实验室,使用 8 种材料进行了一次实验室间循环试验。

B.2 试验材料

材料编号	材料类型	商品名称
1	PP1	profax 786
2	PP2	Astryn 65F5—4
3	ABS	Magnum 541
4	POM1	Derlin 500
5	PBT	Rynite 6125
6	PET	Eastman 7352
7	POM2	Celcon GC25
8	复合材料	Vectra(V)

B.3 参加单位

第 1 实验室　BASF Ludwigshafen,Germany
第 2 实验室　BASF Michigan,USA
第 3 实验室　Solvay
第 4 实验室　Underwriters Laboratory
第 5 实验室　AMACO
第 6 实验室　Ticona
第 7 实验室　Union Carbide
第 8 实验室　Dupont
第 9 实验室　Eastman
第 10 实验室　Dow

B.4 结果摘要

由十个实验室对 8 种材料进行试验。所有试样都是由一个实验室注射成型制备。每种材料试验两次。PP1 和 PP2 在 0.45 MPa,其余试样都在 1.8 MPa 应力负荷下试验,试样以平放方式进行试验。

并非每个实验室都试验了所有材料。只有 4 个实验室对 8 号材料进行了试验。因此在统计分析中未包括 8 号材料数据。从 7 号实验室测得的数据大大低于其他实验室,而 10 号实验室对每个材料仅进行一次试验,因此,从这两个实验室测得的数据也不在统计之内。

由于 ASTM E691 计算方法的限制,给出了三个独立的精密度进行表述。结合试验结果的报告见表 B.1 所示。

表 B.1 精密度数据

材料	实验室个数	负荷/MPa	平均结果	S_r	S_R	r	R
PP1	7	0.45	81.9	0.9	2.4	2.5	6.9
PP2	7	0.45	115.2	1.0	3.4	2.9	9.7
ABS	8	1.8	79.3	0.3	0.7	0.9	2.0
POM1	8	1.8	91.1	0.8	2.1	2.1	5.8
PBT	8	1.8	49.7	0.4	0.4	1.0	1.0
PET	8	1.8	65.4	0.1	1.0	0.4	2.8
POM2	6	1.8	160.5	0.9	1.0	2.5	2.7

S_r 是实验室内平均值的标准偏差；

S_R 是实验室间平均值的标准偏差；

r 是重复性限（$=2.83 \times S_r$）；

R 是再现性限（$=2.83 \times S_R$）。

B.5 精密度说明

由于表 B.1 中的数据是在特定的实验室间循环试验中测得的，不能代表其他批次、条件、材料或实验室，所以，该数据不能严格应用在材料的验收或拒收上。本试验方法的使用者应把 ASTM E691 的原理应用到他们自己的实验室和材料上，或特定的实验室间试验上，以得到特定的精密度数据。那么，以下原理对这些特定数据是有效的。

重复性 r 和再现性 R 的概念。

如果 S_r 和 S_R 都是从大量的、足够的数据群体中计算得出的，则对试验结果能作出以下判断：

——重复性 r：如两个试验结果之差超过材料的 r 值，则应判断该两个试验结果不等价。

——再现性 R：如两个试验结果之差超过材料的 R 值，则应判断该两个试验结果不等价。

根据 r 和 R 得出的任何判断，将有 95% 的可信度。

参 考 文 献

1. ISO 10350-1:1998,塑料 可比较单点数据的获得和表示 第 1 部分:模塑材料
2. ASTM E 691 为确定试验方法精密度所进行的实验室间试验的标准实施方法

ICS 83.060
G 40

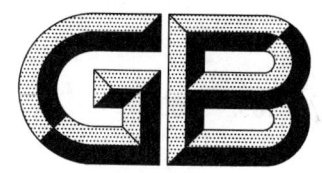

中华人民共和国国家标准

GB/T 1692—2008
代替 GB/T 1692—1992

硫化橡胶 绝缘电阻率的测定

Vulcanized rubber—Determination of the insulation resistivity

2008-04-01 发布

2008-09-01 实施

中华人民共和国国家质量监督检验检疫总局
中国国家标准化管理委员会 发布

前 言

本标准代替 GB/T 1692—1992《硫化橡胶绝缘电阻率的测定》。

本标准与 GB/T 1692—1992 相比主要技术差异如下：

——增加了警示语；

——增加了规范性引用文件(见第 2 章)；

——增加了体积电阻、体积电阻率、表面电阻、表面电阻率的定义(见第 3 章)；

——对软质胶料试样厚度的允许偏差进行了修改(1992 年版 5.1；本版 6.1)；

——对试样处理进行了修改(1992 年版 5.2.2；本版 6.2.4)；

——将试验条件相对湿度修改为 50%±5%，使之符合标准实验室规定(1992 年版 6.2；本版 7.2)。

本标准附录 A 为资料性附录。

本标准由中国石油和化学工业协会提出。

本标准由全国橡胶与橡胶制品标准化技术委员会橡胶物理和化学试验方法分技术委员会(SAC/TC 35/SC 2)归口。

本标准起草单位：西北橡胶塑料研究设计院。

本标准主要起草人：朱伟、高云。

本标准的历次版本发布情况：

——GB/T 1692—1979；GB/T 1692—1992。

硫化橡胶 绝缘电阻率的测定

警告：使用本标准的人员应有正规实验室的实践经验。本标准并未指出所有可能的安全问题，使用者有责任采取适当的安全和健康措施，并保证符合国家的有关法律法规的规定。

1 范围

本标准规定了测定硫化橡胶绝缘电阻率的方法。

本标准适用于电阻大于 10^8 Ω 的硫化橡胶绝缘电阻率的测定。

2 规范性引用文件

下列文件中的条款，通过本标准的引用而成为本标准的条款。凡是注日期的引用文件，其随后所有的修改单（不包括勘误的内容）或修订版均不适用于本标准，然而，鼓励根据本标准达成协议的各方研究是否可使用这些文件的最新版本。凡是不注日期的引用文件，其最新版本适用于本标准。

GB/T 2941 橡胶物理试验方法试样制备和调节通用程序（GB/T 2941—2006，ISO 23529:2004，IDT）

3 术语和定义

下列术语和定义适用于本标准。

3.1

绝缘电阻 insulation resistance

试样上的直流电压和流过试样的全部电流之比，称绝缘电阻。它包括体积电阻和表面电阻两部分。

3.2

体积电阻 volume resistance

试样上的直流电压与流过试样体积内的电流之比，用 R_v 表示。

3.3

体积电阻率 volume resistivity

试样单位体积（立方厘米）内电介质所具有的电阻值，用 ρ_v 表示。

3.4

表面电阻 surface resistance

试样表面上的直流电压与流过试样表面上的电流之比，用 R_s 表示。

3.5

表面电阻率 surface resistivity

若在试样表面上取任意大小的正方形，电流从这个正方形的相对两边通过，该正方形的电阻值就是表面电阻率，用 ρ_s 表示。

4 试验原理

对试样施加直流电压，测定通过垂直于试样或沿试样表面的泄漏电流，计算出试样的体积电阻率或表面电阻率。

5 试验设备

试验设备包括辅助电极和高阻计。

5.1 辅助电极材料如表1所示。

表 1 电极材料

单位为毫米

电极材料	规格要求	适用范围
铝箔或锡箔	厚度为0.01 mm左右的退火铝箔或锡箔用凡士林,变压器油,硅油或其他适当的材料作粘合剂	接触电极
铜	表面可镀防腐蚀的金属层,镀层应均匀一致,工作面光洁度应不低于$Ra0.8$	作辅助电极,对软质胶可做接触电极
导电粉末	石墨粉、银粉、铜粉等	细管试样内用电极
导电溶液	1%氯化钠水溶液	管状试样内用电极

5.2 电极尺寸

5.2.1 板状试样的电极配置如图1所示。电极尺寸见表2。

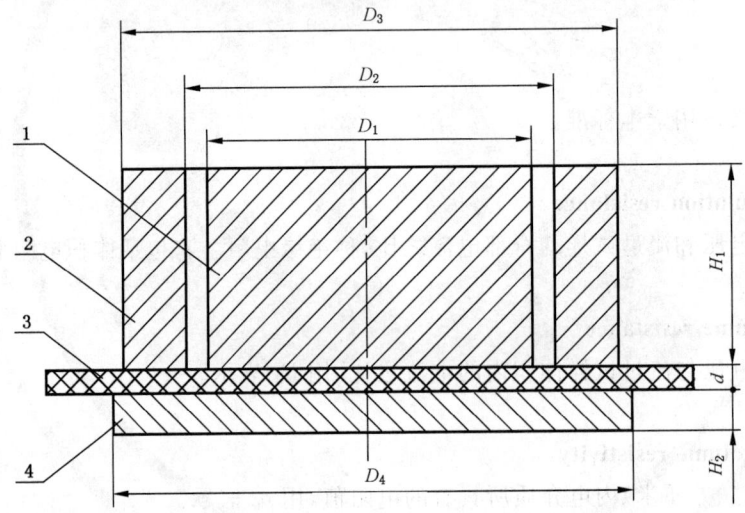

1——测量电极;

2——保护电极;

3——试样;

4——高压电极。

图 1 板状试样电极配置

表 2 板状试样电极尺寸

单位为毫米

D_1	D_2	D_3	D_4	H_1	H_2
50±0.1	54±0.1	74	100	30	10

5.2.2 管状试样电极配置如图2所示。棒状试样电极配置如图3所示。电极尺寸见表3。

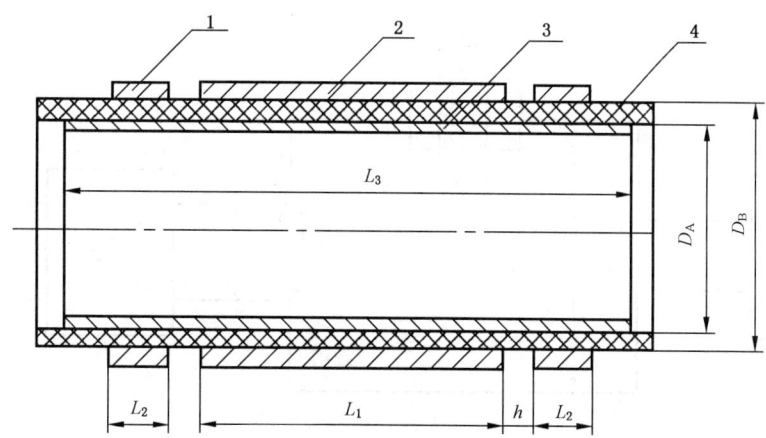

1——保护电极；

2——测量电极；

3——高压电极；

4——试样。

图 2　管状试样电极配置

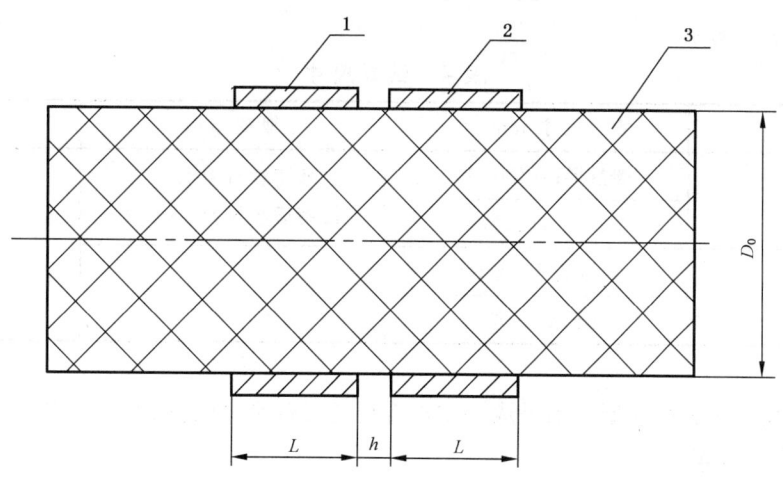

1——测量电极；

2——高压电极；

3——试样。

图 3　棒状试样电极配置

表 3　管状、棒状试样电极尺寸

单位为毫米

L	L_1	L_2	L_3	h
10	25	5	>40	2±0.1
	50	10	>74	

5.3　高电阻测试仪

高电阻测试仪应满足下列要求。

5.3.1　测量表示值误差小于 20％。

5.3.2　仪器在稳定的工作电压及无信号输入时，通电 1 h 后，在 8 h 内零点漂移不大于全量程的 ±4％。

5.3.3　测试回路应有好的屏蔽装置。

5.3.4　高电阻测试仪主要原理如图 4 所示。

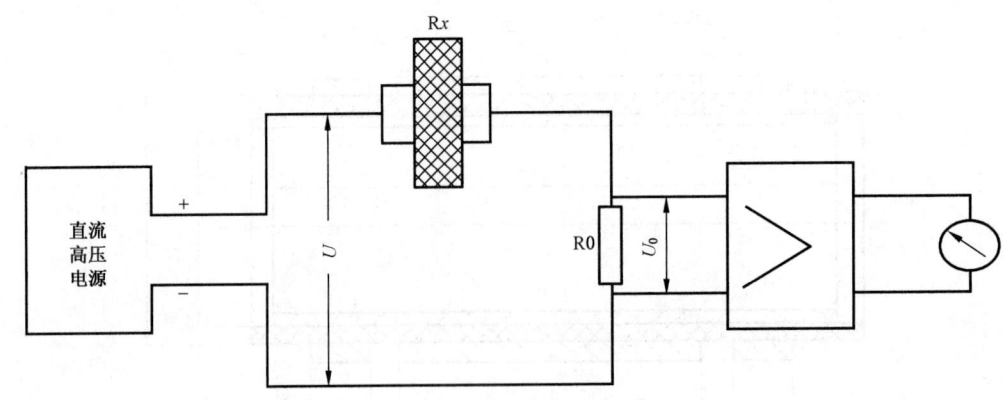

U——测试电压；
R0——输入电阻，其端电压为U_0；
Rx——被测试样绝缘电阻。

图 4　高电阻测试仪测试电路图

6　试样及其调节

6.1　试样尺寸如表 4 所示。

表 4　试样尺寸

试样	尺寸/mm	厚度/mm	数量
板状	圆盘形：直径为 100	1. 软质胶料为 1±0.1 2. 硬质胶料为 2±0.2	不少于三个
	正方形：边长为 100		
管状	长度为 50 或 100		
棒状	长度为 50		

6.2　试样的调节

6.2.1　试样可采用硫化模压成型。如果成品试样需要进行打磨，则打磨和试验之间的时间间隔应不少于 16 h，也不应多于 72 h。

6.2.2　硫化和试验之间的时间间隔应符合 GB/T 2941 的规定。

6.2.3　用沾有溶剂（对试样不起腐蚀作用）的绸布擦洗试样。

6.2.4　将擦净的试样放在温度为 23℃±2℃ 的带有干燥剂的器皿下调节 24 h。

6.2.5　如果产品标准有特殊要求时，试样的处理可执行产品标准。

7　试验条件

7.1　试验电压为 1 000 V 或 500 V，电压波动偏差不大于 5%。

7.2　实验室温度为 23℃±2℃，相对湿度为 50%±5%。

7.3　当试样处理有特殊要求时，可按其规定进行测试。

8　试验步骤

8.1　连接好试验仪器，将被测试样按试验要求接入仪器测试端，如图 4 所示。

8.2　按设备使用说明书和操作规程正确操作。

　　当测试表阻值在 10^{14} Ω 及其以下时，读取 1 min 时的示值，阻值在 10^{14} Ω 以上时，读取 2 min 时的示值。并记录示值。

8.3　每一个试样测试完毕，将"放电—测试"开关拨至"放电"位置，输入短路开关拨至"短路"位置，取出试样。若继续测试,则更换试样按 8.2 和 8.3 的步骤进行。

8.4 当测试全部结束时,切断电源。恢复仪器初始状态。

9 试验结果表示

9.1 电阻率的计算按表 5 中公式进行。

表 5 电阻率的计算公式表

试样	高电阻测试仪法	
	体积电阻率 ρ_V,$\Omega \cdot cm$	表面电阻率 ρ_s,Ω
板状	$\rho_V = R_v \dfrac{S}{d}$ ……………………(1)	$\rho_s = R_s \dfrac{2\pi}{\ln \dfrac{D_2}{D_1}}$ ……………(2)
管状	$\rho_V = R_v \dfrac{2\pi L}{\ln \dfrac{D_B}{D_A}}$ ……………(3)	$\rho_s = R_s \dfrac{2\pi D_B}{h}$ ……………(4)
棒状	—	$\rho_s = R_s \dfrac{\pi D_0}{h}$ ……………(5)

式中:

R_v——体积电阻,单位为欧姆(Ω);

R_s——表面电阻,单位为欧姆(Ω);

D_1——测量电极直径,单位为厘米(cm);

D_2——环状电极内径,单位为厘米(cm);

D_A——管状试样内径,单位为厘米(cm);

D_B——管状试样外径,单位为厘米(cm);

D_0——棒状试样直径,单位为厘米(cm);

d——试样厚度,单位为厘米(cm);

h——测量电极与环电极间距,单位为厘米(cm);

S——电极有效面积($S = \dfrac{\pi}{4} D_1{}^2$),单位为平方厘米(cm²);

L——测量电极的有效长度($L = L_1 + h$),单位为厘米(cm);

$\ln$——自然对数;

π——3.14。

9.2 每组试样数量不应少于三个。

9.3 试验结果以每组测试值的中位数表示,取两位有效数字。

9.4 根据产品需要可以选用不同类型的电极进行测试,但不同类型电极的测试结果不能相互比较。推荐电极参见附录 A。

10 试验报告

试验报告应包括以下内容:

a) 试验类型及编号;

b) 实验室温度及湿度;

c) 试样来源;

d) 测试选用的电压;

e) 试样的预处理;

f) 试验结果;

g) 试验日期、试验人员和审核员。

附 录 A

（资料性附录）

推 荐 电 极

A.1 导电涂料电极（用于平板、管和棒）

在板状试样上制作约 1 mm 宽的两个平行的导电涂料电极，间隔相距为 10 mm±0.5 mm，每个电极的总长度为 100 mm±1 mm(见图 A.1)。

单位为毫米

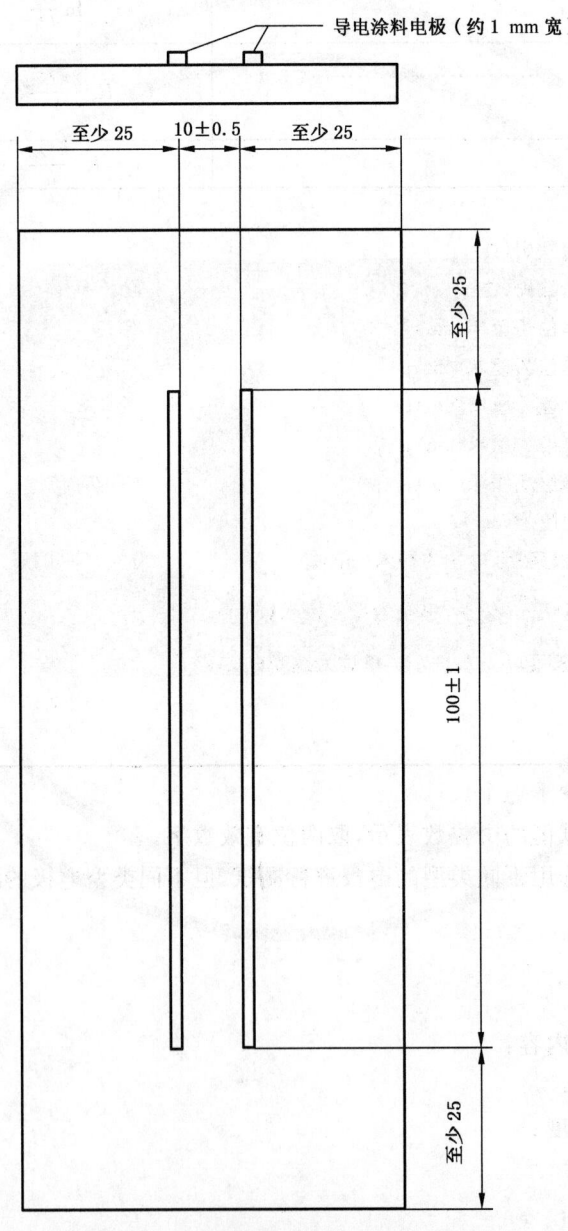

图 A.1 带导电涂料电极的板状试样

在管和棒的周围制作两个大约 1 mm 宽的等距离导电涂料条，使其最近的边缘相距为 10 mm±0.5 mm（见图 A.2）。

单位为毫米

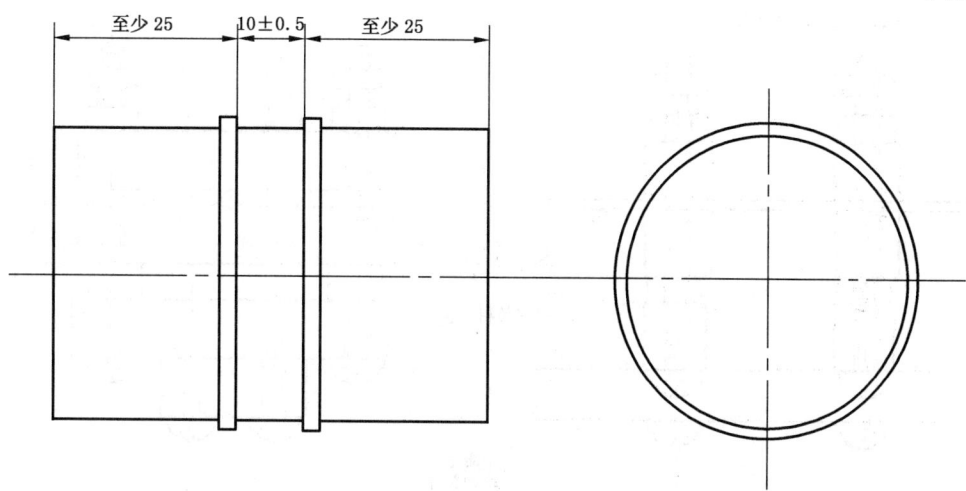

注：将管和棒固定在车床上，并且对着盛有涂料的小电刷或绘图笔转动，能够很容易制作此电极。

图 A.2　带导电涂层的管和棒状试样

A.2　条形电极（用于薄片和带）

金属条形夹板为 10 mm×10 mm×5 mm，压板间隔距离为 25 mm±0.5 mm（见图 A.3）。将条形电极借助于绝缘部件固定在电阻测试中用作保护装置的一个金属支座上（见图 A.4）。对于刚性材料，要在条形电极上缠绕锡箔，当条形电极被夹在试样上后，要用一薄的工具沿电极的边缘将锡箔压住，从而保证与试样紧密接触。

单位为毫米

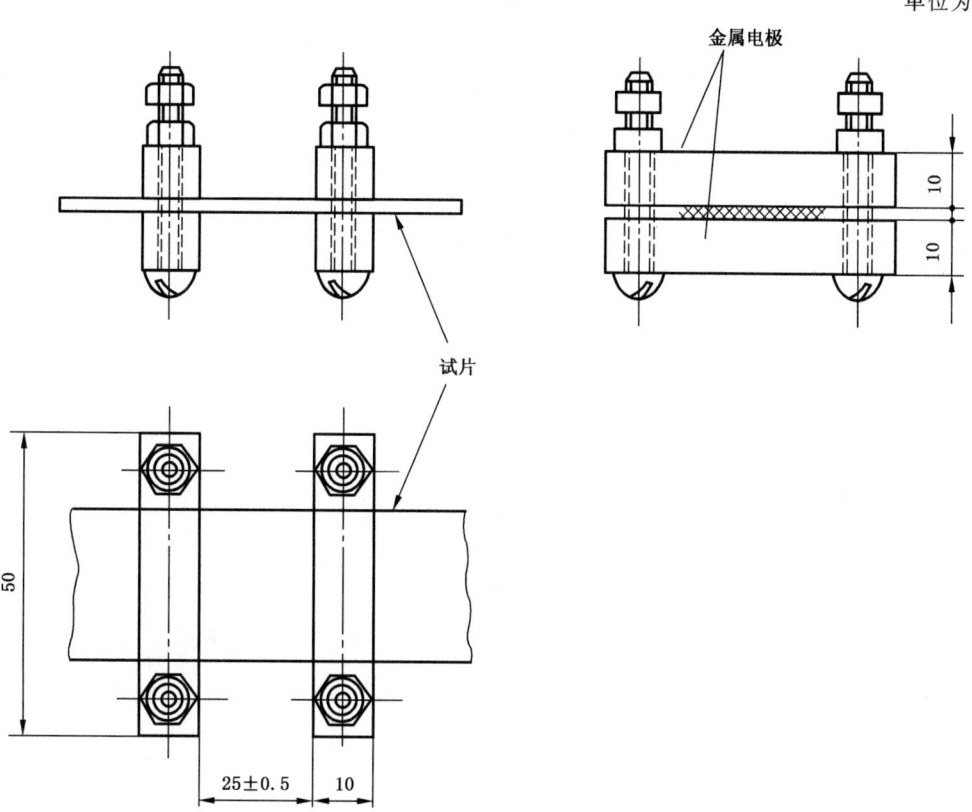

图 A.3　用于带状或薄片材料的条形电极

单位为毫米

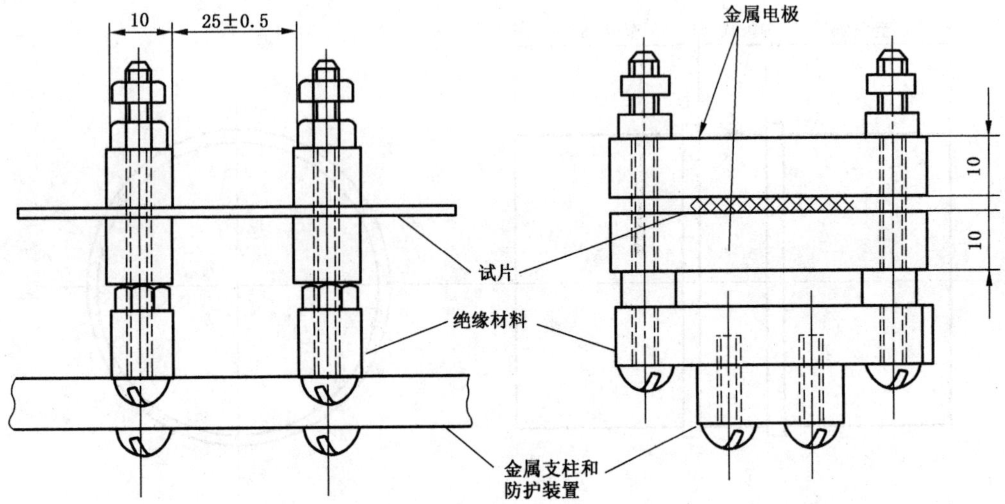

图 A.4　用于条形材料的电极

ICS 83.080.01
G 32

中华人民共和国国家标准

GB/T 1843—2008/ISO 180:2000
代替 GB/T 1843—1996

塑料 悬臂梁冲击强度的测定

Plastics—Determination of izod impact strength

(ISO 180:2000,IDT)

2008-08-04 发布   2009-04-01 实施

中华人民共和国国家质量监督检验检疫总局
中国国家标准化管理委员会   发布

前　言

GB/T 1843 等同采用 ISO 180:2000《塑料——悬臂梁冲击强度的测定》及其 1 号修改单。

本标准等同翻译 ISO 180:2000 及其 1 号修改单。

为方便使用,本标准做了下列编辑性修改:

a)　把"本国际标准"改为"本标准"或"GB/T 1843";

b)　删除了 ISO 180:2000 的前言;

c)　增加了国家标准的前言;

d)　对于 ISO 180:2000 引用的国际标准中,有被等同采用为我国标准的本部分用引用我国标准代替国际标准,其余未有等同采用为我国标准的,在标准中均被直接引用。

本标准代替 GB/T 1843—1996《塑料　悬臂梁冲击强度的测定》。

本标准与 GB/T 1843—1996 的主要修改内容如下:

——增加了标准前言;

——增加了适用范围内容;

——增加了规范性引用文件;

——在术语和定义中,删除了反置缺口定义;

——在装置说明中,简化了对其原理等内容的表述;

——增加了状态调节内容;

——增加了操作步骤内容;

——在结果计算和表示中,修改未断裂的表示符;

——增加了试验报告内容;

——删除了附录 A。

本标准由中国石油和化学工业协会提出。

本标准由全国塑料标准化技术委员会(SAC/TC 15)归口。

本标准负责起草单位:国家合成树脂质量监督检验中心、广州合成材料研究院有限公司。

本标准参加起草单位:北京燕山石化树脂所、国家塑料制品质检中心(北京)、深圳市新三思材料检测有限公司、国家化学建筑材料测试中心(材料测试部)、国家塑料制品质检中心(福州)、国家石化有机原料合成树脂质检中心、广州金发科技有限公司。

本标准主要起草人:桑桂兰、王建东、王浩江、陈宏愿、李建军、安建平、王超先、何芃、刘畅、凌伟。

本标准所代替标准的历次版本发布情况为:

——GB/T 1843—1980;GB/T 1843—1996。

塑料 悬臂梁冲击强度的测定

1 范围

1.1 本标准规定了在标准条件下测定塑料悬臂梁冲击强度的方法,以及多种不同类型的试样和试验的类型。根据材料、试样和缺口规定了不同的试验参数。

1.2 本方法用于在标准条件下,研究规定类型试样的冲击行为。并用于评估试样在试验条件下的脆性和韧性。

1.3 本标准适用于下述材料:

——硬质热塑性模塑和挤塑材料,包括填充和增强复合材料,还有未填充类型的材料;硬质热塑性板材;

——硬质热固性模塑材料,包括填充和增强复合材料;硬质热固性板材,包括层压板;

——纤维增强热固性和热塑性复合材料,包括含有单向或非单向的增强材料如,毡、织物、纺织粗纱、短切原丝、复合增强材料、无捻粗纱及磨碎纤维及由预浸料制成的板材;

——热致液晶聚合物。

1.4 本标准通常不适用于硬质泡沫材料及含有泡沫材料的夹层结构材料。缺口试样通常不适用于长纤维增强的复合材料或热致液晶聚合物。

1.5 本标准适用于模塑至所选尺寸的试样,由标准多用途试样(见 GB/T 11997)的中部机加工制成的试样,或由成品或半成品,如模塑件、层压板、挤塑或浇铸板材机加工制成的试样。

1.6 本标准规定了试样的优选尺寸。不同缺口或不同方法制备的试样进行试验,其结果是不可比较的。其他因素,如装置的能量大小、冲击速度和试样的状态调节也会影响试验结果。因此,当需要数据比较时,应仔细地控制和记录这些因素。

1.7 本标准不应作为设计的依据。但在不同温度下试验,改变缺口半径和(或)厚度及在不同条件下制备试样,可获得材料的典型性能的资料。

2 规范性引用文件

下列文件中的条款通过本标准的引用而成为本标准的条款。凡是注日期的引用文件,其随后所有的修改单(不包括勘误的内容)或修订版均不适用于本标准,然而,鼓励根据本标准达成协议的各方研究是否可使用这些文件的最新版本。凡是不注日期的引用文件,其最新版本适用于本标准。

GB/T 2918—1998 塑料试样状态调节和试验的标准环境(idt ISO 291:1997)

GB/T 5471—2008 塑料 热固性塑料试样的压塑(ISO 295:2004,IDT)

GB/T 9352—2008 塑料 热塑性塑料材料试样的压塑(ISO 293:2004,IDT)

GB/T 11997—2008 塑料 多用途试样(ISO 3167:2002,IDT)

GB/T 17037.1—1997 热塑性材料注塑试样的制备 第 1 部分:一般原理及多用途试样和长条试样的制备(idt ISO 294-1:1996)

GB/T 21189—2007 塑料简支梁、悬臂梁和拉伸冲击试验用摆锤冲击试验机的检验(ISO 13802:1999,IDT)

ISO 1268[1] 试验用单向纤维增强塑料平板的制备

ISO 2602:1980 数据的统计处理和解释 平均值的估计和置信区间

---

[1] 正在修订成 11 个部分。

ISO 2818:1994　塑料——机加工试样制备方法

ISO 10724-1:1998　塑料　热固性粉状模塑料(PMCs)的注塑　第 1 部分:通则和多用途试样的模塑

3　术语和定义

下列术语和定义适用于本标准。

3.1

悬臂梁无缺口冲击强度　Izod unnotched impact strength

a_{iU}

无缺口试样在悬臂梁冲击强度破坏过程中所吸收的能量与试样原始横截面积之比。

单位为千焦每平方米,kJ/m^2。

3.2

悬臂梁缺口冲击强度　Izod notched impact strength

a_{iN}

缺口试样在悬臂梁冲击强度破坏过程中所吸收的能量与试样原始横截面积之比。

单位为千焦每平方米,kJ/m^2。

3.3

平行冲击　parallel impact

P

(层压增强塑料)冲击方向平行于增强材料层压面。

悬臂梁试验中冲击方向通常为"侧向平行"(见图 1)。

3.4

垂直冲击　normal impact

n

(层压增强塑料)冲击方向垂直于增强材料层压面。

悬臂梁冲击试验不常用这种方法,但是指出来是为了完整的缘故(也见图 1)。

4　原理

由已知能量的摆锤一次冲击支撑成垂直悬臂梁的试样,测量试样破坏时所吸收的能量。冲击线到试样夹具为固定距离,对于缺口试样,冲击线到缺口中心线为固定距离(见图 2)。

5　装置

5.1　试验机

5.1.1　试验机的原理、特性和鉴定详见 GB/T 21189—2007。

5.1.2　某些塑料对夹持力很敏感,当试验这类材料时,应以标准化的夹持力方式,并在试验报告中注明夹持力的大小。可采用经校准的转矩扳手或在虎钳加紧的螺丝上配以气动或液压装置来控制夹持力。

5.2　测微计和量规

用精度 0.02 mm 的测微计或量规测量试样的主要尺寸,为了测量缺口试样的尺寸 b_N,应在测微计上安装一个测量头,其宽度为 2 mm～3 mm,其外形应适合缺口的形状。

6　试样

6.1　制备

6.1.1　模塑和挤塑材料

材料应按相关的材料标准制备,若没有这种标准或另有规定外,试样应该按 GB/T 9352—2008、

676

GB/T 17037.1—1997、GB/T 5471—2008 或 ISO 10724-1:1998 相应的标准直接压塑或注塑,或者由材料压塑或注射的板材机加工而成。试样也可由符合 GB/T 11997—2008A 型多用途试样切割而成。

6.1.2 板材

试样应按 ISO 2818:1994 由板材机加工而成,尽可能使用 A 型缺口。测试时,无缺口试样的机加工表面不应处于拉伸状态。

6.1.3 长纤维增强材

应按 ISO 1268 制成平板或按其他标准方法或协商的方法制备。试样应按 ISO 2818:1994 机加工而成。

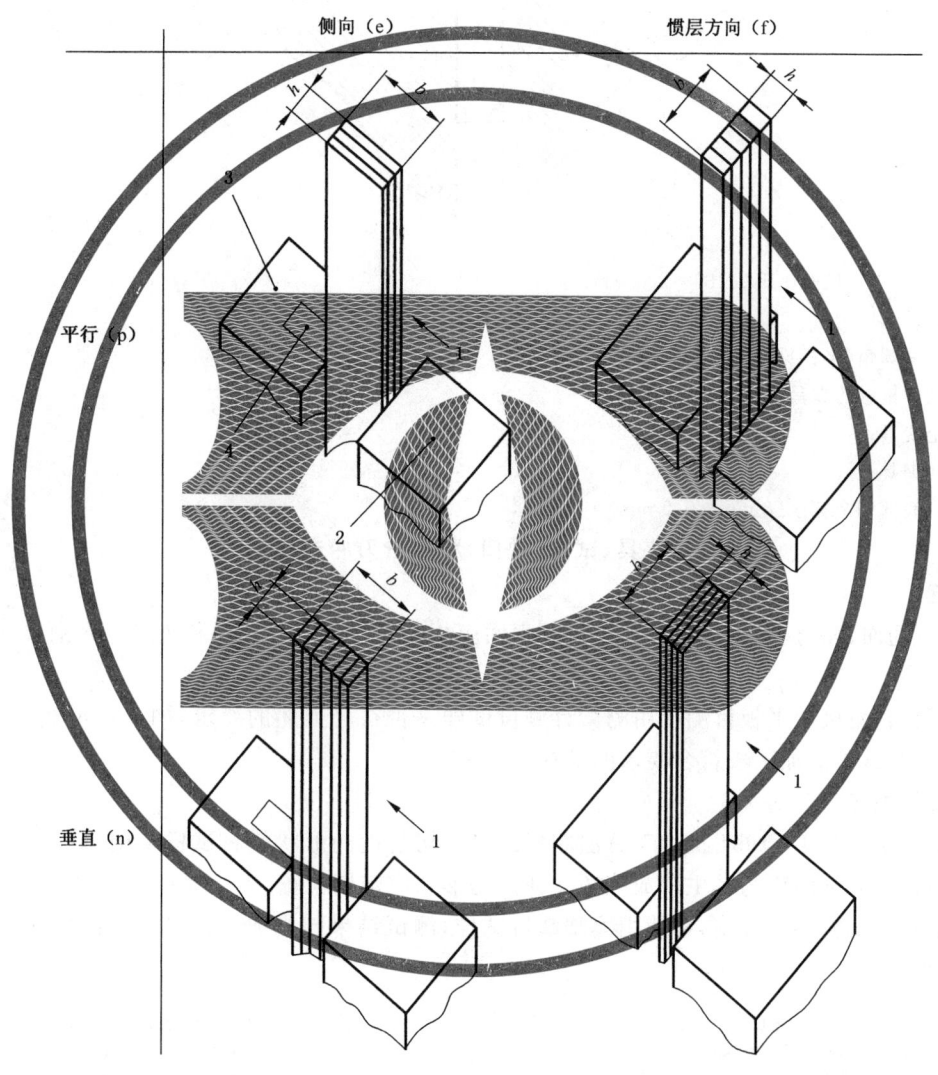

1——冲击方向;

2——可移动虎钳钳口;

3——固定虎钳钳口;

4——附加的导槽。

注:侧向(e)和惯层方向(f)指示的是与试样原厚 h 和试样宽度 b 有关的冲击方向。垂直(n)和平行(p)指的是与层合有关的冲击方向。常用的悬臂梁试验是"侧向平行"。当 $h=b$ 时,平行以及垂直冲击试验都是可能的。

图 1 冲击方向的命名图

单位为毫米

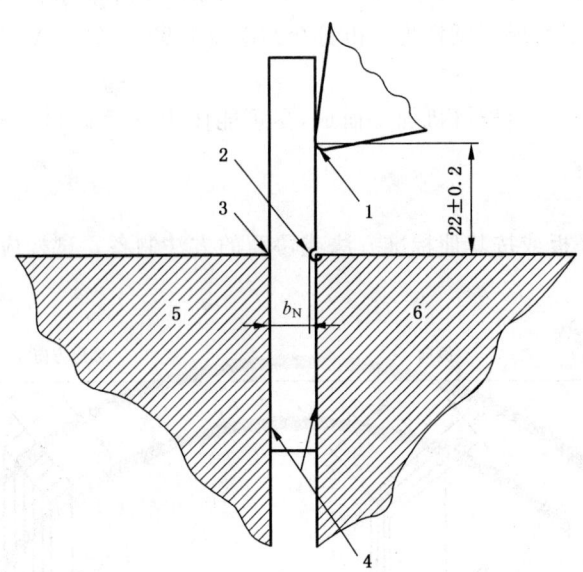

1——冲击刃(半径见 GB/T 21189—2007);

2——缺口;

3——夹具棱圆角(半径见 GB/T 21189—2007);

4——与试样接触的夹具面;

5——固定夹具;

6——活动夹具。

b_N——缺口底部剩余宽度(8 mm±0.2 mm)

图 2 夹具、试样(缺口)和冲击刃冲击示意图

6.1.4 检查

试样不应翘曲、相对表面应互相平行,相邻表面应相互垂直。所有表面和边缘应无刮痕、麻点、凹陷和飞边。

应用直尺、直角尺和平板目测或用测微计测量试样是否符合上述的要求,如有一项达不到要求,则试样应报废或在试验前加工成符合要求的试样。

6.1.5 缺口的加工

6.1.5.1 应按 ISO 2818:1994 机加工方法制备缺口。切削齿的形状能将试样切削出图 3 所示的试样缺口形状,切削齿的剖面应与其主轴成直角。缺口的形状应定期检查。

6.1.5.2 如果受试材料有规定,可使用模塑缺口试样,测试结果同机加工缺口试样结果不可比。缺口的形状应定期检查。

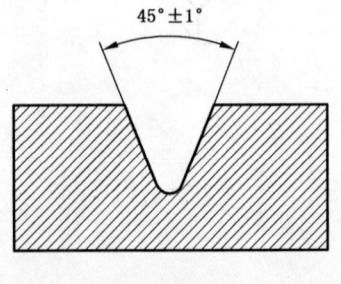

缺口底部半径

$r_N = 0.25$ mm±0.05 mm

a) A 型

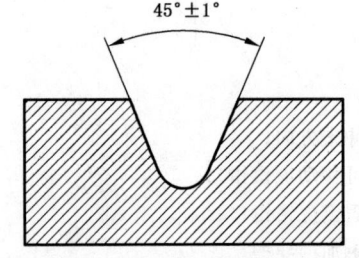

缺口底部半径

$r_N = 1.00$ mm±0.05 mm

b) B 型

图 3 缺口类型

6.2 各向异性材料

某些板材随板材方向的不同,可能具有不同的冲击性能。对于这种板材应按平行和垂直某一特征方向分别切取一组试样。板材的特征方向可目视观察或由生产方法推断。

6.3 形状和尺寸

6.3.1 通则

试样尺寸见表1。

需要时,使用可对称地将试样的长度减至 63.5 mm。

缺口的纵向总是平行于厚度 h。

表 1 方法名称、试样类型、缺口类型和缺口尺寸

单位为毫米

方法名称[a,b]	试 样	缺口类型	缺口底部半径 r_N	缺口的保留宽度 b_N
GB/T 1843/U	长 $l=80\pm2$ 宽 $b=10.0\pm0.2$ 厚 $h=4.0\pm0.2$	无缺口	—	—
GB/T 1843/A		A	0.25 ± 0.05	8.0 ± 0.2
GB/T 1843/B		B	1.00 ± 0.05	

> a 如果试样是由板材或制品上裁取的,板材或制品的厚度 h 应该加到命名中。未增强的试样不应使机加工表面处于拉伸状态进行试验。
>
> b 如果板材厚度 h 等于宽度 b,冲击方向(垂直 n 或平行 p)应该加到名称中。

6.3.2 模塑和挤塑材料

按表1的规定及图3所示,试样应使用一种类型的缺口,缺口应处于试样的中间。

优选的缺口类型是 A 型,如果要获得材料缺口敏感性的信息,应试验 A 型和 B 型缺口的试样。

6.3.3 板材,包括长纤维增强的材料

推荐的厚度 h 为 4 mm,如果试样是从板材或构件上切取的,其厚度应与板材或构件的原厚相同,至多不超过 10.2 mm。

当板材的厚度均匀,并且只含有一种规则分布的增强料,当其厚度大于 10.2 mm 时,则从板材一面机加工到 10.2 mm±0.2 mm。试验无缺口试样,为了避免表面的影响,试验中应使试样原始表面处于拉伸状态。

试验时冲击试样的侧面,冲击方向平行于板平面,只是在 $h=b=10$ mm 时,才可平行或垂直于板面进行试验(见图1)。

6.4 试样数量

6.4.1 除受试材料标准另有规定,一组试样应为 10 个。当变异系数(见 ISO 2602:1980)小于 5% 时,测试 5 个试样即可。

6.4.2 如果在垂直和平行方向试验层压材料,则每个方向应试验 10 个试样。

6.5 状态调节

除非受试材料标准另有规定,试验应按 GB/T 2918—1998 在 23 ℃ 和 50% 相对湿度下至少状态调节 16 h,或按有关各方协商的条件。缺口试样应在缺口加工后计算状态调节时间。

7 操作步骤

7.1 除有关方面同意采用别的条件,如在高温或低温下试验外,都应在与状态调节相同的环境中进行试验。

7.2 测量每个试样中部的厚度 h 和宽度 b 或缺口试样的剩余宽度 b_N,精确至 0.02 mm。

试样是注塑时,不必测量每一个试样尺寸。只要确保是表1所列出的尺寸,一组中只测量一个试样

即可。使用多模腔模具时,要保证每个模腔中试样的尺寸都是相同的。

7.3 确定试验机是否有规定的冲击速度和合适的能量范围,冲断试样吸收的能量应在摆锤标称能量10%至80%范围内。如果不止一个摆锤符合这些要求,应选择其中能量最大的摆锤。

7.4 按 GB/T 21189—2007 测定摩擦损失和修正的吸收能量。

7.5 抬起并锁住摆锤,将按如图1所示安装试样,并符合5.1.2的要求。当测定缺口试样时,缺口应在摆锤冲击刃的一侧。

7.6 释放摆锤,记录被试样吸收的冲击能量,并对其摩擦损失等(见7.4)进行必要的修正。

7.7 用以下字符命名冲击的四种类型:

    C——完全破坏:试样断开成两段或多段。

    H——铰链破坏:试样没有刚性的很薄表皮连在一起的一种不完全破坏。

    P——部分破坏:除铰链破坏外的不完全破坏。

    N——不破坏:未发生破坏,只是弯曲变形,可能有应力发白的现象产生。

8 计算和结果的表示

8.1 无缺口试样

悬臂梁无缺口冲击强度 a_{iU} 按式(1)计算,单位千焦每平方米(kJ/m²):

$$a_{iU} = \frac{E_c}{h \cdot b} \times 10^3 \qquad \cdots\cdots\cdots\cdots\cdots\cdots\cdots (1)$$

式中:

E_c——已修正的试样断裂吸收能量,单位为焦耳(J);

 h——试样厚度,单位为毫米(mm);

 b——试样宽度,单位为毫米(mm)。

8.2 缺口试样

缺口试样悬臂梁冲击强度 a_{iN} 按式(2)计算,单位为千焦每平方米(kJ/m²):

$$a_{iN} = \frac{E_c}{h \cdot b_N} \times 10^3 \qquad \cdots\cdots\cdots\cdots\cdots\cdots\cdots (2)$$

式中:

E_c——已修正的试样断裂吸收能量,单位为焦耳(J);

 h——试样厚度,单位为毫米(mm);

b_N——试样剩余宽度,单位为毫米(mm)。

8.3 统计参数

计算试验结果的算术平均值,如果需要,可按 ISO 2602:1980 给出的方法计算平均值的标准偏差。一组试样出现不同类型的破坏时,应给出相关类型的试验数目及计算各类型的平均值。

8.4 有效数字

计算一组试验结果的算术平均值,取两位有效数字。

9 精密度

由于未获得实验室间的数据,本试验方法的精密度尚不知。当获得实验室间数据时,在以后的修订中会加上精密度的说明。

10 试验报告

试验报告应包括下列内容:

    a) 标明采用本标准;

b) 按表 1 的命名所采用的方法,例如:

悬臂梁冲击试验   GB/T 1843 /A

缺口类型(见图 2)————————————

c) 鉴别受试材料所需的全部资料,包括如已知的种类、来源、制造厂代码、牌号及历史;

d) 材料性质和形状的说明,即成品、半成品、试片或试样,包括主要尺寸、形状、加工方法等;

e) 冲击速度;

f) 摆锤的标称能量;

g) 若采用统一的夹持力,注明夹持力(见 5.1.2);

h) 试样制备方法;

i) 试样的切取方向(如果材料是成品或半成品);

j) 试样数量;

k) 所用的状态调节和试验的标准环境,以及受试材料和产品标准所要求的特殊处理;

l) 观察到的破坏类型;

m) 单个试验结果,如下所示(也见表 2):

    1) 按三种破坏类型分组:

       C 完全破坏,包括铰链破坏 H;

       P 部分破坏;

       N 不破坏—— 未发生破坏。

    2) 选出出现次数最多的破坏类型,并记录这种破坏类型冲击强度的平均值 x,用字母 C 或 P 记录对应的破坏类型;

    3) 如果出现最多的破坏类型是 N,只记录字母 N;

    4) 对于出现次数次之的破坏类型,在两括号间加字母 C、P 或 N,只是当出现的次数高于 1/3 时才这样表示(否则插入一个"*"号)。

n) 若需要,平均值的标准偏差;

o) 试验日期。

表 2 结果的表示

破坏类型			命名
C	P	N	
x	*	*	xC*
x	(P)	*	xC(P)
x	*	(N)	xC(N)
*	x	*	xP*
(C)	x	*	xP(C)
*	x	(N)	xP(N)
*	*	N	N*
(C)	*	N	N(C)
*	(P)	N	N(P)

注:x——最常见破坏类型的冲击强度的平均值,不包括 N 型;

    C、P 或 N——最常见破坏的类型;

    (C)、(P)或(N)——频率高于 1/3 时的次常见破坏类型,记录次之的破坏类型;

    *——不涉及。

ICS 83.080.01
G 31

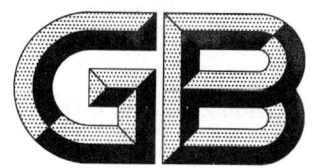

中华人民共和国国家标准

GB/T 2406.2—2009/ISO 4589-2:1996

塑料 用氧指数法测定燃烧行为
第 2 部分:室温试验

Plastics—Determination of burning behaviour by oxygen index—
Part 2:Ambient-temperature test

(ISO 4589-2:1996,IDT)

2009-06-15 发布

2010-02-01 实施

中华人民共和国国家质量监督检验检疫总局
中国国家标准化管理委员会 发布

前　言

GB/T 2406《塑料　用氧指数法测定燃烧行为》共分为三部分：
——第1部分：导则；
——第2部分：室温试验；
——第3部分：高温试验。

本部分为 GB/T 2406 的第2部分。等同采用国际标准 ISO 4589-2：1996《塑料　用氧指数法测定燃烧行为　第2部分：室温试验》（英文版）及 ISO 于 2005-01-15 对 ISO 4589-2：1996 发布的修改单1。本部分等同翻译 ISO 4589-2：1996，及 ISO 于 2005-01-15 对 ISO 4589-2：1996 发布的修改单1，在技术内容上完全相同。为了便于使用，对 ISO 4589-2：1996，本部分做了下列编辑性修改：
——把"ISO 4589 的本部分"改成"GB/T 2406 的本部分"或"本部分"；
——删除了 ISO 4589-2：1996 的前言、目次；
——增加了国家标准的前言、目次；
——对于 ISO 4589-2：1996 引用的其他国际标准中有被等同采用为我国标准的，本部分直接引用我国的国家标准代替对应的国际标准，其余未等同采用为我国标准的国际标准，在本部分中均被直接引用；
——将 ISO 4589 中的注的序号删除，用国家标准要求以条为单元加注序号；
——将 ISO 修改单中放入第9章精密度的内容改为资料性附录 NA。

本部分的附录 A、附录 B 为规范性附录，附录 C、附录 D、附录 E、附录 NA 为资料性附录。

本部分由中国石油和化学工业协会提出。

本部分由全国塑料标准化技术委员会塑料树脂通用方法和产品分会（SAC/TC 15/SC 4）归口。

本部分负责起草单位：国家合成树脂质量监督检验中心。

本部分参加起草单位：北京燕山石化树脂所、国家塑料制品质检中心（福州）、国家化学建筑材料测试中心（材料测试部）、南京市江宁区分析仪器厂、公安部上海消防研究所、广州金发科技有限公司、山东道恩集团龙口市道恩工程塑料有限公司。

本部分主要起草人：宋桂荣、王建东、陈宏愿、李建军、张正敏、何芘、杨宗林、王富海、张成杰。

塑料　用氧指数法测定燃烧行为
第2部分:室温试验

1　范围

GB/T 2406 的本部分描述了在规定试验条件下,在氧、氮混合气流中,刚好维持试样燃烧所需最低氧浓度的测定方法,其结果定义为氧指数。

本部分适用于试样厚度小于 10.5 mm 能直立自撑的条状或片状材料。也适用于表观密度大于 100 kg/m³ 的均质固体材料、层压材料或泡沫材料,以及某些表观密度小于 100 kg/m³ 的泡沫材料。并提供了能直立支撑的片状材料或薄膜的试验方法。

为了比较,本部分还提供了某种材料的氧指数是否高于给定值的测定方法。

本方法获得的氧指数值,能够提供材料在某些受控实验室条件下燃烧特性的灵敏度尺度,可用于质量控制。所获得的结果依赖于试样的形状、取向和隔热以及着火条件。对于特殊材料或特殊用途,需规定不同试验条件。不同厚度和不同点火方式获得的结果不可比,也与在其他着火条件下的燃烧行为不相关。

本部分获得的结果,不能用于描述或评定某种特定材料或特定形状在实际着火情况下材料所呈现的着火危险性,只能作为评价某种火灾危险性的一个要素,该评价考虑了材料在特定应用时着火危险性评定的所有相关因素之一。

注1:这些方法用于受热后呈现高收缩率的材料时不能获得满意结果。例如:宫定向薄膜。

注2:评价密度小于 100 kg/m³ 的泡沫材料火焰传播特性参照 GB/T 8332。

2　规范性引用文件

下列文件中的条款通过 GB/T 2406 的本部分的引用而成为本部分的条款。凡是注日期的引用文件,其随后所有的修改单(不包括勘误的内容)或修订版均不适用于本部分,然而,鼓励根据本部分达成协议的各方研究是否可使用这些文件的最新版本。凡是不注日期的引用文件,其最新版本适用于本部分。

GB/T 5471—2008　塑料　热固性塑料试样的压塑(ISO 295:2004,IDT)

GB/T 9352—2008　塑料　热塑性塑料材料试样的压塑(ISO 293:2004,IDT)

GB/T 2828.1—2003　计数抽样检验程序　第1部分:按接收质量限(AQL)检索的逐批检验抽样计划(ISO 2859-1:1989,IDT)

GB/T 11997—2008　塑料　多用途试样(ISO 3167:2002,IDT)

GB/T 17037.1—1997　塑料　热塑性塑料材料注塑试样的制备　第1部分:一般原理及多用途试样和长条试样的制备(idt ISO 294-1:1996)

GB/T 17037.3—2003　塑料　热塑性塑料材料注塑试样的制备　第3部分:小方试片(ISO 294-3:2002,IDT)

GB/T 17037.4—2003　塑料　热塑性塑料材料注塑试样的制备　第4部分:模塑收缩率的测定(ISO 294-4:2001,IDT)

ISO 294-2:1996　塑料　热塑性材料注塑试样　第2部分:拉伸条状试样

ISO 294-5:2001　塑料　热塑性材料注塑试样　第5部分:用于研究各向异性的标准试样

ISO 2818:1994　塑料　用机加工方法制备试样

ISO 2859-2:1985　计数抽样检验程序　第2部分:隔批检验极限质量(LQ)的抽样计划

3 术语和定义

下列术语和定义适用于 GB/T 2406 本部分。

3.1

氧指数 oxygen index

通入 23 ℃±2 ℃的氧、氮混合气体时,刚好维持材料燃烧的最小氧浓度,以体积分数表示。

4 原理

将一个试样垂直固定在向上流动的氧、氮混合气体的透明燃烧筒里,点燃试样顶端,并观察试样的燃烧特性,把试样连续燃烧时间或试样燃烧长度与给定的判据相比较,通过在不同氧浓度下的一系列试验,估算氧浓度的最小值(见 8.6)。

为了与规定的最小氧指数值进行比较,试验三个试样,根据判据判定至少两个试样熄灭。

5 设备

5.1 试验燃烧筒

由一个垂直固定在基座上,并可导入含氧混合气体的耐热玻璃筒组成(见图 1 和图 2)。

优选的燃烧筒尺寸为高度(500±50)mm,内径(75～100)mm。

燃烧筒顶端具有限流孔,排出气体的流速至少为 90 mm/s。

注:直径 40 mm,高出燃烧筒至少 10 mm 的收缩口可满足要求。

如能获得相同结果,有或无限流孔的其他尺寸燃烧筒也可使用。燃烧筒底部或支撑筒的基座上应安装使进入的混合气体分布均匀的装置。推荐使用含有易扩散并具有金属网的混合室。如果同类型多用途的其他装置能获得相同结果也可使用。应在低于试样夹持器水平面上安装一个多孔隔网,以防止下落的燃烧碎片堵塞气体入口和扩散通道。

燃烧筒的支座应安有调平装置或水平指示器,以使燃烧筒和安装在其中的试样垂直对中。为便于对燃烧筒中的火焰进行观察,可提供深色背景。

5.2 试样夹

用于燃烧筒中央垂直支撑试样。

对于自撑材料,夹持处离开判断试样可能燃烧到的最近点至少 15 mm。对于薄膜和薄片,使用如图 2 所示框架,由两垂直边框支撑试样,离边框顶端 20 mm 和 100 mm 处划标线。

夹具和支撑边框应平滑,以使上升气流受到的干扰最小。

5.3 气源

可采用纯度(质量分数)不低于 98%的氧气和/或氮气,和/或清洁的空气[含氧气 20.9%(体积分数)]作为气源。

除非试验结果对混合气体中较高的含湿量不敏感,否则进入燃烧筒混合气体的含湿量应小于0.1%(质量分数)。如果所供气体的含湿量不符合要求,则气体供应系统应配有干燥设备,或配有含湿量的检测和取样装置。

气体供应管路的连接应使混合气体在进入燃烧筒基座的配气装置前充分混合,以使燃烧筒内处于试样水平面以下的上升混合气的氧浓度的变化小于 0.2%(体积分数)。

注:氧气和氮气瓶中的含湿量(质量分数)不一定小于 0.1%。纯度(质量分数)≥98%的商业瓶装气的含湿量(质量分数)是 0.003%～0.01%,但这样的瓶装气减压到大约 1 MPa 时,气体含湿量可升到 0.1%以上。

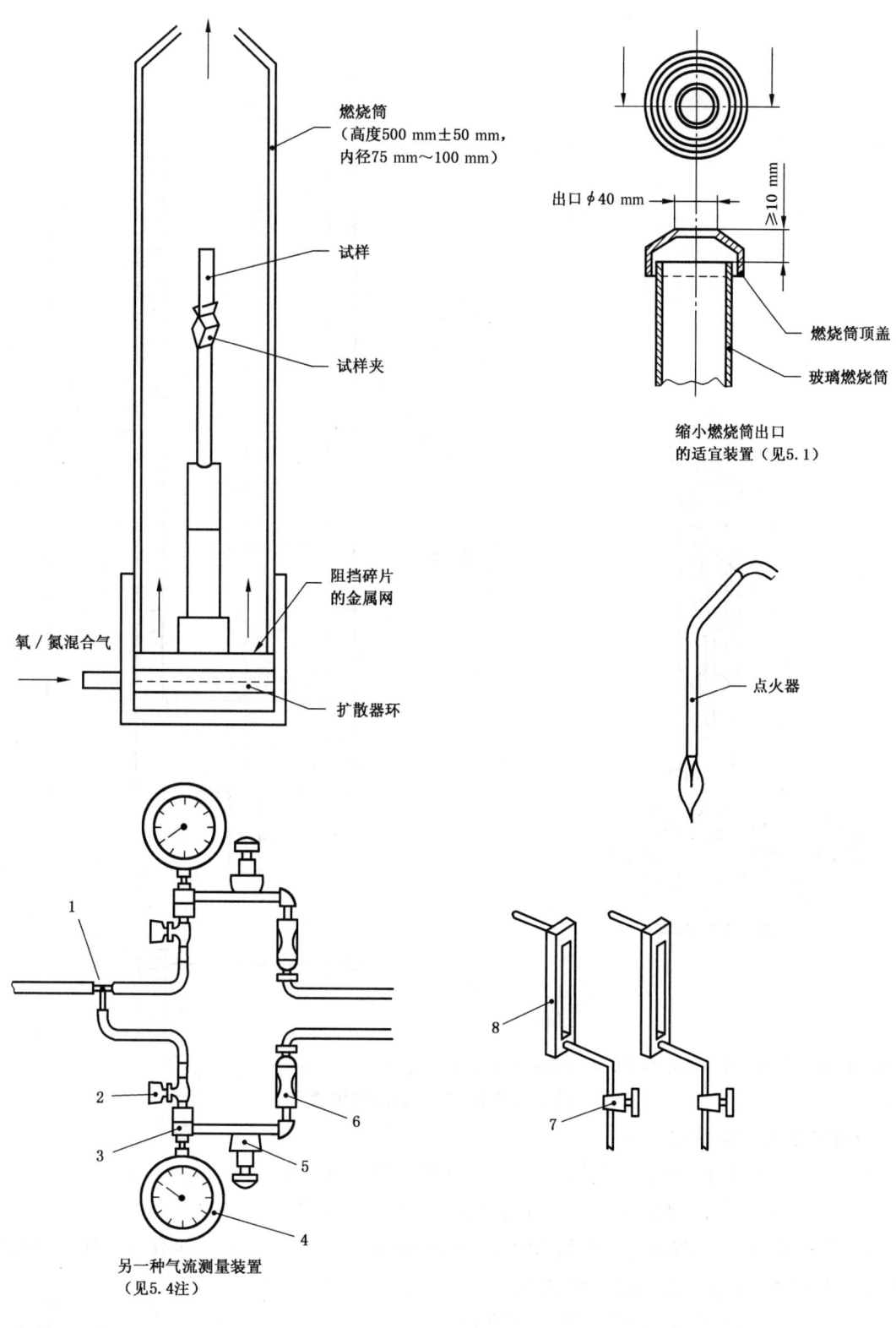

燃烧筒
（高度500 mm±50 mm，
内径75 mm～100 mm）

试样

试样夹

阻挡碎片
的金属网

氧／氮混合气

扩散器环

出口 ϕ 40 mm

≥10 mm

燃烧筒顶盖

玻璃燃烧筒

缩小燃烧筒出口
的适宜装置（见5.1）

点火器

1

2

3

4

5

6

7

8

另一种气流测量装置
（见5.4注）

1——气体预混点；   5——精密压力调节器；

2——截止阀；   6——过滤器；

3——接口；   7——针形阀；

4——压力表；   8——气体流量计。

图 1 氧指数设备示意图

单位为毫米 允差±0.25

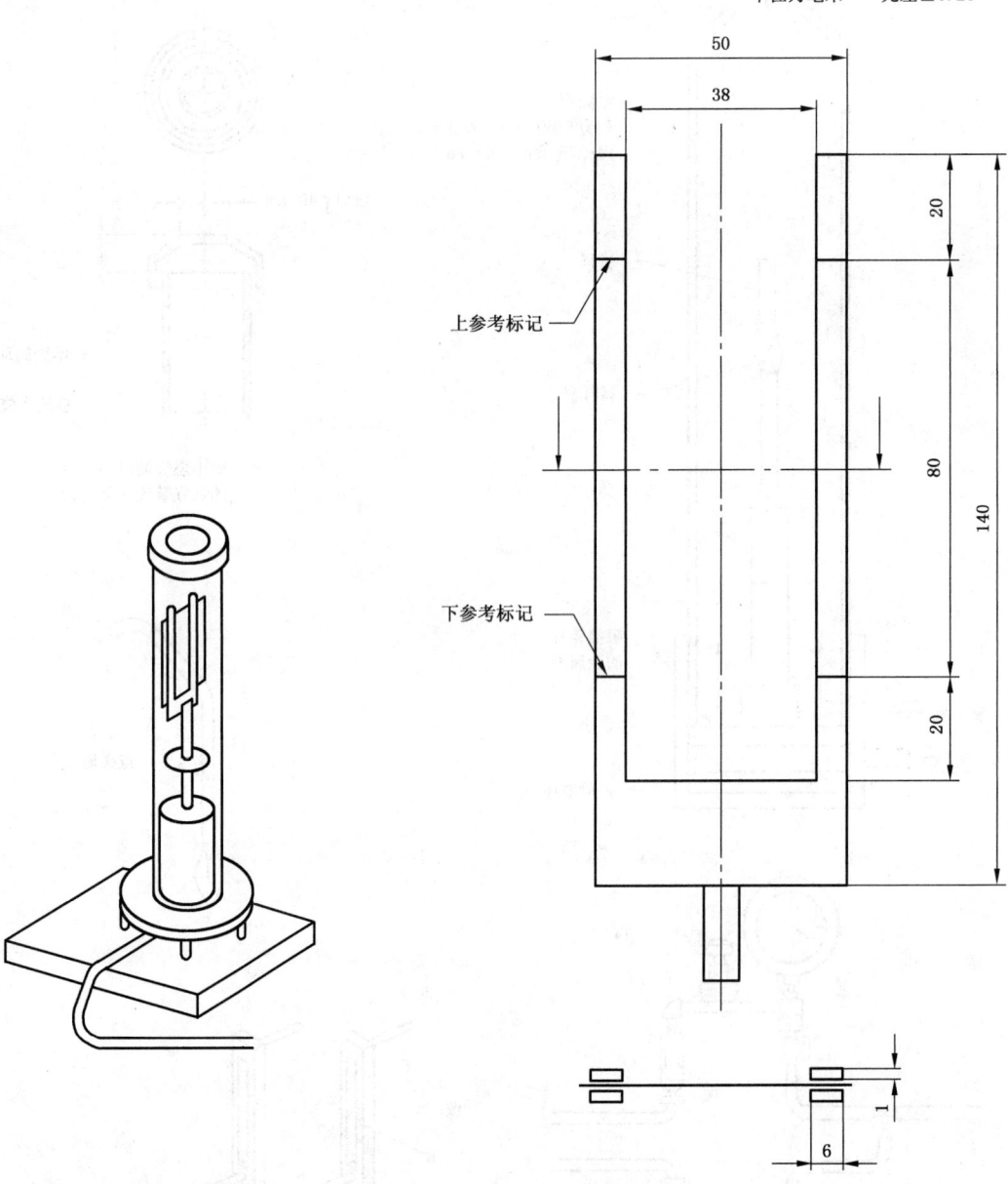

注：试样牢固地夹在不锈钢制造的两个垂直向上的叉子之间。

图 2 非自撑试样的支撑框架

5.4 气体测量和控制装置

适于测量进入燃烧筒内混合气体的氧浓度（体积分数），准确至±0.5%。当在 23 ℃±2 ℃通过燃烧筒的气流为 40 mm/s±2 mm/s 时，调节浓度的精度为±0.1%。

应提供检测方法，确保进入燃烧筒内混合气体的温度为 23 ℃±2 ℃。如有内部探头，则该探头的位置与外形设计应使燃烧筒内的扰动最小。

注：较适宜的测量系统或控制系统包括下列部件：

    a)   在各个供气管路和混合气管路上的针形阀，能连续取样的顺磁氧分析仪（或等效的分析仪）和一个能指示通过燃烧筒内气流流速在要求的范围内的流量计；

    b)   在各个供气管路上经校准的接口、气体压力调节器和压力表；

    c)   在各个供气管路上针形阀和经校准的流量计。

系统 b)和 c)组装后应经过校准，以确保组合部件的合成误差不超过 5.4 的要求。

5.5　点火器

由一根末端直径为 2 mm±1 mm 能插入燃烧筒并喷出火焰点燃试样的管子构成。

火焰的燃料应为未混有空气的丙烷。当管子垂直插入时,应调节燃料供应量以使火焰从出口垂直向下喷射 16 mm±4 mm。

5.6　计时器

测量时间可达 5 min,准确度±0.5 s。

5.7　排烟系统

有通风和排风设施,能排除燃烧筒内的烟尘或灰粒,但不能干扰燃烧筒内气体流速和温度。

注：如果试验发烟材料,必须清洁玻璃燃烧筒,以确保良好的可视性。对于气体入口、入口隔网和温度传感器也必须清洁,以使其功能良好。应采取适当的防护措施,以免人员在试验或清洁操作中受毒性材料伤害或遭灼伤。

5.8　制备薄膜卷筒的工具

由一根直径为 2 mm 一端带有一个狭缝的不锈钢杆构成(见图3)。

单位为毫米

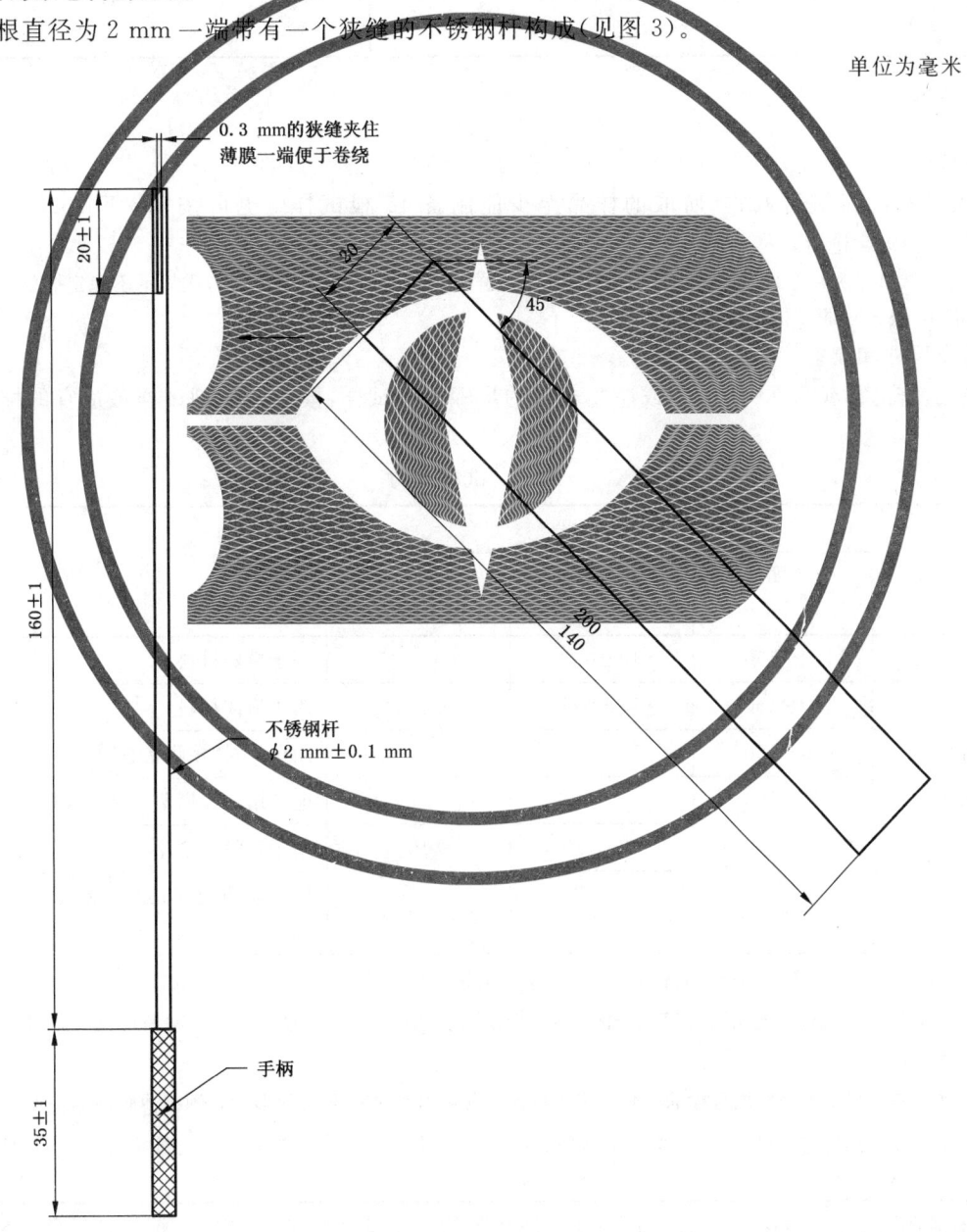

图 3　薄膜试样制备工具

689

6　设备的校准

为了符合本方法的要求,应定期按照附录 A 的规定对设备进行校准,再次校准和使用之间的最大时间间隔应符合表1的规定。

表 1　设备校准周期

项　目	最大时间间隔
气体系统接口(按附录 A 的 A.1 的要求) a)　设备在使用或清洁时触动过的组件 b)　未触动过的组件	 立即 6个月
浇铸 PMMA 样品	1个月
气体流速控制	6个月
氧浓度控制	6个月

7　试样制备

7.1　取样

应按材料标准进行取样,所取的样品至少能制备 15 根试样。也可按 GB/T 2828.1—2003 或 ISO 2859-2:1985 进行。

注:对已知氧指数在±2 以内波动的材料,需 15 根试样。对于未知氧指数的材料,或显示不稳定燃烧特性的材料,需 15 根～30 根试样。

7.2　试样尺寸和制备

依照适宜的材料标准(见注1)或注 2 规定的步骤制备试样,模塑和切割试样最适宜的样条形状在表 2 中给出。

表 2　试样尺寸

试样形状[a]	尺　寸			用　途
	长度/ mm	宽度/ mm	厚度/ mm	
Ⅰ	80～150	10±0.5	4±0.25	用于模塑材料
Ⅱ	80～150	10±0.5	10±0.5	用于泡沫材料
Ⅲ[b]	80～150	10±0.5	≤10.5	用于片材"接收状态"
Ⅳ	70～150	6.5±0.5	3±0.25	电器用自撑模塑材料或板材
Ⅴ[b]	$140_{-5}^{\ 0}$	52±0.5	≤10.5	用于软膜或软片
Ⅵ[c]	140～200	20	0.02～0.10[d]	用于能用规定的杆[d] 缠绕"接收状态"的薄膜

[a]　Ⅰ、Ⅱ、Ⅲ和Ⅳ型试样适用于自撑材料。Ⅴ型试样适用非自撑的材料。

[b]　Ⅲ 和 Ⅴ 型试样所获得的结果,仅用于同样形状和厚度的试样的比较。假定这样材料厚度的变化量是受到其他标准控制的。

[c]　Ⅵ型试样适用于缠绕后能自撑的薄膜。表中的尺寸是缠绕前原始薄膜的形状。缠绕薄膜的制备见 7.2。

[d]　限于厚度能用规定的棒(见图 3)缠绕的薄膜。如薄膜很薄,需两层或多层叠加进行缠绕,以获得与Ⅵ型试样类似的结果。

制备薄膜试样时,使用5.8描述的工具。把薄膜的一角插入狭缝中,以 45°螺旋地缠绕在杆上,直到工具的末端,制成长度合适的样条,如图 3 所示。缠绕完成后,粘牢试样卷筒的末端,将不锈钢杆从卷好的薄膜中抽出并剪掉卷筒顶端 20 mm(见图 4)。

单位为毫米

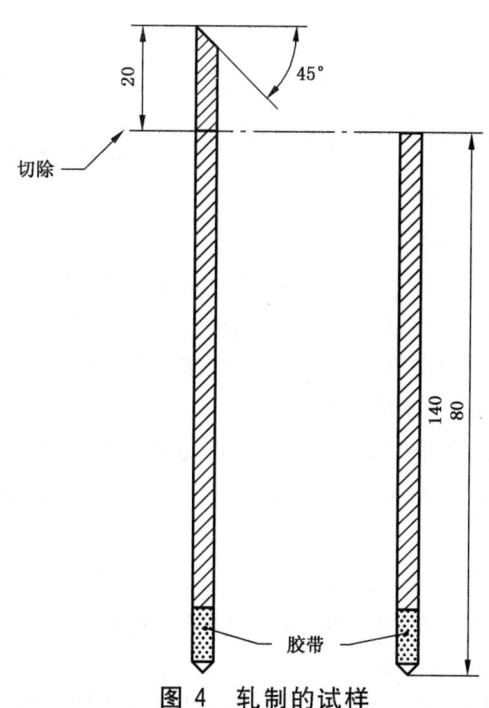

图 4 轧制的试样

确保试样表面清洁且无影响燃烧行为的缺陷,如模塑飞边或机加工的毛刺。

注意试样在样品材料上的位置和取向上的不对称性(见注 3)。

注 1:某些材料标准要求选择和标识所用的"试样状态",例如,处于"规定状态"或"基态"的以苯乙烯为基材的均聚
    或共聚物。

注 2:在无相关标准时,可从 GB/T 5471—2008、GB/T 9352—2008、GB/T 17037.1—1997、GB/T 17037.3—2003、
    ISO 294-2:1996,ISO 294-5:2001,ISO 2818:1994 或 GB/T 11997—2008 中选择一种或几种制备方法。

注 3:由于材料的不均匀性导致点火的难易及燃烧行为的不同(例如,由不对称取向的热塑性薄膜上,在不同方向切
    取的试样,受热时收缩程度不同),对氧指数的结果有很大影响。

注 4:如果使用这种方法,薄膜的燃烧行为呈现不稳定,包括受热缩及数据的波动,则应使用Ⅵ型试样,即卷筒形
    试样。它给出的再现性结果与Ⅰ型试样几乎相同。附录 D 给出了使用Ⅵ型试样实验室间获得的精密度
    数据。

7.3 试样的标线

7.3.1 概述

为了观察试样燃烧距离,可根据试样的类型和所用的点火方式在一个或多个面上画标线。自撑试
样至少在两相邻表面画标线。如使用墨水,在点燃前应使标线干燥。

7.3.2 顶面点燃试验标线

按照方法 A(见 8.2.2)试验Ⅰ、Ⅱ、Ⅲ、Ⅳ或Ⅵ型试样时,应在离点燃端 50 mm 处画标线。

7.3.3 扩散点燃试验标线

试验Ⅴ型试样时,标线画在支撑框架上(见图 2)。在试验稳定性材料时,为了方便,在离点燃端
20 mm 和 100 mm 处画标线。

如Ⅰ、Ⅱ、Ⅲ、Ⅳ和Ⅵ型试样用 B 法(见 8.2.3)试验时,在离点燃端 10 mm 和 60 mm 处画标线。

7.4 状态调节

除非另有规定,否则每个试样试验前应在温度 23 ℃±2 ℃和湿度 50%±5%条件下至少调节 88 h。

注:含有易挥发可燃物的泡沫材料试样,在 23 ℃±2 ℃和 50%±5%状态调节前,应在鼓风烘箱内处理 168 h,以除
  去这些物质。体积较大这类材料,需要较长的预处理时间。切割含有易挥发可燃物泡沫材料试样的设施需考
  虑与之相适应的危险性。

8 测定氧指数的步骤

注：当不需要测定材料的准确氧指数，只是为了与规定的最小氧指数值相比较时，则使用简化的步骤。

8.1 设备和试样的安装

8.1.1 试验装置应放置在温度 23 ℃±2 ℃的环境中。必要时将试样放置在 23 ℃±2 ℃和 50％±5％的密闭容器中，当需要时从容器中取出。

8.1.2 如需要，将重新校准设备（见第 6 章和附录 A）。

8.1.3 选择起始氧浓度，可根据类似材料的结果选取。另外，可观察试样在空气中的点燃情况，如果试样迅速燃烧，选择起始氧浓度约在 18％（体积分数）；如果试样缓慢燃烧或不稳定燃烧，选择的起始氧浓度约在 21％（体积分数）；如果试样在空气中不连续燃烧，选择的起始氧浓度至少为 25％（体积分数），这取决于点燃的难易程度或熄灭前燃烧时间的长短。

8.1.4 确保燃烧筒处于垂直状态（见图 1）。将试样垂直安装在燃烧筒的中心位置，使试样的顶端低于燃烧筒顶口至少 100 mm，同时试样的最低点的暴露部分要高于燃烧筒基座的气体分散装置的顶面 100 mm（见图 1 或图 2）。

8.1.5 调整气体混合器和流量计，使氧/氮气体在 23 ℃±2 ℃下混合，氧浓度达到设定值，并以 40 mm/s±2 mm/s 的流速通过燃烧筒。在点燃试样前至少用混合气体冲洗燃烧筒 30 s。确保点燃及试样燃烧期间气体流速不变。

记录氧浓度，按附录 B 给出的公式计算出所用的氧浓度，以体积分数表示。

8.2 点燃试样

8.2.1 概述

根据试样的形状，按下述要求任选一种点燃方法：

a) Ⅰ、Ⅱ、Ⅲ、Ⅳ和Ⅵ型试样（见表 2），使用按 8.2.2 所述的方法 A（顶面点燃）；

b) Ⅴ型试样，按 8.2.3 所述的方法 B（扩散点燃）。

在 GB/T 2406 的本部分中点燃是指有焰燃烧。

注 1：试验的氧浓度在等于或接近材料氧指数值表现稳态燃烧和燃烧扩散时，或厚度≤3 mm 的自撑试样，发现方法 B（用 7.3.2 标线的试样）比方法 A 给出的结果更一致。因此，方法 B 可用于Ⅰ、Ⅱ、Ⅲ、Ⅳ和Ⅵ型试样。

注 2：某些材料可能表现无焰燃烧（例如灼热燃烧）而不是有焰燃烧，或在低于要求的氧浓度时不是有焰燃烧。当试验这种材料时，必须鉴别所测氧指数的燃烧类型。

8.2.2 方法 A——顶面点燃法

顶面点燃是在试样顶面使用点火器点燃。

将火焰的最低部分施加于试样的顶面，如需要，可覆盖整个顶面，但不能使火焰对着试样的垂直面或棱。施加火焰 30 s，每隔 5 s 移开一次，移开时恰好有足够时间观察试样的整个顶面是否处于燃烧状态。在每增加 5 s 后，观察整个试样顶面持续燃烧，立即移开点火器，此时试样被点燃并开始记录燃烧时间和观察燃烧长度。

8.2.3 方法 B——扩散点燃法

扩散点燃法是使点火器产生的火焰通过顶面下移到试样的垂直面。

下移点火器把可见火焰施加于试样顶面并下移到垂直面近 6 mm。连续施加火焰 30 s，包括每 5 s 检查试样的燃烧中断情况，直到垂直面处于稳态燃烧或可见燃烧部分达到支撑框架的上标线为止。如果使用Ⅰ、Ⅱ、Ⅲ、Ⅳ和Ⅵ型试样，则燃烧部分达到试样的上标线为止。

为了测量燃烧时间和燃烧的长度，当燃烧部分达到上标线时，就认为试样被点燃。

注：燃烧部分包括沿着试样表面滴落的任何燃烧滴落物。

8.3 单个试样燃烧行为的评价

8.3.1 当试样按照 8.2.2 和 8.2.3 点燃时，开始记录燃烧时间，观察燃烧行为。如果燃烧中止，但在 1 s 内又自发再燃，则继续观察和记时。

8.3.2 如果试样的燃烧时间和燃烧长度均未超过表3规定的相关值,记作"○"反应。如果燃烧时间或燃烧长度两者任何一个超过表3中规定的相关值,记下燃烧行为和火焰的熄灭情况,此时记作"×"反应。

注意材料的燃烧状况,如滴落、焦糊、不稳定燃烧、灼热燃烧或余辉。

8.3.3 移出试样,清洁燃烧筒及点火器。使燃烧筒温度回到 23 ℃±2 ℃,或用另一个燃烧筒代替。

注1:如进行多次试验,应使用两个燃烧筒和两个试样夹,这样一个燃烧筒和试样夹可冷却,而利用另一个燃烧筒和试样夹进行试验。

注2:如果试样足够长,可将试样倒过来或剪去燃烧端再使用。当评估燃烧需要的最小氧浓度的近似值时,上述试样能节约材料,但结果不能包括在氧指数的计算中,除非试样在适合于所涉及材料的温度和湿度下重新状态调节。

表 3 氧指数测量的判据

试样类型 (见表2)	点燃方法	判据(二选其一)[a]	
		点燃后的燃烧时间/s	燃烧长度[b]
Ⅰ、Ⅱ、Ⅲ、Ⅳ和Ⅵ	A 顶面点燃	180	试样顶端以下 50 mm
	B 扩散点燃	180	上标线以下 50 mm
Ⅴ	B 扩散点燃	180	上标线(框架上)以下 80 mm

[a] 不同形状的试样或不同点燃方式及试验过程,不能产生等效的氧指数结果。

[b] 当试样上任何可见的燃烧部分,包括垂直表面滴落的燃烧滴落物,通过该表第四栏规定的标线时,认为超过了燃烧范围。

8.4 逐步选择氧浓度

8.5 和 8.6 所述的方法是基于"少量样品升-降法"[1],利用 $N_T - N_L = 5$(见 8.6.2 和 8.6.3)的特定条件,以任意步长使氧浓度进行一定的变化。

试验过程中,按下述步骤选择所用的氧浓度:

a) 如果前一个试样燃烧行为是"×"反应,则降低氧浓度,或

b) 如果前一个试样燃烧行为是"○"反应,则增加氧浓度。

按 8.5 或 8.6 选择氧浓度变化的步长。

8.5 初始氧浓度的确定

采用任意合适的步长,重复 8.1.4~8.4 的步骤,直到氧浓度(体积分数)之差≤1.0%,且一次是"○"反应,另一次是"×"反应为止。将这组氧浓度中的"○"反应,记作初始氧浓度,然后按 8.6 进行。

注1:氧浓度之差≤1.0%的两个相反结果,不一定从连续试验的试样中得到。

注2:给出"○"反应的氧浓度不一定比给出"×"反应的氧浓度低。

注3:使用表格记录本条和附录 C 所述的各条要求的信息。

8.6 氧浓度的改变

8.6.1 再次利用初始氧浓度(见 8.5),重复 8.1.4~8.3 的步骤试验一个试样,记录所用的氧浓度(c_O)和"×"或"○"反应,作为 N_L 和 N_T 系列的第一个值。

---

1) DIXON,W. J.,*American Statistical Association Journan*,pp.967-970(1965).

8.6.2 按 8.4 改变氧浓度,并按 8.1.4～8.4 步骤试验其他试样,氧浓度(体积分数)的改变量为总混合气体的 0.2%(见注),记录 c_O 值及相应的反应,直到与按 8.6.1 获得的相应反应不同为止。

由 8.6.1 获得的结果及 8.6.2 类似反应的结果构成 N_L 系列(见附录 C 第 2 部分的示例)。

注:当 d 不是 0.2% 时,如满足 8.6.4 的要求,可选该值作为 d 的起始值。

8.6.3 保持 $d=0.2\%$,按照 8.1.4～8.4 的步骤试验四个以上的试样,并记录每个试样的氧浓度 c_O 和反应类型,最后一个试样的氧浓度记为 c_f。

这四个结果连同由 8.6.2 获得的最后的结果(与 8.6.1 获得的反应不同的结果)构成 N_T 系列的其余结果,即:

$$N_T = N_L + 5$$

(见附录 C 第 2 部分。)

8.6.4 按照 9.3 由 N_T 系列(包括 c_f)最后的六个反应计算氧浓度的标准偏差 $\hat{\sigma}$。如果满足条件:

$$\frac{2\hat{\sigma}}{3} < d < 1.5\hat{\sigma}$$

按照式(1)计算氧指数。另外,

a) 如果 $d < \frac{2\hat{\sigma}}{3}$,增加 d 值,重复 8.6.2～8.6.4 的步骤直到满足条件,或

b) 如果 $d > 1.5\hat{\sigma}$,减小 d 值,直到满足条件。除非相关材料标准有要求,d 不能低于 0.2。

9 结果的计算与表示

9.1 氧指数

氧指数 OI,以体积分数表示,由式(1)计算:

$$OI = c_f + kd \qquad\qquad\qquad\qquad (1)$$

式中:

c_f——按 8.6 测量及 8.6.3 记录的 N_T 系列中最后氧浓度值,以体积分数表示(%),取一位小数;

d——按 8.6 使用和控制的氧浓度的差值,以体积分数表示(%),取一位小数;

k——按 9.2 所述由表 4 获得的系数。

按 8.6.4 和 9.3 计算 $\hat{\sigma}$ 值时,OI 值取两位小数。

报告 OI 时,准确至 0.1,不修约。

9.2 k 值的确定

k 值和符号取决于按 8.6 试验的试样反应类型,可由表 4 按下述的方法确定:

a) 若按 8.6.1 试样是"○"反应,则第一个相反的反应(见 8.6.2)是"×"反应,当按 8.6.3 试验时,在表 4 的第一栏,找出与最后四个反应符号相对应的那一行,找出 N_L 系列(按 8.6.1 和 8.6.2 获得)中"○"反应的数目,作为该表 a)行中"○"的数目,k 值和符号在第 2、3、4 或 5 栏中给出。

或

b) 若按 8.6.1 试样是"×"反应,则第一个相反的反应是"○"反应,当按 8.6.3 试验时,在表 4 的第六栏,找出与最后四个反应符号相对应的那一行,找出 N_L 系列(按 8.6.1 和 8.6.2 获得)中"×"反应的数目,作为该表 b)行中"×"的数目,k 值在第 2、3、4 或 5 栏中给出,但符号相反,查表 4 的负号变成正号,反之亦然。

注:k 值的确定和 OI 的计算示例在附录 C 中给出。

表 4 由 Dixon's"升-降法"进行测定时用于计算氧指数浓度的 k 值

1	2	3	4	5	6
最后五次测定的反应	N_L 前几次测量反应如下时的 k 值				
	a) ○	○○	○○○	○○○○	
10 ×○○○○	−0.55	−0.55	−0.55	−0.55	○××××
×○○○×	−1.25	−1.25	−1.25	−1.25	○×××○
×○○×○	0.37	0.38	0.38	0.38	○××○×
×○○××	−0.17	−0.14	−0.14	−0.14	○××○○
×○×○○	0.02	0.04	0.04	0.04	○×○××
×○×○×	−0.50	−0.46	−0.45	−0.45	○×○×○
×○××○	1.17	1.24	1.25	1.25	○×○○×
×○×××	0.61	0.73	0.76	0.76	○×○○○
××○○○	−0.30	−0.27	−0.26	−0.26	○○×××
××○○×	−0.83	−0.76	−0.75	−0.75	○○××○
××○×○	0.83	0.94	0.95	0.95	○○×○×
××○××	0.30	0.46	0.50	0.50	○○×○○
×××○○	0.50	0.65	0.68	0.68	○○○××
×××○×	−0.04	0.19	0.24	0.25	○○○×○
××××○	1.60	1.92	2.00	2.01	○○○○×
×××××	0.89	1.33	1.47	1.50	○○○○○
	N_L 前几次反应如下时的 k 值				最后五次测定的反应
	b) ×	××	×××	××××	
	对应第 6 栏的反应上表给出的 k 值，但符号相反，即： $OI = c_f - kd$（见 9.1）				

9.3 氧浓度测量的标准偏差

在 8.6.4 中，氧浓度测量的标准偏差由式（2）计算：

$$\hat{\sigma} = \left[\frac{\sum_{i=1}^{n}(c_i - OI)^2}{n-1}\right]^{1/2} \quad \cdots\cdots\cdots\cdots\cdots\cdots（2）$$

式中：

c_i——N_T 系列测量中最后六个反应每个所用的百分浓度；

OI——按式（1）计算的氧指数值；

n——构成 $\sum(c_i - OI)^2$ 氧浓度测量次数。

注：按照 8.6.4，本方法 $n=6$，对于 $n<6$ 时，会降低本方法的精密度。对于 $n>6$，要选择另外的统计标准。

9.4 结果的精密度

由于尚未得到实验室间试验数据，故未知本试验方法的精密度。如果得到上述数据，则在下次修订时加上精密度说明。附录 NA（资料性）是 ISO 和 ASTM 实验室间的精密度数据。

10 方法 C——与规定的最小氧指数值比较（简捷方法）

注：若有争议或需要材料的实际氧指数时，应用第 8 章给出的方法。

10.1 除了按 8.1.3 选择规定的最小氧浓度外，应按 8.1 安装设备和试样。

10.2 按 8.2 点燃试样。

10.3 试验三个试样,按 8.3.1、8.3.2 和 8.3.3 评价每个试样的燃烧行为。

如果三个试样至少有两个在超过表 3 相关判据以前火焰熄灭,记录的是"○"反应,则材料的氧指数不低于指定值。相反,材料的氧指数低于指定值。或按第 8 章测定氧指数。

11 试验报告

试验报告应包括下列内容:

a) 注明采用 GB/T 2406.2;

b) 声明本试验结果仅与本试验条件下试样的行为有关,不能用于评价其他形式或其他条件下材料着火的危险性;

c) 注明受试材料完整鉴别,包括材料的类型、密度、材料或样品原有的不均匀性相关的各项异性;

d) 试样类型(Ⅰ 至 Ⅵ)和尺寸;

e) 点燃方法(A 或 B);

f) 氧指数值或采用方法 C 时规定的最小氧指数值,并报告是否高于规定的氧指数;

g) 如需要,若不是 0.2%(体积分数),估算标准偏差及所用的氧浓度增量;

h) 任何相关特性或行为的描述,如:烧焦、滴落、严重的收缩、不稳定燃烧或余辉;

i) 任何偏离 GB/T 2406 本部分要求的情况。

附　录　A
（规范性附录）
设备的校准

A.1　泄漏试验

泄漏试验应在所有的连接处进行。一旦发生泄漏,会造成燃烧筒内氧浓度改变,影响氧浓度的调节和指示。

A.2　气体流动速率

满足5.4和8.1.5要求的指示流经燃烧筒的流速的系统,可用校准过的流量计或等效的设备校准,其准确度为流经燃烧筒流速的±0.2 mm/s。

气体流速是流经燃烧筒总流量除以燃烧筒内孔的横截面积,由式(A.1)计算:

$$F = 1.27 \times 10^6 \frac{q_v}{D^2} \quad\quad\quad\quad\quad\quad\quad\quad\quad\quad\quad (A.1)$$

式中:

F——流经燃烧筒的气体流速,单位为毫米每秒(mm/s);
q_v——23 ℃±2 ℃时流经燃烧筒的气体总流量,单位为升每秒(L/s);
D——燃烧筒内径,单位为毫米(mm)。

A.3　氧浓度

进入燃烧筒的混合气体中的氧浓度应准确至混合气体的0.1%(体积分数)。可从燃烧筒中取样进行分析或用已校准过的氧分析仪分析。如果设备中带有氧分析仪,应用下述的气体进行校准,每种气体应符合5.3规定的纯度和含湿量:

a)　由以下气体中任选两种:

　　——氮气;

　　——氧气;

　　——清洁的空气;

和

b)　对大多数试样,上述任何两种气体的混合均应在所用的氧浓度范围之内。

A.4　整台设备的校准

可通过试验一种已校准的材料并把所得结果与已校准材料预期结果比较的方法来校准仪器性能用于某一特定试验程序。校准材料的选择、适用性及使用见表A.1。

采用本部分的方法,在七个不同国家的16个试验室中进行了实验室间的试验,某些具体材料试验获得的结果列于表A.1。每一特定材料/试验步骤组合的单次试验结果的置信度为95%。1978/1980实验室间试验的剩余材料具有表A.1给出的氧指数的样品,可从英国的橡胶和塑料研究协会获得。

GB/T 2406.2—2009/ISO 4589-2:1996

表 A.1 参比材料氧指数值

材料	方法 A 顶面点燃法	方法 B 扩散点燃法
三聚氰胺-甲醛（MF）	41.0～43.6	39.6～42.5
PMMA[a]，厚度 3 mm	17.3～18.1	17.2～18.0
PMMA，厚度 10 mm	17.9～19.0	17.5～18.5
酚醛泡沫塑料，厚度 10.5 mm	39.1～40.7	39.6～40.0
PVC 薄膜，厚度 0.02 mm	不适用	22.4～23.6

[a] 这些结果是由上述的实验室间对具体材料试验获得的。适用于下列情况，每月进行校准时，按照表 A.1 使用无添加剂的 3 mm 厚浇铸 PMMA 板材（Ⅳ型），该材料的三个结果的平均值应在 17.3±0.2 的范围内，其置信度为 95%。

附　录　B
（规范性附录）
氧浓度的计算

第 8 章需求的氧浓度按式(B.1)计算：

$$c_O = \frac{100V_O}{V_O + V_N} \quad \cdots\cdots\cdots\cdots\cdots\cdots\cdots\cdots\cdots\cdots\cdots (\,B.1\,)$$

式中：

c_O——氧浓度，以体积分数表示；

V_O——23 ℃时，混合气体中每单位体积的氧的体积；

V_N——23 ℃时，混合气体中每单位体积的氮的体积。

如使用氧分析仪，则氧浓度应在具体使用的仪器上读取。

若由组成混合气体的各气流的流量和压力来计算结果，如不是纯氧时，则需考虑混合气流中氧的比率。例如，使用纯度(体积分数)98.5%氧气与空气混合或与含氧 0.5%(体积分数)氮气混合，氧浓度由式(B.2)计算，以体积分数表示。

$$c_O = \frac{98.5V_O{'} + 20.9V_A{'} + 0.5V_N{'}}{V_O + V_A{'} + V_N{'}} \quad \cdots\cdots\cdots\cdots\cdots\cdots\cdots\cdots\cdots\cdots (\,B.2\,)$$

式中：

$V_O{'}$——每单位体积混合气体中氧气的体积；

$V_A{'}$——每单位体积混合气体中空气的体积；

$V_N{'}$——每单位体积混合气体中氮气的体积。

假定 23 ℃下压力相同，若混合气流由两种气体组成，则其中的 $V_O{'}$、$V_A{'}$ 或 $V_N{'}$ 相应地变为零。

附 录 C
（资料性附录）
试验结果记录单

按 GB/T 2406.2 测定的氧指数试验结果记录单

材料：酚醛层压板　　　　　　　氧指数[浓度，%（体积分数）]：29.5

试样型别：Ⅲ（4 mm 厚）　　　　$\hat{\sigma}$：0.152

点燃方法：Ⓐ　　B　　　　　　　试验日期：1995-05-26

状态调节方法：23　㉓/㊿　　　　实验室 No.：19　试验 No.：1

氧浓度增量（d）：0.2%（体积分数）

第1部分：氧浓度间隔≤1%（体积分数）的一对"×"和"○"反应的氧浓度测定（按8.5）

氧浓度（体积分数）/%	25.0	35.0	30.0	32.0	31.0			
燃烧时间/s	10	>180	140	>180	>180			
燃烧长度/mm								
反应（"×"或"○"）	○	×	○	×	×			

此对反应中"○"反应的氧浓度＝30.0%（体积分数）（该浓度将再次用于第2部分首次测量的浓度）。

第2部分：氧指数的测定（按8.6）

连续改变氧浓度所用的步长 d＝0.2%（体积分数）[除非另有说明，首选 0.2%（体积分数）]。

	N_T 系列测量									c_f
	N_L 系列测定（8.6.1 和 8.6.2）					（8.6.3）				
氧浓度（体积分数）/%	30.0	29.8	29.6	29.4		29.4	29.6	29.4	29.6	29.8
燃烧时间/s	>180	>180	>180	150		150	>180	110	165	>180
燃烧长度/mm										
反应（"×"或"○"）	×	×	×			○	×	○	○	×
	栏数（2、3、4 或 5）：4					行数（1~16）：7				
	由表4获得的 k 值：1.25									
	故 k＝−1.25									

　　$OI = c_f + kd = 29.8 + (-1.25 \times 0.2)$

　　　$= 29.5\%$（报告 OI 时取一位小数）

　　　$= 29.55\%$（为按第3部分要求计算和确定 d 值，取两位小数）

第3部分：氧浓度步长 d% 的确定（按8.6.4 和 9.3）

最后六个结果		氧浓度(体积分数)/%			
		c_i [a]	OI	$c_i - OI$	$(c_i - OI)^2$
c_f [f]	1	29.8	29.55	0.25	0.062 5
	2	29.6	29.55	0.05	0.002 5
	3	29.4	29.55	−0.15	0.022 5
	4	29.6	29.55	0.05	0.002 5
	5	29.4	29.55	−0.15	0.022 5
n	6	29.6	29.55	0.05	0.002 5
总和 $\sum (c_i - OI)^2$					0.115

[a] 当 $n=6$ 时,c_i 栏中包含用于测定 c_f 的氧浓度及前 5 个测定所用的每个氧浓度。

标准偏差的估算:

$$\hat{\sigma} = \left[\frac{\sum (c_i - OI)^2}{n-1} \right]^{1/2} = \left(\frac{0.115}{5} \right)^{1/2} = 0.152$$

$$\frac{2\hat{\sigma}}{3} = 0.101$$

$$d = 0.2$$

$$\frac{3\hat{\sigma}}{2} = 0.227$$

如果 $\frac{2\hat{\sigma}}{3} < d < \frac{3\hat{\sigma}}{2}$ 或如 $0.2 = d > \frac{3\hat{\sigma}}{2}$,则 OI 是有效的。

另外

如果 $\frac{2\hat{\sigma}}{3} > d$,则用大一点的 d 值重复第 2 部分;

或

如果 $\frac{3\hat{\sigma}}{2} < d$,则用小一点的 d 值重复第 2 部分。

然后,再次校准步长。如需要,再多次改变步长直到校准后满足关系式为止。

第 4 部分:辅助信息

a) 这些试验结果仅与在本试验条件下试样的行为有关。不能用于评价不同材料或形状在这些或其他条件下着火的危险性;

b) 若有的话,特定材料的历史/特性;

c) 若有的话,与标准步骤的差异;

d) 观察到的燃烧行为的描述;

e) 试验人/报告人。

附　录　D

（资料性附录）

Ⅵ型试样实验室间试验获得的结果

D.1　概述

表 D.1 给出了 1993 年实验室间的试验结果。精密度数据是由九个实验室采用 Ⅵ型试样对八种材料进行试验并每种材料重复试验两次获得的。试验前，所有试验设备按附录 A，以 3 mm 厚的 PMMA 试样进行校准。所获结果用 ISO 5725:1986 试验方法的精密度——通过实验室间试验对标准试验方法重复性和再现性的确定。

注：ISO 5725:1986 已被取代，但该组实验室间精密度数据是根据 ISO 5725:1986 计算得到的。

D.2　重复性

按正常和正确的操作方法，由同一操作员使用相同的设备，在短时间内对两组相同的材料测定的两个独立平均值之差。测定 20 个平均值中最多一次超过表 D.1 给出的重复性值。

D.3　再现性

按正常和正确的操作方法，由两个不同实验室的操作员使用不同的设备，对两组相同材料测定的两个独立平均值之差。测定 20 个平均值中最多一次超过表 D.1 给出的重复性值。

表 D.1　精密度数据

材　　料	厚度/ mm	OI 平均值（体积分数）/ %	重复性 r	再现性 R
PP	0.030	18.2	0.5	1.3
PET	0.025	22.0	0.6	3.7
PA-6	0.028	23.7	0.4	2.5
PE-LD	0.025	17.7	0.5	1.0
PVDC-P	0.013 （2 层）	68.4	0.5	12.6
PVC-P	0.013 （2 层）	26.9	0.5	2.0
PI	0.025	59.3	0.5	2.2
PA-15/PE-LD 多层膜	0.080	18.2	0.4	0.8

D.4　平均值

由两组试样测定的两个平均值，若它们的差值超出表 D.1 所给出的重复性和再现性，就认为是可疑或不等效。按 D.2 或 D.3 作出的任何判断置信度为 95%（0.95）。

注：表 D.1 仅仅表示对于某一范围的材料构成这种试验方法的近似精密度，数据不能严格地用于材料的接收和拒收，因为这些数据是实验室间试验特有的，不代表其他批、条件、厚度或材料。

附　录　E

（资料性附录）

1978～1980 年实验室间试验获得的精密度数据

E.1　结果的精密度

对易燃和燃烧稳定的材料,本方法预期的精密度如表 E.1。

表 E.1　估计精密度数据

95%置信度的近似值	实验室内	实验室间
标准偏差	0.2	0.5
重复性(r)	0.5	—
再现性(R)	—	1.4
注:这些精密度数据是 1978～1980 年间由 16 个国际实验室对 12 个样品试验确定的。		

注:对于燃烧行为异常的材料,表 E.1 的极限值可增大到 5 倍。另一方面,对于燃烧行为显示一致的材料,即使 d 减
小到 0.1%(体积分数),仍有 $d>1.5\hat{\sigma}$,显示较大的精密度是可接受的。实际上,如用 $d<0.1\%$(体积分数),仪
器准确性和精确度的规定不能满足本部分的要求,并且与 $d\leqslant0.2$ 时采用本方法所获得的结果没有明显的差
异。恰好能维持燃烧的最低氧浓度的更精密的测量有赖于不同的仪器和采用不同的统计公式及由较长测量系
列所测定的系数。

附　录　NA
（资料性附录）
1999 年 ISO 和 ASTM 实验室间结果的精密度

NA.1　ISO 和 ASTM 在 1999 年采用 ISO 4589-2:1996 和 ASTM D 2863:1997 作为评判标准,进行了实验室间的研究,由 12 个实验室对八种材料进行试验,每种材料试验两次,按照 ISO 5725-2:1996 进行了结果分析,确定了实验室间的精密度数据见表 NA.1。

表 NA.1　精密度数据

材　料	试样类型	方　法	氧指数(OI)		
			平均值	重复性	再现性
PMMA-1	Ⅲ	A	17.7	0.09	0.14
PMMA-2	Ⅲ	A	17.8	0.35	0.35
增塑 PVC	Ⅲ	A	38.4	4.44	6.16
增强 ABS	Ⅰ	A	26.8	3.33	3.33
热固性酚醛	Ⅰ	A	49.7	5.45	5.66
PS 泡沫	Ⅱ	A	20.9	0.91	1.30
PC 板材	Ⅴ	B	26.1	2.37	3.11
PET 薄膜	Ⅵ	A	21.9	1.74	2.87

NA.2　重复性

用相同的材料和设备,由一个操作员在短时间内,对两组试样以相同的方法测定的两平均值之差。该重复性值不应超过表 NA.1 所给出的值。

NA.3　再现性

不同实验室间的两个操作员,对同种材料的两组试样,用相同的方法测定的两平均值之差。该再现性值不应超过表 NA.1 所给出的值。

NA.4　两个平均值(两组试样测定的),若它们的差值超出表 NA.1 所给出的重复性和再现性,就认为是可疑或不等效。按 NA.2 或 NA.3 作出的任何判断置信度为 95%(0.95)。

注:NA.2 和 NA.3 给出的"重复性"和"再现性",仅表示这种试验方法的近似精密度。表 NA.1 的试验结果和精密度数据,不能用于材料的验收和拒收。这些数据仅供实验室间研究,不能严格地代表其他批、配方、条件、材料或实验室。本方法的使用者应利用本部分所述的方法获得材料和实验室(或特定的实验室间)的数据,那么,NA.2~NA.4 的方法对这些数据是有效的。

GB/T 2406.2—2009/ISO 4589-2:1996

参 考 文 献

1）　GB/T 8332　泡沫塑料燃烧性能试验方法水平燃烧法
2）　ISO 5725-2:1996　测量方法和结果的准确度（正确度和精密度）　第2部分:确定标准测量方法重复性和再现性的基本方法
3）　ASTM D 2863:1997　塑料类似蜡烛燃烧时所需最低氧气浓度测量的标准试验方法（氧指数）

705

ICS 29.020
K 04

中华人民共和国国家标准

GB/T 5169.10—2006/IEC 60695-2-10:2000
代替 GB/T 5169.10—1997

电工电子产品着火危险试验
第 10 部分：灼热丝/热丝基本试验方法
灼热丝装置和通用试验方法

Fire hazard testing for electric and electronic products—Part 10:Glow/hot-wire
based test methods—Glow-wire apparatus and common test procedure

(IEC 60695-2-10:2000,Fire hazard testing—Part 2-10:Glow/hot-wire
based test methods—Glow-wire apparatus and common test procedure,IDT)

2006-12-19 发布　　　　　　　　　　　2007-09-01 实施

中华人民共和国国家质量监督检验检疫总局
中国国家标准化管理委员会　发布

GB/T 5169.10—2006/IEC 60695-2-10:2000

前　言

GB/T 5169《电工电子产品着火危险试验》包括以下 18 个部分：

——GB/T 5169.1—1997　电工电子产品着火危险试验　着火试验术语(idt IEC 60695-4:1993)

——GB/T 5169.2—2002　电工电子产品着火危险试验　第 2 部分:着火危险评定导则　总则(IEC 60695-1-1:1999,IDT)

——GB/T 5169.3—2005　电工电子产品着火危险试验　第 3 部分:电子元件着火危险评定技术要求和试验规范制订导则(IEC 60695-1-2:1982,IDT)

——GB/T 5169.5—1997　电工电子产品着火危险试验　第 2 部分:试验方法　第 2 篇:针焰试验(idt IEC 60695-2-2:1991)

——GB/T 5169.7—2001　电工电子产品着火危险试验　试验方法　扩散型和预混合型火焰试验方法(idt IEC 60695-2-4/0:1991)

——GB/T 5169.9—2006　电工电子产品着火危险试验　第 9 部分:着火危险评定导则　预选试验规程的使用(IEC 60695-1-30:2002,IDT)

——GB/T 5169.10—2006　电工电子产品着火危险试验　第 10 部分:灼热丝/热丝基本试验方法　灼热丝装置和通用试验方法(idt IEC 60695-2-10:2000,IDT)

——GB/T 5169.11—2006　电工电子产品着火危险试验　第 11 部分:灼热丝/热丝基本试验方法　成品的灼热丝可燃性试验方法(IEC 60695-2-11:2000,IDT)

——GB/T 5169.12—2006　电工电子产品着火危险试验　第 12 部分:灼热丝/热丝基本试验方法　材料的灼热丝可燃性试验方法(IEC 60695-2-12:2000,IDT)

——GB/T 5169.13—2006　电工电子产品着火危险试验　第 13 部分:灼热丝/热丝基本试验方法　材料的灼热丝起燃性试验方法(IEC 60695-2-13:2000,IDT)

——GB/T 5169.14—2001　电工电子产品着火危险试验　试验方法　1 kW 标称预混合型试验火焰和导则(idt IEC 60695-2-4/1:1991)

——GB/Z 5169.15—2001　电工电子产品着火危险试验　试验方法　500 W 标称预混合型试验火焰和导则(idt IEC 60695-2-4/2:1994)

——GB/T 5169.16—2002　电工电子产品着火危险试验　第 16 部分:50 W 水平与垂直火焰试验方法(IEC 60695-11-10:1999,IDT)

——GB/T 5169.17—2002　电工电子产品着火危险试验　第 17 部分:500 W 火焰试验方法(IEC 60695-11-20:1999,IDT)

——GB/T 5169.18—2005　电工电子产品着火危险试验　第 18 部分:将电工电子产品的火灾中毒危险减至最小的导则　总则(IEC 60695-7-1:1993,IDT)

——GB/T 5169.19—2006　电工电子产品着火危险试验　第 19 部分:非正常热　模压应力释放变形试验(IEC 60695-10-3:2002,IDT)

——GB/T 5169.20—2006　电工电子产品着火危险试验　第 20 部分:火焰表面蔓延　试验方法概要和相关性(IEC/TS 60695-9-2:2001,IDT)

——GB/T 5169.21—2006　电工电子产品着火危险试验　第 21 部分:非正常热　球压试验(IEC 60695-10-2:2003)

本部分为 GB/T 5169 的第 10 部分。

本部分等同采用 IEC 60695-2-10:2000《着火危险试验　第 2-10 部分:灼热丝/热丝基本试验方

法 灼热丝装置和通用试验方法》(英文版),并作了少量编辑性修改,删除了 IEC 60695-2-10:2000 的资料性附录 A。

本部分代替 GB/T 5169.10—1997《电工电子产品着火危险试验 试验方法 灼热丝试验方法总则》。

本部分与 GB/T 5169.10—1997 相比主要变化如下:

a) 将 GB/T 5169.10—1997 中热电偶所用的金属细丝的标称直径由"0.5 mm"改为"1.0 mm 或 0.5 mm"(本部分的 5.2);

b) 增加了试验样品在试验箱中所受到的光照度和试验箱背景光照度的规定(本部分的 5.4);

c) 增加了对灼热丝顶部尺寸 A 的确认(本部分的 6.1);

d) 将 GB/T 5169.10—1997 中温度测量系统校验时所使用的银箔的面积由边长 2 mm 的正方形改为 2 mm²(本部分的 6.2.2);

e) 增加了灼热丝接触试验样品的时间、灼热丝接近和离开试验样品的速率范围和最大冲击力的规定(本部分的 8.3)。

本部分由中国电器工业协会提出。

本部分由全国电工电子产品环境技术标准化技术委员会(SAC/T 8)归口。

本部分由广州电器科学研究院负责起草,广州日用电器检测所、广州擎天实业有限公司参加起草。

本部分主要起草人:陈灵、陈兰娟、张效忠。

本部分于 1997 年首次发布,本次是第一次修订。

引　言

测试电工电子产品着火危险的最好方法，是真实地再现在实际中存在的条件。但在大多数情况下，这是不可能的。因此，最好根据现实情况尽可能真实地模拟实际发生的效应来进行电工电子产品着火危险试验。

电工电子产品设备的零件由于电的作用可能暴露于过热应力，而且其劣化可能会降低设备的安全性能，这些零件不应过度地受到设备内部产生的热和火的影响。

在设备内部容易使火焰蔓延的绝缘材料或其他固体可燃材料的零件可能会由于灼热电线或灼热元件而起燃。在一定条件下，例如流过导线的故障电流、元件过载以及不良接触的情况下，某些元件会达到某一温度而使其附近的零件起燃。

电工电子产品着火危险试验
第 10 部分：灼热丝/热丝基本试验方法
灼热丝装置和通用试验方法

1 范围

GB/T 5169 的本部分规定了灼热丝装置和通用试验方法，是利用模拟技术评定灼热元件或过载电阻之类热源在短时间内造成热应力影响的着火危险性。

本部分描述的试验适用于电工设备及其组件和零部件，还适用于固体电绝缘材料或其他固体可燃材料。

标准化技术委员会的任务之一就是在编写自己的出版物时，凡是适用之处都要利用这些基本安全出版物。

2 规范性引用文件

下列文件中的条款通过本部分的引用而成为本部分的条款。凡是注日期的引用文件，其随后所有的修改单（不包括勘误的内容）或修订版均不适用于本部分，然而，鼓励根据本部分达成协议的各方研究是否可使用这些文件的最新版本。凡是不注日期的引用文件，其最新版本适用于本部分。

GB/T 5169.11—2006 电工电子产品着火危险试验 第 11 部分：灼热丝/热丝基本试验方法 成品的灼热丝可燃性试验方法（IEC 60695-2-11:2000,IDT）

GB/T 5169.12—2006 电工电子产品着火危险试验 第 12 部分：灼热丝/热丝基本试验方法 材料的灼热丝可燃性试验方法（IEC 60695-2-12:2000,IDT）

GB/T 5169.13—2006 电工电子产品着火危险试验 第 13 部分：灼热丝/热丝基本试验方法 材料的灼热丝起燃性试验方法（IEC 60695-2-13:2000,IDT）

IEC 60584-1:1995 热电偶 第 1 部分：参考表

IEC 60584-2:1982 热电偶 第 2 部分：公差

ISO 4046:1978 纸张、纸板、纸浆及有关术语 词汇

ISO/IEC 13943:2000 防火安全 术语

3 术语和定义

ISO/IEC 13943:2000 给出的以及下列术语和定义适用于本部分。

3.1

试验温度和灼热丝的温度 **test temperature and temperature of the glow-wire**
灼热丝的顶端与试验样品接触前被加热并达到稳定的温度。

4 试验装置概要和通用试验方法

本部分规定了用于无火焰引燃源着火试验的灼热丝装置和通用试验方法。

灼热丝是一个规定的电阻丝环，用电加热到规定的温度。使灼热丝的顶端接触样品达到规定的一段时间，观察和测量的范围取决于特定的试验程序。

GB/T 5169.11—2006、GB/T 5169.12—2006 和 GB/T 5169.13—2006 给出了的每一项试验程序的详细说明。

5 试验装置的说明

5.1 灼热丝

灼热丝是用标称直径为 4 mm 的镍/铬(80/20)丝制成。按图 1 所示将灼热丝成型为环形。

灼热丝用简单的电路加热,如图 2 所示。不应有用于保持温度的反馈装置或反馈回路。

由于大电流的存在,因此重要的是灼热丝的电气连接应能确保通过大电流而又不影响电路的性能或长期稳定性。

注 1:将顶端加热到 960℃所需的典型电流在 120 A～150 A 之间。

试验装置的设计应使灼热丝保持在一个水平面上,并且在使用时灼热丝要对试验样品施加 1.0 N ±0.2 N 的力。当灼热丝或试验样品在水平方向相对移动时应保持此压力值。灼热丝的顶部进入或穿透试验样品的深度应限定在 7 mm±0.5 mm。

应将试验装置设计成从试验样品上落下的燃烧或灼热颗粒能够落在 5.3 规定的铺底层上。

试验装置的两个典型的例子如图 3a)和图 3b)所示。

注 2:图 3b)所示的装置适用于测试大的试验样品或在设备内部测试试验样品。

5.2 温度测量系统

测量灼热丝顶部的温度应使用带有绝缘结点的一级(见 IEC 60584-2)矿物绝缘金属铠装细丝热电偶。其标称直径应为 1.0 mm 或 0.5 mm,例如镍铬和镍铝(K 型)线材(见 IEC 60584-1)适合在温度高达 960℃的条件下连续运行,它们的焊接点位于铠装套内,尽可能地靠近顶部。铠装套应由金属制成,能耐受在温度至少为 1 050℃的条件下连续运行。如果有争议,应使用 0.5 mm 的热电偶。

注 1:由镍基耐热合金制成的铠装套被视为可以满足上述要求。

注 2:0.5 mm 热电偶将被撤消是本部分将来修订的计划。

带有热电偶的灼热丝如图 1 所示。

热电偶被安放在灼热丝顶部后面已钻好的小孔里,保持紧密配合如图 1 的放大图 Z 所示。应保持热电偶的顶部与钻孔的底部的热接触。注意确保热电偶能够随着灼热丝顶部因加热产生的尺寸变化而移动。

测量热电势仪器可由带有内置基准点的任何一种商用数字温度计构成。

注 3:可以使用其他的温度测量仪器,如果有争议,则必须使用热电偶方法。

5.3 规定的铺底层

为了评定可能发生的燃烧蔓延,例如从试验样品上落下的燃烧或灼热颗粒引起的燃烧蔓延,在试验样品下面放置一块规定的铺底层。

除非另有规定,在一块最小厚度为 10 mm 的平滑木板的上表面紧裹一层包装绢纸,置于灼热丝施加到试验样品的作用点下面的 200 mm±5 mm 处。见图 3a)和图 3b)。

按 ISO 4046:1978 中 6.86 的规定,包装绢纸是一种柔软而强韧的轻质包装纸,单位面积质量为 12 g/m²～30 g/m²。

如果其他类似的材料经过验证同样适用,也可以代替包装绢纸。

注:最初包装绢纸是用作精致物品和礼物的保护性包装。

5.4 试验箱

该装置应在无空气流通的条件下进行操作。可以使用一个能够观察试验样品的容积至少为 0.5 m³ 的试验箱来完成试验。试验箱的容积应确保试验期间氧气损耗不会明显影响试验结果。应将试验样品安装在距离试验箱各表面至少 100 mm 处。每次试验之后,应将含有试验样品分解物的空气安全排出试验箱。不包括灼热丝发光,试验样品受光应不超过 20 lx 而背景材料应是暗的。试验箱应足够暗,当照度计面对试验箱后部被放置在试验样品位置时,照度应小于 20 lx。

6 试验装置的校验

6.1 灼热丝顶部的校验

每批试验之前,必须通过测量和记录图 1 和放大图 Z 所示的尺寸"A"来检查灼热丝顶部。该尺寸应与随后的试验相比较,当该尺寸减少到最初读数的 90% 时就应替换灼热丝。

每次试验完成后,如果必要,必须清除灼热丝顶部上所有前次受试材料的残余物,例如使用钢丝刷,然后检查灼热丝顶部是否有裂纹。

6.2 温度测量系统的校验

6.2.1 5.2 规定的温度测量系统的持续准确性能和校准应进行周期性校验。

6.2.2 可将一件纯度至少为 99.8%、面积约 2 mm² 和厚度约 0.06 mm 的银箔放置在灼热丝顶部的上表面来完成灼热丝温度的单点确认。将灼热丝以适合的低加热速率进行加热,当银箔开始熔化时,温度计应该显示 960℃±15℃。确认程序完成之后,应在灼热丝还是热的时候立即清除所有银残余物,以减少熔成合金的可能性。在有争议的情况下,应采用银箔确认方法。

7 预处理

在试验开始之前,应将木板和包装绢纸在温度 15℃～35℃、相对湿度 45%～75% 的大气环境下放置 24 h。

8 通用试验方法

注意事项:

为保护操作人员的健康,进行试验时应采取预防措施来防止:

——爆炸、燃烧或火灾的危险;

——电击的危险;

——烟和/或有毒产物的吸入;

——有毒的残余物。

8.1 试验样品的安装或夹紧应使得:

  a) 因支撑或固定而造成的散热是可忽略的(见图 4);

  b) 表面的平面部分是垂直的;

  c) 灼热丝的顶部施加到表面平面部分的中心处。

8.2 将灼热丝加热到规定的温度,并用校准过的温度测量系统进行测量。在灼热丝接触试验样品之前,应注意确保:

  a) 该温度至少恒定 60 s 时间,温度变化不超过 5 K;

  b) 保持最小为 5.0 cm 的距离或使用适当的屏蔽,使试验样品在此期间不受热辐射的影响;

  c) 在试验完成之前不要再调整加热电流或电压。

8.3 然后使灼热丝顶部慢慢地接触试验样品达 30 s±1 s。大约以 10 mm/s～25 mm/s 的速率接近和离开试验样品是合适的。但是在临近接触时为了避免撞击,接近的速率应减少到接近零,冲击力不超过 1.0 N±0.2 N。在材料熔化脱离灼热丝的情况下,灼热丝不应与试验样品保持接触。施加时间到了之后,将灼热丝和试验样品慢慢分开,避免试验样品任何进一步受热和有任何空气流动可能对试验结果的影响。灼热丝进入或贯穿试验样品的深度应限定在 7 mm±0.5 mm。

单位为毫米

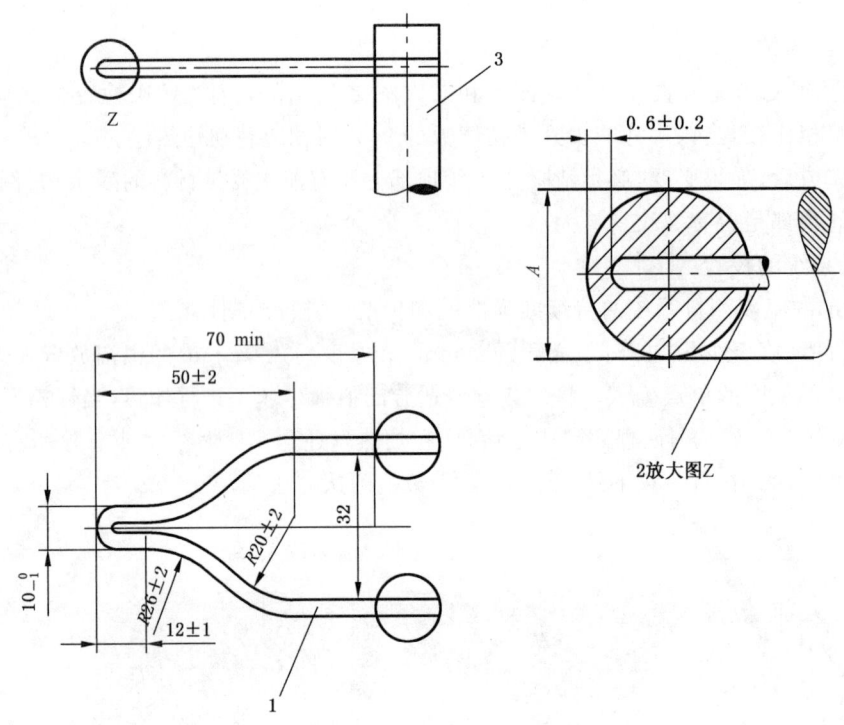

1——灼热丝;

2——热电偶;

3——螺栓。

说明:

    a)   灼热丝材料:镍/铬(80/20);

    b)   直径:4.0 mm±0.04 mm(弯曲前);

    c)   直径 A:(弯曲后)见6.1;

    当成型灼热丝环时,注意避免在顶部出现细小裂纹。

注:退火是防止顶部出现细小裂纹的适用工序。

图 1　灼热丝和热电偶的位置

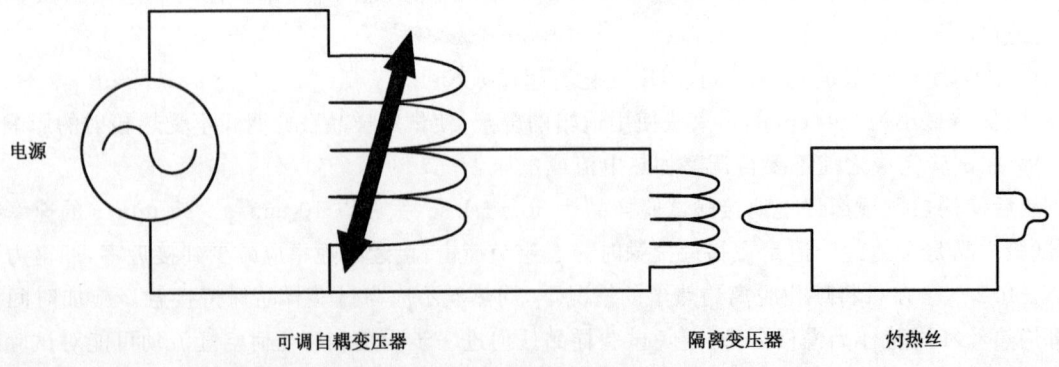

图 2　试验电路

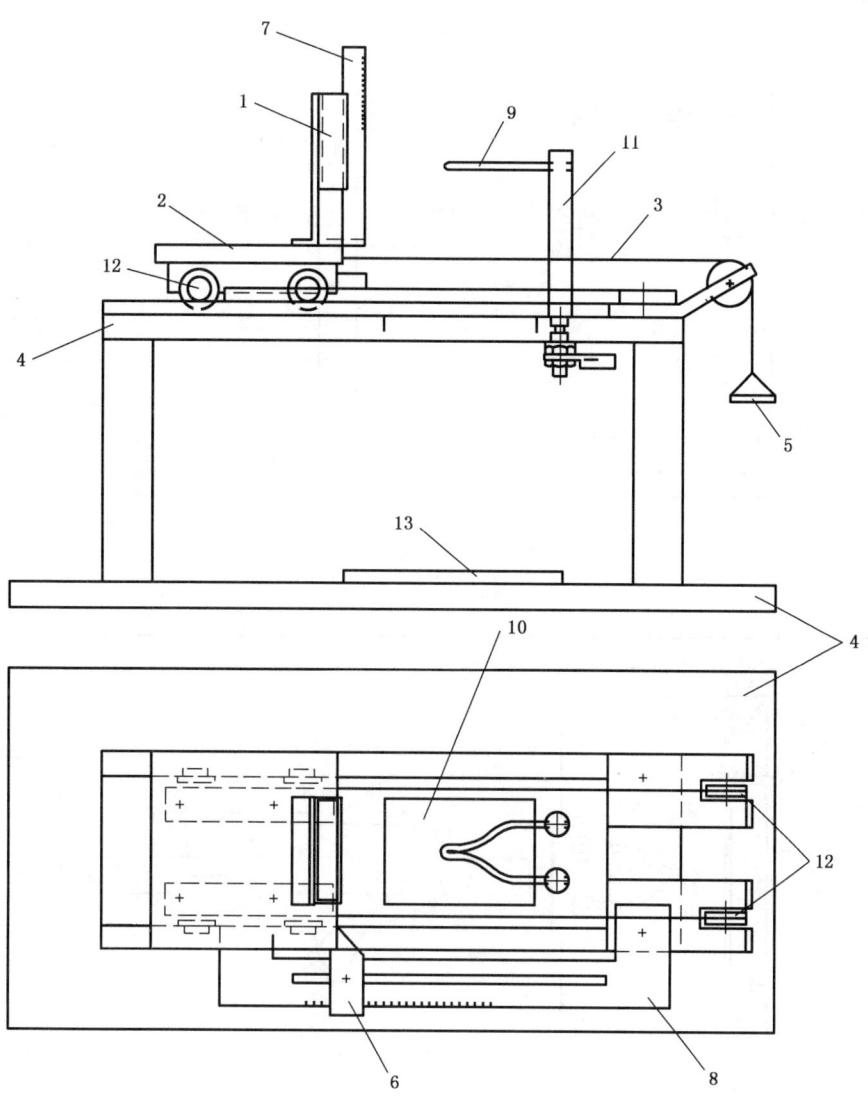

1——试验样品支架(见图4);

2——小车;

3——拉紧绳;

4——底板;

5——重量块;

6——定位器;

7——火焰高度测量尺;

8——穿透度测量尺;

9——灼热丝;

10——试验样品坠落颗粒用的底板开孔;

11——灼热丝安装螺栓;

12——小阻力滚轮;

13——规定的铺底层。

图 3a) 试验装置举例

GB/T 5169.10—2006/IEC 60695-2-10:2000

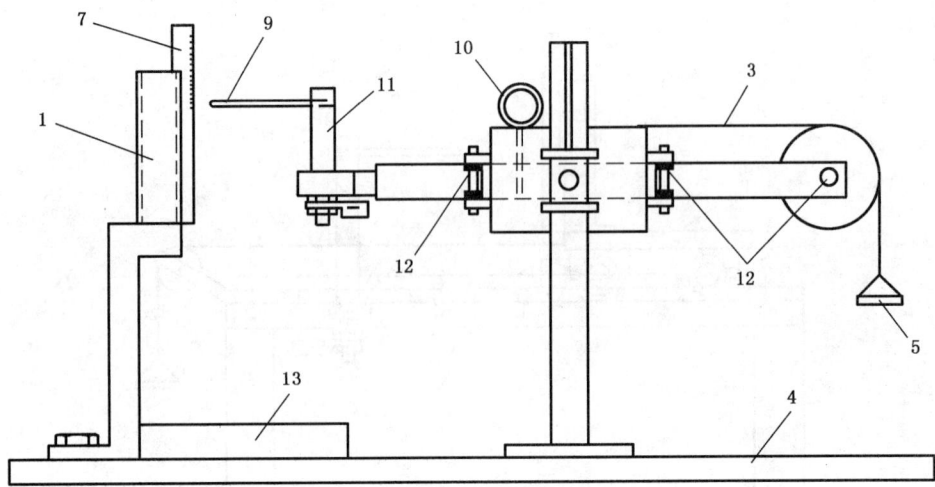

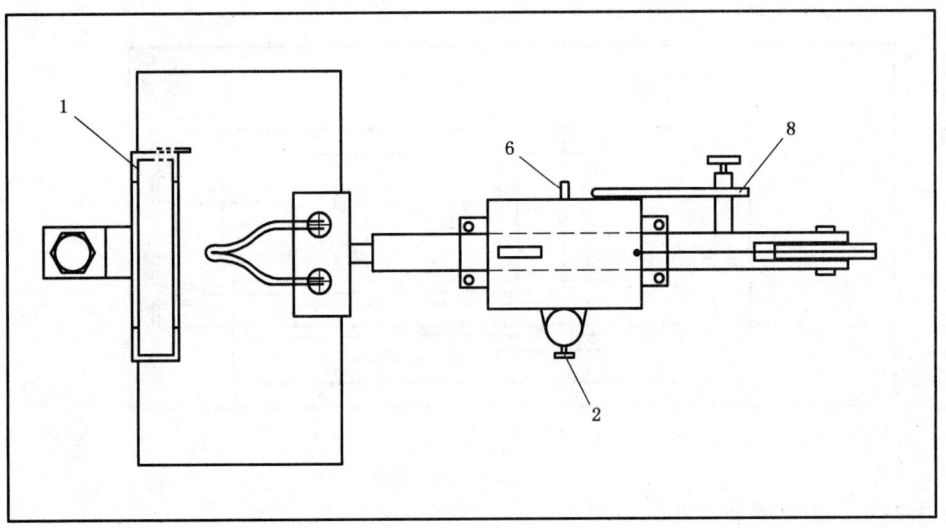

1——试验样品支架(见图4);

2——高度调节螺栓;

3——拉紧绳;

4——底板;

5——重量块;

6——定位器;

7——火焰高度测量尺;

8——穿透度测量尺;

9——灼热丝;

10——限位螺栓;

11——灼热丝安装螺栓;

12——小阻力滚轮;

13——规定的铺底层。

图 3b) 试验装置举例

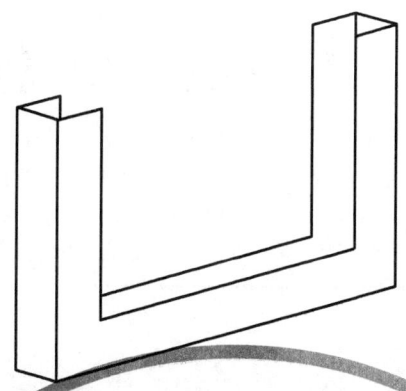

注1：本设计建议是为了保证热量损失小到可以忽略。

注2：这仅是一个举例，所以未标注公差或尺寸。

图4 试验样品支架举例（见图3a)和图3b))

ICS 29.020
K 04

中华人民共和国国家标准

GB/T 5169.11—2006/IEC 60695-2-11:2000
代替 GB/T 5169.11—1997

电工电子产品着火危险试验

第 11 部分:灼热丝/热丝基本试验方法

成品的灼热丝可燃性试验方法

Fire hazard testing for electric and electronic products—Part 11:Glowing/hot-wire based test methods—Glow-wire flammability test method for end-products

(IEC 60695-2-11:2000,Fire hazard testing—Part 2-11:Glowing/hot-wire based test methods—Glow-wire flammability test method for end-products,IDT)

2006-12-19 发布　　　　　　　　　　2007-09-01 实施

中华人民共和国国家质量监督检验检疫总局
中国国家标准化管理委员会　发布

前　言

GB/T 5169《电工电子产品着火危险试验》包括以下 18 个部分：

——GB/T 5169.1—1997　电工电子产品着火危险试验　着火试验术语(idt IEC 60695-4：1993)

——GB/T 5169.2—2002　电工电子产品着火危险试验　第 2 部分：着火危险评定导则　总则(IEC 60695-1-1：1999,IDT)

——GB/T 5169.3—2005　电工电子产品着火危险试验　第 3 部分：电子元件着火危险评定技术要求和试验规范制订导则(IEC 60695-1-2：1982,IDT)

——GB/T 5169.5—1997　电工电子产品着火危险试验　第 2 部分：试验方法　第 2 篇：针焰试验(idt IEC 60695-2-2：1991)

——GB/T 5169.7—2001　电工电子产品着火危险试验　试验方法　扩散型和预混合型火焰试验方法(idt IEC 60695-2-4/0：1991)

——GB/T 5169.9—2006　电工电子产品着火危险试验　第 9 部分：着火危险评定导则　预选试验规程的使用(IEC 60695-1-30：2002,IDT)

——GB/T 5169.10—2006　电工电子产品着火危险试验　第 10 部分：灼热丝/热丝基本试验方法　灼热丝装置和通用试验方法(IEC 60695-2-10：2000,IDT)

——GB/T 5169.11—2006　电工电子产品着火危险试验　第 11 部分：灼热丝/热丝基本试验方法　成品的灼热丝可燃性试验方法(IEC 60695-2-11：2000,IDT)

——GB/T 5169.12—2006　电工电子产品着火危险试验　第 12 部分：灼热丝/热丝基本试验方法　材料的灼热丝可燃性试验方法(IEC 60695-2-12：2000,IDT)

——GB/T 5169.13—2006　电工电子产品着火危险试验　第 13 部分：灼热丝/热丝基本试验方法　材料的灼热丝起燃性试验方法(IEC 60695-2-13：2000,IDT)

——GB/T 5169.14—2001　电工电子产品着火危险试验　试验方法　1 kW 标称预混合型试验火焰和导则(idt IEC 60695-2-4/1：1991)

——GB/Z 5169.15—2001　电工电子产品着火危险试验　试验方法　500 W 标称预混合型试验火焰和导则(idt IEC 60695-2-4/2：1994)

——GB/T 5169.16—2002　电工电子产品着火危险试验　第 16 部分：50 W 水平与垂直火焰试验方法(IEC 60695-11-10：1999,IDT)

——GB/T 5169.17—2002　电工电子产品着火危险试验　第 17 部分：500 W 火焰试验方法(IEC 60695-11-20：1999,IDT)

——GB/T 5169.18—2005　电工电子产品着火危险试验　第 18 部分：将电工电子产品的火灾中毒危险减至最小的导则　总则(IEC 60695-7-1：1993,IDT)

——GB/T 5169.19—2006　电工电子产品着火危险试验　第 19 部分：非正常热　模压应力释放变形试验(IEC 60695-10-3：2002,IDT)

——GB/T 5169.20—2006　电工电子产品着火危险试验　第 20 部分：火焰表面蔓延　试验方法概要和相关性(IEC/TS 60695-9-2：2001,IDT)

——GB/T 5169.21—2006　电工电子产品着火危险试验　第 21 部分：非正常热　球压试验(IEC 60695-10-2：2003,IDT)

本部分为 GB/T 5169 的第 11 部分。本部分与 GB/T 5169.10—2006 一起使用。

本部分等同采用 IEC 60695-2-11：2000《着火危险试验　第 2-11 部分：灼热丝/热丝基本试验方

法 成品的灼热丝可燃性试验方法》（英文版），但按 GB/T 20000.2—2001《标准化工作指南 第 2 部分：采用国际标准的规则》的 4.2b)和 5.2 的规定作了少量编辑性修改。

本部分代替 GB/T 5169.11—1997《电工电子产品着火危险试验 试验方法 成品的灼热丝试验和导则》。

本部分与 GB/T 5169.11—1997 相比主要变化如下：

a) 增加了"小部件"的术语、定义和图示（本部分的 3.1）；

b) 取消了 GB/T 5169.11—1997 中有关灼热丝顶部与试验样品接触时间的规定（GB/T 5169.11—1997 中的 9.4），此内容包含在 GB/T 5169.10—2006 中；

c) 取消了 GB/T 5169.11—1997 中 9.5 的内容。

本部分的附录 A 为资料性附录。

本部分由中国电器工业协会提出。

本部分由全国电工电子产品环境技术标准化技术委员会（SAC/T8）归口。

本部分由广州电器科学研究院负责起草，广州日用电器检测所、广州擎天实业有限公司参加起草。

本部分主要起草人：陈灵、陈兰娟、张效忠。

本部分于 1997 年首次发布，本次是第一次修订。

电工电子产品着火危险试验
第 11 部分:灼热丝/热丝基本试验方法
成品的灼热丝可燃性试验方法

1 范围

GB/T 5169 的本部分详细规定了着火危险试验中施加于成品的灼热丝试验。

本部分中的成品是指电工设备及其组件和部件。

标准化技术委员会的任务之一就是在编写自己的出版物时,凡是适用之处都要利用这些基本安全出版物。

2 规范性引用文件

下列文件中的条款通过本部分的引用而成为本部分的条款。凡是注日期的引用文件,其随后所有的修改单(不包括勘误的内容)或修订版均不适用于本部分,然而,鼓励根据本部分达成协议的各方研究是否可使用这些文件的最新版本。凡是不注日期的引用文件,其最新版本适用于本部分。

GB/T 5169.5—1997 电工电子产品着火危险试验 第 2 部分:试验方法 第 2 篇:针焰试验 (idt IEC 60695-2-2:1991)

GB/T 5169.10—2006 电工电子产品着火危险试验 第 10 部分:灼热丝/热丝基本试验方法 灼热丝装置和通用试验方法(IEC 60695-2-10:2000,IDT)

ISO/IEC 13943:2000 防火安全 术语

3 术语和定义

ISO/IEC 13943:2000 给出的以及下列术语和定义适用于本部分。

3.1

小部件 small parts

部件在一个直径为 15 mm 的圆内能够完全展开每个表面,或表面的某些部分展开在直径为 15 mm 的圆之外,但是任何部分都不适合放置一个直径为 8 mm 的圆(见图 1)。

注:当检查表面时,忽略表面上的突出部分和最大面积上直径不大于 2 mm 的孔。

直径为 8 mm 和 15 mm 的圆

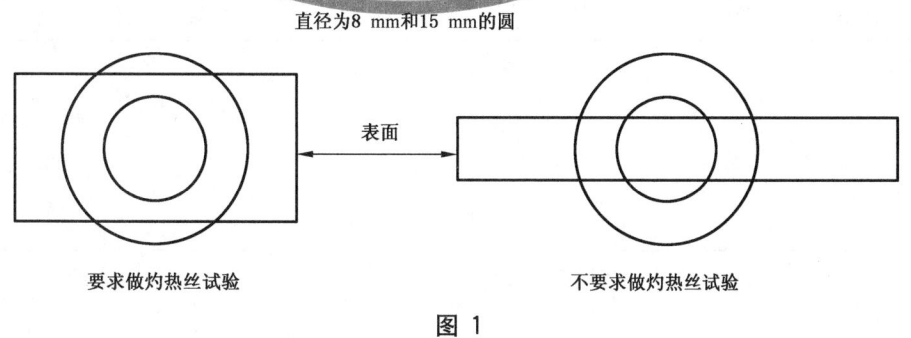

要求做灼热丝试验   不要求做灼热丝试验

图 1

4 试验条件的说明和试验样品选择

如果可能,试验样品应是一个完整的成品。试验样品的选择应确保试验条件与正常使用中存在的条件无显著的差异,如形状、通风、热应力影响以及试验样品可能出现的火焰或燃烧颗粒或灼热颗粒落到试验样品附近的影响。

如果试验不能在完整的成品上进行,或除非有关规范另有规定,则可采用下列方法之一:

a) 在需要检验的部件中切下一块;

b) 在完整的成品上开一小孔使其与灼热丝接触;

c) 从完整的成品中取出需要检验的部件,进行单独试验。

在有关规范中应规定哪部分可以取出,以便接触到灼热丝。孔太小可能会因周围物体的起燃、灼热丝温度的降低、或氧气的利用率受到限制而影响试验结果,然而孔太大则会比常态得到更多的氧,也会影响试验结果。

在试验期间,如果装有试验样品的设备的任一部分因灼热丝的热量而起燃,从而影响试验样品受热条件时,这样的试验应是无效的。

应确保在规定的条件下进行试验,灼热丝不会使部件起燃,如果部件被点燃,其燃烧的持续时间是有限的,不会因试验样品的火焰或试验样品上落下的燃烧或灼热颗粒而蔓延。

如果在施加灼热丝期间试验样品冒出火焰而产生着火危险,则需要使用其他起燃源作进一步试验,如将针焰施加到因冒出的火焰而受到影响的那些部件上。

灼热丝试验不应用于可能需要其他试验方法(例如 GB/T 5169.5—1997 中的针焰试验)的小部件。

5 试验装置的说明

GB/T 5169.10—2006 的第 5 章给出了试验装置的说明。

为了评定火焰蔓延的可能性,例如从试验样品上落下的燃烧或灼热颗粒而引起的火焰蔓延的可能性,将 GB/T 5169.10—2006 的 5.3 规定的铺底层,或通常在试验样品周围或下面的材料或元件,放在试验样品的下面。试验样品与代表周围材料或元件的铺底层之间的距离应等于试验样品安装在电工设备中的实际距离。

如果试验样品是一个完整的独立式设备,应按正常使用位置将其放置在 GB/T 5169.10—2006 的 5.3 规定的铺底层上,铺底层在设备底部四周至少延长 100 mm。

如果试验样品是一个完整的壁挂式设备,应按正常使用位置将其固定在 GB/T 5169.10—2006 的 5.3 规定的铺底层上方 200 mm±5 mm 处。

6 严酷等级

应从表 1 中选择试验温度。

表 1 试验严酷等级

优先选用试验温度/℃	容许偏差/K
550	±10
650	±10
750	±10
850	±15
960	±15

如果有关规范有要求,也可使用其他试验温度。

注:试验导则见附录 A。

7 温度测量系统的校验

温度测量系统的校验见 GB/T 5169.10—2006 的 6.2。

8 预处理

除非有关规范另有规定,试验样品和使用的铺底层在温度 15℃～35℃、相对湿度 45%～75% 的大气环境下放置 24 h。

9 初始测量

试验样品用目测检查,当有关规范规定时,应测量机械和电气参数。

10 试验程序

试验程序见 GB/T 5169.10—2006 的第 8 章。

10.1 除了 GB/T 5169.10—2006 第 8 章的规定之外,除非另有规定,试验样品安装时应使灼热丝的顶部施加到试验样品在正常使用时可能会遭受热应力的表面部分。灼热丝应尽可能地保持水平。

在同一个试验样品上进行的试验多于一个点时,应注意前面的试验导致的劣化不能影响后面要做的试验的结果。

在没有详细规定设备在正常使用期间遭受热应力的区域时,灼热丝的顶部应施加在试验样品最薄之处,而且离试验样品上边缘最好不少于 15 mm。

在试验期间,将试验样品固定在试验装置上,但不应将额外的机械应力传给试验样品。

10.2 除非有关规范另有规定,试验应在一个试验样品上进行。

11 观察和测量

在施加灼热丝期间(t_a)和在其后 30 s 内,应对试验样品、试验样品周围的部件和放在试验样品下面的规定的铺底层进行观察,并作如下记录:

a) 从灼热丝顶部施加开始到试验样品或试验样品下面铺底层起燃的持续时间(t_i);

b) 从灼热丝顶部施加开始到火焰熄灭的持续时间(t_e),火焰熄灭可能在施加期间或之后;

c) 火焰最大高度应以 5 mm 为一档向上圆整,但起燃开始时,可能产生高的火焰。为时约 1 s,这种火焰不计在内;

d) 如果是由于移开的灼热丝带走大部分燃烧材料而使试验样品通过了试验,则应将这一情况记录在试验报告中。

e) 放在试验样品下面的规定的铺底层的任何起燃。

注:火焰的高度是指当灼热丝施加在试验样品上时由灼热丝上缘至在柔和的弱光下观察可见火焰顶部之间的垂直距离。

如果有关规范有规定,应测量机械或电气参数。

12 试验结果的评定

除非有关规范另有规定,试验样品如果没有燃烧或灼热,或全部符合下面的情形,则认为通过了灼热丝试验:

a) 如果试验样品的火焰或灼热在移开灼热丝之后的 30 s 内熄灭,即 $t_e \leqslant t_a + 30$ s;和

b) 当使用规定的包装绢纸的铺底层时,绢纸不应起燃。

13 在有关规范中应给出的资料

a) 试验样品的型号和说明(见第 4 章);

b) 制样的方法(见第 4 章);

c) 试验样品的所有预处理(见第 8 章);

d)   试验样品的数量(见 10.2);

e)   受试表面和灼热丝施加点(见 10.1);

f)   用于评定燃烧颗粒影响的规定的铺底层(见第 5 章);

g)   试验温度(见表 1);

h)   是否在同一个试验样品上进行的试验多于一个点(见 10.1);

i)   所规定的标准是否符合安全要求,或是否采用其他标准——例如 t_i、t_e 和火焰高度(见第 11 章);

j)   要测量的机械或电气参数(见第 9 章和第 11 章)。

附　录　A

（资料性附录）

灼热丝试验导则

适当的试验温度应根据试验样品对不适应异常热、起燃和燃烧蔓延所引起的故障危险及其造成后果的估计进行选择。

为了帮助有关标准起草者按表 1 的规定，合理选择灼热丝试验温度，提出灼热丝试验导则见表 A.1。

表 A.1　灼热丝试验导则

设备的种类	绝缘材料部件	
	与载流部件接触或将它们保持在适当位置的部件	不保持载流部件在适当位置的外壳和盖子
使用时有人照管的设备	650℃	650℃
使用时无人照管但在低严酷条件下使用的设备	750℃	750℃
使用时有人照管但在较严酷条件下使用的设备	750℃	750℃
使用时连续负载而又无人照管的设备	850℃	850℃
使用时连续负载而又无人照管的设备并且在较严酷条件下使用的设备	960℃	960℃
设备上的固定附件	750℃	650℃
拟使用在建筑物中心供电点附近的设备	960℃	750℃
确保有着火危险的部件具有最低的起燃和/或燃烧蔓延性的水平，而且部件在此方面不再进行其他试验（目的是淘汰剧烈燃烧的材料）	550℃	550℃

ICS 13.220.40；29.020
K 04

中华人民共和国国家标准

GB/T 5169.12—2013/IEC 60695-2-12：2010
代替 GB/T 5169.12—2006

电工电子产品着火危险试验
第 12 部分：灼热丝/热丝基本试验方法
材料的灼热丝可燃性指数（GWFI）试验方法

Fire hazard testing for electric and electronic products—Part 12：Glowing/hot-wire based test methods—Glow-wire flammability index（GWFI）test method for materials

（IEC 60695-2-12：2010，Fire hazard testing—Part 2-12：Glowing/hot-wire based test methods—Glow-wire flammability index（GWFI）test method for materials，IDT）

2013-12-17 发布   2014-04-09 实施

中华人民共和国国家质量监督检验检疫总局
中国国家标准化管理委员会   发布

GB/T 5169.12—2013/IEC 60695-2-12:2010

前　　言

GB/T 5169《电工电子产品着火危险试验》已经或计划发布以下部分：
- ——第1部分：着火试验术语；
- ——第2部分：着火危险评定导则　总则；
- ——第3部分：电子元件着火危险评定技术要求和试验规范制定导则；
- ——第5部分：试验火焰　针焰试验方法　装置、确认试验方法和导则；
- ——第9部分：着火危险评定导则　预选试验程序　总则；
- ——第10部分：灼热丝/热丝基本试验方法　灼热丝装置和通用试验方法；
- ——第11部分：灼热丝/热丝基本试验方法　成品的灼热丝可燃性试验方法；
- ——第12部分：灼热丝/热丝基本试验方法　材料的灼热丝可燃性指数（GWFI）试验方法；
- ——第13部分：灼热丝/热丝基本试验方法　材料的灼热丝起燃温度（GWIT）试验方法；
- ——第14部分：试验火焰　1 kW标称预混合型火焰　设备、确认试验方法和导则；
- ——第15部分：试验火焰　500 W火焰　装置和确认试验方法；
- ——第16部分：试验火焰　50 W水平与垂直火焰试验方法；
- ——第17部分：试验火焰　500 W火焰试验方法；
- ——第18部分：燃烧流的毒性　总则；
- ——第19部分：非正常热　模压应力释放变形试验；
- ——第20部分：火焰表面蔓延　试验方法概要和相关性；
- ——第21部分：非正常热　球压试验；
- ——第22部分：试验火焰　50 W火焰　装置和确认试验方法；
- ——第23部分：试验火焰　管形聚合材料500 W垂直火焰试验方法；
- ——第24部分：着火危险评定导则　绝缘液体；
- ——第25部分：烟模糊　总则；
- ——第26部分：烟模糊　试验方法概要和相关性；
- ——第27部分：烟模糊　小规模静态试验方法　仪器说明；
- ——第28部分：烟模糊　小规模静态试验方法　材料；
- ——第29部分：热释放　总则；
- ——第30部分：热释放　试验方法概要和相关性；
- ——第31部分：火焰表面蔓延　总则；
- ——第32部分：热释放　绝缘液体的热释放；
- ——第42部分：试验火焰　确认试验　导则；
- ——第44部分：着火危险评定导则　着火危险评定。

本部分为GB/T 5169的第12部分。

本部分按照GB/T 1.1—2009给出的规则起草。

本部分代替GB/T 5169.12—2006《电工电子产品着火危险试验　第12部分：灼热丝/热丝基本试验方法　材料的灼热丝可燃性试验方法》。与GB/T 5169.12—2006相比主要技术变化如下：
- ——修改了试验目的以及如何使用试验结果的概述（见第1章，2006年版第1章）；
- ——增加了部分术语和定义（见第3章）；
- ——增加了对试样的密度、熔体流动性和填料/增强剂，及其颜色的规定（见4.3）；

728

——修改了对试样状态调节和试验条件的规定(见第 7 章,2006 年版第 8 章);

——修改了试验程序的界定范围,将试验严酷等级改为试验起始温度,移至试验程序一章中,并增加了试验温度的确定方法(见第 8 章,2006 年版第 6 和 10 章);

——修改了试验观察和测量内容,并将初始测量要求移至观察和测量一章中(见第 9 章,2006 年版第 9 和 11 章);

——修改了试验结果的评定方法(见第 10 章,2006 年版第 12 章);

——修改了试验报告要求(见第 11 章,2006 年版第 13 章)。

本部分使用翻译法等同采用 IEC 60695-2-12:2010《着火危险试验 第 2-12 部分:灼热丝/热丝基本试验方法 材料的灼热丝可燃性指数(GWFI)试验方法》。

与本部分中规范性引用的国际文件有一致性对应关系的我国文件如下:

——GB/T 17037(所有部分) 热塑性塑料材料注塑试样的制备[ISO 294(所有部分)];

——GB/T 5169.13—2013 电工电子产品着火危险试验 第 13 部分:灼热丝/热丝基本试验方法 材料的灼热丝起燃温度(GWIT)试验方法(IEC 60695-2-13:2010,IDT)。

本部分做了下列编辑性修改:

——为与现有标准系列一致,将标准名称改为《电工电子产品着火危险试验 第 12 部分:灼热丝/热丝基本试验方法 材料的灼热丝可燃性指数(GWFI)试验方法》;

——将第 1 章中"灼热丝可燃性指数(GWFI)"的定义内容移至第 3 章,改为定义 3.10;

——删除了第 1 章中最后两段资料性内容。

本部分由中国电器工业协会提出。

本部分由全国电工电子产品着火危险试验标准化技术委员会(SAC/TC 300)归口。

本部分负责起草单位:中国电器科学研究院有限公司。

本部分参加起草单位:宁波欧知电器科技有限公司、顺德圆融新材料有限公司、珠海格力电器股份有限公司、国家广播电视产品质量监督检验中心、威凯检测技术有限公司、中国家用电器检测所、机械工业电工材料及特种线缆产品质量监督检测中心、武汉计算机外部设备研究所、深圳市计量质量检测研究院、广东检验检疫局检验检疫技术中心、中国质量认证中心、工业和信息化部电子第五研究所、深圳出入境检验检疫局工业品检测技术中心、山东省产品质量监督检验研究院、工业和信息化部电子工业标准化研究院。

本部分主要起草人:吴倩、柯赐龙、桑杰、范凌云、高岭松、陈兰娟、贾玉霖、郭汉洋、张效忠、万立、武政、邓旭、张元钦、毕凯军、林蓝波、王忠义。

本部分于 1985 年首次发布,1999 年第一次修订时将首次发布的 GB 5169.4—1985《电工电子产品着火危险试验 灼热丝试验方法和导则》分为 4 个部分,2006 年第二次修订,本次为第三次修订。

引　言

所有电工电子产品的设计都需考虑着火风险和潜在的着火危险。对元件、电路和产品的设计以及材料的筛选目的在于，在正常操作条件下，以及在合理可预见的异常使用、故障和失效时，将潜在的着火风险降低到可以接受的水平。IEC 60695-1-10 和 IEC 60695-1-11 一起为如何达到这一目的提供了指导。

IEC 60695-1-10 和 IEC 60695-1-11 的首要目的是为以下行为提供指南：

a)　防止带电部件引发起燃；以及

b)　如果发生起燃，则将着火限制在电工电子产品外壳内。

IEC 60695-1-10 和 IEC 60695-1-11 的次要目的是将火焰蔓延至产品外部的范围降到最低，以及将如热、烟、毒性和/或腐蚀性的燃烧流的有害影响降到最低。

涉及电工电子产品的火灾也可能因非电的外部引燃源引发。总体风险评估宜考虑这一因素。

在电工设备中，过热金属部件可作引燃源。而在灼热丝试验中，则是用炽热的灼热丝模拟这一起燃源。

GB/T 5169.10 描述了灼热丝试验装置和通用试验方法，GB/T 5169.11 描述了成品的灼热丝可燃性试验，GB/T 5169.13 则描述了材料的灼热丝起燃温度试验方法。

本部分描述了材料的灼热丝可燃性指数试验。在可控实验室条件下，用于测量、描述和分级由于接触到电热丝受热的材料的性能。这便于对暴露在过热应力（如：经过导线的故障电流、元件的过载和/或接触不良）中产品所用材料的评估。本部分不能单独用于描述或评估材料、产品或组件在实际着火条件下的着火危险或着火风险。然而，本试验的结果可作为考虑到所有因素的着火风险评估的要素，该着火风险评估与某一特定最终用途的着火危险评定有关。

本部分可能涉及具有危险性的材料、操作和设备。其目的不是为了解决与其有关的所有安全性问题。本部分使用者在使用本部分前，应建立适当的安全和健康措施，并确定其适用性和局限性。

电工电子产品着火危险试验
第 12 部分:灼热丝/热丝基本试验方法
材料的灼热丝可燃性指数(GWFI)试验方法

1 范围

GB/T 5169 的本部分详细规定了在固体电工电子绝缘材料或其他固体材料试样上进行的测定灼热丝可燃性指数(GWFI)的灼热丝试验方法。

本试验方法是在一系列标准试样上进行的材料试验。其获得的数据连同由 IEC 60695-2-13 材料灼热丝起燃温度(GWIT)试验方法获得的数据一起,按照 GB/T 5169.9—2013 预选程序,评定材料是否满足 GB/T 5169.11—2006 的要求。

注:作为进行着火危险评定的结果,一系列适当的可燃性和起燃性预选试验可减少成品试验的数量。

2 规范性引用文件

下列文件对于本文件的应用是必不可少的。凡是注日期的引用文件,仅注日期的版本适用于本文件。凡是不注日期的引用文件,其最新版本(包括所有的修改单)适用于本文件。

GB/T 5169.9—2013 电工电子产品着火危险试验 第 9 部分:着火危险评定导则 预选试验程序 总则(IEC 60695-1-30:2008,IDT)

GB/T 5169.10—2006 电工电子产品着火危险试验 第 10 部分:灼热丝/热丝基本试验方法 灼热丝装置和通用试验方法(IEC 60695-2-10:2000,IDT)

GB/T 5169.11—2006 电工电子产品着火危险试验 第 11 部分:灼热丝/热丝基本试验方法 成品的灼热丝可燃性试验方法(IEC 60695-2-11:2000,IDT)

GB/T 5471—2008 塑料 热固性塑料试样的压塑(ISO 295:2004,IDT)

GB/T 9352—2008 塑料 热塑性塑料材料试样的压塑(ISO 293:2004,IDT)

ISO 291:2008 塑料 状态调节和试验的标准环境(Plastics—Standard atmospheres for conditioning and testing)

ISO 294(所有部分) 塑料 热塑性材料测试样品的注塑法(Plastics—Injection moulding of test specimens of thermoplastic materials)

ISO/IEC 13943:2008 消防安全 词汇(Fire safety—Vocabulary)

IEC 60695-2-13 着火危险试验 第 2-13 部分:灼热丝/热丝基本试验方法 材料的灼热丝起燃温度(GWIT)试验方法(Fire hazard testing—Part 2-13:Glowing/hot-wire based test methods—Glow-wire ignition temperature (GWIT) test method for materials)

3 术语和定义

ISO/IEC 13943:2008 界定的术语和定义适用于本文件,为方便使用,将其中的部分复制于下文。

3.1

燃烧 combustion
物质与氧化剂的放热反应。

注:燃烧通常会放出燃烧流,并伴有火焰和/或灼热。

［ISO/IEC 13943:2008,定义 4.46］

3.2

火焰（名词）　flame(noun)

在气体介质中,急速、自发持续、次音速传播的燃烧,通常伴有发光现象。

［ISO/IEC 13943:2008,定义 4.133］

3.3

有焰燃烧性　flammability

在规定的条件下,材料或产品伴有火焰燃烧的能力。

［ISO/IEC 13943:2008,定义 4.151］

3.4

灼热（名词）　glowing(noun)

因热而发光。

［ISO/IEC 13943:2008,定义 4.168］

3.5

灼热燃烧　glowing combustion

在燃烧区域中,固体材料无焰而发光的燃烧。

［ISO/IEC 13943:2008,定义 4.169］

3.6

起燃　ignition

持久的起燃(不推荐)。

〈通常〉燃烧的开始。

［ISO/IEC 13943:2008,定义 4.187］

3.7

起燃　ignition

持久的起燃(不推荐)。

〈有焰燃烧〉持续火焰的开始。

［ISO/IEC 13943:2008,定义 4.188］

3.8

熔融滴落物　molten drip

材料受热软化或液化产生的滴落物。

注:滴落物可为有焰或无焰燃烧着的。

［ISO/IEC 13943:2008,定义 4.232］

3.9

预选　preselection

为制造成品而评估和选择备选材料、元件或组件的程序。

［GB/T 5169.9—2013,定义 3.2］

3.10

灼热丝可燃性指数　glow-wire flammability index;GWFI

用本标准化试验方法测得的受试材料在满足以下情况时的最高温度:

a)　不起燃,或如果起燃,在移开灼热丝后 30 s 内熄灭且未全部烧尽;以及

b)　如果有熔融滴落物,其不会引燃包装绢纸。

4 试样

4.1 试样的准备

试样应使用适当的 ISO 方法制作,如:ISO 294 系列标准的注塑法、GB/T 9352—2008 或 GB/T 5471—2008 的压塑法;或用压铸法制成需要的形状。如果上述方法不可行,则应从材料的代表性样品(例如:用与模制产品零件相同的制造工艺制得的材料)中切割得到试样。

制作或切割完成后,用细砂纸将切口各切割面打磨平整光滑,仔细清除表面的所有粉尘和微粒。

4.2 试样的尺寸

试样平面部分尺寸应至少长 60 mm,宽(夹具内侧)60 mm,并提供应考虑的所有厚度。首选厚度值包括 0.1 mm±0.02 mm、0.2 mm±0.02 mm、0.4 mm±0.05 mm、0.75 mm±0.10 mm、1.5 mm±0.15 mm、3.0 mm±0.2 mm 或 6.0 mm±0.4 mm。

注:通常,每个厚度使用15个试样足够同时测定灼热丝起燃温度 GWIT(见 IEC 60695-2-13)和灼热丝可燃性指数 GWFI。

4.3 配方测试范围

4.3.1 概述

对于不同颜色、厚度、密度、分子量、各向异性的类型/方向、含有不同添加剂、填料和/或增强剂的试样,试验结果可能不同。当相关协议方协商一致时,可用 4.3.2 和 4.3.3 概述的试验程序评估其差异。

4.3.2 密度、熔体流动性和填料/增强剂

可提供包含密度、熔体流动性和填料/增强剂含量最小值和最大值所有组合的试样,如果其试验结果得出相同的 GWFI,则认为这一范围具有代表性。如果代表性范围中所有试样的试验结果未得出相同的 GWFI,则评定应限于测试密度、熔体流动性和填料/增强剂含量为规定值的材料。此外,为了确定每个 GWFI 值的代表范围,应测试密度、熔体流动性、填料/增强剂含量为中间值的试样。然而,也可将某些特定密度、熔体流动性和填料/增强剂含量的材料中性能最不利的作为中间值的代表,而无需开展额外测试。

4.3.3 颜色

当评估全色试样时,如果试验结果产生相同的 GWFI,则认为以下试样在颜色范围上具有代表性:

a) 不含着色剂;

b) 含最高含量的有机颜料/着色剂/染料和/或炭黑;

c) 含最高含量的无机颜料;以及

d) 含已知对燃烧特性有不利影响的颜料/着色剂/染料。

5 装置

试验装置的说明见 GB/T 5169.10—2006 第 5 章。

置于试样下方的绢纸和木板应符合 GB/T 5169.10—2006 中 5.3 的规定。

GB/T 5169.12—2013/IEC 60695-2-12:2010

6 温度测量系统的校准

温度测量系统的校准方法见 GB/T 5169.10—2006 的 6.2。

7 状态调节和试验条件

7.1 试样的状态调节

应将试样放置在温度 23 ℃±2 ℃、相对湿度 40%~60% 的环境下调节至少 48 h。一旦将其从状态调节环境中取出,则应在 4 h 内进行试验。(见 ISO 291:2008 第 6 章,表 2,2 级)。

7.2 绢纸和木板的状态调节

置于试样下方的绢纸和木板应符合 GB/T 5169.10—2006 中 5.3 的规定。绢纸和木板应放置在温度 23 ℃±2 ℃、相对湿度 40%~60% 的环境下调节至少 48 h。一旦将其从状态调节环境取出,则应在 1 h 内使用。(见 ISO 291:2008 第 6 章,表 2,2 级)。

7.3 试验条件

试验应在温度 25 ℃±10 ℃、相对湿度 45%~75% 的实验室大气环境下进行。

8 试验程序

8.1 概述

应对试样进行目测识别和检查。

基本试验程序见 GB/T 5169.10—2006 的第 8 章。

8.2 试验起始温度

将灼热丝加热到表 1 中被认为正好能引发起燃的试验起始温度。如果不确定能引发起燃的温度,则试验起始温度不应超过 650 ℃。

注:当 GWIT 和 GWFI 均需测定时,先进行 IEC 60695-2-13 的程序比较有利。一旦 GWIT 被测定出,则宜以该温度作为本试验的试验起始温度。

表 1 试验起始温度

试验起始温度 ℃	550	600	650	700	750	800	850	900	960
容差 K	±10	±10	±10	±10	±10	±15	±15	±15	±15

8.3 试验温度

在每一试验温度下,应用一组 3 个试样进行试验。

如果 3 个试样中有 1 个不能通过 10.1 规定的试验判据,则应重新使用 3 个新的试样进行试验,此时的试验温度应降低 50 K(对于 960 ℃应降低 60 K)为宜。

如果 3 个试样均能通过 10.1 规定的试验判据,也应重新使用 3 个新的试样进行试验,此时的试验温度应升高 50 K(对于 900 ℃应升高 60 K)为宜。

每次使用 3 个新的试样重复进行试验,并将试验温度间隔降至 25 K(对于 960 ℃应为 30 K),直到最终接近测定的最高试验温度,即 3 个试样均能通过 10.1 规定的试验判据的试验温度。

然而,如果 3 个试样中只要有 1 个不能通过 10.1 规定的试验判据,则不需要再升高温度进行试验。

注 1:最低试验温度为 550 ℃,最高试验温度为 960 ℃。

注 2:对于温度高于 900 ℃时,其温度间隔应为 60 K 和 30 K。

注 3:推荐试验起始温度为 650 ℃。

9 观察和测量

9.1 概述

应对以下观察和测量结果进行记录。

9.2 初始观察

对试样进行目测识别和检查后,应作如下记录:

a) 对受试材料的描述,包括厚度、颜色、型号和生产商;

b) 对试样制备方法进行描述(适用时);

c) 如果已知各向异性的方向与试样尺寸相关,则要记录各向异性;以及

d) 试验前试样和绢纸的状态调节条件。

9.3 试验观察

在施加灼热丝期间及其后的 30 s 内,应对试样和置于其下方的绢纸进行观察,并作如下记录:

a) 灼热丝顶部移开试样后,观察到试样的有焰和/或无焰燃烧的最长持续时间,t_R(修约至0.5 s);

b) 根据第 8 章得到的试验温度;

c) 如果存在试样损耗,则记录其总的损耗;

d) 如果绢纸发生起燃,则记录该起燃;以及

e) 协议双方协商记录的其他附加观察结果。

注:如果测定值为 30.2 s,则记录为 30.0 s;如果测定值为 30.3 s,则记录为 30.5 s。

10 试验结果的评定

10.1 试验判据

如果试样没有起燃或满足以下所有条件,则认为能经受本试验:

a) 灼热丝顶部移开试样后,试样有焰和/或无焰燃烧的最长持续时间(t_R)不超过 30 s;

b) 试样未被烧尽;以及

c) 绢纸未起燃。

10.2 灼热丝可燃性指数

GWFI 是 3 个相应厚度试样满足 10.1 判定标准的最高温度。

当材料在表 1 中的最高温度下测定 GWIT(见 IEC 60695-2-13)不起燃时,则不需要进行 GWFI 试验程序。该材料相应厚度的 GWFI 则是 960 ℃。

GWFI 应按以下方式记录:

例如,3.0 mm 厚的试样,其 GWFI 温度为 850 ℃,则记录如下:

GWFI:850/3.0

如果每个厚度对应的 GWFI 值不同,则记录每个厚度的 GWFI 值。

当一定范围内的厚度均对应某个 GWFI 值,则认为该 GWFI 值对应该范围内的最小和最大厚度以及其他首选厚度。

11 试验报告

试验报告应包括以下内容:

a) 提及本部分;

b) 由 8.3 得到的试验温度;

c) 由第 9 章得到的观察和测量结果;以及

d) 由 10.2 得到的 GWFI 值。

参 考 文 献

[1]　IEC 60695-1-10　Fire hazard testing—Part 1-10：Guidance for assessing the fire hazard of electrotechnical products—General guidelines

[2]　IEC 60695-1-11　Fire hazard testing—Part 1-11：Guidance for assessing the fire hazard of electrotechnical products—Fire hazard assessment

[3]　IEC 60695-11(all parts)　Fire hazard testing—Part 11：Test flames

ICS 13.220.40；29.020
K 04

中华人民共和国国家标准

GB/T 5169.13—2013/IEC 60695-2-13：2010
代替 GB/T 5169.13—2006

电工电子产品着火危险试验
第 13 部分：灼热丝/热丝基本试验方法
材料的灼热丝起燃温度（GWIT）试验方法

Fire hazard testing for electric and electronic product—Part 13：Glowing/hot-wire based test methods—Glow-wire ignition temperature（GWIT）test method for materials

(IEC 60695-2-13：2010，Fire hazard testing—Part 2-13：Glowing/hot-wire based test methods—Glow-wire ignition temperature（GWIT）test method for materials，IDT)

2013-12-17 发布　　　　　　　　　　　　2014-04-09 实施

中华人民共和国国家质量监督检验检疫总局
中国国家标准化管理委员会　　发布

GBT 5169.13—2013/IEC 60695-2-13:2010

前　言

GB/T 5169《电工电子产品着火危险试验》已经或计划发布以下部分：
——第1部分：着火试验术语；
——第2部分：着火危险评定导则　总则；
——第3部分：电子元件着火危险评定技术要求和试验规范制定导则；
——第5部分：试验火焰　针焰试验方法　装置、确认试验方法和导则；
——第9部分：着火危险评定导则　预选试验程序　总则；
——第10部分：灼热丝/热丝基本试验方法　灼热丝装置和通用试验方法；
——第11部分：灼热丝/热丝基本试验方法　成品的灼热丝可燃性试验方法；
——第12部分：灼热丝/热丝基本试验方法　材料的灼热丝可燃性指数(GWFI)试验方法；
——第13部分：灼热丝/热丝基本试验方法　材料的灼热丝起燃温度(GWIT)试验方法；
——第14部分：试验火焰　1 kW标称预混合型火焰　设备、确认试验方法和导则；
——第15部分：试验火焰　500 W火焰　装置和确认试验方法；
——第16部分：试验火焰　50 W水平与垂直火焰试验方法；
——第17部分：试验火焰　500 W火焰试验方法；
——第18部分：燃烧流的毒性　总则；
——第19部分：非正常热　模压应力释放变形试验；
——第20部分：火焰表面蔓延　试验方法概要和相关性；
——第21部分：非正常热　球压试验；
——第22部分：试验火焰　50 W火焰　装置和确认试验方法；
——第23部分：试验火焰　管形聚合材料500 W垂直火焰试验方法；
——第24部分：着火危险评定导则　绝缘液体；
——第25部分：烟模糊　总则；
——第26部分：烟模糊　试验方法概要和相关性；
——第27部分：烟模糊　小规模静态试验方法　仪器说明；
——第28部分：烟模糊　小规模静态试验方法　材料；
——第29部分：热释放　总则；
——第30部分：热释放　试验方法概要和相关性；
——第31部分：火焰表面蔓延　总则；
——第32部分：热释放　绝缘液体的热释放；
——第42部分：试验火焰　确认试验　导则；
——第44部分：着火危险评定导则　着火危险评定。

本部分为GB/T 5169的第13部分。

本部分按照GB/T 1.1—2009给出的规则起草。

本部分代替GB/T 5169.13—2006《电工电子产品着火危险试验　第13部分：灼热丝/热丝基本试验方法　材料的灼热丝起燃性试验方法》。与GB/T 5169.13—2006相比主要技术变化如下：
——修改了试验目的以及如何使用试验结果的概述(见第1章，2006年版第1章)；
——增加了部分术语和定义(见第3章)；
——增加了对试样的密度、熔体流动性和填料/增强剂，及其颜色的规定(见4.3)；

——修改了对试样状态调节和试验条件的规定(见第 7 章,2006 年版第 8 章);

——修改了试验程序的界定范围,将试验严酷等级改为试验起始温度,移至试验程序一章中,并增加了试验温度的确定方法(见第 8 章,2006 年版第 6 章和第 10 章);

——修改了试验观察和测量内容,并将初始测量要求移至观察和测量一章中(见第 9 章,2006 年版第 9 章和第 11 章);

——修改了试验结果的评定方法(见第 10 章,2006 年版第 12 章);

——修改了试验报告要求(见第 11 章,2006 年版第 13 章)。

本部分使用翻译法等同采用 IEC 60695-2-13:2010《着火危险试验 第 2-13 部分:灼热丝/热丝基本试验方法 材料的灼热丝起燃温度(GWIT)试验方法》。

本部分纳入了 IEC 60695-2-13:2010/Cor.1:2012 的勘误内容,该勘误内容涉及的条款已通过在其外侧页边空白位置的垂直双线(‖)进行了标示。

与本部分中规范性引用的国际文件有一致性对应关系的我国文件如下:

——GB/T 17037(所有部分) 热塑性塑料材料注塑试样的制备[ISO 294(所有部分)]

——GB/T 5169.12—2013 电工电子产品着火危险试验 第 12 部分:灼热丝/热丝基本试验方法 材料的灼热丝可燃性指数(GWFI)试验方法(IEC 60695-2-12:2010,IDT)

本部分做了下列编辑性修改:

——为与现有标准系列一致,将标准名称改为《电工电子产品着火危险试验 第 13 部分:灼热丝/热丝基本试验方法 材料的灼热丝起燃温度(GWIT)试验方法》;

——将第 1 章中"灼热丝起燃温度(GWIT)"的定义内容移至第 3 章,改为定义 3.10;

——删除了第 1 章中最后两段资料性内容。

本部分由中国电器工业协会提出。

本部分由全国电工电子产品着火危险试验标准化技术委员会(SAC/TC 300)归口。

本部分负责起草单位:中国电器科学研究院有限公司。

本部分参加起草单位:珠海格力电器股份有限公司、顺德圆融新材料有限公司、威凯检测技术有限公司、机械工业电工材料及特种线缆产品质量监督检测中心、中国家用电器检测所、国家广播电视产品质量监督检验中心、深圳市计量质量检测研究院、武汉计算机外部设备研究所、广东检验检疫局检验检疫技术中心、工业和信息化部电子第五研究所、中国质量认证中心、山东省产品质量监督检验研究院、深圳出入境检验检疫局工业品检测技术中心、工业和信息化部电子工业标准化研究院。

本部分主要起草人:陶友季、范凌云、桑杰、陈兰娟、郭汉洋、贾玉霖、高岭松、万立、张效忠、武政、张元钦、王瑞锋、辛峰、毕凯军、王忠义。

本部分于 1985 年首次发布,1999 年第一次修订时将首次发布的 GB 5169.4—1985《电工电子产品着火危险试验 灼热丝试验方法和导则》分为 4 个部分,2006 年第二次修订,本次为第三次修订。

引　言

所有电工电子产品的设计都需考虑着火风险和潜在的着火危险。对元件、电路和产品的设计以及材料的筛选目的在于在正常操作条件下，以及在合理可预见的异常使用、故障和失效时，将潜在的着火风险降低到可以接受的水平。IEC 60695-1-10 和 IEC 60695-1-11 一起为如何达到这一目标提供了指导。

IEC 60695-1-10 和 IEC 60695-1-11 的主要目的是为以下行为提供指南：

a)　防止带电部件引发起燃；以及

b)　如果发生起燃，则将着火限制在电工电子产品外壳内。

IEC 60695-1-10 和 IEC 60695-1-11 的次要目的是将火焰蔓延至产品外部的范围降到最低，以及将如热、烟、毒性和/或腐蚀性的燃烧流的有害影响降到最低。

涉及电工电子产品的火灾也可能因非电的外部引燃源引发。总体风险评估宜考虑这一因素。

在电工电子设备中，过热金属部件可作引燃源。在灼热丝试验中，采用炽热的灼热丝模拟这一起燃源。

GB/T 5169.10 描述了灼热丝试验装置和通用试验方法，GB/T 5169.11 描述了成品的灼热丝可燃性试验，GB/T 5169.12 则描述了材料的灼热丝可燃性指数试验方法。

本部分描述了材料的灼热丝起燃温度试验方法。在实验室可控条件下，用于测量、描述和分级由于接触到电热丝受热的材料的性能。这便于对暴露在过热应力（如：经过导线的故障电流、元件的过载和/或接触不良）中产品所用材料的评估。本部分不能单独用于描述或评估材料、产品或组件在实际着火条件下的着火危险或着火风险。然而，本试验的结果可作为考虑到所有因素的着火风险评估的要素，该着火风险评估考虑与某一特定终端用途的着火危险评估相关的所有因素。

本部分可能涉及具有危险性的材料、操作和设备。其目的不是为了解决与其有关的所有安全性问题。本部分使用者在使用本部分前，应建立适当的安全和健康措施，并确定其适用性和局限性。

电工电子产品着火危险试验
第 13 部分：灼热丝/热丝基本试验方法
材料的灼热丝起燃温度（GWIT）试验方法

1 范围

GB/T 5169 的本部分详细规定了在固体电气绝缘材料或其他固体材料试验样品上进行起燃性试验的灼热丝试验方法，目的是测定灼热丝起燃温度（GWIT）。

本试验方法是在一系列标准试样上进行的材料试验。其获得的数据连同由 IEC 60695-2-12 材料灼热丝可燃性指数（GWFI）试验方法获得的数据一起，按照 GB/T 5169.9—2013 预选程序，评定材料是否满足 GB/T 5169.11—2006 的要求。

注：作为进行着火危险评定的结果，一系列适当的可燃性和起燃性预选试验可减少成品试验的数量。

2 规范性引用文件

下列文件对于本文件的应用是必不可少的。凡是注日期的引用文件，仅注日期的版本适用于本文件。凡是不注日期的引用文件，其最新版本（包括所有的修改单）适用于本文件。

GB/T 5169.9—2013 电工电子产品着火危险试验 第 9 部分：着火危险评定导则 预选试验程序 总则（IEC 60695-1-30：2008，IDT）

GB/T 5169.10—2006 电工电子产品着火危险试验 第 10 部分：灼热丝/热丝基本试验方法 灼热丝装置和通用试验方法（IEC 60695-2-10：2000，IDT）

GB/T 5169.11—2006 电工电子产品着火危险试验 第 11 部分：灼热丝/热丝基本试验方法 成品的灼热丝可燃性试验方法（IEC 60695-2-11：2000，IDT）

GB/T 5471—2008 塑料 热固性塑料试样的压塑（ISO 295：2004，IDT）

GB/T 9352—2008 塑料 热塑性塑料材料试样的压塑（ISO 293：2004，IDT）

ISO 291：2008 塑料 状态调节和试验的标准环境（Plastics—Standard atmospheres for conditioning and testing）

ISO 294（所有部分） 塑料 热塑性材料测试样品的注塑法（Plastics—Injection moulding of test specimens of thermoplastic materials）

ISO/IEC 13943：2008 消防安全 词汇（Fire safety—Vocabulary）

IEC 60695-2-12 着火危险试验 第 2-12 部分：灼热丝/热丝基本试验方法 材料的灼热丝可燃性指数（GWFI）试验方法[Fire hazard testing—Part 2-12：Glowing/hot-wire based test methods—Glow-wire flammability index (GWFI) test method for materials]

3 术语和定义

ISO/IEC 13943：2008 给出的以及下列术语和定义适用于本文件。

3.1

燃烧 combustion
物质与氧化剂的放热反应。
注：燃烧通常会放出燃烧流，并伴有火焰和/或灼热。

[ISO/IEC 13943:2008,定义 4.46]

3.2

火焰（名词）　flame(noun)

在气体介质中,急速、自发持续、次音速传播的燃烧,通常伴有发光现象。

[ISO/IEC 13943:2008,定义 4.133]

3.3

有焰燃烧性　flammability

在规定的条件下,材料或产品伴有火焰燃烧的能力。

[ISO/IEC 13943:2008,定义 4.151]

3.4

灼热（名词）　glowing(noun)

因热而发光。

[ISO/IEC 13943:2008,定义 4.168]

3.5

灼热燃烧　glowing combustion

在燃烧区域中,固体材料无焰而发光的燃烧。

[ISO/IEC 13943:2008,定义 4.169]

3.6

可燃性　ignitability

易燃性　ease of ignition

对指定条件下试样起燃难易程度的量度。

[ISO/IEC 13943:2008,定义 4.182]

3.7

起燃　ignition

持久的起燃(不推荐)。

〈通常〉燃烧的开始。

[ISO/IEC 13943:2008,定义 4.187]

3.8

起燃　ignition

持久的起燃(不推荐)。

〈有焰燃烧〉持续火焰的开始。

[ISO/IEC 13943:2008,定义 4.188]

3.9

预选　preselection

为制造成品而评估和选择备选材料、元件或组件的程序。

[GB/T 5169.9—2013,定义 3.2]

3.10

灼热丝起燃温度　glow-wire ignition temperature;GWIT

比用本标准化试验方法测得的受试材料在满足以下情况时的最高测试温度高 25 K(或 30 K)的

温度:

　　a)　不起燃,或

　　b)　如果任何一次火焰的持续和连续燃烧时间不超过 5 s,且试样没有被全部烧尽。

4 试样

4.1 试样的准备

试样应使用适当的 ISO 方法制作,如:ISO 294 系列标准的注塑法、GB/T 9352—2008 或 GB/T 5471—2008 的压塑法;或用压铸法制成需要的形状。如果上述方法不可行,则应从材料的代表性样品(例如:用与模制产品零件相同的制造工艺制得的材料)中切割得到试样。

制作或切割完成后,用细砂纸将切口各切割面打磨平整光滑,仔细清除表面的所有粉尘和微粒。

4.2 试样的尺寸

试样平面部分尺寸应至少长 60 mm,宽(夹具内侧)60 mm,并提供应考虑的所有厚度。首选厚度值包括 0.1 mm±0.02 mm、0.2 mm±0.02 mm、0.4 mm±0.05 mm、0.75 mm±0.10 mm、1.5 mm±0.15 mm、3.0 mm±0.2 mm 或 6.0 mm±0.4 mm。

注:通常,每个厚度使用 15 个试样足够同时测定灼热丝起燃温度 GWIT 和灼热丝可燃性指数 GWFI(见 IEC 60695-2-12)。

4.3 测试配方范围

4.3.1 概述

对于不同颜色、厚度、密度、分子量、各向异性的类型/方向、含有不同添加剂、填料和/或增强剂的试样,试验结果可能不同。当相关协议方协商一致时,可用 4.3.2 和 4.3.3 概述的试验程序评估其差异。

4.3.2 密度、熔体流动性和填料/增强剂

可提供包含密度、熔体流动性和填料/增强剂含量最小值和最大值所有组合的试样,如果其试验结果得出相同的 GWIT,则认为这一范围具有代表性。如果代表性范围中所有试样的试验结果未得出相同的 GWIT,则评定应限于测试密度、熔体流动性和填料/增强剂含量为规定值的材料。此外,为了确定每个 GWIT 值的代表范围,应测试密度、熔体流动性、填料/增强剂含量为中间值的试样。然而,也可将某些特定密度、熔体流动性和填料/增强剂含量的材料中性能最不利的作为中间值的代表,而无需开展额外测试。

4.3.3 颜色

当评估全色试样时,如果试验的 GWIT 相同,则认为以下试样在颜色范围上具有代表性:
a) 不含着色剂;
b) 含最高含量的有机颜料/着色剂/染料和/或炭黑;
c) 含最高含量的无机颜料;以及
d) 含已知对燃烧特性有不利影响的颜料/着色剂/染料。

5 装置

试验装置的说明见 GB/T 5169.10—2006 第 5 章。不使用规定的铺底层。

6 温度测量系统的校准

温度测量系统的校准方法见 GB/T 5169.10—2006 的 6.2。

7 状态调节和试验条件

7.1 试样的状态调节

应将试样放置在温度 23 ℃±2 ℃、相对湿度 40%～60%的环境下调节至少 48 h。一旦将其从状态调节环境中取出,则应在 4 h 内进行试验。(见 ISO 291:2008 第 6 章,表 2,2 级)

7.2 试验条件

试验应在温度 25 ℃±10 ℃、相对湿度 45%～75%的实验室大气环境下进行。

8 试验程序

8.1 概述

应对试样进行目测识别和检查。

基本试验程序见 GB/T 5169.10—2006 的第 8 章。

8.2 试验起始温度

将灼热丝加热到表 1 中被认为正好能引发起燃的试验起始温度。如果不确定能引发起燃的温度,则试验起始温度不应超过 650 ℃。

表 1 试验起始温度

试验起始温度 ℃	500	550	600	650	700	750	800	850	900	960
容差 K	±10	±10	±10	±10	±10	±10	±15	±15	±15	±15

8.3 试验温度

在每一试验温度下,应用一组 3 个试样进行试验。

如果 3 个试样中有 1 个不能通过 10.1 规定的试验判据,则应重新使用 3 个新的试样进行试验,此时的试验温度应降低 50 K(对于 960 ℃应降低 60 K)为宜。

如果 3 个试样均能通过 10.1 规定的试验判据,则应重新使用 3 个新的试样进行试验,此时的试验温度应升高 50 K(对于 900 ℃升高 60 K)为宜。

每次使用 3 个新的试样重复进行试验,并将试验温度间隔降至 25 K(对于 960 ℃应为 30 K),直到最终接近测定的最高试验温度,即 3 个试样均能通过 10.1 规定的试验判据的试验温度。

然而,如果 3 个试样中只要有 1 个不能通过 10.1 规定的试验判据,则不需要再升高温度进行试验。

注 1:最低试验温度为 500 ℃,最高试验温度为 960 ℃。

注 2:推荐试验起始温度为 650 ℃。

9 观察与测量

9.1 概述

应对以下观察和测量结果进行记录。

9.2 初始观察

对试样进行目测识别和检查后,应作如下记录:

a) 对受试材料的描述,包括厚度、颜色、型号和生产商;

b) 对试样制备方法进行描述(适用时);

c) 如果已知各向异性的方向与试样尺寸相关,则要记录各向异性;以及

d) 试样的状态调节条件。

9.3 试验观察

在施加灼热丝期间及其后的 5 s 内,应对试样进行观察,并作如下记录:

a) 有焰和/或灼热燃烧的最长持续时间(t_E)(修约至 0.5 s);

b) 根据第 8 章得到的试验温度;

c) 灼热丝是否有穿透试样;

d) 如果存在试样损耗,则记录其总的损耗;以及

e) 协议双方协商记录的其他附加观察结果。

10 试验结果的评定

10.1 试验判据

如果试样满足以下条件,则认为能经受本试验:

a) 不起燃,或

b) 如果任何一次火焰的持续和连续燃烧时间不超过 5 s,且试样没有被全部烧尽。

注:如果测量值是 5.2 s,应记为 5.0 s。如果测量值是 5.3 s,应记作 5.5 s。

10.2 灼热丝起燃温度

GWIT 是比相应厚度的 3 个试样在 10.1 所述测试标准下测得的最高试验温度值还高 25 K(对于 900 ℃和 930 ℃则是 30 K)的温度。

GWIT 应按以下方式记录:

例如,对于 3.0 mm 厚的试验样品,没有造成起燃的最高试验温度是 825 ℃,则记录为:

GWIT:850/3.0

如果每个厚度的 GWIT 值不同,则应记录每个厚度的 GWIT 值。

如果最薄和最厚试样的结果相同,GWIT 值则应记录为:

GWIT:775/0.75-3.00

如果使用 960 ℃的试验温度,材料仍没起燃,GWIT 值则应记录为:

GWIT:>960/厚度

当一定范围内的厚度均对应某个 GWIT 值,则认为该 GWFI 值对应该范围内的最小和最大厚度以及其他首选厚度。

11 试验报告

试验报告应包括以下内容:

a) 提及本部分；

b) 试验温度（见第 8 章）；

c) 观察和测量结果（见第 9 章）；以及

d) 灼热丝起燃温度 GWIT 值（见 10.2）。

参 考 文 献

[1] IEC 60695-1-10 Fire hazard testing—Part 1-10：Guidance for assessing the fire hazard of electrotechnical products—General guidelines

[2] IEC 60695-1-11 Fire hazard testing—Part 1-11：Guidance for assessing the fire hazard of electrotechnical products—Fire hazard assessment

[3] IEC 60695-11(all parts) Fire hazard testing—Part 11：Test flames

ICS 29.020
K 04

中华人民共和国国家标准

GB/T 5169.16—2008/IEC 60695-11-10:2003
代替 GB/T 5169.16—2002

电工电子产品着火危险试验
第 16 部分:试验火焰
50 W 水平与垂直火焰试验方法

Fire hazard testing for electric and electronic products—
Part 16: Test flames—50 W horizontal and vertical flame test methods

(IEC 60695-11-10:2003, Fire hazard testing—Part 11-10:
Test flames—50W horizontal and vertical flame test methods,IDT)

2008-05-19 发布   2009-01-01 实施

中华人民共和国国家质量监督检验检疫总局
中国国家标准化管理委员会   发 布

前　言

GB/T 5169《电工电子产品着火危险试验》分为以下部分：
——第1部分：着火试验术语
——第2部分：着火危险评定导则　总则
——第3部分：电子元件着火危险评定技术要求和试验规范制订导则
——第2部分：试验方法　第2篇：针焰试验
——试验方法　扩散型和预混合型火焰试验方法
——第9部分：着火危险评定导则　预选试验规程的使用
——第10部分：灼热丝/热丝基本试验方法　灼热丝装置和通用试验方法
——第11部分：灼热丝/热丝基本试验方法　成品的灼热丝可燃性试验方法
——第12部分：灼热丝/热丝基本试验方法　材料的灼热丝可燃性试验方法
——第13部分：灼热丝/热丝基本试验方法　材料的灼热丝起燃性试验方法
——第14部分：试验火焰　1 kW标称预混合型火焰　装置、确认试验方法和导则
——第15部分：试验火焰　500 W火焰　装置和确认试验方法
——第16部分：试验火焰　50 W水平与垂直火焰试验方法
——第17部分：试验火焰　500 W火焰试验方法
——第18部分：将电工电子产品的火灾中毒危险减至最小的导则　总则
——第19部分：非正常热　模压应力释放变形试验
——第20部分：火焰表面蔓延　试验方法概要和相关性
——第21部分：非正常热　球压试验
——第22部分：试验火焰　50 W火焰　装置和确认试验方法

本部分为GB/T 5169的第16部分。

本部分等同采用IEC 60695-11-10:2003《着火危险试验　第11-10部分：试验火焰　50 W水平与垂直火焰试验方法》（英文版），但按GB/T 20000.2—2001《标准化工作指南　第2部分：采用国际标准的规则》的4.2b)和5.2的规定作了少量编辑性修改，并将第2章中的规范性引用文件IEC Guide 104:1997、ISO/IEC Guide 51:1999改为参考文献。

本部分代替GB/T 5169.16—2002《电工电子产品着火危险试验　第16部分：50 W水平与垂直火焰试验方法》。

本部分与GB/T 5169.16—2002相比主要变化如下：
a) 增加了关于材料试验的内容（本部分7.2）；
b) 增加了关于划分HB类材料的准则的内容（本部分8.4.1）；
c) 增加了关于工业层压板预处理的内容（本部分9.1.3）；
d) 增加了关于试验样品、操作者和燃烧器的位置的内容（本部分9.2.3和图6）；
e) 增加了因其厚度而变形、收缩、或烧至夹持夹具处的某些材料的测试要求（本部分9.2.8）。

本部分的附录A和附录B为资料性附录。

本部分由全国电工电子产品环境技术标准化技术委员会（SAC/TC 8）提出并归口。

本部分由中国电器科学研究院负责起草，广州威凯检测技术研究所、广东出入境检验检疫局检验检疫技术中心、武汉计算机外部设备研究所参加起草。

本部分主要起草人：陈灵、陈兰娟、武政、张效忠。

本部分于2002年首次发布，本次为第一次修订。

引　言

在考虑使用 GB/T 5169 的试验方法时,重要的是要区分"成品试验"与"预选试验"的差别。成品试验是对一台完整的产品、零件、元件或组件进行的着火危险评定试验;预选试验则是对材料(零件、元件或组件)进行的燃烧特性试验。

材料的预选试验通常使用具有标准形状(形状非常简单)的试件,如矩形条状或矩形板状试件,并常常采用标准模制工艺制备。

需要强调的是使用 GB/T 5169 给定的预选试验数据需要认真考虑,以确保该数据与预期应用相适应,避免错用和误解。一个零件或一台产品的实际耐火性能受其环境、设计参数(形状和大小)、制造工艺、传热效果、潜在引燃源的种类及与引燃源接触时间长短等的影响。重要的是要牢记,这些特性可能还会受到可预见的用途、不正确使用和环境暴露的影响。

预选法的优点如下:

a) 如果能避免可能的协同效应,在制成标准试样试验时,性能比另一种材料好的材料,在制成产品的成品零件时,通常性能也较好。

b) 与相关燃烧特性有关的数据能有助于在设计阶段选择材料、元件和组件。

c) 与成品试验相比,预选试验的精确度通常比较高,灵敏度也可能较高。

d) 预选试验可用于将着火危险减至最小的决策过程。预选试验适用于着火危险评定时,可减少成品试验数量,从而减少试验工作的总量。

e) 需要快速提高对着火危险的要求时,只要先提高预选试验的要求再改进成品试验方法就可以达到目的。

f) 根据预选试验结果得出的分类等级,可用于在产品规范中规定所用材料的最低基本性能。

应该注意,在用预选试验替代某些成品试验时,应提高安全系数,以确保该成品有令人满意的性能。成品试验可以防止预选试验限制创新设计、限制选用更经济的材料。因此在预选试验之后,可能有必要对成品进行价值分析,避免对产品提出超出必备性能的过分要求。

GB/T 5169.2 指出,电工电子产品的任一带电电路都存在着火的风险。对于这种风险,在设计元件电路和设备以及选择材料时,要考虑可预见的非正常使用、故障或失效,减少着火的可能性。实际目的是要防止带电部件起火,如果发生起燃着火,应尽可能将火情控制在电工电子产品的外壳内。

检验电工电子产品着火危险的最佳方法是精确地再现实际发生火灾的条件,但在大多数情况下这是不可能的,因此尽可能按实际情况真实地模拟实际发生的效应,对电工电子产品的着火危险性进行测试。

GB/T 5169.9 规定,可在规定试验的基础上利用必要的耐火规范和相关的燃烧特性进行预选。该标准还概略地叙述了如何使电工电子产品及其零件和组件的具体功能与被试材料性能相关联的导则,并说明了这种预选方法的意义和局限性。

ISO/TR 10840 总结了与塑料着火试验有关的一些特殊问题,可在评定和解释试验结果时予以考虑。

电工电子产品着火危险试验
第 16 部分:试验火焰
50 W 水平与垂直火焰试验方法

1 范围

GB/T 5169 的本部分规定了用于比较塑料和其他非金属材料样品相对燃烧特性的小型实验室筛选法,试验的引燃源为标称功率 50 W 的小型火焰,试验样品呈水平或垂直放置。

这些试验方法是测定样品的损坏长度以及样品的线性燃烧速率和余焰/余灼时间。这些试验方法适用于固体材料和按 ISO 845:1988 的方法测定时表观密度不小于 250 kg/m³ 的泡沫塑料,不适用于遇火蜷缩但不燃烧的材料;对薄而易弯曲的材料宜使用 ISO 9773:1998 的方法。

本部分规定的分类方法(见 8.4 和 9.4)可用于质量保证或用来预选产品的零部件材料。

只有在样品的厚度等于实际使用最小厚度并且获得的结果为肯定时,这些方法才可用于材料的预选。

注:试验结果受材料组分和材料性质的影响,前者如着色剂、填充剂和阻燃剂,后者如各向异性的方向和分子量等。

2 规范性引用文件

下列文件中的条款通过 GB/T 5169 的本部分的引用而成为本部分的条款。凡是注日期的引用文件,其随后所有的修改单(不包括勘误的内容)或修订版均不适用于本部分,然而,鼓励依据本部分达成协议的各方研究是否可使用这些文件的最新版本。凡是不注日期的引用文件,其最新版本适用于本部分。

GB/T 2918—1998 塑料试样状态调节和试验的标准环境(idt ISO 291:1997)

GB/T 5169.5—1997 电工电子产品着火危险试验 第 2 部分:试验方法 第 2 篇 针焰试验 (idt IEC 60695-2-2:1991)

GB/T 5169.17—2008 电工电子产品着火危险试验 第 17 部分:试验火焰 500 W 火焰试验方法(IEC 60695-11-20:2003,IDT)

GB/T 5169.22—2008 电工电子产品着火危险试验 第 22 部分:试验火焰 50 W 火焰 装置和确认试验方法(IEC/TS 60695-11-4:2004,IDT)

ISO 293:1986 塑料 热塑性塑料试验样品的压塑

ISO 294(所有部分) 塑料 热塑性塑料试验样品的注塑

ISO 295:1991 塑料 热固性塑料试验样品的压塑

ISO 845:1988 泡沫塑料和泡沫橡胶 表观(体积)密度的测定

ISO 9773:1998 暴露于小型火焰引燃源时易弯垂直薄试样燃烧特性的测定

3 术语和定义

下列术语和定义适用于本部分。

3.1

余焰 afterflame

在规定的试验条件下,移开引燃源后材料持续的有焰燃烧。

3.2

余焰时间　afterflame time

t_1, t_2

余焰持续的时间段。

3.3

余灼　afterglow

在规定的试验条件下,移开引燃源后,火焰终止后或无火焰,材料持续的灼热。

3.4

余灼时间　afterglow time

t_3

余灼持续的时间段。

4　原理

夹住矩形条形试验样品的一端,使样品呈水平或垂直状态,自由端与规定的试验火焰接触。用测量线性燃烧速率的方法评定水平支撑的条形样品燃烧特性,用测量余焰和余灼时间、燃烧颗粒的燃烧程度和滴落程度的方法评定垂直支撑的条形样品的燃烧特性。

试验方法 A 的精度见附录 A,试验方法 B 的精度见附录 B。

5　试验的意义

5.1　在规定的条件下对材料进行的试验,在比较不同材料的相对燃烧特性、控制制造工艺或评定燃烧特性的变化时会有相当大的价值。这些试验方法所获得的试验结果取决于试验样品的形状、方位和试验样品周围的环境及起燃情况。

这些试验方法的显著特点在于试验样品的布放呈水平位置或垂直位置,即可划分各种材料的易燃性等级。

在试验方法 A 即水平燃烧 HB 中,试验样品的水平位置特别适于评定燃烧程度和(或)火焰蔓延的速度即线性燃烧速率。

在试验方法 B 即垂直燃烧 V 中,试验样品的垂直位置特别适于评定移开试验火焰后的燃烧程度。

注 1:水平燃烧(HB)和垂直燃烧(V)的试验结果不等效。

注 2:用本方法获得的试验结果与用 GB/T 5169.17—2008 规定的燃烧试验 5 VA 和 5 VB 所得的试验结果不等效,因为本方法试验火焰的严酷程度大约只是后者的 1/10。

5.2　依据本部分所获得的结果不应用来描述或评定在实际着火条件下特殊材料或特殊形状所呈现的着火危险。评定着火危险需要考虑燃料作用、燃烧强度(放热速率)、燃烧生成物和环境因素,包括引燃源强度、被暴露材料的方位和通风条件。

5.3　用这些试验方法测得的燃烧特性受诸如材料密度、材料的各向异性和试验样品厚度等因素的影响。

5.4　有些试验样品可能遇火蜷缩或变形但不起燃,在这种情况下,就需要补充试验样品以获得有效的试验结果。如果仍不能获得有效的试验结果,则不宜使用这些试验方法进行评定。

注:对一些易弯曲的薄样品和有一件以上的试验样品遇火蜷缩但不起燃的情况,宜使用 ISO 9773:1998 规定的方法。

5.5　某些塑料的燃烧特性可能随时间而变化。因此合理的做法是使用适当的方法在老化处理前后进行多次试验。优选的老化处理方法是在 70℃±2℃ 的烘箱中老化处理 7 d。也可以根据协议采用其他老化处理时间和老化处理温度,但应在试验报告中注明。

6 试验装置

试验装置应由以下部分组成。

6.1 实验室通风柜/试验箱

实验室通风柜/试验箱的容积应至少为 0.5 m³。试验箱应允许观察试验的进程并且应是无通风环境,允许燃烧期间试验样品周围空气的正常热循环。试验箱的内表面应是深色的。将一个照度计面向试验箱后部放在试验样品的位置时,显示的照度应小于 20 lx。为了安全和方便,(能完全密闭的)试验箱应装有排气装置,如排气扇,以便排出可能有毒的燃烧产物。排气装置在试验期间应关闭,在试验后应立即打开排出燃烧产物。可能需要强制关闭的风门。

注:可在试验箱内放一面镜子,以便观察试验样品的另一面。

6.2 实验室燃烧器

实验室燃烧器应符合 GB/T 5169.22—2008 关于火焰 A 的要求。

注:ISO 10093 描述了引燃源 P/PF2(50 W)的燃烧器。

6.3 试验支架

试验支架应有可调节试验样品位置的夹具或类似装置(见图 1 和图 3)。

6.4 计时装置

计时装置的分辨率至少应为 0.5 s。

6.5 测量直尺

测量直尺的刻度应以毫米(mm)为单位。

6.6 金属丝网

金属丝网应是 20 目的,即每 25 mm 约有 20 个孔眼,用直径 0.40 mm~0.45 mm 的钢丝制成,然后裁成约 125 mm×125 mm 的正方形。

6.7 预处理箱

预处理箱的温度应能维持在 23℃±2℃,相对湿度应能维持在 50%±5%。

6.8 千分尺

千分尺的分辨率至少应为 0.01 mm。

6.9 支承夹具

支承夹具应用于检测非自撑型试验样品(见图 2)。

6.10 干燥箱

干燥箱应装有无水氯化钙或其他干燥剂,能将温度维持在 23℃±2℃、相对湿度不大于 20%。

6.11 空气循环烘箱

空气循环烘箱应能提供 70℃±2℃ 的处理温度,除非有关规范另有说明,应每小时换气不少于 5 次。

6.12 棉垫

棉垫应由约为 100% 的脱脂棉制成。

注:这种脱脂棉通常指医用脱脂棉或棉絮。

7 试验样品

7.1 成品试验

试验样品应从成品的有代表性的模制零部件上切割下来,如果不可能,应使用与模制产品零件相同的制造工艺制作试验样品;如仍无可能,应使用 ISO 的适当方法,例如 ISO 294 的铸塑法和注塑法、ISO 293:1986 或 ISO 295:1991 的压塑法或压注法制成必要的形状。

如不能用上述任何一种方法制备试验样品,则按 GB/T 5169.5—1997 的针焰试验法进行型式试验。

切割完成之后，用细砂纸将切口各棱边打磨平整光滑；应仔细从表面上清除全部粉尘和微粒。

7.2 材料试验

使用不同颜色、厚度、密度、分子量、各向异性方向和类型的试验样品，或含有不同添加剂、或不同填料/增强剂的试验样品进行试验所得出的试验结果会不同。

如果试验结果产生了相同的火焰试验分类，可规定试验样品的密度、熔体流动性、填料/增强剂含量的极值，并要考虑这一范围的代表性。如果代表性范围中的所有样品的试验结果未产生相同的火焰试验分类，则评定应限于所测试的密度、熔体流动性、填料/增强剂含量为极值的材料。此外，为了确定每种火焰试验分类的代表性范围，应测试密度、熔体流动性、填料/增强剂含量为中间值的试验样品。

如果试验结果产生了相同的火焰试验分类，要考虑本色试验样品和按质量添加最高含量有机和无机颜料的试验样品其有代表性的颜色范围。当已知某些颜料会影响燃烧特性时，也应测试含有那些颜料的试验样品。被试样品应为：

   a) 不含颜料；

   b) 含最高含量的有机颜料；

   c) 含最高含量的无机颜料；

   d) 含已知对燃烧特性有不利影响的颜料。

7.3 条形试验样品

条形试验样品的尺寸为：长 125 mm±5 mm、宽 13.0 mm±0.5 mm，并应提供常用的最小和最大厚度。厚度不应大于 13.0 mm，棱边应光滑，圆角半径不应大于 1.3 mm。也可根据协议采用其他厚度，如是则应在试验报告中注明（见图 4）。

试验方法 A 最少要准备 6 件条形试验样品、试验方法 B 最少要准备 20 件试验样品。

8 试验方法 A——水平燃烧试验

8.1 预处理

除非有关规范另有规定，否则应采用下列要求。

8.1.1 应将一组 3 件条形试验样品在温度 23℃±2℃、相对湿度为 50%±5% 的条件下处理至少 48 h。试验样品从处理箱中取出后，应在 1 h 内进行试验（见 GB/T 2918—1998）。

8.1.2 所有的试验样品均应在温度为 15℃～35℃、相对湿度为 45%～75% 的实验室大气条件下进行试验。

8.2 试验程序

8.2.1 应测试 3 个试验样品。每个试验样品都应在距被引燃端 25 mm±1 mm 和 100 mm±1 mm 处划两条与条形试样的长轴垂直的直线。

8.2.2 在距 25 mm 标记最远的一端夹住试验样品，使样品的长轴呈水平放置，横轴（短轴）倾斜成 45°角，如图 1 所示。将金属丝网水平地放在试验样品下方夹紧，使试验样品最低的棱边和金属丝网的距离为 10 mm±1 mm，自由端与金属丝网的一边平齐。前几次试验残留在金属丝网上的任何材料都要烧去，或每次试验都使用新金属丝网。

8.2.3 如果试验样品的自由端下垂，不能保持 8.2.2 规定的 10 mm±1 mm 的距离，则应使用图 2 所示的支承夹具（见 6.9）。将支承夹具放在金属丝网上用以支撑试验样品，使支承夹具的加长部分距试验样品的自由端约为 10 mm±1 mm。在试验样品的被夹持端留出足够的间隙，以便支承夹具能自由地横向移动。

8.2.4 使燃烧器管的中心轴线垂直，将燃烧器放在远离试验样品的地方，调节燃烧器（见 6.2）产生 50 W 的标准试验火焰即 GB/T 5169.22—2008 的火焰 A。至少等待 5 min，使燃烧器达到平衡状态。

8.2.5 使燃烧器管的中心轴线与水平面约呈 45°角，斜向试验样品的自由端，燃烧器管的中心轴线则与试验样品的(长)底边在同一垂直平面内(见图1)。对试验样品自由端的最低棱边施加火焰,燃烧器的放置位置应使样品的自由端深入火焰中约 6 mm。

8.2.6　随着火焰前沿(见8.2.5)沿着试验样品向前推移,以大约同样的速度后移支承夹具,以防止在火焰烧到支承夹具,对火焰或对试验样品的燃烧产生影响。

8.2.7　在不改变其位置的情况下施加试验火焰 30 s±1 s,或者在试验样品的火焰前沿达到 25 mm 标记时(如果小于 30 s)立即移开试验火焰。在火焰前沿达到 25 mm 标记线时,重新启动记时装置(见6.4)。

注:将燃烧器从试验样品处移开 150 mm 可认为符合要求。

8.2.8　如果移开试验火焰后试验样品继续有焰燃烧,应记录经过的时间 t(单位:s),如果火焰前沿从 25 mm 标记线起蔓延通过 100 mm 标记线,应将损坏长度 L 记录为 75 mm。如果火焰前沿越过 25 mm 标记线,但未通过 100 mm 标记线,应记录经过的时间 t(单位:s)和 25 mm 标记线与火焰前沿停止处之间的损坏长度 L(单位:mm)。

8.2.9　再试验两块试验样品。

8.2.10　如果第一组 3 件试验样品(见7.3)中有一件试验样品不符合 8.4.1 和 8.4.2 所示的指标,则要试验另一组 3 件试验样品。第二组的所有试验样品都应符合有关类别规定的所有指标。

8.3　计算

8.3.1　对于火焰前沿通过 100 mm 标示线的每个试验样品,使用下式计算线性燃烧速率(以毫米每分钟为单位):

$$v = \frac{60\,L}{t}$$

式中:

v——线性燃烧速率,单位为毫米每分钟(mm/min);

L——损坏长度,单位为毫米(mm),是 8.2.8 记录的值;

t——时间,单位为秒(s),是 8.2.8 记录的值。

注:线性燃烧速率的 SI 单位是米每秒。实际上使用的单位是毫米每分钟。

8.4　分类

应按下列准则把材料分为 HB、HB40 或 HB75 类(HB 表示水平燃烧)。

8.4.1　划分到 HB 类的材料应符合下列指标之一:

a)　移开引燃源后不应有明显的有焰燃烧;

b)　如果移开引燃源后试验样品继续有焰燃烧,则火焰前沿不应通过 100 mm 标志线;

c)　如果火焰前沿通过了 100 mm 标志线,试样厚度为 3.0 mm~13.0 mm 的线性燃烧速率不应超过 40 mm/min,或试样厚度小于 3.0 mm 的线性燃烧速率也不应超过 75 mm/min;

d)　如果试样厚度为 3.0 mm±0.2 mm 的线性燃烧速率不超过 40 mm/min,则最小厚度应自动允许降到 1.5 mm。

8.4.2　划分到 HB40 类的材料应符合下列指标之一:

a)　移开引燃源后不应有明显的有焰燃烧;

b)　如果移开引燃源后试验样品继续有焰燃烧,则火焰前沿不应通过 100 mm 标志线;

c)　如果火焰前沿通过了 100 mm 标志线,则线性燃烧速率不应大于 40 mm/min。

8.4.3　被划入 HB75 类的材料即使火焰前沿通过了 100 mm 标志线,其线性燃烧速率也不应大于 75 mm/min。

8.5　试验报告

试验报告应包括下列项目:

a)　提及 GB/T 5169 的本部分;

b) 确定被试产品所必需的全部详细资料,包括制造厂名称、产品编号或代码和产品颜色;

c) 试验样品的厚度,精确到 0.1 mm;

d) 标称表观密度(只适用于硬质泡沫塑料);

e) 与试验样品的尺寸有关的各向异性的方向;

f) 预处理;

g) 除了切割、修整和预处理之外,试验前的所有处理;

h) 施加试验火焰后,试验样品是否连续有焰燃烧的说明;

i) 火焰前沿是否越过 25 mm 和 100 mm 标记线的说明;

j) 对于火焰前沿通过 25 mm 标记线但未通过 100 mm 标记线的试验样品,火焰经过的时间和损坏的长度 L;

k) 对于火焰前沿达到或通过了 100 mm 标记线的试验样品,要给出平均线性燃烧速率 V;

l) 是否从试验样品上落下任何燃烧的颗粒或滴状物的说明;

m) 是否使用易弯曲样品支承夹具的说明;

n) 确定类别(见 8.4)。

9 试验方法 B——垂直燃烧试验

9.1 预处理

除非有关规范另有规定,否则应采用下列要求。

9.1.1 应将一组 5 件条形试验样品在 23℃±2℃、50%±5% 的相对湿度条件下处理至少 48 h。试验样品从预处理箱(见 6.7)中取出后,应在 1 h 内进行试验(见 GB/T 2918—1998)。

9.1.2 将一组 5 件条形试验样品在空气循环烘箱(见 6.11)中 70℃±2℃ 条件下老化处理 168 h±2 h,然后在干燥箱(见 6.10)中冷却至少 4 h。试验样品从干燥箱中取出后,应在 30 min 内进行试验。

9.1.3 对 9.1.2 中描述的预处理的另一个选择,工业层压板可以在 125℃±2℃ 条件下放置 24 h。

9.1.4 所有试验样品都应在 15℃~35℃、45%~75% 的相对湿度的实验室大气条件下进行试验。

9.2 试验程序

9.2.1 利用试验样品上端 6 mm 的长度夹住试验样品,长轴垂直,以便使试验样品的下端在水平棉垫以上 300 mm±10 mm,棉垫的尺寸约为 50 mm×50 mm×6 mm(未经压实的厚度),最大质量为 0.08 g(见图 3)。

9.2.2 使燃烧器管的中心轴线垂直,将燃烧器放在远离试验样品的地方。使燃烧器(见 6.2)产生 50 W 标准试验火焰,即符合 GB/T 5169.22—2008 的火焰 A。至少等待 5 min,使燃烧器状态达到稳定。

9.2.3 试验样品、操作者和燃烧器的位置如图 6 所示。

9.2.4 保持燃烧器管的中心轴线在垂直位置,重要的是把试验火焰施加在试验样品底边的中点,为此应使燃烧器的顶端在中点下边 10 mm±1 mm,并在这一距离保持 10 s±0.5 s,随着试验样品的位置或长度的改变,必要时,可在该垂直面内移动燃烧器。

注:对一些在燃烧器火焰的作用下移动的试验样品,利用一根固定在燃烧器(见图 5)上的指示尺,按照 GB/T 5169.22—2008 的规定,将燃烧器顶端与试验样品主要部分之间的距离保持在 10 mm,可认为符合本要求。

如果在施加火焰期间试验样品落下熔化或燃烧着的材料,将燃烧器倾斜 45°角,刚好足以从试验样品下面移开,以免材料落入燃烧器的燃烧管中,同时将燃烧器燃烧口的中心与试验样品剩余部分(不计熔融材料的流延部分)之间的距离保持为 10 mm±1 mm。在对试验样品施加火焰 10 s±0.5 s 后,立即充分移开烧器,使试验样品不受影响。同时,使用计时装置开始测量余焰时间 t_1(以秒为单位),并予以记录。

注:在测量 t_1 时,将燃烧器从试验样品处移开 150 mm 可认为符合本要求。

9.2.5　在试验样品的余焰中止后,立即把试验火焰放在试验样品下方原来的位置上,燃烧器管的中心轴线维持在垂直位置,燃烧器顶端在试验样品残余底棱边之下 10 mm±1 mm,维持 10 s±0.5 s,如有必要,如9.2.4 所述,移动燃烧器避开下落的材料。在第二次对试验样品施加火焰 10 s±0.5 s 之后,立即熄灭燃烧器或把燃烧器充分地移离试验样品,以便对试验样品无任何影响。同时使用计时装置开始测量试验样品的余焰时间 t_2(精确到秒)和余灼时间 t_3,记录 t_2、t_3 和 (t_2+t_3),还要记录是否有任何颗粒从试验样品上落下,如有,这些颗粒是否引燃了棉垫(见6.12)。

注1:测量和记录余焰时间 t_2,然后继续测量余焰时间 t_2 和余灼时间 t_3 之和,即 t_2+t_3,(无需重新设定计时装置),这对记录 t_3 来说是较方便的。

注2:在测量 t_2 和 t_3 时,将燃烧器从试验样品处移开 150 mm 可认为符合要求。

9.2.6　重复该程序,直到按9.1.1 处理的全部 5 个试验样品和按照9.1.2 处理的全部 5 个试验样品被试验完毕。

9.2.7　对于作过预处理的样品来说,如果一组 5 个试验样品中,有一件试验样品不符合一种类别的所有判别标准,则应对接受过同一处理的试验另外一组 5 个试验样品进行试验。对于余焰时间 t_f 总秒数的判别标准来说,如果余焰时间的总和,V-0 类在 51 s~55 s,V-1 和 V-2 类在 251 s~255 s 的范围内,则要增补一组 5 个试验样品进行试验。第二组的所有试验样品均应符合该类规定的所有判别标准。

9.2.8　试验时,某些材料由于其厚度而变形、收缩、或烧至夹持夹具处。这些材料应按 ISO 9773:1998 中的试验程序测试,准备适当成型加工的试验样品。

注:依据 ISO 307,提供状态的分类为 V-2 的 PA 66 型尼龙材料,用96%的硫磺酸配制方法测定时,其粘度应低于 225 mL/g,或用90%的蚁酸配制方法测定时,其粘度应低于 210 mL/g。如果相对粘度分别高于 225 mL/g 和 210 mL/g,模制试验样品的相对粘度不应低于提供状态的相对粘度的70%。

9.3　计算

对两组经过预处理的试验样品,计算每组的总余焰时间 t_f。计算公式如下:

$$t_f = \sum_{i=1}^{5}(t_{1,i}+t_{2,i})$$

式中:

t_f——总余焰时间,单位为秒(s);

$t_{1,i}$——第 i 个试验样品的第一次余焰时间,单位为秒(s);

$t_{2,i}$——第 i 个试验样品的第二次余焰时间,单位为秒(s)。

9.4　分类

根据试验样品的特性,按照表1 所示的判别标准,应将材料分为 V-0、V-1 或 V-2 三类,V 表示垂直燃烧。

表 1　垂直燃烧的类别

判　别　标　准	类别(见注)		
	V-0	V-1	V-2
单个试验样品的余焰时间(t_1 和 t_2)	≤10 s	≤30 s	≤30 s
对于任何预处理,总余焰时间 t_f	≤50 s	≤250 s	≤250 s
第二次施加火焰后,单个试验样品的余焰时间加上余灼时间(t_2+t_3)	≤30 s	≤60 s	≤60 s
余焰和/或余灼是否蔓延到夹持夹具	否	否	否
燃烧颗粒或滴状物是否引燃了棉垫	否	否	是

注:如试验结果不符合规定的判断标准,则不能用本试验方法对这种材料分类,而要用第8章所述的水平燃烧试验方法对这种材料的燃烧特性进行分类。

9.5 试验报告

试验报告应包括以下项目：

a) 提及 GB/T 5169 的本部分；

b) 确定被试产品所必需的全部资料，包括制造商名称、产品编号或代码以及产品颜色；

c) 试验样品的厚度，精确到 0.1 mm；

d) 标称表观密度（仅适用于硬质泡沫塑料）；

e) 与试验样品尺寸有关的各向异性的方向；

f) 预处理；

g) 除了切割、修整和预处理之外，试验前的所有处理；

h) 每块试验样品的 t_1、t_2、t_3 和 (t_2+t_3) 值；

i) 经过二次预处理的每组 5 件试验样品的总余焰时间 t_f（见 9.1.1 和 9.1.2）；

j) 试验样品是否落下任何燃烧颗粒以及是否引燃棉垫的记录；

k) 关于试验样品是否燃烧到夹持夹具的记录；

l) 确定类别（见 9.4）。

注：作为第 9 章所述垂直燃烧(V)试验的结果，如果试验样品因太薄而变形、收缩或烧至夹持夹具处，那么这种材料可能要接受第 8 章所述的水平燃烧(HB)试验或 ISO 9773:1998 规定的适用于易弯曲材料的垂直燃烧试验。

单位为毫米

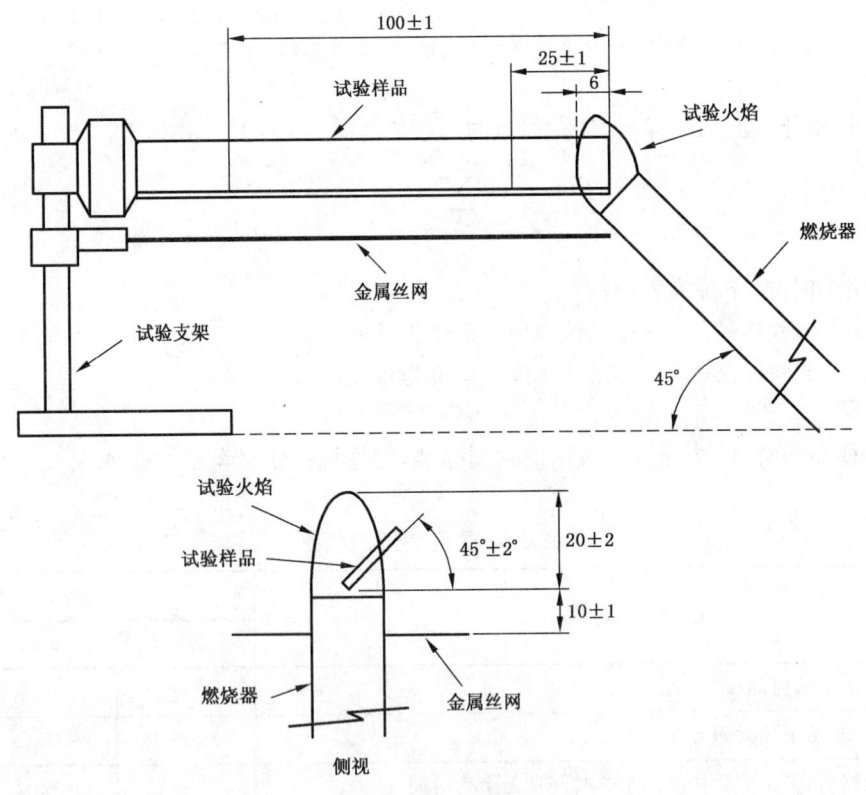

图 1 水平燃烧试验装置

单位为毫米

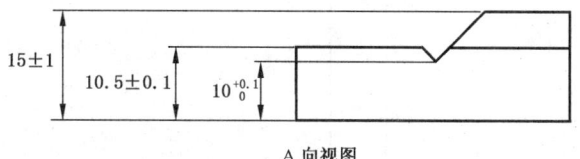

A 向视图

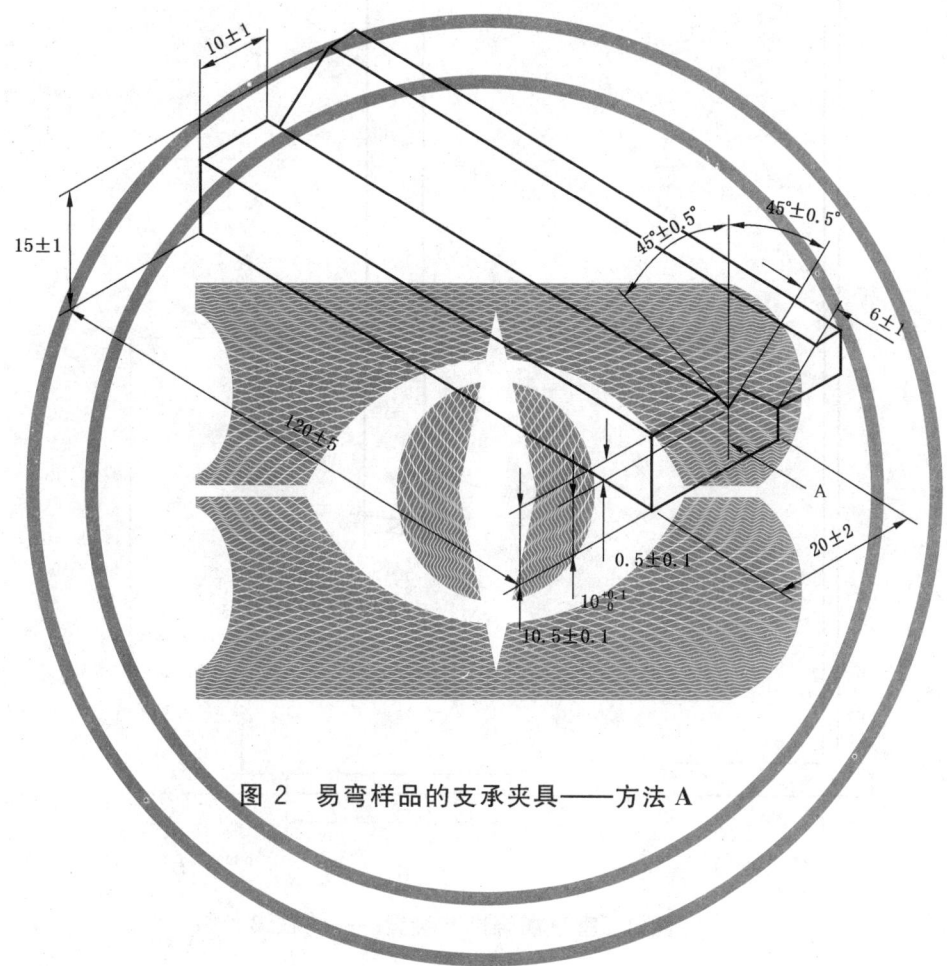

图 2　易弯样品的支承夹具——方法 A

单位为毫米

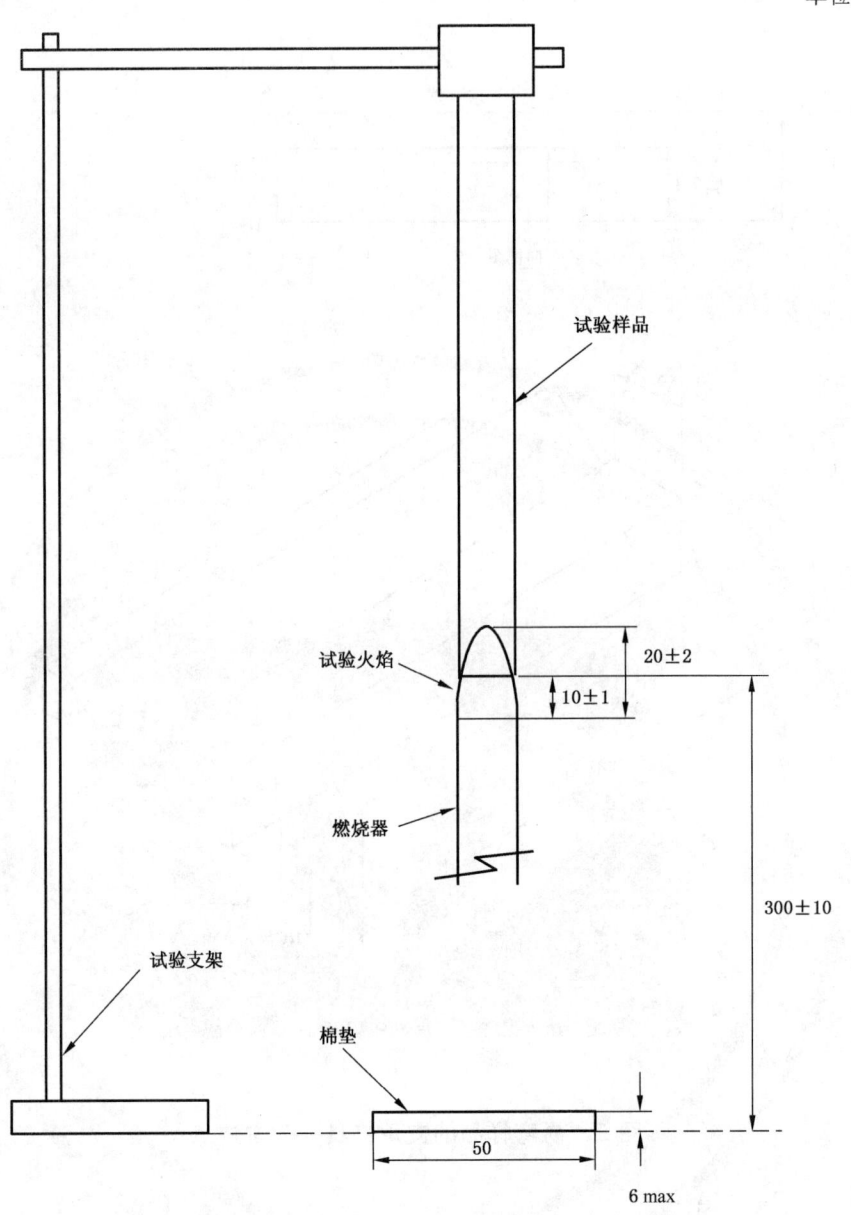

图 3　垂直燃烧试验装置——方法 B

单位为毫米

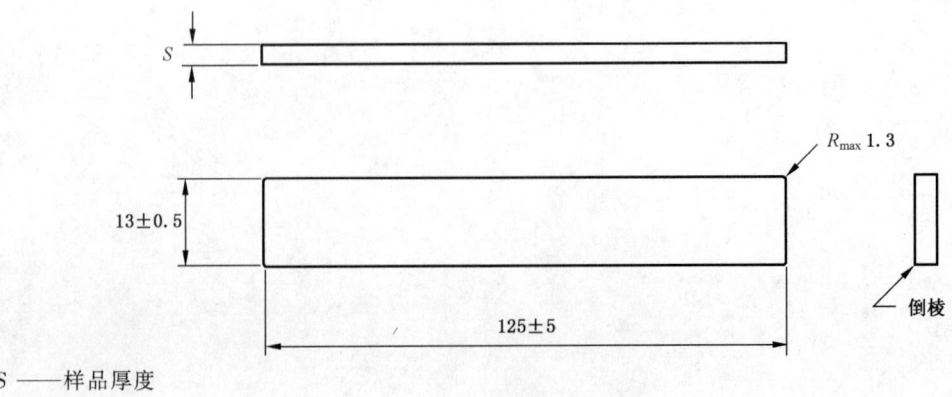

S ——样品厚度

图 4　条形试验样品

单位为毫米

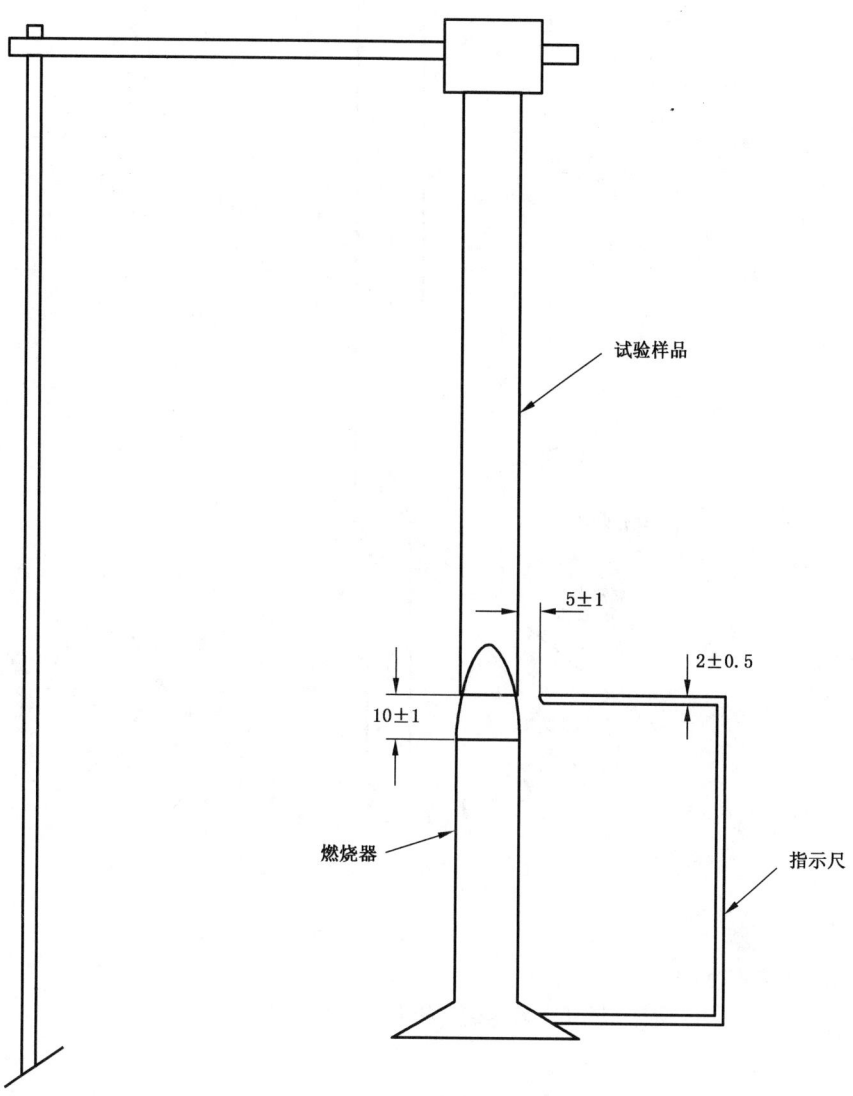

图 5　任选间隙规

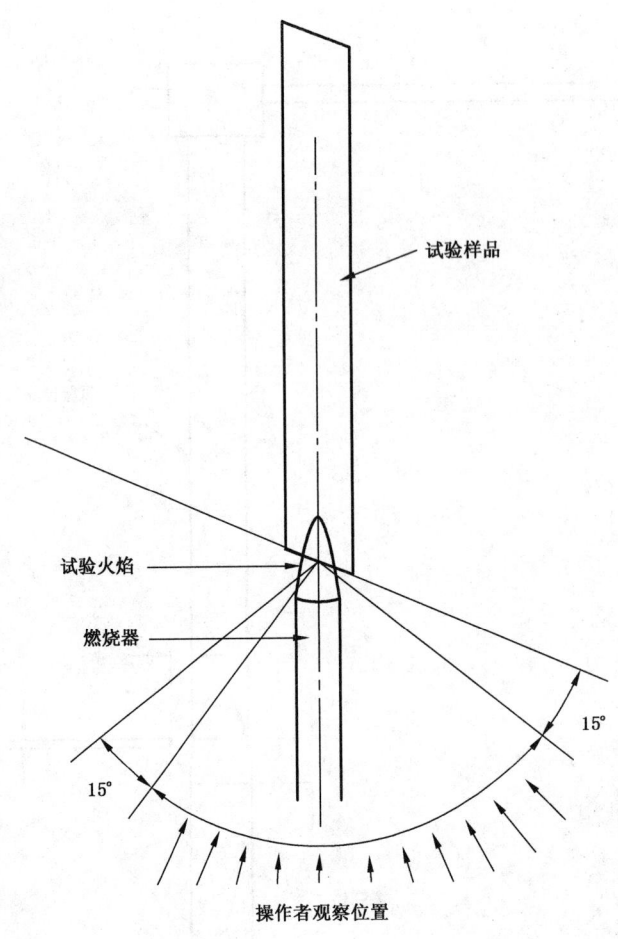

试验样品

试验火焰

燃烧器

15°

15°

操作者观察位置

注：操作者观察角度为60°。

图 6 燃烧器/操作者/试验样品方位

附　录　A
（资料性附录）
试验方法 A 的精度

实验室间的试验

精度数据是根据 1988 年进行的实验室间的试验确定的。这次试验涉及 10 间实验室、3 种材料、3 件同样的样品，每种材料使用 3 个数据点的平均值。所有的试验都采用 3.0 mm 厚的样品。按照 ISO 5725-2 分析这些试验结果并归纳在表 A.1 中。

表 A.1　燃烧速率

单位为毫米每分钟

参　数	PE	ABS	Acrylic
平均值	15.1	27.6	29.7
重复性	0.9	2.0	1.9
再现性	1.3	4.1	2.3

注 1：材料符号的规定见 ISO 1043-1。

注 2：表 A.1 仅用于提出一种考虑本试验方法近似精度的很有意义的方法，适用于材料种类较少的情况。严格来说，这些数据不宜用作接收或拒收某种材料的判据，因为这些数据限于实验室间试验，可能不代表其他批次、条件、厚度、其他材料，也不代表其他实验室的试验结果。

附　录　B
（资料性附录）
试验方法 B 的精度

实验室间的试验

精度数据是根据1978年进行的实验室间的试验确定的。这次试验涉及4家实验室4种材料和2件同样的样品，每次都采用5个数据点的平均值。按照 ISO 5725-2 分析这些试验结果并归纳在表 B.1中，接受实验室间试验的试验样品的厚度为3.0 mm。

表 B.1　余焰时间和余焰加余灼时间之和　　　　　　　　　　　　单位为秒

阶　段	测得的时间	参　数	材　料			
			PC	PPE+PS	ABS	PF
第一次施加火焰后	余焰时间 t_1	平　均	1.7	10.1	0.4	0.8
		重复性	0.4	3.9	0.3	0.3
		再现性	0.6	4.4	0.5	0.6
第二次施加火焰后	余焰加余灼 t_2+t_3	平　均	3.6	16.0	1.1	49.3
		重复性	0.5	5.2	0.8	16.3
		再现性	0.9	4.7	0.7	18.1

注1：塑料名称的符号见 ISO 1043-1 的规定。

注2：表 B.1仅给出一种考虑本试验方法近似精度的方法，适于材料种类不多时用，这些数据不宜作为接收和拒收材料的判据，因为这些数据只限于实验室间试验，或许并不代表别的批次、条件、厚度和别的实验室。

参 考 文 献

GB/T 5169.1—2006 电工电子产品着火危险试验 着火试验术语(idt IEC 60695-4:2005)

GB/T 5169.2—2002 电工电子产品着火危险试验 第2部分:着火危险评定导则 总则(IEC 60695-1-1:1999,IDT)

GB/T 5169.9—2006 电工电子产品着火危险试验 第9部分:着火危险评定导则 预选试验规程的使用(IEC 60695-1-30:2002,IDT)

IEC Guide 104:1997 The preparation of safety publications and the use of basic safety publications and group safety publications

IEC 60707:1999,Flammability of solid non-metalllic materials when exposed to flame sources-list of test methods

ISO/IEC Guide 51:1999 Safety aspects—Guidelines for their inclusion in standards

ISO 307:1994 Plastics—Polyamides—Determination of viscosity number

ISO 1043-1:1997 Plastics—Symbols and abbreviated terms—Part 1:Basic polymers and their special characteristics

ISO 5725-2:1994 Accuracy(trueness and precision)of measurement methods and results—Part 2:Basicmethod for the determination of repeatability and reproducibility of standard measurement method

ISO 10093:1998 Plastics—Fire tests—Standard ignition sources

ISO/TR 10840:1993 Plastics—Burning behaviour—Guidance for development and use of fire tests

ICS 83.080.01
G 31

中华人民共和国国家标准

GB/T 9341—2008/ISO 178:2001
代替 GB/T 9341—2000

塑料　弯曲性能的测定

Plastics—Determination of flexural properties

（ISO 178:2001，IDT）

2008-08-04 发布　　　　　　　　　　2009-04-01 实施

中华人民共和国国家质量监督检验检疫总局
中国国家标准化管理委员会　　发布

前　言

本标准等同采用国际标准 ISO 178:2001《塑料——弯曲性能的测定》,并将 ISO/TC 61/SC 2 于 2004 年发布的 1 号修改单的内容并入文本中。

本标准与 GB/T 9341—2000 相比主要变化如下:

——适用范围中取消了纤维增强热固性和热塑性复合材料及热致液晶聚合物;

——增加了对"硬质塑料"的定义;

——对支座和压头之间平行度的要求做了修订;

——取消了对某些测量仪器的要求;

——修改了对非推荐试样的尺寸的要求;

——增加了注塑试样的数量;

——规定了状态调节的优选条件;

——修改了对应剔除试样的规定;

——增加了对试验中初始应力的要求;

——增加了弯曲应变的计算方法;

——增加了附录 A"柔量修正";

——增加了附录 B"精密度说明"。

本标准中附录 A 为规范性附录,附录 B 为资料性附录。

本标准由中国石油和化学工业协会提出。

本标准由全国塑料标准化技术委员会(SAC/TC 15)归口。

本标准负责起草单位:中石化北化院国家化学建筑材料测试中心(材料测试部)。

本标准参加起草单位:广州合成材料研究院有限公司、国家合成树脂质量监督检验中心、北京燕山石化树脂所、国家塑料制品质检中心(北京)、深圳市新三思材料检测有限公司、国家化学建筑材料测试中心(材料测试部)、国家石化有机原料合成树脂质检中心、广州金发科技股份有限公司。

本标准主要起草人:孙佳文、俞峰、邢进、王浩江、施雅芳、陈宏愿、刘山生、李建军、王超先、安建平。

本标准于 1988 年首次发布,2000 年第一次修订。

ISO 前言

国际标准化组织(ISO)是世界性的国家标准化团体(ISO 成员团体)的联合机构。制定国际标准的工作一般是通过 ISO 各技术委员会进行。凡对某个技术委员会设立的项目感兴趣的任何成员团体都有权派代表参加该技术委员会。政府的或非政府的国际组织,经与 ISO 联系,也可参加此工作。ISO 与国际电工委员会(IEC)在电工技术标准化所有题材方面密切协作。

国际标准按照 ISO/IEC 方针中第 3 部分的条例起草。

被技术委员会采纳的国际标准草案,在接受为国际标准之前要提交各成员团体进行投票表决。当至少有 75% 的成员团体表示赞成时,才能作为正式国际标准公布。

值得注意的是,一些本国际标准的组成部分可能是专利权主体,ISO 不负责鉴定任何一个或所有专利权。

国际标准 ISO 178 是由 ISO/TC 61 塑料技术委员会,SC2 力学性能分技术委员会制定的。

本第四版取代第三版(ISO 178:1993),并作了下列修改:

——给出了对应力-应变曲线的起始部分发生的弯曲进行校正的方法(见 9.2);

——给出了对试验机的柔量进行修正的方法(见附录 A)。

附录 A 为本国际标准的规范性附录。

塑料 弯曲性能的测定

1 范围

1.1 本标准规定了在规定条件下测定硬质和半硬质塑料弯曲性能的方法。规定了标准试样,同时对适合使用的替代试样也提供了尺寸参数和试验速度范围。

1.2 本标准用于在规定条件下研究试样弯曲特性[1],测定弯曲强度、弯曲模量和弯曲应力-应变关系。本标准适用于两端自由支撑、中央加荷的试验(三点加荷试验)。

1.3 本标准适用于下列材料:

——热塑性模塑和挤塑材料,包括填充的和增强的未填充材料以及硬质热塑性板材。

——热固性模塑材料,包括填充和增强材料以及热固性板材。

依照 GB/T 19467.1—2004[2] 和 GB/T 19467.2—2004[3],本标准适用于加工前纤维长度≤7.5 mm 的纤维增强的材料。对于纤维长度>7.5 mm 的长纤维增强的材料(层压材料),见参考文献[4]。

本标准通常不适用于硬质多孔材料和含有多孔材料的夹层结构材料[5,6]。

注：对于某些纺织纤维增强的塑料,最好采用四点弯曲试验,见参考文献[4]。

1.4 本标准采用的试样可以是选定尺寸的模塑试样,也可以是用标准多用途试样中部机加工的试样(见 GB/T 11997—2008),或从成品或半成品如模塑件、挤出或浇铸板材经机加工的试样。

1.5 本标准推荐了最佳试样尺寸。用不同尺寸或不同条件制备的试样进行试验,其结果是不可比的。其他因素,如试验速度和试样的状态调节也会影响试验结果。尤其对于半结晶聚合物,表层的厚度取决于模塑条件和试样的厚度,会影响弯曲性能。因此,在要求数据比较时,必须仔细控制和记录这些因素。

1.6 只有具有线性应力-应变特性的材料,其弯曲性能才能作为工程设计的依据,而非线性材料的弯曲性能仅是公称值。对于脆性材料,即难于作拉伸试验的材料,最好采用弯曲试验。

2 规范性引用文件

下列文件中的条款通过本标准的引用而成为本标准的条款。凡是注日期的引用文件,其随后所有的修改单(不包括勘误的内容)或修订版均不适用于本标准,然而,鼓励根据本标准达成协议的各方研究是否可使用这些文件的最新版本。凡是不注日期的引用文件,其最新版本适用于本标准。

GB/T 2918—1998 塑料试样状态调节和试验的标准环境(idt ISO 291：1997)

GB/T 5471—2008 塑料 热固性塑料试样的压塑(ISO 295：2004,IDT)

GB/T 9352—2008 塑料 热塑性塑料材料试样的压塑(ISO 293：2004,IDT)

GB/T 11997—2008 塑料 多用途试样(ISO 3167：2002,IDT)

GB/T 17037.1—1997 热塑性塑料材料注塑试样的制备 第 1 部分:一般原理及多用途试样和长条试样的制备(idt ISO 294-1：1996)

GB/T 17200—1997 橡胶塑料拉力、压力、弯曲试验机 技术要求(idt ISO 5893：1993)

ISO 2602：1980 测试结果的统计处理和解释 均值的估计和置信区间

ISO 2818：1994 塑料——用机械加工方法制备试样

ISO 10724-1：1998 塑料——热固性粉末模塑复合物试样的注射模塑成型——第 1 部分:一般原则和多用途试样的模塑成型

3 术语和定义

下列术语和定义适用于本标准。

3.1

试验速度 test speed

v

支座与压头之间的相对移动的速率,以毫米每分(mm/min)为单位。

3.2

弯曲应力 flexural stress

σ_f

试样跨度中心外表面的正应力,以兆帕(MPa)为单位[见9.1中的式(5)]。

3.3

断裂弯曲应力 flexural stress at break

σ_{fB}

试样断裂时的弯曲应力(见图1中的曲线 a 和曲线 b),以兆帕(MPa)为单位。

3.4

弯曲强度 flexural strength

σ_{fM}

试样在弯曲过程中承受的最大弯曲应力(见图1中的曲线 a 和曲线 b),以兆帕(MPa)为单位。

3.5

在规定挠度时的弯曲应力 flexural stress at conventional deflection

σ_{fC}

达到3.7规定的挠度 s_C 时的弯曲应力(见图1中的曲线 c),以兆帕(MPa)为单位。

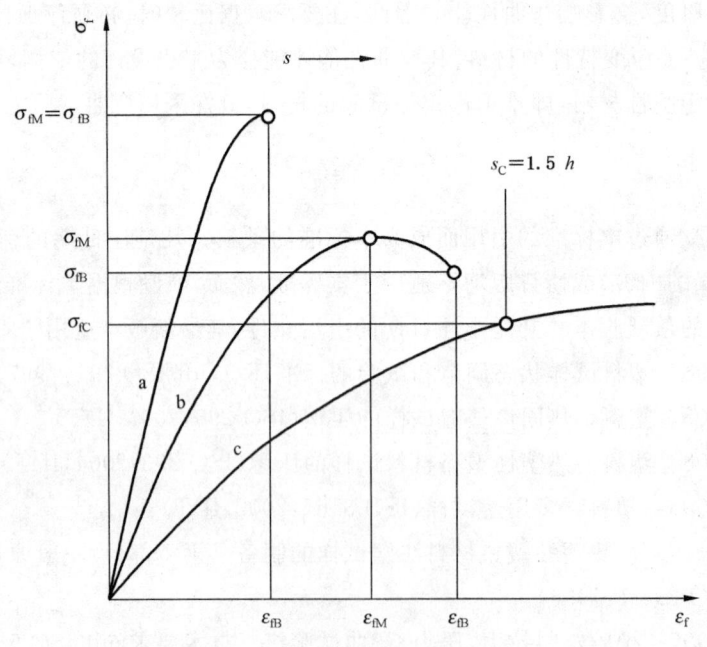

曲线 a——试样在屈服前断裂;

曲线 b——试样在规定挠度 s_C 前显示最大值后断裂;

曲线 c——试样在规定挠度 s_C 前既不屈服也不断裂。

图 1 弯曲应力 σ_f 随弯曲应变 ε_f 和挠度 s 变化的典型曲线

3.6

挠度 deflection

s

在弯曲过程中,试样跨度中心的顶面或底面偏离原始位置的距离,以毫米(mm)为单位。

3.7

规定挠度 conventional deflection

s_C

规定挠度为试样厚度 h 的 1.5 倍,以毫米(mm)为单位。当跨度 $L=16h$ 时,规定挠度相当于弯曲应变为 3.5%(见 3.8)。

3.8

弯曲应变 flexural strain

ε_f

试样跨度中心外表面上单元长度的微量变化,用无量纲的比或百分数(%)表示[见 9.2 中的式(6)和式(7)]。

3.9

断裂弯曲应变 flexural strain at break

ε_{fB}

试样断裂时的弯曲应变(见图 1 中的曲线 a 和曲线 b),用无量纲的比或百分数(%)表示。

3.10

弯曲强度下的弯曲应变 flexural strain at flexural strength

ε_{fM}

最大弯曲应力时的弯曲应变(见图 1 中的曲线 a 和曲线 b),用无量纲的比或百分数(%)表示。

3.11

弯曲弹性模量或弯曲模量 modulus of elasticity in flexure;flexural modulus

E_f

应力差 $\sigma_{f2}-\sigma_{f1}$ 与对应的应变差 $(\varepsilon_{f2}=0.0025)-(\varepsilon_{f1}=0.0005)$ 之比[见 9.3 中的式(9)],以兆帕(MPa)为单位。

注 1:弯曲模量仅是杨氏弹性模量的近似值。

注 2:能借助计算机用两个不同的应力-应变点测定模量 E_f,即把这两点间的曲线经线性回归处理后来表示。

3.12

硬质塑料 rigid plastic

在规定条件下[7],弯曲弹性模量或(弯曲弹性模量不适用时)拉伸弹性模量大于 700 MPa 的塑料。

4 原理

把试样支撑成横梁,使其在跨度中心以恒定速度弯曲,直到试样断裂或变形达到预定值,测量该过程中对试样施加的压力。

5 试验机

5.1 概述

试验机应符合 GB/T 17200—1997 的要求。

5.2 试验速度

试验机应具有表 1 所规定的试验速度(见 3.1)。

表 1　试验速度的推荐值

速度 v/(mm/min)	允差/%
1[a]	±20[b]
2	±20[b]
5	±20
10	±20
20	±10
50	±10
100	±10
200	±10
500	±10

[a] 厚度在 1 mm 至 3.5 mm 之间的试样,用最低速度。

[b] 速度 1 mm/min 和 2 mm/min 的允差低于 GB/T 17200—1997 的规定。

加速度、机架和试验机的柔量可能影响应力-应变曲线的起始部分。如 8.4 和 9.2 所述可以避免该问题。

5.3　支座和压头

两个支座和中心压头的位置情况如图 2 所示,在试样宽度方向上,支座和压头之间的平行度应在 ±0.2 mm 以内。

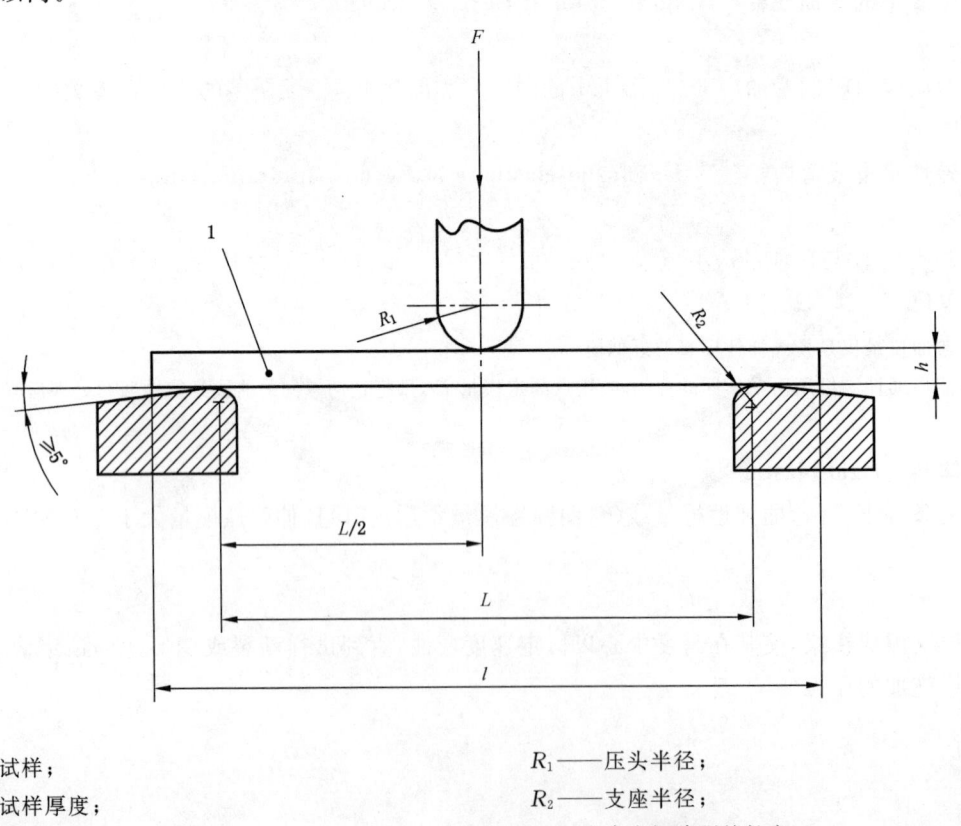

1——试样;

h——试样厚度;

F——施加力;

l——试样长度;

R_1——压头半径;

R_2——支座半径;

L——支座间跨距的长度。

图 2　试验开始时的试样位置

压头半径 R_1 和支座半径 R_2 尺寸如下：

$R_1 = 5.0$ mm±0.1 mm；

$R_2 = 2.0$ mm±0.2 mm，试样厚度$\leqslant 3$ mm；

$R_2 = 5.0$ mm±0.2 mm，试样厚度> 3 mm。

跨度 L 应可调节。

注：为了正确地调整和定位试样，以免影响应力-应变曲线的起始部位（见8.4），有必要对试样施加预应力。

5.4 负荷和挠度指示装置

力值的示值误差不应超过实际值的1%，挠度的示值误差不应超过实际值的1%（见 GB/T 17200—1997）。

注1：测定弯曲模量时，使用的实际值是计算应变之差的上限值（$\varepsilon_2 = 0.0025$）。例如当使用推荐试样类型（见6.1.2）时，试样厚度 h 为 4 mm，跨距 L 为 16 h（见8.3），根据式（6）计算出挠度 s_2 为 0.43 mm 时，挠度测量系统的允差为$\pm4.3\ \mu$m。

注2：环形应变仪已经商品化，这样在试样安装过程中因未对准而可能产生的横向力能够得到补偿。

6 试样

6.1 形状和尺寸

6.1.1 概述

试样尺寸应符合相关的材料标准，若适用，应符合 6.1.2 或 6.1.3 的要求。否则，应与有关方面协商试样的类型。

6.1.2 推荐试样

推荐试样尺寸：

长度 l：80 mm±2 mm；

宽度 b：10.0 mm±0.2 mm；

厚度 h：4.0 mm±0.2 mm。

对于任一试样，其中部 1/3 的长度内各处厚度与厚度平均值的偏差不应大于2%，宽度与平均值的偏差不应大于3%。试样截面应是矩形且无倒角。

注：推荐试样可以从按 GB/T 11997—2008 的规定制成的多用途试样的中部机加工制取。

6.1.3 其他试样

当不可能或不希望采用推荐试样时，试样应符合下面的要求。

试样长度和厚度之比应与推荐试样相同，如式（1）所示：

$$l/h = 20 \pm 1 \quad\quad\quad\quad\quad\quad\quad\quad\quad\quad\quad (1)$$

按 8.3a)、8.3 b)或 8.3c)提供的试样不受此约束。

注：某些产品标准要求从厚度大于规定上限的板材上制取试样时，可采用机加工方法，仅从单面加工到规定厚度，此时，通常是把试样的未加工面与两个支座接触，中心压头把力施加到试样的机加工面上。

试样宽度应采用表2给出的规定值。

表 2　与试样厚度 h 相关的宽度值 b　　　　　　　　　　　　　　单位为毫米

公称厚度 h	宽度 b[a]
$1 < h \leqslant 3$	25.0 ± 0.5
$3 < h \leqslant 5$	10.0 ± 0.5
$5 < h \leqslant 10$	15.0 ± 0.5
$10 < h \leqslant 20$	20.0 ± 0.5

表 2（续） 单位为毫米

公称厚度 h	宽度 b[a]
20＜h≤35	35.0±0.5
35＜h≤50	50.0±0.5
[a] 含有粗粒填料的材料，其最小宽度应为 30 mm。	

6.2 各向异性材料

6.2.1 这类材料的物理性能，例如弹性与方向有关，应使所选择的试样承受弯曲应力的方向与其产品（模塑制品、板、管等）在使用时承受弯曲应力的方向相同或相近。如果已知该方向，试样和设计的最终产品之间的关系将决定是否使用标准的试样。

注：试样的取样位置、取样方向和尺寸，有时对测试结果有很大的影响。

6.2.2 当材料的弯曲特性在两个主要方向上显示出有很大差别时，应在这两个方向上进行试验，并记录试样的取向与主方向的关系（见图 3）。

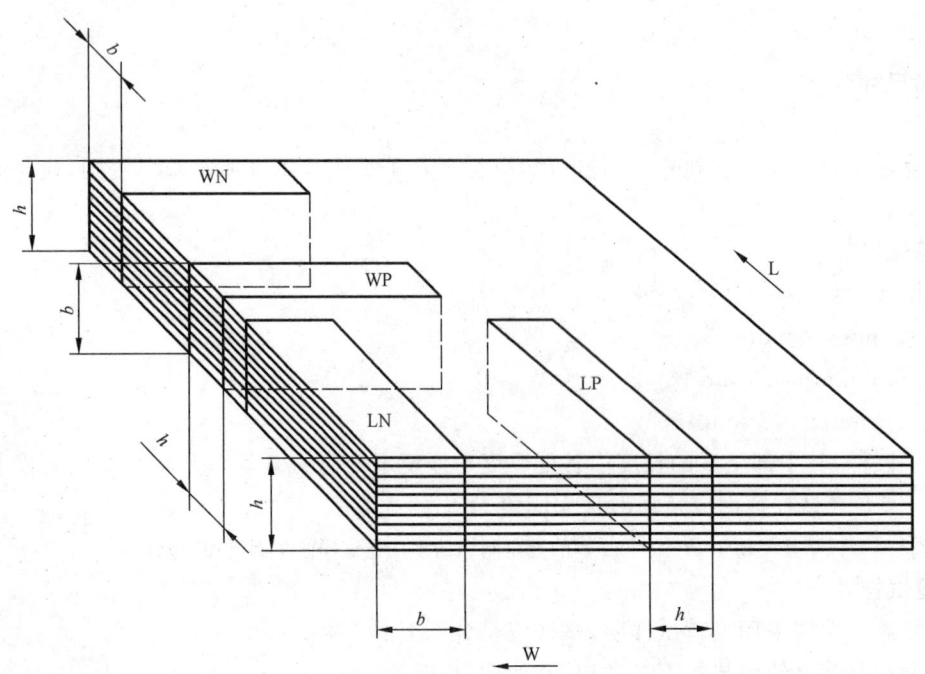

L——产品的长度方向；
W——产品的宽度方向。

试样位置	产品方向	施力方向
LN	长度	垂直层压面
WN	宽度	
LP	长度	平行层压面
WP	宽度	

图 3 相对于产品方向和施力方向的试样位置

6.3 试样制备

6.3.1 模塑和挤塑料

试样应根据相关的材料标准进行制备。当没有材料标准或其他规定时，则可根据需要，按照 GB/T 9352—2008、GB/T 17037.1—1997、GB/T 5471—2008、ISO 10724-1:1998 的要求直接模压或注塑试样。

6.3.2 板材

试样应根据 ISO 2818:1994 的规定从片材上机加工制取。

6.4 试样检查

试样不可扭曲,相对的表面应互相平行,相邻的表面应互相垂直。所有的表面和边缘应无刮痕、麻点、凹陷和飞边。

借助直尺、规尺和平板,目视检查试样是否符合上述要求,并用游标卡尺测量。

试验前,应剔除测量或观察到的有一项或多项不符合上述要求的试样,或将其加工到合适的尺寸和形状。

注:为了便于脱模,注塑试样通常有 1°~2° 的脱模角,因此模塑试样的侧面通常不完全平行。

6.5 试样数量

6.5.1 在每一试验方向上至少应测试五个试样(见图3)。如果要求平均值要有更高的精密度,试样数量可能会超过五个,具体的试样数量可用置信区间进行估算(95%概率,见 ISO 2602:1980)。

6.5.2 直接注塑的试样,应至少测试五个试样。

注:建议试样在同一方向上试验,即与中空板或固定板接触的表面(根据需要,参见 GB/T 17037.1—1997 或 ISO 10724-1:1998),通常与支座接触,以消除模塑过程中所引起的任何不对称性的影响。

6.5.3 试样在跨度中部 1/3 外断裂的试验结果应予作废,并应重新取样进行试验。

7 状态调节

试样应按其材料标准的规定进行状态调节,除另有商定,如高温或低温试验除外,若无相关标准时,应从 GB/T 2918—1998 中选择最合适的条件进行状态调节。GB/T 2918—1998 中推荐的状态调节环境为 23/50,只有当知道材料的弯曲性能不受湿度影响时,才不需要控制湿度。

8 试验步骤

8.1 试验应在受试材料的标准规定的环境中进行,若无相关标准时,应从 GB/T 2918—1998 中选择最合适的环境进行试验,另有商定的,如高温或低温试验除外。

8.2 测量试样中部的宽度 b,精确到 0.1 mm;厚度 h,精确到 0.01 mm,计算一组试样厚度的平均值 $\overline{h}$。剔除厚度超过平均厚度允差 ±2% 的试样,并用随机选取的试样来代替。

本标准应在室温下测量用于测定弯曲性能的试样尺寸。对于在其他温度下测定的弯曲性能,没有考虑热膨胀所产生的影响。

8.3 按式(2)调节跨度:

$$L = (16 \pm 1)\overline{h} \qquad\qquad\cdots\cdots\cdots\cdots\cdots\cdots(2)$$

并测量调节好的跨度,精确到 0.5%。

除下列情况外,都应用式(2)计算跨度:

a) 对于很厚且单向纤维增强的试样,为避免因剪切分层,可用较大的 $L/\overline{h}$ 比值来计算跨度。

b) 对于很薄的试样,为适应试验机的能力,可用较小的 $L/\overline{h}$ 比值来计算跨度。

c) 对于软性的热塑性塑料,为防止支座嵌入试样,可用较大的 $L/\overline{h}$ 比值。

8.4 试验前试样不应过分受力。为避免应力-应变曲线的起始部分出现弯曲,有必要施加预应力。在测量模量时,试验开始时试样所受的弯曲应力 σ_{f0}(见图4)应该为正值,且处于下列范围内:

$$0 \leqslant \sigma_{f0} \leqslant 5 \times 10^{-4} E_f \qquad\qquad\cdots\cdots\cdots\cdots\cdots\cdots(3)$$

该范围与 $\varepsilon_{f0} \leqslant 0.05\%$ 的预应变相对应。当测量相关性能,如 σ_{fM}、σ_{fC} 或 σ_{fB} 时,试验开始时试样所受的弯曲应力 σ_{f0} 应处于下列范围内:

$$0 \leqslant \sigma_{f0} \leqslant 5 \times 10^{-2} \sigma_f \qquad\qquad\cdots\cdots\cdots\cdots\cdots\cdots(4)$$

注:高粘弹性、高韧性的材料,如聚乙烯、聚丙烯或湿态聚酰胺的弯曲模量受预应力影响明显。

8.5 按受试材料标准的规定设置试验速度,若无相关标准,从表1中选一速度值,使弯曲应变速率尽可能接近1%/min,对于6.1.2中的推荐试样,给定的试验速度为2 mm/min。

8.6 把试样对称地放在两个支座上,并于跨度中心施加力(见图2)。

8.7 记录试验过程中施加的力和相应的挠度,若可能,应用自动记录装置来执行这一操作过程,以便得到完整的应力-应变曲线图[见9.1中式(5)]。

根据力-挠度或应力-挠度曲线或等效的数据来确定在第3章中的相关应力、挠度和应变值。对于柔量修正的方法见附录A。

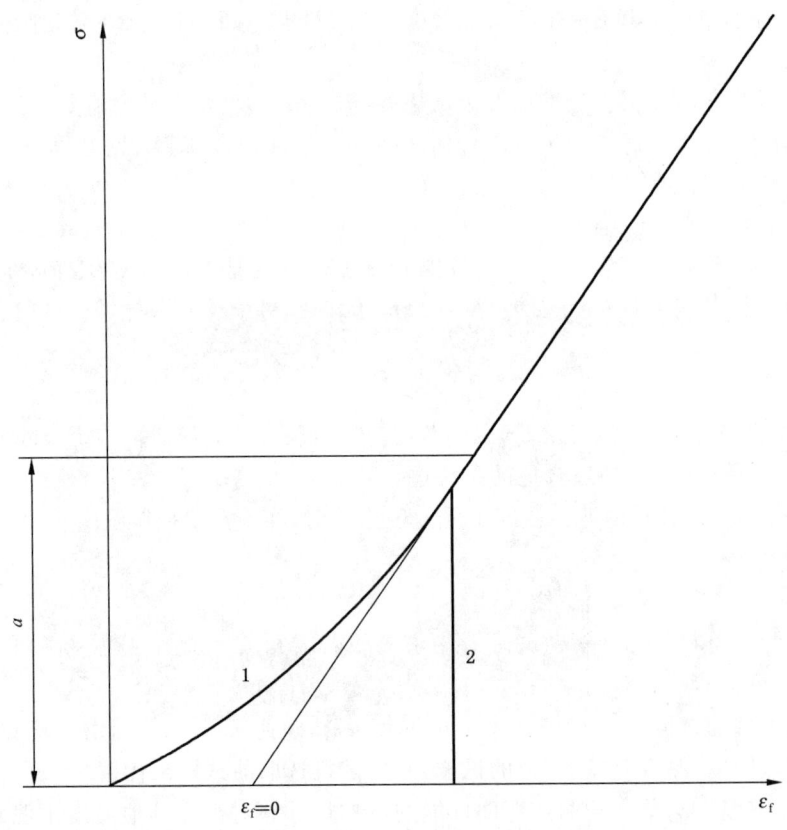

1——应力-应变曲线的起始部分区域。

2——应力-应变曲线的起始部分的预应力。

$a \leqslant 5 \times 10^{-4} E_f$ 或 $\leqslant 10^{-2} \sigma_f$。

图4 带有曲线起始部分和测定零应变点的应力-应变曲线示例

9 结果计算和表示

9.1 弯曲应力

用式(5)计算第3章中定义的弯曲应力参数:

$$\sigma_f = \frac{3FL}{2bh^2} \qquad\qquad\qquad (5)$$

式中:

σ_f——弯曲应力,单位为兆帕(MPa);

F——施加的力,单位为牛顿(N);

L——跨度,单位为毫米(mm);

b——试样宽度,单位为毫米(mm);

h——试样厚度,单位为毫米(mm)。

9.2 弯曲应变

用式(6)或式(7)计算第3章中定义的弯曲应变参数:

$$\varepsilon_f = \frac{6sh}{L^2} \quad\quad\quad\quad\quad \cdots\cdots\cdots\cdots\cdots\cdots\cdots(6)$$

$$\varepsilon_f = \frac{600sh}{L^2}\% \quad\quad\quad\quad \cdots\cdots\cdots\cdots\cdots\cdots\cdots(7)$$

式中:

ε_f——弯曲应变,用无量纲的比或百分数表示;

s——挠度,单位为毫米(mm);

h——试样厚度,单位为毫米(mm);

L——跨度,单位为毫米(mm)。

如果从应力-应变曲线的起始部分找到曲线区域,就可以从8.4(见图4)中所述的初始弯曲应力上外推出零应变。

9.3 弯曲模量

测定弯曲模量,根据给定的弯曲应变 $\varepsilon_{f1} = 0.0005$ 和 $\varepsilon_{f2} = 0.0025$,按式(8)计算相应的挠度 s_1 和 s_2:

$$s_i = \frac{\varepsilon_{fi}L^2}{6h}(i=1,2) \quad\quad\quad \cdots\cdots\cdots\cdots\cdots\cdots\cdots(8)$$

式中:

s_i——单个挠度,单位为毫米(mm);

ε_f——相应的弯曲应变,即上述的 ε_{f1} 和 ε_{f2} 值;

L——跨度,单位为毫米(mm);

h——试样厚度,单位为毫米(mm)。

再根据式(9)计算弯曲模量 E_f:

$$E_f = \frac{\sigma_{f2} - \sigma_{f1}}{\varepsilon_{f2} - \varepsilon_{f1}} \quad\quad\quad\quad \cdots\cdots\cdots\cdots\cdots\cdots\cdots(9)$$

式中:

E_f——弯曲模量,单位为兆帕(MPa);

σ_{f1}——挠度为 s_1 时的弯曲应力,单位为兆帕(MPa);

σ_{f2}——挠度为 s_2 时的弯曲应力,单位为兆帕(MPa)。

若借助计算机来计算,见3.11中的注2。

注:所有关于弯曲性能的公式仅在线性应力-应变行为才是精确的(见1.6),因此对大多数塑料,仅在小挠度时才是精确的。

9.4 统计参数

计算试验结果的算术平均值,若需要,可按 ISO 2602:1980 来计算平均值的标准偏差和95%的置信区间。

9.5 有效数字

应力和模量计算到3位有效数字,挠度计算到2位有效数字。

10 精密度

本标准暂无精密度数据,ISO 178:2001精密度数据见附录B。

11 试验报告

试验报告应该包含以下信息和内容：

a) 注明采用本标准；

b) 注明试验材料所有已知的必要信息,包括类型、来源、生产批号、形态和成型工艺；

c) 对于板材,注明板材的厚度,若需要,应注明试样的轴线方向与板材某些特征的关系；

d) 试样的形状和尺寸；

e) 试样的制备方法；

f) 若需要,注明试验条件和状态调节方法；

g) 试样数量；

h) 所用跨度的公称长度；

i) 试验速度；

j) 试验设备的精度等级；

k) 力施加的表面；

l) 若需要,给出每个试样的试验结果；

m) 试验结果的平均值；

n) 若需要,给出平均值的标准偏差和95％置信区间；

o) 试验日期。

附　录　A
（规范性附录）
柔　量　修　正

如果不能直接测量挠度 s，必须准确记录试验机横梁间距离的变化量 s_C 来替代挠度，这个距离的变化量应该用试验机的柔量 C_M 进行修正。可以使用已知拉伸模量的高硬度材料的参考棒，如钢板来测定 C_M。用式（A.1）和式（A.2）计算挠度 s：

$$s = s_C - C_M F \qquad\cdots\cdots\cdots\cdots\cdots\cdots\text{（A.1）}$$

$$C_M = \frac{s_R}{F} - \frac{L_R^3}{4E_R b_R h_R^3} \qquad\cdots\cdots\cdots\cdots\cdots\cdots\text{（A.2）}$$

式中：

s——挠度，单位为毫米（mm）；

s_C——试验机上，选定两点之间的距离变化量，单位为毫米（mm）；

C_M——试验机选定点之间的柔量，单位为毫米每牛顿（mm/N）；

F——施加力，单位为牛顿（N）；

s_R——使用参考试样时，选定点之间的距离变化量，单位为毫米（mm）；

L_R——测量柔量时的跨度，单位为毫米（mm）；

E_R——参考材料的拉伸模量，单位为兆帕（MPa）；

b_R——参考试样的宽度，单位为毫米（mm）；

h_R——参考试样的厚度，单位为毫米（mm）。

另一种方法是，如果能够测量参考试样相对于支座的准确挠度 Δs_R，则可以用式（A.3）测定试验机的柔量：

$$C_M = \frac{1}{F}(s^* - \Delta s_R) \qquad\cdots\cdots\cdots\cdots\cdots\cdots\text{（A.3）}$$

式中：

s^*——试验中设备显示的位移，如横梁的位移；

Δs_R——用一台校准的参考仪器测量的参考试样的挠度。

在这种情况下，不必知道参考材料的模量。

对于相应的力值范围，应保证柔量 C_M 是恒定的。如果出现诸如机架影响试验机的一个或多个部件的情况，柔量可能是无效的，可将试验机的变形假定为简单的线性关系（$s_C = C_M \times F$）。

附 录 B

（资料性附录）

精密度说明

B.1 表 B.1 和表 B.2 是按照 ASTM E691《测定试验方法精密性进行实验室间研究的标准实施规范》，根据循环试验得到的数据。应由同一机构制样并分发样品。由 5 个单个测试值的平均值作为一个试验结果。对于每种材料，每个实验室应得出两个试验结果。

表 B.1 在规定挠度为 3.5%a 时弯曲应力的精密度数据　　　　单位为兆帕

材料	平均值	s_r	s_R	r	R
聚碳酸酯	70.5	0.752	1.99	2.11	5.58
ABS	72.1	0.382	2.67	1.07	7.49
高密度聚乙烯	20.4	0.129	0.505	0.36	1.42
玻纤增强聚砜	156[a]	1.65	3.13	4.26	8.75
注：所使用的代数符号的意义，见表 B.2。					
[a] 已测出玻纤增强聚砜的弯曲强度。					

表 B.2 弯曲模量的精密度数据　　　　单位为兆帕

材料	平均值	s_r	s_R	r	R
聚碳酸酯	2 310	45.6	146	128	410
ABS	2 470	33.6	157	94.0	439
高密度聚乙烯	1 110	15.0	94.4	41.9	264
玻纤增强聚砜	8 510	83.5	578	234	1 618

注：s_r——实验室内标准偏差；

s_R——实验室间标准偏差；

r——95%重复性的极限值（$=2.8\,s_r$）；

R——95%再现性的极限值（$=2.8\,s_R$）。

B.2 表 B.1 中的数据是根据循环试验，由 9 个实验室对 4 种材料进行测试的结果，表 B.2 中的数据是根据循环试验，由 11 个实验室对 4 种材料进行测试的结果。

注：以下对 r 和 R（见 B.3）的解释只是为了给出考虑该测试方法的近似精密度的一种有意义的方法。由于表 B.1 和表 B.2 中的数据是根据循环试验得出的，可能不能代表其他的批次、测试条件、材料或实验室，因此不能严格地作为接受或拒绝材料的依据。该测试方法的使用者应使用 ASTM E 691 的原理，根据自己的实验室条件和材料或在实验室之间建立相关数据。对于这些数据，B.3 中的原理应该是有效的。

B.3 表 B.1 和表 B.2 中 r 和 R 的概念

如果 s_r 和 s_R 是由大量充足的数据计算出来的，并且每个试验结果是由 5 个试样的测试结果得出的，则：

a) 重复性：如果由同一个实验室得出的两个试验结果的差大于该材料的 r 值，则应判断这两个值不等价。r 间隔表示了同一材料的两个试验结果之间的临界差，试验结果应由同一操作者使用同一设备在同一实验室中进行测试得出。

b) 再现性：如果由不同实验室得出的两个试验结果的差大于该材料的 R 值，则应判断这两个值不等价。R 间隔表示了同一材料的两个试验结果之间的临界差，试验结果应由不同操作者使用不同设备在不同实验室中进行测试得出。

c) 根据 a)和 b)进行的判断大约有 95%(0.95)的置信概率。

参 考 文 献

[1]　GB/T 1040.1—2006　塑料　拉伸性能的测定　第1部分:总则(ISO 527-1:1993,IDT).

[2]　GB/T 19467.1—2004　塑料　可比单点数据的获得和表示　第1部分:模塑材料(ISO 10350-1:1998,MOD).

[3]　GB/T 19467.2—2004　塑料　可比单点数据的获得和表示　第2部分:长纤维增强材料(ISO 10350-2:2001,IDT).

[4]　GB/T 1449—2005　纤维增强塑料弯曲性能试验方法(ISO 14125:1998,NEQ).

[5]　GB/T 8812.1—2007　硬质泡沫塑料　弯曲性能的测定　第1部分:基本弯曲试验(ISO 1209-1:2004,IDT).

[6]　GB/T 8812.2—2007　硬质泡沫塑料　弯曲性能的测定　第2部分:弯曲强度和表观弯曲弹性模量的测定(ISO 1209-2:2004,IDT).

[7]　GB/T 2035—2008　塑料术语及其定义(ISO 472:1999,IDT).

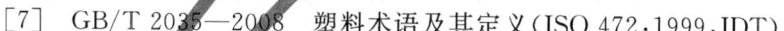

ICS 83.080.01
G 31

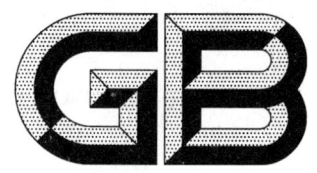

中华人民共和国国家标准

GB/T 19466.1—2004/ISO 11357-1:1997

塑料 差示扫描量热法(DSC)
第1部分:通则

Plastics—Differential scanning calorimetry(DSC)—

Part 1:General principles

(ISO 11357-1:1997,IDT)

2004-03-15 发布

2004-12-01 实施

中华人民共和国国家质量监督检验检疫总局
中国国家标准化管理委员会　发布

前　言

GB/T 19466《塑料　差示扫描量热法(DSC)》分为 7 个部分:

——第 1 部分:通则;

——第 2 部分:玻璃化转变温度的测定;

——第 3 部分:熔融和结晶温度及热焓的测定;

——第 4 部分:比热容的测定;

——第 5 部分:聚合温度和/或时间及聚合动力学的测定;

——第 6 部分:氧化诱导时间的测定;

——第 7 部分:结晶动力学测定。

本部分为 GB/T 19466 的第 1 部分。

本部分等同采用 ISO 11357-1:1997《塑料　差示扫描量热法(DSC)　第 1 部分:通则》。

本部分等同翻译 ISO 11357-1:1997。

为便于使用,本部分做了下列编辑性修改。

a)　"本国际标准"一词改为"本标准";

b)　删除了国际标准的前言;

c)　把规范性引用文件所列的国际标准换成对应的、被我国等同采用制(修)订的国家标准;

d)　按我国标准编写规定要求对标准中的公式进行了编号;

e)　对公式中符号进行了必要的注释;

f)　参考文献不再作为附录,而是作为与附录不同的资料性要素。

本部分的附录 A、附录 B 为资料性附录。

本部分由中国石油和化学工业协会提出。

本部分由全国塑料标准化技术委员会通用方法和产品分会(TC15/SC4)归口。

本部分负责起草单位:中国石油天然气股份有限公司大庆石化分公司研究院。

本部分参加起草单位:中国石油化工股份有限公司北京燕山石化树脂应用研究所、中蓝晨光化工研究院、梅特勒-托利多仪器(上海)有限公司、德国耐驰仪器制造有限公司上海代表处、中国石油化工股份有限公司北京燕山石化研究院、中国石油化工股份有限公司齐鲁石化树脂加工应用研究所、中国石油化工股份有限公司北京化工研究院、天津联合化学有限公司、中国石油天然气股份有限公司辽阳石化分公司烯烃厂、中国石油化工股份有限公司茂名乙烯公司、上海精密科学仪器有限公司。

本部分主要起草人:包世星、张立军、赵　平、王　刚、王伟众、史群策。

本部分为首次制定。

塑料 差示扫描量热法(DSC)
第1部分:通则

警示——使用本标准的这部分时,可能会涉及有危险的材料,操作和设备。本标准不涉及与使用有关的所有安全问题的解决方法。本标准的使用者有责任在使用前规定适当的保障人身安全的措施并确定这些规章制度的适用性。

1 范围

GB/T 19466 本部分规定了使用差示扫描量热法(DSC)对热塑性塑料和热固性塑料包括模塑材料和复合材料等聚合物进行热分析的方法通则。

本部分适用于 GB/T 19466 第2至第7部分所叙述的应用差示扫描量热法对聚合物进行各种测定的方法。

2 规范性引用文件

下列文件中的条款通过 GB/T 19466 本部分的引用而成为本部分的条款。凡是注日期的引用文件,其随后所有的修改单(不包括勘误的内容)或修订版均不适用于本部分,然而,鼓励根据本部分达成协议的各方研究是否可使用这些文件的最新版本。凡是不注日期的引用文件,其最新版本适用于本部分。

GB/T 2918—1998 塑料试样状态调节和试验的标准环境(idt ISO 291:1997)

3 术语和定义

下列术语和定义适用于 GB/T 19466 的本部分。

3.1
差示扫描量热法(DSC) Differential scanning calorimetry(DSC)
在程序温度控制下,测定输入到试样和参比样的热流速率(热功率)差对温度和/或时间关系的技术。

通常,每次测量记录一条以温度或时间为 X 轴,热流速率差或热功率差为 Y 轴的曲线。

3.2
参比样 reference specimen
在一定温度和时间范围内,具有热稳定性的已知样品。

注:通常,使用和装试样的样品皿相同的空皿作为参比样。

3.3
标准样品 standard reference material
具有一种或多种足够均匀且确定的热性能材料。该材料能用于 DSC 仪器校准、测量方法的评价及材料的评估。

3.4
热流速率;热功率 heat flux;thermal power:
单位时间的传热量(dQ/dt)

注:总传热量 Q 等于热流速率对时间的积分,见式(1),单位为 J/kg 或 J/g。

$$Q = \int \frac{dQ}{dt} dt \qquad \cdots\cdots\cdots\cdots\cdots\cdots\cdots\cdots (1)$$

式中：

Q——总传热量,单位为焦耳每千克(J/kg);焦耳每克(J/g)。

3.5

焓变 ΔH: change in enthalpy

在恒定压力下,试样因化学、物理或温度变化而吸收(ΔH 为正)或放出(ΔH 为负)的热量,见式(2),单位为 J/kg 或 J/g。

$$\Delta H = \int_{T_1}^{T_2} \frac{dH}{dT} dT \qquad \cdots\cdots\cdots\cdots\cdots\cdots\cdots (2)$$

式中：

ΔH——焓变,单位为焦耳每千克(J/kg);焦耳每克(J/g)。

3.6

恒压比热容 c_p:specific capacity at constant pressure

在恒定压力及其他参数恒定下,单位质量材料温度升高 1℃所需要的热量,见式(3)。

$$c_p = \frac{1}{m} \times \left(\frac{\partial Q}{\partial T}\right)_p \qquad \cdots\cdots\cdots\cdots\cdots\cdots (3)$$

式中：

∂Q——在恒定压力下,使质量为 m 的材料升高∂T℃所需要的热量,单位为焦耳(J);

c_p——恒压比热容,单位为焦耳每千克摄氏度[J/(kg·℃)]或焦耳每克摄氏度[J/(g·℃)]。

分析聚合物时应小心,以保证测得的比热容不包含任何因化学或物理变化而产生的热量变化。

3.7

基线 baseline

DSC 曲线上位于反应或转变区域以外,但与该区域相邻的部分。在该部分中,热流速率(热功率)差近于恒定。

3.8

准基线 virtual baseline

假定反应热和/或转变热为零时,通过反应和/或转变区域所拟合出的基线。通常采用内插或外推方法在所记录的基线上画出。一般在 DSC 曲线上标示(见图1)。

3.9

峰 peak

DSC 曲线上,偏离基线达到最大值然后又返回到基线的那部分曲线。

注:峰的开始对应于反应或转变的开始。

3.9.1

吸热峰 endothermic peak

输入到试样的能量大于相应准基线能量的峰。

3.9.2

放热峰 exothermic peak

输入到试样的能量小于相应准基线能量的峰。

注:根据热力学的惯例,当反应或转变是放热时,焓变为负。吸热时,焓变为正。吸热或放热的方向,通常在 DSC 曲线上表示。

3.9.3

峰高: peak height

峰最高点与准基线间的距离,用 mW 表示。峰高与试样质量不成比例关系。

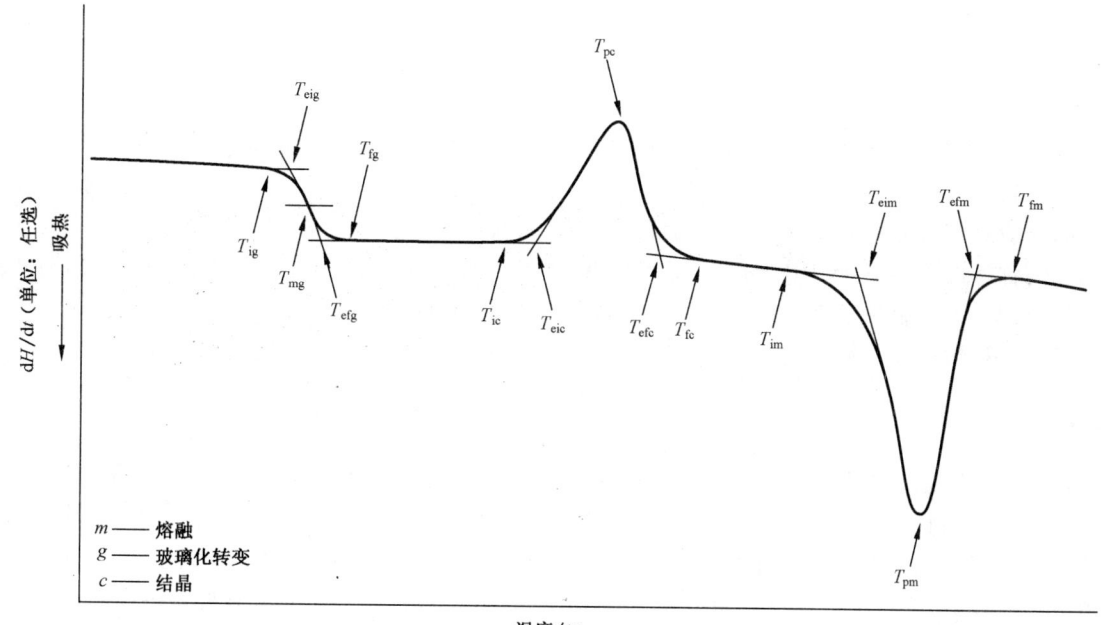

图 1 典型 DSC 曲线

3.10

特征温度 characteristic temperature

DSC 曲线上的特征温度如下：

——起始温度 T_i；

——外推起始温度 T_{ei}；

——峰温度 T_p；

——外推终止温度 T_{ef}；

——终止温度 T_f。

4 原理

在规定的气氛及程度温度控制下，测量输入到试样和参比样的热流速率差随温度和/或时间变化的关系。

注：可使用功率补偿型和热流型两种类型的 DSC 仪进行试验。这两种方法所使用的测量仪器设计区分如下：

　　a) 功率补偿型 DSC：保持试样和参比样的温度相同，当试样的温度改变时，测量输入到试样和参比样之间的热流速率差随温度或时间的变化。

　　b) 热流型 DSC：按控制程序改变试样的温度时，测量由试样和参比样之间的温度差而产生的热流速率差随温度或时间的变化。这种测量，试样和参比样之间的温度差与热流速率差成比例。

5 仪器和材料

5.1 差示扫描量热仪，主要性能如下：

　　a) 能以 0.5℃/min～20℃/min 的速率，等速升温或降温；

　　b) 能保持试验温度恒定在 ±0.5℃ 内至少 60 min；

　　c) 能够进行分段程序升温或其他模式的升温；

　　d) 气体流动速率范围在 10 mL/min～50 mL/min，偏差控制在 ±10% 范围内；

　　e) 温度信号分辨能力在 0.1℃ 内，噪音低于 0.5℃；

　　f) 为便于校准和使用，试样量最小应为 1mg（特殊情况下，试样量可以更小）；

g)　仪器能够自动记录 DSC 曲线，并能对曲线和准基线间的面积进行积分，偏差小于 2%；

h)　配有一个或多个样品支持器的样品架组件。

5.2　样品皿

用来装试样和参比样，由相同质量的同种材料制成。在测量条件下，样品皿不与试样和气氛发生物理或化学变化

样品皿应具有良好的导热性能，能够加盖和密封，并能承受在测量过程中产生的过压。

5.3　天平：称量准确度为 ±0.01 mg。

5.4　标准样品：参见附录 A。

5.5　气源：分析级

6　试样

试样可以是固态或液态。固态试样可为粉末、颗粒、细粒或从样品上切成的碎片状。试样应能代表受试样品，并小心制备和处理。如果是从样片上切取试样时应小心，以防止聚合物受热重新取向或其他可能改变其性能的现象发生。应避免研磨等类似操作，以防止受热或重新取向和改变试样的热历史。对粒料或粉料样品，应取两个或更多的试样。取样的方法和试样的制备应在试验报告中说明。

注：不正确的试样制备会影响待测聚合物的性能。其他有关资料，见附录 B。

7　试验条件和试样的状态调节

7.1　试验条件

试验前，接通仪器电源至少 1 h，以便电器元件温度平衡。仪器的维护和操作应在 GB/T 2918—1998 规定的环境下进行。

注：建议仪器不要放在风口处，并防止阳光直接照射。测量时，应避免环境温度、气压或电源电压剧烈波动。

7.2　试样的状态调节

测定前，应按材料相关标准规定或供需双方商定的方法对试样进行状态调节。

注 1：除非规定了其他条件，建议按照 GB/T 2918—1998 的规定对试样进行状态调节。

注 2：DSC 得到的结果受状态调节影响很大。

8　校准

8.1　总则

至少应按照仪器生产厂的建议校准量热仪的能量和温度测量装置。

注 1：由于校正函数 $K(T)$（见 8.3）随温度而变化，所以不能表示为简单的比例系数。因此，对每一个参数，即温度或能量，有必要至少用两种标准样品进行校准。在附录 A 中给出的大多数标准样品，都能用于温度和能量两个参数的校准。

注 2：影响校准的因素：

　　——DSC 量热计类型；

　　——气体及其流速；

　　——样品皿类型，尺寸及其在样品支持架上的位置；

　　——试样的质量；

　　——升温和降温速率；

　　——冷却系统的类型。

建议尽可能精确地确定实际测定条件，并用相同的条件进行校准。DSC 仪器附带的计算机系统可能会自动校准某些参数。

注 3：建议定期用熔点接近于待测材料测试温度范围的标准样品对温度和能量测量装置进行校准。

8.2　温度校准

进行温度校准的步骤如下：

——选择至少两种转变温度处于或接近待测温度范围的标准样品;

——用与测定试样相同的条件测定标准样品的转变温度。标准样品转变温度的定义为:在峰的前沿最大斜率点的切线与外推基线的交点(即:外推起始温度);

——通过比较标准样品的标准值和记录值确定温度校正系数,除非计算机系统能根据标准值与记录值进行比较自动得到。

注:在升温方式下,正确地校准仪器可给出一致的结果,但在降温方式下却不一定(因为过冷)。

因为没有用于降温方式的标准样品,可只对升温方式进行温度校准。每次改变试验条件,都应进行温度校正。如果需要,也可按有关要求经常进行温度校准。温度校准的重复性应优于2%。

8.3 能量或热功率的校准

DSC 仪器能量(以 J 为单位)或热功率(以 W 为单位)的校准,就是测定校准函数 $K(T)$ 或仪器灵敏度与温度的关系。灵敏度单位为 mW/mV,它表示仪器指示的电信号 $E(T)$ 与在温度 T 时传递给试样的功率 $P(T)$ 的关系,如式(4)所示:

$$P(T) = K(T) \times E(T) \qquad\qquad (4)$$

或用积分式,如式(5)所示

$$\int_{t_1}^{t_2} P(T)\mathrm{d}t = \int_{t_1}^{t_2} K(T) \times E(T)\mathrm{d}t \qquad\qquad (5)$$

式中:

$P(T)$——温度为 T 时 DSC 仪传递给试样的功率,单位为毫瓦(mW);

$K(T)$——校准函数或仪器灵敏度,单位为毫瓦每毫伏(mW/mV);

$E(T)$——仪器指示的电信号,单位为毫瓦(mW)。

根据 DSC 仪的类型和待测的温度范围,可用仪器直接校准或用标准样品的熔融焓或热容的测试值与它们的标准值比较来进行校准。

注:在选择校准方法时,建议参照仪器制造商的有关资料。

按下述步骤进行校准:

——选择两种或多种标准样品,其热容和熔点处于或接近待测的温度范围;

——用与测定试样相同的条件测定标准样品;

——记录转变热或热容的电信号 E 与温度的关系图;

——通过比较标准值与记录值,确定能量或热功率校正函数。除非计算机系统能根据标准值与记录值比较自动地得到校正函数。

能量校准应定期进行。这种校正的重复性应优于2%。

9 操作步骤

9.1 仪器准备

9.1.1 试验前,接通仪器电源至少 1 h,使电器元件温度平衡。

9.1.2 将具有相同质量的两个空样品皿放置在样品支持器上,调节到实际测量的条件。在要求的温度范围内,DSC 曲线应是一条直线。当得不到一条直线时,在确认重复性后记录 DSC 曲线。

9.2 将试样放在样品皿内

9.2.1 选择容积适当的样品皿,并保证其清洁;

9.2.2 用两个相同的样品皿,一个作试样皿,另一个作参比皿(可用空样品皿或不空的样品皿);

9.2.3 称量样品皿及盖,精确到 0.01 mg;

9.2.4 将试样放在样品皿内;

9.2.5 如果需要,用盖将样品皿密封;

9.2.6 再次称量试样皿。

9.3 把样品皿放入仪器内

用镊子或其他合适的工具将样品皿放入样品支持器中,确保试样和皿之间、皿和支持器之间接触良好。盖上样品支持器的盖。

9.4 温度扫描测量

9.4.1 设置仪器的程序,以进行需要的热循环。可使用两种类型的程序:连续或分步。

9.4.2 开始测量。测量期间所需的控制操作取决于测量类型和仪器相联的计算机的功能。参考仪器制造商的资料。

9.4.3 把样品支持器组件冷却到室温,取出试样皿,检验试样皿是否变形及或试样是否溢出。若试样溢出污染样品支持器,则按照制造商说明书进行清洗。

9.4.4 称量试样皿,如果有质量损失,则可能发生另外的熔变。

9.4.5 如果怀疑有化学变化,打开试样皿并检查试样。被损坏的皿不能再次用于测量。

9.4.6 按仪器制造商的说明书处理数据。

聚合物 DSC 测定结果受样品和试样的热历史和形态的影响很大。建议进行两次测定,第二次测定在按规定的降温速率冷却以后进行,以确保试验结果的一致。有关资料见附录 B。

9.5 等温测量

注:根据所用仪器的类型,有两种不同的恒温步骤:即将试样在室温下装入样品支持器或在规定的测量温度下装入样品支持器。

9.5.1 在室温下放入试样

9.5.1.1 将样品皿放入样品支持器中。设置仪器的程序,使其以快速扫描速率达到预定温度。

9.5.1.2 当得到稳定的基线后,尽快使仪器达到规定温度。

9.5.1.3 恒温,记录以时间为横坐标的 DSC 曲线。

9.5.1.4 当吸热/放热反应或转变完成以后,仪器试验条件不变继续运行,直到再次得到稳定的基线。

注:运行 5`min 是合适的。

9.5.1.5 测试结束后,冷却仪器,取出样品皿。

9.5.1.6 称量装有试样的皿。

9.5.1.7 按仪器制造商的说明处理数据。

注:当材料在室温和测量温度下没有发生反应或转变时,可将仪器温度直接升高到规定的测量温度。在这种情况下,基线是在室温下得到的。

9.5.2 在测量温度下放入试样

9.5.2.1 设置仪器的程序,仪器升温达到规定的测量温度。

9.5.2.2 让仪器温度达到稳定状态条件。

9.5.2.3 在此温度下将试样皿和参比皿放入样品支持器中,记录以时间为横坐标的 DSC 曲线。

9.5.2.4 当吸热/放热反应或转变完成以后,仪器试验条件不变继续运行,直到再次得到稳定的基线。

注:运行 5 min 是合适的。

9.5.2.5 测试结束后,冷却仪器,取出样品皿。

9.5.2.6 称量装有试样的皿。

9.5.2.7 按仪器制造商的说明处理数据。

9.5.2.8 如果在试验过程中有试样溢出,应清理样品支持器。清理按照仪器制造商的说明书进行,并用至少一种标准样品进行温度和能量的校准,确认仪器有效。

10 试验报告

试验报告应包括以下内容:

a) 注明参照本标准;

b)   标明受试材料的全部资料信息；

c)   所用 DSC 仪器类型；

d)   所用样品皿类型；

e)   每次使用的标准样品,特征值及用量；

f)   样品支持器组件中所用的气体及流速；

g)   取样、试样制备及试样状态调节的详细情况；

h)   试样质量；

i)   样品和试样在试验前的热历史；

j)   程序温度参数,应包括起始温度,升温速率,最终温度以及降温速率；

k)   试样质量的变化；

l)   试验结果；

m)   试验日期。

试验报告应附 DSC 曲线。

附　录　A

（资料性附录）

标准样品

表 A.1　各种标准样品的转变或熔融温度及熔融焓

标准样品	转变点或熔点温度（平衡温度）/℃	熔融焓/（J/g）	NIST 标准样品编号
环己烷（转变）	−83[a]		NISTGM757
水银（熔融）	−38.9	11.47	NIST SRM2225
1,2-二氯乙烷（熔融）	−32[a]		NIST GM757
环已烷（熔融）	7[a]		NIST GM757
苯基醚（熔融）	30[a]		NIST GM757
邻三联苯（熔融）	58[a]		NIST GM757
联二苯（熔融）	69.2	120.2	NIST SRM2222
硝酸钾（转变）	127.7		NIST GM758
铟（熔融）	157	28.42	NIST GM758
过氯酸钾（转变）	299.5		NIST GM758、GM759
锡（熔融）	231.9	60.22	NIST SRM2220、GM758
铅（熔融）	327.5	23.16	
锌（熔融）	419.6	107.38	NIST SRM2221a
硫酸银（转变）	430		NIST GM758、GM759
石英（转变）	573		NIST GM759、GM760
硫酸钾（转变）	583		NIST GM759、GM760
铬酸钾（转变）	665		NIST GM759、GM760
碳酸钡（转变）	810		NIST GM760
碳酸锶（转变）	925		NIST GM760
注：NIST（the US National Institute of Standard and Technology）——美国国家标准与技术学会			
[a]　峰温			

表 A.2　玻璃化转变温度标准样品

标准样品	外推起始温度/℃	中点温度/℃	NIST 标准样品编号
聚苯乙烯	104.5	107.5	NIST GM754

表 A.3　测定比热标准样品

标准样品	NIST 标准样品编号
蓝宝石	NIST SRM720

附　录　B
（资料性附录）
一般建议

本试验方法适用于聚合物材料的比较测试。然而,使用本方法的测试结果常常受系统误差的影响,例如:不正确的校准、基线校准或试样制备等因素。建议用聚合物来做标准样品(同常规分析材料相似)用于待测材料的分析。这样有利于对不同仪器、时间和试样制备方法测得的数据进行比较。

建议测试温度不要超出聚合物样品的分解温度。样品分解会导致样品从不带盖的样品皿中溢出或从密封的试样皿挤出而污染样品架组件。温度过高或温度扫描范围太大,会引起校准曲线线性的变化,导致结果不准确。

当一条多峰的 DSC 曲线中的各个峰是可分开的,则对各峰的说明是相当确定的(参见本系列标准的第 3 部分中的 3.7)。但更多的情况,DSC 曲线中的峰是分不开的。这些类型的曲线是由于几个反应和/或转化同时发生的结果。在这种情况下,测得的热性能只能是:总熔、第一个反应或转变的起始温度和外推起始温度、最后一个反应或转变的外推终止温度和终止温度、以及几个峰温。仅用 DSC 曲线,不可能完全识别这些单个反应或转变。在某些情况下,调节升温或降温速率可能会有助于分离多峰现象。但是,降温速率对降温后升温扫描测得的特征温度有很大影响,应小心操作。

DSC 曲线在第一次升温扫描中有几个峰,而在第二次升温扫描时只有一个峰的现象,对聚合物来说是典型的。第二次升温扫描通常是随着一个准确迅速均匀的冷却过程后进行的。第一次升温扫描获得的信息可以说明聚合物经受的预热过程(如加工和试样制备)。因此,分析聚合物时,建议分三步进行DSC 操作:第一次升温、然后降温和第二次升温。用上述步骤进行测试,记录试样皿中聚合物的初始质量及第二次升温前后的质量,可有助于识别各个不同的峰。要想得到不受热历史影响的样品材料的热性能信息,应使用第二次扫描的结果。

参考文献

[1] ISO 31-4:1992，Quantities and units—Part 4:Heat.

[2] ISO 472:1988，plastics—Vocabulary.

[3] ASTM D 3418:1983 (1988)，Test method for transition temperatures of polymers by thermal a-nalysis.

[4] TURI，E. A. (editor)，Thermal characterization of polymeric materials，Academic Press (1981)，New York.

[5] ROCABOY，E,Comportement thermique des polyméres synthétiques,Masson et Cie Éditeurs (1972).

[6] STULL，Dr.，et al. The chemical thermodynamics of organic compounds，John Wiley & Sons (1969)，New York.

[7] ROSSINI，F. O.，Pure and applied chemistry，Vol. 22 (1970)，p. 557.

[8] HULTGREN，R. R.，et al. Selected values of thermodynamic properties of elements，John Wiley & Sons(1973),New York.

[9] MACKENZIE,R. C.，Differential Thermal Analysis，Academic Press (1972)，London and NeW York.

[10] ROLLET，A. P.，and BOUAZIZ，R.，L'analyse thermique，Gauthier Villars Éditeur (1972).

[11] ICTA(J. O. HILL，Editor)，For better thermal analysis，third edition(1991).

ICS 83.080.01
G 31

中华人民共和国国家标准

GB/T 19466.2—2004/ISO 11357-2:1999

塑料 差示扫描量热法(DSC)
第 2 部分:玻璃化转变温度的测定

Plastics—Differential scanning calorimetry(DSC)—
Part 2:Determination of glass transition temperature

(ISO 11357-2:1999,IDT)

2004-03-15 发布　　　　　　　　　　　　　　2004-12-01 实施

中华人民共和国国家质量监督检验检疫总局
中国国家标准化管理委员会　发布

前　　言

GB/T 19466《塑料　差示扫描量热法(DSC)》分为 7 个部分：

——第 1 部分：通则；

——第 2 部分：玻璃化转变温度的测定；

——第 3 部分：熔融和结晶温度及热焓的测定；

——第 4 部分：比热容的测定；

——第 5 部分：聚合温度和/或时间及聚合动力学的测定；

——第 6 部分：氧化诱导时间的测定；

——第 7 部分：结晶动力学测定。

本部分为 GB/T 19466 的第 2 部分。

本部分等同采用 ISO 11357-2：1999《塑料　差示扫描量热法(DSC)　第 2 部分：玻璃化转变温度的测定》。

本部分等同翻译 ISO 11357-2：1999。

为便于使用，本部分做了下列编辑性修改。

a)　"本国际标准"一词改为"本标准"；

b)　删除了国际标准的前言；

c)　把规范性引用文件所列的国际标准换成对应的、被我国等同采用制(修)订的国家标准。并删除了正文中未引用的 ISO 472；

d)　为指导使用，在图 1 的左、右两部分增加了"A"、"B"标识符号；

e)　增加了资料性附录 A 以便使用时参考；

f)　参考文献不再作为附录，而是作为与附录不同的要素。

本部分的附录 A 为资料性附录。

本部分由中国石油和化学工业协会提出。

本部分由全国塑料标准化技术委员会通用方法和产品分会(TC15/SC4)归口。

本部分负责起草单位：中国石油天然气股份有限公司大庆石化分公司研究院。

本部分参加起草单位：中国石油化工股份有限公司北京燕山石化树脂应用研究所、中蓝晨光化工研究院、德国耐驰仪器制造有限公司上海代表处、梅特勒-托利多仪器(上海)有限公司、中国石油化工股份有限公司北京燕山石化研究院、中国石油化工股份有限公司齐鲁石化树脂加工应用研究所、中国石油化工股份有限公司北京化工研究院、天津联合化学有限公司、中国石油天然气股份有限公司辽阳石化分公司烯烃厂、中国石油化工股份有限公司茂名乙烯公司、上海精密科学仪器有限公司。

本部分主要起草人：张立军、包世星、赵　平、王　刚、王伟众。

本部分为首次制定。

塑料 差示扫描量热法(DSC)
第2部分:玻璃化转变温度的测定

警示—使用本标准的这部分时,可能会涉及有危险的材料、操作和设备。本标准不涉及与使用有关的所有安全问题的解决办法。本标准的使用者有责任在使用前规定适当的保障人身安全的措施并确定这些规章制度的适用性。

1 范围

GB/T 19466.2 的本部分规定了测定无定形聚合物和半结晶聚合物玻璃化转变特征温度的方法。

2 规范性引用文件

下列文件中的条款通过 GB/T 19466 本部分的引用而成为本部分的条款。凡是注日期的引用文件,其随后所有的修改单(不包括勘误的内容)或修订版均不适用于本部分,然而,鼓励根据本部分达成协议的各方研究是否可使用这些文件的最新版本。凡是不注日期的引用文件,其最新版本适用于本部分。

GB/T 19466.1—2004 塑料 差示扫描量热法(DSC) 第1部分:通则(idt ISO 11357-1:1997)

3 术语和定义

GB/T 19466.1 确立的以及下列术语和定义适用于本部分。

3.1
玻璃化转变 glass transition

无定形聚合物或半结晶聚合物中的无定形区域从粘流态或橡胶态到硬的、相对脆的玻璃态的一种可逆变化。

3.2
玻璃化转变温度 glass transition temperature

发生玻璃化转变的温度范围的近似中点的温度。

注:根据材料的特性及选择的试验方法和测试条件的不同,玻璃化转变温度(T_g)可能和材料已知的 T_g 值不同。

3.3 玻璃化转变的特征温度(见图1)

3.3.1
外推起始温度 T_{eig} extrapolated onset temperature

由曲线低温侧的初始基线外推与曲线拐点处切线的交点。

3.3.2
外推终止温度 T_{efg} extrapolated end temperature

由曲线高温侧的初始基线外推与曲线拐点处切线的交点。

3.3.3
中点温度 T_{mg} midpoint temperature

与两条外推基线距离相等的线与曲线的交点。

注:下标中的"g"表示"玻璃化转变"。

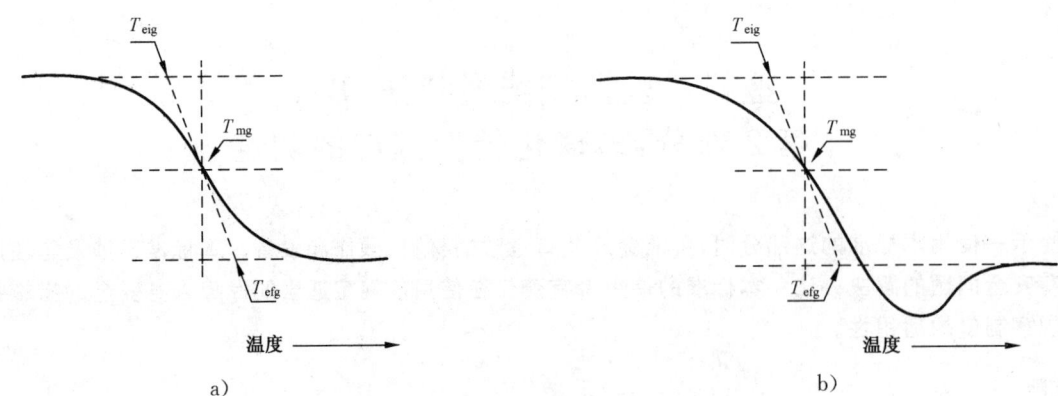

图 1　玻璃化转变特征温度示例

4　原理

见 GB/T 19466.1—2004 第 4 章。

测量材料的比热容随温度的变化,并由所得的曲线确定玻璃化转变特征温度。

5　仪器和材料

见 GB/T 19466.1—2004 第 5 章。

6　试样

见 GB/T 19466.1—2004 第 6 章。

7　试验条件和试样状态调节

见 GB/T 19466.1—2004 第 7 章。

8　校准

见 GB/T 19466.1—2004 第 8 章。

9　操作步骤

9.1　打开仪器

见 GB/T 19466.1—2004 中 9.1。

使用与校准仪器相同的清洁气体及流速。气体和流速有任何变化,都需要重新校准。一般采用:氮气(分析级),流速 50 mL/min(1±10%)。经有关双方的同意,可以采用其他惰性气体和流速。

调节灵敏度,以使曲线上转变区域(或阶段)的垂直高度的差至少为记录器满刻度读数的 10%(现在的仪器不需要这种调节)。

9.2　将试样放在样品皿内

见 GB/T 19466.1—2004 中 9.2。

称量试样,精确到 0.1 mg。除非材料标准另有规定,试样量采用 5 mg 至 20 mg。对于半结晶材料,使用接近上限的试样量。

样品皿的底部应平整,且皿和试样支持器之间接触良好。这对获得好的数据是至关重要的。

不能用手直接处理试样或样品皿,要用镊子或戴手套处理试样。

9.3　把样品皿放入仪器内

见 GB/T 19466.1—2004 中 9.3。

9.4 温度扫描

9.4.1 在开始升温操作之前，用氮气预先清洁 5min。

9.4.2 以 20℃/min 的速率开始升温并记录。将试样皿加热到足够高的温度，以消除试验材料以前的热历史。

样品和试样的热历史及形态对聚合物的 DSC 测试结果有较大影响。进行预热循环并进行第二次升温扫描（见 GB/T 19466.1—2004 附录 B）测量是非常重要的。若材料是反应性的或希望评定预处理前试样的性能时，取第一次热循环时的数据。试验报告中应记录与标准步骤的差别。

9.4.3 保持温度 5 min。

9.4.4 将温度骤冷到比预期的玻璃化转变温度低约 50℃。

9.4.5 保持温度 5 min。

9.4.6 以 20℃/min 的速率进行第 2 次升温并记录，加热到比外推终止温度 T_{efg} 高约 30℃。

> 注：经有关双方同意，可以采用其他升温或降温速率。特别是，高的扫描速率使记录的转变有高的灵敏度，另一方面，低的扫描速度能提供较好的分辨能力。选择适当的速率对观察细微的转变是重要的。

9.4.7 将仪器冷却到室温，取出试样皿，观察试样皿是否变形或试样是否溢出。

9.4.8 重新称量皿和试样，精确到 ±0.1 mg。

9.4.9 如有任何质量损失，应怀疑发生了化学变化，打开皿并检查试样。如果试样已降解，舍弃此试验结果，选择较低的上限温度重新试验。

变形的样品皿不能再用于其他试验。

如果在测试过程中有试样溢出，应清理样品支持器组件。清理按照仪器制造商的说明书进行，并用至少一种标准样品进行温度和能量的校准，确认仪器有效。

9.4.10 按仪器制造商的说明处理数据。

9.4.11 应由使用者决定重复试验。

10 结果表示

转变温度的测定曲线如图 1 所示。通常两条基线不是平行的。在这种情况下，T_{mg} 就是两条外推基线间的中线与曲线的交点。

也可以把测定的拐点本身作为玻璃化转变特征温度 T_g。它可通过测定微分 DSC 信号最大值或转变区域斜率最大处对应的温度而得到。

若 DSC 曲线出现图 1 中 b)曲线的情况，确定玻璃化转变温度的方法是相同的。

11 精密度

由于未获得足够的实验室间的数据，本试验方法的精密度尚未知道。在获得这些实验室间数据后，下个版本将增加精密度的说明。

附录 A 给出了制标工作组对三种材料测得的数据，仅供参考。

12 试验报告

见 GB/T 19466.1—2004 第 10 章。

其中试验结果的第 1 项应包括下列内容：

——玻璃化转变的特征温度 T_{eig}、T_{efg} 和 T_{mg} 值，℃，修约到整数位。

尽管玻璃化转变温度 T_g 应对应于 T_{mg}。但应用最多的是 T_{eig}，也是比较有意义的，也常将其作为 T_g。必须强调，当说明玻璃化转变温度时，应报告 T_{eig}、T_{efg} 和 T_{mg} 的值。

附　录　A

（资料性附录）

PS、HIPS 和 ABS 测定结果精密度

制标工作组用 PS、HIPS 和 ABS 样品在 10 个实验室之间进行了室间重复试验，并分别对玻璃化转变温度的 T_{eig}、T_{mg} 和 T_{efg} 进行了精密度计算，见表 A.1、表 A.2 和表 A.3。

表 A.1　PS 精密度结果

试验条件		精密度结果	$T_{eig}/℃$	$T_{mg}/℃$	$T_{efg}/℃$
试样质量/mg	升温速率/(℃/min)				
10	20	平均值 $\bar{Y}$	96.8	101.8	105.6
		重复性 r	1.717	2.783	1.141
		再现性 R	4.787	3.317	6.609

表 A.2　HIPS 精密度结果

试验条件		精密度结果	$T_{eig}/℃$	$T_{mg}/℃$	$T_{efg}/℃$
试样质量/mg	升温速率/(℃/min)				
10	20	平均值 $\bar{Y}$	102.2	106.1	109.3
		重复性 r	2.116	1.755	2.058
		再现性 R	2.507	3.513	4.522

表 A.3　ABS 精密度结果

试验条件		精密度结果	$T_{eig}/℃$	$T_{mg}/℃$	$T_{efg}/℃$
试样质量/mg	升温速率/(℃/min)				
10	20	平均值 $\bar{Y}$	104.8	109.9	113.3
		重复性 r	3.201	2.615	3.974
		再现性 R	5.725	2.968	6.436

参 考 文 献

[1] Turi,E. A. ,Thermal characterization of polymeric materials,2 nd. ,Academic Press,1996

[2] Wunderlich,B. ,Thermal analysis,Academic Press,1990.

[3] Perez,J. , Physique et mecanique des polymeres amorphes,Technique et Documentation,Edition Lavoisier(Paris) ,1992.

[4] Nakamura,S. , et al. , Thermal analysis of polymer samples by a round robin method-1：Reproducibility of melting,crystallization and glass transition temperatures,Thermochimica Acta,136 (1988) ,pp. 163-178.

[5] Hatakeyama,T. , and Quinn,F. X. ,Thermal analysis：Fundamentals and applications to polymer science,John Wiley & Sons,1994.

[6] Assignment of the glass transition,ASTM research report,1994.

ICS 83.080.01
G 31

中华人民共和国国家标准

GB/T 19466.3—2004/ISO 11357-3:1999

塑料 差示扫描量热法(DSC)
第3部分:熔融和结晶温度及热焓的测定

Plastics—Differential scanning calorimetry (DSC)—
Part 3:Determination of temperature and enthalpy of melting and crystallization

(ISO 11357-3:1999,IDT)

2004-03-15 发布   2004-12-01 实施

中华人民共和国国家质量监督检验检疫总局
中国国家标准化管理委员会   发布

805

前　言

GB/T 19466《塑料　差示扫描量热法(DSC)》分为 7 个部分:

——第 1 部分:通则;

——第 2 部分:玻璃化转变温度的测定;

——第 3 部分:熔融和结晶温度及热熔的测定;

——第 4 部分:比热容的测定;

——第 5 部分:聚合温度和/或时间及聚合动力学的测定;

——第 6 部分:氧化诱导时间的测定;

——第 7 部分:结晶动力学测定。

本部分为 GB/T 19466 的第 3 部分。

本部分等同采用 ISO 11357-3:1999《塑料　差示扫描量热法(DSC)　第 3 部分:熔融和结晶温度及热熔的测定》。

本部分等同翻译 ISO 11357-3:1999。

为便于使用,本部分做了下列编辑性修改。

a)　"本国际标准"一词改为"本标准";

b)　删除了国际标准的前言;

c)　把规范性引用文件所列的国际标准换成对应的、被我国等同采用制(修)订的国家标准,并删除了正文中未引用的 ISO 472;

d)　对公式进行了编号;

e)　把 10.1 中的术语定义调整到 3.5;

f)　不再把参考文献作为附录,而是作为与附录不同的资料性要素;

g)　增加了资料性附录 A 以便参考。

本部分的附录 A 为资料性附录。

本部分由原国家石油和化学工业局提出。

本部分由全国塑料标准化技术委员会通用方法和产品分会(TC15/SC4)归口。

本部分负责起草单位:中国石油天然气股份有限公司大庆石化分公司研究院。

本部分参加起草单位:中国石油化工股份有限公司北京燕山石化树脂应用研究所、中蓝晨光化工研究院、梅特勒-托利多仪器(上海)有限公司、德国耐驰仪器制造有限公司上海代表处、中国石油化工股份有限公司北京燕山石化研究院、中国石油化工股份有限公司齐鲁石化树脂加工应用研究所、中国石油化工股份有限公司北京化工研究院、天津联合化学有限公司、中国石油天然气股份有限公司辽阳石化分公司烯烃厂、中国石油化工股份有限公司茂名乙烯公司、上海精密科学仪器有限公司。

本部分主要起草人:包世星、张立军、赵　平、王　刚、王伟众、史群策。

本部分为首次制定。

塑料 差示扫描量热法(DSC)
第3部分:熔融和结晶温度及热焓的测定

警示—使用本标准的这部分时,可能会涉及有危险的材料,操作和设备。本标准不涉及与使用有关的所有安全问题的解决办法。本标准的使用者有责任在使用前规定适当地保证人身安全的措施并确定这些规章制度的适用性。

1 范围

GB/T 19466.3的本部分规定了测定结晶和半结晶聚合物熔融和结晶温度及热焓的试验方法。

2 规范性引用文件

下列文件中的条款通过GB/T 19466的本部分的引用而成为本部分的条款。凡是注日期的引用文件,其随后所有的修改单(不包括勘误的内容)或修订版均不适用于本部分,然而,鼓励根据本部分达成协议的各方研究是否可使用这些文件的最新版本。凡是不注日期的引用文件,其最新版本适用于本部分。

GB/T 19466.1—2004 塑料 差示扫描量热法(DSC) 第1部分:通则(idt ISO 11357-1:1997)

3 术语和定义

GB/T 19466.1确立的以及下列术语和定义适用于本部分。

3.1

熔融 melting

完全结晶或半结晶聚合物从固态向具有不同粘度的液态的转变阶段。

注:这种转变也可称为熔化,在DSC曲线上表现为吸热峰。

3.2

结晶 crystallization

聚合物的无定形液态向完全结晶或半结晶的固态的转变阶段。

注:这种转变在DSC曲线上表现为放热峰。对液晶,应把无定形液态用"有序液态"代替。

3.3

熔融焓 enthalpy of fusion

在恒压下,材料熔融所需要的热量,单位,kJ/kg。

3.4

结晶焓 enthalpy of crystallization

在恒压下,材料结晶所放出的热量,单位,kJ/kg。

3.5

特征温度

特征温度如下(见图1)

——外推起始温度 T_{ei},℃,extrapolated onset temperature

外推基线与对应于转变开始的曲线最大斜率处所作切线的交点所对应的温度。

——峰温度 T_p,℃,peak temperature

峰达到的最大值(或最小值)所对应的温度。

——外推终止温度 T_{ef},℃,extrapolated end temperature

外推基线与对应于转变结束的曲线最大斜率处所作切线的交点所对应的温度。

注：用下标"m"注明与熔融现象有关的温度，下标"c"注明与结晶现象有关的温度，见图1。

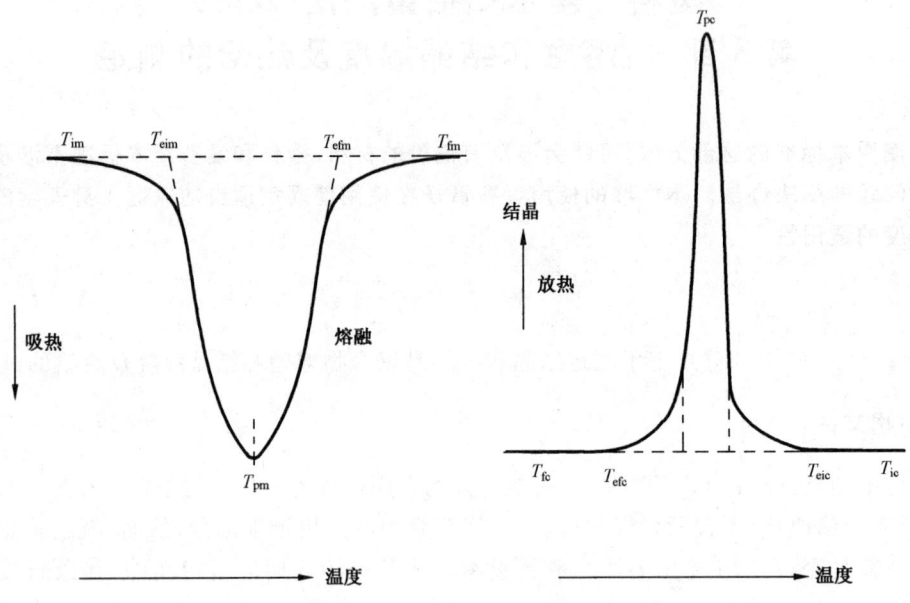

图 1　特征温度测定示例

4　原理

见 GB/T 19466.1—2004 第 4 章。

5　仪器和材料

见 GB/T 19466.1—2004 第 5 章。

使用的气氛应为分析级的氮气或其他惰性气体。

应使用清洁的镊子处理试样和样品皿。

6　试样

见 GB/T 19466.1—2004 第 6 章。

7　试验条件和试样状态调节

见 GB/T 19466.1—2004 第 7 章。

8　校准

见 GB/T 19466.1—2004 第 8 章。

9　操作步骤

9.1　打开仪器

见 GB/T 19466.1—2004 9.1。

接通仪器电源，使其平衡至少 30 min。

使用与校准仪器相同的清洁气体及流速。气体和流速有任何变化，都需要重新校准。一般采用：氮气（分析级），流速 50 mL/min(1±10%)。经有关双方的同意，可以采用其他惰性气体和流速。

9.2 将试样放在样品皿内

见 GB/T 19466.1—2004 9.2。

除非材料的标准另有规定,试样量采用 5 mg 至 10 mg。称量试样,精确到 0.1 mg。

样品皿的底部应平整,且皿和试样支持器之间接触良好。这对获得好的数据是至关重要的。

不能用手直接处理试样或样品皿,要用镊子或戴手套处理试样。

9.3 把样品皿放入仪器内

见 GB/T 19466.1—2004 9.3。

9.4 温度扫描

9.4.1 在开始升温操作之前,用氮气预先清洁 5 min。

9.4.2 以 20℃/min 的速率开始升温并记录。将试样皿加热到足够高的温度,以消除试验材料以前的热历史。通常高于熔融外推终止温度(T_{efm})约 30℃。

样品和试样的热历史及形态对聚合物的 DSC 测试结果有较大影响。进行预热循环并进行第二次升温扫描(见 GB/T 19466.1—2004 的附录 B)测量是非常重要的。若材料是反应性的或希望评定预处理前试样的性能时,可取第一次热循环时的数据。试验报告中应记录与标准步骤的差别。

9.4.3 保持温度 5 min。

9.4.4 以 20℃/min 的速率进行降温并记录,直到比预期的结晶温度(T_{eic})低约 50℃。

注 1:经有关双方的同意,可以采用其他的升温或降温速率。特别是,高的扫描速率使记录的转变有高的灵敏度,另一方面,低的扫描速率能提供较好的分辨能力。选择适当的速率对观察细微的转变是重要的。

注 2:由于过冷,要达到足够低的温度变化时才能得到结晶,结晶温度通常大大低于熔融温度。

9.4.5 保持温度 5 min。

9.4.6 以 20℃/min 的速率(见 9.4.4 注 1)进行第 2 次升温并记录,加热到比外推终止温度 T_{efm} 高约 30℃。

9.4.7 将仪器冷却到室温,取出试样皿,观察试样皿是否变形或试样是否溢出。

9.4.8 重新称量皿和试样,精确到 ±0.1 mg。

9.4.9 如有任何质量损失,应怀疑发生了化学变化,打开皿并检查试样。如果试样已降解,舍弃此试验结果,选择较低的上限温度重新试验。

变形的样品皿不能再用于其他试验。

如果在测试过程中有试样溢出,应清理样品支持器组件。清理按照仪器制造商的说明进行,并用至少一种标准样品进行温度和能量的校准,确认仪器有效。

9.4.10 按仪器制造商的说明处理数据。

9.4.11 应由使用者决定是否进行重复试验。

10 结果表示

10.1 转变温度的测定

调整 DSC 曲线图,使峰覆盖的范围能达到满量程的 25%。通过连接峰(熔融是吸热峰,结晶是放热峰)开始偏离基线的两点画一条基线,如图 1 所示。如果存在多个峰,对每一个峰要画一条基线。

对熔融转变部分曲线,应测量每一个峰并报告下列值:

——外推熔融起始温度 T_{eim};

——熔融峰温 T_{pm};

——外推熔融终止温度 T_{efm}。

对结晶转变部分的曲线,应测量每一个峰并报告下列值:

——外推结晶起始温度 T_{eic};

——结晶峰温 T_{pc};

——外推结晶终止温度 T_{efc}。

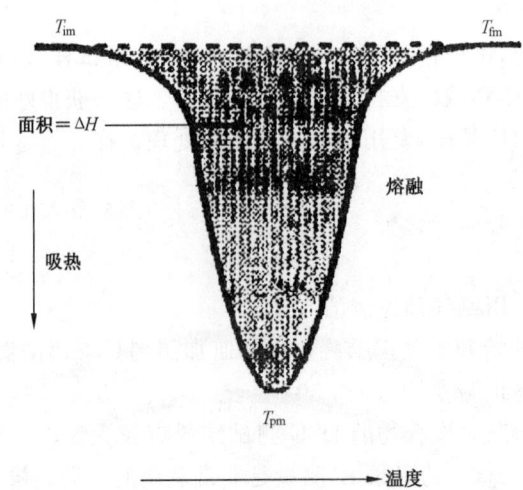

图 2　转变焓的测定

10.2　转变焓的测定（见图 2）

测量 DSC 曲线上的峰与按 10.1 所作的基线之间的面积。

熔融焓 ΔH_m（或结晶焓 ΔH_C）的值用公式（1）计算，单位为 kJ/kg。

$$\Delta H = \frac{ABT}{W} \times \frac{\Delta H_S W_S}{A_S B_S T_S} \qquad\qquad\cdots\cdots\cdots\cdots\cdots\cdots\cdots(1)$$

式中：

ΔH——试样的熔融焓或结晶焓，单位为千焦每千克（kJ/kg）；

ΔH_S——标准样品的熔融焓或结晶焓，单位为千焦每千克（kJ/kg）；

A——试样的峰面积，单位为平方毫米（mm²）；

A_S——标准样品的峰面积，单位为平方毫米（mm²）；

W——试样的质量，单位为毫克（mg）；

W_S——标准样品的质量，单位为毫克（mg）；

T——试样在 Y 轴的灵敏度，单位为毫瓦每毫米（mW/mm）；

T_S——标准样品在 Y 轴的灵敏度，单位为毫瓦每毫米（mW/mm）；

B——试样在 X 轴（时间）的灵敏度，单位为秒每毫米（s/mm）；

B_S——标准样品在 X 轴（时间）的灵敏度，单位为秒每毫米（s/mm）。

注 1：现在的仪器可进行这种计算。

注 2：当聚合物的固态和液态的比热容存在明显差异的情况下，可使用特殊形状的基线，如 S 形基线，以改进试验的
　　　结果。

11　精密度

由于未获得足够的实验室间的数据，本试验方法的精密度尚未知道。在获得这些实验室间数据后，下个版本将增加精密度的说明。

附录 A 给出了制标工作组对两种材料测得的数据，仅供参考。

12　试验报告

见 GB/T 19466.1—2004，第 10 章。其中试验结果的第 1 项应包括下列内容：

——每个峰的转变特征温度 T_{ei}、T_{ef} 和 T_p 值，℃，修约到整数位；

——每个峰的焓变 ΔH 值，kJ/kg，修约到小数点后一位。

附　录　A

（资料性附录）

HDPE 和 PP 测定结果精密度

制标工作组用 HDPE 和 PP 样品在 9 个试验室之间进行了室间重复试验，并分别对熔融和结晶的 T_{ei}、T_p 和 T_{ef} 进行了精密度计算，见表 A.1 和表 A.2。

表 A.1　HDPE5000S 精密度结果

试验条件		精密度结果	T_{eim}/℃	T_{pm}/℃	T_{efm}/℃	T_{eic}/℃	T_{pc}/℃	T_{efc}/℃
试样质量/mg	升降温速率/（℃/min）							
5	20	平均值 $\overline{Y}$	121.1	132.1	139.3	117.1	113.3	103.0
		重复性 r	1.343	1.366	3.860	0.365	1.195	4.649
		再现性 R	5.253	2.455	9.416	3.227	4.576	11.02
5	10	平均值 $\overline{Y}$	122.4	131.9	136.8	118.4	115.9	108.7
		重复性 r	0.937	0.994	2.019	0.460	0.714	2.316
		再现性 R	3.522	3.119	7.061	2.162	3.252	8.847
10	20	平均值 $\overline{Y}$	120.9	133.2	141.1	116.9	112.5	100.8
		重复性 r	0.920	0.812	1.637	0.365	1.766	1.764
		再现性 R	4.609	3.753	7.024	3.125	6.657	10.89
10	10	平均值 $\overline{Y}$	122.0	132.4	137.3	118.4	115.3	106.3
		重复性 r	2.348	0.966	2.007	0.538	1.268	2.346
		再现性 R	4.955	1.887	2.731	2.215	3.557	9.342

表 A.2　PP 精密度结果

试验条件		精密度结果	T_{eim}/℃	T_{pm}/℃	T_{efm}/℃	T_{eic}/℃	T_{pc}/℃	T_{efc}/℃
试样质量/mg	升降温速率/（℃/min）							
5	20	平均值 $\overline{Y}$	150.5	161.8	169.0	111.7	105.5	99.1
		重复性 r	2.029	1.363	1.289	1.377	1.689	1.120
		再现性 R	2.673	2.189	3.846	3.632	3.694	6.616
5	10	平均值 $\overline{Y}$	152.2	161.8	169.1	115.1	109.7	105.0
		重复性 r	1.191	2.418	1.466	1.198	1.148	1.158
		再现性 R	3.486	4.892	4.620	3.313	2.594	4.490
10	20	平均值 $\overline{Y}$	149.2	163.3	171.8	111.1	104.8	96.1
		重复性 r	1.109	1.372	2.198	0.958	1.304	2.374
		再现性 R	4.028	1.962 8	4.903	3.094	3.713	7.980
10	10	平均值 $\overline{Y}$	152.1	163.0	170.3	114.7	109.3	103.4
		重复性 r	0.674	1.249	1.474	0.697	0.645	1.791
		再现性 R	2.031	4.556	4.031	3.531	2.498	5.321

参 考 文 献

[1] Turi,E. A. ,Thermal characterization of polymeric materials,2nd Ed. ,Academic Press,1996.

[2] Wunderlich,B. ,Thermal analysis,Academic Press,1990.

[3] Perez,J. ,Physique et mecanique des polymeres amorphes,Technique et Documentation,Edition Lavoisier(Paris) ,1992

[4] Nakamura,S. ,et al. ,Thermal analysis of polymer samples by a round robin method-I:Reproducibility of melting, crystallization and glass transition temperatures, Thermochimica Acta, 136 (1988),pp. 163-178.

[5] Hatakeyama,T. ,and Quinn,F. X. ,Thermal analysis:Fundamentals and applications to polymer science,John Wiley&Sons,1994.

[6] For better thermal analysis and calorimetry,edited by J. O. Hill,3rd Edition,ICTA,1991

[7] Nomenclature for thermal analysis,ICTA,1991.